COURS D'ARBORICULTURE

SIXIÈME ÉDITION

CULTURE

DES

ARBRES ET ARBRISSEAUX

A FRUITS DE TABLE,

PAR

M. A. DU BREUIL

Chargé du Cours d'arboriculture au Conservatoire impérial des Arts et Métiers
et au Ministère de l'Agriculture pour les départements
Membre de la Société impériale d'horticulture de France, Correspondant de la Société
impériale et centrale d'agriculture de France
etc., etc.

Avec 573 figures dans le texte et 4 planches

PARIS

VICTOR MASSON ET FILS | GARNIER FRÈRES, LIBRAIRES
PLACE DE L'ÉCOLE-DE-MÉDECINE | 6, RUE DES SAINTS-PÈRES

M DCCC LXVIII

CULTURE SPÉCIALE

DES

ARBRES ET ARBRISSEAUX

A FRUITS DE TABLE

PARIS. — IMP. SIMON RAÇON ET COMP., RUE D'ERFURTH, 1.

Le Chêne-chapelle d'Allouville. (Pays de Caux)

COURS D'ARBORICULTURE

SIXIÈME ÉDITION

CULTURE

DES

ARBRES ET ARBRISSEAUX

A FRUITS DE TABLE

PAR

M. A. DU BREUIL

Chargé du Cours d'arboriculture au Conservatoire impérial des Arts et Métiers
et au Ministère de l'Agriculture pour les départements
Membre de la Société impériale d'horticulture de France, Correspondant de la Société
impériale et centrale d'agriculture de France
etc., etc.

PARIS

VICTOR MASSON ET FILS   GARNIER FRÈRES, LIBRAIRES
PLACE DE L'ÉCOLE-DE-MÉDECINE   6, RUE DES SAINTS-PÈRES

MDCCCLXVIII

AVIS DES ÉDITEURS

POUR LA SIXIÈME ÉDITION

Les nombreuses additions, successivement faites par M. Du Breuil aux cinq premières éditions de son *Cours d'arboriculture*, nous avaient amenés à employer pour l'impression un caractère de plus en plus fin ; l'ouvrage était arrivé à une forme compacte qui en rendait l'usage incommode et la lecture fatigante.

En présence de cet inconvénient, que de nouvelles et considérables augmentations allaient rendre encore plus sensible, nous avons dû diviser la sixième édition du *Cours d'arboriculture* en quatre parties distinctes, formant chacune un volume qui pourra toujours être acheté séparément des trois autres. Nous publions aujourd'hui la Culture des arbres et arbrisseaux à fruits de table, précédée des notions préliminaires.

Les autres branches de l'arboriculture seront divisées comme suit :

Arbres et arbrisseaux propres aux boissons fermentées, arbres et fruits oléagineux.

Arbres et arbrisseaux d'ornement, plantations de lignes d'ornement, parcs, jardins.

Arbres et arbrisseaux forestiers, espèces ligneuses économiques.

LES ÉDITEURS.

AVANT-PROPOS

L'arboriculture comprend tout ce qui se rattache à la *culture des arbres*; c'est une des grandes divisions de l'agriculture.

On donne le nom d'*arbres*, en général et aussi de *plantes ligneuses* à tous les végétaux dont la tige, présentant la consistance du bois, vit pendant un plus ou moins grand nombre d'années. On appelle *arbres proprement dits* ceux dont la tige, assez grosse, s'élève à une certaine hauteur sans se ramifier ; et *arbrisseaux* ceux dont la tige, beaucoup moins volumineuse, moins élevée, se ramifie dès sa base.

L'existence des plantes ligneuses est presque aussi indispensable à la vie de l'homme que celle des plantes herbacées, des céréales. Que deviendraient, en effet, les constructions de toute espèce, les arts mécaniques, sans la présence du bois? Par quoi remplacer ce combustible précieux dans les contrées privées de charbon de terre? Les arbres ne sont pas moins utiles par les fruits qu'ils fournissent si abondamment, et qui concourent à l'alimentation, soit directement, soit en servant à la fabrication du cidre, du vin, boissons habituelles d'une grande partie des populations. Ils influent sur la température en la rendant plus égale. Ainsi, dans les localités très-boisées, les chaleurs de l'été sont moins brûlantes, à cause de la fraîcheur que les arbres y entretiennent par leur ombrage : et les froids sont moins vifs en hiver, en raison de l'abri qu'ils procurent au sol. On sait également que ces mêmes localités sont moins exposées à la sécheresse que celles dépourvues de ces grands massifs d'arbres. L'observation prouve, en effet, que les arbres rassemblés en très-grand nombre attirent les nuages et déterminent la chute des eaux pluviales, et que leurs feuilles, frappées par les rayons solaires, répandent dans l'atmosphère des vapeurs aqueuses qui, pendant la nuit, donnent lieu à des rosées abondantes. La présence des arbres n'est pas moins utile au sommet et sur le penchant des montagnes pour arrêter la rapidité des eaux torrentielles qui se précipitent de ces points élevés dans les vallées, entraînent tout sur leur passage et déterminent les inondations. Enfin, rappelons encore que les arbres agissent puissamment sur la santé de l'homme et des animaux en purifiant l'air atmosphérique et en le rendant ainsi plus propre à la respiration : les feuilles ont la propriété d'enlever à l'atmosphère la trop grande quantité de gaz acide carbonique formé dans les grands centres de population par la respiration des animaux, les foyers de combustion et autres causes diverses. Aussi, est-ce avec raison que l'on conseille de multiplier les plantations dans le voisinage des grandes villes et des habitations. Concluons donc, de ce qui précède, que les arbres sont appelés à satisfaire à des besoins tout aussi indispensables, que leur rôle est tout aussi important dans l'existence de l'homme que celui des autres plantes.

Abandonnées à elles-mêmes, les diverses espèces ligneuses donneraient une partie des produits qui les font rechercher ; mais ceux-ci ne seraient ni aussi abondants ni d'aussi bonne qualité que ceux des arbres auxquels ont été appliquées certaines opérations qui, en aidant la nature, augmentent la quantité et la qualité de ces produits : ce sont ces diverses opérations qui constituent la culture des arbres.

Avant de commencer l'étude des matières qui font l'objet principal de ce cours, il est utile de nous arrêter à l'examen de quelques faits sur lesquels reposent les principes de la culture en général, et dont la connaissance est indispensable pour bien comprendre chacun des procédés que nous décrirons successivement.

Et, d'abord, nous indiquerons brièvement les principaux organes qui composent l'ensemble de l'arbre, ainsi que le nom qui distingue chacun d'eux. La description des opérations de la culture deviendrait inintelligible sans cette première étude, à laquelle on donne le nom d'*anatomie végétale*.

La connaissance des fonctions que les organes sont appelés à remplir dans la vie des plantes est plus indispensable encore. Elle sert de base à la théorie de tous les procédés de la culture. Cette partie de la botanique, désignée sous le nom de *physiologie végétale*, doit toujours être présente à l'esprit du cultivateur. Avec elle, on opère à coup sûr, et l'on atteint toujours le but que l'on se propose. Comment, en effet, si l'on ne se rend pas parfaitement compte des fonctions des racines, saura-t-on jusqu'à quel point on doit les préserver de toute altération lors de la transplantation des arbres ? C'est pour ne pas avoir connu le rôle important des feuilles dans la nutrition des plantes que l'on a quelquefois enlevé, avant le temps convenable, un trop grand nombre de ces organes sur les arbres en espalier, dans le but de faire acquérir à leurs fruits une belle coloration.

Enfin, il importe encore, pour le succès de la culture des arbres, de se rendre compte de l'*influence sur la végétation, des agents naturels, tels que le sol, la température, la lumière, l'exposition.* C'est alors seulement que l'on comprendra bien la nécessité de donner à chaque espèce un terrain d'une nature en rapport avec ses besoins, ainsi qu'un degré de température et une exposition convenables.

Toutefois, comme le cours que nous publions aujourd'hui est avant tout un *cours d'arboriculture*, et que nous entendons parler seulement des arbres qui peuvent supporter la rigueur de notre climat, nous n'envisagerons de chacun de ces sujets, que ce qui sera strictement nécessaire à l'intelligence des faits que nous avons à exposer. Nous le disons donc dès à présent, *les notions d'anatomie et de physiologie qui vont suivre ne s'appliquent qu'aux arbres dicotylédonés.*

Telles sont les études préliminaires auxquelles il convient de nous arrêter d'abord, et qui forment la première partie de ce cours.

CULTURE SPÉCIALE

DES

ARBRES ET ARBRISSEAUX

A FRUITS DE TABLE

PREMIÈRE PARTIE
ÉTUDES PRÉLIMINAIRES

PREMIÈRE SECTION
NOTIONS D'ANATOMIE ET DE PHYSIOLOGIE VÉGÉTALES

CHAPITRE PREMIER
ANATOMIE VÉGÉTALE

Les arbres présentent, dans leur structure, un certain nombre de parties qu'on peut diviser en plusieurs groupes. Ainsi on distingue des organes *conservateurs*, des organes *reproducteurs*, des organes *élémentaires*.

ORGANES CONSERVATEURS.

Les organes conservateurs donnent à chaque individu les moyens de subvenir à son existence, à sa conservation. Les plus apparents sont la *racine*, la *tige*, les *boutons* et les *feuilles*.

Racine. — La racine est cette partie de l'arbre qui, ordinairement dérobée par le sol à l'action de la lumière, tend toujours à se diriger vers le centre de la terre. On reconnaît dans cet

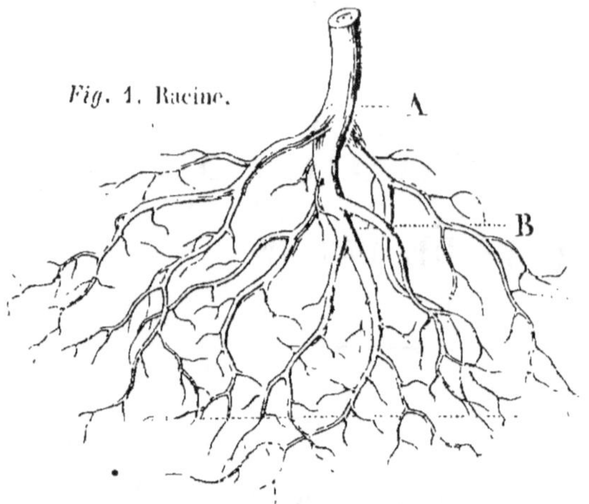

organe le *collet*, le *corps* et les *radicelles*.

Le collet est le point intermédiaire entre la racine et la tige (A, *fig.* 1), celui d'où naissent ces deux organes pour se développer en sens inverse.

Le corps est la partie principale de la racine (B, *fig.* 1);

c'est ce que l'on nomme aussi le *pivot*. Il naît du collet et s'en-

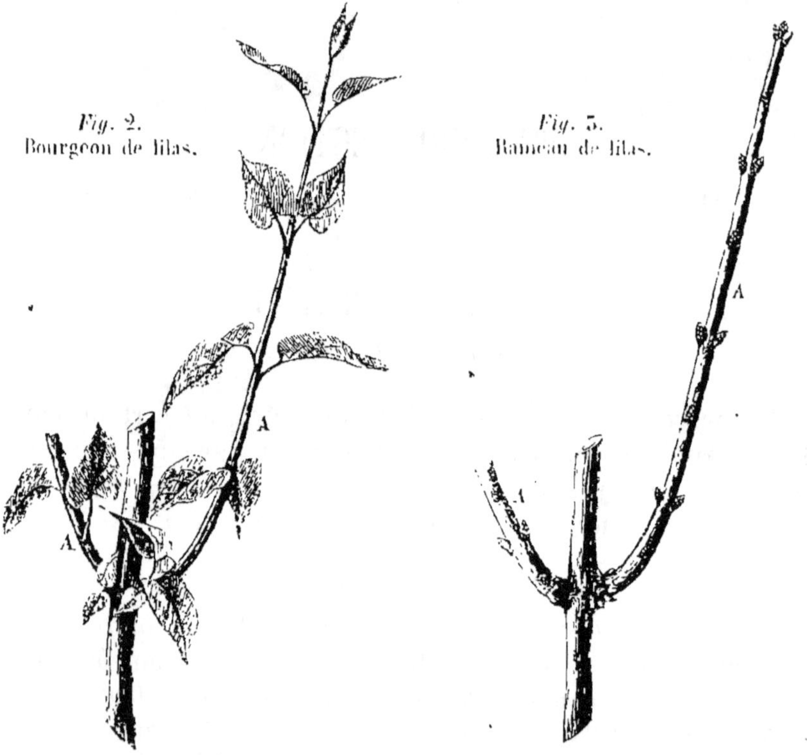

fonce verticalement dans le sol en affectant la forme d'un cône

renversé. Il produit les radicelles comme le tronc développe les branches.

Les radicelles sont les
dernières divisions de la
racine (C, *fig.* 1); c'est ce
que l'on nomme encore le
chevelu. On peut les considérer comme autant de pe-
tits tubes ou conduits qui
servent à établir une communication directe entre le
corps de la racine et le sol.
C'est surtout par leur extrémité, comme nous le ver-
rons plus loin, que l'arbre
puise dans le sol les fluides
nécessaires à son existence.

Tige. — La tige naît du
même point que la racine,
mais elle s'allonge en sens
inverse. Tandis que l'une
s'enfonce dans le sol, l'autre
s'élève vers le ciel. Il y a,
dans la tige des arbres, des
organes extérieurs et des
organes intérieurs.

1° ORGANES EXTÉRIEURS.
—On reconnaît sur la tige,
en allant du sommet à la
base, quatre parties principales : les *bourgeons*, les
rameaux, les *branches*, le
tronc.

Les *bourgeons* (A, *fig.* 2)
sont le premier état de développement des ramifica-
tions de l'arbre. Ils naissent, au printemps, de

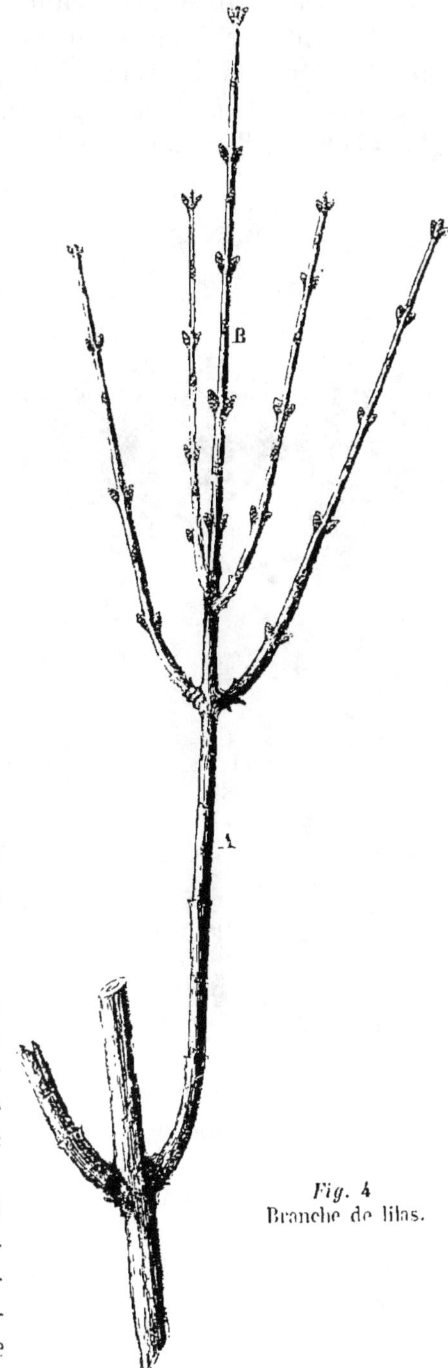

Fig. 4
Branche de lilas.

boutons placés à l'aisselle des feuilles ou au sommet des rameaux. Ils continuent de s'allonger pendant tout le temps de la végétation, et conservent le nom de bourgeons jusqu'au moment où ils cessent de s'accroître en longueur.

Vers la fin de l'automne, les bourgeons ont terminé leur évolution. Leur sommet et l'aisselle de chaque feuille présentent un bouton bien formé (**A**, *fig.* 5). Ce prolongement prend alors le nom de *rameau* : c'est le second état de développement des ramifications.

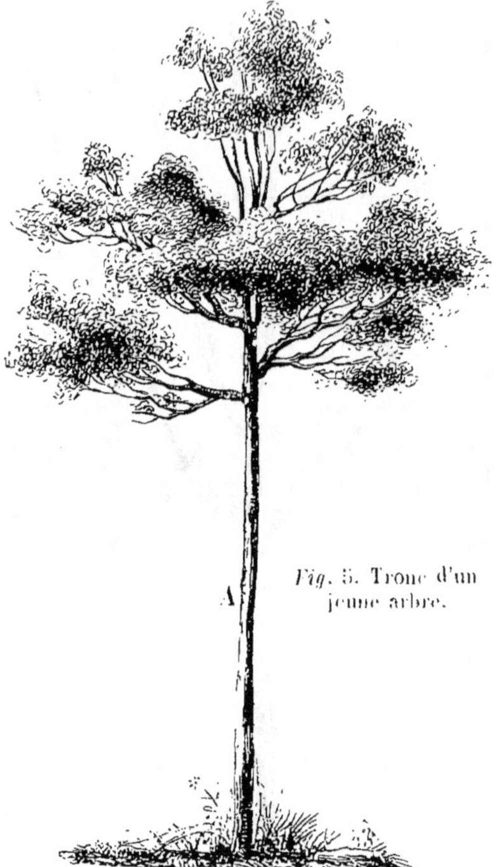

Fig. 5. Tronc d'un jeune arbre.

Au printemps suivant, les boutons placés sur les rameaux donnent lieu à de nouveaux bourgeons, qui continuent de s'allonger jusqu'à la fin de l'automne. À cette époque, ils présentent aussi des boutons bien formés, et leur développement en longueur s'arrête. Ils reçoivent à leur tour le nom de *rameaux*, et le rameau primitif qui les supporte (**A**, *fig.* 4) prend celui de *branche*. C'est le troisième et dernier état de développement des ramifications de l'arbre. Une fois qu'elles ont acquis ce caractère, ces ramifications ne peuvent plus donner directement naissance à de nouvelles productions, ou du moins, cela n'a lieu qu'exceptionnellement. Elles ne servent plus, dans l'économie de l'arbre, qu'à transporter les fluides puisés dans la terre par les racines jusqu'aux boutons que portent les rameaux.

Le *tronc*, dans la tige des arbres, est la partie qui, naissant du collet de la racine, s'élève à une certaine hauteur sans se ramifier (A, *fig*. 5). Il a passé, comme les branches, par les diverses phases de développement que nous venons de décrire. Il en diffère seulement parce qu'il naît directement de la racine et qu'il supporte toutes les ramifications précédentes.

Nous verrons, en traitant de la taille des arbres fruitiers, qu'on distingue encore par des noms différents diverses sortes de bourgeons, de rameaux et de branches.

2° ORGANES INTÉRIEURS. — Si l'on considère la coupe transver-

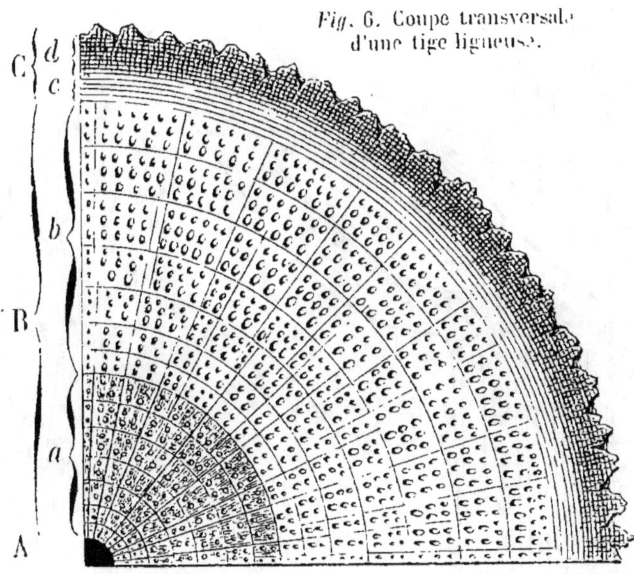

Fig. 6. Coupe transversale
d'une tige ligneuse.

sale du tronc d'un arbre ou d'une branche, on y remarque trois parties : la *moelle*, le *corps ligneux* et l'*écorce*.

Au centre de la tige, on voit un canal cylindrique : c'est le *canal médullaire* (A, *fig*. 6 et 7). Ce canal médullaire est rempli par un tissu lâche, diaphane : c'est la *moelle*.

La moelle se prolonge d'une manière continue depuis le pivot de la racine jusqu'au sommet de la tige. On remarque toutefois dans le canal médullaire, au point où s'est formé chaque bourgeon terminal ou latéral (A, *fig* 12), un étranglement très-sensible, rempli d'un tissu analogue à celui de la moelle, mais un peu plus serré.

La moelle paraît d'autant plus abondante que les tiges sur lesquelles on l'observe sont plus jeunes. Dans les vieux troncs de quelques espèces, le canal médullaire finit même par devenir tout à fait invisible. Ce n'est pas que la moelle soit remplacée par des productions ligneuses, comme on l'avait pensé d'abord, mais c'est que les fluides renfermés dans son tissu, venant à se solidifier, lui font acquérir la dureté du bois et lui en donnent l'apparence.

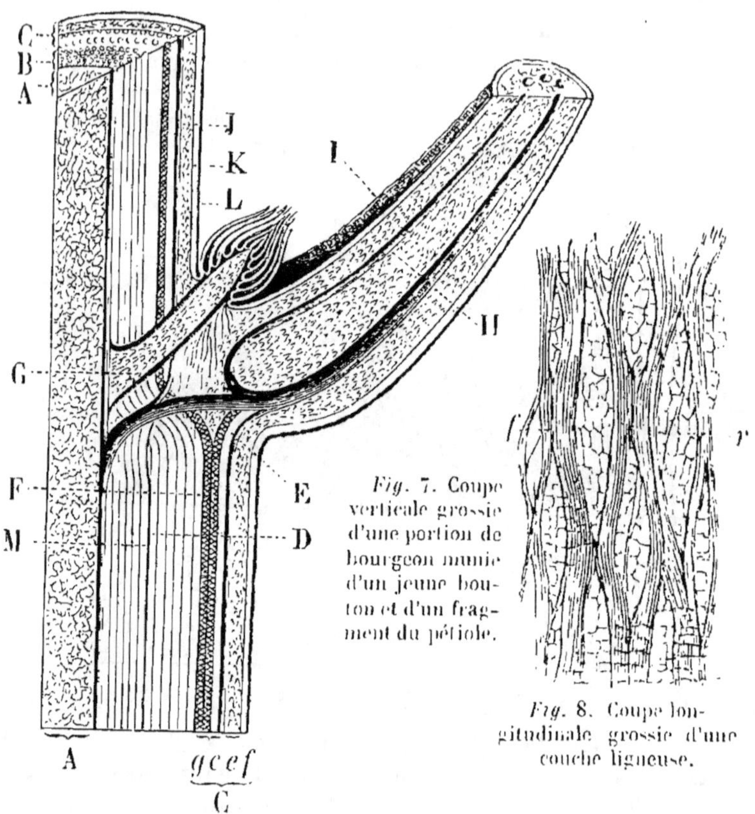

Fig. 7. Coupe verticale grossie d'une portion de bourgeon munie d'un jeune bouton et d'un fragment du pétiole.

Fig. 8. Coupe longitudinale grossie d'une couche ligneuse.

En dehors du canal médullaire et jusqu'à l'écorce est situé le *corps ligneux* (B, *fig*. 6 et 7).

Cette partie de la tige se compose de couches concentriques de bois placées l'une sur l'autre. Chaque couche distincte est le produit de la végétation pendant une année.

Si, à l'aide d'un verre grossissant, on examine attentivement la coupe transversale de l'une de ces couches, on voit qu'elles sont formées par la réunion de petits tubes ou vaisseaux d'autant plus gros qu'ils se rapprochent davantage du centre de la tige (*fig.* 6). Ils sont souvent disposés régulièrement par zones concentriques coupées perpendiculairement par des lignes plus ou moins prolongées, plus ou moins rapprochées. On a donné à ces lignes le nom de *rayons médullaires* (*fig.* 6).

En cherchant à suivre la direction de ces tubes ou vaisseaux qui forment la masse de chaque couche ligneuse, on reconnaît, par la coupe verticale grossie du fragment de bourgeon que nous avons figuré ci-contre, qu'ils naissent toujours de la base d'une feuille (M, *fig.* 7).

On remarque aussi que ceux développés par les feuilles supérieures viennent recouvrir les précédents (D, *fig.* 7), et que tous se prolongent jusqu'à l'extrémité des radicelles.

On voit encore que les vaisseaux s'unissent souvent par faisceaux qui se joignent latéralement de distance en distance (*f*, *fig.* 8), pour se séparer ensuite de manière à envelopper l'arbre comme autant de réseaux ou filets dont les mailles sont très-allongées. Chacune de ces mailles est remplie par un tissu (*r*), analogue à celui de la moelle.

Il résulte de ce mode de structure des couches ligneuses que la plus jeune est toujours à l'extérieur du corps ligneux, et que chacune d'elles embrasse l'arbre dans toute son étendue. En faisant abstraction des ramifications de la tige et de la racine, la réunion de ces couches ligneuses présente la forme de deux cônes réunis par leur base. Le point de réunion correspond au collet de la racine (A, *fig.* 9).

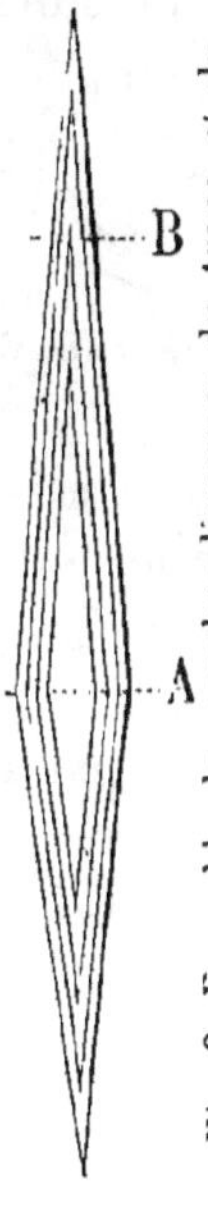

Le corps ligneux présente deux parties ordinairement distinctes : le *bois parfait* et l'*aubier*.

Le bois parfait comprend les couches ligneuses les plus rapprochées du centre de la tige (*a*, *fig.* 6). Elles offrent presque toujours une couleur plus intense et une plus grande dureté que les autres. Les couches ligneuses les plus extérieures constituent l'aubier (*b*, *fig.* 6). On les reconnaît à leur couleur moins foncée et à leur dureté moins grande. Néanmoins il est des espèces dans lesquelles le bois parfait et l'aubier offrent très-peu de différence. Cela se remarque surtout dans le peuplier, le marronnier et autres arbres à bois blanc.

Fig. 9. Ensemble des couches ligneuses du tronc et du corps de la racine.

La partie que l'on rencontre après le corps ligneux, en allant du centre à la circonférence, est l'*écorce* (C, *fig.* 6 et 7). On y distingue le *liber*, les *couches corticales*, le *tissu sous-épider-moïde*, et l'*épiderme*.

Le liber est la couche la plus intérieure de l'écorce, celle qui est immédiatement en contact avec l'aubier (*c, fig.* 6 et 7) ; il se compose d'un grand nombre de couches minces et flexibles dont la réunion a été comparée aux feuillets d'un livre. C'est de là que lui est venu le nom de *liber*. Chacun de ces feuillets est formé par un réseau de tubes ou vaisseaux qui, comme les couches ligneuses, se prolongent depuis la base d'une feuille où ils prennent naissance (E, *fig.* 7) jusqu'à l'extrémité des radicelles. Une chose digne de remarque, c'est que les nouvelles couches du liber qui naissent des feuilles supérieures s'appliquent au-dessous de celles qui se sont précédemment formées (F, *fig.* 7). La couche du liber la plus jeune est donc toujours la plus inté-rieure de l'écorce, tandis que dans le corps ligneux, c'est le contraire qui a lieu. Les mailles formées par les vaisseaux de chaque couche du liber sont remplies par un tissu analogue à la moelle.

En dehors des couches du liber, mais seulement dans les arbres un peu âgés, on aperçoit un certain nombre d'autres couches, analogues, par leur contexture, à celle du liber, mais desséchées et inertes, et qui, déchirées par le grossissement du tronc, appa-

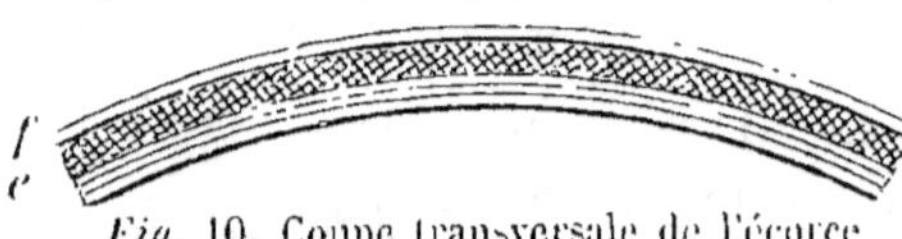

Fig. 10. Coupe transversale de l'écorce d'une jeune tige.

raissent à la surface sous la forme de losanges plus ou moins régulières : ce sont les *couches corticales* proprement dites (*d, fig.* 6). Ces parties ne sont autre chose que d'anciennes couches du liber dont les fonctions ont cessé, et qui sont repoussées au dehors par celles formées annuellement au-dessous d'elles. Dans les jeunes tiges ou les jeunes branches, on rencontre au-dessus du liber, à la place des couches corticales dont nous venons de parler, un tissu tout à fait herbacé, de couleur verdâtre et ana-logue à la moelle : c'est le *tissu sous-épidermoïde* (*e, fig.* 7 et 10).

Enfin, toujours dans les jeunes tiges, au delà du tissu sous-épidermoïde, et tout à fait à la surface, on observe une couche mince souvent transparente : c'est l'*épiderme* (*f, fig.* 7 et 10).

Boutons. — Les boutons (B, *fig*. 11), se montrent ordinairement à l'extrémité des rameaux et à l'aisselle des feuilles. Ils sont ronds, ovales ou coniques, et peuvent être considérés comme le rudiment, le germe des jeunes rameaux qui se développent l'année suivante.

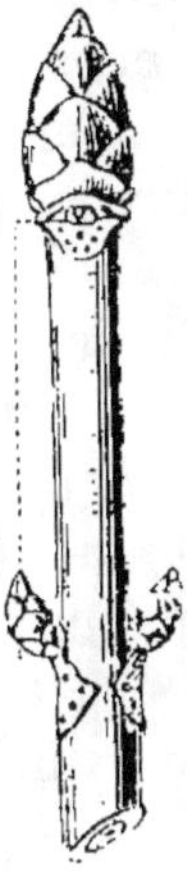

Les boutons des arbres de nos climats sont toujours revêtus d'une enveloppe écailleuse composée de petites lames en forme de cuiller ou d'écailles de poisson. Les écailles extérieures sont sèches, dures et quelquefois enduites de sucs résineux qui empêchent l'accès de l'humidité ; les écailles intérieures sont couvertes d'un duvet souvent épais. Les boutons emploient ordinairement une année entière à leur développement parfait.

Lorsqu'au printemps les boutons commencent à naître, on leur donne le nom d'*œil*. Vers la fin de l'automne, les yeux complétement formés prennent le nom de *boutons proprement dits*.

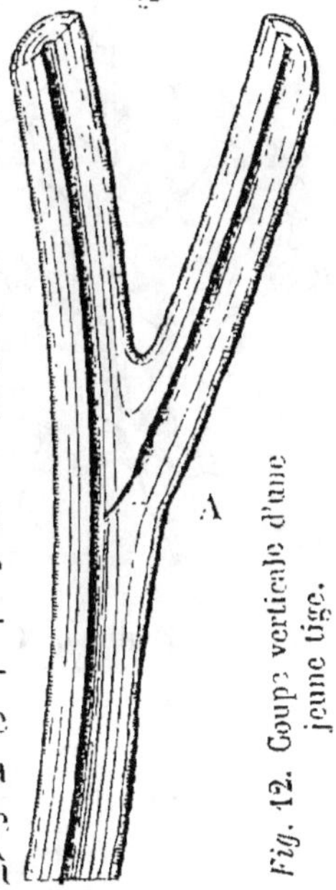

Nous verrons, en traitant de la taille des arbres fruitiers, que les boutons reçoivent encore, des noms différents, suivant les produits auxquels ils donnent lieu ou d'après leur position sur l'arbre.

Quant aux parties du rameau qui donnent naissance aux boutons, on voit par la figure précédente (G, *fig*. 7), qu'elles sont une déviation ou un prolongement des vaisseaux du canal médullaire. Ceux-ci forment une sorte de petit axe rempli d'un tissu analogue à la moelle, et au sommet duquel se forme le bouton, soit à l'aisselle des feuilles, soit à l'extrémité des rameaux. C'est de ce petit axe que naît le canal médullaire, qui s'allonge à mesure que le bourgeon se développe.

Il résulte de ce mode de formation que le canal médullaire des ramifications n'est pas immédiatement contigu au canal médullaire de la tige ; il en est séparé par le petit axe dont nous venons de parler (A, *fig*. 12).

Fig. 11. Bouton du marronnier.

Fig. 12. Coupe verticale d'une jeune tige.

On donne le nom de *mérithalle*, ou entre-nœud, à l'espace compris entre chaque bouton sur le rameau. Ainsi la portion du rameau existant de B en C (*fig.* 11) est un mérithalle.

Feuilles. — Au temps du bourgeonnement, ce qui a lieu vers le mois d'avril, la base des boutons se gonfle, fait entr'ouvrir l'enveloppe écailleuse : dès lors l'air et la lumière pénètrent jusqu'aux jeunes feuilles, qui verdissent, se fortifient et se déploient.

La feuille présente deux parties ordinairement distinctes, le *pétiole* et le *disque*.

Le *pétiole* ou queue de la feuille (I, *fig.* 7 et 13) est le petit support qui unit le disque au bourgeon. C'est la déviation des vaisseaux du canal médullaire du bourgeon qui porte la feuille (II, *fig.* 7). Ces vaisseaux forment, au centre du pétiole, une sorte de cylindre rempli et entouré de toutes parts par un tissu analogue à la moelle. Ils se prolongent de là jusque dans le disque de la feuille.

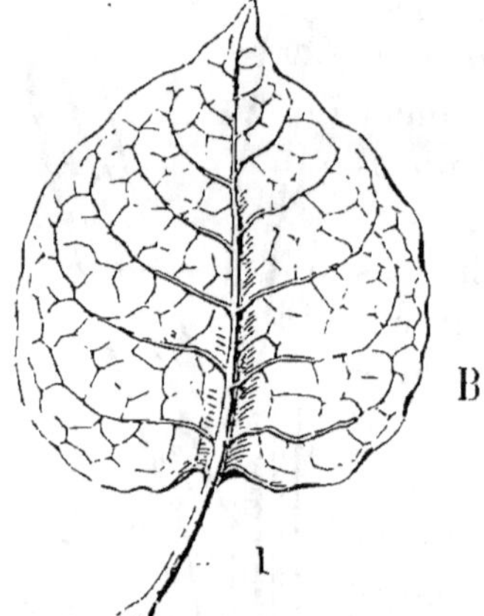

Le *disque* (B, *fig.* 13) est la lame mince et élargie que supporte le pétiole. Il résulte du prolongement et de l'expansion des vaisseaux qui forment ce dernier. Ces vaisseaux traversent la feuille dans toute sa longueur, et forme ce que l'on nomme les *côtes* ou *nervures* de la feuille. Les nervures principales se subdivisent à l'infini, et forment un réseau dont les mailles, très-rapprochées, sont remplies par un tissu analogue à la moelle, et auquel on a donné le nom de *parenchyme* de la feuille.

Fig. 13. Feuille de lilas.

Si, à l'aide d'un instrument grossissant, on examine l'une des faces d'une feuille, on la voit couverte, surtout la face inférieure, d'une infinité de petites ouvertures auxquelles on donne le nom de *pores* ou *stomates*. Toutes les surfaces vertes des plantes, c'est-à-dire les feuilles, les bourgeons et même les fruits, sont couvertes de ces pores.

ORGANES REPRODUCTEURS.

On donne le nom d'*organes reproducteurs* aux fleurs et aux fruits, parce qu'ils concourent à la reproduction de l'espèce.

Fleurs. — On remarque dans la fleur les *enveloppes florales* et les *organes sexuels*.

1° Les enveloppes florales se composent ordinairement du *calice* et de la *corolle* ; pour les reconnaître facilement, choisissons la fleur de l'amandier, où ils sont tous deux bien apparents.

L'enveloppe la plus externe, se présentant sous forme de cinq petites lames, terminées en pointe et colorées en vert (A, *fig*. 14), est le *calice*. Le calice est formé, tantôt d'une seule

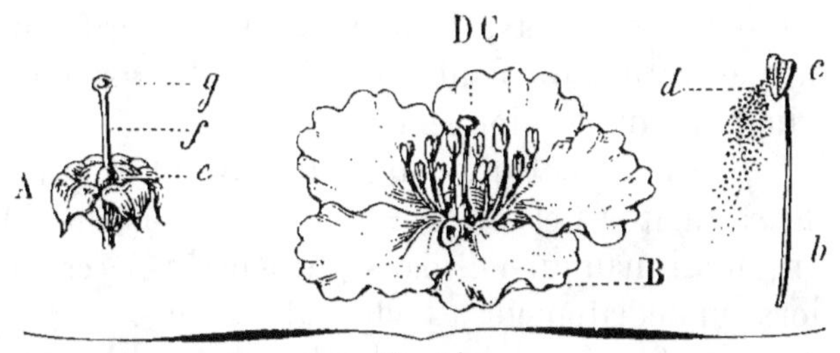

Fig. 14.

Pistil et calice de   Fleur d'amandier.   Étamine et pollen
l'amandier.   de l'amandier.

pièce, comme dans les *magnoliers*, le *tulipier*, tantôt de plusieurs pièces distinctes, comme dans les *cistes*. On donne, dans ce second cas, le nom de *folioles calicinales* aux divisions du calice.

Immédiatement après le calice, on rencontre cinq lames de forme arrondie et remarquables par un brillant coloris (B, *fig*. 14) : c'est la *corolle*. Ainsi que le calice, la corolle est tantôt d'une seule pièce, comme dans les *rosages*, tantôt composée de plusieurs pièces distinctes, comme dans le *pêcher*, le *rosier*, etc. On donne le nom de *pétales* aux divisions de la corolle.

2° Les organes sexuels sont les *étamines* et le *pistil*.

Les filets grêles insérés à la base de la corolle et portant à leur sommet une masse colorée sont les *étamines* (C, *fig*. 14).

Les étamines sont les *organes mâles* des plantes. Elles offrent trois parties :

Le *filet* (b, *fig*, 14), support filamenteux qui balance l'anthère à son sommet ;

L'anthère (c, *fig.* 14), sorte de petite bourse ou capsule qui, ordinairement colorée, contient le pollen et termine le filet.

Le *pollen* (d, *fig.* 14), poussière fécondante des végétaux, s'échappe de l'anthère, qui s'ouvre lors de la fécondation. Cette poussière fécondante, vue à travers un instrument grossissant, offre l'aspect de petits globules remplis d'une liqueur séminale jaunâtre, limpide et gluante.

Un filet incolore, entouré par les étamines et surmontant un corps oblong au centre de la fleur, compose le *pistil* (D, *fig.* 14).

Le pistil est l'*organe femelle* des plantes. Il est formé de trois parties.

L'ovaire (e, *fig.* 14), partie plus ou moins dilatée placée à la base du pistil. Cet organe renferme les jeunes semences encore imparfaites et destinées à être fécondées. Il les abrite jusqu'au temps de la maturation du fruit, et prépare dans son tissu les sucs nécessaires à leur développement.

Le *style* (f, *fig.* 14), filet que supporte l'ovaire et qui est terminé par le stigmate. Cet organe n'est pas indispensable à la reproduction, aussi manque-t-il dans plusieurs espèces ; le stigmate est alors immédiatement attaché sur l'ovaire.

Le *stigmate* (g, *fig.* 14), corps glanduleux, pubescent et humide, ordinairement placé au sommet du style et offrant à sa surface l'orifice de vaisseaux assez larges qui établissent une communication directe entre le stigmate et les loges de l'ovaire. Il est nécessaire à la fécondation. C'est la partie essentielle de l'organe femelle, comme l'anthère est la partie essentielle de l'organe mâle.

Les enveloppes florales, le calice et la corolle, ne sont point indispensables pour la fructification, car ils manquent complétement dans certaines espèces; mais il n'en est pas ainsi des organes sexuels ; ceux-ci existent dans tous les arbres : sans eux, il n'est point de reproduction naturelle possible.

Quelques espèces d'arbres présentent, quant à la place qu'occupent les organes sexuels les uns par rapport aux autres, des phénomènes dignes d'être remarqués. Souvent les étamines et le pistil sont réunis dans la même fleur. On appelle alors ces fleurs *hermaphrodites.* D'autres fois, les fleurs n'offrent que des étamines, et reçoivent le nom de *fleurs mâles* ou bien ne présentent qu'un pistil, et prennent le nom de *fleurs femelles.*

Les arbres dont les fleurs représentent les deux sexes, comme le *prunier*, le *pommier*, et un grand nombre d'arbres, sont dits *arbres hermaphrodites*.

D'autres espèces présentent des fleurs mâles et des fleurs femelles réunies sur le même individu. Ces arbres sont dits *monoïques*. De ce nombre sont le noisetier, le chêne. Les fleurs mâles de noisetier (♂, *fig.* 15) apparaissent au printemps sous forme de long chatons jaunâtres dus à la réunion de petits groupes d'étamines fixés à un axe filiforme, et séparés les uns des autres par des écailles. Les fleurs femelles (♀) offrent l'aspect de boutons écailleux surmontés d'un groupe de petits filets d'un rouge vif. Ces filets sont les styles de ces fleurs femelles. Le chêne présente la même disposition. Les fleurs mâles se composent des chatons (A, *fig.* 16), et les fleurs femelles des petits corps arrondis B.

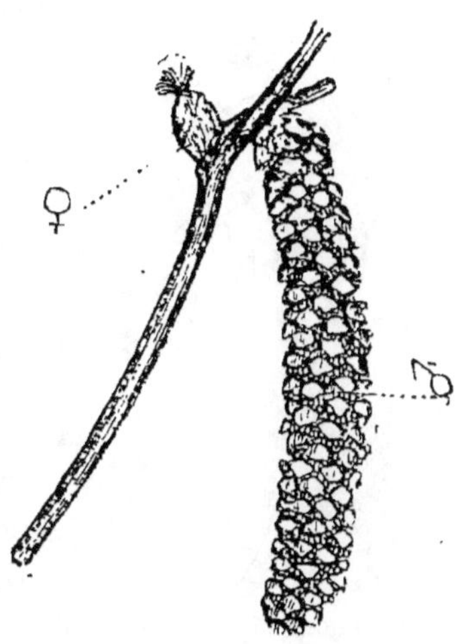

Fig. 15. Fleurs mâles et fleurs femelles du noisetier.

Quelquefois encore les fleurs mâles et les fleurs femelles se trouvent, dans certaines espèces, isolées sur des individus différents ; de sorte qu'il y a un individu mâle et un individu femelle. Ce dernier phénomène se remarque dans la plupart des *saules*, des *peupliers*, dans les *genévriers*, etc. : ces arbres sont dits *dioïques*.

Nous venons d'esquisser rapidement la structure générale des fleurs. Le nombre et la forme des divers organes qui les composent varient à l'infini en raison des espèces ; mais ce nombre et cette forme sont toujours semblables pour tous les individus d'une même espèce : toutes les fleurs d'une espèce donnée présentent constamment le même nombre d'étamines ; leur corolle est toujours composée d'un nombre égal de pétales. Néanmoins la culture et diverses circonstances accidentelles peuvent altérer diversement l'organisation des fleurs, et augmenter le nombre de certains organes aux dépens de certains autres.

Les soins de la culture, l'abondance des engrais, peuvent, en déterminant une affluence extraordinaire de sucs nourriciers, faire produire à un arbre des semences qui, confiées à la terre, donneront des individus dont les fleurs offriront plus de pétales que ne le comporte leur espèce ; mais cette augmentation de pétales se fait toujours aux dépens du nombre des étamines, dont une certaine quantité se déforme, s'élargit et se transforme en pétales.

Il pourra même se faire que toutes les étamines, et jusqu'aux pistils, subissent cette transformation ; alors, les sexes se trouvant ainsi anéantis, il n'y aura plus, pour ces individus, de fécondation possible, et par conséquent pas de fruits à attendre.

On a donné aux fleurs les noms suivants en raison de leurs différents degrés d'altération.

Celle qui n'offre que le nombre de pétales qui convient à son espèce s'appelle *fleur simple*.

Celle qui acquiert un plus grand nombre de pétales qu'elle ne doit en avoir naturellement, mais dans laquelle les organes sexuels subsistent encore en partie et donnent naissance à quelques graines, a été nommée *fleur double :* telles sont certaines variétés du *rosier*.

Fig. 16. Fleurs mâles et fleurs femelles du chêne.

Celle dont la corolle est occupée tout entière par des pétales provenues de la déformation des étamines et des pistils, et qui, par cette raison, reste complétement stérile, est la *fleur pleine*. Telles sont certaines variétés de pêchers, de cerisiers, de rosiers à fleurs pleines.

Enfin, on donne le nom de *fleurs prolifères* à une altération qui consiste dans le développement d'une fleur au centre d'une autre fleur. Les rosiers présentent quelquefois ce phénomène. La figure 17 en offre un exemple. Le calice (C) est transformé en feuilles. Les pétales (P) sont plus nombreux qu'ils ne devraient l'être, leur nombre s'est accru aux dépens des étamines. Un axe (A) occupe le centre de la fleur et s'est développé au détriment des pistils. Cet axe porte à son sommet une seconde fleur en bouton. On remarque, en outre, que cet axe supporte quelques petites lames (F) qui ne sont autre chose que des étamines déformées et entraînées par l'axe.

Fruit. — Lorsque la fécondation est achevée, les enveloppes florales et les organes sexuels se flétrissent et tombent. L'ovaire seul continue de croître et devient le fruit.

On distingue dans le fruit deux parties principales, le *péricarpe* et les *semences*.

1° Le péricarpe est la partie externe du fruit : c'est celle qui enveloppe la semence ; tout ce qui n'est pas la semence fait partie du péricarpe (A, *fig*. 18). Le péricarpe est *sec*, c'est-à-dire qu'il est formé par une substance ligneuse, comme dans la noisette ; ou *coriace*, comme dans les téguments des féviers, des pois (B, *fig*. 19), les fruits des hêtres, des chênes, des arbres résineux, etc.; ou *charnu*, c'est-à-dire formé par un tissu tendre et succulent, comme la pomme (A, *fig*. 18), la poire, etc.

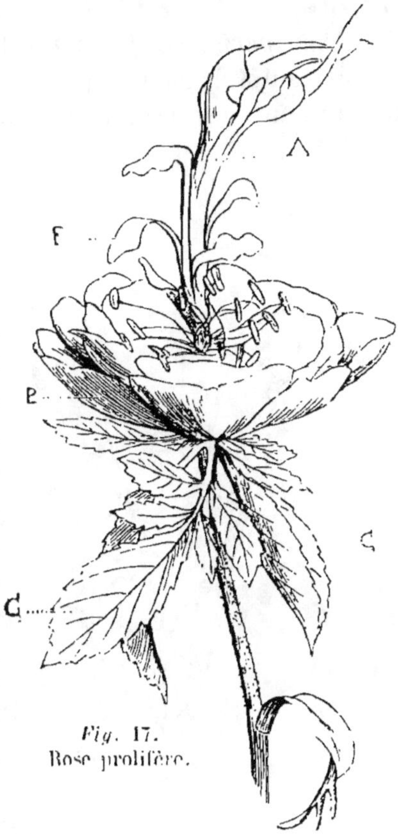

2° La semence (B, *fig*. 18) contient les rudiments d'une nouvelle plante semblable à celle qui l'a produite. C'est par la fécondation que ces rudiments ont été vivifiés, c'est-à-dire qu'ils ont acquis la faculté de se développer dès qu'ils auront rencontré les circonstances favorables à leur évolution.

La semence se compose en général de quatre parties.

Elle est attachée au péricarpe par un filet composé de vaisseaux (A, *fig*. 19) et auquel on a donné le nom de *cordon ombilical*. C'est par lui que la semence reçoit l'influence fécondatrice et les fluides propres à son développement et à sa nutrition.

Fig. 17.
Rose prolifère.

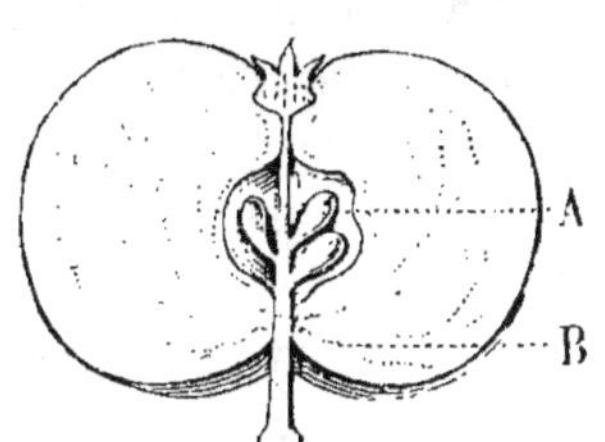

Fig. 18. Coupe verticale
d'une pomme.

La *tunique* est l'enveloppe la plus externe de la graine (A, *fig.* 20).

Le *périsperme* (B, *fig.* 20) est une substance de nature tantôt cornée, tantôt farineuse, qui enveloppe l'embryon dans les graines de plusieurs espèces. Celles des arbres résineux, dont nous

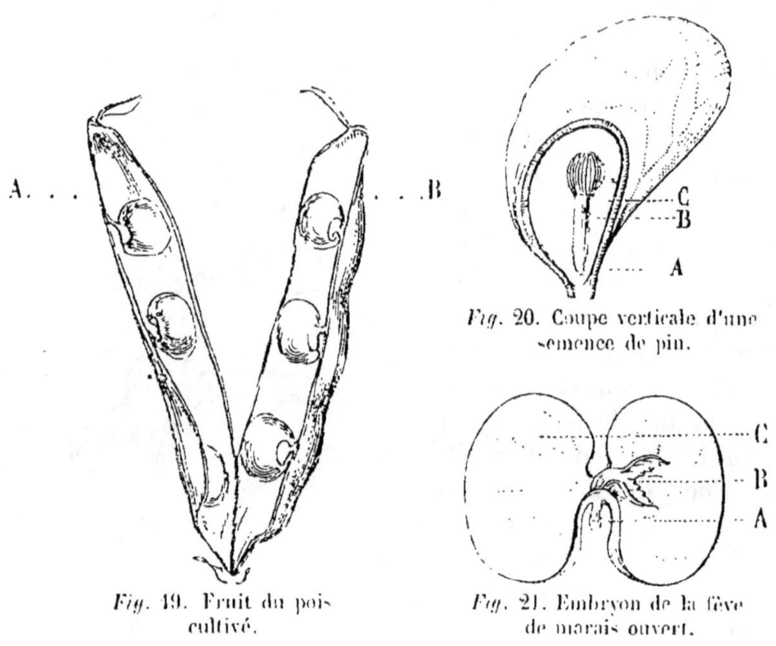

Fig. 20. Coupe verticale d'une semence de pin.

Fig. 19. Fruit du pois cultivé.

Fig. 21. Embryon de la fève de marais ouvert.

avons choisi une semence comme exemple, offrent un périsperme ; beaucoup d'espèces en sont privées : tels sont le *chêne*, le *marronnier*, etc.

L'*embryon* (C, *fig.* 20) est la partie de la graine que recouvrent le périsperme et la tunique, et qui devient plante en se développant.

On reconnaît dans l'embryon trois parties principales ; choisissons comme exemple une graine de *fève de marais*.

La *radicule* (A, *fig.* 21) est dirigée vers l'extérieur de la graine, c'est le rudiment de la racine. Cette partie, qui se développe la première lors de la germination, absorbe dans la terre la nourriture nécessaire à la jeune plante.

La *plumule* (B, *fig.* 21) tend au contraire vers le centre de la graine.

Cet organe, destiné à former la tige de la jeune plante, se développe en sens inverse de la radicule.

Les *cotylédons* (C, *fig.* 21) sont deux ou un plus grand nombre d'organes semblables, de forme souvent elliptique et fixés entre la plumule et la radicule. Ils sont tantôt épais et charnus, comme dans le *marronnier*, le *chêne*; tantôt minces et foliacés, comme dans le *hêtre*.

ORGANES ÉLÉMENTAIRES.

Tous les organes dont nous nous sommes occupé jusqu'à présent sont eux-mêmes formés d'organes plus simples. Si l'on soumet à une macération prolongée ou à l'ébullition dans l'eau une partie quelconque d'un végétal, on obtient en dernière analyse un tissu membraneux qui, examiné à l'aide d'un instrument grossissant, apparaît sous forme d'une masse de tubes ou vaisseaux et de cellules. Ces tubes et ces cellules sont les *organes élémentaires* des arbres.

Lorsqu'un tissu se compose de ces tubes ou vaisseaux, on lui donne le nom de *tissu vasculaire*. Lorsqu'on n'y distingue qu'un assemblage de cellules, on lui donne le nom de *tissu cellulaire*. Tous les arbres offrent, dans la plupart de leurs organes, la réunion de ces deux tissus.

Tissu vasculaire. — Le tissu vasculaire, vu à l'aide d'un verre grossissant, présente l'aspect de tubes qui parcourent les différents organes des plantes, en s'unissant de distance en distance de manière à simuler les mailles allongées d'un filet (*fig.* 22).

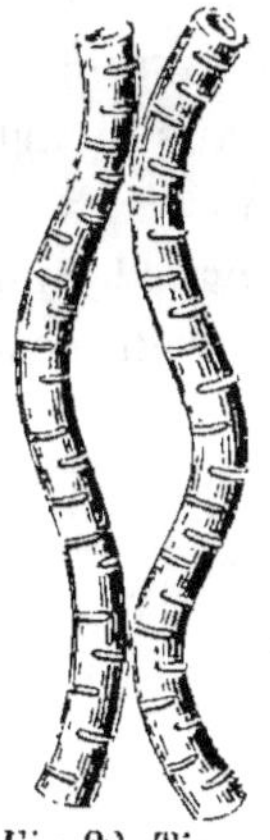

On remarque que les parois en sont fermes et percées d'ouvertures latérales qui permettent aux fluides qu'il contient de se répandre de tous côtés. Ce tissu se rencontre particulièrement dans toutes les parties solides de l'arbre. C'est lui qui forme les vaisseaux si abondamment répandus dans les couches du corps ligneux et du liber. Il existe également dans le pétiole, dans les nervures des feuilles, etc.

Fig. 22. Tissu vasculaire.   *Fig.* 23. Tissu cellulaire.

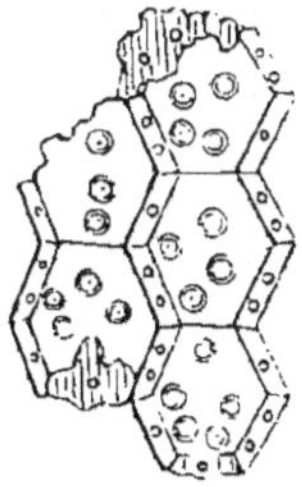

Tissu cellulaire. — Le tissu cellulaire (*fig.* 23) se présente sous forme d'une multitude de petites vésicules agglomérées, contiguës les unes aux autres, et dont les parois sont communes. On a comparé avec justesse son apparence à celle de l'eau de de savon quand on l'agite.

Les cellules de ce tissu offrent des coupes à peu près hexagones, comme les alvéoles des abeilles. Les parois sont percées de pores ou de fentes infiniment petites et qui établissent des communications entre les cellules.

Le tissu cellulaire compose toutes les parties molles des arbres. La moelle en est entièrement formée. On le trouve encore entre les mailles du tissu vasculaire des couches ligneuses et du liber. Le tissu sous-épidermoïde et le parenchyme des feuilles ne sont autre chose que ce tissu ; enfin, il donne presque exclusivement naissance à la pulpe des fruits charnus et aux petits renflements placés à l'extrémité de chaque radicelle.

Les parois de ces deux sortes de tissus, d'abord très-minces, s'épaississent progressivement par le développement intérieur de nouvelles parois, qui finissent même souvent par en remplir entièrement la cavité.

Ces tissus sont les deux formes qui servent en quelque sorte de types aux divers tissus qu'on rencontre dans les arbres ; mais ils se confondent souvent les uns avec les autres, par d'autres tissus de formes intermédiaires, auxquels on a donné des noms différents, et qu'il nous importe moins de connaître pour comprendre les phénomènes que nous allons étudier.

Tels sont, dans la structure des arbres, les principaux organes que nous avions à examiner. Pour résumer ce que nous venons de voir à cet égard, nous avons placé à la page suivante le tableau analytique de ces organes.

TABLEAU ANALYTIQUE DES PRINCIPAUX ORGANES DES ARBRES.

LES ARBRES PRÉSENTENT DANS LEUR STRUCTURE :

- **Des organes conservateurs :**
  - Racine :
    - Collet.
    - Corps ou pivot.
    - Radicelles ou chevelu.
  - Tige :
    - Organes extérieurs :
      - Bourgeons.
      - Rameaux.
      - Branches.
      - Tronc.
      - Moelle.
    - Organes intérieurs :
      - Corps ligneux :
        - Bois parfait.
        - Aubier.
      - Écorce :
        - Liber.
        - Couches corticales.
        - Tissus sous-épidermoïde.
        - Épiderme.
  - Boutons :
    - Œil.
    - Bouton proprement dit.
  - Feuilles :
    - Pétiole.
    - Disque.
  - Stomates.
- **Des organes reproducteurs :**
  - Fleur :
    - Enveloppes florales :
      - Calice : Folioles calicinales.
      - Corolle : Pétales.
    - Organes sexuels :
      - Étamines :
        - Filet.
        - Anthère.
        - Pollen.
      - Pistil :
        - Ovaire.
        - Style.
        - Stigmate.
  - Fruit :
    - Péricarpe.
    - Semences :
      - Cordon ombilical.
      - Tunique.
      - Périsperme.
      - Embryon :
        - Plumule.
        - Radicule.
        - Cotylédons.
- **Des organes élémentaires :**
  - Tissu vasculaire.
  - Tissu cellulaire.

CHAPITRE DEUXIÈME

PHYSIOLOGIE VÉGÉTALE

La physiologie végétale comprend les fonctions que chacun des organes étudiés précédemment remplit dans la vie des plantes, et d'où résultent les différents phénomènes de la végétation; c'est-à-dire la *germination des graines*, la *nutrition*, l'*accroissement*, la *reproduction*, et la *mort*. Nous allons examiner ces phénomènes dans l'ordre où ils se produisent, et constater en même temps le rôle que les organes remplissent dans toutes les phases de la végétation.

Germination. — La germination est l'acte par lequel l'embryon de la graine, placé dans les circonstances favorables à son développement, se débarrasse des enveloppes séminales, et se transforme en un végétal parfait semblable à celui qui lui a donné naissance. L'acte de la germination se résume dans les phénomènes suivants :

Dès qu'une graine reçoit les influences favorables à sa germination, elle absorbe l'humidité, elle se gonfle, ses cotylédons (A, *fig.* 24) grossissent, sa radicule (B) s'allonge, la tunique (C) se rompt, et donne passage à la radicule, qui se dirige vers la terre; la plumule (D) se redresse, se dégage de la tunique; les cotylédons s'étalent, fournissent à la jeune plante la nourriture qu'ils contiennent, puis se flétrissent, et tombent lorsque les premières feuilles sont suffisamment développées. La germination est alors achevée.

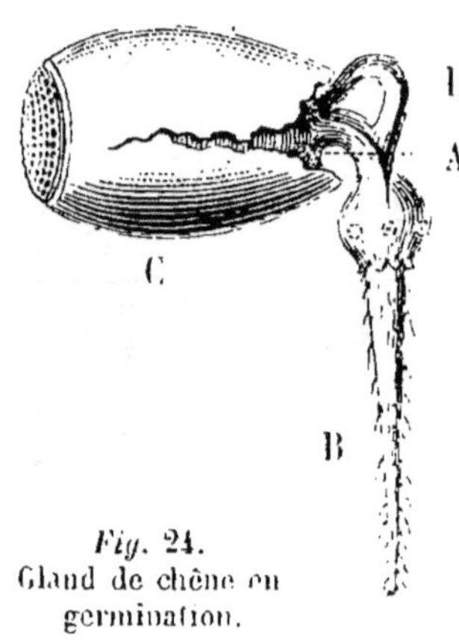

Fig. 24.
Gland de chêne en
germination.

La germination d'une graine ne peut s'opérer sans le concours de l'*eau*, de l'*air* et de la *chaleur*.

L'eau assouplit les enveloppes, facilite leur rupture, délaye la substance des cotylédons ou du périsperme, et la rend propre à être absorbée par la jeune plante. La quantité d'eau nécessaire à la germination de chaque graine est toujours en raison du volume de celle-ci.

L'air joue le rôle le plus important dans cette circonstance. Il paraît, d'après des expériences positives, que c'est par l'oxygène qu'il contient que ce gaz concourt à la germination, en modifiant la substance des cotylédons ou du périsperme de manière à la rendre plus propre à la nutrition.

La chaleur détermine l'évolution des germes en stimulant et activant l'énergie vitale. Mais, pour que son action soit efficace, elle doit être appliquée dans certaines limites. Ainsi, si la température était élevée à 45 ou 50°, l'humidité du sol serait vaporisée et la germination ne s'effectuerait pas. Il en serait encore de même si la température était abaissée au-dessous de zéro, point où les liquides se congèlent. C'est donc entre ces deux limites extrêmes qu'on doit chercher le degré de température convenable pour chaque espèce.

La température la plus basse à laquelle les graines puissent germer varie en raison de l'espèce ; mais, ce point déterminé, la germination est d'autant plus accélérée, que la chaleur est plus élevée, pourvu qu'elle ne dépasse pas 45 ou 50°.

Bien que l'eau, l'oxygène et la chaleur soient les seuls agents absolument indispensables pour l'accomplissement du phénomène que nous décrivons, on ne peut passer sous silence l'action du sol dans lequel la graine est semée. Ce milieu est nécessaire à la germination de la plupart des espèces. Il sert de support et de soutien aux jeunes plantes, il distribue lentement à chaque graine la quantité d'humidité qui lui est nécessaire, et, dès que la radicule est développée, il lui fournit les liquides chargés de principes nutritifs qu'elle a besoin d'absorber. La lumière nuit à la germination en empêchant l'action efficace du gaz oxygène, le sol influe donc encore favorablement dans ce phénomène en privant les graines de la présence de la lumière.

La qualité du sol influe sur le succès de la germination. L'expérience a démontré que les graines germent plus facilement dans les terrains légers que dans ceux qui sont lourds et compactes. La surface de ces derniers se durcit en une croûte imperméable, prive les graines de l'influence de l'air et en retarde la germination. D'autres fois ils retiennent l'eau en trop grande abondance ; les semences s'y trouvent comme noyées et pourrissent. Les sols légers sont au contraire très-perméables à l'air et à l'eau ; les semences y sont soumises à l'influence de l'oxygène, et y trouvent une humidité suffisante. Enfin la profondeur à laquelle les graines sont enterrées agit encore sur la germination. On conçoit que, si ces graines sont recouvertes de telle manière que l'air ne puisse les atteindre, leur évolution restera stationnaire. Elles souffriront également si elles sont posées seulement à la surface du sol, où les plus grosses surtout ne trouveront pas assez d'humidité.

D'après ces motifs, on a posé les principes suivants :

1° Les grosses graines doivent être enterrées plus profondément que les petites, parce qu'elles ont besoin, pour germer, d'une plus grande quantité d'humidité.

2° Les mêmes graines doivent être enterrées plus profondément dans un terrain léger que dans un sol compacte, parce que le premier retient moins l'humidité que le second, et qu'il est plus perméable à l'air.

Les trois agents précédents, combinés dans les proportions les plus favorables aux besoins de chaque sorte de semence, agissent avec plus ou moins d'intensité, en raison de l'organisation propre à chacune d'elles. De là, les différences de temps qu'exige chaque espèce pour germer.

En général, les graines d'arbre germent plus lentement que celles des plantes herbacées, cela tient à ce que les premières sont habituellement recouvertes d'une tunique moins perméable à l'humidité que les secondes. C'est aussi par cette raison que les graines d'arbre d'une consistance osseuse (les *néfliers*, les *rosiers*) lèvent plus lentement que les autres.

Les semences se développent d'autant plus rapidement qu'elles sont plus nouvellement récoltées : encore imbibées de leur eau de végétation, leur tunique se laisse plus facilement pénétrer par l'humidité extérieure. D'ailleurs, en vieillissant, l'embryon s'engourdit et perd une partie de son énergie vitale.

Nutrition. — Les substances propres à la végétation des arbres sont d'abord introduites dans leurs organes, puis modifiées, préparées de manière à servir ensuite à leur accroissement. Ces phénomènes constituent la *nutrition*. Occupons-nous du mode d'absorption de ces substances, en recherchant avant tout de quelle nature elles sont en général.

Les végétaux contiennent du carbone, de l'eau toute formée, ou ses éléments (oxygène et hydrogène), du phosphore, du soufre, des oxydes métalliques unis aux acides phosphorique, sulfurique et silicique, des chlorures, des bases alcalines (potasse, soude, chaux, magnésie) combinées à des acides végétaux. Les plantes ont donc besoin pour vivre d'absorber incessamment de l'eau ou ses éléments, de l'air ou ses éléments, de l'acide carbonique et certaines matières minérales. C'est du sol et de l'atmosphère qu'elles tirent toutes ces matières alimentaires. Dans la terre, les racines puisent l'eau, les substances minérales ou salines, et les substances organiques fournies par les engrais ; substances qui consistent en des composés riches en carbone et en azote. De leur côté, les feuilles absorbent, dans l'atmosphère qui les baigne de toutes parts, le gaz acide carbonique,

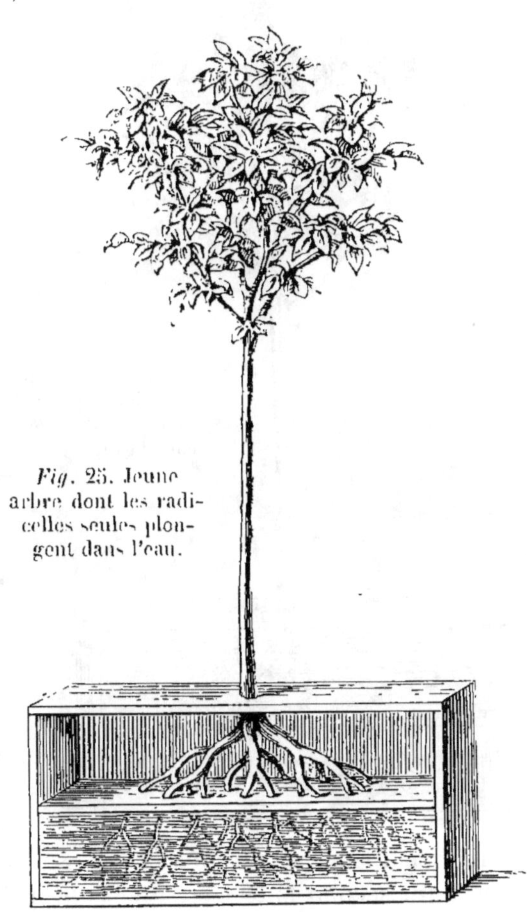

Fig. 25. Jeune arbre dont les radicelles seules plongent dans l'eau.

l'ammoniaque, l'hydrogène sulfuré, qui fournissent aux tissus la plus grande partie du charbon, de l'azote et du soufre qu'on rencontre dans leur constitution intime. Mais comment tous ces principes élémentaires sont-ils introduits dans la jeune plante? Posons d'abord en principe que toutes les substances solides dont nous venons de parler ne peuvent pénétrer dans les végétaux qu'à l'état de dissolution dans l'eau ou à l'état gazeux. L'épiderme des racines est dépourvu de stomates ou pores, et ceux qui existent sur les organes foliacés sont beaucoup trop ténus pour permettre à ces matières d'être introduites à l'état solide. L'eau, outre qu'elle est un élément nutritif pour les plantes, sert donc encore de véhicule pour l'introduction et la

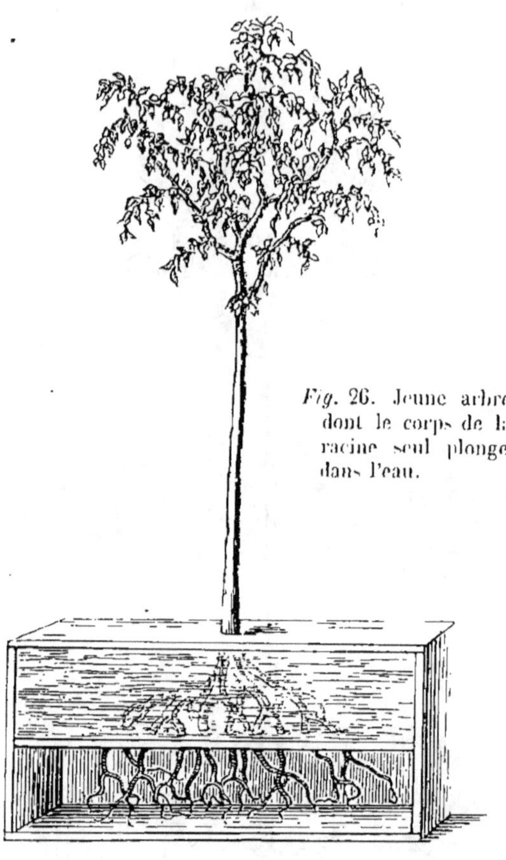

Fig. 26. Jeune arbre dont le corps de la racine seul plonge dans l'eau.

répartition des molécules nutritives dans toutes les parties de l'arbre.

Les organes absorbants des arbres sont les racines et les feuilles. Occupons - nous d'abord de l'absorption par les racines.

Les racines puisent dans la terre des gaz et des fluides aqueux qui tiennent en dissolution les matières propres à la nutrition des arbres. Pour se convaincre de ce fait, il suffit de placer les racines d'un jeune arbre dans un vase rempli d'eau. Cet arbre continuera de végéter, et l'on verra le liquide diminuer progressivement. La même expérience peut servir à démontrer l'existence d'un second fait, c'est que l'absorption des racines a lieu surtout pendant le jour. En effet, on voit le liquide diminuer sensiblement du matin au soir et très-peu du soir au matin.

Nous savons déjà que c'est dans les extrémités radiculaires ou le chevelu de la racine que réside surtout la propriété d'absorption. Pour prouver l'exactitude de cette assertion, on a disposé (*fig.* 25) un jeune arbre de manière à ce que les radicelles seules plongeassent dans l'eau, tandis que le corps de la racine était seulement abrité du contact de l'air. L'arbre a continué de végéter. Puis on a fait le contraire (*fig.* 26) : on a placé le corps de la racine dans l'eau, tandis que les radicelles étaient privées de son contact ; la végétation s'est arrêtée tout à coup et les feuilles se sont flétries. Ces deux expériences sont concluantes.

On doit à M. Dutrochet l'explication du phénomène par lequel les liquides répandus dans le sol pénètrent dans les extrémités radiculaires, recouvertes cependant par une membrane continue. Ce résultat est dû à une force nommée *endosmose*, qui fait que deux liquides de densité différente et séparés par un membrane animale ou végétale, traverseront cette membrane pour se mettre en équilibre. Ainsi, qu'une petite vessie membraneuse (C, *fig.* 27), remplie d'eau sucrée ou gommeuse, soit fixée à la base d'un tube à double courbure, rempli lui-même d'eau sucrée de B en A, et de mercure d'A en A : qu'on plonge la vessie dans un vase rempli d'eau pure, et l'on verra bientôt celle-ci, pénétrant à travers la vessie, exercer une pression telle sur la colonne de mercure, que cette dernière pourra s'élever à plus d'un mètre dans l'espace de deux jours. C'est sous l'influence de ce même phénomène de l'endosmose qu'on voit les cerises et les prunes se déchirer lorsqu'elles sont mouillées par les pluies aux approches de leur maturité.

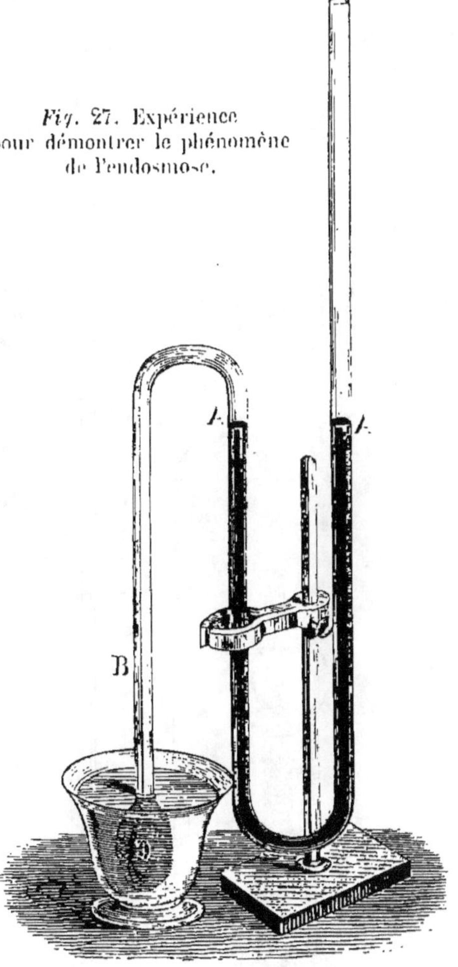
Fig. 27. Expérience pour démontrer le phénomène de l'endosmose.

Dès que l'eau du sol, chargée de matières solubles, est entrée dans les radicelles, elle fait partie des sucs du végétal :

c'est à ce fluide que l'on donne le nom de *séve proprement dite*. Étudions maintenant quelle direction cette séve suit dans l'arbre, et quelles sont les parties de la tige qui servent à la circulation.

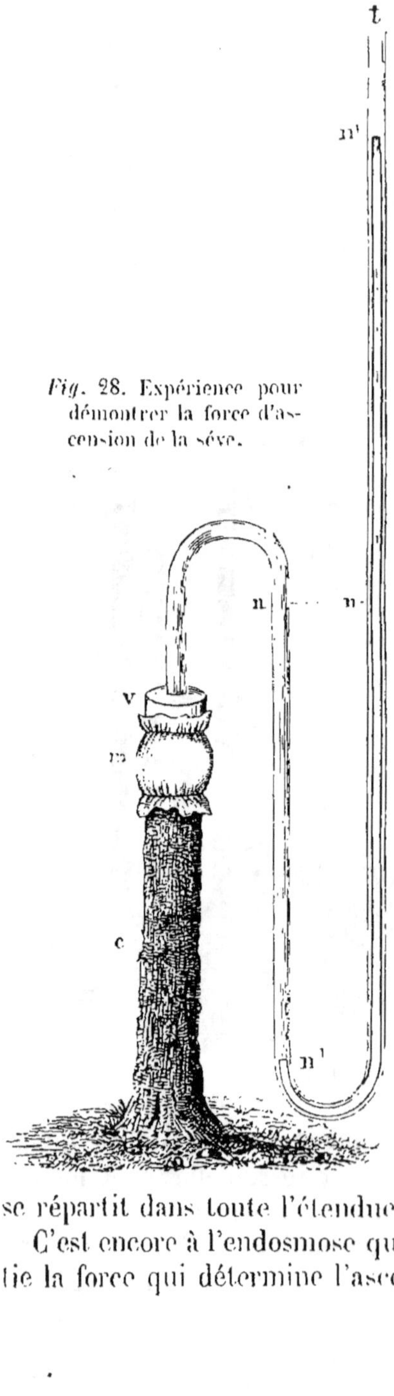

La séve, absorbée par les racines, s'élève jusqu'aux feuilles; c'est à ce phénomène qu'on donne le nom d'*ascension de la séve*, ou *séve montante*. Les expériences les plus concluantes sont venues démontrer que c'est par le corps ligneux que s'opère le mouvement d'ascension. Voici l'expérience principale qui, répétée par plusieurs physiologistes et par nous, est venue éclairer cette question. On arrosa un jeune arbre, placé dans un vase, avec un liquide coloré. Après plusieurs jours d'expérience, on coupa transversalement la tige de cet arbre, et l'on reconnut, à la couleur des parties qui avaient servi à la circulation, que le liquide avait suivi dans son mouvement d'ascension seulement les vaisseaux formant les deux ou trois couches les plus extérieures de l'aubier. L'ascension de la séve s'opère donc par les couches d'aubier les plus jeunes; de là elle passe dans les vaisseaux qui forment la pétiole (II, *fig.* 7), puis elle se répartit dans toute l'étendue de la feuille.

Fig. 28. Expérience pour démontrer la force d'ascension de la séve.

C'est encore à l'endosmose qu'on doit attribuer en grande partie la force qui détermine l'ascension de la séve; toutefois, l'action de l'évaporation sur toutes les parties vertes des arbres vient encore aider à ce mouvement ascensionnel, en produisant dans les tissus environnants un vide qui attire à lui la séve des racines. Cette force d'ascension est telle, que si l'on coupe, au printemps, un cep de vigne c (*fig.* 28) près de sa base, et que l'on adapte sur cette coupe m un tube à double courbure t, rempli de mercure jusqu'au point n, on voit bientôt la séve qui s'échappe de la section exercer une pression telle sur la colonne de mercure, que cette dernière arrive aux points n' et n'', et peut s'élever ainsi à plus d'un mètre au-dessus de son niveau.

Les racines ne sont pas les seuls organes absorbants ; les feuilles remplissent aussi cette fonction, et puisent dans l'atmosphère, de la vapeur d'eau, de l'acide carbonique et de l'oxygène. Cette absorption se fait particulièrement par les pores de la face inférieure des feuilles. Dans les racines, cette introduction de fluides a lieu surtout pendant le jour ; dans les feuilles, au contraire, elle s'opère pendant la nuit. Les fluides absorbés par les feuilles et par les racines sont accumulés dans les cellules répandues entre les mailles qui composent les parties foliacées de l'arbre.

La séve ascendante, parvenue dans les feuilles, y subit plusieurs modifications : d'abord, elle abandonne une grande partie de son humidité, qui est rejetée dans l'atmosphère sous forme de vapeur aqueuse par toutes les parties vertes, et surtout par les pores qui couvrent la face supérieure des feuilles. Ce premier fait a

Fig. 29. Soleil des jardins.

été clairement démontré par les expériences de Hales, célèbre physiologiste anglais. Il planta (*fig.* 29) un soleil des jardins dans un vase fermé par une platine percée seulement par deux ouvertures, l'une pour laisser passer la tige de la plante, l'autre pour pratiquer des arrosements. Le pot et la plante furent soigneusement pesés soir et matin pendant quinze jours. Il résulta de ces observations que la plante perdit par l'évaporation 600 grammes d'eau par jour.

La même expérience a servi à démontrer que cette exhalation a lieu surtout sous l'influence de la lumière. Ainsi, en pesant le matin le pot et la plante, il ne trouva pas de perte appréciable.

Quelquefois cette transpiration est si considérable, qu'elle devient sensible, comme la sueur, sous forme de gouttelettes. Ceci explique la présence des gouttelettes d'eau qu'on observe fréquemment sur les feuilles de quelques espèces aux premiers rayons du soleil levant. On avait cru d'abord que cette humidité était produite par la rosée; mais on a reconnu qu'elle s'observe de même sur les plantes recouvertes pendant la nuit d'une cloche de verre, et qu'elle devait être rapportée en grande partie à la transpiration des plantes.

La modification la plus importante subie dans les feuilles par la séve ascendante est incontestablement la suivante.

Nous savons que, d'un côté, cette séve tient en dissolution des matières carbonées provenant des engrais répandus dans le sol. D'un autre côté, nous avons vu que les feuilles absorbent du gaz oxygène dans l'air pendant la nuit; or des expériences minutieuses ont démontré que le gaz oxygène s'unit aux matières carbonées pour former du gaz acide carbonique; puis, que ce dernier gaz est ensuite décomposé, que le carbone est fixé dans le végétal, et le gaz oxygène reversé dans l'air. Le gaz acide carbonique, puisé dans l'air par les feuilles en même temps que le gaz oxygène et les vapeurs aqueuses, subit la même décomposition. Ce qu'il y a de remarquable dans ce phénomène, c'est qu'il n'a lieu que sous l'influence des rayons solaires.

L'expérience suivante vient, du reste, prouver d'une manière bien évidente cette absorption de l'acide carbonique par les feuilles, sa décomposition sous l'influence de la lumière et la fixation du carbone dans la plante. Si l'on place sur une même cuvette (*a, fig.* 30) deux bocaux renversés, l'un *b*, ainsi que la cuvette, plein d'eau distillée dans laquelle nage une plante de menthe aquatique, l'autre, *c*, rempli d'acide carbonique ; qu'on surmonte l'eau de la cuvette d'une épaisse couche d'huile, pour éviter le contact de l'air atmosphérique, et qu'on expose l'appareil au soleil, voici ce qui a lieu : l'acide carbonique est progressivement absorbé par l'eau, qui le cède à mesure à la plante de menthe ; celle-ci le décompose et rejette l'oxygène, lequel s'accumule successivement au sommet du bocal *b*, tandis que l'on voit l'eau s'élever dans le bocal *c* et y occuper un espace à peu près égal à celui de l'oxygène qui s'accumule au-dessus de la plante de menthe.

D'un autre côté, si un jeune arbre en végétation est plongé dans une obscurité complète, les parties qui se développent contiennent, à volume égal, une bien moins grande proportion de charbon que celles développées à la lumière ; en outre, elles sont d'une couleur jaunâtre et chargées d'une bien plus grande quantité de fluides aqueux. Ceci prouve évi-

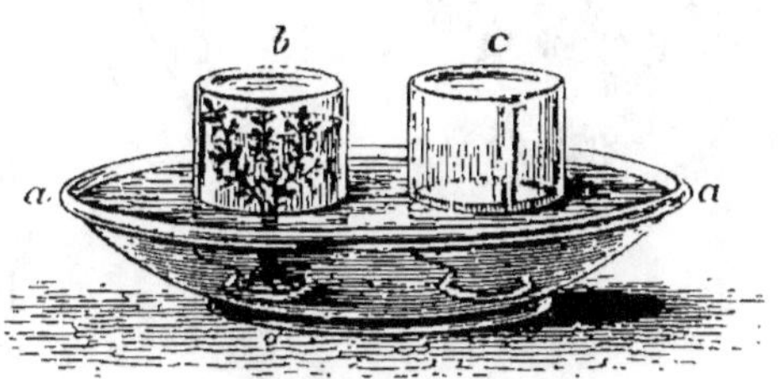

Fig. 30.

demment que le carbone ou charbon ne peut être fixé dans la plante qu'à l'aide du concours de la lumière, et que la présence de cet agent est également nécessaire pour que la séve se débarrasse de son eau surabondante au moyen de la transpiration.

Telles sont les principales modifications que subissent, dans les feuilles, les divers fluides absorbés, avant de servir à l'accroissement des arbres. Voyons maintenant quelle route suit cette séve pour arriver aux différents points où doivent se faire de nouveaux développements.

La séve, après avoir reçu les modifications précédentes dans le tissu cellulaire des feuilles, devient moins liquide, et acquiert le caractère d'un nouveau fluide, connu sous le nom de *cambium*. Ainsi préparé, le cambium passe des cellules de la feuille dans les nervures du même organe, composées, comme nous le savons, de vaisseaux ou tissu vasculaire. Il circule dans ces vaisseaux, et parvient, en descendant, jusqu'à la base du pétiole. Là, il détermine la formation d'une couche d'aubier et de liber, puis une partie descend par les vaisseaux de cette même couche de liber (*c, fig.* 7). On donne à ce second mouvement de la séve le nom de *séve descendante.*

Plusieurs physiolologistes ont nié le passage du cambium ou séve descendante par le liber. Ils ont pensé qu'il suivait les vaisseaux de la couche d'aubier. Le fait suivant est venu donner tort à cette opinion. Si on enlève un anneau d'écorce à la tige ou à une branche d'un arbre en végétation (A, *fig.* 51), on voit bientôt se former au bord supérieur de la plaie un bourrelet (*a*). Si l'on opère cette section sur une branche dépourvue ou dégarnie de feuilles (B), il ne se forme point de bourrelet à la lèvre supérieure (*b*). Ce bourrelet ne se développe qu'à mesure que les feuilles, apparaissant sur cette branche, viennent élaborer le cambium. Il est difficile de ne pas conclure de ces faits que la séve descendante suit, pour opérer ce mouvement, les couches de liber, et que, arrêtée par la section annulaire, elle donne lieu au bourrelet.

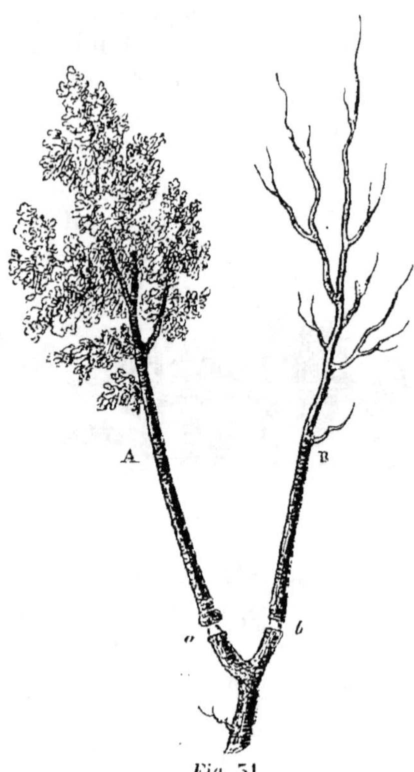

Fig. 51.

Accroissement. — Le phénomène par lequel le fluide organisateur ou cambium est réparti sur les divers points du végétal et sert à son développement constitue l'*accroissement.*

On distingue dans l'accroissement celui de la tige et celui des racines. L'accroissement de la tige présente deux phénomènes : l'accroissement en longueur et l'accroissement en diamètre.

Accroissement en longueur.—Le cambium élaboré par les

feuilles pendant tout le temps de la végétation n'est pas employé
en totalité à la formation de nouvelles parties : une certaine
quantité reste en dépôt dans les tissus de l'arbre pendant l'hiver, pour servir au premier développement, lors du réveil de
la végétation, alors qu'il n'y a pas encore
de feuilles qui puissent concourir à sa
préparation. Pour prouver ce fait, on
coupe, vers le milieu de l'hiver, le tronc
d'un arbre ; on le conserve jusqu'au printemps dans un endroit un peu humide
pour empêcher l'évaporation des fluides
qu'il renferme, et on le voit, au printemps, développer des bourgeons quelquefois longs d'un mètre. Le tronc étant
privé de racines et de feuilles, ces bourgeons sont évidemment alimentés par le
cambium tenu en réserve dans les tissus
de cette partie de l'arbre.

Au printemps donc, lorsque la température commence à s'élever, les tissus des
végétaux, excités par la chaleur, retrouvent toute leur énergie vitale. Les
boutons acquièrent une surexcitation particulière ; l'ascension de la séve, des racines vers le sommet de l'arbre, commence à s'effectuer avec une grande force.
Ce fluide, comprimé à l'extrémité des
rameaux dans les vaisseaux les plus extérieurs de la jeune couche d'aubier (A,
fig. 32), agit sur les vaisseaux (B et C)

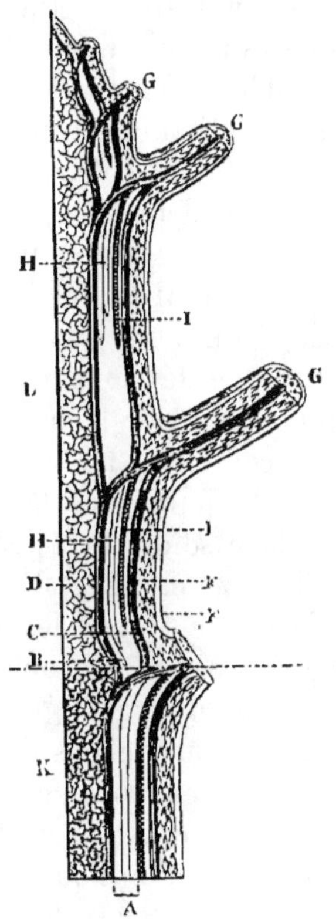

Fig. 32. Coupe verticale
grossie d'un fragment de
rameau (K) et d'un frag-
ment de bourgeon (L).

qui forment l'axe rudimentaire des boutons et détermine
l'allongement de cet axe ; c'est alors que commence l'accroissement en longueur des bourgeons, dont les premiers tissus sont
constitués à l'aide du cambium tenu en réserve dans les parties
environnantes. Ces jeunes bourgeons se composent d'abord d'un
axe (B, *fig.* 32) : c'est l'étui médullaire rempli de moelle (D,
fig. 32). Cet étui médullaire est formé de quelques vaisseaux
puis il est recouvert par une couche très-mince de liber (C), de
tissu sous-épidermoïde (E), et d'épiderme (F). Ces différentes

parties sont les seules dans les arbres qui se développent de bas en haut, et naissent toujours d'un bouton : c'est le *système ascendant*. Toutes les autres parties se développent constamment de haut en bas, comme nous le verrons bientôt.

Bientôt après cette évolution de l'axe des bourgeons, les premières feuilles (G, *fig.* 32) se déploient, et, commençant immédiatement leurs fonctions, transforment en cambium la séve des racines. Il s'établit alors, dans chacun de ces nouveaux prolongements, une lutte entre deux effets opposés : la séve ascendante, qui, par sa force, détermine le prolongement des tissus ; et la séve descendante ou cambium, qui, déposant sur son passage des matières nutritives, tend à constituer et à solidifier ces mêmes parties, à diminuer leur élasticité, et à arrêter ainsi leur allongement. Le développement des filets ligneux (H) et du liber (I), qui naissent de la base des feuilles en se dirigeant du haut en bas, contribue aussi beaucoup à arrêter cette élongation, qui cesse toujours vers la fin de l'année, en commençant d'abord par la base des bourgeons.

Tel est, en général, le mode d'accroissement en hauteur des arbres ; le tronc, les branches et les rameaux, se sont ainsi étendus par le développement successif de bourgeons terminaux.

Ce qu'il y a de remarquable dans ce qui précède, c'est, comme nous venons de le dire, que les bourgeons, après s'être allongés pendant une année environ, restent stationnaires, ou, du moins, que leur prolongement n'a plus lieu que par le développement d'un nouveau bourgeon terminal. Ainsi Duhamel fixa, à d'égales distances les unes des autres, des pointes, disposées sur une ligne longitudinale, sur des troncs, des branches et des rameaux ; après plusieurs années d'observation, il ne remarqua pas que l'espace réservé entre ces pointes eût augmenté.

La longueur qu'acquiert chaque bourgeon pendant l'année de son développement varie en raison de plusieurs circonstances.

Si l'on compare entre eux deux arbres de même espèce placés dans des circonstances différentes, on observera souvent que la plupart des bourgeons développés par l'un seront beaucoup plus longs que ceux de l'autre. Ce fait a pour cause générale l'inégalité d'action de la séve ascendante et celle de la séve descendante. En effet, si l'un de ces arbres se trouve planté dans un sol humide et dans une position ombragée, la séve ascendante, très-abondante et surtout très-aqueuse, agira avec force sur l'allongement des bourgeons ; d'un autre côté, les fonctions des feuilles se faisant incomplétement, en raison du peu de lumière qui les éclaire, la séve descendante ou cambium sera aussi très-aqueuse et peu riche en principes organisateurs. Il résultera de ces deux causes que les tissus des bourgeons se solidifieront lentement, que les productions descendantes du bois et du liber seront peu abondantes, et que les bourgeons devront acquérir bien plus de longueur dans un temps donné.

Si, au contraire, un autre individu de la même espèce se trouve planté dans un terrain sec, exposé à une lumière très-vive, la séve ascendante sera moins aqueuse et plus riche en principes nutritifs, les feuilles fonctionneront avec une grande énergie, et la séve descendante sera très-riche en molécules organisatrices. Il en résultera que les tissus des bourgeons, étant, d'un côté, soustraits à une partie de l'influence de la séve ascendante, et, de l'autre, recevant une grande quantité de molécules nutritives, se solidifieront bien plus promptement, et que leur allongement se trouvera aussi plus vite arrêté par l'abondance des filets ligneux et corticaux descendants. Ces bourgeons acquerront alors bien moins d'étendue dans un temps donné.

On trouvera encore des différences très-grandes entre les diverses espèces ligneuses, quant à la longueur de leurs bourgeons. Ici elles ne sont plus dues seulement à l'influence des causes extérieures, mais encore au mode de nutrition particulier à chaque sorte d'arbre. Comparons, par exemple, la vigne et le chêne. La vigne développe des bourgeons qui acquièrent souvent jusqu'à 5 et 6 mètres de long, tandis que dans le chêne les plus vigoureux ne dépassent guère 1 mètre. Cela tient à ce que, la vigne s'assimilant une bien moins grande proportion de matière carbonée que le chêne, les causes qui s'opposent à l'allongement des tissus s'y produisent avec moins d'intensité. Nous pourrions en dire autant du *saule*, du *peuplier*, du *tilleul*, comparés au *chêne* ; aussi le bois de ces arbres est-il, à volume égal, bien moins riche en charbon que celui du chêne.

L'allongement des bourgeons, observé sur un même individu, offre aussi des différences remarquables. On voit que le bourgeon terminal d'un rameau est toujours plus vigoureux et acquiert plus de longueur que ceux placés au-dessous (B, *fig.* 4). Ce phénomène s'explique quand on songe que la séve ascendante, trouvant moins d'obstacles à circuler dans une ligne droite que dans une ligne brisée, doit agir avec bien plus d'énergie sur l'allongement du bourgeon terminal que sur celui des bourgeons latéraux. Nous devons ajouter que, le bouton terminal d'un rameau étant formé après les boutons latéraux, les vaisseaux ligneux qui y portent la séve des racines recouvrent en grande partie ceux qui alimentent directement les boutons latéraux ; il en résulte que les vaisseaux du bouton terminal, formant immédiatement l'extrémité des radicelles, absorbent plus facilement et en plus grande quantité les fluides répandus dans le sol ; cela est si vrai, que les boutons terminaux se développent toujours avant les boutons latéraux. On voit aussi que plus un rameau développe de bourgeons, moins ceux-ci acquièrent de longueur : la séve ascendante, partageant son action entre les divers bourgeons, agit d'autant moins activement sur chacun d'eux qu'ils sont plus nombreux. Nous nous rappellerons ces principes lorsque nous nous occuperons de la taille des arbres fruitiers et de l'élagage.

Accroissement en diamètre. — L'accroissement en diamètre des diverses parties de la tige commence à s'opérer en même temps que leur développement en longueur. Suivons cet accroissement dans une jeune tige née depuis quelques jours seulement.

A mesure que cette jeune tige s'allonge et que les feuilles se déploient, celles-ci élaborent le cambium. Ce fluide organisateur, une fois formé, descend, par les nervures de la feuille, jusqu'à la base du pétiole. Là il produit un certain nombre de vaisseaux ligneux (M, *fig.* 7), qui, naissant de ce point, recouvrent le canal médullaire et se prolongent jusqu'à l'extrémité des radicelles : c'est la première formation de l'aubier. Les feuilles qui se développent au-dessus de la première fournissent également un certain nombre de ces vaisseaux ligneux (D, *fig.* 7) qui recouvrent successivement ceux des feuilles placées au-dessous, et se prolongent également jusqu'à l'extrémité des racines. Ce développement et cette superposition successive de vaisseaux ligneux se produisent sur la jeune tige tant qu'elle donne naissance à de nouvelles feuilles. Vers l'automne, les feuilles venant à disparaître, il n'y a plus préparation de cambium, et les formations ligneuses cessent. La séve ascendante n'étant plus appelée par les feuilles, les fonctions des racines sont aussi en partie suspendues. Ce qui se forme ainsi d'aubier sur la tige, pendant le cours de la végétation, donne lieu à une couche séparée de celles qui suivront par une petite ligne de couleur plus foncée (*fig.* 6).

S'il est vrai qu'il se forme chaque année sur la tige une couche distincte de bois, il doit être possible de déterminer approximativement l'âge d'un arbre, en comptant sur la coupe transversale de son tronc le nombre de ses couches ligneuses ; mais pour que le calcul puisse approcher de la vérité, l'arbre doit être coupé près de sa base ; car, si la section était opérée sur un point plus élevé que celui où s'est arrêté, la première année, l'allongement de la jeune tige, et, par conséquent, la formation de la première couche ligneuse (en B, par exemple, *fig.* 9), on compterait une ou plusieurs couches de moins.

Pour prouver le degré de précision de ce procédé, nous citerons le fait suivant : nous avons coupé transversalement le tronc d'un *platane* qui fut abattu, en 1838, par un ouragan sur le boulevard Martainville, à Rouen. Cette avenue fut plantée en 1776, sous l'intendance de M. de Crosne. Eh bien, en comptant les couches ligneuses de cette coupe, nous en avons trouvé 67. Le nombre d'années écoulées de 1776 à 1838 est de 62 ; comme l'arbre avait au moins 5 ans quand on l'a planté, on voit que le nombre de couches observées indiquait son âge d'une manière assez exacte.

En considérant attentivement la masse du corps ligneux sur la coupe transversale d'un tronc d'arbre déjà âgé, on remarque que les couches concentriques qui la composent offrent entre elles une grande irrégularité d'épaisseur. L'étude comparée de la coupe d'un certain nombre de troncs de vieux arbres a démontré qu'en général leur accroissement en grosseur est d'abord assez prompt, mais qu'à une certaine époque de leur existence, époque assez reculée d'ailleurs et variant selon les espèces, l'accroissement annuel diminue beaucoup, et se continue ensuite jusqu'à la mort de l'arbre sans perdre ni gagner sensiblement. Cette diminution d'accroissement paraît tenir surtout à la cause suivante : c'est que la surface du tronc qui est recouvert chaque année par les fibres ligneuses des feuilles, s'accroit plus vite que le nombre de ces dernières. Il en résulte nécessairement une diminution croissante dans l'épaisseur des couches ligneuses constituées par ces fibres. — Au surplus, cette cause peut être modifiée par la plus ou moins grande fertilité des diverses zones de terre que les racines rencontrent dans leur trajet pendant la vie de l'arbre. Ainsi on voit quelquefois des couches ligneuses, développées pendant la jeunesse de l'arbre, être plus minces que celles qui les précèdent et les suivent. Ces couches correspondent à une époque de la vie de l'arbre où les racines se trouvaient engagées dans une terre moins fertile.

Quelquefois aussi presque toutes les couches ligneuses de certains troncs présentent, vers le même point de leur étendue circulaire (en A, *fig.* 33), une épaisseur plus considérable que vers les autres points ; de telle sorte que le canal médullaire paraît être placé latéralement, et que le tronc offre de ce côté un renflement longitudinal très-marqué. Ce phénomène est dû à la présence d'une grosse branche au-dessus de ce point. Celle-ci supportant un plus grand nombre de feuilles, il s'y introduit plus de cambium et de vaisseaux ligneux, et les couches de bois acquièrent nécessairement de ce côté plus d'épaisseur.

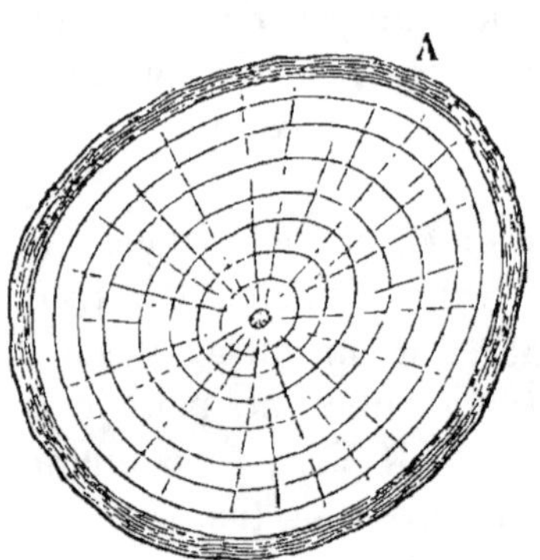

Fig. 33. Coupe transversale d'une tige dont les couches ligneuses sont toutes plus épaisses d'un côté.

Si on venait à supprimer cette grosse branche, ces couches ligneuses cesseraient aussitôt leur accroissement disproportionnel.

Nous avons vu, en étudiant l'organisation du corps ligneux, qu'il offre deux parties distinctes : l'une, centrale, d'un tissu plus serré, plus dur, ordinairement plus coloré, et à laquelle on donne le nom de *bois parfait;* l'autre, placée à l'extérieur, d'un tissu plus lâche, d'une couleur toujours jaunâtre, et que l'on connaît sous le nom d'*aubier.* C'est ici le moment de parler de la formation du bois parfait.

Nous savons que l'ascension de la séve s'opère surtout par la couche d'aubier la plus extérieure ; cette couche conserve ses fonctions pendant un, deux, quelquefois même pendant quatre ans, selon le diamètre plus ou moins grand des vaisseaux qui charrient la séve et qui s'obstruent plus ou moins vite. Si l'on opère, au printemps, une section annulaire large de 0^m,10 environ, sur le tronc d'un *faux acacia*, par exemple, dont le tissu est très-serré, et qu'on isole cette plaie du contact de l'air, la partie placée au-dessus de la section languira pendant le restant de l'année, mais elle ne végétera plus au printemps suivant. La couche d'aubier, ne conservant ses fonctions que pendant une année, n'aura pu être remplacée, au point de la section annulaire, par une nouvelle couche, et, la séve ascendante n'arrivant plus aux feuilles, l'arbre mourra. L'*orme*, dont le tissu est un peu plus mou, soumis à la même expérience, ne cesse de vivre qu'au bout de deux ans. Le *marronnier*, le *peuplier*, le *saule*, à tissus plus lâches et moins faciles à obstruer, vivent encore pendant trois et quatre ans.

Tant que les couches ligneuses servent à la circulation des fluides, elles reçoivent toujours quelques molécules nutritives qui viennent augmenter leur densité, et continuent de faire partie de l'aubier. Mais bientôt, les vaisseaux qui composent ces couches finissant par s'obstruer, leurs fonctions cessent; les fluides qu'elles contiennent encore se solidifient, elles acquièrent plus de dureté, une coloration plus intense, et prennent enfin le caractère de bois parfait.

Néanmoins, dans les arbres à bois mou, le *marronnier*, le *peuplier*, les couches ligneuses centrales diffèrent peu des couches extérieures, et le bois parfait y est peu distinct de l'aubier; c'est que le cambium élaboré par les feuilles de ces arbres est bien moins riche en matière carbonée, et que, les tissus qui en résultent étant plus lâches, les vaisseaux cessent leurs fonctions avant d'être complétement obstrués et d'avoir acquis une grande dureté. La circulation des fluides est alors empêchée dans ces vaisseaux par les nouvelles couches d'aubier qui, venant les recouvrir annuellement, privent leur extrémité inférieure du contact immédiat du sol et les empêchent d'absorber.

Dès que les couches ligneuses sont passées à l'état de bois parfait, elles ne servent plus qu'à supporter les parties essentiellement vivantes, c'est-à-dire les couches d'aubier les plus extérieures et l'écorce. Encore le bois parfait n'est-il pas, sous ce rapport, indispensable à l'existence des arbres, car on voit tous les jours des *chênes*, des *ormes*, des *saules*, entièrement creux et qui végètent cependant avec force. Ce fait a servi à démontrer combien était peu fondée l'opinion de ceux qui pensaient que l'ascension de la séve continuait de s'opérer par le canal médullaire.

Les diverses parties que comprend l'*écorce* présentant un mode d'accroissement différent, nous devons les étudier séparément : occupons-nous du *liber*.

Le liber, partie la plus intérieure de l'écorce, immédiatement en contact avec l'aubier (E et F, *fig.* 7), se compose, comme nous le savons déjà, de feuillets minces superposés, et formés eux-mêmes par la réunion de vaisseaux. Ces vaisseaux naissent aussi de la base des feuilles (E, *fig.* 7) et se prolongent, comme les filets ligneux, jusqu'à l'extrémité des radicelles. Seulement, dans le liber, les vaisseaux qui descendent successivement se développent les uns au-dessous des autres (F, *fig.* 7), de sorte que les plus nouvellement formés sont toujours les plus intérieurs ; tandis que, dans le corps ligneux, les nouvelles couches se recouvrant l'une l'autre, la plus jeune est toujours à l'extérieur de l'aubier. Ce qui se forme de vaisseaux du liber pendant le cours de la végétation d'une année donne lieu, comme dans l'aubier, à une couche distincte.

Le cambium préparé dans les feuilles ne concourt pas seulement au développement des vaisseaux descendants de l'aubier et du liber, il produit encore le tissu cellulaire qui remplit les mailles formées par ces différents vaisseaux (*r*, *fig.* 8). Ainsi une partie du cambium circule en descendant dans les vaisseaux du liber ; il s'extravase par les pores et les fentes de ces vaisseaux, entre la couche d'aubier la plus extérieure et la couche du liber la plus intérieure (en *g*, *fig.* 7). Là, à mesure que les vaisseaux de l'aubier et du liber s'allongent et s'organisent, le cambium donne lieu à la formation du tissu cellulaire qui existe entre leurs mailles, et maintient en outre le trajet parcouru par ces vaisseaux dans un état d'humidité favorable à leur développement.

Tel est le mode de formation du corps ligneux et des couches du liber. L'année suivante, au printemps, les vaisseaux de la couche d'aubier formés avant l'hiver servent à faire arriver la séve des racines jusqu'aux boutons ; les feuilles se déploient et concourent à la production de deux nouvelles couches, une couche d'aubier et une couche de liber, qui sont interposées entre les deux précédentes; c'est-à-dire que la nouvelle couche d'aubier recouvre la dernière formée, et que la nouvelle couche du liber, se développant au-dessous de celle qui l'a précédée, la repousse à l'extérieur. C'est de cette manière qu'a lieu l'accroissement en diamètre du tronc, des branches et des rameaux des arbres.

Dans les jeunes tiges, on rencontre, à l'extérieur du liber, une couche de tissu cellulaire de couleur souvent verdâtre, à laquelle on a donné le nom de *tissu sous-épidermoïde* (*e, fig. 7*). Cette couche est le résultat du cambium sécrété par le tissu cellulaire placé entre les mailles du liber, et répandu par les vaisseaux du liber dans lesquels il circule.

Une nouvelle couche de ce tissu sous-épidermoïde est produite chaque année dans les jeunes tiges, et repousse les anciennes à l'extérieur. Cet état de choses se continue jusqu'à ce que, par l'accroissement du corps ligneux, les couches du liber les plus anciennes et les plus extérieures viennent à se distendre, à se déchirer. Mises en contact avec l'air, ces couches se dessèchent et passent à l'état de couches corticales (*d, fig.* 6). C'est alors que le liber, encore vivant, étant recouvert par ces couches sans vie, il n'y a plus production du tissu sous-épidermoïde : c'est ce que l'on remarque sur les vieux troncs.

Néanmoins, quelques espèces offrent, sous ce rapport, une anomalie remarquable. Dans le *bouleau*, le *merisier*, le *chêne-liége* et d'autres espèces encore, le liber est organisé de manière à se distendre assez pour se déchirer très-peu sous l'influence du grossissement du corps ligneux. Il en résulte que les anciennes couches du liber passant moins vite à l'état de couches corticales, la production du tissu sous-épidermoïde est beaucoup plus prolongée, et que les couches annuelles de ce tissu s'accumulent en plus grand nombre à la surface du tronc, et lui donnent souvent un aspect particulier. Dans le *bouleau* et le *merisier*, ces feuillets minces et blancs qui couvrent la surface du tronc ne sont autre chose que les couches accumulées du tissu sous-épidermoïde. Dans le *chêne-liége*, le liége qui se forme sur le tronc est également dû à la réunion des couches annuelles du tissu sous-épidermoïde. Cependant les troncs mêmes de ces espèces finissent, en vieillissant, par déchirer les couches du liber, les placer sous l'influence de l'air et les faire passer à l'état de couches corticales. Celles-ci se détachent alors de la tige par fragments et mettent à nu les couches vivantes du liber, et l'on voit se former, à la surface de ces couches, de nouveaux tissus sous-épidermoïdes qui se détacheront d'eux-mêmes après un certain nombres d'années.

L'*épiderme*, dans les jeunes rameaux, est, comme nous l'avons vu, une petite pellicule mince, transparente, qui recouvre la première couche sous-épidermoïde. Cet épiderme paraît être destiné à abriter la couche inférieure, alors qu'il n'existe pas encore d'anciennes couches de tissu sous-épidermoïde pour remplir cette fonction. Ce qu'il y a de certain, c'est que, dans les branches un peu âgées, où ces anciennes couches sont nombreuses, il n'y a plus de formation d'épiderme.

Ainsi que nous venons de le voir, les *couches corticales*, dont nous avons parlé en nous occupant de la structure de la tige (*d*, *fig.* 6), ne sont que la réunion des anciennes couches du liber desséchées et désorganisées par l'impression de l'air. Ce qui le prouve, c'est que, dans les jeunes tiges, on ne rencontre pas ces couches. On n'y trouve comme écorce, que du liber, du tissu sous-épidermoïde et de l'épiderme. Le corps ligneux, grossissant continuellement par l'addition annuelle de nouvelles parties, distend considérablement les couches corticales les plus anciennement formées, celles qui sont les plus extérieures. Il en résulte que les mailles du tissu de ces couches s'entr'ouvrent et se dessinent à la surface des vieux troncs sous forme de losanges très-allongées. C'est ce qui donne aux troncs de la plupart de nos arbres cet aspect rugueux, augmenté encore par l'action destructive de l'air. Dans le *platane*, le *hêtre*, cette cause agit différemment ; les anciennes couches de liber, à mesure qu'elles passent à l'état de couches corticales, se détachent du tronc par plaques plus ou moins grandes, et tombent.

Un phénomène bien remarquable, dans l'accroissement de l'écorce, c'est la facilité avec laquelle elle recouvre les plaies faites à la tige des arbres. Si l'on enlève, au printemps, une certaine quantité d'écorce sur le tronc d'un arbre, jusqu'à l'aubier (*fig.* 34), le liber est tronqué et mis à nu sur tous les bords de la plaie. Bientôt la sève descendante ou cambium, arrêtée dans sa marche, s'extravase par l'orifice des vaisseaux coupés, se solidifie, s'organise, et forme un bourrelet sur le bord supé-

rieur de la plaie et sur les deux bords latéraux (*fig.* 35). Ces
bourrelets sont d'abord formés par une petite masse de tissu
cellulaire; mais bientôt les filets ligneux et ceux du liber, descendant des feuilles à la face extérieure de l'aubier et à la face
intérieure du liber, rencontrent également la solution de conti-
nuité. Pénétrant alors le bourrelet de tissu cellulaire, ils rampent d'abord horizontalement à la partie supérieure de la plaie,
puis, descendent de chaque côté comme l'indique la figure 36,
où l'on a enlevé la couche de tissu cellulaire qui recouvrait

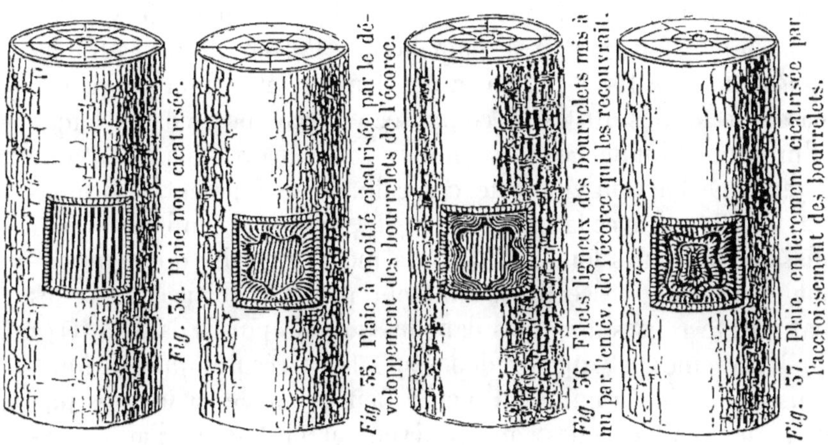

ces productions; de sorte qu'à la fin de l'année ces bourrelets
sont formés par une petite couche d'aubier et une couche
d'écorce.

L'année suivante, une nouvelle couche d'aubier et une de liber s'interposent entre les couches de l'année précédente, et le
bourrelet grossit d'autant. Chaque année, le même phénomène se reproduit, jusqu'à ce que ces bourrelets finissent par
se joindre au centre de la plaie, et par la clore entièrement
(*fig.* 37).

Toutefois il reste une trace indélébile de cette plaie sur la
couche d'aubier qui a été exposée pendant plus ou moins de
temps à l'influence désorganisatrice de l'air. Cette surface, qui a
acquis une couleur brune, et qui n'a contracté aucune adhérence
avec l'aubier des bourrelets qui sont venus la recouvrir peu à
peu, est toujours visible dans l'intérieur de l'arbre.

5.

C'est de cette manière qu'on explique la présence de dessins, de chiffres, dont on trouve quelquefois la trace dans le corps ligneux de certains arbres lorsqu'on vient à les exploiter.

Nous avons dit que l'accroissement annuel des tiges en longueur et en diamètre est continu ; néanmoins, dans beaucoup de cas, on remarque deux périodes d'accroissement pendant le temps de la végétation. Au printemps, la circulation des fluides étant très-active, les feuilles, nouvellement développées, remplissent leurs fonctions avec beaucoup d'énergie. L'accroissement des diverses parties de la tige est alors très-rapide, et c'est à ce premier moment de la circulation qu'on donne le nom de *séve du printemps*. Mais, si l'on se rappelle que l'élaboration des fluides s'opère dans le tissu cellulaire des feuilles, et si l'on songe à la masse de fluides qui est décomposée et recomposée dans chaque cellule sous l'influence de la lumière, on concevra facilement que le jeu, que l'action vitale de ces cellules ne puissent se prolonger longtemps avec la même intensité, et que les feuilles ne remplissent plus leurs fonctions avec la même rapidité qu'à leur début. D'ailleurs, ces cellules finissent par être obstruées par les matières terreuses dissoutes dans les liquides puisés dans la terre par les racines, et qui s'y déposent. Il en résulte que les fonctions des feuilles diminuent peu à peu depuis le printemps jusqu'au moment où elles sont entièrement obstruées ; l'accroissement suit nécessairement cette diminution.

Souvent les mêmes feuilles continuent leurs fonctions jusqu'à la fin de l'automne ; alors l'accroissement aura été continu. Mais, souvent aussi, les feuilles se trouvent obstruées bien avant cette époque, ou bien encore elles sont désorganisées par la chaleur de l'été et la sécheresse du sol. Dans l'un et l'autre cas, il y a alors suspension de végétation et cet état de choses se prolonge jusqu'au moment des rosées abondantes ou des premières pluies de la fin de l'été. Dès lors l'énergie vitale se porte sur les boutons placés à l'extrémité des rameaux ; et ceux-ci, stimulés par la chaleur, se développent et donnent naissance à de nouvelles feuilles. Ces feuilles fonctionnent avec beaucoup d'activité, et déterminent une recrudescence dans la circulation des fluides et dans l'accroissement. C'est à ce réveil de végétation qu'on a donné le nom de *séve d'août*.

Lorsque la séve d'août se manifeste dans les premiers jours

d'août, les rameaux qui en résultent peuvent recevoir avant
l'hiver une organisation et une solidification qui les mettent à l'a-
bri de l'influence fâcheuse des gelées. Mais, quelquefois aussi,
cette recrudescence de végétation n'a lieu que vers le mois de
septembre ; et les productions auxquelles elle donne lieu restent
alors molles, herbacées, souffrent beaucoup pendant l'hiver, et ne
fournissent au printemps suivant que des bourgeons peu vigoureux. Nous devons citer ce fait pour nous le rappeler lors de la
taille des arbres fruitiers. Tel est, en somme, le phénomène de
l'accroissement des tiges. Disons un mot de l'accroissement des
racines.

Accroissement des racines. — L'accroissement en diamètre des racines est en tout semblable à celui des tiges ; mais leur
accroissement en longueur diffère essentiellement de celui des
parties aériennes des arbres. L'allongement des tiges est le résultat de l'action de la séve des racines sur les vaisseaux ascendants
du canal médullaire et de l'écorce des jeunes bourgeons. Dans les
racines, au contraire, cet accroissement est produit par le prolongement des vaisseaux ligneux qui, en descendant jusqu'à l'extrémité des racines, se recouvrent sans cesse les uns les autres et
déterminent l'allongement des radicelles. Parfois, ces vaisseaux
ligneux, empêchés dans leur trajet, s'écartent de leur direction
naturelle, percent l'écorce de la racine et donnent lieu aux nombreuses ramifications qu'on y remarque. L'allongement des racines comparé à celui des tiges présente encore cette autre différence : nous avons vu que l'axe des bourgeons continue de
s'allonger dans toutes ses parties pendant un certain laps de
temps ; les jeunes prolongements radicaux ne croissent au contraire que par leur extrémité. C'est ce que l'on pourra constater
au moyen de signes tracés à des distances égales sur un jeune
prolongement radical ; l'intervalle existant entre eux ne changera
pas, et l'on constatera au delà du dernier toute la longueur que
ce prolongement aura acquise pendant l'expérience. Les racines
sont recouvertes d'une écorce constituée comme celle des rameaux. Leur liber est aussi le résultat du prolongement des vaisseaux de l'écorce qui naissent de la base des feuilles.

L'allongement des racines suit en général le progrès de celui
des bourgeons. Toutefois un certain nombre de jeunes prolongements radicaux paraissent précéder chaque année l'ap-

parition des premières feuilles. En effet, on observe souvent, en déplantant les arbres vers la fin du mois de février, de nouvelles radicelles développées depuis quelques jours seulement. Ces jeunes racines sont formées par des filets ligneux et corticaux qui, surpris à la fin de l'automne dans leur mouvement de descension par les premiers froids, se sont arrêtés, pour reprendre leur trajet sous l'influence des variations de température qui, pendant l'hiver, empêchent la végétation de rester complétement suspendue. Ces vaisseaux ligneux et corticaux, produits par les feuilles voisines du bouton terminal de chaque rameau, portent tout d'abord la séve vers ces boutons, qui se développent toujours les premiers au printemps.

La présence d'une certaine quantité d'air est indispensable à la vie des racines et à l'accomplissement de leurs fonctions. Si, par une circonstance quelconque, elles se trouvent enterrées à une trop grande profondeur, elles ne fonctionnent plus et finissent par pourrir. C'est ce que l'on remarque pour le pivot de la racine de nos grands arbres, qui commence à se détruire après les quatre ou cinq premières années de leur existence. De nombreuses ramifications se développent alors du collet, et elles sont d'autant plus grosses qu'elles sont plus près de la surface du sol. Nous aurons à faire l'application de ces faits lorsque nous parlerons des plantations.

Si l'on compare le développement des divisions de la racine avec celui des divisions de la tige, on remarque que, presque toujours, les plus grosses ramifications de la racine se trouvent placées au-dessous des plus grosses branches, qui, pourvues d'une grande masse de feuilles, préparent une quantité considérable de cambium, et envoient vers la base de nombreux filets ligneux. Il en résulte que les racines placées au-dessous de ces branches prennent plus de développement que sur les autres points.

Reproduction.—L'étude de la nutrition et de l'accroissement nous a montré comment chaque arbre soutient son existence. Voyons maintenant comment les végétaux se reproduisent, ou, en d'autres termes, comment le nombre des individus d'une même espèce peut augmenter. Ce phénomène, auquel on a donné le nom de *reproduction*, comprend la floraison, la fécondation, la maturation des fruits, la dissémination des graines et leur germination. Examinons rapidement chacune de ces phases de la vie végétale.

Floraison. — On entend par floraison le phénomène du développement et de l'épanouissement des fleurs. Si l'on compare la floraison avec l'âge des arbres, on voit que ceux-ci ne fleurissent qu'après avoir acquis un certain développement. Il semblerait que la séve ait besoin, pour donner naissance à ses productions, de circuler lentement dans les tissus des végétaux, afin que les élaborations auxquelles elle est soumise soient plus complètes. En effet, un jeune arbre se compose seulement, l'année qui suit son premier développement, d'une tige verticale offrant à peine quelques ramifications. La séve, n'ayant à parcourir que des lignes presque droites, y circule avec une grande rapidité ; elle séjourne peu de temps dans les tissus, et n'y subit que des modifications incomplètes qui la rendent peu propre à la production des fleurs. Mais l'arbre, en continuant de croître, augmente le nombre de ses ramifications, et la séve, obligée de suivre, pour arriver jusqu'aux feuilles, une ligne plus prolongée et plus souvent interrompue, monte plus lentement, s'arrête plus longtemps dans ces organes, y subit une préparation plus complète, et enfin acquiert les qualités qu'exige la formation des organes de la fructification.

Les arbres fleurissent d'autant plus tard que leur croissance est plus lente. Ainsi le *chêne* ne fleurit guère qu'à quinze ou vingt ans, tandis que le *bouleau*, le *peuplier*, l'*orme*, fleurissent bien avant ce temps. Ces derniers arbres, se développant plus rapidement que le chêne, sont pourvus plus tôt des ramifications nécessaires pour retarder la rapidité de la circulation de la séve.

Du reste, l'époque de la première floraison des arbres est encore avancée ou retardée par l'humidité plus ou moins grande du sol où ils végètent. Ainsi, à âge égal et pour la même espèce, un arbre planté dans un sol humide fleurira plus tard qu'un autre planté dans un terrain sec ; le premier, recevant une nourriture plus aqueuse, développera des rameaux très-longs et peu ramifiés, et la séve acquerra moins promptement les qualités nécessaires à la production des fleurs. Dans le second cas, au contraire, l'arbre produira des rameaux plus courts, mais plus ramifiés, et la séve y deviendra plus propre à déterminer la floraison.

La floraison, examinée quant au nombre des fleurs développées chaque année par un arbre, présente le phénomène suivant : le nombre des fleurs augmente avec l'âge de l'arbre. Si une branche d'un arbre de 15 ans développe 20 fleurs, une branche de même étendue en développera 60 lorsque l'arbre aura atteint 25 ou 30 ans. Cela tient encore à ce que la production des fleurs est d'autant plus considérable que les arbres sont plus ramifiés, que la séve y circule plus lentement.

Cette production abondante de fleurs est si bien déterminée par un séjour prolongé de la séve dans les organes modificateurs des arbres, que ceux-ci n'ont jamais plus de fleurs que lorsqu'ils sont dans un état maladif et que la circulation de la séve est très-peu active. Nous verrons, en nous occupant de la taille des arbres fruitiers, quels sont les moyens en usage pour arrêter la trop grande vigueur de certains arbres et déterminer une floraison abondante.

On remarque encore le fait suivant dans certaines espèces d'arbres. Lorsque, dans nos arbres fruitiers à fruits à pépins (*poirier, pommier*) abandonnés à eux-mêmes, et généralement dans tous les arbres qui fleurissent de très-bonne heure et conservent leurs fruits jusqu'à l'automne, les fleurs, et par conséquent les fruits, sont très-abondants une année, ils en sont presque dépourvus l'année suivante, et s'en chargent de nouveau l'année subséquente, et ainsi de suite. Cette intermittence, assez régulière dans la production des fleurs et des fruits, nous paraît devoir être expliquée par la cause suivante. Les fruits de ces arbres contre-balancent l'action des feuilles en attirant à eux la plus grande quantité de la séve absorbée par les racines. Ils transforment cette séve en cambium, comme le font les feuilles ; mais, au lieu de le répartir, comme celles-ci, sur les divers points du végétal, ils le font tourner entièrement au profit de leur propre accroissement. Comme ces fruits restent sur les arbres pendant tout le temps de la végétation, c'est-à-dire depuis le printemps jusqu'à l'automne, cette absorption est continuelle, et les boutons qui, s'ils avaient été suffisamment nourris, se seraient transformés en boutons à fleurs pour l'année suivante, ne prennent aucun accroissement et ne développent au printemps qu'une rosette de feuilles. L'arbre emploie alors cette année de non-production à la formation de nouveaux boutons à fleurs, qui fournissent l'année suivante une abondante fructification. Nous verrons aussi, lors de la taille des arbres fruitiers, comment on rend la production plus régulière.

Chaque espèce adopte, pour épanouir ses fleurs, une époque déterminée et constante de l'année. Elle varie néanmoins en raison du degré plus ou moins élevé de la température ; accélérée pour la même espèce dans un climat chaud, elle est retardée dans un climat plus froid. A l'appui de cette assertion, M. Aug. de Saint-Hilaire rapporte avoir vu, le 1er avril 1816, les pêchers encore sans feuilles ni fleurs à Brest ; le 8, ils étaient entièrement fleuris à Lisbonne ; le 25, les pêches étaient nouées à Madère, et, le 29, elles étaient mûres à Ténériffe.

Immédiatement après l'épanouissement des fleurs, les organes sexuels commencent l'accomplissement du phénomène le plus important de la végétation : la fécondation.

Quant à la durée de l'épanouissement de chaque fleur, elle est subordonnée à la fécondation, c'est-à-dire qu'elle se prolonge d'autant plus que l'accomplissement de cet acte est retardé. Aussi remarque-t-on que les fleurs pleines, c'est-à-dire celles dont les étamines et le pistil sont entièrement convertis en pétales, comme dans certaines variétés de *rosiers*, prolongent l'épanouissement de leurs fleurs bien plus longtemps que les autres. C'est là un de leurs principaux mérites. On pourrait, du reste, obtenir le même résultat avec les fleurs simples, en les privant de leurs organes sexuels de manière à empêcher la fécondation.

Fécondation. — Lorsque les fleurs sont épanouies, les anthères, parties essentielles des organes mâles (C, *c*, *fig.* 14), s'entr'ouvrent, diversement suivant les espèces, et répandent le pollen ou poussière fécondante (*d*, *fig.* 14) sur le stigmate (D, *y*, *fig.* 14), partie essentielle de l'organe femelle. A cette époque, le stigmate est couvert d'une substance visqueuse qui retient à sa surface chaque grain de pollen. Ceux-ci, simulant, comme nous le savons, autant de petites vésicules, sont ramollis par le contact de cette liqueur visqueuse. Alors tous ceux qui se trouvent placés sur l'orifice des vaisseaux qui conduisent du stigmate à l'ovaire se dilatent vers ce point, s'allongent en une sorte de tube qui s'engage profondément dans l'un de ces vaisseaux, se déchirent vers leur extrémité inférieure, et laissent échapper le fluide séminal, qui est ainsi transmis jusqu'aux ovaires pour les féconder.

Ce phénomène, bien que démontré par des preuves nombreuses, est cependant contesté par quelques physiologistes. Voici les principaux faits qui viennent à l'appui de la fécondation dans les végétaux.

Si un pied mâle et un pied femelle d'un arbre dioïque, d'un *mûrier de la Chine* ou d'un *cèdre de Virginie*, fleurissent l'un près de l'autre, la fécondation sera parfaite, parce que le pollen du pied mâle sera facilement transporté par le vent sur les stigmates du pied femelle. Si l'on éloigne davantage ces deux individus l'un de l'autre, l'espace qui existera entre eux devenant un obstacle, la fécondation sera moins parfaite, plusieurs ovaires seront stériles. Enfin, si on les place à une grande distance, elle deviendra nulle, à moins, comme cela arrive souvent, que les insectes, qui voltigent de fleur en fleur pour y puiser leur nourriture, ne transportent des fleurs mâles aux fleurs femelles les grains de pollen qui se sont attachés autour d'eux. Quelques fécondations artificielles démontrent aussi ce phénomène. Il y a un grand nombre d'années, il existait dans les serres du Jardin de Berlin un palmier femelle qui fleurissait depuis plusieurs années sans jamais rapporter de fruits. Une certaine année, on apprit, à l'époque où cet arbre était en fleurs, qu'un palmier mâle de la même espèce était épanoui à Dresde. On en fit venir des fleurs par la poste, on les suspendit sur celles du pied femelle qui, cette année-là, donna des fruits.

Citons encore l'exemple d'un singulier pommier observé à Saint-Valéry-en-Somme. Les fleurs de cet arbre ne portent accidentellement que des pistils. Chaque année on va chercher sur les arbres voisins des fleurs munies d'étamines, on en répand le pollen sur le pistil des fleurs femelles, et celles qui sont ainsi saupoudrées portent des fruits, tandis que les autres sont stériles.

La production des fleurs pleines a concouru à démontrer l'action des étamines et des pistils. On remarque, en effet, que les fleurs entièrement pleines, comme celles du cerisier et du pêcher à fleurs pleines, dont les étamines et les pistils sont complétement transformés en pétales, ne donnent jamais de fruits. On en obtient fréquemment des fleurs doubles, c'est-à-dire de celles dont une partie des étamines sont encore intactes.

L'influence de l'humidité vient encore à l'appui des faits que nous venons de citer. S'il survient des pluies abondantes ou des brouillards prolongés, les fleurs qui s'épanouissent sont presque toujours stériles : on dit alors qu'elles *coulent*. C'est que le pollen, mis en contact avec l'humidité, se déchire, se crève avant d'avoir été projeté sur le stigmate, ou qu'il est entraîné par l'eau des pluies.

Enfin, la preuve la plus incontestable de l'existence des sexes et de la fécondation est certainement la formation des plantes *hybrides* ou *mulets*. Il arrive quelquefois que des semences, récoltées sur une plante et mises en terre, donnent naissance à des individus qui s'écartent plus ou moins par leurs caractères de la plante sur laquelle on a récolté ces semences. Cela tient le plus souvent à ce que cette plante a été fécondée par une espèce voisine. Aussi remarque-t-on toujours que les caractères de la plante qui naît de ces semences se rapprochent, et de ceux du pied-mère, et de ceux de la plante dont le pollen a servi à les féconder. On donne à ces individus le nom de plantes *hybrides*.

Toutefois, la fécondation d'une espèce par une autre ne peut avoir lieu qu'entre des plantes très-rapprochées par leurs caractères. Ainsi le *chêne* ne pourrait être fécondé par le *bouleau*, le *frêne* par le *noyer* ; mais le *lilas commun* peut être fécondé par le *lilas à feuilles laciniées* et les autres espèces du même genre. C'est ainsi que M. Varin, alors conservateur du Jardin des plantes de Rouen, a obtenu le lilas qui porte son nom. Cette espèce hybride présente les caractères du *lilas à feuilles laciniées* et ceux du *lilas commun*.

Hybridation au moyen de fécondations artificielles. — Les espèces hybrides peuvent se former naturellement, c'est-à-dire sans le secours de la main de l'homme, par le transport, au moyen du vent ou des insectes, du pollen d'une espèce sur les fleurs d'une autre. Mais les exemples que l'on a de ces fécondations croisées sont si peu nombreux, qu'on peut les considérer comme accidentels. Les résultats heureux que l'on peut obtenir de l'hybridation pour l'amélioration des végétaux utiles ont donc engagé quelques cultivateurs à produire ce phénomène à l'aide de fécondations artificielles. C'est en Angleterre et en Belgique que l'on a commencé d'abord à entrer dans cette voie ; l'ouvrage publié sur ce sujet par M. Lecoq, de Clermont-Ferrand, a fixé l'attention de nos cultivateurs français, qui maintenant suivent aussi avec succès la voie tracée par leurs devanciers. Voici quelques-unes des principales règles qui peuvent servir de guide dans la pratique de cette opération.

Le *choix des sujets* qui, dans l'hybridation, doivent porter le fruit, présente quelque importance. Ainsi l'on a remarqué que les individus que l'on obtient de cette manière tiennent plus du pied-mère que de l'espèce qui a servi à féconder. D'où il résulte que si l'on veut augmenter le volume d'un fruit sans changer sensiblement sa qualité et l'époque de la maturité, il conviendra de choisir cette espèce ou variété pour pied-mère et de la féconder avec une autre espèce ou variété à fruit plus gros et mûrissant à peu près au même moment. Si le contraire avait lieu, les qualités qui font rechercher la première variété disparaîtraient presque dans son union avec la seconde. Le choix de l'espèce destinée à féconder doit aussi remplir certaines conditions : ainsi, tout en présentant les qualités qu'on voudrait rencontrer dans le pied-mère, elle ne doit pas offrir de trop grands défauts qui se reproduiraient en partie dans l'individu qu'on en obtiendrait.

Un fait remarquable, c'est que les diverses variétés que l'on obtient par des fécondations croisées s'entre-fécondent ensuite bien plus facilement entre elles que les espèces mêmes qui leur ont donné naissance. Les types, les espèces primitives, sont doués d'une force de *stabilité* qui nuit jusqu'à un certain point à ces sortes de croisements. Il y aura donc tout avantage à choisir, pour l'hybridation, des variétés déjà obtenues de cette manière, et surtout à prendre celles qui sont déjà les plus remarquables par leur perfection ; ce sera le moyen d'obtenir de nouvelles améliorations.

La *préparation des pieds-mères* consiste à les éloigner le plus possible des espèces ou variétés du même genre, afin d'empêcher le pollen de ces plantes d'arriver sur le porte-graine que l'on a choisi. Au moment de la floraison on ne laisse en outre, sur cet individu, qu'un petit nombre de fleurs, en préférant celles qui sont placées de manière à recevoir une plus grande quantité de sucs nutritifs. Enfin il faudra aussi priver ce porte-graine de tous ses organes mâles. Pour les espèces hermaphrodites, on devra enlever avec soin, à l'aide de petites pinces, toutes les anthères avant qu'elles commencent à répandre le pollen. Pour les plantes monoïques, il suffira de couper les fleurs mâles avec de petits ciseaux avant leur épanouissement. Quant aux espèces dioïques, il sera indispensable d'isoler complétement les individus femelles des individus mâles.

La *récolte du pollen* exige les soins suivants : aussitôt que les anthères commencent à s'entr'ouvrir, on les détache à l'aide de la petite pince dont nous avons parlé, et on les réunit dans une petite boîte pour appliquer ensuite le pollen sur les organes femelles des porte-graine. Quelquefois les fleurs de ces derniers s'épanouissent plusieurs jours après celles de l'individu qui doit féconder ; dans ce cas, on peut, sans inconvénient, conserver le pollen jusqu'au moment convenable. Les expériences que l'on a faites jusqu'à présent démontrent que la poussière fécondante de plusieurs espèces peut être conservée intacte pendant une année. On peut la placer entre deux verres de montre réunis à l'aide de gomme arabique et recouverts d'une feuille d'étain ; on les place ensuite dans un endroit sec et non exposé à la chaleur.

Pour *appliquer la matière fécondante sur les organes femelles*, il faut saisir avec précision le moment où l'organe femelle est disposé à recevoir la fécondation ; c'est ordinairement aussitôt après l'épanouissement des fleurs, c'est-à-dire, suivant les espèces, depuis le lever du soleil jusqu'à midi. Pour pratiquer cette opération, on se sert d'un petit pinceau très-délié, semblable à ceux dont on se sert pour l'aquarelle. La poussière fécondante, recueillie à l'avance, s'attache au pinceau, et on la dépose à la surface du stigmate, qui, si le moment a été bien choisi, est recouvert d'un liquide visqueux auquel s'attache le pollen. Si les fleurs restent épanouies pendant plusieurs jours, on pourra répéter l'opération sur les mêmes fleurs, afin d'être plus assuré du succès.

Tels sont les soins principaux qu'exige l'hybridation artificielle. Disons en terminant que les nouveaux individus que l'on obtient de cette manière présentent peu de stabilité dans leurs caractères différentiels, qu'ils tendent sans cesse à retourner à leur type primitif, et que, ne pouvant être reproduits au moyen des graines avec les qualités qui les distinguent, on est obligé, pour les multiplier, d'avoir recours à la greffe, au marcottage ou aux boutures.

Maturation des fruits. — On donne le nom de *maturation* à la réunion des divers phénomènes qui se succèdent depuis le moment où les ovules sont fécondés jusqu'à l'époque où le fruit a acquis sa maturité complète. Ce phénomène peut être comparé à la gestation dans les animaux.

Dès que l'embryon est fécondé, il acquiert une vie particulière, et attire à lui la séve des parties environnantes ; les enveloppes florales et les étamines se flétrissent et tombent ; l'ovaire seul continue à croître, et c'est alors qu'on dit que le *fruit est noué*.

Pour qu'un ovaire noue, il n'est pas nécessaire que tous les *ovules* ou rudiments de semences qu'il renferme aient été fécondés. Le contraire arrive fréquemment. Dans les fruits de nos arbres fruitiers, le *poirier*, le *pommier*, on remarque souvent qu'un certain nombre de semences ont avorté ; ce qui n'a pas empêché le fruit de prendre son développement accoutumé.

Depuis le moment où les fruits sont noués jusqu'à l'époque de leur maturité, ils attirent à eux la séve ascendante par leur action propre. Hales a constaté que des branches de pommier chargées de leurs fruits pompent une bien plus grande quantité d'eau, à surface égale, que celles qui ne portent que des feuilles. Cette action des fruits, pour attirer la séve, est encore prouvée par diverses observations pratiques. Ainsi M. Gallesio rapporte avoir vu des orangers, à moitié dépouillés de leurs fruits, geler du côté où on leur en avait laissé, et ne pas geler du côté où on les avait enlevés. En parlant de la floraison, nous avons dit qu'une trop grande quantité de fleurs, et par conséquent de fruits, sur un arbre, nuisait à la production de l'année suivante. Ce phénomène vient encore à l'appui de ce qui précède. Si les fruits sont trop nombreux sur un arbre, il est clair qu'ils ne pourront acquérir un développement suffisant, et qu'il s'en desséchera un grand nombre avant qu'ils arrivent à leur maturité. De là la convenance pratique d'enlever les jeunes fruits les moins gros, afin que ceux qui restent profitent plus complétement de la séve.

Si l'on considère la maturation des fruits sous le rapport des modifications qu'y subissent les fluides nourriciers qu'ils absorbent continuellement, on observe les faits suivants :

Jusqu'au moment où les fruits ont acquis leur développement complet, ils font subir aux fluides qui arrivent dans leurs tissus des changements analogues à ceux qu'éprouve la séve des racines ans les feuilles. Comme elles, ils exhalent, par les pores de leur surface, de l'eau et du gaz oxygène ; seulement tous les fruits ne rejettent pas une égale quantité d'humidité ; ceux qui en exhalent le plus deviennent des fruits à péricarpe sec, comme les fruits des *robiniers*, des *féviers*, etc. ; ceux qui en exhalent le moins deviennent charnus, comme la pomme, la pêche, etc.

Aussitôt que les fruits charnus ont atteint tout leur développement, ils abandonnent progressivement leur couleur verte et se colorent en jaune, en rouge ou en violet ; puis, au lieu d'absorber, comme avant, de l'acide carbonique et d'exhaler de l'oxygène, ils absorbent de l'oxygène et exhalent de l'acide carbonique. Dès que ce phénomène se produit, il s'opère une modification importante dans la composition chimique du fruit ; d'acide qu'elle était, sa saveur devient sucrée. Ce changement dans les gaz absorbés et exhalés par le fruit aux différentes époques de sa maturation a été démontré par des expériences positives. Nous rappellerons à l'appui les accidents qui sont résultés souvent du séjour d'individus dans les appartements remplis de fruits mûrs. Plusieurs sont morts asphyxiés ; l'air avait été vicié par la grande quantité d'acide carbonique exhalé par ces fruits.

Quant à la coloration particulière qu'acquiert chaque espèce de fruit charnu, à mesure qu'il approche de sa maturité complète, elle est certainement due à l'influence de la lumière, car les fruits sont toujours plus colorés du côté où ils sont frappés par les rayons solaires que du côté opposé ; mais on ignore comment cette influence détermine cette coloration.

Les fruits charnus, considérés sous le rapport de leur saveur, offrent des nuances infinies, suivant les espèces et les variétés. Les physiologistes n'ont pu encore expliquer la cause de ces différences. On peut cependant la rapporter en grande partie à l'action particulière des cellules de chaque fruit, qui modifient diversement, suivant les espèces, les fluides qui y sont introduits. Quelques auteurs prétendent que ces différences sont dues à la nature des fluides absorbés par les racines ; mais le fait suivant démontre qu'on doit s'arrêter à la première opinion. Lorsqu'on place une greffe de *pêcher* sur un *prunier*, la saveur des fruits de cette greffe ne participe en rien de celle du *prunier*, quoiqu'ils soient alimentés par les racines de cet arbre. Les péricarpes charnus doivent être considérés comme un amas de cellules qui modifient la séve qu'elles reçoivent chacune à sa façon, comme le prouve le fruit de certaines variétés d'oranges et de raisins, dont les divers quartiers sont de couleur et de saveur différentes. Les fruits de la même variété présentent toujours la même saveur ; si cette saveur n'est pas également prononcée dans tous les individus, on peut l'attribuer à l'influence plus ou moins grande des trois agents suivants : la chaleur, la lumière et l'humidité.

Des expériences journalières démontrent que la chaleur et la lumière sont les agents qui déterminent surtout la maturité des fruits et tendent particulièrement à y développer la matière sucrée. Ce qui le prouve, c'est que, dans un fruit qui a mûri exposé au soleil, le côté frappé directement par la lumière est toujours bien plus sapide, bien plus sucré que le côté opposé. Un arbre ombragé donnera donc des fruits bien moins sucrés qu'un individu de la même variété exposé au soleil.

L'état du sol influe aussi sur la saveur des fruits. Dans un terrain sec, la séve entrant en moins grande quantité à la fois dans le fruit, les cellules de celui-ci peuvent la préparer complétement, et les principes sucrés, moins étendus d'eau, donnent une saveur plus prononcée. Au contraire, dans un terrain humide, la séve, plus aqueuse, arrive dans le fruit trop abondamment ; les cellules ne peuvent l'élaborer que d'une manière imparfaite, et le fruit devient gros, mais insipide. C'est par un phénomène analogue que les jeunes arbres, recevant une séve plus aqueuse et plus abondante, donnent des fruits moins savoureux que les arbres plus âgés.

Ces considérations expliquent encore pourquoi certains fruits sont de meilleure qualité lorsqu'on les a détachés de l'arbre quelques jours avant leur maturité absolue : la pêche, la poire, sont de ce nombre. Ces fruits renferment alors les sucs qui leur sont nécessaires : en les détachant, on empêche qu'il n'en arrive de nouveaux, et on les force à modifier plus complétement ceux qu'ils contiennent.

Si nous considérons la maturation quant à sa durée, nous voyons que le temps qui s'écoule entre la fécondation et la maturité parfaite est très-différent d'une plante à l'autre, sans qu'il soit possible de rapporter cette diversité à une cause connue. Quelques espèces mûrissent leurs fruits en deux mois, comme le *cerisier*, l'*orme* ; en six mois, comme le *poirier*, la *vigne* ; plusieurs arbres résineux emploient une année entière ; enfin le *cèdre du Liban* ne laisse échapper ses graines que vingt-sept mois après la floraison.

Deux causes principales tendent à accélérer accidentellement la maturité des fruits. La première est la piqûre occasionnée par les insectes qui déposent leurs œufs dans le tissu du fruit ; tout le monde sait que les fruits dits *véreux*, c'est-à-dire piqués par les insectes, mûrissent toujours plus tôt que les autres. Cette piqûre paraît agir en stimulant les fonctions des cellules du fruit. On pourrait obtenir le même résultat en piquant profondément un fruit après son premier développement, et en introduisant un peu d'huile dans la piqûre, afin que la plaie ne se cicatrise pas trop rapidement. Ce moyen est usité dans quelques communes des environs de Paris, pour hâter la maturation des figues ; mais les fruits dont la maturité a été ainsi avancée sont d'une moins bonne qualité que les autres.

Le second moyen, découvert par Lancry en 1776, est l'incision annulaire. Il a remarqué qu'en enlevant, à l'époque de la floraison, un anneau d'écorce à la branche qui soutient les fleurs, les fruits nouaient d'une manière plus certaine et étaient plus tôt mûrs. L'anneau enlevé doit être assez étroit (environ $0^m,005$) pour que la communication puisse se rétablir au bout de peu de temps, sans quoi la branche opérée souffrirait et risquerait de périr. Cette incision paraît avoir une double influence : d'abord, elle retient momentanément la séve descendante dans les parties qui entourent le fruit, ce qui tend à donner à celui-ci plus de force dans le premier moment qui suit la fécondation ; puis ensuite, en mettant à nu la couche d'aubier par où se fait l'ascension de la séve, on détermine une légère altération dans les vaisseaux de cette couche, et l'on diminue ainsi la rapidité de la circulation vers le sommet de la branche. Il en résulte que les fruits élaborent plus complétement la séve, et qu'ils sont plus tôt mûrs. Lancry montra à la Société d'agriculture de Paris une branche de prunier qui avait subi l'incision annulaire ; la partie supérieure à l'incision présentait des fruits mûrs, et la partie inférieure n'offrait que des fruits verts.

C'est surtout à la vigne et au pêcher, dont les anciens rameaux à fruit peuvent être sacrifiés chaque année, que l'on a appliqué ce procédé. On rapporte, dans le *Bulletin des sciences agricoles*, que le colonel Bouchotte, de Metz, ayant opéré l'incision annulaire sur 35 ares de vigne, y a vu la maturité accélérée de douze à quinze jours.

Ce que nous venons de dire de la maturation s'applique surtout au péricarpe ou enveloppe des graines. Disons aussi quelques mots de la maturation de celles-ci.

Dès que la graine est visible dans l'ovaire, la tunique ou enveloppe extérieure en est la partie la mieux développée. Bientôt après, l'embryon s'y montre entouré d'un liquide auquel on donne, par analogie, le nom d'*amnios*. Aussitôt que la fécondation a eu lieu, la graine, animée d'une action vitale qui lui est propre, tire du péricarpe, par le *cordon ombilical* qui l'y attache, la nourriture dont elle a besoin. L'embryon grossit soit par cette absorption, soit par celle de l'amnios. Lors de la maturité complète, l'embryon remplit toute la cavité de la tunique, comme dans les *glands du chêne*, ou bien il n'en occupe qu'une partie, comme dans les *arbres résineux*. Dans ce dernier cas le restant de l'espace est rempli par le périsperme, lequel n'est autre chose que l'amnios qui s'est solidifié. Ce qui constitue la maturité complète de la graine, c'est de ne plus contenir d'eau à l'état libre.

Il résulte de ces divers changements dans les graines qu'elles deviennent plus pesantes que l'eau. Si, placées sur ce liquide, elles se soutiennent à sa surface, c'est que leur embryon a avorté et qu'elles renferment une cavité pleine d'air. C'est donc avec raison qu'on emploie quelquefois ce moyen, bien qu'incomplet, pour distinguer les graines fertiles de celles qui ne le sont pas.

Dissémination des graines. — La maturation des fruits terminée, la nature songe à placer chacune des graines qu'ils renferment dans les conditions les plus favorables à leur germination et à leur accroissement. On donne à ce dernier phénomène de la végétation annuelle le nom de *dissémination*.

Le but que se propose la nature dans la dissémination est d'abord d'empêcher que les graines, en se réunissant au pied de l'individu qui les a produites, ne soient resserrées sur un trop petit espace, ne se nuisent les unes aux autres dans leur déve-

loppement, et ne finissent par périr toutes avant d'avoir produit
de nouveaux individus. Elle a aussi en vue de placer ces semences dans des circonstances telles qu'elles rencontrent l'influence des agents
nécessaires au déve-
loppement de cha-
que espèce.

Jetons un coup
d'œil sur les princi-
paux moyens qu'elle
emploie pour obte-
nir ce double résul-
tat.

Les vents sont
un des agents qui
jouent le plus grand
rôle dans la dissé-

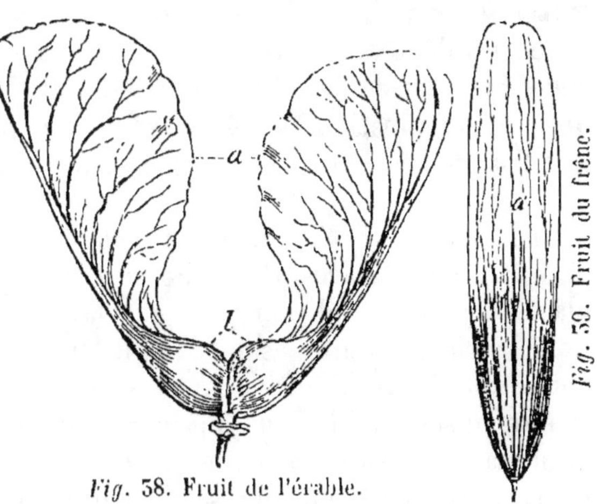

Fig. 38. Fruit de l'érable.

Fig. 39. Fruit du frêne.

mination des graines ; la nature a même donné à la plupart
d'entre elles une structure qui se prête merveilleusement à l'action de cet agent. Il en est un certain nombre qui, par leur seule
légèreté, peuvent être transportées dans
l'air à de très-grandes distances. Telles
sont celles de l'*aune*, du *bouleau*. Plusieurs autres sont munies d'appendices
légers, qui, en donnant plus de prise
au vent, facilitent leur transport au loin.
Telles sont celles des *érables* (fig. 38),
des *frênes* (fig. 39), de l'*orme,* des *pins*
(fig. 40), qui sont entourées d'une
membrane foliacée mince et transpa-

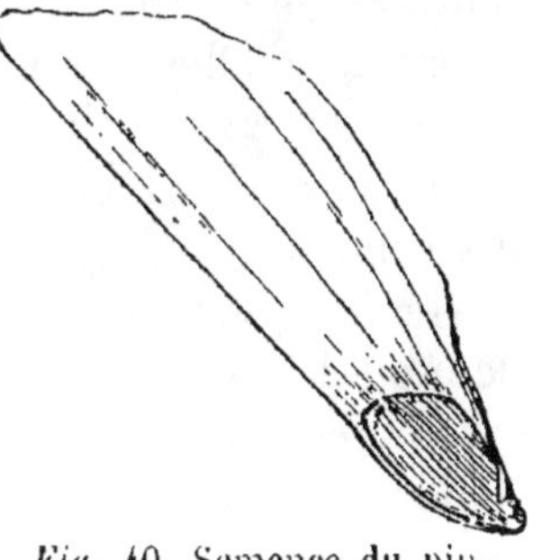

Fig. 40. Semence du pin.

rente. Telles sont encore celles du *platane*, du *peuplier*, du
saule, qui sont pourvues d'aigrettes plumeuses semblables à de
petits parachutes, à l'aide desquelles elles se soutiennent dans
l'air et traversent ainsi de grands espaces.

Les animaux contribuent aussi à la dissémination des graines.
C'est surtout pour celles qui, par leur volume et l'enveloppe
charnue qui les entoure, échappent à l'action des vents que la
nature a appelé les animaux à son aide.

Les semences de l'*aubépine*, du *gui*, etc., sont recouvertes d'une substance pulpeuse qui sert d'appât aux oiseaux. Souvent ces animaux avalent les graines avec la pulpe ; mais, comme ces semences, pourvues d'une enveloppe ligneuse, peuvent traverser, sans altération, les organes digestifs des oiseaux, ceux-ci, en les déposant au loin, dans leurs excréments, remplissent encore le vœu de la nature. C'est de cette manière qu'on explique la dissémination des graines de *gui*, par la grive, qui est très-friande des fruits de cet arbrisseau parasite.

Si la nature a été ingénieuse pour faciliter l'éloignement des graines de leur pied-mère, elle ne l'a pas été moins pour les placer dans les conditions les plus favorables à leur germination. Dès que ces graines ont atteint leur maturité parfaite, elles ont besoin d'être immédiatement soustraites à l'influence desséchante du soleil et de l'air, qui leur ferait perdre leurs propriétés germinatives. Aussi la nature a-t-elle voulu qu'une fois ce moment arrivé elles pussent se détacher d'elles-mêmes du pied-mère. Mais, tombées à la surface du sol, elles n'y trouveraient pas encore les agents nécessaires à leur germination ; les grosses graines surtout seraient privées d'une humidité suffisante ; or la nature a encore pourvu à ce danger en recouvrant chacunes d'elles d'une couche de feuilles d'une épaisseur en rapport avec son volume. Ainsi les semences les plus volumineuses de nos arbres, celles du chêne, du hêtre, du châtaignier, du marronnier d'Inde, se détachant quelques jours avant la chute des feuilles, se trouvent placées à plusieurs centimètres de profondeur au-dessous de ces feuilles, qui se pourrissent pendant l'hiver, et leur forment au printemps une couverture de terreau singulièrement favorable à la germination.

Les semences moins grosses, comme celles du tilleul, du frêne, ne tombent que lorsque la chute des feuilles est déjà commencée, et sont ainsi placées moins profondément. Enfin, les graines très-fines, celles du bouleau, de l'aune, qui n'ont besoin, pour germer, que d'une couverture très-mince, ne commencent à se disséminer qu'après la disparition complète des feuilles. On voit souvent, dans les forêts, pendant l'hiver, la neige couverte de semences de bouleau. L'harmonie de ces faits est si peu due au hasard, que les arbres résineux, les pins, les sapins, qui ne perdent leurs anciennes feuilles qu'au commencement de l'été, ne laissent échapper les semences de leur cône qu'un peu avant la chute de ces feuilles, c'est-à-dire vers le mois de mai.

Malgré ces ingénieux stratagèmes, il est bien rare de voir toutes les semences d'un arbre germer et se développer; une grande partie ne rencontrent pas l'influence des agents qui leur sont nécessaires; un plus grand nombre encore sont dévorées par les animaux. La nature a également prévu ces accidents en douant la plupart des végétaux des deux grandes facultés suivantes : la première, de produire une quantité de graines bien plus que suffisante pour perpétuer les espèces et les multiplier dans des bornes convenables ; ainsi on a compté jusqu'à 529,000 graines sur un seul pied d'orme.

La seconde, de conserver aux graines leur propriété germinative pendant un temps quelquefois très-long : en sorte que, si elles ne rencontrent pas d'abord les circonstances favorables à leur développement, elles peuvent les attendre sans souffrir, pourvu qu'elles se trouvent placées dans un milieu qui ne soit ni trop sec ni trop humide, et à l'abri de l'influence de l'air et des brusques changements de température.

L'ombrage des bois, des futaies, suffit pour empêcher la germination de beaucoup de semences répandues dans le sol. Une forêt vient-elle à être exploitée, une foule d'arbres et d'arbrisseaux, différents de ceux dont elle se composait, apparaissent tout à coup. Des semences de ces nouveaux arbres avaient donc conservé leurs propriétés germinatives depuis l'époque de la coupe précédente jusqu'au moment de la nouvelle exploitation, c'est-à-dire pendant plus de cinquante ans. M. Charles des Moulins, de Bordeaux, et le docteur Lindley, citent l'exemple de plusieurs espèces de plantes dont les graines ont parfaitement germé après une conservation de quinze à seize cents ans dans des tombeaux antiques.

A la dissémination des graines succède la germination. Ce phénomène termine les différentes phases de la reproduction, et peut être considéré aussi comme le point de départ de la végétation d'un nouvel individu. C'est sous ce dernier point de vue que nous l'avons précédemment envisagé, nous n'avons donc pas à nous en occuper ici.

Mort des arbres. — L'énergie vitale donne aux molécules qui arrivent dans les tissus des arbres une force telle, qu'elle résiste jusqu'à certain point aux lois des affinités chimiques et de la pesanteur. Tant que cette force est prédominante, elle fait passer la matière brute à l'état de matière organisée ; mais, comme la pesanteur et les affinités agissent sans relâche et toujours avec une égale intensité, tandis que l'énergie vitale se ralentit et s'éteint même par un trop long exercice, tôt ou tard la vie cesse, et les formes de l'organisation disparaissent. Le temps suffit donc pour amener la mort des arbres, indépendamment d'une foule de circonstances accidentelles qui viennent souvent troubler l'action des forces vitales et déterminer des maladies qui abrégent la durée de chaque individu.

En traitant de la culture des arbres, nous nous arrêterons à l'étude de leurs maladies, et nous indiquerons les moyens de les prévenir ou d'y remédier. Occupons-nous seulement ici de leur *mort naturelle*.

En considérant la vieillesse du tronc de certains arbres âgés de plus de huit cents ans, comme celui du chêne-chapelle d'Allouville, dans la Seine-Inférieure (pl. I), ou de plus de quatorze cents ans, comme ceux des ifs de la Haie-de-Routot, dans le département de l'Eure (pl. II), on serait tenté de croire à l'immortalité de quelques-uns d'entre eux. On croirait qu'ils échappent à la loi générale, d'après laquelle chaque être organisé doit périr dans un temps donné. Mais, en se reportant à l'examen de leur mode d'accroissement, on reconnaît que, comme dans toutes les plantes, la vie ne se prolonge dans chacun de leurs organes que pendant peu d'années. En effet, les parties essentiellement vivantes des arbres, c'est-à-dire les couches les plus jeunes du liber et de l'aubier, ne conservent guère leurs fonctions que pendant deux à trois ans ; au bout de ce temps, elles sont remplacées par de nouvelles couches et deviennent complétement inertes. Les organes absorbants, les feuilles et les extrémités radiculaires, ne vivent qu'une année. Des productions semblables leur succèdent l'année suivante. C'est donc réellement un nouvel arbre qui se développe et recouvre annuellement les anciens, dont la vie a cessé. L'origine de ce nouvel arbre est dans les boutons placés sur les rameaux de l'année précédente, et qui peuvent être comparés à des graines. Cette comparaison n'a, du reste, rien de forcé ; car nous montrerons, au chapitre des *boutures*, que ces boutons, séparés de leur pied-mère et placés dans des conditions favorables à leur développement, peuvent donner lieu à autant d'individus distincts. L'arbre se

Page 64

compose donc de la réunion d'êtres ayant une sorte d'indépendance et constitués par chacun des jeunes rameaux. Ceux-ci sont en effet pourvus de tout ce qui est nécessaire à leur existence, c'est-à-dire des boutons, et des vaisseaux ligneux et corticaux qui, en se prolongeant au-dessous de la surface du sol, y apparaissent sous la forme de racines appartenant spécialement à chacun de ces rameaux. Ces individus, ainsi agrégés, ont pour support commun les anciennes couches ligneuses devenues complétement inertes et qui se superposent sans cesse comme le support arborescent de certains madrépores.

Si dans les plantes dites annuelles, le *réséda*, la *moutarde*, l'on ne remarque pas cette accumulation d'individus superposés, comme dans les arbres, c'est que la fructification très-abondante de ces plantes, épuisant leurs tissus, anéantit leur force vitale : il n'y a pas alors production de boutons qui puissent entretenir la vie dans la couche du liber et fournir une nouvelle végétation l'année suivante. Cela est si vrai, que, si l'on empêche l'une d'elles de fructifier, en enlevant les fleurs à mesure qu'elles se développent, on voit se former des boutons à l'aisselle des feuilles, le liber se maintient vivant au delà du terme ordinaire, et, l'année suivante, ces boutons donnent naissance à un nouvel individu qui recouvre entièrement l'ancien.

Si donc nous ne considérons que les parties essentiellement vivantes des arbres, nous pouvons dire qu'ils ne prolongent guère leur existence au delà de deux à trois ans. Mais, si nous donnons le nom d'arbre à l'ensemble des parties vivantes et des parties inertes composées des anciennes couches ligneuses, nous dirons qu'il n'y a point de terme naturel à leur durée, parce que les forces vitales sont aussi énergiques dans le liber et dans les boutons d'un chêne de cent ans que dans ceux d'un chêne de trente ans.

La mort dans les arbres, considérée sous ce dernier point de vue, est donc toujours accidentelle. Néanmoins, quelques espèces paraissent céder plus promptement que d'autres à l'influence de ces causes violentes qui viennent troubler cette superposition annuelle d'individus. Ainsi les peupliers, les marronniers, résistent moins longtemps que le chêne, l'if, etc. Leurs tissus, moins serrés et moins durs, sont plus facilement impressionnés par les causes destructives qui réagissent constamment sur eux. Mais, lorsqu'ils se trouvent placés hors de l'atteinte de ces causes, ils vivent aussi longtemps que le chêne et l'if. On cite l'exemple de peupliers, de tilleuls et de marronniers âgés de plusieurs siècles.

DEUXIÈME SECTION

AGENTS NATURELS DE LA VÉGÉTATION

Nous entendons par agents naturels de la végétation ceux qui facilitent, et souvent même déterminent entièrement les divers phénomènes que nous venons d'étudier dans la vie des plantes. Ces agents sont particulièrement l'*eau*, l'*air*, la *lumière*, la *température*, le *sol*.

Examinons rapidement leur influence sur la végétation, et tâchons surtout de découvrir les proportions dans lesquelles ils doivent se rencontrer pour agir efficacement sur le développement de chaque espèce. Nous disons de chaque espèce, car elles ont toutes reçu une organisation particulière, en rapport avec les circonstances au milieu desquelles elles vivent dans leur état de spontanéité. Chacune d'elles a besoin, pour sa prompte et vigoureuse végétation, d'un sol dont la nature s'harmonise avec ses besoins, d'un degré de température, d'une exposition déterminés. C'est donc seulement après avoir bien constaté les besoins des diverses espèces, quant à la proportion des agents dont nous venons de parler, qu'on peut, imitant la nature, les placer sous l'influence des circonstances qui leur sont nécessaires et les soumettre avec succès à la culture.

De l'eau. — L'agent nutritif qui joue le plus grand rôle dans la végétation est certainement l'eau. Nous connaissons déjà son influence sur la germination des graines et la nutrition ; nous ne parlerons que de son action générale pendant la végétation.

L'eau se rencontre dans le sol à l'état liquide, et dans l'atmosphère à l'état de vapeur aériforme.

Si l'eau n'était pas à l'état liquide dans la terre, celle-ci serait sans propriétés sur la végétation ; c'est seulement en dissolution dans l'eau, ou à l'état gazeux, que les matières nutritives que renferme le sol peuvent pénétrer dans les organes des plantes.

Le rôle de l'eau liquide ne se borne pas à dissoudre les matières nutritives; elle sert encore, sous le nom de séve, à les charrier dans les diverses parties de l'arbre où doivent s'opérer de nouveaux développements. Ceci explique pourquoi certains terrains, exposés à la sécheresse, donnent, bien que contenant une porportion notable d'engrais, une végétation moins abondante, moins vigoureuse que d'autres terrains, moins riches en principes nutritifs, mais plus humides. Ceci explique encore ce temps d'arrêt que l'on remarque dans la végétation, vers le milieu de l'été, au moment où les sols exposés à la sécheresse sont en partie desséchés par la végétation et l'évaporation qui ont eu lieu depuis le printemps. Dès ce moment, la végétation cesse complétement, pour recommencer avec une nouvelle vigueur aussitôt que les premières pluies d'automne ont humecté la terre.

D'après ce qui précède, on conçoit déjà les effets de la rareté de l'eau sur la végétation. Si la sécheresse du sol est peu considérable, il en résulte seulement moins de vigueur dans la végétation, et une plus grande quantité de fleurs pour l'année suivante. Si la sécheresse est plus intense, et surtout d'une certaine durée, la végétation est suspendue ; il n'y a plus aucun développement ; les feuilles se fanent, jaunissent et tombent. Enfin, si elle devient extrême, l'arbre se dessèche complétement et meurt.

Les seuls moyens à employer pour arrêter la trop grande dessiccation du sol sont les arrosements, les couvertures et les binages. Nous étudierons l'emploi de ces procédés en nous occupant des plantations.

Une trop grande quantité d'eau dans le sol n'est pas moins nuisible que la sécheresse. Dans un sol où l'humidité est abondante, la végétation est très-rapide : le bois est de mauvaise qualité, parce qu'il est toujours trop mou ; les arbres fruitiers donnent moins de fruits; ceux-ci sont peu savoureux et se conservent à peine. Mais, si l'eau devient stagnante et couvre les racines, les accidents sont plus graves. Les racines, privées du libre contact de l'air, ne peuvent plus remplir leurs fonctions; elles pourrissent, et l'arbre meurt. Les eaux courantes offrent de moins grands inconvénients que les eaux stagnantes, parce qu'elles contiennent toujours une certaine quantité d'air.

Quelques espèces, ainsi que nous le verrons plus tard, supportent plus facilement que d'autres ces excès de sécheresse ou d'humidité.

L'eau à l'état de vapeur dans l'atmosphère n'est pas moins utile à la végétation que celle que le sol contient à l'état liquide.

Ces vapeurs aqueuses sont absorbées par les feuilles, qui viennent ainsi en aide aux racines pour réparer dans le végétal les pertes produites par l'évaporation. Ce qu'il y a de remarquable, c'est que cette absorption des vapeurs aqueuses par les feuilles a surtout lieu lorsque les racines, placées dans un terrain trop sec, fonctionnent difficilement. Par une sage prévoyance de la nature, c'est précisément au moment où les végétaux ont besoin de la plus grande quantité d'humidité que celle-ci est le plus abondamment répandue dans l'air ; et cela se conçoit, puisque sa présence dans l'atmosphère est due à l'action du soleil, qui la vaporise à la surface du sol.

Une atmosphère trop humide n'est pas non plus sans quelques inconvénients pour la végétation. Ainsi, lorsque les vapeurs condensées, rapprochées par un abaissement de température, se présentent sous forme de brouillards, et que ceux-ci séjournent quelque temps, au printemps, à l'époque de la floraison des arbres fruitiers, il en résulte de grands dommages. Ces brouillards s'attachent en petites gouttelettes sur les anthères des étamines, les grains de pollen se déchirent avant d'avoir été projetés sur le stigmate, et la fécondation devient nulle : les fleurs se flétrissent et tombent.

De l'air. — L'air influe sur le développement des plantes par le gaz oxygène et le gaz acide carbonique qui entrent dans sa composition. Ce que nous en avons dit précédemment, à propos de la germination et de la nutrition nous dispense de revenir ici sur le rôle du fluide atmosphérique et de ses éléments.

De la lumière. — La lumière n'est pas moins indispensable à la végétation. Nous avons vu que c'est la lumière qui produit le phénomène de la nutrition dans les plantes; c'est elle qui détermine la succion, l'absorption des racines; c'est aussi sous son influence que se fait, dans toutes les parties vertes des végétaux, la décomposition du gaz acide carbonique; décomposition à l'aide de laquelle le carbone ou charbon, devenu libre et dans un état de division inappréciable, peut être assimilé aux plantes et servir à l'accroissement de leurs parties. C'est encore à l'action de cet agent qu'est due la transpiration aqueuse par la surface des feuilles, phénomène qui permet à la séve des racines de se débarrasser de son eau surabondante et d'être transformée en cambium. Lorsqu'on veut conserver frais des rameaux détachés d'une plante, le premier soin à prendre doit donc consister à les placer dans l'obscurité, afin de diminuer la transpiration de l'eau. C'est ce que savent très-bien les bouquetières qui veulent empêcher la fanaison des fleurs, et les jardiniers lorsqu'ils veulent transporter des boutures.

C'est également l'influence de la lumière qui détermine dans les feuilles la formation des sucs qui donnent aux végétaux une saveur et une odeur particulières. Enfin, la couleur verte, si abondamment répandue dans les plantes, et les couleurs particulières qui distinguent chacune de leurs parties, sont dues aussi à la lumière à l'aide de laquelle les cellules des fleurs, des fruits, des feuilles, modifient diversement les fluides qu'elles contiennent et produisent ces diverses colorations.

Une seule expérience suffit pour démontrer l'exactitude des faits que nous venons d'énoncer.

Si l'on place une plante quelconque dans un lieu complétement obscur, elle continuera de végéter, mais les nouvelles parties qui se développeront n'offriront dans leurs tissus qu'une très-petite quantité de carbone, parce que, l'acide carbonique ne pouvant être décomposé, le carbone ne pourra y être fixé. La transpiration aqueuse ne pouvant non plus avoir lieu, ces tissus seront engorgés d'une grande quantité de fluides aqueux. Il en résultera que ces parties resteront toujours molles et herbacées. En outre, elles n'offriront pas la couleur verte qui caractérise les tissus développés à la lumière et resteront d'un blanc jaunâtre. Enfin, toujours insipides, elles ne présenteront ni l'odeur ni la saveur qui distinguent l'espèce à laquelle elles appartiennent. Ce dernier phénomène est bien sensible dans la chicorée sauvage qui, verte, est d'une amertume insupportable, et qui, blanchie à l'obscurité et connue alors sous le nom de *barbe de capucin*, devient presque complétement insipide.

Les plantes qui se développent dans de pareilles circonstances offrent tous ces accidents, auxquels on donne le nom d'*étiolement*.

On peut conclure de ces faits que plus les arbres sont exposés à une lumère vive, plus leur bois est dur et compacte, parce qu'ils peuvent assimiler une plus grande quantité de carbone. En effet, la tige d'un arbre placé isolément sur une haute montagne contiendra plus de charbon, sera d'une plus grande dureté, se conservera plus longtemps qu'une tige de la même espèce, du même volume, mais développée au milieu d'une épaisse futaie.

Parmi les diverses influences de la lumière sur la végétation, une des plus remarquables est celle qu'elle exerce sur la direction des tiges. Placez une plante en végétation dans un appartement percé de deux ouvertures latérales, l'une donnant accès à l'air sans donner passage à la lumière, l'autre laissant arriver la lumière sans donner accès à l'air, et l'on verra tous les rameaux se diriger vers la seconde ouverture.

Voici comment se produit ce phénomène. Lorsqu'un bourgeon feuillé reçoit plus de lumière d'un côté que de l'autre, le côté le plus éclairé élabore plus complétement la séve des racines ; il y a sur ce point du bourgeon une plus grande quantité de carbone fixée sur les tissus ; ceux-ci croissent moins longtemps en longueur, parce qu'ils sont plus vite solidifiés, et que d'ailleurs les vaisseaux ligneux descendants, qui se forment en plus grande abondance sur ce point, arrêtent aussi plus vite l'allongement des vaisseaux ascendants. Mais, le côté opposé recevant un cambium moins riche et les vaisseaux descendants se formant moins vite, les tissus s'allongent plus longtemps. Or, comme les deux côtés d'un même bourgeon ne peuvent pas se séparer l'un de l'autre pour croître chacun à sa façon, il faudra nécessairement que ce bourgeon se courbe du côté où il s'allonge le moins, c'est-à-dire du côté le plus éclairé. Ceci nous explique pourquoi les branches des arbres en espalier, qui ne reçoivent la lumière que d'un seul côté, tendent sans cesse à se diriger en avant : pourquoi les arbres des lisières des forêts inclinent leurs branches plus du côté extérieur que du côté inférieur ; pourquoi enfin ces mêmes arbres sont généralement plus gros, moins élevés, plus ramifiés que ceux de l'intérieur de la forêt, qui n'offrent de ramifications qu'à leur sommet et n'ont jamais une grosseur proportionnée à leur élévation. Tous ces faits doivent être expliqués par l'influence de la lumière, et non, comme l'avaient pensé quelques cultivateurs, par celle de l'air, dont la libre circulation n'est nullement contrariée dans ces diverses circonstances.

De la température. — L'action générale de la température sur la végétation peut être considérée sous deux points de vue principaux : son influence lorsqu'elle est appliquée dans des limites convenables, et ses effets lorsqu'elle dépasse les bornes de son action efficace pour chaque espèce.

Nous connaissons déjà en grande partie l'action de la température lorsqu'elle agit dans des limites convenables ; ainsi nous savons qu'en général elle tend à exciter les propriétés vitales. Toutes choses étant égales d'ailleurs, une température chaude augmente l'absorption par les racines et la transpiration par les feuilles, elle assure et accélère la germination des graines, la floraison, la fécondation, la maturité des fruits.

Une température froide produit les résultats inverses : elle diminue les fonctions de chacun des organes et suspend la végétation. Jetons maintenant un coup d'œil sur les effets de la température sur la végétation, lorsqu'elle est trop élevée ou trop basse.

Les effets produits sur les plantes par une température trop élevée se divisent en deux séries, selon que la chaleur coïncide avec la sécheresse ou l'humidité. Lorsqu'une température trop élevée est accompagnée de la sécheresse du sol, il en résulte, pour les arbres, d'abord la fanaison des parties vertes, parce que cette haute température détermine à la surface de ces organes une grande évaporation que la sécheresse du sol ne permet pas aux racines de réparer assez vite. Si cet état de choses se prolonge, les feuilles jaunissent bientôt et finissent par tomber, la végétation s'arrête, et les autres organes de l'arbre se dessèchent peu à peu. Les parties extérieures et vivantes de la tige, le liber, venant aussi à perdre leur humidité, l'arbre meurt ; car nous savons que le liber est, dans les plantes, le siége de la vie. Quelquefois le liber n'est desséché et désorganisé par la chaleur que par places : c'est ce qui arrive surtout aux arbres en espalier ; toute l'écorce lésée tombe alors et met à nu une certaine étendue de l'aubier. On prévient cet accident en préservant la tige de l'ardeur du soleil au moyen d'une enveloppe quelconque.

Lorsqu'une température trop élevée est jointe à une grande humidité, elle produit des résultats contraires aux précédents. Elle excite les plantes à pousser trop en feuilles, et la production des fruits devient presque nulle.

Les accidents déterminés par une trop grande chaleur seraient bien plus fréquents, si la nature prévoyante n'avait mis en usage certains moyens propres à en modérer l'action. Le plus puissant est le suivant :

Le sol offrant toujours en été une température plus basse que celle de l'atmosphère, et la circulation des fluides des racines aux feuilles étant d'autant plus active que la lumière est plus vive et la température plus élevée, il en résulte que la séve des racines vient continuellement balancer l'influence de la chaleur sur la tige et éloigner les accidents. La température du sol, comparée à celle de l'atmosphère, étant, en été, d'autant plus basse qu'on l'observe à une plus grande profondeur, on peut en conclure que les arbres dont les racines s'enfoncent le plus profondément dans le sol sont les moins exposés aux influences de la chaleur. Les terrains siliceux sont ceux qui s'échauffent le plus facilement au soleil ; et comme, d'ailleurs, ils sont aussi les plus perméables à l'air, on peut tirer cette seconde conséquence : que les arbres doivent être plantés plus profondément dans ces terrains que dans les autres. Pour empêcher le sol de s'échauffer autant, on peut le couvrir de paille, de feuilles, de fougères, de genêts, et même de pierres. C'est surtout dans les terrains siliceux que ce moyen doit être employé.

Lorsque la température descend au-dessous de zéro, elle atteint les liquides renfermés dans le tissu des parties vertes et foliacées du végétal, liquides qui ne sont séparés de l'influence de la température extérieure que par quelques membranes très-minces. Sous l'influence de cette basse température, ces liquides se congèlent ; mais, comme en passant à l'état de glace, ils augmentent de volume, les vaisseaux et les cellules qui les contiennent sont alors distendus et déchirés. De là le mélange de ces fluides, leur fermentation, puis la mort des parties de l'arbre où se manifestent ces accidents. C'est ainsi que périssent, par les premières gelées d'automne, les jeunes rameaux encore herbacées, ceux dont la végétation s'est prolongée trop longtemps et qui ne sont pas encore bien aoûtés. C'est de cette manière aussi que sont désorganisés, par les gelées du printemps, les bourgeons nouvellement développés.

Si le froid devient très-intense, il détermine la congélation des fluides contenus dans les couches du liber, et en produit la désorganisation. Or, comme une des fonctions de cet organe est d'entretenir la vie dans les boutons qui doivent, au printemps, donner lieu à une nouvelle végétation, il en résulte la mort de ceux-ci, et, partant, celle de l'arbre.

Une chose digne de remarque, sous le rapport de l'influence de la gelée sur les arbres, c'est l'irrégularité avec laquelle elle agit sur les divers individus d'une même espèce, et cela, dans un rayon souvent assez circonscrit. Ces différences d'action peuvent être déterminées par les lois suivantes :

1° *Ce n'est pas sur les parties solides du végétal que s'exerce l'influence de la température, mais bien sur les liquides.* — Ainsi, moins il y aura de ces derniers dans un végétal, moins il sera sensible à l'action de la température, parce qu'il y aura moins d'eau à geler : le bois et les couches extérieures de l'écorce résistent bien au froid, tandis que le liber est facilement altéré. Aussi les gelées d'automne font-elles moins de mal que celles du printemps, parce qu'à l'automne les arbres, mieux aoûtés, contiennent moins d'eau. Un hiver très-rigoureux est moins à craindre après un été chaud qu'après un été pluvieux. Les arbres gèlent plus facilement dans un terrain gras et humide que dans un sol sec.

2° *Blagden a prouvé que l'eau bourbeuse, visqueuse, gèle plus difficilement que l'eau pure.* — Nous pouvons conclure de cette seconde loi : que les végétaux gèlent d'autant moins que leurs sucs sont plus visqueux, plus épais.

3° *On sait encore que l'eau résiste à plusieurs degrés de froid sans se congeler lorsqu'elle est dans un repos absolu;* d'où nous pouvons conclure cette dernière loi : que les végétaux résistent d'autant mieux au froid que l'immobilité de leurs fluides est plus complète ; ce qui nous donne une nouvelle explication de la facilité avec laquelle les arbres gèlent lorsque leur séve est en mouvement.

4° *Enfin, nous avons vu plus haut que les arbres offrent une température plus fraîche en été et plus chaude en hiver que celle de l'atmosphère, et cela parce que les racines vont puiser leurs fluides sur un point du sol plus frais que l'atmosphère dans l'été et plus chaud dans l'hiver.* — Il est bien évident que la température intérieure d'un arbre sera, en hiver, d'autant plus élevée, comparée à celle de l'air extérieur, que ses racines seront soustraites plus profondément à l'influence de la température du dehors. D'où cette quatrième loi : que les arbres résistent d'autant mieux à la gelée que les racines peuvent absorber une séve moins exposée aux influences de la température extérieure, ou, en d'autres termes, qu'elles se trouvent placées à une plus grande profondeur. Ceci justifie le procédé mis en usage par beaucoup de cultivateurs, et qui consiste à couvrir de paille ou de feuilles sèches, pendant l'hiver, le pied des arbres délicats; de cette manière on empêche le sol de se refroidir autant, et, les racines puisant une séve moins froide, l'arbre supporte plus facilement l'influence des fortes gelées.

Telles sont les principales causes qui déterminent les différences d'action de la gelée sur les divers individus d'une même espèce. D'après cela, on peut facilement s'expliquer pourquoi, par exemple, un individu placé dans un terrain humide, exposé au midi et planté à la surface du sol, gèlera plus facilement qu'un autre individu de même espèce placé dans un terrain sec, exposé au nord et planté profondément.

Lorsque les arbres ont subi l'influence fâcheuse de la gelée, le seul remède à tenter est d'éviter que les parties gelées ne soient exposées à un retour trop brusque vers une température élevée, et de ne les y soumettre que graduellement. Ainsi, lorsque des espaliers ont subi au printemps l'influence des gelées blanches, il est bon d'arroser la tige des arbres dès le matin et de les garantir autant que possible de l'influence du soleil jusqu'au milieu du jour.

Souvent la gelée se fait sentir sur des arbres déplantés pour être replantés. Son action est d'autant plus funeste dans ce cas qu'elle agit sur les racines, et que cette partie, toujours plus chargée de fluides aqueux que la tige, est facilement désorganisée par une température de 2° au-dessous de zéro. On peut diminuer les effets de cet accident en plaçant les arbres, avant leur dégel, dans un endroit abrité de la lumière et le plus frais possible. Thouin cite le fait suivant : il expédia à Moscou plusieurs caisses d'arbres fruitiers ; ces arbres y arrivèrent complétement gelés ; on les mit immédiatement dans une glacière, où ils passèrent l'hiver ; vers le printemps, on les rapprocha progressivement de l'entrée de cette glacière, puis enfin on les planta, et ils se développèrent parfaitement.

Par ce qui précède, on se rend bien compte de la différence d'action du même degré de froid sur divers individus d'une même espèce ; mais ce que nous n'avons pas encore expliqué, ce sont les causes qui font que tous les individus de quelques espèces supportent, sans souffrir, un certain degré d'abaissement de température, tandis que ce même degré de froid tue complétement tous les individus de certaines autres. Ainsi aucune des plantes des pays chauds ne peut supporter la rigueur de nos hivers, et cela doit être : car la nature est immuable dans ses lois ; elle a organisé les végétaux pour vivre au milieu de circonstances données, et rien ne peut faire changer cette organisation ; chaque espèce ne peut supporter qu'une température limitée, et ne peut prospérer dans un sol autre que celui pour lequel la nature l'a créée. Ce sera toujours en vain qu'on voudra faire croître les arbres des tropiques dans nos climats, et faire vivre les arbres des terrains compactes dans des sols légers. Il est donc de la plus haute importance, en culture, de se rendre bien compte des circonstances générales, et surtout du degré de température sous l'influence desquels vit chaque espèce dans son état sauvage, afin de reproduire artificiellement les mêmes circonstances.

Ceci nous conduit naturellement à dire un mot des acclimatations et des naturalisations.

On entend par *acclimatation*, les diverses opérations à l'aide desquelles on a essayé de faire supporter à une espèce un degré de température plus bas que celui du climat où elle croît spontanément. On a tenté d'obtenir ce résultat en exposant graduellement les plantes à l'influence d'une température plus basse que celle de leur pays natal, jusqu'à ce qu'elles pussent supporter sans souffrir la température de celui où on voulait les faire vivre en plein air.

Les connaissances que l'on a de la structure des plantes, et surtout de la manière immuable dont elles sont organisées, empêchent d'admettre la possibilité de leur acclimatation. En effet, pour qu'un arbre des pays chauds puisse supporter le froid de nos hivers, il faudrait que sa structure fût modifiée.

Quant aux résultats que l'on pensait avoir obtenus, un examen plus approfondi est venu les réduire à leur juste valeur. Ainsi, l'*Aucuba du Japon*, la *Pivoine en arbre*, originaires de la Chine, et beaucoup d'autres espèces, furent placées dans des serres chaudes lors de leur introduction dans nos jardins ; quelque temps après on les mit en orangerie, puis on en abandonna quelques pieds en pleine terre pendant l'hiver: ces plantes se développèrent au printemps, et l'on dit qu'on les avait acclimatées. Mais si, dès leur arrivée en Europe, on les eût mises en pleine terre, elles auraient supporté notre climat comme elles le supportent maintenant. Et cela est d'autant moins extraordinaire, qu'on a pu constater depuis que ces plantes vivent naturellement dans une contrée presque aussi froide en hiver que la nôtre. Elle est à la vérité plus rapprochée de l'équateur, mais elle est aussi plus élevée au-dessus du niveau de la mer.

Nous le répétons, l'acclimatation nous paraît impossible. Lorsqu'on soumet à cette opération une espèce nouvellement introduite, elle meurt toujours si le climat où elle vit habituellement est plus chaud que celui auquel on veut l'habituer ; si, au contraire, elle survit, c'est que le climat d'où elle vient offre une température à peu près égale à celle de la contrée où on veut l'introduire : elle n'est donc pas acclimatée, mais seulement *naturalisée*.

Quant à la naturalisation, cette opération est bien plus simple que la précédente ; elle consiste seulement dans le transport d'une espèce de son pays natal dans un autre ; elle est de la plus grande importance : c'est par elle que nos jardins fruitiers se sont successivement meublés d'espèces nouvelles d'arbres à fruits ; que nos forêts se peuplent de bois plus vigoureux ou de meilleure qualité, que nos jardins enfin s'enrichissent de nouveaux arbres remarquables par l'éclat de leurs fleurs ou l'élégance de leur feuillage.

Le principe sur lequel repose la naturalisation des plantes est surtout la similitude des contrées sous le rapport de la température.

La température d'une contrée est déterminée par les deux causes suivantes : d'abord par la distance qui la sépare de l'équateur. Ainsi, plus une contrée se rapproche de l'équateur, plus elle est chaude et plus les plantes qui y vivent exigent un degré de température élevé. Les espèces qui croissent sous la ligne ne peuvent végéter chez nous que placées dans des serres maintenues à un haut degré de chaleur. A mesure que l'on se rapproche des pôles, la température diminue, l'aspect de la végétation change, jusqu'à ce que, sous les pôles, remplacée par des glaces éternelles, elle cesse complétement.

La seconde cause qui détermine la température d'une localité est son élévation au-dessus du niveau de la mer. Plus la localité est élevée plus elle est froide. En gravissant une haute montagne comme la chaîne des Andes, dans l'Amérique méridionale, on observe la même décroissance de température qu'en voyageant de l'équateur vers les pôles : arrivé au sommet de ces montagnes, on trouve, quoique sous l'équateur, des glaciers permanents. Ce qu'il y a de remarquable, c'est que, dans ce trajet, on rencontre les mêmes changements dans la végétation que de l'équateur aux pôles ; et que, près des glaciers qui couronnent ces montagnes élevées, on trouve des plantes de genre et quelquefois même d'espèces analogues à celles qui croissent sous les pôles, aux limites de la végétation.

Ainsi donc, avant de soumettre une plante étrangère à la rigueur de notre climat ; avant d'essayer de la naturaliser, il faut non-seulement se rendre compte de la distance qui existe entre sa contrée natale et l'équateur, mais encore de l'altitude de cette contrée. C'est pour ne pas avoir tenu compte de cette dernière circonstance que quelques cultivateurs ont cru acclimater chez nous des plantes originaires, il est vrai, des pays équatoriaux, mais qui vivaient dans des localités placées à une grande élévation au-dessus du niveau de la mer.

De l'exposition. — Une dernière circonstance atmosphérique agit encore sur la végétation des arbres : c'est l'exposition.

Un mur ou un coteau sont exposés au midi lorsque les rayons du soleil tombent directement sur eux au milieu du jour ; l'exposition du nord est celle du côté opposé à ce mur ou à ce coteau. Les expositions du levant et du couchant sont celles qui reçoivent directement les rayons du soleil levant ou du soleil couchant. Ces diverses expositions offrent, pour la France, les caractères suivants :

L'exposition du midi est la plus chaude, celle du nord est la plus froide. L'exposition du levant est généralement moins chaude que celle du midi, mais elle est plus sèche, à cause des vents moins chargés d'humidité qui soufflent de ce point. L'exposition du couchant est moins chaude aussi que celle du midi, mais elle est la plus humide de toutes, en raison des vents d'ouest et des pluies fréquentes qui viennent de ce côté.

Il résulte des différents degrés de chaleur et d'humidité de ces expositions qu'elles influent beaucoup sur la végétation des arbres, et qu'on doit avoir égard aux besoins de chaque espèce, sous ce rapport, lorsqu'on les plante.

Ainsi l'expérience a démontré que les arbres et arbrisseaux à feuilles persistantes, tels que les *rosages*, les *arbres résineux*, plusieurs espèces de *magnolia*, etc., préfèrent l'exposition du nord à celle du midi, parce que, au midi, leurs feuilles et leurs tissus, échauffés pendant l'hiver par le soleil, déterminant les mouvements de la séve et l'absorption des racines, ils souffrent davantage des fortes gelées que lorsqu'ils sont au nord, où ils ne reçoivent pas l'influence du soleil, et où leur végétation reste endormie pendant tout l'hiver.

Le choix de l'exposition est surtout très-important pour les arbres fruitiers en espalier. Nous verrons, en nous occupant de la culture de ces arbres, celle qui convient le mieux à chacun d'eux.

Du sol. — Un des agents naturels les plus importants à connaître est, sans contredit, le sol. C'est lui qui sert de support aux végétaux ; c'est dans son sein que germent les semences et que les plantes puisent la plus grande partie des matériaux nutritifs qui contribuent à leur développement progressif.

Les plantes ne sont point, comme les animaux, susceptibles de locomotion ; fixées pour toujours sur une portion déterminée du sol, elles sont condamnées à satisfaire tous leurs besoins aux dépens de l'espace étroit qu'elles occupent. Il faut donc qu'elles trouvent autour d'elles les principes nutritifs nécessaires à leur accroissement et à l'exercice de leurs fonctions.

Le même sol n'étant pas également propre à la végétation de toutes les espèces d'arbres, nous avons à examiner la nature des différentes terres et les propriétés de chacune d'elles sur la végétation des arbres en général.

Disons d'abord un mot de la formation de la couche superficielle de la terre, c'est-à-dire de celle où se développent les racines des arbres. Le sol cultivé repose sur des roches placées à une plus ou moins grande profondeur, et qui, par leur décomposition, lui ont donné naissance. Ces roches, de nature différente, sont surtout les suivantes :

Roches calcaires. — Elles se composent, en grande partie, de chaux à l'état de carbonate, c'est-à-dire combinée avec l'acide carbonique. On y rencontre, en outre, une plus ou moins grande quantité de silice ou sables, puis de l'argile, ce qui fait varier leur dureté. On les reconnaît facilement à leur couleur blanchâtre : elles forment la plupart de nos coteaux.

Roches siliceuses ou *grès*, composées de petits grains de sable ou de silice agglomérés, dont la couleur varie du blanc au rouge, selon la proportion d'oxyde de fer qu'elles renferment.

Roches schisteuses ou *argileuses*.—Ce sont celles analogues aux ardoises, et qui, par leur décomposition, ont donné naissance aux argiles.

Roches granitiques. — Elles présentent une très-grande dureté et appartiennent aux premières formations de la croûte terrestre. Elles se composent en général de silice, d'alumine, de chaux, de magnésie, de sels de potasse, de soude, d'oxyde de fer, et donnent naissance, par leur décomposition, aux terrains granitiques.

Toutes ces roches, de nature et de dureté différentes, placées d'abord à la surface de la terre, se sont décomposées à la longue sous l'influence de l'eau et de l'air. Les inondations qui, dans les temps les plus reculés, ont recouvert successivement d'eau les diverses parties du sol, ont entraîné, mélangé les débris de ces roches, et les ont déposés sur les plaines et dans les vallées. De nos jours encore, les fleuves, les rivières, abandonnent sur leurs bords des dépôts terreux provenant des roches que les eaux ont désagrégées dans leur passage.

Quant aux éléments qui entrent dans la composition du sol en général, on conçoit qu'ils sont de même nature que les substances qui forment la base des différentes roches à la décomposition desquelles ils doivent leur formation. Aussi la plupart des terrains offrent-ils, et en proportion variée, les éléments suivants :

De la *silice*, provenant de la décomposition des roches siliceuses ou grès ;

De l'*argile*, provenant de la décomposition des roches schisteuses ou argileuses ;

Du *carbonate de chaux* ou *matière calcaire*, provenant de la décomposition des roches de même nature.

Outre ces trois éléments principaux de tous les terrains, on y rencontre presque toujours une certaine quantité d'*humus* ou *terreau*. Cette matière qui peut être considérée comme la base de la fertilité dans le sol, est produite par la décomposition des végétaux et des animaux morts. Ajoutons encore à cette substance de l'oxyde de fer, qui donne à la terre une couleur brune, rouge ou jaune; puis quelques matières salines, telles que des sels de potasse, de soude, etc.

Avant d'aller plus loin, il convient de jeter un coup d'œil sur les principales propriétés physiques de chacun des éléments terreux. Nous nous rendrons ainsi plus facilement compte du degré de fertilité des divers terrains dans la composition desquels ils entrent.

L'*argile* est très-compacte, difficile à diviser ; elle est imperméable à l'eau, qu'elle retient à sa surface, et à l'air, qu'elle empêche de pénétrer dans les couches inférieures. Lorsque l'argile est humide, elle abandonne très-lentement cette humidité, devient pâteuse et collante. En se desséchant, elle se couvre de larges crevasses et acquiert une dureté extraordinaire.

La *silice* offre des caractères absolument opposés à ceux de l'argile. Elle est très-friable, facile à diviser, très-perméable à l'air et à l'eau; aussi les pluies la traversent-elles comme elles feraient d'un crible. Il en résulte que les terrains où cet élément domine sont toujours exposés à la sécheresse.

La *matière calcaire*, ordinairement de couleur blanchâtre, s'échauffe difficilement au soleil. Elle présente moins de ténacité que l'argile et un peu plus que le sable. Elle absorbe l'humidité avec rapidité, mais l'abandonne avec autant de promptitude. Enfin elle tient, par ses propriétés, le milieu entre l'argile et la silice.

D'après les propriétés des principaux éléments terreux, on conçoit déjà qu'aucun d'eux ne peut déterminer seul une bonne végétation. En effet, c'est seulement du mélange, en certaines proportions, de ces différentes terres que naît la fertilité du sol : les vices de l'une sont corrigés par les qualités de l'autre.

L'analyse chimique d'un grand nombre de sols est venue démontrer que les plus féconds sont ceux où les principaux éléments se trouvent réunis en quantité telle que l'argile entre dans le mélange pour moitié et le calcaire et la silice pour chacun un quart, et que la fertilité diminue à mesure que l'un de ces éléments domine trop dans le mélange.

Une seconde remarque non moins importante, c'est que ces trois éléments terreux principaux, mélangés dans les proportions les plus favorables à la végétation, resteront encore presque stériles s'il ne s'y trouve certaines matières salines telles que la potasse et la soude, et surtout de l'humus ou terreau, source d'une partie des principes azotés et carbonés, nécessaires à l'accroissement des plantes.

Maintenant que nous avons un aperçu de la composition du sol en général, jetons un coup d'œil sur les mélanges terreux les plus importants à connaître, et examinons l'action de chacun d'eux sur la végétation des arbres.

Du sol arable. — On donne ce nom à la couche de terre de la surface, à celle qui est remuée et cultivée par les instruments aratoires et qui est imprégnée par l'air atmosphérique, à celle enfin dans laquelle se développent les racines.

On peut partager les diverses sortes de sols arables en quatre classes principales, dont les noms indiquent celui des éléments qui domine dans le mélange. Nous avons des sols arables *argileux* ou *glaiseux, siliceux, calcaires, humifères* ou *tourbeux*. Voici la liste de ces terres, rangées d'après cette classification.

1re CLASSE. Sols argileux.	Argileux proprement dit (terre glaise). Argilo-ferrugineux. Argilo-calcaire. Argilo-siliceux. { Terre forte. Terre franche.
2e CLASSE. Sols siliceux	Silicéo-argileux (terre légère). Silicéo-argilo-ferrugineux. Silicéo-argilo-calcaire. Silicéo-calcaire. Silicéo-humifère, ou terre de bruyère. Siliceux proprement dit. Granitique. Volcanique.
3e CLASSE. Sols calcaires.	Calcairo-argileux. Calcairo-argilo-siliceux.
4e CLASSE. Sols humifères ou tourbeux.	Humus pur ou tourbe. Humus siliceux.

1° Les sols argileux ou glaiseux sont ceux où l'argile domine. Ils offrent les caractères suivants:

Ils sont colorés plus ou moins en brun, en rouge ou en jaune, par une certaine quantité d'oxyde de fer, et présentent tous les caractères que nous avons indiqués pour l'argile pure; ces caractères sont d'autant plus prononcés, que l'argile est plus abondante dans le mélange. Les inconvénients qu'on reproche aux terrains où l'argile abonde sont les suivants :

Les arbres y poussent avec rapidité, mais le bois est moins dur, et présente, par conséquent, moins de valeur que partout ailleurs; ils sont bien plus exposés aux effets des fortes gelées et aux diverses maladies. Les arbres fruitiers y donnent une moins grande quantité de fruits ; ces fruits sont, à la vérité, plus gros, mais ils sont toujours moins savoureux et se conservent moins longtemps.

Les sols argileux sont très-répandus ; mais la proportion d'argile est loin d'être la même dans tous. Voici, sous ce rapport, quelles sont les principales espèces.

Terre argileuse proprement dite ou *terre glaise*. — Cette terre, que l'on rencontre quelquefois tout près de la surface du sol, est d'une grande importance pour la confection des vases en terre cuite, mais elle est la plus stérile de toutes les terres argileuses, parce qu'elle ne renferme qu'une très-faible proportion des autres éléments terreux, et oppose, au plus haut degré, à la culture, les inconvénients de l'argile. Elle est colorée, tantôt en gris par des matières organiques en décomposition, tantôt en rouge par la présence de l'oxyde de fer ; elle est rarement blanche.

Nous donnons, comme exemple de ces sols, un terrain de la commune de Forges-les-Eaux dans la Seine-Inférieure, dont nous devons l'analyse, ainsi que celle des terrains suivants, à l'obligeance de notre collègue et ami M. Girardin, professeur de chimie agricole et correspondant de l'Institut.

Desséchée à + 100°, elle contient :

Sable fin	Siliceux	16,505	
	Calcaire	1,660	
Matières solubles dans l'eau	Humus soluble azoté	0,549	1,455
	Sulfates de chaux et de magnésie.		
	Sulfates de fer et de cuivre.	0,886	
	Sulfates de potasse et d'alumine.		
	Phosphates alcalins		
Terre ténue	Humus soluble.	2,666	
	Argile.	71,855	
	Carbonates de chaux et de magnésie.	2,500	
	Phosphate de chaux.	0,868	
	Oxyde de fer.	2,511	
		100,000	

Terre argilo-ferrugineuse.—Elle renferme une forte proportion d'oxyde de fer, qui la colore en rouge ou en jaune. Cette variété, assez répandue, n'est pas très-fertile, parce que la trop grande quantité d'oxyde de fer devient nuisible aux plantes.

Voici l'analyse de l'une de ces terres, prise dans la commune de Belbeuf (Seine-Inférieure).

Desséchée à + 100°, elle renferme :

Sable fin . . . . . { Siliceux		11,280
{ Calcaire		6,770
Débris organiques grossiers et coquilles		1,000
Matières solubles { Humus soluble azoté	0,47	
dans l'eau . . . { Carbonates et chlorures alcalins. }		0,850
{ Sulfates alcalins et sels magnésiens . . . . }	0,58	
Terre ténue . . . { Humus soluble		17,500
{ Argile		51,600
{ Calcaire avec carbonate de magnésie		12,180
{ Peroxyde de fer		16,020
		100,000

Terre argilo-calcaire.—Cette argile renferme une proportion notable de matières calcaires ; elle est généralement fertile, parce que la présence de la matière calcaire vient diminuer son imperméabilité.

Voici l'analyse d'un terrain argilo-calcaire de la commune de Pougeus (Nièvre), et que nous avons empruntée aux mémoires de M. Bertier :

Argile	60,8
Calcaire.	18,0
Carbonate de magnésie.	»
Oxyde de fer	4,0
Sable.	5,0
Eau	11,0
	98,8

Terre argilo-siliceuse.—Celle-ci contient une quantité notable de silice. Elle forme la *terre franche* ou terre à blé, puis les *terres fortes*. Quand elle renferme une proportion suffisante de silice, elle devient friable, perméable à l'eau et à l'air, d'une culture facile ; enfin, elle constitue ce sol de bonne qualité auquel on donne le nom de *terre franche*. Lorsqu'au contraire la silice y est peu abondante, elle devient collante à l'humidité, d'une grande dureté en se desséchant, et offre en partie les inconvénients des terres argileuses pures. On lui donne alors le nom de *terre froide* ou *terre forte*.

Nous donnons ci-après l'analyse de deux sortes de ces terres argilo-siliceuses.

Terre argilo-siliceuse (terre forte) *de la commune de Darnetal* (Seine-Inférieure).

Desséchée à +100°, elle contient :

Gros gravier		2,800
Sable moyen	Siliceux	1,600
	Calcaire	1,650
Sable fin	Siliceux	22,590
	Calcaire	7,280
Débris organiques		0,660
Terre ténue	Humus azoté	5,030
	Argile pure	49,600
	Carbonate de chaux	1,770
	Oxyde de fer	8,700
Sels solubles dans l'eau		0,500
		100,000

Terre silicéo-argileuse (terre franche) *prise dans la commune de Bois-Guillaume* (Seine-Inférieure).

Desséchée à +100°, elle contient :

Gros gravier	Siliceux		5,560
	Calcaire		0,560
Sable moyen	Siliceux		5,500
	Calcaire		0,260
Sable fin	Siliceux		50,461
	Calcaire		1,094
Gros débris organiques			5,262
Matières solubles dans l'eau	Humus soluble azoté	675	
	Carbonates et phosphates alcalins		1,210
	Sel marin	557	
	Sulfate de chaux et de magnésie		
Terre ténue	Humus insoluble		9,289
	Argile		34,063
	Calcaire		0,965
	Phosphates de chaux		0,088
	Carbonate de magnésie		9,690
	Oxyde de fer		
			100,000

2° Les terrains siliceux offrent toujours une grande proportion de silice. Leur couleur varie aussi beaucoup, en raison de la dose d'oxyde de fer qu'ils renferment. Ils sont bruns, rouges, jaunes ou blancs. Ils s'échauffent facilement au soleil, sont très-friables, et par conséquent très-perméables à l'air et à l'eau. Il en résulte que, pendant l'été, ils sont exposés à la sécheresse.

Les terres siliceuses couvrent aussi d'assez grands espaces. Les principales espèces sont les suivantes :

Terre silicéo-argileuse. — Elle ne diffère des terres argilo-siliceuses qu'en ce que la proportion de silice l'emporte sur celle d'argile. Humide, elle est moins boueuse ; sèche, elle ne durcit pas autant. Ce sont ces terres qui constituent la plupart des sols de jardins connus sous le nom *terres légères.* On les rencontre fréquemment aussi sur les rivages des fleuves et des rivières ; elles y acquièrent une très-grande fertilité, à cause des matières limoneuses qu'elles renferment.

La commune de Caudebec-lez-Elbœuf (Seine-Inférieure) nous a fourni un exemple de l'un de ces terrains, dont voici l'analyse. Desséchée à + 100°, elle contient :

Gros gravier siliceux.	. . . .	5,800
Sable moyen siliceux.	. . . .	2,500
Sable fin.	. . . .	70,000
Gros débris organiques..	. . . .	6,280
Matières solubles dans l'eau.. . .	{ Humus soluble.	0,070
	Sulfate potassique	
	Chlorure potassique.	
	Chlorure sodique.	0,550
	Chlorure calcique.	
Matières insolubles dans l'eau. . . .	{ Humus insoluble.	1,600
	Argile.	19,400
	Oxyde de fer.	faible quantité.

$$100,000$$

Terre silicéo-argilo-ferrugineuse. — Cette terre est des plus stériles ; la silice qu'on y rencontre s'y trouve le plus souvent à l'état de gravier ; de sorte qu'elle ne peut se lier intimement avec l'argile, qui, très-dure sous l'influence de la sécheresse, se transforme en boue collante dès qu'elle est mouillée. D'un autre côté, la grande proportion d'oxyde de fer que présente cette terre nuit encore à la végétation, et fait qu'elle s'échauffe trop au soleil.

L'analyse du sol suivant, pris à Blosseville-Bon-Secours (Seine-Inférieure), fournit un exemple de ces terrains.

Desséchée à + 100°, elle contient :

Gros gravier siliceux		5,872
Sable moyen siliceux		15,205
Sable fin	Siliceux	44,800
	Calcaire	traces.
Matières solubles dans l'eau	Humus soluble azoté 0,176	
	Sulfate de chaux, Chlorure de calcium 0,171	0,547
Terre ténue	Humus insoluble	4,406
	Argile	27,575
	Oxyde de fer	1,941
	Calcaire, Carbonate de magnési·, Phosphate de chaux	0,056
		100,000

Terre silicéo-argilo-calcaire. — Cette terre est une des plus fertiles, en raison de la proportion presque égale des trois éléments terreux. On la rencontre fréquemment sur le bord des fleuves et des rivières. Dans cette position, sa fertilité est encore augmenté, d'abord par l'état de division extrême de ses éléments, et surtout par la proportion assez forte de matières organiques en décomposition qu'elle renferme. L'une de ces terres, dont nous donnons l'analyse ci-après, a été recueillie sur les rives de la Seine, dans la commune du Petit-Quevilly (Seine-Inférieure).

Desséchée à + 100°, elle contient :

Sable moyen	Siliceux	5,280
	Calcaire	2,580
Sable fin	Siliceux	25,670
	Calcaire	15,150
Débris organiques		0,005
Matières solubles dans l'eau	Humus soluble azoté 0,447	
	Sulfate de chaux, Sulfates alcalins, Carbonates alcalins, Sulfate de magnési·, Chlorures alcalins 0,291	0,758
Terre ténue	Humus insoluble	4,716
	Argile	52,525
	Calcaire	15,251
	Oxyde de fer	4,410
	Phosphate de chaux, Carbonate de magnési·	0,095
		100,000

Terre silicéo-calcaire. — Cette terre est moins fertile que la précédente, en raison de l'absence presque complète de l'un des éléments principaux, l'argile. Nous avons rencontré celle dont nous donnons ici l'analyse dans la commune de Saint-Martin-de-Boscherville (Seine-Inférieure).

Desséchée à + 100°, elle contient :

Gros gravier . . .	Calcaire	15,210
	Siliceux	0,550
Sable moyen . . .	Calcaire	4,970
	Siliceux	4,990
Sable fin	Calcaire	15,410
	Siliceux	38,064
Matières solubles dans l'eau . . .	Humus soluble azoté 0,200	5,006
	Sulfates, phosphates et chlorures alcalins 2,806	
	Sulfate de chaux	
	— de magnésie	
Terre ténue	Humus insoluble	»
	Calcaire	10,826
	Argile	6,270
	Phosphate de chaux	1,750
	Oxyde de fer	0,974
	Carbonate de magnésie	traces.
		100,000

Terre silicéo-humifère ou *terre de bruyère.* — Ce sol, composé d'un sable ordinairement fin, offre une proportion notable d'humus, produit de la décomposition à la surface des bruyères et autres plantes. La couleur brune ou grise qui le caractérise est due à la présence de cet humus. Cette terre est d'un grand secours pour la culture de certaines plantes d'ornement ; mais, comme elle offre généralement peu de profondeur et se dessèche complétement pendant l'été, elle présente peu d'avantages pour la grande culture. Celle dont nous donnons ici l'analyse a été recueillie dans la forêt de Saint-Étienne-du-Rouvray (Seine-Inférieure).

Desséchée à + 100°, elle contient :

Gravier siliceux		7,560
Sable moyen siliceux		17,814
Sable fin siliceux		47,520
Gros débris organiques		5,626
Matières solubles dans l'eau	Humus azoté 1,120	2,782
	Sulfates alcalins	
	Phosphates alcalins 1,662	
	Chlorures alcalins	
	Sulfates de chaux	

Terre ténue.... {
Humus insoluble.   7,156
Argile.   5,190
Calcaire.   5,964
Carbonate de magnésie et phosphate de chaux.   0,588
Oxyde de fer. . . . .   traces.
}
____
100,000

Terre siliceuse proprement dite. — Cette terre, assez commune, n'offre dans sa composition que de la silice presque pure. Elle est ordinairement colorée en gris par une petite proportion d'humus et par de l'oxyde de fer. Ces terres sont une des plus stériles parmi les sols siliceux.

Nous donnons ici l'analyse d'un terrain de cette nature pris dans la commune du Petit-Quevilly (Seine-Inférieure).

Desséchée à + 100°, elle contient :

Gros gravier.... { Siliceux.   9,000
                  { Calcaire   0,250

Sable moyen ... { Siliceux.   7,250
                { Calcaire   0,500

Sable fin..... { Siliceux.   70,210
               { Calcaire   0,690

Matières solubles { Humus soluble azoté . . . . 0,1025 }
dans l'eau.... { Sels solubles. . . . . 0,5075 }   0,410

Terre ténue.... {
Humus insoluble.   2,740
Argile.   6,800
Calcaire   0,950
Peroxyde de fer   0,910
Carbonate de magnésie.   0,510
}
____
100,000

Terre granitique.— La décomposition du granite donne naissance à ces terrains qui se composent d'une silice argileuse associée à une terre calcaire et quelquefois à de l'argile pure et aride. Il convient cependant à la végétation de certains arbres qui, comme le chêne et le châtaignier, y acquièrent un beau développement.

Terre volcanique. — Ce sont les débris d'anciens volcans ou le produit des éruptions de laves modernes qu'on ne rencontre que dans quelques localités. Ces terres sont généralement légères, grises ou rougeâtres, souvent pulvérulentes, et jouissent d'une étonnante fertilité, surtout lorsqu'on peut leur procurer, en été, une humidité suffisante. La proportion notable de matières salines que renferment ces terrains explique ce haut degré de fertilité.

3° Les sols calcaires sont ceux où la matière calcaire domine les autres éléments. Nous connaissons les propriétés physiques de ces sols, et nous pouvons en conclure ici qu'en raison de leur couleur blanche qui les fait s'échauffer difficilement, de leur peu de ténacité qui les expose à la sécheresse, enfin de leur peu de profondeur, ce sont en général les moins propres à la culture des arbres.

Terre calcairo-argileuse. — Ce sol contient une proportion notable d'argile jointe à sa base, qui est de la matière calcaire très-tendre ou *marne*. Toutefois cette argile y est beaucoup moins abondante que dans la terre argilo-calcaire. Cette terre est fréquente sur le penchant de la plupart des collines. Nous avons pris celle dont nous donnons ici l'analyse sur les coteau de Blosseville-Bon-Secours (Seine-Inférieure).

Desséchée à +100°, elle contient :

Carbonate de chaux	92,5
— de magnésie	2,0
Argile	5,5
Oxyde de fer	
Matières organiques	traces.
	100,0

Terre calcairo-argilo-siliceuse ou *terre tuffeuse.* — La matière calcaire qui forme la base de cette terre offre une plus grande ténacité que dans l'espèce précédente ; elle contient dans sa composition une certaine quantité de sable. Cette matière, jointe à l'argile, donne une terre qui peut être considérée comme la moins stérile des terres calcaires.

Voici une analyse de ces sortes de sols pris aux environs de Rouen :

Carbonate de chaux	90,00
Silice	2,40
Argile	6,50
Oxyde de fer	traces.
Carbonate de magnésie	»
Eau	1,00
Humus	0,10
	100,000

4° Nous comprenons sous la dénomination de sols humifères ou tourbeux tous ceux dans lesquels l'humus ou terreau l'emporte de beaucoup en proportion sur les autres éléments terreux. Ces terres se distinguent par la couleur brun foncé qu'elles reçoivent de l'humus. Leurs propriétés physiques sont les suivantes : d'une consistance très-spongieuse, elles absorbent une grande quantité d'eau, mais l'abandonnent avec facilité sous l'influence de la haute température que leur couleur brune leur fait emprunter au soleil; il en résulte que, pendant l'été, elles sont exposées à une sécheresse excessive.

Nous ajouterons que l'humus, qui forme ordinairement la base de la fertilité de tous les terrains se trouvant là à l'état acide, ne peut être dissous dans l'eau, et servir, par conséquent, à la végétation des plantes. Ces divers inconvénients rendent les sols tourbeux généralement peu propres à la culture. On en rencontre deux espèces principales.

Humus pur ou *tourbe.* — Ces terres contiennent à peine d'autres substances que l'humus : elles doivent leur formation à la décomposition des végétaux sous l'eau. Ces décompositions s'opérant continuellement, on voit, dans les marais, où la végétation est généralement plus rapide, la couche d'humus acquérir en peu temps une épaisseur très-considérable. Ainsi, dans les marais d'Heurtaville, de Forges-les-Eaux (Seine-Inférieure), de Varnier, près Quillebeuf, on remarque des bancs de tourbe de 8 ou 10 mètres d'épaisseur. Cette terre est la plus stérile des terres humifères.

Nous donnons l'analyse de l'un de ces terrains, pris dans les marais de Forges-les-Eaux :

```
Matières organiques. . . . . . . . .   92,5
   —     minérales. . . . . . . . .    7,7
                                      ______
                                      100,0
```

Les matières minérales sont, dans l'ordre de leur plus grande quantité :

Silice.	Oxyde de fer.
Argile.	Carbonates de chaux et de magnésie.
Phosphates de chaux et d'alumine.	Chlorures alcalins.
Sulfate de chaux.	Silicates alcalins.

Humus siliceux. — Cette terre ne diffère de la terre silicéo-humifère ou terre de bruyère qu'en ce que la quantité d'humus y plus considérable. On rencontre l'humus siliceux dans les mes localités que la terre de bruyère ; il est moins stérile que umus pur.

Voici l'analyse d'une terre prise dans la forêt de Saint-Étienne--Rouvray.

Desséchée à + 100°, elle contient :

Gros gravier siliceux		5,486
Sable fin siliceux		54,170
Gros débris organiques		6,820
Matières solubles dans l'eau	Humus soluble azoté 1,456	
	Sulfates alcalins	
	Phosphates alcalins 1,660	5,096
	Sulfate de chaux	
	Oxyde de fer	
Terre ténue	Humus insoluble	59,854
	Argile	9,514
	Calcaire	0,422
	Phosphate de chaux	0,554
	Oxyde de fer	1,464
Perte		0,820
		100,000

Telles sont les diverses sortes de terres les plus répandues. Ainsi l'on le voit, on peut les rapporter toutes aux quatre classes précédentes : l'argile, la silice, la matière calcaire et l'humus.

Nous n'avons examiné dans ces quatre classes que les espèces principales. Nous devons faire observer que ces classes sont liées les unes aux autres, sous le rapport de leur composition, par des espèces intermédiaires.

Parmi les terres que nous venons d'étudier, nous en avons trouvé d'une grande stérilité ; cependant il n'est pas un seul terrain, quelle que soit sa nature, qui, convenablement préparé, ne puisse nourrir certaines espèces d'arbres. Le point important est de savoir choisir les arbres qui peuvent vivre dans tel ou tel sol. Nous nous étendrons longuement sur ce point essentiel en traitant de la culture spéciale de chaque espèce d'arbre, et nous verrons d'ailleurs, à propos des *amendements*, qu'il est possible d'améliorer ceux de ces terrains qui sont les moins propres à la végétation.

Sous-sol. — Le sol arable n'est pas la seule partie du sol qui doive fixer l'attention du cultivateur, car la couche inférieure

venant à différer, par sa composition, de la couche supérieure
elle ne jouira pas des mêmes propriétés, et influera sur l.
la fertilité du sol arable. Il est donc nécessaire d'étudier la com
position et les propriétés de la couche de terre qui se trouve im
médiatement au-dessous du sol arable, à laquelle on donne l
nom de sous-sol.

Cette couche de terre diffère parfois du sol arable par sa com
position ; souvent aussi elle est de même nature ; mais elle est tou
jours moins fertile, par suite de l'absence de l'humus, que la
décomposition des plantes et l'application des engrais accumule
à la surface, et aussi à cause de sa soustraction à l'influence de
l'air atmosphérique.

Le sous-sol est formé, tantôt par la réunion des trois éléments
terreux, tantôt par deux d'entre eux, tantôt par un seul. Toutes
les fois que le sous-sol diffère du sol arable par sa composition,
il agit toujours sur ce dernier, soit en y introduisant des vices,
soit en corrigeant ceux qu'il présente. Admettons, par exemple,
qu'un sol arable argilo-siliceux soit assis sur un sous-sol argileux proprement dit. L'eau des pluies, étant retenue à la surface de cette dernière couche, s'élèvera dans le sol arable ; celui-c
deviendra boueux, d'une culture difficile, et perdra une partie
de sa fertilité. Dans ce cas, le sous-sol aura nui à la fertilité du
sol arable.

Supposons, au contraire, un sol arable composé de terre silii
ceuse, et reposant sur un sous-sol compacte ; il est bien évidenn
que le sous-sol viendra en aide au sol arable, en retenant l'eau
des pluies et en y entretenant l'humidité constante si nécessair·n
à la fertilité de ces sortes de terrain. Si ce sol arable eût été
posé sur un sous-sol de même nature que lui, il se serait dessè·
ché aux moindres rayons du soleil et serait devenu impropre
la végétation.

TROISIÈME SECTION

MOYENS DE FERTILISER LE SOL

Il est bien rare qu'un terrain qui n'a jamais été soumis à la culture puisse, sans aucune préparation, fournir au développement convenable des plantes que l'on veut cultiver. Il faut donc, de toute nécessité, appliquer à la couche de terre qui doit nourrir les récoltes, certains procédés destinés à lui faire acquérir le plus haut degré de fécondité.

Les moyens généraux à l'aide desquels on peut obtenir ce résultat sont les suivants :

1° Maintenir dans le sol un degré d'humidité convenable ;

2° Ameublir et aérer le sol ;

3° Améliorer le sol, en modifiant sa composition élémentaire ;

4° Appliquer des engrais.

Maintien d'une humidité convenable dans le sol. — En traitant des agents naturels de la végétation, nous avons montré la nécessité pour la végétation d'une certaine dose d'humidité dans le sol, et nous avons également constaté l'influence pernicieuse qu'exerce cette humidité lorsqu'elle dépasse certaines limites. De là, la nécessité d'*égouter*, de *dessécher* les terres trop humides, et d'*irriguer* les terres trop sèches. Le cadre de cet ouvrage ne nous permet pas d'entrer dans les développements que nécessiterait l'examen de ces deux opérations ; nous sommes donc obligés de renvoyer pour cela aux traités spéciaux sur le *drainage*, les *desséchements* et les *irrigations*.

Ameublissement et aération du sol. — L'ameublissement du sol, au moyen des *défoncements*, des *labours*, des *binages*, n'est pas moins favorable à la végétation que l'entretien d'une humidité convenable. Lors de la germination des graines, c'est la racine qui apparaît tout d'abord pour fournir la nourriture indispensable à la jeune plante ; pour mieux remplir sa destination, elle ne tarde pas à se ramifier, et elle ne cesse de s'allonger pendant toute sa vie ; il est donc nécessaire que le sol ne mette pas obstacle, par son imperméabilité, à ce développement progressif. D'un autre côté, les parties souterraines des plantes ne peuvent pas plus se passer du concours de l'air que leurs parties foliacées, et, sans la présence continuelle de ce fluide dans le sol, les engrais ne pourraient y subir les modifications qui les convertissent en substances assimilables et nutritives.

Mais les moyens à employer pour obtenir cet ameublissement du sol doivent varier suivant la nature du terrain, et aussi suivant l'exigence des espèces d'arbres soumises à la culture. Nous donnerons les indications nécessaires à cet égard, en traitant de la culture spéciale de chacun des groupes d'arbres dont nous devons nous occuper dans cet ouvrage.

Amendements. — Nous avons vu que la bonne qualité du sol résulte de la présence, en de certaines proportions, des trois principaux éléments terreux, l'argile, le silice et la matière calcaire, et que la fertilité du sol diminue en raison de la trop grande prédominance ou de l'absence de l'un ou de plusieurs de ces éléments. Or, il est bien rare de trouver un terrain dans lequel ces proportions existent naturellement. Il y aura donc utilité, pour le plus grand nombre des terrains, à modifier leur composition élémentaire en y introduisant celui ou ceux des éléments qui y manquent ou qui s'y trouvent en quantité insuffisante. On dit alors qu'on *amende* le sol, et l'on donne le nom d'*amendement* aux matières ainsi employées.

On comprend, d'après ce qui précède, que les amendements ne peuvent se composer eux-mêmes que des trois éléments principaux du sol. Voyons comment on applique ces amendements.

Amendements siliceux. — Ces amendements se composent de graviers et de sable siliceux. Les sables de mer et les sables d'alluvion seront préférés parce que les sels et les matières organiques dont ils sont imprégnés leur communiquent deux qualités précieuses.

Les amendements siliceux ont pour effet de diviser le sol et de le rendre ainsi plus perméable à l'air et à l'eau. Aussi devront-ils être employés pour les sols plus ou moins imperméables, par suite d'un excès d'argile. Si l'on ne pouvait se procurer économiquement les amendements siliceux, on pourrait y suppléer avec avantage en brûlant sur place une certaine quantité de terre argileuse. Pour cela, on accumule dans une excavation

reusée dans le sol, une certaine quantité de broussailles que
l'on recouvre de mottes de terre argileuses humides, puis on
met le feu à cette sorte de fourneau (*fig. 41*). L'argile ainsi brûlée
devient friable comme du
sable et en acquiert toutes
les propriétés physiques.

Amendements argileux.
— Cet amendement se com-
pose de toutes les terres
riches en argile. Toutefois,
les argiles compactes plus
ou moins pures, présentent
une difficulté dans leur emploi; elles se mélangent difficilement avec la masse du
sol. Aussi conviendra-t-il

Fig. 41.

de choisir des terres argileuses, restées assez longtemps exposées à l'action de l'air et de profiter du moment où elles sont
suffisamment sèches pour se diviser facilement.

L'emploi des amendements argileux a pour résultat d'augmenter la consistance du sol, de l'empêcher de se dessécher
aussi rapidement et de l'obliger à retenir entre ses particules
les gaz utiles à la nutrition. On conçoit, dès lors, l'utilité de
cet amendement pour les terres siliceuses ou calcaires.

Amendements calcaires. — Les amendements calcaires sont
la marne proprement dite, la chaux, les plâtras de démolition,
le falun ou calcaire coquiller, les débris de coquilles des bords
de la mer. Les calcaires ont aussi pour résultat de diviser le sol
et d'augmenter sa perméabilité; toutefois, ils ont également une
action chimique très-puissante, sur les principes nutritifs répandus
dans le sol et qui, sans la présence de l'élément calcaire, ne pourraient, le plus souvent, être absorbées par les plantes. Il convient
donc d'appliquer les calcaires, non-seulement aux terres argileuses, mais encore aux terrains siliceux privés de cet élément
surtout aux terrains tourbeux ou humifères dans lesquels l'humus est insoluble par suite de son acidité. Il sera bon de choisir,
autant qu'on le pourra, des calcaires argileux pour les sols siliceux,
et, au contraire, des calcaires siliceux pour les terrains argileux.

Modes d'emploi des amendements. — La quantité d'amendements à employer pour une surface donnée est déterminée par la composition élémentaire du sol, de façon à ramener entre les trois principaux éléments terreux la proportion que nous avons indiquée plus haut comme constituant les meilleurs terrains. — Toutefois, comme ces transports et ces mélanges de terre sont parfois très-coûteux, on se contentera souvent d'une amélioration partielle ; mais plus l'opération sera complète, plus aussi le résultat sera satisfaisant. Il est bien entendu qu'on tiendra compte, pour la quantité des amendements à employer, de l'épaisseur de la couche de terre nécessaire pour la bonne végétation des espèces ligneuses à cultiver.

Une condition indispensable à remplir pour assurer le succès de ces amendements, c'est de les mélanger avec la couche de terre utile à la végétation. Si le terrain est déjà planté, on répand les amendements à la surface avant l'hiver, puis on les mélange avec la couche superficielle, au moyen du labour pratiqué à la fin de l'hiver. L'opération pourra être plus complète si le sol n'est pas encore planté ; alors les amendements répandus à l'avance seront mélangés avec toute l'épaisseur de la couche de terre qui sera remuée par un labour de défoncement.

On pourra parfois procéder à l'amendement du sol sans avoir recours aux transports de terres. Il peut arriver en effet que les éléments terreux, complétement différents, soient naturellement superposés dans le sol par couches distinctes ; par exemple, qu'un sol arable argilo-siliceux soit assis sur un sous-sol calcaire situé à peu de profondeur, ou bien qu'un terrain siliceux soit placé sur une couche argileuse ; dès lors, il suffira pour amender le sol de mélanger, à l'aide d'un labour de défoncement, une suffisante quantité du sous-sol avec le sol arable.

Engrais. — Nous avons constaté, dans les notions de physiologie végétale exposées plus haut, que les principaux éléments constitutifs entrant dans la composition des plantes sont le carbone, l'eau ou ses éléments, l'azote, le phosphore, le soufre, le chlore, l'alumine, la chaux, la potasse, la soude, la magnésie, et le tout à l'état de combinaisons diverses et dans des proportions variant avec les espèces et avec la nature du sol qui les nourrit.

Les plantes ont donc besoin de pouvoir absorber ces diverses substances et, pour cela, de les trouver soit à l'état gazeux soit à l'état de dissolution dans l'eau. — Le sol contient et fournit aux racines des plantes la plupart de ces matières et les feuilles, trouvent aussi dans l'atmosphère de l'acide carbonique, de l'oxygène, de l'eau et de l'ammoniaque.

Le sol peut donc fournir à la végétation des plantes sans qu'il soit nécessaire d'y introduire les éléments dont nous venons de parler. On voit en effet tous les terrains se couvrir d'une végétation spontanée et continue, et la décomposition successive des plantes sauvages à la surface du sol vient sans cesse lui restituer et au delà ce qu'elles y ont puisé pendant leur vie. D'ailleurs l'acide carbonique de l'air et l'ammoniaque formé dans l'atmosphère réparent en partie les pertes qu'éprouvent le sol.

Mais dans les terrains soumis à la culture, les choses ne se passent pas ainsi. On leur demande chaque année une nouvelle récolte que l'on enlève et qui, chaque fois, prive le sol d'une partie des éléments nécessaires à la végétation. D'ailleurs, en supposant que les agents atmosphériques réparent dans le sol les pertes résultant de l'enlèvement des produits (ce qui est loin d'être exact), il est évident que, l'abondance des récoltes étant en raison directe de la richesse du sol, il y aura tout avantage à augmenter artificiellement sa fertilité en y introduisant des éléments nutritifs.

Ajoutons enfin que l'analyse chimique d'un certain nombre de plantes a montré qu'elles n'absorbent pas toutes les mêmes éléments ou qu'elles ne les absorbent pas dans la même proportion. Ainsi certaines ont besoin de trouver dans le sol une notable quantité de phosphate, d'autres des sels de potasse, d'autres des sels de soude, etc. Il est donc indispensable de répandre ces matières dans les terrains où elles sont insuffisantes si l'on veut obtenir le produit le plus élevé des récoltes auxquelles elles sont nécessaires.

De tout ce qui précède résulte donc l'utilité d'introduire dans le sol certaines matières destinées à porter sa faculté productive au plus haut point possible, en y augmentant les éléments qui servent directement à l'alimentation végétale, matières auxquelles on donne le nom d'*engrais*.

Quelles sont maintenant les substances qui peuvent être employées dans ce but? Ce sont évidemment celles renfermant en plus ou moins grande quantité les éléments énumérés plus haut.

Parmi ces substances, en est-il qui puissent être considérées comme des *engrais complets*, c'est-à-dire donnant aux plantes tous les éléments nutritifs nécessaires à chaque espèce? Nous pouvons affirmer que non, car nous avons dit que les diverses espèces de plantes n'emploient pas toutes les mêmes matériaux nutritifs, et surtout qu'elles ne se les assimilent pas dans la même proportion. Le fumier de ferme lui-même, le mieux préparé, qui renferme cependant la série la plus variée des éléments nécessaires à la vie végétale, est loin, au moins pour certaines plantes, d'être un engrais complet. Il sera donc presque toujours utile d'avoir recours à diverses sortes d'engrais qui se compléteront l'un par l'autre.

Ceci posé, recherchons quelles sont les diverses matières qui peuvent être considérées comme des engrais. — Les diverses substances auxquelles on a donné ce nom sont tirées du règne organique et du règne minéral. Comme le mode d'action des engrais varie beaucoup suivant leur nature, nous les diviserons en *engrais organiques* et en *engrais minéraux* ou *salins*.

A. *Engrais organiques*. — Ces engrais, fournis par les végétaux ou les animaux, ne peuvent servir à la nutrition des plantes qu'après avoir subi une fermentation qui désagrége les tissus et désunit les éléments qui les composent. Pour produire ce résultat, la fermentation doit être plus ou moins prolongée suivant la nature particulière de ces matières organiques. De là vient que la durée de l'effet produit par ces engrais est loin d'être la même. Or, il importe de proportionner la durée de cet effet avec le laps de temps pendant lequel les plantes cultivées sont douées de la plus grande force d'absorption. Ces plantes ne profiteraient que très-imparfaitement d'un engrais qui ne serait décomposé complétement que dans l'espace de cinq ans, si elles ne doivent occuper le sol que pendant quatre mois.

Il en sera de même pour des engrais décomposés dans l'espace de trois mois, et que l'on appliquera à des plantes de longue durée, à des espèces ligneuses par exemple. Dans ce dernier cas la formation des éléments nutritifs sera si abondante et si instantanée qu'ils seront en partie répandus dans l'atmosphère ou entraînés hors la portée des racines par les eaux pluviales avant d'avoir été absorbées par les racines.

Concluons de ce qui précède qu'en général il faudra préférer les engrais à décomposition lente pour les plantes ligneuses dont nous avons à nous occuper exclusivement dans ce livre. Les principaux engrais organiques sont les suivants. Nous les partageons, pour les besoins de l'arboriculture, en trois séries caractérisées par la rapidité de leur décomposition et, par suite, de leur action.

1° *Engrais organiques à décomposition très-rapide. Chair des animaux morts.* — La chair des animaux morts, préalablement desséchée et divisée, est un engrais des plus riches, surtout en principes azotés. — La durée de l'effet de cet engrais ne dépasse guère une année.

Sang des abattoirs. — Cette matière desséchée est livrée au commerce pour la culture ; elle est très-azotée et contient aussi une forte proportion de matières carbonées. — Son action ne dépasse pas un an.

Guano. — Cet engrais, à l'état pur, est aussi très-énergique, mais il présente une composition assez variable suivant sa provenance. Les éléments qui y dominent sont en général les phosphates et les sels ammoniacaux. — Son effet instantané ne se prolonge pas au delà de quelques mois.

Vidanges ou *Engrais flamand.* — Cette matière, riche en principes azotés, renferme en outre une grande quantité d'éléments salins qui la rendent très-précieuse pour la végétation.

Poudrette de Bondy. — Cet engrais, qui n'est autre chose que les matières fécales desséchées à l'air, est moins riche que les vidanges, car on en a séparé les urines, et une partie notable des principes azotés s'en échappent pendant la dessiccation.

Excréments des oiseaux. — Cet matière offre la plus grande analogie de composition avec le guano, et son effet n'est pas plus prolongé.

Végétaux herbacés. — On supplée parfois à l'insuffisance des engrais au moyen de plantes herbacées, enterrées vertes. — Pour les fumures vertes on choisit de préférence les espèces à végétation rapide, à feuillage abondant, qui tirent, pour leur nourriture, plus de l'atmosphère que du sol. Les espèces suivantes seront préférées pour les terres argileuses :

Vesces.   Pois.   Navette.   Trèfle ordinaire.
Féverolles.   Colza.   Moutarde noire.

Pour les terrains siliceux :

Trèfle incarnat.	Sarrasin.	Raves.
Lupin.	Spergule.	

Ces plantes sont enterrées sur place au moment de la fleur. — Dans quelques vignobles du Midi on enterre aussi à l'état frais les plantes de marais, telles que *typhas*, *roseaux*, etc. — Ces diverses matières vertes sont peu riches en azote, mais elles sont peu coûteuses et contiennent une assez forte proportion de substances salines et surtout carbonées utiles à la végétation. Leur effet ne se prolonge guère au delà d'une année.

Algues marines, varechs, goémons. — Ces plantes marines sont un excellent engrais, aussi riche en azote que le fumier et renfermant également une quantité notable de principes salins. Il résulte de la décomposition très-rapide de ces plantes que leur effet ne dépasse pas une année.

Composts. — On donne ce nom au mélange que l'on fait de diverses matières organiques, telles que fumier, feuilles sèches, plantes vertes, etc., avec de la terre, disposée par couches alternatives. La terre choisie pour ces composts doit être d'une nature telle qu'elle serve d'amendement pour le sol où le compost doit être employé. La fermentation s'opère dans ce tas, et la terre s'imprègne des gaz fertilisants qui en résultent. Après trois ou quatre mois, on mélange le tout, puis on remet en tas, et l'on emploie ce compost après un nouveau délai de deux ou trois mois. — On comprend que la richesse de ces composts est déterminée par la dose d'éléments nutritifs que renferment les matières organiques qui ont concouru à leur formation. Leur effet ne se prolonge pas pendant plus d'une année.

Engrais liquides. — On donne ce nom à toutes les matières organiques en décomposition riches en azote tenues en suspension ou en dissolution dans l'eau. Ainsi les matières suivantes peuvent composer des engrais liquides :

Le guano naturel. — Y ajouter huit fois son volume d'eau.

Tourteaux de graines oléagineuses. — Les réduire en poudre, puis ajouter six fois leur volume d'eau. Employer cet engrais lorsqu'il commence à fermenter.

Matières fécales. — Les réunir dans une citerne, y ajouter une suffisante quantité d'eau pour les rendre liquides, et les répandre lorsqu'elles commencent à fermenter. Pour désinfecter cet engrais, y ajouter un kilogramme de sulfate de fer, réduit en poudre, par hectolitre de liquide.

Sang des abattoirs. — Le laisser fermenter un peu et y ajouter un kilogramme de sulfate de fer par hectol. de liquide pour le désinfecter. Le sang desséché peut être également transformé en engrais liquide en y ajoutant une suffisante quantité d'eau.

Les urines. — Les employer fraîches en les étendant de quatre fois leur volume d'eau, ou les employer fermentées en y ajoutant quarante grammes de sulfate de fer par hectolitre de liquide.

Purin ou jus de fumier. — L'employer sans préparation

Enfin, on peut encore former un engrais liquide en mélangeant tout ou partie des matières précédentes.

De toutes les matières fertilisantes qu'on peut employer, les engrais liquides sont certainement celles qui agissent avec le plus d'énergie et d'instantanéité, et cela parce que les éléments qui les composent sont déjà désagrégés par la fermentation et la présence de l'eau ; mais aussi ce sont ceux dont l'effet est le moins prolongé. Il dépasse à peine un mois ou deux.

Ajoutons que l'application de ces engrais liquides aux plantes ligneuses devra être très-exceptionnel, et que, dans tous les cas, on ne devra les employer que pendant la végétation, sous peine de faire pourrir les racines.

2° *Engrais organiques à décomposition moins rapide. Fumier de ferme.* Cet engrais est un mélange de tous les excréments des divers animaux de la ferme avec la paille qui leur a servi de litière. Le fumier bien préparé forme une masse onctueuse, de couleur brune, non atteinte par les champignons et dans laquelle la paille encore entière se désagrége au moindre effort. Dans cet état, le fumier est l'engrais le plus important ; car s'il ne rend pas au sol tout ce que les récoltes y ont enlevé, du moins il renferme une portion de chacun de ces éléments. On préfère les fumiers de cheval et de mouton un peu pailleux pour les terres argileuses et humides qui sont ainsi rendues plus perméables à l'air, et les fumiers de bêtes à corne un peu consommées pour les terrains siliceux ou calcaires, dans lesquels ils maintiennent l'humidité. — Ce qui caractérise le fumier, c'est la forte proportion d'azote et de matières carbonées qu'il renferme. La durée de l'effet du fumier est de deux à trois ans.

Boues de ville. — Cet engrais se compose de tous les immondices et débris, animaux ou végétaux, ramassés dans les rues. De là vient que ces boues de ville offrent une composition très-variable. Elles sont généralement aussi riches que les fumiers, mais elles renferment une assez forte proportion de soufre. Il convient de les laisser fermenter en tas pendant quelques mois avant de les employer. — L'effet des boues de ville est un peu plus prolongé que celui du fumier.

Vases des étangs, fossés, rivières. — Ces dépôts contiennent en assez grande quantité des matières organiques animales ou végétales en décomposition et des substances minérales et salines. Mais l'humus qu'elles renferment étant le plus souvent à l'état acide, il convient, avant de les employer, de les laisser exposées en couche assez mince à l'action de l'air au moins pendant six mois. L'addition d'un quinzième de chaux en volume permet d'employer cet engrais après un mois. La chaux est placée par couches successives dans les tas, puis le tout est parfaitement mélangé au moment de l'emploi.

Tontisses de laine. — Ces déchets de laine, résultant de la fabrication des draps, sont très-riches en azote. L'état de division dans lequel se trouve cet engrais fait qu'il agit assez rapidement.

Râpures de cornes. — Cet engrais est encore des plus riches en azote, et son action est suffisamment prompte lorsqu'il est bien divisé.

Poils et crins. — Ces matières ont la même valeur que les deux engrais précédents, mais ils se décomposent un peu plus lentement.

Tourteaux de colza. — Cette matière, résultant de l'extraction de l'huile des graines oléagineuses, contient moins d'azote que les précédents, mais elle est plus riche en phosphates. Sa décomposition dans le sol est aussi plus rapide.

Germes de Malte. — Cet engrais, assez riche en azote, se compose des radicelles extraites de l'orge et du seigle que l'on fait germer pour la fabrication de la bière.

5° *Engrais organiques à décomposition très-lente.* — Ces engrais, qui se désagrègent lentement et abandonnent peu à peu aux racines des plantes les éléments nutritifs qu'ils renferment, conviennent beaucoup mieux que tous les précédents aux plantes ligneuses, dont la végétation est plus continue et moins fougueuse que celle des plantes herbacées.

Les matières suivantes rentrent dans cette catégorie :

Os concassés. — Cet engrais, très-riche en azote et surtout en phosphates a une durée d'autant plus prolongée qu'il est moins divisé. Concassé en fragments de la grosseur d'une noisette, son effet se prolonge pendant six à huit ans.

Déchets de cornes. — Convenablement divisée mais non pulvérisée, cette matière agit pendant au moins huit ans.

Chiffons de laine. — Ils ont une durée analogue à celles des engrais précédents, et bien plus longue que celle des tontisses de laine par suite d'un état de division beaucoup moins grand.

Déchets de cuirs. — Un peu moins riches que la laine, ces déchets sont aussi un excellent engrais dont l'effet se prolonge pendant une dizaine d'années.

Végétaux ligneux. — Bruyères, genêts, buis, sarments de vigne, etc. Ces matières, beaucoup moins riches que les précédentes en azote, renferment une plus forte proportion de principes carbonés et d'éléments salins, surtout de sels de potasse. Leur effet se fait sentir pendant cinq ou six ans.

Marcs de pommes à cidre, de raisins, d'olives. — Ces matières, peu riches en principes azotés, ont cependant une certaine importance, par suite des substances salines qu'elles renferment et qui conviennent particulièrement aux espèces qui ont produit ces fruits. Il y aura donc avantage à rendre au sol les résidus appartenant à chaque espèce d'arbre. Mais il conviendra de laisser fermenter ces matières en tas pendant quelque temps en y ajoutant un peu de chaux pour enlever leur acidité et hâter leur désagrégation. L'effet de ces matières pourra se prolonger dans le sol pendant quatre ou cinq ans.

B. *Engrais salins*. — Ces engrais concourent aussi à la nutrition des plantes, mais ils paraissent agir surtout en stimulant la végétation. Ils ne peuvent donc fournir seuls à une bonne végétation, et ils ne doivent être considérés que comme des engrais essentiellement complémentaires. Les cendres sont la seule matière qui, à cet égard, intéresse l'arboriculture.

Cendres de bois. — Les cendres de bois sont un des engrais salins les plus énergiques, à cause de la forte proportion de sels de potasse qu'elles contiennent. Par le lessivage qui enlève presque tous les sels solubles, les cendres, réduites alors à l'état de *charrée*, perdent une grande partie de leur valeur.

Suie. — Cette matière, assez richement azotée, renferme des quantités notables de matières salines utiles aux plantes.

Telles sont les considérations que nous avions à présenter touchant la question des engrais appliqués à l'arboriculture. Quant au mode d'application de ces éléments nutritifs, aux quantités à employer et surtout au choix à faire entre eux, nous donnerons ces indications en traitant de la culture spéciale de chacune des espèces ligneuses que nous avons à étudier.

Nous résumons cette question en donnant ici la liste de ces divers engrais classés d'après la durée de leurs effets, et nous y ajoutons leur richesse en principe, utiles et l'indication de leur prix.

Pour 100 parties en poids, à l'état normal.

DÉSIGNATION DES ENGRAIS.	AZOTE.	PHO-PHATES.	MATIÈRES alcalines.	PRIX pour 100 kil.
1° *Action immédiate.*				FR.
Vidanges ou engrais flamaand. . . .	1,55	6,85	2,07	0,60
Poudrette de Bondy.	1,78	10,10	0,45	6,50
Excréments des oiseaux	5,48	10,25	»	»
Guano du Pérou.	12,00	55,00	24,00	21 à 24
Guano Darrien	4,50	40,00	2,00	15
Engrais de Poisson de Rohart . . .	»	»	»	45
Chair musculaire..	15,04	0,24	»	»
Sang.	2,95	1,65	»	»
Végétaux herbacés.	»	»	»	»
Algues marines, varechs.	0,54	»	9,16	1
Cendres de bois neuves	»	6,50	60,00	6
Suie.	1,15	»	»	12
Engrais liquides.	»	»	»	»
2° *Action plus lente.*				
Tontisse de laine	1,21	0,60	»	16
Cendres de bois lessivées.	»	»	1,57	2
Fumier de ferme.	0,79	2,00	6,50	1
Boues de ville.	»	»	»	»
Vases des étangs, fossés, rivières. .	»	»	»	»
Râpures de cornes.	14,56	46,14	»	16
Poils et crins.	15,78	»	»	»
Tourteaux de colza	4,92	9,50	1,50	15
Germes de Malte ou touraillons. . .	4,51	»	»	6
5° *Action très-lente.*				
Chiffons de laine	17,98	0,60	»	12
Os frais concassés.	6,22	45,00	»	12
Cornes divisées.	14,56	»	»	12
Déchets de cuirs et de peaux. . . .	9,51	»	»	5
Végétaux ligneux.	»	»	»	»
Marcs de pomme, d'olive, de raisins.	0,80	»	»	»

DEUXIÈME PARTIE

APPLICATION DES CONNAISSANCES PRÉCÉDENTES

Nous avons exposé, dans les études préliminaires, les principes généraux qui servent de base à toutes les opérations de la culture, et qui, seuls, peuvent assurer leur succès. Il convient maintenant d'en faire l'application. Les diverses espèces d'arbres soumises à la culture sont assez nombreuses, et diffèrent entre elles quant à la nature de leurs produits et au mode de culture qu'elles réclament. On peut, sous ces deux rapports, partager ces arbres en quatre séries principales :

1° Les *arbres et arbrisseaux fruitiers*, ceux dont les fruits servent à l'alimentation ;

2° Les *arbres et arbrisseaux d'ornement*, employés pour la décoration des parcs et jardins ;

3° Les *arbres et arbrisseaux forestiers*, ceux cultivés pour leur bois ;

4° Les *arbres et arbrisseaux économiques*, dont les produits variés sont employés à divers usages autres que ceux dont nous venons de parler, comme le mûrier, le chêne-liége, le sumac, etc.

Tel est l'ordre que nous adopterons dans ce *Cours complet d'arboriculture*, en faisant toutefois précéder l'étude de ces matières de considérations générales sur les *pépinières*.

PREMIÈRE SECTION

DES PÉPINIÈRES EN GÉNÉRAL

Presque toutes les espèces d'arbres sont multipliées et élevées, jusqu'à un certain âge, dans un endroit spécial, avant que d'être plantées à demeure dans le terrain qui les nourrira pendant toute leur vie. On donne à l'emplacement consacré à cet usage le nom de *pépinière*, dérivé de *pepin*, semence du poirier, du pommier, etc., dont on a fait *pépinière*, pour indiquer le lieu où l'on élève les jeunes arbres.

Nous avions d'abord pensé, avec quelques auteurs, que la création des pépinières ne datait que de l'avant-dernier siècle ; mais le mot *seminarium*, employé par Columelle et dans le Digeste, dans le sens que nous donnons au mot pépinière, ne laisse aucun doute sur l'antiquité de cette sorte de culture.

Utilité d'une pépinière. — Cet emplacement est presque toujours indispensable pour la culture des plantes ligneuses. On pourrait, il est vrai, en imitant ce que fait la nature, semer les graines à demeure, c'est-à-dire là où les arbres devront vivre jusqu'à leur mort ; mais, en pratique, ce moyen sera le plus souvent inapplicable. Il suffit à la nature, parce qu'elle peut disposer d'une innombrable quantité de graines, et que, si quelques-unes seulement réussissent, l'espèce se trouve reproduite dans des limites convenables ; il n'est pas nécessaire, d'ailleurs, pour que son but soit atteint, que ces arbres soient régulièrement distribués à la surface du sol. Pour les arbres soumis à la culture, on trouve d'autres exigences : ainsi ces arbres doivent presque toujours former des lignes régulières et présenter entre eux un espace égal. Cette condition ne pourra pas être remplie si l'on sème à demeure, car il ne faudra mettre qu'une graine à chaque point, et il sera bien rare de les voir toutes venir à bien. D'ailleurs, il ne sera pas possible, dans cette position, de donner à ces graines et aux jeunes plants les soins minutieux qu'ils exigent pendant leur premier développement, tels qu'un sol d'une nature spéciale, de l'ombrage, de légers arrosements, quelquefois des abris, etc.

Puis, beaucoup d'espèces ne se développent qu'après plus d'une année de semis ou s'accroissent très-lentement pendant la première année ; on éprouvera ainsi un retard considérable dans le produit qu'on veut obtenir, et les jeunes plants resteront longtemps exposées aux accidents qui peuvent les atteindre par suite de leur jeune âge et de la position qu'ils occupent.

De ce qui précède résulte donc la nécessité d'élever les jeunes arbres dans une pépinière. Là ils trouveront un sol mieux préparé et d'une nature en rapport avec leur jeune âge. On pourra ainsi placer chaque graine dans les conditions les plus favorables à son développement et entourer les jeunes sujets de ces soins minutieux qu'exige toujours l'enfance des êtres organisés, et cela, jusqu'au moment où les jeunes arbres auront acquis assez de force et de rusticité pour s'accommoder du sol, le plus souvent de moins bonne qualité, où on les plantera à demeure.

On pourrait objecter, il est vrai, contre les pépinières, le déplacement auquel sont soumis les jeunes arbres pour leur faire occuper leur position définitive, déplacement qui influe défavorablement sur leur belle venue. Il est certain que les jeunes sujets résultant d'un semis à demeure, *et qui ont résisté aux causes nombreuses d'insuccès qui entourent leur jeune âge*, se développent ensuite avec plus de vigueur que ceux qui ont été transplantés, mais il n'est pas douteux non plus que cet avantage est loin de compenser les chances innombrables d'insuccès auxquelles sont exposés ces semis. Concluons donc que les pépinières sont indispensables, sauf les exceptions, que nous indiquerons dans le cours de cet ouvrage.

Choix d'un emplacement convenable. — *Le lieu à choisir* pour l'établissement d'une pépinière doit être abrité des grands vents, qui tourmentent les jeunes arbres, et surtout des vents desséchants du nord et du nord-est, qui entravent la marche de la sève, et font souvent périr, pendant l'hiver, les espèces délicates. Au surplus, le mieux est de suivre les indications de la nature : tous les arbres vivent en société dans leur état sauvage ; les graines qu'ils répandent sur le sol se développent dans leur voisinage, et les jeunes arbres qui en résultent sont ainsi abrités des vents et des fortes gelées pendant leur jeunesse.

La surface du terrain devra être plutôt horizontale qu'inclinée ; elle sera ainsi moins exposée à être ravinée par les pluies violentes, et les irrigations seront plus facilement exécutées, si le climat rend cette opération nécessaire.

La *nature du sol* est une considération importante pour l'établissement d'une pépinière. Le terrain qui convient le mieux est celui que nous avons désigné sous le nom de silicéo-argileux ou terre franche. Les terres plus argileuses sont trop peu perméables à l'air et réclament de nombreux labours et binages que la dureté de ces terrains rend très-coûteux. En outre, peu perméables à l'eau et à la chaleur, elles deviennent boueuses sous l'influence de l'humidité, et la végétation y est très-tardive. Enfin, les arbres y développant moins de racines que dans les autres terrains, le succès de leur transplantation est moins assuré.

Les terres très-légères, les terres siliceuses proprement dites, offrent des inconvénients contraires. Exposées à la sécheresse, elles nécessitent de fréquents binages et même des arrosements; encore les jeunes arbres y sont-ils peu vigoureux.

Toutefois, si les arbres de la pépinière à créer étaient tous destinés à la plantation d'un terrain d'une nature uniforme, il faudrait choisir un sol à peu près identique à celui où les arbres doivent être plantés à demeure, et plutôt un peu moins fertile. La légère différence de fertilité en plus, au profit du terrain où l'on se proposerait de planter, compenserait la souffrance qu'éprouvent toujours les arbres lors de la transplantation. Règle générale : plus le sol de la pépinière se rapprochera, par sa composition élémentaire, de celui que l'on aura à planter, plus le succès de l'opération sera assuré, à moins que ce dernier ne soit de médiocre qualité, ce qui donnerait lieu, pour la pépinière, à une végétation trop chétive.

Outre la composition élémentaire du sol, on doit encore étudier sa *richesse en engrais*. Aux yeux du pépiniériste, cette richesse n'est jamais trop grande : plus les arbres végètent avec vigueur, mieux et plus tôt il en trouve le débit; mais les propriétaires éprouvent souvent du désavantage à acheter des arbres qui, ayant pris un développement proportionné à la nourriture abondante qui leur était fournie, ne trouvent plus, lorsqu'ils viennent à changer de position, surtout après une transplantation qui diminue le nombre et l'action vitale des racines, des aliments suffisants. Le sol où ils sont transplantés étant moins riche que le précédent en principes nutritifs, leurs racines ne sont plus assez nombreuses pour couvrir un espace convenable et y puiser une quantité suffisante de nourriture pour alimenter la tige.

Il est donc désirable que le sol d'une pépinière soit d'une fertilité moyenne. Les jeunes arbres qui en sortiront seront moins exposés à rencontrer une différence funeste entre la richesse du terrain où ils ont été élevés et celle du sol où on les plante à demeure.

Il est une autre considération à laquelle on doit encore s'arrêter dans le choix d'un emplacement, c'est la profondeur du sol arable. Plus la couche de terre végétale est épaisse, mieux les jeunes arbres s'y développent. Dans tous les cas, elle ne doit pas avoir moins de 0^m,64. Il faudra surtout faire en sorte que le sous-sol ne se compose pas d'une couche imperméable à l'eau ; car, dans ce cas, il en résultera une surabondance d'humidité nuisible à la végétation de la plupart des espèces. Si cet inconvénient se présentait, il faudrait avoir recours à un bon mode de drainage pour assainir cette couche.

Il sera aussi très-essentiel d'avoir dans la pépinière une quantité d'eau suffisante pour pratiquer les arrosements. Dans le Nord et dans le Centre, un ou plusieurs réservoirs, suivant l'étendue de la pépinière, suffiront pour les besoins ; mais, dans le Midi, où il importe souvent de baigner toute la surface, le voisinage d'un cours d'eau, situé un peu plus haut que le sol de la pépinière, sera indispensable.

Enfin, si les produits de la pépinière sont destinés au commerce, il conviendra encore de la placer dans le voisinage d'un grand centre de population ou près d'un chemin de fer, afin d'avoir des débouchés faciles et assurés.

Clôtures. — Il est nécessaire de clore la pépinière pour la préserver de toute déprédation. Les murs, les haies vives, les fossés, sont les trois moyens qu'on peut employer pour cela.

Les *murs* sont le mode de clôture le plus solide et le plus convenable. Ils abritent le terrain et peuvent être d'un grand secours pour l'éducation des arbres fruitiers, mais ils donnent lieu à une dépense considérable. Le pépiniériste ne devra donc avoir recours à ce procédé que s'il est propriétaire du terrain ou s'il l'a affermé pour un temps assez long et que le propriétaire consente à supporter une grande partie de la dépense.

Les *haies vives* ne seront employées qu'à défaut de murs,

parce qu'elles présentent les inconvénients suivants : elles ne sont terminées qu'après huit ou dix ans, et doivent être garanties elles-mêmes pendant quelques années ; puis elles occasionnent une assez grande perte de terrain, car il est impossible de cultiver jusqu'au pied. (Voir l'article relatif à l'établissement des haies vives dans le traité spécial de la *Culture des arbres forestiers*.)

Les *fossés* sont le dernier moyen auquel on aura recours ; ils occasionnent une perte de terrain considérable, car, pour être défensifs, ils doivent être larges et profonds ; ils n'offriront donc d'avantages que dans les terrains humides, qu'ils contribueront à assainir.

Distribution du terrain. — La distribution d'une pépinière doit varier en raison du mode de culture qu'exigent les espèces qui y sont multipliées. On peut y partager les plantes ligneuses en quatre groupes principaux :

1° Les arbres forestiers à feuilles caduques ;

2° Les arbres et arbrisseaux d'ornement à feuilles caduques ;

3° Les arbres et arbrisseaux à feuilles persistantes ;

4° Les arbres et arbrisseaux fruitiers.

Ceci posé, nous proposons de distribuer de la manière suivante les pépinières spécialement consacrées à la culture de l'un ou de l'autre de ces groupes.

Pour le premier groupe, la surface (**A**, *pl*. III) devra se composer de cinq carrés principaux destinés, le premier, *a*, aux semis ; le second, *b*, aux marcottes ; le troisième, *c*, aux boutures ; le quatrième, *d*, aux repiquages ; le cinquième, *e*, aux transplantations.

Dans la pépinière du second et du troisième groupe, on consacrera (B et C. *pl*. III) un certain espace pour les semis, *a* ; pour les marcottes, *b* ; pour les boutures, *c* ; pour les repiquages, *d* ; pour les greffes, *e* ; enfin, pour les transplantations, *f*. Ces pépinières différeront de la précédente par la création d'un carré spécial pour les greffes.

Dans la pépinière des arbres et arbrisseaux fruitiers (D, *pl*. III), on supprimera le carré des transplantations ; d'un autre côté, celui des greffes devra être partagé en deux parties : l'une, *e*, consacrée aux arbres à basse tige ; l'autre, *f*, consacrée à ceux à haute tige.

Les divers carrés de chacune de ces pépinières doivent avoir

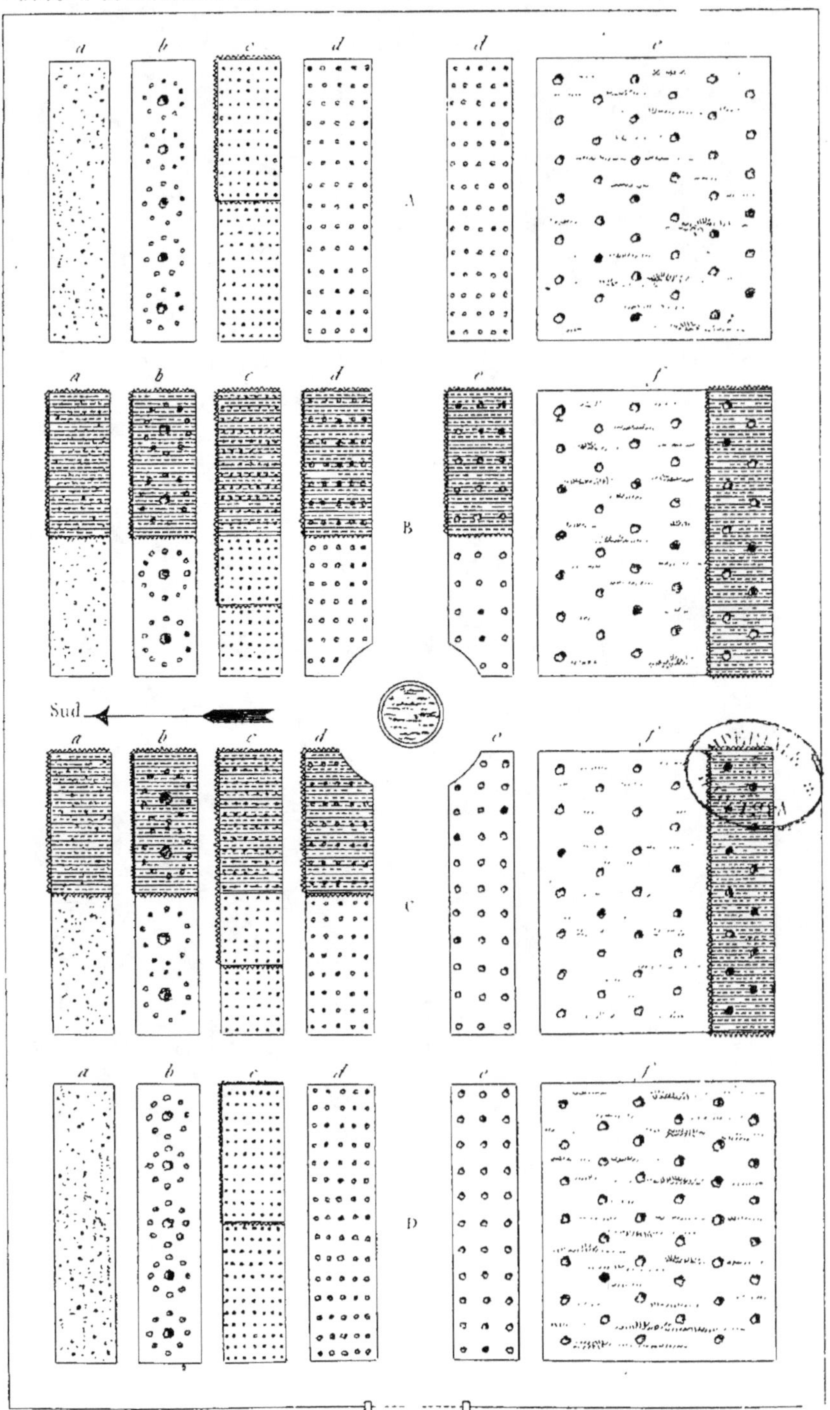

Gravé par E. Wormser. Page 110.

Plan d'une Pépinière pour les Arbres forestiers, fruitiers et d'ornement.

Lemy-Gros imp. Montagne Ste Geneviève, 34. Paris.

une étendue proportionnelle, calculée de manière que les trois premiers ne forment que le tiers environ de la surface totale du terrain. Les quatre premiers carrés seront séparés des deux autres par un chemin de 3 mètres de large qui permettra l'accès d'une voiture ; des chemins de 1 mètre seulement établiront la circulation entre chacun de ces quatre carrés et les deux derniers ; enfin, la pépinière sera entourée par un chemin de 2 mètres de large. Si le terrain est naturellement humide, ces divers chemins seront abaissés à 0^m,14 au-dessous de la surface du sol, afin que les eaux s'écoulent facilement. Si, au contraire, le terrain est exposé à la sécheresse, les chemins seront élevés à 0^m,14 au-dessus du sol ; l'humidité des pluies ou des arrosements sera ainsi plus facilement retenue.

On devra faire en sorte que les plates-bandes et les carrés soient dirigés de l'est à l'ouest, afin que les lignes d'arbres, plantées parallèlement à la longueur de ces carrés, soient enfilées par les vents dominants de l'ouest ; les arbres, se protégeant mutuellement, ne seront pas courbés.

Lorsqu'on pourra joindre ensemble deux ou un plus grand nombre de ces diverses pépinières, on devra les disposer de telle sorte que les carrés qui ont la même destination, comme ceux des semis, des marcottes, des boutures, etc., soient contigus les uns aux autres. Il y aura moins de perte de temps pour les ouvriers, et la surveillance sera plus facile.

Le plan que nous donnons est celui que nous avions adopté pour le modèle de pépinière du Jardin des Plantes de Rouen.

Si l'on donne à la pépinière une grande étendue, et qu'elle soit appelée à former un établissement important, il sera nécessaire d'y ajouter une école d'arbres destinée à recevoir et à conserver un individu de chacune des espèces et variétés qui doivent faire l'objet de cette culture. Cette collection de pieds mères, portant une nomenclature aussi exacte que possible, fournira tous les greffons, les boutures et même les marcottes dont on aura besoin, sans qu'on soit obligé pour cela de s'adresser au dehors, ce qui détermine souvent des erreurs regrettables, surtout pour les arbres fruitiers. Cette collection pourra être distribuée sur des plates-bandes spéciales bordant les chemins principaux de la pépinière.

Première préparation du terrain. — La distribution du

terrain ayant été tracée, on le défonce convenablement pour le rendre perméable aux racines des jeunes arbres, jusqu'au point où elles peuvent atteindre. Ce défoncement ne doit comprendre que les carrés et les plates-bandes. Les chemins sont seulement vidés jusqu'à la profondeur de 0^m,55 environ, de manière à enlever la couche superficielle, améliorée par l'influence de l'air et la décomposition des plantes, et que l'on rejette à mesure sur les carrés voisins ou sur les plates-bandes. Tous les carrés ou plates-bandes, moins ceux destinés aux semis, aux boutures et aux repiquages, sont défoncés à la profondeur de 0^m,64. Toutefois, si la couche de terre était de mauvaise qualité, il vaudrait mieux faire le défoncement moins profond que d'en ramener une partie à la surface. On rejette dans les chemins voisins une quantité de terre égale à celle qui en a été extraite ; cette terre est prise successivement au fond des tranchées du défoncement. Les plates-bandes des semis, des boutures et des repiquages sont défoncées seulement à la profondeur d'environ 0^m,35. Les jeunes plants séjournant au plus deux ans dans ces plates-bandes, les racines ne dépassent guère ce point, et il sera inutile de préparer le sol plus profondément. Une quantité de terre égale à celle qui a été jetée des chemins sur ces plates-bandes doit être aussi extraite du fond des tranchées pour remplacer sur les chemins celle qui en a été enlevée.

Cette opération est effectuée à la bêche ou, mieux encore, à la pioche. Les pierres, les racines traçantes des plantes vivaces, sont enlevées avec soin. Il est essentiel au succès de ce défoncement qu'il soit exécuté plusieurs mois avant l'ensemencement de de la pépinière, surtout avant l'hiver et par un temps sec. Les terres de la couche inférieure, ramenées à la surface, recevront ainsi l'influence fertilisante de l'air et se pulvériseront sous l'action des pluies, des neiges et de la gelée.

Quelle que soit la fertilité du sol choisi pour établir la pépinière, certaines espèces ne pourront y prospérer : tels sont la plupart des arbres et arbrisseaux à feuilles persistantes, et quelques espèces à feuilles caduques qui exigent impérieusement un sol plus léger et se rapprochant autant que possible de celui dans lequel ils croissent spontanément. Cette terre est celle que nous avons désignée sous le nom de silicéo-humifère ou terre de bruyère.

Il sera donc indispensable de former, avec cette terre, dans les divers carrés consacrés à l'éducation des arbres et arbrisseaux à feuilles persistantes, et des arbres et arbrisseaux d'ornement, une certaine étendue de plates-bandes variées d'épaisseur en raison de leur destination. Pour les semis, on se contentera de 0^m,16, et cela pour deux raisons : la première est que l'allongement du pivot des jeunes plants, ne rencontrant qu'une faible couche à parcourir, sera plus facilement arrêté et que ces plants auront alors meilleur pied lors du repiquage. La seconde raison, c'est que, cette terre se décomposant rapidement, on est obligé de la renouveler presque à chaque levée de plant ; or, comme son prix est assez élevé, moins la couche est épaisse, moins la dépense est considérable. Pour les boutures, on portera l'épaisseur de la couche à 0^m,20 ; pour les repiquages, il suffira de 0^m,25 à 0^m,30 ; enfin, pour les plates-bandes destinées à la transplantation et à la plantation des pieds mères pour le marcottage, l'épaisseur de cette couche devra varier entre 0^m,50 et 0^m,60. Dans le plan de distribution d'une pépinière que nous avons donné plus haut, nous avons distingué les plates-bandes de terre de bruyère par des sillons rapprochés.

Abris ou brise-vents.— Les graines qui se développent dans les forêts sans le secours de l'homme germent dans les localités un peu ombragées et surtout abritées des grands vents. L'expérience a démontré que lorsqu'il est possible de reproduire artificiellement cet état de choses dans les pépinières, les semences ne s'en développent que mieux. Ce soin est même indispensable pour les graines qui doivent être semées en terre de bruyère. Cette terre, de couleur noire, s'échauffe tellement sous l'influence des rayons solaires, que, si elle est privée d'ombre, elle dessèche complétement les racines délicates des jeunes plants à mesure qu'elles s'allongent. Les jeunes plants repiqués ou transplantés dans cette même terre, ainsi que les boutures qu'on y fait, souffrent aussi beaucoup de l'ardeur du soleil. Il en est de même pour certaines espèces de boutures faites dans la terre ordinaire. Il est donc convenable d'entourer les plates-blandes de la pépinière qui ont ces diverses destinations avec des palissades placées du côté du sud, de l'ouest et de l'est Les abris les plus convenables sont, pour le climat du Nord et le Centre, les *thuyas*, les *ifs*, le *cèdre de Virginie*; dans le Midi, le *cyprès pyramidal*, le *laurier-cerise*, le *laurier-thym*. On plante ces arbres en lignes, à 0^m,40 environ les uns des autres. On palisse leurs branches chaque année de manière à combler l'intervalle laissé entre eux, puis on les tond sur les deux côtés de telle sorte que ces murailles de verdure ne présentent pas plus de 0^m,30 d'épaisseur. Ces palissades devront être élevées successivement jusqu'à la hauteur de 4 mètres et plus. Il est bien entendu que le sol des chemins sur le bord desquels ces arbres seront plantés sera préparé convenablement, afin que les racines puissent y vivre sans le secours de la terre des plates-bandes. Il sera également utile, pour empêcher les arbres d'épuiser, par leurs racines, le sol des plates-bandes, d'entourer ces dernières de deux rangs de briques superposées et enfoncées verticalement dans le sol, dans le sens de leur longueur.

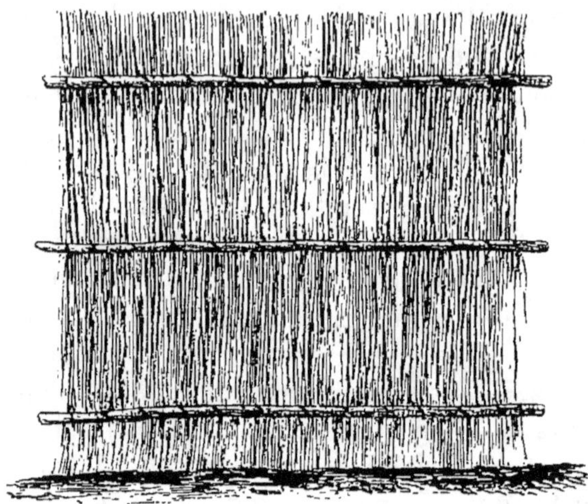

Fig. 42. Palissades en tiges de roseaux.

Lorsque des circonstances particulières empêcheront d'employer des arbres pour former ces palissades, ou bien lorsqu'elles ne seront pas encore assez développées pour ombrager suffisamment, on y suppléera par des claies faites de tiges sèches de roseaux, disposées comme l'indique la figure 42, et offrant une étendue de 2 mètres en tous sens. Ces abris sont fixés le long des plates-bandes.

Catalogues, étiquettes. — Un reproche que méritent beaucoup de pépinières, surtout lorsqu'elles sont un peu étendues, c'est qu'on n'y établit pas un ordre suffisant. De là la confusion et les erreurs nombreuses qui se produisent dans la nomenclature des produits de la pépinière. Le seul moyen de prévenir cette confusion et ces erreurs regrettables est de dresser plusieurs catalogues et d'adopter une série d'étiquettes convenables.

On dresse d'abord le *catalogue de souche*. C'est celui sur lequel on inscrit le *nom*, l'origine, les particularités relatives à chacune des espèces ou variétés cultivées dans la pépinière et dont on conserve un pied mère. Chacun de ces pieds mères porte une étiquette sur laquelle on inscrit d'abord deux initiales, C, S, qui signifient *catalogue de souche*, et au-dessous le numéro correspondant à ce même catalogue.

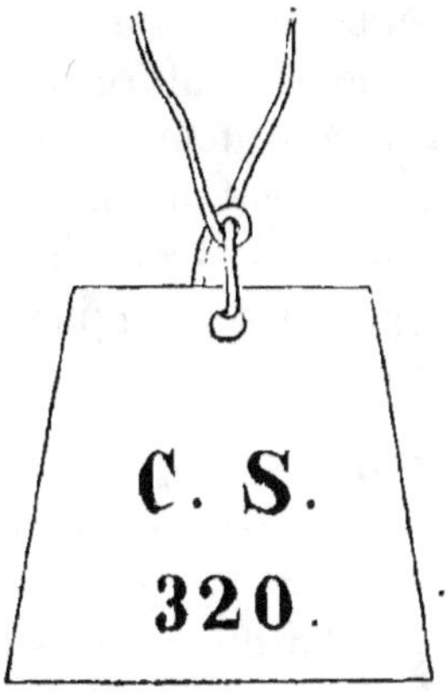

Ainsi, si l'on introduit dans la pépinière une nouvelle variété de poiriers, le pied mère portera une étiquette semblable à celle de la figure 43, et sur le catalogue de souche, à la suite du numéro 320,

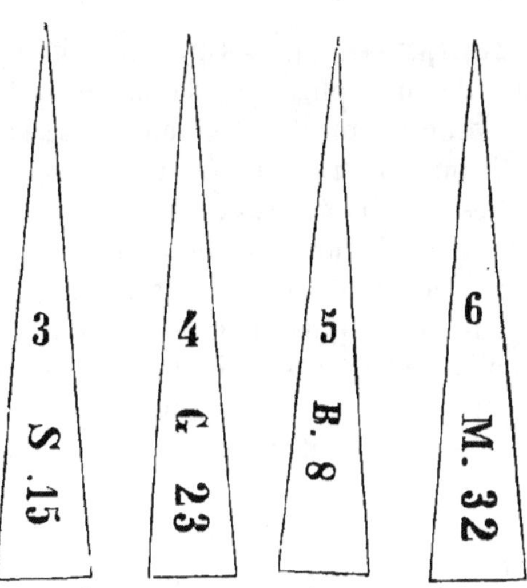

Fig. 43. Étiquette correspondant au catalogue de souche de la pépinière.

correspondant à celui de l'étiquette, on inscrira les renseignements relatifs à cette variété ; soit, par exemple : *Poirier, professeur Du Breuil, obtenu, en 1840, au Jardin des plantes de Rouen, par M. Du Breuil, de pepins de Louise bonne d'Avranches. Nommé par la Société d'horticulture de Rouen. Arbre vigoureux ; bon fruit, mûrit en septembre.— Reçu en 1853.*

Indépendamment de ce catalogue, il en faut chaque année quatre autres destinés aux *semis*, aux *greffes*, aux *boutures*, aux *marcottes*.

Fig. 44. Étiquettes correspondant au catalogue des semis, des greffes, des boutures ou des marcottes.

Les étiquettes correspondant à ces catalogues diffèrent, par leur forme, de celles des pieds mères (*fig.* 44). On y inscrit d'abord le dernier chiffre de l'année, puis à côté, mais dans un sens différent, le numéro qui correspond au catalogue. Ce numéro est suivi de la lettre S, G, B ou M, selon qu'il se rapporte à un semis, une greffe, une bouture ou une marcotte. Une seule étiquette pourra suffire pour tous les semis, greffes, marcottes ou boutures du même carré et appartenant à la même espèce, jusqu'au moment où on les déplacera dans la pépinière; mais, au moment de la transplantation des jeunes sujets, chacun d'eux devra porter son étiquette, qu'il conservera jusqu'à sa sortie de la pépinière.

Différentes opérations pratiquées dans les pépinières. — Pour ne pas nous exposer à décrire plusieurs fois la même opération en parlant de la multiplication de chaque espèce, nous allons d'abord étudier isolément les divers travaux exécutés dans les pépinières, soit pour la multiplication, soit pour l'élève des jeunes arbres. Ensuite, réunissant par groupes les différentes espèces qui offrent de l'analogie quant aux soins qu'elles exigent sous ces deux rapports, nous envisagerons la multiplication et l'élève de ces groupes en leur appliquant les opérations que nous aurons étudiées.

Multiplication. — On peut distinguer deux modes principaux de multiplication : la *multiplication naturelle*, celle qui s'effectue au moyen des semences; et la *multiplication artificielle* ou *par division*, c'est-à-dire celle qui se fait au moyen des greffes, des boutures et des marcottes.

En général, le mode de multiplication le plus convenable pour les espèces ligneuses est le semis; les individus qui en résultent sont toujours plus vigoureux et vivent plus longtemps; et c'est, pour la plupart des espèces, le mode de reproduction le plus facile et le plus prompt. La multiplication naturelle est donc usitée pour presque toutes les espèces ligneuses.

Cette règle admet cependant un certain nombre d'exceptions. Ainsi certaines espèces que nous indiquerons plus tard sont plus promptement reproduites par la multiplication artificielle; d'un autre côté, les *variétés* des diverses espèces ne peuvent être multipliées au moyen des semis; soit parce que les qualités particulières qui les distinguent ne seraient pas transmises aux individus qui naîtraient de ce mode de reproduction, soit parce que ces plantes ne donnent pas des graines fertiles. La multiplication naturelle doit donc être surtout employée pour les *espèces proprement dites*.

Semis. — Le succès des semis en général dépend surtout du choix des semences ; de leur mode de récolte, de préparation et de conservation ; de l'époque des semis ; de la nature et de la préparation du sol ; du mode d'ensemencement et enfin des soins donnés aux semis pendant l'été qui préside au développement des grains.

Choix des semences et mode de récolte.—Pour qu'une graine soit propre à germer, il faut qu'elle ait reçu une bonne conformation sur la plante mère, et surtout qu'elle ait été fécondée. Ainsi chaque graine doit offrir, bien conformée, une *tunique* et un *embryon* et être parvenue à un degré convenable de maturité. Cette maturité se reconnaît lorsque le fruit qui renferme la graine a acquis tout son développement, et qu'il se détache naturellement de l'arbre. Pour le plus grand nombre des espèces, le moment de la maturité arrive à l'automne ; mais, comme il y a de nombreuses exceptions à cette règle, nous avons indiqué dans le tableau suivant l'époque à laquelle on doit faire la récolte des graines des principales espèces ligneuses multipliées au moyen des semences.

SÉRIES.	GENRES.	ÉPOQUE de MATURITÉ.	DURÉE MOYENNE de la faculté germinative des graines conservées par les procédés ci-après.
	Andromèdes (*Andromeda*).	Novembre.	6 mois.
	Arbre de Judée (*Cercis*).	Novembre.	24 —
	Aunes (*Alnus*).	Décembre.	6 —
	Azalées (*Azalea*).	Novembre.	6 —
	Baguenaudiers (*Colutea*).	Octobre.	24 —
	Bouleaux (*Betula*).	Novembre.	6 —
	Caragana (*Caragana*).	Octobre.	24 —
	Catalpa (*Catalpa*).	Octobre.	6 —
	Cèdre du Liban (*Larix Cedrus*).	Novembre.	12 —
	Charmes (*Carpinus*).	Octobre.	6 —
	Châtaigniers (*Castanea*).	Octobre.	6 —
	Chênes (*Quercus*).	Octobre.	6 —
	Clématites (*Clematis*).	Octobre.	6 —
	Clethra (*Clethra*).	Octobre.	6 —
	Cyprès (*Cupressus*).	Janvier.	12 —
	Cytises (*Cytisus*).	Octobre.	24 —
	Érables (*Acer*).	Octobre.	6 —
	Faux-indigo (*Amorpha*).	Novembre.	24 —
	Féviers (*Gliditschia*).	Novembre.	24 —
	Frênes (*Fraxinus*).	Novembre.	6 —
1re SÉRIE	Genêts (*Genista*).	Septembre.	24 —
	Halesia (*Halesia*).	Octobre.	6 —
	Hêtres (*Fagus*).	Octobre.	6 —
	Hibiscus (*Hibiscus*).	Octobre.	6 —
Semences à pé-	Kalmies (*Kalmia*).	Novembre.	6 —
ricarpe sec.	Koëlreuteria (*Koelreuteria*).	Octobre.	6 —
	Ledum (*Ledum*).	Novembre.	6 —
	Lilas (*Syrenga*).	Octobre.	6 —
	Marronniers (*OEsculus*).	Septembre.	6 —
	Mélèzes (*Larix*).	Décembre.	12 —
	Myrica (*Myrica*).	Novembre.	6 —
	Noisetiers (*Corylus*).	Septembre.	6 —
	Noyers (*Juglans*).	Septembre.	6 —
	Ormes (*Ulmus*).	Mai.	1 —
	Paviers (*Pavia*).	Septembre.	6 —
	Pin sylvestre (*Pinus sylvestris*).	Novembre.	12 —
	Pin à pignons (*Pinus pinea*).	Novembre.	12 —
	Pin Weymouth (*Pinus strobus*).	Octobre.	12 —
	Pin cimbro (*Pinus cembro*).	Novembre.	12 —
	Planera (*Planera*).	Octobre.	6 —
	Ptelea (*Ptelea*).	Octobre.	6 —
	Rhododendron (*Rhododendrum*).	Novembre.	6 —
	Rhus (*Rhus*).	Octobre.	6 —
	Robiniers (*Robinia*).	Novembre.	24 —
	Sapin épicea (*Abies picea*)	Octobre.	12 —
	Sapin commun (*Abies latifolia*).	Octobre.	12 —
	Sapin baumier (*Abies balsamea*).	Septembre.	12 —
	Sapinette blanche (*Abies alba*).	Septembre.	12 —
	Staphylea (*Staphylea*).	Octobre.	6 —
	Thuyas (*Thuya*).	Novembre.	12 —
	Tilleuls (*Tilia*).	Octobre.	6 —
	Tulipiers (*Liriodendron*).	Novembre.	6 —

SÉRIES.	GENRES.	ÉPOQUE de MATURITÉ.	DURÉE MOYENNE de la faculté germinative des graines conservées par les procédés ci-après.
2ᵉ Série. Semences des fruits à pepins, en baies et à noyau.	Abricotiers (*Armeniaca*).	Août.	1 mois.
	Airelles (*Vaccinium*).	Août.	1 —
	Amandiers (*Amygdalus*).	Septembre.	2 —
	Anone (*Anona*).	Septembre.	1 —
	Aralia (*Aralia*).	Septembre.	6 —
	Argousier (*Hippophae*).	Octobre.	5 —
	Celastrus (*Celastrus*).	Octobre.	6 —
	Cerisiers (*Cerasus*).	Juillet.	1 —
	Cognassiers (*Cydonia*).	Novembre.	6 —
	Cornouillers (*Cornus*).	Octobre.	1 —
	Epines-vinettes (*Berberis*).	Septembre.	5 —
	Fusains (*Evonymus*).	Octobre.	6 —
	Genévriers (*Juniperus*).	Décembre.	5 —
	Groseillers (*Ribes*).	Juin.	1 —
	Houx (*Ilex*).	Novembre.	6 —
	Ifs (*Taxus*).	Août.	5 —
	Lauriers (*Laurus*).	Novembre.	1 —
	Magnoliers (*Magnolia*).	Octobre.	5 —
	Mahonia (*Mahonia*).	Octobre.	5 —
	Micocouliers (*Celtis*).	Octobre.	5 —
	Mûriers (*Morus*).	Août.	6 —
	Nerpruns (*Rhamnus*).	Septembre.	1 —
	Olivier (*Olea*).	Novembre.	1 —
	Pêchers (*Persica*).	Août.	1 —
	Plaqueminiers (*Diospyros*).	Octobre.	1 —
	Poiriers (*Pyrus*).	Octobre.	6 —
	Pommiers (*Malus*).	Octobre.	6 —
	Pruniers (*Prunus*).	Septembre.	1 —
	Ronces (*Rubus*).	Juillet.	1 —
	Rosiers (*Rosa*).	Octobre.	6 —
	Troënes (*Ligustrum*).	Octobre.	1 —
	Viornes (*Viburnum*).	Octobre.	6 —
3ᵉ Série. Semences des fruits à osselets.	Aliziers (*Cratægus*).	Novembre.	18 —
	Aubépines (*Mespilus*).	Octobre.	18 —
	Néfliers (*Mespilus*).	Octobre.	18 —
	Sorbiers (*Sorbus*).	Octobre.	18 —

Préparation et conservation. — Les semences, récoltées fraîches, et présentant le degré convenable de maturité, reçoivent un mode de préparation et de conservation qui varie en raison de leur nature. On peut, sous ce point de vue, les partager en trois séries : fruits à péricarpes secs ; fruits à pepins, en baies et à noyau ; fruits à osselets.

Les semences à péricarpe sec, comme celles du frêne, du chêne, du hêtre, du châtaignier, de l'érable, du robinier, du charme, etc., ne reçoivent aucune préparation ; immédiatement après leur récolte, on les étend spacieusement dans des endroits aérés, où on les remue souvent pour les faire sécher et leur donner un dernier degré de maturité. Les semences qui, en se détachant de l'arbre, conservent leur péricarpe, comme celles des pins et des sapins, de l'acacia, etc., ne doivent être extraites de leur enveloppe qu'au moment même de l'ensemencement ; elles s'en conservent beaucoup mieux. Quand elles sont suffisamment desséchées, on les place, jusqu'au moment de leur mise en terre, dans un endroit ni trop sec ni trop humide, abrité de la lumière et des brusques changements de température.

Les semences des fruits à pepins, en baies et à noyau, doivent d'abord être débarrassées, par plusieurs triturations et lavages, de la plus grande partie de la pulpe charnue qui les recouvre ; après quoi, on les étend dans un endroit spacieux et aéré, où on les remue souvent. Lorsqu'elles sont bien sèches, on les place, jusqu'au moment de l'ensemencement, dans un endroit semblable à celui que nous avons indiqué pour les graines à péricarpe sec.

Quant aux fruits à osselets, comme ceux des aubépines, des aliziers, etc., ils sont mis en tas, en plein air, immédiatement après leur récolte ; puis on les remue de temps en temps, afin d'empêcher que la fermentation qui se développe ne détruise la faculté germinative des graines. On les laisse ainsi pendant tout l'hiver ; au printemps suivant, alors que la pulpe est en partie détruite, on enterre jusqu'au niveau du sol un vase ou un tonneau défoncé par le haut, puis on y place ces semences en les mélangeant avec une petite quantité de terreau consommé. On les abandonne dans cet état pendant l'été et l'hiver qui suivent. Vers la fin de mars, ces graines commencent à germer, et c'est alors qu'on les confie à la terre. L'expérience a démontré qu'en les semant dès le printemps qui suit leur récolte quelques-unes se développent seules pendant l'été même, mais que le plus grand nombre ne germent que l'année suivante. Or, à cette époque, le terrain préparé depuis un an est en mauvais état, il ne donne lieu qu'à une végétation chétive ; d'un autre côté, ce mode d'ensemencement deviendrait plus coûteux que le premier, car le sol sera occupé pendant deux années au lieu d'une.

A l'aide de ces procédés, les graines peuvent être conservées, sans souffrir sensiblement, jusqu'au moment de leur ensemencement ; toutefois le laps de temps qui s'écoulera depuis leur récolte jusqu'à leur mise en terre ne pourra pas dépasser une certaine limite, au delà de laquelle elles perdraient leur faculté germinative ; nous avons indiqué cette limite dans une des colonnes du tableau précédent.

Lorsqu'on sera obligé de semer des graines un peu vieilles, on pourra, pour détremper leur enveloppe et hâter leur germination, les laisser séjourner pendant cinq à six heures dans de l'eau à laquelle on aura ajouté du sel marin dans la proportion de 15 grammes par litre d'eau. Ce sel marin stimulera l'énergie vitale de l'embryon engourdie par l'âge. Dans tous les cas, il sera prudent de s'assurer, au moyen d'un essai, de la faculté germinative des graines un peu vieilles. Pour cela, on placera un nombre déterminé de ces graines prises au hasard dans un vase rempli de terre ; placé sous l'influence d'une température d'environ 15° et maintenu un peu humide. La germination se fera bientôt et l'on pourra ainsi se rendre compte de la qualité de ces graines.

Époque des semis. — Quant à l'époque la plus favorable pour les semis des plantes ligneuses, la nature nous indique qu'en général on devra les confier à la terre aussitôt qu'elles se détachent d'elles-mêmes des arbres.

Toutefois la nature du sol et d'autres circonstances, telles que la rigueur de l'hiver et la présence des animaux rongeurs, viennent singulièrement modifier cette règle. En effet, si le sol de la pépinière est d'une nature argileuse, les graines resteront longtemps exposées, avant leur germination, à l'influence nuisible de l'humidité surabondante que présentent ces terrains pendant l'hiver et pourriront souvent. D'un autre côté, il est certaines semences qui, comme celle des châtaigniers, ne peuvent supporter, sans être désorganisées, l'action des gelées. Enfin, les grosses graines, comme celle du marronnier, du chêne, du hêtre, du noyer, etc., sont exposées à être complétement détruites par les animaux rongeurs. Les terrains du Midi et les sols très-légers du Nord, exposés dès le printemps à la sécheresse, offrent donc seuls plus d'avantage aux semis d'automne. Pour éviter les inconvénients de conservation des graines que présentent les ensemencements du printemps, on devra faire usage de la *stratification*.

La *stratification* consiste dans l'opération suivante : lorsque les semences ont été récoltées et préparées avec les soins que nous avons prescrits, on les dépose sur le sol, en plein air, en les mélangeant avec du sable fin ou de la terre légère, plutôt sèche qu'humide. On en forme une sorte de monticule (*fig.* 45) qu'on place autant que possible sur un terrain élevé, de telle sorte que les eaux surabondantes de l'hiver n'y séjournent pas.

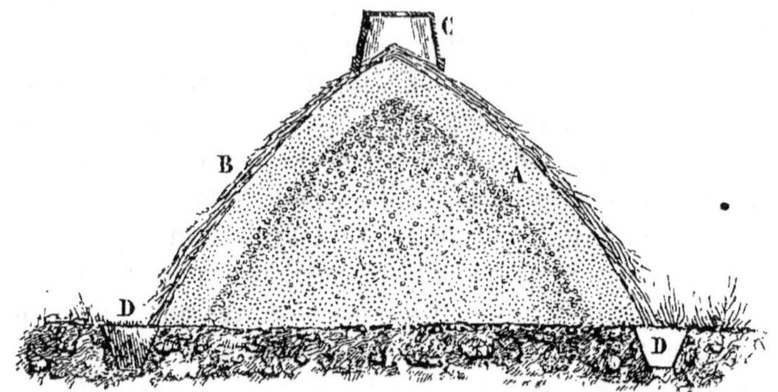

Fig. 45. Graines stratifiées à la surface du sol.

On recouvre le tout avec une couche de sable ou de terre assez légère (A) assez épaisse pour empêcher les effets de la gelée (environ 0^m,50). Puis on place par-dessus une petite couche de paille longue (B) disposée de manière à éloigner l'eau des pluies. On couvre, dans le même but, le sommet de ce monticule avec un vase renversé (C). Enfin, le pied de ce cône est défendu des eaux qui coulent à la surface du sol par une petite rigole circulaire (D).

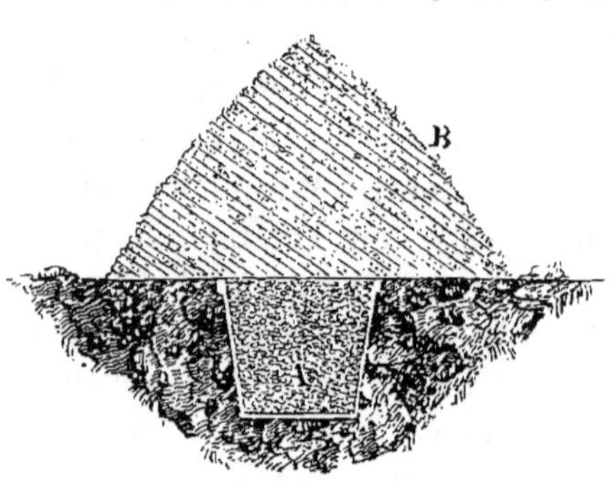

Fig. 46. Graines stratifiées dans un vase enterré.

Ce mode de stratification peut être employé pour les grandes quantités de graines ; quand on en aura peu, on les disposera dans un vase (A, *fig.* 46), qu'on enterrera en le surmontant d'une petite butte de terre (B) de manière à en écarter les eaux.

On a conseillé de stratifier les graines dans des caves ou dans des celliers abrités de la gelée ; mais la température y étant plus élevée qu'en plein air, la germination s'y trouve trop hâtée, et il devient nécessaire de pratiquer l'ensemencement avant les dernières gelées printanières, qui peuvent alors désorganiser complétement les graines.

Les graines stratifiées se conservent aussi bien que si on les eût ensemencées dès l'automne. Au printemps, aussitôt que la germination commence, on procède à la mise en terre. Les petites graines sont semées avec le sable qui les entoure ; les grosses en sont débarrassées.

La stratification présente encore cet avantage, que les graines étant presque toujours germées lorsqu'on vient à les semer, leur radicule a déjà acquis quelques centimètres de longueur. Or, une certaine étendue de cet organe étant rompue par la pratique de l'ensemencement, ce rudiment de la racine se ramifie, et les jeunes plants ne présentent plus un seul pivot, sans division, comme cela a lieu souvent dans le châtaignier, etc. La racine offre au contraire un grand nombre de ramifications qui rendent le succès des transplantations bien plus assuré. Ce résultat est si utile qu'il y aurait avantage à retrancher l'extrémité de la radicule de celles des grosses graines qui seraient restées intactes après la stratification. Il est bien entendu que ce que nous avons dit relativement aux fruits à osselets ne doit être en rien modifié par ce qui précède.

Nature et préparation du sol. — Quant à la nature du sol qui convient le mieux pour les semis et l'éducation des arbres, nous avons dit qu'on devait préférer à tous les autres les terrains de consistance et de fertilité moyennes, ceux auxquels nous avons donné le nom de silicéo-argileux ou terres franches. Nous exceptons cependant la plupart des espèces à feuilles persistantes et quelques espèces à feuilles caduques, qui exigent la terre de bruyère. Nous avons indiqué, en traitant de la préparation du sol de la pépinière, la création des plates-bandes destinées à cet usage.

La préparation du terrain pour les semis exige quelques soins particuliers. Outre le défoncement uniforme donné comme première préparation à toute la surface de la pépinière, les espaces destinés à être ensemencés devront recevoir un labour au moment même de l'ensemencement, afin que la surface soit bien pulvérisée et rendue perméable à l'air et aux premières racines des jeunes arbres.

Bien qu'en général le terrain des pépinières doive être maintenu dans un état de fertilité moyenne, la surface du sol destiné au semis doit être bien fumée. Ceci est encore une indication de la nature ; car, si nous examinons ce qui se passe pour les ensemencements naturels des forêts, nous voyons que les graines sont placées dans une couche superficielle du sol très-riche en humus, provenant de la décomposition des feuilles et autres débris végétaux. Il semble que les arbres aient besoin, pendant leur première jeunesse, d'une nourriture abondante, facile à puiser, en rapport avec la délicatesse de leurs organes, tandis que, plus tard, alors qu'ils ont acquis plus de vigueur, ils se contentent d'une nourriture moins bien préparée, plus difficile à absorber.

Nous exceptons de ce qui précède les terres de bruyère, qui, dans aucun cas, ne doivent recevoir de fumure.

Mode d'ensemencement.—La dernière étude, lors de l'opération que nous décrivons, est le mode d'ensemencement. Ici nous avons à examiner successivement la manière de répandre les semences sur le sol, la profondeur à laquelle elles doivent être enterrées, les procédés à employer pour les recouvrir. Deux procédés sont usités : le *semis à la volée* et le *semis en ligne.*

L'ensemencement à la volée est généralement préféré, comme le plus prompt, pour les semences dont la grosseur ne dépasse pas celle du hêtre. Pour cela, on unit bien la surface du sol avec un râteau, puis on y répand la semence à la main, le plus régulièrement possible, et à des distances proportionnées au développement que doivent prendre les jeunes plantes. Pour rendre plus égale la répartition des graines très-fines à la surface du sol, on les mélange avec une certaine quantité de sable fin bien sec. Les graines les plus volumineuses, y compris celles du hêtre, sont plus convenablement *semées en ligne.* Dans ce cas, on trace sur la plate-bande, avec la binette, de petits rayons parallèles entre eux à des distances en rapport avec le développement qu'acquerra le jeune plant, puis on y répand les semences le plus régulièrement possible ; les graines se trouvent ainsi plus uniformément espacées, et surtout plus régulièrement enterrées.

La *profondeur* à laquelle les semences doivent être placées dans la terre demande aussi à être examinée avec attention.

Nous savons déjà que l'air et l'eau sont indispensables à la germination des graines ; celles-ci doivent donc être enterrées de manière à recevoir l'influence de ces deux agents. Placées au-dessous de $0^m,16$ de profondeur, elles sont privées du libre concours de l'air et elles ne germent pas ; placées tout à fait à la surface, les graines un peu volumineuses ne rencontrent pas une suffisante quantité d'humidité, et leur germination reste stationnaire. C'est donc entre ces deux points extrêmes qu'on doit chercher le degré de profondeur le plus convenable pour le développement de chaque espèce. Nous disons de chaque espèce, car nous savons déjà que la quantité d'eau absorbée par les graines pendant leur évolution est en raison directe de leur volume ; or, comme les couches superficielles du terrain sont d'autant plus humides qu'elles sont plus éloignées de la surface, il en résulte que plus les graines sont grosses, plus elles doivent être placées profondément.

Le tableau suivant renferme une série de graines, depuis la plus petite jusqu'à la plus grosse, avec l'indication de la profondeur à laquelle chacune d'elles doit être enterrée.

Bouleaux.	$0^m,002$	Arbres résineux	$0^m,015$
Aunes.	$0^m,004$	Érables	
Charmes.	$0^m,007$	Frênes.	$0^m,020$
Ormes.			
Robiniers.	$0^m,009$	Hêtres.	$0^m,050$
Cytises.		Chênes.	$0^m,040$
Poiriers		Châtaigniers.	
Pommiers.	$0^m,012$	Noyers.	$0^m,060$
Aubépines.		Marroniers.	

Toutefois ces indications ne peuvent être considérées que comme des règles générales qui varient en raison de la nature du sol. Ainsi, dans une terre argileuse très-compacte, les mêmes graines devront être placées plus superficiellement, parce que ce terrain est moins perméable à l'air et qu'il est toujours plus humide. Dans un sol très-léger, dans un sol siliceux, elles sont placées plus profondément, parce que les couches superficielles sont plus exposées à la sécheresse, et que ce terrain est plus perméable à l'air.

Le climat sous lequel on opère vient aussi modifier ces indications. Pour la même espèce de graine et pour le même terrain, il faudra enterrer plus profondément sous un climat chaud et sec que sous un climat humide.

Les graines ayant été répandues sur la terre, on doit les *recouvrir*. Sur celles qui ont été semées à la volée, on répandra de la terre bien pulvérisée, de manière à les enterrer à une profondeur en rapport avec leur volume. Pour les graines semées en ligne, à un degré de profondeur convenable, il suffira d'abattre avec le dos du râteau le sommet de chaque crête formée par les sillons, de telle sorte que la surface du terrain soit bien nivelée.

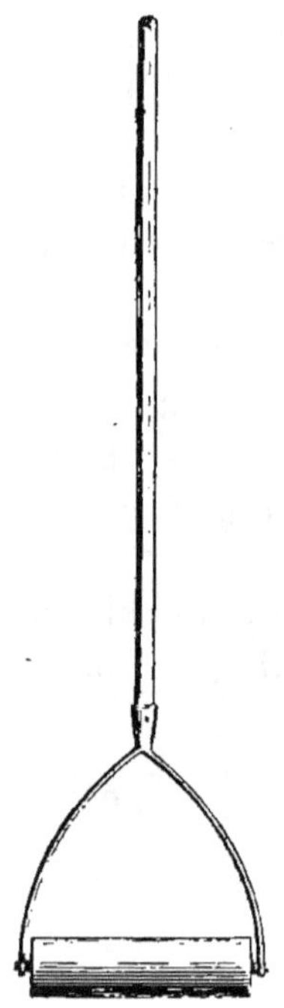

Les semences étant ainsi recouvertes, on devra *plomber* le sol, c'est-à-dire le tasser légèrement sur les graines, afin que tous les points de celles-ci soient bien en contact avec la terre et y puisent plus facilement l'humidité. Cette opération peut être effectuée avec le dos de la pelle ou avec une sorte de batte, ou mieux encore avec le rouleau à main indiqué par la figure 47. Ce plombage est surtout utile pour les terrains légers. Dans les terres compactes il est moins nécessaire, et l'on ne devra plomber que très-légèrement.

Enfin, après le plombage, on répandra à la surface du sol une couche très-mince de paille en décomposition, de feuilles sèches ou de fumier usé. Cette couverture sera comprise dans l'épaisseur de la couche qui doit être placée sur

Fig. 47. Rouleau à main.

chaque sorte de graines. Ainsi, pour les graines de la grosseur des pepins de pommier et au-dessous, il suffira de cette couverture pour qu'elles soient suffisamment enterrées. Cette dernière opération est destinée à empêcher la couche superficielle du sol de se dessécher aussi vite, ou de se durcir sous l'influence des arrosements, lorsque la sécheresse force d'y avoir recours; elle rend aussi le développement des plantes nuisibles moins abondant. Pour les semis effectués en terre de bruyère, on y emploiera avec succès la mousse hachée.

Nous rappelons ce que nous avons dit plus haut en décrivant

les travaux d'établissement de la pépinière à l'égard des abris qu'il convient d'employer pour les semis faits en terre de bruyère.

Soins après le semis.—Quant aux soins que réclament les semis après leur exécution ils sont surtout les suivants : abriter les espèces délicates, au moment de leur premier développement, contre les gelées tardives. On se sert pour cela de claies analogues à celle indiquée par la figure 48 et qu'on maintient suspendues à environ 0ᵐ,20 au-dessus du sol au moyen de traverses et de piquets.

Il convient aussi de pratiquer quelques arrosements dans la soi-

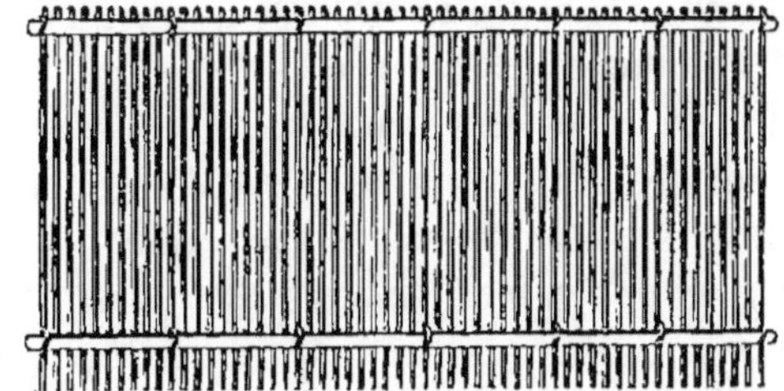

Fig. 48. Claie pour abriter les semis.

rée, pendant les grandes chaleurs de l'été, de faire des sarclages pour détruire les plantes nuisibles; enfin, de procéder à l'éclaircissage des jeunes plants lorsqu'ils sont trop serrés. Cette dernière opération doit être faite par un temps humide et dès le premier développement des plants.

La *multiplication artificielle*, ou *par division*, diffère de la multiplication naturelle en ce qu'au lieu d'avoir recours aux semences destinées par la nature à reproduire l'espèce on divise l'individu en un certain nombre de parties, que l'on pourvoit, par des procédés particuliers, des organes qui leur manquent, et à l'aide desquels elles peuvent végéter, comme autant d'individus distincts. Ainsi on peut transformer toutes les branches ou toutes les racines d'un arbre en autant d'arbres parfaits, en faisant développer à chacune d'elles des racines ou des tiges.

Quant à la convenance de ce mode de multiplication, nous l'avons déjà dit en traitant des semis, il est surtout utile pour les espèces d'arbres qui donnent un peu ou pas de graines fertiles, pour celles que l'on multiplie ainsi beaucoup plus promptement que par la voie des semis, enfin pour les variétés qui, multipliées à l'aide des semences, ne conserveraient pas les qualités qui les font rechercher. Mais, hors ces circonstances, on devra toujours préférer la multiplication naturelle ; on en obtiendra des arbres constamment plus vigoureux, d'une croissance plus régulière, et surtout d'une existence plus prolongée. Il semble, en effet, que les individus perdent une partie de leur vigueur par la multiplication par division, et qu'ils puisent au contraire une nouvelle dose de vitalité dans la semence qui sert à les reproduire. Ce qu'il y a de certain, c'est que les arbres obtenus par division sur d'autres individus multipliés eux-mêmes depuis longtemps par ce moyen finissent par perdre la faculté de donner des semences. La *boule de neige*, qui est constamment multipliée de cette manière, est arrivée à ne plus donner aucune graine fertile. Nos arbres fruitiers, sans cesse reproduits au moyen de la greffe, offrent des fruits qui renferment un bien moins grand nombre de semences que les espèces primitives.

Choix des rameaux destinés à la multiplication artificielle. — Quoique toutes les parties qui se développent sur une plante ligneuse soient semblables à celles qui leur donnent naissance ou qui leur succèderont, elles peuvent cependant différer les unes des autres par des nuances plus ou moins accentuées résultant de certaines influences accidentelles qui donnent lieu à la panachure des feuilles ou des fleurs, à la duplicature des fleurs, à la déformation plus ou moins bizarre des feuilles, à une floraison plus ou moins abondante et, parfois, plus ou moins répétée dans l'année, à une précocité plus ou moins grande dans le premier développement ou dans la maturité des fruits, à la disposition plus ou moins inclinée des rameaux, etc. — Or, les rameaux qui donnent lieu à ces productions anormales, détachés de leur pied mère et soumis à la multiplication artificielle, conservent la faculté de produire ces anomalies qu'on peut avoir intérêt à perpétuer. Lors donc qu'on aura à choisir une partie quelconque d'une plante ligneuse pour la soumettre à la multiplication artificielle, il sera très-important de la prendre sur un individu ou sur la partie de l'individu qui offrira au plus haut degré la particularité que l'on veut reproduire ou augmenter.

Les différentes sortes de multiplications artificielles sont au nombre de trois, la *greffe*, le *marcottage* et la *bouture*.

Greffe. — La greffe est une opération qui consiste à unir une portion vivante d'un végétal qu'on nomme *greffon*[1] à un autre végétal qu'on nomme *sujet*, de façon à ce qu'elle s'identifie avec lui et y

---

[1] Le mot *greffe*, employé à la fois pour désigner l'opération du greffage et le fragment de plante à greffer sur le sujet, déterminait de la confusion,

croisse comme sur son pied mère, lorsque l'analogie entre les individus ainsi rapprochés est suffisante. Il résulte de cette définition que l'art de greffer a pour but de remplacer le tronc ou seulement les branches d'un arbre par le tronc ou les branches d'un autre végétal.

Voici comment s'explique le succès de la greffe : l'expérience a démontré que les bourgeons peuvent modifier la séve qui leur est fournie par des racines étrangères, de manière à la faire servir à leur accroissement. Le greffon pourra donc vivre sur le sujet toutes les fois que la partie tronquée des vaisseaux de celui-ci, destinés à charrier les fluides séveux de la racine aux feuilles, pourra être mise en contact immédiat avec la partie tronquée des vaisseaux séveux du greffon; les orifices de ces vaisseaux se trouvant appliqués positivement les uns sur les autres, les sucs nourriciers du sujet arriveront dans le greffon sans rencontrer d'obstacles. Bientôt, les boutons du greffon laisseront échapper les premières feuilles, celles-ci transformeront en cambium les fluides séveux fournis par le sujet, et les vaisseaux descendants, soit ligneux, soit corticaux, naîtront de la base de chaque feuille, et passeront du greffon dans le sujet en suivant la voie humide existant entre l'aubier et l'écorce; enfin, une partie du cambium, dans son mouvement de descension, déposera, en passant, une quantité de matière organique suffisante pour souder les bords de la plaie, et la reprise de la greffe sera opérée.

Une des conditions importantes pour la réussite de cette opération est donc de faire coïncider parfaitement les vaisseaux séveux du sujet avec ceux du greffon. Comme ces vaisseaux sont placés dans les couches d'aubier et surtout dans celles du liber les plus jeunes, il suffira, pour atteindre ce résultat, de bien mettre en contact ces deux couches dans le greffon et dans le sujet. Il est encore une autre condition non moins essentielle à remplir, c'est de faire en sorte qu'il y ait une analogie suffisante entre le sujet et le greffon. Ainsi, on ne pourra greffer l'une sur l'autre que des variétés de la même espèce ou des espèces du même genre. Toutes les espèces et variétés de pommiers peuvent se

M. Carrière, chef des pépinières au Muséum d'histoire naturelle, a proposé, avec raison, de réserver ce mot pour indiquer l'ensemble de l'opération et de donner le nom de *greffon* à la portion de plante qui doit être soudée avec le sujet. Nous adoptons donc cette expression.

greffer l'une sur l'autre. Il en est de même de toutes les espèces et variétés de pruniers, de pêchers, d'abricotiers, et en général de toutes les plantes très-rapprochées l'une de l'autre par leurs caractères. Mais on ne réussirait pas à greffer le lilas sur l'orme, le chêne sur le charme, ou, comme on l'a prétendu, le rosier sur le houx, afin d'obtenir des roses vertes, ou sur le cassis, comme le recommande Columelle, pour avoir des roses noires. Les quelques résultats que l'on prétend avoir obtenus, contrairement à ces principes, doivent être considérés, jusqu'à présent du moins, comme de rares et passagères exceptions. Il ne suffit pas que les espèces et variétés que l'on greffe les unes sur les autres soient très-rapprochées par leurs caractères botaniques : il faut encore qu'elles présentent un mode de végétation semblable, et surtout que leur végétation s'effectue autant que possible à la même époque. Plus la différence sera sensible sous ce rapport, moins le succès de l'opération sera assuré. Le greffon ne périra pas toujours, mais il restera constamment languissant. Ainsi donc, s'il s'agit de greffer des variétés de poiriers ou de pommiers les unes sur les autres, il faudra étudier avec soin l'époque de la végétation des greffons et des sujets de manière à ne pas greffer, comme on le fait trop souvent, des variétés tardives sur des sujets précoces, et *vice versa*. On peut greffer des espèces à feuilles persistantes sur d'autres à feuilles caduques, appartenant au même genre, le *magnolia grandiflora*, par exemple, sur le *magnolia umbrella*, mais on ne peut faire l'opération inverse. La chute des feuilles du greffon suspend la végétation du sujet qui, constitué pour une végétation continue, succombe sous l'influence de ce temps d'arrêt.

Utilité de la greffe. — La greffe augmente la qualité des fruits et hâte l'époque de leur maturité. Voici comment : il résulte de la soudure du greffon sur le sujet un désordre dans la direction des vaisseaux des couches d'aubier et d'écorce qui se développent vers ce point. Il s'en suit que la séve ascendante, traversant plus difficilement cette partie de la tige, arrive plus lentement et en moins grande quantité à la fois dans le greffon, subit une élaboration plus complète dans les cellules des fruits, et que ceux-ci sont plus savoureux et mûrissent plus tôt.

La greffe avance de plusieurs années la fructification des arbres. Ceci est encore dû à la même cause ; la séve, circulant plus lenement dans le greffon, y reçoit une préparation plus parfaite, et est plus tôt propre au développement des fleurs et des fruits. Ce second avantage n'est pas sans importance, il devient même très-utile dans certaines circonstances. Ainsi, il faut attendre dix ou douze ans avant de savoir si un jeune arbre fruitier semé en pépinière sera une nouvelle variété digne d'être conservée, tandis qu'en coupant un rameau de ce jeune arbre, et en le greffant sur un vieux pied, la quatrième ou cinquième année au plus tard, on peut juger du mérite de cette nouvelle acquisition.

Enfin, à l'aide de la greffe, on peut faire croître dans un sol quelconque une espèce qui n'y viendrait pas franche de pied, il suffit de la greffer sur une espèce voisine qui s'accommode de la nature de ce sol.

Mais ces avantages sont accompagnés de quelques inconvénients. Ainsi les individus greffés paraissent vivre moins longtemps que les individus francs de pied. Cela doit être surtout attribué à la difficulté qui résulte pour la séve de circuler librement des racines vers les feuilles et des feuilles vers la tige. On remarque souvent, dans les arbres greffés, un bourrelet très-prononcé au point de la greffe (A. *fig.* 49); or, ce renflement est dû aux vaisseaux descendants et au cambium qui s'amassent vers ce point qu'ils franchissent difficilement.

Instruments convenables. — Avant d'examiner les différentes sortes de greffes, nous devons jeter un coup d'œil sur les instruments employés dans cette opération. Le principal est le *greffoir* (fig. 50). C'est une sorte de petit couteau dont la lame, longue de 0^m,05 à 0^m,07, est un peu arrondie à son extrémité antérieure du côté tranchant. Au talon du manche est implantée une spatule en buis, en ivoire ou en os. On doit éviter de la faire en métal facilement oxydable, parce que, destinée à soulever l'écorce, elle altérerait la séve. On se sert en outre d'une *serpette*, que tout le monde connaît ; puis d'une *égohine* (fig. 51), petite scie à main dont la lame est longue de 0^m,18 à 0^m,20. Les dents sont disposées de manière à tracer une large voie à la lame. Pour atteindre plus sûrement ce résultat, le dos de cette lame (A) est beaucoup plus mince que le côté opposé (B). Sans ce mode de construction, cet instrument, destiné à couper du bois vert, fonctionnerait difficilement. On joint à ces instruments un petit *maillet* en bois qui sert à frapper sur le dos de la serpette pour fendre verticalement les grosses tiges des sujets, afin d'y placer le greffon. On doit être également muni d'un petit *coin* en bois dur, à l'aide duquel on maintient la fente entr'ouverte pendant l'opération.

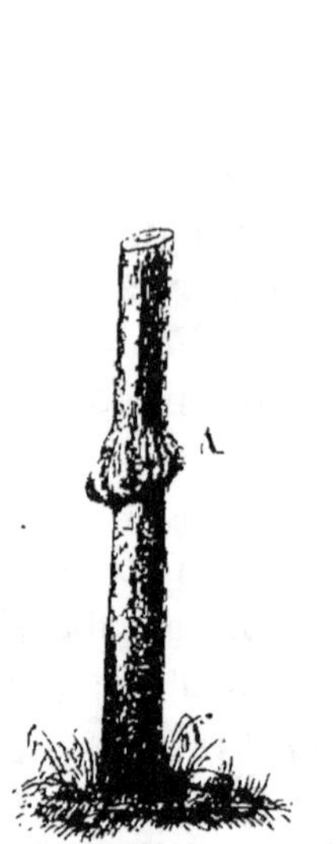

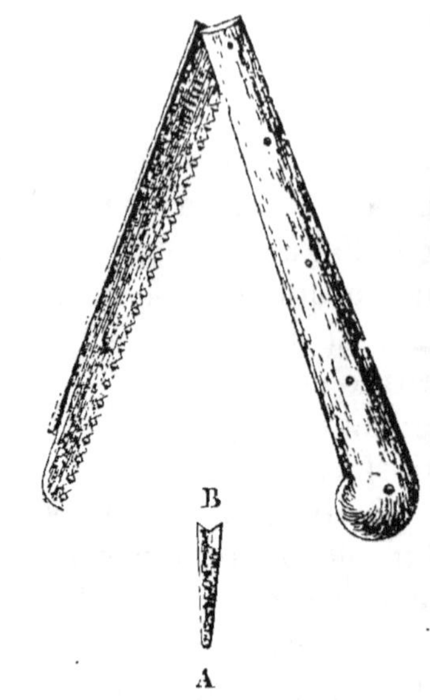

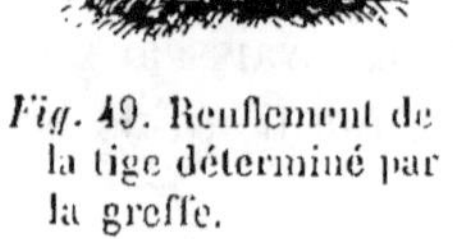

Fig. 49. Renflement de
la tige déterminé par
la greffe.

Fig. 50. Greffoir.

Fig. 51. Égohine ou scie à main.
AB. Coupe transversale de la
lame.

Depuis quelque temps on a remplacé avec avantage, pour la greffe des tiges un peu grosses, la serpette et le coin par un *greffoir à coin* représenté par la figure 52. La lame (B), qui ne doit pas être plus épaisse que la lame de la serpette, sur laquelle on frappe à l'aide d'un petit maillet, est destinée à fendre verticalement la tige de l'arbre à greffer, et la partie A, enfoncée ensuite dans la fente, la maintient entr'ouverte tandis qu'on y place le greffe.

Les greffons doivent être maintenus dans une position fixe sur le sujet pendant tout le temps de la reprise. On se sert pour cela de diverses ligatures. La laine grossièrement filée et peu tordue est la ligature que l'on doit préférer. Elle est très-élastique et peut se prêter au grossissement du sujet, ce qui empêche les étranglements de la tige. On emploie aussi, comme moins coûteuses ou pour des tiges un peu grosses, des lanières d'écorce de saule, de tilleul, d'ormeau dont on n'a conservé que le liber et qu'on fait ramollir dans l'eau au moment de leur emploi.

Engluments. — Une condition importante est de garantir de l'action de l'air les plaies occasionnées par la greffe. On se sert pour cela d'un certain nombre de substances.

Les unes, connues sous le nom de *mastics à greffer*, ont pour base la résine ; les autres, désignées sous le nom d'*onguents de Saint-Fiacre*, se composent en grande partie de terre argileuse.

Les *onguents de Saint-Fiacre* offrent l'inconvénient grave d'être facilement fendillés par la sécheresse et promptement entraînés par l'action des pluies ; il en résulte que la plaie n'est qu'imparfaitement abritée du contact de l'air. D'un autre côté, ils servent de refuge à certains insectes, et notamment aux *pucerons lanigères*, qui, se logeant entre cette sorte de couverture et l'écorce, font naître, sur la greffe des pommiers, des exostoses qui nuisent singulièrement au succès de l'opération.

Les *mastics à greffer* sont donc préférables. Ils doivent être composés de telle sorte, qu'ils ne coulent pas sous l'influence du soleil et qu'ils ne soient pas fendillés par la gelée. La composition de ces mastics varie selon que l'on veut les employer chauds ou froids.

Fig. 52. Greffoir à coin.

Voici la composition de l'un des meilleurs parmi ceux qu'on emploie chauds :

Poix noire	28	
Poix de Bourgogne . . .	28	
Cire jaune	16	Pour 100 parties en poids.
Suif	14	
Cendre tamisée ou ocre.	14	
	100	

Ce mélange doit être employé assez chaud pour être liquide, mais pas assez pour altérer les tissus de l'arbre. On l'étend sur les plaies à l'aide d'une petite brosse.

1.   8

Lorsqu'on a un certain nombre de greffes à mastiquer, il arrive souvent que le mastic ne se conserve pas assez longtemps chaud pour qu'on puisse terminer l'opération en une seule fois et qu'on est obligé de le faire réchauffer plusieurs fois. Pour obvier à cet inconvénient, nous avons imaginé l'appareil suivant, à l'aide duquel le mastic est tenu constamment liquide.

Cet appareil se compose de deux parties superposées. La première (A, *fig.* 53 et 54) est un vase de cuivre ou de fer battu présentant une capacité de 5 litres environ, et destiné à recevoir le

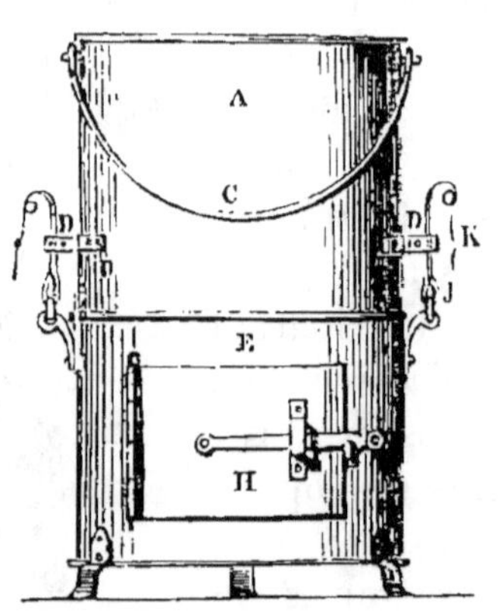

Fig. 53. Appareil pour chauffer
le mastic à greffer.

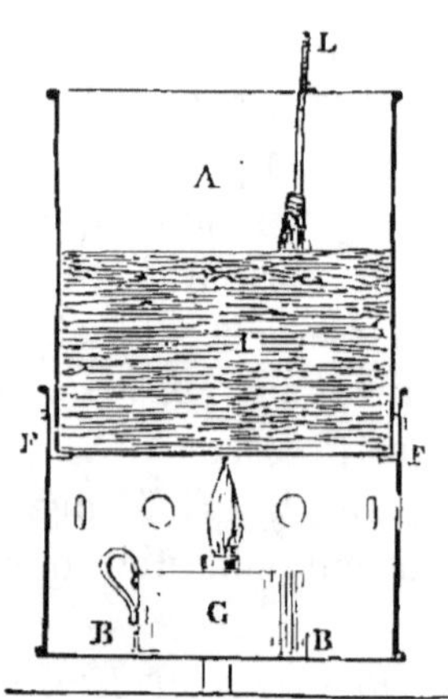

Fig. 54. Coupe verticale de la
figure 53.

mastic à greffer (I, *fig.* 54). Comme il arrive fréquemment que ce mélange résineux monte lorsqu'on le fait chauffer, le vase devra toujours présenter une étendue moitié plus considérable qu'il ne le faut pour contenir le mastic froid. Ce même vase est muni d'une anse (C, *fig.* 53), puis de deux petites pattes (D, *fig.* 53), percées d'un trou à leur extrémité. La base de ce vase est engagée dans la seconde partie de l'appareil (E, *fig.* 53), et y est retenue au premier tiers de la hauteur de cette seconde partie, au moyen de petites pattes de tôle (F, *fig.* 54). Cette seconde partie se compose d'une sorte de petit réchaud de tôle qui reçoit, à sa partie inférieure, une lampe à huile (G, *fig.* 54). Cette lampe, introduite par la porte (II, *fig.* 53) est retenue au centre de l'espace au moyen de petites pattes en saillie (B, *fig.* 54) rivées sous le fond;

des trous pratiqués sur la paroi établissent le courant d'air
nécessaire à la combustion. Cette partie inférieure de l'appareil
est jointe au vase supérieur au moyen de petites pattes à char-
nières)J) et de clavettes (K, *fig.* 53).

Lorsqu'on veut se servir du mastic, on isole le vase de la
partie inférieure et on le place sur le feu. Lorsque le mélange
est bien chaud, on replace le vase sur le réchaud et l'on allume
la lampe, qui suffit pour maintenir le mastic assez liquide. On
devra faire en sorte que la brosse dont on se sert pour employer
le mastic ne séjourne pas au fond du vase, car, lorsqu'on vient à
le chauffer, cette paroi acquiert une si haute température, que
les crins de la brosse seraient brûlés. Pour éviter cet inconvénient,
on devra munir le manche de cette brosse d'un petit crochet, à
l'aide duquel on le fixe sur l'un des côtés du vase, comme nous
l'avons indiqué (L, *fig.* 54).

Les mastics à greffer, composés jusqu'à présent pour être employés froids, étaient tous à l'état de pâte malléable et présen-
taient par conséquent l'inconvénient très-grave d'obliger l'opérateur à se mouiller constamment les doigts pour les appliquer ;
aussi on donnait presque toujours la préférence aux mastics
employés chauds, quoique la nécessité de les faire chauffer soit
aussi assez gênante. Mais M. Lhomme-Lefort, de Belleville-
Paris, a heureusement imaginé un mastic liquide et que l'on
emploie froid. Ce mastic, dont l'inventeur s'est réservé le secret
de la composition, a la consistance d'une bouillie épaisse que l'on
applique très-facilement sur la greffe à l'aide d'une petite spatule
de bois. Cette matière se durcit dans l'espace de très-peu de
jours, ne se ramollit pas au soleil et ne se fendille pas sous l'influence de la gelée ; l'influence de l'humidité ne fait que hâter
sa solidification. Ce mastic étant d'ailleurs livré à un prix peu
élevé, nous sommes convaincu qu'il est appelé à remplacer tous
ceux qui ont été imaginés jusqu'à présent.

Classification des greffes. Les différentes sortes de greffes
peuvent être partagées en trois sections principales, ainsi que
nous l'avons fait dans le tableau suivant :

Ire SECTION.
Greffes par approche.

{
1° Sylvain.
2° Agricola.
3° Anglaise ou Aiton.
4° Herbacée Jard.
5° Herbacée Leberryais.
}

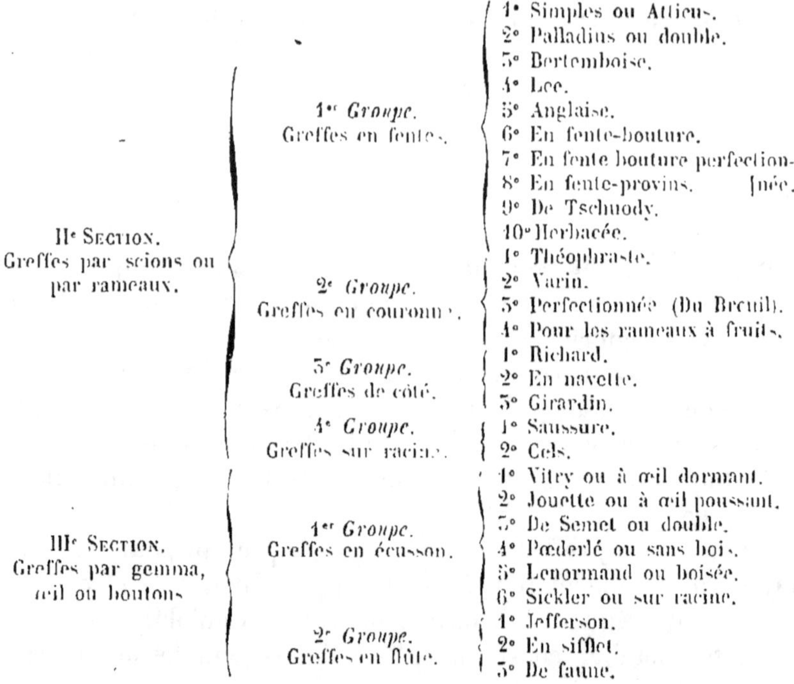

IIᵉ Section.
Greffes par scions ou
par rameaux.

1ᵉʳ Groupe.
Greffes en fentes.
1° Simples ou Atticus.
2° Palladius ou double.
3° Bertemboise.
4° Lee.
5° Anglaise.
6° En fente-bouture.
7° En fente bouture perfection-
8° En fente-provins.   [née.
9° De Tschuody.
10° Herbacée.

2ᵉ Groupe.
Greffes en couronne.
1° Théophraste.
2° Varin.
3° Perfectionnée (Du Breuil).
4° Pour les rameaux à fruits.

3ᵉ Groupe.
Greffes de côté.
1° Richard.
2° En navette.
3° Girardin.

4ᵉ Groupe.
Greffes sur racine.
1° Saussure.
2° Cels.

IIIᵉ Section.
Greffes par gemma,
œil ou boutons.

1ᵉʳ Groupe.
Greffes en écusson.
1° Vitry ou à œil dormant.
2° Jouette ou à œil poussant.
3° De Semet ou double.
4° Pœderlé ou sans bois.
5° Lenormand ou boisée.
6° Sickler ou sur racine.

2ᵉ Groupe.
Greffes en flûte.
1° Jefferson.
2° En sifflet.
3° De faune.

On peut évaluer le nombre des greffes maintenant décrites à plus de deux cents ; mais beaucoup d'entre elles sont plus curieuses qu'utiles. Nous nous bornerons à l'étude de celles dont nous venons de donner la liste, et dont la pratique présente réellement des avantages. Nous avons conservé à la plupart d'entre elles le nom qui leur a été imposé par le professeur Thouin.

Première section. Greffes par approche. — Elles offrent ce caractère que le greffon n'est séparé de son pied mère qu'après être complétement soudé avec le sujet. L'origine de cette sorte de greffe remonte à la plus haute antiquité, et ceux qui la pratiquèrent pour la première fois en puisèrent probablement l'exemple dans la nature, car on rencontre fréquemment, dans les forêts, des greffes par approche naturelle. Le vent, en ébranlant deux branches qui se touchent par l'un de leurs points, les fait s'user mutuellement ; les libers finissent par se trouver en contact immédiat, et, si un temps un peu calme succède à cet état de choses, les deux branches se soudent, et il en résulte une greffe par approche naturelle. Non-seulement on remarque dans la nature des exemples de tiges ainsi soudées, mais on rencontre aussi fréquemment des racines offrant le même phénomène. Deux racines de la même espèce, ou d'espèces voisines, mises en contact, viennent-elles à se gêner dans leur développement en grosseur, elles se pressent tellement l'une contre l'autre, qu'elles finissent par s'unir.

Le mode d'opérer les greffes par approche consiste : 1° à faire, aux parties qu'on veut greffer les unes sur les autres, des plaies correspondantes bien nettes et proportionnées à leur grosseur, depuis l'épiderme jusqu'à l'aubier, et quelquefois jusqu'au canal médullaire, suivant l'exigence des cas ; 2° à réunir ces plaies, de manière qu'elles se recouvrent mutuellement, qu'elles ne laissent entre elles que le moins de vide possible, et surtout que les feuillets du liber soient exactement joints dans le plus grand nombre possible de leurs points ; 3° à fixer ces parties ainsi disposées au moyen de ligatures et de tuteurs solides, pour empêcher toute disjonction ; 4° à préserver les plaies de l'accès de l'eau et de l'air au moyen du mastic à greffer ; 5° à surveiller le grossissement des parties, pour prévenir tout étranglement, nuisible à la circulation de la séve ; 6° à ne sevrer les greffons de leur pied mère qu'après leur soudure complète avec le sujet. Cette jonction est ordinairement suffisante au bout d'un an. Quelquefois, cependant, lorsque les espèces se soudent difficilement, on est obligé d'attendre deux ans. En général, pour les espèces délicates, il n'y aura avantage à n'effectuer le sevrage que progressivement, c'est-à-dire qu'on commencera par pratiquer une entaille qui pénètrera jusqu'au tiers de la grosseur du greffon, et cela, du côté opposé à l'incision, immédiatement au-dessous du point où il commence à s'unir avec le sujet, en A (*fig.* 57). Quelque temps après on fera pénétrer cette entaille jusqu'aux deux tiers de la grosseur du greffon ; enfin, après un nouveau laps de temps, on le séparera complétement. En opérant ainsi, on habitue le greffon à tirer sa nourriture du sujet, et le trouble résultant du sevrage devient pour lui beaucoup moins sensible. On hâte aussi la soudure, en forçant les filets ligneux et corticaux descendants à passer du greffon dans le sujet.

Quant à l'époque la plus favorable pour exécuter la greffe par approche, cette opération peut être pratiquée en toute saison, pourvu que ce ne soit pas pendant les gelées ou sous l'influence

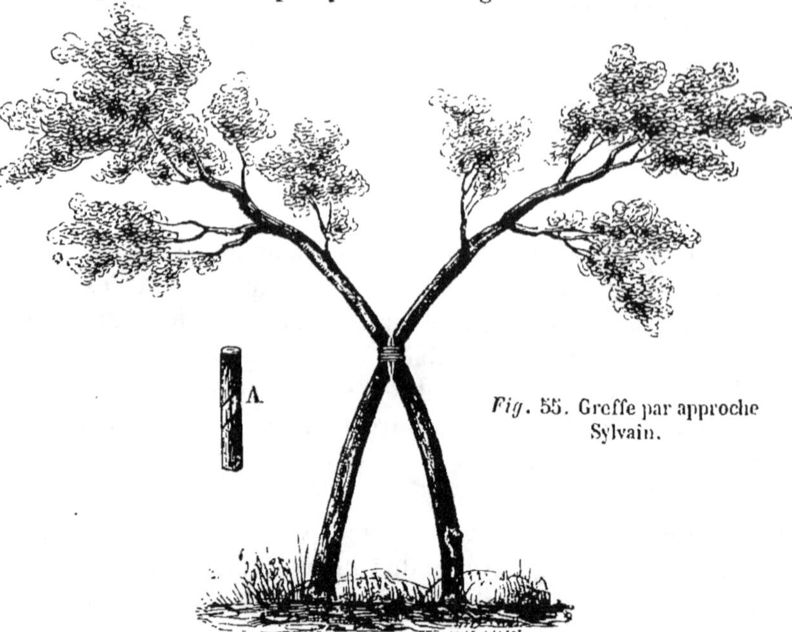

Fig. 55. Greffe par approche
Sylvain.

des fortes chaleurs. Néanmoins, le commencement du printemps
est le moment le plus convenable, parce que les individus opérés

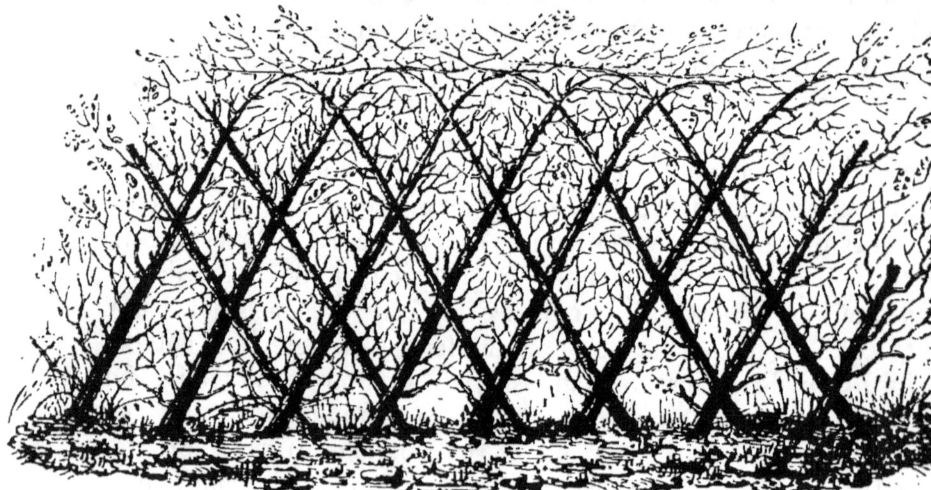

Fig. 56. Haie vive formée à l'aide de la greffe par approche Sylvain.

profitent, pour se souder, de toute la végétation qui s'effectue
depuis cet instant jusqu'à l'automne.

Voici quelles sont les principales sortes de greffe par approche :

1° *Greffe par approche Sylvain.*—Courber deux jeunes arbres 'un vers l'autre (*fig.* 55) ; faire, aux points où ils se croisent, leux entailles correspondantes (A), jusqu'au canal médullaire, uis réunir les parties opérées en les maintenant dans cette po- ition à l'aide d'une ligature. Cette sorte de greffe peut être uti- isée surtout pour la confection des palissades, des haies vives.

\ cet effet, on plante le jeunes arbres, à ige mince et flexible, le 2 à 3 mètres de aut, en leur don- ant la même dispo- ition qu'aux gaulet- es d'un treillage ; n pratique sur cha- ue tige, et à cha- un des points de intersection qu'elles orment les unes avec es autres, une en- aille semblable ; puis n les maintient so- dement réunies au oyen d'un ligature. 'année suivante, et rsque toutes ces ti- es sont soudées les es aux autres, on

Fig. 57. Greffe par approche Agricola.

nne à leur sommet une direction presque horizontale, à la hau- ur à laquelle on veut conserver la haie, et l'on enlace les extré- ités les unes dans les autres. Les interstices de ce treillage vant sont bientôt remplis par les ramifications qui se déve- ppent de toutes parts, et forment une haie vive presque impé- trable (*fig.* 56). Les espèces qui se prêtent le mieux à cette ération, sont : le charme, le hêtre, l'orme, le troëne, le ple, etc. On peut également former ainsi des palissades d'arbres itiers.

2° *Greffe par approche Agricola* (*fig.* 57).—Rapprocher la tige du sujet de la branche qui doit servir de greffon, soit en plantant les sujets à côté de l'arbre à multiplier, soit en plaçant les sujets dans des pots ; faire sur la tige du sujet et sur la branche qui sert de greffon une entaille longitudinale de même étendue et jusqu'au canal médullaire ; couvrir ces deux plaies l'une par l'autre, de manière que leurs libers soient en contact, puis ligaturer. Les deux entailles doivent être faites de telle sorte, que l'entaille du sujet soit moins profonde à la base (B) qu'au sommet, et qu'au contraire l'entaille du greffon soit moins profonde

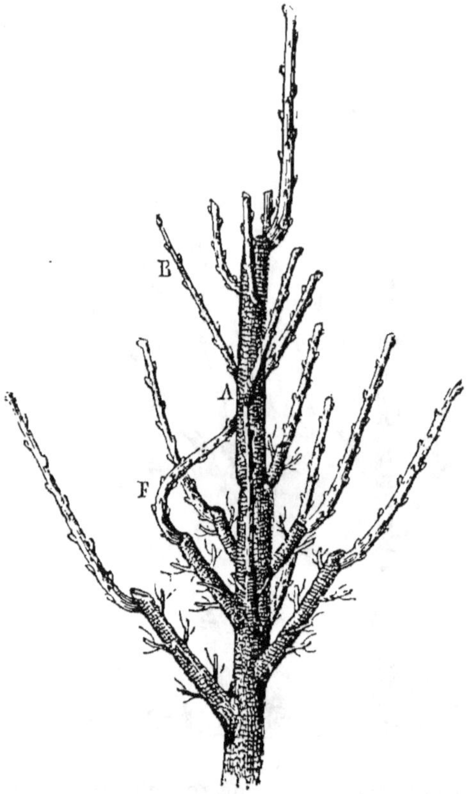

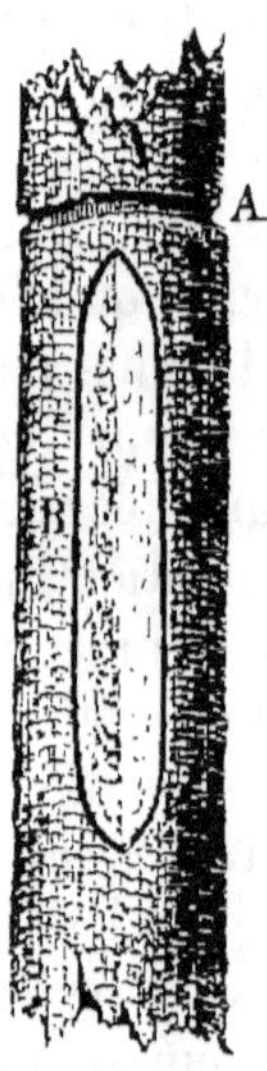

Fig. 58. Greffe par approche Agricola employée pour aider à la formation des arbres en pyramide.

Fig. 59. Détail de la figure 58.

au sommet (C) qu'à la base (A). Il en résultera que, lors du sevrage la suppression de la tête du sujet au point D et la section du greffon au point A laisseront une difformité moins grande sur la tige.

Lorsque la soudure est complète, ce qui a lieu ordinairement l'année suivante, on opère le sevrage. Pour cela, on supprime la tête du sujet immédiatement au-dessus de son point de contact avec le greffon, en D, et l'on coupe le greffon immédiatement au-dessous de son point de contact avec le sujet, en A. On enlève ensuite la ligature, qui, si on la laissait, étranglerait la partie opérée, puis on couvre les plaies avec du mastic à greffer.

On peut modifier cette greffe lorsqu'il s'agit, par exemple, de remplir un vide parmi les branches de la charpente d'un arbre fruitier. Si ce vide existe en A (*fig.* 58), le rameau B permettra de le combler: On pratique d'abord, avec la scie à main, une entaille en chevron sur la tige, immédiatement au-dessus du point où le rameau B doit être greffé, en A (*fig.* 59), afin d'y arrêter la séve des racines. Cette entaille comprend environ la moitié de la circonférence de la tige. Immédiatement au-dessous, on en fait une autre verticale, longue d'environ 0^m,06, d'une largeur et d'une profondeur égales au diamètre du rameau B (*fig.* 58). On incise le rameau au point A (*fig.* 58) en donnant à cette incision une forme telle que cette partie du rameau s'engage complétement dans l'entaille verticale de la tige (*fig.* 60), et que les écorces du greffon et du sujet soient en contact immé

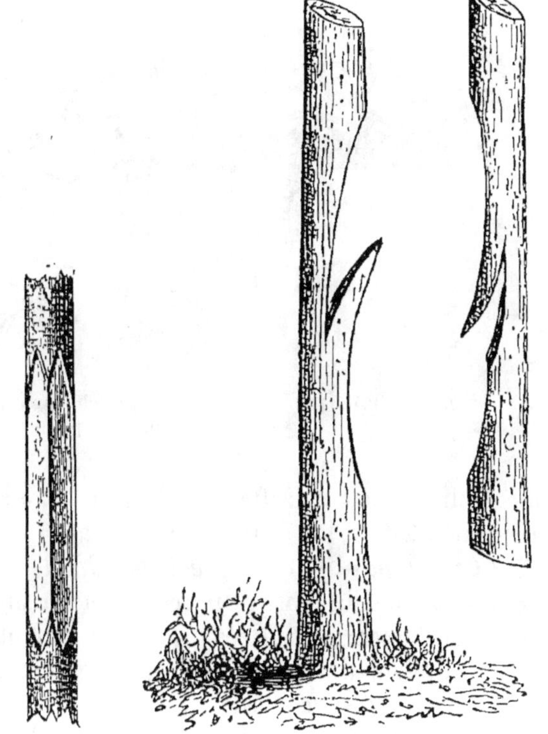

Fig. 60. Détail de la figure 58.   Fig. 61. Greffe par approche anglaise ou Aiton.

diat sur les deux côtés de l'entaille. Ceci fait, on réunit les parties, on ligature et l'on recouvre la partie opérée avec du mastic à greffer.

L'année suivante, au moment de la taille d'hiver, la soudure

sera complète, et l'on pourra opérer le sevrage. La partie inférieure F du rameau (*fig.* 58) pourra, après avoir été redressée,
servir de nouveau comme branche latérale.

3° *Greffe par approche anglaise ou Aiton (fig.* 61). — Cette
sorte de greffe par approche ne diffère de la greffe Agricola qu'en
ce qu'on pratique au milieu de l'incision longitudinale faite au
sujet et au greffon une sorte d'agrafe qui rend encore la soudure

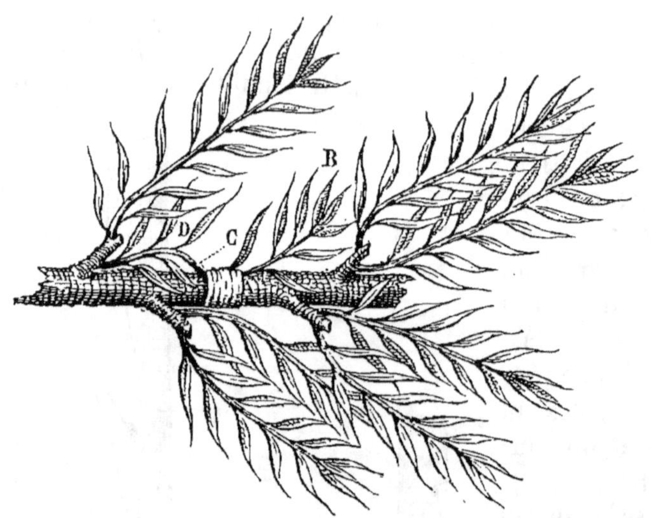

Fig. 62. Greffe par approche herbacée employée pour remplacer les
rameaux à fruits du pêcher.

plus solide. Cette greffe est préférée pour les espèces à bois
très-dur, et dont les écorces se soudent le moins facilement.

4° *Greffe par approche herbacée Jard.* — Ici, au lieu d'opérer
sur les parties ligneuses du greffon et du sujet, on opère sur des
bourgeons encore herbacés qui n'ont atteint que les deux tiers
environ de leur développement en longueur. Cette greffe est très-
utile pour les espèces à écorce mince, et dont la jonction présente peu d'adhérence, parce que, toutes les parties qui se trouvent mises en contact étant encore herbacées, il en résulte
qu'elles s'unissent sur toute leur surface et que cette soudure est
plus solide.

En 1802, M. Jard, arboriculteur distingué de Mâcon, a employé
cette sorte de greffe avec beaucoup d'avantage pour remplir les

ides parmi les rameaux à fruit qui garnissent les branches mères

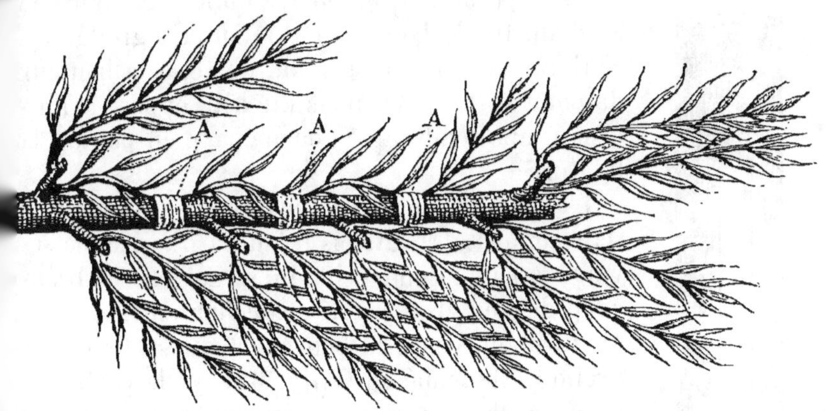

Fig. 63. Greffe par approche herbacée multiple, employée au même usage que la précédente.

ou sous-mères du pêcher. Mais ce n'est que depuis 1842 que cet

utile procédé a commencé à se répandre. Voici comment on opère :

Supposons qu'un vide existe parmi les rameaux à fruit d'une branche de pêcher (*fig.* 62). Le bourgeon B pourra servir à combler ce vide. Pour cela, on fera sur la branche, au point où le vide existe, une incision longue de $0^m,04$ environ, et terminée à chaque extrémité par une incision transversale (C, *fig.* 64). Le bourgeon B (*fig.* 62) sera incisé comme on le voit en D (*fig.* 64), puis on réunira les parties au moyen d'une ligature après avoir glissé le bourgeon D (*fig.* 64), au-des-sous des écorces soulevées. On obtiendra le même résultat en

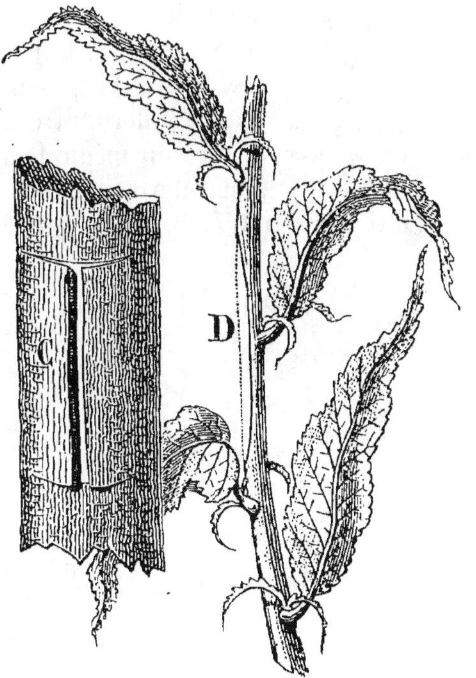

Fig. 64. Détail de la figure 62.

remplaçant l'incision C (*fig.* 64.) par l'enlèvement d'une petite lanière d'écorce (*fig.* 65.), d'une largeur égale au diamètre du bourgeon qui doit être greffé.

Il importe que le greffon porte, à la hauteur du point D (*fig.* 64), mais du côté opposé à l'incision, une feuille que l'on ménage en plaçant la ligature.

L'année suivante, au printemps, la soudure sera complète. Toutefois il faudra n'opérer le sevrage qu'au second printemps ; autrement beaucoup de ces greffons se dessécheraient. Ce moment étant venu, le bourgeon qui a fourni le greffon est coupé en C (*fig.* 62), et la partie inférieure de ce rameau D est taillée comme s'il n'eût pas été greffé.

Si la branche présentait plusieurs vides continus et que le bourgeon fût assez vigoureux, on pourrait le greffer successivement à chacun de ces points (*fig.* 63). On opérerait alors le sevrage aux points A. Mais il serait bon toutefois de laisser s'écouler huit ou dix jours entre chacune des greffes du même bourgeon, sous peine de nuire à son développement.

Fig. 65. Entaille de l'écorce pour placer le bourgeon D, fig. 64.

Cette opération peut être employée avec le même succès pour

Fig. 66. Greffe par approche herbacée de la vigne.

toutes les espèces à fruits à noyau et même pour la vigne, ainsi que le montre la figure 66.

Greffe par approche herbacée Leberryais (fig. 67).—M. Luiset père, pépiniériste à Écully, près de Lyon, a fait une heureuse ap-plication de la greffe par appro-che herbacée en l'employant pour augmenter le volume ordinaire des fruits. Vers la fin de juin, choisir un bourgeon vigoureux placé dans le voisinage d'un fruit ; le greffer par approche sur le pé-doncule de ce fruit; pincer en-suite l'extrémité de ce bourgeon lorsque la soudure est complète, afin de l'empêcher d'absorber une trop grande quantité de séve au détriment du fruit. Ce bour-geon attire ainsi une plus grande abondance de fluides nourriciers au profit du fruit, qui devient beaucoup plus gros. La figure 68

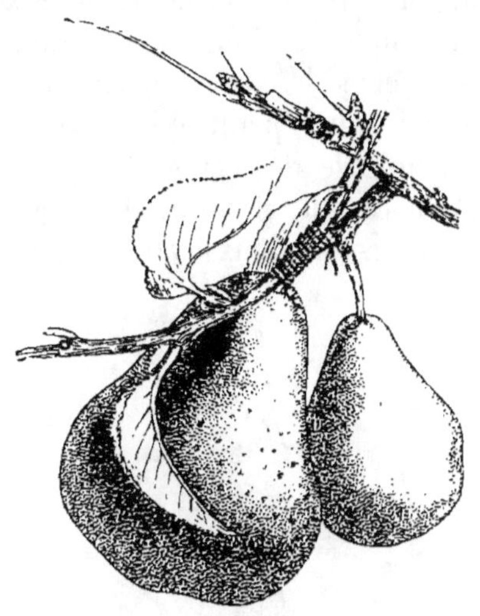

Fig. 67. Greffe par approche herbacée Leberryais appliquée au poirier.

montre une pêche soumise à la même opération. Le pédoncule de ce fruit étant trop court, on greffe le bourgeon tout près du point d'attache de ce pédoncule. Cette greffe est décrite, sous le nom que nous lui don-nons ici, dans la mo-nographie des greffes du professeur Thouin.

Deuxième section. Greffes par scions ou rameaux — Les ca-ractères distinctifs des greffes de cette section sont les suivants : elles s'effectuent avec des rameaux ou des por-tions de rameaux qu'on

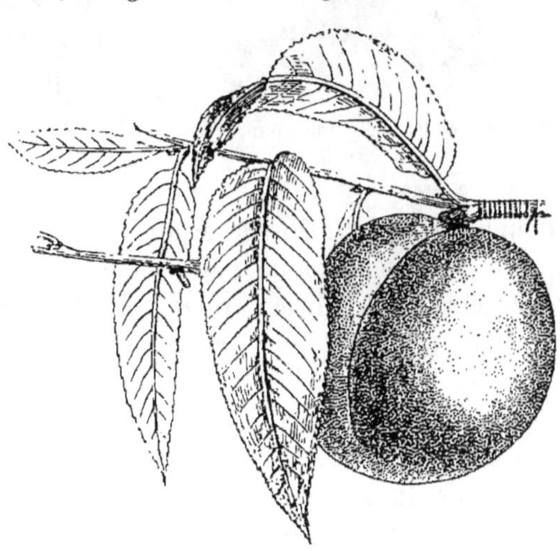

Fig. 68. Greffe par approche herbacée Leberryais appliquée au pêcher.

sépare de leur pied mère pour les placer sur un autre individu.

Les conditions ci-après doivent être remplies, sous peine de voir échouer l'opération qui nous occupe : 1° choisir, pour greffons, des rameaux de l'année précédente, et prendre de préférence les plus vigoureux et les mieux aoûtés ; 2° faire en sorte que le greffon soit toujours dans un état de végétation moins avancé que le sujet ; si le contraire avait lieu, le greffon, ne trouvant pas dans le sujet une quantité de séve assez abondante pour fournir à ses besoins, se dessécherait rapidement. Pour atteindre plus sûrement ce but, il suffira de détacher les greffons de leur pied mère un mois ou deux avant l'opération, et de les enterrer au pied d'un mur exposé au nord. Ces greffons se conserveront parfaitement ainsi, et, leur végétation restant stationnaire tandis que celle des sujets suivra l'influence de la saison, ils seront moins avancés que les sujets ; si les rameaux qui doivent fournir les greffons étaient en partie desséchés par suite d'un transport lointain et d'un emballage insuffisant, on devra leur rendre toute leur énergie vitale en les enterrant complétement pendant quelques jours. 3° Placer le greffon sur le côté de la tige du sujet exposé au midi, afin que la séve y arrive en plus grande abondance. 4° Pratiquer les amputations nécessaires de manière que les écorces soient coupées bien net et non déchirées sur leurs bords. 5° Faire coïncider parfaitement les jeunes couches du liber du sujet avec celles du greffon, sur la plus grande partie de l'étendue de la plaie. 6° Ligaturer les parties opérées, puis recouvrir les plaies avec du mastic à greffer. 7° Abriter les greffons, pendant les quinze premiers jours qui suivent l'opération, contre l'ardeur du soleil et l'action desséchante de l'air ; on peut, dans ce but, les recouvrir immédiatement d'un cornet de papier (*fig.* 69) : ce cornet a en outre pour résultat d'éloigner certains insectes qui dévorent les boutons du greffon dès qu'ils commencent à s'entr'ouvrir. 8° Faire en sorte que les greffons,

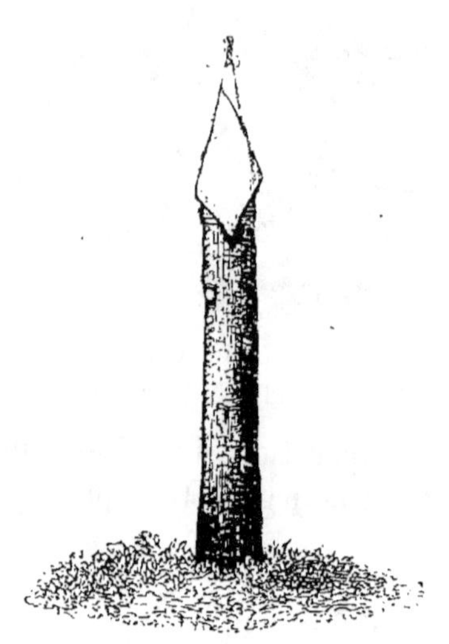

Fig. 69. Cornet de papier pour abriter les greffes.

une fois placés, ne soient plus ébranlés. Le moindre choc, au moment où ils commencent à se souder avec le sujet, peut suffire pour détruire toute chance de succès. Ce sont surtout les greffons placés sur les arbres à haute tige, sur les pommiers, les poiriers, les cerisiers, etc., qui sont exposés à de semblables accidents, et particulièrement ceux des arbres plantés dans les pâturages, les grands vergers ou en plein champ. Les gros oiseaux viennent s'abattre sur le sommet de ces arbres nouvellement greffés, brisent le greffon ou au moins l'ébranlent et nuisent à sa reprise.

Pour obvier à cet inconvénient, il sera bon de placer au sommet des arbres greffés une sorte de perchoir composé d'un rameau flexible (A, *fig.* 70) long d'un mètre environ, cintré au-dessus du greffon, et fixé solidement à l'aide de liens d'osier, par ses extrémités, de chaque côté de la tige. Les oiseaux viennent se poser sur ce perchoir sans ébranler le greffon. Mais cette pratique présente encore un autre avantage : lorsque le greffon se développe vigoureusement et qu'il est isolé au sommet d'un arbre à haute tige, il arrive souvent que, ébranlé par les vents violents, il se détache ; on prévient cet accident en fixant sur le perchoir, en juillet, les principaux bourgeons (B) que développe le greffon ; 9° enfin, veiller avec soin à ce que les nombreux bourgeons qui naissent presque toujours sur la tige des sujets étêtés, n'anéantissent pas le greffon en absorbant à leur profit toute la séve des racines. C'est

Fig. 70. Perchoir pour défendre les jeunes greffes à haute tige contre les oiseaux et la violence des vents.

surtout pendant l'été qui suit l'opération que la tige des sujets greffés se couvre de ces bourgeons. Aussitôt que la végétation du greffon commence à se manifester, on pince les plus vigoureux, puis on les supprime complétement en commençant par ceux qui se sont développés à la base de la tige, et en avançant progressivement vers le sommet, de manière à ne détruire ceux qui sont dans le voisinage du greffon qu'alors que les bourgeons de celui-ci ont atteint une longueur d'au moins 0^m,15.

Les greffes par scions ou par rameaux peuvent être subdivisées en quatre groupes principaux, comme nous l'avons indiqué plus haut.

Groupe I. Greffes par rameaux en fente. — Les greffes en fente présentent pour caractère de nécessiter l'incision longitudinale du corps ligneux pour placer le greffon. On les pratique le plus souvent au printemps, au moment où les boutons du sujet commencent à s'entr'ouvrir (sauf les greffes en fente herbacée indiquées plus loin). On peut cependant greffer aussi en fente dans les premiers jours de septembre, alors que les sujets n'ont plus de séve que ce qu'il en faut pour opérer seulement la soudure du greffon. Celui-ci ne se développe qu'au printemps suivant. Cette époque présente les avantages suivants : les greffons ne sont pas soumis avant leur reprise aux hâles du printemps, qui les fatiguent beaucoup ; les cultivateurs sont à ce moment moins pressés de travaux ; enfin, l'on a deux chances de succès au lieu d'une : si l'opération manque à l'automne, on peut recommencer au printemps. Mais si l'hiver est rigoureux les greffons périssent souvent, et parfois aussi le sujet lui-même succombe à cette suspension anticipée de végétation qui résulte pour lui de la suppression souvent complète de toutes ses ramifications. Cette seconde époque conviendrait donc seulement au midi.

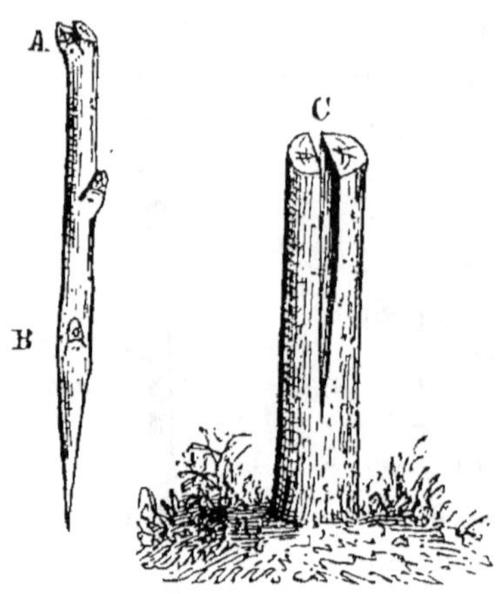

Fig. 71. Greffe en fente simple ou Atticus.

Les principales sortes de greffes en fente sont les suivantes :

Greffe en fente simple ou Atticus (fig. 71). — Donner au rameau qui doit servir de greffon une longueur de 0^m,10 à 0^m,15, suivant la grosseur et la vigueur du sujet. Faire en sorte que le sommet de ce rameau soit terminé par un bouton (A). Si l'on greffe à l'automne, supprimer les feuilles du greffon en en conservant seulement le pétiole. Tailler la base (B) en lame

de couteau sur une longueur de 0^m,04 environ, en commençant
cette entaille à la hauteur d'un bouton. Le greffon ainsi préparé,
couper horizontalement la tête du sujet; bien unir la plaie avec
un instrument tranchant si l'on a, pour cela, employé la scie.
Pratiquer sur cette coupe, avec la serpette et le maillet, si la
grosseur du sujet rend cela nécessaire, une fente verticale (C)
passant par le centre de la tige et descendant à 0^m,06 environ
au-dessous de la coupe. Effectuer cette section verticale en imprimant à la lame de l'instrument un mouvement de bascule
de manière à couper l'écorce avant le corps ligneux, afin que

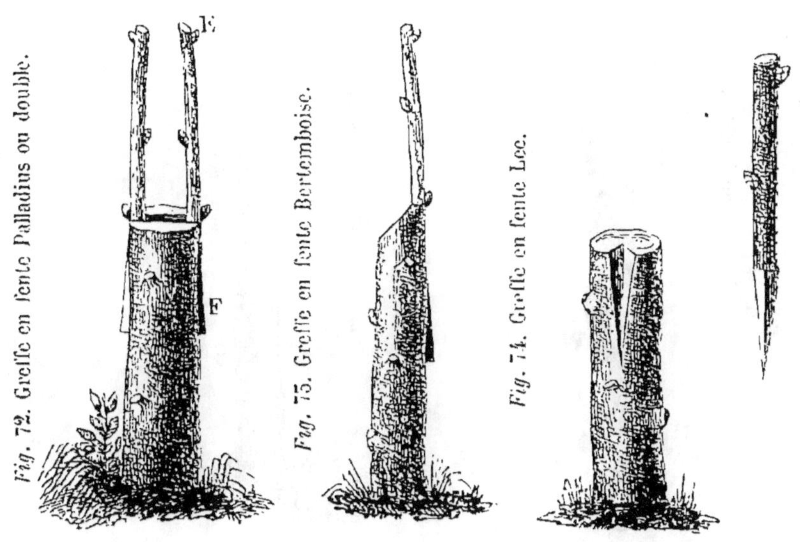

Fig. 72. Greffe en fente Palladius ou double.

Fig. 73. Greffe en fente Bertemboise.

Fig. 74. Greffe en fente Lee.

la première ne soit pas déchirée au lieu d'être coupée. Maintenir la fente entr'ouverte avec un coin en bois pendant qu'on y
place le greffon. Incliner légèrement le sommet (E, *fig.* 72) de
celui-ci vers le centre de la tige, puis faire ressortir un peu la
base (F), de telle sorte que le liber du sujet et celui du greffon
soient certainement en contact sur un point de leur étendue.
Enfin ligaturer le tout et recouvrir les plaies, y compris le
sommet tronqué du greffon, avec du mastic à greffer. Toutefois
la ligature ne sera pas nécessaire pour les sujets offrant un diamètre de 0^m,05, et dans la fente desquels le greffon sera assez serré.

Greffe en fente Palladius ou double (fig. 72). — Cette greffe
diffère de la précédente parce qu'au lieu d'un seul rameau on en

met deux sur le sujet, un de chaque côté du diamètre de la tige. Cette greffe devra être préférée lorsque la grosseur du sujet permettra d'y avoir recours ; car, la cicatrisation de la plaie étant surtout le résultat des bourrelets qui se forment à la base de chaque greffon, on conçoit que la plaie sera plus tôt fermée lorsqu'il y a aura deux greffes que lorsqu'une seule sera posée.

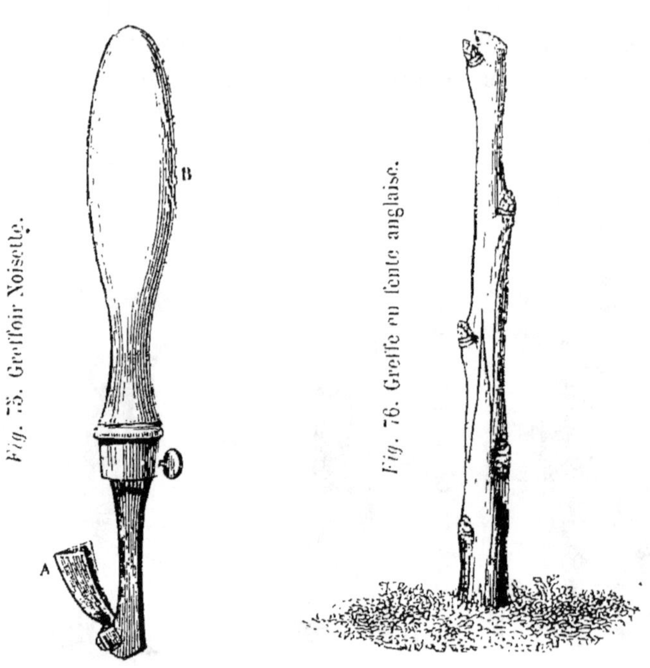

Fig. 75. Greffoir Noisette.

Fig. 76. Greffe en fente anglaise.

D'ailleurs, on aura ainsi plus de chance de succès : si l'une ne prend pas, l'autre pourra réussir.

Toutefois, s'il s'agissait de greffer ainsi à haute tige pour faire des arbres de verger, il conviendra de procéder de la manière suivante. En effet, il n'y aura jamais union complète entre ces deux greffons, et la tête de l'arbre sera composée au moyen de deux éléments distincts. Or, cette tête d'arbre, arrivant à l'âge de 25 ans et plus, aura une tendance, lorsqu'elle sera chargée de fruits et agitée par le vent, à se diviser en deux et à fendre le tronc jusqu'à la base. Pour prévenir cet accident : conserver les deux greffons jusqu'au moment où la coupe de la tige sera cicatrisée. Alors supprimer le moins beau des deux greffons et faire la tête de l'arbre avec un seul.

Greffe en fente Bertemboise (fig. 73). — Couper la tête du sujet en biseau terminé par une petite surface horizontale, puis placer le greffon au sommet du biseau, en opérant comme dans le cas précédent.

Lorsque le sujet ne sera pas assez volumineux pour porter deux greffons, on devra préférer ce mode d'opérer aux deux précé-

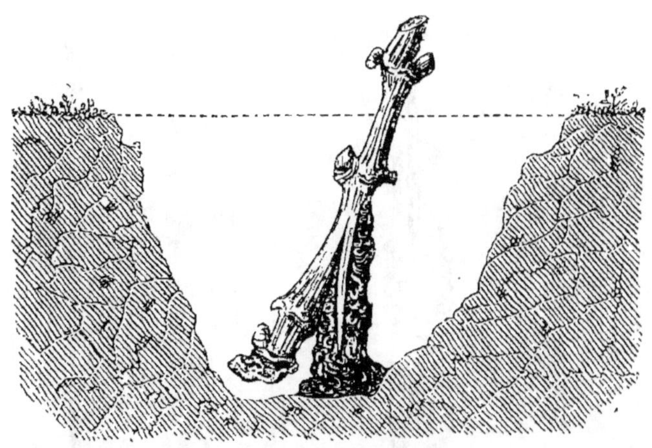

Fig. 77. Greffe en fente-bouture.

dents : d'abord, les bourrelets seront moins saillants et la tige moins difforme, ensuite, toute la séve des racines étant conduite, à cause de la coupe oblique, vers le point où est posé le greffon, celui-ci se développera plus vigoureusement.

Greffe en fente Lee (fig. 74). — Au lieu de fendre verticalement la tige du sujet étêté, pratiquer une entaille triangulaire sur le côté de la tige, puis tailler la base du greffon en pointe triangulaire de même forme et de même dimension que l'entaille du sujet. On peut se servir, dans cette opération, du *greffoir Noisette* (fig. 75), très-commode pour pratiquer cette entaille triangulaire. On se sert de cet instrument en faisant mouvoir la lame (**A**) de bas en haut.

Greffe en fente anglaise (fig. 76). — Couper la tête du sujet en biseau très-allongé. Pratiquer une fente vers le tiers de la longueur de la plaie. Répéter la même opération sur la base du greffon, mais en sens inverse, puis agrafer les esquilles de bois de façon à ce que les plaies se recouvrent l'une par l'autre et que les écorces se joignent parfaitement, au moins sur l'un des côtés de la tige. Cette greffe, l'une des meilleures, convient à toutes les espèces d'arbres; mais elle exige malheureusement que le greffon présente un diamètre presque égal à celui du sujet.

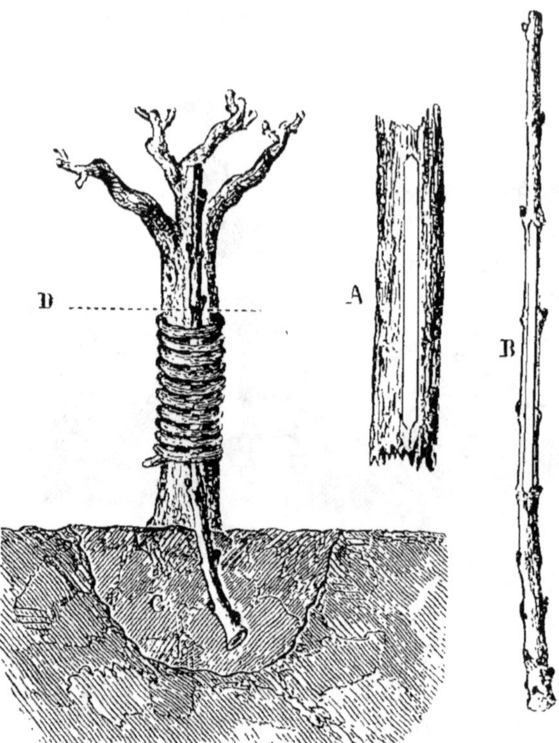

Fig. 78. Greffe en fente-bouture perfectionnée.

Greffe en fente-bouture (fig. 77). — Cette greffe est employée pour la vigne. On découvre la souche du cep à greffer jusqu'à 0ᵐ,50 au-dessous de la surface du sol. On coupe cette souche à 0ᵐ,15 au-dessous du niveau du sol, en biseau très-allongé, puis on pratique une fente verticale au milieu de ce biseau. On choisit comme greffon un sarment, le plus gros possible, long de 0ᵐ,25 et muni à sa base de son talon ou empatement. On pratique vers le milieu de sa longueur une entaille de même longueur que le biseau du sujet, et pénétrant jusqu'au tiers du diamètre du sarment. On fait ensuite, au milieu de la première, une seconde entaille dirigée de bas en haut et longue de 0^m,06. L'esquille de bois qui résulte de cette seconde entaille est engagée dans la fente du sujet de façon à ce que l'écorce du greffon soit bien en contact avec celle du sujet sur un des côtés de la tige. On ligature ensuite, on couvre les plaies de mastic, et l'on replace la terre sur la souche de façon qu'un seul bouton du greffon sorte

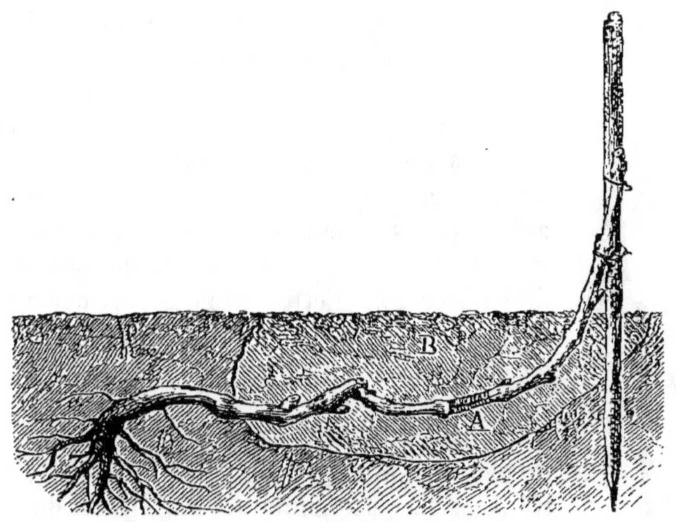

Fig. 78 *bis.* Greffe en fente-provins.

de terre. En même temps que le greffon se soude avec le sujet, il développe des racines vers sa base, comme le ferait une bouture, ce qui assure sa reprise et augmente beaucoup sa vigueur. Cette greffe est très-usitée pour la vigne.

Greffe en fente-bouture perfectionnée (fig 78). — Pratiquer sur la tige du sujet, à 0^m,25 environ au-dessus du sol, une entaille verticale (A) longue d'environ 0^m,06, d'une largeur égale au diamètre du greffon. Employer pour faire cette entaille la petite gouge indiquée par la *fig.* 79. Choisir comme greffon un rameau pourvu d'un talon à sa base et long d'environ 0^m,50 ; inciser le greffon sur les deux côtés, vers le milieu de sa longueur en B pour que cette partie incisée remplisse l'entaille du sujet. Ameublir et fumer le sol au pied du sujet du côté entaillé en C ;

y enfoncer la base du greffon, réunir les parties incisées, ligaturer et laisser trois boutons sur le greffon au delà du point de jonction. Tailler assez court les ramifications de la tête du sujet et couper cette tête en D après une année ou deux de végétation du greffon.

Cette greffe, qui peut être employée pour plusieurs espèces, convient surtout à la vigne. Elle est préférable à la précédente en ce que le sujet n'est pas sacrifié en cas d'insuccès, puisque la tête n'est coupée qu'après la reprise ; puis il n'y a pas d'interruption dans la récolte.

Greffe en fente-provins (fig. 78 bis). — Provigner un cep de vigne et appliquer au point **A**, sur chacun des sarments enterrés, la greffe en fente anglaise (*fig.* 76). Bien fumer le sol en B, autour des sarments enterrés et laisser au greffon, soutenu par un tuteur, trois boutons au-dessus du sol. Cette greffe, particulièrement propre à la vigne, est d'une reprise assurée et se développe avec une grande vigueur dès la première année.

Greffe en fente Tschuody (fig. 80). — Cette greffe, imaginée par le baron Tschuody, a été trouvée dans les nombreux travaux inédits qu'il a laissés sur l'arboriculture, et nous a été communiquée par un membre de sa famille. On exécute cette greffe *pendant la végétation*, en procédant ainsi : Couper la tête du sujet vers le point où l'on veut placer le greffon, en réservant immédiatement au-dessous de cette coupe un petit rameau feuillé (**A**), destiné à attirer la séve vers ce point. Supprimer sur la tige toutes les autres ramifications. Faire sur le côté de la tige du sujet, à 0ᵐ,06 ou 0ᵐ,08 au-dessous de la coupe, une entaille verticale comme pour la greffe par approche. Choisir comme greffon le sommet d'un rameau (B) pourvu de quelques bourgeons vigoureux. Détacher ce rameau de son pied mère et l'entailler à moitié bois au point où l'on veut le souder avec le sujet, comme pour la greffe par approche. Couvrir les plaies l'une par l'autre, ligaturer et appliquer du mastic à greffer sur les sutures. Introduire la

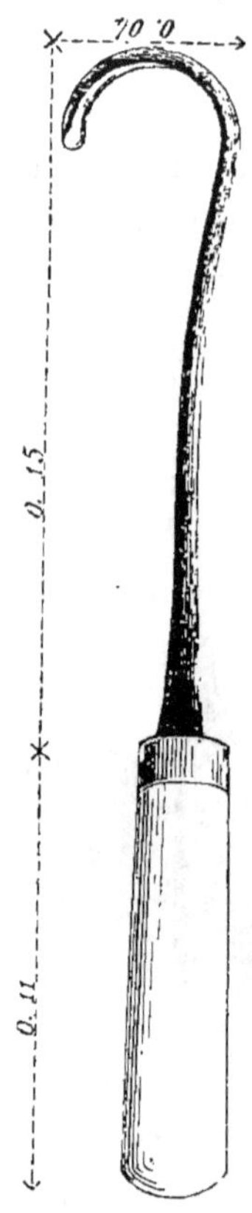

Fig. 79. Gouge pour greffer.

base du greffon, à laquelle on a laissé une longueur de 0^m,20 à 0^m,30 dans un vase plein d'eau (C) que l'on renouvelle souvent. Le greffon tire de ce vase les fluides aqueux qui lui sont né-

cessaires pour entrete-
nir sa végétation, jus-
qu'au moment où il
est soudé avec le sujet
et peut vivre aux dépens
de celui-ci. Empêcher
le développement des
bourgeons sur la tige,
au-dessous de la greffe.
Pour donner plus de so-
lidité à cette greffe, on
pourra faire les incisions
comme pour la greffe par
approche Aiton, ainsi
que nous le montrons
en D. Lorsque le greffon
est soudé, supprimer le
tire-séve A en deux ou
trois fois, puis couper le
sommet du sujet en E
au printemps suivant.

La reprise de cette
greffe est assurée et peut
être d'un grand secours
lorsqu'on est obligé de
greffer à une époque de
l'année où l'on ne peut
pas employer les autres
greffes, et que l'éloignement des sujets du pied

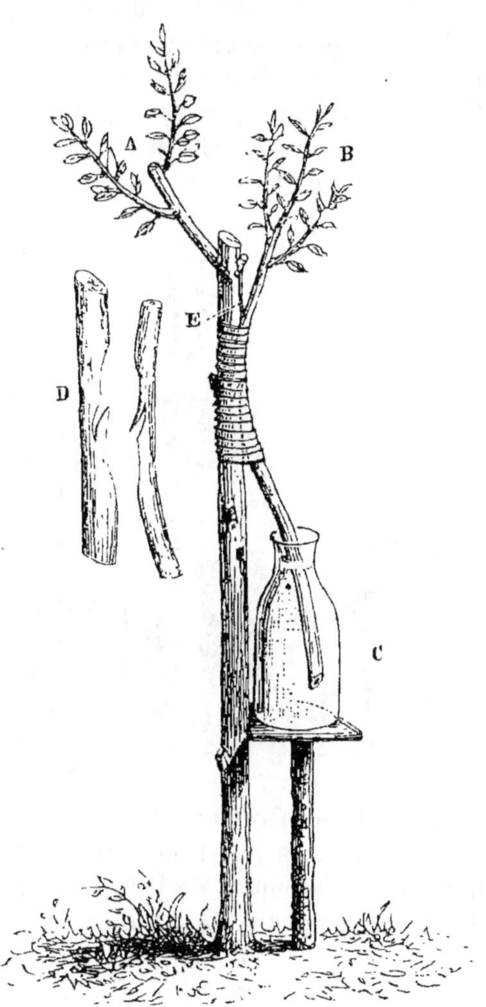

Fig. 81. Greffe en fente Tschuody.

mère empêche d'avoir recours à la greffe par approche.

Greffe en fente herbacée. — Parmi les greffes en fente, une des plus importantes est sans contredit celle qui a été également imaginée par le baron Tschuody, vers 1815. Elle consiste à choisir comme pour la greffe *par approche herbacée*, des bourgeons non encore solidifiés. Il résulte de cette modification que certaines espèces, telles que les arbres résineux, les chênes, etc., que l'on multipliait difficilement à l'aide des autres procédés, peuvent être ainsi facilement greffés. Le mode d'opérer doit varier un peu, selon qu'il s'agit des arbres résineux ou des autres espèces.

Voici le mode d'opérer pour les arbres résineux (*fig.* 81). Lorsque le bourgeon terminal du sujet (A) est arrivé à la moitié de sa longueur, on le coupe horizontalement vers le point où il commence à perdre la consistance herbacée pour prendre la consistance ligneuse. On arrache ensuite les jeunes feuilles sur une longueur de 0^m,6 à 0^m,7 ; on n'en laisse qu'un bouquet de 0^m,02 à 0^m,03 au sommet pour y attirer la séve et nourrir le greffon. On fend ensuite par le milieu le bourgeon sur une longueur de 0^m,4 à 0^m,6, et on y introduit le greffon (B) préalablement taillé en forme de coin obtus. Celui-ci doit être descendu dans la fente du sujet, de telle sorte que le point de départ de l'incision se trouve placé à 0^m,02 ou 0^m,03 au-dessous du sommet du sujet.

Fig. 81. Greffe en fente herbacée pour les arbres résineux.

On cueille à l'avance les greffons à l'extrémité des branches latérales des espèces qu'on veut multiplier. Il faut, comme pour le sujet, que ces bourgeons ne soient ni trop herbacés ni trop ligneux. Au moment de leur emploi, on les rogne à 0^m,06 ou 0^m,07 de longueur, c'est-à-dire vers le point où ils présentent une consistance semblable à celle de la partie du sujet où ces greffons doivent être placés. On arrache les feuilles sur 0^m,03 ou 0^m,04 vers le bas, en les taillant comme nous venons de le dire. Il est essentiel de choisir des greffons dont le diamètre soit égal à celui du sujet, ou, du moins, que ce diamètre ne soit pas plus considérable ; car le greffon formerait sur la tige du sujet une saillie prononcée, qui nuirait au succès de l'opération.

Le greffon étant inséré dans l'entaille, on ligature avec de la laine, en commençant par le haut, au-dessous du bouquet de feuilles conservé au sommet du sujet, et cela de manière à serrer convenablement sans donner au bourgeon du sujet un mouvement de torsion. Ceci terminé, on rompt, à 0^m,012, ou 0^m,015 de leur naissance, l'extrémité de tous les bourgeons (C) de la couronne sur la flèche de laquelle on opère.

S'il s'agit d'espèces rares et délicates, il est bon d'envelopper le greffon dans un cornet de papier, pour le préserver de l'influence de l'air et du soleil pendant les quinze premiers jours.

Cinq ou six semaines après le greffage, la cicatrisation de la suture est complète ; on procède alors au délainage, et l'on coupe les portions (D) garnies de feuilles qui ont servi de tire-séve pour la nutrition du greffon. Sans cette précaution, ces feuilles pourraient donner lieu à de nouveaux bourgeons qui affameraient le greffon.

Voici maintenant comment on procède pour les autres espèces (*fig.* 82). Vers la fin de mai, lorsque le bourgeon terminal du sujet est dans un état de végétation satisfaisant, on le coupe à 0^m,03 au-dessus de l'insertion du pétiole de la troisième, de la quatrième ou de la cinquième feuille, à partir du sommet, selon l'état de so-

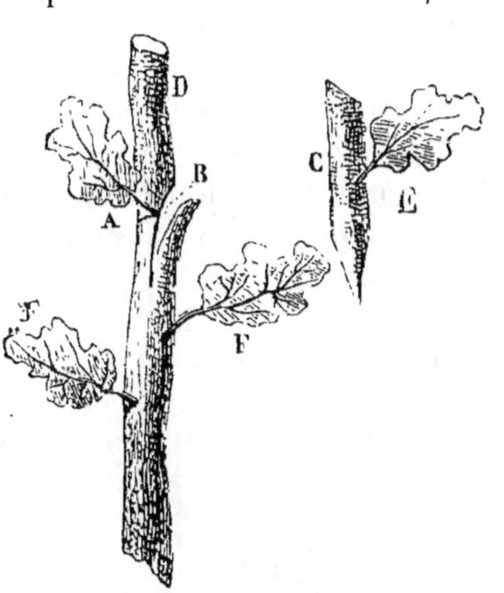

Fig. 82. Greffe en fente herbacée pour les arbres non résineux.

lidification du bourgeon. Si l'on observe attentivement l'aisselle de cette feuille (A), on reconnaît trois yeux ou gemmas, dont l'un, celui du centre, est plus développé que les deux autres. C'est entre l'œil central et l'un des latéraux, en B, qu'on pratique une fente oblique qui doit s'arrêter au centre du sujet, en descendant à 0^m,03 ou 0^m,05, au-dessous de l'aisselle de la feuille. C'est dans cette fente qu'on insère le greffon. Ce greffon (C) consiste dans un fragment de bourgeon présentant le même diamètre que le sujet et dans un état de végétation semblable. Ce fragment, exactement de la longueur du prolongement (D) réservé au-dessus de la feuille terminale (A), est pourvu d'un bon œil et de la feuille qui l'accompagne. Ce greffon, taillé en coin, est inséré dans la fente pratiquée et ligaturé avec un fil de laine.

La feuille (A) réservée au sommet du sujet est destinée à appeler la séve vers ce point et à nourrir le greffon. La feuille du greffon (E) concourt à absorber au profit de celui-ci la séve qui est amenée vers ce point. Le cinquième jour après l'opération, on supprime l'œil central, placé à l'aisselle de la feuille terminale (A). Cinq jours plus tard, on coupe le disque des feuilles (F) placées au-dessous du greffon, en réservant seulement la nervure médiane. On enlève en même temps les yeux qui accompagnent ces feuilles. Cette dernière suppression doit encore être répétée dix jours après s'il y a lieu, et l'on doit aussi à ce moment, c'est-à-dire vingt jours après l'opération, couper le disque de la feuille terminale du sujet (A). Ces diverses suppressions forcent progressivement la séve des racines à tourner au profit du greffon. Vers le trentième jour le greffon entre en végétation ; il faut alors le débarrasser de la ligature et le tenir enveloppé dans un cornet de papier pendant une dizaine de jours encore ; après quoi on peut l'abandonner à lui-même.

Groupe II. Greffes par rameaux en couronne. — Les greffes en couronne se distinguent de celles du groupe précédent par l'époque tardive à laquelle elles doivent être opérées, c'est-à-dire lorsque les bourgeons du sujet ont atteint une longueur de 0^m,01 environ, car il faut que la végétation soit assez avancée pour permettre de détacher facilement l'écorce de l'aubier. Elles en diffèrent surtout parce que le corps ligneux n'est pas incisé ; l'écorce seule est fendue verticalement. Les principales greffes de ce groupe sont les suivantes :

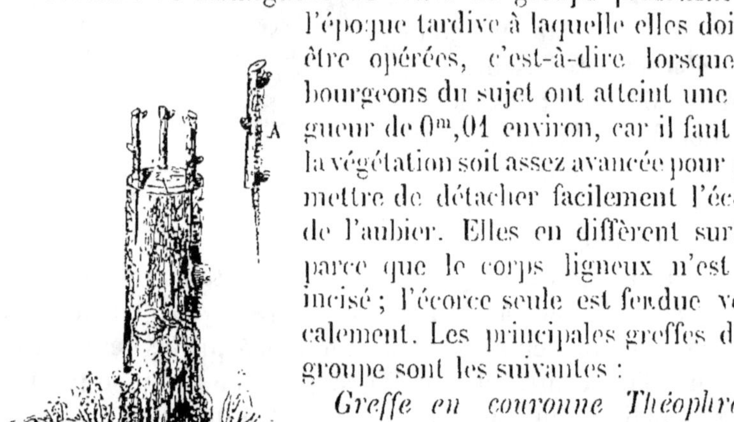

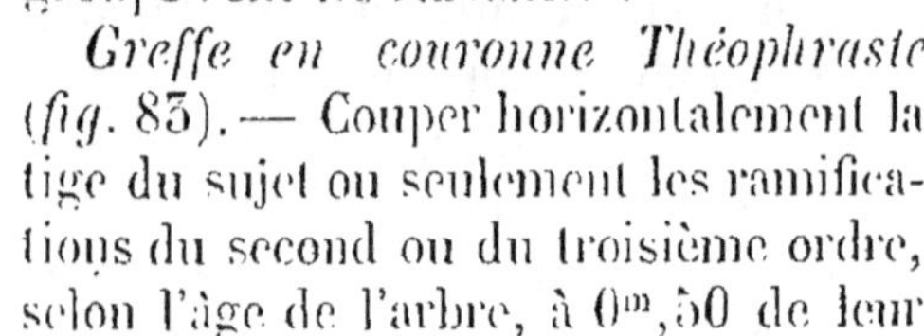

Fig. 85. Greffe en couronne Théophraste.]

Greffe en couronne Théophraste (*fig.* 85).— Couper horizontalement la tige du sujet ou seulement les ramifications du second ou du troisième ordre, selon l'âge de l'arbre, à 0^m,50 de leur naissance. Fendre l'écorce verticalement jusqu'à l'aubier sur une longueur de 0^m,08 environ. Tailler les greffons (A) en bec de flûte en pratiquant un cran à la partie supérieure de l'entaille.

Soulever l'écorce sur les bords de l'incision faite au sujet, puis introduire le greffon entre cette écorce et l'aubier, en le disposant de manière que le côté entaillé soit appliqué sur l'aubier. Ligaturer ensuite, puis abriter du contact de l'air avec du mastic à greffer.

On peut ainsi placer autant de greffons sur la coupe de la même tige ou de la même branche que le périmètre de cette tige ou de cette branche le permet. Il sera toutefois nécessaire de réserver un espace de $0^m,08$ environ entre chaque greffon. Il en résulte une série circulaire de greffons ; de là le nom de *greffe en couronne* donné à ce mode d'opérer. Cette sorte de greffe est d'un usage très-fréquent pour les arbres fruitiers déjà avancés en âge et dont on veut changer la nature de fruits.

Lorsqu'on appliquera cette greffe à des arbres âgés de vingt-cinq à trente ans et plus, il sera bon de ne pas la pratiquer la même année sur toutes les branches, car l'arbre, se trouvant tout à coup privé de tous ses boutons, et ne pouvant en développer facilement de nouveaux, en raison de l'épaisseur des couches inertes de l'écorce, il pourra arriver que, les fonctions des racines étant brusquement suspendues, celles-ci pourrissent et déterminent la mort totale de l'arbre. Il sera donc prudent de n'opérer que sur la moitié des branches à greffer, en les choisissant de manière qu'elles soient également réparties sur l'ensemble de la tête de l'arbre ; puis on retranchera une faible partie des branches réservées. Deux ans après, lorsque les premières greffes auront pris un développement convenable, on opérera les branches conservées.

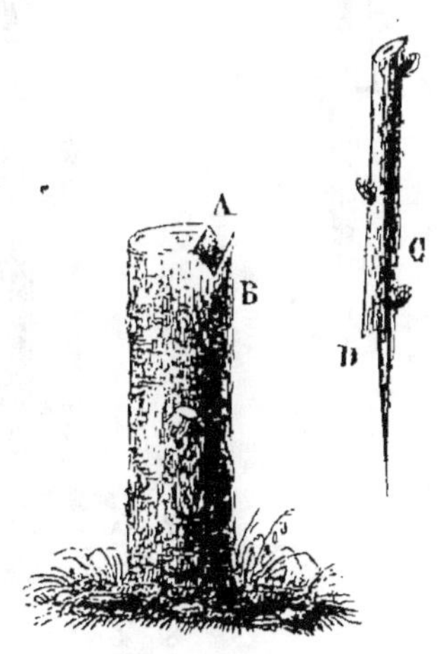

Fig. 84. Greffe en couronne Varin.

Greffe en couronne Varin (fig 84). — Couper horizontalement la tête du sujet. Pratiquer transversalement une entaille triangulaire (A) sur l'un des côtés de l'aire de la coupe, puis fendre verticalement l'écorce en B, en face de l'entaille pratiquée. Tailler la base du greffon (C) en bec de flûte, en pratiquant, à la naissance de l'entaille, une dent triangulaire (D). Insérer ce greffon entre l'écorce et l'aubier, de manière que la dent (D) vienne remplir l'entaille triangulaire (A).

Cette greffe, imaginée, en 1786, par M. Varin, alors jardinier en chef au Jardin des plantes de l'Académie de Rouen, n'est applicable qu'aux très-jeunes sujets. Elle présente d'ailleurs beaucoup de solidité et beaucoup de chances de succès.

Greffe en couronne perfectionnée (Du Breuil) (*fig.* 85). — Nous avons perfectionné ainsi la greffe précédente : la tige est

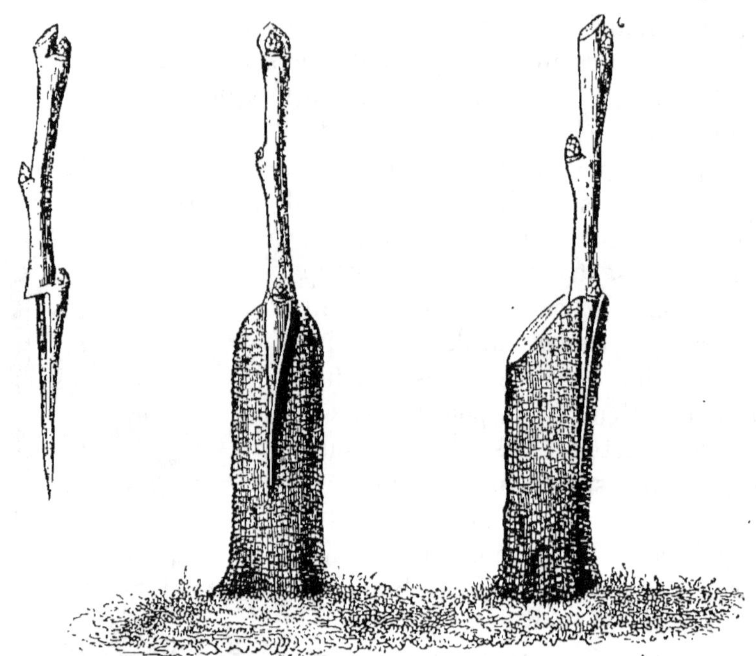

Fig. 85. Greffe en couronne perfectionnée (Du Breuil).

coupée en biseau. On pratique une fente verticale sur l'écorce, un peu à gauche ou à droite du sommet du biseau. Le greffon est taillé comme celui de la greffe en couronne Varin, avec cette différence, que l'un des côtés de la languette est incisé, comme le montre notre figure. Le greffon est ensuite placé sur le sujet, de façon que la dent qu'il offre au sommet de la partie entaillée chevauche sur le sommet du biseau du sujet, et que la languette étant engagée seulement sous l'un des côtés de l'écorce, l'incision latérale de cette languette vienne s'appliquer contre le côté de l'écorce du sujet non soulevée. On ligature ensuite et l'on couvre de mastic.

Greffe en couronne pour les rameaux à fruit (fig. 86). — Cette greffe, imaginée assez récemment, est employée pour placer des rameaux à fruit à la base des bourgeons gourmands ou des rameaux gourmands des arbres à fruits à pépins. Au commencement de septembre, couper les bourgeons gourmands à 0^m,05 de leur base, les tailler en biseau comme pour la greffe précédente. Employer comme greffon un jeune rameau portant un ou deux boutons à fleur pour le printemps suivant. Tailler la base de ce greffon et le poser sur le bourgeon gourmand avec les soins indiqués pour la greffe précédente. Au printemps suivant les fleurs s'épanouissent et donnent des fruits. Le rameau gourmand est ainsi transformé en rameau à fruit. On peut également pratiquer cette greffe au commencement d'avril. Mais il faut alors couper

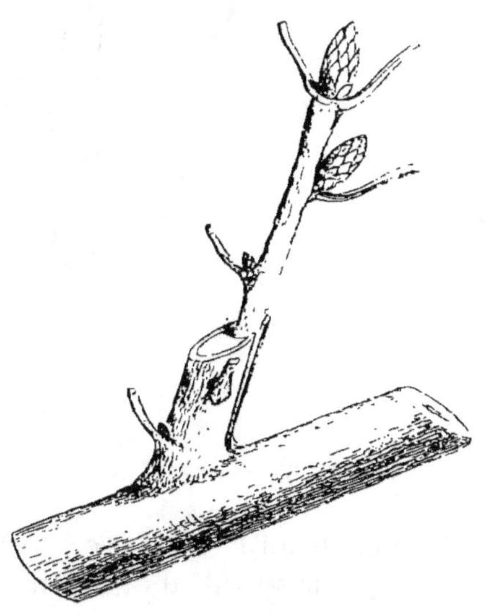

Fig. 86. Greffe en couronne pour les rameaux à fruit.

à l'avance les branches portant les rameaux qui doivent servir de greffons et les enterrer jusqu'au moment où l'on doit opérer, afin de retarder leur développement. Ce sont alors les rameaux gourmands qui reçoivent ces greffons, et dont les fleurs s'épanouissent peu après.

Groupe III. Greffes par rameaux de côté. — Ce qui distingue essentiellement les greffes de ce groupe de celles des précédents, c'est que leur développement ne nécessite pas l'amputation de la tête du sujet, et qu'on les effectue toujours sur les côtés de la tige. On les pratique à la même époque que les greffes en couronne.

Greffe de côté Richard (fig. 87). — Choisir comme greffon un rameau un peu arqué à la base. Tailler sa base en biseau prolongé (A). Faire à l'écorce du sujet une incision (G) en forme de T.

Pratiquer immédiatement au-dessus de l'incision, en B, une en-

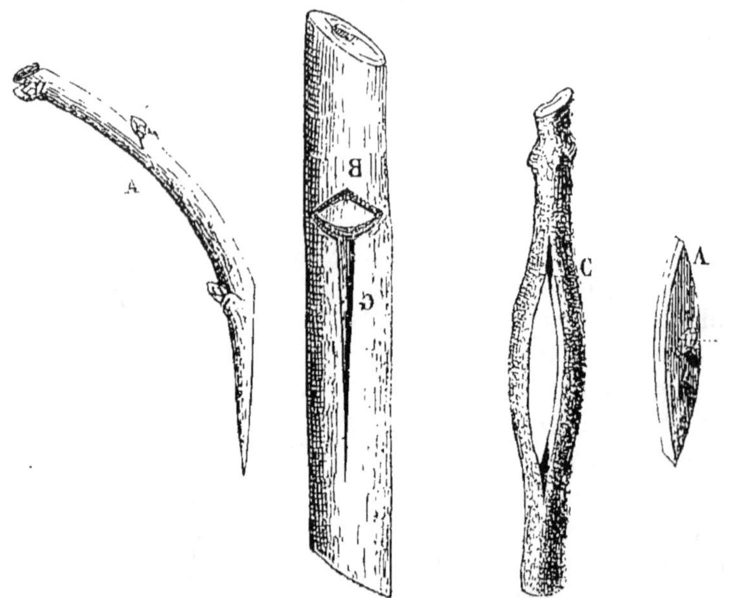

Fig. 87. Greffe de côté Richard.   Fig. 88. Greffe de côté en navette.

taille entammant la première couche d'aubier. Soulever l'écorce incisée avec la spatule du greffoir, et introduire le greffon.

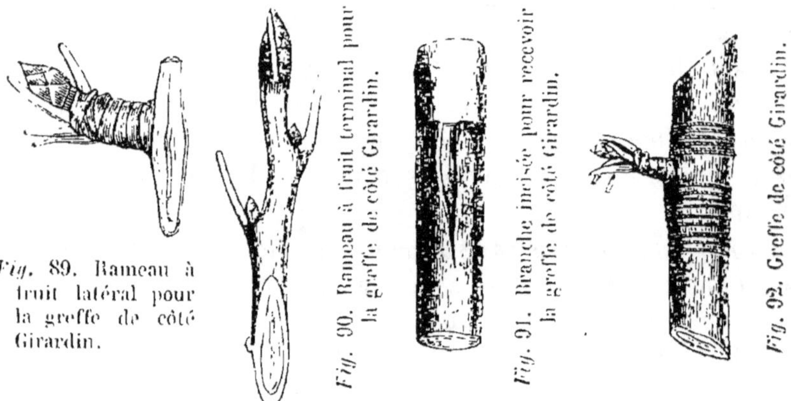

Fig. 89. Rameau à fruit latéral pour la greffe de côté Girardin.

Cette sorte de greffe est particulièrement employée pour remplacer, dans les arbres fruitiers soumis à une taille régulière, des branches qui manquent.

Greffe de côté en navette (fig. 88). — Tailler le greffon (A) en forme de navette, sur une longueur de 0ᵐ,05 environ, et de telle sorte que le côté qui porte le bouton (B) soit plus large que a face opposée. Inciser latéralement la tige ou la branche du sujet (C), y placer le greffon, puis ligaturer.

Cette sorte de greffe n'est guère employée que pour remplacer des coursons sur les cordons dégarnis de la vigne.

Greffe de côté Girardin (fig. 89 à 92). — Cette sorte de greffe, décrite sous ce nom par le professeur Thouin, et popularisée par

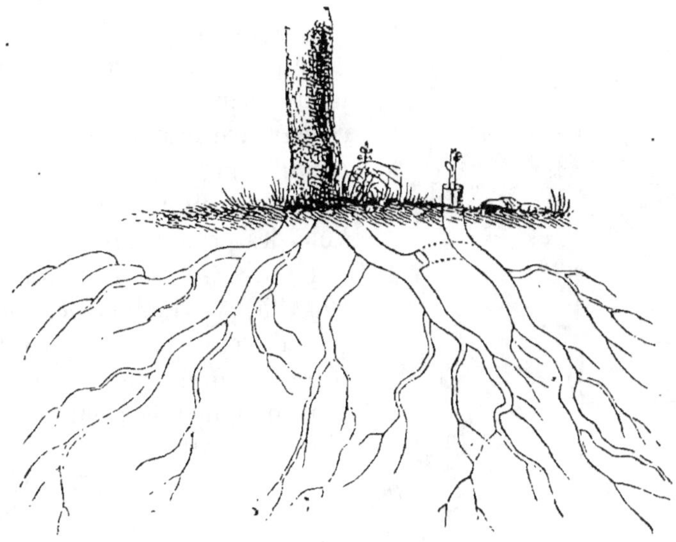

Fig. 93. Greffe sur racine Saussure.

M. Luiset, d'Équilly, près de Lyon, est ainsi pratiquée : enlever, vers la fin d'août, sur un arbre à fruit à pepins de même variété ou de variété différente que le sujet, de petits rameaux portant un bouton à fleur pour le printemps suivant (*fig. 89*), et, autant que possible, un rameau terminal (*fig. 90*) ; couper les feuilles et tailler la base de ces greffons, comme l'indiquent les figures ; faire, sur l'écorce de la tige ou de la branche où ils doivent être greffés, une incision semblable à celle de la figure 91 ; insérer ces greffons audessous de l'écorce, ligaturer comme le montre la figure 92, puis recouvrir la plaie avec du mastic à greffer. Ces petits rameaux se soudent avec la branche, épanouissent leurs fleurs au printemps suivant et fructifient. On peut aussi pratiquer cette greffe au commencement d'avril, mais avec moins de chances de succès ; il convient alors de détacher, un mois à l'avance, les branches qui portent les rameaux à fruit et de les enterrer à l'ombre jusqu'au moment de les greffer. Ce mode de greffer permet de placer des rameaux à fruit sur les branches de charpente des arbres, là où ils ont disparu ; mais il ne réussit bien que sur les branches vigoureuses et surtout pour transformer les rameaux gourmands en rameaux à fruit. — On ne peut l'employer que pour le poirier et le pommier.

Groupe IV. Greffes par rameaux sur racine. — Ici ce sont les racines qui servent de sujets.

Quoique ces greffes ne soient pas d'un usage ordinaire, elles sont néanmoins d'une grande utilité pour multiplier les espèces pour lesquelles on n'a pas encore trouvé de sujets convenables et qu'on n'a pas pu, jusque-là, reproduire au moyen de la greffe. Voici les principales :

Greffe sur racine Saussure (fig. 93). — Couper les racines près de leur souche, les relever à 0^m,01 au-dessus du sol, puis leur appliquer la greffe en fente simple ou Atticus.

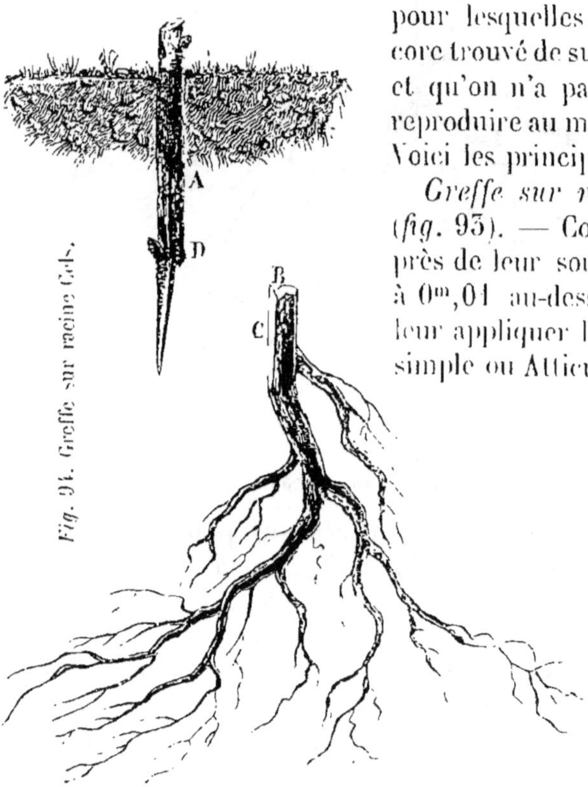

Greffe sur racine Cels (fig. 94). — Arracher des racines, les séparer de leur souche. Tailler le greffon (A) en bec de flûte surmonté d'une dent (D). Couper horizontalement le sommet de la racine ; pratiquer sur cette coupe une entaille triangulaire (B) pour recevoir la dent du greffon, puis pratiquer une plaie longitudinale (C), qui est couverte par le bec de flûte du greffon, enterrer cette greffe jusqu'à l'avant-dernier bouton.

Fig. 94. Greffe sur racine Cels.

Cette greffe peut aussi servir à multiplier les espèces qui n'ont pas de congénères qui puissent servir de sujets.

Troisième section. Greffes par gemma ou œil. — Les greffes de cette section consistent à enlever un ou plusieurs yeux ou boutons attachés sur une plaque d'écorce plus ou moins grande et de différentes formes, et à transporter celle-ci d'une place à une autre sur le même individu ou sur un individu différent. Cette section peut être partagée en deux groupes : les greffes *en écusson* et les greffes *en flûte.*

Groupe 1. Greffes par gemma en écusson. — On donne le nom d'écusson à une plaque d'écorce sur laquelle se trouve un œil ou bouton ; cette plaque rappelle, par sa forme, les écussons d'armoiries (A, *fig.* 96). Ces greffes sont particulièrement employées pour les jeunes sujets âgés d'un à cinq ans et présentant une écorce mince, lisse et tendre.

La greffe en écusson ne peut être pratiquée que *lorsque les arbres sont en séve*, afin que l'écorce du sujet puisse être facilement détachée de l'aubier. On choisit à cet effet le mois de mai, et, plus souvent, le moment de la séve d'août.

On prend, sur les arbres qu'on veut multiplier au moyen de cette greffe, des *bourgeons pourvus d'yeux bien constitués à l'aisselle des feuilles ;* s'ils ne le sont pas suffisamment, on pince l'extrémité herbacée de ces bourgeons pour faire refluer la séve vers la base. Au bout d'une douzaine de jours, les yeux ont atteint un développement suffisant, et l'on détache le bourgeon de son pied mère. Aussitôt après, *on supprime les feuilles de ces bourgeons, en ne réservant qu'un centimètre environ de leur pétiole* (C, *fig.* 96). Cette petite queue, qui reste attachée au-dessous de chaque œil, sert à tenir le greffon entre les doigts et à le placer facilement dans l'incision. Pour les espèces à feuilles persistantes on devra conserver la moitié de la longueur de chaque feuille. Les bourgeons, ainsi préparés, sont enveloppés de mousse humide, si les greffons doivent n'être posés qu'un jour ou deux après la séparation de leur pied mère. Lorsqu'on a beaucoup d'écussons à poser dans la même journée, on place tous les bourgeons dans un vase rempli d'eau tenu constamment à l'ombre, et d'où on ne les retire que les uns après les autres, et lorsqu'on a épuisé tous les yeux que chacun d'eux peut fournir.

L'incision destinée à recevoir les greffons doit présenter la fi-

gure d'un T et pénétrer jusqu'à l'aubier. On écarte ensuite par le haut, avec la spatule du greffoir, les deux lèvres de l'écorce, qui est ainsi préparée pour recevoir l'écusson (B, *fig*. 96).

L'écusson est levé de manière à conserver au-dessous de l'œil l'amas de tissu cellulaire qui s'y trouve. Si l'œil était vidé, il ne faudrait pas l'employer, car il ne se développerait pas.

L'écusson étant posé, les lèvres de l'écorce du sujet sont rapprochées par-dessus à l'aide d'une ligature, de manière que les parties ne laissent aucun vide entre elles, et surtout que la base de l'œil soit bien appuyée sur l'aubier du sujet : l'opération est alors terminée.

Quelques semaines après, si l'on s'aperçoit que les li-

Fig. 95. Support pour les jeunes écussons.

Fig. 96. Greffe en écusson Vitry ou à œil dormant.

gatures donnent lieu à la formation de bourrelets ou d'étranglements, on les desserre.

Pour que les écussons placés lors de la première séve, vers la fin du mois de mai, se développent immédiatement après leur soudure avec le sujet, *on coupe la tête ou les branches du sujet à 0^m,10 du point où les écussons sont posés, et cela, immédiatement après l'opération de la greffe.*

Les écussons posés lors de la séve d'août ne devant végéter u'au printemps, on ne pratique l'amputation de la tête ou des ranches du sujet qu'au printemps qui suit l'opération. Si l'on oupait la tête du sujet immédiatement après la pose de l'écusson, elui-ci se développerait avant l'hiver ; mais le bourgeon, n'ayant as le temps de s'aoûter suffisamment, serait exposé à périr ou u moins à souffrir beaucoup.

Lorsque les écussons commencent à végéter, on les défend ontre la violence des vents en les attachant contre le sommet onqué du sujet (*fig.* 95).

Les sujets étant presque toujours étêtés, il en résulte le déveoppement de nombreux bourgeons sur la tige. Pour que ces ourgeons n'absorbent pas toute la séve des racines au détriment u greffon, on opère leur suppression successive comme nous 'avons indiqué pour les greffes par scions ou rameaux. Enfin, le ommet (D, *fig.* 95) de la tige primitive du sujet est coupé penant l'hiver qui suit le développement de l'écusson, et cela, en B, mmédiatement au-dessus du point où celui-ci a été placé.

Voici quelles sont les principales sortes de greffes de ce groupe.

Greffe en écusson Vitry ou à œil dormant (*fig.* 96). — lacer l'écusson de la manière ordinaire, mais à la séve d'août. e supprimer la tête du sujet qu'au printemps suivant, si l'écusson st repris.

Greffe en écusson Jouette ou à œil poussant. — Opérer comme our la précédente ; seulement, poser l'écusson vers le mois de nai, puis couper immédiatement la tête du sujet. Quoique cette econde greffe fasse gagner une année sur la précédente, il sera énéralement préférable d'avoir recours à la première. En effet, a greffe à œil poussant, ne commençant guère à se développer ue vers le milieu de l'été, n'est pas suffisamment aoûtée avant s froids de l'hiver, et périt souvent.

D'un autre côté, comme on est obligé de couper la tête du sujet our pratiquer cette greffe, si elle ne réussit pas, le sujet est à eu près perdu. Pour la greffe Vitry, au contraire, on ne tranche a tête du sujet qu'après la reprise ; ce qui permet de recommencer opération, si elle n'a pas réussi d'abord, ou d'employer l'une des reffes en fente ou en couronne.

Greffe en écusson Descemet ou double (*fig.* 97). — Opérer omme pour l'une ou l'autre des deux greffes précédentes, mais lacer sur le même sujet deux ou un plus grand nombre d'écus sons. Cette greffe est très-utile pour hâter la formation de la charpente des jeunes arbres fruitiers soumis à une taille régulière.

Greffe en écusson Pœderlé ou sans bois (fig. 98). — Opérer comme dans l'un ou l'autre des trois cas précédents, mais détacher l'écusson du bourgeon qui le porte, de manière qu'il ne reste au-dessous de l'écorce aucune trace d'aubier, ou bien supprimer après coup l'aubier enlevé avec l'écusson. En opérant ainsi, on sera plus certain du succès de l'opération ; car c'est seulement par le liber, face interne de l'écorce, que l'écusson se soude avec le sujet.

Greffe en écusson Lenormand ou boisé (fig. 99). — Elle ne diffère de la précédente que par l'écusson, qui est levé de manière qu'une lame d'aubier couvre le tiers environ de la face interne de l'écusson.

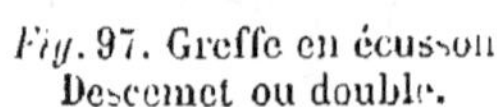
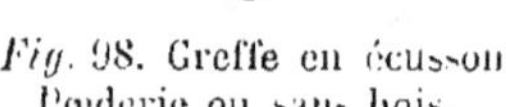

Fig. 97. Greffe en écusson Descemet ou double.   Fig. 98. Greffe en écusson Pœderlé ou sans bois.   Fig. 99. Greffe en écusson Lenormand ou boisé.

Ce mode d'opérer est beaucoup plus prompt et surtout plus facile que la greffe précédente, mais il est moins sûr. Le plus grand nombre des pépiniéristes le préfèrent, en raison des deux avantages que nous venons de signaler.

Greffe en écusson Sickler ou sur racine (fig. 100). — Découvrir des racines traçantes de la grosseur du doigt, les greffe en écusson au printemps, et laisser la place de l'écusson découverte. L'année suivante, lorsque les greffons ont poussé, sépare la racine de son pied mère, en A. On obtient ainsi un nouvel individu. Cette sorte de greffe peut être utilement employée pour multiplier des espèces d'arbres qui n'ont point de congénères.

Groupe II. Greffes par gemma en flûte. — Dans ce group les greffons se composent d'un ou plusieurs yeux ou boutons portés sur un anneau d'écorce plus ou moins grand et sans aubier. Ces greffes sont affectées plus particulièrement à la multiplication de certains grands arbres fruitiers et autres, tels qu noyers, châtaigniers, quelques chênes, des mûriers, etc. Les principales espèces de greffes de ce groupe sont :

Greffe en flûte Jefferson (fig. 101). — Vers le déclin de la séve d'août choisir un jour où le temps est doux et sans pluie. Chercher

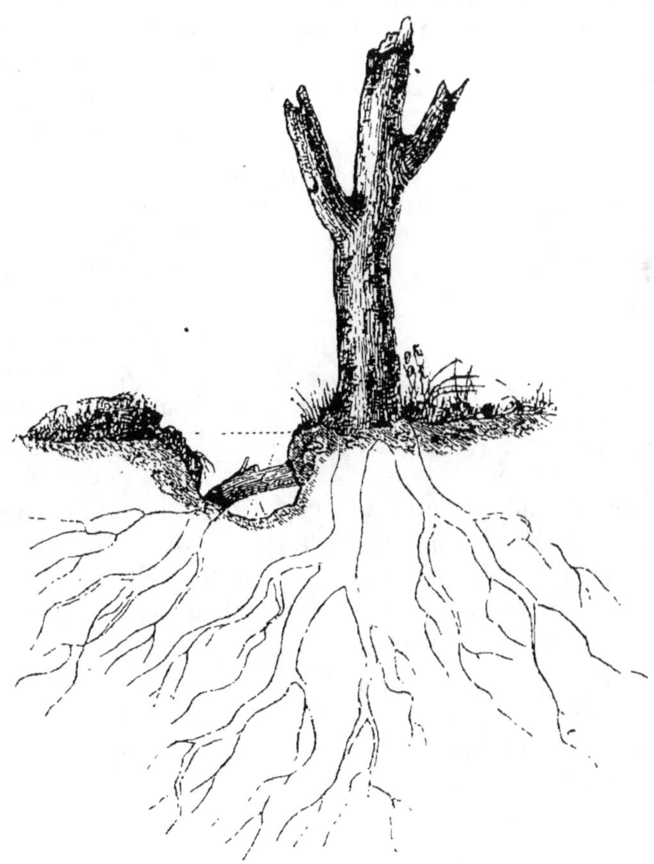

Fig. 100. Greffe en écusson Sickler ou sur racine.

sur l'arbre qu'on veut multiplier un bourgeon d'une grosseur semblable à celle du sujet et muni d'yeux bien formés.

Enlever sur ce bourgeon, sans le détacher de son pied mère, un anneau d'écorce (A) muni d'un ou deux yeux. Détacher sur le sujet un anneau d'écorce sans yeux et de pareille dimension. Placer l'anneau du greffon à la place de celui enlevé au sujet, en B, et mettre l'anneau du sujet à la place de celui enlevé au bourgeon du greffon ; recouvrir les scissures avec du mastic à greffer. Au printemps suivant, si le greffon est repris, couper la tête du sujet immédiatement au-dessus du point où le greffon a été posé, afin de favoriser le développement des boutons qu'il porte.

Greffe en flûte sifflet (*fig.* 102). — Lors de la séve du printemps, choisir sur l'arbre à multiplier et détacher un rameau

Fig. 101. Greffe en flûte Jefferson.

Fig. 102. Greffe en flûte sifflet.

exactement de la même grosseur que la tige du sujet ; enterrer ce rameau à l'ombre pendant une quinzaine de jours, afin de retarder sa végétation au profit de celle du sujet ; couper ensuite la tête du sujet (A), puis enlever un anneau d'écorce de 0ᵐ,08 de long. Détacher, sur le rameau qui sert de greffon, un anneau d'écorce (B), muni d'un à deux boutons, et de même longueur que celui enlevé sur le sujet ; ajuster ce cylindre à la place de l'anneau du sujet, et faire parfaitement coïncider sa base avec l'écorce de celui-ci ; recouvrir les plaies avec du mastic à greffer

Greffe en flûte de faune (*fig.* 105). — Elle diffère de la précédente en ce qu'elle porte un plus grand nombre d'yeux et qu'elle est par conséquent plus longue ; puis, au lieu de supprimer l'écorce du sujet au point où le greffon est placé, on la divise verticalement en plusieurs lanières, qu'on rabat vers la terre et qu'on relève sur le greffon, lorsqu'il a été placé. On peut, à la rigueur, se dispenser d'employer pour cette greffe aucune ligature ni mastic ; si cependant il était pour pleuvoir, il faudrait coiffer chacune d'elles d'une coquille d'œuf ou de gros limaçon.

De toutes les greffes de la troisième section, celles de ce dernier groupe sont les plus solides, les moins exposées à être décollées par les vents ; mais aussi elles exigent plus de temps pour être pratiquées.

Marcottage. — Le marcottage est une opération à l'aide de laquelle on fait développer des racines à une tige, ou une tige

des racines, avant de les avoir séparées de leur pied mère. La
théorie de cette opération repose sur ce principe de physiologie
qui établit :

1° Que toutes les parties de la tige d'un arbre peuvent développer des racines lorsqu'elles rencontrent les circonstances où se
trouvent ordinairement placées celles-ci,
c'est-à-dire un milieu humide et abrité de
la lumière ;

2° Que les racines placées sous l'influence
de la lumière et du libre concours de l'air
peuvent donner naissance à des tiges.

Le marcottage, tout en présentant les
avantages généraux inhérents à la multiplication artificielle, offre encore celui de
pouvoir être utilement employé dans le cas
où les greffes ne peuvent réussir.

Le marcottage peut être pratiqué en
toute saison, pourvu que la température ne
soit pas au-dessous de zéro. Cependant il y
aura toujours plus d'avantage à l'effectuer
au moment qui précède le premier bourgeonnement, au printemps ; la marcotte
recevra l'influence de toute la végétation
de l'été suivant et développera des racines
plus nombreuses.

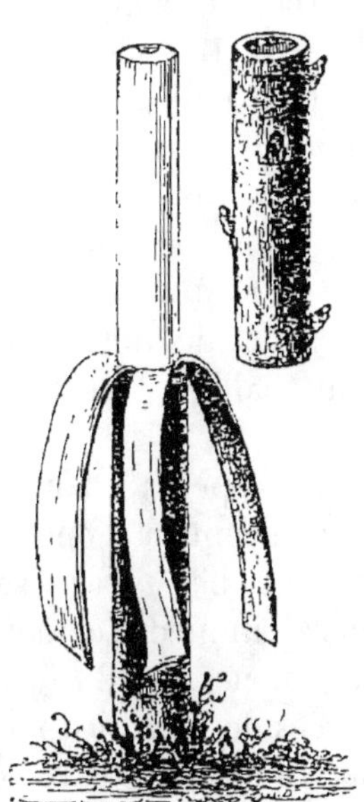

Fig. 105. Greffe en flûte
de faune.

A part le mode d'opérer particulier à chaque sorte de marcotte,
voici quelques soins qui s'appliquent à la plupart d'entre elles. On
ne devra, en général, marcotter que les rameaux âgés de deux
ans au plus, et toujours choisir les plus vigoureux ; car, plus ils
sont jeunes et vigoureux, plus aussi l'écorce est tendre et développe facilement les racines. Il convient de fumer convenablement avec du terreau et d'ameublir parfaitement toute la surface
du terrain où les marcottes doivent être couchées. Il faut relever à
l'aide d'un tuteur (C, *fig.* 107), le sommet de toutes les marcottes.
Sans cette précaution, le rameau, placé dans une position très-
oblique, se développerait faiblement, et le nombre des racines
serait très-restreint. Enfin il est utile de supprimer, toutes les
fois qu'on le pourra, dans la souche qui fournit les marcottes,
tous les rameaux ou branches qui ne pourront être marcottés, et

qui, restant dans une position verticale, absorberaient, au détriment des marcottes couchées presque horizontalement, la plus grande partie de la séve des racines. Autant que possible, la souche devra présenter, après le marcottage, l'aspect de la figure 107. Il en résultera un autre avantage : c'est que cette souche, ainsi opérée, développera de vigoureux bourgeons qui pourront servir de marcottes l'année suivante.

Il est indispensable, pendant les grandes chaleurs de l'été, de maintenir la terre constamment humide, à l'aide de quelques arrosements pratiqués le soir, après le coucher du soleil. Cette condition est une des plus importantes ; car, sans elle, les marcottes s'enracineront peu ou point. Afin d'empêcher l'eau de battre et de durcir la surface du sol, on doit recouvrir celui-ci d'un paillis ; les arrosements en seront moins souvent nécessaires.

Les espèces à bois mou, qui s'enracinent facilement, peuvent, si elles ont été opérées avant l'été, être sevrées dès l'automne suivant. Ce sevrage se fait en séparant la marcotte de son pied mère, immédiatement au-dessous du point où elle a développé des racines, en B (*fig.* 107). Les espèces à bois dur ne seront séparées de leur pied mère qu'après deux ans. Pour les espèces délicates ou qui s'enracinent difficilement, il sera bon de n'opérer le sevrage que progressivement, ainsi que nous l'avons indiqué pour les greffes. C'est l'automne qu'on devra généralement préférer pour sevrer les marcottes, surtout si on les plante dans un sol léger exposé à la sécheresse.

Le sevrage des espèces à feuilles persistantes doit être accompagné de soins particuliers. Ces espèces, presque toujours soumises au marcottage en pot décrit plus loin, doivent être sevrées un peu avant la fin de la végétation, vers la fin d'août ; puis pour faciliter leur reprise, on les place dans de nouveaux pots, et on les prive d'air pendant une quinzaine de jours, en les mettant à l'ombre dans un coffre en bois couvert d'un châssis vitré. Là on les met peu à peu en contact avec l'air extérieur en ouvrant le châssis, et lorsque ces jeunes plants sont bien repris, on les place en plein air en enterrant les pots jusqu'au moment de leur plantation à demeure.

Tous les arbres ne s'enracinent pas aussi facilement les uns que les autres par le marcottage : aussi la manière d'effectuer cette opération varie-t-elle en raison des espèces. On peut, sous ce rapport, diviser les marcottes comme nous l'avons fait dans le tableau suivant.

1re Section. Marcottages simples.	1° Par drageons. 2° Par racines. 3° Par butte ou par cépée. 4° En archet. 5° En serpenteaux. 6° Chinois. 7° En pot. 8° En panier.
2e Section. Marcottages compliqués. . . .	1° Par incision annulaire. 2° Par incision en Y. 3° Herbacé. 4° Par double incision. 5° En l'air.

Cette liste est loin de comprendre toutes les marcottes connues aujourd'hui ; nous n'avons indiqué que les plus utiles.

Disons un mot du meilleur mode d'opérer chacun de ces marcottages.

Première section. Marcottages simples. — Toutes les marcottes de cette section n'ont besoin que d'être recouvertes de terre

Fig. 104. Marcottage par drageons.

pour s'enraciner, et vivre comme des individus distincts après avoir été séparées de leur pied mère. Cette section renferme les espèces suivantes :

10.

Marcottage par drageons (fig. 104). — Certains arbrisseaux, tels que les lilas, les rosiers, les chèvrefeuilles, les spirées, etc., développent, au collet de leur racine, des bourgeons souterrains ou drageons (A) qui s'étendent horizontalement sous terre, en sortent ensuite, et donnent lieu à de nouvelles tiges (B). Pour

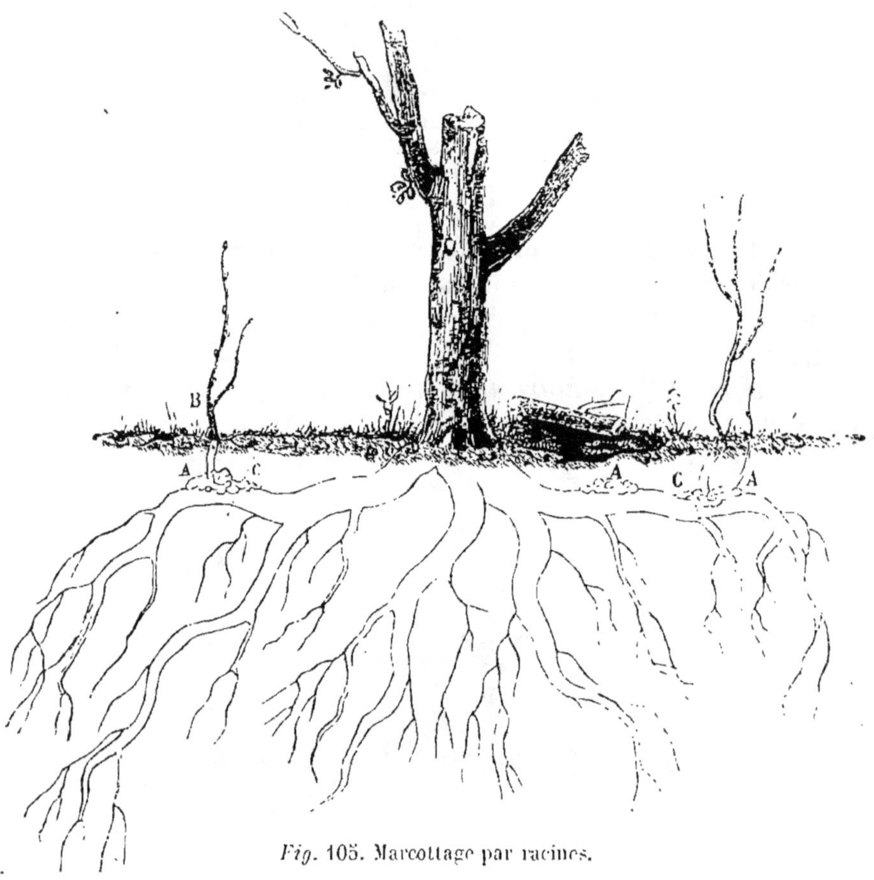

Fig. 105. Marcottage par racines.

activer le développement des racines sur ces drageons, il suffit de pincer, vers le mois de juillet, leur extrémité herbacée et aérienne. Au printemps suivant, ces drageons sont ordinairement bien enracinés, et on les sépare de leur pied mère.

Marcottage par racines (fig. 105). — Ce marcottage est usité pour quelques espèces dont les racines très-longues s'enfoncent peu profondément : tels sont les *robiniers,* le *vernis du Japon,* le *chicobonduc*, etc. Les racines de ces arbres sont souvent blessées par les instruments de labour ; il se forme alors sur chaque plaie des exostoses (A) qui développent des bourgeons (B) formant bientôt de nouvelles tiges. En séparant ces racines de leur pied mère immédiatement au-dessus du point où les bourgeons se sont développés, en C, on obtient de nouveaux individus. On peut également, pour augmenter l'abondance du chevelu sur les racines, pincer vers le mois de juillet l'extrémité herbacée de ces bourgeons.

Marcottage en butte ou en cépée (*fig.* 106). — Ce marcottage consiste à rabattre, au printemps, la tige principale d'un jeune

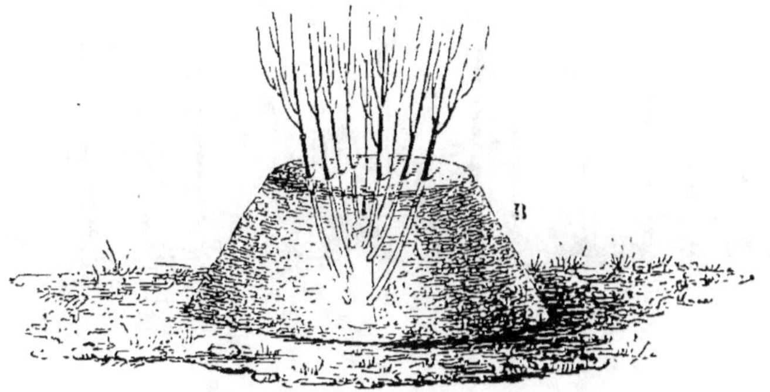

Fig. 106. Marcottage en butte ou en cépée.

arbre à 0ᵐ,16 environ du collet. Bientôt on voit apparaître, au-dessous de la coupe, de nombreux bourgeons (A). Au printemps suivant, on recouvre le sommet du tronc mutilé d'une couche de terre bien amendée, de 0ᵐ,20 d'épaisseur et disposée en forme de cône tronqué (B) et creusée en godet. Tous les rameaux qui se sont développés s'enracinent presque aussitôt à leur base, et peuvent être sevrés et plantés l'année suivante. Les souches restantes peuvent ainsi servir tous les deux ans à une nouvelle production.

Ce mode de multiplication est surtout employé pour les espèces qui se ramifient facilement à leur base, et dont l'écorce est très-tendre. Les jeunes *cognassiers*, les *pommiers* dits *doucin* et *de paradis*, sont multipliés de cette manière. On peut encore l'employer avec avantage pour les *mûriers* et surtout le *mûrier multicaule*.

Marcottage en archet (fig. 107). — Au printemps, on choisit, dans une touffe d'arbrisseaux, des rameaux d'un à deux ans, bien vigoureux.

A l'aide d'un petit crochet en bois (A), on les courbe dans de petites fossettes (B) de 0^m,08 de profondeur, pratiquées dans le sol environnant. On laisse sortir hors de terre leur extrémité, qu'on redresse à l'aide d'un tuteur (C), puis on remplit les fossettes. Le sol environnant le pied mère a du être, à l'avance, bien ameubli et bien fumé. Ces marcottes développent assez de racines pour être séparées de leur pied mère un an ou deux ans

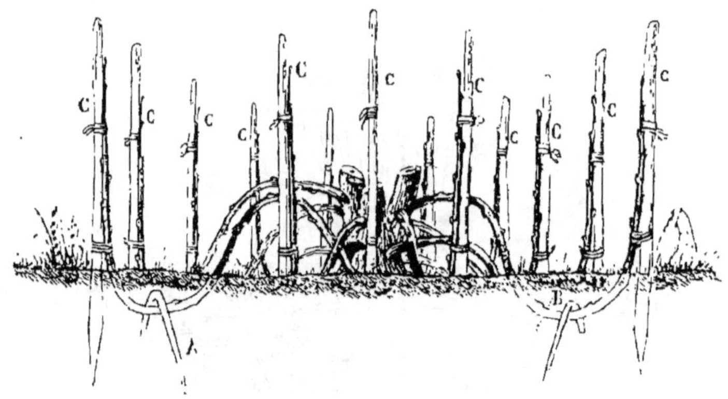

Fig. 107. Marcottage en archet.

après. Ce mode d'opérer est employé pour les espèces à écorce dure. La courbure que l'on fait éprouver à ces rameaux devient un obstacle à la libre circulation de la séve descendante ou cambium, et surtout au passage des filets ligneux et corticaux qui naissent des feuilles. Ces filets, arrivant successivement vers le point où le rameau est courbé, percent l'écorce et donnent lieu à des racines.

Marcottage en serpenteaux (fig. 108). — Des rameaux sarmenteux (A) fournis par un pied vigoureux, sont couchés tous les 0^m,64, et fixés dans des fossettes (B) de manière que l'étendue enterrée du sarment égale celle qui sort de terre (D). L'extrémité (C) est redressée à l'aide d'un tuteur. L'essentiel, dans cette opération, est que chaque portion de cercle que décrit le sarment en sortant successivement de terre se trouve pourvue de plusieurs boutons destinés au développement de nouveaux bourgeons. Lors-

que cette tige est enracinée aux divers points enterrés, on opère
le sevrage immédiatement au-dessous de chacun de ces points (E),
et l'on obtient ainsi plusieurs individus d'un seul rameau. Ce
marcottage est utilement employé pour tous les arbrisseaux sar-

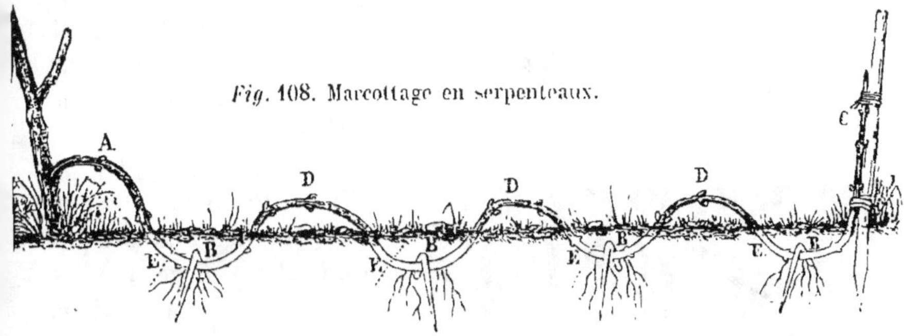

Fig. 108. Marcottage en serpenteaux.

menteux, tels que les vignes, les chèvrefeuilles, les clématites,
les glycines, etc.

Marcottage chinois (fig. 109). — Ce marcottage consiste à
coucher, lors de la séve du printemps, une ou plusieurs branches

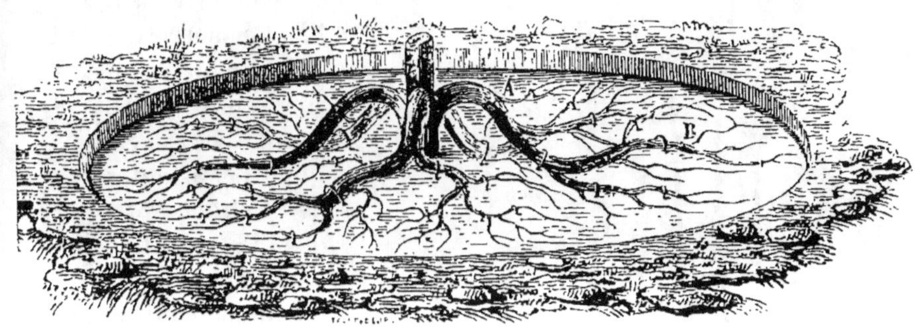

Fig. 109. Marcottage chinois.

entières avec leurs rameaux (A). Ceux-ci sont assujettis par un
nombre suffisant de crochets, de manière à former une surface
horizontale dans une sorte de fosse (B) plate et peu profonde.
Quand l'arbre entre en végétation, chaque bouton donne lieu à
un bourgeon qui s'élève verticalement; on recouvre alors de
quelques centimètres de terre toutes les branches et les rameaux
couchés, en ayant soin d'arroser suivant les besoins. Chaque

bourgeon développe, avant la fin de l'été, un certain nombre de racines ; de sorte qu'en pratiquant le sevrage à l'automne ou au printemps suivant, on obtient autant d'individus distincts qu'il s'est développé de bourgeons sur les rameaux de la branche couchée.

Marcottage en pot (fig. 110). — Ce mode d'opérer ne diffère des marcottages en archet qu'en ce que les rameaux sont courbés dans des pots enterrés au niveau du sol au lieu d'être couchés en pleine terre. Ces pots (A) sont fendus latéralement jusqu'à leur base, afin d'y introduire facilement le rameau à marcotter, ainsi que le montre la figure 117. Ce marcottage est employé pour les espèces d'une reprise difficile et surtout pour celles à feuilles persistantes.

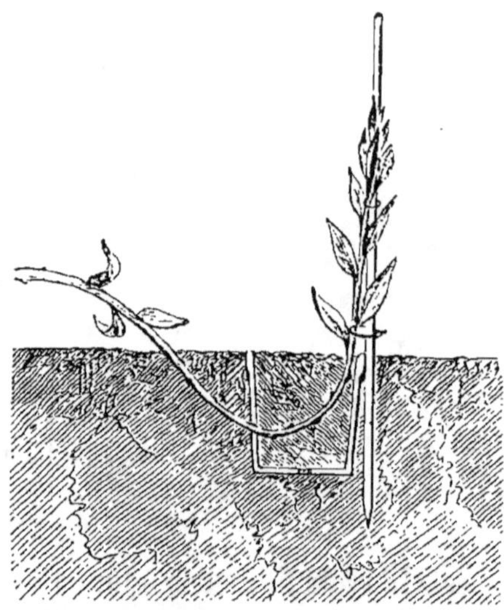

Fig. 110. Marcottage en pot.

Marcottage en panier (fig. 111). — Coucher le rameau à marcotter dans un panier de 0^m,28 de longueur sur 0^m,20 de largeur au sommet, 0^m,19 de longueur sur 0^m,14 à la base et 0^m,16 de profondeur (*fig.* 112). Ce panier rempli de terre fumée est enterré à 0^m,10 de profondeur. Ce mode de marcottage est usité

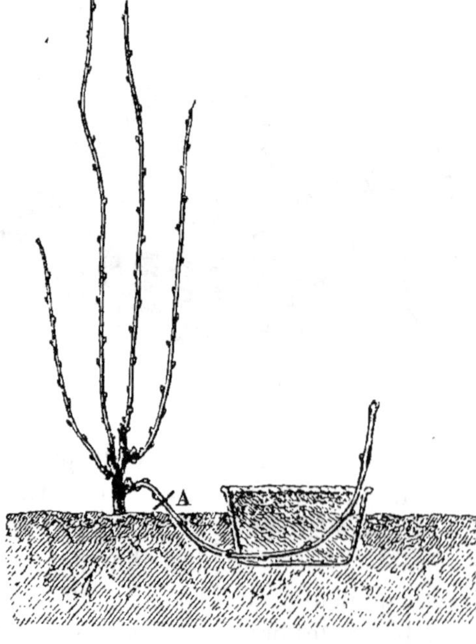

Fig. 111. Marcottage en panier.

pour la vigne et le figuier dont la reprise est ainsi rendue plus prompte.

Deuxième section. Marcottages compliqués. — Les opérations que nous venons de décrire sont suffisantes pour faire enraciner les rameaux des espèces à bois mou et de consistance moyenne ; mais il en est un certain nombre pour lesquelles on a dû modifier les opérations précédentes, de manière à déterminer le développement des racines sur les marcottes. On y est parvenu au moyen d'incisions de formes diverses qui ont arrêté en partie la descension du cambium et des filets ligneux et corticaux. On a provoqué ainsi la formation de bourrelets de tissu cellulaire sur les bords des incisions, et l'on a forcé les filets descendants à traverser ces bourrelets et à apparaître au dehors sous forme de racines.

Par opposition au mode très-simple d'opérer les marcottages précédents, on donne le nom de marcottages compliqués à tous ceux pour lesquels on fait usage des incisions.

Voici les principales sortes de marcottages qui rentrent dans cette seconde section.

Marcottage par incision annulaire (*fig.* 113). — A l'aide de la lame du greffoir, ou mieux de l'instrument nommé *coupe-séve* (*fig.* 114), on pratique sur le rameau (A), destiné à être

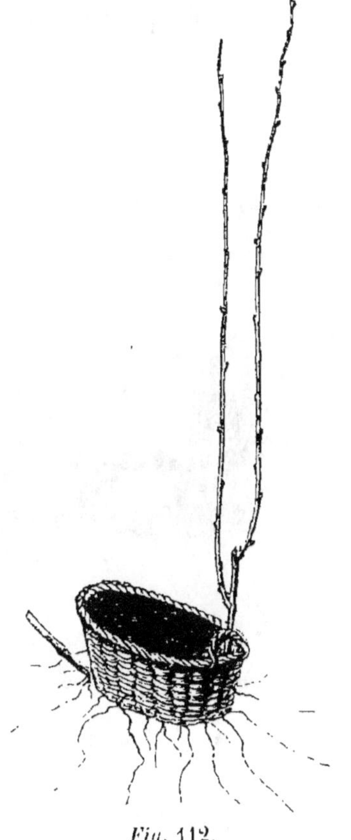

Fig. 112.

marcotté, une incision annulaire (B) large de $0^m,015$ environ ; ce rameau est courbé comme pour le marcottage en archet, de telle sorte que l'incision se trouve placée au milieu de l'espace enterré. Un bourrelet se forme rapidement au bord supérieur de la plaie, et les racines s'y développent en grand nombre. L'incision doit être pratiquée de manière que le bord supérieur de la plaie affleure un bouton. Ce marcottage est très-usité pour la vigne et pour tous les arbres fruitiers qu'on veut avoir francs de pied.

Marcottage par incision en Y (fig. 115). — Celui-ci ne diffère non plus du marcottage en archet que par l'incision qu'on pratique comme il suit. Vers le milieu de l'espace du rameau qui doit être enterré, on fait une incision longitudinale de $0^m,01$ (A) dirigée vers le sommet du rameau et arrivant jusqu'à la moelle. On coupe obliquement la base de la languette (B) résultant de l'in-

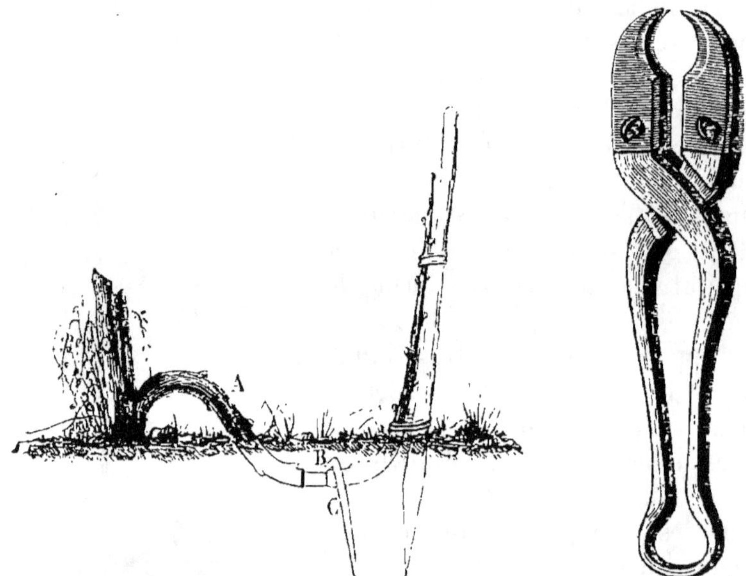

Fig. 115. Marcottage par incision annulaire.   *Fig.* 114. Coupe-séve.

cision de bas en haut. Pour tenir les lèvres de l'incision éloignées l'une de l'autre, on introduit entre elles un corps étranger (C). Ceci fait, l'incision représente à peu près la forme d'un Y renversé. Autant que possible, la base de la languette doit être terminée par un bouton (D). Bientôt un bourrelet se forme sur les bords de l'incision, et les racines s'y développent en abondance.

Marcottage herbacé. — Cette opération diffère de la précédente, parce qu'au lieu d'opérer sur des rameaux on choisit des bourgeons. L'incision est pratiquée au point d'attache du bourgeon sur le rameau, de façon que la base de la languette se compose de l'empatement du bourgeon. Ce marcottage est employé exceptionnellement pour les espèces qui développent difficilement des racines.

Marcottage par incision double (fig. 116). On procède comme pour le marcottage en Y ; toutefois la languette de la marcotte (A) est partagée en deux portions égales qu'on maintient écartées à l'aide d'un corps étranger (B). On multiplie ainsi la surface du liber mis à nu, et l'on augmente les chances de développement des racines.

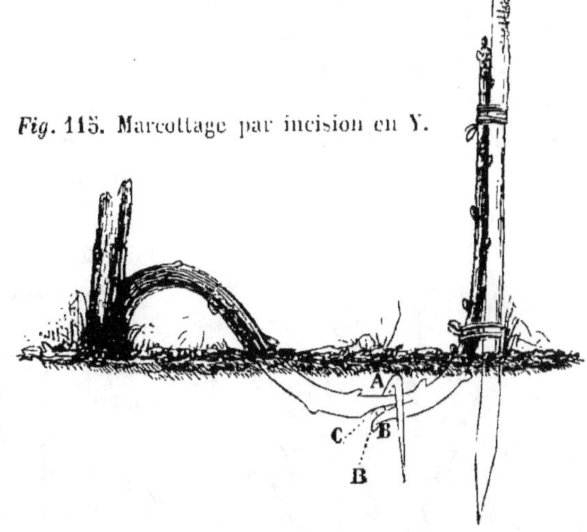

Fig. 115. Marcottage par incision en Y.

Ce marcottage, imaginé par M. Varin, alors jardinier en chef du Jardin botanique de Rouen, est d'un emploi avantageux pour les espèces qui s'enracinent difficilement.

Marcottage en l'air (fig. 117). — Ce marcottage est particulièrement employé pour les arbres ou les arbrisseaux dépourvus de rameaux à la base de leur tige,

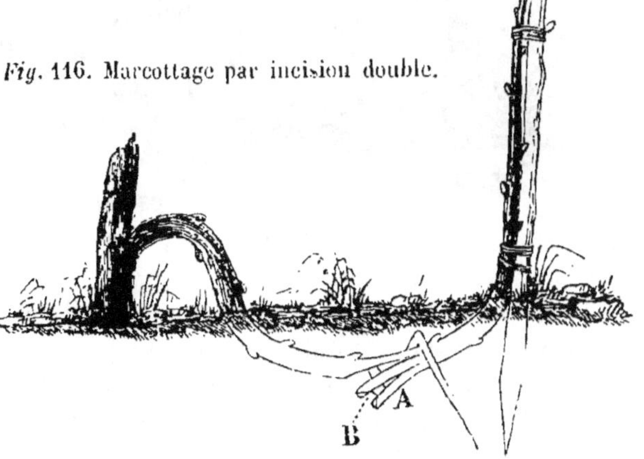

Fig. 116. Marcottage par incision double.

et pour lesquels on est obligé d'avoir recours aux ramifications du sommet. Dans ce cas, on fait passer celles-ci dans un vase approprié à cet usage et rempli de terre maintenue constamment humide.

Les vases que l'on peut employer varient beaucoup de forme. Les plus simples et les moins coûteux sont en terre cuite et présentent la forme indiquée par la figure 117. La fente (A), destinée à introduire latéralement le rameau à marcotter, est ensuite fermée à l'aide de deux fragments d'ardoise (B). Le vase est soutenu à une hauteur convenable à l'aide d'un petit support en bois (C). Les marcottes pratiquées de cette manière doivent toujours être incisées. Il faut, en outre, entourer le pot ou au moins le couvrir de mousse pour empêcher la terre de se dessécher aussi vite sous l'influence du soleil.

Fig. 117. Marcottage en l'air.

Boutures. — On donne le nom de bouture à une partie de végétal qui, séparée de son pied mère, est mise en terre pour y développer des racines si c'est une fraction de la tige, ou des bourgeons si c'est un fragment de racine. Ce mode de multiplication est plus prompt que le marcottage ; mais il ne peut être employé que pour les espèces à bois très-mou qui s'enracinent facilement, telles que les saules, les peupliers, les platanes, etc.

Voici comment les boutures, qui ne sont que des portions de tiges ou de racines, peuvent vivre quelque temps et même se développer avant d'être complétement enracinées dans le sol.

Un rameau ou une partie de racine détaché d'un arbre renferme une dose de principe vital aussi grande que l'arbre auquel il appartient ; car, dans les végétaux, ce principe vital est également répandu dans toutes les parties de l'individu ; seulement, ce rameau ou ce fragment de racine manque d'un organe indispensable à l'entretien de ce principal vital, à savoir des bourgeons si c'est une partie de racine, ou des racines si c'est un rameau. Mais nous savons que la tige et la racine tiennent en réserve, après la végétation, une certaine quantité de séve épaissie ou cambium destinée à alimenter le premier développement des bourgeons, au printemps, avant l'apparition des feuilles ; or, lorsqu'au printemps on confie une bouture au sol, l'énergie vitale est excitée par l'élévation de température qui se manifeste à cette époque, et ce fragment de plante entre en végétation. Le cambium qu'il renferme concourt au développement des bourgeons et des premières feuilles ; celles-ci puisent dans l'atmosphère de nouveaux sucs nutritifs qu'elles transforment en fluide organisateur ; les filets ligneux et corticaux descendants qui naissent des feuilles sont arrêtés dans leur trajet, ainsi que le cambium, à la base de la bouture, où ce fluide donne lieu à des bourrelets de tissu cellulaire sur les bords de la plaie ; bientôt les filets ligneux et corticaux, se faisant jour à travers cette masse spongieuse, apparaissent sous forme de racines. La bouture est dès lors un individu parfait, puisqu'elle se compose d'une racine et d'une tige.

Le *sol le plus convenable pour les boutures* doit être considéré sous trois points de vue : sa nature, son exposition et sa préparation.

Quant à sa nature, il devra être en général d'une consistance moyenne, mais il est bien entendu que, pour les espèces d'arbres et d'arbrisseaux qu'on cultivera en terre de bruyère, les boutures seront placées dans un terrain de même nature. L'exposition devra autant que possible être celle du nord, parce que les boutures y seront moins desséchées. Il sera également important de les abriter du soleil pendant leur reprise, surtout les espèces à feuilles persistantes ; car le soleil du printemps suffirait pour les dessécher entièrement.

Des abris semblables à ceux que nous avons recommandés pour les semis rempliront parfaitement ce but pour les espèces délicates à feuilles caduques. Quant aux espèces à feuilles persistantes, il faudra les placer sous un châssis à froid ; comme nous le recommandons pour les semis en terre de bruyère, dans le traité spécial pour la culture des *arbres et arbrisseaux d'ornement.*

Enfin le sol sera ameubli à l'aide de labours, et fumé avec du terreau, excepté la terre de bruyère qu'on ne doit jamais fumer.

Le *mode de préparation des boutures* varie nécessairement, suivant les sortes ; disons seulement que les plaies devront être faites avec des instruments bien tranchants, afin qu'elles se cicatrisent plus facilement. La section de la partie inférieure de la bouture devra toujours être pratiquée de façon à ce qu'elle affleure la base d'un œil ou bouton : on favorisera ainsi la sortie des racines. On devra bien se garder de supprimer, ainsi que le font à tort quelques cultivateurs, les feuilles des boutures d'espèces ligneuses à feuilles persistantes ; en opérant de cette manière on prive ces boutures d'une partie des organes qui, à défaut de racines, absorbent dans l'atmosphère des fluides nourriciers dont elles ont besoin, et l'on retarde leur reprise.

Pour hâter la sortie des racines dans les espèces à feuilles caduques, il conviendra de procéder ainsi pour les boutures qui doivent être plantées au printemps : préparer les boutures en décembre ; en faire des paquets d'environ $0^m,20$ de diamètre, liés avec un osier ; ouvrir dans le sol une tranchée large de $0^m,40$ et d'une profondeur égale à la longueur des boutures ; placer les paquets dans cette tranchée, dans une position verticale et la tête en bas ; replacer par-dessus la terre extraite de la tranchée. Au printemps, au moment de la plantation, sortir les paquets du sol. On remarquera alors à la base des boutures qui est restée près de la surface du sol un amas de tissu cellulaire qui favorisera beaucoup leur reprise.

L'époque la plus convenable pour effectuer les boutures en plein air est celle où la végétation est en repos : du mois de novembre au mois d'avril.

Toutefois, si l'on opère sur un sol léger exposé à la sécheresse dès le printemps, il sera préférable de faire les boutures à l'automne ; car la sécheresse est un obstacle grave à leur reprise. Dans un sol compacte, humide, il est mieux, au contraire, d'opérer au printemps, car la base des boutures serait exposée à pourrir pendant l'hiver. Nous devons encore faire une autre exception en faveur des boutures d'espèces à feuilles persistantes ; celles-ci doivent être exécutées vers le milieu de l'été, lorsque les bourgeons de l'année, que l'on choisit de préférence pour cela, sont suffisamment aoûtés.

La *plantation des boutures* exige les soins suivants :

Quant au degré de profondeur, ne pas dépasser $0^m,15$ dans les sols compactes et $0^m,25$ dans les terrains légers. Au delà de ces limites extrêmes l'air atmosphérique arrive difficilement à la base de la bouture et les racines s'y développent mal.

Planter les boutures dans une direction verticale, à moins :

qu'on ait besoin d'en enterrer plus de 0ᵐ,25 de longueur, comme cela a lieu pour la vigne ; alors coucher les sarments suivant l'angle de 45° pour rapprocher la base de la surface du sol.

Avec le plantoir, ouvrir un trou pour chaque bouture et au degré de profondeur voulu. Si elles doivent être très-rapprochées on ouvre une tranchée continue. Dans tous les cas, il est très-important que la terre soit bien appuyée sur toute la longueur enterrée de la bouture.

Quant à l'intervalle à laisser entre les boutures, il est déterminé par le laps de temps pendant lequel elles doivent rester en place, et aussi par le développement plus ou moins considérable des espèces. — Nous donnons plus loin, à propos du *repiquage* dans les pépinières, des indications qui s'appliquent également aux boutures.

Enfin, les *soins qu'exigent les boutures pendant leur reprise* consistent, surtout, à empêcher l'action de la sécheresse. Il sera utile, pendant la première année, pour les espèces délicates, d'ombrager les plates-bandes, de pratiquer quelques arrosements pendant les grandes chaleurs de l'été et de couvrir la surface du sol avec un paillis.

Les diverses sortes de boutures propres aux pépinières sont assez nombreuses. Nous nous contenterons de décrire les suivantes, qu'on peut classer comme nous l'inscrivons dans cette liste.

Iʳᵉ Section.
Boutures au moyen de fragments de tige . . . .
- 1° Par rameaux.
- 2° Par rameaux avec talon.
- 3° Par crossettes.
- 4° Écorcées.
- 5° Par plançons.
- 6° Par étranglement.
- 7° Par ramée.
- 8° Semées.

IIᵉ Section.
Boutures au moyen de fragments de racines. . . . .
- 1° Par tronçons de racines.

Première section. Boutures au moyen de fragments de tige. — Ces boutures s'effectuent à l'aide de fragments de tige auxquels on fait développer des racines pour les transformer en autant d'individus parfaits.

Bouture par rameaux (fig. 118). — On choisit des rameaux nés l'année précédente : plus âgés, ils s'enracinent moins facilement ; on les coupe par fragments de 0^m,16 à 0^m,20, selon le nombre des boutons ; chaque extrémité de la bouture doit être terminée par un bouton, afin que ceux-ci entretiennent la vie dans toute l'étendue de la bouture. Puis on les plante de telle sorte qu'il n'y ait que deux ou trois boutons hors de terre.

Bouture par rameaux avec talon (fig. 119). — Ici, au lieu de couper le rameau à quelque distance du point où il s'unit à la branche, on le coupe tout près de cette partie et on l'enlève avec le talon qui se trouve à sa base. D'autres fois, au lieu de couper le rameau, on l'arrache avec effort, de manière à enlever une petite portion du corps ligneux de la branche sur laquelle il est né. Mais ce dernier moyen, qui est cependant le meilleur, offre de graves inconvénients pour les arbres sur lesquels on le pratique. Les plaies déchirées qui en résultent donnent lieu à des chancres qui entraînent la perte de l'arbre. Pour éviter ces accidents, il est bon de recéper entièrement les tiges sur lesquelles on a opéré ; il naît alors des bourgeons vigoureux ; et les souches peuvent ainsi fournir, tous les deux ans, une abondante récolte de boutures à talon. Les boutures à talon s'enracinent plus facilement que les précédentes, parce que l'empâtement de la base offre une plus grande quantité de boutons rudimentaires qui favorisent la formation des racines.

Bouture par crossettes (fig. 120). — Pour cette bouture on réserve à la base du rameau de l'année (A) une certaine étendue de la branche qui lui a donné naissance (B). On laisse au rameau une longueur de 0^m,40, et, à la portion de la branche, une étendue de 0^m,10 ; de manière, toutefois, que chacune des extrémités de ce fragment de branche soit munie d'un point (C) ayant donné naissance à un bouton ou à un rameau. Cette bouture est surtout employée pour la vigne ; mais nous pensons que cette portion de vieux bois est plutôt nuisible qu'utile à la sortie des racines. En effet, celles-ci n'apparaissent que sur le jeune bois et la portion de vieille tige masque le talon de la bouture. Ce vieux

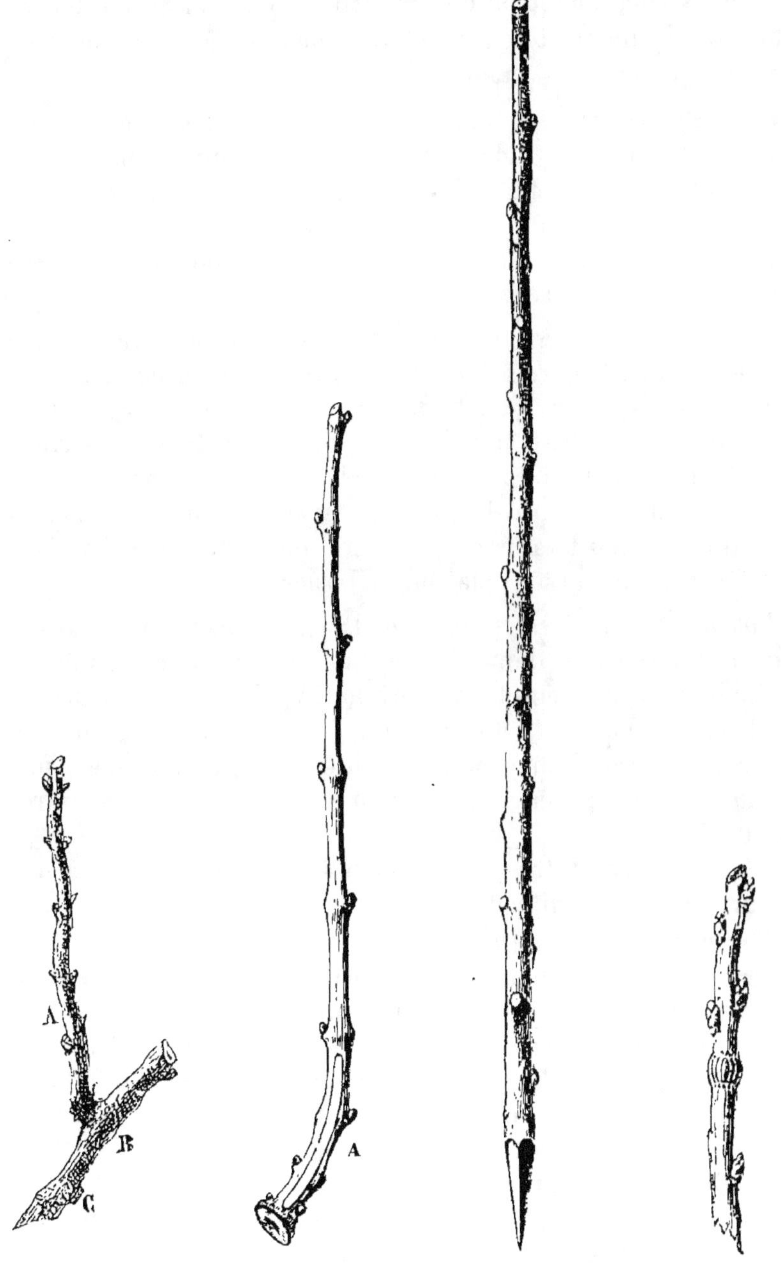

Fig. 120. Bouture par crossettes.

Fig. 121. Bouture soumise à l'écorçage.

Fig. 122. Bouture par plançons.

Fig. 123. Bouture par étranglement.

bois ne devrait être conservé que pour empêcher la base des boutures de sécher lorsqu'on doit les faire voyager. Mais on doit le supprimer au moment de la plantation, de façon à transformer les rameaux en boutures à talon.

Bouture écorcée (fig. 121). — Préparer les boutures par rameaux avec ou sans talon comme nous l'avons indiqué plus haut, puis, au moment de les planter, enlever à la base, en **A**, sur les deux côtés, une petite lanière d'écorce longue d'environ $0^m,06$, et cela en ménageant les boutons. Ce mode d'opérer hâte très-efficacement la sortie des racines.

Bouture par plançons (fig. 122). — Cette bouture consiste en une branche de trois à cinq ans, droite, vigoureuse, de 2 à 3 mètres de longueur ; on la débarrasse de toutes ses ramifications, on taille la base en pointe triangulaire, et on l'enterre à la profondeur de $0^m,50$, comme on plante un jeune arbre.

Cette bouture est très-bonne pour former à demeure, dans les sols humides, des têtards de peupliers, de saules, d'aunes, etc., destinés à fournir des échalas ou de l'osier.

Bouture par étranglement (fig. 123). — On pratique sur un bourgeon au-dessous d'une feuille, une ligature au-dessus de laquelle il se forme bientôt un bourrelet (**A**). Lorsque ce bourrelet est bien développé, ce qui a lieu à la fin de la végétation, on coupe le rameau immédiatement au-dessous, on lui donne une longueur de $0^m,20$ environ, puis on le plante comme les autres boutures.

Ce procédé peut être employé pour les espèces à bois très-dur et qui s'enracinent difficilement.

Bouture par ramée (fig. 124). — Ces boutures se composent de branches de troisième et de quatrième ordre, garnies d'un grand nombre de rameaux, et présentant une longueur de 5 à 6 mètres. On couche ces branches horizontalement dans une fosse de $0^m,25$ de profondeur, dont on a bien ameubli le fond, puis on les recouvre de terre bien fumée. Les plus grosses branches sont enterrées à $0^m,20$ de profondeur, les plus petites à $0^m,10$, et les rameaux à $0^m,04$. L'extrémité de tous les rameaux est redressée et coupée vers le sommet de manière qu'ils ne présentent hors de terre que deux boutons. Chacun de ces rameaux venant à s'enraciner, il en résulte autant d'individus qu'on sépare les uns des autres. Toutes les espèces à bois mou peuvent être multipliées de cette manière.

Bouture semée (fig. 125). — Toutes les parties suffisamment aoûtées d'un rameau de l'année précédente sont coupées par petits tronçons d'environ $0^m,01$ et munis chacun d'un seul bouton. Ces fragments sont semés en rigole, en terre très-légère, au moment de la séve du printemps ; on les recouvre de $0^m,01$ de terreau, en ayant soin de tenir le sol suffisamment humide. Le bouton se développe bientôt, tandis que le côté opposé émet un faisceau de racines. On peut employer ce mode de multiplication pour toutes les espèces à bois mou, et particulièrement pour les mûriers, mais seulement dans le midi de la France où l'on

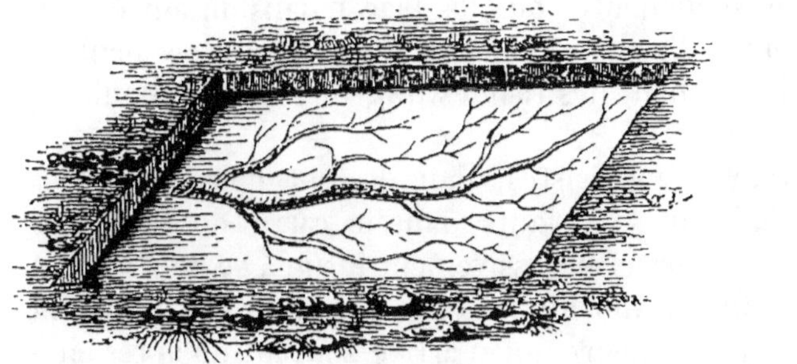

Fig. 124. Bouture par ramée.   Fig. 125. Bouture semée.

peut joindre à l'humidité une température suffisante. On a récemment recommandé ce mode de multiplication pour la vigne comme un procédé nouveau pour créer d'un seul coup un vignoble ; mais les essais de ce mode de bouturage qu'on a faits en plein champ n'ont donné que des résultats presque nuls.

Deuxième section. Boutures au moyen de fragments de racines. — Les boutures de cette seconde section sont d'une application beaucoup moins étendue que celles de la précédente ; leur emploi peut cependant devenir utile dans quelques circonstances. Nous ne citerons qu'une sorte de bouture par fragments de racine.

Bouture par tronçons de racine (fig. 126). — Lorsqu'on déplante un arbre pour le détruire ou pour le changer de place, ou bien lorsqu'en labourant dans son voisinage on supprime celles de ses racines qui nuisent aux cultures voisines, on peut réunir toutes les racines qui se trouvent détachées de leur pied mère et en faire des boutures. A cet effet, on les divise par tronçons de 0^m,10 à 0^m,16 de long ; puis on les plante en élevant leur gros bout à 0^m,01 environ au-dessus de la surface du sol. En général, ces boutures développent des bourgeons dès la première an- née ; quelquefois aussi elles restent stationnaires pendant un an. Nous indiquerons les espèces pour lesquelles on peut utilement employer ce moyen, lorsque nous traiterons de leur culture spé- ciale.

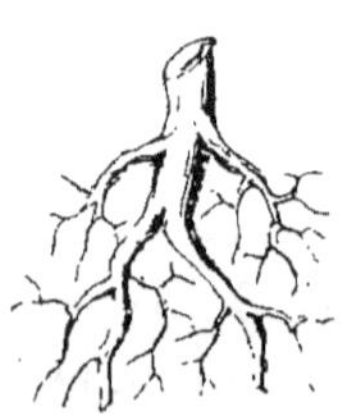
Fig. 126. Bouture par tronçon de racine.

Du repiquage. — Le repiquage a pour but d'enlever les jeunes plants des plates-bandes des semis, où ils sont trop serrés et se nuisent mutuellement, pour les placer dans un autre carré où ils s'habituent à l'ardeur du soleil. Par ce déplacement on arrête aussi l'allongement des racines qui, dès lors, se ramifient davantage.

Parfois, certains pépiniéristes, dans le but d'économiser la main-d'œuvre, laissent les plants dans le carré des semis, se contentant de les éclaircir successivement jusqu'à ce qu'ils soient assez distants pour pouvoir attendre, sans se nuire, le moment de leur plantation à demeure qui n'arrive souvent qu'après cinq ou six ans de semis. Ainsi traités, ces arbres sont pourvus d'un petit nombre de racines très-longues, peu ramifiées, et qu'on extrait difficilement du sol. Il en résulte que la reprise de ces arbres, et surtout des espèces délicates, est presque impossible. Le repiquage, qui suspend l'allongement des racines et les force à se ramifier, fait disparaître ces inconvénients.

L'*époque* à choisir pour pratiquer le repiquage varie selon qu'il s'agit d'espèces à feuilles caduques ou d'espèces à feuilles persis- tantes. Pour les premières, il faudra toujours exécuter cette opé- ration à l'automne, aussitôt que les feuilles commenceront à tomber. En opérant ainsi, les jeunes plants développent quelques racines pendant l'hiver ; ils prennent possession du sol et se dé- fendent alors beaucoup mieux des premières sécheresses du prin- temps que s'ils venaient d'être plantés. Il y a toutefois une excep- tion à cette règle, c'est pour les terrains compactes et humides, dans lesquels les racines seraient exposées à pourrir pendant l'hiver. Là, il sera préférable de ne faire le repiquage qu'en mars, lorsque le sol sera bien égoutté et qu'il commencera à se réchauffer. Tous les pépiniéristes connaissent les avantages des repiquages d'automne pour les espèces à feuilles caduques ; mais les deux causes suivantes les empêchent souvent de choisir cette époque : d'abord, à ce moment, ils n'ont pas assez de bras pour suffire au travail des expéditions ; puis ils manquent alors de terrain pour ces repiquages ; car c'est souvent celui qui devient libre, par suite de la vente, qu'on destine aux nouvelles plantations. Il faudra toujours choisir, pour pratiquer ces repiquages, un temps doux, plus humide que sec, et lorsque la terre est bien égouttée.

Pour les espèces à feuilles persistantes, il convient de choisir une autre époque. En effet, ces arbres, qui conservent leurs feuilles pendant l'hiver, sont doués d'une végétation continue, beaucoup moins sensible, il est vrai, pendant cette saison, et destinée alors à porter dans les feuilles les fluides dont elles ont besoin pour ne pas être desséchées par l'évaporation. Si donc on vient à transplanter ces espèces à la fin de l'automne ou de l'hiver, au moment où la circulation des fluides est la moins active, il en résultera une suspension complète dans cette circulation, puis la dessiccation des feuilles, et par suite la mort de l'arbre. Il faut donc choisir une époque telle, que la végétation soit assez active pour qu'elle résiste en partie à cette transplantation, ou du moins que sa suspension ne soit que très-limitée. L'expérience a démontré que les deux époques les plus convenables pour cela sont les premiers jours de septembre, alors que la végétation est encore assez active, et les premiers jours de mai, au moment où commence le premier développement. Dans le premier cas, les arbres auront le temps de reprendre avant l'hiver ; dans le second, la végétation est si active à ce moment, que son interruption ne sera pas assez longue pour que les arbres en souffrent. La fin de l'été sera préféré pour le climat du Midi, à cause des chaleurs intenses de la fin du printemps.

Quelle que soit celle de ces deux époques qu'on choisira, il faudra profiter aussi, pour ces repiquages, d'un temps doux, humide, et lorsque la terre sera bien friable.

D'après ce qui précède, on conçoit que plus tôt on fait le repiquage des jeunes plants, mieux cela vaut.

L'âge le plus convenable est un an : à cette époque, les racines ne sont pas encore très-longues, et l'on peut les enlever toutes sans les endommager. Toutefois, lorsque les semis auront été faits en ligne, que les graines auront été assez espacées, ou qu'il s'agira d'espèces dont le premier développement est très-lent, on pourra attendre jusqu'à deux ans.

Le repiquage comprend trois opérations distinctes, la *déplantation*, la *préparation* ou l'*habillage* et la *plantation*.

La *déplantation* se fait en creusant à l'une des extrémités de la plate-bande une tranchée dont la profondeur dépasse de quelque peu l'extrémité inférieure des racines. En minant ensuite le terrain de proche en proche, on soulève les jeunes plants sans détruire ni désorganiser le chevelu de leurs racines. Aussitôt que cette opération est terminée, le jeune plant doit être mis en jauge, s'il n'est pas planté immédiatement, car l'air dessècherait rapidement les radicelles et nuirait singulièrement à la reprise. Il est quelques espèces qui souffrent plus que les autres de l'action de l'air sur les racines, ce sont surtout les arbres à feuilles persistantes, au pied desquels il sera toujours plus convenable de conserver un peu de terre. Si l'on opère sur un terrain très-friable, ou si le sol est très-sec, il sera difficile d'obtenir ce dernier résultat ; dans ce cas, on pourra, la veille de la déplantation, arroser le sol des plates-bandes pour que la terrain ait plus d'adhérence.

Pour toutes les espèces, lorsque les jeunes plants seront destinés à voyager pendant quelques jours, il faudra les réunir par petits paquets, et tremper immédiatement les racines dans un mélange liquide de bouse de vache et de terre glaise, lequel empêchera l'influence desséchante de l'air.

Les jeunes plants ayant été déplantés, on procède à leur habillage.

L'*habillage* des jeunes plants consiste à couper avec un instrument bien tranchant celles de leurs racines qui ont été endommagées, et cela immédiatement au-dessus du point où la blessure a été faite, puis à supprimer une partie du pivot de la racine. Ces opérations ont pour but de favoriser la cicatrisation des plaies faites aux racines, et de forcer celles-ci à se ramifier davantage, pour que les transplantations suivantes s'effectuent avec plus de succès

On ne doit amputer les pivots, soit simples, soit ramifiés,

qu'au tiers de leur longueur, c'est-à-dire vers le point où ils commencent à diminuer sensiblement de grosseur (A, *fig.* 127).

On s'est souvent élevé contre la suppression d'une partie du pivot de la racine, surtout pour les espèces destinées à former des arbres de haut jet. On a dit que cette opération nuisait à leur développement futur et surtout à la beauté de leur tige. Mais l'expérience a démontré que les très-faibles inconvénients de cette pratique sont bien plus que com-pensés par les avantages qu'elle pro-cure. En effet, ce pivot ne sert aux jeunes arbres qu'à les fixer au sol pendant les deux ou trois premières années de leur végétation ; passé ce temps, il ne prend plus d'accroisse-ment, et est remplacé par des ra-mifications d'autant plus grosses, qu'elles naissent plus près de la sur-face du sol ; dans les arbres déjà âgés on n'en remarque même plus aucune trace. En retranchant une petite étendue de ce pivot, on ne fait donc que devancer la nature de quelques années, et l'on favorise le dévelop-

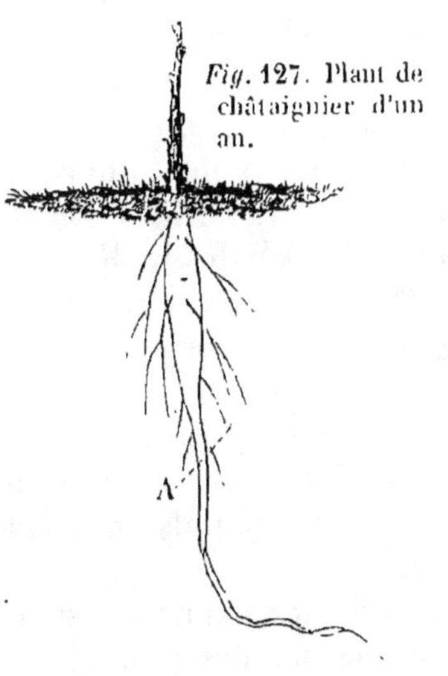

Fig. 127. Plant de châtaignier d'un an.

pement de nombreuses ramifications, qui, placées plus près de la surface du sol, fonctionnent avec bien plus d'énergie.

Mais il convient de supprimer aussi une petite étendue de la tige, le tiers environ, afin de rétablir l'équilibre entre cette dernière et la quantité de racines que l'on a conservées. Cette double opé-ration se fait rapidement en prenant les jeunes plants par poi-gnées ; on pose les racines sur un billot en bois et d'un seul coup de serpe on coupe ce qui doit être retranché. On procède de même pour la tige.

Toutefois certaines espèces forestières ou d'ornement doivent être soustraites à l'habillage de la tige. Nous les indiquerons en traitant de leur culture spéciale, Ajoutons encore que toutes les espèces à feuilles persistantes, résineuses ou non résineuses, ne doivent recevoir ni l'habillage de la tige ni celui des racines.

Plantation. Le sol de la pépinière ayant reçu la première préparation décrite plus haut, on applique sur tous les carrés et les plates-bandes une fumure convenable, si le sol n'est pas naturellement assez riche, puis cette fumure est enterrée à l'aide d'un labour pratiqué dans tous les cas à 0^m,25 de profondeur. Nous exceptons toutefois les plates-bandes de terre de bruyère qui ne doivent jamais être fumées.

La distance à réserver entre les jeunes plants lors du repiquage varie suivant le laps de temps pendant lequel ils doivent rester en place et aussi suivant l'ampleur de leur feuillage qui s'oppose plus ou moins à l'action de la lumière sur toute l'étendue de chacun des jeunes plants.

Les espèces qu'on doit planter à demeure dans un âge peu avancé, telles que celles propres aux haies vives, au boisements forestiers, les espèces d'ornement pour former des touffes ou cépées dans les jardins, sont repiquées à une distance de 0^m,15 à 0^m,20 en tous sens. Tous les plants à feuilles persistantes qui doivent être déplacés plusieurs fois dans la pépinière sont repiqués à la même distance.

Les sujets destinés à recevoir la greffe des arbres fruitiers ou des espèces d'ornement sont plantés à la distance de 0^m,40 en tous sens lorsqu'ils doivent former des arbres à basse tige ou des touffes.

Enfin, les plants forestiers, fruitiers ou d'ornement, qui doivent former des arbres à haute tige, greffés ou non greffés, doivent être plantés à des distances qui doivent varier suivant l'ampleur de leur feuillage ; car il est indispensable que la lumière puisse éclairer complétement toute la hauteur de chacune des tiges, afin d'y maintenir un certain nombre de petits bourgeons latéraux qui contribuent à l'accroissement en diamètre de la tige à mesure qu'elle s'allonge. Autrement ces tiges s'allongeront sans grossir et l'on n'aura ainsi que de mauvais arbres. Il conviendra donc de laisser un intervalle d'au moins 0^m,50 entre les plants dont le feuillage est le moins développé, comme celui de l'acacia, et 0^m,80 au moins pour ceux dont les feuilles sont les plus amples, comme le platane.

Pour la mise en terre des diverses sortes de plants qui doivent être repiqués à petite distance, on procède de deux manières suivant que les sujets sont plus ou moins développés. Pour les plus faibles, on place un cordeau sur le sol, puis on repique au plantoir. Pour les plants plus forts, on ouvre au cordeau, avec la bêche, une rigole suffisamment spacieuse, puis on y distribue les plants aux distances convenables, les appuyant contre un des côtés dans une position verticale. On ouvre ensuite, parallèlement à la première une seconde rigole dont la terre est rejetée sur les racines du rang précédent ; on continue ainsi sur toute la surface du carré. Il ne reste plus qu'à tasser le sol avec les pieds sur chaque ligne de plantation, puis à dresser la tige des plants à mesure que la terre est comprimée.

Quant aux sujets qui doivent former des arbres à haute tige, on les repique aussi au cordeau, mais en ouvrant pour chacun d'eux un trou spécial avec la bêche. Ce dernier mode de repiquage devra être fait de manière à ce que les plants soient disposés en quinconce.

Repiquage en pot. — Pour les espèces à feuilles persistantes les plus délicates, on les repique souvent dans les pots, afin d'empêcher leurs racines de s'étendre dans le sol. Après les avoir empotées, on les place sous un châssis à l'ombre pour faciliter leur reprise, puis on enterre les pots en pleine terre à $0^m,02$ au-dessous du niveau du sol. On les rempote de nouveau tous les ans ou tous les deux ans, jusqu'au moment de leur plantation à demeure, en les plaçant chaque fois dans des pots d'une grandeur proportionnée à leur développement. Ces divers empotages sont toujours faits en terre de bruyère.

Transplantation. — Au bout de deux ans, les plants qui ont été repiqués à $0^m,15$ ou $0^m,20$ d'intervalle, commencent à se gêner mutuellement. C'est le moment, pour les plants forestiers destinés aux boisements ou aux haies vives, pour les espèces d'ornement qui doivent former des touffes, de les planter à demeure.

Mais pour les espèces à feuilles persistantes leur développement est encore insuffisant. Toutefois ils ne peuvent rester en place sous peine de se nuire réciproquement. On les soumet alors à la transplantation dans la pépinière. On les replace sur d'autres carrés à des distances qui varient suivant la rapidité de leur développement entre $0^m,50$ et $0^m,80$ et toujours en quinconce. On les laisse là pendant trois ans environ, après quoi on les plante à demeure. On doit enlever ces plants du carré de repiquage de façon à conserver autour de leurs racines la plus grande quantité possible de terre. Ce second déplacement arrête encore l'allongement des racines, favorise leur ramification et assure la reprise des plants.

Parfois, lorsqu'on ne veut planter à demeure les espèces à feuilles persistantes que dans un âge un peu avancé, on leur fait subir une seconde transplantation dans la pépinière. On les laisse séjourner pendant trois ans dans le premier carré de transplantation, puis on les replace dans le second en doublant l'intervalle qui les séparait et en les enlevant en motte. On ne les plante à demeure qu'après une nouvelle période de trois ans.

Enfin, lorsqu'on voudra planter des avenues ou des boulevards avec des arbres à feuilles caduques un peu âgés, on pourra préparer ces arbres en les soumettant aussi dans la pépinière à plusieurs transplantations successives. — On opérera la première à racines nues lorsque la tige aura acquis un diamètre d'environ $0^m,05$, à 1^m du sol, et l'on raccourcira quelques rameaux pour faciliter la reprise. La seconde sera pratiquée lorsque le diamètre sera augmenté de $0^m,05$, et ainsi de suite de $0^m,05$ en $0^m,05$, jusqu'à ce qu'on ait obtenu le diamètre voulu. A partir de la seconde transplantation, les arbres sont déplacés en motte dont le diamètre augmentera avec les dimensions des arbres, ainsi que l'intervalle qu'on laissera entre eux. Ce mode de préparation des arbres est coûteux, mais le succès de leur plantation à demeure est assuré.

Transplantation en paniers. — Pour toutes les espèces d'une reprise difficile et surtout pour celles à feuilles persistantes, il est bon, particulièrement lorsqu'on ne veut les planter à demeure que dans un âge un peu avancé, de leur faire subir une transplantation en panier, deux ou trois ans avant leur plantation définitive. Pour cela on les enlève en motte de façon à conserver toutes leurs racines, puis on les place dans un panier en osier proportionné à l'étendue de la motte. Ce panier est ensuite enterré jusqu'au niveau du sol. Il en résulte que presque toutes les nouvelles racines qui se développent sont retenues dans ce panier. Celui-ci est renouvelé lorsque le moment est venu de transporter ces arbres au point où ils doivent être plantés à demeure.

Formation de la tige et de la tête des arbres de haut jet. — Les boutures que l'on a plantées dans les carrés, ainsi que les jeunes plants qu'on y a repiqués pour former des arbres de haut jet, doivent recevoir pendant leur développement certains soins destinés à imprimer à leur tige une direction convenable et à la tête des arbres fruitiers une bonne disposition.

Boutures. — Les boutures développent deux ou trois bourgeons pendant le premier été qui suit leur plantation. Au commencement de mars suivant, on choisit le plus vigoureux des trois rameaux et on le place dans une position verticale en l'attachant, au moyen d'un osier, contre le prolongement de la bouture (*fig.* 128), puis on supprime la moitié de la longueur des deux autres rameaux. Il résulte de cette opération que le rameau A, choisi pour former la tête de l'arbre, acquiert une grande vigueur. Après une nouvelle année de végétation, on coupe en B le sommet de la bouture. Si ce procédé n'imprimait pas aux boutures une végétation suffisante, on les soumettrait au recepage décrit ci-après.

Recepage des plants repiqués. — Il est bien rare que les plants repiqués, destinés à former des arbres de haut jet, se développent de façon à produire une tige droite et vigoureuse. On leur applique alors le recepage qui donne à coup sûr ce résultat. On procède ainsi :

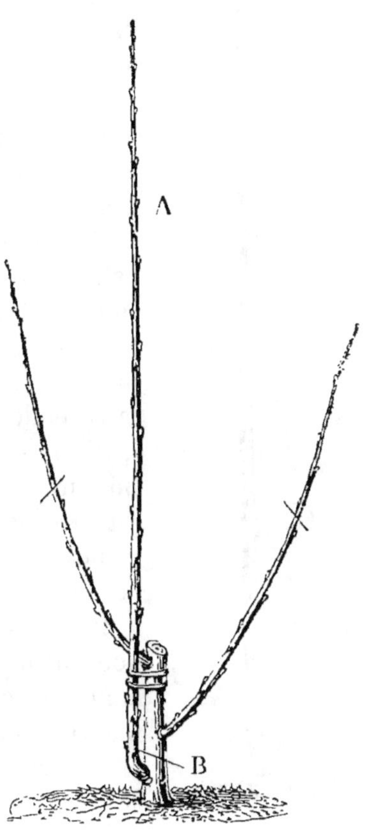

Fig. 128. Formation de la tige sur les boutures.

Après la deuxième année de végétation, vers la fin de février, on coupe la tige de tous ces jeunes plants à 0ᵐ 10 environ au-dessus du sol. Ce tronçon de tige se couvre bientôt de bourgeons vigoureux. Aussitôt qu'ils ont atteint une longueur de 0ᵐ 20 environ, on choisit le plus fort, autant que possible le plus rapproché du sol et attaché sur la tige du côté du midi. On le dresse verticalement en le fixant à l'aide d'un jonc contre le sommet du tronçon de tige. Tous les autres bourgeons sont coupés entièrement. — Le bourgeon conservé se développe avec tant de vigueur pendant ce premier été qu'il peut acquérir une longueur de 3 mètres (*fig.* 129). Au mois de février suivant, on coupe en A le sommet du tronçon de tige.

Toutefois l'opération du recepage ne pourra pas être appliquée à toutes les espèces, notamment à celles à feuilles persistantes et à quelques autres que nous indiquerons en nous occupant de leur culture spéciale. Mais tous les arbres fruitiers y sont soumis avec avantage.

Formation de la tige des arbres de haut jet. — La tige des arbres de haut jet exige quelques soins particuliers pendant son premier développement. Souvent la tige de ces arbres résultant du recepage se couvre, dès la seconde année, de rameaux latéraux dont quelques-uns, plus favorisés par la lumière ou leur position, se transforment en branches vigoureuses (A, *fig.* 130), qui disputent au rameau terminal la prééminence qu'il doit conserver pour prolonger la tige de l'arbre.

Pour empêcher le développement trop vigoureux de ces ramifications, on devra, chaque année, jusqu'à l'époque de la plantation à demeure, visiter ces arbres vers le mois de juin, et couper l'extrémité herbacée des bourgeons latéraux les plus vigoureux, c'est-à-dire ceux qui naissent dans le voisinage du bourgeon terminal (*fig.* 131). Cette mutilation suffira pour arrêter leur vigueur. Si l'on négligeait ce soin, les bourgeons seraient transformés en rameaux, puis bientôt en branches qui affameraient le sommet de l'arbre. Si cela arrivait, le seul remède serait de tordre ces rameaux, l'hiver suivant, vers les deux tiers de leur longueur, comme en B (*fig.* 130).

Il faut bien se garder de supprimer, comme on le fait quelquefois, tous les rameaux latéraux, à mesure qu'ils se dévelop-

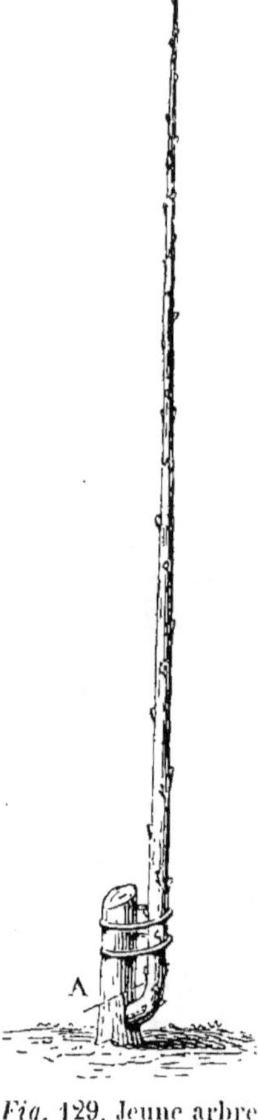

Fig. 129. Jeune arbre d'un an de recepage.

pent, sous le prétexte de favoriser l'allongement rapide de la tige. On arrive, en effet, de cette manière, à la faire croître rapidement en hauteur ; mais privée du plus grand nombre de ses feuilles, organes qui développent les filets ligneux et corticaux descendants, elle ne prend plus qu'un très-faible accroissement

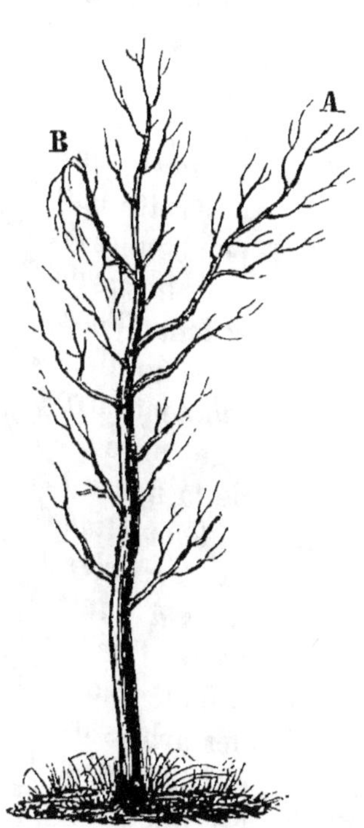

Fig. 150. Jeune arbre en pépinière avec branches latérales trop vigoureuses.

Fig. 151. Jeune pommier de trois ans de repiquage.

en diamètre, ne peut pas se soutenir d'elle-même, et l'on est obligé d'en enlever une partie lors de la plantation à demeure. On doit donc laisser les jeunes arbres continuellement garnis de petites ramifications du haut en bas (*fig.* 152), et se borner à supprimer celles qui tendent à prendre un accroissement disproportionné. C'est seulement pendant l'hiver qui précède leur plantation à demeure qu'on coupe sur l'écorce toutes les ramifications latérales sur les deux tiers inférieurs de la hauteur de l'arbre. Les petites plaies qui en résultent se cicatrisent pendant l'été suivant.

Toutefois les arbres fruitiers destinés à être greffés en tête exigent sous ce rapport quelques soins différents. Ainsi, lorsque leur tige a acquis une hauteur convenable, vers l'âge de trois ans, ou arrête leur rameau terminal à 2^m 64 d'élévation environ, puis on commence à couper rez tronc les ramifications latérales les plus grosses, à l'exception de celles qui sont placées vers le sommet. On continue cette opération pendant les deux ou trois hivers qui précèdent l'opération de la greffe, et, ce moment arrivé, la tige offre l'aspect de la figure 133.

Formation de la tête des arbres fruitiers à haute et à basse tige. — La première formation des arbres fruitiers qui ont été greffés est une des opérations les plus négligées par les pépiniéristes. Le plus souvent, ils abandonnent à lui-même

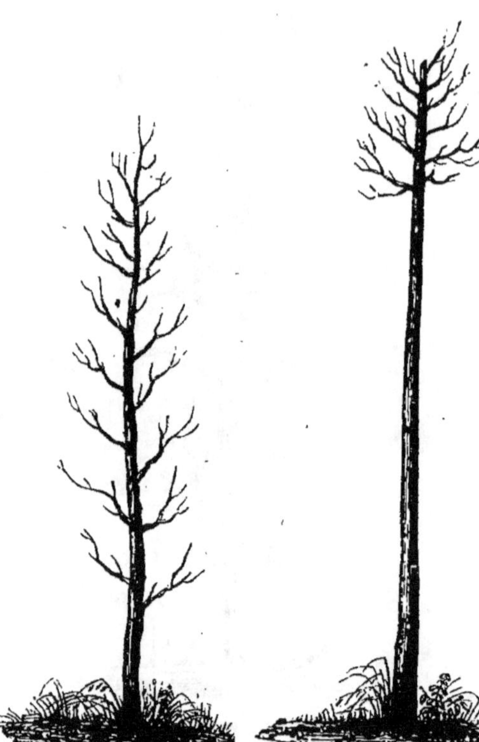

Fig. 132. Jeune arbre en pépinière avec branches latérales d'une vigueur convenables.

Fig. 133. Sujet de pommier franc en pépinière, un an avant l'opération de la greffe.

le développement de la greffe, bornant leurs efforts à ce que celle-ci acquière les plus grandes dimensions possibles dans un temps donné, sans songer à lui imprimer une forme en rapport avec la destination des arbres. Il s'ensuit que, lorsqu'on plante ceux-ci à demeure, il est impossible de leur imposer une forme régulière, à moins de supprimer la plus grande partie des ramifications de la greffe ; de là, une perte de temps et des plaies considérables toujours nuisibles à l'arbre.

La direction à donner au développement des greffes varie nécessairement suivant la forme à laquelle on veut soumettre les
arbres. S'il s'agit d'arbres à hautes tiges, voici comment on
devra procéder.

Pendant l'année de la reprise de la greffe, on veillera à ce

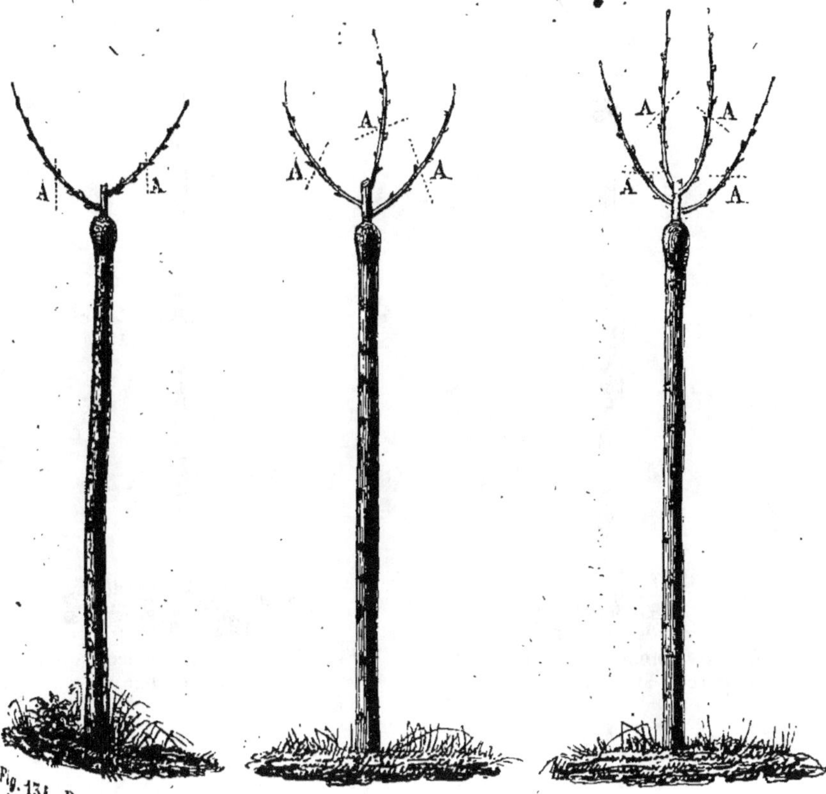

Fig. 134. Pommier d'un an
de greffe avec 2 rameaux.

Fig. 135. Pommier d'un an
de greffe avec 3 rameaux.

Fig. 136. Pommier d'un an
de greffe avec 4 rameaux.

qu'il ne se développe sur celle-ci que deux, trois ou quatre
bourgeons. S'il n'y en a que deux, ils devront être opposés
(fig. 134); s'il y en a trois, ils devront former un triangle
(fig. 135); s'il s'en développe quatre, ils devront être opposés
en croix (fig. 136). S'il en apparaît un plus grand nombre, ou
si quelques-uns sont mal placés, on arrêtera leur allongement
en pinçant leur extrémité herbacée quelque temps après la première végétation. On veillera également à ce que les bourgeons

réservés conservent la même force, et l'on pincera, vers le

Fig. 157. Pommier de deux ans de greffe avec 4 rameaux.

Fig. 158. Pommier de deux ans de greffe avec 6 rameaux.

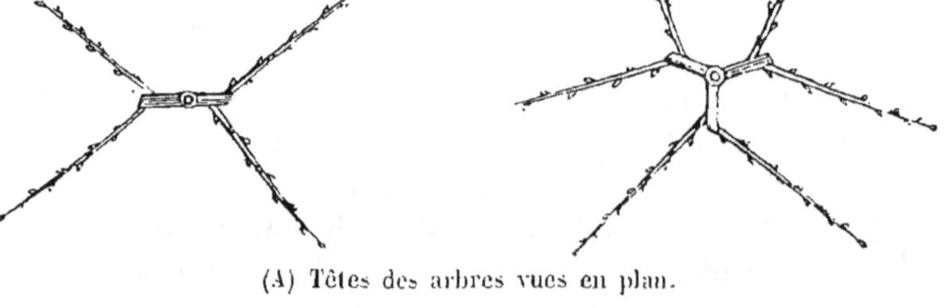

(A) Têtes des arbres vues en plan.

mois de juillet, l'extrémité herbacée de ceux qui deviendraient trop vigoureux. L'arbre présentera, à la fin de la première

...nnée de greffe, l'aspect des figures 134, 135 ou 136, selon
...e nombre des bourgeons con-
...servés.

Pendant l'hiver suivant, on
...accourcira les rameaux conser-
...és, en A, à 0ᵐ 20 environ de
...eur naissance, sur deux bou-
...ons placés de chaque côté, les-
...quels devront seuls, pendant
...'été qui suit, se développer vi-
...goureusement.

A la fin de l'été, l'arbre, com-
...posé de rameaux principaux
...d'égale force (*fig.* 137, 138,
...139), est en état d'être planté
...à demeure.

Dès que la tête des arbres
...sera composée de huit rameaux
...principaux, comme dans la fi-
...gure 139, elle aura acquis sa
...formation complète, et il n'y
...aura plus qu'à en favoriser l'ac-
...croissement. Quant à ceux dont
...la tête n'offre encore que qua-
...re ou six rameaux, c'est après
...leur plantation à demeure qu'on
...complétera le nombre des bran-
...nes principales.

On opèrera de même s'il
...s'agit de former des arbres en
...vase à basse tige.

Sur les arbres auxquels on
...veut imposer la forme en cône,
...on laissera la greffe se déve-
...lopper en ne conservant qu'un
...seul bourgeon (*fig.* 140) ; au
...mois de février suivant, on cou-
...pera cette jeune tige à 0ᵐ 50

Fig. 139. Pommier de deux ans de greffe
avec 8 rameaux.

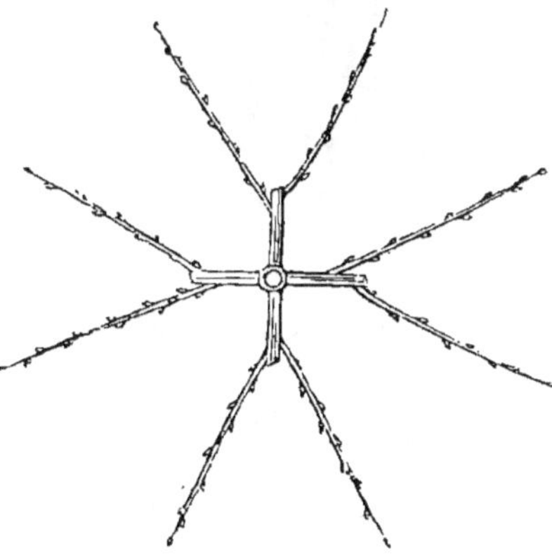

(A) Tête de l'arbre vue en plan.

...de sa naissance environ, en A ; pendant l'été, le plus grand nombre des boutons placés au-dessous de la coupe se développera ; on veillera à ce que le bourgeon terminal conserve la prééminence ; et, pour que les bourgeons latéraux présentent la même vigueur entre eux, on pincera l'extrémité herbacée de

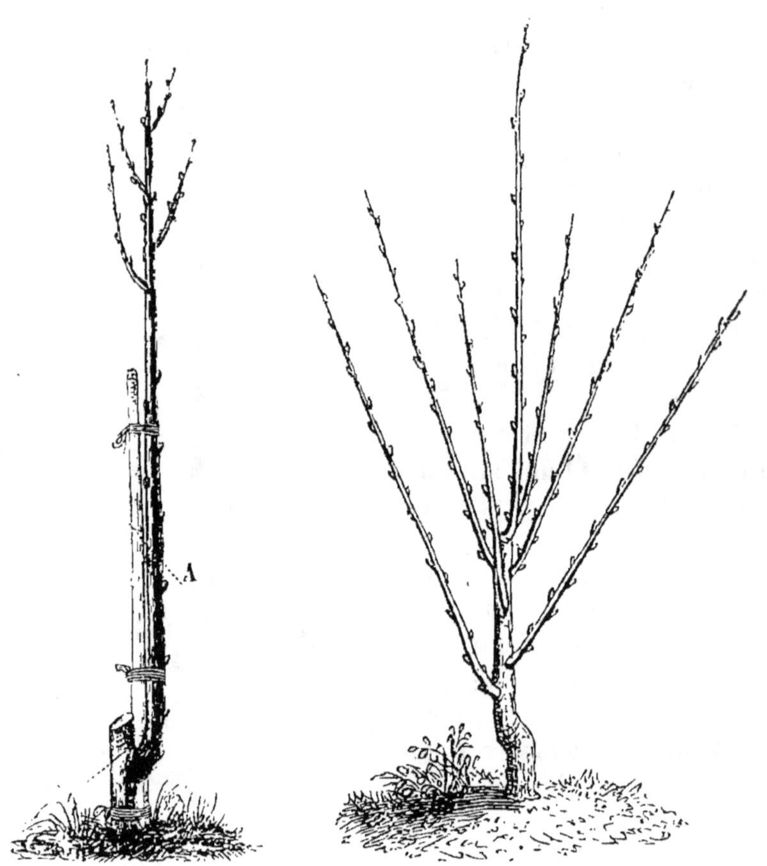

Fig. 140. Greffe en écusson, âgée d'un an, pour former un cône.

Fig. 141. Greffe en écusson, âgée de deux ans, pour former un cône.

ceux qui menaceraient de devenir trop forts. A la fin de l'année, l'arbre présentera la figure 141 et pourra être planté à demeure.

Enfin, si les arbres sont destinés à former des basses tiges pour les espaliers ou pour les contre-espaliers, on aura dû faire usage de la greffe en écusson Descemet ou double, et l'on aura placé sur chaque sujet deux ou trois écussons, comme dans les figures 142 et 143. Pendant l'été suivant, on veillera à ce que ces écussons se développent avec une égale vigueur. A la fin de l'année, on aura obtenu des arbres présentant les figures 142 et 143, selon que l'on aura posé deux ou trois écussons. On pourra appliquer à ces arbres presque toutes les formes usitées pour les espaliers ou les contre-espaliers. Les arbres arrivés à ce point devront être plantés à demeure pendant l'hiver suivant.

Soins d'entretien de la pépinière. — Ces soins d'entretien ont surtout pour but la culture annuelle du sol, la destruction des plantes nuisibles, les moyens à employer contre la sécheresse, l'application des engrais, la destruction des animaux et des insectes nuisibles, enfin les abris contre les gelées.

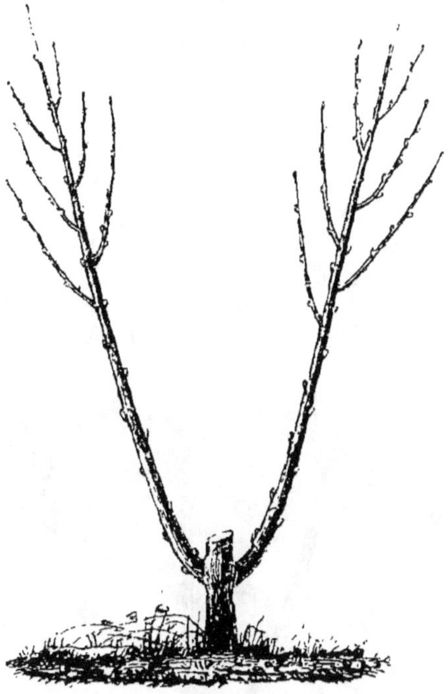

Culture annuelle du sol. — Cette opération est destinée à maintenir le sol ouvert à l'influence des agents atmosphériques.

Fig. 142. Greffe de pêcher en écusson Descemet, âgée d'un an, pour former un arbre en espalier.

Pour cela, tous les carrés et les plates-bandes de la pépinière doivent recevoir un labour chaque année vers le commencement du mois de mars. Ce labour ne doit pas être très-profond, afin que les racines des arbres ne soient pas mutilées. Il ne devra pas dépasser 0^m, 08 pour les carrés où les plants ne sont âgées que de trois ans. Il pourra pénétrer à 0^m, 15 partout où les arbres dépasseront cet âge. On devra toujours s'en abstenir sur les plates-bandes de terre de bruyère, attendu qu'on hâterait ainsi la décomposition de cette sorte de terre.

Il importera surtout de renoncer, pour exécuter les labours, à l'emploi des instruments à lame, qui couperaient une grande partie des racines. Il faudra n'employer que des instruments à

dents tels que la fourche ou trident (*fig.* 144) ou la houe fourchue (*fig.* 145).

Destruction des plantes nuisibles. — On obtient ce résultat,
pour les plantes annuelles, soit à l'aide du sarclage fait à la main,
soit au moyen du binage pratiqué pendant l'été. Quant aux plantes
vivaces à racines traçantes, on les extrait du sol à l'aide des labours dont nous ve-
nons de parler.

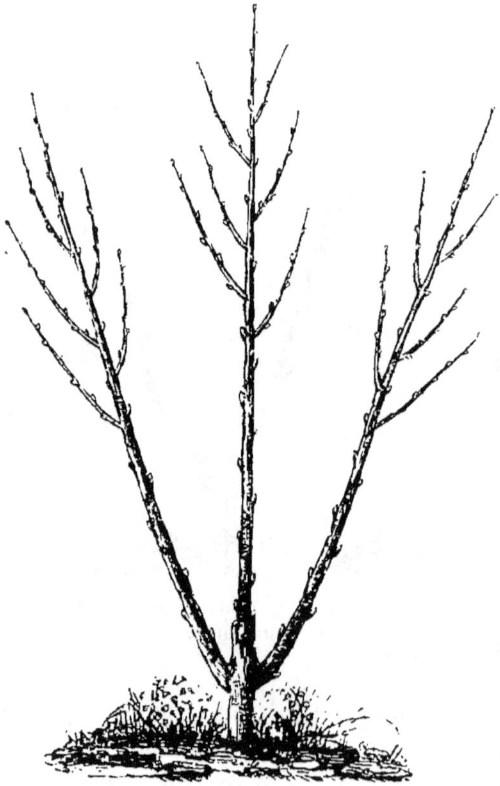

*Opérations contre
la sécheresse du sol.*
— L'une des causes qui
influent le plus défavo-
rablement sur le suc-
cès des pépinières est
la sécheresse du sol.
On empêche cet effet
de se produire à l'aide
des binages, des cou-
vertures et des arrose-
ments.

Le *binage* consiste
à remuer et à pulvéri-
ser le sol, à la profon-
deur de 0^m 05 environ, aussitôt que sa
surface commence à se
dessécher et à se cre-
vasser. On peut prati-
quer cette opération à
l'aide de la *serfouette*
ou *binette* indiquée par
la figure 146.

Fig. 145. Greffe de pêcher en écusson Descemet, âgée
d'un an, pour former un arbre en espalier.

Voici comment on explique l'influence des binages contre la
dessiccation du sol. La chaleur du soleil dessèche la terre d'autant plus profondément que celle-ci est plus affermie, parce que,
les particules qui la composent étant en contact immédiat les
unes avec les autres, celles de la surface, desséchées par les rayons
du soleil, réparent l'humidité qu'elles perdent aux dépens de
celles placées immédiatement au-dessous d'elles. Celles-ci produi-

sent le même effet sur les particules inférieures, et c'est ainsi que, de proche en proche, la sécheresse parvient à de grandes profondeurs.

A l'aide du binage, on ameublit la superficie du sol ; cette couche supérieure ainsi pulvérisée perd, il est vrai, rapidement son humidité ; mais, n'étant plus adhérente à la partie inférieure, elle ne répare plus aux dépens de celle-ci la perte qu'elle a éprouvée, et, s'interposant entre l'action du soleil et la couche

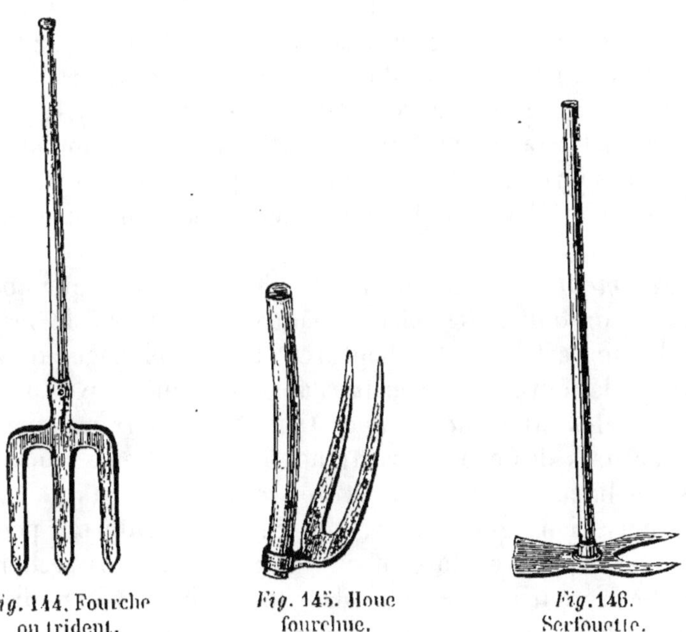

Fig. 144. Fourche
ou trident.

Fig. 145. Houe
fourchue.

Fig. 146.
Serfouette.

inférieure, elle devient un obstacle au desséchement de cette dernière. Pour maintenir cet état de choses, il faut donner un nouveau binage après chaque ondée de pluie ; car celle-ci, en mouillant la surface, lui fait contracter une nouvelle adhérence avec la couche inférieure, et détruit les effets du premier binage.

Les binages peuvent être surtout utilement employés dans les terres argileuses, qu'ils maintiennent dans un état convenable d'ameublissement. Quant aux terres légères, très-perméables déjà, et toujours trop exposées à l'évaporation, il sera plus avantageux, quand les circonstances le permettront, d'employer les *couvertures*.

Ces couvertures, que l'on pourra composer de broussailles

quelconques, de fougère ou de bruyère, de feuilles sèches, de paille en décomposition, offriront le triple avantage d'empêcher les effets de l'évaporation sur le sol, de s'opposer à la croissance des plantes nuisibles, de pouvoir être enterrées et de servir ainsi d'engrais lors de l'enlèvement des plants. Leur action sera la même que celle des binages, c'est-à-dire que, non adhérentes avec la surface du sol, elles seront un obstacle à l'action des rayons solaires. Pour les plates-bandes de terre de bruyère, il faudra n'employer que de la mousse comme couverture, sous peine de voir cette terre se décomposer rapidement par la pourriture des autres matières dont nous venons de parler.

Il sera bon de réunir ces couvertures chaque hiver, en une ligne entre les rangs d'arbres, afin d'empêcher les mulots et les souris de s'y réfugier et de ronger le pied des arbres, et aussi pour exposer à l'action des gelées les insectes nuisibles qui s'y retirent.

Arrosements. — Cette opération n'est nécessaire que pour les semis, pour toutes les plantes cultivées en terre de bruyère, pour les marcottages, les boutures et les repiquages d'espèces délicates, le tout ayant reçu préalablement une couverture pour empêcher les effets de l'évaporation. Quant aux repiquages et aux boutures des espèces rustiques et surtout aux transplantations, les binages et les couvertures seront suffisants.

Les opérations que nous venons de décrire suffiront pour défendre les pépinières du centre et du nord contre la sécheresse; mais elles seront impuissantes dans les pépinières du midi. Là il faudra avoir recours aux arrosements appliqués sous forme d'irrigation. Aussi ces pépinières ne devront être établies que là où cette opération pourra être pratiquée, et les plates-bandes et carrés devront être situés un peu au-dessous du niveau des chemins afin que les eaux puissent y être facilement amenées. — Il est difficile d'indiquer d'une manière précise la fréquence et l'abondance des arrosements en général; cela dépend du degré de perméabilité du sol et de l'intensité de la chaleur; toutefois un arrosement répété toutes les semaines pendant les grandes chaleurs sera généralement suffisant. Il sera bon d'arroser autant que possible dans la soirée.

Application des engrais. — Les divers plants obtenus dans la pépinière épuisent le sol comme toutes les récoltes que l'on demande à la terre. Il convient donc de fumer successivement les divers carrés à mesure qu'on les a vidés et avant de les charger de nouveaux plants. Cette fumure sera enterrée pendant l'hiver à l'aide d'un labour de défoncement d'environ 0^m 30 de profondeur. Les terres de bruyères ne seront jamais fumées, sous peine de les décomposer immédiatement. On se contentera de les renouveler lorsqu'elles seront usées.

Destruction des animaux et insectes nuisibles. — La plupart des espèces ligneuses ont parfois beaucoup à souffrir de certains animaux ou insectes nuisibles : les lapins, les mulots, la taupe, la courtillère, le hanneton, le puceron lanigère, etc. Nous parlerons de la destruction de ces divers animaux et insectes en traitant de la culture spéciale des diverses plantes ligneuses.

Abris contre les gelées. — Certaines espèces d'arbres et d'arbrisseaux redoutent, dans le nord de la France, pendant leur première jeunesse, l'intensité des gelées ; surtout lorsque, sous l'influence d'un été humide, les jeunes tiges sont mal *aoûtées.* Pour éviter les accidents que déterminent quelquefois les hivers rigoureux, il conviendra de répandre, au commencement de l'hiver, sur les plates-bandes où sont placés ces jeunes plants et particulièrement ceux à feuilles persistantes, une couche de feuilles sèches de 0^m 12 à 0^m 15 d'épaisseur.

Pour terminer l'exposé des principes qui doivent servir de guide dans la culture des pépinières en général, il nous reste à dire un mot de l'influence de l'alternance sur le succès de cette culture.

De l'alternance. — On entend par alternance l'art de faire alterner les diverses espèces de plantes sur le même terrain, pour tirer de celui-ci le plus grand produit aux moindres frais possibles. La grande loi de l'alternance s'applique non-seulement aux plantes herbacées, mais encore aux jeunes plants cultivés en pépinière.

La théorie de l'alternance, pour les pépinières, repose sur l'observation du fait suivant :

Si l'on cultive sans interruption la même espèce de plant dans le même terrain, la vigueur des dernières levées diminue progressivement, *quoique, avant chaque ensemencement, on ait ajouté au sol la quantité de principes fertilisants que la levée précédente y a absorbée;* mais ce sol, devenu stérile pour l'espèce qu'on y a cultivée pendant plusieurs années, peut être très-fertile pour des espèces appartenant à d'autres familles de plantes.

Cette action des jeunes plants sur le sol, action à laquelle on donne le nom d'*effritement*, ne peut être expliquée d'une manière satisfaisante que de la manière suivante : on s'est assuré que les espèces de plantes appartenant à des familles différentes n'absorbent pas dans le sol les mêmes éléments nutritifs. On sait aussi que ces éléments, résultant des engrais, ne deviennent assimilables par les plantes qu'à la suite de réactions chimiques encore peu connues qui ont lieu dans le sol et qui exigent un certain laps de temps pour s'accomplir. On conçoit d'après cela que, si la même espèce est cultivée constamment sur le même terrain et sous forme de jeunes plantes dont les racines formeront un réseau continu, l'absorption de l'élément nutritif particulièrement propre à cette espèce dépassera sa production dans le sol. Celui-ci deviendra donc relativement stérile pour cette espèce, mais pourra être fertile pour une espèce appartenant à une autre famille.

Il sera donc avantageux d'éloigner le plus possible le retour sur le même sol des mêmes espèces, des espèces du même genre ou de la même famille, et de remplacer dans le carré des semis, des repiquages, des greffes et des transplantations, chaque levée de plant par des espèces qui s'éloignent le plus possible de celles auxquelles elles succèdent. Si le nombre trop restreint des espèces cultivées dans la pépinière forçait à faire reparaître trop souvent le même plant sur le même sol, il serait plus avantageux, plutôt que d'obtenir des produits sans valeur, de cesser alternativement et périodiquement la culture des arbres sur chacune des parties de chaque carré principal de la pépinière, et de la consacrer pendant un an ou deux à la culture des gros légumes. C'est un excellent moyen de rendre la fertilité à un terrain fatigué par la culture trop souvent répétée des mêmes arbres.

DEUXIÈME SECTION

ARBRES ET ARBRISSEAUX A FRUITS DE TABLE

Nous avons donné plus haut la définition des arbres et arbrisseaux fruitiers (page 105). On partage ces espèces en trois groupes, caractérisés par le mode d'emploi de leurs produits, et par les soins particuliers que réclame leur culture. Ainsi on distingue : 1º les *arbres et arbrisseaux à fruits de table;* 2º les *arbres et arbrisseaux propres aux boissons fermentées;* 3º les *arbres à fruits oléagineux.* Nous traitons seulement ici des espèces du premier groupe et nous renvoyons pour les autres au volume spécial que nous avons consacré à leur étude. Disons d'abord un mot de la multiplication des espèces à fruits de table dans la pépinière.

PÉPINIÈRE SPÉCIALE D'ARBRES ET D'ARBRISSEAUX
A FRUITS DE-TABLE

Les arbres et arbrisseaux à fruits de table multipliés dans les pépinières appartiennent aux genres indiqués dans le tableau suivant. Ces genres peuvent être partagés en plusieurs séries caractérisées par leurs fruits. Nous avons placé, en regard de chaque genre, l'indication des divers modes de multiplication.

Les *arbres à fruits à pepins* sont tous multipliés au moyen de la greffe. Arrêtons-nous d'abord au mode de multiplication des sujets.

Les sujets de pommier et de poirier francs sont obtenus au moyen des semis. Les pepins, stratifiés, sont semés au printemps. Au bout d'un an, tous ces plants sont repiqués dans le carré des greffes. Il n'y a aucun inconvénient à retrancher une partie de la jeune tige si l'état des racines rend cette opération nécessaire, car tous ces plants sont destinés à être greffés en pied, ou à être recepés pour être greffés en tête.

Pour les arbres qui doivent former des hautes tiges, et qui sont repiqués dans des carrés spacieux, on devra toujours choisir les plus beaux plants, connus par les pépiniéristes sous le nom de *baliveaux*.

Dans l'intérêt de la formation de leur tige, les arbres qui doivent être greffés en tête sont à cet effet recepés deux ans après leur repiquage.

Quelques pépiniéristes ont récemment adopté l'usage de greffer en pied les sujets du pommier ou du poirier franc destinés à former des hautes tiges, au lieu de les receper. Ils emploient comme greffes certaines variétés de pommiers ou de poiriers d'une vigueur extraordinaire. Ils posent des écussons sur les jeunes plants, l'année qui suit celle du *repiquage*, puis ils forment la tige de l'arbre aux dépens de l'écusson. La végétation est si rapide, qu'ils gagnent quelquefois deux ans sur la formation de cette tige, que l'on greffe ensuite en tête. Nous pensons qu'on pourra très-avantageusement remplacer le recepage par ce procédé, mais seulement pour les jeunes plants les moins vigoureux.

Lors du repiquage, on aura dû, si le sol est exposé à la sécheresse, faire emploi des couvertures. Si le terrain est compacte, on remplacera les couvertures par plusieurs binages pratiqués pendant l'été. Lorsque les tiges ont atteint une hauteur et une grosseur convenables, on leur applique les soins indiqués page 200 pour les disposer à recevoir la greffe. Les sujets de cognassier, de douçain et de paradis, multipliés à l'aide des procédés que nous avons indiqués, sont repiqués dans le carré des greffes.

Les sujets de poirier franc destinés à former des arbres à haute tige sont greffés en fente ou en couronne, vers l'âge de 5 à 6 ans, à 2^m,30 de hauteur environ. Si ces greffes ne réussissaient pas, au lieu de rabattre une seconde fois le sujet, on pose, pendant l'été même, des écussons à œil dormant sur trois ou quatre des bourgeons qui se développent vers le sommet de sa tige tronquée.

Si le sol de la pépinière est un peu compacte et humide, il pourra arriver qu'en pratiquant la greffe en fente sur les arbres

SÉRIES.	GENRES.	MODE DE MULTIPLICATION DES GENRES.					MODE DE MULTIPLICATION DES SUJETS.		
		SEMIS.	MARCOTTES.	BOUTURES.	GREFFES.	SUJETS.	SEMIS.	MARCOTTES.	BOUTURES.
ts à pepins.	Poiriers.				Greffe en fente anglaise, double, Bertemboise, en écusson Vitry, ou en couronne.	Poirier franc. Cognassier.	Semis.	Marc. par cépée.	Bout. par ram.
»	Cognassiers.		Marcottage par cépée.	Bout. par rameaux.	Greffe en écusson Vitry.	Id.		Id.	Id.
»	Pommiers.				Greffe en fente anglaise, double, Bertemboise, en écusson Vitry, ou en couronne.	Pommier franc. Pommier douçain. Pommier paradis.	Semis.	Id. Id.	Id. Id.
»	Orangers.		Marcottage par étranglement.		Greffe en écusson Vitry et Jouette.	Oranger franc, bigaradier et citronnier.	Semis.		
»	Citronniers.		Id.	Bout. par rameaux.	Id.	Id.			
»	Grenadiers.		Marcott. en archet avec incis.	Bout. par rameaux.	Greffe en fente et en écusson Vitry.	Grenadier commun à fruits acides.	Semis.		
ts à osselets.	Néfliers.				Greffe en fente anglaise, double, Bertemboise, en écusson Vitry ou en couronne.	Aubépine.	Semis.		
»	Azeroliers.				Id.	Id.	Semis.		
»	Cormiers.				Id.	Id.	Semis.		
ts à noyau.	Pêchers.				Greffe en écusson Vitry, Descemet, en fente anglaise, double ou Bertemboise.	Amandier doux à coque dure et amande amère. Prunier de Damas et Myrobolaud, pêcher.	Semis. Semis.		
»	Abricotiers.				Id.	Prunier de Damas, Myrobolaud, am. et abric.	Semis.		
»	Pruniers.				Greffe en écusson Vitry, Descemet, en fente anglaise, double ou Bertemboise.	Id.	Semis.		
»	Amandiers.				Id.	Amandier doux à coque dure. Prun. de Dam. et Myrob.	Semis. Semis.		
»	Cerisiers.				Id.	Merisier. Prunier mahaleb.	Semis. Semis.		
»	Cornouillers.				Greffe en écusson Vitry.	Cornouiller mâle.	Semis.		
»	Oliviers.		Marc. en archet et par racines.	B. p. r. et p. ramées.	Greffe en écusson, en couronne, en flûte.	Olivier.	Semis.		
»	Jujubiers.		Marcottage par drageons.						
»	Pistachiers.	Semis.			Greffe en écusson Vitry.	Térébinthe Lentisque.	Semis.		
ts en baie.	Vignes.		Marcott. par incis. annulaire.	Bout. par crossette.	Greffe en fente-bouture ou en fente simple.	Vigne.		Marcottage.	Bouture.
»	Groseilliers.		Marcottage en archet.	Bout. par rameaux.					
»	Framboisiers.		Marcottage par drageons.						
»	Epines-vinettes.		Marc. en arch. et par drageons.	Bout. par rameaux.					
»	Figuiers.		Marcottage en archet.	Bout. par rameaux.			Semis.		
»	Figuiers d'Inde.			Bouture.					
ts en noix.	Noisetiers.		Marcottage en archet.						
»	Noyers.				Greffe en flûte Jeffers et en fente anglaise.	Noyer commun.	Semis.		
ts en capsul.	Châtaigniers.				Greffe en écusson Vitry, ou fente anglaise.	Châtaignier commun.	Semis.		
ts en légum.	Caroubiers.				Greffe en écusson Vitry.	Caroubier.	Semis.		

à haute tige, la suppression de la tête donne lieu à des chancres nombreux sur la tige, et cela parce que la séve très-abondante des racines, ne trouvant plus d'issues dans la tête de l'arbre, s'extravasera en perçant l'écorce. Pour éviter cet accident, on transplantera les arbres une année avant de les greffer ; leur vigueur diminuera, et on pourra les opérer sans inconvénient.

Les individus destinés à former des arbres à basse tige sont greffés en pied à l'âge de 2 ans. Les sujets de cognassier, de douçain et de paradis sont greffés en écusson Vitry, l'année même de leur repiquage, s'ils présentent assez de vigueur ; sinon, on retarde jusqu'à l'année suivante, mais alors on peut en outre leur appliquer les greffes en fente ou en couronne.

Les espèces *à fruits à osselets*, les néfliers, les azeroliers et les cormiers, sont greffées le plus souvent sur l'aubépine. On leur applique les mêmes soins qu'aux arbres à fruits à pepins greffés sur franc.

Comme les espèces précédentes, les *arbres à fruits à noyau* sont tous multipliés au moyen de la greffe. Étudions le mode de multiplication des sujets.

Les noyaux des divers sujets sont stratifiés et semés au printemps, à l'exception des amandes et des noyaux de pêches, pour lesquels on attend que la radicule ait atteint, dans la terre où on les a mis en stratification, une longueur de $0^m,03$ à $0^m,04$; c'est seulement alors qu'on les enlève avec soin, et qu'on les sème en lignes dans le carré des greffes, en les plaçant à la distance de $0^m,40$ environ. A mesure qu'on plante les amandes ou les noyaux de pêches, on rompt une partie de la radicule à peu près à la moitié de sa longueur ; cette suppression fait ramifier le pivot immédiatement, et les jeunes sujets sont ensuite transplantés avec plus de succès. Comme la racine de ces deux sujets a peu de tendance à se ramifier, et comme beaucoup de ces plants doivent être greffés l'année même de leur ensemencement, et rester deux ans à la même place, si l'on ne prenait pas le soin que nous venons de prescrire, les racines s'allongeraient beaucoup sans se diviser, et la reprise de ces jeunes arbres deviendrait très-douteuse.

Au bout d'un an de semis, tous les jeunes plants doivent être repiqués dans le carré des greffes, même les amandiers ou les pêchers qui doivent être greffés en tête. Nous exceptons, bien entendu, ceux de ces derniers arbres qui seront greffés en pied ; ceux-ci ne doivent être déplantés qu'après un an de greffe.

L'année même du repiquage, s'ils sont assez vigoureux, ou l'année suivante, tous les sujets destinés à former des arbres à basse tige, sont greffés en écusson Vitry ou en écusson Descemet, suivant la forme qu'on donnera à leur charpente. Les amandiers et les pêchers qui doivent former des pêchers à basse tige peuvent seuls être greffés l'année même de leur ensemencement. Les sujets d'amandier, de pêcher et de prunier Mahaleb ou de Sainte-Lucie ne doivent être greffés en écusson que très-tard, vers le mois de septembre. Comme la végétation de ces arbres se prolonge beaucoup, si l'on greffait au commencement d'août, les écussons seraient *noyés par la séve*, comme disent les pépiniéristes, et ne reprendraient pas. Les sujets d'amandier, de pêcher, de merisier et de prunier, qui devront former des arbres à haute tige, recevront les soins indiqués pour la formation de cette tige (p. 196), puis seront greffés en tête en employant, suivant la grosseur de la tige, les greffes en écusson, en fente, ou en couronne.

Les mêmes espèces d'arbres fruitiers à fruits à pepins ou à fruits à noyau pouvant être greffées sur des sujets différents, nous indiquerons, en traitant de la culture spéciale de chaque espèce, le choix que l'on devra faire parmi ces sujets en raison de la variété que l'on aura à greffer, du sol où les arbres seront plantés, ou de la forme qu'on voudra leur imposer.

Les diverses espèces d'*arbrisseaux à fruits en baies* se multiplient au moyen des marcottes et des boutures. Il suffit d'une année pour le développement des racines, et on les plante à demeure après ce laps de temps.

Pour les espèces *à fruits en noix*, multipliées au moyen du marcottage, on procédera au sevrage et à la plantation à demeure au bout d'un an. On suivra pour les semis, les indications données pour les amandiers. Quant à la greffe du noyer, nous renvoyons à notre article *greffe* (p. 168) pour les soins qu'exigent celles que nous conseillons pour cet arbre.

Les châtaigniers, qui forment seuls la série des *fruits en capsule*, peuvent être multipliés au moyen des semis effectués comme pour les amandiers ; mais les bonnes variétés, connues sous le nom de *marrons*, ne se reproduiraient pas avec toutes leurs qualités, et l'on est obligé de les greffer. On les greffe sur le châtai-

gnier commun, soit en pied, sur des sujets âgés de 2 ans environ
(c'est le meilleur moyen), soit en tête, lorsque la tige du sujet
est bien formée. On se sert pour cet arbre de la greffe en écusson,
et mieux, de la greffe en fente anglaise.

CHAPITRE PREMIER

CONSIDÉRATIONS ÉCONOMIQUES

La culture des arbres et arbrisseaux à fruits de table et l'usage
de leurs fruits, qui, au dire des historiens, étaient presque in-
connus dans les Gaules avant l'invasion des Romains, n'ont cessé,
depuis cette époque, de s'étendre davantage, et cet aliment est
devenu, depuis longtemps, un objet de première nécessité.

Avant l'établissement des chemins de fer en France, la culture
et le commerce des fruits de table n'avaient d'importance que
dans le voisinage immédiat des grands centres de population.
Partout ailleurs, ces produits, d'un transport difficile, auraient
manqué de débouchés, faute de voies de communication assez
rapides. Aussi, dans les localités même les plus favorables à cette
culture par leur sol et leur climat, la production des fruits était
limitée par les besoins de la consommation locale ; et dans les
années de grande abondance une partie notable de ces produits
était perdue faute de moyens d'exportation, tandis que d'autres
contrées, moins favorisées, en étaient complétement privées.

Ce fâcheux état de choses tend heureusement à disparaître.
Depuis que des voies ferrées sillonnent toute la surface de notre
territoire, les fruits sont facilement transportés des lieux de production vers les centres de consommation, situés souvent à de
grandes distances. Aujourd'hui, chacun de nos départements peut
prendre sa part des produits de tous les autres. Les pêches et les

figues de la Provence et du Roussillon arrivent à Paris et à Lille, et les pommes de l'Auvergne et de la Normandie sont consommées à Marseille.

Pour montrer le progrès rapide que fait le commerce des fruits, nous plaçons ici les chiffres suivants qui nous ont été obligeamment fournis par l'administration du chemin de fer d'Orléans. Ce chemin de fer a transporté à Paris, par la grande vitesse :

En 1852,   900 tonnes de 1000 kil. de fruits frais.
En 1858, 2,329   —   —   —
En 1864, 5,688   —   —   —
En 1865, 5,988   —   —   —

Non-seulement les chemins de fer ouvrent à nos fruits la voie du commerce intérieur, mais ils en font l'objet d'une exportation considérable. L'Angleterre, le nord de l'Allemagne, la Russie, achètent chaque année une grande partie du produit de nos vergers.

Sous cette utile influence, la culture des arbres fruitiers prend, depuis quelques années, un accroissement immense et devient une industrie nouvelle et réellement lucrative. Les plantations s'étendent sur tous les points ; les pépinières, insuffisantes, se multiplient partout, et, si l'on favorise ce mouvement en lui imprimant une direction convenable, il n'est pas douteux que notre territoire, si favorable à la production des fruits par son sol et son climat, ne devienne bientôt le jardin fruitier du nord de l'Europe. Toutefois, cette culture ne donnera des bénéfices réels qu'aux conditions suivantes :

1° Adopter pour ces arbres un mode de culture et de taille tel qu'on obtienne sur une surface de terrain donnée la somme de produit la plus considérable, et que le produit maximum soit réalisé le plus tôt possible. Pour cela, renoncer à cette culture de fantaisie adoptée par certains amateurs qui, ne voyant dans l'arboriculture qu'une distraction, se créent à plaisir des difficultés, torturent les arbres en leur imposant les contours les plus bizarres et sacrifient ainsi le fond à la forme.

2° Ne produire que des fruits de première qualité lorsqu'ils ont à franchir de grandes distances pour arriver au lieu de consommation. — En effet, ces produits, ayant une valeur intrinsèque assez élevée, pourront encore être vendus à un prix suffisamment rémunérateur, quoiqu'ils arrivent au consommateur chargés de frais de transport et d'emballage.

Si au contraire ces deux dernières dépenses, qui restent toujours les mêmes, quelle que soit la qualité des produits, s'appliquent à des fruits médiocres, il n'y aura plus proportion entre leur valeur réelle et les frais dont ils seront grevés. — Leur prix de vente sera alors insuffisant pour le producteur.

Supposons comme exemple qu'un cultivateur du Roussillon envoie de Perpignan à Paris, en juillet, 100 kil. de pêches de première qualité. Voici quel pourra être le résultat de cette spéculation :

Frais de culture.	50 fr.
Transport.	30
Emballage.	20
	100 fr.
Prix de vente.	150
BÉNÉFICE NET	50 fr.

Qu'un autre cultivateur envoie de la même région la même quantité de pêches, mais appartenant à la race dite Pavie, et dont les fruits soient petits et médiocres par suite d'absence de culture et de soins, le compte pourra dans ce cas donner les résultats suivants :

Frais de culture.	10 fr.
Transport.	30
Emballage.	20
	60 fr.
Prix de vente	50
PERTE.	10 fr.

3° Ne cultiver dans chaque localité que les sortes de fruits qui y acquièrent toutes leurs qualités sans exiger des soins minutieux. On pourra réaliser alors un bénéfice net plus élevé.

Ainsi on choisira un climat analogue à celui de l'Anjou pour la production des poires. Une atmosphère humide comme celle de la Normandie et de certaines régions de l'Auvergne sera préférée pour les pommes. La région du Midi et surtout le climat de l'olivier se prête mieux que tout autre à la production des fruits précoces, tels que raisins, fruits à noyau, figues et fraises. Ils pourront être obtenus là, sans soins très-coûteux, longtemps avant l'époque où apparaissent les produits similaires du Centre ou du Nord.

C'est donc en tenant compte de ces diverses conditions que nous allons étudier le mode de culture le plus convenable pour obtenir des arbres à fruits de table, le produit net en argent le plus élevé possible ; et ce que nous recommanderons au spéculateur conviendra également à celui qui produit pour consommer. Quand aux fantaisistes qui se préoccupent moins du fond que de la forme, ils trouveront amplement dans les principes que nous exposerons les moyens de surmonter les difficultés qu'ils voudront se créer.

Les *arbres et arbrisseaux à fruits de table* sont assez nombreux : leurs fruits présentent surtout une structure très-variée. On peut, sous ce rapport, les classer comme nous l'indiquons dans le tableau suivant :

1re Division. — Fruits à pepins. . . .
- Poiriers.
- Pommiers.
- Cognassiers.
- Orangers.
- Citronniers.
- Grenadiers.

2e Division. — Fruits à noyau. . . .
- Pêchers.
- Pruniers.
- Cerisiers.
- Abricotiers.
- Amandiers.
- Cornouillers.
- Jujubiers.
- Pistachiers.

3e Division. — Fruits en baie. . . .
- Vignes.
- Groseillers.
- Framboisiers.
- Épine-vinette.
- Figuiers.
- Figuiers d'Inde.

4e Division. — Fruits nuculaires. . . .
- Noyers.
- Noisetiers.

5e Division. — Fruits à osselets. . . .
- Néfliers.
- Azéroliers.

6e Division. — Fruits en capsule. . . Châtaigniers.

7e Division. — Fruits en légumes . . Caroubiers.

Les arbres à fruits de table sont soumis à deux systèmes de culture complétement différents au point de vue économique :

la *culture dans les vergers* et *celle dans le jardin fruitier*. Nous devons tout d'abord constater cette différence.

DES VERGERS EN GÉNÉRAL.

Les vergers sont des surfaces souvent assez étendues consacrées en même temps à la culture des arbres fruitiers et à celles d'autres récoltes. Parfois ces autres récoltes se composent de fourrages naturels, et alors on donne à ces vergers le nom de *prés-vergers* ou *vergers proprement dits*. Ils sont ordinairement clos de haies vives. D'autrefois, ces arbres sont associés, sur les terres labourées, aux céréales, aux prairies artificielles, et ces surfaces prennent alors le nom de *vergers agrestes*. Dans ces diverses positions, les arbres, plantés à de grandes distances, ne reçoivent plus après les soins de la plantation que quelques opérations destinées à les défendre de la sécheresse et à garantir leur tige de toute mutilation. On ne leur applique une sorte de taille que pendant les premières années qui suivent la plantation, et seulement pour leur donner la forme d'arbres à haute tige, et pour imposer à leur tête une disposition convenable. Ils ne reçoivent plus ensuite qu'un élagage de temps en temps, pour enlever le bois mort, empêcher la confusion qui pourrait se produire dans la tête, ou pour faire renaître de nouvelles productions fruitières vers la base des branches principales. Là se bornent les opérations à pratiquer sur ces arbres, qui profitent d'ailleurs des engrais et des façons donnés à la terre pour les autres récoltes, récoltes dont le produit vient diminuer d'autant les frais de location du sol occupé par les arbres fruitiers.

Les soins que réclament la création et l'entretien des vergers sont beaucoup moins coûteux que ceux relatifs au jardin fruitier. Mais aussi leurs produits sont loin d'être aussi abondants et d'une aussi grande valeur que ceux obtenus par ce dernier mode de culture. En effet, les vergers ne peuvent donner leur produit maximum que vers la quinzième année pour les arbres à fruits à noyau, et vers la vingt-cinquième pour ceux à fruits à pepins. Par suite de l'absence d'une taille annuelle, leur production n'est presque jamais que bisannuelle. D'un autre côté, ces arbres ne pouvant pas être abrités contre les intempéries du printemps, leur fructification est souvent détruite par des accidents. Ajoutons encore que, par suite de cette absence de taille, les fruits sont toujours moins beaux et d'une moins grande valeur que ceux du jardin fruitier. Ainsi, si ce mode de culture est peu coûteux, l'abondance et la qualité du produit laissent beaucoup à désirer.

Ce qui précède permet d'indiquer dans quelles circonstances il conviendra d'adopter ce mode de culture : ce sera dans le voisinage immédiat des grands centres de population. Les produits obtenus n'auront pas une grande valeur, mais ils coûteront peu au producteur, et les frais de transport et d'emballage étant nuls, ils seront vendus à un prix assez rémunérateur.

Nous exceptons toutefois de cette règle les vergers de pommiers qui, placés dans de bonnes conditions et donnant alors des produits au moins aussi beaux que le jardin fruitier, pourront être placés dans les mêmes conditions que ce dernier.

Ce que nous avons dit plus haut montre aussi l'étendue que l'on peut donner aux vergers. Les soins de leur culture sont tellement simples, ils exigent si peu de bras intelligents et de dépense d'entretien que leur étendue peut n'être limitée que par le degré d'importance des débouchés. Les vergers appartiennent donc essentiellement à la grande culture.

Quant à la description des opérations relatives à la création et à l'entretien des vergers, nous renvoyons pour cela à tout ce que nous avons dit de la culture des *arbres à fruits à cidre*, dans le traité spécial des *arbres et arbrisseaux propres aux boissons fermentées*. Les arbres à fruits à cidre sont cultivés dans de véritables vergers et les soins qu'ils réclament sont en tout semblables à ceux qu'exigent les espèces à fruits de table placées dans les mêmes conditions. — Toutefois, nous indiquerons plus loin, en traitant de la culture spéciale de chaque espèce à fruit de table, les soins particuliers qu'elles exigent dans les vergers.

DU JARDIN FRUITIER EN GÉNÉRAL.

La culture des arbres dans le jardin fruitier est souvent associée à celle des légumes. On donne alors à cette surface le nom de *potager-fruitier*. Parfois les arbres seuls y sont admis ; il en résulte alors le *jardin-fruitier*. Ces surfaces sont généralement restreintes et closes de murs.

Disons tout d'abord que le *potager-fruitier* présente rarement de l'avantage. Les arbres nuisent aux légumes par leur ombrage, et ceux-ci nuisent aux arbres, soit en épuisant le sol, soit par les labours multipliés que l'on est obligé de donner à la terre et qui coupent les racines, soit enfin par les arrosements fréquents qu'exigent les légumes pendant l'été, et qui font rapidement pourrir les racines des arbres, et surtout celles des espèces à fruits à noyau. Il sera donc plus convenable de séparer ces deux cultures en créant un *jardin fruitier* et un *potager* placés sur deux points différents ou réunis dans le même enclos. Ce qui suit s'applique donc spécialement au jardin fruitier.

Le jardin fruitier est un espace clos de murs souvent divisé par des murs de refend, et uniquement destiné aux arbres fruitiers. Là, les arbres, presque toujours très-rapprochés les uns des autres, sont soumis à une taille annuelle, et sont disposés soit en espalier ou en contre-espalier, soit en colonnes, en vases ou gobelets, etc. Les arbres à haut vent ou à haute tige en sont rigoureusement exclus et relégués dans des vergers.

La destination du jardin fruitier est de fournir, eu égard à son étendue, la plus grande quantité possible des fruits qui ont le plus de valeur sur les marchés, et cela avec le moins de dépense et dans le laps de temps le plus court. Si le produit de ce jardin doit être consommé par celui qui fait cultiver, il faut y planter un choix d'espèces et de variétés telles, que, l'époque de leur maturité se succédant sans cesse, on puisse manger de leurs fruits pendant toute l'année.

Les frais de création et d'entretien du jardin fruitier sont beaucoup plus élevés à surface de terrain égale que ceux relatifs aux vergers. Il faut en effet défoncer profondément presque toute la surface, construire des murs de clôture ou de refend pour les espaliers, des supports pour les contre-espaliers, établir des treillages, acheter des arbres beaucoup plus nombreux que pour les vergers. Il faut en outre, comme entretien, soumettre ces arbres à une taille annuelle et minutieuse, soit en hiver, soit en été. Il faut encore, et surtout, abriter ces arbres contre les intempéries du printemps, puis donner au sol plusieurs façons annuelles et le fumer convenablement.

Mais aussi les produits du jardin fruitier sont plus abondants, meilleurs, et d'une plus grande valeur que ceux des vergers. Les arbres, soumis aux formes rationnelles que nous recommandons plus loin, peuvent donner leur produit maximum vers la sixième année après la plantation. S'ils sont convenablement taillés, leur produit pourra être presque égal chaque année, surtout si on les abrite contre les gelées tardives. Enfin, par suite de l'ensemble de ces soins, les fruits sont plus beaux et meilleurs. Ce mode de culture, qui consiste à appliquer une grande somme de travail et un capital élevé à un petit espace, peut être comparé à ce que l'on appelle, en agriculture, *culture intensive*. La même dépense et la même somme de travail, appliquée à de grandes surfaces, produira la *culture extensive*; c'est ce qui a lieu pour les vergers. Or, les résultats que donnent en agriculture ces deux systèmes de culture se produisent également dans l'arboriculture, c'est-à-dire que le capital et la somme de travail employés donnent un intérêt d'autant plus élevé qu'on les applique à une surface plus restreinte.

Ces caractères distinctifs du jardin fruitier vont nous permettre d'indiquer bientôt dans quel cas il convient d'établir ce mode de culture au point de vue de la spéculation.

CHAPITRE DEUXIÈME

CRÉATION DU JARDIN FRUITIER

Pour produire les résultats dont nous avons parlé plus haut, le jardin fruitier doit être soumis à certaines conditions qui se rapportent surtout : 1° au choix d'un emplacement convenable; 2° au mode de clôture de cet emplacement; 3° à la distribution du terrain; 4° à sa première préparation; 5° enfin au choix des espèces et variétés d'arbres à planter. Examinons successivement ces diverses conditions.

Choix d'un emplacement convenable. — Lors de l'établissement d'un jardin fruitier, conçu au point de vue de la spéculation, il faut que l'emplacement choisi remplisse les conditions suivantes :

Facilité des débouchés pour la vente des produits. — Le jardin fruitier doit être situé dans le voisinage d'un grand centre de population, ou à proximité d'une gare de chemin de fer dont l'éloignement d'un grand marché sera tel que les frais de transport et d'emballage laissent au producteur un bénéfice suffisant. Dans le cas contraire, les frais de transport trop élevés venant s'ajouter au prix de la culture, la vente des produits laissera le cultivateur en perte.

Climat. — Il conviendra aussi de placer le jardin fruitier sous l'influence du climat le plus favorable à la végétation et à la fructification. Si l'on a à redouter des hivers trop rigoureux, des froids tardifs habituels, une chaleur insuffisante en été, on sera obligé d'avoir recours à des moyens coûteux pour soustraire les arbres à ces influences. La récolte sera peu abondante, et, le prix de vente restant le même, il en résultera une mauvaise spéculation.

Nature du sol. — On se rappelle ce que nous avons dit de l'influence des différentes sortes de terre sur la végétation des arbres fruitiers. On sait que les terres très-argileuses retiennent une grande quantité d'humidité, que les arbres fruitiers y poussent avec vigueur, mais donnent peu de fruits, et que ces fruits, sans parfum, ne peuvent être conservés longtemps. On sait encore que, dans des terres très-légères, ces mêmes arbres se développent lentement, qu'ils se chargent d'un grand nombre de fruits très-savoureux, mais très-petits, et que l'arbre, épuisé par cette abondante production, devient languissant et périt bientôt.

Afin d'éviter ces deux écueils, on devra choisir un sol de consistance moyenne, silicéo-argileux ou argilo-calcaire, et qui offre une profondeur d'au moins 1$^\mathrm{m}$,50, afin que les racines ne soient pas arrêtées dans leur allongement ou qu'elles ne soient pas exposées à une humidité trop grande occasionnée par l'eau retenue dans la couche inférieure.

Exposition. — Comme tous les arbres que le jardin fruitier est destiné à recevoir ne demandent pas la même exposition, on pourra adopter indifféremment le sud ou l'est. L'exposition de l'ouest ou du couchant est moins favorable, en raison des vents violents qui soufflent de ce côté, déchirent les fleurs, font tomher les fruits avant leur maturité, ou enfin à cause des pluies violentes qui, chassées sur les fleurs, nuisent à la fécondation en les faisant couler.

L'exposition du nord est toujours mauvaise. Pendant l'hiver, les arbres délicats, tels que le pêcher, y souffrent beaucoup de l'intensité du froid, et, au printemps, les fleurs des espèces à fruits à noyau, exposées à des vents secs et desséchants, sont souvent altérées.

Néanmoins on pourra encore, à l'aide d'abris, tirer parti de ces emplacements. Ces abris, composés de plantations d'arbres très-élevés, à feuilles persistantes, serviront de rideau du côté où le jardin est ouvert aux vents nuisibles.

Position. — La position influe encore sur le choix du terrain. Les vallées humides qui reçoivent des rivières sont sujettes à des brouillards froids qui font couler les fleurs, et à des gelées tardives du printemps plus dangereuses encore. Les endroits élevés, tels que les plateaux qui couronnent les montagnes, ne présentent pas ces inconvénients ; mais la température y est ordinairement trop froide, et la violence des vents y tourmente les arbres. C'est au pied des collines, c'est dans les vallons secs, dans les plaines abritées, qu'on doit, de préférence, établir un jardin fruitier.

Étendue de l'emplacement. — Les opérations qu'exigent les arbres du jardin fruitier demandent tant de précision et de perfection, qu'elles ne peuvent être pratiquées que par une main exercée et directement intéressée au succès de cette culture. Les gros travaux, tels que les labours, l'application des engrais, les binages ou les couvertures pendant l'été, etc., sont les seuls qu'on puisse confier à des aides. Or, si l'étendue du jardin fruitier est telle, que le cultivateur ne puisse pas exécuter lui-même toutes les opérations de la taille, il en résultera ceci : ou bien il se fera seconder par des ouvriers d'une capacité insuffisante, et alors le travail sera mal fait ; ou bien il trouvera des aides assez instruits, mais il n'obtiendra leur travail qu'à un prix tellement élevé, que ses bénéfices deviendront presque nuls ; d'où il faut conclure que l'étendue du jardin fruitier devra être telle que celui qui le dirige puisse exécuter lui-même les opérations les plus importantes de cette culture. L'expérience nous a démontré qu'un homme actif et intelligent peut suffire aux opérations de la taille d'hiver et d'été d'un jardin fruitier d'environ 1 hectare. On voit que le jardin fruitier appartient à la petite culture.

Tout ce que nous venons de dire à l'égard du choix d'un emplacement s'applique au cas où il s'agit de produire des fruits pour la vente, et afin que cette spéculation puisse donner des bénéfices suffisants. Partout où ces conditions ne pourront pas être remplies, il y aura plus d'avantage à s'en tenir à la culture moins coûteuse des vergers, si l'on est placé dans le voisinage immédiat d'un grand centre de consommation.

Mais, s'il s'agit d'un jardin fruitier dans la création duquel la spéculation n'entre pour rien, on pourra être d'autant moins difficile sur le choix de l'emplacement, que ce jardin devra nécessairement être établi sur un des points du domaine de celui qui le fait créer. Dans ce cas, il faudra songer souvent à surmonter les influences fâcheuses qui pourront résulter du climat, de la mauvaise qualité du sol ou de l'exposition du terrain. Ce ne sera qu'à l'aide de moyens parfois coûteux ; mais il faut avant tout obtenir des fruits de bonne qualité, sans trop se préoccuper de leur prix de revient. Et d'ailleurs le propriétaire devra mettre en ligne de compte la jouissance qu'il aura de cultiver et de consommer ses produits, ce que ne peut compter le spéculateur. Nous indiquerons successivement les procédés convenables pour surmonter ces difficultés. Quant à l'étendue à donner au jardin fruitier des propriétaires, elle doit être beaucoup plus restreinte qu'on ne le fait habituellement. Un jardin fruitier établi comme nous l'indiquons plus loin et occupant une surface de 5000 mètres carrés suffit pour une maison de 12 personnes, maîtres et domestiques consommant des fruits pendant toute l'année. Avec les anciens modes de culture, il aurait fallu le double de cette surface pour obtenir le même résultat et les produits eussent été moins beaux.

Des clôtures. — L'emplacement ayant été déterminé, on doit songer à l'enclore. Cette clôture est indispensable pour soustraire au maraudage les produits de ce jardin qui ont une assez grande valeur.

Parmi les divers modes, les murs sont certainement celui qu'on doit préférer, en raison des arbres en espalier qu'ils peuvent recevoir, parce qu'ils servent d'abri au terrain enclos, enfin parce que c'est le mode de clôture le plus solide.

Lors de la construction de ces murs, on doit examiner successivement : 1° la meilleure exposition à leur donner ; 2° l'étendue qu'ils doivent avoir ; 3° leur élévation ; 4° la saillie à donner aux chaperons ; 5° la couleur de leur surface ; 6° les matériaux à employer pour la construire ; 7° le mode de palissage.

Exposition des murs. — Si l'on n'est pas gêné par le voisinage, on donnera au jardin fruitier la forme d'un parallélogramme rectangle. Les murs seront orientés de façon à ce que les plus longs soient dirigés du sud au nord (*fig.* 154, 155 et 156). Il en résultera que les faces intérieures de ces murs seront exposées à l'est, à l'ouest, au sud et aussi au nord, mais cette dernière exposition, sur une longueur très-restreinte ; expositions qui sont toutes bonnes, pourvu qu'on sache choisir pour chacune d'elles les espèces d'arbres qui s'en accommodent le mieux.

Lorsqu'il s'agira du climat du Nord ou de la région moyenne, et que l'on ne sera pas propriétaire du terrain environnant, il conviendra de rentrer à 5 mètres de la limite de la propriété les murs qui, du côté extérieur, présentent la meilleure exposition, est, ouest et sud, ainsi que nous l'avons indiqué dans les figures 154 et 155. Cela permettra d'utiliser ces expositions en y plaçant des arbres en espalier. Lorsqu'on sera propriétaire du terrain environnant, on ne devra pas négliger d'utiliser ainsi la face extérieure de ces murs, ce sera d'autant plus facile alors, qu'on pourra le faire sans restreindre l'étendue du terrain enclos. Dans tous les cas, ces espaliers extérieurs seront défendus de l'approche des maraudeurs par une haie vive (1, *fig.* 154; Q, *fig.* 155).

Étendue qu'il convient de donner aux murs. — L'étude toute spéciale que nous avons faite des divers climats de la France au point de vue de la culture des arbres fruitiers nous a montré que l'importance des murs pour le jardin fruitier varie beaucoup suivant la température habituelle de la contrée. On peut, à cet égard, partager notre territoire en trois grandes régions :

1° La région du Nord. — Là, les intempéries du printemps et l'insuffisance de chaleur en été s'opposent à la culture de la vigne en plein air. La plupart des meilleures espèces d'arbres fruitiers ne donnent en plein air que des produits inconstants et de médiocre qualité. Le pommier et quelques variétés précoces de poiriers sont les seuls qui supportent ces influences. Pour toutes les autres espèces ou variétés, l'espalier est le seul moyen d'assurer les récoltes et de leur donner une qualité passable. Ce climat du Nord résulte non-seulement du degré de latitude, mais aussi de l'altitude ; ainsi, on retrouve ces mêmes conditions dans le Midi en s'élevant assez au-dessus du niveau de la mer.

On comprend que dans cette région du Nord les murs jouent un rôle très-important dans le jardin fruitier, et qu'il faut les y multiplier le plus possible. Pour cela, il faudra partager l'intérieur du jardin au moyen de murs de refend (*fig.* 154) placés à 6 mètres d'intervalle, afin qu'ils ne s'ombragent pas réciproquement.

2º La région moyenne. — Ce climat, compris entre la région du Nord et celle du Midi, est caractérisé par la présence du vignoble. Là, il convient de faire une part à peu près égale entre les arbres en espalier et ceux en plein air. Pour cela, on établit un mur de refend au milieu du jardin, comme l'indique la figure 155.

3° La région du Midi. — Ce climat est caractérisé par la présence de l'olivier. Là, toutes les espèces doivent être cultivées en plein air. Les espaliers les soumettraient à l'action d'une température trop élevée. Aussi les murs n'ont d'utilité dans cette région qu'au point de vue de la clôture. On doit donc se contenter d'en entourer le jardin, comme le montre la figure 156.

Hauteur des murs. — Les murs de clôture et ceux de l'intérieur devront avoir une hauteur de 3 mètres ou au moins de 2^m,50. Cette élévation permettra d'obtenir le produit maximum des arbres qui y seront palissés vers la sixième année après la plantation. Si les murs ont moins de 2^m,50, il faudra attendre ce produit maximum pendant 16 ou 18 ans, pour la plupart des espèces d'arbres fruitiers, et cela par suite de la forme qu'on sera obligé de donner à la charpente de ces arbres.

Disposition des chaperons. — Les murs seront recouverts d'un chaperon offrant une saillie moyenne de 0^m,10, faite en forme de larmier. Cette saillie empêchera les eaux des pluies de descendre le long du mur, de le dégrader, et de pourrir le treillage. Les murs destinés à la vigne doivent seuls présenter un chaperon dont la saillie varie entre 0^m,25 et 0^m,35, suivant l'élévation des murs ; nous en excepterons toutefois le climat de l'olivier.

Quelques cultivateurs conseillent un chaperon beaucoup plus

saillant, afin de préserver les arbres de l'influence de gelées printanières en écartant l'humidité des pluies et des brouillards qui séjourne près des boutons, s'y congèle et les font avorter ; de plus, en privant le sommet de l'arbre d'une partie de l'influence de la lumière, ces chaperons diminuent, vers ce point, la rapidité de la végétation : la séve est alors attirée en plus grande abondance vers le centre et la base de l'arbre, qui se développent avec plus de vigueur. Mais, à côté de ces avantages, un chaperon très-saillant a l'inconvénient grave de rendre le sommet de l'arbre malade et improductif, sur une hauteur de 0^m,40 environ. D'un autre côté, les arbres qui sont exposés au midi et au levant souffrent d'être privés de l'influence bienfaisante des pluies et des rosées de l'été. Enfin, nous verrons plus loin qu'on peut facilement remplacer les chaperons très-saillants par des abris mobiles, qui présenteront les mêmes avantages sans en offrir les inconvénients.

Couleurs des murs. — Les murs doivent-ils, pour favoriser la végétation des arbres qui y sont palissés, avoir une couleur blanche ou une couleur noire ? Cette question est agitée depuis longtemps.

Il est bien reconnu que les surfaces blanches réfléchissent la chaleur, mais ne s'en imprègnent pas ; d'où il suit qu'aussitôt que le soleil a abandonné un mur de couleur blanche celui-ci est refroidi. Au contraire, la couleur noire absorbe la chaleur pendant le jour et la renvoie pendant la nuit sous forme de calorique rayonnant ; d'où l'on devrait conclure que les murs d'espalier devraient être de couleur noire. Toutefois des expériences directes étaient nécessaires pour résoudre cette question d'une manière certaine. Le temps nous a manqué pour prolonger assez celles que nous avions entreprises dans ce but. Mais M. Vuitry, ancien député, qui consacre ses loisirs au progrès de l'arboriculture, nous a communiqué récemment les expériences qu'il a tentées et qui ne laissent aucun doute sur le choix qu'il convient de faire pour la couleur à donner aux murs d'espalier.

Il a constaté : 1° que, pendant le jour, un thermomètre placé la face tournée contre un mur blanc, à une distance de ce mur égale à celle qui existe ordinairement entre les arbres et le mur, c'est-à-dire à 0^m,03, a constamment accusé une température de trois degrés en moyenne plus élevée qu'un thermomètre semblable placé de la même façon contre un mur noir identiquement semblable d'ailleurs au premier.

2° Que, pendant la nuit, la différence de température accusée par les deux thermomètres ainsi placés est inappréciable.

Contrairement à l'opinion admise par quelques personnes, il paraît donc évident qu'il faut blanchir les murs quand on veut donner à des arbres en espalier le *maximum* de chaleur que comportent le climat et l'exposition. C'est du reste ce qu'ont toujours fait les cultivateurs de Montreuil pour les pêchers, et de Thomery pour la vigne ; car ils ont remarqué que les arbres palissés contre des murs blancs sont mieux portants que ceux appliqués sur des surfaces plus ou moins colorées. Ce résultat s'explique facilement, puisque non-seulement la couleur blanche les soumet à une température plus élevée, mais qu'ils reçoivent ainsi une plus grande somme de lumière, et nous savons combien ces deux agents stimulent la végétation.

La couleur blanche des murs offre d'ailleurs cet autre avantage pour les murs rapprochés que nous avons conseillé pour la région du Nord : c'est que ces murs se renvoient ainsi mutuellement la lumière par le rayonnement, et cela au profit des arbres.

Matériaux pour la construction des murs. — On emploiera pour la construction des murs les matériaux qu'on trouvera sur place. Toutefois, pour diminuer la dépense dans une très-grande proportion, et aussi dans l'intérêt de la santé des arbres, il conviendra de remplacer la maçonnerie proprement dite par du *pisé*, comme cela a lieu dans le Lyonnais et dans la Champagne, ou en terre comme on le fait en Normandie et dans la Picardie. Ces murs, auxquels on donne une épaisseur de 0^m,40, sont pourvus d'un soc en maçonnerie de 0^m,50 de hauteur, et de place en place ainsi qu'aux angles, de chaînes, aussi en maçonnerie, pour en assurer la solidité. Quels que soient les matériaux employés, les murs devront être bien crépis afin d'empêcher les animaux rongeurs ou les insectes nuisibles de se loger dans les cavités.

Mode de palissage. — Un autre point à examiner, lors de la construction des murs d'espalier, c'est le mode de palissage auquel il conviendra de donner la préférence.

1° *Palissage à la loque.* — Ce mode d'opérer est le plus convenable, en ce qu'il permet de pratiquer le dressage des branches de la manière la plus parfaite. Il consiste dans l'emploi de fragments d'étoffe de laine (A, *fig.* 147), de 0^m,04 à 0^m,06 de long sur 0^m,03 environ de large. On les plie en deux, puis, prenant la branche dans la boucle, on fixe les deux extrémités de la

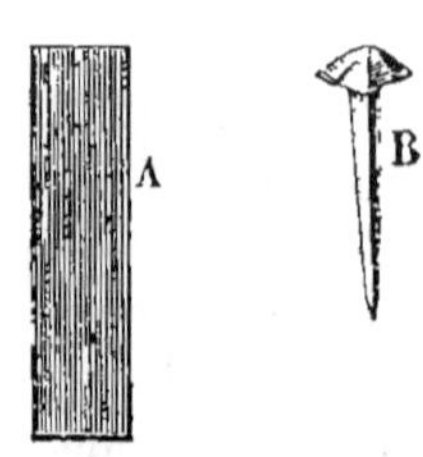

Fig. 147.
Loque pour le
palissage.

Fig. 148.
Clou pour le
palissage.

loque contre le mur à l'aide d'un clou (*fig.* 148 et 149) à pointe un peu obtuse et d'une longueur de 0^m,03 à 0^m,05. Ces clous sont enfoncés à la profondeur de 0^m,04 environ à l'aide d'un marteau (*fig.* 150) dont la tête A, fendue, fait l'office de tenaille lors du dépalissage. Les cultivateurs de Montreuil, près Paris, réunissent les loques, les clous et le marteau, dans un petit panier (*fig.* 151)

qu'ils fixent devant eux à l'aide d'un ceinturon en cuir A. Les loques peuvent servir plusieurs fois ; chaque année, après le dépalissage, on les fait bouillir dans l'eau afin de détruire les

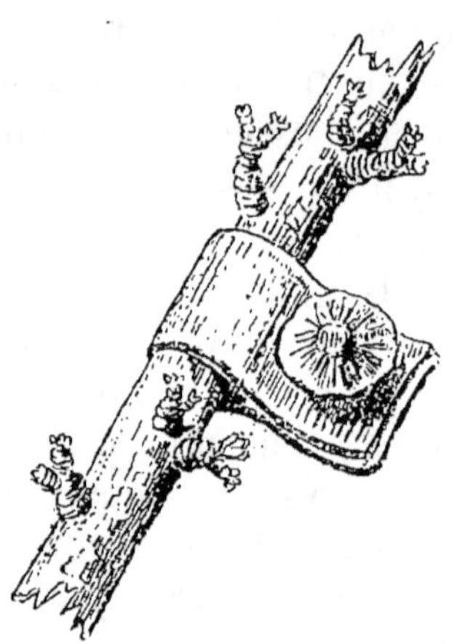

Fig. 149. Palissage à la loque.

œufs des insectes nuisibles qu'elles renferment souvent en très-grande quantité. Ce mode de palissage exige malheureusement un mur couvert, sur toute sa surface, d'une couche de plâtre d'au moins 0^m,03 d'épaisseur, afin que les clous puissent être enfoncés sur tous les points sans obstacle. Dans les localités où cet enduit de plâtre ne résisterait pas à l'humidité atmosphérique, ou dans celles où l'emploi de cette matière donnerait lieu à une dépense trop élevée, on sera obligé d'avoir recours au palissage sur treillage, et ce sera le cas le plus habituel.

2° Le *palissage sur treillage* se pratique en fixant, à l'aide de ligatures, les rameaux et les branches sur un treillage établi contre le mur. Le plus grave inconvénient que présente ce mode d'opérer est de nécessiter des ligatures qui nuisent à la végétation en comprimant les parties et en faisant naître des étranglements. Lorsqu'on sera obligé de l'employer, on devra opter entre les treillages en fil de fer et ceux en bois.

Nous avons eu longtemps de la prévention contre les treillages en fil de fer. Nous craignions que, pressés par les ligatures contre les branches et les rameaux, ils n'y déterminassent des blessures ; mais, après avoir examiné avec attention des pêchers ainsi palissés depuis plus de douze ans, nous avons reconnu que nos craintes n'étaient pas fondées. On peut d'ailleurs prévenir cet inconvénient en faisant faire un tour complet à la ligature, de façon à empêcher tout contact entre le rameau et le fil de fer.

Les treillages en fil de fer offrent d'ailleurs sur les treillages en bois l'avantage d'une très-grande économie. On devra donc

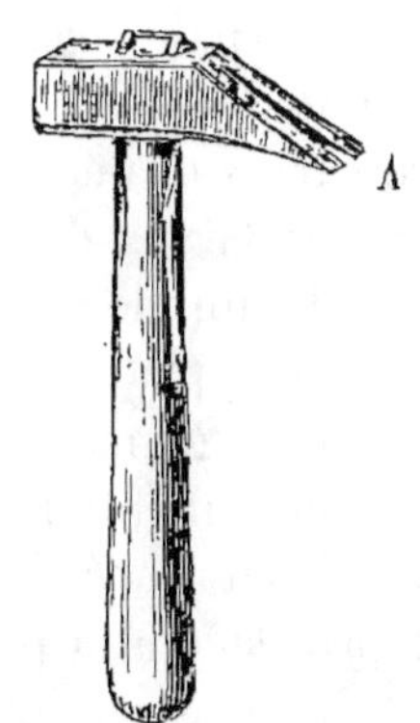

Fig. 150. Marteau à palisser.

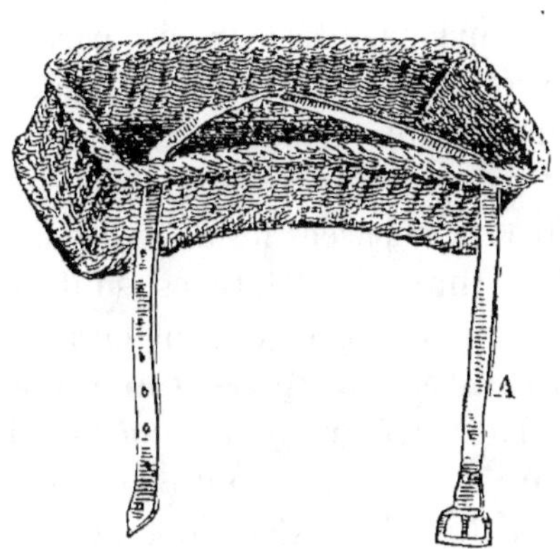

Fig. 151. Panier à palisser.

les préférer dans la plupart des cas. La disposition des treillages devant varier suivant la forme que l'on donne à la charpente des arbres, nous indiquerons plus loin cette disposition en nous occupant de la culture spécial de chaque espèce.

Distribution du terrain. — Les murs ayant été construits et garnis de leur treillage, on passe à la distribution du terrain.

On comprend que cette distribution est déterminée par la position des murs, d'où il suit qu'elle doit varier suivant les régions climatériques indiquées plus haut.

1° Pour le jardin fruitier de la région du Nord (*fig.* 154).

Les plates-bandes d'espalier auront 2 mètres de largeur, ainsi que le chemin qui les sépare. Il n'est pas possible de diminuer ces largeurs, car il n'y aurait plus une distance suffisante entre les murs. On utilise d'ailleurs l'excédant des plates-bandes en plantant sur le bord de chacune d'elles une ligne de pommiers paradis disposés en cordon horizontal.

2° Pour le jardin fruitier de la région moyenne (*fig.* 155).

Une plate-bande de 2 mètres de largeur est établie en avant de chacun des murs, et en avant de ces plates-bandes un chemin large aussi de 2 mètres. Une ligne de petits pommiers disposés en cordon horizontal est établie sur le bord de chacune de ces plates-bandes, à 0ᵐ 25 du bord des chemins.

La surface intérieure du jardin se trouve ainsi divisée en quatre carrés. Ceux-ci sont partagés en plates-bandes, J, K, L, M, larges de deux mètres et séparées par des chemins de 1 mètre.

3° Pour le jardin fruitier du climat du Midi (*fig.* 156).

La surface intérieure est partagée en quatre parties égales au moyen de deux chemins de 2 mètres de largeur, qui se coupent à angle droit au centre. Chacun des quatre carrés qui en résultent est partagé en une série de plates-bandes larges de deux mètres et séparées les unes des autres par un chemin de 1 mètre.

Les murs de clôtures sont accompagnés de plates-bandes larges de 1ᵐ 50 et offrant en avant un chemin de 2 mètres.

Première préparation du sol. — L'emplacement du jardin fruitier étant déterminé, sa distribution étant tracée sur le terrain et les murs étant construits, on doit procéder à la préparation du sol. — Cette opération a pour but de favoriser le plus possible la plus prompte et vigoureuse végétation des arbres. Pour cela il convient de l'*assainir*, lorsque cela est nécessaire, de l'*ameublir* dans tous les cas, et souvent de l'*amender* et de le *fumer*.

Assainissement du sol. — L'une des causes d'insuccès le plus à redouter pour la culture des arbres fruitiers est incontestablement l'imperméabilité des couches inférieures du sol, qui, retenant l'eau à leur surface, entretiennent une humidité surabondante dans le voisinage des racines. Celles-ci, privées du concours de l'air atmosphérique, pourrissent, et les arbres périssent bientôt. Il faut donc, avant tout, lorsque ces circonstances se présentent, assainir, égoutter le terrain au moyen du *drainage*, qui aère le sol en même temps qu'il lui enlève son humidité surabondante. Nous n'avons pas à décrire ici les divers modes d'assainissement ou de drainage du sol. Il nous faudrait écrire un traité spécial. Nous renvoyons donc aux livres écrits sur cette matière, et nous engageons les propriétaires à s'adresser, pour ce travail, aux entrepreneurs de drainage établis aujourd'hui dans presque tous les départements.

Souvent on a voulu remplacer le drainage de toute la surface du sol par l'opération suivante : on a ouvert pour chaque arbre des trous profonds de 1 mètre à 1^m 50 ; puis on a placé au fond de chacun d'eux un lit de pierres bien tassées, épais de 0^m 40 et recouvert d'une couche de terre de 0^m 20, sur laquelle on a placé les racines de l'arbre. On a cru empêcher ainsi les racines de s'allonger jusqu'à la couche de terre imperméable et de souf-frir de l'humidité surabondante qu'elle retient. Mais l'expérience est venue constamment démontrer que ce procédé est inefficace. En effet, si le lit de cailloux est placé à la surface de la couche imperméable, l'humidité qui s'y accumule s'élève dans les cail-loux et se trouve bientôt en contact avec les racines. Celles-ci, continuant d'ailleurs de s'allonger en rampant sur les pierres, finissent par les dépasser ; elles plongent alors et retrouvent cette humidité stagnante dont on voulait les préserver. Si, au contraire, on entame plus ou moins profondément la couche imperméable et qu'on place au fond le lit de cailloux, l'humidité s'accumulera dans cette excavation sans issue, s'élèvera jusqu'au niveau de cette couche imperméable, et les racines des arbres seront en quelque sorte placées dans un bain de pieds. Nous ne saurions trop engager à substituer à cette méthode vicieuse le drainage de toute l'étendue du terrain.

Ameublissement du sol. — Ce que l'on veut obtenir de l'a-meublissement du sol dans le jardin fruitier, c'est qu'il devienne perméable à l'air et aux racines le plus profondément possible, afin que celles-ci puissent s'y étendre et s'y enfoncer sans obsta-cle jusqu'au degré de profondeur le plus convenable pour leur végé-tation, eu égard à la nature particulière du terrain et au climat.

Ce travail, l'un des plus importants pour le succès de cette culture, est presque toujours fait d'une manière insuffisante. Aussi le développement et la durée des arbres en souffrent-ils ; car ils sont presque toujours en raison directe de l'extension que peuvent prendre les racines, et par conséquent, du soin que l'on a mis à bien préparer le terrain.

La condition essentielle à remplir à cet égard, c'est de donner à cet ameublissement un degré de profondeur convenable. Ce point est déterminé par la nature du sol et par le climat. Il faut que les racines puissent s'enfoncer assez pour échapper à l'action de la sécheresse, tout en continuant de recevoir l'action de l'air atmosphérique ; d'où il résulte que l'ameublissement devra être plus profond dans les terrains légers, siliceux ou calcaires, que dans les sols compactes. Dans les premiers, en effet, les racines auront besoin de s'enfoncer davantage pour trouver la dose d'humidité qui leur est nécessaire, et elles continueront cependant de recevoir l'influence de l'air, qui, dans ces sortes de terres, se fait sentir à une grande profondeur.

Dans les seconds, au contraire, moins perméables à l'air, les racines ont besoin de rester plus près de la surface du sol, où elles trouvent d'ailleurs une humidité suffisante dans ces sortes de terrains.

Voici la règle à suivre à cet égard : pour toutes les contrées situées en dehors du climat du Midi, cet ameublissement devra pénétrer à 1 mètre de profondeur, dans les sols compactes ou de consistance moyenne, et à 1^m,50 dans les terrains légers et brûlants, siliceux ou calcaires.

Sous le climat du Midi, c'est-à-dire dans la région de l'olivier, les arbres étant beaucoup plus exposés à la sécheresse du sol que partout ailleurs, leurs racines ont une tendance à s'enfoncer beaucoup plus profondément. Le sol doit donc y être plus profondément ameubli, toutes choses égales d'ailleurs. Ainsi, dans les sols compactes ou de consistance moyenne, on devra descendre jusqu'à 1^m,50, et dans les terrains légers et brûlants, on devra pénétrer jusqu'à 1^m,80 au moins.

C'est à cette seule condition que l'on verra les arbres fruitiers résister à la sécheresse et à la chaleur excessive de ces contrées brûlantes, et surtout qu'on sera dispensé d'avoir recours aux arrosements si pernicieux pour les arbres fruitiers, particulièrement pour ceux à fruits à noyau.

On procédera ainsi à l'ameublissement du sol : le drainage ayant été exécuté, s'il est nécessaire, on vide les grands chemins jusqu'à 0^m,20 environ de profondeur, et la terre est rejetée sur les plantes-bandes voisines. Cette terre, de meilleure qualité que celle des couches inférieures, vient augmenter l'épaisseur de la terre fertile des plates-bandes. — On défonce ensuite les plates-bandes d'espalier jusqu'au degré de profondeur voulu. Quant aux plates-bandes destinées à recevoir des arbres en plein air (cônes, gobelets, contre-espaliers, etc.), et qui ne sont séparées les unes des autres que par un chemin de 1 mètre de largeur, il sera plus convenable de défoncer uniformément toute la surface, plates-bandes et chemins ; la dépense ne sera pas beaucoup plus considérable, et les racines des arbres profiteront de la terre des chemins, lorsqu'elles rencontreront les parois des platesbandes.

Ces défoncements seront exécutés de façon à *mélanger parfaitement* toutes les couches de terre, pour en faire une masse parfaitement homogène. Il faudra aussi enlever au fond des plates-bandes, qui auront reçu la couche superficielle des grands chemins, une quantité de terre égale à celle qu'on y aura jetée. Cette terre sera placée sur les chemins pour rétablir leur niveau.

Fig. 152. Défoncement des plates-bandes et carrés du jardin fruitier.

Pour obtenir ces résultats au moyen du défoncement on procèdera à ce travail de la manière suivante : soit une bande de 2^m de large sur 1^m de profondeur à défoncer d'A en B (*fig.* 152) ; on répand d'abord à la surface de cette bande les terres extraites des chemins, H, dont nous avons parlé pour améliorer le terrain, et cela en une couche de $0^m,20$ d'épaisseur environ. Ceci fait, on ouvre une tranchée de C en D, longue de $1^m,50$, profonde de $0^m,80$ et comprenant la largeur de la bande. La terre qu'on en extrait est portée en E pour combler l'extrémité opposée. On enlève ensuite au fond de la tranchée une couche d'une épaisseur égale à celle que l'on a répandue à la surface, soit environ $0^m,20$. Cette terre est rejetée en L sur le chemin voisin pour y remplacer celle qu'on y a prise au début de l'opération. On entame alors une première tranche de terre en F, large seulement de $0^m,20$, et profonde aussi de 0ᵐ,80. On fait tomber cette terre dans la tranchée, on en mélange bien les différentes couches, puis avec la pelle, l'ouvrier la rejette derrière lui en C, de façon qu'elle n'occupe pas plus d'espace qu'avant son déplacement. Il en résulte que l'ouvrier conserve ainsi au fond de la tranchée une place suffisante pour travailler sans gêne. Il lève ensuite au-dessous de cette tranche une nouvelle couche I, de 0ᵐ,20 d'épaisseur, qu'il jette au dehors ; il entame alors une seconde tranche verticale de 0ᵐ,20 de largeur, dont il mélange bien les différentes parties, et qu'il place derrière lui, à côté de la première ; et ainsi de suite jusqu'à l'extrémité opposée de la bande, qui est fermée au moyen de la terre qu'on y a déposée au début de l'opération, en ayant toujours le soin d'enlever au-dessous de chaque tranche successive, 0ᵐ,20 de terre, qu'on jette sur le chemin voisin. Lorsque le défoncement est terminé, la surface de la bande, bien nivelée, doit être élevée au moins à 0ᵐ,14 au-dessus des chemins, afin que, la terre, en se tassant, ne produise pas de dépression.

Dans le cas où il ne s'agirait que de la plantation d'arbres isolés, on procéderait à la préparation du sol, de façon à donner aux trous une surface de 4 mètres carrés, et une profondeur en rapport avec la nature du sol et le climat où l'on opère.

Enfin il conviendra de pratiquer ces défoncements pendant la belle saison, afin que la terre, moins humide, se divise facilement et soit ainsi plus propre à la végétation. On sait que le sol, remué sous l'influence de l'humidité, surtout s'il est un peu argileux, est mis en si mauvais état que la végétation en souffre pendant de longues années.

Amendement du sol. — Si le sol sur lequel on opère est d'une nature convenable jusqu'à la profondeur où doit pénétrer le défoncement, il ne sera pas nécessaire de l'amender ; mais il en est rarement ainsi.

Tantôt il est trop compacte, trop argileux : d'autres fois il est trop léger, trop brûlant ou bien il ne renferme pas l'élément calcaire nécessaire aux arbres à fruits à noyau. Souvent enfin il est de qualité passable à la surface, et les couches du dessous sont de mauvaise nature. Dans ces divers cas l'amendement du sol est indispensable.

On y procède ainsi ; si la terre est trop argileuse, trop compacte, on ajoute des sables siliceux et surtout calcaires ; les

débris de démolition, les mortiers, les plâtras grossièrement concassés, seront encore meilleurs, en ce que ces matières sont
riches en principes salins très-favorables à la végétation. Si, au
contraire le sol est trop brûlant, on y mélange des argiles siliceuses ou calcaires riches et substantielles, mais non compactes.

Lorsque enfin ce seront seulement les couches inférieures qui
se trouveront de mauvaise qualité, comme cela a lieu le plus souvent, il faudra remplacer ces couches par une égale quantité de
bonne terre que l'on se procurera au dehors, si celle que l'on peut
prendre à la surface des grands chemins est insuffisante pour cela.

Ces divers amendements, quelle que soit leur nature, sont répandus sur les surfaces qui doivent être défoncées, et en une
couche d'une épaisseur en rapport avec les besoins. C'est seulement ensuite qu'on procède au défoncement, opération à l'aide
de laquelle on *mélange parfaitement* ces amendements avec
toute la masse du sol. Nous insistons tout spécialement sur l'utilité de ce mélange intime, sans lequel ces amendements seraient
sans efficacité pour la fertilité du terrain.

Il est bien entendu qu'en pratiquant ce défoncement et ce mélange, on enlèvera du fond des tranchées une quantité de terre
égale à celle des amendements qu'on aura cru devoir ajouter.

Fumure du sol. — Comme complément de la préparation du
sol du jardin fruitier, il importe encore de le fumer convenablement. Les arbres y pousseront avec plus de vigueur, et le résultat que l'on a en vue, la formation complète de leur charpente,
sera plus tôt obtenu.

Ces engrais devront être choisis et appliqués de façon à aider
au développement des arbres à deux époques différentes de leur
existence. Les premiers, à décomposition rapide, sont destinés
à fournir à la première végétation aussitôt après la plantation.
Les seconds, à décomposition beaucoup plus lente, donneront
aux arbres leurs éléments nutritifs à mesure que leurs racines
s'enfonceront davantage dans le sol.

Pour obtenir ces résultats, les engrais à décomposition lente,
tels que les *os frais concassés*, les *chiffons de laine*, la *bourre*,
les *crins*, les *déchets de corne* divisés mais non pulvérisés, les
tendons, sont répandus à la surface du sol, avant le défoncement, en une couche de 0ᵐ,10 d'épaisseur, puis mélangés avec
toute la masse du sol au moyen du défoncement.

Les engrais à décomposition rapide et qui doivent fournir à la première végétation des arbres et aider à leur reprise sont répandus aussi à la surface des plates-bandes en une couche de 0ᵐ,10 d'épaisseur, mais après le défoncement. On les mélange dans les 0ᵐ,30 de la surface du sol au moyen du labour pratiqué au moment de la plantation des arbres. Ces derniers engrais pourront se composer de *fumiers bien faits*, de *boues de ville*, de *vases d'étang* ou de *fossés* extraites depuis au moins une année et que l'on a souvent remuées. On pourrait les employer immédiatement après leur sortie de l'eau, mais en y ajoutant une suffisante quantité de chaux pour faire disparaître leur acidité. Nous renvoyons d'ailleurs au chapitre des engrais dans lequel nous avons indiqué ceux qu'il convient de préférer pour la destination qui nous occupe.

Tels sont les soins que réclame la préparation du sol pour la création du jardin fruitier. Cette série d'opérations pourra paraître un peu coûteuse ; et cependant ces travaux sont indispensables pour le succès complet de cette création. Aussi ne faudra-t-il songer à former un jardin fruitier, au point de vue de la spéculation, que dans des conditions où il suffira de défoncer et de fumer le sol, sans être obligé d'avoir recours au drainage et aux amendements. Ces deux derniers moyens doivent être laissés aux propriétaires qui opèrent sur de moins grandes surfaces, qui sont forcés d'agir dans la limite de leur domaine, et dont les jouissances que leur donne cette culture viennent compenser les frais exceptionnels qu'elle peut occasionner.

Préparation du sol pour les remplacements. — Ce que nous venons de dire de la préparation du sol s'applique aux terrains qui n'étaient pas déjà occupés par des arbres fruitiers. Mais, si la plantation que l'on fait succède à d'autres arbres, il convient de procéder un peu différemment pour la préparation du terrain. Ainsi les anciens arbres ont plus ou moins épuisé le sol non-seulement des engrais proprement dits, mais aussi des matières minérales solubles qui leur sont particulièrement propres. Il faut donc renouveler le sol, au moins partiellement, lorsqu'on refait une plantation. Pour cela, on enlève avant le défoncement au moins la moitié de l'épaisseur de la couche de terre qui doit être ameublie ; on la remplace par de la terre neuve qui n'a pas encore nourri d'arbres, puis on mélange cette terre bien fumée avec celle du dessous au moyen du défoncement. Ce mode d'opérer devra être employé toutes les fois qu'on aura à planter dans un sol où d'autres arbres auront vécu pendant quinze ou vingt ans.

Choix des espèces et variétés d'arbres. — Le jardin fruitier devant fournir au propriétaire les meilleurs fruits, en égale quantité, pendant tous les mois de l'année, il importe beaucoup, pour obtenir ce résultat, de faire un choix convenable parmi les espèces et variétés d'arbres à planter.

Pour faciliter ce choix, nous avons donné plus loin, en traitant de la culture spéciale des diverses espèces, la liste des variétés de chacune d'elles, en indiquant l'époque de leur maturité. Ces listes sont loin de comprendre toutes les variétés connues; mais il nous a paru superflu d'en citer un grand nombre de médiocres qu'on rencontre encore sur les catalogues de presque tous nos pépiniéristes.

Nous avons joint au nom de ces arbres leur synonymie, afin d'éviter à nos lecteurs le désagrément de planter trois ou quatre fois la même variété; ce qui aurait lieu infailliblement, s'ils s'en rapportaient au catalogue d'un certain nombre de marchands, où beaucoup de variétés sont plusieurs fois répétées sous des noms différents.

Pour atteindre, à l'aide de ces listes, le but que nous nous proposons, il suffira donc de planter le même nombre de sujets mûrissant leurs fruits pendant chacun des mois de l'année.

Ainsi, en admettant qu'un jardin fruitier puisse recevoir 600 pieds d'arbres, tant en espalier qu'en plein air, on devra planter 50 individus mûrissant leurs fruits en janvier, 50 mûrissant en février, et ainsi de suite jusqu'en décembre.

Il est bien entendu qu'on devra toujours varier, autant que possible, les espèces et variétés des individus choisis pour former le nombre nécessaire pour chaque époque de maturité. Si le nombre des variétés mûrissant leurs fruits pendant certains mois de l'année n'égale pas 50, il suffira de répéter chaque variété dans la plantation autant de fois qu'il le faudra pour atteindre ce chiffre.

Ajoutons toutefois que les fruits de ces arbres sont surtout précieux pendant les six ou sept mois de l'année où l'on manque de légumes frais, de fraises, de melons, etc. Aussi conviendra-t-il d'augmenter la proportion des fruits d'hiver au détriment des variétés d'été ou d'automne. Ainsi, au lieu de planter 50 arbres pour chacun des mois d'été, on n'en plantera que 25, puis on portera à 75 le nombre des variétés pour chacun des mois d'hiver.

Plantation du jardin fruitier. — On peut meubler le jardin fruitier soit en achetant dans les pépinières de jeunes arbres d'un an de greffe, soit en créant soi-même une petite pépinière dans laquelle on plante des sauvageons qui sont mis en place après une année de pousse de la greffe. Ces deux procédés peuvent être employés avec un égal avantage, mais suivant les circonstances. Examinons séparément chacun d'eux.

Acquisition d'arbres greffés en pépinière. — Le seul avantage qui résulte de l'acquisition d'arbres greffés en pépinière, c'est que l'on obtient des fruits un an ou deux plus tôt que si l'on achetait des sauvageons pour en former soi-même une pépinière ; mais, à côté de cet avantage, il y a de nombreux inconvénients.

D'abord l'acquisition d'arbres greffés donnera lieu à une dépense beaucoup plus élevée que si l'on achète des sauvageons, surtout si l'on remplace les grandes formes pour les arbres en espalier et plein air par des cordons, ainsi que nous le conseillons plus loin.

Ensuite, ces jeunes arbres sont très-souvent déplantés sans aucun soin ; leur racines, toujours conservées trop courtes, sont couvertes de blessures ; ce qui, joint à la souffrance qu'éprouvent encore ces arbres dans les voyages qu'on leur fait faire, détermine une végétation languissante pendant les premières années qui suivent leur transplantation ; on perd ainsi le temps que l'on croyait gagner en achetant des arbres greffés. D'un autre côté, les détails multipliés qu'entraîne la culture des pépinières, empêchant le pépiniériste de tout faire par lui-même, il en résulte des erreurs nombreuses parmi les variétés qui sont livrées. On conçoit alors le désappointement d'un propriétaire qui, ayant consacré beaucoup de temps et d'argent à préparer ses murs, ses treillages, son terrain, reconnaît, après trois ou quatre années de plantation, qu'il n'a pas reçu les variétés qu'il avait demandées.

Acquisition de sauvageons. — L'acquisition de jeunes sauvageons que l'on greffe soi-même dans une petite pépinière permet d'éviter ces divers inconvénients : la dépense d'acquisition sera beaucoup moins grande ; ils pourront être déplantés avec un soin tel qu'ils ne s'apercevront pas de ce déplacement ; enfin on évitera ainsi les erreurs dont nous venons de parler.

Mais ce mode d'opérer n'est pas non plus exempt de difficultés. — Il faudra attendre deux années de plus pour récolter les premiers fruits dans le jardin fruitier. En outre, on éprouvera souvent de la peine à se procurer les greffons des variétés que l'on désire placer sur les sauvageons plantés en pépinière.

Concluons donc de ce qui précède qu'il y aura avantage à créer soi-même une petite pépinière lorsqu'on aura pu prévoir deux ans à l'avance la création du jardin fruitier et que l'on pourra se procurer les greffons des variétés que l'on désire cultiver. Dans le cas contraire, il faudra s'adresser au pépiniériste.

Si l'on peut remplir les deux conditions que nous venons d'indiquer et qu'on veuille procéder à la création d'une petite pépinière, on suivra les indications que nous donnons plus haut à l'article de la pépinière pour les arbres fruitiers (p. 211), et aussi en tête de l'étude de la culture spéciale des diverses espèces.

Dans le cas où l'on sera obligé d'avoir recours aux pépiniéristes, nous devons jeter un coup d'œil sur les conditions qu'il faut s'efforcer de remplir pour diminuer autant que possible les inconvénients que présente l'acquisition des arbres greffés dans les pépinières.

Choix des arbres greffés dans les pépinières. — Le choix des arbres doit être considéré : — 1° quant au climat où ils sont élevés ; 2° quant à la nature du sol de la pépinière par rapport à celle du terrain à planter ; 3° quant à l'âge de la greffe de ces arbres ; 4° quant aux soins qu'a reçus cette greffe pour la première formation de l'arbre.

Il conviendra de prendre les arbres dans une pépinière située dans le voisinage du jardin à créer. Ces arbres seront acclimatés ; on pourra les choisir et surveiller leur déplantation ; enfin, ils souffriront moins du transport.

Il sera bon, lorsqu'on le pourra, de faire en sorte que le sol de la pépinière soit moins fertile que celui où ils doivent être plantés à demeure. Nous renvoyons à cet égard au chapitre des pépinières (page 108), où nous avons suffisamment démontré l'utilité de cette condition.

Un soin très-important, lors de ces acquisitions, est de choisir des arbres d'un âge convenable. Beaucoup de propriétaires espèrent obtenir des produits d'autant plus prompts qu'ils achèteront dans les pépinières des arbres plus âgés ; or, c'est presque toujours le contraire qui a lieu. En effet, les jeunes arbres élevés dans les pépinières y sont disposés en massifs et séparés les uns des autres par un intervalle d'environ 0^m,40 (*fig.* 155). Si l'on prend des greffes d'un an et que le choix tombe sur l'arbre occupant le point A, on pourra exiger du pépiniériste que, pour déplanter cet arbre, il fasse un trou comprenant la moitié de l'espace qui le sépare des arbres voisins, ainsi que le montre notre figure. En opérant ainsi, on conservera à cette jeune greffe les deux tiers environ de la longueur de ses racines. — Mais si les arbres choisis sont âgés de deux ou trois ans, leurs racines, suivant le progrès du développement de la tige, se seront beaucoup allongées, sans que l'espace qui sépare ces arbres ait changé. Or, le pépiniériste ne fera pas un trou plus grand pour déplanter ces derniers que pour des greffes d'un an, d'où il résultera que ces arbres conserveront d'autant moins de racines et que leur reprise sera d'autant plus lente qu'ils seront plus âgés. — On perdra ainsi le temps qu'on croyait gagner en les choisissant plus avancés en âge.

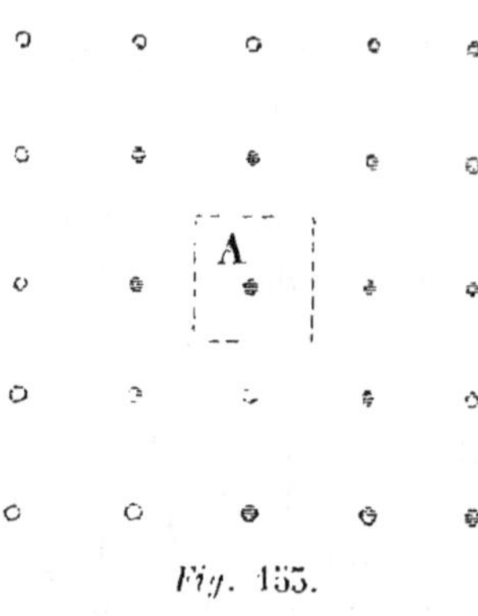

Fig. 155.

Ajoutons que les pépiniéristes ne s'occupent presque jamais d'imposer aux arbres une direction qui permette d'utiliser le premier développement au profit de la forme qu'on veut leur imposer. Il s'ensuit que si l'on prend des greffes de deux ou trois ans, on est obligé de supprimer la plus grande partie de la tige pour faire développer de nouvelles branches aux points convenables, résultat souvent difficile à obtenir sur ces vieilles écorces. Concluons donc qu'il conviendra de choisir des greffes d'un an pour toutes les espèces. Les arbres coûteront moins cher, ils se développeront plus rapidement, et la formation de leur charpente sera plus facile. Toutefois, on peut admettre les deux exceptions suivantes à cette règle générale : 1° Lorsqu'on trouvera dans les pépinières de jeunes arbres qui ont déjà reçu un commencement de formation en harmonie avec la place qu'on veut leur faire occuper dans le jardin. Dans ce cas, ces arbres pourront être plantés dans un âge plus avancé, pourvu que l'âge de la greffe ne dépasse pas les limites suivantes :

Poirier sur cognassier. . . . . 5 ans.
    —   sur franc. 2
Pommiers sur doucie ou sur paradis. . . . 5
Pruniers et abricotiers. 5
Cerisiers sur Sainte-Lucie. 2
Pêchers sur prunier. 5
    —   sur amandier ou sur franc. . . . 2

Il faudra en outre que ces arbres aient été élevés dans la pépinière à une distance d'autant plus grande les unes des autres, qu'on devra les planter dans un âge plus avancé, afin qu'on puisse, lors de la déplantation, leur conserver une quantité de racines proportionnée au développement de la tige.

Nous ferons également remarquer que s'il s'agit d'arbres formés pour espalier, il sera indispensable, en plantant les sauvageons, d'enfoncer dans le sol, parallèlement à la ligne de plantation, et derrière chaque jeune plant, une tuile d'environ $0^m,15$ de largeur sur $0^m,25$ de longueur, et cela afin de forcer les racines à se diriger d'un seul côté, et de préparer ainsi les arbres à être appliqués contre un mur. Autrement il arrivera souvent que les racines principales se dirigeront perpendiculairement aux deux faces de l'arbre, et que, pour le mettre en espalier, on sera obligé de le mutiler en coupant les racines d'un côté ou de l'autre. On comprend que les soins assez minutieux qu'exige cette formation des arbres dans la pépinière obligera le pépiniériste à les vendre beaucoup plus cher que les greffes d'un an. Si celles-ci sont vendues 50 fr. le cent, les autres vaudront de 2 à 5 fr. la pièce.

2° On pourra encore choisir des arbres âgés lorsqu'il s'agira de planter sur un terrain dont on ne jouira que pendant huit ou neuf ans. Dans ce cas, on renoncera à former régulièrement la charpente de ces arbres. On se contentera de les soumettre à l'*arcure* (voir plus loin les principes généraux de la taille), afin de les épuiser pendant le laps de temps dont on pourra en jouir. Mais ces arbres seront toujours déplantés et replantés avec d'autant plus de soin qu'ils seront plus âgés.

Plantation proprement dite. — Nous avons à considérer, quant à la plantation proprement dite : l'époque de l'année la plus favorable ; la préparation du sol ; la déplantation ; la préparation ou habillage des arbres ; leur mise en terre.

Nous savons déjà que les plantations d'arbres à feuilles caduques doivent être exécutées depuis le moment où ces arbres commencent à perdre leurs feuilles jusqu'à celui où ils entrent en végétation (p. 190). Cette règle s'applique aussi bien aux arbres fruitiers ; mais on choisira le commencement ou la fin de cette période de temps selon la nature du sol du jardin fruitier. Plus le sol sera léger, plus on devra planter de bonne heure, afin que les arbres, en commençant à s'enraciner pendant l'hiver, supportent plus facilement la sécheresse à laquelle ces terres sont exposées dès le printemps. Plus le sol sera compacte, argileux, et plus, au contraire, on devra planter tard, afin que les racines, souvent couvertes de plaies non cicatrisées, ne soient pas pourries par l'humidité dont ces terrains sont surchargés pendant l'hiver.

On doit songer, avant la plantation, à préparer le sol. Ainsi, les plates-bandes ayant été défoncées à l'avance, on leur donne un labour immédiatement avant la mise en terre des arbres. C'est à l'aide de ce dernier labour que les engrais à décomposition rapide dont nous avons parlé plus haut sont mélangés avec la couche superficielle du sol.

Une déplantation convenable, nécessaire pour assurer la reprise de tous les arbres, l'est encore plus pour les arbres fruitiers qui sont plus délicats.

C'est une chose vraiment déplorable que le peu de soin apporté généralement à la déplantation des arbres ; cette opération, telle qu'elle est faite par la plupart des jardiniers, mérite bien plutôt le nom d'*arrachage*. On croirait, à les voir tirer sur les arbres à peine dégagés de la terre qui retient leurs racines, et couper avec la bêche ou la pioche celles qui résistent à leurs efforts, que ces racines sont des organes superflus, dont on peut, sans inconvénient, retrancher la plus grande partie, tandis que ce sont ceux dont la conservation est la plus utile au succès de la plantation.

L'instant le plus favorable pour déplanter les arbres est celui où le temps est doux et où il ne pleut pas. Il faut se garder de faire cette opération sous l'action des vents froids et desséchants, car le chevelu des racines en serait bientôt désorganisé. On devra, à plus forte raison, ne pas déplanter les arbres lorsque la température est au-dessous de zéro. Les racines sont en effet bien plus sensibles au froid que les tiges, et il suffit, pour la plupart des espèces, d'un abaissement de température de 2° cent. au-dessous de zéro pour les détériorer complétement.

Toutes les fois qu'on sera obligé de planter au printemps, il sera convenable de faire déplanter les arbres dans le courant ou à la fin de l'hiver et de les faire mettre en *jauge* ou *tranchée*, soit dans la pépinière, soit dans le voisinage du terrain à planter. Le printemps venu, le premier développement de ces arbres sera retardé, et, lorsque viendra le moment de les confier définitivement au sol, on sera moins exposé à troubler leur végétation. Cette pratique présentera surtout de grands avantages pour les plantations tardives du printemps. Nous avons souvent planté de cette manière, vers le milieu du mois de mai, des arbres déplacés en février.

Toutes les fois qu'on déplantera tout ou partie d'un carré d'arbres fruitiers dans la pépinière, on ouvrira à l'une des extrémités du carré une tranchée d'une profondeur telle, qu'elle pénétrera un peu au-dessous du point où sont arrivées les racines; puis en minant le terrain de proche en proche, on enlèvera les arbres avec la plus grande partie de leurs racines.

Si les arbres doivent voyager avant la plantation, on prendra les plus grands soins pour que les racines ne soient pas desséchées ou gelées en route. On ne saurait trop s'élever contre la négligence de certains pépiniéristes qui ne garantissent que la tige et entourent à peine les racines par une poignée de paille qui, mal fixée, est bientôt détachée, et les laisse à nu. Lorsque les arbres devront subir un long trajet, on devra, aussitôt après leur déplantation, tremper les racines dans un mélange liquide de terre argileuse et de bouse de vache, qui, en se desséchant sur les racines, les préservera du contact de l'air. Ces arbres seront ensuite soigneusement emballés, surtout vers le pied.

Au moment d'effectuer la plantation, on pratique la préparation ou l'habillage des arbres. Cette préparation s'applique aux racines et à la tige.

Malgré tous les soins possibles, il y a toujours une certaine quantité de racines qui sont rompues lors de la déplantation ou desséchées par l'impression de l'air. La préparation, dans ce cas, consiste à enlever, avec un instrument bien tranchant, l'extrémité des racines rompues ou desséchées, et à couper celles

14.

qui ont été blessées, immédiatement au-dessus du point où la plaie existe. La coupe des racines est disposée de façon à être faite en dessous pour que la section s'appuie sur le sol. Ces plaies se cicatrisent et donnent naissance, sur leur périmètre et au-dessus d'elles, à de nombreuses racines qui viennent bientôt remplacer celles qu'on a tronquées. Si, au contraire, on abandonnait à elles-mêmes les parties brisées ou desséchées, les plaies deviendraient chancreuses, les racines resteraient dans un état maladif et ne seraient d'aucun secours pour l'arbre. Telles sont les seules suppressions à opérer sur les racines.

Si l'on supprime, pour quelque temps, une partie des racines, il devient indispensable d'enlever également une certaine étendue de la tige, afin de maintenir un équilibre parfait entre l'étendue respective de ces deux organes.

Les motifs suivants démontrent l'utilité de cette suppression. Lorsqu'on plante un arbre quelconque, c'est en vue de mettre les racines dans des conditions telles qu'elles puissent tirer du sol les éléments nutritifs nécessaires à l'arbre. C'est là ce qui constitue la *reprise* de l'arbre. Or, les arbres soumis à la déplantation à racines nues ne peuvent puiser dans le sol avec les racines dont ils sont alors pourvus, car le seul point de l'étendue des racines doué de fonctions absorbantes, les extrémités radiculaires, ont été détruites par la déplantation ou désorganisées par l'action de l'air. Il faut donc, pour que l'arbre reprenne, qu'il développe de nouvelles racines. Nous savons que ce sont les feuilles qui sont les organes générateurs des racines ; d'où il suit que l'arbre reprendra s'il développe des bourgeons et des feuilles. Mais si la tige d'un arbre qui a perdu le tiers environ de ses racines est laissée intacte lors de la plantation, la séve peu considérable dont dispose cet arbre sera insuffisant pour alimenter les nombreux boutons qu'il porte ; chacun d'eux n'en recevra qu'une action insuffisante ; ils s'épanouiront pendant l'été en une petite rosette de feuilles plus ou moins avortées et complétement impropre à donner lieu à de nouvelles racines. Qu'on déplace cet arbre après une année de plantation, on trouvera les racines exactement dans l'état où elles étaient le jour de la mise en terre. L'arbre ne sera pas mort, mais il ne sera pas repris. Si, au contraire, on supprime sur la tige des arbres en les plantant une quantité égale aux pertes éprouvées par les racines, la quantité de séve dont ces arbres disposent restant la même, et le nombre des boutons étant ainsi diminué, chacun d'eux en recevra une action plus intense ; ils donneront lieu à des bourgeons et à des feuilles qui feront naître de nouvelles racines, et les arbres reprendront.

Si les arbres ont voyagé pendant quelques jours et que les racines aient été plus ou moins desséchées, il sera bon de les mettre tremper pendant un jour dans l'eau, à laquelle on aura ajouté un peu d'engrais liquide (p. 100). Dans tous les cas, il sera très-utile de préparer une sorte de bouillie épaisse composée d'eau, de terre argileuse et d'un engrais liquide ou pulvérulent. Les racines de chaque arbre, préalablement soumises à l'habillage, sont trempées dans ce mélange au moment de la plantation, puis on complète cette opération en les saupoudrant avec des cendres de bois non lessivées. Cette sorte de pralinage est traversé par les jeunes radicelles dès leur naissance, et leur développement est ainsi tellement stimulé que l'arbre gagne une année sur le temps nécessaire à sa reprise.

La mise en terre des arbres nécessite l'examen de la profondeur à laquelle les racines doivent être enterrées, et du mode de plantation proprement dit. En général, les racines doivent être enterrées à une profondeur telle, que, d'une part, elles puissent recevoir l'influence de l'air, et que, de l'autre, elles ne soient pas exposées à la sécheresse. Le degré de profondeur moyenne à l'aide duquel on remplit le mieux ces deux conditions est $0^m,05$. Ainsi, le collet de la racine devra être placé de manière à ce que, la terre du trou étant complétement affaissée, il se trouve placé à $0^m,05$ au-dessous de la surface du terrain. Néanmoins cette profondeur devra beaucoup varier en raison de la nature du sol. Celle que nous donnons est pour un terrain de consistance moyenne ; mais dans un sol très-léger, très-perméable, et par conséquent très-exposé à la sécheresse, cette profondeur pourra être portée à $0^m,10$. Au contraire dans les terrains compactes, humides, on devra placer le collet au niveau du sol. Nous ajouterons toutefois que, si les arbres sont greffés en pied, ils devront toujours être plantés de manière que la greffe se trouve placée au moins à $0^m,02$ au-dessus de la surface du sol : sans cette précaution, cette greffe pourrait s'enraciner, et il en résulterait un individu franc de pied au lieu d'un arbre greffé. Nous ferons encore observer qu'il est certains arbres, tels que les pêchers greffés sur amandier ou sur franc, et les cerisiers greffés sur prunier de Sainte-Lucie ou mahaleb, qu'on devra, dans tous les cas, planter de manière que le collet de la racine soit tout à fait à la surface du sol. Nous avons fréquemment observé que ceux de ces arbres qui étaient plantés plus profondément périssaient tout à coup pendant l'été. Cet accident se manifeste souvent après les pluies abondantes qui succèdent à un temps chaud et sec un peu prolongé. Il semble résulter de cet état de choses une sorte de fermentation qui développe un petit champignon blanc, filamenteux, qui attaque les racines et les fait pourrir en quelques jours. Les feuilles se fanent, jaunissent, et l'arbre meurt bientôt. Toutes les fois qu'on a pris, en plantant ces arbres, la précaution que nous venons d'indiquer, on a évité cet accident. D'ailleurs, il y a toujours moins d'inconvénients à planter un peu trop près de la surface que trop profondément. Dans le premier cas, les nouvelles racines s'enfoncent au degré de profondeur convenable ; dans le second, les racines pourrissent et l'arbre reste languissant.

Les diverses prescriptions que nous venons de tracer ayant été observées, on pratique dans le sol un trou assez grand pour recevoir sans contrainte les racines des arbres, puis on y place celles-ci.

Pour les arbres en plein vent, il suffit de placer la tige dans une position verticale. Pour les arbres en espalier, il faut diriger le côté de la greffe vers la plate-bande, afin que la plaie qui en résulte, n'étant pas frappée par le soleil, se cicatrise plus facilement. Ces arbres doivent être disposés dans les trous de manière que le bas de la tige soit à $0^m,16$ du mur, et que le sommet touche le mur.

Ces précautions prises, on étend bien les racines, puis on remplit les trous avec de la terre ameublie et fumée avec un engrais pulvérulent et l'on agite un peu le pied de l'arbre de haut en bas, afin de faire pénétrer la terre dans tous les interstices formés par les racines. On comprime ensuite légèrement la terre, ou bien, si le terrain est sec et que l'on plante au printemps, on verse au pied de chaque jeune arbre un demi-arrosoir d'eau, ce qui équivaut au tassement. — Les jeunes arbres élevés dans la pépinière s'abritent mutuellement contre l'ardeur du soleil et l'action des vents desséchants ; mais lorsqu'on les plante à démeure, ils sont tout à coup isolés et exposés à l'influence des rayons solaires et d'un air vif. Il en résulte que leur écorce, tendre et herbacée, se durcit rapidement, perd son élasticité, se refuse à l'accroissement de la tige en diamètre, et gêne la circulation de la séve. Pour éviter cet accident, et pour diminuer les effets de l'évaporation sur la tige, jusqu'au moment où l'arbre sera bien enraciné, on couvre toutes les parties aériennes de l'arbre, en mars, avec une bouillie de chaux éteinte, dans laquelle on ajoute un quart en volume de terre glaise pour faire résister plus long-temps cet enduit à l'action des pluies.

Nous devons encore nous arrêter ici à quelques considérations qui s'appliquent à l'un et à l'autre des deux procédés que nous venons d'indiquer, pour meubler le jardin fruitier, et qui ont trait : 1° à la position et à l'exposition qu'exigent les arbres ; 2° à la distance à réserver entre eux.

Position et exposition des diverses espèces d'arbres dans le jardin fruitier. — Parmi les diverses espèces et variétés qui sont appelées à former un jardin fruitier, il en est quelques-unes qui ont besoin, au moins dans la région du Nord et dans la région moyenne, d'être protégées par des abris, pour que les fruits puissent mûrir, ou pour qu'ils acquièrent toutes leurs qualités. Tels sont le *pêcher*, la *vigne*, dont les fruits mûrissent difficilement lorsque ces arbres ne sont pas palissés contre des murs ; telles sont encore quelques variétés de poiriers, telles que la *crassane*, le *bon-chrétien d'hiver*, etc., et dont les fruits deviennent galeux et pierreux lorsque ces arbres sont en plein vent.

La première considération à laquelle on doive s'arrêter lors de la plantation d'un jardin fruitier, c'est donc de rechercher quelles sont les variétés qui exigent l'espalier et celles qui peuvent se développer en plein vent.

Pour rendre cette étude plus facile, nous avons indiqué, dans les listes des meilleures variétés de chaque espèce d'arbres fruitiers que nous donnons plus loin, la position que chacun de ces arbres doit occuper dans le jardin fruitier du Nord et de la région moyenne, c'est-à-dire les espèces et variétés qui doivent être cultivées de préférence en plein vent, celles qui se développent également en plein vent et en espalier, puis enfin celles qui exigent l'espalier.

Les diverses espèces et variétés qui sont palissées contre les murs ont besoin, pour prospérer, d'une exposition souvent différente. Nous avons également fait connaître, dans les listes dont nous venons de parler, les exigences de chacun de ces arbres sous ce rapport.

Nous ferons une seule observation relative à cette dernière indication, c'est que les expositions que nous avons conseillées peuvent un peu varier sans inconvénient. Ainsi les variétés indiquées pour l'exposition de l'est peuvent être indifféremment placées au nord-est, à l'est et au sud-est ; celles pour le sud peuvent être mises aussi au sud-est ; celles de l'ouest seront aussi convenablement exposées au sud-ouest , enfin celles du nord pourront également être exposées au nord-est ou au nord-ouest.

Distance à réserver entre les arbres dans le jardin fruitier. — Les arbres fruitiers doivent être partagés sous ce rapport en deux séries : les arbres palissés et les arbres non palissés.

Distance à réserver entre les arbres non palissés. — La distance à réserver entre les arbres non palissés est déterminée par leur espèce, par la forme qu'on veut leur donner, par la nature des sujets sur lesquels ils sont greffés.

Nous donnons dans le tableau suivant les indications nécessaires à cet égard.

ESPÈCES.	FORME DES ARBRES.	SUJETS sur lesquels ils sont greffés.	DISTANCE à réserver entre les arbres.
			m c.
Poiriers..	En cône.	Sur franc	4 »
Id.	Id.	Sur cognassier..	5 »
Id.	En colonne.	Id.	1 »
Id.	En vase ou gobelt.	Sur franc.	4 »
Id.	Id.	Sur cognassier..	5 »
Pommiers.	Id.	Id.	5 »
Pêchers.	En vase ou gobelet (dans le Midi seulement).	Sur amandier.	5 »
Pruniers.	En cône.	Sur prunier.	5 »
Cerisiers.	Id.	Sur Sainte-Lucie.	5 »
Abricotiers.	En vase ou gobelet.	Sur prunier.	5 »
Id.	En cône (dans le Midi seulement)	Id.	5 »
Groseillers à grappes.	En vase ou gobelet.		2 »
Groseillers épineux.	Id.		1 »
Framboisiers.	En cépée.		1 »

Distance à réserver entre les arbres palissés. — Nous comprenons dans cette série non-seulement les arbres palissés contre les murs, mais encore ceux palissés sur des treillages ou supports en plein air, quelle que soit leur forme, et auxquels on donne le nom de *contre-espaliers*. La distance à réserver entre ces arbres est également déterminée par les espèces, par les sujets sur lesquels elles sont greffées, par la forme imposée à la charpente des arbres, et aussi fréquemment par la hauteur des murs ou des contre-espaliers contre lesquels ils sont palissés. En effet, dès que les arbres ne sont pas très-rapprochés les uns des autres, qu'ils sont plantés à plus d'un mètre d'intervalle, par exemple comme cela a lieu pour les arbres soumis aux grandes formes, telles que palmettes, éventails, etc., ils acquièrent immédiatement une vigueur telle qu'il faut pouvoir laisser acquérir à la charpente une étendue suffisante, sous peine de ne pas voir se former de boutons à fleur. On sait que ceux-ci n'apparaissent qu'alors que la séve, n'étant pas resserrée dans des limites trop étroites, circule lentement, agit modérément sur le développement des boutons, et les transforme en rameaux à fruit. Si elle agit avec trop de force, elle fait développer les boutons en bourgeons vigoureux, et par suite en rameaux à bois, résultat ordinaire d'une taille trop courte rendue nécessaire par suite de l'espace insuffisant laissé ordinairement entre les arbres soumis aux grandes formes. Chaque espèce poussant aussi vigoureusement contre un mur peu élevé que contre un mur très-haut, il est donc nécessaire de planter la même espèce à une plus grande distance le long d'un mur bas que lorsque le mur est très-haut. Dans le premier cas, les arbres occuperont en largeur ce qu'ils ne pourront couvrir en hauteur.

Mais ce rapport entre la hauteur du mur et l'intervalle à laisser entre les arbres n'est nécessaire que pour les grandes formes. Dès que la disposition donnée à la charpente permet de rapprocher beaucoup les arbres les uns des autres, à $0^m,80$ au plus par exemple, l'intervalle à laisser entre eux peut rester le même, quelle que soit la hauteur du mur, pourvu que celui-ci présente une hauteur de $2^m,50$ au moins. Dans ce cas, le degré de vigueur des arbres est tellement diminué, par suite de leur position rapprochée, qu'un mode de taille convenable suffit pour les mettre à fruit et les y maintenir.

Le tableau suivant donne les indications nécessaires pour ces diverses circonstances.

ESPÈCES.	FORME DES ARBRES.	SUJETS sur lesquels ils sont greffés.	HAUTEUR DES MURS ou des contre-espaliers. (m. c.)	DISTANCE A RÉSERVER entre les arbres. (m. c.)	SURFACE DES ARBRES en mètres carrés. (m. c.)
Poiriers. . .	En palmette.				
Id.	En éventail	Sur franc. . .	5 »	8 »	24 »
Id.	En candélabre et autres grandes formes				
Id.	Id.	Id.	4 »	6 »	24 »
Id.	Id.	Sur cognassier	5 »	6 »	18 »
Id.	Id.	Id.	4 »	4,50	18 »
Id.	En cordon oblique simple. .	. . . . . .	5 »	0,40	1,55
Id.	En cordon vertical.	. . . . . .	4 »	0,50	1,20
Id.	En cordon ondulé.	. . . . . .	5 »	0,40	1,55
Id.	En cordon horizont. unilatér.	Sur cognassier	» »	2 »	0,60
Pommiers. .	En palmette.				
Id.	En éventail	Sur doucin. .	5 »	8 »	18 »
Id.	En candélabre et autres grandes formes.				
Id.	Id.	Id.	4 »	6 »	18 »
Id.	En cordon oblique simple. .	Id.	5 »	0,40	1,55
Id.	En cordon vertical.	Id.	4 »	0,50	1,20
Id.	En cordon ondulé.	Id.	5 »	0,40	1,55
Id.	En cordon horizont. unilatér.	Id.	» »	2 »	0,60
Id.	Id.	Sur paradis. .	» »	1,50	0,45
Pêchers. . .	En palmette.				
Id.	En éventail	Sur amandier.	5 »	6 »	18 »
Id.	En candélabre et autres grandes formes.				
Id.	Id.	Id.	4 »	4,50	18 »
Id.	Id.	Sur prunier. .	5 »	4,70	14 »
Id.	Id.	Id.	4 »	5,50	14 »
Id.	En cordon oblique simple avec pincement long. . .	. . . . . .	5 »	0,75	2,70
Id.	En cordon oblique simple avec pincement court. . .	. . . . . .	5 »	0,40	1,55
Id.	En cordon vertical avec pincement court.	. . . . . .	4 »	0,50	1,20
Id.	En cordon vertical avec pincement long.	. . . . . .	4 »	0,60	2,40
Id.	En cordon ondulé avec pincement court.	. . . . . .	5 »	0,40	1,55
Pruniers. . .	En palmette.				
Id.	En éventail	Sur prunier. .	5 »	6 »	18 »
Id.	En candélabre et autres grandes formes.				
Id.	Id.	Id.	4 »	4,50	18 »
Id.	En cordon oblique simple. .	Id.	5 »	0,40	1,55
Id.	En cordon vertical.	Id.	4 »	0,50	1,20
Id.	En cordon ondulé.	Id.	5 »	0,40	1,55

ESPÈCES.	FORME DES ARBRES.	SUJETS sur lesquels ils sont greffés.	HAUTEURS DES MURS ou des contre-espaliers.		DISTANCE À RÉSERVER entre les arbres.		SURFACE DES ARBRES en mètres carrés.	
			m.	c.	m.	c.	m.	c.
Cerisiers. . .	En palmette.	Sur Ste-Lucie.	5	»	6	»	18	»
Id.	En éventail							
Id.	En candélabre et autres grandes formes.							
Id.	Id.	Id.	4	»	4,50		18	»
Id.	En cordon oblique simple. .	Id.	5	»	0,40		1,55	
Id.	En cordon vertical. . . .	Id.	4	»	0,50		1,20	
Id.	En cordon ondulé	Id.	5	»	0,50		1,55	
Abricotiers. .	En palmette.	Sur prunier. .	5	»	6	»	18	»
Id.	En éventail							
Id.	En candélabre et autres grandes formes.							
Id.	Id.	Id.	4	»	4,50		18	»
Id.	En cordon oblique simple. .	Id.	5	»	0,40		1,55	
Id.	En cordon vertical.	Id.	4	»	0,50		1,20	
Id.	En cordon ondulé.	Id.	5	»	0,50		1,55	
Gros. à grap.	En cordon vertical.	. . . .	1,50		0,20		0,50	
Gros. épineux	Id.	. . . .	1,50		0,20		0,50	
Vignes. . . .	En cordon horizontal Charmeux.	. . . .	5	»	0,40		1,12	
Id.	En cordon horizontal Charmeux, pour les variétés vigoureuses ou pour le Midi.	. . . .	5	»	0,80		2,24	
Id.	En cordon vertical à coursons alternes.	. . . .	1,50		0,70		1	»
Id.	En cordon vertical à coursons alternes, pour les variétés vigoureuses ou pour le Midi. . .	. . . .	1,50		1,40		2	»
Id.	En cordon vertical à coursons alternés, à deux séries. .	. . . .	5	»	0,55		1	»
Id.	En cordon vertical à coursons alternés, à deux séries, pour les variétés vigoureuses ou pour le Midi.	. . . .	5	»	0,70		2	»

Les distances que nous venons de conseiller pour les arbres palissés ou non palissés sont pour un sol de fertilité moyenne. On les augmentera un peu pour les terrains très-riches ; on les diminuera au contraire pour les sols médiocres. Nous exceptons cependant les arbres plantés à distance très-rapprochée, et pour lesquels l'intervalle indiqué restera toujours le même.

Résumé de la création du jardin fruitier. — Pour résumer ce que nous avons dit de la création du jardin fruitier à l'égard de la disposition des murs, de la distribution du terrain, de la

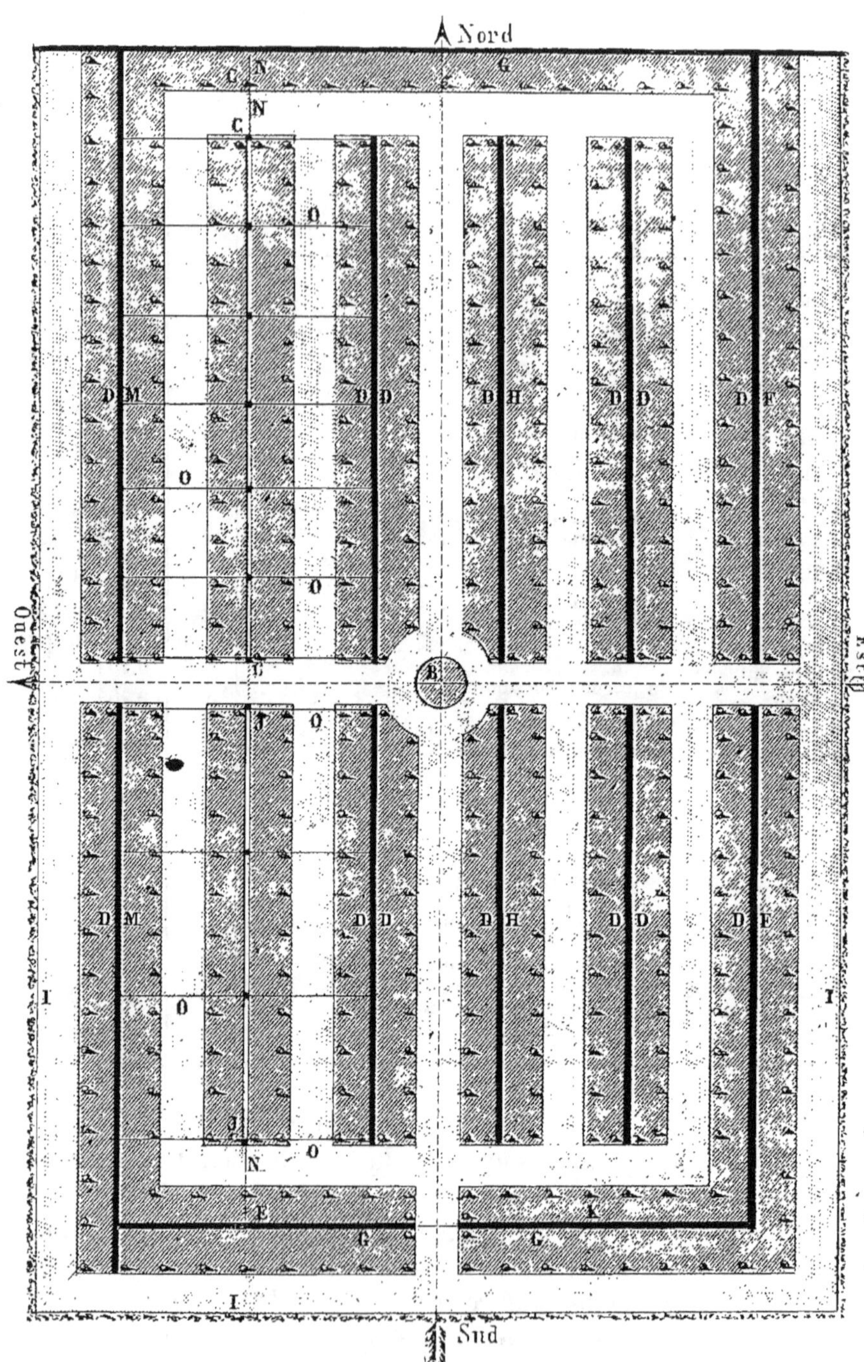

Fig. 154. Plan d'un jardin fruitier pour la région du Nord.

position et de l'exposition à choisir pour les diverses sortes d'arbres fruitiers, nous donnons ici le plan d'un jardin fruitier pour chacune des trois régions climatériques caractérisées plus haut.

Jardin fruitier pour la région du Nord. — Légende de la figure 154.

B. Bassin pour les arrosements.
C. Contre-espalier double d'abricotiers en cordon vertical, plantés à 0ᵐ,50, et abrités au printemps.
D. Espaliers de poiriers en cordon oblique simple, plantés à 0ᵐ,40.
E. Espaliers de groseilliers en cordon vertical, plantés à 0ᵐ,20.
F. Espaliers de pêchers en cordon oblique simple, plantés à 0ᵐ,40.
G. Espaliers de cerisiers en cordon oblique simple, plantés à 0ᵐ,40.
H. Espaliers de pruniers en cordon oblique simple, plantés à 0ᵐ,40.
I. Haie vive.
J. Poiriers en contre-espalier double en cordon vertical, plantés à 0ᵐ,30 d'intervalle; variétés d'été donnant des fruits médiocres en espalier.
K. Framboisiers cultivés au pied du mur.
L. Pommiers sur paradis, plantés à 2 mètres d'intervalle, à 0ᵐ,50 du bord de la plate-bande et disposés en cordon horizontal unilatéral.
M. Espalier de vignes disposées en cordon vertical à coursons alternés, plantés à 0ᵐ,35.
N. Fils de fer fixés au sommet des murs voisins et destinés à maintenir les supports des contre-espaliers.
O. Idem.
   (Les supports de ces contre-espaliers seront établis comme ceux indiqués plus loin ou chapitre des formes propres aux poiriers cultivés en plein air).

Jardin fruitier pour la région moyenne. — Légende de la figure 155.

B. Espalier de pêchers en cordon oblique simple, et plantés à 0ᵐ,40 d'intervalle.
C. Espaliers de poiriers,   id.
D. Espalier de pruniers,   id.
E. Espalier de cerisiers,   id.
F. Espaliers de vignes soumises à la forme en cordon vertical à coursons alternés et plantés à 0ᵐ,35 d'intervalle.
H. Espalier de groseillers à grappes soumis à la forme en cordon vertical et plantés à 0ᵐ,20 d'intervalle.
I. Ligne de framboisiers placée à 0ᵐ,50 en avant du mur.
J. Contre-espalier double d'abricotiers en cordon vertical, plantés à 0ᵐ,50 d'intervalle et abrités au printemps.
K. Contre-espaliers doubles de poiriers en cordon vertical plantés à 0ᵐ,30 d'interv.
L. Contre-espalier double de cerisiers,   id.
M. Contre-espalier double de pruniers,   id.
N. Pommiers en cordon horizontal plantés à 2 mètres d'intervalle, à 0ᵐ,25 du bord des plates-bandes.
O. Fils de fer fixés au sommet des murs et reliant transversalement entre eux les poteaux des contre-espaliers.

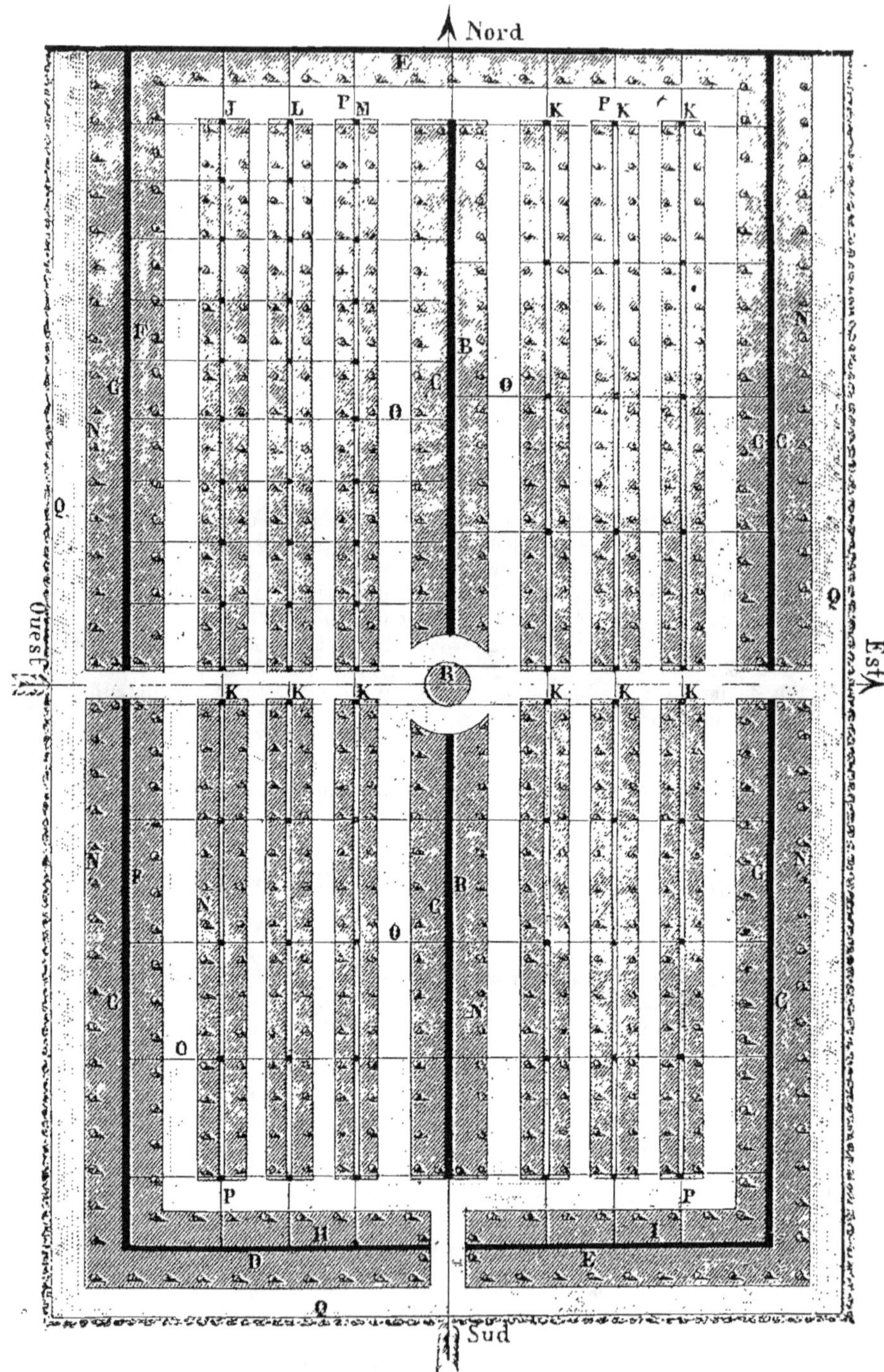

Fig. 155. Plan de jardin fruitier pour la région moyenne.

P. Fils de fer fixés au sommet des murs et reliant entre eux, dans le sens des lignes, les poteaux des contre-espaliers.

Q. Haies vives.

R. Bassin.

Jardin fruitier pour la région du Midi. — Légende de la figure 156.

A. Espaliers de vignes disposées en cordon vertical à coursons alternés, plantés à 0ᵐ,50.

B. Espalier de groseillers en cordon vertical, plantés à 0ᵐ,20.

C. Deux espaliers de pêchers en cordon oblique simple, plantés à 0ᵐ,40.

D. Espaliers de cerisiers en cordon oblique plantés à 0ᵐ,40 d'intervalle.

M. Deux contre-espaliers doubles de pruniers en cordon vertical plantés à 0ᵐ,30.

I. Neuf contre-espaliers doubles de poiriers disposés en cordon vertical et plantés à 0ᵐ,30 d'intervalle.

J. Trois contre-espaliers doubles de vignes disposés en cordon vertical à coursons alternés, plantés à 0ᵐ,50 sur les lignes, et 0ᵐ,60 entre les deux lignes.

K. Deux contre-espaliers doubles de pêchers disposés en cordon vertical et plantés à 0ᵐ,30 d'intervalle.

F. Deux contre-espaliers doubles de cerisiers disposés en cordon vertical et plantés à 0ᵐ,30.

L. Deux contre-espaliers doubles d'abricotiers disposés comme les cerisiers.

N. Ligne de framboisiers, dont les jeunes tiges sont fixées contre les murs.

O. Lignes de pommiers en cordon horizontal unilatéral, placés sur le côté ouest de tous les contre-espaliers, à 2 mètres d'intervalle, et plantés à 0ᵐ,50 du bord des plantes.

P. Lignes de cerisiers disposés comme les pommiers sur le bord des plates bandes.

Q. Fils de fer attachés au murs latéraux pour relier entre eux les contre-espaliers et les maintenir dans une position verticale.

CHAPITRE TROISIÈME

TAILLE DES ARBRES FRUITIERS

Son utilité. — La culture des arbres fruitiers a pour but d'obtenir d'une surface de terrain déterminée le produit net en argent le plus élevé possible. Les opérations de la taille, *appliquées avec intelligence*, concourent à ce résultat de la manière suivante :

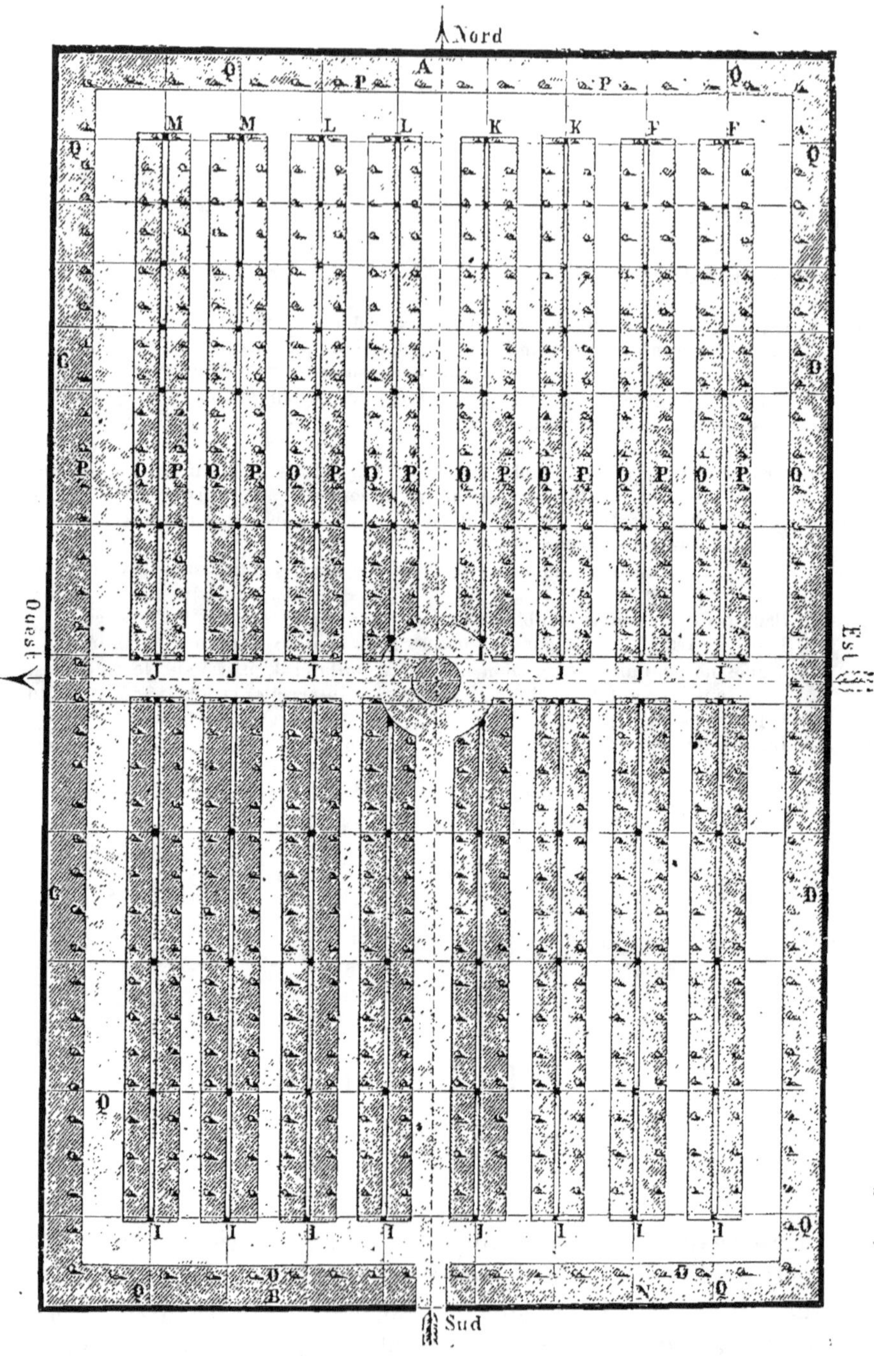

Fig. 156. Plan de jardin fruitier pour la région de l'olivier.

1° *La taille fait le volume et la valeur des fruits.*—Tout le monde sait que les arbres fruitiers cultivés avec soin, *mais soustraits à toute espèce de taille*, peuvent donner des fruits et même de bons fruits s'ils appartiennent à de bonnes variétés. Ils subiront en cela cette grande loi naturelle, qui veut que chaque être organisé puisse se reproduire, dans de certaines limites, au moyen des graines. Mais il importe peu à la nature que ces graines soient recouvertes d'une enveloppe charnue plus ou moins épaisse. Pour nous, au contraire, cette matière pulpeuse est la partie importante de la plupart des fruits, et nous nous efforçons toujours d'en augmenter la quantité. Pour cela, nous profitons de la faculté qu'ont les fruits d'attirer à eux la séve des racines, comme le font les feuilles, et nous diminuons l'absorption de celles-ci au profit des premiers. Certaines opérations de la taille, telles que le pincement des bourgeons, nous donnent ce résultat. Nous dirigeons ainsi vers les fruits une notable quantité de la séve qui aurait concouru à la formation de tissus ligneux qui nous sont inutiles. Toutefois, ces mutilations, pratiquées pendant l'été, ne doivent pas dépasser certaines limites, car les feuilles sont les organes générateurs des couches annuelles de bois, d'écorce et des nouvelles racines indispensables à la circulation de la séve. Le savoir-faire du praticien, en pareil cas, consiste à n'employer à la formation des tissus ligneux que la quantité de séve nécessaire au développement déterminé de la charpente et à l'entretien de la vie annuelle de l'arbre ; tout ce qui reste de fluides séveux doit ensuite tourner au profit des fruits. Une autre opération de la taille, qui contribue aussi à augmenter le volume des fruits, est celle qui consiste à retrancher chaque année, pendant le repos de la végétation, une certaine longueur des rameaux développés pendant l'été. Il en résulte que, la séve étant restreinte dans des limites d'action plus étroites, chaque fruit est mieux nourri et s'accroît davantage.

2° *La taille régularise et augmente la production.* — Les arbres non soumis à la taille donnent des produits qui, s'ils ne sont pas très-beaux, sont parfois très-abondants. Mais cette abondante fructification est presque toujours soumise à une intermittence assez régulière : à une année très-fertile succède presque toujours une année de stérilité. Tout le monde sait que cette irrégularité de production tient à ce que, pendant l'année d'abondance, presque toute la séve a été employée au développement des fruits et qu'elle a été insuffisante pour préparer de nouveaux boutons à fleurs pour l'année suivante. Or, les opérations de la taille bien conduites ont aussi pour résultat de faire disparaître cette intermittence. Les économies de séve auxquelles donnent lieu la taille d'hiver, les ébourgeonnements et les pincements pendant l'été, permettent à l'arbre de développer suffisamment ses fruits et de préparer la production de l'année suivante. On a donc ainsi une quantité de fleurs à peu près égale chaque année.

3° La taille permet de faire occuper régulièrement à la charpente des arbres tout l'espace réservé à chacun d'eux, soit en plein air, soit en espalier. — Et d'abord, sur une grande partie de notre territoire, plusieurs espèces et variétés de nos arbres fruitiers, telles que le pêcher, l'abricotier, certaines sortes de poiriers, la vigne, ne peuvent donner de produits satisfaisants qu'abrités contre des murs convenablement exposés. Ces abris sont coûteux à établir et il faut tâcher de tirer de leur surface tout le produit possible. Il faut pour cela que la charpente des arbres qu'on y palissera soit conduite de telle façon que les branches occupent régulièrement toute l'étendue du mur. Or, si les arbres d'espalier n'étaient pas soumis à la taille, il s'en faudrait de beaucoup que ce résultat soit obtenu. Les nouvelles ramifications tendront à s'éloigner du mur et même à le dépasser, comme le montre la figure 157 ; de sorte qu'une partie notable du produit échappera à l'influence bienfaisante de l'abri qu'on voulait lui donner et que la surface du mur sera très-imparfaitement couverte.

Quant aux arbres cultivés en plein air, si on les soustrait aussi aux opérations de la taille, comme on le fait pour les arbres de verger, ils prendront, pour la plupart, la forme d'arbres à haute tige. Ainsi le jeune arbre est d'abord pourvu de quelques rameaux disposés comme l'indique la figure 158. — A mesure qu'il avance en âge, les ramifications de la base disparaissent, et la tige, plus ou moins élevée, simple ou ramifiée, ne porte plus de branches qu'à son sommet, où se forme bientôt une tête volumineuse et de forme arrondie. On sera obligé de planter ces arbres à grande distance les uns des autres, et la quantité de leur produit sera peu en rapport avec la place qu'ils occupent, car la tête, composée de branches confuses, ne pourra être pénétrée par la lumière et ne donnera de produit qu'à sa surface. Admettons, au contraire, qu'à l'aide de la taille, on donne à ces arbres une autre disposition, la forme conique, par exemple, indiquée au chapitre du poirier, que ces cônes, naissant près du sol, présentent un diamètre égal au tiers de leur hauteur, que le développement de leur surface soit semblable à celui de la tête des arbres à haute tige, enfin, que les branches soient régulièrement distribuées sur la tige et à des distances telles que la lumière puisse les éclairer sur toute leur longueur, on aura dès lors les résultats suivants : on pourra rapprocher ces arbres beaucoup

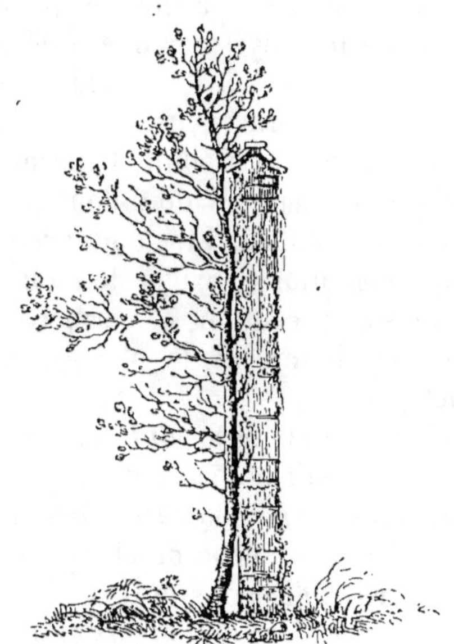

Fig. 157. Poirier en espalier abandonné
à lui-même.

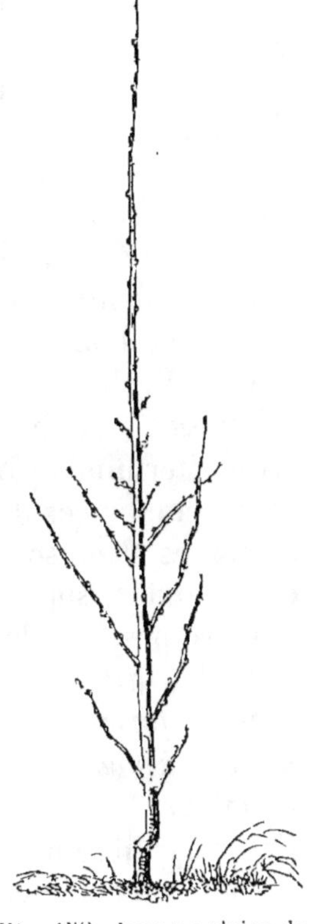

Fig. 158. Jeune poirier de
deux ans de greffe.

plus les uns des autres, quoiqu'ils présentent la même surface de développement que ceux à haute tige, et cela par suite de leur forme conique ; on pourra donc en placer un plus grand nombre sur la même étendue de terrain. D'un autre côté, leurs branches étant mieux éclairées, chacun d'eux donnera un plus grand nombre de fruits que les arbres de verger. Les arbres soumis à la forme en contre-espalier double en cordons verticaux que nous décrivons plus loin donnent, à cet égard, des résultats bien plus satisfaisants encore que ceux en cône. — Nous pouvons donc

15.

conclure de ce qui précède que les opérations de la taille, en modifiant la forme naturelle des arbres, augmentent leur surface productive sans augmenter leur étendue, et permettent ainsi d'obtenir sur le terrain qui les nourrit un produit plus considérable.

Mais nous devons nous élever ici, à propos des formes imposées à la charpente de' nos arbres fruitiers, contre une exagération poussée aujourd'hui à ses dernières limites. En voyant le jardin fruitier de certains amateurs, on serait porté à croire que la taille a pour but de torturer, de contourner les arbres d'une façon plus ou moins bizarre. Beaucoup de ces formes sont certainement ingénieuses, agréables à l'œil, mais on est bien vite convaincu que le temps et les soins à donner pour obtenir de semblables résultats ne sont pas payés par une récolte plus abondante. Le plus souvent on sacrifie ainsi le fond à la forme, et l'on justifie l'opinion de ceux qui pensent que la taille des arbres est inutile au point de vue du produit. La forme à imposer à la charpente des arbres fruitiers ne doit donc pas être déterminée par le caprice ou la fantaisie. Elle doit avant tout remplir ces deux importantes conditions : exiger le moins de temps et de soins possible pour son exécution, et permettre d'accumuler, sur une étendue donnée de terrain, le plus grand nombre possible de rameaux fructifères.

4° *La taille a pour résultat d'augmenter le produit des arbres en forçant chacune des branches de charpente de se garnir de rameaux à fruits régulièrement distribués sur toute la longueur.* — Si, en effet, on laisse chaque branche de charpente s'allonger librement, les rameaux à fruits disparaissent successivement, en commençant par la base, pour s'accumuler aux extrémités. L'arbre peut ainsi occuper un espace assez grand et ne donner de produits que sur une faible étendue de cet espace. La figure 159 montre ce résultat : c'est un pêcher soumis seulement au palissage. Toute la partie comprise entre les deux lignes ponctuées est privée de rameaux à fruits par suite de l'absence de toutes opérations de taille.

La taille augmente encore le produit, en permettant de donner à la charpente une forme telle qu'il devient facile d'appliquer aux arbres des abris destinés à soustraire les fleurs à l'action des intempéries du printemps, ce qu'il est presque impossible de faire pour ceux qu'on abandonne à eux-mêmes.

Il est bien entendu que les avantages que nous venons de
signaler résulteront seulement d'une application convenable de
la taille. Si cette opération est mal faite, elle pourra produire
des effets inverses, elle pourra anéantir la fructification ou empêcher le développement régulier de la charpente. Dans ce cas,
il vaudrait mieux laisser les arbres à eux-mêmes, car alors
la production se ferait naturellement. On aurait, il est vrai, les
inconvénients des arbres de verger, une mise à fruit tardive, un

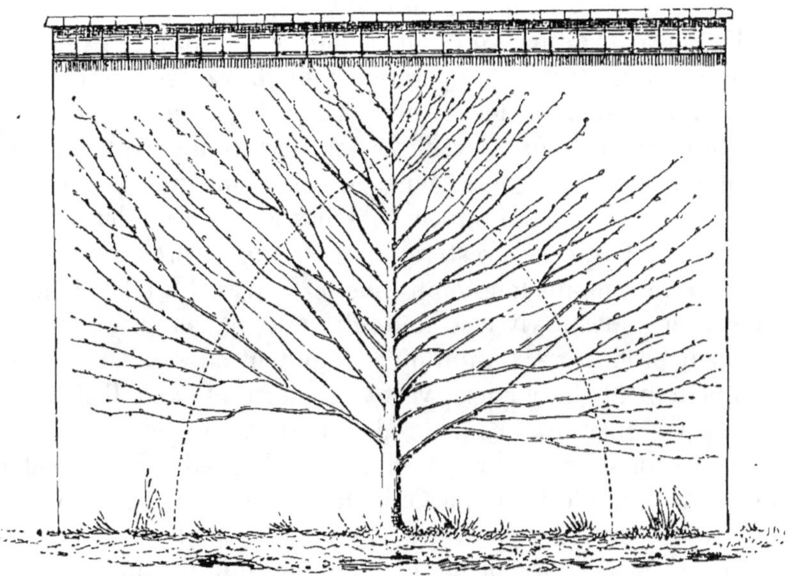

Fig. 159. Pêcher en espalier palissé et non taillé.

produit bisannuel, des fruits ayant moins de valeur ; mais enfin
on aurait des fruits, tandis qu'en taillant mal, on expose les
arbres à une stérilité plus ou moins complète.

5° *La taille abrége la vie des arbres.* — L'argument principal invoqué contre la taille, c'est que cette opération abrége la
durée des arbres. Ce reproche est mérité. Il est certain que les
suppressions faites chaque année, lors de la taille d'hiver, et surtout celles pratiquées sur les bourgeons pendant la végétation,
ont pour résultat de nuire beaucoup à la bonne constitution des
organes destinés à l'entretien annuel de la vie de l'arbre. Par
suite de ces mutilations, les couches ligneuses, les couches du

liber sont imparfaitement constituées. Les nouvelles racines peuvent à peine s'allonger dans une zone de terre qui n'ait pas été épuisée par la végétation des années précédentes. Cette cause de souffrance augmente chaque année, et les signes de décrépitude se montrent longtemps avant l'époque où, toutes choses égales, d'ailleurs, ils apparaissent dans les arbres abandonnés à eux-mêmes. Ainsi, si un poirier soumis à une taille convenable peut vivre pendant quarante ans, la même variété, placée dans les mêmes conditions, mais soustraite à cette opération, prolongera son existence pendant soixante-dix ans.

Est-ce à dire que l'on doit renoncer à la taille? Nous ne le pensons pas, car cette opération nous laisse les avantages suivants : 1° A surface de terrain égale, nous avons un plus grand nombre de rameaux fructifères, et, par conséquent, une plus grande quantité de fruits. Mais, en supposant que la quantité de fruits obtenus chaque année ne dépassât pas ceux des arbres de de verger, l'avantage resterait encore aux arbres taillés, quoiqu'ils vivent moins longtemps que les autres. En effet, le poirier de verger pouvant vivre soixante-dix ans, ne commencera à donner son produit maximum qu'au moment où sa charpente sera complétement développée, vers l'âge de trente ans. Il ne restera donc que quarante ans de produit maximum, sur lesquels nous ne pourrons en compter que vingt, car la production abondante de ces arbres n'est que bisannuelle, ainsi que nous l'avons rappelé plus haut. Au contraire, les poiriers taillés pouvant vivre quarante ans, pourront donner leur produit maximum vers la sixième année. Nous aurons donc au moins trente ans de production au lieu de vingt. 2° Le revenu total que l'arbre peut donner pendant sa vie est, non-seulement plus abondant, mais on le capitalise dans un laps de temps beaucoup plus court. 3° Enfin, les fruits sont plus gros et meilleurs, ainsi que nous l'avons démontré plus haut.

Ajoutons que le terme que nous avons assigné à la durée des arbres soumis à la taille, est souvent dépassé. Nous citerons comme exemple un poirier de cueillette ou épargne que nous avons observé à Dieppe en 1845 (pl. IV). Le tronc de cet arbre en espalier présente, à 0^m,50 du sol, une circonférence de 2^m,60. Il couvre une surface de 150 mètres carrés. Son produit moyen est de 4,000 fruits. D'après les recherches auxquelles nous nous

Poirier de Cuillotte
dans la propriété de Mr. Mauguet, au Pollet, près Dieppe

Genty-Grau imp. Montagne Ste Geneviève, 34 Paris.

sommes livrés à cet égard, cet arbre ne doit pas avoir moins de 150 ans.

Résulte-t-il nécessairement de tout ce qui précède, qu'il faut abandonner complétement la culture des arbres de verger, c'est-à-dire des arbres non taillés? Nous pensons que ce serait là une conclusion trop absolue. C'est surtout une question de capital. Les vergers coûtent peu à créer et à entretenir, mais le capital nécessaire pour cette culture donne un intérêt peu élevé. Le jar-

Fig. 160. Serpette.

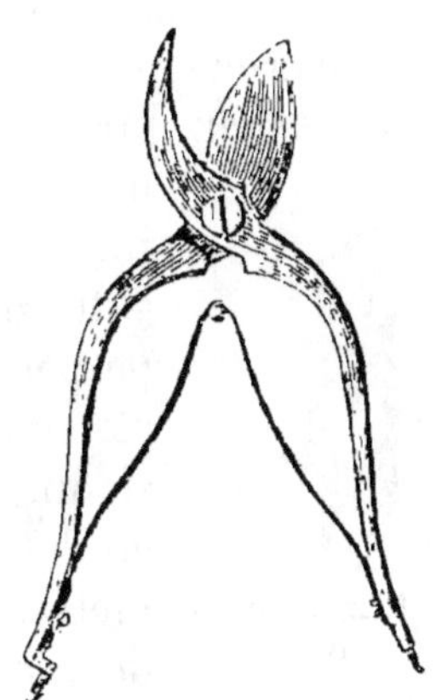

Fig. 161. Sécateur.

din fruitier exige, à surface de terrain égale, un capital plus considérable; mais ce capital donne une rente élevée. Lors donc qu'on pourra disposer du capital nécessaire, il y aura avantage à cultiver les arbres dans le jardin fruitier, et, par conséquent, à les soumettre à la taille. Dans le cas contraire, on se contentera de la culture dans les vergers.

Des instruments et des machines les plus convenables pour pratiquer la taille. — La *serpette* (*fig.* 160) est le plus ancien des instruments dont on se soit servi pour faire la taille des arbres, et c'est encore le meilleur. Elle doit porter un manche de $0^m,11$ à $0^m,13$ de long. Ce manche doit être assez gros pour remplir la main. La lame, longue de $0^m,07$ à $0^m,08$, doit être recourbée vers la pointe. Il est essentiel que cette courbure reste un peu oblique. Si elle était à angle droit, la partie antérieure de la lame, agissant dans une direction perpendiculaire sur les filets ligneux, couperait très-difficilement. La section ne serait pas plus facile si la courbure de la lame n'était pas assez prononcée. Elle doit suivre environ l'angle de 45°. Il faut être pourvu aussi d'une seconde serpette semblable par sa forme à la première, mais beaucoup plus petite, et destinée à pratiquer la *taille en vert* que nous décrivons plus loin.

Depuis quelques années on a voulu remplacer la serpette par le *sécateur*, inventé par M. Bertrand de Molleville. Cet instrument (*fig.* 161), généralement usité à Montreuil, offre sur la *serpette* l'avantage d'opérer plus promptement, mais il présente l'inconvénient que voici : lorsqu'on se sert du *sécateur*, on appuie le croissant sur l'un des côtés du rameau à couper, et, en serrant les deux branches de l'instrument, on rapproche la lame, qui coupe plus ou moins net la portion de bois interposée entre son croissant et elle. Mais il résulte de cette opération que le bois présentant perpendiculairement ses fibres à la lame, sa résistance est beaucoup plus grande et occasionne une pression qui, en écrasant le bois, en détache aussi l'écorce jusqu'à quelques millimètres au-dessous de la plaie (*fig.* 162). Le bout de rameau ainsi mutilé se dessèche au lieu de se cicatriser, et la mortalité gagne souvent jus-

Fig. 162. Rameau coupé avec le sécateur.

qu'au-dessous du bouton terminal, qui se trouve ainsi anéanti. Pour obvier à cet inconvénient, on peut couper à 0^m,01 au-dessus de ce bouton ; mais alors on a, vers ce point, un petit prolongement sec, que l'on est obligé de supprimer l'année suivante avec la *serpette*, ce qui allonge inutilement l'opération. Il suit de là que le *sécateur* ne peut être employé avec avantage pour la taille des arbres fruitiers, excepté pour la vigne, qui doit être coupée à une certaine distance du bouton réservé au sommet de chaque rameau. On pourrait encore tolérer l'emploi du sécateur pour la taille des rameaux à fruit des autres espèces, mais jamais pour la section des branches ou des rameaux appartenant à la charpente des arbres fruitiers.

Lorsque les circonstances rendront l'emploi du sécateur préférable à celui de la serpette, on devra tenir cet instrument de telle sorte que la partie saillante du croissant soit toujours en dessus, pour que la partie du rameau, meurtrie par la pression de ce croissant, soit presque entièrement enlevée par la section. Il faudra aussi choisir un sécateur dont la lame soit suffisamment arrondie, afin que la section, se faisant avec moins d'effort, la pression du rameau soit moins intense.

Outre la *serpette* et le *sécateur*, on devra se procurer une *scie à main* (*fig.* 51, p. 133). Cet instrument, dont nous avons déjà parlé à propos de la greffe, est destiné à l'amputation des grosses branches qui ne pourraient être coupées à l'aide de la *serpette*.

Quant aux machines, on n'emploie pour pratiquer la taille que des *échelles simples ou doubles* que tout le monde connaît.

Fig. 163. Mode de coupe des ramifications pour les espèces à bois dur.

Fig. 164. Rameau taillé trop long.

Fig. 165. Rameau taillé trop court.

Nous dirons seulement que les échelles simples, réservées pour la taille des arbres en espalier, sont munies à leur extrémité supérieure de deux chevilles en fer ou en bois destinées à empêcher l'échelle de porter sur les espaliers.

Coupe du bois. — La manière de couper les rameaux ou les branches est loin d'être indifférente. Toutes les fois que l'on opérera sur une espèce à bois dur, l'amputation se fera le plus près possible d'un bouton, mais avec la précaution de ne pas l'endommager. A cet effet, on placera la lame de la serpette sur la partie de l'écorce opposée au bouton, en **A** (*fig.* 163), et à la hauteur du point où il naît; puis on coupera en suivant la ligne A B, de manière à former une plaie en biseau, dont l'extrémité supérieure B se terminera au niveau du sommet du bouton. Ce mode d'opérer présente ce double avantage, que le bouton ne souffre pas et que la plaie se cicatrise sur la coupe même. Si l'on coupe au-dessus du point que nous venons d'indiquer, en suivant la ligne A B (*fig.* 164), le bois se desséchera jusqu'à la ligne C, et il en résultera un petit chicot sec que l'on sera obligé d'enlever l'année suivante. Si, au contraire, on fait suivre à la coupe la ligne A B (*fig.* 165), le bouton est éventé et son développement est beaucoup moins vigoureux.

Sur les espèces à bois tendre et surtout à moelle abondante, la coupe ne doit pas être effectuée de la même manière, car, quelle que soit la netteté de la plaie, jamais elle ne se cicatrise sur la coupe même ; le bois se dessèche, la mortalité descend au-dessous de l'amputation, et si elle atteint le bouton terminal, elle le détruit. La vigne est particulièrement dans ce cas. Cela tient sans doute à ce que la grande porosité du bois et l'abondance de la moelle permettent à l'air et à l'humidité des pluies de s'introduire jusqu'à une certaine profondeur dans les tissus, et d'y déterminer une fermentation qui désorganise l'extrémité du rameau.

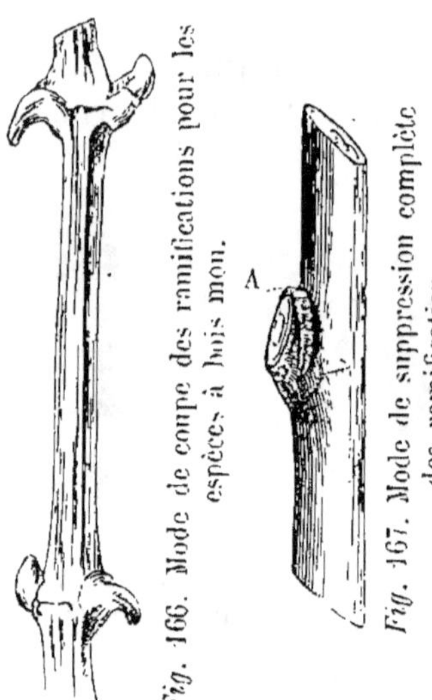

Fig. 166. Mode de coupe des ramifications pour les espèces à bois mou.

Fig. 167. Mode de suppression complète des ramifications.

Lorsqu'il s'agira d'espèces de cette nature, il sera donc nécessaire de couper en biseau comme pour les précédentes, mais à 0^m,03 au moins au-dessus du bouton qu'on voudra réserver au sommet (*fig.* 166). Ceci donnera lieu à un petit onglet sec que l'on supprimera à la taille de l'année suivante.

Lorsqu'on voudra retrancher entièrement un rameau, on devra le couper le plus net possible, tout à fait à sa base, en conservant toutefois le petit empatement (**A**, *fig.* 167) sur lequel il avait pris naissance. De cette manière la plaie sera moins étendue que si l'on eût coupé plus près de la tige, et elle sera ainsi plus rapidement cicatrisée.

Si une branche à retrancher est trop grosse pour être coupée avec la *serpette*, on se sert de la *scie à main*. Il est alors essentiel d'aplanir la plaie, après l'amputation, avec un instrument bien tranchant qui fasse disparaître toute trace de la scie. Il sera toujours utile de recouvrir les plaies un peu étendues avec du mastic à greffer, et cela un jour ou deux après la taille et par un temps sec.

Principes généraux de la taille. — Ces principes sont peu nombreux ; mais ils ont tous une grande importance. Le cultivateur doit toujours les avoir présents à l'esprit ; en les appliquant avec soin, les résultats sont infaillibles, sans eux on réussit quelquefois ; mais le succès est dû au hasard ; ces opérations deviennent alors de l'empirisme.

1° LA CHARPENTE DES ARBRES DOIT ÊTRE PARFAITEMENT SYMÉTRIQUE. — Cette régularité n'a pas seulement pour but de leur donner un aspect plus agréable, elle est surtout destinée à leur faire occuper régulièrement et sans perte d'espace la place qu'on leur a consacrée contre les murs ou sur les plates-bandes. Elle facilite aussi le maintien de l'équilibre de la végétation dans tout l'ensemble de l'arbre, en empêchant la séve d'être attirée plus d'un côté que de l'autre.

2° LA DURÉE DE LA FORME D'UN ARBRE SOUMIS A LA TAILLE DÉPEND DE L'ÉGALE RÉPARTITION DE LA SÉVE DANS TOUTES SES BRANCHES.

Dans les arbres fruitiers abandonnés à eux-mêmes, les arbres de verger, la séve se distribue également, parce que l'arbre prend de lui-même la forme la plus en harmonie avec la tendance naturelle de cette séve. Mais, dans les arbres soumis à la taille, les formes qu'on leur impose, nécessite le développement de ramifications plus ou moins nombreuses, plus ou moins volumineuses à la base de la tige. Or, comme la séve tend à se porter de préférence vers le sommet de la tige, il en résulte que, si l'on n'y prend garde, les ramifications de la base deviennent bientôt languissantes, finissent par se dessécher, et que la forme qu'on avait d'abord obtenue disparait pour être remplacée par la disposition naturelle de l'arbre, c'est-à-dire par une tige nue portant une tête plus ou moins volumineuse. Il est donc indispensable d'employer certains moyens pour changer la direction naturelle de la séve, et maintenir cette direction vers chacun des points où l'on a besoin d'entretenir des ramifications. On peut, pour cela, avoir recours aux opérations suivantes décrites dans l'ordre où l'on pourra les employer successivement jusqu'à ce que le résultat soit obtenu.

Supposons, pour cette démonstration, un pêcher en espalier (*fig.* 168) dans lequel l'équilibre de la végétation est complétement rompu : le côté B est beaucoup plus développé que le côté A.

Tailler très-courts les rameaux de la partie forte B, et tailler très-longs ceux de la partie faible A. — On sait que la séve est attirée par les feuilles ; donc, en supprimant sur les points vigoureux le plus grand nombre des boutons à bois, on prive ces points des feuilles que les boutons auraient développées ;

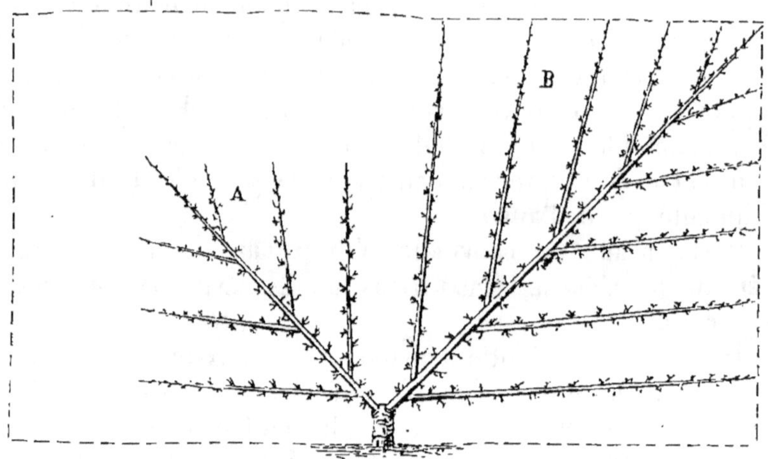

Fig. 168. Arbre en espalier dans lequel l'équilibre de la végétation est rompu.

la séve y arrive en moins grande quantité, et la végétation y est diminuée. En laissant, au contraire, sur la partie faible, un grand nombre de boutons à bois, elle sera pourvue d'une quantité considérable de feuilles et se couvrira d'une végétation plus abondante.

Incliner la partie forte et redresser la partie faible. — La séve des racines agit avec d'autant plus de force sur l'allongement des bourgeons, que les branches sont plus verticales ; les bourgeons pousseront donc avec plus de force sur la partie faible redressée ; et les feuilles nombreuses qu'ils développeront y attireront la séve en plus grande quantité que sur la partie forte qui aura été inclinée.

Supprimer le plus tôt possible, sur la partie forte, les bour-

geons inutiles, et pratiquer cette suppression le plus tard possible sur la partie faible. — Moins il y a de bourgeons sur une branche, moins il y a de feuilles, et moins, par conséquent, la séve y est attirée. En laissant séjourner les bourgeons inutiles le plus longtemps possible sur le point faible, on y fera arriver la séve en plus grande abondance ; et lorsqu'on viendra à les supprimer, la séve, ayant pris son essor de ce côté, y sera maintenue plus facilement. Ce moyen ne peut être employé que pour les arbres en espalier, et surtout pour le pêcher, sur lequel on est toujours obligé d'enlever un certain nombre de bourgeons.

Supprimer de très-bonne heure l'extrémité herbacée des bourgeons de la partie forte, et ne pratiquer cette opération que le plus tard possible sur la partie faible, en y soumettant seulement les quelques bourgeons qui sont trop vigoureux, et qui, dans tous les cas, devraient subir cette opération en raison de la position qu'ils occupent. — Cette suppression arrête la végétation de la partie forte ; elle est applicable aux arbres en plein vent et aux arbres en espalier.

Palisser très-près du treillage et de très-bonne heure les bourgeons de la partie forte, et ne pratiquer ce palissage que très-tard sur la partie faible. — On gêne ainsi la circulation de la séve vers les premiers points, et on la favorise dans les seconds. Ce procédé n'est praticable que pour les arbres soumis au palissage.

Laisser sur la partie forte le plus grand nombre de fruits possible, et les supprimer tous sur la partie faible. — On sait que les fruits ont la propriété d'attirer à eux la séve des racines et de l'employer entièrement à leur accroissement. Il résultera donc du moyen que nous indiquons que toute la séve qui arrivera dans la partie forte sera absorbée par les fruits, et que ce point prendra moins de développement que la partie faible.

Supprimer sur le côté fort un certain nombre de feuilles. — En diminuant le nombre des feuilles sur ce côté de l'arbre, on empêche la séve d'y arriver en aussi grande abondance. Il ne faudra enlever ainsi qu'un nombre de feuilles proportionné à la différence de vigueur que présentera ce côté de l'arbre, et il conviendra de les choisir sur les bourgeons les plus vigoureux. Ces feuilles ne seront pas arrachées, mais coupées de façon à conserver le pétiole ou queue sur le bourgeon.

Mouiller toutes les parties vertes du côté faible avec une dissolution de sulfate de fer. — Cette dissolution, faite dans la proportion de un gramme et demi par litre d'eau et appliquée après le coucher du soleil, est absorbée par les feuilles et stimule puissamment leur action sur la séve des racines.

Éloigner le côté faible du mur et y maintenir le côté fort. — En éloignant du mur la partie faible, on permet aux bourgeons de recevoir la lumière de tous les côtés. Or, comme c'est cet agent qui détermine les fonctions des feuilles et leur action sur la séve des racines, ce point végétera avec plus de vigueur que la partie forte qui n'est éclairée que d'un côté. Ce moyen s'applique seulement aux arbres en espalier. On ne devra en user que vers le mois de mai, alors que les arbres n'ayant plus à craindre les intempéries du printemps, peuvent se passer en partie de la protection du mur.

Couvrir le côté fort de manière à le priver de la lumière. — On obtient ainsi les mêmes résultats, mais d'une manière plus complète. Toutefois on n'en use que si le moyen précédent est insuffisant, car il pourrait arriver que la partie de l'arbre ombragée s'étiolât par trop et perdît toutes ses feuilles. Pour éviter cet accident, on ne prolonge pas cet état de choses au delà de huit à douze jours, et l'on profite d'un temps sombre pour le faire cesser.

Planter au-dessous d'une branche trop faible un jeune sauvageon et greffer par approche le sommet de ce jeune plant, lorsqu'il est bien repris, au-dessous de la branche faible. — Ce jeune arbre donne alors à cette branche la quantité de séve qui lui manque. Ce moyen peut être employé pour augmenter la vigueur des branches inférieures des arbres.

3° LA SÉVE FAIT DÉVELOPPER DES BOURGEONS BEAUCOUP PLUS VIGOUREUX SUR UN RAMEAU TAILLÉ COURT QUE SUR UN RAMEAU TAILLÉ LONG.

Il est évident que, si la séve n'agit que sur un ou deux bourgeons, elle les fait développer avec bien plus de vigueur que si son action est partagée entre quinze ou vingt. Si donc on veut obtenir des rameaux à bois, on doit tailler court, parce que les rameaux vigoureux ne développent que très-peu de boutons à fleur ; si, au contraire, on veut faire développer des rameaux à fruit, on taille long, parce que les rameaux peu vigoureux se chargent d'un plus grand nombre de boutons à fleur. Une autre application de ce principe, c'est que, si un arbre a été épuisé par la production trop considérable des fruits, on rétablit sa vigueur en le taillant court pendant un an.

Cette dernière application paraît être en contradiction avec ce que nous avons dit au premier paragraphe de la page 270 ; mais cette contradiction n'est qu'apparente. En effet, dans le premier cas, quelques-uns seulement des rameaux de l'arbre sont taillés court, et l'on diminue ainsi, au profit de ceux qui sont taillés long, la puissance d'absorption qu'ils exercent sur la séve des racines. Les bourgeons qu'ils développent sont assurément plus vigoureux que ceux qui naissent sur les rameaux taillés long ; mais ils le sont moins cependant que si tous les rameaux de l'arbre avaient subi la même suppression, car une partie de la séve qui leur serait échue tourne alors au profit des bourgeons plus nombreux des rameaux taillés long, et dont la vigueur se trouve ainsi augmentée. En un mot, les bourgeons des rameaux taillés long ne sont pas aussi vigoureux que ceux de rameaux taillés court, mais ils sont beaucoup plus nombreux et détermi- nent la formation d'une plus grande masse de tissu ligneux et de boutons dont la proportion ne tarde pas à affaiblir réellement la partie forte au profit de la partie faible.

Mais, quand il s'agit du rétablissement d'un arbre épuisé, celui-ci n'est plus placé dans les mêmes conditions. Au lieu de raccourcir quelques rameaux seulement, on les soumet tous au même traitement, et la séve, n'étant plus attirée en plus grande abondance d'un côté que de l'autre, agit avec une égale intensité sur le développement vigoureux de chacun d'eux ; tous concou- rent alors à la formation de nouvelles couches ligneuses et cor- ticales plus amples et mieux constituées que les précédentes, ainsi que de nouveaux prolongements radicaux remplissant bien leurs fonctions. L'arbre recouvre sa première vigueur, jusqu'à ce qu'une taille plus longue vienne de nouveau le mettre à fruit.

Ce qui précède explique clairement la cause du résultat diffé- rent que l'on obtient de cette opération, suivant la manière dont elle est pratiquée, et doit faire disparaître le désaccord qui existe à cet égard entre quelques cultivateurs.

4° LA SÉVE, TENDANT TOUJOURS A AFFLUER A L'EXTRÉMITÉ DES RA-

MEAUX, FAIT DÉVELOPPER LE BOUTON TERMINAL AVEC PLUS DE VI-
GUEUR QUE LES BOUTONS LATÉRAUX.

D'après ce principe expliqué au troisième paragraphe de la page 37, toutes les fois qu'on voudra obtenir un prolongement de branche, il faudra tailler sur un bouton à bois vigoureux, et ne laisser au delà aucune production qui puisse lui enlever l'action de la séve.

5° PLUS LA SÉVE EST ENTRAVÉE DANS SA CIRCULATION, MOINS ELLE AGIT AVEC FORCE SUR LE DÉVELOPPEMENT DES BOURGEONS, ET PLUS ELLE PRODUIT DE BOUTONS A FLEURS.

Les arbres ne commencent à former leurs boutons à fleurs qu'après avoir acquis un certain développement. Il faut, pour que ces productions apparaissent, que la séve circule lentement, et qu'elle subisse ainsi une préparation plus complète dans les feuilles, préparation sans laquelle elle ne donne lieu qu'à des boutons à bois. Lorsque les arbres ont acquis un certain développement, la rapidité de la circulation de la séve est ralentie par l'étendue des ramifications qu'elle a à parcourir, et aussi par les lignes plus souvent brisées qu'elle est obligée de suivre ; c'est alors seulement que les boutons à fleurs commencent à se former. L'apparition de ces organes est si bien due à l'action peu intense de la séve sur les bourgeons, que les arbres n'ont jamais plus de boutons à fleurs qu'alors qu'ils sont souffrants.

Les opérations suivantes, employées dans l'ordre où nous allons les indiquer, peuvent diminuer l'intensité de l'action de la séve et amener la mise à fruit des arbres.

Tailler très-long le prolongement des branches de la charpente. — En procédant ainsi, on force la séve à partager son action entre un plus grand nombre de boutons. Les bourgeons qui résultent de leur développement poussent moins vigoureusement et donnent lieu à des rameaux qui se mettent plus facilement à fruit.

Appliquer aux bourgeons qui naissent sur les prolongements successifs de la charpente, ainsi qu'aux rameaux qui en résultent, les opérations destinés à diminuer leur vigueur. — Ces opérations sont, pour les bourgeons, le pincement et la torsion, et pour les rameaux le cassement complet ou le cassement partiel. Ces mutilations, que nous décrivons plus loin, ont pour but de diminuer la vigueur de ces bourgeons ou de ces rameaux, en forçant la séve à porter son action sur le développement vigoureux du nouveau bourgeon de prolongement. Il en résulte alors la mise à fruit de l'arbre.

Les opérations suivantes ne seront appliquées qu'exceptionnellement. Par exemple, pour des poiriers greffés sur franc, plantés dans un sol frais et très-fertile, et qui tarderont à se mettre à fruit.

Pratiquer la taille d'hiver très-tardivement, lorsque déjà les bourgeons ont atteint une longueur de $0^m,04$. — Il résulte de cette taille tardive qu'une grande partie de l'action de la séve s'est dépensée au profit du sommet des rameaux. Ceux-ci, étant raccourcis à ce moment, les bourgeons de la base poussent moins vigoureusement que si cette perte de séve n'eût pas eu lieu, et se mettent plus facilement à fruit.

Appliquer sur les branches de la charpente un certain nombre de greffes de côté Girardin (fig. 89 à 92, p. 162). — Ces greffes de rameaux à fruits venant à fructifier, les fruits absorbent une grande partie de la surabondance de la séve de l'arbre. On voit dès lors se former sur celui-ci un grand nombre de boutons à fleurs. Ce moyen ne convient que pour les arbres à fruits à pepins.

Arquer toutes les branches de la charpente, de façon qu'une partie de leur longueur soit dirigée vers le sol. — La séve agissant avec d'autant plus de force sur le développement des bourgeons, que ceux-ci sont attachés sur un rameau plus rapproché de la ligne verticale, on conçoit que l'arcure des rameaux ou des branches doit diminuer beaucoup la vigueur des bourgeons et déterminer leur mise à fruit. La figure 169 montre un arbre en cône soumis à l'arcure. La figure 170 indique la même opération appliquée à un arbre en palmette. L'emploi de ce moyen est fort ancien et n'est qu'une imitation de ce qui se produit naturellement sur les arbres abandonnés à eux-mêmes.

Pratiquer en février, vers la base de la tige de l'arbre, avec la scie à main, une entaille annulaire assez profonde pour entamer la couche de bois la plus extérieure. — La séve s'élève des racines vers les feuilles en passant par les vaisseaux placés dans la couche de bois la plus extérieure. L'incision annulaire dont nous venons de parler a pour résultat de gêner cette ascension de la séve ; les bourgeons acquièrent alors moins de vigueur, et l'arbre se met à fruit.

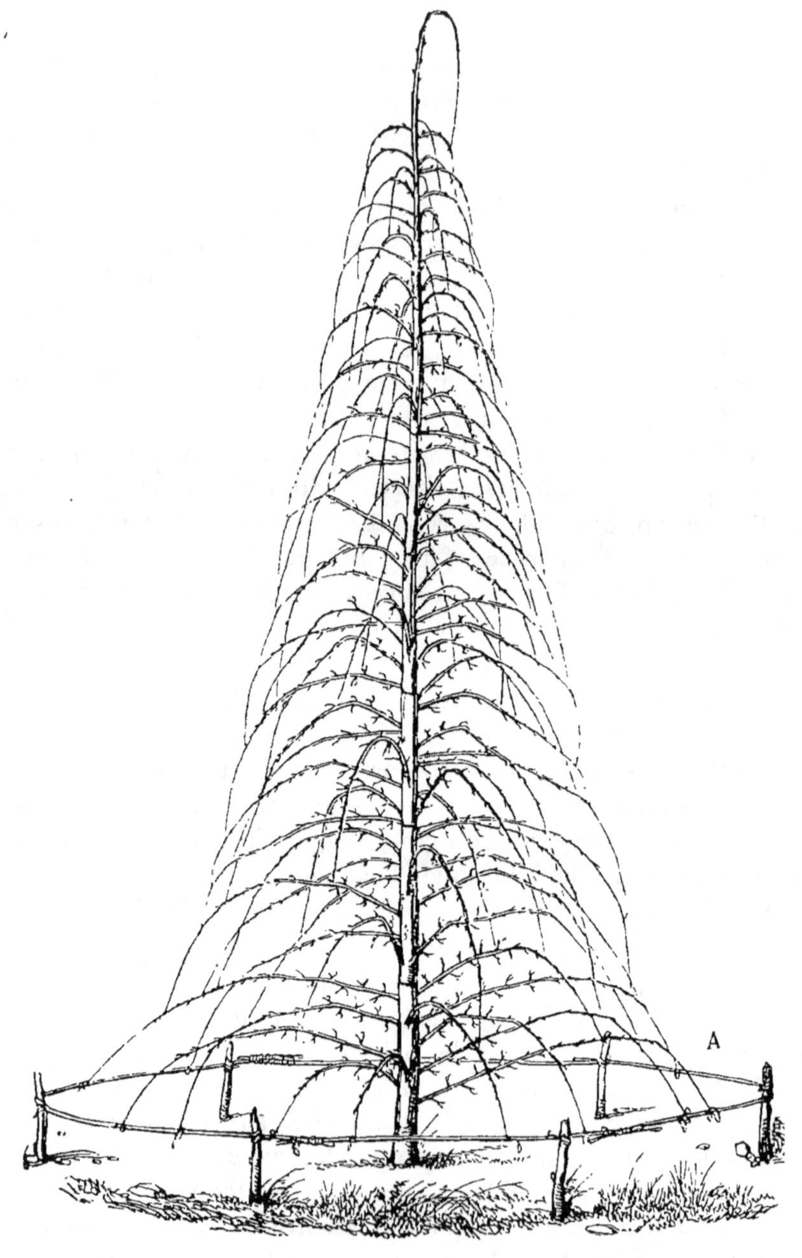

Fig. 169. Poirier soumis à la forme en cône à branches arquées.

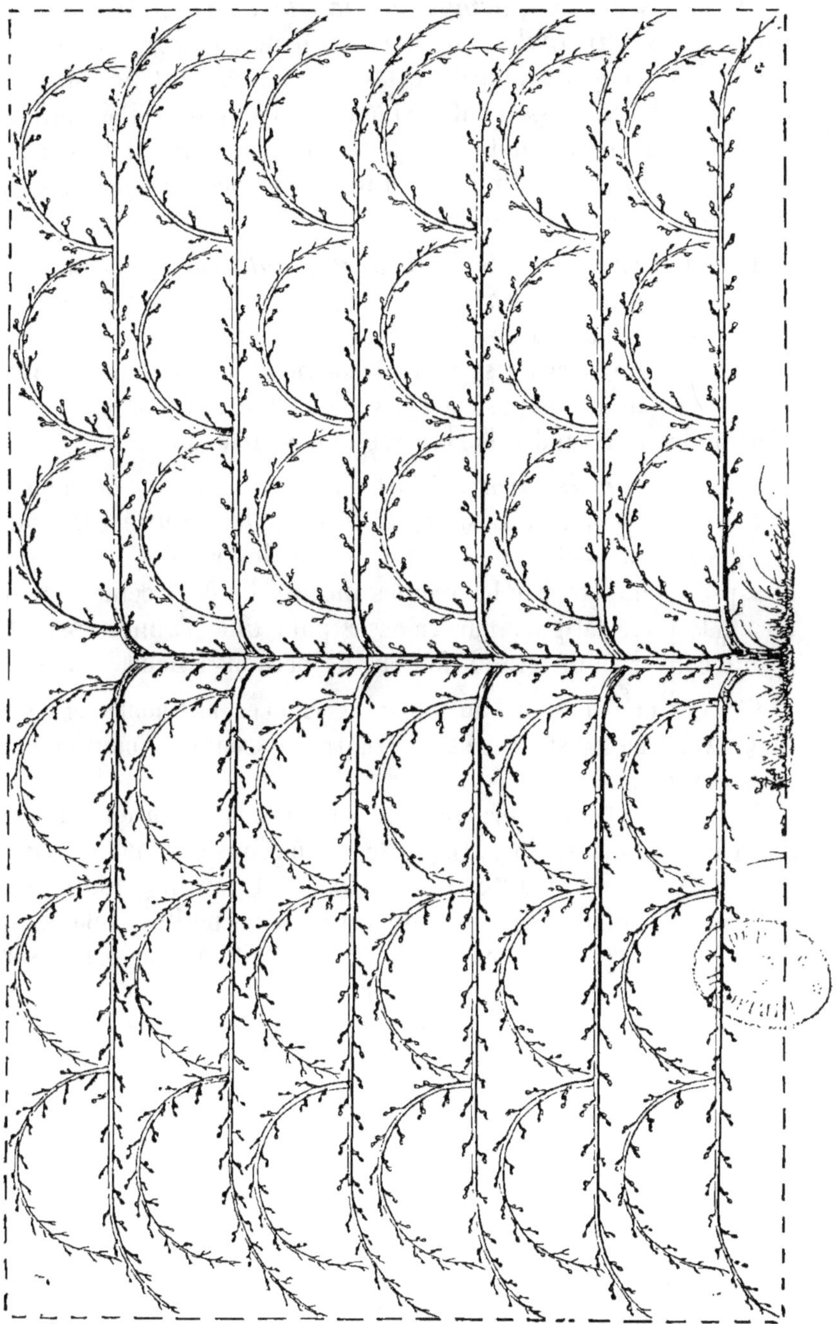

Fig. 170. Poirier soumis à la forme en palmette à branches arquées (Du Breuil).

Déchausser au printemps le pied de l'arbre, de façon que les racines principales soient mises à nu sur une grande partie de leur longueur, et les laisser dans cet état pendant tout l'été. — Ce déchaussement, exposant à l'action de l'air et de la lumière une partie notable des racines, a pour effet de gêner leurs fonctions, de diminuer ainsi la vigueur de l'arbre et de déterminer alors sa mise à fruit.

Déchausser le pied de l'arbre au printemps, puis mutiler, en les coupant, une partie des racines et replacer ensuite la terre. — Cette opération, plus énergique que la précédente, produit les mêmes résultats; mais il conviendra de l'employer rarement; car on est exposé à dépasser le but que l'on se propose d'atteindre et à rendre l'arbre réellement malade.

Transplanter les arbres à la fin de l'automne, en les déplantant avec le plus grand soin, de façon à leur conserver toutes leurs racines. — Cette pratique donne des résultats analogues aux précédents et par les mêmes motifs. Ce déplacement suffit, en effet, pour fatiguer l'arbre assez pour que, l'année suivante, il soit couvert d'un grand nombre de boutons à fleur.

6° TOUT CE QUI TEND A DIMINUER LA VIGUEUR DES BOURGEONS ET A FAIRE AFFLUER LA SÉVE DANS LES FRUITS CONCOURT A AUGMENTER LA GROSSEUR DE CEUX-CI.

Les fruits et les bourgeons ont en effet la propriété d'attirer à eux la séve des racines. Or, si les bourgeons sont nombreux et vigoureux, il en résulte qu'ils absorbent presque toute cette séve au détriment des fruits, qui restent alors petits. Voilà ce qui explique pourquoi, toutes choses égales d'ailleurs, les fruits sont moins gros sur des arbres très-vigoureux que sur ceux de vigueur moyenne. On comprend également que, l'accroissement des fruits étant déterminé par l'abondance de la séve, ils deviendront d'autant plus gros qu'elle pourra y pénétrer plus facilement.

Les opérations suivantes auront donc pour résultat d'augmenter le volume des fruits.

Greffer les arbres sur des espèces de sujets peu vigoureux. — Si les sujets sont très-vigoureux, les bourgeons absorberont presque toute la séve au détriment des fruits. Les poiriers greffés sur cognassiers, les pommiers greffés sur paradis, donnent, toutes choses égales d'ailleurs, des fruits plus gros que ceux greffés sur poirier ou pommier franc.

Appliquer aux arbres une taille d'hiver convenable, c'est-à-dire ne laisser sur l'arbre que les rameaux ou partie des rameaux nécessaires à l'accroissement symétrique de la charpente ou à la formation des rameaux à fruit. — Ces retranchements ont pour effet de concentrer une plus grande quantité de séve sur les parties conservées, et par conséquent sur les fruits. Les arbres abandonnés à eux-mêmes donnent toujours des fruits moins gros que ceux des arbres soumis à une taille rationnelle.

Faire naître les rameaux à fruit directement sur les branches de la charpente de l'arbre, et les maintenir le plus court possible. — En procédant ainsi, les fruits seront attachés tout près de la branche de la charpente ; ils recevront là une influence plus directe de la séve, et acquerront un plus grand développement.

Tailler les branches très-court dès que les boutons à fleur sont formés. — Ces retranchements considérables concentrent la séve sur une étendue restreinte de la charpente, et les fruits en reçoivent une plus grande quantité.

Mutiler les bourgeons qui ne sont pas nécessaires à l'accroissement de la charpente de l'arbre. — Cette mutilation, que l'on obtient à l'aide de pincements réitérés, les empêche d'absorber une trop grande quantité de séve ; il en reste alors davantage pour les fruits.

Placer les fruits sous l'ombrage des feuilles pendant tout le temps de leur accroissement. — L'action d'une vive lumière et de la chaleur a pour résultat de durcir les tissus, de leur faire perdre leur élasticité, et par conséquent la faculté de pouvoir s'étendre en cédant à l'action de la séve. Si donc un fruit est placé dès son jeune âge sous l'influence du soleil, il deviendra moins gros que celui qui est abrité par les feuilles, parce que son épiderme se durcira plus vite et ne se prêtera pas aussi long-temps à l'action de la séve, qui tend à le distendre. Il conviendrait donc d'attendre que ces fruits aient pris leur développement avant de les exposer au soleil qui doit les colorer et les parfumer.

Ne laisser sur l'arbre qu'un nombre de fruits proportionné à sa vigueur, en faisant les suppressions dès qu'ils ont atteint le cinquième de leur développement. — Chacun des fruits conservés profite alors d'une plus grande quantité de séve, et devient beaucoup plus volumineux. On en a ainsi un moins grand nombre, mais on en récolte la même quantité en poids, ce qui est toujours préférable.

Les opérations qui précèdent devront être régulièrement appliquées chaque année. Les suivantes ne seront qu'exceptionnelles, lorsqu'on voudra faire acquérir au fruit une grosseur anormale.

Pratiquer une incision annulaire sur le rameau fructifère, au-dessous du point d'attache des fleurs, au moment de leur épanouissement, et de façon que cette incision n'offre pas plus de $0^m,005$ de largeur (fig. 171). — L'expérience a constamment démontré que, par suite de cette incision, les fruits deviennent plus gros. Ils mûrissent aussi plus tôt que ceux qui n'ont pas été soumis à cette opération. On a tenté d'expliquer ce phénomène de diverses manières, mais toujours d'une façon peu satisfaisante. Nous nous contentons d'affirmer la

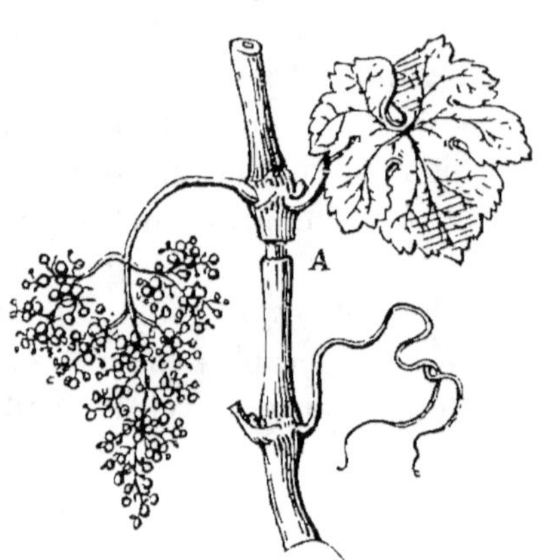

Fig. 171. Incision annulaire de la vigne.

réalité du fait. Ce sont particulièrement les fruits à noyau et la vigne qui se prêtent le mieux à cette pratique.

Greffer des rameaux à fruit sur un arbre vigoureux, en ayant recours pour cela à la greffe en couronne pour les rameaux à fruit et à la greffe de côté Girardin (pages 161 et 163). — Ces sortes de greffes produisent un effet analogue à celui de l'incision annulaire. Les fruits ainsi obtenus sont toujours plus gros que ceux développés sur des rameaux non greffés.

Placer sous les fruits, pendant leur développement, un support destiné à les empêcher de tendre leur pédoncule ou queue (fig. 172). — La séve pénètre dans les fruits en passant par les vaisseaux qui traversent leur pédoncule. Or, si ces fruits sont laissés sans support, il arrive souvent que, leur accroissement se faisant d'une manière inégale sur leur pourtour, il se produit sur le pédoncule un mouvement de torsion qui étrangle les vaisseaux séveux et nuit alors au passage de la séve. D'ailleurs, le propre poids des fruits, en tendant ce pédoncule, allonge ces vaisseaux et rétrécit leur diamètre. Lorsque les fruits sont supportés, la séve y pénètre donc plus facilement, et ils deviennent plus gros.

Maintenir les fruits dans leur position normale pendant tout le temps de leur développement, c'est-à-dire les tenir dressés de façon que le pédoncule soit en bas (fig. 173). — La séve agit avec d'autant plus de force, qu'elle suit une direction ascendante plus rapprochée de la verticale. Il résulte donc de la

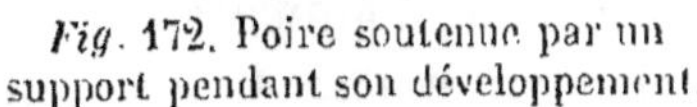

Fig. 172. Poire soutenue par un support pendant son développement.

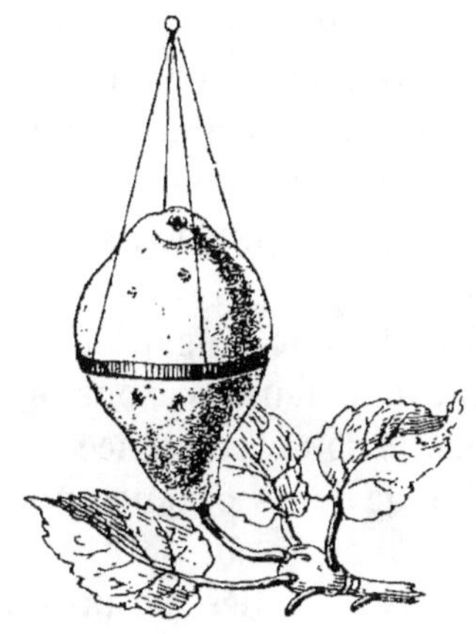

Fig. 173. Poire maintenue dans une position verticale pendant son développement.

position donnée aux fruits que la séve y arrive plus facilement et en plus grande quantité en passant par le pédoncule ainsi dressé, et qu'ils deviennent plus gros.

Appliquer sur les jeunes fruits une dissolution de sulfate de fer. — On savait déjà que le sulfate de fer, appliqué sous forme de dissolution dans l'eau, stimulait beaucoup les fonctions absorbantes des feuilles, qui attiraient alors à elles une plus grande quantité de séve des racines. Nous avons eu la pensée de mouiller la surface des jeunes fruits avec cette dissolution, et ces fruits ont pris alors un accroissement extraordinaire. Il convient de procéder ainsi : employer la dissolution dans la proportion d'un gramme et demi par litre d'eau; en mouiller les fruits seulement après qu'ils ne sont plus frappés par le soleil; répéter cette opération trois fois : lorsque les fruits ont atteint le premier quart de leur développement ; lorsqu'ils sont à moitié grosseur, puis quand ils ont acquis les trois quarts de leur volume. Cette dissolution active leurs fonctions absorbantes ; ils attirent à eux une plus grande quantité de séve au détriment des feuilles, et deviennent tellement gros que cet accroissement monstrueux nuit souvent à leur qualité.

Greffer par approche un bourgeon sur le pédoncule des fruits lorsqu'ils ont acquis le premier tiers de leur développement (*fig.* 145, p. 67). — On a remarqué que, par suite de cette opération, le volume des fruits devient plus considérable, sans doute parce que le bourgeon ainsi greffé attire dans le pédoncule du fruit une plus grande quantité de séve.

7° LES FEUILLES SERVENT A PRÉPARER LA SÉVE DES RACINES POUR LA NOURRITURE DE L'ARBRE ET CONCOURENT A LA FORMATION DES BOUTONS SUR LES RAMEAUX, TOUT ARBRE QUI EN EST PRIVÉ EST EXPOSÉ A PÉRIR.

Il faut donc se garder d'enlever aux arbres une trop grande quantité de feuilles, sous prétexte de placer plus immédiatement les fruits sous l'influence du soleil, car ces arbres, privés d'une partie de leurs organes nourriciers, cesseraient leur développement ; il en serait de même de leurs fruits. D'un autre côté, les rameaux effeuillés, ne présentant pas de boutons ou n'en offrant que de mal conformés, ne donneraient lieu, l'année suivante, qu'à une végétation languissante. On conservera toujours le pétiole des feuilles qu'on voudra supprimer.

8° DÈS QUE LES RAMIFICATIONS ONT ATTEINT L'AGE DE DEUX ANS, CEUX DE LEURS BOUTONS QUI N'ONT PAS ENCORE VÉGÉTÉ NE SE DÉVELOPPENT PLUS QUE SOUS L'INFLUENCE D'UNE TAILLE TRÈS-COURTE ; DANS LE PÊCHER, ILS RÉSISTENT PRESQUE TOUJOURS A CETTE OPÉRATION.

On doit donc, sur tous les arbres, quelle que soit la forme imposée à leur charpente, pratiquer la taille de manière à déterminer le développement de tous ces boutons sur les prolongements successifs des branches de la charpente, et veiller à la conservation des rameaux qui en résultent. Sans cette précaution, l'intérieur de l'arbre resterait complétement dégarni et improductif, et l'on ne pourrait plus y remédier, parce qu'il serait très-difficile de faire développer les boutons restés endormis. On obtient le développement de tous ces boutons en retranchant, chaque année, une certaine étendue du nouveau prolongement de la charpente.

9° LE PROLONGEMENT ANNUEL DE LA CHARPENTE DES ARBRES DOIT ÊTRE D'AUTANT PLUS RACCOURCI QUE LA BRANCHE EST PLUS RAPPROCHÉE DE LA LIGNE VERTICALE.

En effet, la séve agissant surtout de haut en bas, si un rameau est placé verticalement, les boutons resteront endormis sur la moitié inférieure de sa longueur. Il faudra, pour prévenir ce résultat, supprimer la moitié au moins de la longueur de ce rameau. S'il est incliné suivant l'angle de 45 degrés, la séve agira avec moins de force sur les bourgeons du sommet, mais elle en fera développer un plus grand nombre ; il n'y aura que le tiers inférieur qui restera dégarni. Il suffira alors, pour obtenir les bourgeons de la base, de supprimer le tiers supérieur du rameau. Enfin, si le rameau est placé horizontalement, on devra le laisser entier ; car, dans cette position, la séve fera développer les boutons de la base aussi bien que ceux du sommet.

Mon ami, M. Laujoulet, de Toulouse, a imaginé un autre procédé à l'aide duquel on arrive à garnir de rameaux à fruit les branches de charpente sans pratiquer aucun retranchement sur les prolongements successifs de ces branches.

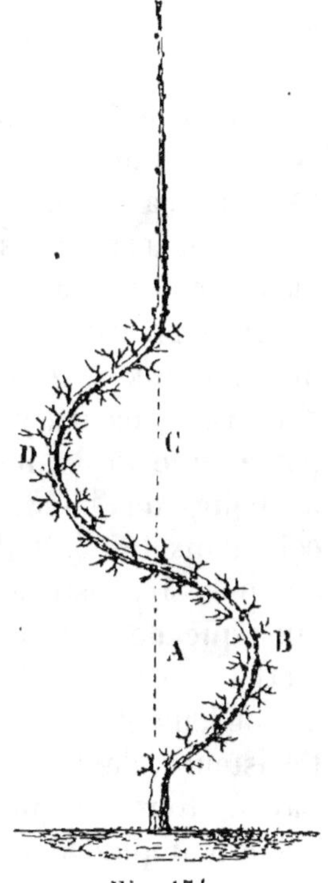

Fig. 174.

Ce moyen très-ingénieux et parfaitement d'accord avec les lois de la végétation, consiste à faire suivre au bourgeon de prolongement d'une branche quelconque de la charpente d'un arbre la ligne verticale A (*fig. 174*), puis à contourner l'année suivante le rameau qui en est résulté en lui donnant la direction B. Le nouveau bourgeon de prolongement s'allonge de nouveau suivant la ligne verticale C, et le nouveau rameau est courbé l'année d'après en D, et ainsi de suite chaque année jusqu'au point où doit s'arrêter l'allongement de cette branche. On peut donner à l'ensemble de ces courbes toutes les directions possibles et les combiner entre elles de façon à donner à la charpente des arbres les formes les plus variées et les plus fantastiques. On comprend facilement que ces courbes, gênant l'action de la séve vers l'extrémité des branches, déterminent le développement des bourgeons sur toute la longueur de chacun des prolongements successifs de ces branches. Ce mode de formation de la charpente des arbres nous paraît être très-rationnel ; toutefois nous préférons les lignes droites et par conséquent le retranchement annuel d'une partie des prolongements successifs. On obtient ainsi les mêmes résultats, la formation de la charpente est plus facile, elle exige moins de surveillance pour empêcher le développement des gourmands, elle exige moins de connaissance de la part de l'opérateur, elle est par cela même plus à la portée de toutes les intelligences.

10° Quelle qué soit la forme donnée a la charpente d'un arbre soumis a la taille, soit en espalier, soit en plein air, il importe de faire développer chaque année, a l'extrémité des branches de la charpente après leur formation complète, un bourgeon vigoureux. — Chacune de ces branches ne devant porter que des rameaux à fruit, on mutile chaque année tous les bourgeons latéraux un peu vigoureux qui y apparaissent, et cela dans l'intérêt de la fructification. Or, ces bourgeons sont destinés à constituer une nouvelle couche de bois et de liber ainsi que de nouveaux prolongements radicaux destinées à l'entretien de la vie de l'arbre pendant l'année suivante. Mutiler annuellement tous ces bourgeons, c'est donc compromettre l'existence de l'arbre. Le bourgeon vigoureux que l'on fera naître tous les ans à l'extrémité de chacune des branches viendra amoindrir cet inconvénient en aidant à la formation des organes dont nous venons de parler. Le rameau qui en résultera sera complétement supprimé lors de la taille d'hiver pour en faire développer un nouveau chaque année.

11° On ne doit appliquer la première taille aux jeunes arbres fruitiers qu'après leur reprise complète, c'est-a-dire en général après une année de plantation.

On ne peut former convenablement la charpente des arbres fruitiers qu'autant qu'ils se développent vigoureusement. — Les jeunes arbres récemment plantés ne présentent ce degré de vigueur qu'après avoir pris possession du sol, c'est-à-dire après avoir développé de nouvelles radicelles pour remplacer celles détruites par la transplantation ; car c'est alors seulement que ces arbres peuvent puiser abondamment dans la terre des éléments nutritifs nécessaires à leur végétation. Ce nouvel appareil de racines ne peut se former que sous l'influence du développement des feuilles, car celles-ci sont les organes qui engendrent les racines, — D'où il résulto que plus un jeune arbre développera de feuilles, plus ses racines seront nombreuses et plus sa vigueur sera grande. — Or la première taille appliquée aux jeunes arbres a pour but de faire développer, vers la base de la tige, les branches nécessaires à la formation de la charpente, et ce résultat ne peut être obtenu qu'en recepant la tige assez près du sol. D'où il suit qu'on enlève ainsi à l'arbre presque tous ses boutons, et qu'on le prive alors de la plus grande partie des bourgeons, et, partant, des feuilles qu'il eût développées. On conçoit que cette suppression presque complète des organes générateurs des racines empêche celles-ci de réparer les pertes éprouvées par suite de la déplantation, et que la végétation qui succède à cette opération est faible, languissante, et ne peut donner lieu aux bourgeons vigoureux dont on a besoin pour former la charpente de l'arbre.

Toutefois l'évolution des boutons de ces jeunes arbres ne peut avoir lieu que par une action suffisante de la séve ascendante. Dans ceux qui n'ont pas été transplantés, cette force est assez intense pour agir efficacement sur le développement d'un grand nombre de leurs boutons, parce que la masse de racines qui puisent cette séve dans le sol est proportionnée au nombre de boutons que porte la tige. Mais dans les arbres qu'on vient de transplanter, il en est presque toujours autrement : une partie notable des racines, et surtout les points essentiellement absorbants, les extrémités radiculaires, sont retranchés ou altérés par suite de la déplantation. Pour ces arbres il n'y a plus rapport entre la masse des racines et l'étendue de la tige qu'elles doivent alimenter. Si l'on n'opère aucune suppression sur la tige de ces arbres immédiatement après leur plantation, le peu de séve que pourront fournir les racines partageant son action entre tous les boutons, ceux-ci n'en recevront qu'une influence insuffisante, et ne donneront lieu qu'à quelques bourgeons longs de quelques millimètres seulement, et pourvus d'un très-petit nombre de feuilles languissantes. L'action absorbante des racines étant aussi trop faible pour réparer les {pertes d'humidité qu'éprouvera la tige sous l'influence desséchante de l'air et du soleil, beaucoup de ces arbres pourront périr pendant l'été suivant. Il est bien entendu que ces effets se produiront avec d'autant plus d'intensité, que les arbres auront plus mauvais pied, que le terrain sera plus sec, que la plantation sera faite au printemps et que cette saison sera moins humide.

De là résulte donc la nécessité de pratiquer, non pas une première taille, mais seulement quelques retranchements sur la tige des jeunes arbres en les plantant afin de rétablir l'équilibre entre cette partie et les racines qui doivent l'alimenter. On comprend dès lors que ces suppressions doivent égaler à peu près celles éprouvées par les racines. Si l'on néglige cette opération, le développement des bourgeons et des feuilles se faisant à peine, on ne verra pas se former le nouvel appareil de racines que le retard apporté à l'application de la première taille avait pour but de faire naître, et l'on aura un insuccès égal à celui qu'eût donné la première taille opérée immédiatement après la plantation.

Si, au contraire, on retranche sur la tige des jeunes arbres, aussitôt après la plantation, une proportion de rameaux égale aux pertes éprouvées par les racines, les boutons conservés recevront une action suffisante de la séve pour donner lieu, pendant l'été, à autant de bourgeons pourvus de feuilles nombreuses, et celles-ci produiront un nouvel appareil de racines. Si, au printemps suivant, on applique à ces jeunes arbres le recepage nécessité par la première taille, on concentre alors toute l'action de la séve, abondamment fournie par de nombreuses racines, sur quelques boutons seulement, et l'on force ceux-ci à produire de très-vigoureux bourgeons à l'aide desquels on forme facilement la charpente de l'arbre.

Ce que nous venons de dire des inconvénients d'une première taille prématurée est complétement en harmonie avec ce qui se passe encore malheureusement dans la pratique d'un grand nombre de jardiniers. En effet, la plupart d'entre eux taillent leurs arbres en les plantant. Ceux-ci ne donnent lieu qu'à de chétifs rameaux, qui sont encore taillés l'année suivante. L'année subséquente, les arbres, toujours languissants, se couvrent de boutons à fleurs et de fruits qui achèvent de les épuiser, de sorte que ces arbres arrivent à la décrépitude au bout d'un très-petit nombre d'années et sans qu'on ait pu former leur charpente.

On cite, il est vrai, des résultats qui semblent contredire ceux que nous venons d'indiquer ; mais, après nous être enquis des circonstances sous l'influence desquelles ils s'étaient produits, nous avons pu nous convaincre que cette contradiction n'est qu'apparente. Ainsi, on a obtenu parfois une végétation vigoureuse sur de jeunes arbres taillés l'année même de leur plantation ; mais il convient d'ajouter que ces arbres, déplacés à l'automne, avaient été déplantés avec le plus grand soin, presque en motte, de façon à conserver intactes toutes les radicelles. On comprend alors que ces arbres, n'ayant été privés d'aucun de leurs organes nourriciers, aient pu donner lieu, au printemps suivant, à une végétation aussi vigoureuse que si on ne les eût pas transplantés.

Est-ce là ce qui se passe dans la pratique habituelle? Non, assurément. Le plus grand nombre des jeunes arbres sont achetés dans des pépinières souvent fort éloignées du lieu où l'on plante. Les arbres y sont fréquemment plutôt arrachés que déplantés ; les racines, et surtout les radicelles, se dessèchent sous l'action du soleil et de l'air, jusqu'au moment d'un emballage qui ne les garantit que très-imparfaitement de cette influence fâcheuse ; de sorte qu'à leur arrivée au lieu de destination, ces arbres ont perdu plus de la moitié de leurs racines. Qu'on veuille alors appliquer immédiatement la première taille à ces arbres, et l'on peut être assuré que les chétifs résultats que nous venons d'indiquer se produiront. C'est donc pour ces sortes de plantations, qui sont les plus générales, que nous conseillons de n'appliquer la première taille qu'après la reprise des arbres, et non pour celles tout exceptionnelles où les arbres n'ont pas à reprendre.

De tout ce qui précède il résulte donc la nécessité de n'appliquer la première taille aux jeunes arbres fruitiers qu'après qu'ils sont complétement repris, c'est-à-dire un an environ après la plantation ; et, en second lieu, qu'il convient, en les plantant, de supprimer sur la tige une étendue de rameaux égale aux pertes éprouvées par les racines. Il y aura d'ailleurs toujours plus d'inconvénient à faire un retranchement insuffisant qu'à l'exagérer un peu. L'insuffisance de ces suppressions de rameaux sera démontrée à la fin de la végétation par l'absence, sur la tige, de nouveaux rameaux un peu vigoureux. Dans ce cas, il faudra s'abstenir de pratiquer la première taille au printemps suivant, car l'arbre ne serait pas assez enraciné. On devra opérer seulement de nouvelles suppressions et remettre la taille à l'année subséquente. Dans tous les cas, on devra bien se garder de laisser porter des fruits aux jeunes arbres avant l'été qui suit la troisième taille, attendu que ces fruits absorberaient, au détriment de l'arbre, la séve dont il a besoin d'employer toute l'action pour former sa charpente.

Quant aux jeunes arbres qui présentent l'état languissant dont nous avons parlé, par suite de l'application de la première taille immédiatement après la plantation, il n'y a d'autre moyen à tenter pour leur rendre une vigueur convenable qu'à les receper de nouveau au-dessous du point où ils ont été coupés d'abord, puis à supprimer toutes les branches latérales. Si cette opération énergique ne réussit pas, il faudra les remplacer.

Les principes que nous venons d'exposer s'appliquent à toutes les espèces d'arbres fruitiers et quelle que soit la forme à donner à leur charpente, moins le pêcher. Cette espèce offre, en effet, ce fait particulier, que les boutons qui ne font pas leur évolution pendant l'été qui suit celui qui a présidé à leur naissance sont anéantis l'année suivante. D'où il suit que, si l'on ne pratiquait pas la première taille sur ces arbres aussitôt après leur plantation, les boutons placés vers la base de la tige, et qui sont indispensables pour former la charpente, ne se développeraient plus.

Des diverses opérations qui constituent la taille des arbres fruitiers. — Les opérations de la taille peuvent être rangées dans deux catégories, celles qui s'effectuent lors du repos de la végétation et qui constituent la *taille d'hiver*, et celles qui sont pratiquées pendant la végétation et qu'on a réunies sous le nom de *taille d'été*.

1º *De la taille d'hiver.* — La taille d'hiver comprend onze opérations principales : le *dépalissage*, la *coupe des rameaux*, le *cassement*, l'*éborgnage*, le *rapprochement*, le *ravalement*, le *recepage*, les *incisions*, les *entailles*, l'*arcure*, le *palissage d'hiver*.

Nous étudierons ces diverses opérations en en faisant l'application à la taille des diverses espèces d'arbres fruitiers. Voyons seulement ici quel est le moment le plus convenable pour les pratiquer.

Époque convenable. — La taille d'hiver doit être effectuée pendant le repos de la végétation : de novembre à mars ; mais entre ces deux limites, le moment le plus favorable est celui qui suit les fortes gelées de l'hiver et qui précède les premiers mouvements de la végétation, vers le mois de février.

Si l'on taille avant les fortes gelées d'hiver, on expose la coupe des rameaux à l'influence de l'air, de l'humidité et des gelées, longtemps avant les premiers mouvements de la séve, qui doivent venir cicatriser cette plaie, et il en résulte que le bouton terminal réservé au sommet de ces rameaux est souvent détruit.

Les accidents ne sont pas moins fâcheux si l'on pratique l'opération pendant les fortes gelées : les instruments coupent difficilement le bois qui est gelé ; les plaies sont contuses, elles ne se cicatrisent pas ; la mortalité descend au-dessous du bouton qui avoisine la coupe, et ce bouton est anéanti.

Si l'on attend, enfin, que le bourgeonnement commence à se manifester, les inconvénients sont beaucoup plus graves encore. La séve des racines s'est répandue dans toutes les parties de l'arbre, si l'on supprime une certaine étendue du sommet des ramifications, la séve, déjà absorbée par cette partie, est perdue. D'un autre côté, en taillant aussi tard, on est exposé à endommager, à briser un grand nombre de boutons à bois ou à fleur, qui, déjà en partie développés, se détachent au moindre choc. Enfin, la séve des racines, refoulée du sommet vers la base, peut déchirer les vaisseaux, s'extravaser, et donner lieu aux chancres ou à la gomme.

La taille en février est surtout très-importante pour le pêcher, dont les boutons de la base des rameaux à fruits s'endorment souvent, faute d'une action assez puissante de la séve, ce qui empêche de remplacer convenablement ces rameaux après leur production, et détermine des vides sur les branches.

En taillant de bonne heure, la séve agit avec force sur les boutons défavorablement placés, détermine leur évolution, et amène ainsi le développement des boutons latents placés sur le vieux bois. Il résulte de ce dernier fait qu'on peut rapprocher davantage la taille et empêcher le milieu des arbres de se dégarnir.

On pourra cependant tailler très-tard et même attendre que les bourgeons commencent à s'allonger, lorsqu'on opérera sur des arbres qui, trop vigoureux, ne peuvent être mis facilement à fruit. Une partie de l'action de la séve ayant été dépensée au profit de l'extrémité des ramifications supprimées, elle agira avec moins de force sur les boutons réservés, et ceux-ci prendront plus facilement le caractère de rameaux à fruit.

Si l'on avait à tailler un nombre d'arbres tel, que l'on pût craindre de ne pouvoir les opérer tous en février, plutôt que de dépasser cette époque, il serait préférable de la devancer. Alors on taillera avant l'hiver les rameaux à fruits seulement, puis on conservera pour le mois de février la coupe du prolongement des branches de la charpente.

Dans tous les cas, il conviendra de suivre, pour la taille, l'ordre de végétation des diverses espèces ; ainsi on taillerait d'abord les amandiers, les abricotiers, puis les pêchers, les pruniers, les cerisiers, les poiriers, les pommiers, et enfin la vigne.

Ce que nous venons de dire de l'époque de la taille d'hiver s'applique surtout au climat de Paris et au nord de la France. Mais on conçoit que plus on se rapprochera du Midi, plus il faudra devancer l'époque que nous venons d'indiquer, afin de pratiquer toujours cette opération avant le développement des bourgeons ou des fleurs. Ainsi, dans la région des oliviers, il sera convenable de tailler en décembre et en janvier.

2° *De la taille d'été.* — La taille d'été comprend sept opérations principales : l'*ébourgeonnement*, le *pincement*, la *torsion*, la *taille en vert*, le *palissage d'été*, la *suppression des fruits trop nombreux* et l'*effeuillement*. Pour éviter des répétitions inutiles, nous étudierons également ces diverses opérations en traitant de la taille propre à chaque espèce d'arbres fruitiers.

Époque convenable. — Toutes les opérations qui constituent la taille d'été sont pratiquées pendant la végétation, et la plupart d'entre elles sont continuées pendant tout ce laps de temps. Quant au moment précis où il convient de les appliquer à chacune des parties de l'arbre il est déterminé par l'état de développement de ces parties. Nous donnerons ces indications en étudiant la taille de chaque espèce d'arbres.

CHAPITRE QUATRIÈME

PREMIÈRE DIVISION — FRUITS A PEPINS — POIRIERS

Le *Poirier commun* (*pyrus communis*, Lin. *fig.* 175) croît à l'état sauvage dans les parties tempérées de l'Europe, de l'Asie et de l'Afrique. C'est par suite des semis successifs et des soins de la culture, que l'on a obtenu de cet arbre sauvage les excellentes variétés que nous cultivons aujourd'hui.

L'importance de cet arbre, au point de vue des fruits de table, est des plus grandes. Ses fruits, très - hygiéniques, conviennent à tous les estomacs, soit à l'état frais, soit cuits. Les époques de leur maturité

Fig. 175. Poirier de bon-chrétien d'hiver.

étant très-variées, on peut les consommer frais pendant toute l'année.

La structure de ces fruits se prête très-bien au transport et, par suite, au commerce. Enfin, cet arbre s'accommode de presque tous nos climats.

L'origine de la culture du poirier se perd dans la nuit des temps. On sait, en effet, que les Romains cultivaient environ trente-six variétés de cette espèce, dont plusieurs font encore partie de nos collections, mais sous d'autres noms.

Sol. — Le poirier est peu exigeant quant à la nature du sol. Il ne redoute que les calcaires plus ou moins purs et les terrains très-secs. Les sols dans lesquels sa végétation et son produit sont les plus satisfaisants sont les terrains profonds, de consistance moyenne, silicéo-argileux, schisteux ou argilo-calcaires.

Climat. — Nous avons dit que cet arbre est peu difficile à l'égard du climat. Toutefois, il réussit surtout sous les climats tempérés un peu humides, analogues à celui d'Anjou. Il redoute les chaleurs du Midi et les froids secs ou humides du Nord.

Variétés. — Il y a peu d'espèces d'arbres fruitiers qui aient produit un nombre de variétés aussi considérable que le poirier commun. On en compte environ 2,000. Elles peuvent être partagées en deux séries principales : celles à fruits à cidre, celles à fruits de table. Nous indiquons les meilleures variétés de la première série dans le *traité spécial des espèces à fruits propres aux boissons fermentées*; nous n'avons donc à nous occuper ici que de celles de la seconde. On peut les subdiviser en deux groupes : les variétés à fruits à couteau, puis celles à fruits à cuire. Dans la liste que nous donnons ci-contre, nous n'indiquons que les meilleures de ces variétés pour chaque mois de l'année.

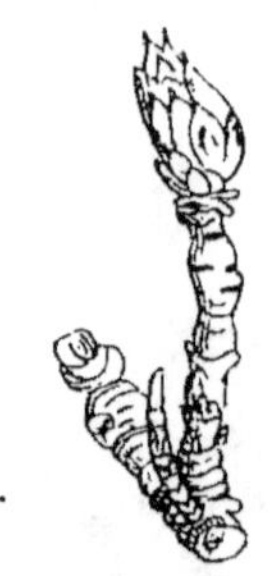

Fig. 176. Rameau à fruit du poirier de bon-chrétien d'hiver.

Fig. 177. Fleur du poirier de bon-chrétien d'hiver.

Nous ferons, à l'égard de cette liste, les observations suivantes : La position en plein vent ou en espalier que nous indiquons pour les variétés ne s'applique qu'au climat moyen. Pour celui du Nord, tous les arbres devront être placés en espalier, sauf quelques variétés indiquées dans la liste et dont les fruits sont moins bons en espalier. Pour celui du Midi, il conviendra de les cultiver tous en plein vent, sous peine de les exposer à une température trop élevée contre les murs. Les variétés indiquées pour l'exposition de l'est et de l'ouest pourront aussi bien être placées au nord-est et au sud-ouest. Quant aux variétés indiquées pour l'exposition du Nord, ce n'est pas qu'elles préfèrent cette position, ce sont celles qui la supportent le mieux. C'est là qu'on obtient les fruits d'hiver qui se conservent le mieux ; il est vrai qu'ils ne sont pas aussi savoureux.

Disons encore que les variétés indiquées comme fruits à cuire ont eu beaucoup d'importance à l'époque où l'on n'avait pas

NOMS DES VARIÉTÉS ET SYNONYMES.	ÉPOQUES DE LA MATURITÉ.	POSITION.		EXPOSITION DES MURS.				VARIÉTÉS À GREFFER SUR FRANC DANS TOUS LES TERRAINS, ORIGINE DES VARIÉTÉS, ETC.
		PLEIN VENT.	ESPALIER.	EST.	OUEST.	SUD.	NORD.	
Premier groupe. — Fruits à couteau.								
oyenné de juillet	Juillet	Plein vent.						Greffer sur franc.
Roi Jollmont								
curré Giffart	Fin de juillet	Plein vent.						Née en 1825, chez M. Giffart, près d'Angers.
pargne								
Beau présent								
Cuisse Madame								
Grosse Madeleine								
Saint-Samson	Juillet et août	Plein vent.	Espalier	Est	Ouest			Greffer sur franc. — Se forme difficilement en pyramide. Redoute l'humidité.
Chapine								
Bourré de Paris								
Cueillette								
De la table des princes								
on chrétien Williams								
Bartlett de Boston	Août et septembre	Plein vent.	Espalier					Obtenue en Angleterre. — Greffer sur franc.
De Lavault								
curré d'Amanlis								
Wilhelmine								
Hubard								
Duchesse de Brabant	Septembre	Plein vent.	Espalier					Obtenue à Amanlis, près Rennes.
D'Albert								
Kessoise								
curré superfin	Septembre	Plein vent.	Espalier	Est	Ouest			Greffer sur franc. — Obtenue à Angers par M. Goubault.
rofesseur Du Breuil	Septembre	Plein vent.	Espalier	Est	Ouest			Obtenue au Jardin des Plantes de Rouen, d'un semis fait par nous en 1840, de pepins de Louise-Bonne-d'Avranches; première fructification en 1851; nommée par la Société d'horticulture de Rouen.
alousie de Fontenay-Vendée	Septembre	Plein vent.	Espalier	Est	Ouest			Greffer sur franc. — Obtenue à Fontenay-Vendée.
Belle d'Esquermes								
curré d'Angleterre								
Bec d'oiseau								
D'amande								
Anglaise	Septembre	Plein vent.	Espalier					Greffer sur franc. — A cultiver dans les vergers seulement. Très-bonne cuite. Craint les argiles compactes.
Saint-François								
De Finois								
ouise-Bonne-d'Avranches								
Louise de Jersey								
Beurré d'Avranches	Septembre et octobre.	Plein vent.	Espalier	Est	Ouest			Greffer sur franc. — Obtenue à Avranches vers 1788, par M. de Longueval.
Bergamotte d'Avranches								
Bonne de Longueval								
eigneur (Esperen)								
Bergamote Fiévée								
Bergamota lucrative								
Gresiller	Septembre et octobre.	Plein vent.	Espalier	Est	Ouest			Greffer sur franc. — Obtenue en Belgique par le major Esperen; introduite en France en 1844.
Beurré lucratif								
Fondante d'automne								
Excellentissime								
curré gris								
Beurré doré								
Beurré d'Amboise	Octobre	Plein vent.	Espalier	Est	Ouest			Greffer sur franc.
Beurré roux								
Beurré d'Isambart								

SUITE DE LA LISTE DES MEILLEURES VARIÉTÉS DE POIRIERS.

NOMS DES VARIÉTÉS ET SYNONYMES.	ÉPOQUE DE LA MATURITÉ.	POSITION.		EXPOSITION DES MURS.				VARIÉTÉS À GREFFER SUR FRANC DANS TOUS LES TERRA[INS] — ORIGINE DES VARIÉTÉS.
		PLEIN VENT.	ESPALIER.	EST.	OUEST.	SUD.	NORD.	
Beurré du roi.	Octobre.	Plein vent.	Espalier .	Est.	Ouest.			Greffer sur franc.
Isambart le bon.								
Beurré de Terweren								
Beurré Capiaumont.	Octobre.	Plein vent.	Espalier .	Est.	Ouest.		Nord.	Greffer sur franc. — Également très-bonne c[ulture] obtenue à Mons, par M. Capiaumont; introdui[te] France en 1826.
Beurré aurore								
Fondante de Charneu.	Octobre.	Plein vent.	Espalier .	Est.	Ouest.		Nord.	Obtenue en Belgique, dans le village de Charneu[...] [in]troduite en France en 1842.
Beurré des Charneuses								
Duc de Brabant.								
Miel de Waterloo.								
Belle excellente.								
Doyenné blanc.	Octobre.	Plein vent.	Espalier .	Est.	Ouest.		Nord.	Greffer sur franc. — Craint l'humidité du sol.
Saint-Michel								
Bonne ente.								
Doyenné piété.								
De neige.								
Du Seigneur								
Citron de septembre.								
Baronne de Mello.	Octobre et novembre.	Plein vent.	Espalier .	Est.	Ouest.		Nord.	Greffer sur franc.
Adèle de Saint-Denis.								
Urbaniste.	Octobre et novembre.	Plein vent.	Espalier .	Est.	Ouest.			Obtenue à Malines, vers 1786, chez les religie[ux] urbanistes, alors au comte du Coloma; introd[uite] en France en 1825. — Terrain sec.
Picquery.								
Louis Dupont.								
Beurré Drapier.								
Louise d'Orléans.								
Serrurier d'automne.								
Vergaline musquée								
Beurré d'Apremont.	Octobre et novembre.	Plein vent.	Espalier .	Est.	Ouest.		Nord.	Obtenue à Apremont (Haute-Saône), il y a envi[ron] soixante ans, d'un sauvageon venant de N[or]mandie.
Bon-Chrétien Napoléon.	Octobre et novembre.	Plein vent.	Espalier .	Est.	Ouest.			Greffer sur franc. — Obtenue à Mons en 1808, [par] M. Liard; introduite en France en 1824.
Liard.								
Médaille.								
Mabille								
Captif de Sainte-Hélène.								
Charles d'Autriche								
Charles X.								
Beurré Napoléon								
Bonaparte								
Gloire de l'Empereur.								
Duchesse d'Angoulême.	Octobre et novembre.	Plein vent.	Espalier .	Est.	Ouest.			Obtenue à Angers par M. Audusson père, en 18[..] Planter en terrain sec.
De Pézenas.								
Des Eparonnais.								
Marie-Louise Delcourt.	Octobre et novembre.	Plein vent.	Espalier .	Est.	Ouest.		Nord.	Greffer sur franc. — Obtenue en Belgique; introdu[ite] en France en 1835.
Marie-Louise Nouvelle.								
Van Donkelaer								
Marie-Louise Van Mons.								
Doyenné gris.	Octobre et novembre.	Plein vent.	Espalier .	Est.	Ouest.			Greffer sur franc. — Terrain sec. — Région du mi[di]
Doyenné roux.								
Doyenné crotté.								
Doyenné galeux.								
Doyenné jaune.								
Saint-Michel gris.	Octobre et novembre		Espalier .	Est.	Ouest.			Greffer sur franc. — Terrain sec.
Neige grise.								
Van Mons de Léon Leclerc.	Novembre.		Espalier .	Est.	Ouest.			Greffer sur franc. — Obtenue en France.

SUITE DE LA LISTE DES MEILLEURES VARIÉTÉS DE POIRIERS.

NOMS DES VARIÉTÉS ET SYNONYMES.	ÉPOQUE DE LA MATURITÉ.	POSITION.		EXPOSITION DES MURS.				VARIÉTÉS À GREFFER SUR FRANC DANS TOUS LES TERRAINS. ORIGINE DES VARIÉTÉS, ETC.
		PLEIN VENT.	ESPALIER.	EST.	OUEST.	SUD.	NORD.	
ergamote crassane. *Crésane d'automne.* *Beurré plat.*	Novemb. et décemb.		Espalier	Est	Ouest	Sud		Terrains riches et un peu frais.
igue d'Alençon. *Figue d'hiver.*	Novemb. et décemb.	Plein vent.	Espalier	Est	Ouest			
élices d'Hardenpont	Novemb. et décemb.	Plein vent.	Espalier	Est	Ouest		Nord.	*Greffer sur franc.*
ergamote royale d'hiver. *Royale.*	Novembre à février.	Plein vent.	Espalier	Est	Ouest		Nord.	Propre au midi seulement, où elle est excellente.
eurré Diel *Beurré magnifique.* *Beurré incomparable.* *Beurré royal.* *Beurré des Trois-Tours.* *Melon de Knops.* *Poire Melon.* *Graciole d'hiver.* *Fourcroy.* *Dorothée.*	Novemb. et décemb.	Plein vent.	Espalier	Est	Ouest		Nord.	Trouvée à la ferme des Trois-Tours, à Vilvorde, près de Bruxelles; introduite en France en 1825.
aint-Germain d'hiver. *Inconnue la Fare.* *Saint-Germain vert.*	Décembre à mars.		Espalier	Est	Ouest	Sud		Trouvée sur les bords de la petite rivière de la Fare, à Saint-Germain, près de Leudes (Haute-Saône), il y a au moins cent soixante ans.
aint-Germain gris	Décembre à mars.		Espalier	Est	Ouest	Sud		Variété bien différente de la précédente, ainsi que nous nous en sommes assuré en les greffant toutes les deux sur le même arbre. Cultivée aux environs de Rouen.
ac plus Meuris. *Beurré d'Anjou.*	Décembre.	Plein vent.	Espalier	Est	Ouest			Obtenue en Belgique.
eurré Millet.	Décembre.	Plein vent.						Cultivée seulement dans les vergers.
curré d'Aremberg (Belgique). *Orpheline d'Enghien.* *Colmar Deschamps.* *Beurré Deschamps.* *Beurré des Orphelins.* *Délices des Orphelins.* *asse-Colmar.*	Décembre et janvier.		Espalier	Est	Ouest			Obtenue en Belgique dans le jardin des Orphelins d'Enghien; introduite en France par L. Noisette en 1806.
Passe-Colmar nouveau. *Passe-Colmar gris.*	Décembre à février.	Plein vent.	Espalier	Est	Ouest		Nord.	*Greffer sur franc.* — Obtenue à Rance (Hainaut), en 1758; introduite en France en 1821.
curré du Luçon. *Beurré gris d'hiver nouveau.*	Janvier et février.	Plein vent.	Espalier	Est	Ouest			Obtenue dans la Vendée.
eurré d'Hardenpont (Belgique). *Beurré d'Aremberg (en France).* *Glou morceau.* *Beurré Lombard.* *Beurré de Cambronne.*	Janvier.		Espalier	Est	Ouest		Nord.	Obtenue en Belgique. En plein air les jeunes fruits noircissent et tombent.
éphirin Grégoire.	Janvier et février.	Plein vent.						A cultiver seulement dans les vergers.
séphine de Malines.	Janvier et mars.	Plein vent.	Espalier	Est	Ouest			Obtenue en Belgique par le major Esperen.
curré de Rans. *Beurré de Noirchain.* *Bon chrétien de Rans.*	Février et mars.		Espalier	Est	Ouest	Sud	Nord.	Terrains secs.
oyenné d'hiver. *Bergamote de Pentecôte.* *Seigneur d'hiver.* *Doyenné de printemps.* *Dorothée royale.* *Poire Fourcroy.*	Janvier à mai.	Plein vent.	Espalier	Est	Ouest	Sud	Nord.	*Greffer sur franc.* — Trouvé au jardin des Capucins de Louvain. — Introduit en France depuis plus d'un siècle.

NOMS DES VARIÉTÉS ET SYNONYMES.	ÉPOQUE DE LA MATURITÉ.	POSITION.		EXPOSITION DES MURS.				VARIÉTÉS À GREFFER SUR FRANC DANS TOUS LES TERRAINS. ORIGINE DES VARIÉTÉS, ETC.
		PLEIN VENT.	ESPALIER.	EST.	OUEST.	SUD.	NORD.	
Canning d'hiver. / Merveille de la nature. / Pastorale d'hiver. / Poire du pâtre.	Janvier à mai.	Plein vent.	Espalier.	Est.	Ouest.	Sud.	Nord.	Greffer sur franc. — Trouvé au jardin des Capucins de Louvain. Introduit en France depuis plus d'un siècle.
Doyenné d'Alençon.	Février à mars.	Plein vent.	Espalier.	Est.	Ouest.	Sud.		
Suzette de Bavay.	Février à avril.	Plein vent.	Espalier.	Est.	Ouest.			Obtenue en Belgique en 1830 par le major Esperen, introduite en France en 1844.
Bergamote Esperen.	Mars à mai.	Plein vent.	Espalier.	Est.	Ouest.			Obtenue en Belgique par le major Esperen.

Deuxième groupe. — Fruits à cuire.

NOMS DES VARIÉTÉS ET SYNONYMES.	ÉPOQUE DE LA MATURITÉ.	PLEIN VENT.	ESPALIER.	EST.	OUEST.	SUD.	NORD.	VARIÉTÉS
Rousselet de Reims. / Petit Rousselet. / Rousselet musqué.	Septembre.	Plein vent.						A cultiver à haute tige dans les vergers. Fruit à confire
Giroffe. / Corteau d'automne.	Octobre et novembre.	Plein vent.						A cultiver à haute tige dans les vergers.
Messire-Jean. / Messire-Jean gris. / Messire-Jean doré. / Chaulis.	Novembre.	Plein vent.						A cultiver à haute tige dans les vergers.
Curé. / De Monsieur. / De Clio. / Belle de Berry / Belle Andreinu. / Bon papa. / Pater Noster. / Belle Héloïse. / Beurré Comice de Toulon.	Novembre à janvier.	Plein vent.	Espalier.	Est.	Ouest.			Terrain sec.
Martin sec. / Rousselet d'hiver.	Décembre et janvier.	Plein vent.						A cultiver à haute tige dans les vergers.
Cutillac. / Queuillot. / Téton de Vénus. / Gros Gillot. / Bon-chrétien d'Amiens. / Grand monarque / Monstrueuse des Landes. / Chartreuse. / Abbé Mongein.	Février à mai.	Plein vent.						Greffer sur franc. — Arbre de verger.
Belle Angevine. / Angora. / Bolivar. / Comtesse de Terweren. / Royale d'Angleterre. / Duchesse de Berry d'hiver. / Très-grosse de Bruxelles. / Uvedale.	Février et mars.		Espalier.	Est.		Sud.		Paraît originaire d'Angleterre. Dédiée au docteur Uvedale, d'Eltham, en 1690. Décrite par Miller, ... 1724. Cultivée surtout pour l'ornement de la table...
Bon-chrétien d'hiver. / D'Angoise. / De Saint-Martin / Bon-chrétien de Tours. / Bon-chrétien d'Auch.	Février à mai.		Espalier.	Est.		Sud.		Sols riches, profonds et un peu frais. Apportée de Hongrie par saint Martin.

pour l'hiver les excellentes poires fondantes que nous cultivons maintenant. Il nous paraît donc peu convenable aujourd'hui de consacrer à la culture des poires à cuire, au moins dans le jardin fruitier, un terrain qui serait beaucoup plus utilement occupé par des variétés meilleures, se conservant aussi longtemps et ayant bien plus de valeur sur les marchés. L'abandon de ces variétés serait d'autant plus justifié que les meilleures poires d'hiver fondantes sont délicieuses cuites et peuvent être considérées comme des fruits à deux fins.

Culture. — Multiplication. — Nous nous sommes occupé précédemment de l'élève du poirier dans la pépinière (p. 211). Nous avons également étudié les soins qui doivent présider à sa plantation à demeure, lorsqu'on choisit des arbres tout greffés (p. 240). Nous devons maintenant dire un mot de l'opération qui consiste à élever soi-même, dans une petite pépinière, les arbres destinés à la plantation.

On doit planter en pépinière un nombre de sujets d'un quart plus considérable que le nombre d'arbres dont on a besoin, afin de faire la part des accidents et de pouvoir choisir les plus beaux lorsque la greffe sera assez développée.

Le poirier peut être greffé sur trois sortes de sujets : le *poirier franc*, le *cognassier* et l'*aubépine*. Ce dernier sujet n'est employé qu'en Bretagne, parce qu'il ne convient qu'à certaines variétés qui réussissent d'ailleurs sur les deux autres généralement préférés. Le choix à faire entre eux est déterminé par la nature du sol, la forme à donner aux arbres, et le degré de vigueur des variétés qu'on veut cultiver.

Le *poirier franc*, obtenu par le semis des pepins, produit des arbres toujours plus vigoureux. Les premiers fruits se font attendre plus longtemps, ils sont généralement moins gros et moins savoureux, mais l'arbre présente une plus longue durée. Ce sujet est toujours préféré, peu importe la nature du sol, lorsqu'on veut former des arbres à haut vent. On l'emploie également pour toutes les autres formes, lorsque le terrain est exposé à la sécheresse. On le choisit encore pour certaines variétés peu vigoureuses que nous avons notées dans la liste qui précède, et cela quels que soient la forme qu'on leur donne et le terrain où on les plante.

Le *cognassier* est moins vigoureux que le poirier franc. Il produit plus tôt, mais il vit moins longtemps. Les arbres qu'il

porte donnent des fruits généralement plus gros et plus savoureux. On préfère ce sujet pour les terrains plus substantiels, non
exposés à la sécheresse et pour les poiriers soumis à toutes les
formes, moins celle en tête ou à haut vent.

Enfin, il est certaines variétés, telles que le doyenné d'hiver,
qui réussissent mal sur le cognassier, d'une vigueur insuffisante,
et dont les fruits sont médiocres lorsqu'il est greffé sur franc.
Pour ces variétés, on les *surgreffe*, c'est-à-dire qu'on greffe sur
cognassier une variété très-vigoureuse, le *sucré vert*, le *curé*,
la *jaminette*, puis qu'on greffe sur ces arbres la variété qu'on
veut cultiver.

Ces considérations s'appliquent, non-seulement aux sujets qu'on
veut greffer soi-même, mais encore aux arbres que l'on achète
tout greffés.

Quant aux moyens de se procurer les sujets que l'on greffe
soi-même dans une petite pépinière, le plus simple consiste à
acheter dans les pépinières de jeunes plants de poirier franc d'un
an de semis, ou des boutures ou marcottes de cognassier présentant le même âge.

Si la végétation de ces sujets est vigoureuse, on les greffe en
écusson Vitry dès le mois d'août suivant ; s'ils sont encore trop
faibles, on retardera l'opération d'une année. Si au printemps
suivant la greffe en écusson n'a pas réussi sur certains sujets,
on la remplace par la greffe en fente anglaise ou par celle en
couronne perfectionnée.

CULTURE DU POIRIER DANS LE JARDIN FRUITIER.

Les formes imaginées pour la charpente des poiriers cultivés
dans le jardin fruitier sont très-nombreuses, et si le caprice et
la fantaisie continuent à présider à la solution de cette question,
on pourra dire bientôt qu'elles sont innombrables ; car il n'est
pas de disposition, quelque bizarre et compliquée qu'elle soit,
qu'on ne puisse imposer à la charpente des arbres fruitiers. Et
cependant le but de cette culture n'est pas de torturer ces arbres
d'une manière plus ou moins bizarre ; c'est surtout, pour le spéculateur, d'en obtenir le produit net en argent le plus élevé possible ; quant à ceux qui font cultiver ces arbres pour en consom-

mer les fruits, ils ont en vue le même résultat[1]. Or la forme donnée à la charpente influe beaucoup sur la quantité du produit net. Nous devons donc tenir compte du but principal que l'on se propose d'atteindre, le produit net le plus élevé possible, pour rechercher quelles sont les formes les plus convenables à imposer à la charpente des poiriers.

Pour éviter la confusion, nous ne nous occuperons ici que de la charpente proprement dite. Nous étudierons ensuite tout ce qui a trait aux rameaux à fruit.

FORMATION DE LA CHARPENTE.

Les formes propres aux poiriers soumis à la taille peuvent être partagées en deux séries : celles qui conviennent aux arbres non palissés ; celles qui appartiennent à ceux palissés soit en plein air, comme les contre-espaliers, soit contre les murs.

1° Formes propres aux poiriers non palissés. — Étudions seulement celles de ces formes qu'on a le plus recommandées. Nous constaterons leurs avantages et leurs inconvénients, et nous indiquerons le choix à faire entre elles, ou nous en conseillerons de nouvelles qu'il conviendra de leur substituer.

Taille d'un poirier soumis à la forme en cône ou pyramide[2]. — Les arbres soumis à cette forme (*fig.* 118) se composent d'une tige verticale garnie, depuis le sommet jusqu'à 0^m,30 du sol, de branches latérales dont la longueur croît à mesure qu'elles se rapprochent de la base de l'arbre. Ces bran-

---

[1] Nous en exceptons toutefois certains amateurs qui ne voient dans cette culture qu'un moyen de distraction et qui, sans se préoccuper de la dépense et du temps employé, recherchent avant tout les difficultés à vaincre. Pour ceux-là, qui sacrifient volontiers le fond à la forme, ils seront aidés dans leurs fantaisies par les principes généraux de la taille exposés plus haut. Ils pourront ainsi varier à l'infini leurs combinaisons puisqu'elles n'ont pour règle que le caprice.

[2] La pyramide est un solide dont les faces sont des triangles qui ont un même plan pour base et se réunissent par leurs sommets en un même point. On a donc tort de donner ce nom à des arbres dont l'ensemble est un solide, dont la base est un cercle, et qui se termine en haut par une pointe, définition qui s'applique exactement au cône.

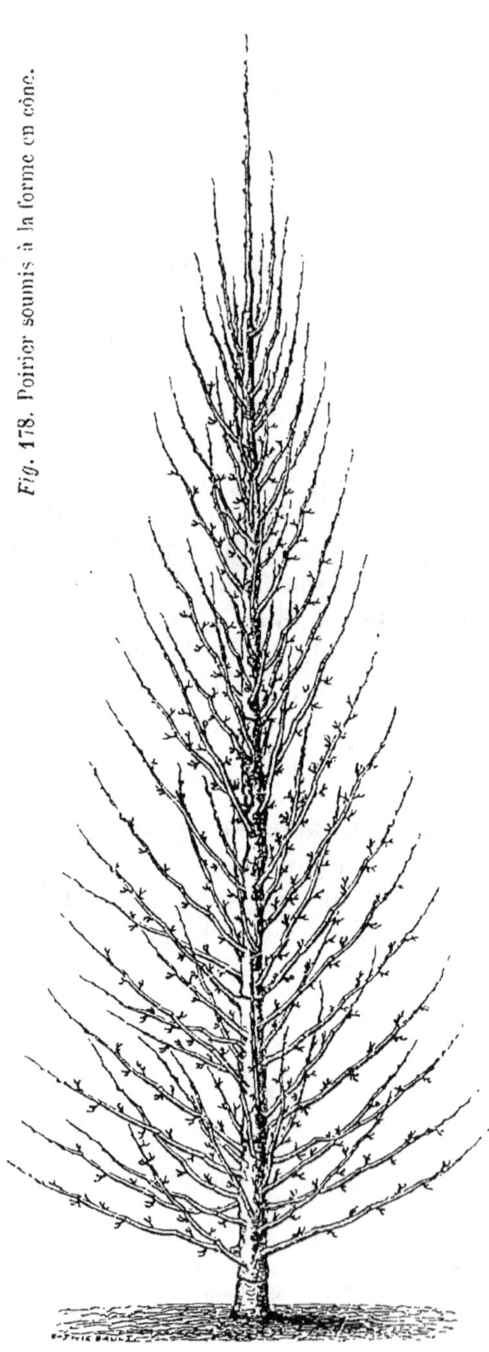

ches doivent naître de façon qu'il existe un intervalle de 0ᵐ,30 au moins entre chacune de celles qui se recouvrent immédiatement en suivant la même direction, afin que la lumière puisse pénétrer entre elles. Elles doivent être sans bifurcations et n'être garnies, du sommet à la base, que de rameaux à fruits. Enfin elles formeront avec l'horizon un angle de 35 degrés au plus, toujours en vue de favoriser l'action de la lumière. — En général, on fait en sorte que le plus grand diamètre du cône égale le tiers de la hauteur totale de l'arbre : soit une hauteur totale de 6 mètres pour un diamètre de 2 mètres à la base.

Cette proportion est nécessaire pour que l'équilibre de la végétation soit plus facilement maintenu entre les diverses parties de l'arbre. Si, pour une hauteur de 6 mètres, on ne donne à la base qu'un diamètre de 1 mètre, les branches inférieures, moitié moins longues, et pourvues de moitié moins de feuilles, n'auront pas la force de contre-balancer la tendance de la séve vers le sommet de l'arbre, et d'en retenir une suffisante quantité à leur profit ; elles deviennent de plus en plus languissantes, et finissent par disparaître. Si, au contraire, on porte ce diamètre à 3 mètres, pour une hauteur double, les branches inférieures absorberont une trop grande quantité de séve, et le sommet de l'arbre deviendra languissant.

La hauteur que nous venons d'indiquer est celle qu'il conviendra de donner à ces arbres lorsqu'ils offriront un degré de vigueur moyen. Si l'on essayait de les restreindre dans des limites plus étroites, ils pousseraient trop vigoureusement et ne se mettraient pas à fruit. Dans les sols très-riches et pour les variétés très-vigoureuses, on pourra leur faire acquérir plus de hauteur et augmenter leur diamètre dans la même proportion.

Pour former des arbres en cône, on plante des greffes d'un an, et on ne leur applique la première taille qu'après une année de plantation, ainsi que nous le recommandons aux principes généraux de la taille (p. 284).

Première taille. — Cette opération est destinée à provoquer le développement des premières branches latérales qui doivent naître sur la tige à 0ᵐ,30 du sol environ. Afin que ces branches soient suffisamment vigoureuses, surtout celles de la base, il ne faut pas en faire développer plus de cinq ou six à la fois. Pour cela, on coupe la tige du jeune arbre à environ 0ᵐ,50 du sol en A (*fig.* 179). Le bouton terminal réservé au sommet de cette coupe doit être dirigé du côté opposé à celui où la greffe a été placée sur le sujet en B, afin que la tige reste placée perpendiculairement sur le pied de l'arbre.

Ce mode s'applique aux jeunes arbres, soit qu'ils aient été pris dans la pépinière, âgés d'un an de greffe (*fig.* 179), soit qu'ils aient eu deux ans, comme le montre la figure 179 *bis*.

Dans ce dernier cas, les quelques branches latérales qu'ils peuvent présenter sur la partie de la tige conservée après la taille sont coupées tout près de leur base, en conservant toutefois le petit empâtement situé à ce point.

Si cependant les jeunes arbres avaient reçu dans la pépinière des soins tels, que la base de la tige fût déjà pourvue d'un nombre suffisant de branches latérales (*fig.* 180), ce qui équi-

vaudrait pour eux aux résultats de la première taille, on leur
appliquerait les opérations décrites plus loin pour la deuxième
taille, mais toujours après une année de plantation. Il faudrait,
en outre, se garder de leur laisser porter des fruits, ils en seraient
épuisés.

Pendant l'été qui suit la première taille, tous les boutons se
développent vigoureusement. Dès que les bourgeons ont atteint

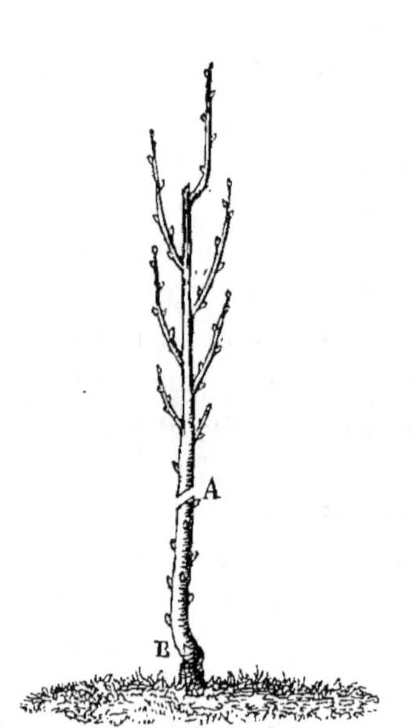

Fig. 179. Première taille d'un jeune
poirier de deux ans de greffe, un
an après sa plantation.

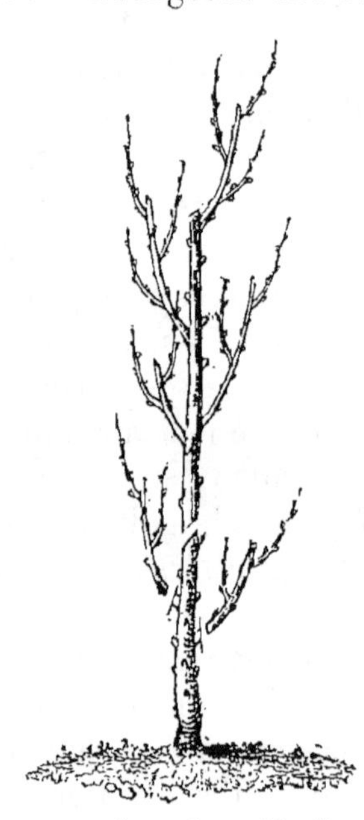

Fig. 179 bis. Première taille d'un jeune
poirier de trois ans de greffe, un
an après sa plantation.

une longueur de 0^m,10 à 0^m,12, on *ébourgeonne*, c'est-à-dire
on supprime complétement en les coupant, tous les bourgeons
situés depuis la base de la tige jusqu'à 0^m,30 du sol. Parmi ceux
qui sont situés au-dessus de ce point, on en conserve six au plus,
les plus régulièrement espacés, mais un seul à chaque point. Le
bourgeon terminal est maintenu dans une position verticale à
l'aide du moyen indiqué à la page 300.

On doit veiller avec soin à ce que les bourgeons latéraux conservent entre eux le même degré de vigueur. Si l'un d'eux prenait un accroissement disproportionné, comme en A (*fig.* 181),
on retarderait sa végétation au moyen d'un *pincement*, c'est-à-

dire qu'on retrancherait 0^m,01 environ de son extrémité herbacée en coupant avec les ongles.

Pendant le premier et quelquefois pendant le second été qui
suivent la première taille, les bourgeons latéraux poussent avec
tant de vigueur, qu'ils se con-
tournent de tous côtés. Il est nécessaire de leur imprimer une
direction convenable en les fixant
sur de longues baguettes piquées
obliquement dans le sol, au pied
de l'arbre ou fixées contre la tige.
Les bourgeons latéraux, qui se
développent ensuite sur les pro-

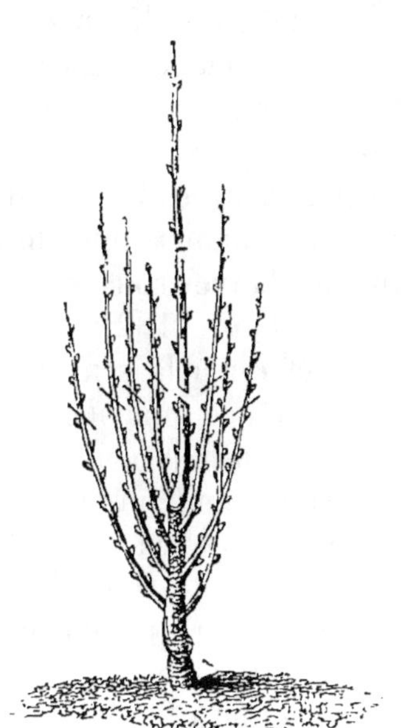

Fig. 180. Deuxième taille du poirier
en cône.

Fig. 181. Pincement appliqué aux bourgeons de la flèche du poirier en cône.

longements annuels de la tige prennent d'eux-mêmes la disposition qu'ils doivent avoir.

Deuxième taille. — Au printemps de l'année suivante, les
jeunes arbres offrent l'aspect de la figure 180. La deuxième taille
a pour but de déterminer la formation d'une nouvelle série de
branches latérales, et de favoriser l'allongement de celles qu'on

a précédemment obtenues. Ces nouvelles branches doivent être aussi nombreuses que celles de l'année précédente, et commencer à naître à 0^m,30 environ au-dessus des plus rapprochées du sommet. On obtient ce résultat en coupant le rameau terminal à 0^m,45 ou 0^m,50 (*fig.* 180) au-dessus de sa naissance. On choisit, comme la première année, pour prolonger la tige, un bouton placé du côté opposé à celui où est né le prolongement que l'on taille.

Si l'on tient à ce que les branches latérales soient distribuées sur la tige le plus régulièrement possible, il conviendra de pratiquer chaque année une petite entaille au-dessus de chacun des boutons qui doivent leur donner naissance. Cette opération sera surtout nécessaire pour ceux de ces boutons qui seront placés vers la base des flèches successives. Autrement ces boutons ne se développeraient que d'une manière insuffisante. Ces entailles en forme de chevron sont pratiquées en A comme le montre la figure 182, mais avec la serpette, qu'on doit préférer à la scie pour les ramifications âgées d'une année seulement.

Il importe que le rameau qui prolonge chaque année la tige principale suive toujours une direction bien verticale. Pour obtenir ce résultat, au lieu de couper le jeune rameau terminal immédiatement au-dessus du bouton qui doit fournir le nouveau bourgeon de prolongement, comme le montre la figure 180, on coupe à 0^m,10 au-dessus de ce point, puis on enlève les boutons et l'écorce sur cette portion de rameau, pour empêcher la séve de s'y dépenser inutilement (*fig.* 182). Aussitôt que le nouveau bourgeon de prolongement a atteint une longueur de 0^m,15 à 0^m,20, on l'attache sur la portion A (*fig.* 183) de rameau située au delà de son point de départ et qui sert ainsi de tuteur. Cette portion est supprimée en B lors de la taille d'hiver suivante. On pourra user du même procédé

Fig. 182. Rameau de prolongement avec boutons soumis à l'entaille.

toutes les fois qu'il s'agira de prolonger des tiges verticales.

Quant aux branches latérales déjà obtenues, on les raccourcit aussi, afin de faire développer tous les boutons qu'elles portent, même ceux de leur base, le produit de ce développement devant être ensuite transformé en rameaux à fruit. Mais il faut cepen- . dant ne retrancher de ces rameaux que ce qui est nécessaire pour obtenir ce résultat, car on diminuerait trop la vigueur que ces branches ont besoin de conserver pour continuer de s'accroître. D'ailleurs, les boutons qu'elles portent se développeraient trop vigoureusement, et l'on ne pourrait les transformer en rameaux à fruit qu'avec beaucoup de peine. L'importance du retranchement qu'on doit leur faire subir varie selon qu'elles sont plus ou moins rapprochées du sommet de l'arbre ; plus elles naissent près du sol, plus on doit les tailler long, afin de favoriser leur développement. Ainsi on ne retranche que le tiers de la longueur totale de celles placées vers la base, puis la moitié pour celles qui viennent ensuite, et enfin les trois quarts pour les plus élevées. La figure 180 montre cette opération.

Le bouton au-dessus duquel on opère la section des rameaux latéraux doit être placé à l'extérieur de l'arbre, en **A** (*fig.* 184), afin que le

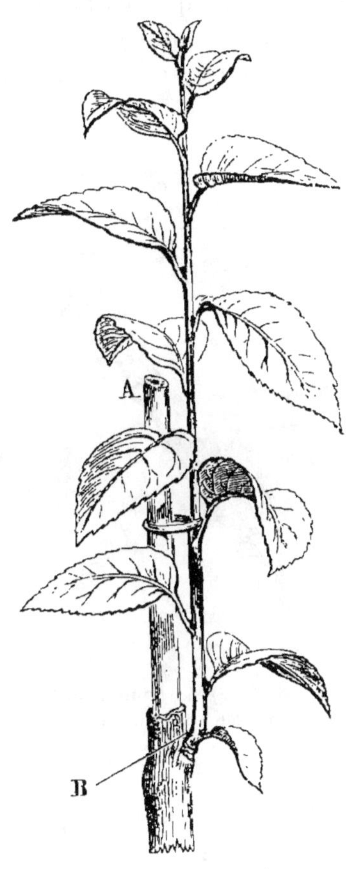

Fig. 185. Tuteur pour les bourgeons de prolongement.

bourgeon qui en naîtra suive naturellement la ligne oblique ascendante. Il n'y a d'exception que pour le cas où la branche que l'on raccourcit serait trop rapprochée de ses voisines, à droite ou à gauche. On choisit alors comme bouton terminal un bouton situé latéralement du côté où l'on veut rappeler la branche.

Si, pendant l'été précédent, certains rameaux latéraux s'étaient

développés trop faiblement, comme cela a lieu quelquefois pour
les plus rapprochés de la base de l'arbre, il faudrait les tailler
plus longs que les autres, et même les laisser entiers pour leur
rendre la vigueur qui leur manque, puis les rapprocher le plus
possible de la ligne verticale. Si ces rameaux étaient moitié
moins longs que les autres, il serait utile de pratiquer en outre
sur la tige, immédiatement au-dessus du point où ils naissent,
une entaille en A, semblable à celle que montre la figure 185.

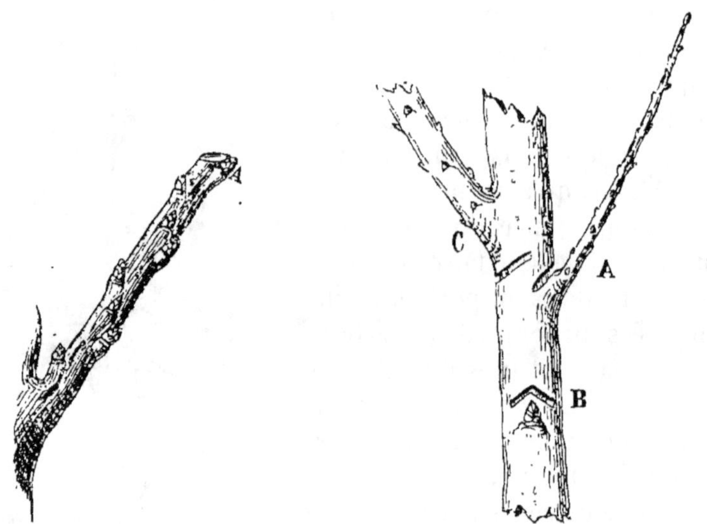

Fig. 184. Choix du bouton terminal
pour prolonger les branches latérales du cône.

Fig. 185. Entailles pratiquées pour augmenter, A, ou pour diminuer, C, la vigueur des
ramifications.

Cette entaille, qui doit pénétrer jusque dans la couche de bois la
plus extérieure, coupe les vaisseaux séveux qui passent sur ce
côté de la tige, et force la séve à agir sur le développement du
rameau. Elle doit être pratiquée avec une petite scie à main,
afin que la plaie déchirée qui en résulte se cicatrise moins rapidement. Lorsque l'une de ces branches faibles portera des boutons à fleurs, comme cela arrive souvent, il conviendra en outre,
pour augmenter sa vigueur, de l'empêcher de fructifier; pour
cela, aussitôt que les fleurs sont épanouies, on les coupera avec
les ongles en conservant la rosette de feuilles qui les accompagne. Si enfin le bouton sur le développement duquel on avait

compté pour former une branche était resté endormi, l'entaille deviendrait plus indispensable encore pour le faire végéter (B, *fig.* 185).

Lorsqu'il n'y aura pas de bouton ou de germe de bouton au point où l'on désirerait avoir sur la tige une branche latérale, et qu'il existera dans le voisinage un rameau placé de façon à pouvoir être greffé à ce point, on fera usage de la greffe par approche décrite page 141 (*fig.* 58 à 60). Si enfin le manque de rameau convenablement placé empêche de pouvoir faire usage de cette greffe, on aura recours à la greffe de côté Richard décrite page 162 (*fig.* 87).

Lorsqu'au contraire un rameau latéral aura acquis, malgré le pincement, un développement disproportionné, on le taillera plus court que les autres ; s'il offrait une différence de grosseur très-marquée, on ferait une entaille semblable à celle C de la figure 185, immédiatement au-dessus de son point d'attache sur la tige. Cette entaille diminuerait de beaucoup l'action de la séve.

Nous avons dit que les branches latérales doivent être suffisamment abaissées, afin que la lumière, passant entre elles, puisse éclairer la tige. Parfois les branches prennent d'elles-mêmes ce degré d'inclinaison. Mais le plus souvent, il faut les y contraindre. Lorsqu'elles sont trop abaissées, on les redresse à l'aide d'un osier fixé sur la tige ou sur une branche supérieure. Si au contraire elles sont trop redressées, on les abaisse à l'aide d'un fragment de bois sec qui, appuyé obliquement contre la tige, pèse sur la branche à abaisser comme un arc-boutant. Les branches laissées pendant un an dans ces positions forcées conservent ensuite la direction qu'on leur a donnée.

Pendant l'été qui suit la deuxième taille, on pratique sur le rameau terminal un ébourgeonnement semblable à celui qu'on a fait sur la flèche primitive pendant le premier été, de façon à ne conserver que les cinq ou six bourgeons les mieux placés pour former une seconde série de branches latérales. On pratique également le pincement des extrémités herbacées des bourgeons terminaux sur les branches latérales, pour maintenir entre elles un égal degré de vigueur. On veille sortout à ce que les bourgeons latéraux les plus rapprochés du bourgeon terminal de la flèche ne deviennent pas plus vigoureux que ce dernier, car il doit toujours conserver la supériorité pour continuer l'allongement de la tige.

Troisième taille. — Au printemps qui suit, l'arbre présente l'aspect de la figure 186.

La flèche, ou rameau terminal de l'arbre, est taillée à la même hauteur que l'année précédente. Le prolongement des branches latérales âgées de deux ans est raccourci dans la même proportion. Quant aux rameaux latéraux développés pendant l'été précédent, on les taille plus court, afin de favoriser l'accroissement des branches inférieures. Il est bien entendu que ces règles sont modifiées par les circonstances particulières indiquées lors de la seconde taille, et que l'on continue à faire usage des entailles dans les cas prévus plus haut.

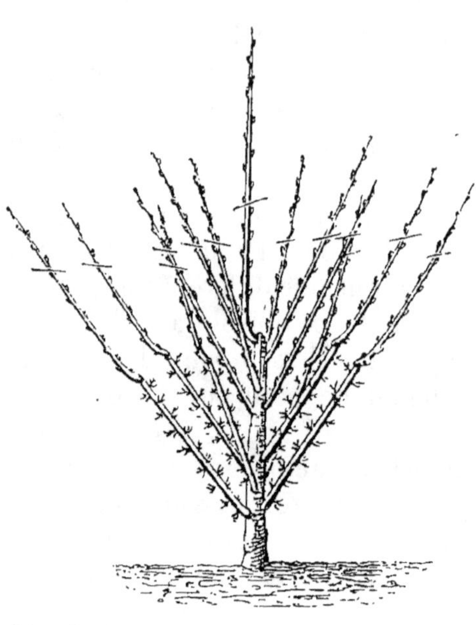

Fig. 186. Troisième taille du poirier en cône.

Quant aux opérations d'été, elles sont les mêmes que pour la deuxième année.

Quatrième taille. — La figure 187 indique les changements que l'arbre a éprouvés pendant l'été précédent. La quatrième taille diffère des autres sous plusieurs rapports. On donne au nouveau prolongement des branches inférieures moitié moins de longueur que lors des tailles précédentes, parce qu'elles sont sur le point d'atteindre la limite qu'elles ne doivent point dépasser, et que d'ailleurs elles ont acquis une grosseur qui leur fera conserver le degré de vigueur qu'elles doivent avoir. On laisse au nouveau prolongement des branches de la seconde série les deux tiers de leur longueur, et l'on ne supprime que la moitié ou les trois quarts de la longueur des rameaux du sommet de l'arbre. Ces diverses ramifications sont taillées un peu plus long que

précédemment, parce que les ramifications inférieures ont moins
besoin d'être protégées, et qu'il convient de commencer à imprimer à l'arbre une forme conique. Quant à la nouvelle flèche,
elle est traitée comme les années précédentes.

Pendant l'été suivant, on applique des soins semblables à ceux
déjà prescrits ; mais, comme les branches inférieures ont presque

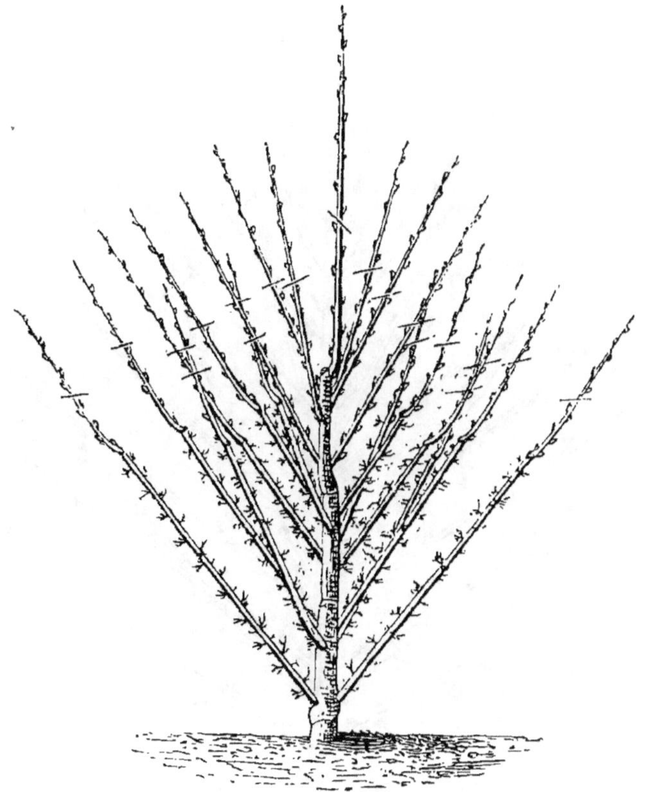

Fig. 187. Quatrième taille du poirier en cône.

atteint leur longueur totale, il convient de ne laisser prendre à
leur bourgeon terminal qu'un développement restreint, et de le
pincer dès qu'il a acquis une longueur de 0^m,50. La séve est
ainsi refoulée au profit des parties supérieures de l'arbre.

Cinquième taille. — L'arbre commence à s'élever (*fig.* 188),
et les branches inférieures, s'abaissant un peu sous leur propre
poids, donnent à l'ensemble de la tige la forme conique. La taille
de cette année ne diffère de celle de l'année précédente qu'en ce

que, les branches de la base ayant acquis leur longueur totale,
on coupe leur nouveau prolongement très-court, en B, et chaque
année ces branches seront taillées à peu près au même point.

Fig. 188. Cinquième taille du poirier en cône.

Quant aux branches latérales, elles doivent être toutes coupées
suivant la ligne A B, le point A étant indiqué par le bouton qui
doit prolonger de nouveau la tige. Les opérations d'été sont en
tout semblables à celles de l'année précédente.

Sixième taille. — Cette taille ne diffère pas de la cinquième;
mais, comme, à mesure que les branches latérales s'allongent,
elles augmentent en poids, et, se rapprochent trop du sol ou des

branches voisines, entre lesquelles elles déterminent de la confusion, il faut, après la taille, ramener ces branches dans leur direction première au moyen de quelques attaches, pour que
l'espace soit toujours égal entre elles.

On continue le même mode jusque vers la douzième année :
l'arbre présente alors l'aspect de la figure 178.

Si le terrain qu'occupent les racines permet à celles-ci de s'allonger encore, l'arbre aura une tendance à augmenter son développement. On pourra profiter de cette circonstance pour faire
acquérir au cône de plus grandes dimensions. A cet effet on
laissera de nouveau allonger la flèche et toutes les ramifications
latérales, mais toujours de manière à conserver entre la hauteur
et le diamètre de la tige la proportion que nous avons indiquée.

Lorsque toutes les branches de la charpente ont ainsi atteint
leur longueur, on laisse développer librement tous les ans,
sur chacune d'elles, un bourgeon terminal destiné à entretenir
la vie dans l'ensemble de l'arbre. Tous les ans aussi le rameau
qui en résulte est coupé vers sa base ; lorsque cette taille, répétée
plusieurs fois au même point, y détermine une nodosité, on
coupe un peu au-dessous ou au-dessus, de façon à faire varier
cette taille dans un intervalle d'environ $0^m,10$.

La figure théorique que nous donnons ci-contre (*fig.* 189),
résume complétement les principes que nous venons d'exposer.
La ligne centrale A B indique la tige de l'arbre. Les points de
1 à 12 montrent où cette tige a été coupée chaque année. Les
six lignes de C à H représentent la position occupée successivement, pendant les six premières années, par les branches inférieures qui se sont successivement abaissées et allongées jusqu'au point T, où elles devront désormais être maintenues. Enfin
les lignes obliques d'I en S font voir la direction suivant laquelle
le rameau de prolongement des branches latérales doit être taillé
chaque année, et par conséquent la longueur relative qu'il
convient de donner à chacune de ces branches selon la place
qu'elles occupent sur la tige par rapport au sommet de l'arbre.

Cette figure fait clairement apercevoir que, dès la naissance
de cette charpente, elle est loin d'offrir la forme conique.
Son ensemble présente, pendant les deux années qui suivent la
première taille, l'aspect d'un double cône, *a* et *b*, dont l'une des
pointes, plus allongée que l'autre, est dirigée en bas. Ce n'est

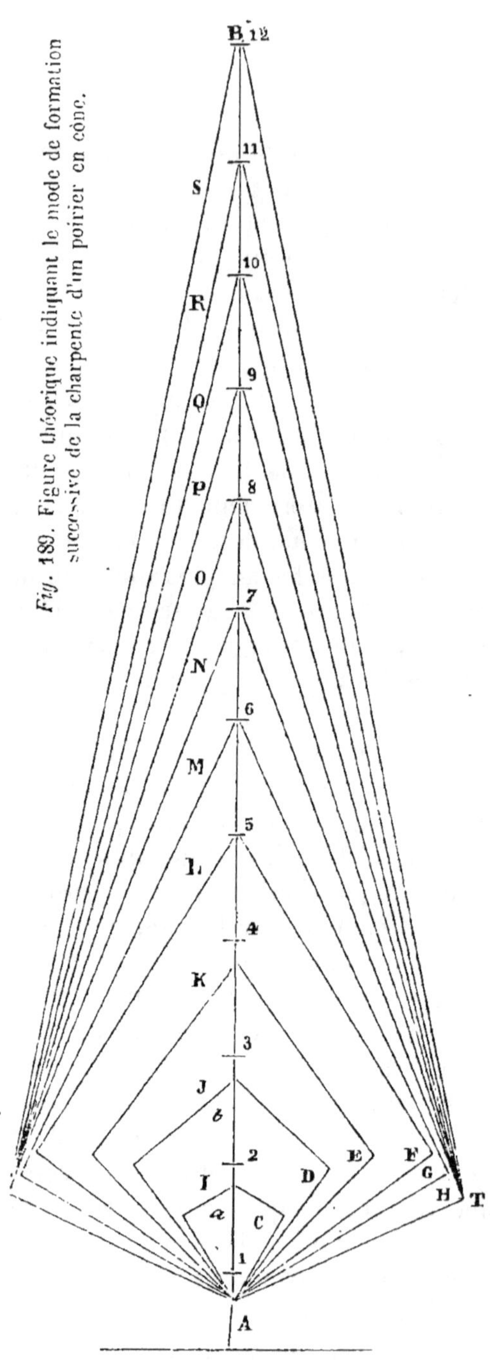

Fig. 189. Figure théorique indiquant le mode de formation successive de la charpente d'un poirier en cône.

qu'à mesure que les branches inférieures s'allongent et prennent de la force, qu'on taille les branches du sommet un peu plus longues et que le cône supérieur s'élève davantage, tandis que le cône renversé devient proportionnellement plus évasé par l'abaissement progressif des branches inférieures. Enfin l'arbre prend rapidement la forme conique à partir du moment où, les branches inférieures ayant atteint toute leur longueur, on le maintient constamment au point T; ce point restant fixe et la tige de l'arbre continuant de s'élever, on conçoit que le cône formé par l'ensemble de la tige devienne de plus en plus aigu. D'ailleurs, ces branches inférieures absorbant alors moins de séve, parce qu'on les taille chaque année au même point, il en résulte une plus grande quantité de fluides séveux pour les parties supérieures de la tige, dont l'allongement se trouve ainsi favorisé.

La forme conique que nous venons d'étudier est

l'une de celles que l'on a le plus recommandées pour les arbres cultivés en plein air, et c'est aussi celle à laquelle, pendant vingt ans, nous avons soumis les arbres placés dans cette position. Mais cette longue pratique nous y a fait découvrir de graves inconvénients, au nombre desquels il faut placer les suivants :

1° La charpente de ces arbres ne peut être complétement formée, c'est-à-dire avoir 2 mètres de largeur à la base et 6 mètres de hauteur que vers la douzième année, et le produit maximum ne peut-être obtenu que vers la quinzième année après la plantation.

2° Ces arbres exigent beaucoup d'espace (au moins 3 mètres) et conviennent peu aux petits jardins. On ne peut alors placer qu'un petit nombre de variétés et n'avoir ainsi qu'une série d'époques de maturité très-restreinte.

3° La formation de cette charpente, l'une des plus difficiles à bien exécuter, exige beaucoup de soins et des connaissances assez précises, que l'on rencontre trop rarement chez les jardiniers.

4° Il est presque impossible de soustraire ces arbres à l'influence des intempéries du printemps et des vents violents.

5° Il n'y a pas une proportion suffisante entre le produit de ces arbres et l'étendue de terrain qu'ils occupent.

6° La hauteur qu'on est obligé de laisser acquérir à ces arbres rend les opérations de la taille longue, difficile et fatigante par suite de la nécessité où l'on est de manœuvrer autour de ces arbres une échelle double de 6 mètres d'élévation. Leur ombrage, porté au loin, nuit aux récoltes voisines ; et les fruits placés vers le sommet sont souvent détachés par la violence des vents avant leur entier développement.

7° Enfin les fruits, placés trop loin du canal direct de la séve, sont moins beaux, et les rameaux à fruit situés dans l'intérieur du cône, ne recevant pas une action suffisante de la lumière, sont peu nombreux.

On a tenté de remédier à ces inconvénients en substituant à la forme en cône les dispositions suivantes que nous allons examiner. D'abord les vases ou gobelets, abandonnés primitivement pour les arbres en cône.

Taille du poirier en vase ou gobelet. — On compte plusieurs sortes de formes en vase ou gobelet ; les deux plus simples et les meilleures sont les suivantes :

Vase à branches verticales (fig. 190). — Les arbres soumis à cette forme offrent en général un diamètre de 2 mètres. Ils

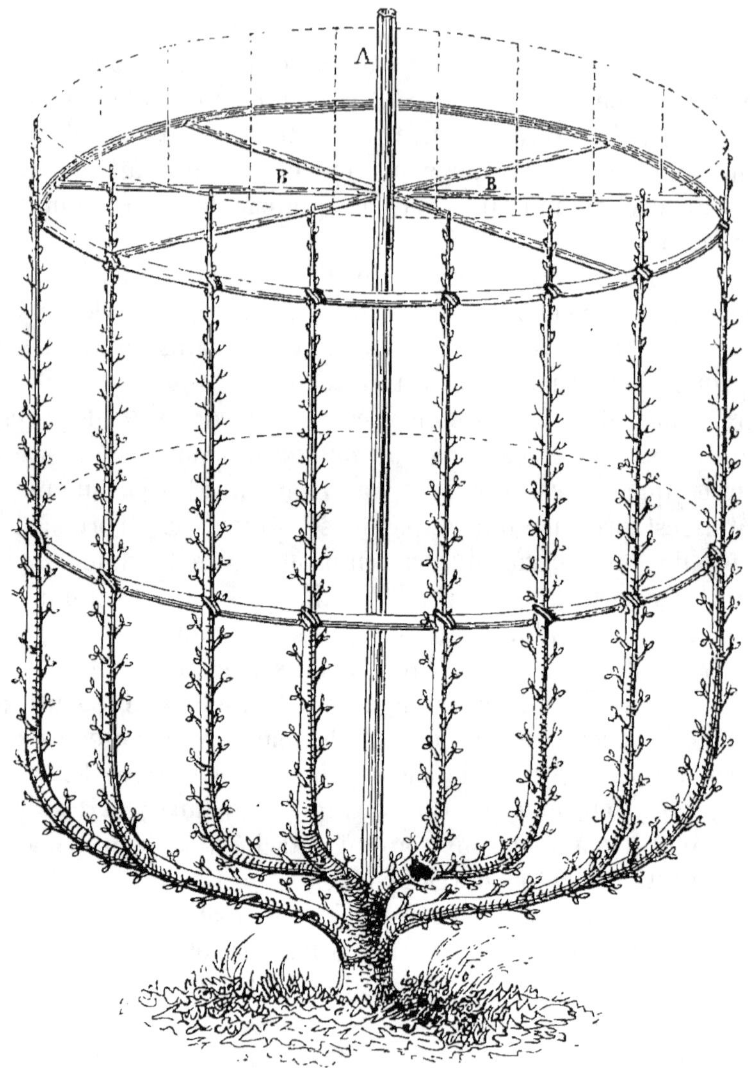

Fig. 190. Poirier soumis à la forme en vase à branches verticales simples.

doivent présenter une hauteur égale, mesurée du point où naissent les branches sur la tige. Si l'on dépassait cette limite, la face intérieure du vase, située vers la base, resterait privée de l'action du soleil. Les branches latérales doivent naître à 0^m,30 environ au-dessus du sol ; elles s'éloignent de la tige en suivant un angle d'environ 20°, puis s'allongent ensuite verticalement jusqu'au sommet. On réserve un intervalle de 0^m,30 entre chacune d'elles ; d'où il suit que, si l'arbre a 2 mètres de diamètre, il faudra vingt branches pour garnir suffisamment le pourtour.

Pour établir la charpente de ces vases ou gobelets, on recèpe les arbres, après une année de plantation, à environ 0^m,40 de hauteur pour faire développer à la base cinq branches principales également espacées sur le périmètre. L'année suivante ces branches sont un peu abaissées au moyen d'un cerceau, puis coupées à 0^m,30 de leur naissance, de manière à obtenir une bifurcation. Ces dix branches sont encore abaissées, puis coupées l'année suivante à 0^m,30 de leur naissance pour les faire se bifurquer et en porter le nombre à vingt. Ces branches sont abaissées sur un angle de 45°, puis, lorsque leur longueur a dépassé le diamètre que l'on veut donner au vase, on les incline sur un angle de 20° et l'on redresse leur sommet dans une position verticale. Il n'y a plus ensuite qu'à les laisser s'allonger jusqu'à la hauteur que doit acquérir le vase, en retranchant chaque année la moitié environ de la longueur totale de leur nouveau prolongement.

Pour maintenir ces diverses ramifications dans une position fixe, pendant leur formation, on emploie des cerceaux placés à des hauteurs différentes et attachés sur des piquets en bois enfoncés dans le sol. Si ce moyen est insuffisant pour donner au vase une disposition parfaitement symétrique, on enfonce dans le sol un tuteur central A, qui est solidement fixé contre la tige de l'arbre ; puis, à l'aide de petites traverses B qui font arc-boutant contre le tuteur et contre les côtés du vase, on donne à celui-ci une régularité complète.

Vase à branches croisées (fig. 191). — Cette sorte de gobelet présente les mêmes dimensions que la forme précédente. On fait développer d'abord vingt branches principales à l'aide des moyens décrits pour le vase à branches verticales. Lors de la quatrième taille, supprimer seulement le tiers de la longueur des nouveaux rameaux ; abaisser encore les branches de façon qu'elles se trouvent sur un angle d'environ 20 degrés, puis redresser l'extrémité dans une position verticale, à 1 mètre de la tige ; les maintenir dans cette position à l'aide de cerceaux.

Laisser développer pendant l'été un seul bourgeon terminal ; le moment de la cinquième taille étant arrivé, croiser chacune des branches au delà de la seconde bifurcation, en les dirigeant

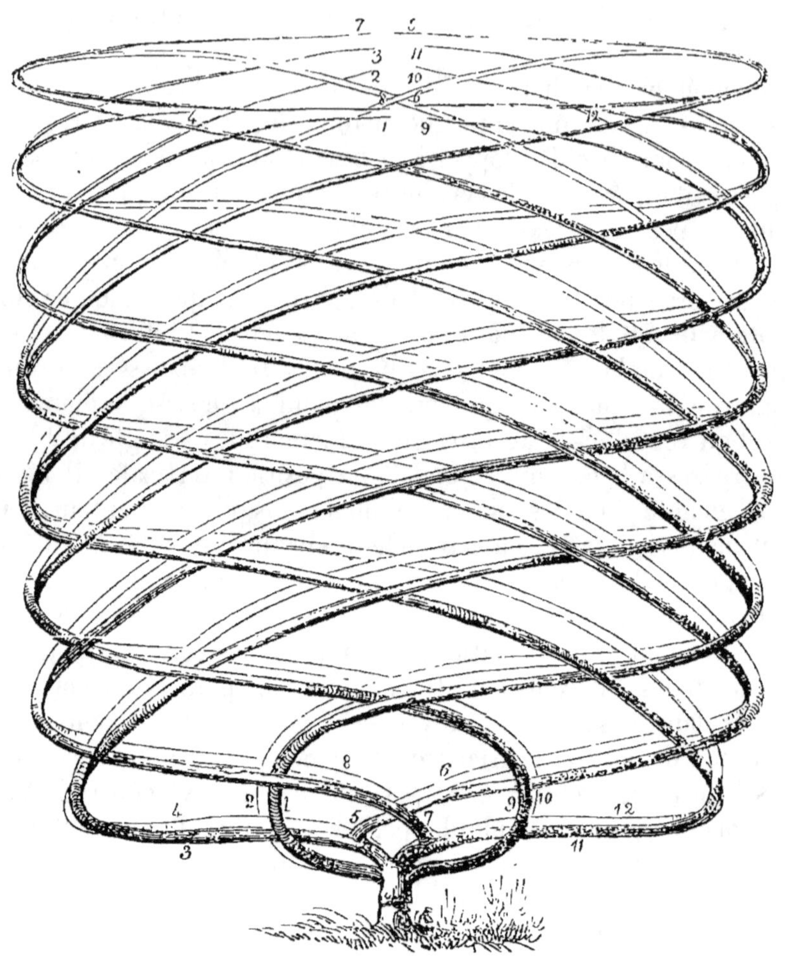

Fig. 191. Poirier soumis à la forme en vase à branches croisées.

alternativement, l'une à droite, l'autre à gauche, et de façon à les incliner suivant l'angle de 30 degrés. La figure 192, qui montre le plan d'un arbre ainsi disposé, indique comment ces branches doivent être croisées. Quant aux nouveaux prolongements des branches obtenues pendant l'été précédent, on les laisse entiers, et il devra en être de même chaque année ; la po-

sition très-inclinée dans laquelle on les place suffit pour les faire
se garnir de bourgeons dans toute leur longueur. Chacune de
ces branches continue ainsi de s'allonger en formant une spirale
que l'on arrête lorsque l'arbre a atteint une hauteur de 2 mètres
et qu'il est constitué comme le montre la figure 191.

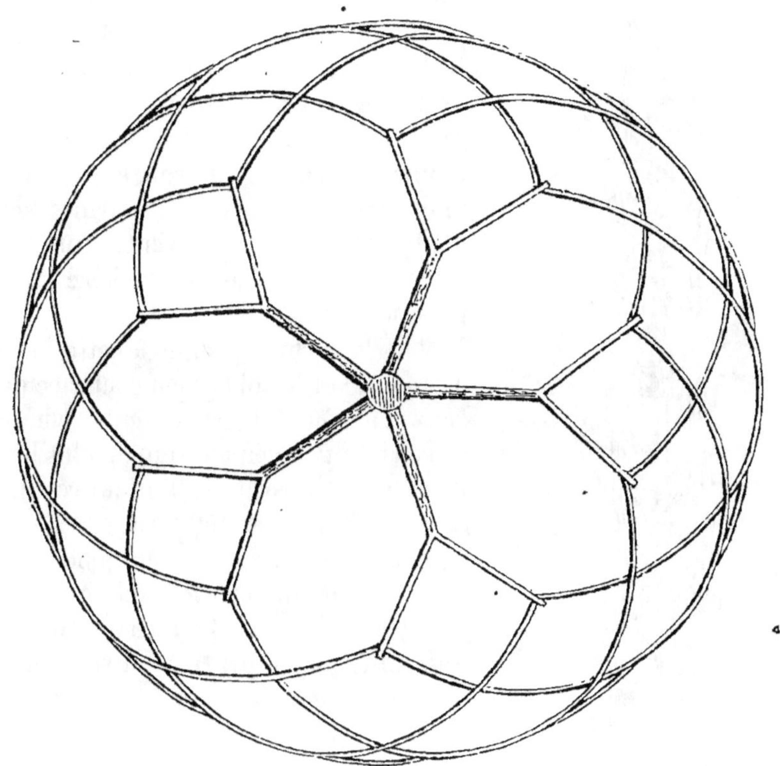

Fig. 192. Plan de la figure 191.

A mesure que ce gobelet s'élève, on greffe par approche chacune des branches de la charpente aux points où elles se croisent.
Il en résulte une telle solidité, qu'on pourra se dispenser d'aucun support lorsque la charpente sera complétement établie.

Le choix à faire entre ces deux sortes de gobelets n'est pas
douteux ; c'est à celui à branches croisées qu'il faudrait donner
la préférence. En effet, cette forme est obtenue aussi facilement
que celle à branches verticales ; elle est constituée plus rapide-

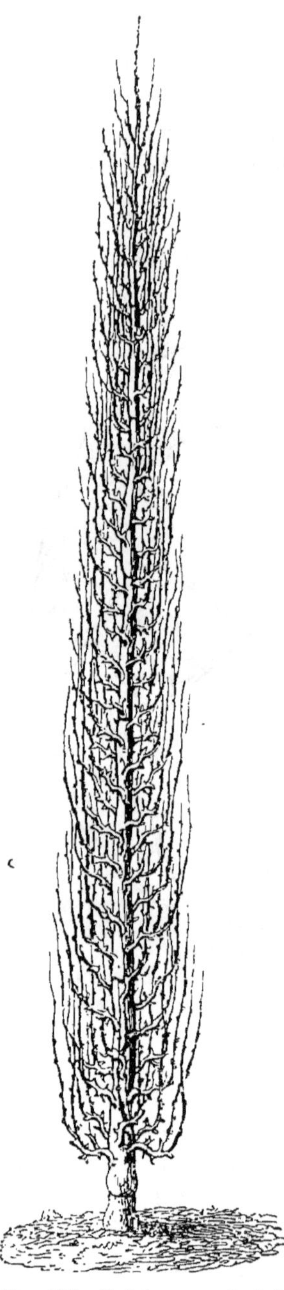

Fig. 193. Poirier soumis à la forme en colonne, vu avant la taille.

ment, puisqu'on laisse intact les prolongements de chacune des branches de charpente ; enfin les supports sont inutiles par suite de la greffe des branches les unes sur les autres, de façon à transformer l'arbre en un treillage cylindrique.

Comparé aux arbres en cône, le gobelet à branches croisées présente les avantages suivants : son exécution présente moins de difficultés ; sa hauteur moins grande fait que son ombrage est moins étendu et que les fruits sont moins ébranlés par le vent. Enfin les rameaux à fruit, mieux éclairés, sont plus nombreux.

Mais les arbres soumis à cette forme occupent sur le sol la même surface que ceux en cône et présentent, comme ceux-ci, l'inconvénient signalé plus haut pour les petits jardins. D'un autre autre côté, la longueur totale des branches de charpente des arbres en gobelet est d'un tiers moins considérable que celle des arbres en cône, d'où il suit qu'il y a une différence d'un tiers environ dans le produit pour la même surface de terrain. — Un certain nombre d'arboriculteurs préfèrent donc remplacer la forme conique par la suivante.

Taille d'un poirier soumis à la forme en colonne — Cette forme (*fig.* 193) est loin d'être nouvelle, ainsi que l'ont cru quelques cultivateurs. Elle existe depuis longtemps en Lorraine, en Flandre, en Belgique, et nous l'avons souvent rencontrée en Normandie, dans des potagers peu étendus où l'on voulait réserver le plus d'espace

possible à la culture des légumes. M. Choppin, de Bar-le-Duc,
l'a préconisée dans un ouvrage qu'il a publié, il y a une quarantaine
d'années, et M. Lhomme a de nouveau appelé l'attention des
arboriculteurs sur cette disposition, en l'appliquant, il y a une
vingtaine d'années, aux arbres fruitiers qui existaient dans le
jardin de l'École de médecine de Paris, confié à ses soins.

Les arbres en colonne se composent d'une tige simple, verticale,
s'élevant jusqu'à la hauteur de 4 mètres et plus, et garnie régulièrement de rameaux à fruit depuis sa base jusqu'à son sommet.
Il en résulte que l'ensemble de ces arbres offre l'aspect d'un
cylindre ou d'une colonne d'environ 0^m,30 de diamètre.

Le mode de formation de ces arbres est d'ailleurs des plus
simples : lors de la première taille, supprimer la moitié environ
de la hauteur de la jeune tige et favoriser le développement du
bourgeon de prolongement en mutilant les bourgeons latéraux,
pour déterminer la fructification, comme nous l'indiquons plus
loin, au chapitre des rameaux à fruit. L'année suivante, couper
la moitié de la longueur du nouveau rameau de prolongement de
la tige, et ainsi de suite chaque année.

Les colonnes présentent des avantages réels, comparées aux
arbres en cône : elles peuvent être beaucoup plus rapprochées
l'une de l'autre (à environ 0^m,70), et elles permettent ainsi la
culture d'un plus grand nombre de variétés sur la même surface
de terrain. L'ombrage de ces arbres est aussi moins abondant.
Les rameaux à fruit sont mieux éclairés, les fruits, attachés plus
près de la tige, reçoivent plus directement l'action de la séve et
sont plus beaux ; enfin, la formation de cette charpente est d'une
simplicité extrême.

Malheureusement, ces arbres ne donnent de bons résultats
qu'autant qu'ils sont peu vigoureux. Autrement, la séve maintenue dans des limites trop étroites, ne donne lieu qu'à des rameaux à bois d'une grande vigueur. On pourrait, il est vrai,
arriver à la mise à fruit de ces arbres, même lorsqu'ils se développent très-vigoureusement. Il suffirait pour cela de les laisser
s'allonger de façon à ce qu'ils arrivent à une hauteur de 15 mètr.
comme ceux que nous avons observés parfois. Mais alors il devient très-difficile de leur appliquer les opérations de taille qu'ils
réclament et la cueillette des fruits présente de grandes difficultés. Dans les sols très-fertiles ou pour des variétés vigou-

reuses il faudrait donc encore s'en tenir aux arbres en cône.

Frappé de ces divers inconvénients, nous avons cherché à remplacer ces diverses formes pour les poiriers en plein air, par la disposition dont il nous reste à parler.

Taille des poiriers en contre-espalier double en cordon vertical. — Les arbres en cône sont remplacés sur les plates-bandes du jardin fruitier par un contre-espalier double situé au milieu de ces mêmes plates-bandes larges de 2 mètres, séparées l'une de l'autre par un chemin de 1 mètre et dirigées, autant que possible, du sud au nord. Les figures 194 à 197 montrent le détail de ces contre-espaliers doubles.

LÉGENDES DES FIGURES 194 A 197.

A. Poteaux placés à 6 mètres les uns des autres.
B. Fils de fer galvanisés n° 14.
P. Fil de fer galvanisé n° 16, reliant entre eux les poteaux sur la ligne et fixé au sommet des murs.
C. Petites traverses en percées aux deux extrémités et supportant les fils de fer B.
D. Roidisseurs.
E. Lattes placées sur la face de devant du contre-espalier pour conduire la tige des arbres.
F. Lattes placées sur la face de derrière   id.
O. Fil de fer reliant les poteaux entre eux en travers des lignes et fixé au sommet des murs.
B. Brique à plat sur laquelle les poteaux sont posés.
N. Pommiers en cordon horizontal.

Des poteaux cylindriques (A) en bois résineux, passés au sulfate de cuivre, si l'on veut augmenter leur durée, de 3^m,50 de longueur et de 0^m,14 de diamètre, sont enfoncés dans le sol, à 0^m,50 de profondeur, au milieu des plates-bandes, et à environ 6 mètres les uns des autres. Des fils de fer galvanisés, n° 16 (P, *fig.* 195 et 196), passent sur le sommet de chaque poteau dans le sens des lignes, en traversant un piton vissé sur ces poteaux et va s'attacher, à chaque extrémité, au sommet des murs.

D'autres fils de fer semblables (O, *fig.* 196 et 197) passent aussi sur le sommet des poteaux, mais dans une direction perpendiculaire aux premiers, et vont également se fixer au sommet des murs. Ces fils de fer sont parfaitement tendus à l'aide du roidisseur Colignon (D, *fig.* 195, 196 et 197). Ces poteaux ainsi enchaînés au sommet et à la base sont solidement fixés. On place ensuite sur chacune des deux faces de la ligne de poteaux quatre fils de fer n° 14 (B, *fig.* 195 et 196). Ces fils de fer superposés sont fixés à chaque extrémité des lignes sur de petites traverses en fer (C, *fig.* 195, 196 et 197), longues de 0ᵐ,34, percées d'un trou à chaque extrémité et vissées sur les poteaux. Ces fils de fer sont supportés par des traverses semblables fixées sur les poteaux intermédiaires. Ils sont également tendus à l'aide d'un roidisseur. On fixe enfin contre ces quatre derniers fils de fer, et de chaque côté de la ligne, une série de petites lattes en bois de sciage de 0ᵐ,015 (E, F, *fig.* 195, 196 et 197). Ces lattes, longues de 1ᵐ,50, attachées sur les fils de fer au moyen d'un nœud de fil de fer très-fin, sont placées à 0ᵐ,30 l'une de l'autre, en les alternant de chaque côté, comme le montre la figure 196. Elles sont destinées à conduire la tige des jeunes arbres et sont remontées sur les deux fils supérieurs lorsque les arbres les ont dépassés.

Il n'y a plus ensuite qu'à procéder à la plantation. Les arbres placés contre ces supports sont soumis à la forme en cordon vertical (*fig.* 194) et sont plantés de chaque côté des contre-espaliers à 0ᵐ,30 l'un de l'autre, un contre chaque latte. On établit en outre une ligne de petits pommiers en cordon horizontal (N, *fig.* 197), à 0ᵐ,25 des bords de chacune des plates-bandes. (Voir le chapitre du pommier.) Quant au mode de formation de la charpente de ces poiriers, il est en tout semblable à celui indiqué plus haut pour les arbres en colonne.

Il est utile de choisir pour cette sorte de plantation des poiriers d'un an de greffe, et il faut en outre avoir grand soin de grouper ensemble les variétés semblables, c'est-à-dire que, si l'on a à planter 20 beurrées magnifiques, il faut en placer 10 sur une face du contre-espalier et 10 sur la face opposée, et ainsi de même pour les autres variétés. Autrement, il pourrait arriver qu'on plaçât dos à dos deux variétés de vigueur très-différente. Il en résulterait nécessairement que, dans une plan-

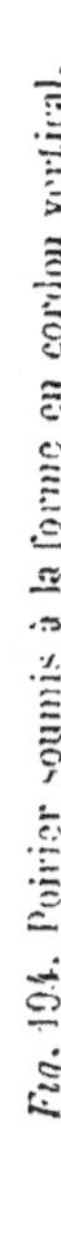

Fig. 194. Poirier soumis à la forme en cordon vertical.

tation aussi serrée, la variété vigoureuse nuirait à celle qui l'est moins.

Fig. 195. Élevation vue de face d'un contre-espalier.

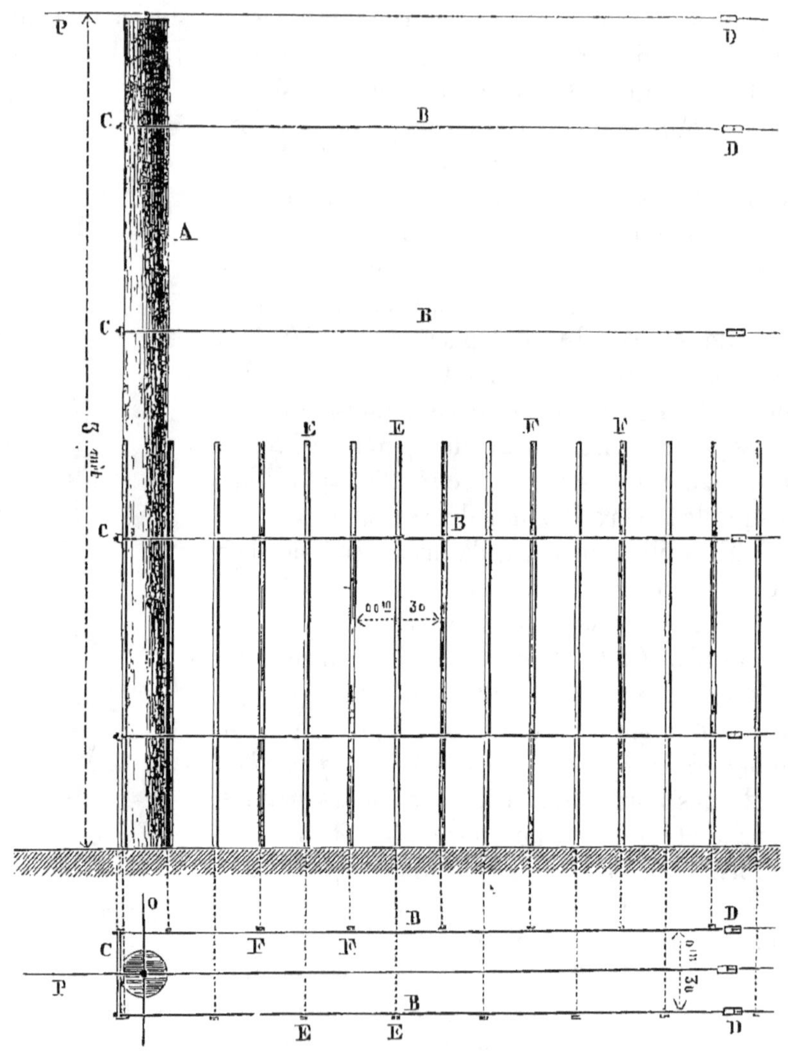

Fig. 196. Plan de la figure 195.

Comparons maintenant les résultats de ce nouveau mode de culture avec l'ancien. Supposons la surface de deux jardins fruitiers présentant exactement la même étendue et que ces deux

surfaces soient également partagées en plates-bandes larges
de 2 mètres et séparées par des chemins de 1 mètre, comme on
le fait habituellement pour la plantation des arbres en cônes ; si

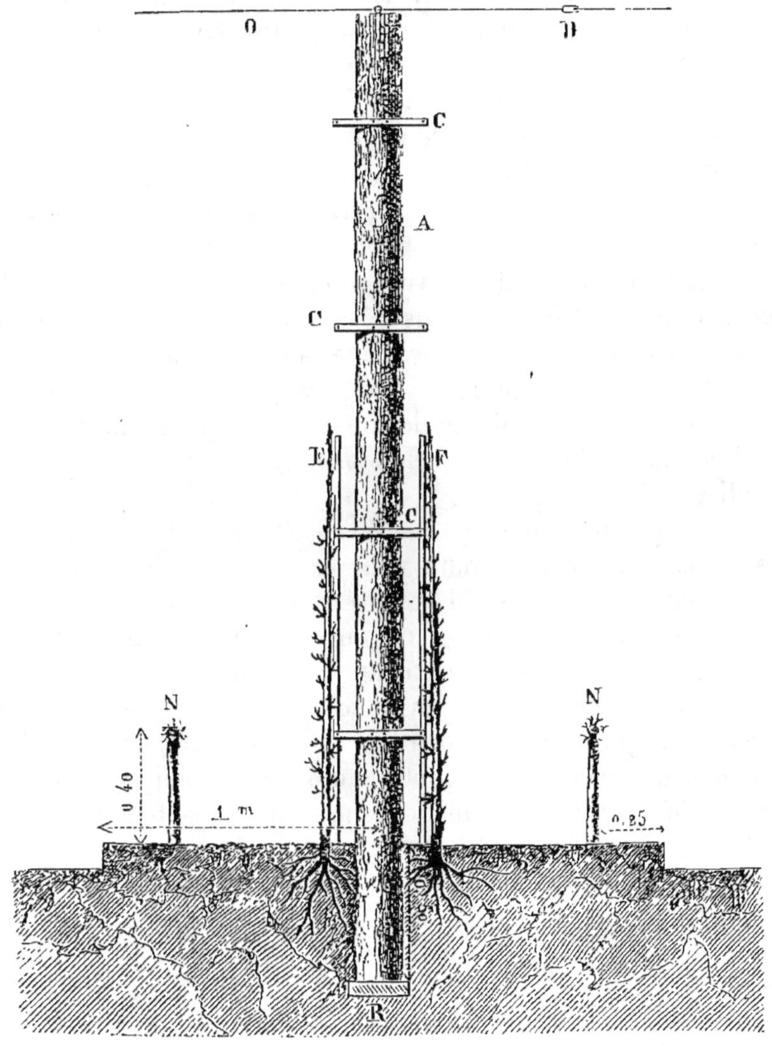

Fig. 197. Profil de la figure précédente, coupe en élévation d'une plante-bande.

l'on consacre l'une de ces surfaces aux cônes et l'autre aux
contre espaliers doubles en cordon vertical, et que l'on détermine
la longueur totale des branches de charpente que l'on pourra
obtenir sur l'une et sur l'autre de ces deux surfaces, on aura le

résultat suivant : si les cônes donnent 2500 mètres de longueur totale de branches de charpente, les contre-espaliers en donneront 5000 mètres pour la même étendue.

Nous devons rappeler que le produit maximum des cônes ne pourra être obtenu que vers la quatorzième année après la plantation, tandis que celui des contre-espaliers apparaîtra vers la sixième année au plus tard.

Ces contre-espaliers nous donnent donc, pour la même surface de terrain, moitié plus de branches de charpente, et par conséquent moitié plus de fruits que les arbres en cône, et leur produit maximum arrive huit ans plus tôt.

On pourrait faire, il est vrai, une objection à cette nouvelle disposition ; c'est que les frais d'acquisition d'arbres sont beaucoup plus élevés que pour la même surface plantée d'arbres en cône. Cela est vrai, puisque pour les pyramides on ne plante qu'un arbre pour 3 mètres de longueur de plate-bande, tandis qu'il en faudra 20 pour la même longueur consacrée aux contre-espaliers.

Nous répondrons d'abord à cette objection qu'il suffira de trois années de produit maximum pour payer, et au delà, cet excédant de dépenses, et qu'il restera encore comme avantage, au profit des contre-espaliers, cinq années de produit maximum moitié plus considérable que celui des arbres en cône, pour la même surface de terrain ; qu'en second lieu, on pourra se dispenser presque complétement de faire ces avances ; au lieu d'acheter des arbres greffés, on plantera en pépinière de jeunes sujets qu'on payera 2 centimes chacun et qu'on plantera à demeure après une année de greffe.

En suivant ce mode d'opérer, on aura un retard de deux années pour le produit maximum ; mais il restera encore un avantage de six ans au profit de la nouvelle méthode comparée à l'ancienne.

On a encore présenté cette objection ; à savoir que ce mode de culture ne peut être employé que dans les jardins complétement entourés de murs, afin de fixer à leur sommet les fils de fer destinés à maintenir les poteaux des contre-espaliers. Cette difficulté peut être facilement résolue en procédant de la manière suivante : pour remplacer le mur dans la direction A (*fig.* 198), le fil de fer B, après avoir été fixé au sommet du poteau C, se

prolonge vers le poteau D, placé à 3^m,50 du poteau C ; ce dernier
poteau est couché sur l'angle de 45° et s'élève à 0^m,60 au-dessus
du sol. Le fil de fer, fixé sur ce second poteau, se prolonge verticalement vers le sol où il est attaché sur une pierre E, enterrée
à 0^m,40 de profondeur. Un tendeur F roidit le tout convenablement. Le poteau D n'est utile que pour élever le fil de fer, afin
qu'il nuise le moins possible à la circulation sur le chemin G ;
autrement il pourrait être dirigé directement vers le sol en suivant l'angle de 45°.

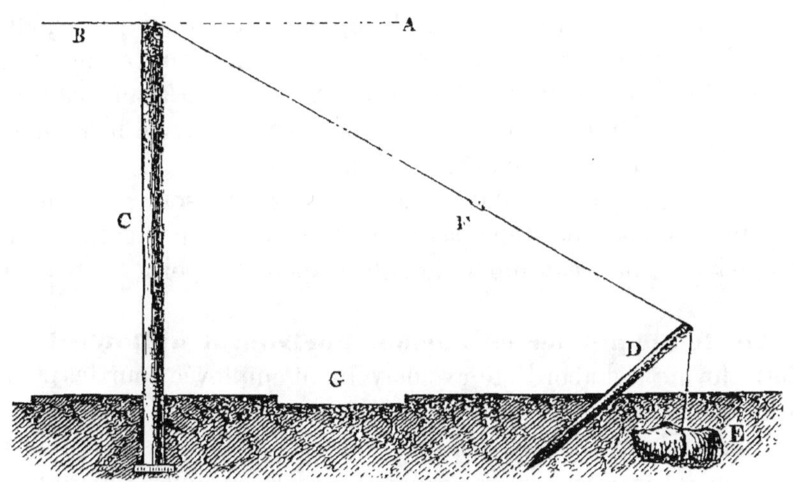

Fig. 198. Moyen de consolider les contre-espaliers sans le secours des murs.

La disposition que nous proposons pour les poiriers cultivés en
plein air offre donc sur les arbres en cône les avantages suivants :

1° Produit maximum obtenu huit ans plus tôt ;

2° Rendement du double plus considérable pour la même surface de terrain ;

3° Possibilité de soustraire très-facilement ces arbres à l'influence des gelées tardives du printemps, ainsi que nous l'expli-
querons au chapitre des abris ;

4° Branches de la charpente plus régulièrement éclairées que
celles des arbres en cône et se garnissant mieux de rameaux à
fruit ;

5° Possibilité de placer dans un petit jardin un plus grand
nombre de variétés, et de pouvoir prolonger ainsi la durée de la
consommation de ces fruits ;

6° Simplicité extrême dans les opérations destinées à la formation de la charpente de ces arbres ;

7° Enfin les vides laissés par la mort accidentelle de ces arbres sont remplis bien plus rapidement qu'avec les arbres en cône. Toutefois, les remplacements dans ces plantations serrées exigent les soins suivants : pour chaque arbre à remplacer, ouvrir un trou de 0^m,30 de largeur sur 0^m,50 de longueur et 0^m,40 de profondeur. Couper impitoyablement, sur les deux parois latérales de la tranchée, les racines des deux arbres voisins. Appliquer une planchette très-mince, en bois blanc, contre ces deux parois, afin d'empêcher les racines des arbres voisins de nuire au nouveau venu. Choisir, pour planter, un arbre formé ayant environ 3 mètres de hauteur. Remplir le trou avec de la terre bien fumée et arroser pendant l'été avec de l'engrais liquide.

En présence des avantages que présentent ces sortes de contre-espaliers, nous n'hésitons pas à conseiller d'une manière presque exclusive ce nouveau mode de culture pour les poiriers en plein air.

Taille du poirier en cordon horizontal unilatéral. — Cette forme a d'abord été exclusivement employée pour les pommiers ; mais depuis quelques années on a tenté de l'appliquer au poirier. Nous avons vu des essais assez satisfaisants. Toutefois, nous pensons que la place qu'on leur fera occuper sera mieux utilisée par les pommiers. On ne devra donc y soumettre les poiriers qu'exceptionnellement ; ajoutons qu'il ne faudra choisir pour cela que des variétés greffées sur cognassier et qui soient peu vigoureuses. Autrement, le peu d'étendue donné à la charpente et la position horizontale que doit avoir la tige unique de ces arbres feraient développer un grand nombre de rameaux gourmands qui empêcheraient la fructification.

Les variétés suivantes peuvent convenir pour cette disposition :

Épargne.	Louisebonne d'Avranches.
Bon-chrétien Williams.	Passe-Colmar.
Bon-chrétien Napoléon.	Bergamotte lucrative.
Beurré d'Ardenpont.	Van Mons de Léon Leclerc.

Les soins à donner aux poiriers soumis à cette forme sont en tout semblables à ceux indiqués pour les pommiers. (Voir ce chapitre.)

2° Formes propres aux poiriers palissés en plein air ou en espalier. — On a imaginé aussi, pour les arbres en espalier, un très-grand nombre de dispositions différentes.

Nous ne nous arrêterons, comme nous l'avons fait pour les arbres non palissés, qu'à l'examen des formes qui présentent une utilité réelle, c'est-à-dire qui sont établies rapidement et avec peu de difficulté.

Ces diverses formes peuvent être partagées en deux groupes : les grandes formes qui couvrent une grande surface, comme les palmettes, les éventails, les candélabres, etc.; puis les petites formes ou cordons. Nul doute, comme nous le démontrerons plus loin, que ces dernières ne soient préférables aux premières. Mais comme il est parfois nécessaire d'avoir recours aux grandes formes, nous allons étudier ici quelques-unes des moins mauvaises.

Taille du poirier en palmette Verrier. — Parmi les grandes formes, les plus simples, celles qu'on obtient le plus facilement, sont à coup sûr les *palmettes*.

Elles sont simples, assez faciles à imposer aux arbres, et s'accommodent des surfaces de toutes les hauteurs. Parmi les diverses formes en palmette, la meilleure est, selon nous, celle qui a été imaginée par M. Verrier, qui était jardinier en chef à l'école régionale de la Saulsaie, et à laquelle nous croyons devoir donner son nom.

Les arbres soumis à cette forme (*fig.* 199) se composent d'une tige verticale portant une série de branches sous-mères, placées à 0ᵐ,30 les unes des autres et naissant, deux à deux, de chaque côté de la tige.

Ces branches suivent d'abord une direction horizontale en s'éloignant de leur point de naissance, puis se redressent ensuite au moyen d'une courbe, dans une position verticale, et s'élèvent toutes jusqu'au sommet du mur.

Le motif suivant nous fait préférer cette sorte de palmette à toutes les formes appartenant à la même série et qui ont été imaginées jusqu'à présent. Dans les autres palmettes, toutes les branches latérales acquièrent la même longueur (voir au chap. du pêcher, les *palmettes à branches obliques*, à *double tige de Le Berriays*, *de Legendre*). Or, celles du sommet, plus favorisées par l'action de la séve, sont toujours plus vigoureuses. Dans la

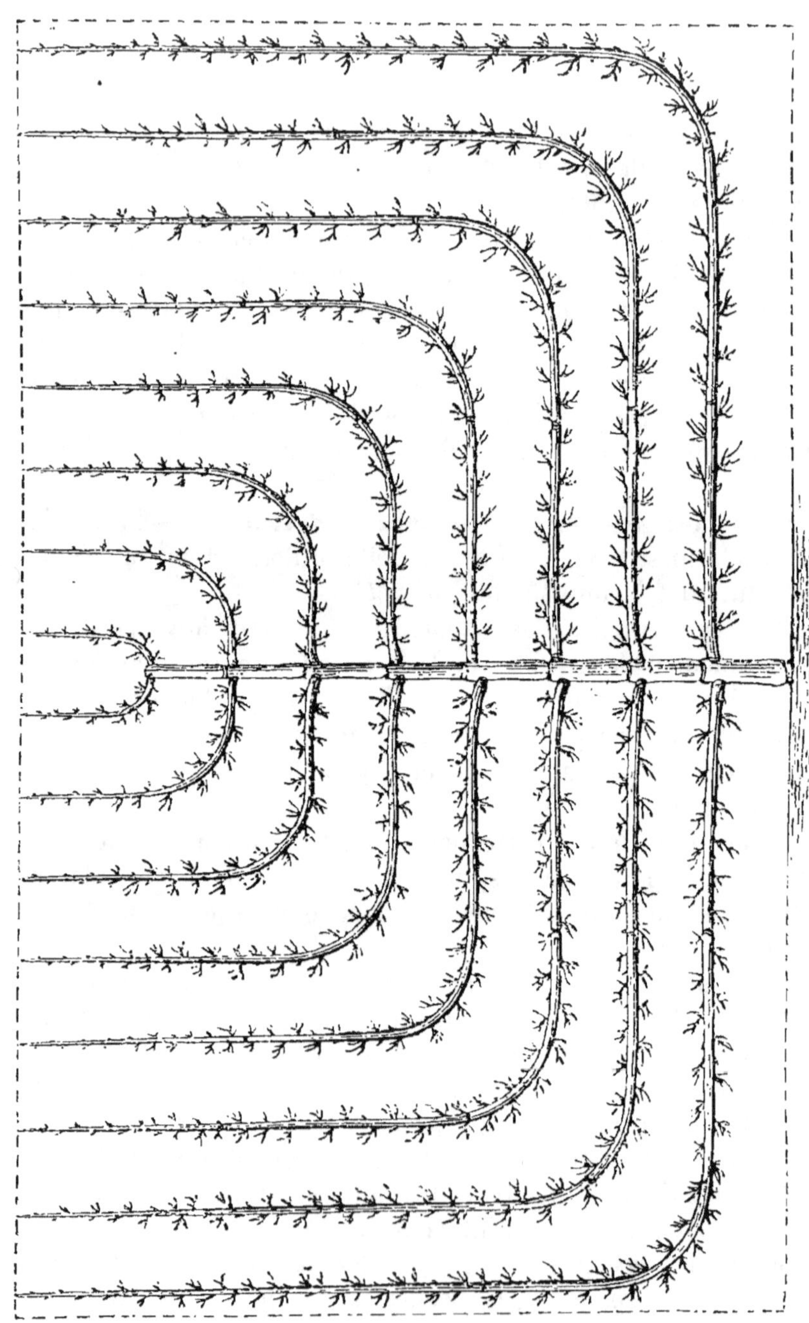

Fig. 199. Poirier soumis à la forme en palmette Verrier.

palmette Verrier, les branches sont d'autant plus longues qu'elles naissent plus près du sol. Elles compensent donc ainsi leur position défavorable, et l'équilibre de la végétation est beaucoup plus facile à établir dans l'ensemble de la charpente.

La palmette Verrier est imposée aux arbres à l'aide des procédés suivants :

Choisir, pour la plantation, des greffes d'un an. Planter les arbres à une distance telle, les uns des autres, qu'ils couvrent

Fig. 200. Poirier en palmette Verrier. 1re taille.

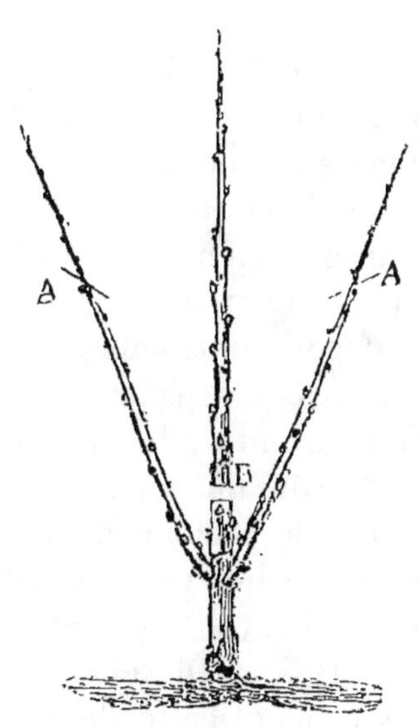

Fig. 201. Poirier en palmette Verrier. 2e taille.

sur le mur une surface de 16 à 20 mètres carrés. Cette surface est nécessaire, sous peine de restreindre la séve dans des limites trop étroites et de nuire à la fructification par suite d'un excès de vigueur. Faire sur la tige une suppression suffisante pour rétablir l'équilibre entre l'étendue de la tige et celle des racines qui ont été conservées.

Première taille. — N'appliquer la première taille qu'au moment où les jeunes arbres sont bien repris, au plus tôt, après une année de plantation. Tailler la tige à 0^m,30 environ au-dessus du sol, en A (*fig.* 200), immédiatement au-dessus de trois boutons, un de chaque côté, pour donner lieu aux deux premières branches sous-mères, le troisième au-dessus en avant, pour fournir le prolongement de la tige.

Vers le milieu de mai, procéder à l'ébourgeonnement ; conserver sur chaque jeune tige seulement les trois bourgeons résultant des trois boutons dont nous venons de parler. Maintenir entre chacun d'eux un degré de vigueur égal. Si l'un des bourgeons latéraux devient plus vigoureux que l'autre, le détacher et l'incliner, puis redresser l'autre le plus possible. Les maintenir dans cette position jusqu'à ce que l'équilibre soit rétabli entre eux.

Deuxième taille. — Après la chute des feuilles, ces jeunes arbres seront constitués comme le montre la figure 201. Supprimer seulement le tiers de la longueur totale de chacun des rameaux latéraux en A, pour les faire se garnir de bourgeons et par suite de rameaux à fruit sur toute leur étendue. Si l'un d'eux est plus vigoureux que l'autre, le tailler plus court et allonger davantage le plus faible. La coupe des branches de la charpente des arbres en espalier est toujours faite au-dessus d'un bouton placé en avant, afin que la plaie résultant de la section soit dirigée du côté du mur.

Couper le prolongement de la tige en B, à $0^m,15$ au-dessus du point d'attache des deux rameaux latéraux, en choisissant seulement un bouton bien placé pour prolonger de nouveau la tige. On ne fait pas développer un second étage de branches sous-mères pendant cette deuxième année, afin de favoriser le développement des premières, qui resteraient trop faibles si l'on allongeait trop rapidement la tige. Toutefois, on fera fléchir cette règle en prenant un second étage dès la deuxième année, si les deux rameaux latéraux sont aussi vigoureux que le rameau central.

Maintenir, pendant l'été suivant, un degré de vigueur égal entre les nouveaux bourgeons de prolongement des deux premières branches sous-mères.

Troisième taille. — L'année suivante, les arbres ont donné les résultats indiqués par la figure 202. Les opérer de la manière suivante :

Tailler les branches sous-mères comme la première année, en retranchant le tiers de la longueur du nouveau prolongement. Couper le prolongement de la tige en A à $0^m,15$ de la coupe précédente, et au-dessus de trois boutons placés pour obtenir un nouvel étage de branches sous-mères pendant l'été suivant. — On pourra désormais faire développer un nouvel étage chaque année, car les branches inférieures qu'on voulait favoriser ont acquis assez de force. Maintenir, pendant l'été, l'équilibre de la végétation entre les nouveaux bourgeons de prolongement de la charpente.

Quatrième taille. — La figure 203 montre les progrès faits par ces arbres pendant la végétation précédente. Couper les nouveaux rameaux de prolongement comme nous l'avons indiqué pour les années précédentes. Tailler le nouveau prolongement de la tige en A, pour en obtenir un troisième étage de branches sous-mères. Donner, pendant l'été, les soins décrits précédemment.

Cinquième taille. — Lors de la cinquième taille, les jeunes arbres ont acquis le développement que montre la figure 204. Couper le prolongement de la tige

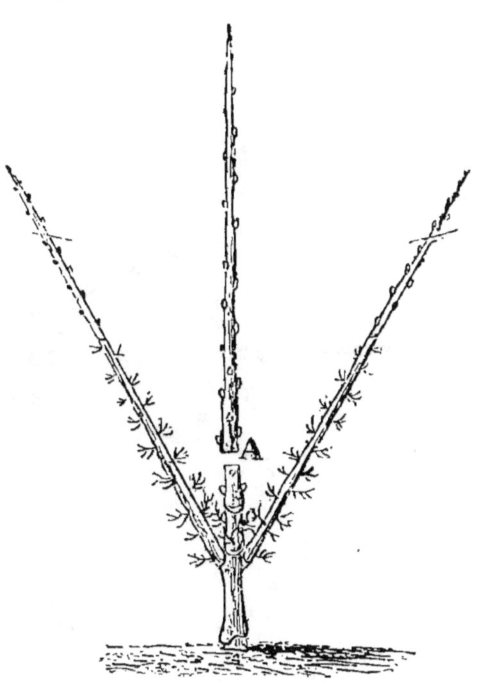

Fig. 202. Poirier en palmette Verrier. 3e taille.

en A, pour obtenir un quatrième étage de branches sous-mères. Tailler le prolongement des branches latérales comme les années précédentes. Lors de cette taille, les deux branches sous-mères inférieures ont ordinairement acquis assez de longueur pour que placées dans une position horizontale, elles dépassent la limite latérale que l'arbre ne doit pas franchir. On les abaisse alors dans cette position, puis on redresse leur extrémité au moyen d'une courbe pour la placer dans une position verticale, comme le montre notre figure. On continue ensuite à allonger ces deux branches suivant cette direction, au moyen de prolongements successifs; mais on retranche alors, chaque année, sur ceux-ci, la moitié de leur longueur. Arrivés au sommet du mur, ces deux branches sont coupées, chaque année, à 0^m,40 au-dessous du

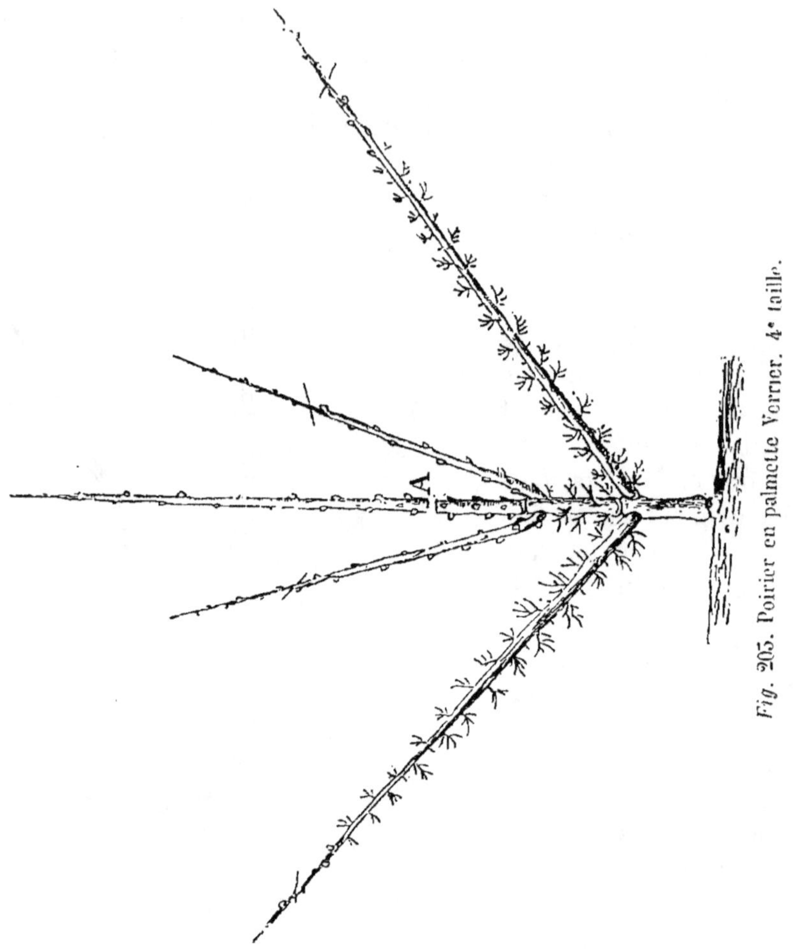

Fig. 205. Poirier en palmette Verrier. 4e taille.

chaperon du mur, afin de laisser la place au développement d'un bourgeon terminal, nécessaire pour attirer la séve vers ce point et la forcer à nourrir, en passant, tous les rameaux à fruit.

Toutes les branches sous-mères de ces arbres sont soumises successivement à ce traitement, et, vers la quatorzième année, la charpente de ces arbres est complétement achevée. Elle couvre alors une surface d'environ 18 mètres carrés et offre l'aspect de la figure 199.

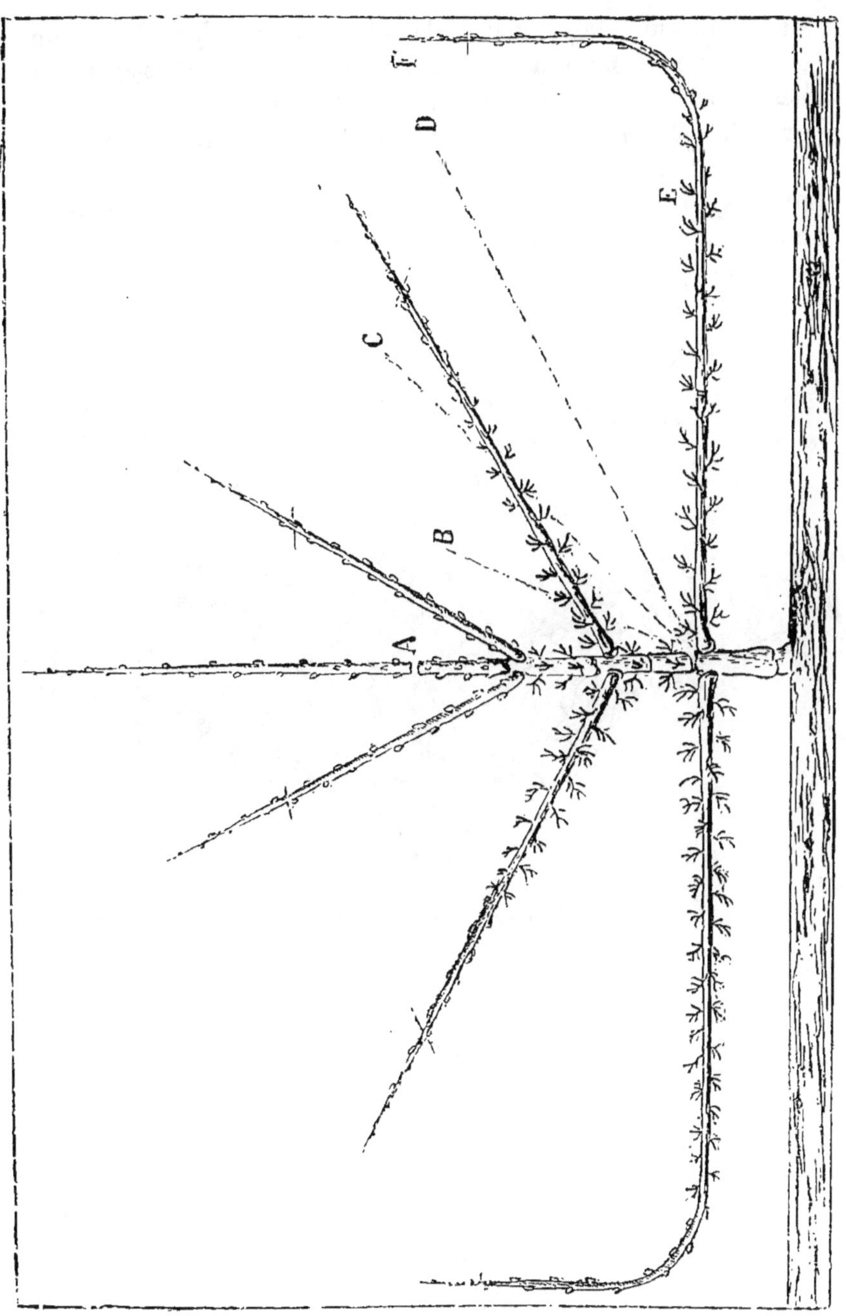

Fig. 204. Poirier en palmette Verrier. 5e taille.

La symétrie et la régularité dans la charpente des arbres n'ont pas seulement pour but de leur donner un aspect plus agréable ; elles importent surtout au maintien plus facile de l'équilibre de la végétation dans toutes les parties de la charpente, et par conséquent à la fertilité et à la durée de l'arbre. Or on ne trouve pas toujours, lors de la taille d'hiver, des boutons placés au point où l'on voudrait faire naître de nouvelles branches de la charpente. Pour prévenir cet inconvénient, on place en août, sur le bourgeon de

Fig. 205. Moyen d'obtenir deux branches sous-mères en une année.

prolongement, des écussons là où il ne se trouve pas de boutons bien placés pour faire développer de nouvelles branches pendant l'été suivant. On peut aussi avoir recours aux opérations décrites page 305, pour faire naître des branches là où il en manque.

Disons en outre, et ceci peut s'appliquer à toutes les espèces et à presque toutes les sortes de formes propres aux arbres en espalier, qu'au moment où les deux ou trois étages de branches sous-mères inférieures d'un poirier auront atteint tout leur développement, et que ces branches auront une grosseur convenable, au lieu de ne faire développer chaque année qu'un seul de ces étages, comme on a dû le faire jusque-là, on pourra hâter la formation de l'arbre, lorsqu'il présentera d'ailleurs une grande vigueur ; on usera alors du moyen suivant : lorsque, pendant l'été, le bourgeon terminal de la branche mère aura dépassé de 0^m,20 environ le point où l'on doit obtenir de nouvelles sous-mères l'année suivante, on coupera ce bourgeon immédiatement au-dessus de ce point en A (*fig.* 205), en faisant en sorte qu'il se trouve au-dessous de cette coupe un œil placé en avant ; puis, un peu plus bas, deux autres yeux, l'un à droite, l'autre à gauche. La séve, arrêtée dans son mouvement d'ascension par cette coupe, réagit sur le développement de ces trois yeux qui donnent lieu à trois *bourgeons anticipés* (A, B, B, *fig.* 206). Celui du centre (A) sert de prolongement à la branche mère, et les deux latéraux (B) forment de nouvelles sous-mères. Il résulte de ce mode d'opérer que l'on peut obtenir quatre branches sous-mères chaque année au lieu de deux, et qu'ainsi l'arbre est bien plus vite formé. D'un autre côté, on utilise la séve, qui, sans cela, serait employée inutilement à prolonger vigoureusement la branche mère destinée à être

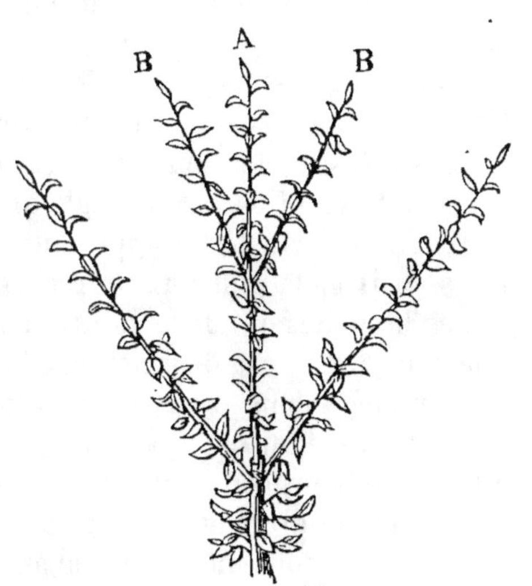

Fig. 206. Résultat de l'opération précédente.

taillée très-court lors de l'hiver suivant. Nous devons répéter que ces avantages ne peuvent être obtenus qu'après la formation complète des sous-mères inférieures. Si l'on usait de ce moyen avant cette époque, on s'exposerait à voir l'accroissement de ces sous-mères rester stationnaire.

Taille des rameaux à fruit. — Tout ce que venons de dire de la palmette Verrier s'applique à la formation de la charpente. Quant aux rameaux à fruit, on leur donne tous les soins que nous décrivons plus loin, page 359.

Palissage des poiriers en espalier. — Pour les poiriers en espalier, ce sont seulement les branches de la charpente et les bourgeons destinés à prolonger ces branches qui doivent être soumis au palissage. Cette opération influe beaucoup sur le succès de la formation de la charpente.

Palissage d'hiver. — Cette opération est destinée à fixer solidement les branches de la charpente contre le mur. Il faut suivre à cet égard les règles suivantes : diriger chacune des branches sur une ligne parfaitement droite, depuis sa naissance sur la tige jusqu'à son extrémité, à moins de nécessité absolue, comme dans la palmette Verrier. La moindre déviation à cette ligne droite fait obstacle à la circulation de la séve, et celle-ci donne lieu, vers le point où commence la courbure, à des bourgeons gourmands qui absorbent inutilement une grande quantité de séve.

Placer les branches qui naissent à la même hauteur contre la tige exactement suivant le même degré d'inclinaison ; autrement la plus abaissée deviendra bientôt moins vigoureuse que l'autre. Il n'y a d'exception à cette règle que pour le cas où l'équilibre de la végétation est déjà rompu entre ces deux branches. Il faudra alors abaisser la plus forte et redresser la plus faible.

Les branches qui doivent être placées obliquement ou horizontalement, lorsque la charpente de l'arbre est terminée, ne devront être amenées dans cette position que progressivement ; si on les y place tout d'un coup, lorsque, par exemple, elles sont encore à l'état de bourgeon ou de rameau, il en résulte que toute la séve passe dans le prolongement de la tige, et que le développement des branches sous-mères ainsi abaissées est presque complétement suspendu. Ainsi donc la branche E (*fig.* 204) a été d'abord placée en B, pour favoriser son développement, puis ensuite en C, puis, l'année suivante, en D ; ce n'a été qu'après qu'elle a eu acquis assez de longueur pour arriver en F, qu'on l'a placée dans sa position définitive. Si on l'eût mise en place alors qu'elle n'avait pas assez de longueur pour être dressée verticalement, son développement se serait arrêté. Toutes les autres branches sous-mères seront successivement soumises à cet abaissement progressif.

Palissage d'été. — Dans les poiriers, le palissage d'été porte seulement sur les bourgeons de prolongement des branches de la charpente. Chacun de ces bourgeons est fixé contre le mur ou contre le treillage, à mesure qu'il s'allonge, et cela dans une direction bien parallèle à la branche qui le porte. On commence

à attacher les bourgeons dès qu'ils ont atteint une longueur de
0^m,30.

Si ce palissage d'été est fait sur treillage, on fixe à l'extrémité
de chaque branche de la charpente, après la taille, et aux points
où l'on veut obtenir de nouvelles branches, une petite baguette
bien droite en bois sec et placée dans une direction bien parallèle à cette branche. Ces baguettes servent à conduire chacun
des bourgeons de prolongement. Ces bourgeons étant ainsi dirigés, rien n'est si facile, lors du palissage d'hiver suivant, que
de donner une direction bien droite aux branches de la charpente.

Nous avons indiqué, page 229, les circonstances qui déterminent le choix à faire entre le palissage à la loque et le palissage
sur treillage. Dans l'hypothèse où
l'on choisirait le palissage sur treillage, nous devons indiquer ici la
disposition qu'il convient de donner à ce treillage pour les poiriers
soumis à la forme en palmette
Verrier.

Les treillages en bois destinés à
cette forme pourront se composer
de mailles larges de 0^m,20 sur
0^m,25 de hauteur (*fig.* 207). Les
baguettes de ce treillage, en chêne
ou en châtaignier, devront être

Fig. 207. Treillage en bois.

peintes à trois couches, fixées entre elles au moyen de clous
rivés et attachées au mur à l'aide de crochets en fer (A) placés
de mètre en mètre dans le sens vertical et horizontal. Ces treillages coûtent de 2 à 3 fr. le mètre carré.

Si l'on a recours au fil de fer pour les mêmes arbres, on donnera au treillage la disposition suivante (*fig.* 208). Tendre contre
le mur une série de fils de fer galvanisés, n° 14, placés en lignes
horizontales à 0^m,30 l'une de l'autre. Ces lignes, solidement
fixées à chaque extrémité du mur, doivent être supportées de
mètre en mètre par de petites pattes en fer (B, *fig.* 208 et 209).
On les roidit aussi complétement que possible au moyen du tendeur Collignon (A, *fig.* 210, 211 et 212), toujours placés à
l'une des extrémités des lignes. Voici comment on emploie ces

tendeurs : lorsque le tendeur est fixé à l'extrémité de la ligne,

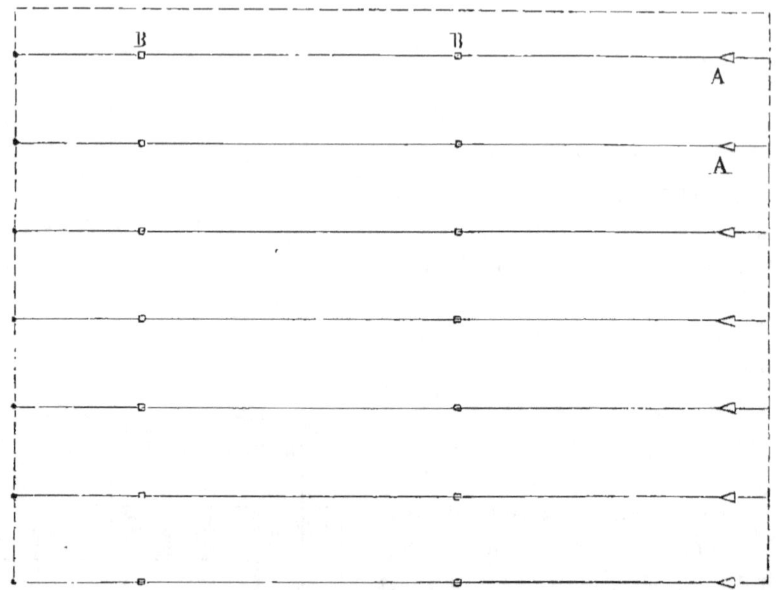

Fig. 208. Treillage en fil de fer pour les poiriers en palmette.

on y attache le fil de fer sur lequel on fait glisser le nombre de pattes en fer nécessaire pour le soutenir sur toute sa longueur ;

Fig. 209. Pattes en fer pour supporter les fils de fer.

ensuite, attacher au mur l'autre extrémité en la roidissant un peu. Enfoncer les pattes dans le mur en les distribuant de mètre

Fig. 210. Clef du tendeur Collignon.

en mètre, puis roidir le fil de fer le plus possible à l'aide du tendeur. On se sert, pour faire agir celui-ci, d'une clef en fer (*fig.* 212) que l'on place sur la tête carrée (A) de l'axe. On imprimera à cet axe un mouvement de rotation qui enroule le fil de fer et roidit celui-ci. Cette sorte de treillage coûte, non compris la pose, 28 centimes le mètre carré[1].

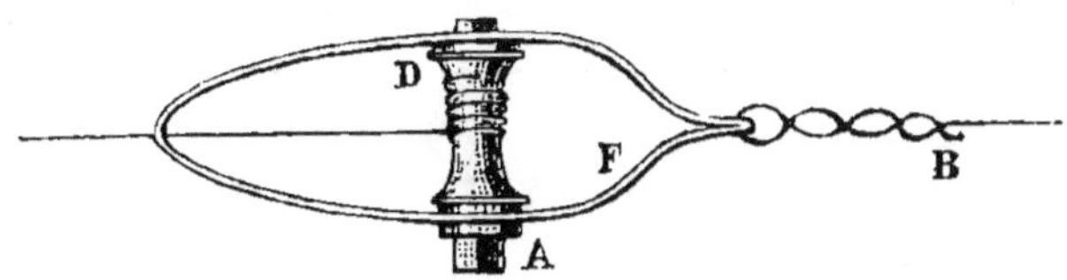

Fig. 211. Tendeur Collignon perfectionné.

La ligature la plus convenable pour attacher les branches lors du palissage d'hiver est l'osier. On aura soin de placer entre le treillage en bois et la branche, à chaque point où celle-ci est fortement comprimée contre le treillage, un peu de liége pour

Fig. 212. Profil de la figure précédente.

empêcher la branche d'être meurtrie. S'il s'agit de treillages en fil de fer, on obtiendrait le même résultat en faisant faire à l'osier un tour complet sur le fil de fer avant d'y appliquer la branche. il faut aussi veiller, pendant l'été, à ce que les branches, en grossissant, ne soient pas étranglées par les ligatures. Ce cas arrivant, il faudrait se hâter de supprimer ces ligatures partout où il se manifesterait.

Quant au palissage d'été, on emploie comme ligature soit du jonc vert, soit du jonc séché, qu'on fait ramollir dans l'eau au moment de l'employer.

---

[1] On trouve tous ces objets, au prix que nous indiquons, chez M. Thiry jeune, 121, rue Lafayette, à Paris.

Poiriers en demi-palmette pour les murs construits sur les terrains en pente. — Les grandes formes composées

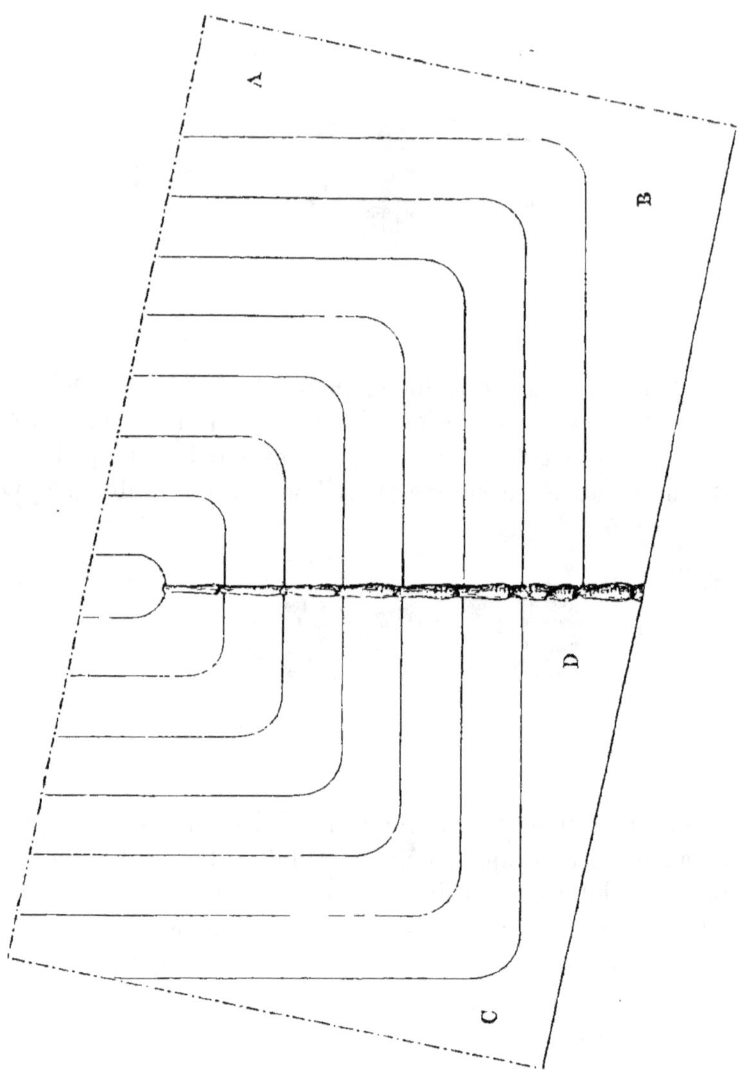

Fig. 213. Palmette Verrier contre un mur en pente.

de deux côtés symétriques ne peuvent être appliquées aux arbres palissés contre des murs placés sur des terrains très-inclinés.

Supposons en effet qu'on veuille établir une palmette Verrier contre un mur présentant une pente de $0^m,10$ par mètre; on aura le résultat que montre la figure 213. Cette charpente sera complétement irrégulière; les branches symétriques, d'inégale longueur, ne présenteront pas la même vigueur; des vides fâcheux existeront sur certains points de l'étendue de ces arbres en A, B, C, D; et ces inconvénients sont inévitables avec les grandes formes composées de deux côtés symétriques; car il faut toujours placer les branches latérales correspondantes exactement dans la même position par rapport à l'horizon, sous peine de voir celles qui seront plus inclinées perdre leur vigueur et disparaître bientôt.

Un seul moyen permet d'établir régulièrement des grandes formes contre ces sortes de murs. Ce moyen consiste à remplacer les formes à deux côtés symétriques par des demi-palmettes, comme le montre la figure 214. Mais il conviendra de faire occuper à ces arbres la même surface qu'aux arbres complets, soit 16 à 20 mètres carrés. Pour cela on donnera aux branches latérales moitié plus de longueur. Ces branches, dirigées parallèlement à la pente du sol, doivent toujours remonter vers le point le plus élevé du terrain. Ajoutons que chacune de ces branches est obtenue en courbant le rameau de prolongement de la tige, comme le montre notre figure et pour les motifs indiqués plus loin au chapitre du pêcher pour la palmette de Le Berriays.

Enfin la tige et l'extrémité des branches devront suivre une direction verticale, comme l'indique notre figure.

Malheureusement ces demi-formes présentent un inconvénient inévitable; c'est que ne pouvant faire développer qu'une seule branche latérale chaque année, et ces branches étant moitié plus longues que pour les formes composées de deux côtés, il faudra moitié plus de temps pour faire occuper à l'arbre l'espace qui lui a été réservé.

Nous pourrions décrire encore ici quelques autres grandes formes qui, sans présenter tous les avantages de la palmette Verrier, sont aussi assez simples et assez faciles à obtenir, telles sont les *palmettes à branches obliques, de Legendre, à double tige de Le Berriays*, le *candélabre à branches convergentes*. Nous préférons traiter de ces autres formes en parlant du pêcher, quoiqu'on puisse aussi les appliquer au poirier, en laissant toujours un intervalle de 0ᵐ,30 entre les branches de charpente.

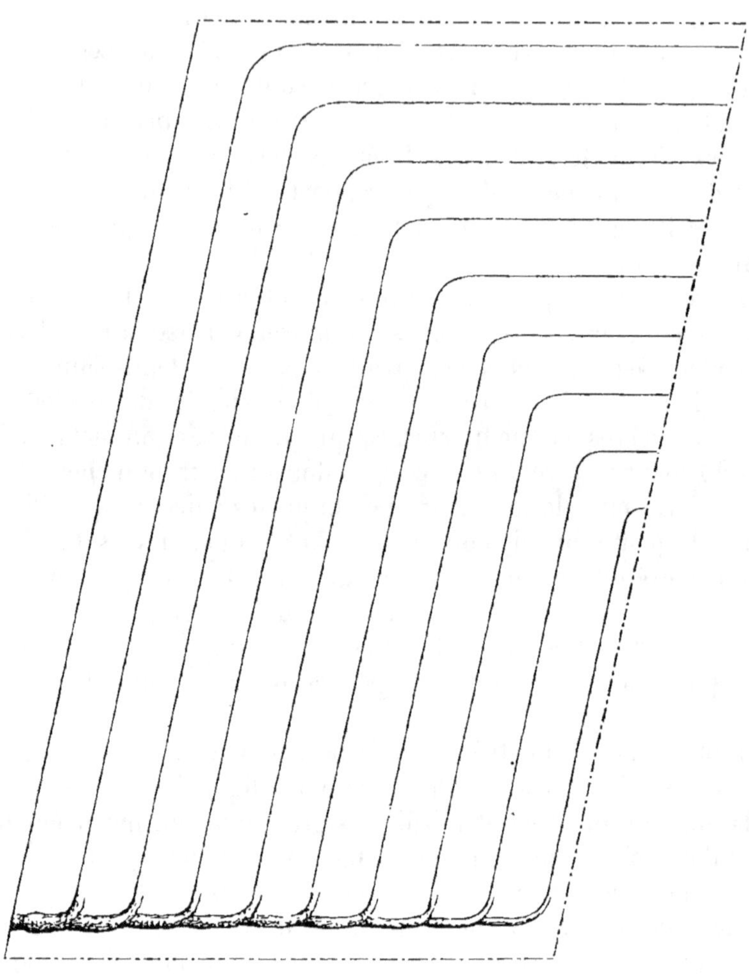

Fig. 214. Demi-palmette Verrier contre un mur en pente.

Au point où en est arrivé le progrès de l'arboriculture, en employant les procédés les plus prompts, il faut encore environ quatorze ans pour former complétement la charpente d'un poirier en espalier soumis à l'une des grandes formes imaginées

jusqu'à présent (palmette, éventail, etc.), et couvrant une surface de 16 à 20 mètres carrés. Ajoutons que les soins nécessaires
pour obtenir ces diverses formes, même les moins compliquées,
ainsi que les moyens nécessaires pour maintenir l'équilibre de la
végétation entre les diverses parties de ces arbres, sont assez
difficiles pour qu'un grand nombre de jardiniers échouent dans
leur exécution.

Frappé de ces inconvénients, nous avons cherché à y remédier
en imaginant de nouvelles formes qui, beaucoup plus aisées à
établir que toutes les autres, permissent de couvrir régulièrement
toute la surface du mur dans un laps de temps beaucoup plus
court, et fissent donner aux arbres leur produit maximum beaucoup plus tôt, sans abréger leur durée.

Nous indiquons ces nouvelles dispositions sous le nom
de *petites formes* ou *cordons*. Les principales sont les suivantes :

**Taille du poirier en cordon oblique simple (Du
Breuil).** — Pour créer un espalier d'arbres soumis à cette
forme (*fig.* 215), on choisit de jeunes arbres d'un an de greffe,
sains, vigoureux et ne portant qu'une tige. On les plante à 0^m,40
les uns des autres, en les inclinant les uns sur les autres, sur
un angle de 60 degrés. On ne retranche que le tiers environ de
la longueur totale de ces jeunes tiges, en faisant la section en A
(*fig.* 216), au-dessus d'un bouton placé en avant.

Pendant l'été suivant, on favorise le plus possible le développement vigoureux du bourgeon terminal, et tous les autres sont
transformés en rameaux à fruit à l'aide de la série d'opérations
décrites plus loin au chapitre des rameaux à fruit. Au printemps
suivant, chacun des jeunes arbres présente l'aspect de la figure 217.

La seconde taille consiste à appliquer à chacun des rameaux
latéraux les soins nécessaires pour les transformer en lambourdes ; puis à retrancher de nouveau le tiers de la longueur
totale du nouveau rameau de prolongement. Si toutefois ce bourgeon s'était à peine développé pendant l'été précédent, il faudrait, lors de la seconde taille, couper sur le bois de deux ans,
afin d'obtenir un rameau terminal plus vigoureux. Pendant l'été,
on applique à ces jeunes arbres les mêmes soins que pendant l'été
précédent, et l'on obtient le résultat que montre la figure 218.

Fig. 215. Cordon oblique simple appliqué aux poiriers.

Lors de la troisième taille, la jeune tige a ordinairement atteint les deux tiers de sa longueur totale ; alors on l'abaisse sur un angle de 45 degrés, suivant la ligne B, et l'on applique au rameau terminal et aux rameaux latéraux la même opération

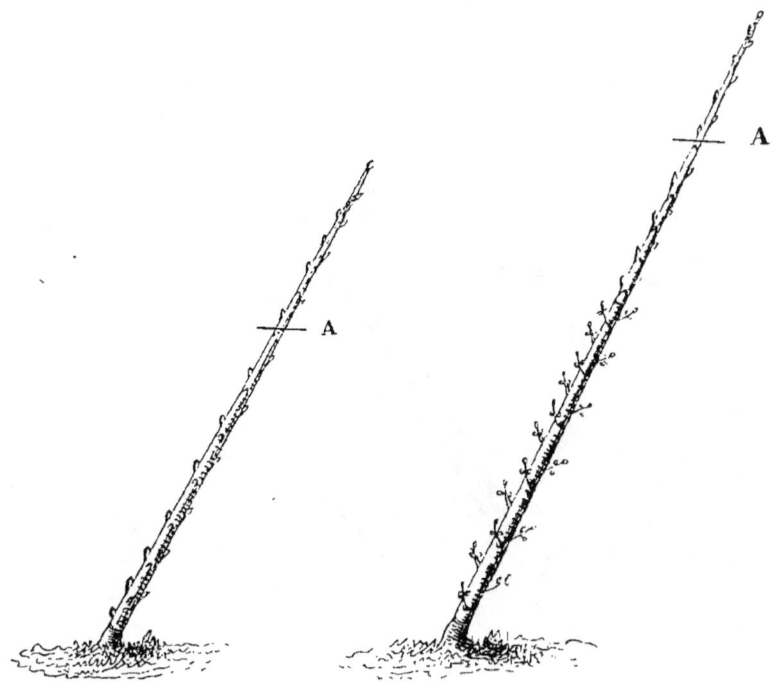

Fig. 216. Cordon oblique simple,
1ʳᵉ année.

Fig. 217. Cordon oblique simple,
2ᵉ année.

que lors de la taille précédente. Si l'on eût abaissé immédiatement ces tiges suivant ce degré d'inclinaison, on eût favorisé le développement de bourgeons gourmands à la base au détriment du bourgeon terminal. Les nouveaux bourgeons reçoivent les soins ordinaires. La figure 219 montre l'état des jeunes arbres à la fin de la végétation.

Il n'y a plus ensuite qu'à compléter ces arbres en continuant de prolonger la tige, à l'aide des mêmes opérations, jusqu'au sommet du mur. Arrivées là, ces tiges sont coupées chaque année à 0ᵐ,40 au-dessous du chaperon du mur, afin de laisser la place pour le développement annuel d'un bourgeon vigoureux qui force la séve à circuler abondamment dans toute l'étendue de la tige.

Quant au côté de l'horizon vers lequel il convient d'incliner

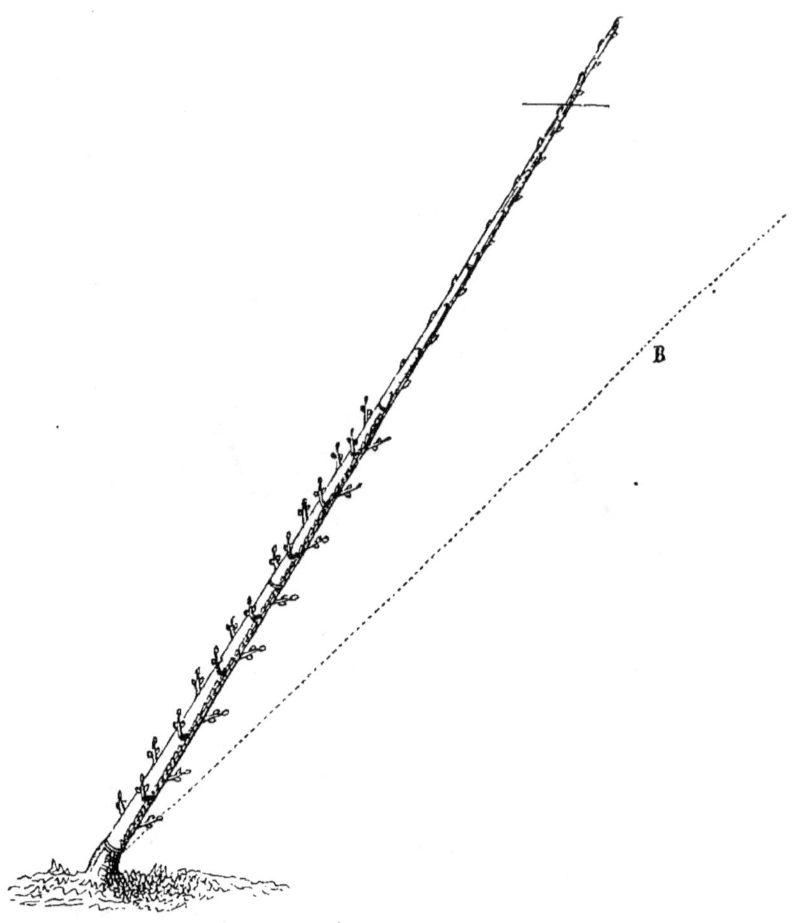

Fig. 218. Cordon oblique simple, 5e année.

les tiges, cela n'a pas d'importance pour les murs dirigés du levant au couchant. Mais, pour ceux dirigés du nord au sud, il conviendra de coucher les tiges vers le midi. Les rameaux à fruit placés au-dessous de chaque tige seront ainsi mieux éclairés. Lorsque, cependant, les murs seront établis sur un terrain en pente, il faudra incliner les tiges vers le sommet de cette

pente ; autrement elles seraient arrêtées trop tôt par le sommet
du mur. Les arbres étant plantés à 0^m,40 les uns des autres et
développant chacun une tige ainsi disposée, il en résulte que
l'espalier se trouve composé d'une série de branches couchées

Fig. 219. Cordon oblique simple, 4° année.

parallèlement et laissant entre elles un espace égal d'environ
0^m,30 (*fig.* 215).

Toutefois, pour que cette sorte d'espalier ne laisse aucun
vide sur le mur, il convient de le commencer, du côté opposé
à la direction des tiges, par une demi-palmette à branches
obliques. Pour cela, le premier arbre est d'abord traité comme
les autres ; puis, lorsqu'on l'a abaissé sur l'angle de 45°, on
laisse développer pendant l'été, en dessus et à la base de la

tige, un bourgeon gourmand qui s'allonge librement. L'année suivante, le rameau qui en résulte est couché parallèlement à la première tige et à 0^m,30 de celle-ci. Pendant l'été, on conserve un nouveau bourgeon sur la courbure de la nouvelle branche, de façon à obtenir un nouveau rameau que l'on courbera comme le premier, et ainsi de suite chaque année.

Il conviendra également de terminer cet espalier de la manière suivante, afin d'éviter l'angle vide qui se produirait à l'extrémité. On plante le dernier arbre à 2 mètres environ en deçà de la limite de l'espalier. On le traite d'abord comme les autres, puis, au lieu de l'abaisser sur l'angle de 45°, on lui fait dépasser un peu cet inclinaison. L'année suivante on l'abaisse encore, et lorsqu'enfin la tige a acquis assez de longueur pour que, placée horizontalement, elle occupe tout l'espace qu'indique notre figure, on la met en place et on laisse développer pendant l'été suivant les bourgeons destinés à former les quatre ou cinq branches du dessus.

Une dernière recommandation à faire pour l'établissement de ces sortes d'espaliers, c'est de planter les arbres de même variété à la suite les uns des autres et de ne pas faire de mélange. Autrement les variétés vigoureuses nuiraient à celles qui sont plus faibles.

Les espaliers soumis à cette forme peuvent être complétés dans l'espace de quatre ans ; ce qui fait gagner environ dix ans sur le laps de temps nécessaire pour obtenir le même résultat avec les grandes formes.

La fructification a lieu pendant le quatrième été, et elle arrive à son maximum vers le sixième été, ce qui ne peut être obtenu, avec les grandes formes, que vers la dix-septième année. Si l'on n'a qu'une très-petite étendue de murs propres aux espaliers de poirier, on ne pourra y placer qu'un petit nombre d'arbres soumis aux grandes formes ; la durée de la consommation de ces fruits sera peu prolongée, parce qu'on ne pourra cultiver qu'un très-petit nombre de variétés. Qu'on adopte, au contraire, la forme en cordon oblique, et l'on pourra avoir un nombre de variétés différentes égal à celui des arbres plantés, et une consommation de fruits beaucoup plus prolongée. Ajoutons encore que, si l'un des poiriers soumis aux grandes formes vient à périr, il faudra attendre quatorze ans pour que celui qu'on replantera remplisse le vide. Avec les cordons obliques, il suffira de procéder ainsi : ouvrir un trou de 0^m,40 de largeur, de 0^m,50 de profondeur, et 0^m,60 de longueur au milieu de l'espace laissé libre par l'arbre mort. Couper les racines des arbres voisins qu'on trouvera sur les deux côtés de cette tranchée. Enfoncer jusqu'au niveau du sol, sur ces deux côtés, deux planches très-minces de 0^m,50 en carré ; puis planter le nouvel arbre âgé de deux ans dans cette sorte d'encaissement, en employant de la terre bien amendée et en choisissant un arbre appartenant à une variété vigoureuse. Les planchettes dont nous venons de parler empêchent les racines des arbres voisins d'envahir l'espace réservé à celui que l'on plante. Elles pourrissent bientôt ; mais le nouvel arbre est alors en état de se défendre. En opérant ainsi, le vide est comblé dans l'espace de cinq à six ans. Ce mode de remplacement convient aux plantations âgées seulement d'un an ou deux. Mais pour celles qui dépasseront cette limite d'âge, il conviendra de procéder de la manière suivante : faire à la base de la tige située à droite du vide à combler une entaille en chevron, immédiatement au delà du point d'attache d'un rameau placé en dessus, et cela, afin de faire développer un gourmand. Laisser ce bourgeon s'allonger verticalement pendant l'été, puis l'hiver suivant le coucher en A (*fig.* 220) à la place de la tige qui manque et compléter son allongement. On aura ainsi un arbre en cordon oblique double qui remplira parfaitement le vide à combler.

Nous ferons enfin remarquer que ces cordons obliques sont la forme la plus simple de toutes, la plus facile à établir, et que l'inclinaison régulière donnée à chaque tige met à la portée de tous les jardiniers les moyens à employer pour y répartir également l'action de la séve.

Les objections suivantes ont été faites à l'égard de cette forme : on a craint que le peu d'étendue donné à la charpente de ces arbres ne nuisît à leur mise à fruit par suite de leur trop grande vigueur. Cette vigueur étant en raison de la surface de terrain dont les racines des arbres peuvent disposer et ceux-ci étant plantés seulement à 0^m,40 d'intervalle, cette crainte n'est pas fondée. On a dit aussi que des arbres ainsi rapprochés ne pourraient pas vivre ; mais on ne demande à chacun d'eux qu'une charpente d'une étendue proportionnée à celle du sol où les racines peuvent s'étendre. Chaque mètre de longueur de branches de cette charpente dispose, pour se nourrir, de la quantité de terre qui alimente la même étendue de branches dans la palmette

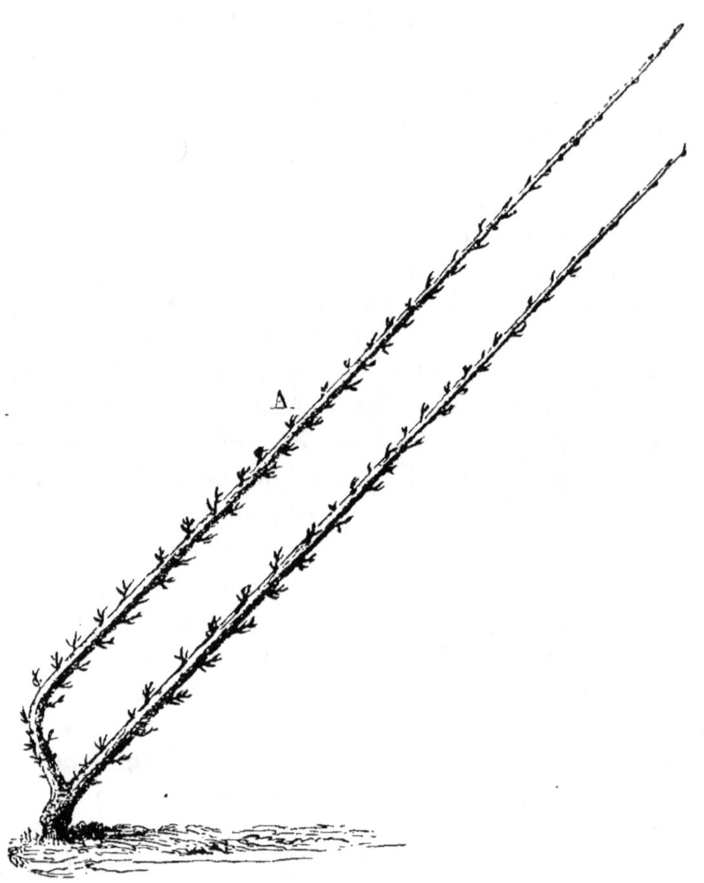

Fig. 220. Procédé pour combler les vides dans les espaliers en cordons obliques simples.

Verrier. On a encore objecté qu'une plantation semblable est plus coûteuse à établir qu'en suivant l'ancien mode. Cela est vrai comme première dépense ; mais, outre que les opérations de la taille sont bien plus rapidement exécutées, on obtient le produit maximum de l'espalier vers la sixième année après la plantation, et ce résultat ne peut être obtenu avec les grandes formes que vers la dix-septième année. On a donc, en plus, avec le cordon oblique, au moins dix ans de produit maximum qui peuvent payer plus que la différence des frais de plantation. Enfin on a fait remarquer que, pour donner une étendue suffisante à la tige de chacun de ces arbres, au moins 4 mètres, il faut que le mur ait une certaine élévation. Cela est vrai ; mais il suffit, comme minimum de hauteur, de 2^m,50, et cette élévation n'a rien d'anormal.

Quoique les indications que nous venons de donner à l'égard de l'intervalle à laisser entre ces arbres en cordons obliques n'aient pas une précision mathématique, nous engageons cependant à s'en éloigner le moins possible. Quelques propriétaires ont voulu placer ces arbres à 0^m,80 et même à 1 mètre d'intervalle au lieu de 0^m,40, et cela, sans augmenter la longueur de la tige dans la même proportion. Il en est résulté que ces arbres ont poussé beaucoup plus vigoureusement, et que la séve, restreinte dans des limites trop étroites, a couvert la tige de rameaux gourmands au détriment de la fructification. D'autres propriétaires, ne pouvant disposer que de murs ayant seulement 1^m,50 ou 2 mètres de hauteur, ont voulu néanmoins y palisser des cordons obliques. Mais pour pouvoir faire acquérir aux tiges une longueur d'au moins 4 mètres, ils les ont abaissées plus que nous ne le recommandons ; puis, pour conserver entre les tiges la distance de 0^m,30, ils ont planté les arbres à 0^m,60 ou 0^m,70. Chacun de ces arbres, disposant alors d'une plus grande étendue de terre, a poussé trop vigoureusement et s'est couvert de rameaux gourmands.

Treillage pour les poiriers en cordon oblique simple. — Le treillage le plus convenable pour les arbres soumis à cette forme est celui indiqué par la figure 222. Pour un mur de 3 mètres d'élévation, trois traverses solidement fixées contre le mur, puis une série de lattes clouées sur ces traverses tous les 0^m,40, et inclinées suivant l'angle de 45 degrés ; chacune de ces lattes sert à conduire la tige des jeunes arbres.

Il sera encore moins coûteux de remplacer ce treillage en bois par le treillage en fil de fer imaginé par M. Thiry jeune (*fig.* 223). On enfonce aux points A, B, C, D, E, F un clou rond (*fig.* 224) solidement fixé ; puis aux points G, H, I, on attache trois lignes de fil de fer galvanisé n° 16, bien tendus et supportés de mètre en mètre par une patte trouée (*fig.* 209 et J, K, L, *fig.* 225). On fixe au point A l'extrémité d'un fil de fer galvanisé n° 14 ; il s'appuie sur les deux clous B, C, passe sous les deux clous D, E, et vient se fixer sur le clou F. Pour tendre convenablement ce fil de fer (p. 335, *fig.* 210), on y fait passer, après l'avoir appuyé sur le clou C, un tendeur M qui reste fixé au point indiqué par notre figure.

Fig. 221. Clou rond pour conduire les fils de fer.

Pour le faire agir convenablement sur ces trois lignes, on place une goutte d'huile sur les clous B, C, D, E, au point où le fil de fer glisse à leur surface ; puis on fait mouvoir le tendeur au moyen de la clef. La même opération étant répétée sur toute la longueur du mur, celui-ci se trouve couvert d'une série de fils de fer parfaitement tendus, couchés parallèlement suivant l'angle de 45 degrés et placés à 0^m,40 les uns des autres. Pour compléter ce travail, il n'y a plus qu'à fixer les lignes obliques sur les lignes horizontales, à chaque point d'intersection, au moyen d'un nœud de fil de fer fin. Ces treillages en fil de fer sont fournis par M. Thiry au prix de 44 centimes le mètre carré, non compris la pose.

Si les circonstances locales permettent d'avoir recours au palissage à la loque, il conviendra de tracer à l'avance sur le mur la direction à donner à chacune des tiges suivant l'inclinaison de 45 degrés, lorsqu'elles seront mises en place, ou seulement suivant l'angle de 60 degrés pour le début de leur développement. Ces lignes doivent être tracées avec la plus grande régularité. Or, l'inclinaison du sol, les anfractuosités des murs et beaucoup d'autres circonstances peuvent devenir autant de causes d'erreur. M. Baudouin, qui était un amateur zélé d'arboriculture, a imaginé un appareil très-simple dont nous donnons ici la figure, et à l'aide duquel ce tracé est exécuté avec la plus grande précision et aussi avec une grande rapidité.

C'est un carré (*fig.* 224) formé de quatre tringles, d'un mètre de côté et surmonté d'un niveau D. La tringle A indique l'inclinaison à 45 degrés, celle B, l'inclinaison à 60 degrés. La ligne C, tracée sur la tringle inférieure, indique la distance de

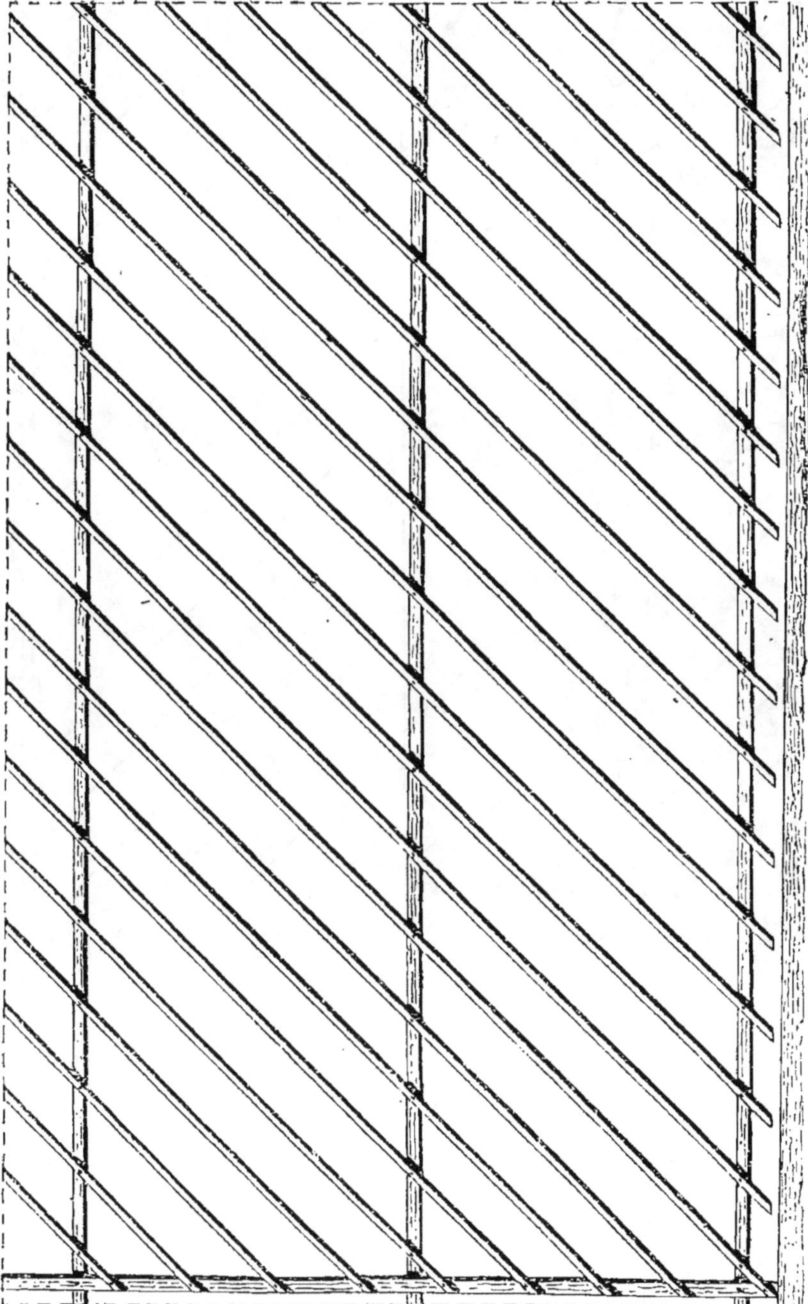

Fig. 222. Treillage en bois pour les poiriers soumis à la forme en cordon
oblique simple.

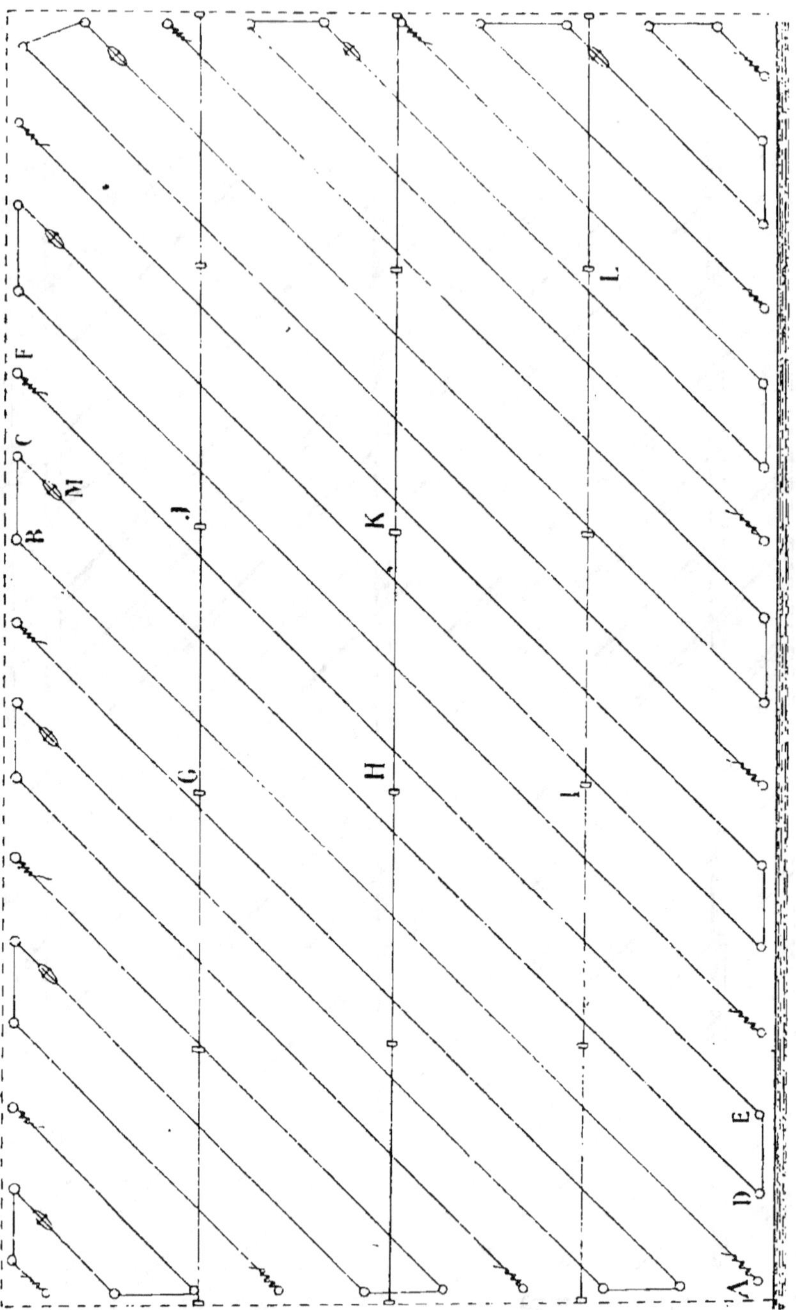

Fig. 225. Treillage en fil de fer pour les poiriers en cordon oblique simple.

0^m,40 à laquelle doivent être plantés les arbres. Il suffit d'indiquer sur le mur la place à laquelle le premier arbre doit être planté, et de présenter l'appareil devant le mur, l'extrémité gauche joignant la marque faite contre le mur ; puis, lorsqu'on est certain qu'il est dans une position parfaitement horizontale, ce qu'il est facile de vérifier au moyen du niveau D, on trace deux lignes sur le mur contre le côté supérieur des tringles A, B, lignes que l'on prolongera ensuite, au moyen d'une règle, jusqu'au haut du mur. Avant de déplacer l'appareil, on marque contre le mur le point C où le second arbre doit être planté, et ainsi de suite.

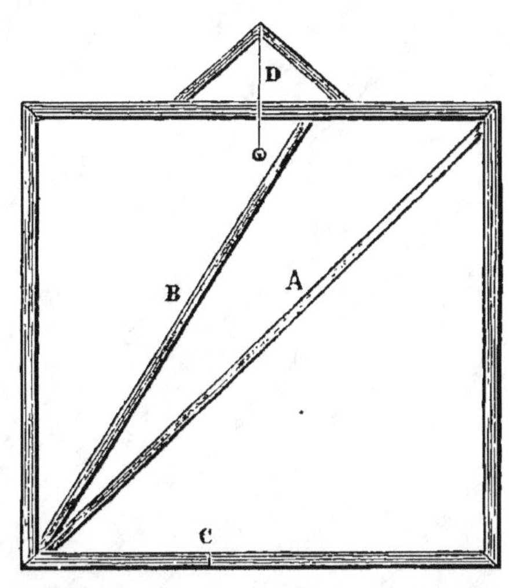

Fig. 224. Appareil pour tracer contre les murs la place des arbres en cordon oblique simple.

L'instrument que nous venons de décrire est destiné à une plantation dans laquelle les arbres sont inclinés de gauche à droite. Pour incliner les arbres dans le sens opposé, il suffit de retourner à l'appareil.

Taille du poirier en cordon oblique double (Du Breuil). — C'est en 1852 que nous avons voulu appliquer aux poiriers la forme en cordons obliques doubles indiqués par la figure 225. Cette disposition, qui donne une partie des avantages constatés au profit des cordons obliques simples, permet en outre de faire une économie de moitié sur le nombre des arbres à planter, puisque ceux-ci sont placés à 0^m,80 d'intervalle au lieu de 0^m,40. Mais cet avantage est bien plus que compensé par les inconvénients suivants : d'abord et surtout on ne peut faire développer le cordon supérieur de chacun de ces arbres qu'après avoir formé complétement le cordon inférieur, sous peine d'arrêter et d'anéantir celui du dessous. D'où il suit qu'il faut moitié plus de temps pour former cet espalier, c'est-à-dire 12 ans au lieu de 6. En outre il faut maintenir l'équilibre de la végétation entre les deux branches de chaque arbre. Aussi avons-nous re-

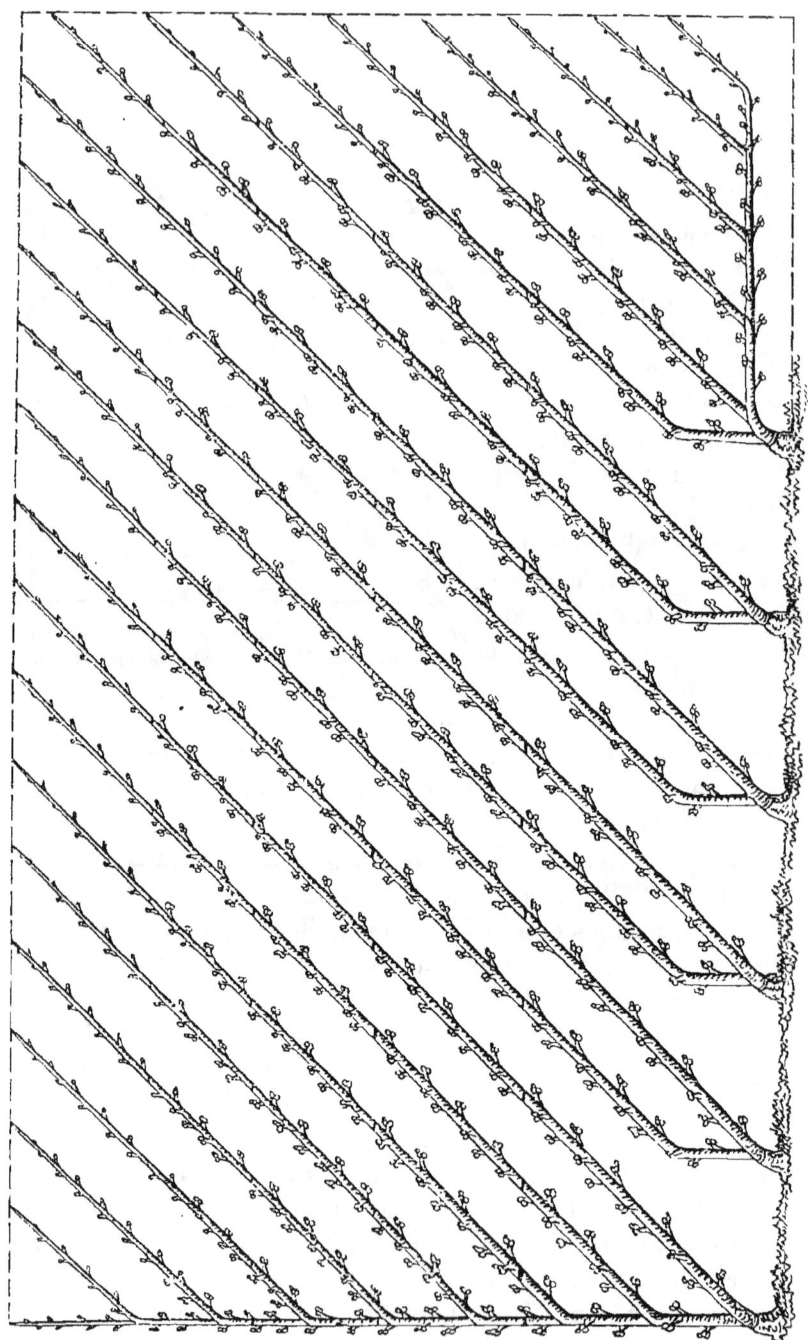

Fig. 225. Cordon oblique double (Du Breuil) appliqué aux poiriers.

noncé à cette forme pour nous en tenir aux cordons obliques simples.

Taille du poirier en cordon vertical (Du Breuil). — Les murs contre lesquels on veut établir les espaliers de poiriers présentent parfois une hauteur exceptionnelle, comme cela peut avoir lieu pour des pignons de bâtiments qui dépassent souvent 8 mètres de hauteur. On pourra choisir pour ces surfaces la forme en cordon oblique; mais la longueur que l'on sera obligé de donner à la tige des arbres, par suite de leur inclinaison sur l'angle de 45 degrés, rendra la formation de ces espaliers assez lente.

D'ailleurs la position couchée qu'on donne à ces tiges favorise, à la base de l'arbre, le développement de bourgeons gourmands qu'il faut empêcher de naître. Les cordons verticaux (*fig.* 226) ne présentent pas ces inconvénients et offrent les mêmes avantages que les cordons obliques; mais ils exigent des surfaces ayant au moins 4 mètres de hauteur. Toutes les fois donc que les murs présenteront cette élévation, il y aura tout avantage à préférer les cordons verticaux.

On procède à la plantation exactement comme pour le cordon oblique, avec cette seule différence que les arbres sont plantés dans une position verticale, et qu'on les place à une distance de $0^m,30$ seulement les uns des autres. On allonge successivement la tige jusqu'au sommet du mur en retranchant chaque année la moitié environ de la longueur des nouveaux prolongements.

Si l'on ne peut faire usage du palissage à la loque pour fixer ces tiges contre le mur, on aura recours, soit au treillage en bois construit comme l'indique la figure 227, soit à un treillage en fil de fer semblable à celui indiqué par la figure 228, et qui est beaucoup moins coûteux que celui en bois.

Taille du poirier en cordon vertical double (*fig.* 229). — Les tiges verticales sont placées tous les $0^m,30$; d'où il suit que les arbres sont plantés tous les $0^m,60$. On commence par faire bifurquer chacune des tiges primitives; puis on procède à l'allongement des doubles tiges en procédant comme pour les cordons verticaux simples.

Cette disposition, connue aussi sous le nom de *forme en U*, a été imaginée en vue de pouvoir appliquer la forme en cordons verticaux aux poiriers palissés contre des murs ayant moins de

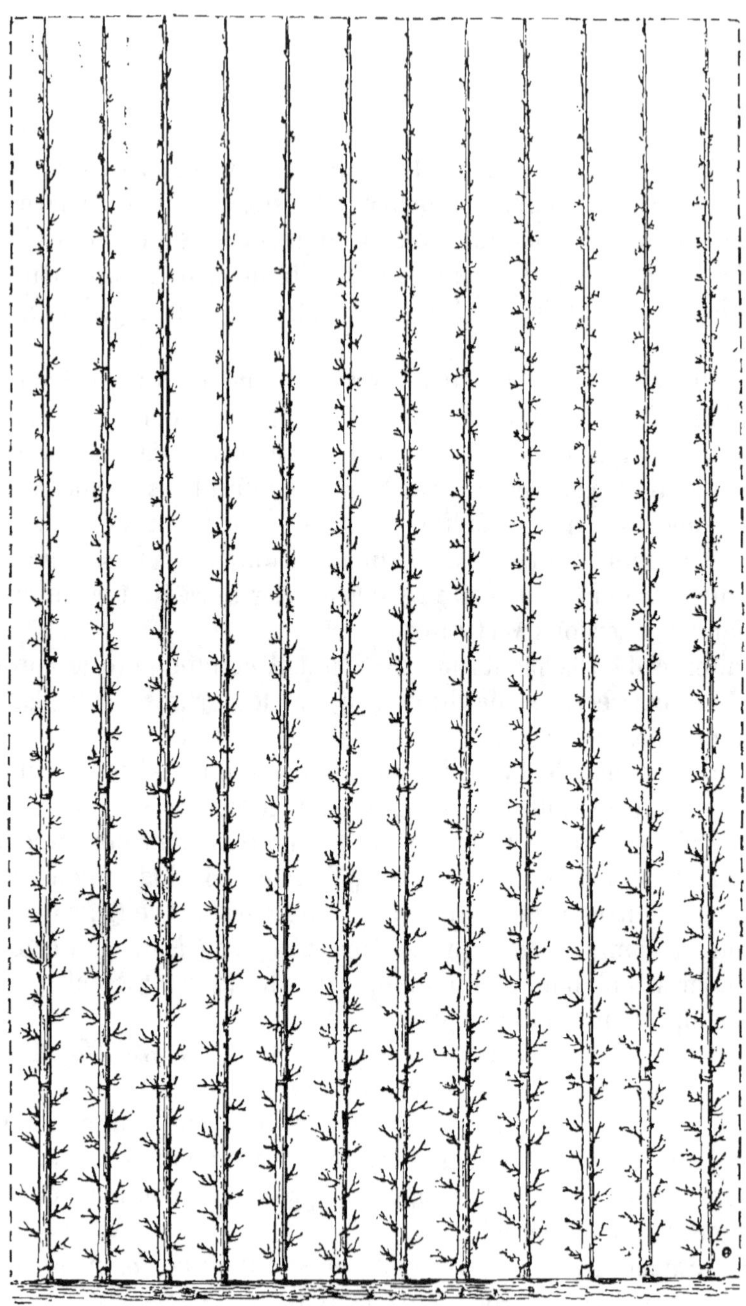

Fig. 226. Espalier de poiriers soumis à la forme en cordon verticale.

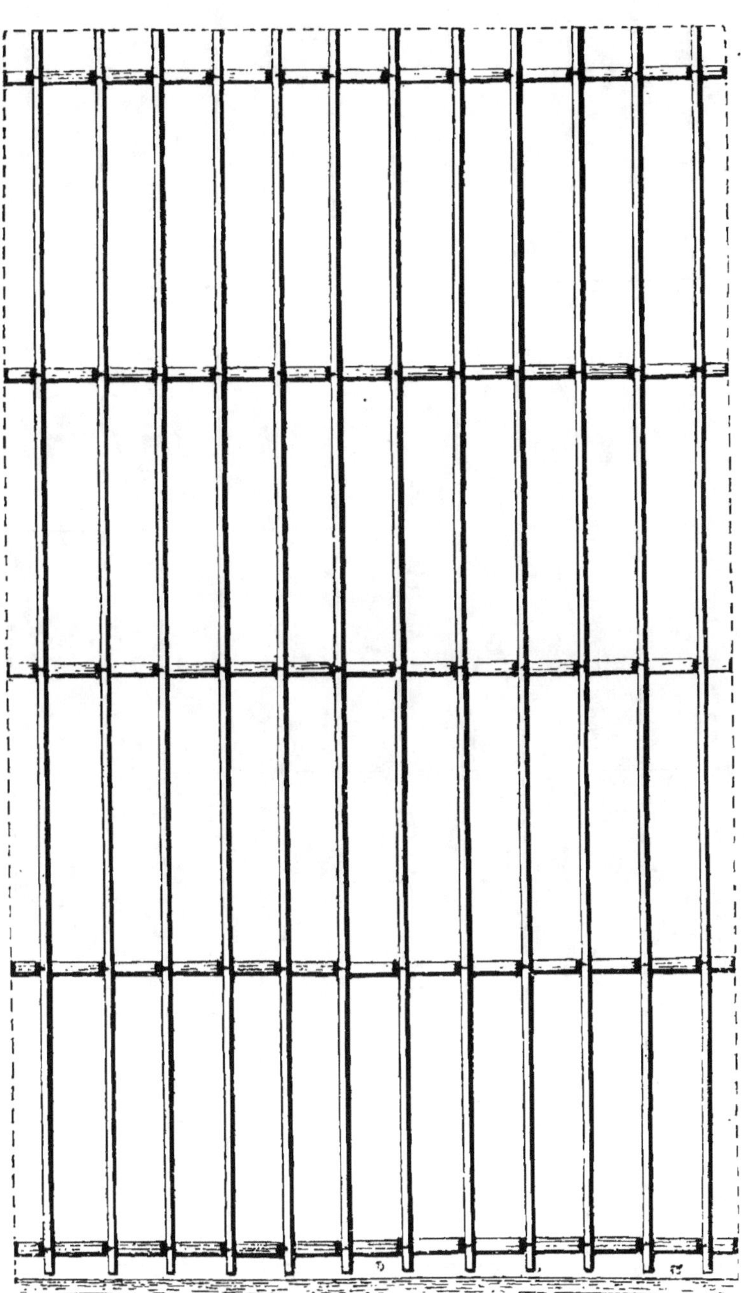

Fig. 227. Treillage en fil de fer pour les poiriers en cordon vertical.

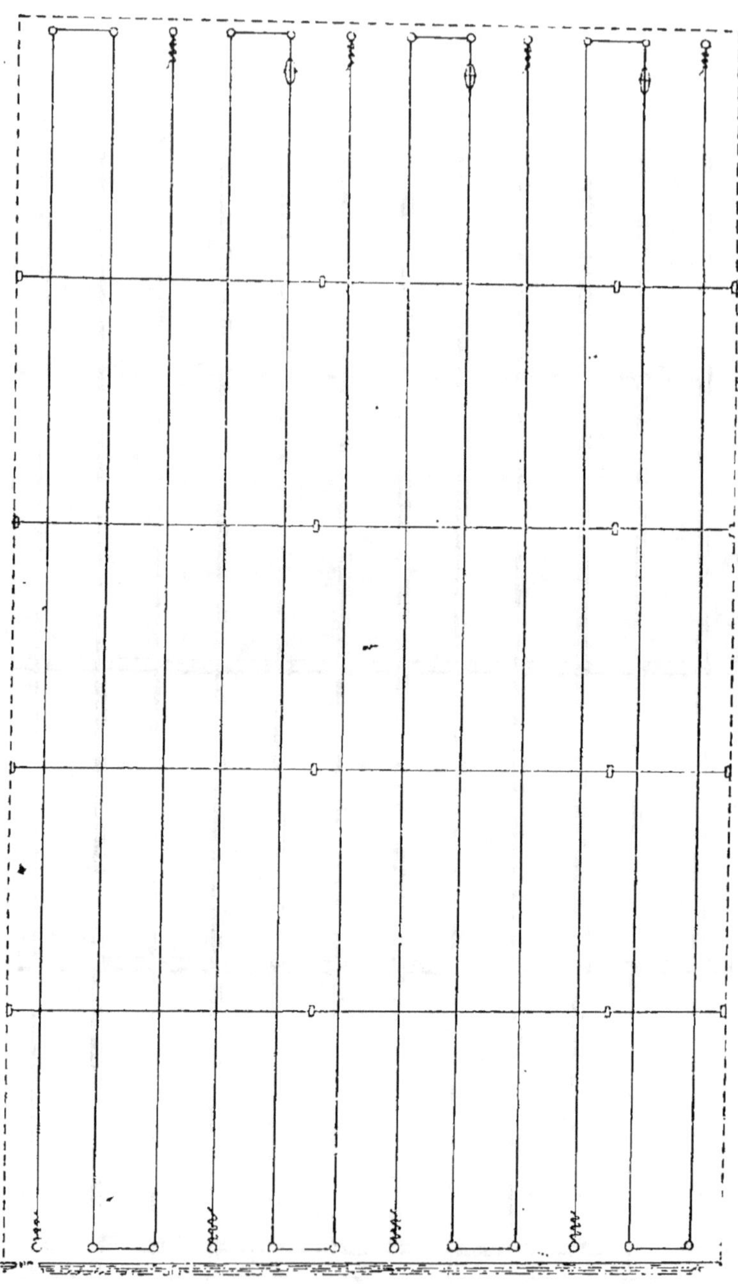

Fig. 228. Treillage en bois pour les poiriers en cordon vertical.

4 mètres de hauteur. Ainsi pour un mur n'ayant que 2 mètres d'élévation, on a espéré qu'en doublant le nombre des tiges pour

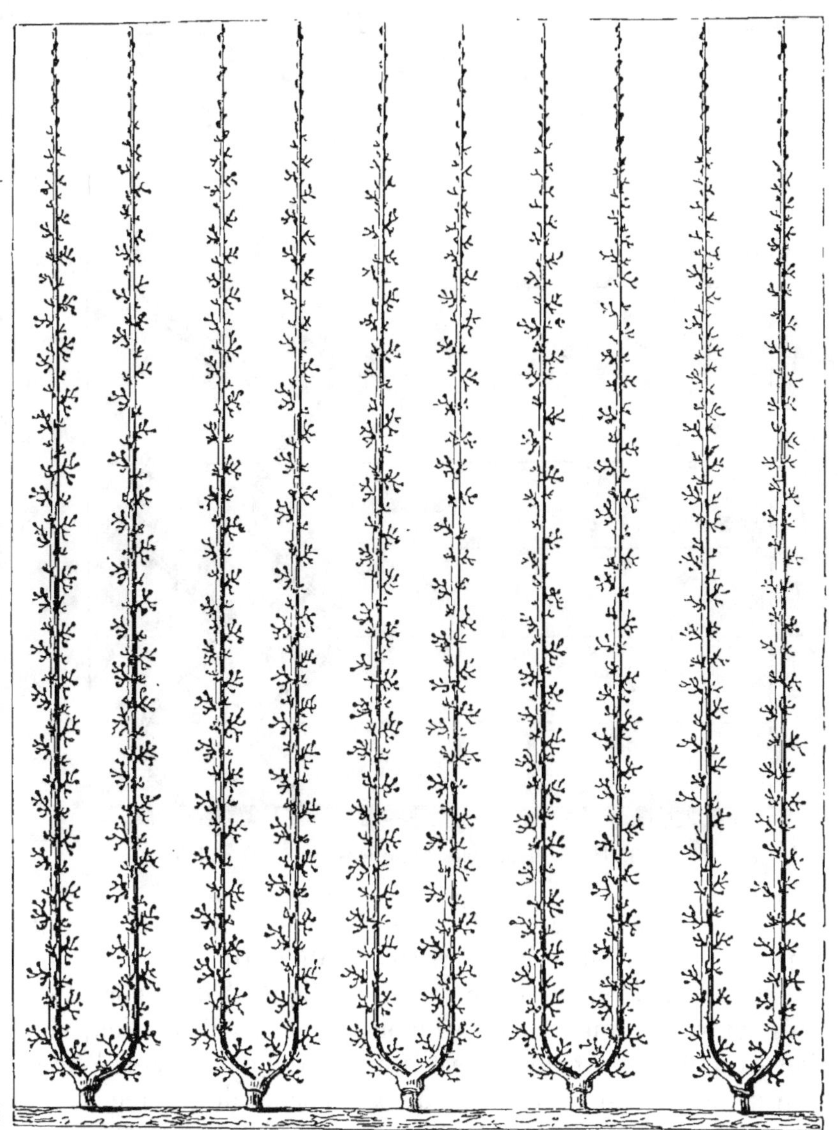

Fig. 229. Poiriers soumis à la forme en cordon vertical double ou en U.

chaque arbre, on donnerait une issue suffisante à la séve. Mais on n'a pas songé qu'en doublant l'intervalle qui sépare chaque arbre, on double aussi leur vigueur et par conséquent la quantité de séve dont ils disposent. D'où il suit que, pour des murs

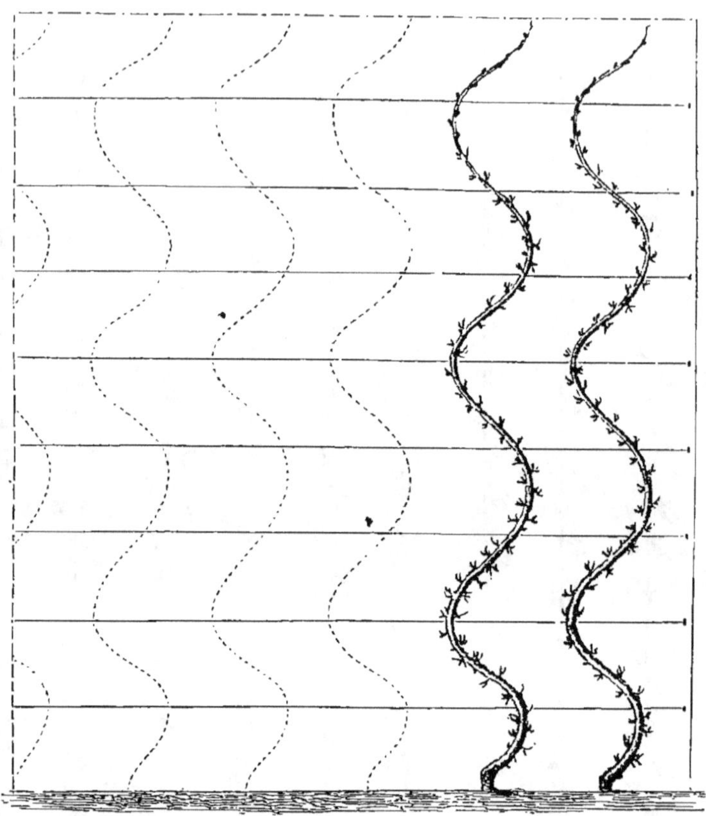

Fig. 250. Taille du poirier en cordons verticaux ondulés.

ayant moins de 4 mètres de hauteur, ces arbres pousseront trop vigoureusement et ne se mettront pas à fruit.

Quant à la valeur de cette forme appliquée à des arbres palissés contre des murs ayant au moins 4 mètres d'élévation, elle n'offre qu'un inconvénient, c'est la nécessité de maintenir l'équilibre de la végétation entre les deux branches de chaque arbre. Il est vrai que ce défaut est compensé par l'économie résultant de la plantation d'un nombre d'arbres moitié moins grand que pour les cordons simples.

Taille du poirier en cordons verticaux ondulés (fig. 250). — Cette disposition permet l'emploi des cordons pour des surfaces ayant moins de $2^m,50$ de hauteur. En effet, les ondulations imposées à la tige ont pour résultat de pouvoir lui faire acquérir une longueur d'au moins 4 mètres contre un mur ayant moins de $2^m,50$. On comprend que ces ondulations devront être d'autant plus accentuées que la hauteur du mur sera plus insuffisante.

Les ondulations indiquées par notre figure donnent à la tige 4 mètres de développement pour un mur de 3 mètres de hauteur.

On procède de la manière suivante à la formation de cet espalier. On trace d'abord sur le mur, tous les $0^m,40$, le trajet que doit suivre chaque tige. On choisit pour la plantation des greffes d'un an et l'on retranche le tiers environ de leur longueur totale. Ces arbres, un peu inclinés lors de la plantation, sont immédiatement attachés suivant la direction qu'ils doivent suivre. Le bourgeon de prolongement est dirigé verticalement, afin de favoriser son développement. A la taille d'hiver suivante, le nouveau rameau de prolongement est mis en place sans aucun retranchement. La direction contournée qu'on lui impose suffit pour le faire se couvrir de bourgeons, et par suite de rameaux à fruits, sur toute sa longueur. On procède ainsi chaque année jusqu'à la formation complète de ces arbres.

Concluons de tout ce qui précède que, pour les poiriers en espalier, il conviendra de préférer, au point de vue d'une fructifiation prompte, facile, abondante et peu coûteuse, les cordons verticaux pour les murs ayant au moins 4 mètres de hauteur, les cordons obliques pour ceux ayant au moins $2^m,50$ d'élévation et jusqu'à $5^m,60$, enfin la palmette Verrier ou les cordons verticaux ondulés pour les murs ayant moins de $2^m,50$.

OBTENTION ET ENTRETIEN DES RAMEAUX A FRUIT DU POIRIER.

Tout ce que nous venons de dire de la taille du poirier s'applique à la formation de la charpente. Occupons-nous maintenant des opérations propres à favoriser le développement des rameaux à fruit ou à les entretenir.

Les rameaux à fruit des arbres à fruits à pepins soumis à une taille annuelle et régulière doivent être distribués sur toute la longueur de chacune des branches de la charpente sans interruption. Dans les arbres en plein air, ces rameaux doivent occuper toute la circonférence de ces branches ; dans les arbres en espalier, le côté de la branche placé contre le mur en est seul dépourvu.

Dans le poirier les boutons à fleur apparaissent sur de petits rameaux peu vigoureux, âgés de 2 à quatre ans. D'où il suit que les rameaux à fruit ne sont en général entièrement constitués que vers la fin de la troisième année qui suit leur premier développement. Si ce résultat est obtenu avant cette époque, ce sera l'indice d'un état de souffrance dans les parties de l'arbre où ce fait se produira.

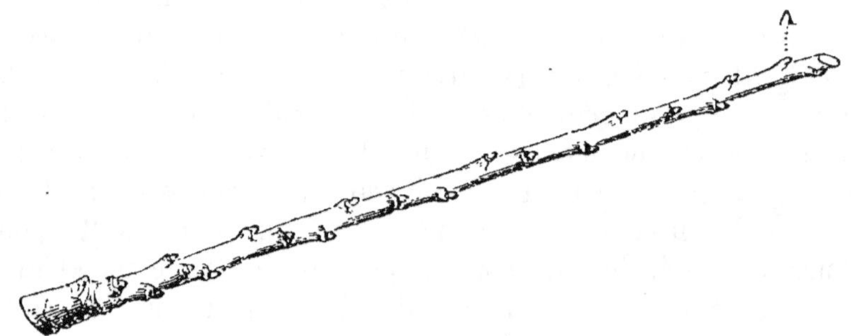

Fig. 251. Rameau de prolongement d'une branche de la charpente du poirier.

Ces rameaux à fruits sont maintenus le plus courts possible, afin que, les fruits étant plus rapprochés des branches principales, ils reçoivent plus directement l'action de la séve et deviennent plus gros. Ceci posé, voyons comment on obtient ces divers résultats.

Première année. — Les rameaux à fruit résultent du développement des boutons à bois en bourgeons peu vigoureux. Pour obtenir une série continue de ces bourgeons sur toute la longueur du rameau de prolongement d'une branche de la charpente, il est nécessaire de raccourcir un peu ce rameau ; autrement, les boutons à bois qu'il porte resteront endormis sur une certaine étendue de sa base qui restera dès lors privée de rameaux à fruits. Il conviendra donc de retrancher sur ce prolongement une quantité variant de la moitié à rien suivant que ce prolongement est plus ou moins rapproché de la ligne verticale, ainsi que nous l'avons expliqué aux *principes généraux de la taille.* En retrancher davantage, comme on le fait trop souvent, ce sera déterminer une trop grande vigueur dans les bourgeons, qui ne produiront alors que des rameaux à bois.

Supposons que ce retranchement ait été convenablement fait sur le rameau de prolongement (*fig.* 231). Dès les premiers jours du mois de mai, ce rameau sera couvert de bourgeons sur toute son étendue (*fig.* 232). Il conviendra alors de procéder à l'*ébourgeonnement*, c'est-à-dire à la suppression des bourgeons inutiles sur ces prolongements. Cet ébourgeonnement est pratiqué le plus tôt possible, aussitôt que les bourgeons n'ont

Fig. 232. Rameau de prolongement d'une branche du poirier au moment
du bourgeonnement.

que 0ᵐ,06 de longueur. On les coupe tout près de la branche avec la lame du greffoir. Cet ébourgeonnement est surtout utile dans les deux circonstances suivantes : lorsque le bourgeon de prolongement de la branche est double ; dans ce cas on supprime complétement l'un des deux bourgeons ; puis, lorsqu'il s'agit de poiriers en espalier, alors on coupe tous les bourgeons placés du côté du mur.

Cette opération terminée, les bourgeons conservés seront d'autant plus vigoureux, qu'ils seront plus rapprochés du sommet, et ces derniers pourront acquérir un grand développement s'ils ne sont pas arrêtés. Or ce sont seulement les bourgeons faibles qui donnent lieu à des rameaux à fruits. Il importe donc de diminuer la vigueur trop grande de ces productions. On obtient ce résultat en les soumettant au *pincement*. Aussitôt que les bourgeons destinés à former des rameaux à fruits ont atteint une longueur de 0ᵐ,10 à 0ᵐ15, on les pince, c'est-à-dire qu'on en coupe la pointe avec l'ongle (*fig.* 233). Beaucoup de praticiens pratiquent ce pincement, mais d'une manière trop intense ; ils laissent à la base du bourgeon seulement trois ou quatre feuilles (*fig.* 234). Deux inconvénients peuvent en résulter : tantôt ce fragment de bourgeon cesse de végéter, et après

Fig. 233. Bourgeon du poirier
pincé à 0,10.

Fig. 234. Pincement exagéré
des bourgeons du poirier.

la chute des feuilles on obtient un petit bout de rameau complétement dépourvu de boutons (*fig.* 235), lequel se dessèche pendant l'année suivante et laisse un vide à sa place. Ce fait se pro-

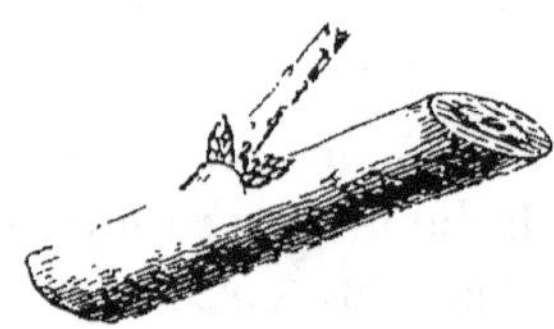

Fig. 235. Résultat du pincement
trop intense.

Fig. 236. Autre résultat du pincement
trop intense.

duit surtout dans certaines variétés de poiriers dont les bourgeons n'offrent pas d'yeux dès leur base : tels sont, entre autres, le *bon-chrétien d'hiver*, le *beurré magnifique*, les *doyennés*, l'*épargne*, etc. Parfois, cependant, on voit apparaître, un an ou deux après ce pincement, deux boutons placés de chaque côté du point d'insertion de ce petit rameau (*fig.* 236), lesquels se transforment en boutons à fleurs trois ans après leur naissance. Le vide laissé par

le rameau primitif se trouve ainsi rempli ; mais on perd au moins
une année sur la formation des boutons à fleurs. D'autres fois,
lorsque les feuilles inférieures de ces bourgeons offrent des yeux
à leur aisselle, on voit ces yeux donner lieu à autant de petits
bourgeons anticipés, immédiatement après ce pincement rigoureux (*fig.* 237). Or c'était précisément ces boutons inférieurs
qu'on voulait transformer en boutons à fleurs. Ces petits bourgeons anticipés se transforment en rameaux moins bien constitués
et qui se mettent à fruit plus tardivement que les rameaux résultant des bourgeons proprement dits. D'ailleurs les boutons à
fleurs sont ainsi trop éloignés de la branche de charpente. Il est
donc préférable de pratiquer le pincement de façon à laisser au
bourgeon une longueur de 0^m,09 à 0^{m}12 (*fig.* 233).

Chacun des rameaux de prolongement des branches de la
charpente est pourvu d'un bouton si favorablement placé, quant
à l'action de la séve (A, *fig.* 231), que les pincements réitérés

Fig. 237. Autre résultat du pincement
trop intense.

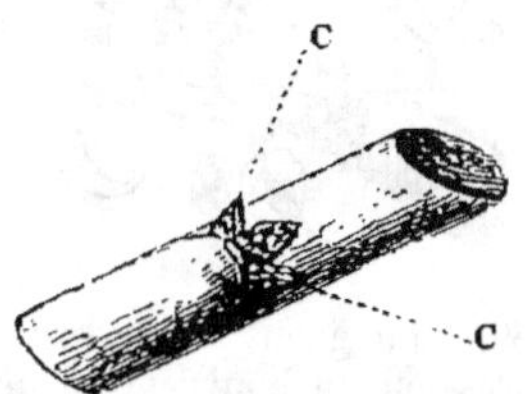

Fig. 238. Boutons stipulaires
du poirier.

auxquels on peut soumettre le bourgeon qu'il produit (*fig.* 232)
ne diminuent qu'imparfaitement la vigueur de celui-ci, et qu'il
donne toujours lieu à un rameau trop vigoureux ; il vaudra
mieux soumettre ce bourgeon au traitement suivant. Lorsqu'il
aura atteint une longueur de 0^m,03 à 0^m,04, on le coupera à la
base, en conservant seulement son empâtement. Les deux boutons stipulaires qui accompagnaient le bouton principal (C, *fig.* 238)
donneront lieu, presque immédiatement, à deux petits bourgeons beaucoup moins forts que le bourgeon principal (*fig.* 239).
On supprimera le plus vigoureux des deux, en A, et celui que l'on

conservera, et que l'on soumettra au pincement, si cela est nécessaire, donnera lieu à un petit rameau qui se mettra facilement à fruit.

Un premier pincement suffit ordinairement pour arrêter la vigueur trop grande des bourgeons. Les plus vigoureux cependant produisent souvent, à la suite de cette opération, un bourgeon anticipé D vers leur sommet (*fig.* 240). Celui-ci sera également pincé lorsqu'il aura atteint une longueur de $0^m,08$ à $0^m,10$, et l'on répétera l'opération une troisième fois si cela est nécessaire.

Si quelques bourgeons ont été oubliés lors du pincement et que

Fig. 239. Bourgeons stipulaires après la suppression du bourgeon principal A.

Fig. 240. Bourgeon de poirier avec bourgeon anticipé.

l'on s'en aperçoive au moment où ils ont atteint une longueur de $0^m,20$ ou $0^m,30$ et plus, il sera trop tard pour les pincer ; si en effet on les rompait alors à $0^m,12$ de leur base, on verrait tous les yeux placés à l'aisselle des feuilles conservées, et qu'on voulait transformer en boutons à fleurs, se développer immédiatement en boutons anticipés sous l'influence de l'action de la séve, qui a pris son essor vers ce point et qui se trouve tout à coup restreinte dans des limites trop étroites. Il conviendra donc, pour ces bourgeons oubliés, de remplacer le pincement par la *torsion*, c'est-à-dire qu'on les tordra à environ $0^m,12$ de leur base, de B en A, comme l'indique la figure 241. Il sera bon, en outre, de pincer leur sommet. Il résultera de cette double opération que le développement de ces bourgeons sera arrêté et que les yeux de la base grossiront sans se développer en bourgeons anticipés.

Tels sont les soins que réclament les bourgeons destinés à

Fig. 241. Bourgeon du poirier soumis à la torsion.

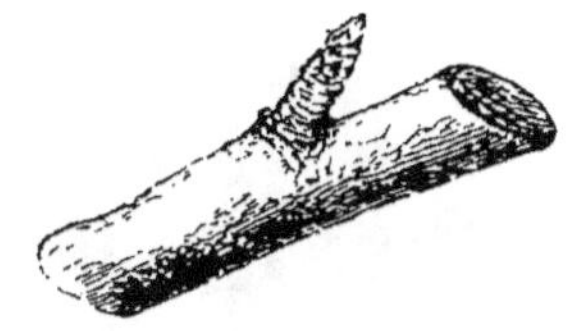

Fig. 242. Dard du poirier né vers le tiers inférieur des prolongements.

former des rameaux à fruit, pendant l'été qui préside à ce premier développement. On voit que ces opérations ne peuvent pas

Fig. 243. Dard du poirier, rameau né vers le tiers inférieur de la longueur du prolongement.

Fig. 244. Rameau du poirier pincé pendant l'été, soumis au cassement complet en hiver.

à être pratiquées le même jour sur tous les bourgeons du même arbre. C'est l'état du développement de chaque bourgeon qui indique le moment où l'on doit opérer, et ces soins doivent être continués pendant presque tout le temps de la végétation, mais surtout pendant le mois de mai.

Deuxième année. — Par suite des diverses opérations que nous venons de décrire, les bourgeons nés sur le prolongement pris comme exemple (*fig.* 231 et 232) ont donné lieu à une série de petits rameaux d'autant moins vigoureux, qu'ils sont rapprochés de la base de ce prolongement. On doit leur appliquer, pendant l'hiver suivant, un mode de taille différent suivant leur degré de vigueur, et cette taille est faite en vue de les fatiguer et de hâter ainsi leur mise à fruit.

Les bourgeons situés vers le tiers inférieur de la longueur du prolongement (*fig.* 232) se sont allongés de quelques millimètres seulement et ont donné lieu à de petits rameaux extrêmement courts et semblables à celui de la figure 242. On leur donne le nom de *dard*. On ne leur applique aucune opération ; ils se transformeront d'eux-mêmes en rameaux à fruits.

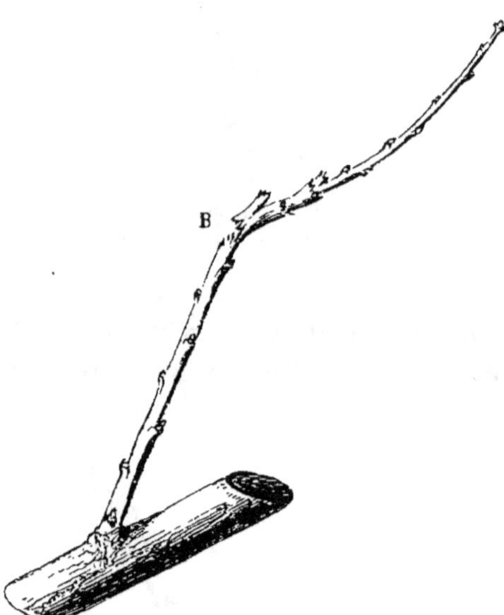

Fig. 245. Rameau du poirier pincé plusieurs fois pendant l'été et soumis au cassement partiel en hiver.

Les bourgeons placés sur le tiers intermédiaire de la longueur du prolongement (*fig.* 232) se sont allongés un peu plus. Ils ont donné lieu à autant de petits rameaux longs de 0^m,04 à 0^m,08 et semblables à celui de la figure 243. Ce sont aussi des *dards*. On n'a non plus aucune opération à leur appliquer lors de la taille d'hiver.

Enfin, vers le tiers supérieur du prolongement (*fig.* 232), les bourgeons ont poussé avec plus de vigueur ; mais on a dû les soumettre au pincement ou à la torsion. Ils ont donné lieu à la série de rameaux suivants : les uns, peu vigoureux ou de vigueur moyenne, sont semblables à celui de la figure 244. On les *casse complétement* en A, à 0^m,08 ou 0^m,10 de leur base, immédiatement au-dessous d'un bouton, et toujours de façon à ce qu'il reste au moins trois boutons bien formés au-dessous de la partie cassée. Ce cassement complet fatigue le rameau en produisant une plaie contuse et déchirée. On est alors moins exposé à voir les boutons inférieurs se développer en bourgeons vigoureux : le petit prolongement laissé entre le point cassé et le bouton situé au-dessous vient encore favoriser la mise à fruit des boutons, en permettant à la séve de dépenser une partie de son action dans cette issue.

D'autres rameaux plus vigoureux, et qui ont été soumis pendant l'été à des pincements réitérés, ressemblent à celui de la figure 245. Ceux-là doivent recevoir le *cassement partiel* (B) pratiqué comme l'indique notre figure. Si on les cassait complétement, la séve, plus abondante que dans les autres, serait restreinte dans des limites trop étroites et ferait développer en bourgeons vigoureux les boutons inférieurs qu'on veut mettre à fruit. Ce cassement partiel laisse une issue suffisante à la séve tout en en retenant assez pour que les boutons inférieurs donnent lieu à une rosette de feuilles. Il est bien entendu que ce cassement partiel doit aussi être pratiqué au-dessus de trois boutons bien constitués.

Fig. 246. Rameau du poirier soumis à la torsion pendant l'été et complétement cassé pendant l'hiver.

Quant aux bourgeons qui ont reçu la torsion pendant l'année précédente, ils offrent l'aspect de celui de la figure 246. On les soumet au cassement complet en A s'ils sont peu vigoureux ou de vigueur moyenne, ou au cassement partiel en B, et complet en A, s'ils sont très-vigoureux.

Les rameaux que nous venons d'examiner sont les seuls qu'on devrait trouver sur le prolongement indiqué par la figure 232, si les opérations de pincement et de torsion avaient été bien faites pendant l'été précédent. Mais il se pourra que l'on ait oublié de les appliquer à quelques bourgeons. Ceux-ci auront alors produit des rameaux longs de $0^m,30$ à $0^m,80$, et plus ou moins gros. Lorsque ces productions sont très-minces et ne dépassent pas $0^m,30$ à $0^m,40$ de longueur, on leur donne le nom de *brindilles*. Si ces sortes de rameaux sont laissés entiers, ils pourront se mettre à fruit ; mais ceux-ci naîtront vers le sommet, et par conséquent sur un point peu favorable à leur développement ; d'ailleurs ces longs rameaux à fruit détermineront de la confusion dans l'arbre ; il sera donc utile de rapprocher la production de la branche principale en raccourcissant ces brindilles. Pour cela, on cassera complétement ces rameaux à 0^m,10 de leur base, en C, s'ils sont faibles ou de vigueur moyenne (*fig.* 247). S'ils sont vigoureux, on les cassera complétement à 0^m,20 de leur base, puis on les rompra partiellement à 0^m,10 de la base (*fig.* 248). Enfin, lorsque ces

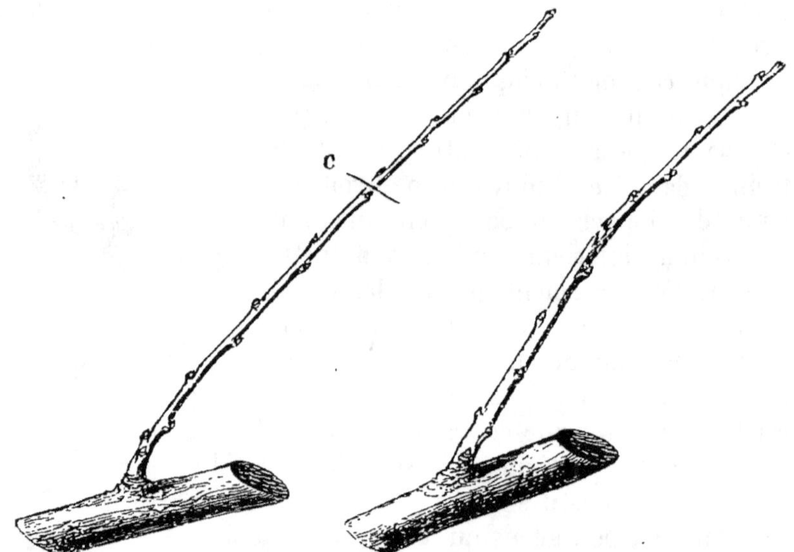

Fig. 247. Brindille du poirier soumise au cassement complet.

Fig. 248. Brindille vigoureuse du poirier soumise au double cassement.

rameaux auront une grande vigueur, qu'ils auront pris le caractère de *rameaux gourmands*, on les transformera facilement en rameaux à fruits en plaçant à leur base une des griffes indiquées p. 161 et 162 par les fig. 86 et 89. Si l'on a recours à la *greffe de côté Girardin*, le rameau sera coupé au printemps, immédiatement au-dessus du point où la greffe a été opérée.

Troisième année. — Pendant l'été qui a suivi les diverses opérations que nous avons décrites, et comme conséquence de

ces opérations, les rameaux ont donné lieu aux productions suivantes.

Les petits dards situés vers la base des prolongements (*fig.* 242)
ont développé seulement une rosette de feuilles portant un bou-

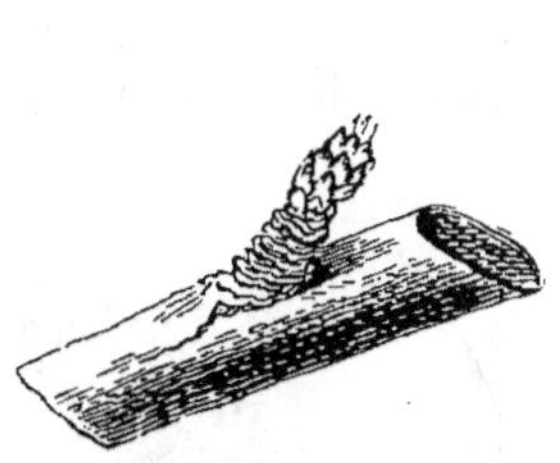

Fig. 249. Petit rameau à la base des prolongements transformé en lambourde.

Fig. 250. Dard âgé de deux ans.

ton au centre et se sont allongés de quelques millimètres. Ils
présentent après la végétation, comme l'indique la figure 249,

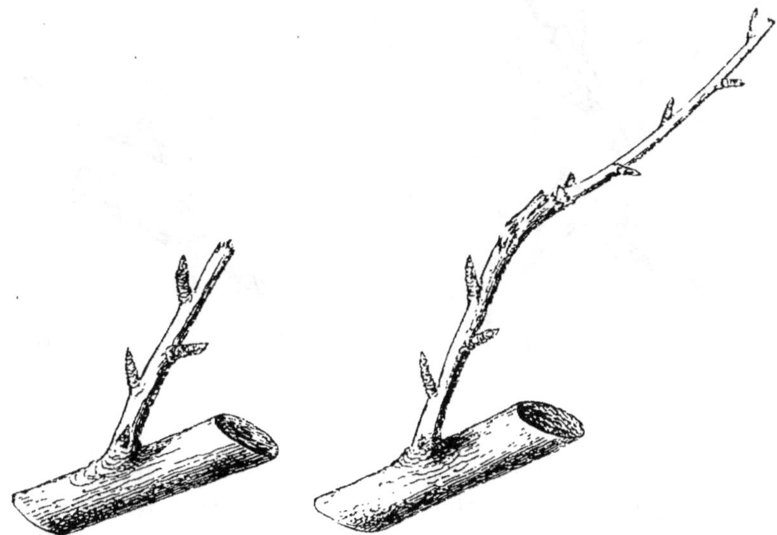

Fig. 251. Rameau du poirier soumis
au cassement complet depuis un an.

Fig. 252. Rameau du poirier soumis au
cassement partiel depuis un an.

un bouton très-gros à leur sommet. Ce bouton épanouira ses
fleurs au printemps. Ces petits rameaux, qui sont à leur troi-

sième année de formation, sont ainsi constitués en rameaux à fruits. On leur donne le nom spécial de *lambourdes*.

Les dards (*fig.* 243) ont développé deux ou trois bourgeons très-courts, qui ont donné lieu aux petits rameaux indiqués par la figure 250.

Il en est de même des rameaux soumis au cassement complet ou partiel (*fig.* 244, 245, 247 et 248); deux ou trois de leurs

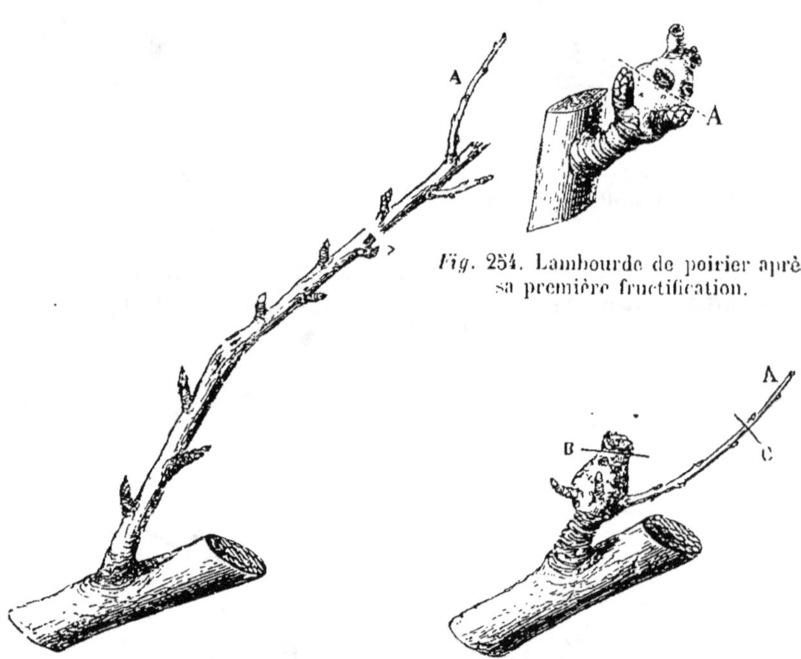

Fig. 254. Lambourde de poirier après sa première fructification.

Fig. 253. Brindille vigoureuse de poirier soumise au double cassement depuis un an.

Fig. 255. Lambourde de poirier d'un an, pourvue d'un petit rameau.

boutons se sont allongés en bourgeons de quelques millimètres et ont donné lieu à autant de petits rameaux très-courts que montrent les figures 251, 252 et 253.

Si, pendant l'été, l'un des boutons situés vers le sommet de ces rameaux s'est allongé en bourgeon un peu vigoureux, on aura dû le pincer à 0^m,08. Le petit rameau A (*fig.* 253) résulte de ce pincement. Il n'y aura d'ailleurs aucune opération à appliquer à ces diverses productions pendant ce second hiver. Si l'on faisait quelque retranchement vers leur extrémité, on s'exposerait à faire développer en bourgeons les boutons de la base qu'on veut transformer en boutons à fleurs.

Quatrième année. — Pendant le troisième été, la lambourde que montre la figure 249 a fructifié. Il s'est formé, au point où étaient attachés les fruits et la rosette de feuilles qui les accompagnait un renflement spongieux qu'indiquent les figures 254 et

Fig. 256. Bourgeon d'une lambourde soumis au pincement court.

255. On donne à cette production le nom de *bourse*. On remarque en outre quelques boutons nés à l'aisselle des feuilles de cette bourse et portés sur des rameaux très-courts. Ces boutons se transformeront d'eux-mêmes en boutons à fleurs dans l'espace de deux ou trois ans. Quelquefois l'un des yeux placés à l'aisselle de ces feuilles s'est développé en bourgeon plus vigoureux, A (*fig.* 255). On a dû le soumettre au pincement à 0^m,10. Le petit rameau qui en résulte (A, *fig.* 255) reçoit alors le cassement complet en C. Toutefois, il sera préférable de pincer ce

bourgeon A (*fig.* 256) au-dessus de la feuille la plus basse, et cela pendant l'été qui préside à son développement. On empê-

Fig. 257. Dard à sa troisième année et portant des lambourdes.

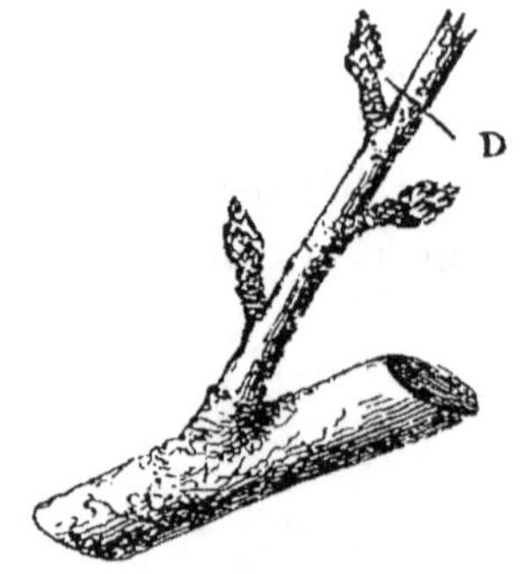

Fig. 258. Rameau deux ans après le cassement complet et portant des lambourdes.

chera ainsi les lambourdes de s'allonger autant ; on déter-

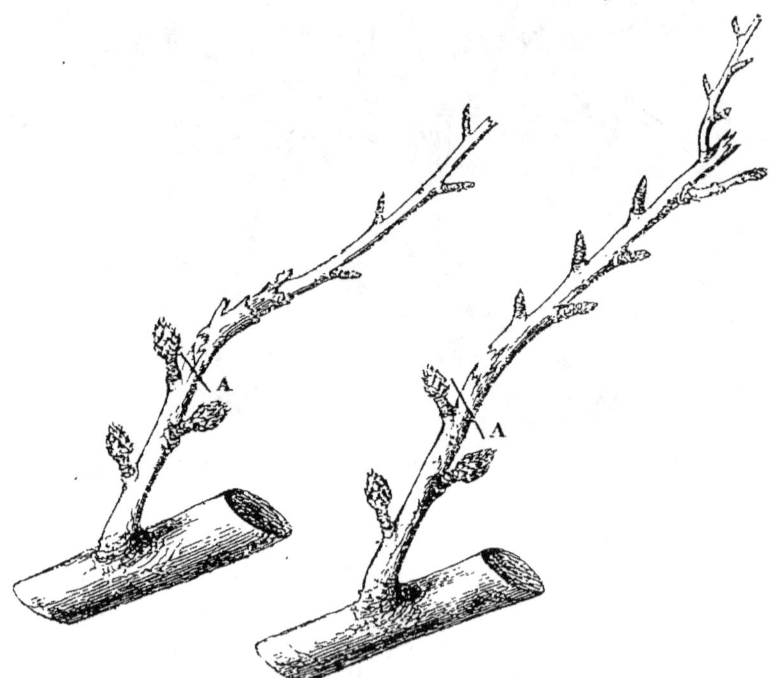

Fig. 259. Rameau deux ans après le cassement partiel et portant des lambourdes.

Fig. 260. Rameau pourvu de lambourdes, deux ans après le double cassement.

minera la formation d'un plus grand nombre de boutons à la

base des feuilles qui forment la rosette et la séve non absorbée par ce bourgeon tournera au profit de l'accroissement des fruits. Le seul soin à donner aux bourses consiste à retrancher en A (*fig.* 254) ou en B (*fig.* 255) le sommet qui est en état de décomposition.

Les dards (*fig.* 256) ont allongé leurs petits rameaux de quelques millimètres, et ceux-ci sont terminés par un bouton à fleur qui va s'épanouir (*fig.* 257) et qui donnera lieu à une bourse comme celle de la figure 254. On lui donnera, lors de la taille d'hiver suivante, les mêmes soins qu'à cette dernière.

Fig. 261. Lambourde âgée de six ans.   *Fig.* 262. Lambourde âgée de huit à dix ans.

Les rameaux soumis au cassement complet (*fig.* 251) portent aussi des boutons à fleurs (*fig.* 258). Le moment est venu de retrancher en D le petit prolongement laissé à leur extrémité. On donnera ainsi aux bourses qu'ils produiront les soins que nous venons d'indiquer. Enfin les rameaux soumis au cassement partiel (*fig.* 252 et 253) portent aussi de petites lambourdes (*fig.* 259 et 260). Il convient alors de retrancher en A l'extrémité de ces rameaux; car, les boutons à fleurs étant formés, on n'a plus à craindre que l'action de la séve, restreinte dans des limites trop étroites, ne les fasse s'allonger en bourgeons vigoureux.

Soins d'entretien — Ainsi que nous l'avons dit plus haut, la lambourde (*fig.* 524) qui a fructifié pourra porter de nouveaux boutons à fleurs deux ou trois ans après, en se ramifiant, comme le montre la figure 261. Il en sera de même pour chacune des

petites lambourdes situées sur les rameaux dont nous venons
de parler. Six ans après leur première fructification, chacune
de ces lambourdes pourra être constituée comme l'indique la
figure 262. Si enfin ces lambourdes ne sont pas gênées dans
leur développement et que les arbres soient assez vigoureux,
elles pourront, au bout d'un certain temps, offrir l'aspect de la
figure 263. Or nous devons examiner si l'on doit laisser prendre
à ces productions cet accroissement indéfini. S'il en était ainsi,
les fruits se trouveraient bientôt attachés à une assez grande
distance de la branche principale et ne recevraient ainsi qu'une
action insuffisante de la séve ; cette action serait encore gênée
par les petites ramifications plus ou moins difformes qu'elle aurait à traverser et qui entraveraient sa marche. D'ailleurs, des lambourdes ainsi développées produiraient dans l'arbre une confusion telle, que la lumière ne pourrait plus pénétrer en-

Fig. 263. Mode de taille d'une lambourde très-vieille.

tre les branches, et que les productions fruitières ne se maintiendraient plus qu'à la circonférence de l'arbre ; ou bien il faudrait diminuer beaucoup le nombre des branches de la charpente
et laisser un grand intervalle entre chacune des lambourdes.

De ce qui précède résulte donc la nécessité de maintenir les
lambourdes dans de certaines limites. Il sera bon de ne pas leur
laisser dépasser 0^m,06 à 0^m,07 de longueur. Ainsi, lorsqu'elles
auront atteint les dimensions de celles de la figure 262, on en
retranchera le sommet au point A. L'action de la séve sera ainsi
refoulée vers la base, et l'on y verra naître de nouveaux boutons
qui se transformeront en boutons à fleurs. Toutefois, il sera
utile de profiter, pour faire ces retranchements, de la présence
d'un bouton à fleur au-dessous de la section. Autrement, s'il n'y

avait que des boutons à bois, ceux-ci pourraient s'allonger en bourgeons.

Si déjà on a laissé acquérir à ces lambourdes de trop grandes dimensions (*fig.* 263), il faudra les restreindre, mais d'une manière progressive ; on les coupera d'abord en B, puis l'année suivante en C, et ainsi de suite. Si on les coupait immédiatement en D, on s'exposerait à ce que l'action de la séve, trop restreinte, fît développer des bourgeons vigoureux et que ces lambourdes fussent transformées en rameaux à bois.

Telle est la série d'opérations à l'aide de laquelle on constitue et l'on entretient les rameaux à fruits dans les arbres à pepins. On a vu que c'est en diminuant, à l'aide de mutilations successives, la vigueur des rameaux latéraux des branches de la charpente que l'on obtient ce résultat. Mais il ne faut pas oublier que la taille très-longue des prolongements annuels des branches de la charpente vient aider puissamment à ce résultat en ouvrant une issue plus large à la séve, qui agit alors avec moins d'intensité sur le développement de chacun des bourgeons. La taille presque toujours beaucoup trop courte que l'on applique à ces prolongements détermine au contraire l'apparition de bourgeons d'une vigueur extrème qui ne peuvent être transformés en rameaux à fruits qu'après cinq ou six ans de mutilations continues. Le plus souvent ces bourgeons vigoureux ainsi mutilés ne donnent lieu qu'à des têtes de saule (*fig.* 264) ou à des nodosités complétement stériles.

Autre mode de formation des rameaux à fruits pour les arbres trop serrés ou à branches tortueuses ou difformes. —
Le plus souvent encore aujourd'hui on laisse trop peu d'intervalle entre les poiriers, surtout pour ceux en espalier ; il en résulte que, la charpente ne pouvant prendre une étendue suffisante, la séve n'a pas assez d'espace pour dépenser utilement son action, et, lorsque ces arbres sont complétement formés, on n'obtient plus chaque année, sur tous les points, que des rameaux vigoureux sans jamais voir naître un bouton à fleur. Si ces arbres sont moitié trop rapprochés les uns des autres, il ne faudra pas hésiter à en enlever un sur deux. Mais, s'il ne manque à ces arbres qu'un quart, par exemple, de l'espace qui leur serait nécessaire, on pourra les faire se mettre à fruit en remplaçant le mode de formation des lambourdes décrit plus haut par l'opéra-

tion suivante, employée avec une rare intelligence par M. A Cossonnet, propriétaire-cultivateur à Longpont (Seine-et-Oise). Le même moyen sera employé pour les arbres dont les branches de charpente, noueuses, tortueuses et difformes, ne permettent pas à la séve de dépenser son action surabondante au profit du bourgeon terminal.

On soumet au pincement habituel le quart environ des bourgeons latéraux des branches de charpente. Tous les autres sont laissés intacts. Dans le courant de juillet, on coupe les plus vigoureux, parmi ces derniers, immédiatement au-dessus du petit empâtement qu'ils offrent à leur base. Les moins vigoureux sont coupés quinze jours ou trois semaines plus tard, à $0^m,01$ ou $0^m,02$ de leur base.

Les boutons stipulaires ne tardent pas à se développer à la base des rameaux vigoureux coupés au-dessus de l'empâtement, ils s'allongent à peine d'un centimètre avant la cessation complète de la végétation, et se transforment d'eux-mêmes, les années suivantes, en rameaux à fruits. Quant aux rameaux moins vigoureux et qu'on a coupés un peu plus long, ils développent l'année suivante un ou deux petits rameaux qui finissent également par se mettre à fruit.

Si cependant quelques-unes de ces productions donnaient lieu l'année suivante à de nouveaux bourgeons vigoureux, on les traiterait de la même façon jusqu'à ce qu'enfin elles donnent lieu à une lambourde.

Cette série d'opérations est complétée par la présence des bourgeons gourmands qu'on laisse se développer chaque année à l'extrémité des branches de charpente. Ils sont plus ou moins nombreux, selon que l'arbre offre une plus ou moins grande surabondance de séve. Ces bourgeons donnent lieu à des rameaux vigoureux qui sont supprimés chaque année, au moment de la taille d'hiver, et qui sont aussi remplacés chaque année par de nouveaux bourgeons développés pendant l'été suivant.

Il résulte de l'ensemble de ces soins que la surabondance de la séve se trouve dépensée pour le développement, soit des bourgeons latéraux qu'on laisse pousser librement jusqu'en juillet, soit des bourgeons gourmands de l'extrémité qui agissent là comme des *tire-séve*. Grâce à cet emploi de l'action de la séve, un certain nombre des petits rameaux les moins vigoureux peu-

vent se transformer en lambourdes. Si, au contraire, on soumet-
tait tous les jeunes bourgeons de ces arbres au pincement rigoureux que nous avons indiqué, l'action de la séve, ne trouvant
pas d'issues suffisantes, agirait avec force sur les boutons qui,
sans elle, se seraient transformés en boutons à fleurs, et les
fait développer au contraire en bourgeons vigoureux.

Ces procédés sont les seuls à l'aide desquels on puisse faire
mettre à fruit les arbres placés dans les conditions que nous
venons d'indiquer. Mais on remarquera qu'il y aurait bien plus
d'avantage à employer cette surabondance de la séve à étendre la
charpente des arbres, plutôt que d'user chaque année son action
au profit de productions qu'on supprime sans cesse. Il y aura
donc tout profit à laisser entre chaque arbre un espace suffisant
et à donner aux branches de charpente une direction telle que la
séve surabondante puisse se dépenser au profit du bourgeon
terminal. Il suffira alors de leur appliquer le mode d'obtention
des rameaux à fruit décrit plus haut.

Soins à donner aux fruits. — Disons, pour compléter ce qui
précède, que rien ne concourt plus à épuiser les arbres et à
anéantir les lambourdes du poirier que la surabondance des
fruits, lesquels absorbent presque toute la séve. Non-seulement il
ne se forme pas de nouveaux boutons pour l'année suivante,
mais souvent ceux qui existent s'éteignent, faute de nourriture.
Les branches principales ne fournissent qu'un chétif rameau
terminal, et les racines ont à peine la force de développer de
nouveaux prolongements capables d'aller puiser leur nourriture
dans une zone de terre qui n'ait pas été appauvrie par la végétation précédente. L'arbre reste donc languissant et stérile pendant les années suivantes. D'ailleurs, le but que la nature se propose d'atteindre par la fructification des arbres fruitiers est
différent de celui que l'homme a en vue. La première a seulement pour but la production de la plus grande quantité possible
de graines, et cela indépendamment de la pulpe des fruits, afin
d'accroître dans la plus grande proportion la multiplication de
chaque individu. L'homme a en vue seulement la production de
la plus grande masse possible de matière pulpeuse, sans avoir
égard aux graines. Or la quantité des graines est en raison du
nombre des fruits, et plus ceux-ci sont nombreux, moins ils
sont pulpeux et de bonne qualité.

Il y a donc tout avantage à supprimer les fruits trop nombreux, afin de régulariser la fructification et d'avoir des produits de bonne qualité. On perd ainsi sur le nombre, mais on a la même quantité en poids, car les fruits conservés profitent de la séve de ceux qu'on a supprimés, et d'ailleurs les arbres non épuisés par cette production surabondante sont encore fertiles pour l'année suivante. Quant à la proportion de fruits qu'il convient de laisser sur chaque arbre, on suivra à cet égard la règle suivante. Le nombre des fruits égalera, pour les arbres vigoureux, le quart environ de tous les rameaux à fruits pour les arbres non palissés contre les murs, et le tiers pour les poiriers en espalier. Cela donnera environ dix fruits par mètre de longueur de branches. Il conviendra de faire porter les suppressions, autant que possible, sur les parties les moins vigoureuses dans l'intérêt de l'équilibre de la végétation.

On procédera à cette suppression seulement lorsque la nature aura fait son choix, c'est-à-dire lorsque les fruits auront acquis le premier quart environ de leur développement, ce sera, pour le climat de Paris, vers la fin de juin.

Duhamel conseille, dans son *Traité des arbres fruitiers*, pour augmenter la coloration des poires, de mouiller, avec de l'eau fraîche, le côté frappé directement par le soleil, lorsque ces fruits ont atteint la moitié de leur développement. Cette opération doit être répétée plusieurs fois par jour et jusqu'au moment de la récolte. On est arrivé ainsi à faire acquérir une couleur rouge assez intense au beurré Diel et au bon-chrétien Napoléon, qui restent toujours d'un vert jaunâtre. Nous renvoyons à la page 278 pour les moyens à l'aide desquels on augmente la grosseur des poires.

Culture du Poirier dans les jardins fruitiers du Midi, — Le poirier peut, comme nous nous en sommes assuré, donner d'excellents produits sous le climat du Midi, même dans la région de l'olivier. Tout ce que nous venons de dire de sa culture pour le Nord et le climat intermédiaire s'applique également au Midi, sauf les observations suivantes :

1° Par suite du climat, les arbres sont beaucoup plus exposés à la sécheresse que partout ailleurs. Si l'on plantait des arbres greffés sur cognassier, les racines de cette sorte de sujet s'enfonçant très-peu au-dessous de la surface du sol, il en résulterait qu'elles souffriraient beaucoup de la sécheresse et que l'arbre ne pourrait vivre que pendant un très-petit nombre d'années. Il faudra donc ne planter, au moins dans la région de l'olivier, que des arbres greffés sur franc, et cela quels que soient le degré de vigueur des variétés et la richesse du sol.

2° Pour les poiriers cultivés dans le Midi, le palissage contre les murs est plutôt nuisible qu'utile, par suite de l'excès de chaleur à laquelle ils seront ainsi exposés. Les murs placés au nord et au nord-ouest pourront seuls recevoir des poiriers. Il conviendra donc en général de ne cultiver ces arbres qu'en plein air, soit non palissés, soit fixés sur des contre-espaliers.

RESTAURATION DES POIRIERS.

Il n'existe aujourd'hui qu'un bien petit nombre de poiriers qui soient traités avec les soins que nous venons d'indiquer. Il ne faut donc pas s'étonner si beaucoup d'entre eux ne donnent pas tous les produits qu'on pourrait en obtenir. Est-ce à dire qu'on doive les remplacer par une nouvelle plantation? Nous devons reconnaître qu'il est possible, à l'aide de certaines opérations, de rendre à la plupart d'entre eux, sinon une forme parfaitement symétrique, du moins une disposition assez régulière et toute la fertilité dont ils sont susceptibles. Voyons d'abord ce que l'on peut tenter dans ce but pour les arbres en espalier.

Arbres en espalier. — Si les poiriers à restaurer, quel que soit d'ailleurs leur âge, sont encore assez vigoureux et qu'ils ne présentent aucune forme régulière, on cherche parmi les diverses ramifications de la base les trois plus convenables pour former l'origine d'une palmette Verrier (page 324). L'une, celle du centre, formera la tige ; les deux autres, latérales, donneront lieu aux deux premières branches sous-mères. Toutes les autres branches seront complétement supprimées. La tige centrale est coupée immédiatement au-dessus du point où doit naître le second étage de branches sous-mères, et les deux branches latérales sont taillées sur une longueur de 0^m,30 environ. On applique ensuite à cet arbre les soins prescrits, soit pour former les palmettes, soit pour obtenir et entretenir les rameaux à fruits.

Si, au lieu de trouver, à la base de ces arbres, les trois branches dont on a besoin pour former une palmette Verrier, on n'en trouve que deux, par exemple, à peu près d'égale force, on pourra imposer à ces arbres la forme en *palmette le Berryais* (*V*. le chap. du *Pécher*). Pour cela, on recèpe ces deux branches à environ 0^m,30 du sol, afin de faire développer à chacune d'elles les deux bourgeons qui doivent servir à commencer la charpente de la palmette à double tige. Les autres branches sont supprimées.

Si, enfin, la disposition des branches inférieures ne se prêtait à l'adoption d'aucune de ces formes, on couperait l'arbre à 0^m,30 du sol, pour obtenir du tronçon de tige conservé trois bourgeons destinés à commencer une palmette Verrier.

Dans ces diverses circonstances, on voit naître sur les tronçons de branches conservées après le recepage, et cela dès le commencement du mois de mai, un grand nombre de bourgeons. Tous ces bourgeons sont conservés jusqu'à ce qu'ils aient atteint une longueur d'environ 0^m,15. Alors on les supprime tous, moins ceux nécessaires à la nouvelle charpente.

Parfois les poiriers présentent une charpente à peu près régulière ; mais les branches sous-mères sont plus ou moins dégarnies de rameaux à fruit, ou bien elles sont couvertes de nodosités qui ne produisent chaque année que des bourgeons vigoureux. Deux causes principales nuisent à la formation des rameaux à fruits dans les arbres soumis au traitement encore le plus usité aujourd'hui pour les arbres en espalier : c'est d'abord le mode de taille des prolongements successifs des branches sous-mères, et celui des rameaux que portent ces branches. Les rameaux de prolongement sont taillés beaucoup trop courts. On les coupe en A (*fig.* 264) au lieu de les tailler en B. Il en résulte que l'action de la séve, concentrée sur un très-petit nombre de boutons, les fait se développer en bourgeons vigoureux qu'il est presque impossible de transformer en rameaux à fruit. Une partie de l'action de la séve, ainsi refoulée vers la base de chaque branche, vient également paralyser les efforts que l'on a faits pour mettre à fruit les rameaux latéraux développés les années précédentes. D'un autre côté, les soins que l'on donne à ces diverses productions pour les transformer en rameaux à fruit sont loin d'être les plus convenables. En effet, lorsque ces bourgeons vigoureux

commencent à végéter, on ne met aucun obstacle à leur allongement ; on ne pratique pas le pincement qui diminuerait
leur vigueur. Dans le courant du mois d'août, et quelquefois
plus tard, on les coupe à 0^m,04 ou 0^m,05 de leur base (C) ;
mais, comme il ne s'est point formé de boutons vers ce point,
ces petits prolongements ne donnent lieu, l'année suivante,
à aucune production (D), et finissent par se dessécher et déterminer autant de vides sur les branches. Ou bien, si un ou
deux bourgeons se développent, comme la séve a pris son essor

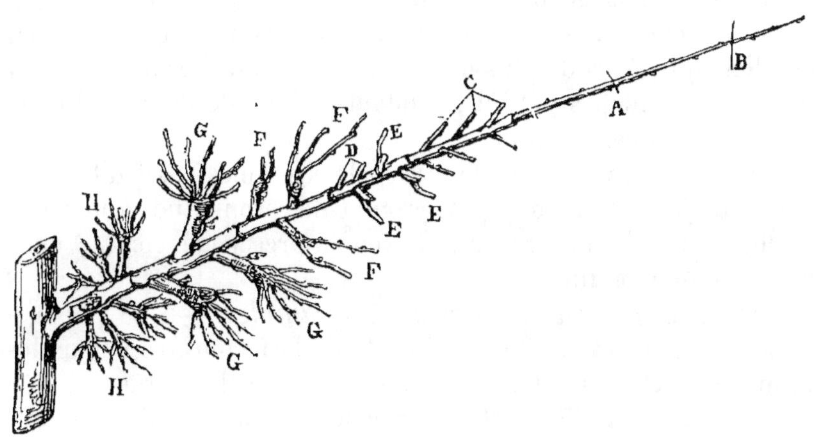

Fig. 264. Branche d'un poirier mal taillé.

de ce côté, et que, d'ailleurs, elle y est constamment ramenée
par la taille trop courte des prolongements, ces bourgeons donnent lieu à des rameaux aussi vigoureux que celui qu'on a cassé
l'année précédente (E).

Chaque année, on recommence la même opération, et chaque
année le même résultat se produit (F) ; en sorte qu'au bout d'un
certain temps on n'a plus, à chacun des points occupés par
les premiers rameaux, qu'une série de ramifications très-courtes,
assez grosses et surmontées d'une sorte d'excroissance formée par
les bases d'un grand nombre de rameaux vigoureux qu'on y a
supprimés chaque année. Les cultivateurs donnent à ces productions le nom de *têtes de saule* (G). C'est tout au plus si, au milieu de ces ramifications inutiles, on parvient à obtenir quelques
rameaux à fruits. Si l'on essaye de remplacer ces faisceaux de

rameaux par d'autres productions, en les supprimant près de leur base, comme la cause qui les avait produits subsiste toujours, on en obtient deux ou trois au même point au lieu d'un seul (H), ou bien, comme cela arrive quelquefois, il ne se développe rien à leur place, et il en résulte un vide sur la branche (I). A mesure que l'arbre avance en âge, le mal s'aggrave, car ces *têtes de saule*, en s'accroissant sans cesse, nuisent à tel point à la circulation de la séve dans les ramifications, que l'extrémité devient languissante et se dessèche. Les *têtes de saule* elles-mêmes, en vieillissant, développent plus difficilement de nouveaux bourgeons ; elles finissent aussi par s'anéantir, et la branche meurt. C'est ainsi que nous avons vu périr des arbres en espalier, qui, âgés de plus de soixante ans et traités de cette manière, n'avaient pas produit, pendant ce laps de temps, plus de deux ou trois cents fruits.

On pourrait tenter la restauration de ces rameaux à fruit ; mais il sera toujours beaucoup plus prompt de reconstituer à nouveau la charpente de l'arbre, au moyen du recepage comme nous venons de l'expliquer.

Arbres en plein vent. Cônes ou pyramides. — Le plus généralement encore aujourd'hui on taille beaucoup trop court les branches latérales inférieures des cônes en formation et l'on coupe trop long la flèche et les branches latérales qui l'avoisinent. Il en résulte que, l'arbre continuant à s'élever, la séve, qui tend toujours à affluer vers le sommet, s'arrête à peine dans les parties inférieures, où elle n'est attirée que par un trop petit nombre de boutons. Dès lors, l'accroissement des branches latérales inférieures cesse avant qu'elles aient atteint la longueur qu'elles devraient avoir ; elles se chargent d'une grande quantité de fruits qui les épuise rapidement ; elles disparaissent progressivement, et l'arbre, continuant de s'élever, finit par prendre sa disposition naturelle, la forme en tête.

Si ces arbres n'ont encore que de 1^m,50 à 2 mètres d'élévation (*fig.* 265) et qu'ils soient suffisamment vigoureux, il n'y a d'autre moyen à employer que le *recepage* : on coupe la tige en A, à environ 0^m,60 du sol. On *ravale* ensuite les branches latérales B, c'est-à-dire qu'on les coupe tout contre la tige en conservant leur empatement, puis on applique à ces jeunes arbres les mêmes soins que pour un cône au début de sa formation.

Si l'on veut renoncer pour ces arbres à la forme conique, rien ne sera si facile que d'en faire des colonnes (p. 314). Il suffira de leur conserver toutes leurs branches, puis de casser complétement celles-ci en leur conservant une longueur de 0^m,40 pour les plus vigoureuses et de 0^m,20 pour les plus faibles. Ces branches sont en outre soumises au cassement partiel vers la moitié de la longueur conservée. Chaque année ces branches latérales sont raccourcies au-dessous des boutons à fleur, de la base, jusqu'à ce qu'elles ne présentent plus qu'une longueur de 0^m,06 à 0^m,08. Quant au prolongement de la tige, on retranchera chaque année la moitié de sa longueur totale.

Mais, lorsque l'arbre à opérer aura atteint une hauteur de 4 à 5 mètres, comme celui qu'indique la figure 266, et que la base sera encore pourvue d'un certain nombre de ramifications, il ne faudra supprimer, pour lui rendre la forme cônique, que la moitié de sa hauteur totale. S'il n'était pas très-vigoureux, on ne conserverait que le quart de sa hauteur. Toutes les branches situées au-dessous de ce point seront *rapprochées* c'est-à-dire coupées

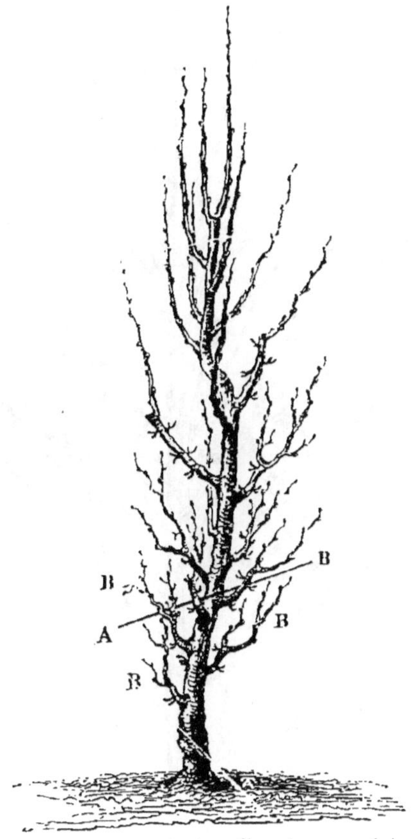

Fig. 265. Restauration d'un jeune poirier en cône.

à 0^m,02 environ de leur naissance. Dès les premiers jours du mois de mai, cette tige se couvre de nombreux bourgeons ; on n'en conserve qu'un nombre égal à celui des branches latérales qu'on veut obtenir. Pendant l'été suivant, on favorise l'allongement des bourgeons inférieurs en pinçant ceux du sommet, à l'exception toutefois de celui que l'on choisit pour prolonger de nouveau la tige. Lors de la taille d'hiver suivante, on n'enlève que le quart

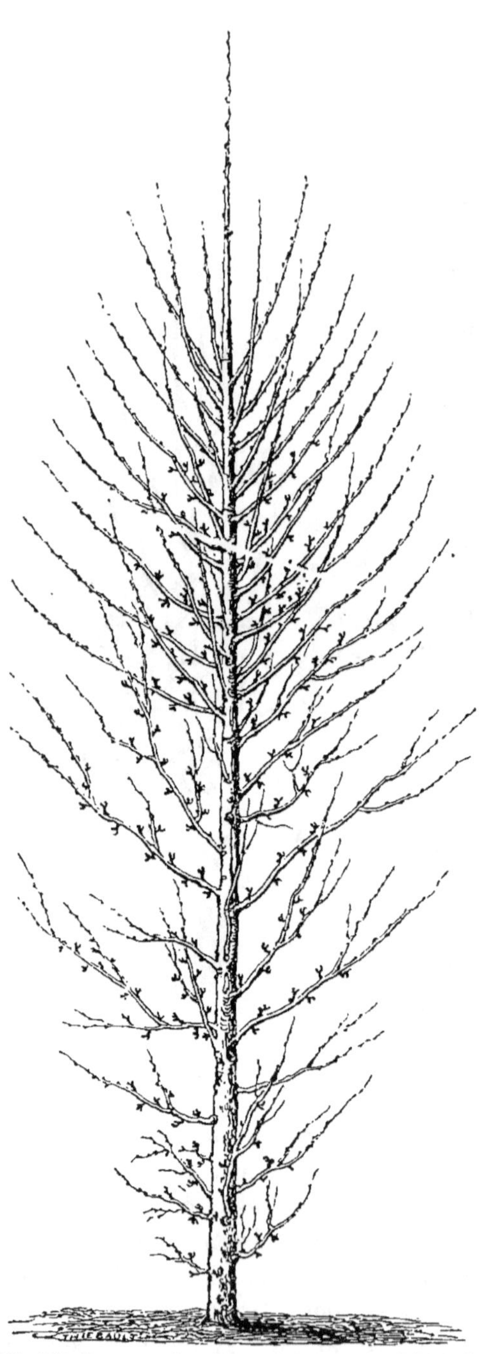

*Fig.*266. Restauration d'un poirier en cône déjà âgé.

de la longueur des ra-
mifications inférieures,
puis on raccourcit suc-
cessivement les autres en
laissant seulement une
longueur de 0^m,20 à
celles du sommet ; on ne
donne à la flèche qu'une
longueur de 0^m,40. Pendant l'été suivant on re-
foule encore la séve dans
les parties inférieures de
l'arbre au moyen du pin-
cement. A la fin de la végétation, l'arbre a repris
sa forme conique, et l'on
peut continuer sa forma-
tion en lui appliquant
les soins que nous avons
prescrits pour les cônes.

Nous terminerons ce
qui a trait à la restauration du poirier par l'ob-
servation suivante, qui
s'applique aussi bien aux
arbres en plein vent qu'à
ceux en espalier : il ar-
rive fréquemment que,
trompé par la descrip-
tion exagérée de la qua-
lité des fruits de certains
arbres, ou que, victime
d'erreurs commises dans
l'envoi des variétés de-
mandées aux pépiniéris-
tes, on plante des poi-
riers qui ne méritent
réellement pas la cul-
ture. Ce qu'il y a de plus

fâcheux dans ce cas, c'est qu'on ne s'aperçoit de cela que quatre ou cinq ans après la plantation, c'est-à-dire lorsque les jeunes arbres commencent à fructifier. Pour ne pas perdre inutilement le temps et les soins que l'on a donnés à ces arbres pour leur plantation et la première formation de leur tige, on pourra, au lieu de les sacrifier pour planter de nouveau, leur appliquer l'opération de la greffe.

Ainsi, s'il s'agit d'arbres destinés à former des cônes, des vases ou gobelets, ou même des arbres en espalier, on devra placer un ou deux *écussons Vitry* sur chaque branche sous-mère. Pour les arbres en cône ou en espalier, les écussons seront placés sur ces branches à 0^m,05 ou 0^m,06 de leur naissance pour celles qui seront les plus élevées, et à 0^m,30 pour les plus basses. Quant aux arbres en vase, les écussons seront placés sur ces branches à 0^m,20 de leur naissance sur la tige. Pour les branches sous-mères des arbres en cône ou en vase, les écussons devront être posés sous les branches ; pour ceux en espalier, on les placera en avant de ces mêmes branches ; pour les arbres en cône ou en espalier, l'écusson destiné à prolonger la tige ou branche-mère devra être posé à la base de la fraction de cette tige âgée de trois ans. Si l'on plaçait l'écusson au point où cette tige devait être coupée l'année suivante, il serait à craindre que les ramifications inférieures, taillées très-court, ne se développassent plus assez vigoureusement et ne reprissent plus, dans l'intérêt de la forme de l'arbre, l'avantage qu'elles avaient sur les branches supérieures. En plaçant l'écusson terminal assez bas, ainsi que nous venons de le recommander, on est obligé de *ravaler* la tige, et cela tourne au profit des parties inférieures.

Nous avons conseillé de poser deux écussons au même point sur chaque branche : c'est afin d'échapper plus sûrement à un non-succès. Si ces écussons se développent tous deux, on en supprime un, peu après son premier développement. Ces écussons placés, il n'y a plus qu'à couper chaque branche, au printemps, au-dessus du point où ils ont été posés, puis à donner une direction convenable aux nouveaux bourgeons, à mesure qu'ils s'allongent.

Nous avons également employé la greffe en fente et en couronne pour changer la nature des fruits des jeunes arbres, et nous en avons obtenu de bons résultats. Toutefois nous pensons que, si l'écorce des branches est encore assez mince et tendre, il y aura plus d'avantage à se servir des écussons. Les amputations que nécessite la pose des premières greffes donnent lieu, sur les ramifications un peu volumineuses, à des difformités nuisibles à la végétation.

Opportunité des opérations de restauration. — Les opérations de restauration que nous venons de décrire ont perdu beaucoup de leur importance depuis que nous avons imaginé les cordons obliques et verticaux. En effet ces formes permettent d'obtenir le produit maximum des arbres en plein vent ou en espalier vers la sixième année de plantation, tandis qu'il en faudra toujours quatorze ou seize pour les grandes formes soumises à la restauration ; d'où il suit qu'il y aura presque toujours avantage à substituer à ces opérations une nouvelle plantation en cordons. Dans l'hypothèse où tous les arbres d'un jardin auraient besoin de recevoir ces opérations de restauration, on procéderait ainsi : on supprimera tous les anciens arbres sur le tiers de l'étendue du terrain où ils sont en plus mauvais état, puis ils seront remplacés sur cette même surface par des cordons. Lorsque ceux-ci commenceront à fructifier, on procédera de la même façon sur le second tiers, et quelque temps après sur le restant du jardin. En outre, les anciens arbres appartenant à la seconde et à la troisième opération seront, en attendant leur suppression, taillés très-long et les ramifications soumises à l'arcure (p. 276), afin de les épuiser promptement par une abondante production de fruits. Tout le jardin sera ainsi successivement restauré sans qu'il en soit résulté une privation de fruits. C'est là, à notre avis, le mode de restauration le plus rationnel.

RAJEUNISSEMENT DES POIRIERS ÉPUISÉS PAR LA VIEILLESSE.

Quelques soins que l'on donne aux arbres fruitiers soumis à la taille, il arrive, au bout d'un nombre d'années plus ou moins considérable, qu'il se forme, à chacun des points occupés par les rameaux à fruits, des nœuds déterminés par la coupe et le renouvellement successif de ces rameaux. Ces nodosités deviennent des obstacles graves à la circulation de la sève des racines vers les boutons, et à la descente des filets ligneux et corticaux des feuilles vers les racines. Il s'ensuit que, d'une part, les bourgeons se développent moins vigoureusement, et que, de l'autre, les racines ne prennent plus que très-peu d'extension. Ces causes de souffrances sont encore aggravées par les pincements annuels auxquels on soumet les bourgeons.

Enfin les couches corticales dures et desséchées qui s'accumulent sans cesse à la surface des branches et de la tige, ne se prêtent plus aussi facilement au libre accroissement du corps ligneux et des nouvelles couches du liber. Elles compriment les vaisseaux de ces couches, et gênent ainsi la circulation des fluides. Bientôt, sous l'influence de cet état languissant, l'arbre se couvre d'un nombre considérable de fleurs dont la plus grande partie reste stérile, tandis que celles qui fructifient, ne recevant pas une quantité suffisante de fluides nutritifs, ne donnent que de chétifs produits. Cette floraison surabondante achève d'épuiser l'arbre en absorbant la plus grande partie de la séve destinée au développement de nouveaux rameaux. Dès que ces symptômes se manifestent, l'arbre dépérit rapidement ; car la production des rameaux devenant presque nulle, les feuilles sont moins nombreuses, les couches d'aubier et de liber ne présentent qu'une très-faible épaisseur, et les extrémités radiculaires, qui ont à peine la force de s'élancer vers de nouvelles couches de terre non épuisées par leur succion, dépérissent également. La figure 267 montre un vieux poirier arrivé à cette dernière période de son existence, la *décrépitude*.

Si cette décrépitude est due à la vieillesse ou à une taille vicieuse, plutôt qu'à la mauvaise qualité du sol, il est possible de rétablir le plus grand nombre de ces arbres, et voici comment il convient d'opérer.

Arbres en espalier. — Les causes de leur état languissant étant l'absence de bourgeons vigoureux, l'organisation imparfaite des couches d'aubier et de liber, l'avortement des prolongements radicaux, il faudra d'abord s'efforcer de remplacer ces parties essentielles par de nouveaux organes sains et vigoureux, et concentrer, à cet effet, sur certains points, la vie répandue dans toute l'étendue de la tige. Pour les arbres en espalier, on coupera les branches principales (A, *fig*. 267) à 0^m,20 ou 0^m,25 de leur base, en C ; les autres (B) seront laissées entières. Ces amputations devront être faites de manière que les branches non amputées soient choisies parmi celles qui seront jugées inutiles à la forme que l'on donnera à la nouvelle charpente de l'arbre ;

leur nombre ne devra pas, dans tous les cas, dépasser le quart de toutes les branches principales. Si nous conservons momentanément ces branches, c'est dans la crainte que l'arbre, ainsi recepé, n'ait pas la force de développer immédiatement, sur la vieille écorce, les nouveaux bourgeons nécessaires pour entretenir les fonctions des racines, auquel cas celles-ci périraient et l'arbre mourrait. En conservant, au contraire, quelques vieilles branches, les boutons qu'elles portent préviendront cet accident. Pour

Fig. 267. Poirier en espalier arrivé à sa décrépitude.

faciliter la sortie des bourgeons sur les branches taillées, on enlèvera, à l'aide d'une plane, toute l'écorce desséchée, puis on recouvrira les parties mises au vif avec un lait de chaux éteinte. Cet enduit stimulera l'énergie vitale de ces couches de l'écorce et empêchera l'ardeur du soleil de les dessécher trop vite.

Voyons maintenant ce que produit cette opération. La séve, concentrée sur une étendue de branches très-restreinte, agit avec une grande énergie sur le tissu cellulaire de l'écorce qui avoisine le sommet des branches coupées près de leur base, et y détermine la formation de boutons qui se développent bientôt en bourgeons vigoureux. Vers la fin de mai, on choisit, parmi ces productions, celles qui sont les mieux placées pour former les branches principales d'une charpente régulière ; tels sont les rameaux C, D, E, F, G, H (*fig.* 268) ; les autres sont tordus vers le milieu de leur longueur. L'année suivante, au printemps, on taille ces rameaux principaux de manière à imposer à l'arbre la forme que l'on a déterminée à l'avance, soit celle indiquée par notre figure.

Après la seconde année de végétation, l'arbre présente l'aspect de la figure 268, et les branches B, devenues inutiles, sont amputées. Ces nouvelles suppressions augmentent encore la vigueur des jeunes branches, lesquelles s'accroissent rapidement et remplacent bientôt l'ancienne charpente de l'arbre. Les diverses plaies sont recouvertes avec du mastic à greffer.

A mesure que la tige subit cette sorte de rajeunissement, les mêmes changements se produisent graduellement sur les racines. Aussitôt que de nombreux et vigoureux bourgeons apparaissent sur les branches coupées, les feuilles qu'ils développent envoient vers les racines une grande quantité de filets ligneux et corticaux. Ceux-ci, rencontrant, vers les racines, les couches de l'aubier et du liber dans un état languissant et surtout privées des fluides qui facilitent leur passage, dévient de leur direction naturelle, percent l'écorce sur le corps de la racine, et donnent lieu à de nouveaux organes nourriciers plus sains, plus vigoureux que les anciens, et qui les remplacent entièrement dans leurs fonctions. Si donc on vient à déplanter, au bout de trois ou quatre ans, un arbre opéré comme nous venons de l'indiquer, on remarque, figure 268, que la moitié inférieure des anciennes racines, comprise entre les lignes J et K, commence à périr, et que ces parties sont remplacées par de nouvelles ramifications nées au-dessus d'elles et comprises entre les lignes K et L. L'arbre, arrivé à ce point, présente de nouveaux rameaux plus vigoureux, de nouvelles couches d'aubier et de liber mieux constituées, enfin de nouvelles racines fonctionnant avec une bien plus grande énergie. C'est réellement un nouvel arbre qui est venu recouvrir l'individu primitif, dont les organes essentiels ont cessé de vivre.

Pour assurer le succès complet de l'opération, il sera bon de pratiquer, à l'automne de la deuxième année, une tranchée circulaire qui, naissant à $0^m,70$ du pied de l'arbre, présentera une largeur d'un mètre et une profondeur de $0^m,70$. Cette tranchée

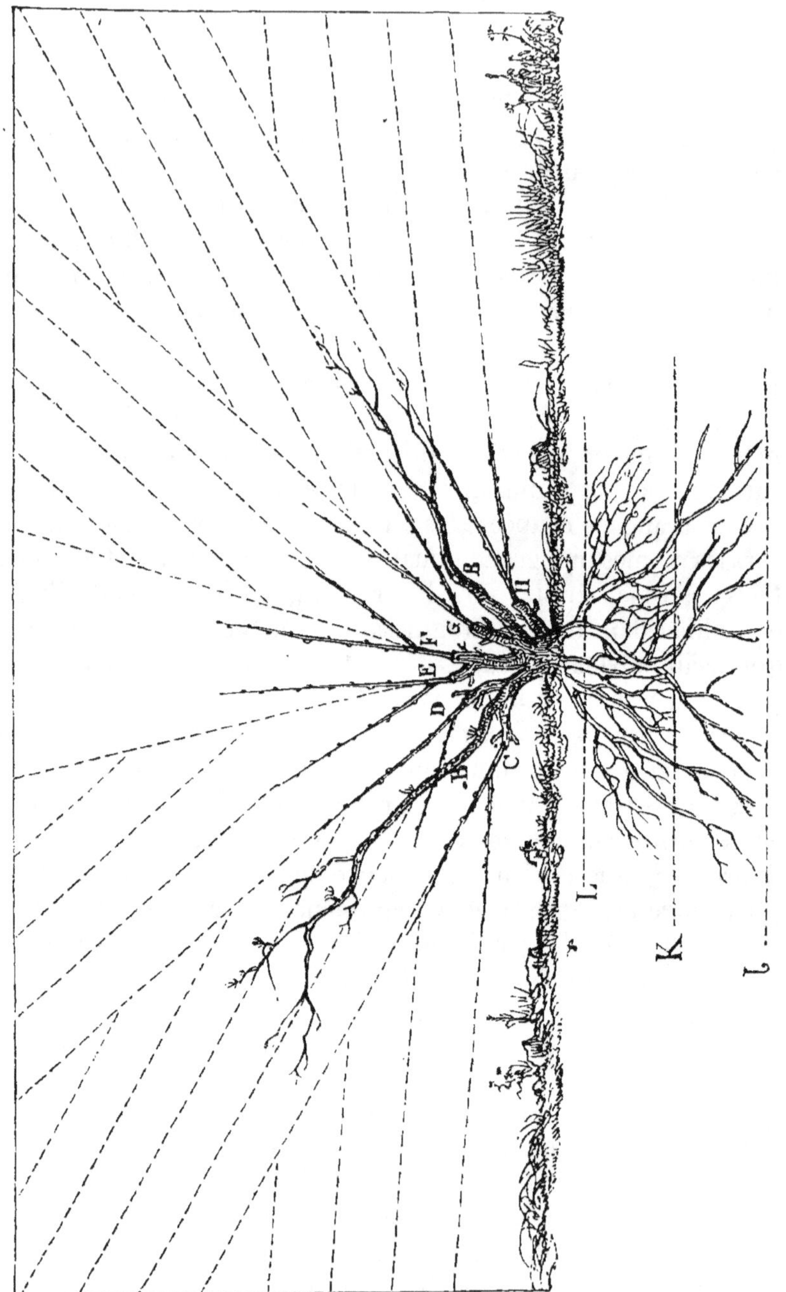

Fig. 268. Vieux poirier en espalier, rajeuni.

sera remplie avec une terre neuve, de consistance moyenne, et bien fumée. Si, pendant ce travail, on découvre quelques anciennes racines, il sera bon de les conserver intactes. Enfin, si les branches d'un arbre décrépit présentent un diamètre de plus de 0^m,06, et surtout si leur écorce offre une grande épaisseur, il sera plus prudent de poser des *greffes en couronne Théophraste* (p. 158) à chacun des points où l'on désire obtenir de nouvelles branches, car il pourrait arriver que les nouveaux bourgeons ne pussent pas percer la vieille écorce.

Arbres en plein vent. — Quant aux poiriers en plein vent, on opérera d'après les mêmes principes. Ainsi, s'il s'agit d'arbres en vase, chacune des branches-mères sera recepée à 0^m,20 ou 0^m,25 de sa naissance, puis on la greffera si on le juge nécessaire.

Pour les arbres en cône, on les disposera comme l'indique la figure 269, c'est-à-dire qu'on coupera la tige vers la moitié de sa hauteur, et que les branches latérales seront taillées d'autant plus long qu'elles seront rapprochées de la base, de manière à conserver la forme conique au restant de la charpente. Celles de la base seront coupées à 0^m,60 de leur naissance, et celles du sommet à 0^m,15 seulement. Il y aura généralement plus d'avantage à greffer en couronne chacune de ces branches, parce que l'action de la séve, répartie sur une plus grande étendue de la tige, n'aurait pas une force suffisante pour faire développer assez vigoureusement les nouveaux bourgeons. On pourra opérer le ravalement de toutes les branches la même année, car les quelques boutons que présentera encore la tige suffiront pour entretenir les fonctions des racines.

Nous insistons pour qu'on supprime la moitié environ de la hauteur de ces arbres. Si, en effet, on laissait la tige entière, les ramifications inférieures, étant raccourcies, n'auraient plus assez de force pour attirer à elles la séve des racines, qui s'élancerait alors en trop grande abondance vers le sommet de la tige : on ne pourrait plus alors rendre à l'arbre sa forme primitive. En opérant, au contraire, comme nous venons de l'indiquer, on refoule la séve vers ces ramifications inférieures.

Pendant les premières années qui suivront ce rajeunissement des cônes, il sera nécessaire de tailler très-court les rameaux du sommet, afin de les empêcher d'absorber une trop grande quantité de séve au détriment de ceux de la base. Il sera également-

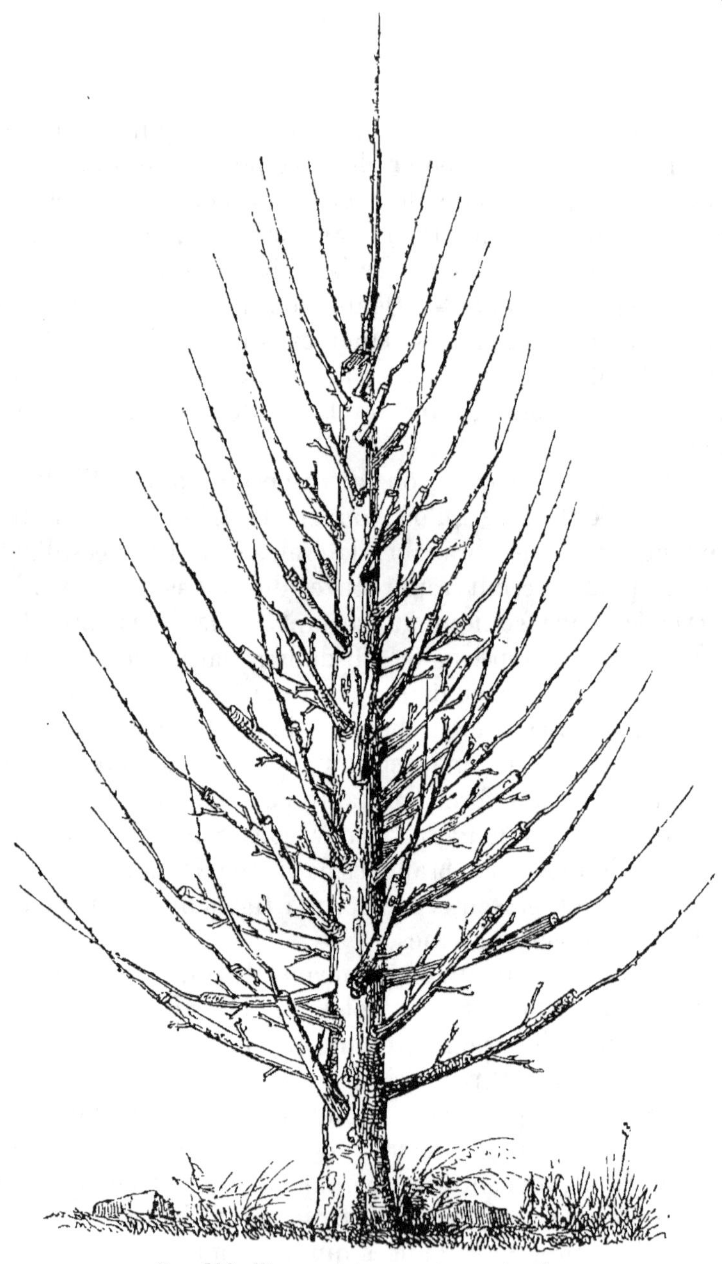

Fig. 269. Vieux poirier en cône, rajeuni.

ment convenable, pour les arbres en cône ou en vase, de renouveler une partie de la terre qui les environne, comme nous venons de l'expliquer pour les arbres en espalier.

L'observation que nous avons faite plus haut sur la convenance qu'il y a de remplacer par une plantation en cordons les arbres à restaurer s'applique, à plus forte raison, aux arbres à rajeunir pour lesquels le succès de cette opération est beaucoup moins certain.

CULTURE DES POIRIERS DANS LES VERGERS.

Nous avons donné plus haut (page 219) la définition des vergers en général, et nous avons indiqué dans quelles circonstances ce mode de culture peut donner des bénéfices. Ce que nous devons dire ici, ce sont les soins que réclame la création et l'entretien d'un verger de poiriers. Ces soins étant les mêmes pour les *poiriers à fruits à cidre*, nous renvoyons à ce chapitre dans notre *Traité spécial de la culture des arbres et arbrisseaux à fruits propres aux boissons fermentées*. Nous n'avons à ajouter ici que ce qui est relatif au choix des variétés à cultiver dans cet emplacement.

Il faut choisir pour cela des variétés à la fois vigoureuses, rustiques et très-fertiles. Parmi celles dont nous avons donné la liste à la page 264, nous conseillons surtout les suivantes pour les vergers :

Épargne.	Doyenné de juillet.
Beurré d'Amanlis.	Tarquin des Pyrénées.
Beurré d'Angleterre.	Zéphirin-Grégoire.
Louis-Bonne d'Avranches.	Rousselet de Reims (à confire).
Beurré Capiaumont.	Certeau d'automne (à cuire).
Beurré d'Apremont.	Messire-Jean (à cuire).
Bergamotte Sylvange.	Martin sec (à cuire).
Beurré Millet.	Catillac (à cuire).
De Curé.	

Tous ces arbres devront être greffés sur franc. Sous le climat du Midi, on pourra indifféremment cultiver dans les vergers toutes les variétés indiquées sur la liste de la page 264.

Principales maladies du poirier. — Les principales maladies du poirier sont déterminées par les intempéries, la mauvaise qualité du sol, la présence de certaines plantes parasites ou de certains animaux ou insectes nuisibles. Les altérations produites par les trois premières causes sont surtout les suivantes :

Les chancres. — Cette maladie se reconnaît particulièrement aux caractères suivants : la surface des branches ou de la tige se couvre d'abord de plaques brunes ; bientôt l'écorce, désorganisée vers ces points, se déchire irrégulièrement, et laisse apparaître, sur la circonférence de ces plaies, une sorte de renflement spongieux et pulvérulent, de couleur brune (*fig.* 270). Le corps ligneux est souvent attaqué jusqu'à la moelle. La plaie, grandissant toujours, finit par entamer toute la circonférence de la branche ou de la tige, et la partie placée au delà de cette plaie se dessèche et meurt.

Fig. 270. Chancre sur une branche de poirier.

Quelques faits semblent indiquer que le germe de cette maladie est répandu sur toutes les parties de certains individus et qu'ils peuvent la transmettre à ceux avec lesquels on les unit. Si l'on greffe un rameau d'arbre chancreux sur un autre individu, on voit souvent ce greffon périr de cette maladie et en transmettre le germe au sujet qui l'a nourri. Les coups de soleil, la grêle, les contusions peuvent donner lieu aux chancres.

Toutefois, on peut affirmer que les chancres ont pour cause générale une gêne, un embarras dans la circulation de la séve. Les deux faits suivants viennent justifier cette opinion : si l'on greffe en tête, dans une pépinière, des poiriers de haut-vent plantés dans un sol riche et humide, presque toujours les tiges deviennent chancreuses. La suppression de la tête de ces arbres restreint la séve très-abondante dans des limites trop étroites. Elle s'extravase sur certains points ; il y a là mélange des fluides, fermentation, altération des fluides et les chancres apparaissent. Si ces mêmes arbres sont déplacés en novembre et greffés au printemps, cette altération n'a pas lieu, parce que ce déplacement diminue l'abondance de la séve. Si des poiriers très-vigoureux sont soumis chaque année à une taille très-courte par suite de l'impossibilité d'étendre leur charpente, ils se couvrent de chancres ; si on les soustrait à la taille pendant quelques années, cette maladie ne fait plus de nouveaux progrès.

Les moyens préventifs qu'il convient d'employer sont donc

les suivants : ne pas prendre de greffons sur les arbres chancreux ; ne pas faire de suppressions trop considérables sur les arbres vigoureux plantés dans un sol humide.

Quant au moyens curatifs, voici ce qu'il convient de faire : enlever toute l'écorce et le bois des parties malades avec un instrument bien tranchant. Laisser sécher la plaie pendant quelques jours, puis la recouvrir de mastic à greffer. Il se forme alors un bourrelet circulaire qui vient bientôt cicatriser cette plaie.

La *jaunisse* ou *chlorose*. — Cette affection se reconnaît à la couleur jaune plus ou moins prononcée que prennent les feuilles et les jeunes bourgeons. Les arbres fruitiers sont assez fréquemment attaqués de cette maladie, que l'on peut considérer comme une sorte d'atonie du tissu cellulaire des parties vertes, chargé de préparer les fluides nourriciers et dans lequel la matière verte ne se forme plus. Cette altération a toujours pour cause l'état maladif des racines ; on la voit apparaître lorsque ces organes ont été attaqués par les *mans* ou *vers blancs*, ou qu'ils sont engagés dans une couche de terre qui ne leur convient pas. Jusqu'à présent on se contentait, si la maladie était déterminée par la nature du sol, d'en changer la composition, ou, si elle résultait de la mutilation des racines par les *mans*, on attendait patiemment que de nouveaux organes fussent venus remplacer les anciens ; mais aujourd'hui, grâce aux recherches de M. Eusèbe Gris, on connaît un moyen de hâter singulièrement la guérison de cette affection.

M. Gris, étudiant l'action de divers sels sur les plantes attaquées de la jaunisse, a reconnu la propriété qu'a le *sulfate de fer* ou *couperose* de faire disparaître très-rapidement cette maladie. Nous avons répété ses expériences sur diverses espèces d'arbres, et notamment sur le poirier et sur la vigne, et nous avons obtenu le succès le plus complet.

Le sulfate de fer peut être administré dissous dans l'eau, soit en arrosements sur la partie du sol où l'on suppose que les racines de l'arbre sont engagées, soit en aspersions sur les feuilles ; ce dernier moyen agit avec beaucoup plus de promptitude ; on emploie 2 grammes de sulfate par litre d'eau, si la végétation est avancée et les feuilles déjà coriaces ; mais, si l'on opère au commencement de la végétation, quand le tissu des feuilles est encore très-tendre, on se contente de 1 gramme 1/2 par litre d'eau.

Cette solution est répandue sur toutes les parties vertes à l'aide d'une seringue de jardin, le soir, après le coucher du soleil, ou par un temps sombre. On répète l'opération une ou deux fois, suivant l'intensité de la maladie, et à six ou huit jours d'intervalle. Au bout d'un mois environ, les feuilles et toutes les parties herbacées ont repris leur couleur verte.

Quant au mode d'action du sulfate de fer, nous pensons qu'il stimule l'énergie vitale du tissu cellulaire des feuilles frappées d'atonie par l'état maladif des racines. Bientôt ces feuilles reprennent une nouvelle vie, les bourgeons s'allongent rapidement et envoient vers les racines de nombreux filets ligneux et corticaux. Ceux-ci donnent lieu à de vigoureuses radicelles qui remplacent les anciennes dans leurs fonctions.

Ce sel de fer, employé en arrosements sur les racines, est absorbé par ces organes, puis porté vers les feuilles, où il produit le même résultat.

L'action du sulfate de fer sur la jaunisse ou chlorose des arbres devient insuffisante quand la maladie provient de la mauvaise qualité du sol ; on arrive bien à diminuer momentanément cette influence nuisible, mais la cause subsistant toujours, l'effet se reproduit sans cesse. Il faut donc améliorer le sol en même temps qu'on emploie le sulfate de fer.

Dessication du sommet des bourgeons ou *brûlure*. — Très-souvent, lorsque la chlorose résulte de la mauvaise qualité du sol, on voit succéder à cette affection, vers le mois de juillet, la dessication complète du sommet des bourgeons. Cette altération est produite, à n'en pas douter, par l'état de souffrance des extrémités radiculaires engagées dans une zone de terre retenant une humidité surabondante qui les fait pourrir, ou, au contraire, dans un sol dur et très-sec, de nature calcaire ou siliceuse. Le seul remède consiste à faire disparaître cette cause en améliorant le sol, et surtout en le défonçant profondément en même temps qu'on applique la dissolution de sulfate de fer.

Appauvrissement de l'arbre déterminé par la nature du sujet. — Si le poirier greffé sur cognassier est planté dans un terrain sec et peu fertile, l'arbre pousse peu vigoureusement ; il se charge bientôt d'une quantité surabondante de fruits qui l'épuisent rapidement, et il ne vit qu'un petit nombre d'années. On peut souvent prévenir cet appauvrissement en *affranchissant* ces arbres ; mais il faut pour cela que la greffe soit placée tout près du sol. Alors on procède ainsi : on pratique, au printemps, sur le bourrelet de la greffe, de trois à six entailles (A, *fig.* 271), suivant la grosseur du sujet. On donne à ces entailles 0^m,004 de largeur, 0^m,03 de longueur verticale, et une profondeur suffisante pour la faire pénétrer jusqu'au corps ligneux. On recouvre aussitôt le pied de l'arbre d'un petit monticule ayant la forme d'un cône tron-

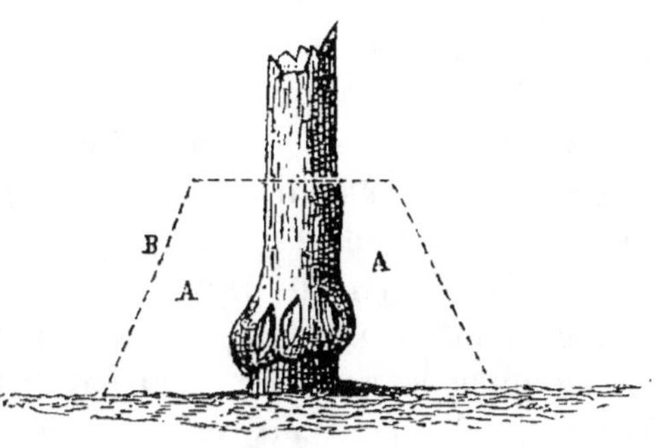

Fig. 271. Poirier soumis à l'affranchissement.

qué (B), et composé de terre bien fumée. On recouvre cette terre d'une couche de litière pour y maintenir l'humidité pendant l'été. La séve descendante fait bientôt naître des bourrelets sur les bords des incisions, d'où se développent des racines (C, *fig.* 272). L'arbre se trouve ainsi affranchi, c'est-à-dire qu'il ne vit plus par les racines du sujet, qui pourrissent bientôt, mais par celles de la greffe. — L'arbre devient alors presque aussi vigoureux que s'il était greffé sur franc.

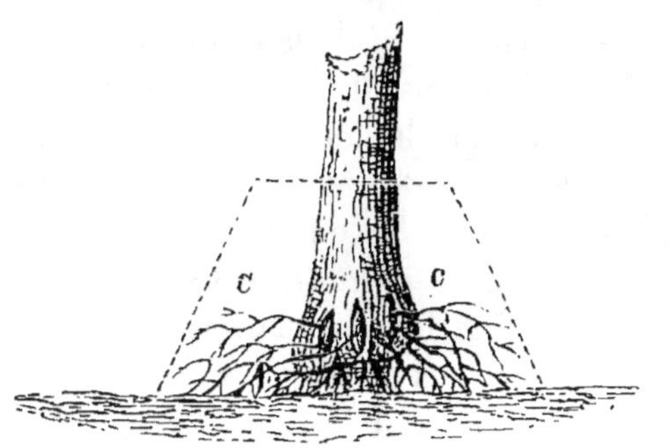

Fig. 272. Résultat de l'opération de l'affranchissement.

Champignons. — Parfois toutes les feuilles du poirier se couvrent à la surface de taches de rouille qui correspondent à de petites excroissances de même couleur, placées à la face inférieure. Les fonctions des feuilles, ainsi atteintes, sont entravées, et l'ensemble de la végétation de l'arbre en souffre beaucoup. Cette altération est due à la présence d'un petit champignon, l'*œcidium cancellatum*. Le soufre trituré ou sublimé ayant la propriété d'empêcher le développement de ces cryptogames, on arriverait sans doute à arrêter le mal en répandant cette matière sur toutes les feuilles au début de cette altération.

Animaux et insectes nuisibles. — Au nombre des animaux qui attaquent les arbres à fruits à pépins, nous devons surtout compter les *lapins* et les *lièvres*. Aussitôt que la terre est couverte de neige, ces animaux, ne trouvant plus rien à brouter dans les champs, commencent leur dévastation dans les jardins. Quelques nuits leur suffisent pour ruiner complétement une belle plantation en rongeant l'écorce des jeunes arbres. Il convient donc de tenir le jardin fruitier parfaitement clos. Si la clôture est forcément insuffisante, on aura recours au moyen suivant pour éloigner ces animaux. On fait fuser dans 10 litres d'eau environ 2 kil. de chaux vive en pierre ; on ajoute quelques poignées de suie, et l'on agite pour opérer le mélange ; puis, à l'aide d'un pinceau grossier, on en badigeonne les rameaux et la tige depuis le sol jusqu'à la hauteur d'environ 0^m,80. Cette opération doit être pratiquée dès le mois de novembre, par un temps sec ; 12 litres de ce liquide suffisent pour badigeonner 3 ou 400 arbres à basse tige.

On a conseillé, dans le même but, l'emploi du goudron résultant de la préparation du gaz d'éclairage. Nous ne saurions trop mettre en garde contre ce moyen. Ce goudron, mis en contact avec les tissus des arbres, les brûle et les dessèche complétement, ainsi que nous l'avons vu plusieurs fois.

Les *rats*, les *mulots*, les *souris*, les *loirs* (voir pour cette dernière espèce les animaux nuisibles au pêcher) font du tort aux arbres fruitiers en espalier en mangeant les fruits, et quelquefois aussi en rongeant les rameaux pendant l'hiver. On détruit facilement ces petits animaux avant la maturité des fruits, en plaçant dans de petits pots, suspendus contre le mur, pour que les animaux domestiques ne puissent y atteindre, un appât auquel on a mêlé de la noix vomique. Les souricières et les piéges de diverses formes peuvent aussi être employés pour la destruction de ces animaux.

Les insectes nuisibles au poirier sont assez nombreux ; nous nous occuperons ici que des suivants qui sont les plus malfaisants :

Parmi les *coléoptères*, le *hanneton commun* (*melolontha vulgaris. L. fig.* 273). Cet insecte que tout le monde connaît, dépouille complétement les arbres de leurs feuilles. Ses larves (*fig.* 274), connues sous le nom de *vers blancs*, de *turcs*, de *mans*, etc., rongent les racines des arbres et les font périr.

La femelle pond ses œufs dans le sol à 0^m,08 ou 0^m,10 de profondeur pendant les mois d'avril et de mai. Ces œufs, de la grosseur d'un grain de chenevis, sont réunis au nombre de 20 à 40. L'éclosion a lieu en juin et juillet, et les larves commencent immédiatement leurs ravages qui se continuent pendant quatre ans environ, sauf pendant l'hiver où elles s'engourdissent en s'enfonçant à plus de 1 mètre de profondeur. Elles se transfor-

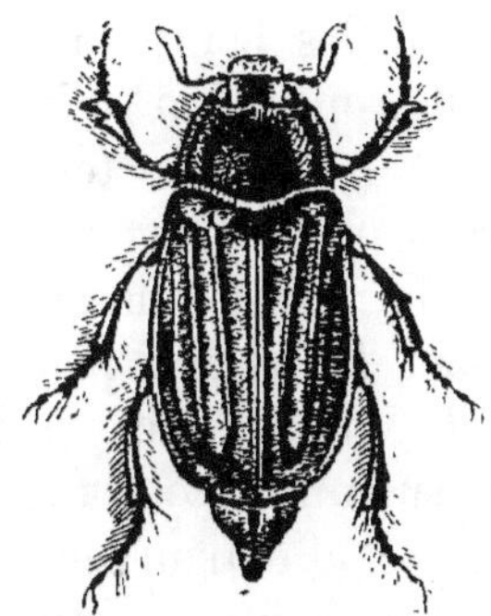

Fig. 273. Hanneton commun.

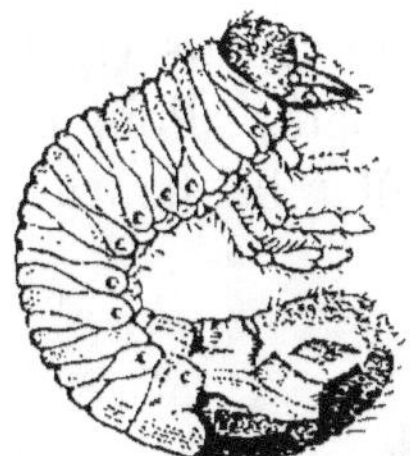

Fig. 274. Larve de hanneton.

ment en nymphes à l'automne de la troisième année, et les insectes parfaits sortent de terre en avril et mai. La fécondation des femelles a lieu immédiatement pour donner lieu à une nouvelle génération.

Le procédé de destruction le plus certain serait, à coup sûr, une loi qui obligerait à un hannetonage général. En attendant, nous nous sommes très-bien trouvé du moyen suivant pour débarrasser des *vers blancs* les plates-bandes du jardin fruitier : vers le commencement de juin, à la suite d'une apparition nombreuse de hannetons, pratiquer un léger binage sur toutes les plates-bandes, y répandre de la graine de laitue à la volée et l'enterrer au râteau. Aussitôt que les jeunes plantes ont développé trois ou quatre feuilles, parcourir ces plates-bandes dans la soirée armé d'une houlette et enlever toutes les jeunes plantes fanées. On trouvera au pied de chacune d'elles trois ou quatre vers blancs.

Rhynchite conique (Rhynchites conicus). — Cette sorte de petit *charançon*, connu en horticulture sous les noms de *lisette*, de *coupe-bourgeon*, de *bécarc d'attelabe*, est d'un bleu foncé. La femelle pond ses œufs en mai sur les bourgeons du poirier et de tous nos arbres fruitiers. Pour cela elle y fait un petit trou avec son bec et y dépose un œuf ; elle descend ensuite un peu plus bas et coupe le bourgeon avec ses mâchoires sur les trois quarts de son diamètre de manière qu'il pende à une partie de l'écorce ménagée à dessein. La larve se nourrit de la moelle et de la séve du bourgeon flétri qui bientôt tombe à terre. Elle en sort pour se cacher dans le sol et y subir ses transformations. C'est ainsi que nous voyons très-souvent les bourgeons de nos arbres fruitiers soumis au pincement, opération faite d'une manière presque toujours désastreuse, car ces insectes choisissent les bourgeons vigoureux destinés à prolonger les branches de la charpente. Pour diminuer le nombre de ces insectes, enlever et brûler les bourgeons pendants et fanés. On peut aussi, dès le matin, secouer les arbres sur un linge blanc étendu sur le sol et détruire ensuite les insectes ainsi recueillis.

Fig. 275. Rhynchite bacchus. — Fig. 276. Anthonome du poirier.

Rhynchite bacchus (*fig.* 275). — Cette espèce, très-voisine de la précédente, est d'un beau rouge doré métallique. La femelle perce avec son bec les petites poires nouvellement nouées et y dépose un œuf. Cet œuf éclôt au bout de cinq ou six jours et la larve se creuse des galeries dans le jeune fruit. Après un mois elle a acquis tout son développement. Elle abandonne alors le fruit dont elle détermine toujours la chute, et s'enfonce en terre pour se métamorphoser et éclore au printemps suivant. Pour amoindrir le dégât occasionné par cet insecte, enlever et brûler tous les fruits piqués.

Anthonome du poirier (anthonomus pyri) (fig. 276). — Cet insecte est une très-petite espèce de charançon de couleur ferrugineuse noirâtre. La femelle perce avec son long bec, en mars, les boutons à fleurs du poirier et y dépose un œuf qui éclot au bout de huit jours. Aucun bouton ainsi attaqué ne peut s'épanouir ; ils noircissent et se déssèchent. La larve subit toutes ses métamorphoses dans le bouton et en sort en mai à l'état d'insecte parfait. Il paraît vivre pendant une année en restant engourdi pendant l'hiver dans les anfractuosités de l'écorce. Il se réveille en mars pour procéder à la fécondation. On pourra détruire cet insecte en enlevant et en brûlant en avril tous les boutons attaqués.

Nous n'avons à citer dans l'ordre des *orthoptères* qu'une seule espèce nuisible aux arbres fruitiers.

Forficule auriculaire (forficula auricularia L.), vulgairement appelé *perce-oreille (fig. 277)*. — La figure que nous donnons de cet insecte, d'ailleurs connu de tout le monde, nous dispense d'en faire la description. Les perce-oreille rongent les boutons des arbres en espalier ; ils entament les poires et la plupart des autres fruits.

C'est seulement pendant la nuit qu'ils exercent leurs déprédations. Pendant le jour, ils se cachent sous les feuilles derrière les treillages, dans les anfractuosités de l'écorce, etc. Pour les détruire, suspendre le long du mur

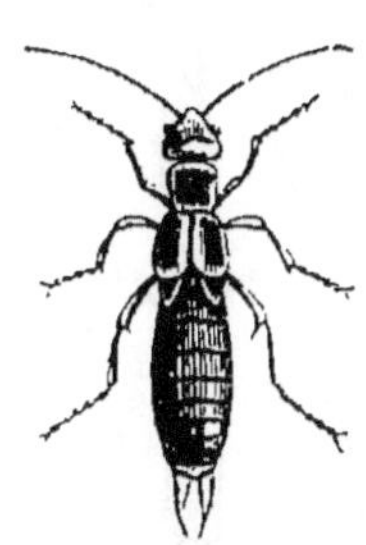

Fig. 277. Perce-oreille.

des tiges creuses de dahlia, de roseaux, des paquets desséchés de bourgeons, etc., dans lesquels ils se retirent pendant le jour. Le matin, secouer ces refuges sur un seau plein d'eau.

Les *hémiptères* fournissent aussi quelques insectes nuisibles au poirier. Tels sont les suivants : *Tingis du poirier (tingis pyri)*. Cette espèce, connue des horticulteurs sous le nom de Tigre, a la forme d'une très-petite punaise de couleur grisâtre. Les ailes sont tigrées chacune de deux petits points bruns. Le tigre s'attache par familles nombreuses, à partir du mois de juillet, à la face inférieure des feuilles. Là, il pique l'épiderme pour vivre des fluides de la feuille. Celles-ci prennent une teinte grise et succombent bientôt.

C'est toujours dans les positions chaudes et abritées où les poiriers sont surtout attaquées par cet insecte. Pour en diminuer le nombre, couper les feuilles atteintes, à la fin du jour, et les brûler immédiatement. Essayer aussi des aspersions avec de l'acide phénique très-étendu d'eau.

Kermès du poirier (chermes pyri) (fig. 278). — Cet insecte se compose de très-petites coquilles d'un roux clair, de forme circulaire fortement adhérentes à la surface des ramifications du poirier. Ce kermès est parfois si abondant qu'il forme une couche continue à la surface de l'écorce. Là ces insectes sucent les fluides de l'arbre et peuvent déterminer sa mort en l'appauvrissant progressivement. En général ces insectes n'attaquent que les arbres souffreteux. On peut les détruire en brossant les branches attaquées pendant le repos de la végétation. Nous avons parfaitement réussi à les détruire en appliquant pendant l'hiver, sur toute l'étendue de l'arbre une bouillie alcaline ainsi composée : pour 4 litres de lessive, 500 grammes de savon noir et assez de chaux vive pour en faire une bouillie épaisse.

Kermès coquille (*chermes conchyformis*) (*fig.* 279). — Cette espèce qu'on trouve à la fois sur le poirier et le pommier diffère de la précédente par sa conque en forme de virgule et sa couleur plus foncée. On le détruit à l'aide des moyens indiqués pour l'espèce précédente.

Les *hyménoptères* suivants doivent être comptés au nombre des insectes nuisibles pour le poirier :

Fourmis (*formica*). — Les espèces de fourmis qu'on rencontre le plus habituellement dans les jardins sont surtout la *fourmi jaune*, la *fourmi brune*, la *fourmi mineuse*. On a beaucoup calomnié les fourmis au point de vue des arbres fruitiers. Toutefois elles sont certainement capables des deux méfaits suivants : 1° Elles entament les fruits mûrs ; 2° elles dévorent parfois les jeunes boutons, au printemps, au moment où ils commencent à entr'ouvrir leur enveloppe écailleuse.

Nous avons employé avec succès les deux moyens suivants pour défendre les arbres fruitiers contre les fourmis : pour les arbres en espalier, suspendre de place en place, le long du mur, de petites bouteilles remplies à moitié d'eau miellée dans la proportion de 1 partie de bon miel pour 2 parties d'eau. Chaque soir, vider ces bouteilles et les fourmis qu'elles contiennent en très-grande quantité. Lorsque cet appât ne séduira plus

Fig. 278. Kermès du poirier.

les fourmis, le remplacer par du sucre brut pulvérisé, mis de place en place au pied du mur sur une couche d'ouate ou de filasse serrée entre deux planches. Secouer tous les soirs cette ouate sur un seau plein d'eau.

On empêche les fourmis de monter sur les arbres en plein air en fixant vers la base de la tige un bourrelet de coton enduit de goudron végétal.

Tenthrède comprimée (Tenthredo compressus). — Cette sorte de mouche à scie pique les bourgeons du poirier en mai et juin et y dépose un œuf qui éclot bientôt. Ces bourgeons se flétrissent et noircissent, tout en conservant pendant tout l'été leur position normale. La larve se nourrit des tissus intérieurs de bourgeon en cheminant de haut en bas. Elle arrive vers la base en septembre et en octobre. A ce moment elle a acquis tout son développement et s'enveloppe dans un petit cocon. C'est aux pre-

Fig. 279. Kermès coquille.

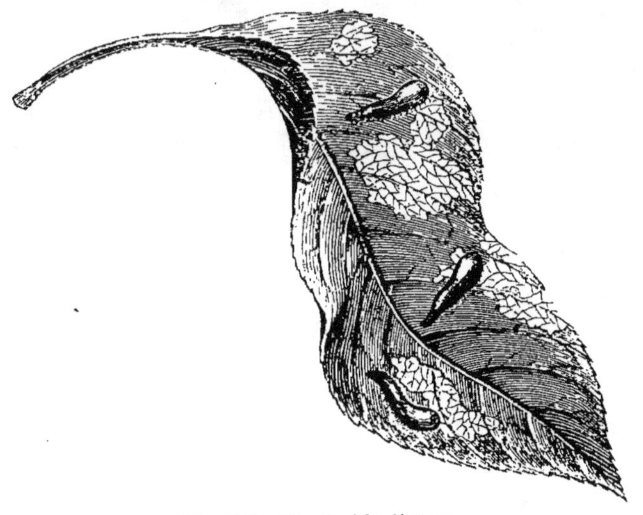

Fig. 280. Tenthrède limace.

miers jours du mois de mai que l'insecte parfait s'ouvre un passage latéral et se fait jour au dehors. Couper en juin tous les bourgeons flétris et les brûler pour anéantir cet insecte dans son berceau.

Tenthrède limace (*tenthredo adumbrata*) (*fig.* 280). — La larve de cette autre mouche est gluante et noire comme une très-petite sangsue. Elle est attachée immobile à la face supérieure des feuilles des poiriers en septembre et octobre. Là elle ronge le parenchyme des feuilles en laissant intactes les nervures et l'épiderme de la face opposée. Les feuilles ressemblent alors à des dentelles. Cette larve, qui finit par prendre une teinte d'un jaune orangé, descend de l'arbre, se fait une

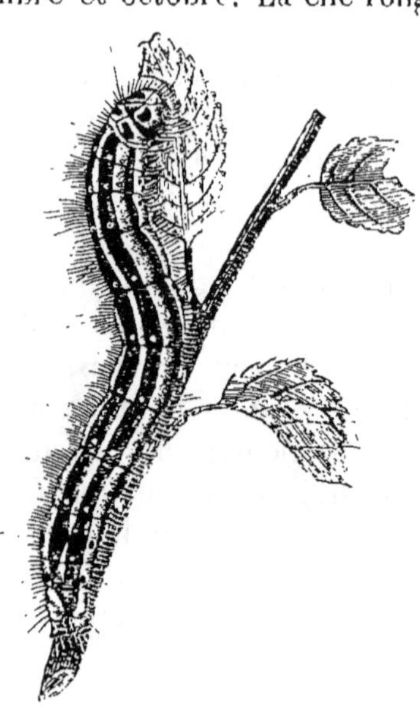

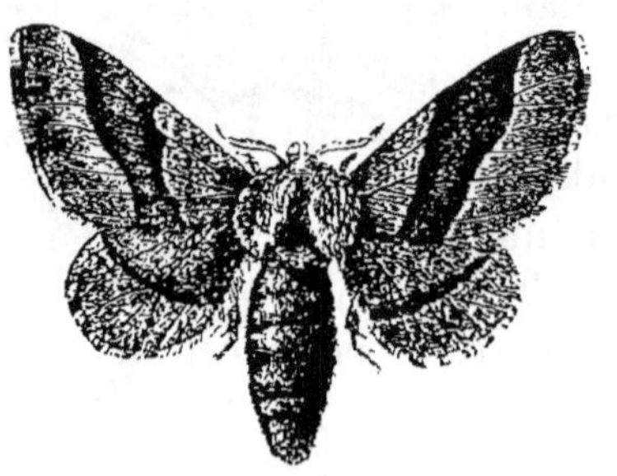

Fig. 281. Bombyx livrée.   *Fig.* 282. Chenille du Bombyx livrée.

coque dans le sol et se transforme en insecte parfait à la fin du printemps suivant.

Nous avons facilement détruit ces larves en mouillant les feuilles avec une eau alcaline ou en les saupoudrant de chaux vive.

Parmi les *diptères*, les deux espèces suivantes sont les seules qui doivent appeler l'attention au point de vue du poirier.

Cecidomye noire du poirier (*cecidomya nigra*). — Au milieu d'avril, l'individu femelle de cette sorte de mouche fait sa ponte dans les boutons à fleur prêts de s'épanouir. Les petites larves écloses bientôt, pénètrent dans les fruits rudimentaires. Ceux-ci continuent leur premier développement, mais prennent tous une forme globuleuse qui les a fait distinguer par les horticulteurs sous le nom de *calbasse*. Ces fruits noircissent et ne tardent pas à tomber. Les larves sortent alors de ces jeunes fruits, s'enfoncent dans le sol pour s'y métamorphoser et reparaître à l'état d'insectes parfaits au printemps suivant. Pour détruire cette sorte de mouche, réunir ces jeunes poires *calbassées* pendant que la larve y est encore logée et les brûler.

Sciare des poires (Sciara pyri). — Cette petite mouche a toutes les habitudes de la cecidomye noire. Elle est un peu plus grande. — Sa larve détruit aussi une grande quantité de jeunes poires.

Puceron du poirier (aphis pyri). Voir, pour cet insecte, le *puceron du pêcher.*

Ce sont les *lépidoptères* qui fournissent les ennemis les plus nombreux du poirier. Nous devons compter surtout les espèces suivantes :

Bombyx livrée (Bombyx neutria, L.) (*fig.* 281). — La figure que nous donnons de cet insecte nous dispense de le décrire. La chenille (*fig.* 282) vit sur tous nos arbres fruitiers et les dépouille complétement de leurs feuilles. Le papillon femelle dépose ses œufs sous formes d'anneaux autour des petites branches d'arbres (*fig.* 283). Ces sortes de bracelets ont parfois 0^m,03 de largeur. Ces œufs éclosent au printemps. Jusqu'à l'âge adulte, les chenilles vivent en sociétés nombreuses abritées sous une légère enveloppe de soie. Elles se dispersent après le dernier changement de peau. En juin, elles filent un cocon d'un blanc jaunâtre placé entre les feuilles ou sous la corniche des murs. Le papillon, d'un roux ferrugineux, éclôt vers le commencement de juillet. Pendant tout l'hiver, enlever les bracelets d'œufs

Fig. 283. Œufs du Bombyx livrée.

qui entourent les rameaux. Dès les premiers jours de mai, détruire les nichées de chenilles réunies pendant le jour sous leur enveloppe de soie, ou accumulées à l'enfourchure des branches.

Bombyx chrysorrhée, bombyx cul-brun (bombyx chrysorrhæa) (*fig.* 284), papillon blanc, avec les quatre derniers anneaux de l'abdomen d'un brun obscur. La femelle dépose ses œufs, à la fin de juillet, à l'extrémité des rameaux des arbres fruitiers. Ces œufs, disposés en paquet, sont recouverts d'une bourre de couleur fauve sécrétée par l'anus de la femelle.

Les chenilles (*fig.* 285) éclosent aux premiers jours de septembre. Elles enveloppent alors quelques feuilles d'une toile de soie et s'y tiennent abritées pendant tout l'hiver. Au printemps elles sortent de cette retraite pour dévorer toutes les parties vertes des arbres, mais elles y rentrent le soir ou à l'approche de la pluie. Elles ne quittent cet abri commun qu'après la dernière mue. En juin, elle file un cocon grisâtre et le papillon éclôt en juillet.

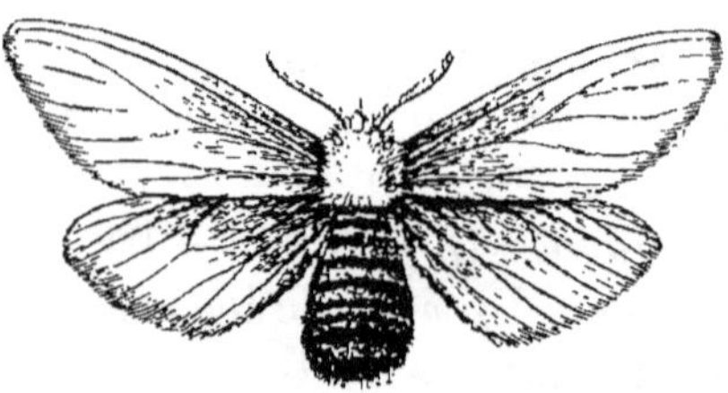

Fig. 284. Bombyx chrysorrhée (femelle).

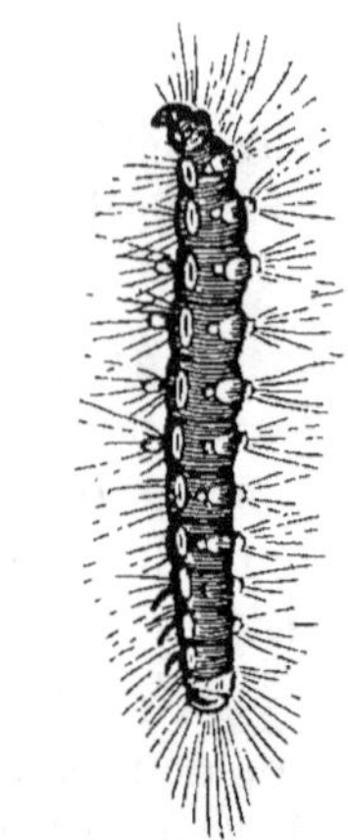

Fig. 285. Chenille du Bombyx chrysorrhée.

Cette espèce de chenille est la plus commune de toutes et la plus redoutable pour tous nos arbres fruitiers. Couper pendant l'hiver les nids de chenilles parfaitement visibles à l'extrémité des rameaux.

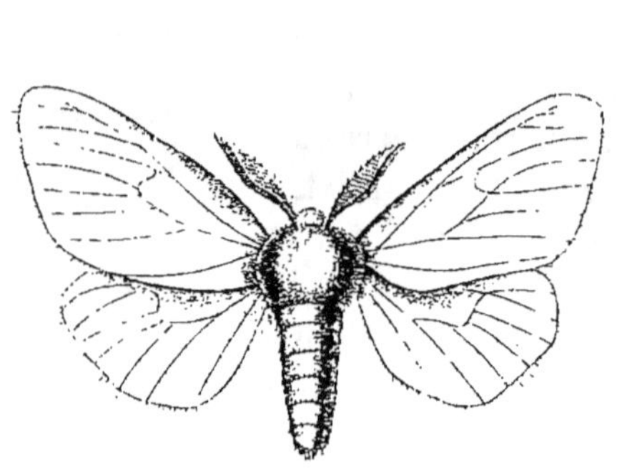

Fig. 286. Bombyx auriflue.

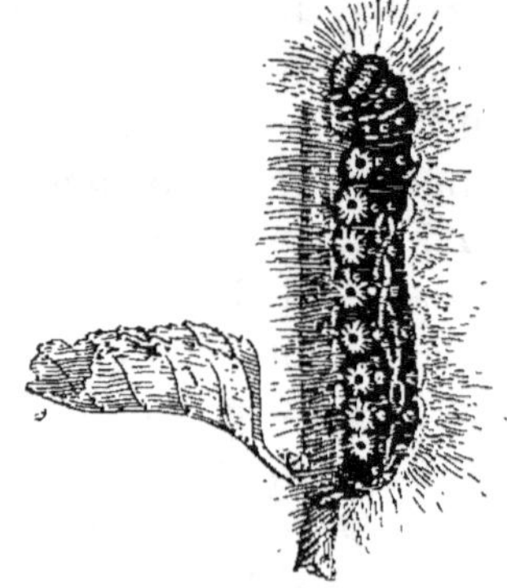

Fig. 287. Chenille du Bombyx auriflue.

Bombyx auriflue, *bombyx cul-doré* (*Bombyx auriflua*) (*fig.* 286 et 287). — Espèce très-voisine de la précédente ; elle en diffère par la présence de poils d'un beau jaune qui garnissent

l'extrémité de l'abdomen et qui servent aussi à la femelle à recouvrir ses œufs. Les mœurs de cet insecte sont semblables à
celles de l'espèce précédente. On a recours à l'emploi du même
moyen pour les détruire.

Bombyx disparate (Bombyx dispar) (fig. 288).— Les ailes du
papillon femelle sont d'un blanc grisâtre avec des lignes noirâtres

<table>
<tr><td>Fig. 288. Bombyx disparate.</td><td>Fig. 289. Chenille du Bombyx disparate</td></tr>
</table>

en zigzag, comme le montre notre figure. Ce papillon dépose
ses œufs (*fig.* 288) en août sur le tronc des arbres et les recouvre d'une sorte d'étoupe soyeuse ayant l'aspect de l'amadou.

Les chenilles (*fig.* 290) n'éclosent qu'en mai. Elles se retirent
dans les fentes de l'écorce, dans une feuille roulée, ou sous le
chaperon des murs pour se transformer en chrysalide (*fig.* 289)
qui éclôt vers la fin de juillet.

La chenille de ce bombyx est très-abondante et l'une des plus
voraces. Elle se nourrit des feuilles de presque toutes les espèces

et fait parfois de grands dégâts sur nos arbres fruitiers. Comme
moyen de destruction : enlever avec un grattoir sur le tronc des
arbres, depuis l'automne jusqu'au printemps, les paquets feutrés
qui renferment les œufs et les brûler.

Noctuelle fiancée (noctua pronuba). — Papillon assez grand,
remarquable par ses ailes supérieures grises marbrées de brun,

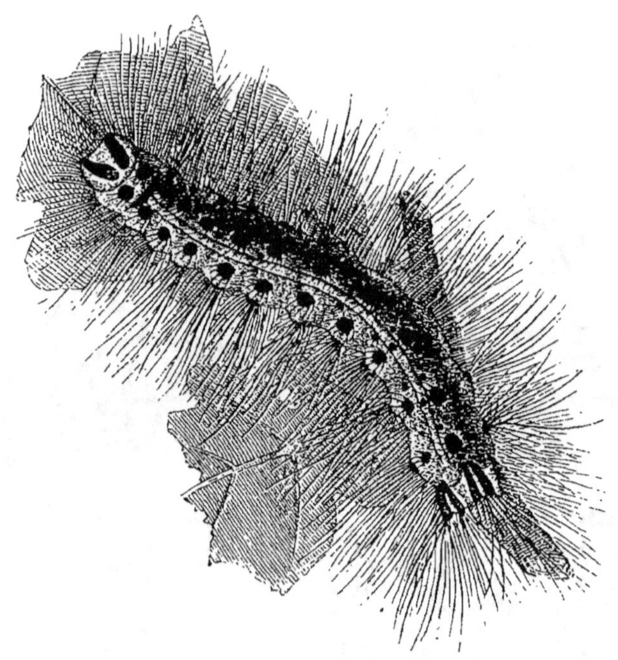

Fig. 290. Chrysalide du Bombyxe disparate.

et les inférieures d'un beau jaune rougeâtre avec une bande noire
presque marginale.

L'insecte parfait se montre du commencement de juillet au
milieu d'août. Les chenillettes éclosent dès la fin d'août et atteignent souvent les deux tiers de leur grosseur avant l'hiver. Pendant la mauvaise saison, elles se cachent sous les feuilles sèches,
la mousse. En faisant la taille d'hiver, nous en avons souvent
trouvé qui étaient engourdies et fortement appliquées sur les
arbres fruitiers au-dessous des enfourchures des branches.

Au réveil de la végétation, ces chenilles, de couleur grise et
assez grosses, recommencent leurs ravages en dévorant les jeunes

bourgeons jusqu'à la fin d'avril, époque à laquelle elles s'enfoncent dans le sol pour se transformer en chysalides.

Tâcher de détruire les papillons et surtout les chenilles qu'on trouve sur les arbres en faisant la taille d'hiver.

Pyrale des pommes et des poires (*Tortrix pomana*) (*fig.* 291). — Après la fécondation, le papillon femelle dépose un œuf dans l'œil du fruit nouvellement noué. Aussitôt éclose, la petite chenillette pénètre dans l'intérieur du jeune fruit. Devenue plus forte, elle se creuse une galerie sinueuse allant du centre à la

Fig. 291. Pyrale des pommes et des poires.

circonférence, où elle se ménage une ouverture pour rejeter ses excréments.

Les fruits attaqués par cette chenille continuent de s'accroître et présentent presque toujours les signes d'une maturité précoce. Ces fruits se détachent et tombent ; dès lors la chenille, qui est arrivée à sa grosseur, sort du fruit et se réfugie dans les fentes de l'écorce ou à la surface de la terre. Là, elle s'enveloppe d'une petite coque dans laquelle elle passe l'hiver. Au printemps suivant, elle se transforme en chrysalide, et le papillon éclôt en juin. — Pas d'autre moyen de destruction que d'enlever avec soin tous les fruits véreux, soit sur l'arbre, soit tombés, et de les écraser avec la chenille qu'ils renferment.

Teigne hémérobe (*Tinea hemerobiella*) (*fig.* 292). —Vers le mois de juillet, la femelle de ce très-petit papillon pond ses œufs à la face supérieure des feuilles du poirier. Ces œufs éclosent bientôt et les très-petites chenillettes s'introduisent au-dessous de l'épiderme. Là elles rongent le parenchyme de la feuille en suivant un mouvement circulaire et sans attaquer l'épiderme. Cette altération apparaît à l'extérieur sous forme de taches brunes plus ou moins nombreuses sur la même feuille et qui atteignent progressivement jusqu'à 0^m,008 de diamètre. Les petites chenilles sortent des feuilles lorsqu'elles ont atteint tout leur développement et vont se fixer sur les branches voisines enveloppées d'un

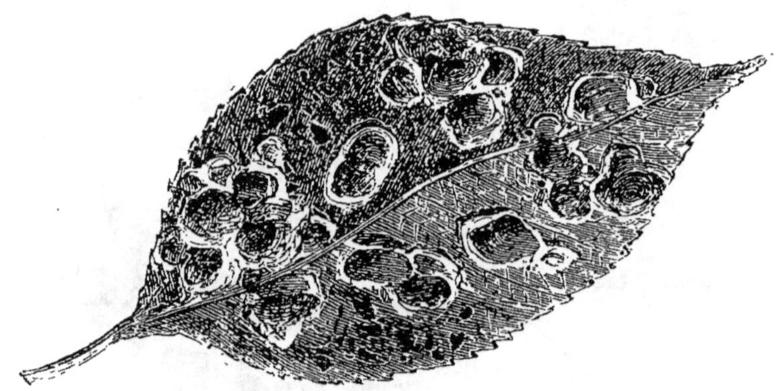

Fig. 292. Feuille de poirier attaquée par les larves de la Teigne hémérobe.

petit cocon dans lequel elles se transforment en chrysalides et passent l'hiver. C'est dès la fin d'avril que ces papillons éclosent et donnent lieu immédiatement à une seconde génération dont les ravages apparaîtront en mai et qui fournira les papillons qui écloront en juin.

Le seul moyen de destruction à employer contre cette teigne, souvent désastreuse pour les poiriers, consiste à couper et à brûler toutes les feuilles atteintes, et cela à deux époques de l'année, en mai et en juillet.

Récolte des fruits. — *Degré de maturité.* — La récolte des poires est effectuée lorsqu'elles présentent un degré suffisant de maturité. Quant au moment précis, il varie suivant les variétés.

Celles qui mûrissent en été ou en automne doivent être cueillies huit ou douze jours avant leur maturité absolue, c'est-à-dire avant le moment où elles se détachent d'elles-mêmes des arbres. Ces fruits renferment alors les éléments nécessaires pour accomplir leur maturation, car celle-ci n'est plus alors qu'une réaction chimique, indépendante, en quelque sorte, de l'action vitale. En les séparant de l'arbre à ce moment, on les prive de la séve des racines, on les force d'élaborer plus complétement celle que contiennent leurs tissus, le principe sucré est moins étendu d'eau, et ils sont plus savoureux. L'instant où ces fruits peuvent être récoltés est indiqué par la teinte jaune que prend le côté opposé au soleil.

Les fruits qui ne mûrissent qu'en hiver doivent être récoltés dès qu'ils ont acquis tout leur développement, et aussitôt la fin de la végétation, c'est-à-dire de la fin de septembre à la fin d'octobre, suivant les variétés, les années et le climat. L'expérience a démontré que ces fruits laissés sur l'arbre après leur croissance se conservent ensuite moins facilement ; ils deviennent d'ailleurs moins parfumés et moins sucrés, parce qu'à partir de ce moment la température est ordinairement trop basse pour que les nouveaux fluides qui arrivent dans leurs tissus puissent y être suffisamment élaborés Si, au contraire, on les récolte avant leur complet développement, ils se rident et mûrissent très-difficilement. Il est également utile de les recueillir en deux fois sur le même arbre ; on détachera d'abord les fruits placés sur la moitié inférieure ; puis, huit ou dix jours après, on prendra ceux du sommet, dont l'accroissement s'est prolongé un peu plus longtemps sous l'influence de l'action de la séve, qui n'abandonne qu'en dernier lieu cette partie de l'arbre. Par la même raison, on récolte les fruits des arbres en plein vent après ceux en espalier, et ceux des jeunes arbres après ceux des arbres plus âgés, etc. Au surplus, le moment précis est indiqué, pour chaque fruit, par la facilité avec laquelle il se détache lorsqu'on le soulève un peu.

Moment favorable. — On choisit, autant que possible, pour faire la récolte, un temps sec, un ciel découvert, et l'on opère depuis midi jusqu'à quatre heures. Les fruits sont alors chargés d'une moins grande quantité d'humidité, ils ont une saveur plus prononcée, et ceux qui sont destinés à être conservés se gardent mieux. Cette règle s'applique à tous les fruits.

Mode de récolte. — La meilleure méthode consiste à détacher les fruits un à un et à la main. On doit tâcher de ne leur faire éprouver aucune pression, car chacune des foulures détermine une tache brune qui donnent lieu à la pourriture.

Quant aux fruits placés au sommet des arbres, hors de la portée de la main, on a imaginé plusieurs instruments plus ou moins ingénieux pour les cueillir sans le secours d'une échelle ; mais aucun n'opère d'une manière bien satisfaisante : il en résulte un travail trop lent, ou bien les fruits, ainsi détachés, sont plus ou moins meurtris et ne peuvent être conservés. Il est donc plus

Fig. 293. Panier pour récolter les fruits.

Fig. 294. Bourrelet pour supporter le panier.

convenable de se servir tout simplement d'une échelle pour arriver jusqu'aux fruits trop élevés.

A mesure que les fruits sont détachés de l'arbre, on les dépose dans un panier semblable à celui dont se servent les cultivateurs de Montreuil (*fig.* 293) ; il présente une longueur de 0^m,65 sur 0^m,48 de largeur et 0^m,25 d'élévation. On garnit le fond d'une tapisserie ; les fruits y sont posés un à un, et l'on n'en superpose que trois rangs séparés par une certaine quantité de feuilles. Quand le panier est suffisamment rempli, on le transporte sur la tête, au moyen d'un bourrelet (*fig.* 294), dans un local spacieux, aéré, où les fruits sont déposés sur une table couverte de mousse bien sèche. Là, les fruits d'été ou d'automne achèvent leur maturation. Quant aux fruits d'hiver, ils reçoivent les soins de conservation dont il nous reste à parler.

Conservation. — La conservation des fruits est une question intimement liée à celle du jardin fruitier. Nous avons vu, en effet, que celui-ci doit fournir, *pendant chacun des mois de l'année*, la même quantité des meilleurs fruits possible. Nous avons dit, il est vrai, qu'on peut obtenir ce résultat en plantant un nombre égal de variétés mûrissant leurs fruits pendant chaque mois de l'année ; mais ce moyen sera insuffisant si l'on n'emploie pas un mode de conservation qui place dans les conditions les plus convenables les fruits dont la maturité peut être retardée jusqu'au printemps, et même jusqu'au commencement de l'été, époque à laquelle les variétés les plus précoces commencent à donner de nouveaux produits. Cette question offre donc un grand intérêt, non-seulement pour celui qui consomme les fruits qu'il produit, mais encore pour celui qui en fait un objet de spéculation, puisqu'ils ont d'autant plus de valeur qu'on peut les vendre plus tard.

Les soins de conservation ne s'appliquent guère qu'aux fruits qui mûrissent en hiver. Le but est : 1° de les soustraire à l'influence des gelées qui les désorganiseraient complétement ; 2° de faire que la maturation s'effectue si lentement, qu'on arrive à la prolonger, pour une partie des fruits, jusqu'à la fin du mois de mai de l'année suivante : car, quoi qu'on fasse, la décomposition succède toujours assez rapidement à une maturité complète. Ces deux résultats sont obtenus d'une manière plus ou moins complète suivant le mode de construction du local où ces fruits sont réunis, et auquel on donne le nom de *fruitier* ou mieux de *fruiterie*, puis aussi aux soins qu'y reçoivent les fruits.

De la fruiterie. — L'expérience a démontré que la fruiterie donne des résultats d'autant plus satisfaisants, qu'elle remplit plus complétement les six conditions suivantes :

1° *Une température constamment égale.* — En effet, c'est surtout par les changements de température qui dilatent ou raréfient les liquides renfermés dans les fruits que la fermentation peut y être excitée et l'organisation intérieure à peu près détruite.

2° *Une température de 8 ou 10° centigrades au-dessus de zéro.* — Une température plus élevée favoriserait trop la fermentation. Si elle était abaissée au-dessous de zéro, la fermentation ne pouvant avoir lieu, la maturation resterait complétement stationnaire.

3° *Que la fruiterie soit complétement privée de l'action de la lumière.* — Cet agent accélère la maturation en facilitant les réactions chimiques.

4° *Que l'atmosphère de la fruiterie ne renferme que la quantité d'oxygène rigoureusement nécessaire pour qu'on puisse y pénétrer sans danger, et que l'on y conserve tout l'acide carbonique dégagé par les fruits.* — On sait, en effet, que la présence de l'oxygène est indispensable pour que la fermentation et par conséquent la maturation puissent avoir lieu. En en diminuant la proportion, on rendra donc la maturation moins prompte. Quant à l'acide carbonique, il semble, d'après les expériences de Couverchel, concourir assez puissamment à la conservation des fruits.

5° *Que cette atmosphère soit plutôt sèche qu'humide.* — L'humidité est aussi une des conditions nécessaires à la fermentation dans les fruits; elle diminue la résistance des tissus et favorise l'épanchement des liquides ; il est donc convenable d'éviter son accumulation dans la fruiterie; mais il ne faudrait pas toutefois que ce local fût par trop sec, car les fruits, perdant alors par leur surface une quantité notable de leurs fluides aqueux, se rideraient, se dessécheraient et ne mûriraient plus.

6° *Que les fruits soient placés de telle sorte qu'on diminue autant que possible la pression qu'ils exercent sur eux-mêmes.* — Cette pression résulte de leur propre poids lorsqu'on laisse longtemps des fruits un peu volumineux supportés par un coup dur. En effet, si cette pression est continue, elle détermine la rupture des vaisseaux et des cellules vers les points où elle s'exerce ; les divers fluides se confondent, et ce mélange favorise les réactions.

Voici maintenant comment nous proposons de construire la fruiterie pour qu'elle remplisse ces conditions.

On choisira un terrain très-sec, un peu élevé et placé à l'exposition du nord. Les dimensions du local seront déterminées par la quantité de fruits à conserver; celui dont nous donnons le plan (*fig.* 295 et 296) présente une longueur intérieure de 5 mètres sur 4 de large et 3 d'élévation. On peut y placer 8,000 fruits, en admettant que chacun d'eux occupe un espace de $0^m,10$ carrés.

Le plancher est à $0^m,70$ au-dessous du sol environnant : si le terrain est bien sec, on pourra descendre jusqu'à 1 mètre. Cette disposition permettra de défendre plus facilement l'atmosphère de la fruiterie contre l'influence de la température extérieure.

Pour empêcher l'eau des pluies de s'accumuler dans le sol placé près des murs et de s'infiltrer dans la fruiterie, on donne à la

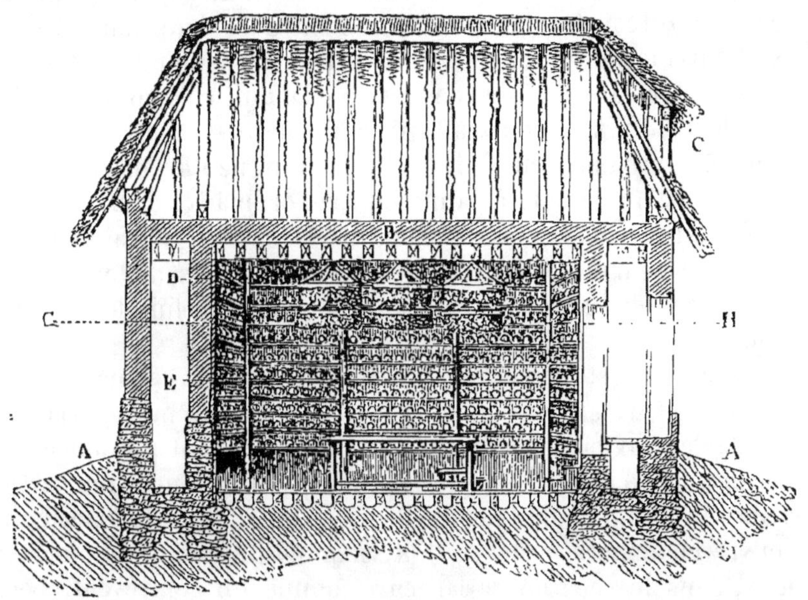

Fig. 295. Élévation de la fruiterie, suivant la ligne KL, de la figure 296.

surface environnante (A, *fig.* 295) une pente opposée aux

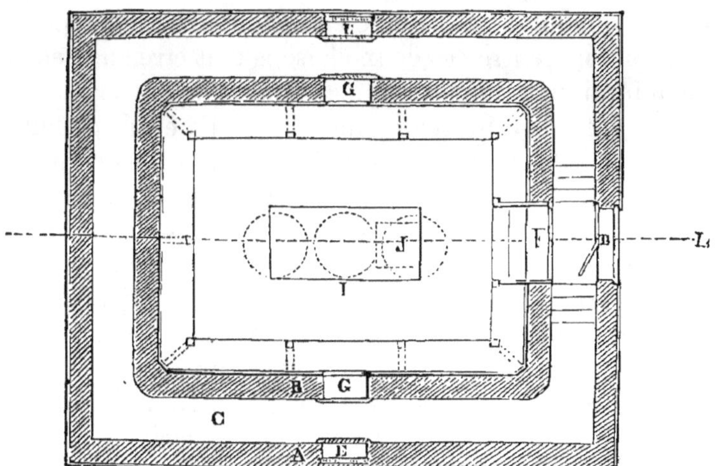

Fig. 296. Plan de la fruiterie, suivant la ligne GH, de la figure 295.

murs. Ceux-ci sont en outre construits en ciment jusqu'au-dessus du sol.

La fruiterie est entourée de deux murs (A et B, *fig.* 296) laissant entre eux un espace vide et continu (C) de 0^m,50 de large ; cette couche d'air interposée entre les deux murs est un excellent moyen de soustraire l'intérieur à l'action de la température extérieure. Ces deux murs, présentant chacun une épaisseur de 0^m,33, sont construits avec une sorte de mortier ou pisé formé de terre argileuse, de paille et d'un peu de marne. Cette matière est préférable à la maçonnerie ordinaire, d'abord parce qu'elle est moins bon conducteur de la chaleur, ensuite parce qu'elle coûte moins cher. Ces murs sont disposés de telle sorte, que le sol du couloir (C) soit au niveau de celui de la fruiterie.

L'enceinte est percée de six ouvertures, trois dans le mur extérieur et trois dans le mur intérieur. Celles du mur extérieur, semblables aux ouvertures du mur intérieur, sont pratiquées en face de celles-ci. Ces ouvertures se composent, pour le mur extérieur : 1° d'une double porte (D, *fig.* 296) : la porte extérieure s'ouvre en dehors, celle de l'intérieur en dedans et se ploie en deux, dans le sens de sa largeur, comme un contrevent. Lors des fortes gelées, on tasse de la paille dans le vide laissé entre ces deux portes ; 2° de deux guichets (E) de 0^m,50 carrés, placés de chaque côté, s'ouvrant à 1^m,50 du sol, et fermés par une double cloison dont l'une s'ouvre en dehors et l'autre en dedans. L'espace compris entre ces deux cloisons doit être aussi soigneusement rempli de paille au commencement de l'hiver.

Le mur intérieur présente une porte (F) et deux guichets (G) ; mais ici la porte est simple ; les guichets sont aussi fermés par deux cloisons : celle du dehors est à coulisse, celle du dedans s'ouvre en dehors. Aussitôt que les fruits sont réunis dans la fruiterie, on doit, pour empêcher l'air du couloir de pénétrer dans l'intérieur, coller des bandes de papier sur les jointures des guichets. Ces guichets sont destinés seulement à laisser pénétrer dans l'intérieur l'air et la lumière, afin de pouvoir nettoyer et aérer facilement la fruiterie avant d'y rentrer la récolte. Nous verrons tout à l'heure qu'il est facile de se débarrasser de l'humidité intérieure, déterminée par la présence des fruits, sans qu'il soit besoin d'avoir recours à des courants d'air.

Le plafond (B, *fig.* 295) se compose de solives entre lesquelles

on tasse de la mousse maintenue par des lattes. Les solives sont
surmontées d'une couche de pisé semblable aux murs ; le tout
présentant une épaisseur de 0^m,33. Ce mode de construction est
indispensable pour empêcher l'influence de la température extérieure de se faire sentir à travers ce plafond.

Ce plafond est surmonté d'une toiture en chaume, épaisse
d'au moins 0^m,33. On réserve dans cette toiture une lucarne
(C) qui permet d'utiliser le grenier. Cette lucarne doit être soigneusement fermée.

Le sol de la fruiterie est formé d'une couche d'asphalte. Les
parois et même le plafond doivent recevoir un lambris de sapin.
Ces précautions concourent encore à maintenir dans l'intérieur
une température égale et une atmo-
sphère exempte d'humidité.

Toutes les parois sont garnies, depuis 0^m,50 du sol jusqu'au plafond,
de tablettes en sapin destinées à recevoir les fruits. Elles sont placées à
0^m,25 les unes des autres, et présentent une largeur de 0^m,50. Afin qu'on
puisse voir à la fois tous les fruits
rangés sur ces tablettes, on donne aux
plus élevées (D, *fig.* 295) une inclinaison de 45° environ. Cette pente
diminue à mesure que l'on descend,
jusqu'à ce que, arrivées à 1^m,50 du

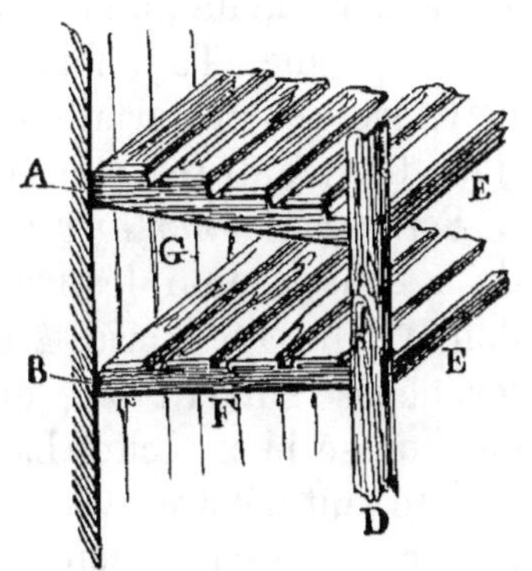

Fig. 297. Tablettes horizontales
et inclinées de la fruiterie.

sol, les tablettes (E, *fig.* 295) se trouvent placées horizontalement.
Toutes les tablettes inclinées en avant présentent la forme d'un
gradin (A, *fig.* 297) ; chaque degré offre une largeur de 0^m,10
environ, et est muni d'un petit rebord de 0^m,02 de saillie.
Afin que l'air puisse circuler librement de bas en haut entre ces
tablettes, on laisse libre le derrière de chacun des degrés disposés en gradin. Quant à ceux placés horizontalement (B), on
atteint le même but en les formant à l'aide de feuillets larges de
0^m,10, et suffisamment espacés entre eux. Ces diverses tablettes,
fixées contre le lambris à l'aide de tasseaux, sont soutenus en
avant par des montants (D), placés à 1^m,50 les uns des autres.
Des traverses (E), attachées sur ces montants, supportent des
tringles horizontales (F) ou obliques et taillées en crémaillère

(G), suivant la disposition des tablettes, et sur lesquelles s'appuient ces dernières sur toute leur largeur.

Au centre de la fruiterie nous avons réservé une table (I, *fig.* 296) longues de 2 mètre et large de 1 mètre, isolée des tablettes par un espace de 1 mètre. Le dessus de cette table, destiné à recevoir momentanément des fruits, est entouré d'un rebord semblable à celui des tablettes. Le dessous est pourvu de trois tablettes horizontales disposées comme les précédentes.

Il arrive parfois qu'on peut éviter une notable partie des frais de construction de la fruiterie. Si, par exemple, on peut disposer d'une cave placée sous terre, ou mieux d'une grotte creusée dans le roc, on en profite pour y établir la fruiterie. On n'a alors à s'occuper que de l'aménagement intérieur, qui doit toujours rester le même. Toutefois il est indispensable que cette cave ou cette grotte soit parfaitement sèche et bien abritée de l'influence de la température extérieure.

Soins à donner aux fruits dans la fruiterie. — Le succès de la conservation des fruits dépend encore des soins qu'on leur donne dans la fruiterie. A mesure que les fruits y sont rentrés, on les dépose sur la table, que l'on a couverte d'une petite couche de mousse bien sèche. Là, on trie, et l'on met à part chaque variété ; on sépare avec soin tous les fruits tachés et meurtris qui ne se conserveraient pas, puis on abandonne les fruits sains sur la table pendant deux ou trois jours afin de leur laisser perdre une partie de leur humidité.

Après ces quelques jours, on répand sur chaque tablette une petite couche de mousse sèche ou de coton, on essuie les fruits doucement avec un morceau de flanelle, et on les range en laissant entre chacun d'eux un espace de $0^m,01$ et en réunissant ensemble les variétés semblables.

Lorsque tous les fruits sont ainsi disposés, on laisse les portes et les guichets ouverts pendant le jour, à moins qu'il ne fasse un temps humide. Huit jours d'exposition à l'air sont nécessaires pour enlever aux fruits l'humidité surabondante qu'ils renferment. Après quoi on ferme hermétiquement toutes les issues, et les portes ne sont plus ouvertes que pour le service intérieur.

Jusqu'à présent, on n'a employé d'autre moyen, pour enlever l'humidité répandue par les fruits dans la fruiterie, que de déterminer des courants d'air plus ou moins intenses. Ce procédé présente des inconvénients assez graves. Et d'abord, on permet ainsi à la température intérieure de s'équilibrer avec celle du dehors, ce qui produit le plus souvent un changement de tempéture nuisible dans la fruiterie. D'un autre côté, on introduit à l'intérieur un air beaucoup moins chargé d'acide carbonique : ce qui n'est pas moins fâcheux ; puis les fruits se trouvent momentanément éclairés, ce qui hâte aussi leur maturation. Enfin ce procédé, tout vicieux qu'il est, ne peut encore être mis en pratique qu'autant que la température extérieure n'est pas au-dessous de zéro et que le temps est sec. Or, comme pendant l'hiver le contraire a presque toujours lieu, il s'ensuit que l'on est obligé d'abandonner les fruits à l'humidité nuisible de la fruiterie.

Pour faire disparaître cette cause de non-succès, nous conseillons l'emploi du *chlorure de calcium*, qu'il ne faut pas confondre avec le *chlorure de chaux*. Cette substance, d'un prix très-modique, a la propriété d'absorber une si grande quantité d'humidité (environ le double de son poids), qu'elle devient déliquescente après avoir été exposée, pendant un certain temps, à l'influence d'un air humide. On peut donc facilement s'expliquer comment ce sel, introduit dans la fruiterie en quantité suffisante, absorbera constamment l'humidité dégagée par les fruits, et maintiendra l'atmosphère dans un état de siccité convenable. La chaux vive présente bien aussi, en partie, la même propriété d'absorption de l'humidité, mais son emploi n'offrirait pas les mêmes avantages ; car, cette matière se combinant très-promptement avec l'acide carbonique de l'air, elle absorberait tout ce gaz, dont la présence est nécessaire à la conservation des fruits ; elle n'absorbe pas d'ailleurs la même quantité d'humidité.

Pour employer le chlorure de calcium, on construit une sorte de caisse en bois (A), doublée de plomb (*fig.* 298), présentant une surface de 0^m,50 carrés, et une profondeur de 0^m,10. Elle doit être élevée à 0^m,40 du sol environ, sur une petite table (B) présentant, sur l'un de ses côtés, en C, une pente de 0^m,05. Au milieu, du côté le plus bas de la caisse, on réserve une petite ouverture ou déversoir (D). Ce petit appareil étant placé dans la fruiterie sous l'un des bouts de la table (J, *fig.* 296), on y répand du chlorure de calcium bien sec, en morceaux poreux et non fondus, sur une épaisseur d'environ 0^m,08. A mesure qu'il se liquéfie, le liquide s'écoule par le déversoir et tombe dans un vase de grès placé au-dessous. Si la quantité de chlorure employée est entièrement liquéfiée avant la consommation totale des fruits, on en ajoute une nouvelle dose. Il suffira d'environ 20 kil. de ce sel, employé en trois fois, pour enlever à la fruiterie toute l'humidité nuisible. Le liquide qui résulte de cette opération doit être soigneusement conservé dans des vases en grès, couverts avec soin jusqu'à l'année suivante. A cette époque, lorsque la fruiterie est de nouveau

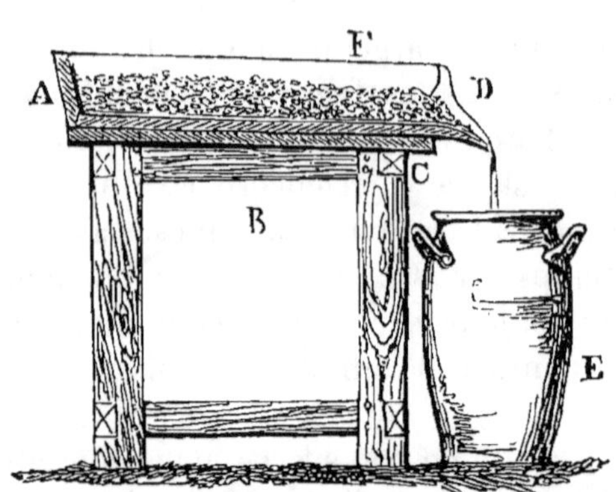

Fig. 298. Appareil pour recevoir le chlorure de calcium dans la fruiterie.

remplic, on verse ce liquide dans un vase de fonte, on le place sur le feu, et l'on fait évaporer jusqu'à siccité. Le résidu est encore du chlorure de calcium, que l'on peut employer chaque année de la même manière.

La fruiterie doit être visitée tous les huit jours, pour enlever tous les fruits qui commencent à se gâter, et mettre à part ceux qui sont mûrs. On examinera aussi si l'épiderme des fruits est bien distendu ; dans ce cas on renouvellera le chlorure de calcium s'il est complétement liquéfié. Si au contraire les fruits commencent à se rider, c'est que l'atmosphère deviendra trop sèche, alors on enlèvera le chlorure.

DU POMMIER

Le *Pommier commun* (*malus communis*, Linn.) (*fig.* 299 et 300) est un arbre fruitier presque aussi important que le poirier. Ses fruits mûrissent à des époques très-variées, ce qui permet d'en consommer pendant toute l'année, crus ou cuits. Leur consistance se prête parfaitement au transport et leur ouvre le commerce d'exportation. Toutefois le pommier ne s'accomode pas de climats aussi variés que le poirier, et l'acidité de ses fruits convient moins à un certain nombre d'estomacs. Aussi les pommes ont-elles généralement moins de valeur que les poires.

On trouve le pommier à l'état spontané dans toutes les parties tempérées de l'Europe, de l'Asie et de l'Afrique. L'origine de la culture du pommier paraît remonter à la plus haute anti-

Fig. 299. Fleur du pommier
   Reinette du Canada.

Fig. 300. Pommier Reinette du Canada.

quité. On parle souvent du fruit de cet arbre dans l'histoire sacrée et dans l'histoire profane. Les hommes les plus célèbres de l'ancienne Rome ne dédaignèrent pas la culture du pommier, et plusieurs donnèrent leurs noms aux espèces qu'ils firent connaître. C'est ainsi qu'on avait à Rome des variétés de pommes connues sous les noms de Manliennes, de Claudiennes, d'Appiennes. Les Romains n'en connaissaient toutefois qu'une vingtaine de variétés, dont quelques-unes, comms l'*api*, sont encore cultivées dans nos jardins.

Variétés. — Les diverses sortes de pommes que nous cultivons aujourd'hui ont toutes pour type primitif le *pommier commun (malus communis)*. C'est par suite de semis successifs et des soins de sa culture que cet arbre sauvage qui ne donnait que de petits fruits de la grosseur d'une noix et d'une saveur repoussante, ont fini par produire les magnifiques et excellentes pommes que nous récoltons aujourd'hui. Cet arbre a donné lieu à un nombre considérable de variétés que l'on augmente sans cesse au moyen de semis, et que l'on multiplie ensuite par la greffe, lorsqu'elles présentent quelques qualités remarquables. L'étude spéciale que nous avons faite de ces diverses variétés, surtout au point de vue de la production du cidre, nous permet de porter, sans hésiter, le nombre de ces variétés à plus de cinq mille. On peut les partager en deux grandes séries : les pommiers à fruits à cidre et ceux à fruits de table ; nous n'avons à parler ici que des seconds [1]. Nous donnons ci-contre la liste des meilleures variétés de ces arbres pour chaque mois de l'année. Tous ces fruits sont également bons crus ou cuits.

LISTE

des meilleures variétés de pommiers à fruits de table, pour chaque mois de l'année.

NOMS DES VARIÉTÉS.	SYNONYMIE.	DURÉE de la MATURITÉ.	ORIGINE DES VARIÉTÉS et OBSERVATIONS DIVERSES
Calville rouge d'été.	*Pomme-Madeleine* . *Passe-pomme rouge* (à Rouen). . . .	Août.	Elle mûrit à la Madeleine.
Borowistki. . . .	. . . .	Fin d'août. .	
Monstrous pippin.	. . . .	Septembre et octobre. . .	Obtenue en Angleterre ; introd. en France en 1857.
Louis XVIII. . .	*Belle-Dubois*. . . . *Rhode-Island's*. . . *Gloria mundi*. . . . *Pater noster*. . . .	Octobre. . .	Envoyée des États-Unis à la Société d'horticulture de Paris, par M. Alfroy fils.
Quatre - Goûts côtelée. . . .	*Pomme violette*. . . *Calville rouge d'automne*. . . . . *Pomme grelot ou sonnette*.	Octobre et novembre. .	Saveur de violette ; pepins se détach. dans les loges, et produisant du bruit lorsqu'on agite le fruit.
Calville Saint - Sauveur . . .	. . . .	Novembre. .	Obtenue par M. Despréaux de Saint-Sauveur, à Esquennoy, près Breteuil (Oise), vers 1843.

[1] Nous renvoyons pour les *pommiers à fruits à cidre* à notre *Traité spécial des arbres et arbrisseaux à fruits propres aux boissons fermentées.*

NOMS DES VARIÉTÉS.	SYNONYMIE.	DURÉE de la MATURITÉ.	ORIGINE DES VARIÉTÉS et OBSERVATIONS DIVERSES.
Belle-Joséphine.	*Ménagère*	Novembre.	Importée d'Amérique vers 1800, par le comte Lelieur, et dédiée à l'impératrice Joséphine.
Alexandre. . . .	. . . .	Novembre et décembre.	
Brabant belle fleur. . . .	. . . .	Novembre et décembre. .	Obtenue en Belgique ; introd. en France en 1850.
Court pendu gris	. . . .	Novembre et décembre.	
Reinette dorée .	*Golden pippin* . . . *Rousse jaune tardive.*	Novembre à mars. . . .	Se garde souvent jusqu'en mars.
Fenouillet gris.	. . . .	Novembre et décembre.	
Pigeon d'hiver..	*Gros pigeon.* . . . *Pigeon de Rouen.* . .	Décembre à février.	
Lincous pippin.	. . . .	Décembre à février.	
Reinette de Hollande.	*Reinette d'Anhesieur.* . . . . . *Reinette Menour.* .	Décembre à février.	
Reinette de Cussy.	. . . .	Décembre à février.	
Reinette, reine des reinettes.	*Queen of the pippin.*	Décembre à février.	
Reinette du Canada.	. . . .	Décembre à mars.	
Reinette du Canada grise . .	. . . .	Décembre à mars.	
Calville blanc d'hiver. . . .	*Bonnet carré.* . . .	Janv. à mars.	
Calville rouge d'hiver. . . .	*Calville rouge de Normandie.* . . . *Cœur de bœuf* . . .	Janv. à mars.	
Bedfordshire Foundling. . .	. . . .	Janv. à mars.	Obtenue en Angleterre ; introd. en France en 1836.
Api..	. . . .	Janv. à mars.	
Reinette de Caux	. . . .	Févr. à mai.	Très-abondamment cultivée dans le pays de Caux (Normandie).
Reinette franche à côtes. . . .	. . . .	Févr. à mai.	
Reinette franche ordinaire. . .	. . . .	Févr. à mai.	Se conserve souvent jusqu'en août.
Reinette grise haute bouté . .	*Reinette de Rouen.*	Févr. à mai.	Se conserve souvent jusqu'en juillet.

On peut faire, à l'égard de cette liste, les deux remarques suivantes : c'est d'abord le très-petit nombre de pommes de première qualité qu'on peut compter au milieu de l'énorme quantité de variétés que l'on cultive ; puis, en second lieu, que les meilleures pommes appartiennent toutes à des variétés dont l'origine se perd dans la nuit des temps. On n'en compte pas ou presque pas parmi les variétés d'obtention plus ou moins récente.

Climat. — Le pommier redoute les climats secs et brûlants. Il réussit sous un climat un peu froid et surtout brumeux et humide. C'est en effet dans ces conditions que sont placés les immenses vergers de pommiers de la Normandie, de l'Auvergne, des Cévennes, de la montagne Noire, de l'Angleterre, etc., qui donnent de si beaux et de si bons produits.

Sol. — Le pommier réussit mal dans les argiles compactes, dans les calcaires et dans les terrains très-siliceux. Il ne prospère que dans les sols de consistances moyennes un peu graveleux et suffisamment humides, à la condition toutefois que cette humidité ne soit pas stagnante et qu'elle résulte d'eau suffisamment oxygénée. Aussi les pommiers se plaisent-ils particulièrement dans les terrains de transport qui existent à la base des montagnes et qui sont traversés par les eaux qui s'écoulent des terrains supérieurs.

Multiplication. — Nous n'avons pas à nous occuper ici de l'élève du pommier dans la pépinière, ni de sa plantation à demeure dans le jardin fruitier, lorsqu'on choisit pour cela des arbres greffés. Ces soins ont été examinés précédemment aux pages 211 et 243. Étudions seulement les opérations nécessaires pour planter de jeunes sujets dans le jardin fruitier et les greffer ensuite.

Le pommier peut être greffé sur trois sortes de sujets : le *pommier franc*, le *pommier doucin*, le *pommier de paradis*. Le choix à faire entre eux est déterminé par la forme à donner aux arbres, et par la nature du sol.

Le *pommier franc*, obtenu au moyen du semis des pepins, est le sujet qui imprime aux arbres la plus grande vigueur. La première fructification se fait attendre assez longtemps ; mais les arbres qu'il produit présentent une très-longue durée. On le choisit exclusivement pour former des arbres à haut vent, quelle que soit la nature du sol.

Le *pommier doucin* est une variété obtenue originairement au moyen des semis et qu'on continue de multiplier dans les pépinières au moyen des boutures et du marcottage. Cette sorte de sujet, un peu moins vigoureux que le premier, vit aussi un peu moins longtemps ; mais la mise à fruit des arbres qu'on en obtient est plus prompte. On choisit le doucin pour greffer, dans tous les terrains, les pommiers destinés à former des vases ou gobelets, des espaliers ou des contre-espaliers ; on choisit aussi ce sujet pour faire des pommiers nains dans les terrains secs.

Le *pommier de paradis* est une autre variété obtenue aussi de semis et qu'on multiplie comme le doucin. Il donne lieu aux sujets les moins vigoureux. Il est exclusivement employé pour former des pommiers nains, auxquels il donne son nom. Ces petits arbres, très-fertiles, produisent dès la troisième année de greffe. Les fruits sont très-remarquables par leur grosseur ; mais ces arbres ne vivent que pendant un petit nombre d'années.

Les motifs qui font adopter l'un ou l'autre de ces sujets doivent être pris en considération, non-seulement lorsqu'il s'agit de greffer les sujets dans le jardin fruitier, mais encore lorsqu'on plante des arbres greffés.

Pour se procurer ces divers sujets dans le jardin fruitier, on achète dans les pépinières des boutures ou des marcottes de doucin ou de paradis âgées d'un an.

Si la végétation de ces sujets est vigoureuse, on pourra les greffer en écusson Vitry dès le mois d'août suivant. S'ils sont encore trop faibles à cette époque, on retardera l'opération d'une année. Lorsqu'au printemps qui suit cette sorte de greffe on remarque qu'elle n'a pas réussi sur certains sujets, on la remplace par la greffe en fente anglaise ou par celle en couronne perfectionnée.

CULTURE DU POMMIER DANS LE JARDIN FRUITIER.

La culture du pommier dans les jardins fruitiers ne diffère nullement de celle du poirier. Nous ne pourrions donc que répéter ici ce que nous avons dit, à cet égard, pour le poirier. Nous ferons toutefois les observations suivantes :

Et d'abord presque toutes les variétés de pommiers peuvent être placées en espalier ; mais le plein vent, soit en vase ou en buisson sur paradis, soit en contre-espalier, leur est plus favorable. Cette espèce redoute, plus que le poirier, les expositions chaudes ; il lui faut un air vif et un peu humide. Toutefois quelques variétés, telles que la *Reinette du Canada*, le *Calville blanc*, l'*Api*, etc., supportent plus facilement la chaleur et pourront être placées en espalier, mais de préférence à l'exposition de l'ouest.

Le mode de végétation et de fructification du pommier sont les mêmes que ceux du poirier. Tout ce que nous avons dit à l'égard de la taille qui convient à ce dernier arbre s'applique donc également au pommier.

Nous devons cependant faire observer que le pommier, poussant en général moins vigoureusement que le poirier, les rameaux qui prolongent les branches de charpente ont besoin d'être taillés un peu plus courts pour obtenir le développement des bourgeons jusqu'à leur base.

Fig. 301. Pommiers de paradis soumis à la forme en cordon horizontal bilatéral.

Toutes les formes de charpentes décrites pour le poirier conviennent également au pommier. Ainsi, pour les arbres en espalier, la *Palmette Verrier*, les *cordons obliques ou verticaux* suivant la hauteur des murs; pour les arbres en plein air, le *gobelet à branches croisées*, le *contre-espalier double en cordon vertical*, la *colonne*. Toutefois, le pommier s'accommode parfaitement de la forme en *cordons horizontaux*. Ces cordons, bordant toutes les plates-bandes du jardin fruitier, et occupant ainsi un emplacement qu'on n'utiliserait pas autrement, pourront présenter une longueur totale suffisante pour donner la quantité de pommes dont on peut avoir besoin. Nous conseillons donc d'adopter généralement pour le pommier cultivé dans le jardin fruitier la forme en *cordons horizontaux* que nous allons décrire.

Pommiers en cordon horizontal. — Les pommiers en cordon horizontal peuvent être soumis à deux dispositions différentes que nous devons examiner séparément.

Cordon horizontal bilatéral (fig. 301). — Cette forme n'est

pas nouvelle. Elle existait déjà en 1818 chez M. Bertrand, pépiniériste à Auxerre.

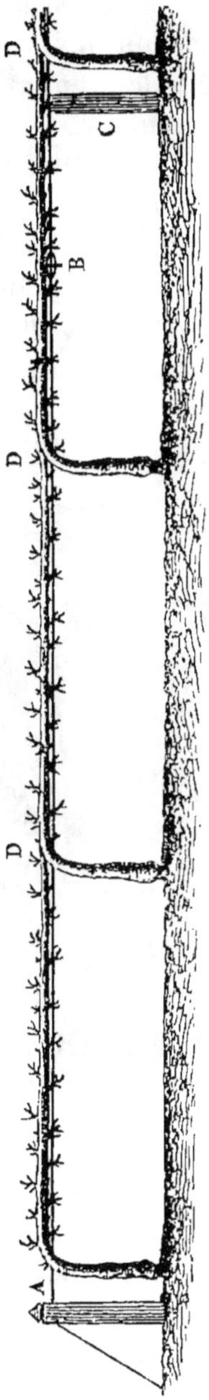

On procède de la manière suivante pour
former ces cordons : planter de jeunes arbres
de 2 ans de greffe, greffés sur paradis ou sur
doucin, ce dernier sujet seulement pour les
terrains secs et brûlants. Choisir des arbres
portant deux rameaux d'égale force opposés
l'un à l'autre et à 0^m,40 au-dessus de la
greffe. Planter ces arbres en ligne, à 0^m,25
du bord de la plate-bande, et de façon que
ces deux rameaux soient dirigés parallèlement à la ligne de plantation. Réserver entre
ces arbres un intervalle de 1^m,50 s'ils sont
greffés sur paradis, et de 2 mètres s'ils sont
greffés sur doucin. Tendre au-dessus de la
ligne, et à 0^m,40 du sol, un fil de fer galvanisé n° 14. Couper, lors de la plantation,
le tiers de la longueur des deux rameaux,
puis les abandonner à eux-mêmes jusqu'au
moment de la taille de l'année suivante.
Alors abaisser les deux bras dans une position horizontale et les fixer sur le fil de fer.
Pratiquer sur tous les bourgeons latéraux les
diverses opérations destinée à les transformer
en rameaux à fruits, et favoriser le plus possible le développement du bourgeon terminal
de chaque bras. Laisser ce dernier se redresser librement pendant tout le temps de
la végétation et coucher horizontalement,
l'hiver suivant, le rameau qui en résulte,
sauf l'extrémité qu'on doit relever suivant
l'angle d'environ 45° pour aider à son allongement. Répéter les mêmes opérations chaque
année, en laissant toujours chacun des nouveaux prolongements des bras sans les tailler.
La position horizontale dans laquelle on les
place suffit pour faire développer en bourgeons tous les boutons
qu'ils portent. Lorsque les cordons commencent à se joindre,

Fig. 502. Pommiers soumis à la forme en cordon horizontal unilatéral.

tailler chaque année leur extrémité, comme nous l'indiquons au
chapitre des principes généraux de la taille, page 284.

Cordon horizontal unilatéral (fig. 302). — Cette disposition
diffère de la première en ce que chacun des arbres se compose
d'un seul bras, et que ces bras, dirigés tous du même côté, se
greffent les uns sur les autres. On procède ainsi à la formation
de ces cordons.

Choisir des pommiers d'un an de greffe sur paradis si le sol
est de bonne qualité, ou sur doucin si le sol est sec et brûlant.
Les planter en une seule ligne à 1^m,50 d'intervalle pour les para-

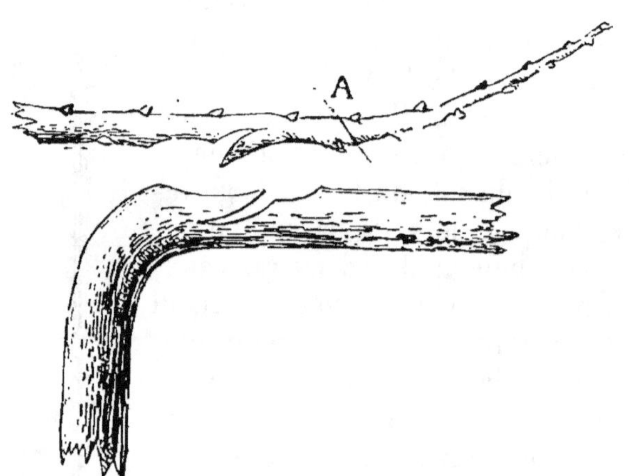

Fig. 303. Greffe par approche pour les pommiers en
cordon horizontal unilatéral.

dis, et à 2 mètres pour les doucins. Supprimer, en plantant, le
tiers de la longueur des jeunes tiges, et abandonner le développement à lui-même pendant tout l'été.

L'année suivante, lors de la taille d'hiver, placer un fil de fer
galvanisé n° 14 (A) sur la ligne de plantation ; ce fil de fer, solidement fixé à chaque extrémité, est roidi le plus possible au
moyen d'un tendeur B, et supporté tous les 8 mètres par un
petit poteau en bois (C) à 0^m,40 au-dessus du sol. Ce fil de fer
ainsi placé, abaisser chacune des tiges dans une position horizontale en les fixant sur le fil de fer et de façon à ce que la
partie de la tige située au-dessous du fil de fer reste dans une
position verticale. Pendant l'été suivant, supprimer tous les bour-

geons qui naissent sur la partie verticale de la tige. Ils absorberaient trop de séve au détriment
de la partie horizontale. Appliquer à tous les autres bourgeons
les soins décrits au chapitre du
poirier pour les transformer en
rameaux à fruits. Laisser le bourgeon de prolongement complétement libre, afin d'augmenter sa
vigueur. Lors de la taille d'hiver
suivante, opérer les rameaux à
fruits comme ceux du poirier.
Laisser le nouveau prolongement
entier et le coucher sur le fil de
fer en redressant un peu son
extrémité. Sa position horizontale suffit pour y faire développer
tous les boutons.

On continue ce mode d'opérer
jusqu'au moment où chaque tige,
en s'allongeant, rencontre la naissance de la tige suivante. Dès
qu'elles ont dépassé de $0^m,40$
l'arbre qui suit, on greffe par
approche, en mars, l'extrémité
de chaque tige en D au point de
départ du cordon suivant. Cette
greffe est pratiquée comme le
montre la figure 305. L'année
suivante, la greffe étant parfaitement soudée, on coupe l'extrémité des cordons en A. Il en
résulte alors que la séve surabondante d'un arbre passe au
profit de l'arbre suivant, et que
la séve pouvant ainsi parcourir
toute la longueur de la ligne,

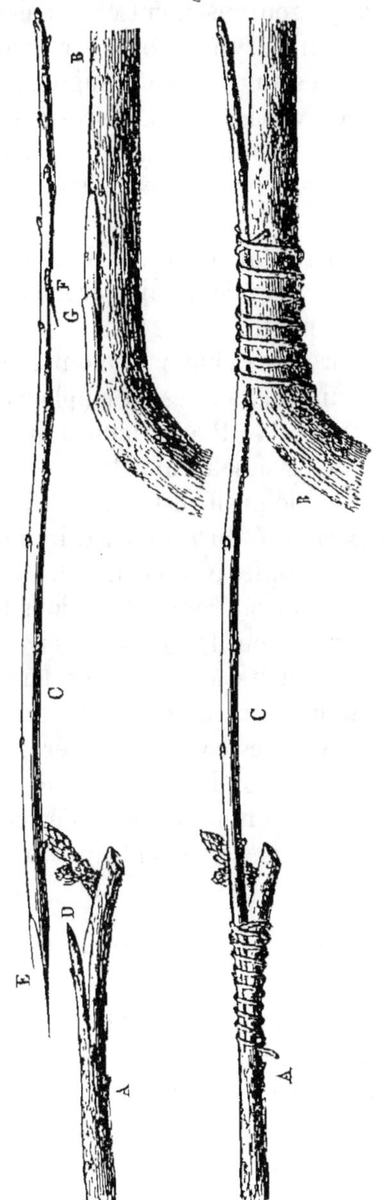

Fig. 304. Double greffe pour les cordons de pommiers.

tous ces petits arbres présentent le même degré de vigueur. L'ensemble de cette plantation présente alors l'aspect de la figure 302.

Si, par suite d'une cause quelconque, ces arbres poussaient trop vigoureusement et tardaient à se mettre à fruit, on pourrait supprimer un arbre sur deux, lorsque les greffes sont bien soudées sur toute la longueur de la ligne. Pour cela, couper la partie verticale des arbres à supprimer, immédiatement au-dessous du point où la greffe a été pratiquée. Il en résultera que chaque arbre conservé aura à alimenter un cordon moitié plus long.

Lorsqu'on aura à établir ces cordons sur un terrain en pente, il faudra toujours diriger la branche de charpente vers le sommet de la pente.

On pourra hâter le moment où les cordons pourront être joints les uns aux autres en employant la double greffe indiquée par la figure 304. Il conviendra de choisir pour cela un rameau C de même grosseur que le prolongement A. Lorsque la soudure de la double greffe est complète, au bout d'un an ou deux, on coupe l'extrémité du rameau C immédiatement au-dessus du point où il est greffé avec la tige B.

Nous préférons les cordons unilatéraux aux cordons bilatéraux pour les motifs suivants : 1° on n'a pas à maintenir l'équilibre de la végétation entre les deux bras de chaque arbre ; 2° on peut établir ces cordons sur des terrains en pente, ce qui ne peut être fait avec les cordons bilatéraux ; 3° enfin, on peut faire passer la séve surabondante au profit de l'arbre suivant, ce que l'on ne peut faire non plus avec des cordons bilatéraux, puisque les courants de séve suivent une direction inverse.

CULTURE DU POMMIER DANS LES JARDINS FRUITIERS DU MIDI.

Le pommier est celle de toutes les espèces à fruits à pepins qui redoute le plus la chaleur ; aussi le climat du Midi est-il peu favorable à sa culture. Là les fruits sont moins succulents et perdent une partie de leur acidité.

Lorsque, toutefois, on voudra en cultiver dans cette région, il faudra les placer dans des sols riches, assez frais, et dans la partie du jardin la moins exposée à la chaleur. On leur donnera d'ailleurs les soins que nous venons d'indiquer.

CULTURE DU POMMIER DANS LES VERGERS.

Ce que nous avons dit de la culture des pommiers à fruits à cidre dans notre *Traité spécial de la culture des arbres et arbrisseaux à fruits propres aux boissons fermentées* s'applique également à ceux à fruits de table dans les vergers. Nous n'avons à indiquer ici que le choix à faire parmi les diverses variétés pour cette destination. Il conviendra de préférer les variétés suivantes parmi celles dont nous avons donné la liste plus haut :

Pigeon d'hiver.	Reinette de Caux.
Reinette des reinettes.	Reinette franche.
Reinette du Canada.	Reinette grise haute bonté.

Restauration. — Les procédés de restauration décrits pour le poirier s'appliquent de tous points au pommier.

Maladies. — Les principales maladies qui sévissent le plus souvent sur les pommiers sont surtout les *chancres* et la *jaunisse* dont nous avons déjà parlé à propos du poirier.

Animaux et insectes nuisibles. — Nous avons déjà parlé au chapitre du poirier de certains animaux et insectes nuisibles qui attaquent également le pommier. Tels sont, parmi les animaux, les lièvres et les lapins, et parmi les insectes :

Le hanneton commun.	Le Bombyx livrée.
Le Tingis du poirier.	— chrysorrhée.
Le Kermès coquille.	— aurifluc.
La Noctuelle flancée.	— disparate.
La Teigne hémérobe.	La Pyrale des pommiers.

Les insectes suivants attaquent plus particulièrement le pommier :

Anthonome du pommier (*Anthonomus pomorum*). — Cette sorte de petit charençon est de couleur brune. Vers la fin d'avril les individus femelles qui sont restés engourdis tout l'hiver percent avec leur bec la base des jeunes fleurs du pommier et y déposent un œuf. Au bout de quelques jours, chaque œuf éclôt et donne lieu à une petite larve qui dévore l'intérieur de la fleur ; celle-ci noircit et ne s'épanouit pas. Cette larve se transforme en nymphe quinze jours après sa naissance, dans la fleur même ;

puis éclôt vers le commencement de juin et passe l'été, l'automne et l'hiver dans l'engourdissement jusqu'au printemps suivant, époque de l'accouplement et d'une nouvelle ponte. On di-

Fig. 505. Ypnomeute cousine.

minuera sensiblement le nombre de ces insectes en enlevant les fleurs desséchées des pommiers et en les brûlant.

Ypnomeute cousine (*Ypnomeuta cognatella*) (fig. 505). — Les ailes supérieures de ce très-petit papillon sont d'un très-beau blanc et marquées de 25 points noirs. Ce papillon éclôt en août et dépose bientôt ses œufs par plaques à la bifurcation des rameaux. Ils éclosent en septembre et les chenillettes passent l'hiver dans l'engourdissement, abritées sous une petite enveloppe de soie d'où elles ne sortent qu'en mai. Elles se dirigent alors sur les jeunes bourgeons, les enveloppent d'une toile soyeuse et les vivent en commun en rongeant le parenchyme des feuilles, passant ainsi d'un bourgeon à un autre et dévastant toute l'étendue de l'arbre qui semble parfois enveloppé d'une série continue de toiles d'araignées. C'est en juin que ces chenilles se transforment en chrysalide dans un petit cocon allongé. Ces cocons sont réunis en masse sous l'enveloppe commune à l'abri de laquelle les chenilles ont vécu. Le papillon paraît au mois d'août.

Cet insecte, qui est un des fléaux les plus redoutables pour les pommiers, est assez difficile à détruire. Il faudrait enlever ces nids de chenille à la fin de mai et en juin au moment où elles se transforment en chrysalide, où bien allumer des feux clairs dans la soirée, en août, dans le voisinage des pommiers. On brûlera ainsi une grande quantité de ces papillons.

Puceron lanigère (apis lanigera) (fig. 306). Cet

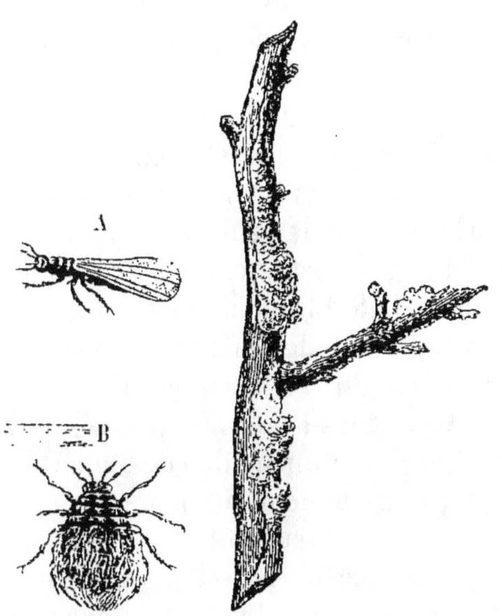

Fig. 306. Puceron lanigère grossi. A. Individu mâle. B. Individu femelle.

Fig. 307. Exostoses produites par la piqûre récente du puceron lanigère sur une branche de pommier.

autre insecte est encore un véritable fléau pour les pommiers. Ces pucerons sont d'un brun rougeâtre recouvert d'un duvet blanc très-abondant qui les cache entièrement. Jusqu'à l'automne ils sont dépourvus d'ailes (B). A cette époque les mâles et les femelles sont ailés (A). Ils s'accouplent alors et pondent des œufs sur les rameaux. Un certain nombre d'individus résistent aux froids de l'hiver en descendant sur les racines à une assez grande profondeur. Ils remontent au printemps pour aller fonder de nouvelles colonies sur les jeunes rameaux de l'arbre.

Le puceron lanigère s'attache sur tous les points de l'arbre où il y a de jeunes écorces ; les bourgeons, les rameaux, les bourrelets qui naissent sur le périmètre des plaies, au collet de la racine, mais surtout sur les jeunes rameaux où ils forment une ligne continue sur le côté qui regarde le sol. Sur tous ces points ce puceron pique l'épiderme pour y puiser les fluides des tissus. Il résulte de ces piqûres une inflammation telle dans ces tissus qu'on voit bientôt se former à chaque point des exostoses (*fig.* 307) qui, grossissant chaque année, arrivent à la grosseur du poing, entravent la circulation de la séve et donnent lieu à la dessiccation successive des branches.

Il y a plus d'un siècle qu'on a vu apparaître ce puceron sur les pommiers de la Normandie, qu'il n'a cessé de ravager depuis cette époque. Il s'est étendu depuis sur toute la France.

Les moyens à tenter pour le détruire, au moins sur les jeunes arbres, sont les suivants : pendant le repos de la végétation ; 1° brosser fortement les points attaqués ; 2° appliquer avec un pinceau de l'huile de poisson *non épurée*. Pendant la végétation, *essayer* l'acide phénique très-étendu d'eau ou l'essence de lavande aussi très-étendue d'eau.

Récolte et conservation des fruits. — Ce que nous avons dit précédemment de cette opération en parlant du poirier s'applique également au pommier. — Nous n'avons à ajouter que l'observation suivante :

Dessiccation. — Dans quelques contrées de la France, et notamment dans l'Est, on conserve une certaine quantité de pommes, lorsqu'elles sont très-abondantes, au moyen de la dessiccation. On les pèle, on les passe au four deux ou trois fois, jusqu'à dessiccation complète, puis on les conserve dans des tonneaux placés dans un endroit sec, jusqu'au moment de la vente ou de la consommation. Ces fruits, cuits, font d'excellente marmelade. On en fait aussi une sorte de cidre.

COGNASSIER.

Le cognassier (*fig.* 308) est encore un des arbres fruitiers dont la culture est la plus ancienne. Les Grecs avaient dédié le fruit de cet arbre à Vénus et en décoraient les temples de Chypre et de Paphos. Pline et Virgile font l'éloge de cet arbre dont les Romains paraissent avoir possédé des variétés moins âpres que celles que nous connaissons. Aujourd'hui le cognassier est cultivé surtout pour en obtenir de jeunes sujets destinés à recevoir la greffe d'autres espèces, et notamment du poirier. Toutefois on le cultive encore comme arbre fruitier dans quelques localités du centre et du midi de la France. Dans ces contrées, les fruits sont confits, ou bien on en forme diverses sortes de conserves connues sous les noms de *cotignac* ou *codognac*, de *pâte de coing*, de *gelées de coing*, etc., etc., et qui sont aussi saines qu'agréables. Les pepins du coing sont également employés à divers usages à cause du mucilage abondant qui recouvre leur surface.

Espèces et variétés. — On cultive deux espèces de cognassiers :

Le *cognassier commun* (*Cydonia communis*). Il a donné lieu à quelques variétés parmi lesquelles nous citerons les deux suivantes :

Le *coing pyriforme* ; fruit de médiocre grosseur, à surface un peu rugueuse, presque aussi large que haut.

Le *coin oblong* ; fruit très-gros, présentant la forme d'une barrique.

On distingue encore deux autres races, le cognassier d'Angers et le cognassier de Doué, plus vigoureuses que les précédentes, et préférées, à cause de cela, pour servir de sujets.

La seconde espèce est le *cognassier du Portugal* (*Cydonia Lusitanica*, fig. 308). C'est l'espèce la plus estimée, celle qui donne les fruits les plus recherchés.

Climat et sol. — Les deux espèces de cognassiers dont nous venons de parler sont originaires des parties méridionales de l'Europe et plus particulièrement de Cydon, dans l'île de Crète (aujourd'hui *Candie*). Aussi ces deux arbres donnent-ils leurs plus beaux produits dans le centre et dans le midi de la France. Ils préfèrent aux autres les sols de consistance moyenne, subtantiels et un peu frais.

Culture. — Nous avons traité, à l'article pépinière (p. 211), des procédés les plus convenables pour obtenir de jeunes cognassiers destinés, soit à servir de sujets, soit à être conservés sans être greffés ; nous n'avons donc à nous occuper ici que des opérations que réclament ces derniers pour leur culture spéciale.

Le cognassier peut être cultivé à haute tige dans les vergers, ou en cône, en vase ou en contre-espalier dans le jardin fruitier. On lui applique, pour la formation de sa charpente, les soins que nous avons décrits plus haut pour le poirier.

On a dit que la taille était pernicieuse pour cet arbre, qu'on devait l'abandonner à lui-même, en l'empêchant seulement de perdre la forme qu'on lui avait imposée. Nous ne partageons pas cette opinion. Nous avons taillé, pendant plusieurs années, des cognassiers soumis à la forme conique, et nous avons constamment remarqué que les fruits que nous obtenions étaient plus volumineux et tout aussi abondants que sur les arbres non taillés. Nous pensons donc qu'on pourra le soumettre à cette opération lorsqu'on voudra le cultiver dans le jardin fruitier.

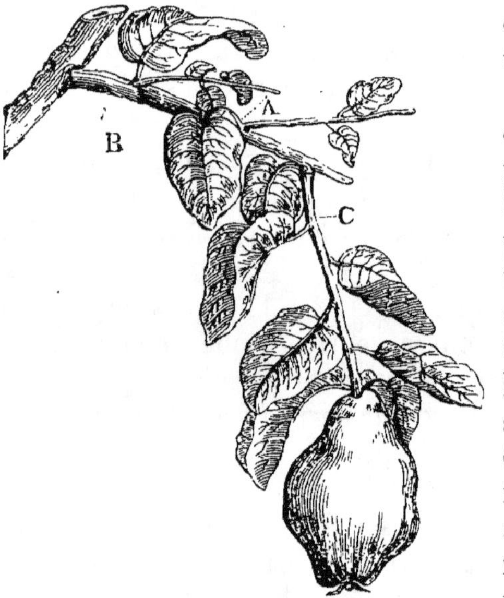

Fig. 308. Rameau à fruit du cognassier du Portugal.

Les boutons à fleur du cognassier naissent sur de petites brindilles (B, *fig.* 308) développées l'année précédente, et placées sur toute l'étendue des branches principales. Ces boutons donnent lieu à un bourgeon feuillé (C) qui s'allongent de 0m,04 à 0m,06, et épanouit une fleur à son sommet. Les autres bourgeons non florifères développés par la même brindille sont pincés pendant l'été pour les empêcher de s'allonger outre mesure. Lors de la taille d'hiver suivante, la brindille primitive (B) est taillée en (A), afin de refouler la séve vers sa base et d'arrêter son allongement. Les deux nouvelles brindilles qu'elle porte sont taillées, l'une à fruit sur le bouton à fleur le plus rapproché du sommet, l'autre à bois sur un des boutons à bois destiné à produire de nouveaux bourgeons pour asseoir la taille l'année suivante, et ainsi de suite chaque année, de façon à obtenir à chaque point une ou deux nouvelles brindilles.

ORANGERS.

La célébrité des orangers comme arbres fruitiers remonte aux siècles héroïques et fabuleux. Si l'on se reporte aux temps historiques, on voit, d'après M. de Sacy, que l'*oranger à fruit amer* ou *bigaradier* a été apporté de l'Inde postérieurement à l'an 300 de l'hégire ; qu'il se répandit d'abord en Syrie, en Palestine, puis en Égypte. On voit, dans Ebn-el-Awam, que cet arbre était cultivé à Séville vers la fin du douzième siècle. Nicolaus Specialis assure que, dans l'année 1150, il embellissait les jardins de la Sicile ; enfin l'histoire du Dauphiné nous apprend qu'en 1336 le bigaradier était un objet de commerce dans la ville de Nice.

L'*oranger à fruit doux* croît spontanément dans les provinces méridionales de la Chine, à Amboine, aux îles Mariannes, et dans toutes celles de l'océan Pacifique. On attribue généralement son introduction en Europe aux Portugais. Gallesio avance, toutefois, que cet arbre a été introduit de l'Arabie dans la Grèce et dans les îles de l'Archipel, d'où il a été transporté dans toute l'Italie.

D'après Théophraste, le *citronnier* ou *cédratier* existait en Perse et dans la Médie dès la plus haute antiquité ; il a passé de là dans les jardins de Babylone, dans ceux de la Palestine, puis en Grèce, en Sardaigne, en Corse et sur tout le littoral de la Méditerranée. Il formait, dès la fin du second siècle de l'ère vulgaire, un objet d'agrément et d'utilité dans l'Europe méridionale. Son introduction dans les Gaules paraît devoir être attribuée aux Phocéens, lors de la fondation de Marseille.

Le *limonier* croît spontanément dans la partie de l'Inde située au delà du Gange, d'où il a été successivement répandu, par les Arabes, dans toutes les contrées qu'ils soumirent à leur domination. Les croisés le trouvèrent en Syrie et en Palestine vers la fin du onzième siècle et le rapportèrent en Sicile et en Italie.

Les diverses espèces d'orangers sont des arbres qui, dans le midi de l'Europe, peuvent atteindre une hauteur de 8 à 9 mètres. Ils sont l'objet d'une culture assez importante, soit pour leurs feuilles, employées sous forme d'infusions, soit pour leurs fleurs, dont on fait l'*eau de fleur d'oranger*, soit enfin pour leurs fruits qui servent à l'alimentation, et dont on extrait aussi les huiles essentielles et de l'acide citrique.

Espèces et variétés. — Les diverses sortes d'orangers peuvent être partagées en groupes, parmi lesquels nous n'indiquerons que les suivants, parce qu'ils fournissent les espèces propres au midi de la France.

1ᵉʳ GROUPE. — *Oranger à fruit doux (citrus aurantium*, Risso). Pétiole des feuilles peu ailé ; fleurs blanches ; fruit arrondi ou ovale, obtus, rarement mamelonné, jaune d'or, quelquefois rougeâtre ; vésicules de l'écorce convexes ; pulpe très-abondante, très-aqueuse, d'une saveur douce, sucrée, très-agréable. Toutes les variétés de ce groupe sont cultivées pour leurs fleurs, dont on fait l'*eau de fleurs d'oranger*, et pour leurs fruits qui sont mangés crus. Voici les variétés dont la culture présente le plus d'avantage.

Oranger franc (Poit.); *orange douce* (Oliv. de Ser.); *oranger sauvage à fruit doux (fig.* 509). Considéré comme le type des orangers à fruits doux ; arbre très-

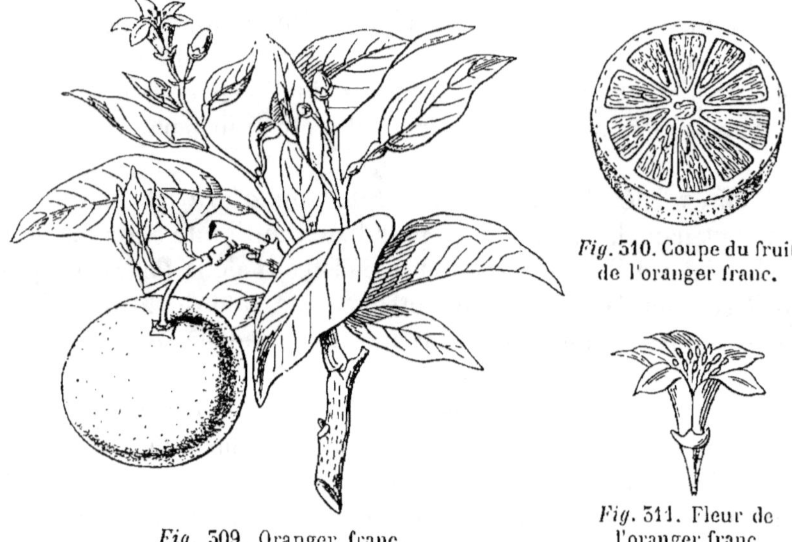

Fig. 510. Coupe du fruit de l'oranger franc.

Fig. 511. Fleur de l'oranger franc.

Fig. 509. Oranger franc.

vigoureux, rameaux épineux. Fruit moyen, arrondi ; peau d'un beau jaune doré, un peu chagrinée ; pulpe jaune. Son fruit résiste mieux que celui de toutes les autres variétés à l'intensité du froid et est assez précoce ; mais sa grande vigueur retarde le moment où il donne d'abondants produits.

Oranger de la Chine (Encycl.). Fruit de moyenne grosseur, arrondi ; peau très-lisse, luisante ; graines munies d'une pointe recourbée. Rameaux munis parfois de très-petites épines ; floraison bisannuelle ; fruits peu sujets à la gelée.

Oranges à fruits pyriformes (Poit.). Fruits assez gros, pyriformes ; chair jaune au centre, rouge à la circonférence. Cette variété, cultivée à Nice, est très-féconde et craint peu les froids du midi de l'Europe ; ses fruits mûrissent en mars.

Oranger à larges feuilles (Poit.). Arbre très-vigoureux ; fruit gros, sphérique, à écorce mince, pulpe jaune ; ses fruits, souvent en bouquets, résistent bien aux intempéries de l'hiver. Cultivé à Nice.

Oranger de Gênes (Poit.). Fruits ronds ou un peu déprimés, marqués de sillons à la base ; peau un peu chagrinée, jaune rouge ; pulpe jaune au centre, rouge à la circonférence. Il donne une récolte presque chaque année.

Oranger de Nice (Risso). Fruit très-gros, souvent déprimé aux deux extrémités ; peau chagrinée, d'un beau jaune rougeâtre, un peu spongieuse intérieurement ;

pulpe jaune foncé. Cette variété, cultivée à Nice, est celle qui donne les produits les plus beaux, les plus abondants et les plus lucratifs.

Oranger de Malte (Poit.), *orange rouge de Portugal, orange grenade*. Fruit rond, de moyenne grosseur, à surface chagrinée, d'un jaune foncé passant au rouge après la maturité ; pulpe d'un rouge foncé, surtout à la circonférence. Cultivé à Nice.

Oranger de Majorque (Risso). Assez rapproché de l'oranger franc par ses caractères. Fruit assez gros, lisse, luisant ; écorce assez mince, jaune foncé ; pulpe jaune.

Oranger multiflore (Poit.). Fleurs extrêmement nombreuses ; fruits peu volumineux, arrondis, lisses, d'un beau jaune ; écorce mince ; pulpe jaune.

Oranger à fruit tardif (Poit.). Fruits très-déprimés, gros ; peau un peu chagrinée, d'un beau jaune, quelquefois rougeâtre, peu épaisse ; pulpe rouge. Maturité très-tardive. Préfère l'exposition du nord.

2ᵉ GROUPE. — *Bigaradiers.* Feuilles généralement plus larges que celles de l'oranger à fruit doux ; pétiole très-ailé. Fleur plus grande, plus odorante ; fruit à surface plus tourmentée, d'un jaune plus foncé ; vésicules de la peau concaves ; pulpe jaune, contenant un suc acide mêlé d'amertume. Les variétés de ce groupe sont cultivées pour leurs fleurs, dont on fait de *l'eau de fleur d'oranger,* et pour leurs fruits, employés comme condiment, ou pour la préparation de certaines liqueurs. Voici quelles sont celles qui devront être préférées pour la culture :

Bigaradier à fruit corniculé (Poit.) (*fig.* 312). Fleurs grandes, nombreuses, très-odorantes, offrant un style qui dépasse souvent la fleur avant son épanouissement. Fruit arrondi, plus large au sommet qu'à la base, muni latéralement d'appendices en forme de cornes ; écorce rugueuse,

Fig. 312. Bigaradier à fruit corniculé.

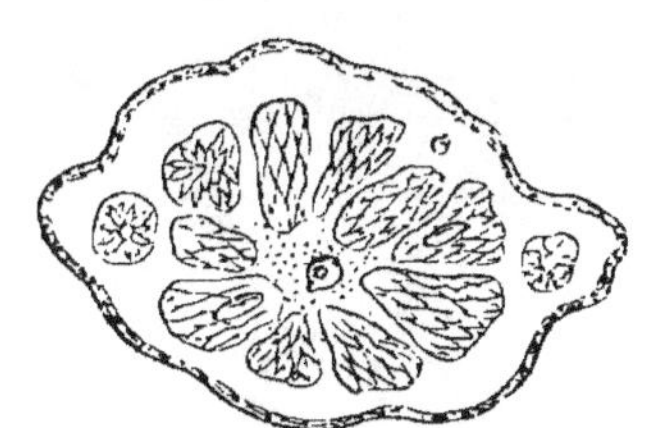

Fig. 313. Coupe du fruit du bigaradier.

d'un jaune rougeâtre, assez épaisse, spongieuse ; pulpe jaune, acide, peu amère. Cultivé pour ses fleurs et pour ses fruits ; c'est un des plus féconds.

Bigaradier riche dépouillé (Poit.) ; *bigaradier bouquetier* (Risso). Tige peu élevée, rameaux courts ; feuilles petites, ovales, obtuses, souvent imbriquées sur les rameaux et arquées en arrière, un peu crispées ; pétiole très-court, sans ailes. Fleurs très-nombreuses, rapprochées en bouquet au sommet des rameaux ; fruits arrondis, déprimés, rugueux, d'un jaune rougeâtre, marqués au sommet d'une grande auréole ; peau offrant l'odeur du muguet ; pulpe formée de grosses vésicules d'un jaune foncé, contenant un suc acide amer.

Bigaradier à fruits sans pepins (Poit.). Arbre très-vigoureux et prenant un grand développement. Fleurs disposées en bouquet, très-nombreuses ; fruit de moyenne grosseur, très-chagriné et même bosselé, muni au sommet d'un mamelon aplati ; graines toujours nulles. Risso cite un de ces arbres qui, à Nice, donne, tous les deux ans, 200 kilogrammes de fleurs et 4,000 fruits.

Bigaradier Gallesio (Poit.). Fleurs grandes, très-odorantes ; fruits gros, arrondis, d'un jaune orange foncé, peau très-épaisse ; pulpe composée de vésicules d'un jaune rougeâtre obscur contenant une eau abondante acide-amère. C'est la variété qu'on doit préférer à cause de sa vigueur et de sa rusticité pour produire des sujets propres à recevoir la greffe de tous les orangers.

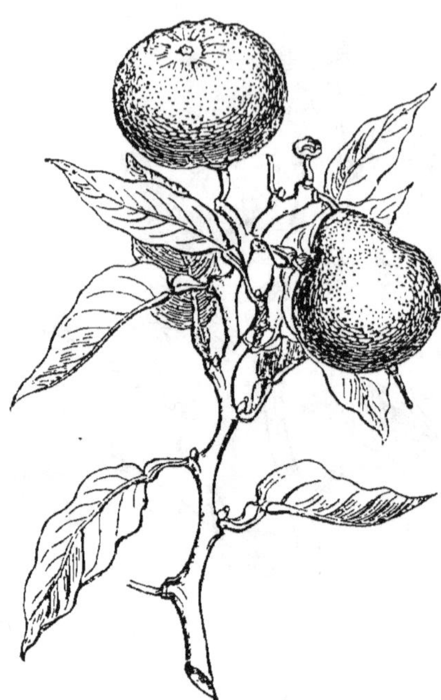

Fig. 314. Bergamotier ordinaire.

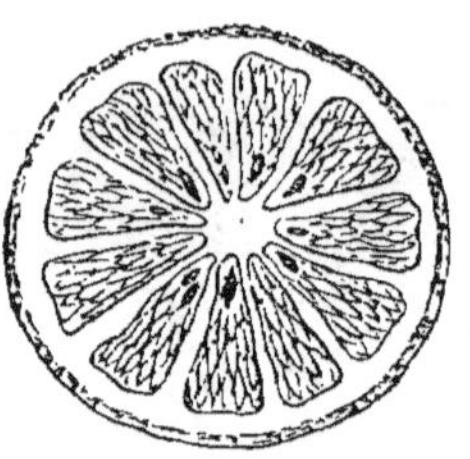

Fig. 515. Coupe du fruit du bergamotier ordinaire. .

Bigaradier à gros fruits (Risso). Fleurs grandes, très-suaves ; fruit très-gros, arrondi, déprimé, flexible sous le doigt, très-léger, marqué de plusieurs sillons et protubérances d'un jaune foncé ; écorce épaisse, spongieuse ; pulpe d'un jaune pâle contenant un suc assez doux, un peu amer ; ses fleurs sont les plus recherchées à Nice pour faire les *fleurs d'oranger pralinées*.

Bigaradier chinois (Risso), *grand chinois*. Tige petite ; feuilles petites, ovales, aiguës, réfléchies, très-pressées les unes contre les autres. Fleur formant le thyrse au sommet des rameaux. Fruit petit, arrondi, aplati à la base, d'un jaune rougeâtre ; écorce assez épaisse, spongieuse ; pulpe jaune. Cette variété résiste bien au froid ; une partie de ses fruits sont confits, et le reste sert de condiment.

3° GROUPE. — *Bergamotiers.* Fleurs petites, blanches, d'une odeur particulière, très-suave ; fruits pyriformes ou déprimés, d'un jaune pâle, à vésicules de la peau concaves à pulpe verte, légèrement acide et d'un arome très-agréable. Les bergamotiers sont cultivés pour les huiles essentielles qu'on extrait de leurs fleurs et de l'écorce de leurs fruits. La variété suivante est la plus recherchée pour ce produit.

Bergamotier ordinaire (Poit.), *oranger bergamote* (Desf.), *limettier bergamote* (Risso) (*fig.* 314). Fruit assez gros, ordinairement pyriforme, d'un jaune pâle à Paris, d'un beau jaune d'or en Italie, lisse, luisant, d'une odeur particulière très-agréable ; peau mince ; pulpe d'un jaune verdâtre, remplie d'un suc un peu acide très-aromatique.

4° GROUPE. — *Limoniers* ou *citronniers.* Rameaux effilés, quelquefois épineux, feuilles ovales et oblongues, dentées ; pétiole à peine ailé ; fleurs de grandeur moyenne, lavées de rouge en dehors, blanches en dedans ; fruit jaune clair, ovale, oblong, rarement arrondi, à surface lisse, rugueuse ou sillonnée, terminé par un mamelon ; écorce mince, à vésicules concaves ; pulpe abondante, pleine d'un suc très-acide et savoureux. Les limoniers sont cultivés pour l'huile essentielle de leur écorce, et pour l'acide citrique que renferme si abondamment leur pulpe et que l'on emploie pour faire des limonades, comme condiment, etc. Nous citerons les variétés suivantes comme les plus dignes d'être cultivées :

Limonier Bignette (Risso). Jeunes pousses lavées de rouge pâle ; feuilles portées sur de courts pétioles non ailés ; fleurs souvent disposées en corymbe, lavées de rouge en dehors ; fruits ovoïdes arrondis, assez lisses, très-légèrement sillonnés, d'un jaune verdâtre, terminés par un mamelon obtus, court, à moitié détaché par un sinus ; écorce mince, adhérente à la pulpe très-riche en suc acide. Cette variété est l'une des plus productives, une de celles dont les fruits fermentent le moins promptement ; aussi sont-ce ses fruits qui sont choisis de préférence pour envoyer au loin.

Limonier Ponzin (Poit.), *limonier Poncine* (Risso). Rameaux épineux ; jeunes pousses d'un beau rouge ; fleurs réunies en bouquet au sommet des rameaux, fortement lavées de rouge en dehors ; fruit gros, ovale, terminé par un petit mamelon et ordinairement strié et cannelé ; écorce épaisse, compacte ; pulpe contenant un suc abondant peu acide.

Limonier mellarose (Poit.). Rameaux très-tortueux, quelquefois munis de petites épines ; jeunes pousses d'un vert luisant ; feuilles violettes en naissant ; fleurs peu nombreuses, lavées d'une teinte violacée en dehors ; fruit de moyenne grosseur, luisant, très-lisse, arrondi, déprimé vers la queue, terminé au sommet par un mamelon obtus non séparé du fruit par un sillon, jaune foncé ;

Fig. 316. Limonier à grappes.

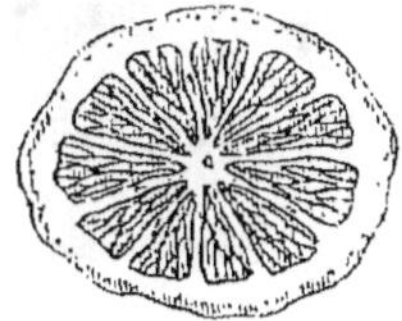

Fig. 317. Coupe du fruit du limonier à grappes.

suc abondant, acide, très-agréable.

Limonier ordinaire (Poit.). Fleurs grandes, violacées en dehors ; fruits de moyenne grosseur, ovales, oblongs, lisses, d'un jaune pâle, terminés par un mamelon obtus ; suc acide très-abondant. C'est la variété la plus répandue dans les localités où ce fruit est un objet de spéculation.

Limonier à grappe (Poit) (*fig*. 316). Fleurs grandes, très-abondantes, réunies en bouquet, purpurines en dehors ; fruits de moyenne grosseur, réunis en grand nombre sur la même grappe, ovales, oblongs, ventrus, légèrement rugueux, terminés par un long mamelon pointu, assez souvent courbés ; suc abondant, très-acide.

5ᵉ GROUPE. — *Cédratiers*. Rameaux plus courts, plus roides que ceux des limoniers ; fruits plus gros, plus verruqueux ; chair plus épaisse, plus tendre ; pulpe moins acide. Les fruits des variétés de ce groupe sont employés aux mêmes usages que ceux des limoniers et surtout pour confire.

Cédratier ordinaire (Poit.). Rameaux munis de longues épines ; jeunes pousses d'un rouge violâtre ; fleurs lavées de rouge violâtre ; fruit ordinairement très-gros, d'un rouge pourpre lors de son premier développement, d'un beau jaune safran lorsqu'il est mûr, oblong, plus renflé vers le sommet que vers la base, profondément sillonné à la surface, terminé par un mamelon; chair épaisse, blanche, tendre, d'une saveur douce; pulpe verdâtre, peu considérable, contenant une eau acidulée.

Cédratier à gros fruit (Risso), *cédrat de Gênes* (*fig.* 318). Rameaux garnis de longues épines; fleurs grandes, violettes en dehors; fruit très-gros, oblong, bosselé, marqué de sillons longitudinaux interrompus, terminé par un mamelon plus ou moins détaché d'un côté par un sinus, jaune pâle, chair très-épaisse, ferme, pulpe verdâtre, presque sèche, acide. D'après Ferraris, les fruits de cette variété pèsent quelquefois jusqu'à 15 kil. C'est seulement dans les vallées étroites, les plus chaudes des bords de la Méditerranée, et dans des sols susceptibles d'être arrosés pendant l'été, que cette variété peut mûrir ses fruits.

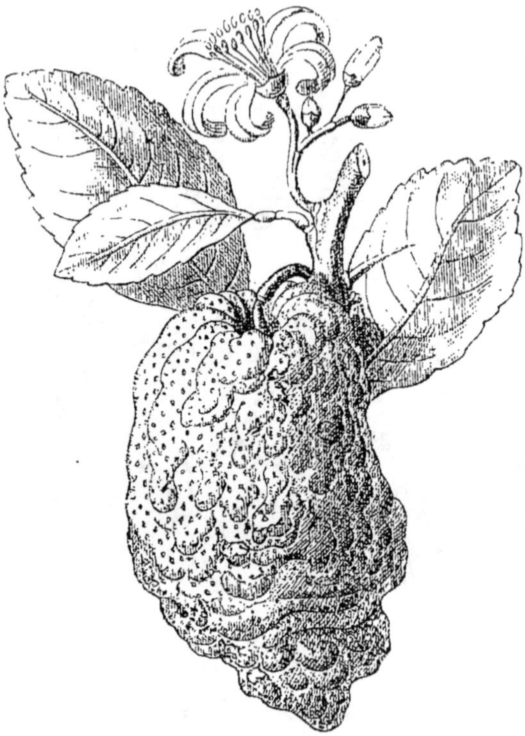

Cédratier de Florence (Poit.). Rameaux épineux; fleurs purpurines en dehors, réunies en bouquets; fruit conique, d'un beau jaune doré, luisant, légèrement sillonné; chair blanche, tendre, d'une odeur suave; pulpe verdâtre, légèrement acide. C'est la variété la plus recherchée pour ses diverses qualités.

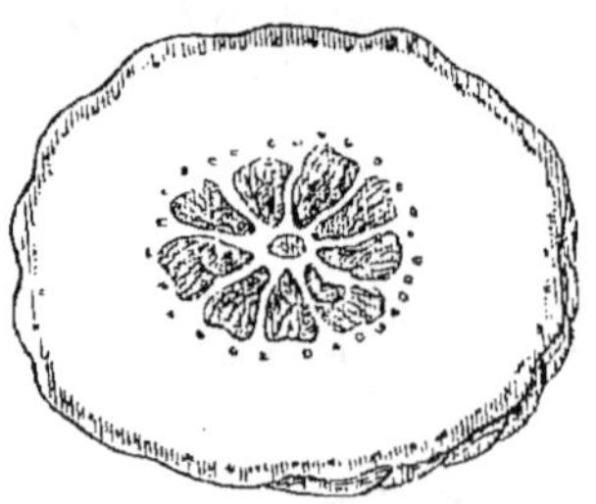

Fig. 318. Cédratier à gros fruit.

Fig. 319. Coupe du cédratier à gros fruit.

Climat et sol. — *Climat.* — Les orangers ne prospèrent en pleine terre que dans les parties les plus chaudes du midi de la France. Au delà du 43e degré de latitude, ils sont détruits par les gelées de l'hiver. Par la même raison, ils ne peuvent être cultivés à plus de 400 mètres au-dessus du niveau de la mer. Cependant toutes les espèces n'exigent pas un climat aussi doux ; les *limoniers*, les *cédratiers*, sont ceux qui demandent le plus haut degré de température ; les *bergamotiers* viennent ensuite, puis les *orangers* proprement dits et les *bigaradiers*. Si le terrain n'était qu'imparfaitement abrité des vents froids, on pourrait l'en garantir, comme on le fait en Portugal, en plantant des haies de lauriers qui s'élèvent rapidement jusqu'à 7 et 8 mètres de hauteur. Le cyprès peut servir au même usage ; mais il croît beaucoup plus lentement. C'est seulement dans quelques localités de la basse Provence, voisines de la mer et abritées par des coteaux des vents du nord-ouest, que la France possède des cultures d'orangers en plein air. Tels sont Ollioules, Toulon, Hyères, le Canet, Cannes, Vence, Saint-Paul, Grasse, Antibes et Nice. Nous devons y joindre aussi certaines parties de la Corse et de l'Algérie.

Sol. — Les orangers paraissent peu difficiles sur la nature du sol ; ils redoutent cependant la sécheresse et l'humidité surabondantes. On a remarqué que les orangers proprement dits, les bigaradiers et les bergamotiers préfèrent les sols un peu argileux et compactes, tandis que les limoniers et les cédratiers se développent avec plus de force dans les terrains légers. Ces divers sols doivent être profonds et susceptibles d'être irrigués pendant les fortes chaleurs de l'été.

Culture. — *Multiplication*. — La multiplication des orangers se fait, comme pour les autres espèces, dans une pépinière préparée avec les soins prescrits à la page 111. Le terrain qu'on veut y consacrer doit pouvoir être arrosé au moyen de l'irrigation, et être placé à l'exposition la plus chaude. Quatre procédés de multiplication sont employés pour les orangers : les semis, la greffe, les boutures et le marcottage.

Semis dans la pépinière. — Les semis sont pratiqués soit pour avoir des sujets destinés à recevoir la greffe, soit pour se procurer des arbres francs de pied. Ce dernier mode n'est usité que pour les espèces types, comme l'*oranger franc*, le *bigaradier franc ;* les diverses variétés de chacun de ces types dégénéreraient trop facilement si on les multipliait par les semis. Toutes les variétés des diverses espèces d'orangers sont ordinairement multipliées au moyen de la greffe qu'on place sur des sujets obtenus de semis. Ces sujets sont produits soit par les semences de l'oranger franc, soit par celles du bigaradier franc ou du bigaradier Gallesio, et peuvent également recevoir la greffe de toutes les espèces. Les sujets d'orangers francs se développent lentement, il est vrai, mais ils sont plus robustes, ils résistent mieux aux froids ; une fois greffés, ils donnent lieu à des arbres qui se mettent promptement en plein rapport, dont les fruits sont très-abondants, mûrissent vite, et sont meilleurs que ceux greffés sur le bigaradier.

Les sujets de bigaradier sont préférés seulement pour les grandes plantations des localités les plus chaudes, parce qu'ils donnent lieu à des arbres plus forts, plus vigoureux et plus durables.

Pour obtenir ces deux sortes de sujets, on procède ainsi : on choisit de beaux fruits, bien mûrs, qu'on met en tas dans un coin exposé au soleil, pour qu'ils fermentent pendant huit ou dix jours ; puis on les jette dans un réservoir d'eau ; après quelques heures de macération, on sépare les graines, en choisissant les plus belles, les mieux nourries, et rejetant celles qui surnagent. Les graines choisies sont semées sur les plates-bandes de la pépinière, convenablement préparées et bien fumées. On les recouvre d'une petite couche de terre mélangée de terreau de $0^m,04$ d'épaisseur ; on y répand ensuite un léger paillis, et l'on entretient le sol frais au moyen d'arrosements. Cet ensemencement est fait au printemps, aussitôt que la température s'élève à environ 15° au-dessus de zéro. Il suffit ensuite de pratiquer des sarclages et d'éclaircir les plants s'ils sont trop rapprochés les uns des autres.

Au bout d'un an de semis, au printemps, les jeunes plants ont assez de force pour être repiqués dans la pépinière. On les place alors à la distance de $0^m,30$ les uns des autres, avec les soins prescrits à la page 190. Au troisième printemps, on enlève les épines, les feuilles, les petits rameaux inférieurs, pour que le jeune plant puisse s'élever droit, lisse, égal, sans aucun nœud, et qu'il puisse être greffé avec succès. Cette opération est répétée chaque année, pendant tout le temps de la formation de la tige, en suivant les indications données à cet égard à la page 198. Si un certain nombre d'entre eux développaient une tige tortueuse et difforme, il ne faudrait pas hésiter à les receper dès la seconde année qui suit le repiquage.

Ce n'est qu'au quatrième ou au cinquième printemps que les jeunes sujets sont assez forts pour être transplantés, soit encore dans la pépinière s'ils doivent y être greffés, soit à demeure, si on ne veut les greffer qu'en place. A cet effet, on déplante ces jeunes arbres avec leur motte pour ne pas découvrir les racines ; si on les transplante dans la pépinière, on les place dans un nouveau carré bien préparé et bien fumé, en les plantant à la distance de 0ᵐ,50 en tous sens. On empêche le sol de se dessécher au moyen d'irrigations, et l'on pratique des binages pour détruire les plantes nuisibles. Si, au contraire, les jeunes arbres doivent être immédiatement plantés à demeure, on leur donne les soins dont nous parlerons plus loin en nous occupant de cette opération.

Les individus que l'on ne veut pas greffer sont élevés de la même manière.

Greffe. — La greffe est pratiquée soit sur des sujets transplantés dans la pépinière, soit ceux sur qui sont plantés à demeure, et cela un an après leur plantation. Presque toutes les sortes de greffes peuvent être appliquées avec succès aux orangers. Mais ce sont les greffes en écusson Vitry ou en écusson Jouette qui sont le plus généralement employées. La première est pratiquée depuis le mois d'août jusqu'en octobre ; la seconde, depuis le mois d'avril jusqu'en juin. Dans le premier cas, on choisit des écussons sur des rameaux formés depuis le printemps ; et la tête du sujet n'est supprimée qu'au printemps suivant, en la coupant d'abord à 0ᵐ,10 au-dessus de la greffe, puis, un mois après, à 0ᵐ,05 seulement lorsque la greffe s'est développée. Dans le second cas, les écussons sont pris sur des rameaux de l'année précédente, et la tête du sujet est immédiatement supprimée, en la coupant aussi en deux fois. Dans l'un et l'autre cas, les feuilles des rameaux sur lesquels on prend les écussons sont immédiatement coupés, à l'exception du pétiole, dont on enlève seulement les deux petites ailes qui l'accompagnent. On donne d'ailleurs à ces deux sortes de greffes les soins que nous avons prescrits en les décrivant à l'article *Pépinière.*

Bouture. — Les boutures sont moins employées que la greffe. On en fait cependant usage dans quelques circonstances, mais seulement pour les limoniers, les bergamotiers et les cédratiers, notamment lorsqu'on veut multiplier promptement ces espèces, et en grande quantité. A cet effet, on coupe sur les arbres, de décembre en février, les longs rameaux gourmands ou *plumets*, qui, dans tous les cas, doivent être supprimés; on les taille à 0^m,40 ; on enlève toutes les feuilles, moins le pétiole, à l'exception des deux ou trois du sommet. Ces boutures, ainsi préparées, sont plantées en ligne dans les plates-bandes de la pépinière profondément ameublies : on les place à 0^m,50 de distance les unes des autres, en les enterrant de façon à laisser deux ou trois boutons seulement au-dessus du sol ; on répand ensuite un paillis, puis on maintient la terre suffisamment fraîche pendant l'été, à l'aide d'arrosements. Lorsque les bourgeons de ces boutures ont atteint une longueur de 0^m,25 environ, on choisit le plus vigoureux et on le place dans une position verticale à l'aide d'un tuteur : les autres sont pincés, et on les supprime entièrement l'année suivante; on leur donne ensuite les soins convenables pour que la tige continue de s'allonger et de se former, puis on leur fait subir une transplantation dans la pépinière, avant de les planter à demeure.

Marcottes. — Le marcottage est aussi employé exceptionnellement. On greffe en pied, dans la pépinière, les sujets qui doivent servir de pied-mère ; on rabat la greffe deux ou trois ans après, à 0^m,20 environ du sujet, pour lui faire développer des rameaux près du sol ; puis on applique à ceux-ci le marcottage par étranglement, décrit à l'article *Pépinière*. Les marcottes, opérées en janvier et février, sont sevrées l'année suivante, puis transplantées dans la pépinière, où l'on procède à la formation de leur tige.

Plantation à demeure. — Cette opération est faite en automne ou au printemps, suivant que le sol est plus ou moins exposé à la sécheresse. Le terrain est préparé au moyen de tranchées continues, ainsi que nous l'indiquons page 232.

Les orangers sont cultivés, dans le midi de la France, en plein vent, en contre-espalier et en espalier. Les arbres en plein vent sont plantés à une distance de 6 mètres les uns des autres, s'ils sont disposés en ligne isolée, ou à 8 mètres, s'ils sont cultivés en quinconce. Les arbres disposés en contre-espalier sont plantés en ligne à environ 4 mètres de distance les uns des autres, et à 3 mètres en avant des espaliers qui entourent les jardins. La plantation est faite de façon que chaque arbre du contre-espalier soit placé en face du milieu de l'espace qui sépare chacun de ceux de l'espalier. On les fixe sur un treillage et on les maintient à une hauteur moins considérable que ceux de l'espalier. On laisse entre ces derniers le même intervalle que pour ceux en contre-espalier. Les distances que nous venons de donner ne sont que des moyennes, qu'on diminuera un peu s'il s'agit de limoniers, de cédratiers ou de bergamotiers, ou encore si le terrain est médiocre ; elles seront, au contraire, un peu augmentées pour les orangers proprement dits et pour les bigaradiers qui acquièrent de plus grandes dimensions, ou bien lorsque le sol sera très-fertile.

Lors de la plantation à demeure, on doit choisir entre des arbres greffés et des sujets destinés à recevoir cette opération après leur reprise. On préfère, en général, planter des sujets non greffés ; on est ainsi plus certain des variétés qu'on greffera soi-même. Les arbres greffés sont surtout réservés pour remplacer ceux qui ont péri dans les plantations déjà âgées de quelques années. Dans ce cas, les hautes tiges doivent présenter une élévation d'environ 1^m,50 au-dessous de la greffe ; les basses tiges pour espalier ou contre-espalier ont dû être greffées à 0^m,25 ou 0^m,30 au-dessus du sol.

La déplantation dans la pépinière et la plantation sont exécutées avec les soins que nous avons recommandés aux pages 244 et 245. Seulement, comme sous ce climat les racines sont plus exposées à la sécheressse, on les enterre plus profondément. Dans les sols compactes, le collet de la racine devra être placé à environ 0^m,10 de profondeur ; dans les terrains légers, on descendra jusqu'à 0^m,20. La terre qui entoure immédiatement les racines doit être suffisamment amendée. Les binages, les couvertures, les arrosements, sont ensuite employés pour assurer la reprise de ces arbres. On donne le nom d'*orangerie* à l'espace consacré à cette culture.

Taille. — La taille des orangers est destinée, comme celle des autres arbres fruitiers, à leur donner une forme à peu près symétrique, de manière à soumettre également les diverses parties de la tige à l'action de la séve, à faire occuper régulièrement par la charpente tout l'espace réservé à chaque arbre et à en obtenir une fructification plus abondante et plus régulière.

La forme la plus convenable pour les orangers et les bigaradiers à haute tige serait une sorte de tête sphérique et creuse qui permît à la lumière d'éclairer en même temps l'intérieur et l'extérieur de l'arbre, de manière à rendre également productive ces deux surfaces. Malheureusement nous avons remarqué que presque tous les vergers d'orangers se composent d'arbres à tête arrondie, pleine et confuse, impénétrable à la lumière, ce qui diminue beaucoup l'abondance du produit.

Les limoniers, les cédratiers, les bergamotiers, cultivés en plein vent, reçoivent à peu près la même disposition, seulement la tête de l'arbre est beaucoup plus haute que large. Cela tient au mode de végétation de ces espèces, qui développent les rameaux beaucoup plus verticalement que l'oranger et le bigaradier.

La charpente des arbres en espalier et en contre-espalier ne présente aucune régularité ; on se contente de faire que ces arbres couvrent uniformément, comme une muraille de verdure, la surface qui leur est consacrée.

Quant à la taille, telle qu'elle est pratiquée aujourd'hui, c'est plutôt une sorte d'élagage, qui consiste à réserver seulement : 1° les prolongements des branches principales, en les racourcissant un peu pour les forcer à se ramifier ; 2° les pousses vigoureuses qui peuvent servir à combler un vide ; 3° tous les rameaux de vigueur moyenne qui sont destinés à fructifier, et le tout de façon que les deux faces des vases ou la surface des espaliers et contre-espaliers soient parfaitement planes et régulièrement garnies.

On voit qu'il y a loin de ces opérations à celles qui commencent à être employées avec tant de succès dans le nord et le centre de la France pour les autres espèces d'arbres fruitiers. Et cependant nous sommes convaincus que le produit des orangers ne ferait que gagner à l'application des mêmes procédés. Aussi conseillons-nous vivement de perfectionner cette culture : 1° en donnant à la charpente de ces arbres, au moyen des procédés précédemment décrits, une disposition parfaitement symétrique. La forme en *vase* ou *gobelet*, à haute ou à basse tige, celle en *cordon oblique simple*, ou en *cordon vertical*, en espalier ou en contre-espalier, décrites à l'article du poirier, lui conviendraient parfaitement ; 2° en faisant usage de l'ébourgeonnement et du pincement, pour multiplier les rameaux de vigueur moyenne, sur lesquels apparaissent les fleurs l'année suivante ; on arrivera surtout à empêcher ainsi le développement de bourgeons gourmands ou *plumets*, que l'on est obligé de supprimer chaque année, et qui absorbent inutilement une notable quantité de la séve, qui tournera alors au profit de la formation de la charpente ou des rameaux à fruits. Nous savons bien que ces opérations pourront paraître superflues à ceux qui ont vu dans plusieurs localités les orangers complétement abandonnés à eux-mêmes ; mais nous pensons qu'il y aura autant de différence entre la récolte des orangers bien taillés et ceux qu'on laisse croître en toute liberté, qu'il y en a entre les produits de nos arbres fruitiers du Centre et du Nord bien conduits, et ceux de ces mêmes arbres qui sont complétement négligés.

L'époque la plus favorable pour effectuer cette taille est, comme pour les autres espèces d'arbres fruitiers, pendant le repos de la végétation et un peu avant le nouveau bourgeonnement des arbres, c'est-à-dire dans les mois de février et mars. On doit éviter de la pratiquer lorsque les ramifications sont mouillées par la pluie, ou immédiatement avant qu'elle tombe. L'expérience semble avoir démontré que les plaies qui sont ainsi lavées avant d'avoir été desséchées par l'air se cicatrisent moins facilement.

Lorsque, vers le mois d'août, on remarque que les orangers sont chargés d'une trop grande quantité dé fruits, on ne doit pas hésiter à en supprimer un certain nombre ; ceux que l'on conservera seront plus beaux, et les arbres ne seront pas épuisés l'année suivante. D'ailleurs, les jeunes oranges pourront être confites comme celles connues sous le nom de *chinois.*

Labours. — Deux labours sont ordinairement nécessaires pour entretenir le sol dans un état de division et de perméabilité favorables à la végétation de l'oranger. Le premier, pratiqué au printemps, après la taille, pénètre à 0^m,20 de profondeur, dans les sols légers, et à 0^m,30 dans les terrains argileux un peu compactes, le second, donné en automne, doit être un peu plus profond. On ne doit pas craindre, en exécutant ces labours, de détruire les racines superficielles de l'oranger, car elles sont souvent atteintes par la sécheressse du sol, et l'arbre souffre ; en les détruisant, on favorise le développement de celles qui, placées plus profondément, n'ont pas à redouter cette fâcheuse influence. On doit, en outre, pratiquer des binages fréquents pendant l'été.

Engrais. — L'application des engrais est indispensable pour maintenir la fertilité de l'oranger; sans cela, il est bientôt épuisé par la production des fruits; ceux-ci restent petits, l'arbre se dessèche progressivement, et il meurt longtemps avant d'avoir atteint son maximum de production.

Dans les contrées où l'on cultive l'oranger, on ne peut disposer que d'une bien faible quantité de fumier de ferme. On y supplée par d'autres engrais tirés soit du règne végétal, soit du règne animal. On emploie à cet usage des rognures de cornes, les chiffons de laine, les os concassés, les débris de cuirs, les résidus des magnaneries, la fiente de pigeon, les matières fécales; enfin, on fait différents composts avec des fumiers d'étables, de bergeries ou d'écuries, auxquels on ajoute des gazons décomposés, des vases de mares, de fossés ou d'étangs, des cendres, des sarments de vigne hachés. Ces engrais sont appliqués à la fin de l'hiver.

Irrigations. — On arrive à donner à la terre, pendant les grandes chaleurs de l'été, le degré d'humidité qu'exigent les orangers au moyen des irrigations.

Les eaux que l'on emploie à cet usage doivent toujours présenter une température assez élevée. Les eaux de source, celles qui descendent des hautes montagnes sont trop froides; on ne peut s'en servir qu'après qu'elles ont séjourné assez longtemps dans de très-grands réservoirs établis au-dessus des surfaces qui doivent être arrosées.

La quantité d'eau à répandre à la fois sera plus considérable dans les sols légers, à sous-sol perméable, que dans les sols compactes qui retiennent plus longtemps l'humidité.

Dans les terrains légers, on commence à arroser dans les premiers jours de juin, dès que la température s'élève à 25 degrés au-dessus de zéro, et l'on répète cette opération tous les huit ou dix jours jusqu'au mois de septembre. Dans les sols compactes, argileux, cet arrosement n'a lieu que tous les quinze jours. C'est entre le coucher et le lever du soleil que cette opération est pratiquée pendant l'été. En automne, c'est le matin.

Maladies. — Les maladies des orangers sont produites par les intempéries, les insectes, les plantes parasites, la vieillesse.

Intempéries. — Ce que les orangers redoutent par-dessus tout, c'est la gelée. C'est ainsi que périrent, en 1709, presque tous les orangers des bords de la Méditerranée. Sous l'action de la gelée, les fleurs noircissent, les feuilles se crispent, se roulent et se dessèchent, les fruits perdent leur brillant, l'arome se dissipe, le suc disparaît, ils deviennent amers, se putréfient et tombent; si le froid est plus intense, les rameaux se courbent, brunissent, les branches et la tige même se crevassent. Pour réparer ces dommages, il n'y a d'autre moyen que de couper toutes les parties atteintes. Ces amputations sont faites au printemps, au moment du nouveau bourgeonnement. Les plaies sont mastiquées avec soin, et l'on donne au sol une fumure très-abondante.

La neige peut aussi devenir très-nuisible aux orangers, s'ils survient un temps clair lorsqu'ils en sont couverts; l'eau glacée qui résulte de sa fonte altère les jeunes rameaux. Pour prévenir cet accident on emploie la fumée interposée entre les arbres et les rayons solaires, en allumant, de distance en distance, le petit tas de paille humide.

Certaines espèces d'orangers, tels que les limoniers, les cédratiers, sont parfois atteints d'une maladie analogue à la *gomme* qui attaque les arbres à fruits à noyau. Cette altération est due aux changements subits de la température. Pratiquer des incisions longitudinales dans le voisinage des parties malades, pour faciliter le circulation des fluides, enlever toutes les parties altérées, et recouvrir les plaies avec du mastic à greffer, sont les seuls moyens de remédier à cet accident.

C'est encore aux intempéries, et surtout aux brouillards épais et aux fortes rosées du printemps qu'est due la maladie connue à Nice sous le nom de *peteia*, et qui se manifeste sur les fruits par une tache rougeâtre qui brunit et qui finit par en altérer complétement la pulpe.

La *jaunisse* ou *chlorose* n'est le plus ordinairement due qu'à l'humidité surabondante du sol; il devient alors indispensable de l'égoutter à l'aide du drainage.

La *pourriture des racines.* — Cette maladie a fait de tels ravages dans les orangeries d'Hyères, qu'en 1855, lorsque nous les avons visitées, presque tous les orangers avaient disparu. Les premières atteintes du mal sont indiquées par la jaunisse des feuilles, puis par des ulcères sanieux qui se manifestent vers la base de la tige. Si l'on examine alors les racines, on les trouve dans un état de putréfaction plus ou moins avancé. La cause de cette maladie n'est pas encore parfaitement connue. Toutefois nous pensons qu'on doit l'attribuer à l'abus que l'on fait d'un certain engrais, les tourteaux d'arachide Ces tourteaux, encore assez riches en huile, mais à l'état acide, suffisent, selon nous, lorsqu'on les emploie en très-grande quantité, pour produire cette altération sur les racines. Ce qu'il y a de certain, c'est que les orangeries du Cannais, près de Cannes, soumises au même climat, placées sur des terrains analogues et recevant le même mode de culture, à l'exception de l'espèce d'engrais dont nous venons de parler, sont parfaitement intactes.

Insectes nuisibles[1]. — Un certain nombre d'insectes vivent aux dépens de l'oranger. Nous citerons particulièrement deux espèces de *kermès* ou *gallinsectes*, qui, fixés sur les feuilles et les bourgeons, épuisent l'arbre en absorbant la plus grande partie de la séve ; nous avons indiqué à la culture spéciale du pêcher les mœurs d'une espèce de kermès propre à cet arbre et qui sont les mêmes que celles des espèces qui vivent sur l'oranger. Quant au mode de destruction de cet insecte, il est assez facile : il consiste dans l'emploi d'un lait de chaux lancé sur les rameaux et les feuilles au moyen d'une seringue de jardinier ou d'une petite pompe à main. Il faut faire en sorte que toutes les feuilles et les rameaux soient atteints par ce lait de chaux. — L'opération doit être pratiquée au moment où les insectes commencent à éclore, c'est-à-dire au début de la végétation. On a d'ailleurs remarqué que ces insectes attaquent de préférence les arbres à tête confuse et serrée et surtout ceux qui sont ombragés par d'autres arbres.

Cochenille des orangers (coccus citri) (fig. 320). — Ces insectes diffèrent surtout des kermès parce qu'ils sont dépourvus de coque. L'espèce dont nous nous occupons ici attaque toutes les espèces d'orangers et exerce les mêmes ravages que le kermès. — La femelle est couverte d'une poudre blanche. Au

---

moment de la ponte elle cesse de marcher, forme un nid ressem-
blant à un petit flocon de coton dans lequel elle se renferme pour
déposer ses œufs.

Puceron des orangers (aphis citri). — Nous renvoyons, pour
la destruction de cette insecte, au puceron du pêcher.

Plantes parasites. — Risso a fait connaître deux cryptogames
qui vivent sur l'oranger et lui font parfois un tort assez considérable. L'une, qu'on nomme *demathium monophyllum*, ressemble à une poussière noire qui finit par couvrir l'arbre entier ;

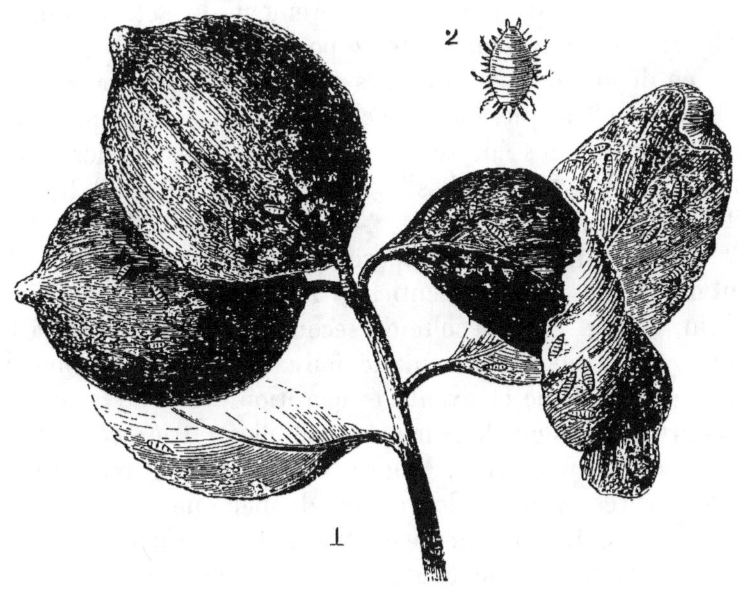

Fig. 320. Cochenille des orangers.

elle se développe dans les localités humides et embragées. L'autre, *lichen aurantii*, apparaît sous forme d'une petite croûte
gris blanchâtre. Le seul moyen préventif qui ait donné des résultats satisfaisants consiste à faciliter la circulation de l'air,
soit entre les branches du même arbre, soit entre les arbres, en
diminuant, au moyen de la taille, la confusion des rameaux.
Toutefois, nous avons constamment remarqué que le *demathium*
ou *charbon* apparaît toujours à la suite des kermès et disparaît
avec eux. Nous sommes donc convaincu que le meilleur moyen
de détruire le charbon consiste à faire disparaître le kermès, et

le lait de chaux que nous venons de conseiller suffira également
pour avoir raison du lichen.

Vieillesse. — Dans le midi de la France, les orangers bien
cultivés vivent, en moyenne, plus d'un siècle ; on peut même
prolonger leur existence au delà de ce terme, lorsque les signes
de la décrépitude deviennent évidents, en coupant les branches
principales à environ 0^m,50 du tronc, mastiquant avec soin les
plaies, puis donnant au sol un labour profond et une très-abondante fumure.

Récolte des produits. — *Feuilles.* — Ce sont particulièrement les feuilles de l'oranger proprement dit, et surtout celles
du bigaradier, que l'on recueille pour les employer en infusion.
On n'en dépouille pas les arbres exprès pour cet usage : ce sont
seulement celles que l'on détache des rameaux supprimés lors
de la taille. On les fait sécher à l'ombre, puis on les livre au
commerce. En 1848, elles se vendaient à Nice 20 francs les
100 kilogrammes.

Fleurs. — Les mêmes espèces fournissent seules les fleurs
dont on extrait l'huile essentielle. Tous les deux jours, en mai
et juin, on fait cette récolte en secouant violemment les arbres.
Il faut éviter soigneusement de faire cette récolte immédiatement après la pluie et avant l'évaporation totale de la rosée, car
les fleurs perdraient de leur arome et elles entreraient très-rapidement en fermentation. Malgré cette récolte, il reste toujours
sur les arbres assez de fleurs pour donner une suffisante quantité de fruits. Les orangers commencent à donner des fleurs et
des fruits vers l'âge de cinq ans : ils sont en plein rapport vers
quarante ans ; à ce moment, un bigaradier produit moyennement
40 kilogrammes de fleurs : l'oranger proprement dit n'en
donne que 20 kilogrammes.

Fruits. — La récolte des oranges proprement dites se fait en
trois fois : la première vers la fin d'octobre, alors que les fruits
commencent à prendre une teinte jaunâtre ; ces fruits peuvent
ainsi être expédiés au loin sans se gâter ; la seconde se fait en
décembre ; les fruits sont alors à moitié mûrs et peuvent encore
résister à un assez long trajet ; la troisième au printemps, quand
ils ont atteint leur maturité ; mais alors ils ne peuvent être
transportés à une grande distance sans s'altérer.

Les fruits du bigaradier sont tous recueillis en septembre ; ceux des cédrats en août, septembre et jusqu'en janvier ; les limoniers, qui fleurissent et mûrissent pendant toute l'année, sont soumis à une récolte non interrompue.

L'oranger proprement dit, arrivé au maximum de son produit, peut donner en moyenne 3,000 fruits de bonne qualité. Les bigaradiers donnent environ 4,000 fruits. Le produit des cédratiers ne dépasse guère 40 fruits, celui des bergamotiers s'élève en moyenne à 250 fruits ; mais le plus productif de tous ces arbres est incontestablement le limonier, dont la récolte moyenne peut s'élever à 6,000 fruits.

L'oranger proprement dit et le bigaradier ne donnent en général une abondante production qu'une année sur deux. On diminue les effets de cette intermittence en récoltant tous les fruits avant la fin du mois de décembre.

GRENADIER.

Originaire de l'ancienne Carthage, d'où il fut importé en Italie par les Romains, lors des guerres puniques, le grenadier (*fig.* 321) s'est répandu dans tout le midi de l'Europe, où il est aujourd'hui cultivé, soit comme arbre d'ornement, soit pour faire des haies d'une grande solidité, soit enfin comme arbre fruitier à cause de la saveur douce, légèrement acidule, de la pulpe qui entoure chacune des semences. C'est surtout sous ce dernier point de vue que nous avons à le considérer ici. La pulpe des fruits du grenadier est mangée fraîche, assaisonnée de sucre et d'eau de fleur d'oranger ou de vin de liqueur. On en fait aussi des gelées.

Variétés. — Les diverses variétés de grenadier cultivées appartiennent toutes à une seule espèce, le *grenadier commun* (*punica granatum*). Abandonnée à elle-même, cette espèce ne dépasse guère 3 à 4 mètres d'élévation ; soumise à la culture, elle peut atteindre 8 mètres de hauteur. La variété la plus intéressante, au point de vue de la production des fruits, est le *grenadier à fruits doux* (*fig.* 321).

Climat et sol. — Le grenadier supporte difficilement les hivers du nord de la France. Il peut fleurir et fructifier dans le centre s'il est placé en espalier, aux espositions les plus chaudes ; mais ce n'est que dans le Midi que ses fruits mûrissent complétement.

Quant au sol qui lui convient, le grenadier est peu exigeant ; il se développe convenablement dans les terrains les plus secs,

Fig. 321. Grenadier à fruit doux.

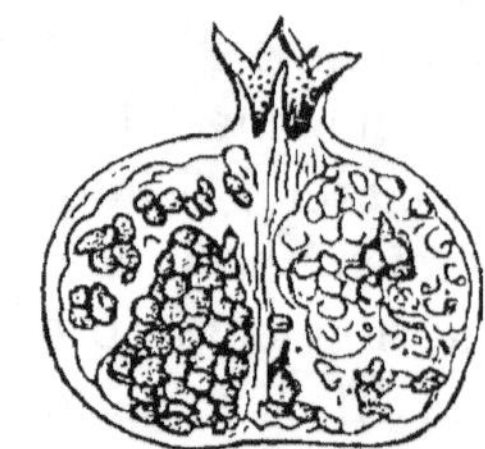

Fig. 322. Coupe du fruit du grenadier à fruit doux.

Fig. 323. Fleurs du grenadier à fruit doux.

mais il donne ses plus beaux produits dans les terres substantielles, de consistance moyenne. Il ne redoute que l'humidité surabondante.

Culture. — On peut employer pour le grenadier les divers modes de multiplication ordinairement usités. Les *semis* sont faits en pépinière sur des plates-bandes bien exposées. On doit choisir pour cela les graines des beaux fruits du *grenadier commun à fruits acides*. Ces sujets sont plus rustiques que ceux à fruits doux. Au bout d'un an, les jeunes plants sont repiqués sur d'autres plates-bandes. Vers la troisième année, ils sont plantés à demeure, soit pour former des haies, soit pour recevoir la greffe des autres variétés.

La *greffe* employée est celle *en fente Atticus*. Mais il est préférable d'employer la *greffe en écusson à œil dormant*. Pour cela on coupe la tige des sujets lorsqu'ils ont 0^m,015 de diamètre, et l'on place les écussons sur les bourgeons qui naissent vers le sommet. On peut les greffer soit dans la pépinière, soit après leur plantation à demeure. On préfère généralement ce dernier moyen.

Les diverses variétés sont aussi multipliées au moyen du *marcottage*. On fait usage du *marcottage par drageons, par racine et en archet avec incision*. Les marcottes sont sevrées au bout d'un an, repiquées dans la pépinière, et plantées à demeure l'année suivante. Cet arbre est aussi multiplié au moyen de *boutures à talon*. Ces derniers procédés donnent des arbres moins vigoureux et plus sensibles à la gelée.

Le grenadier est cultivé en plein vent et en espalier ; dans l'un et l'autre cas, il est en quelque sorte abandonné à lui-même. Pour les arbres en espalier, on se contente d'appliquer les branches contre le mur à mesure qu'elles se développent, de façon qu'elles en occupent régulièrement la surface. Nous pensons cependant que, si l'on donnait à la charpente de ces arbres une disposition régulière, celle en *vase* ou *gobelet*, ou pour les espaliers et contre-espaliers, celle en *cordon oblique simple* ou en *cordon vertical*, et surtout si l'on favorisait le développement des rameaux à fruits au moyen d'une taille convenable, on obtiendrait des résultats analogues à ceux qui sont produits sur les autres arbres fruitiers. Ainsi les fleurs du grenadier apparaissent ordinairement à l'extrémité des bourgeons de vigueur moyenne. On devrait, tout en formant la charpente, favoriser le développement de ces bourgeons sur toute la longueur des branches principales ; couper ces rameaux vers leur base, lors de la taille d'hiver, pour obtenir à chaque point un ou deux nouveaux bourgeons fructifères de vigueur moyenne, et supprimer rigoureusement toutes les productions qui n'ont pas cette destination, à l'exception des rameaux destinés à prolonger les branches de la charpente.

Le grenadier développe un grand nombre de bourgeons sur le collet de sa racine : on doit chaque année les détruire avec soin, pour qu'ils n'affament pas la tige.

Si l'on veut que les fruits de cet arbre prennent tout leur développement, il est indispensable de le fumer chaque année et de le soumettre à l'irrigation, comme l'oranger, surtout lorsqu'il est placé dans un sol léger et sous un climat brûlant.

On récolte habituellement les grenades vers le milieu de septembre, parce que plus tard elles se fendent et se déchirent sous l'influence successive des pluies et du soleil ; mais leur maturité est alors imparfaite, et elles n'ont pas acquis toutes leurs qualités. Pour obtenir un meilleur résultat, il faudra abriter les rameaux fructifères de l'ardeur du soleil, vers la mi-septembre, en les introduisant dans l'intérieur de l'arbre et en les y fixant avec des liens. On peut alors retarder la récolte jusqu'au milieu d'octobre.

Les grenades peuvent être conservées fraîches et saines jusqu'au milieu de l'hiver. Pour cela on les cueille par un beau temps ; on les laisse exposées au soleil pendant deux jours, en les retournant le second jour ; on les enveloppe de papier gris, puis on les place dans une jarre à huile, neuve, en séparant chaque lit par une couche de sable de rivière lavé et bien sec. Cette jarre, fermée par un couvercle, est placée dans un local analogue à la fruiterie décrite au chapitre du poirier.

— · — · —

CHAPITRE CINQUIÈME

DEUXIÈME DIVISION. — FRUITS A NOYAU. — PÊCHER.

Le pêcher (*amygdalus Persica* L.) (*fig.* 324) est certainement le plus remarquable de tous nos arbres fruitiers pour la beauté de ses fruits, la délicatesse de leur parfum, la suavité de leur goût. Le pêcher paraît être originaire de l'Éthiopie, d'où il passa en Perse. Son introduction en Europe remonte au règne de l'empereur Claude ; Pline est le premier qui en ait donné une description exacte, et il assure que c'est par Rhodes et l'Égypte qu'il a été transporté de la Perse en Italie. Ce furent les Romains qui in-

troduisirent chez nous cet excellent fruit. Columelle parle avec
éloge de la pêche gauloise. Toutefois il paraît constant que les
croisés importèrent de nouveau le pêcher en Occident ; peut-être
y avait-il disparu à la suite des siècles de barbarie qui succédèrent
à la domination romaine.

La pêche, lors de son introduction en Europe, était loin d'offrir
les qualités qui la distinguent aujourd'hui. Elle était beaucoup

Fig. 324. Pêcher de grosse mignonne.

Fig. 325. Fleur du pêcher de
grosse mignonne.

plus petite, sa chair était moins savoureuse. Olivier de Serres dit
avoir vu, dans les jardins d'Ispahan, des pêchers qui avaient probablement servi de souche à ceux que l'on avait importés en
Europe, et dont les fruits étaient de médiocre qualité. Ce ne fut
donc que progressivement, et au moyen de semis successifs et des
soins de la culture, que l'on a obtenu ces excellentes variétés que
nous cultivons aujourd'hui.

L'importance de la pêche comme fruit comestible n'égale pas
celle de plusieurs autres espèces, car de nombreuses difficultés
s'opposent à ce que sa culture prenne un grand développement.

Ces difficultés tiennent surtout à ce que cet arbre ne peut être cultivé partout en plein air, aux soins minutieux qu'il réclame là où il exige des abris, au laps de temps assez restreint pendant lequel on peut consommer ses fruits, au peu d'avantage que présente leur dessiccation, et aux soins dispendieux qu'exige leur transport. C'est donc seulement dans le voisinage des grands centres de population, que la culture en grand du pêcher peut donner lieu à des spéculations profitables.

Espèces et variétés.—Le pêcher est si voisin de l'amandier par ses caractères botaniques, que quelques naturalistes l'ont considéré comme une simple variété de cette dernière espèce. En effet, la seule différence vraiment sensible est dans le péricarpe, qui est charnu dans la pêche et coriace dans l'amandier ; or MM. Sageret et Knight ont obtenu de l'amandier, au moyen des semis, des vériétés dont le péricarpe, en partie charnu, tient le milieu entre celui du pêcher et de l'amandier. Tout porte donc à penser que l'amandier est réellement le type du pêcher, et que ce dernier aurait été obtenu originairement en Perse. Quoi qu'il en soit, le pêcher a donné, au moyen des semis, un nombre de variétés qui s'élève aujourd'hui à plus de deux cents. Ces diverses variétés peuvent être subdivisées en quatre groupes que l'on distingue par les caractères suivants :

1er GROUPE. — *Pêches proprement dites*. Peau duveteuse, chair fondante quittant le noyau.

2me GROUPE. — *Pavies*. Peau duveteuse, chair ferme, adhérente au noyau. Le type de ce groupe paraît avoir été obtenu à Pavie.

3me GROUPE. — *Pêches lisses*. Chair fondante, quittant le noyau.

4me GROUPE. — *Brugnons*. Peau lisse, chair ferme, adhérente au noyau. Les Anglais appellent *nectarines* les pêches qui appartiennent à ces deux derniers groupes.

Nous donnons, dans le tableau ci-contre, la liste des meilleures variétés de chacun de ces groupes, rangées d'après l'époque de leur maturité.

Climat et sol.—Le pêcher s'accommode de tous les climats de la France, pourvu qu'on choisisse, pour chaque localité, les variétés qui peuvent s'y développer, et qu'on donne à leur culture les soins qu'elle réclame. Ainsi l'on devra cultiver des

NOMS DES VARIÉTÉS ET SYNONYMES.	ÉPOQUE DE LA MATURITÉ.	ORIGINE DES VARIÉTÉS ET OBSERVATIONS DIVERSES.
Pêche Desse hâtive	Fin de juillet.	Obtenue en France en 1851.
Pêche grosse mignonne hâtive	Commencement d'août.	
Pêche pourprée hâtive	Mi-août	Souvent attaquée par le blanc.
Pêche grosse mignonne ordinaire	Fin d'août.	
Pêche galande.		
Bellegarde.	Fin d'août	Souvent attaquée par le blanc.
Noire de Montreuil.		
Pêche Belle Bausse	Fin d'août	Obtenue à Montreuil par un cultivateur de ce nom ; c'est une variété de la grosse mignonne.
Pêche vineuse de Fromentin	Fin d'août.	
Pêche nivette veloutée	Août et septembre.	
Pêche de Malte.		
Belle de Paris	Août et septembre	Se reproduit de noyau.
Pêche Belle de Doué.	Commencement de septembre.	
Pêche lisse petite violette hâtive	Commencement de septembre	Garder le fruit à la fruiterie pendant quelques jours. Propre au climat du Midi.
Pêche reine des vergers.	Commencement de septembre	Obtenue en France en 1851.
Pêche Madeleine rouge de Courson	Mi-septembre.	Souvent attaquée par le blanc.
Grosse Madeleine.		
Brugnon de Stanwich à amandes douces.	Septembre	Variété récemment introduite de la Syrie en Angleterre ; importée en France en 1851.
Pêche Belle de Vitry.		
Admirable	Fin de septembre.	
Pêche Bourdine de Narbonne.		
Grosse royale	Fin de septembre.	
Pêche Chevreuse tardive.		
Bonouvrier.	Fin de septembre.	Obtenue par M. Bonouvrier, cultivateur à Montreuil.
Pêche Pavie Persèque.		
Gros persèque.	Fin de septembre.	Propre au climat du Midi.
Persèque allongé		
Brugnon musqué.		
Brugnon violet.	Fin de septembre.	Garder le fruit dans la fruiterie pendant quelques jours.
Pêche téton de Vénus.	Fin de septembre.	
Pêche de Syrie.		
Michal.		
De Tullins.	Fin de septembre.	
Barrat.		
Pêche admirable jaune.		
Grosse jaune de Burai.	Commencement d'octobre	La plus convenable pour le plein vent. Se reproduit de noyau.
Pêche-abricot, pêche d'orange		
Pavie de Pomponne.		
Pavie monstrueux.		
Gros persèque rouge	Mi-octobre	Propre au climat du Midi.
Gros mirlicoton.		

variétés d'autant plus précoces, que l'on se rapprochera davantage du Nord.

Le pêcher exige un sol profond, perméable, de consistance moyenne, et surtout contenant une certaine proportion de matière calcaire. Dans les sols très-légers et exposés à la sécheresse, sa végétation est languissante, ses fruits restent petits et deviennent amers. Dans les terrains compactes, humides, les arbres poussent d'abord assez vigoureusement; mais ils sont bientôt atteints de la gomme, qui les ruine complétement. Cet accident est toutefois moins à redouter sous le ciel brûlant du Midi que dans le Nord. Sous ce dernier climat, on peut diminuer cette influence fâcheuse, en greffant les pêchers sur le prunier, car ses racines pivotent moins que celles de l'amandier.

Ce que le pêcher redoute par-dessus tout, c'est la surabondance d'humidité du sol. C'est pour cela que, dans le Midi même, ces arbres succombent promptement sous l'influence des irrigations auxquelles on soumet la terre pour les soustraire à l'excès de la sécheresse. Dans ce cas, il convient de remplacer ces arrosements par des défoncements d'autant plus profonds, lors de la plantation, que le sol est plus sec. Les racines pourront alors, en s'enfonçant, aller chercher l'humidité qui leur manque.

Multiplication. — Nous nous sommes longuement étendu à l'article *Pépinière* (page 213), sur les divers modes de multiplication du pêcher et sur les soins que réclame la première direction à donner à la greffe de ces arbres (page 201). Nous avons également dit, en parlant du jardin fruitier (page 240), les divers soins qui se rattachent à la plantation à demeure de cette espèce, lorsqu'on choisit des arbres tout greffés. Disons seulement ici ce qu'il y a faire lorsqu'on veut multiplier les pêchers dans le jardin fruitier ou dans le verger même, c'est-à-dire y faire naître des sujets destinés à être greffés ensuite.

Le pêcher peut être greffé sur diverses sortes de sujets: l'*amandier*, le *pêcher* et plusieurs espèces de *pruniers*. Le choix à faire entre eux est déterminé surtout par la nature du sol.

L'*amandier* est le sujet le plus vigoureux. On le préfère pour tous les terrains assez profonds et exempts d'humidité surabondante.

Parmi les différentes sortes d'amandiers, celle dont on doit choisir les semences pour faire des sujets est l'*amandier doux à coque dure*. Toutefois les variétés du pêcher, *pourprée hâtive*, *bourdine* et *madeleine rouge*, réussissent mieux greffés sur amandier à fruit amer.

Le *pêcher franc* est obtenu au moyen de noyaux de pêches choisis parmi les variétés les plus vigoureuses. On en obtient des sujets dont les racines pivotent un peu moins que celles de l'amandier et qui conviennent mieux aux terrains secs et peu profonds. La greffe en écusson est aussi mieux assurée sur ce sujet que sur l'amandier. La difficulté de se procurer des noyaux de bonne qualité, empêche les pépiniéristes du Nord de faire un usage fréquent de ce sujet.

Les *pruniers* donnent lieu à des arbres moins vigoureux que les deux premiers sujets ; mais, comme leurs racines pivotent beaucoup moins, on les préfère pour les terres compactes à sous-sol humide. Plusieurs espèces de pruniers sont employées comme sujets ; le plus usité est le *prunier commun* (*prunus domestica*), dont on préfère les variétés les plus vigoureuses, telles que la *sainte-catherine*, le *damas d'Italie*, la *royale de Tours*. On rejette les sujets obtenus de drageons ou de boutures. Ils donnent lieu à des arbres mal venants, et qui s'épuisent en rejetons.

Depuis quelques années, certains pépiniéristes ont essayé d'employer le *prunier Mirobolan* (*prunus Myrobolana*). Cette espèce, multipliée au moyen des boutures, donne lieu à des arbres plus vigoureux ; mais il paraît peu convenir au pêcher.

M. le curé d'Auxonne (Côte-d'Or) nous a communiqué, en 1856, le résultat très-satisfaisant qu'il a obtenu de la greffe du pêcher sur le *prunellier* ou *épine noire* (*prunus spinosa*). Ce sujet donne lieu à des arbres nains qui sont aux pêchers greffés sur amandier ou sur prunier commun, ce que sont les pommiers greffés sur paradis à ceux entés sur pommier franc ou sur doucin.

Ces indications s'appliquent non-seulement aux pêchers que l'on veut greffer soi-même, mais encore à ceux que l'on achète tout greffés dans la pépinière.

Pour se procurer ces sortes de sujets destinés à la petite pépinière que l'on voudrait créer en vue de la plantation du jardin fruitier, nous renvoyons à la page 213 en ce qui concerne les sauvageons d'amandier et de pêcher franc.

'Quant aux sujets de prunier, il est plus simple de se procurer de jeunes plants d'un an, qu'on plante dans la petite pépinière.

Les sujets d'amandier et le pêcher franc sont greffés en écusson à œil dormant vers le mois de septembre qui suit leur ensemencement. A la fin du mois de février suivant, on coupe la tête du sujet à 0^m,08 au-dessus du point où l'écusson a été posé. Si l'on opérait la section tout près de l'écusson, il pourrait se faire que la tige se desséchât un peu au-dessous de la coupe, et l'écusson en souffrirait.

Pendant l'été qui suit, les écussons se développent, et on les maintient dans une position verticale en les fixant au sommet de la tige qui sert de tuteur ; à l'automne suivant, on enlève la portion de tige conservée au delà de l'écusson, et ces jeunes arbres sont immédiatement plantés à demeure. Les sujets de prunier ne sont écussonnés qu'après une année de plantation, et cela en juillet. On leur donne ensuite les mêmes soins qu'aux précédents.

Culture. — Le pêcher est cultivé soit dans le jardin fruitier, soit dans les vergers. Comme ces deux modes de culture présentent des différences notables, nous allons les étudier séparément.

CULTURE DU PÊCHER DANS LE JARDIN FRUITIER.

Dans le Nord, et jusque dans la partie nord du climat de la vigne, le pêcher ne peut être cultivé qu'en espalier. La rigueur des hivers et surtout les intempéries du printemps, ne permettent pas la culture de cet arbre en plein air. Il faut tâcher de le placer aux expositions les plus sèches, c'est-à-dire de l'est au sud ; le sud-est est la meilleure exposition ; le sud est un peu trop brûlant. On peut, il est vrai, le placer contre des murs à l'ouest et même au nord ; mais c'est seulement lorsque les murs, très-rapprochés les uns des autres et de couleur blanche, se renvoient mutuellement la lumière et la chaleur.

La culture du pêcher en espalier a pris naissance aux environs de Paris, au commencement du siècle de Louis XIV. Elle a d'abord été tentée par de la Quintinie, au potager du roi à Versailles, mais les résultats ont été peu satisfaisants. Vers la même époque Girardot s'y consacra tout entier, et imprima à cette culture le mouvement progressif qui l'a conduite au degré de perfection où nous la voyons aujourd'hui. Après avoir dissipé sa fortune au service, Girardot quitta les mousquetaires de Louis XIV et se retira dans un petit fief de trois hectares environ qu'il possédait encore à Bagnolet et à Malassise, près de Montreuil. Il imagina de diviser cet emplacement par des murs parallèles éloignés de huit mètres et surmontés de chaperons mobiles, semblables à ceux décrits plus loin au chapitre des *Abris*, puis tous les murs furent couverts de pêchers en espalier. Cette culture eut un plein succès, et ses jardins (dit Le Grand d'Aussy) lui rapportèrent, année commune, 36,000 francs. Un résultat aussi satisfaisant ne pouvait tarder à fixer l'attention des cultivateurs voisins de Girardot, et qui étaient placés dans les mêmes conditions de sol et d'exposition. Aussi vit-on bientôt se former un grand nombre de jardins semblables au sien. Telle est l'origine de la culture du pêcher en espalier, qui eut pour berceau Montreuil, nommé à cause de cela Montreuil-aux-Pêches, et qui se répandit de là dans les diverses contrées de la France.

Dans le Midi, le pêcher est cultivé en plein air. Les murs lui sont plutôt funestes qu'utiles, surtout dans la région de l'olivier, à cause de l'excès de chaleur à laquelle il y est exposé, à moins qu'on ne le place aux expositions les moins chaudes. La position en contre-espalier sera celle qui lui conviendra le plus souvent.

Nous avons indiqué à la page 241, les conditions à remplir quant au choix des arbres pour la plantation du jardin fruitier. Ajoutons que pour les pêchers, il importera de choisir de jeunes arbres d'un an de greffe, pourvus de boutons bien constitués depuis le point occupé par la greffe, jusqu'à environ $0^m,50$ de hauteur (*fig.* 326). Ceux de ces arbres qui présentent des rameaux anticipés jusqu'à la base doivent être repoussés d'une manière absolue. Ces rameaux anticipés ne peuvent servir de point de départ aux branches de la charpente.

Taille. — Le mode de taille qui convient au pêcher est exactement le même pour le Nord que pour le Midi.

Nous allons, comme nous l'avons fait pour le poirier, étudier séparément les opérations relatives à la formation de la charpente, puis celles qui s'appliquent à l'obtention et à l'entretien des rameaux à fruit. Les motifs indiqués au chapitre du poirier, nous engagent à ne recommander, pour le pêcher, que les formes suivantes, groupées en deux séries : les grandes et les petites formes. Voyons d'abord les grandes formes :

FORMATION DE LA CHARPENTE.

Taille d'un pêcher en palmette Verrier. — Les arbres soumis à la forme en palmette, sont en tout semblables aux poiriers soumis à cette même disposition (page 324). La seule différence qui existe entre ces deux espèces, c'est que, dans le poirier, les branches sous-mères sont placées à $0^m,30$ seulement l'une de l'autre, tandis qu'un espace de $0^m,50$ à $0^m,60$ est nécessaire pour le pêcher, afin de permettre le palissage des bourgeons latéraux pendant l'été. En outre, dans cette dernière espèce, toutes les branches mères ou sous-mères sont garnies seulement sur les côtés de rameaux à fruit, naissant à environ $0^m,10$ les uns des autres.

Première taille. — Les poiriers ainsi que toutes les autres espèces, ne doivent recevoir la première taille qu'après leur reprise, c'est-à-dire une année environ après leur plantation ; le pêcher seul fait exception : on doit le tailler l'année même de la plantation. Autrement, les boutons de la base que l'on a besoin de faire développer en bourgeons seraient complétement anéantis l'année suivante.

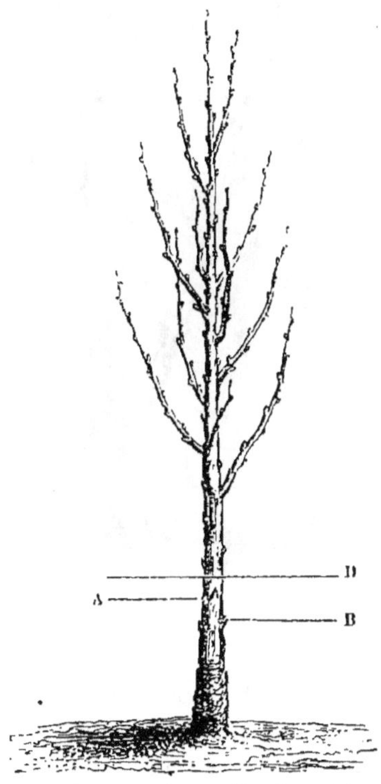

Fig. 326. Première taille du pêcher en palmette Verrier.

Cette première taille a pour but de faire développer, à environ

0^m,30 au-dessus du sol, les deux premières branches sous-mères, et d'obtenir un nouveau prolongement de la tige. A cet effet, on choisit deux boutons B (*fig.* 326), situés latéralement à une hauteur convenable, plus un bouton A placé au-dessus et en avant ; c'est immédiatement au-dessus de ce dernier bouton, au point D, que l'on coupe la tige. Les boutons B sont destinés à former les deux premières branches sous-mères, et le bouton A, le prolongement de la tige.

On choisit, autant que possible, un bouton placé en avant pour prolonger la tige et les branches sous-mères. La petite difformité qui existe au point d'attache de chaque nouveau prolongement est ainsi moins apparente, et la plaie, n'étant pas frappée par le soleil, se cicatrise mieux.

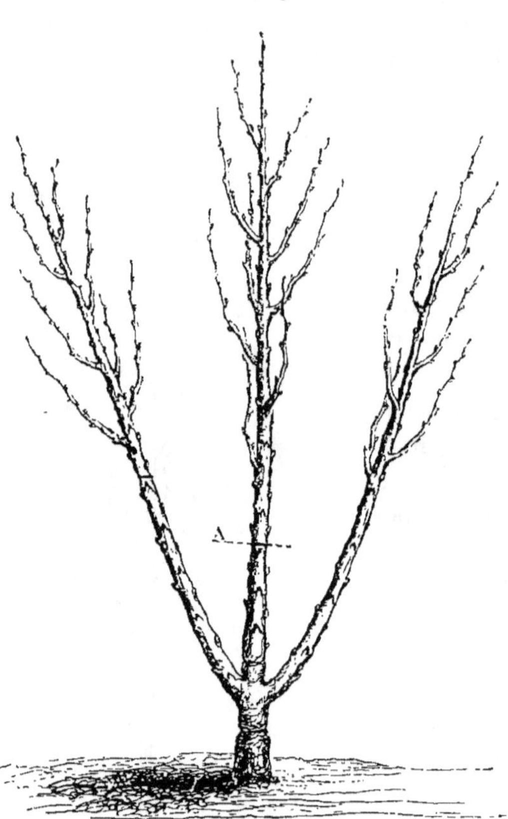

Fig. 527. Deuxième taille du pêcher en palmette Verrier.

Pendant l'été qui suit, on protége le développement vigoureux des trois boutons choisis. S'il s'en développe d'autres, on les pince lorsqu'ils ont atteint une longueur de 0^m,20. On ne les supprime pas complétement comme pour les poiriers ; leur présence est nécéssaire pour favoriser le développement des nouvelles racines de ces jeunes arbres récemment plantés. On maintient en outre une vigueur égale entre ces bourgeons par les moyens indiqués au chapitre des *Principes de la taille.*

Deuxième taille. — La figure 527 indique le résultat des opérations de l'année précédente. Lors de la deuxième taille, on

supprime le tiers environ de la longueur des branches sous-mères
en choisissant un bouton de devant, qui formera le nouveau
prolongement. La tige est coupée au point A, à environ 0^m,30
de la naissance des sous-mères, immédiatement au-dessus d'un
bouton de devant. On pourrait couper cette tige plus haut, à

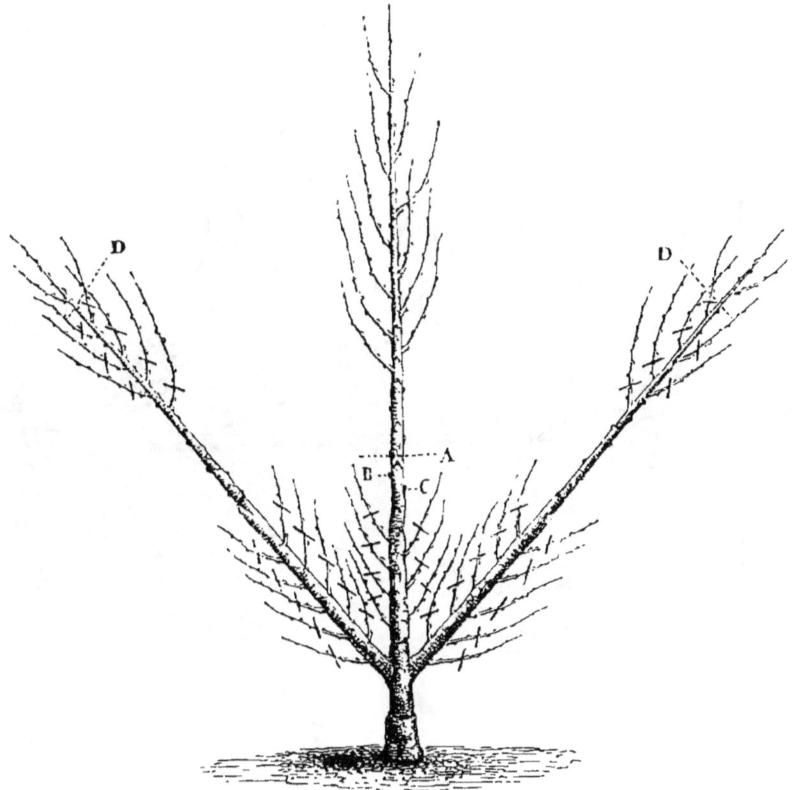

Fig. 528. Troisième taille du pêcher en palmette Verrier.

0^m,60 au-dessus des sous-mères, de façon à obtenir un nouvel
étage de branches pendant l'été suivant, mais il est plus prudent
de laisser un intervalle de deux ans entre l'obtention des premières
sous-mères et celle des secondes. On favorise ainsi l'accroissement
des ramifications inférieures de l'arbre qui ont toujours une tendance à devenir moins vigoureuses que celles du sommet. Il n'y
a d'exception que pour le cas où les rameaux latéraux sont aussi
vigoureux que le rameau central.

Pendant l'été suivant, on donne au bourgeon terminal de chacune de ces branches, les soins nécessaires pour qu'ils conser-

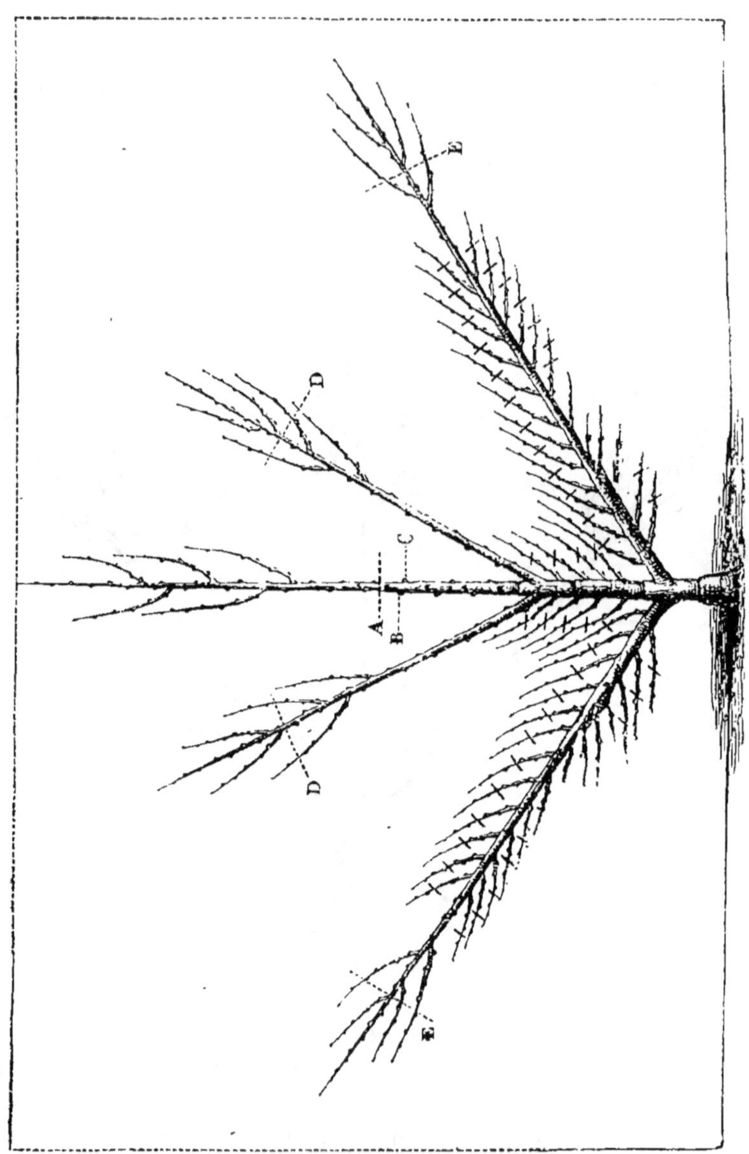

Fig. 329. Quatrième taille du pêcher en palmette Verrier.

vent le même degré de vigueur. Quant aux autres bourgeons, on leur applique les opérations décrites plus loin pour les transformer en rameaux à fruit.

Troisième taille. — Au troisième printemps le jeune pêcher offre l'aspect de la figure 328. On coupe alors la branche mère à environ 0^m,60 de la naissance des sous-mères, en A, au-dessus de deux boutons latéraux, B et C, qui doivent développer deux nouvelles branches sous-mères, et d'un bouton placé en avant, destiné à prolonger la tige. On supprime sur les branches sous-mères le tiers environ de leur nouveau prolongement en D, afin de déterminer le développement de tous les boutons qu'il porte.

Lors de la taille des branches sous-mères, il importe de donner exactement la même longueur aux branches symétriques, pour maintenir l'équilibre de la végétation entre les deux côtés de l'arbre. Si cependant une branche était devenue plus forte que la branche correspondante, elle serait taillée un peu plus court. Quant aux rameaux à fruits développés vers la partie inférieure de l'arbre, on leur applique les opérations que nous décrirons plus loin (page 486).

Pendant l'été on donne aux bourgeons de prolongement des branches de la charpente, des soins semblables à ceux de l'année précédente.

Quatrième taille. — Les opérations de l'année précédente ont eu pour résultat (*fig.* 329) de faire naître un nouvel étage de branches sous-mères. On supprime en D un tiers de leur longueur; on coupe en E le tiers de la longueur du nouveau prolongement des sous-mères inférieures. Quant au nouveau prolongement de la tige, on taille en A, à 0^m,60 des plus jeunes sous-mères. On peut alors faire naître un nouvel étage de branches chaque année, car les sous-mères inférieures ont acquis assez de force pour attirer à elles la séve dont elles ont besoin pour continuer de s'accroître.

Les soins indiqués plus haut sont répétés pendant l'été.

Cinquième taille. — Un troisième étage de branches sous-mères s'est développé pendant l'été précédent (*fig.* 330). Les prolongements des branches sous-mères sont taillées comme les années précédentes aux points D, E, F. Quant à la branche mère, elle est coupée au point A, en vue d'obtenir un nouvel étage des boutons B et C. Les soins d'été sont les mêmes que précédemment.

Les opérations que nous venons de décrire sont continuées de manière à obtenir chaque année un nouvel étage de branches

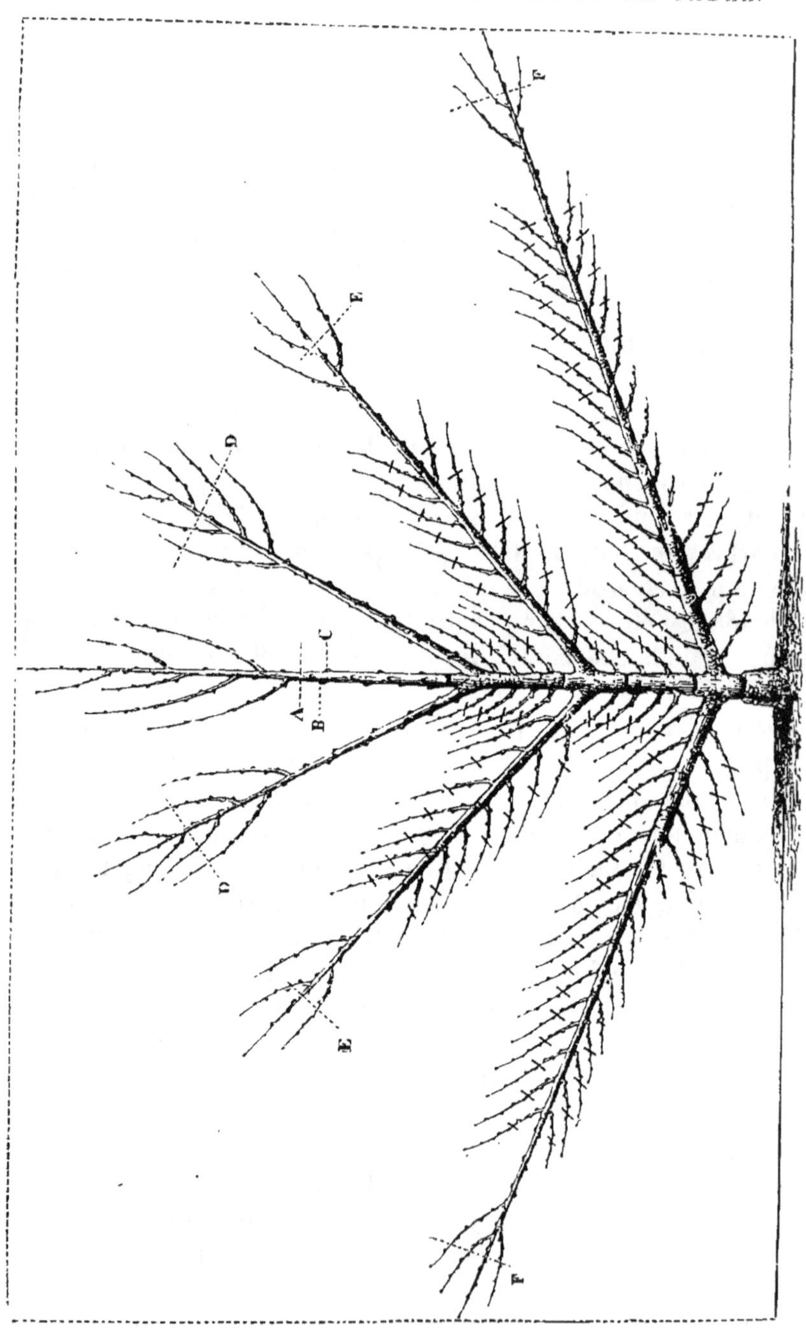

Fig. 330. Cinquième taille du pêcher en palmette Verrier.

sous-mères et l'allongement progressif de celles-ci jusqu'au moment où elles arrivent successivement au point où leur sommet doit être relevé dans une position verticale, comme le montrent les figures des pages 324 et 329. Alors on allonge successivement chacune d'elles jusqu'au sommet du mur, en retranchant la moitié de la longueur des prolongements successifs. Vers la neuvième année, les arbres soumis à cette forme offrent l'aspect de la figure, page 324, avec cette différence toutefois, que les rameaux à fruit sont distribués de chaque côté des branches de la charpente, comme le montre la figure 330, et que les branches sont placées à 0^m,60 d'intervalle, au lieu de 0^m,30. Les branches de la charpente sont ensuite taillées chaque année suivant le principe indiqué page 284.

Nous renvoyons à la page 330 pour l'emploi de la greffe en écusson destinée à régulariser la charpente des arbres. Nous devons faire remarquer que, malheureusement, les entailles pour faire développer les boutons restés endormis ou pour favoriser l'accroissement des branches trop faibles ; ainsi que les greffes de côté pour placer des branches de charpente là où il en manque, ne sont pas praticables pour le pêcher et en général pour les arbres à fruit à noyau. Ces opérations déterminent presque toujours la maladie de la gomme.

Le moyen indiqué à la page 330 pour obtenir sur les arbres en palmette deux étages dans la même année, s'applique également aux pêchers. Mais il convient de ne l'employer que dans le cas indiqué pour le poirier.

Palissage de la charpente du pêcher. — Le palissage de la charpente du pêcher doit être exécuté de la même façon et avec tous les soins que nous avons indiqués pour le poirier, page 332. Si l'on ne peut pas employer le *palissage à la loque*, décrit p. 229, on fera le *palissage sur treillage*. On doit palisser dans le pêcher non-seulement les branches de la charpente, mais encore, comme nous le verrons plus loin, les rameaux à fruits, après la taille d'hiver, et les bourgeons latéraux pendant l'été. Comme les points d'attache nécesaires pour ces divers palissages doivent être très-rapprochés, on ne pourrait employer le treillage en bois sans une forte dépense. Aussi convient-il de préférer le treillage en fil de fer, disposé comme nous l'indiquons pour le poirier (page 334), en laissant toutefois un intervalle de 0^m,08 seulement entre les lignes horizontales. Ce treillage ainsi établi coûtera 67 centimes le mètre carré, non compris la pose.

Si déjà le mur où l'on se propose d'établir un espalier de pêcher était couvert d'un treillage en bois à grandes mailles, on pourrait néanmoins l'utiliser pour cette espèce d'arbres. Il suffirait pour cela de diviser les mailles avec des fils de fer, comme le montre la figure 331.

Nous avons indiqué à la page 323, les motifs qui nous font préférer les palmettes à toutes les autres grandes formes imaginées pour les arbres palissés, et parmi les palmettes, celles que nous venons de décrire. Toutefois, nous croyons devoir dire un mot de quelques autres sortes de palmettes, moins bonnes à coup

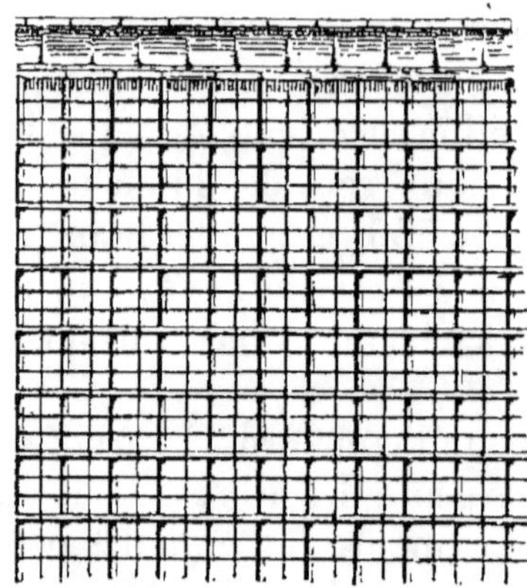

Fig. 331. Treillage en bois garni de fil de fer pour le pêcher.

sûr que la précédente, mais qui sont fort anciennes et encore aujourd'hui très-usitées.

Taille en palmette Legendre (*fig. 332*). — Une branche mère verticale donnant naissance, de chaque côté, à un certain nombre de sous-mères horizontales, d'égale force et superposées, telle est cette palmette, décrite pour la première fois par Legendre, curé d'Hénouville, qui écrivait en 1684. C'est à tort, suivant nous, que quelques auteurs ont donné à cette forme le nom de *Palmette Forsyth*, puisque ce cultivateur anglais n'a publié son livre qu'en 1802.

Pour obtenir cette forme, on fait développer à la base, la première année, soit à l'aide d'un ravalement, soit en posant trois écussons sur le sujet, trois bourgeons : un en avant pour former la branche mère et deux latéraux pour former les premières sous-mères. Au printemps suivant, la branche mère est coupée à environ 0^m,30 au-dessus des deux branches inférieures, puis les sous-mères sont taillées le plus long possible. On n'exige pas, la deuxième année, un nouvel étage de sous-mères, car il faut favoriser la végétation des premières ; mais à partir de l'année suivante, on fait développer, chaque printemps, au moyen de la

Fig. 532. Pêcher soumis à la forme en palmette Legendre.

taille, un nouvel étage de sous-mères qui naissent immédiatement

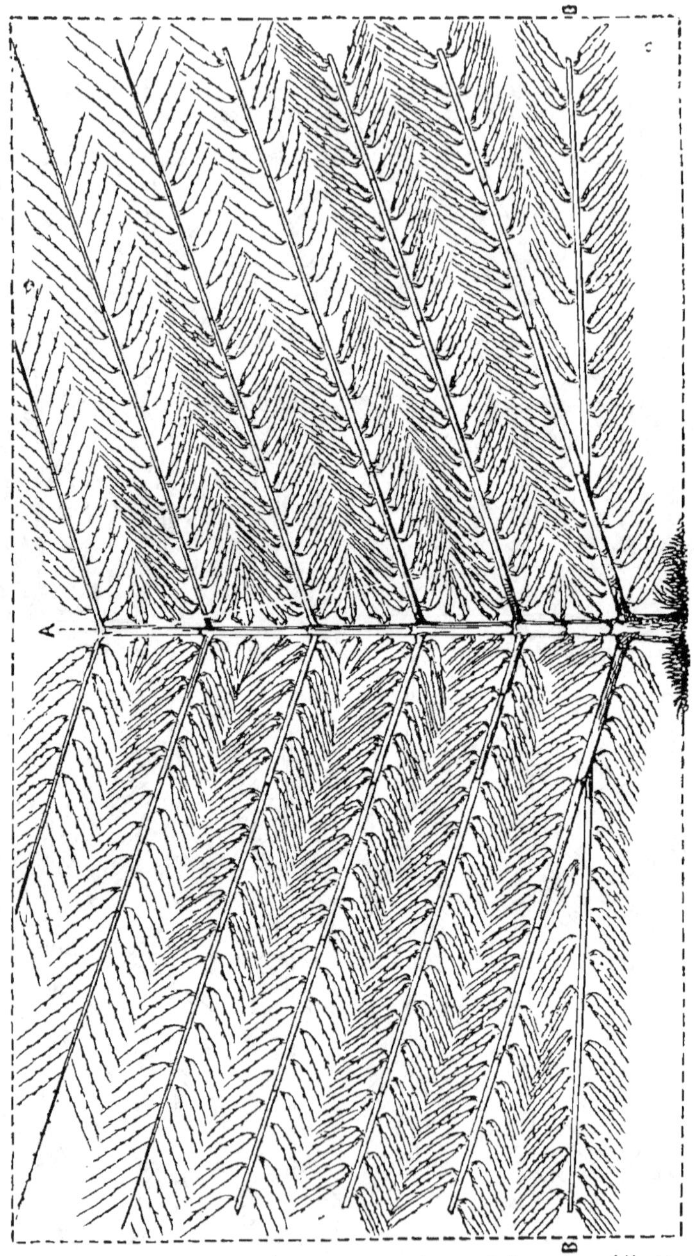

Fig. 533. Pêcher soumis à la forme en palmette à branches obliques.

au-dessous de chaque coupe. Il est bien entendu que les sous-mères sont d'abord placées presque verticalement, et qu'on ne les abaisse qu'à mesure qu'elles s'allongent.

Cette disposition présente le grave inconvénient que voici : La séve des racines, s'élançant avec rapidité dans la tige verticale, réagit avec force sur le développement des sous-mères supérieures, qui deviennent trop vigoureuses, tandis que celles de la base restent languissantes. D'un autre côté, la position horizontale des sous-mères qui gêne la circulation de la séve, vient encore augmenter l'état de souffrance de ces branches.

Taille en palmette à branches obliques (*fig.* 333). — Mon père, en imaginant cette forme vers 1816, a voulu remédier à l'un des défauts de la palmette Legendre, en donnant aux sous-mères une direction oblique ascendante qui y favorise la circulation de la séve ; puis, pour remplir le vide produit au-dessous des premières branches sous-mères par leur obliquité, il a fait naître une branche tertiaire. Mais l'inconvénient principal que nous avons signalé dans la palmette Legendre, existe également dans celle-ci. C'est la superposition des branches sous-mères de même longueur qui fait que celles du sommet sont toujours plus vigoureuses que celles de la base.

La charpente de cette palmette s'obtient à l'aide des opérations décrites pour la palmette Legendre. Les murs destinés à la recevoir ne devront pas avoir moins de 3 mètres, sous peine de voir le sommet des branches obliques trop promptement arrêté.

Taille en palmette de Le Berriays (*fig.* 334). — Cette forme diffère très-notablement des précédentes, soit par une double tige, soit par le mode de formation des branches sous-mères.

Le Berriays, contemporain de Duhamel, aux travaux duquel il s'associa, et auteur de plusieurs ouvrages remarquables sur l'arboriculture, notamment du *Nouveau la Quintinie*, est le premier qui ait fait usage de ce mode de formation, pour la palmette que nous croyons devoir désigner sous son nom.

Les deux premières branches ayant été obtenues au moyen d'un recepage, on les allonge pendant deux ou trois ans en les abaissant chaque année ; puis, lorsqu'elles ont atteint toute leur longueur, on les place horizontalement en A, de façon à ce qu'elles deviennent les deux premières sous-mères. Pendant l'été suivant

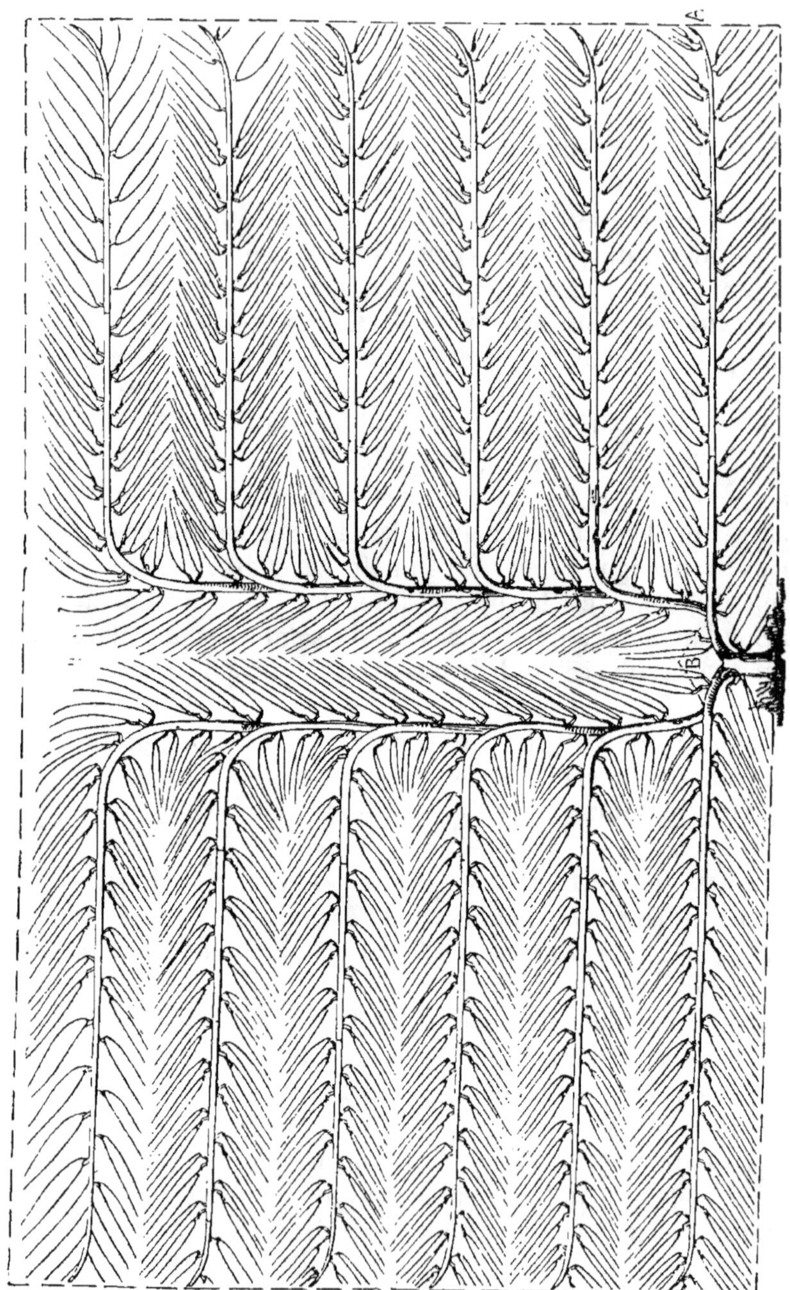

Fig. 554. Pêcher soumis à la forme en palmette de Le Berryais.

on laisse développer sur la courbe et de chaque côté, un bourgeon vigoureux qui s'allonge verticalement. A la taille suivante, les deux rameaux qui en résultent sont courbés horizontalement pour former deux nouvelles branches sous-mères, et ainsi de suite chaque année.

En adoptant cette forme et ce mode de formation, Le Berriays a voulu utiliser tout le produit de la végétation au profit du développement de la charpente sans être obligé de faire des retranchements. Il a aussi espéré que ce mode d'obtention des sous-mères ralentirait la rapidité de la circulation de la séve de la base au sommet de l'arbre.

Soustraire les arbres aux amputations annuelles, souvent assez considérables, auxquelles on les soumet pendant la formation de la charpente, est certes un avantage incontestable. Mais nous pensons que le second résultat n'est obtenu que bien imparfaitement, voici pourquoi : chaque année il se forme une nouvelle couche d'aubier dont les vaisseaux servent à l'ascension de la séve. Tant que les couches ligneuses qui fonctionnaient au moment où l'on a incliné les branches mères pour en former les branches sous-mères, conservent leurs fonctions, sans aucun doute, la séve tend à passer successivement de la branche mère dans la branche sous-mère placée immédiatement au-dessus ; elle agit ainsi avec plus de force sur le développement des parties inférieures de l'arbre, qu'elle maintient plus vigoureuses; mais, au bout de deux ans, les fonctions de ces couches cessent, il s'en est développé d'autres, dans lesquelles la direction des vaisseaux est en harmonie avec la tendance naturelle de la séve, c'est-à-dire que les vaisseaux séveux qui les composent, rétablissent, entre les racines et le sommet de la tige, la communication directe qui avait été interrompue par l'inclinaison successive du sommet des branches mères. Dès lors, les fluides nourriciers n'étant plus gênés dans leur mouvement d'ascension, les arbres soumis à cette forme offrent de nouveau l'inconvénient d'être trop vigoureux au sommet et languissants à la base. Ajoutons à cet inconvient qu'il faut maintenir l'équilibre de la végétation entre les deux branches mères, nécessité qui n'existe pas pour les autres sortes de palmettes.

Concluons donc de ce qui précède que la palmette Le Berriays ne vaut pas mieux que les deux précédentes, et que c'est la

27.

palmette Verrier qui est la moins mauvaise parmi les grandes
formes.

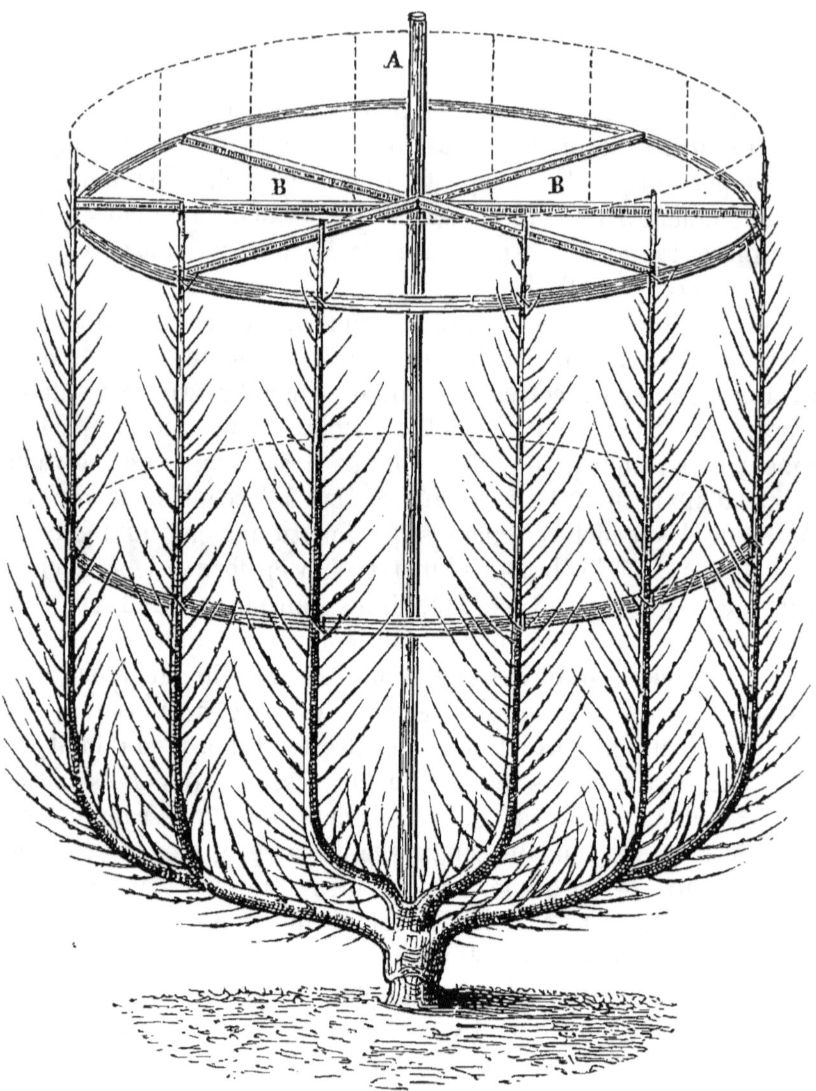

Fig. 355. Pêcher soumis à la forme en vase ou gobelet à branches verticales.

Taille du pêcher en gobelet.—Dans le Midi, où les pêchers
prospèrent en plein air, on peut leur donner la forme en gobelet
(*fig.* 355). Cette disposition ne diffère de celle indiquée pour le

poirier, page 310, que par l'intervalle à laisser entre les branches verticales ; il est de 0^m,60 au lieu de 0^m,30. D'où il suit qu'il faudra seulement 10 branches au lieu de 20 pour garnir le périmètre. Ces branches sont obtenues à l'aide des moyens employés pour le poirier. Toutefois, il conviendra d'abaisser immédiatement les bourgeons à la place définitive qu'ils doivent occuper. Cette opération deviendrait impossible si l'on attendait pour cela que ces productions fussent à l'état de rameaux. Les bourgeons et les rameaux à fruit, qui occupent tout le périmètre de chaque branche, ne sont pas soumis au palissage.

Les difficultés que présente la formation de cette charpente et l'application des abris contre les gelées printanières, nous font préférer pour les pêchers en plein air, la disposition en *contre-espaliers doubles en cordons verticaux* dont nous parlons page 316. Les abris sont d'un emploi facile, la formation de la charpente est beaucoup plus simple, enfin on peut obtenir un produit moitié plus considérable pour la même surface de terrain.

Il faut, en général, un laps de temps de dix à douze ans pour former complétement la charpente des pêchers soumis à la forme en palmette Verrier ou à l'une des autres grandes formes usitées aujourd'hui.

Or la vie moyenne des pêchers est de vingt ans. D'où il résulte que l'on emploie la moitié de leur existence à former leur charpente, et que la moitié de la surface du mur reste inoccupée en moyenne pendant cinq ans. En outre, les soins nécessaires pour obtenir ces diverses formes, même les moins compliquées, sont assez minutieux et hors de la portée du plus grand nombre des jardiniers.

Nous avons donc songé à éviter cet inconvénient en imposant aux pêchers les petites formes ou cordons déjà décrits au chapitre du poirier.

Taille du pêcher en cordon oblique simple (*fig.* 336).— C'est en 1843 que nous avons appliqué pour la première fois cette disposition aux pêchers de l'École d'arbres fruitiers du Jardin des Plantes de Rouen. On opère ainsi qu'il suit :

On choisit, pour la plantation, de jeunes pêchers d'un an de greffe et ne portant qu'une seule tige (*fig.* 337). On les plante tous les 0^m,75, en les inclinant d'abord les uns sur les autres

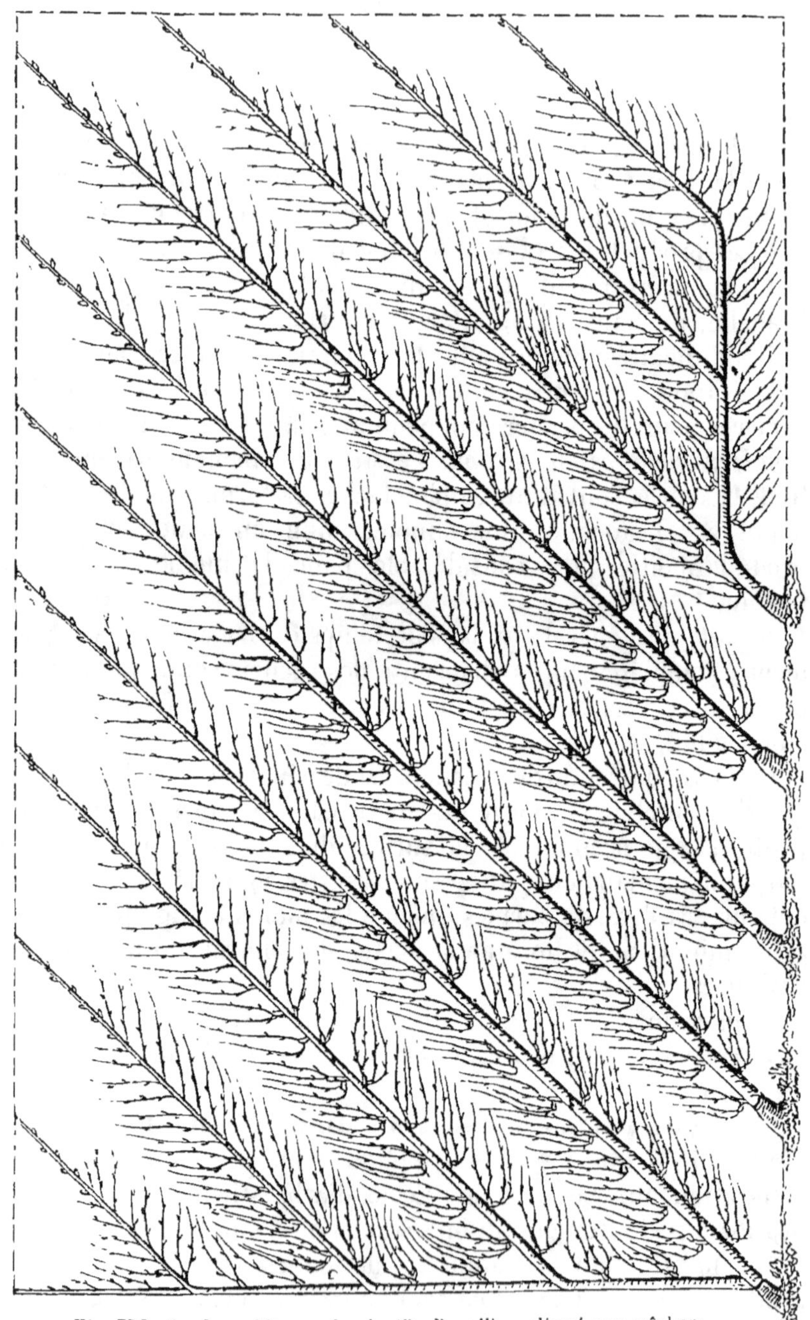

Fig. 356. Cordon oblique simple (Du Breuil) appliqué aux pêchers.

sous un angle de 60 degrés seulement. Lors de la première taille pratiquée l'année même de la plantation, on les coupe à 0^m,20 ou 0^m,30 de leur base, au-dessus d'un bouton à bois placé en avant (A. *fig.* 337). S'il existe quelques rameaux anticipés au-dessous de ce point, on supprime complétement tous ceux de devant et de derrière ; tous les autres sont taillés au-dessus des deux boutons à bois les plus rapprochés de la base.

Pendant l'été, on favorise le développement vigoureux du bourgeon terminal, et l'on applique aux autres bourgeons les soins que nous décrivons plus loin, pour les transformer en rameaux à fruits. Au printemps suivant, chacun des jeunes arbres est constitué comme le montre la figure 338.

Lors de la seconde taille, on supprime sur le rameau terminal le tiers environ de sa longueur totale, en coupant toujours au-dessus d'un bouton placé en avant (A, *fig.* 338). Quant aux rameaux à fruit, on

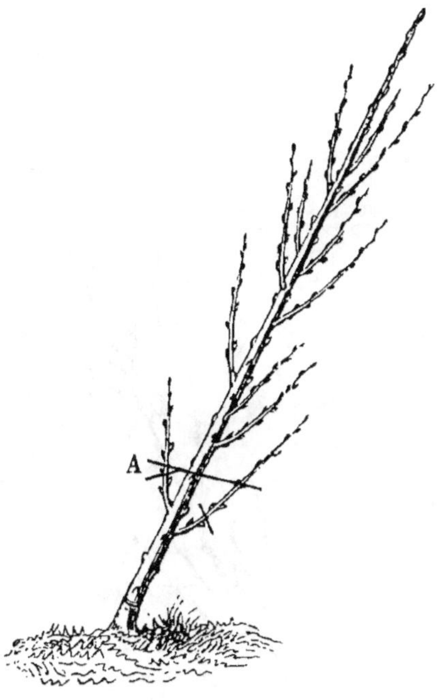

Fig. 337. Cordon oblique simple, première année.

les taille et on leur applique le palissage d'hiver, comme nous l'indiquerons bientôt. On continue d'allonger ainsi la tige de chaque arbre en la faisant se garnir latéralement de rameaux à fruit seulement, et en lui faisant suivre le degré d'inclinaison indiqué d'abord. Lorsqu'elle a parcouru les deux tiers de l'espace qui sépare sa base du sommet du mur, on la couche sous un angle de 45 degrés. Les arbres étant placés à 0^m,75 les uns des autres, il en résulte un intervalle de 0^m,55, mesurés perpendiculairement d'une tige à l'autre. Si l'on plaçait ces tiges tout d'abord suivant ce degré d'inclinaison, on ferait développer trop vigoureusement les bourgeons de la base au détriment du bourgeon terminal. Lorsque ces tiges sont arrivées au haut du

mur, l'espalier est terminé, et l'on applique à l'extrémité de
chacunes d'elles le mode de taille indiqué pour le sommet des
branches de la charpente des autres pêchers complétement
formés.

Pour que cette disposition ne laisse pas de vides sur les murs
au commencement et à la fin d'un espalier soumis à cette forme,
on commence et l'on termine cet espalier comme l'indique la figure 336, en employant pour cela les soins indiqués pour le poirier (p. 343). On suit d'ailleurs toutes les autres indications données pour les poiriers en cordon oblique (p. 339), et l'on obtient de cette disposition appliquée au pêcher tous les avantages signalés p. 344.

Treillage pour les pêchers en cordon oblique. — Le mode de treillage le plus simple et le moins coûteux pour les pêchers en cordon oblique, lorsqu'on ne peut pas faire usage du palissage à la loque, est incontestablement celui imaginé par M. Thiry, à Paris, et dont nous donnons ici la figure

Fig. 338. Cordon oblique simple, deuxième
année.

(*fig.* 339). Voici comment on procède à son établissement :

Fixer en A un fil de fer galvanisé n° 14, le faire passer sur
les clous ronds D et E ; le faire descendre et passer sous les clous
H et I, le faire remonter et le fixer en L. Placer un nouveau fil
de fer en N et continuer ainsi jusqu'à l'extrémité du mur. Ces
premières lignes en gros fil de fer ainsi placées tous les 0^m,75, et
inclinées sur l'angle de 45 degrés, doivent servir au palissage
de la tige de pêchers. Quant au palissage d'hiver des rameaux à
fruits et des bourgeons pendant l'été, on y pourvoit au moyen

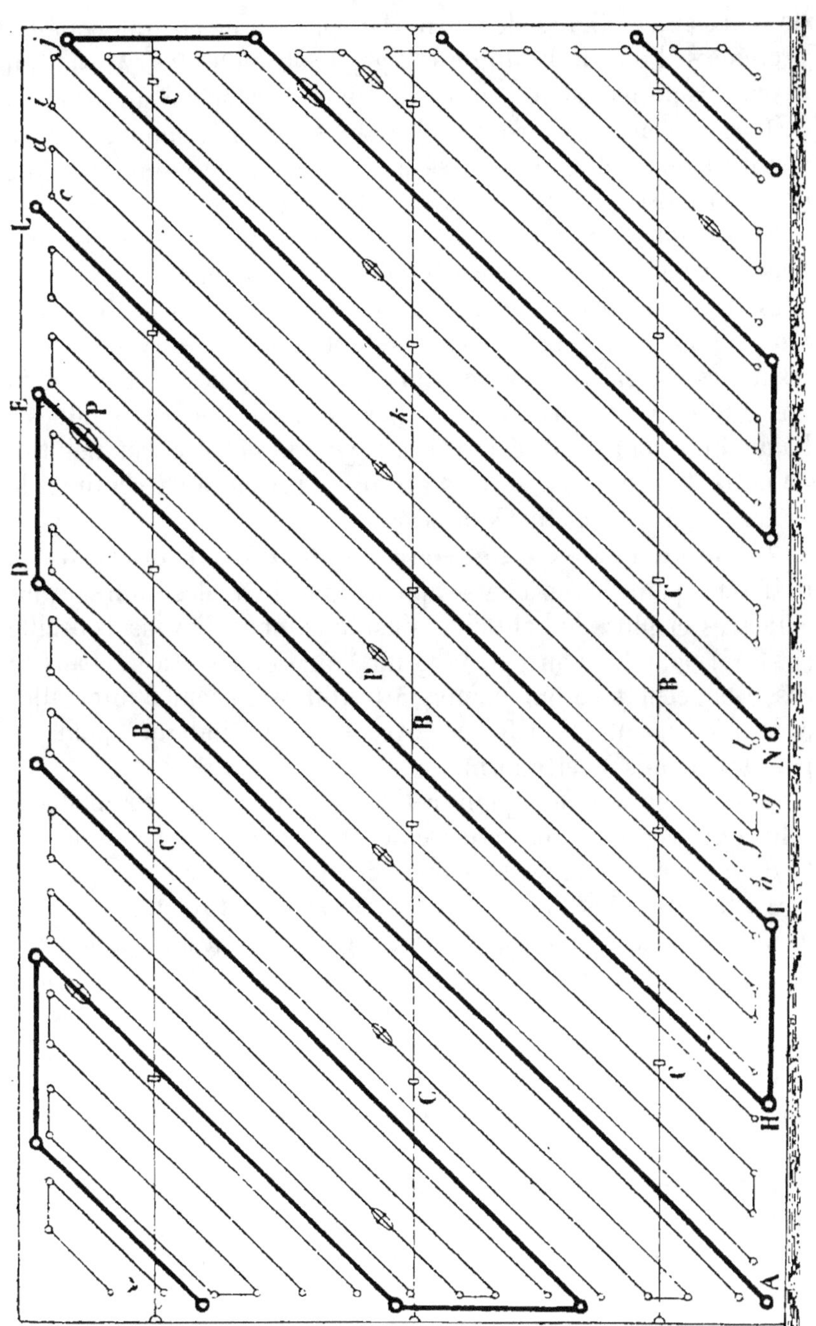

Fig. 339. Treillage en fil de fer pour les pêchers en cordon oblique simple.

de deux autres lignes de fer n° 10, placées de chaque côté des premières, l'une à 0^m,06 de la tige, l'autre à 0^m,22. Ainsi l'un de ces fils de fer est fixé en *a*; il remonte et tourne sur les clous *c* et *d*, descend et passe sous les clous *f* et *g*, remonte, tourne sur les clous *i* et *j*, et vient se fixer en *l*. On recommence alors en *m*, et ainsi de suite, jusqu'à l'extrémité du mur.

Trois lignes horizontales de fil de fer n° 16, sont solidement fixées au point B et supportées, de mètre en mètre, par de petites pattes trouées C, semblables à celles de la page 334. Ces trois lignes horizontales, placées tout d'abord, servent à fixer les lignes obliques à chaque point d'intersection, au moyen d'un nœud fil de fer fin. Toutes ces lignes sont parfaitement tendues à l'aide d'un roidisseur décrit à la page 333 et placé au point P de notre figure. Cette sorte de treillage revient à 92 centimes le mètre carré, non compris la pose.

Taille du pêcher en cordon vertical. — Il conviendra de préférer, pour les pêchers appliqués contre des murs ayant 4 mètres et plus de hauteur, ainsi que nous l'avons conseillé (p. 353) pour les poiriers, la forme en cordon vertical. Dans ce cas, ces pêchers seront plantés à 0^m,60 seulement d'intervalle, et leur charpente sera formée avec les soins indiqués pour les poiriers soumis à cette forme.

Le treillage à établir pour cette disposition sera semblable à celui qui précède, avec cette seule différence, que les lignes de fil de fer seront établis dans une position verticale.

Taille du pêcher en cordon vertical double. — Cette forme, déjà décrite pour le poirier, page 353, peut être également appliquée au pêcher palissé contre des murs ayant au moins 4 mètr. de hauteur. Les arbres seront alors plantés à 1^m,20 d'intervalle. Cette disposition présente, pour le pêcher, les avantages et les inconvénients indiqués pour le poirier, page 353. On emploiera le treillage que nous venons de recommander pour les cordons verticaux.

Taille du pêcher en cordons ondulés. — Le pêcher se prête aussi parfaitement à cette disposition figurée pour le poirier à la page 558. Les jeunes pêchers sont plantés tous les 0^m,60. Le treillage devra se composer d'une série de lignes verticales de fil de fer galvanisé n° 14, placées tous les 0^m,08. Le mode de formation de cette charpente est, d'ailleurs, le même que pour le poirier, page 358. Ces sortes de cordons peuvent être employés pour des murs ayant au moins 2^m,50 de hauteur.

Taille du pêcher en contre-espalier double, en cordons verticaux. — Dans les régions où le pêcher s'accommode de la culture en plein air, il y a autant d'avantage à le soumettre à cette disposition que le poirier (voir la page 316). Toutefois les supports des contre-espaliers devront être ainsi modifiés : Les poteaux seront placés à 3 mètres d'intervalle, au lieu de 6 mètres, puis ils seront pourvus au sommet de petites potences en fer destinées à supporter des abris (Voir le chapitre des abris). — Les arbres sont plantés à 0^m,60 d'intervalle sur les deux faces du contre-espalier. Le treillage se compose d'une série de très-petites lattes fixées tous les 0^m,60 sur les lignes horizontales de fil de fer. La charpente de ces arbres, en tout semblable à celle des cordons verticaux palissés contre les murs, est formée à l'aide des mêmes moyens. — Les bourgeons latéraux et les rameaux à fruits qui occupent tout le périmètre de chaque branche, ne sont pas palissés.

OBTENSION ET ENTRETIEN DES RAMEAUX A FRUITS.

Il existe une différence bien tranchée entre les rameaux à fruit des arbres à fruits à pepins et ceux des arbres à fruits à noyau. Dans les premiers, la lambourde ne peut être formée que dans l'espace d'environ trois ans ; mais, dès qu'elle est constituée, elle peut vivre et fructifier indéfiniment, pourvu qu'on lui applique les soins d'entretien qu'elle réclame. Dans les arbres à fruits à noyau, au contraire, et notamment dans le pêcher, les rameaux à fruits épanouissent leurs fleurs dès le printemps qui suit leur naissance, mais ils n'en produisent plus de nouvelles. Celles qui apparaissent l'année suivante ne sortent que sur les nouveaux rameaux qui se sont développés pendant l'été précédent sur le rameau primitif ; d'où il suit que, dans ces arbres, on doit s'occuper d'abord de faire naître les rameaux à fruits, puis de les remplacer chaque année, tandis que, dans les arbres à fruits à pepins, il suffit de les conserver après les avoir fait naître. Ceci posé, voyons maintenant comment on fait naître et comment on remplace les rameaux à fruits du pêcher.

Nous nous trouvons à cet égard en face de deux méthodes complétement différentes : l'une, fort ancienne, qui remonte au temps de Girardot, qui a été successivement perfectionnée par les cultivateurs de Montreuil, et qui est encore la plus usitée aujourd'hui ; pour la distinguer, nous lui donnerons le nom de *taille par le pincement long*. L'autre, qui a une vingtaine d'années seulement et qui commence à se répandre. Nous la nommerons *taille par le pincement court*. Nous allons examiner ces deux procédés et voir dans quelles circonstances il convient de préférer l'un ou l'autre.

Taille des rameaux à fruits par le pincement long. — D'après cette méthode, les rameaux à fruits naissent régulièrement de chaque côté de toutes branches de la charpente, à environ $0^m,10$ les uns des autres, de manière que chacune de ces branches ressemble à une arête de poisson. Voici comment on obtient ce résultat :

Première année. — Prenons comme exemple le prolongement quelconque d'une branche de la charpente, prolongement déve-

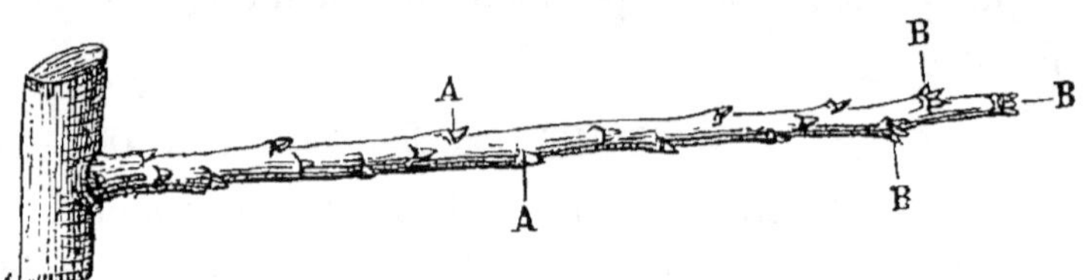

Fig. 540. Rameau de prolongement de la charpente du pêcher.

loppé pendant l'été précédent (*fig.* 540). On supprime, lors de la taille d'hiver, une partie de la longueur de ce nouveau prolongement, afin de faire développer complétement tous les boutons qu'il porte. Sans cette opération, un certain nombre des boutons de la base resteraient endormis, il en résulterait un vide parmi les rameaux à fruits, vide très-difficile à combler, car les boutons qui ne se seraient pas développés pendant cette première année seraient éteints l'année suivante. Vers le milieu de mai, ce prolongement offre l'aspect de la figure 341 ; tous les boutons se sont développés en bourgeons. Dès que ceux-ci ont atteint une longueur de $0^m,06$, on procède à l'*ébourgeonnement*, c'est-à-dire qu'on supprime les bourgeons inutiles qui produiraient de la confusion, absorberaient la séve sans profit et donneraient lieu à des rameaux qu'on serait obligé de retrancher l'année suivante. On enlève donc tous les bourgeons qui naissent en avant (A, *fig.* 341) ou derrière ces branches. Il n'y a d'exception que pour le cas où les bourgeons latéraux se trouveraient trop éloignés les uns des autres. On prend alors un bourgeon de devant C ou un bourgeon de derrière comme en D. Si l'on avait

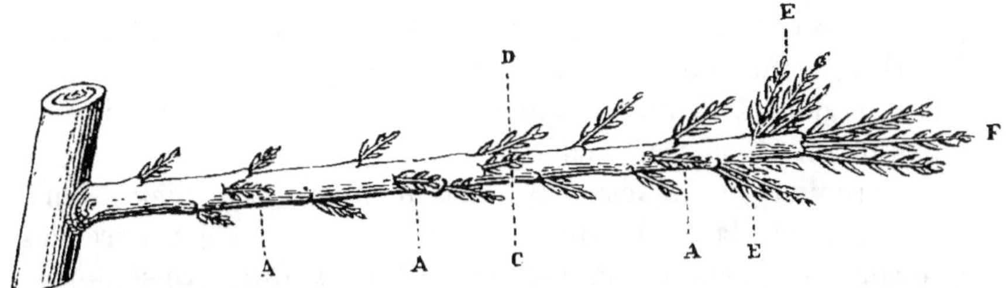

Fig. 341. Rameau de prolongement de la charpente du pêcher portant de jeunes bourgeons.

à choisir entre les deux, il vaudrait mieux prendre le bourgeon de derrière ; l'irrégularité serait moins apparente.

Les prolongements des branches de la charpente offrent ordinairement des boutons à bois simples (A, *fig.* 340), mais souvent aussi ces boutons sont doubles ou même triples, B ; il faut ne laisser qu'un seul bourgeon à chacun de ces points. Si ces bourgeons doubles ou triples occupent la place de rameaux à fruits, on conserve le plus faible (E, *fig.* 341), car on a à redouter, dans ce cas, plutôt un excès de vigueur que trop de faiblesse ; on conservera, au contraire, le

Fig. 342. Bourgeon du pêcher soumis au pincement.

Fig. 343. Pincement des bourgeons gourmands.

Fig. 544. Résultats du pincement des bourgeons gourmands.

plus vigoureux F, s'il s'agit de prolonger la branche. Tous les bourgeons ainsi supprimés ne doivent pas être arrachés, mais coupés à leur base avec la lame du greffoir.

Les bourgeons conservés ne doivent pas être abandonnés à eux-mêmes, car beaucoup deviendraient trop vigoureux au détriment du bourgeon terminal, qui doit conserver la prééminence ; et de plus ils n'offriraient pas ou presque pas de boutons à fleur au printemps suivant. D'un autre côté, ils ne suivraient pas la direction nécessaire pour la forme qu'il importe de donner à l'arbre. Il faut donc, pendant leur développement, s'opposer à ce qu'ils dépassent un certain degré de vigueur, et leur imprimer une direction convenable.

Le premier de ces résultats s'obtient par le *pincement*. Ainsi les bourgeons latéraux qui, placés à la partie supérieure des branches horizontales ou obliques, et ceux qui, avoisinant le sommet des branches verticales, ont une tendance à devenir plus vigoureux qu'il ne convient, doivent être pincés en A (*fig.* 342), dès qu'ils ont une longueur de 0^m,20 à 0^m,30.

Toutefois, si l'on rencontrait certains bourgeons qui, dès leur jeune âge, indiquent par leur grosseur et leur vigueur qu'ils se transformeront en bourgeons gourmands (*fig.* 343), on les couperait en A au-dessus des feuilles de la base, dès qu'ils auront atteint 0^m,15. Bientôt il se formera, à la base de ces deux feuilles, des boutons qui se développeront en bourgeons anticipés (B, *fig.* 344), moins vigoureux que le bourgeon primitif et qui seront pincés au besoin, et qu'on utilisera comme rameaux à fruits lorsque viendra la taille d'hiver.

Quant aux bourgeons qui sont moins vigoureux, on ne pince que ceux dont la longueur dépasse 0^m,40.

Un premier pincement suffit quelquefois pour arrêter l'accroissement démesuré des bourgeons destinés à former des rameaux à fruits ; mais souvent aussi les bourgeons pincés une première fois développent, vers leur sommet, un ou deux bourgeons anticipés (*fig.* 345). Ces nouveaux bourgeons sont pincés lorsqu'ils ont atteint 0^m,20 ; rarement on est obligé de pincer une troisième fois. Si cependant on voyait paraître une seconde génération de bourgeons anticipés sur les premiers, comme en A (*fig.* 346), on coupera le bourgeon primitif en B, puis le bourgeon C en D. Le seul bourgeon anticipé E que l'on conserve sera en même temps soumis au pincement. On évitera ainsi la confusion lors du palissage d'été.

Ces divers pincements sont pratiqués d'une manière succes-

sive et à mesure que les bourgeons ont atteint la longueur convenable pour être opérés. En commençant ainsi par les plus
vigoureux, on arrête la végétation au profit des plus faibles, et
l'équilibre s'établit entre eux.

Lorsque le bourgeon gourmand (*fig.* 347), qui prolonge chaque branche de la charpente, a atteint une certaine longueur, il

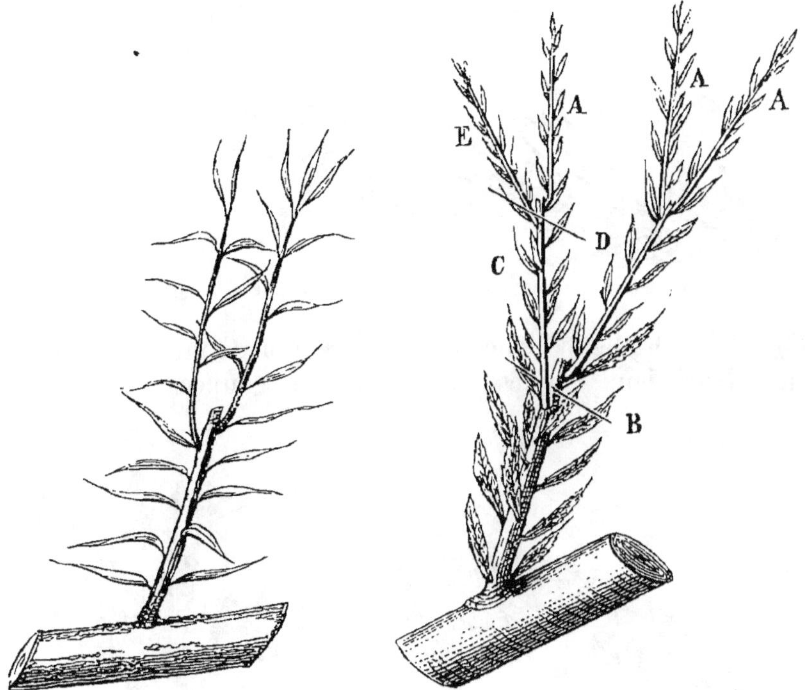

Fig. 345. Pincement des bourgeons
anticipés.

Fig. 346. Bourgeon de pêcher portant deux
générations de bourgeons anticipés.

développe aussi des bourgeons anticipés. On supprime ceux de
devant et de derrière et l'on soumet les autres au pincement.
Toutefois ce mode d'opérer ne donne lieu qu'à des rameaux à
fruits mal constitués pour la taille d'hiver suivante, c'est-
à-dire n'offrant de boutons qu'à 0^m,06 ou 0^m,08 au-dessus de la base (*fig.* 357). Il sera donc préférable de procéder
ainsi. On remarque toujours à l'aisselle des feuilles qui émettent
ces bourgeons anticipés deux petites feuilles (*fig.* 348). Ce sont
les feuilles stipulaires qui présentent à leur base chacune un petit
œil stipulaire, placé de chaque côté de l'œil principal. Si cet œil

principal se développe en bourgeon anticipé, son axe entraîne presque toujours en s'allongeant les deux feuilles et les deux yeux stipulaires à quelques centimètres au delà du point où ils sont nés (*fig.* 349). De là ces rameaux anticipés mal constitués

Fig. 347. Bourgeon de prolongement du pêcher portant des bourgeons anticipés.

(*fig.* 557). Or, l'expérience a démontré à M. Grin, de Chartres, que, si les deux feuilles stipulaires sont coupées au point A

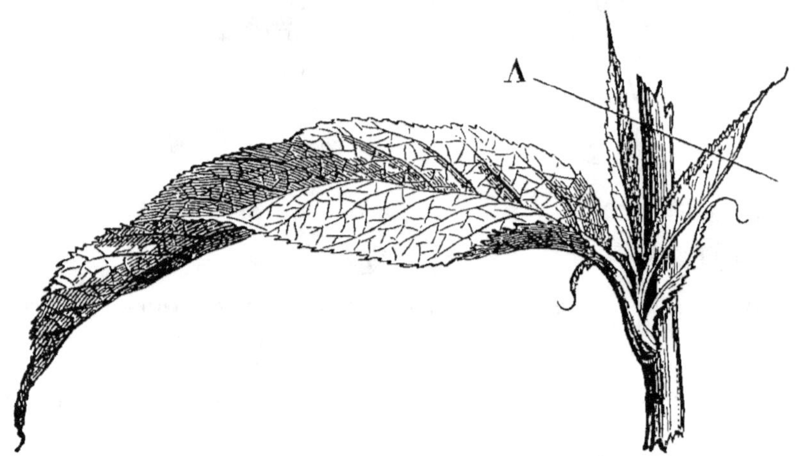

Fig. 348. Pincement des feuilles stipulaires du pêcher.

(*fig.* 348), aussitôt qu'elles apparaissent, le bourgeon anticipé peut s'allonger, mais les deux feuilles restent à la base ainsi que les yeux stipulaires. Il en résulte alors des rameaux anticipés beaucoup mieux constitués et semblables à celui indiqué par la figure 358. Il convient d'ailleurs de pincer ces bourgeons anticipés lorsqu'ils atteignent une longueur d'environ 0^m,30.

Nous avons dit qu'il fallait, en outre, imprimer à tous ces bourgeons une direction convenable. Ce second résultat s'obtient au moyen du *palissage d'été*, pratiqué en même temps qu'on procède au pincement. Voici comment on procède. Tous les bourgeons sont soumis au palissage d'été. Ceux qui forment le prolongement des branches de la charpente sont attachés contre le mur aussitôt qu'ils ont une longueur de 0^m,30 et dans une direction bien parallèle à la branche qui les porte.

Fig. 549. Jeune bourgeon anticipé du pêcher.

Quant aux bourgeons latéraux, on palisse les plus vigoureux dès qu'ils ont une longueur de 0^m,25, et les plus faibles dès qu'ils ont 0^m,35 à 0^m,40. On attache les uns et les autres de façon à leur faire décrire un angle aigu avec la branche qui les porte. On évite d'enfermer les feuilles dans les ligatures et de faire croiser les bourgeons les uns sur les autres.

Pour fixer ces diverses productions contre le mur, on se sert de clous et de loques, si le mode de construction des murs le permet, ou de jonc si l'on palisse sur le treillage. Il importe d'exécuter ce palissage d'été progressivement et non tout d'un coup, comme on le fait trop souvent.

En palissant d'une manière successive, on diminue la vigueur des bourgeons les plus favorisés au profit des plus faibles, de manière à équilibrer entre eux la végétation.

Deuxième année. — Les soins donnés aux bourgeons du pêcher pendant l'été ont eu pour résultat de les transformer en rameaux constitués comme ceux que nous allons décrire.

Les bourgeons placés au-dessous des branches obliques ou horizontales, et vers leur naissance, se transforment souvent en petit rameaux très-courts, n'offrant presque que des boutons à fleur, et se terminant par un bouton à bois (*fig.* 350). Ces petites productions, connues sous le nom de *rameaux à fruit bouquet*, ne doivent recevoir aucune taille ; ce sont eux qui donnent les plus beaux fruits.

Fig. 350. Rameau, fruit bouquet du pêcher.

D'autres bourgeons, placés aussi peu favorablement, mais qui cependant se sont allongés un peu plus, donnent lieu à des rameaux longs de $0^m,10$ à $0^m,20$, et qui se couvrent de boutons à fleur sur presque toute leur longueur, excepté vers leur base, où l'on remarque deux ou trois boutons à bois (*fig.* 351) : on les nomme *rameaux à fruits proprement dits*. On taille ces rameaux afin d'obtenir pour l'année suivante un nouveau rameau à fruit bien placé ; mais on conserve quelques fleurs pour assurer la fructification.

Pour établir, par un exemple, la nécessité absolue de raccourcir chaque année ces rameaux à fruits, supposons que le rameau A (*fig.* 351) soit abandonné à lui-même : il portera des fruits pendant l'été même, puis la séve fera développer vers le sommet un ou deux bourgeons, qui seront transformés en rameaux au printemps suivant, et sur lesquels seuls apparaîtront les boutons à fleurs ; car nous savons que dans le pêcher chaque rameau ne fructifie qu'une fois. Cette ramification offrira donc, au printemps suivant, l'aspect de la figure 352. Si l'on abandonne encore cette branche à elle-même, les mêmes causes produiront les mêmes effets, et l'on conçoit que, si chacun des rameaux latéraux des branches de la charpente continue ainsi de s'allonger indéfiniment, la séve ne suffira plus à alimenter toutes ces ramifications, et que beaucoup d'entre elles se dessé-

cheront surtout vers la base des branches. De là des vides nombreux et la disparition forcée de la forme que l'on avait imposée
à l'arbre. C'est ainsi que périssent les pêchers que l'on ne taille

pas, ou dont les rameaux
à fruit sont mal taillés.

D'ailleurs, l'intervalle
réservé entre chacune des
branches de charpente se-
rait bientôt insuffisant
pour placer cette série de
longs rameaux.

Ceci posé, voyons où le
rameau A (*fig.* 351) doit
être taillé, car il faut à la
fois conserver un nombre
de fleurs suffisant et déterminer le développe-
ment des boutons à bois
b et *c* qui fourniront les
nouveaux rameaux à fruit
pour l'année suivante. Ce
double résultat sera at-
teint si l'on coupe ce rameau en *a*, à 0^m,10 ou
0^m,12 de sa naissance.

Si les boutons à fleur
du pêcher B (*fig.* 353)
sont presque toujours ac-
compagnés d'un bouton à
bois A, on voit cependant
certains petits rameaux,
connus sous le nom de
rameaux chiffons, qui en
sont complétement dé-

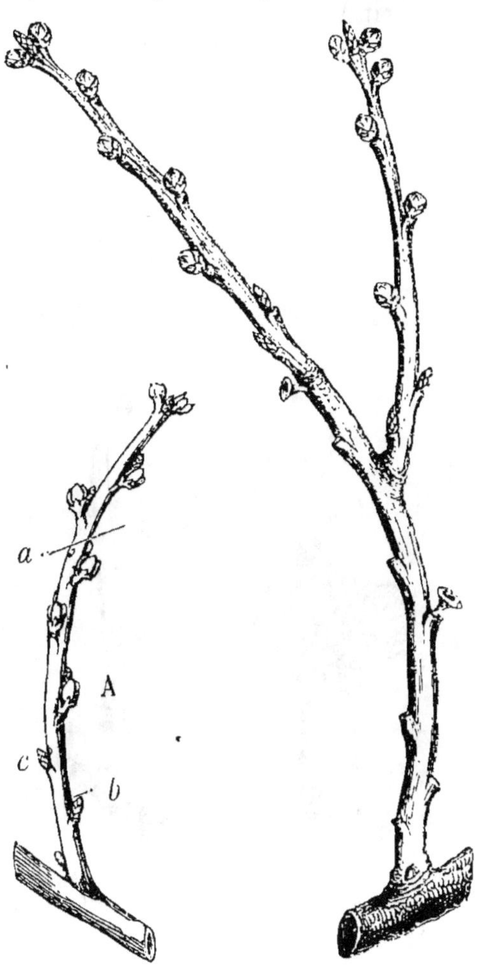

Fig. 351. Rameau à   Fig. 352. Rameau à fruit
fruit proprement dit   du pêcher abandonné
du pêcher.   à lui-même.

pourvus, excepté vers la base, où il en existe quelquefois un ou
deux à peine visibles (*fig.* 354). On avait pensé, jusqu'à ces dernières années, que les fleurs qui naissent ainsi sans être accompagnées d'un bouton à bois étaient toujours stériles, et, ne
tenant aucun compte des rameaux qui les portent, on les suppri-

mait lors de la taille ; mais l'expérience a démontré, au contraire, que ces fleurs pouvaient donner de très-beaux fruits, et ces rameaux sont aujourd'hui conservés et taillés, comme le précédent, en A.

Certains bourgeons, plus favorisés, produisent des rameaux

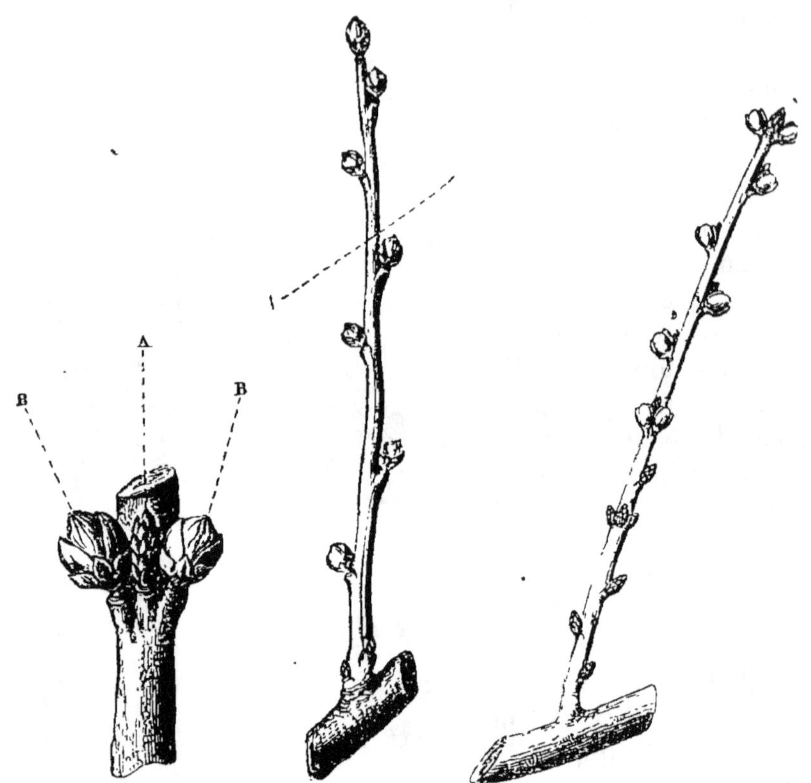

Fig. 353. Bouton à bois et boutons à fleur du pêcher.

Fig. 354. Rameau à fruit chiffon du pêcher.

Fig 355. Rameau mixte du pêcher.

plus vigoureux et qui (*fig.* 355) ne portent que des boutons à bois depuis la base jusqu'à 0^m,10 ou 0^m,12 de hauteur : on les nomme *rameaux mixtes*, c'est-à-dire moitié rameaux à bois et moitié rameaux à fruit. On les coupe au-dessus de la seconde fleur, afin d'en obtenir le résultat que donnera la taille indiquée par la figure 351.

Si les bourgeons sont encore plus vigoureux que ceux qui produisent les rameaux mixtes, il en résulte des productions sem-

blables à celles de la figure 356, et qui ne portent que des boutons à bois accompagnés seulement de quelques boutons à fleur
vers le sommet. Ces rameaux, qui prennent le nom de *rameaux
à bois*, doivent être taillés au-dessus des deux boutons à bois les
plus rapprochés de la base. Si on ne les tail-
lait pas, ou si on les taillait très-longs pour
conserver quelques fleurs du sommet, les
bourgeons de remplacement ne naîtraient
pas à la base, et l'on serait exposé, en éloignant ces productions de la branche principale, à les voir devenir languissants et même
périr. Pour un fruit qu'on aurait pu récolter
cette première année, on aurait donc sacrifié
tous ceux qu'eussent pu donner successivement les rameaux qui se seraient formés
chaque année à ce point, si on les avait fait
naître plus bas.

Nous avons signalé, sur les bourgeons
gourmands qui servent de prolongement aux
branches de la charpente, la présence de
bourgeons anticipés. Si l'on s'est contenté
de pincer ces bourgeons, ils donnent lieu,
pour l'hiver suivant, aux *rameaux anticipés*
(*fig.* 357). Ces rameaux offrent une structure
très-différente de ceux que nous venons
d'étudier. En effet, ils sont presque toujours
dépourvus de boutons jusqu'à $0^m,08$, ou
$0^m,10$ de hauteur. C'est là une disposition
fâcheuse, car, quoi qu'on fasse, le remplacement qu'ils développent sera toujours trop
éloigné de la branche. Ces rameaux sont
taillés en B, au-dessus des deux boutons les

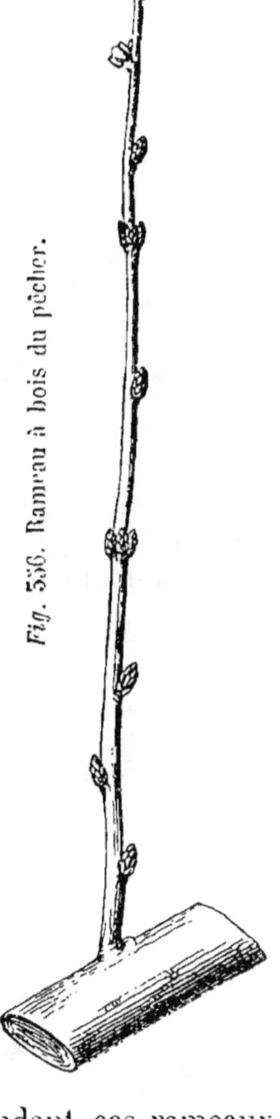

moins éloignés de la base. Quelquefois cependant ces rameaux
présentent deux boutons à leur base, comme le montre la figure
358. Ce résultat a toujours lieu lorsque l'on procède comme l'indique la figure 348. Ces rameaux sont taillés en A, au-dessus
des deux boutons de la base.

Les divers rameaux dont nous venons de parler sont les seuls
qu'on devrait rencontrer sur un pêcher bien conduit. Malheu-

reusement le pincement n'est pas toujours fait assez tôt pour certains bourgeons vigoureux, et ceux-ci se transforment en bourgeons gourmands. Il en résulte alors des *rameaux gour-*

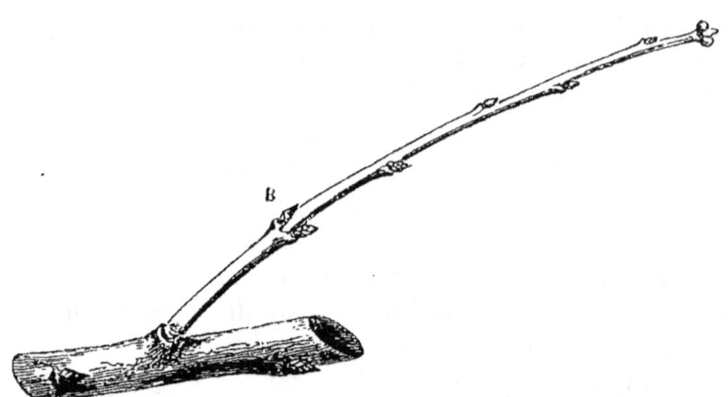

Fig. 357. Rameau anticipé du pêcher dépourvu de boutons à la base.

mands, là où l'on ne voulait avoir que des rameaux à fruits (*fig.* 359). Si ces rameaux gourmands étaient taillés au-dessus des deux boutons à bois les plus rapprochés de leur base, ceux-ci

Fig. 358. Rameau anticipé du pêcher pourvu de boutons à la base.

donneraient lieu, pendant l'été, à deux nouveaux bourgeons aussi vigoureux et qu'on ne pourrait plus dompter, la séve ayant pris son essor vers ce point. On obtiendra un meilleur résultat en pratiquant, à 0^m,03 de la base, et sur une étendue de 0^m,10, en A (*fig.* 360), une torsion très-prononcée, puis en coupant en B, à 0^m,10 environ au-dessus de cette torsion. Une partie de

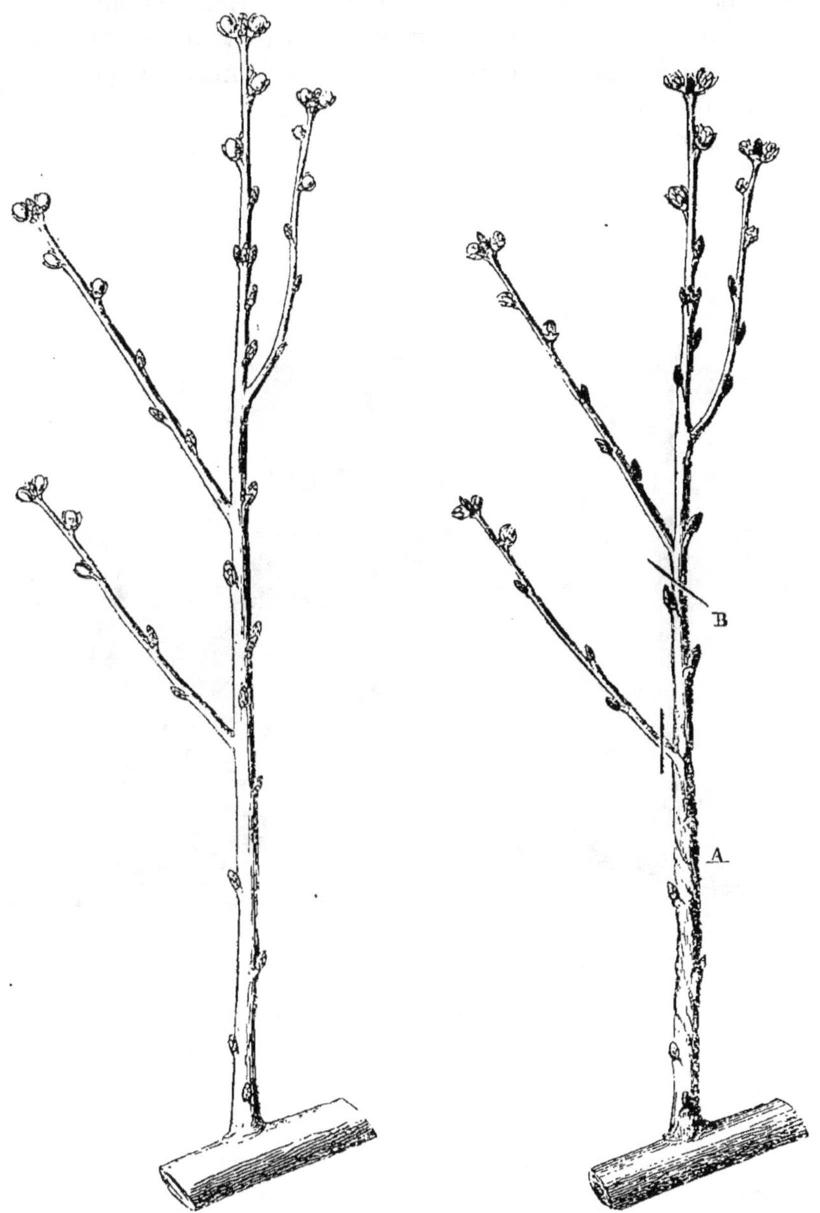

Fig. 359. Rameau gourmand du pêcher.

Fig. 360. Torsion des rameaux
gourmands du pêcher.

la séve traversera le point tordu et ira se perdre au-dessus. Les boutons inférieurs, n'en recevant que tout juste ce qu'il leur faudra pour se développer, pousseront moins vigoureusement et donneront lieu, pour l'année suivante, à deux rameaux de remplacement couverts de boutons à fleurs. A ce moment, on coupera le rameau primitif immmédiatement au-dessus du point où les rameaux de remplacement seront nés, et toute la partie tordue

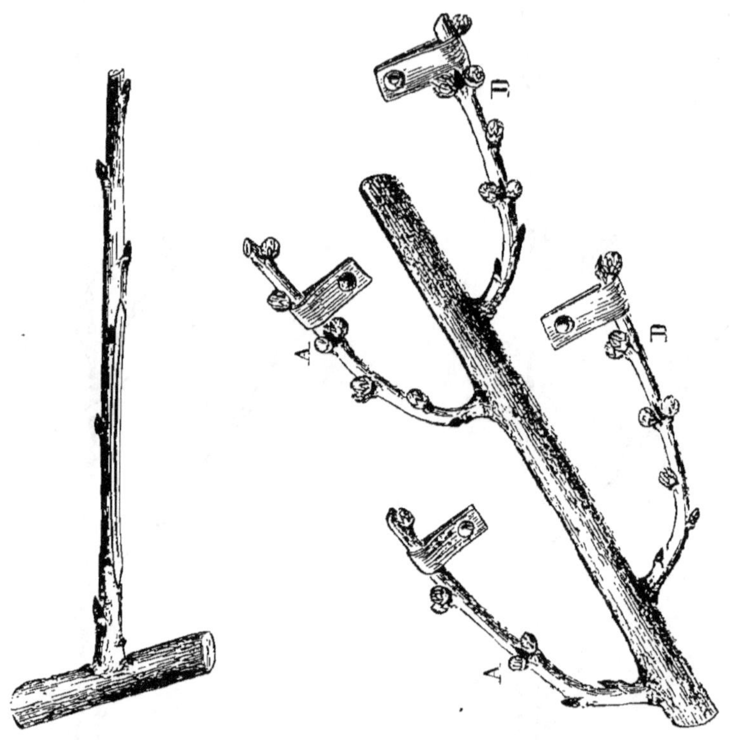

Fig. 361. Entaille des rameaux gourmands du pêcher.

Fig. 362. Palissage des rameaux à fruit du pêcher sur les branches obliques ou horizontales.

disparaîtra. On pourra remplacer ce procédé par le suivant, qui produit les mêmes effets : au lieu d'appliquer la torsion, enlever sur la même étendue (*fig.* 361), et du côté du mur, la moitié de l'épaisseur du rameau.

Lorsque les rameaux à fruits ont été taillés, ainsi que les branches de la charpente, et que celles-ci ont été fixées contre le mur, on procède immédiatement au *palissage d'hiver de ces rameaux à fruits.* Les rameaux A (*fig.* 362), placés au-dessus des branches obliques ou horizontales, sont rapprochés de celle-ci

de façon à former à leur base une légère courbure. Cette direction un peu forcée a pour but d'entraver la circulation de la séve
vers le sommet du rameau et de favoriser à la base le développement des boutons qui doivent produire les rameaux de remplacement.

Les rameaux D, qui naissent au-dessous des branches obliques
ou horizontales, doivent en être rapprochés aussi le plus possible

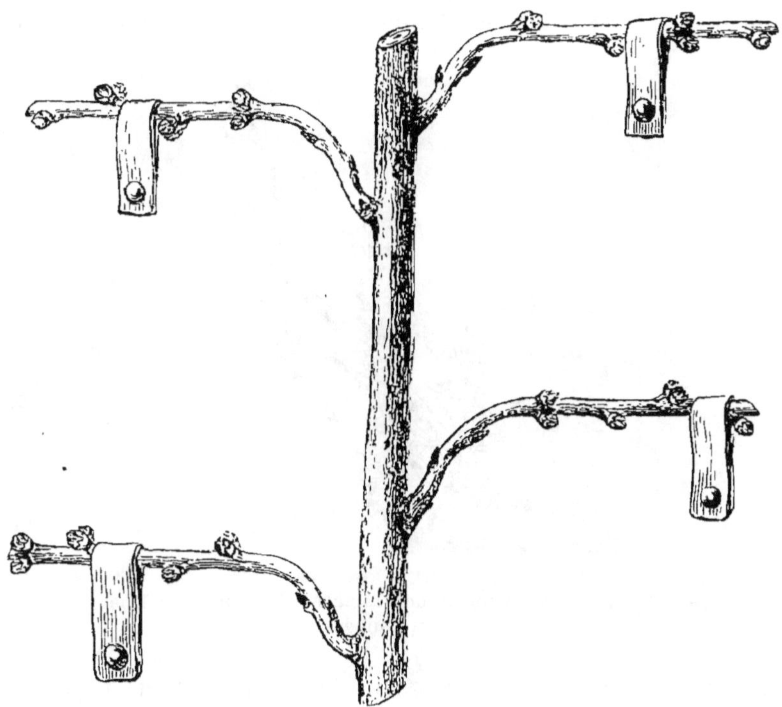

Fig. 363. Palissage des rameaux à fruit du pêcher sur les branches verticales.

en vue du même résultat. Enfin, les rameaux situés sur les côtés
des branches verticales doivent être attachés de manière à former un angle droit avec ces branches (*fig.* 363). Si on les rap-
prochait de la ligne verticale, on favoriserait l'action de la séve
sur les boutons de leur sommet au détriment de ceux de la base.

La figure 363 montre comment ces rameaux sont fixés au
moyen du palissage à la loque. Ceux qui doivent être palissés
sur treillage peuvent être fixés au moyen de ligatures faites avec
de l'osier fin.

Pendant l'été suivant, les rameaux à fruits reçoivent la série d'opérations que nous allons décrire.

Lorsque les bourgeons ont atteint une longueur de 0^m,06, on ébourgeonne les rameaux à fruits en ne conservant sur chacun d'eux que les deux bourgeons les plus rapprochés de la base et chacun de ceux qui accompagnent un fruit (*fig.* 364). Ces deux derniers attirent la séve dans le voisinage des jeunes fruits et favorisent leur premier développement. Les deux bourgeons A sont supprimés pour éviter la confusion lors du palissage d'été, et

Fig. 364. Ébourgeonnement des rameaux à fruit du pêcher,
première année.

augmenter la vigueur des bourgeons de remplacement. Il pourra se faire que les boutons à fleurs conservés sur certains rameaux, lors de la taille d'hiver, ne donnent lieu à aucun fruit; or, comme ces fleurs ont ordinairement disparu lorsqu'on pratique l'ébourgeonnement, dans ce cas, au moment où l'on exécute cette dernière opération, on soumet ces rameaux stériles à la *taille en vert*. Ainsi le rameau B (*fig.* 365) étant complétement dépourvu de jeunes fruits, les bourgeons A que l'on aurait conservés pour nourrir ces fruits deviennent inutiles. On coupe donc en C le rameau B, pour ne conserver que les deux bourgeons D, qui prendront un développement plus convenable pour assurer le remplacement.

Après cette taille en vert, et lorsque le moment est venu, on pratique successivement le pincement et le palissage d'été

avec les soins indiqués plus haut; toutefois les bourgeons qui accompagnent les jeunes fruits (*fig.* 364) doivent être pincés dès qu'ils ont atteint une longueur de 0ᵐ,12, afin d'empêcher ces deux bourgeons d'absorber trop de séve au détriment des fruits et aussi pour favoriser le développement des deux bourgeons de remplacement situés à la base.

Malgré tous les soins que l'on pourra prendre pour faire que les deux côtés des

Fig. 365. Taille en vert du pêcher, première année.

branches de la charpente du pêcher restent bien garnis de rameaux à fruits, des vides pourront cependant se manifester

par suite de la destruction de quelques-uns des boutons latéraux des nouveaux prolongements de ces branches ou même par la mort accidentelle des rameaux à fruits déjà obtenus.

Jusqu'à ces derniers temps, on avait employé le moyen suivant pour combler ces vides : on donnait plus de longueur au rameau D (*fig.* 366) naissant immédiatement au-dessous de ce vide, et on le couchait tout près de la branche.

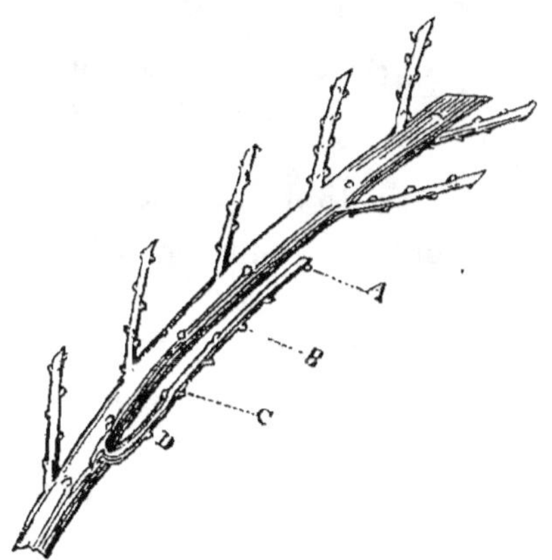

Fig. 366. Mode de taille pour combler les vides sur les branches, première année.

Pendant l'été suivant, on réservait sur ce rameau quatre bourgeons A, B, C, D, situés en face des points où les vides existaient; on leur donnait d'ailleurs, les soins appliqués aux autres bourgeons, afin de les transformer en autant de rameaux à fruits, A,

B, C, D (*fig.* 367). Ces quatre rameaux étaient ensuite traités comme les rameaux à fruits ordinaires.

Mais on a abandonné cette pratique pour la remplacer par la *greffe par approche herbacée*, que nous avons décrite au chapitre des greffes, page 142, et que l'on peut commencer à pratiquer au moment du palissage d'été.

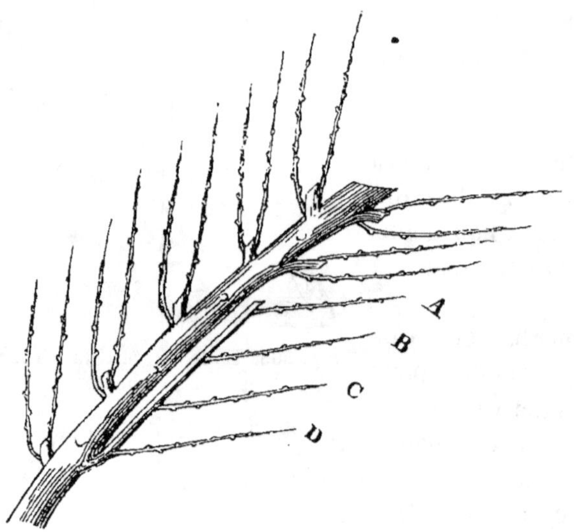

Fig. 367. Mode de taille pour combler les vides sur les branches, deuxième année.

Les opérations que réclament les rameaux à fruits pendant ce second été, sont complétées par les soins à donner aux fruits.

La surabondance des fruits est encore plus pernicieuse pour le pêcher que pour les arbres à fruits à pepins. Lors donc que les pêches sont trop abondantes, il faut en enlever un certain nombre, de manière qu'il n'en reste qu'une quantité égale à la moitié des rameaux à fruits. On exécute cette éclaircie lorsque les pêches ont atteint le volume d'une grosse noix, et l'on fait porter les suppressions sur le dessous des branches obliques ou horizontales, et plutôt sur la moitié inférieure de l'arbre que sur la moitié supérieure.

Lorsque les pêches ont presque atteint leur entier développement, on enlève les feuilles qui couvrent les fruits et les empê-

cheraient d'acquérir leurs plus belles couleurs ; cet effeuillement
s'exécute en deux fois et par un temps sombre, pour habituer
progressivement les fruits à la plus grande influence du soleil.
Il ne faut pas arracher les feuilles, mais les couper de manière
à laisser la queue ou pétiole et une petite portion de la feuille.
Autrement l'œil placé à la base du pétiole serait anéanti, et cela
pourrait nuire à la produc-
tion de l'année suivante.

Troisième année. — Au
troisième printemps, la seconde taille d'hiver est pratiquée ainsi qu'il suit.

Les *rameaux à fruits
proprement dits* (fig. 351)
qui ont fructifié pendant
l'été précédent sont constitués, l'année suivante, comme l'indique la figure 368.
On coupe en A le rameau à
fruit primitif, et la base,
destinée à porter constamment les rameaux à fruits,
reçoit le nom de *branche
coursonne*. Le rameau B
est choisi comme nouveau
rameau à fruit, et on le
coupe en B, pour lui conserver un certain nombre
de fleurs. Quant au rameau
F, on le destine à fournir
le remplacement, parce qu'il
est le plus rapproché de la

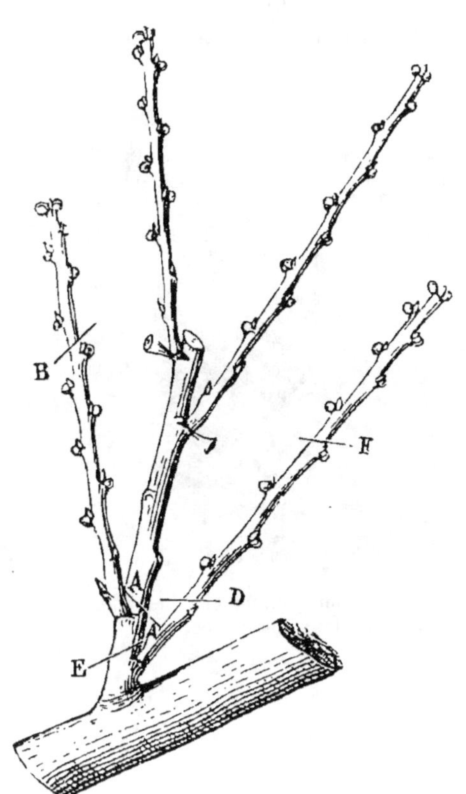

Fig. 568. Rameau à fruit de pêcher soumis
à la seconde taille.

charpente ; on le coupe en D, immédiatement au-dessus des deux
boutons à bois les plus rapprochés de la base, et qui fourniront,
pour l'année suivante, deux nouveaux rameaux de remplacement,
qui seront taillés comme les deux derniers dont nous venons
de parler. Il en résulte que, chaque année, la branche coursonne
porte deux rameaux nouveaux, l'un plus éloigné de la branche
de la charpente, et que l'on taille assez long, parce qu'il doit

être rameau à fruit, tandis que l'autre, plus rapproché de la base et destiné à fournir le remplacement, est taillé au-dessus des deux boutons à bois inférieurs. On donne à ce mode de taille le nom de *taille en crochet*.

Parfois cependant il arrive que le rameau B, le mieux placé pour porter les fruits, est dépourvu de boutons à fleurs. Comme il est trop éloigné de la branche de la charpente pour fournir les rameaux de remplacement, on coupe le rameau à fruit primitif

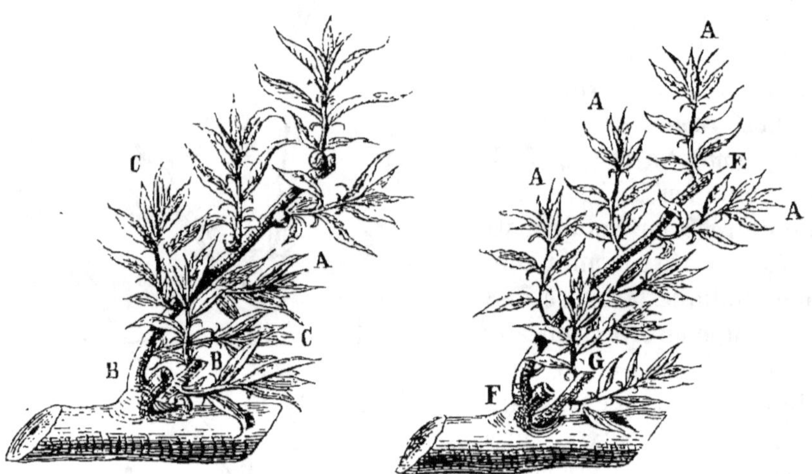

Fig. 569. Ébourgeonnement du pêcher, deuxième année.

Fig. 370. Taille en vert du pêcher, deuxième année.

en E, et le rameau F qu'on taille en F, au-dessus de quatre boutons à fleur, sert à fournir à la fois les fruits et le remplacement.

Si, enfin, on ne trouve de boutons à fleur sur aucun des deux rameaux, on coupe le rameau primitif en E, puis le rameau F en D.

Toutes les autres sortes de rameaux ayant reçu, lors des opérations d'hiver et d'été précédentes, des soins destinés à leur imposer la structure de celui que nous venons d'examiner, on leur applique le même mode de taille.

Lors de la taille d'hiver, il importe de supprimer chaque année les queues de pêches, car elles seraient à la longue enveloppées dans le tissu des ramifications, et nuiraient à la circulation de

la séve. On doit aussi, par la même raison, enlever tous les
chicots secs pour que les plaies se cicatrisent plus facilement.

Quant au palissage d'hiver, il est fait comme lors de la première
année ; puis, l'été venu, on ébourgeonne, en ne laissant sur
chaque rameau fructifère que les bourgeons qui accompagnent
un jeune fruit. Tous les autres sont supprimés. Ainsi, dans la
figure 369, les trois bourgeons C et A du rameau B disparaîtront ;
le rameau E, coupé au-dessus de deux boutons lors de taille d'hiver, porte les deux bourgeons qui fourniront le remplacement.
Il est bien entendu que, si l'un des deux bourgeons du rameau E
ne s'était pas développé, on conserverait le plus rapproché de la
base sur le rameau B.

Si aucun des boutons à fleur conservés sur le rameau à fruit
n'a donné de fleur fertile, on taille en vert et l'on coupe en F
(*fig.* 370) le rameau E, devenu inutile, puisque le rameau G
assure le remplacement.

L'ébourgeonnement et la taille en vert des rameaux à fruits
de deuxième année de formation, ainsi que l'ébourgeonnement
sur les prolongements des branches de charpente, entraînent
souvent la suppression d'un tiers de tous les bourgeons de l'arbre. Faites en une seule fois, ces deux opérations jettent dans la
végétation de l'arbre un trouble considérable, et la maladie de
la gomme peut en résulter. Il est donc utile de s'y prendre à
deux fois. On procède d'abord sur la moitié supérieure de l'arbre,
et huit ou dix jours après sur la moitié inférieure. On y trouve
encore cet avantage, que la séve, attirée en plus grande abondance vers la partie inférieure pendant ces huit ou dix jours,
contribue à augmenter la vigueur vers ce point, toujours moins
favorisé que le sommet.

Le pincement, le palissage d'été, la suppression des fruits trop
nombreux et l'effeuillement sont exécutés comme pendant l'été
précédent.

Quatrième année. — Au printemps de la quatrième année,
les rameaux qui ont été traités comme celui de la figure 368, et
qui ont fructifié pendant l'été précédent, sont constitués comme
l'indique la figure 371. On taille tout à fait à sa base, en A, la
branche coursonne qui porte l'ancien rameau fructifère D. Le rameau F est taillé en F, pour fournir le remplacement, et le rameau
C est coupé en C pour porter les fruits. Cette opération donne

le même résultat au printemps suivant, et l'on taille alors de la
même façon chaque année. Les autres opérations, soit d'hiver,
soit d'été, sont d'ailleurs les mêmes que pour la troisième année.

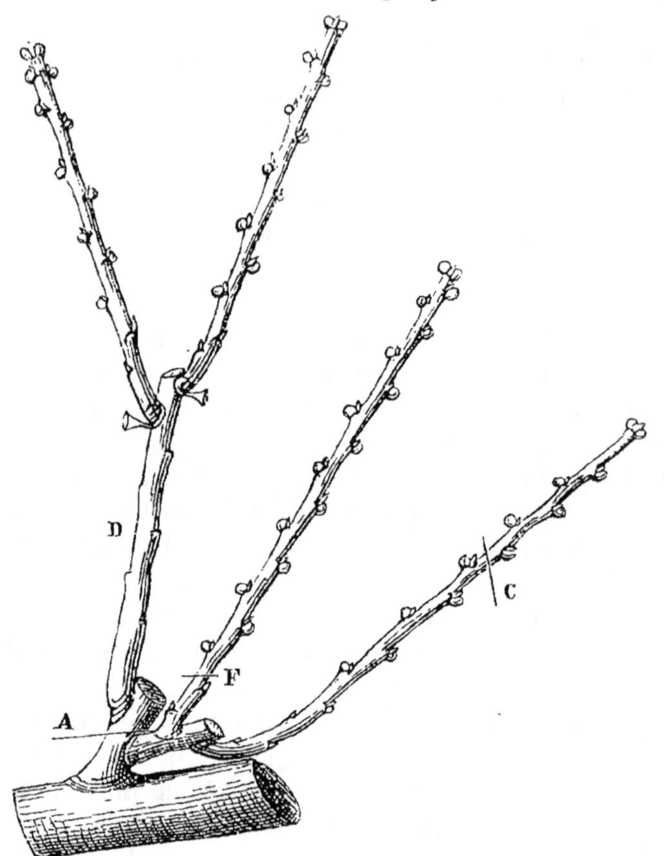

Fig. 371. Rameau du pêcher soumis à la troisième année de taille.

Il arrive fréquemment que les branches coursonnes âgées de
trois, quatre ans et plus, développent vers leur base un ou plusieurs boutons à bois A (*fig.* 372). On s'empresse d'en profiter
pour rajeunir ces coursonnes, quand une longue production et
des tailles successives les ont rendues noueuses et languissantes.
A cet effet, au lieu de pratiquer la taille en crochet, on ne conserve que le rameau B et on le taille long pour servir de rameau
à fruit. Pendant l'été, on conserve sur ce rameau les bourgeons
qui accompagnent un fruit, plus, celui qui est attaché vers le

point D, et l'on garde aussi un des bourgeons qui naissent des boutons A.

Au bout d'un an, on a obtenu le résultat représenté par la figure 373. Le rameau primitif B est alors coupé en C, et le rameau qu'il porte à sa base en E ; ce dernier servira de rameau à fruit. Le rameau F est taillé en G, au-dessus des deux boutons

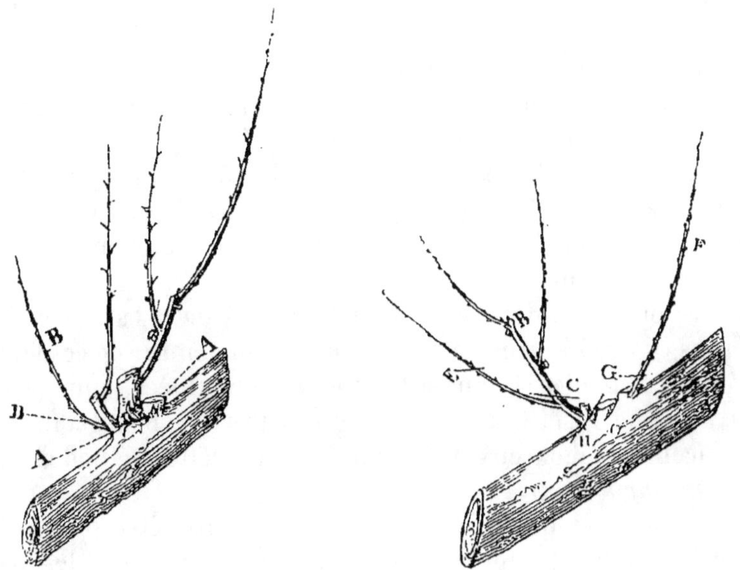

Fig. 572. Rajeunissement des branches-coursonnes du pêcher.

Fig. 373. Rajeunissement des branche-coursonnes du pêcher.

à bois, qui fourniront le remplacement pour l'année suivante, époque à laquelle on supprimera entièrement en H, la branche coursonne devenue inutile.

Taille des rameaux à fruit par le pincement court. — La taille par le pincement long était exclusivement employée, lorsqu'en 1847, M. Picot-Amet, jardinier à Aincourt, près de Magny (Seine-et-Oise), et un peu plus tard, M. Grin aîné, du Bourg-neuf, à Chartres, imaginèrent la nouvelle méthode dont nous allons parler[1]. C'est en octobre 1856, que nous avons vu chez

---

[1] Cette méthode n'est pas aussi nouvelle qu'on pourrait le supposer, car les principes en sont sommairement décrits dans l'ouvrage de l'anglais Knight et dans le *Jardinier solitaire*, publié en 1712 par de la Quintinie. Mais il reste toujours à MM. Picot-Amet et Grin le mérite de l'avoir imaginée de nouveau et surtout d'avoir appelé sur elle l'attention de nos contemporains.

M. Grin les excellents résultats qui, depuis, n'ont cessé de se
produire partout où ce procédé a été appliqué avec soin. Nous
n'avons donc pas hésité à préconiser ce nouveau mode d'opérer,
pour les circonstances que nous indiquons plus loin. Cette innovation, qui n'était qu'à l'état d'ébauche en 1847, a reçu depuis
cette époque de nombreuses améliorations. C'est telle qu'elle a
été perfectionnée en dernier lieu, que nous allons décrire cette
opération.

Première année.— Lorsque les bourgeons des prolongements
successifs des branches de la charpente (*fig.* 374) atteignent une
longueur d'environ 0^m,08, on ne supprime que les bourgeons
de derrière, puis ceux qui sont doubles ou triples, de façon à
n'en laisser qu'un seul à chaque point. Ceux du devant se trouvent ainsi conservés. Au même moment ces bourgeons sont soumis à un pincement très-rigoureux, c'est-à-dire qu'on les coupe
avec les ongles au-dessus des deux feuilles A de la base bien développées (*fig.* 374). On ne comprend pas au nombre de ces feuilles
les petites folioles B, imparfaitement constituées, qui forment
souvent une rosette à la partie inférieure du bourgeon. C'est
ce pincement rigoureux qui a fait donner à cette méthode le nom
de *pincement court.*

On comprend que ce pincement ne peut pas être pratiqué le
même jour sur toute l'étendue du même arbre, car les bourgeons n'arrivent que successivement à la longueur que nous
venons d'indiquer. — D'ailleurs il est très-important de ne le
faire que d'une manière successive. Si tous les bourgeons étaient
pincés au même moment, il y aurait une suspension complète
de végétation qui pourrait déterminer la maladie de la gomme et
même entraîner promptement la mort de l'arbre. On commence donc le pincement dès que quelques bourgeons seulement ont acquis la longueur voulue, puis on continue tous les
quatre ou cinq jours, de façon à ce que l'opération ne soit complète pour l'arbre que dans l'espace d'au moins vingt jours, et
qu'au moment où l'on pince les derniers bourgeons, les premiers
opérés commencent à émettre des bourgeons anticipés. En procédant ainsi, la végétation n'est pas complétement suspendue,
et l'équilibre s'établit entre les divers bourgeons.

Bientôt après ce pincement, on voit naître à l'aisselle de chacune de ces deux feuilles un bourgeon anticipé A (*fig.* 375). On

les laisse pousser librement. Puis, vers la fin du mois de juin,
au moment où ils ont acquis la consistance ligneuse sur presque
toute leur longueur, on leur applique une taille en vert, c'est-
à-dire qu'on coupe ces bourgeons anticipés en B, au-dessus de
la quatrième feuille. Cette taille doit être faite en deux fois :

Fig. 574. Premier pincement sur les bourgeons proprement dits du pêcher.

d'abord sur les productions les plus vigoureuses, et dix ou douze
jours plus tard sur les autres.

Lorsque les fruits ont atteint presque toute leur grosseur, on
procède à une seconde taille en vert qui s'applique à la seconde
génération de bourgeons anticipés A (*fig.* 376), qui ont pu se
développer avec une certaine vigueur par suite de la dernière
opération. Ces nouveaux bourgeons sont taillés en B au-dessus
de la troisième feuille.

Deuxième année. — Après la chute des feuilles, chacun des
bourgeons primitifs ainsi traités présente dans son ensemble
l'aspect de la figure 377. Il est pourvu d'un grand nombre de

boutons à fleurs et d'une certaine quantité de boutons à bois. Assez souvent ces rameaux présentent vers leur base, en A, un

Fig. 375. Première taille en vert appliquée aux bourgeons du pêcher.

ou plusieurs rameaux à fruit bouquet résultant des opérations d'été qui ont fait refluer la séve vers ce point.

A la taille d'hiver on raccourcit ces rameaux le plus possible, en D, afin que, tout en conservant un nombre suffisant de fleurs,

on fasse développer en nouveaux bourgeons les boutons à bois
C de la base.

Fig. 376. Deuxième taille en vert appliquée aux bourgeons du pêcher.

Pendant l'été, on choisit le bourgeon le plus rapproché de la
partie inférieure et on le soumet à la série d'opérations que
nous venons de décrire. Les autres bourgeons, moins ceux qui

accompagnent les fruits, sont supprimés dès leur jeune âge. Les bourgeons accompagnant les fruits sont pincés à 0ᵐ,12 de longueur. Si les fleurs venaient à couler sur l'ensemble de l'un de ces rameaux, on pratiquerait la taille en vert en coupant au-dessus du bourgeon de la base.

Troisième année. — Lors de la seconde taille d'hiver, les rameaux primitifs âgés de deux ans présentent l'aspect de la figure 378. On coupe en A l'ancien rameau à fruit, et en B le nouveau pour obtenir le même résultat que l'année précédente et ainsi de suite chaque année.

Soins à donner aux bourgeons de prolongement des branches de la charpente. — Les pincements et les tailles en vert plusieurs fois répétées sur tous les bourgeons latéraux des pêchers ont pour résultat de faire affluer la séve en très-grande quantité au profit des bourgeons de prolongement.

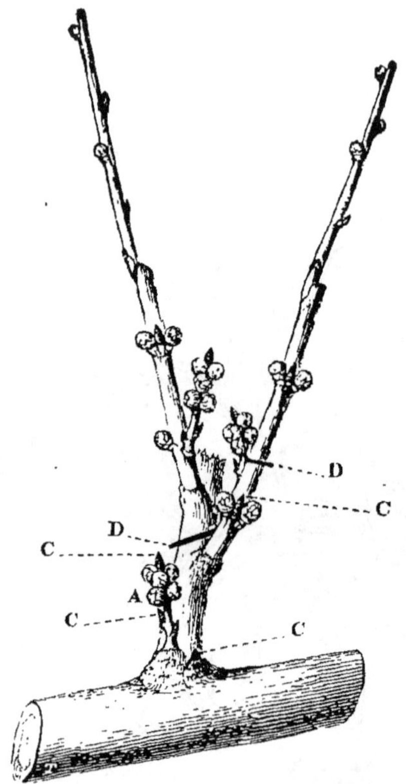

Fig. 377. Première taille des rameaux à fruit du pêcher soumis au pincement court.

Ceux-ci se développent alors avec une telle vigueur qu'ils se couvrent de bourgeons anticipés sur toute leur longueur et en bien plus grande quantité qu'avec l'ancien mode de taille. C'est là un fait très-grave ; car nous savons déjà que les rameaux qui en résultent n'ont qu'une existence éphémère et qu'ils laissent bientôt des vides nombreux parmi les rameaux à fruit des branches de charpente. Des moyens divers plus ou moins efficaces ont été proposés pour faire disparaître cet inconvénient. Mais on peut reprocher à la plupart d'entre eux d'être trop minutieux et de ne pouvoir être employés que par les personnes qui n'ont à soigner qu'un ou deux arbres. Un seul procédé, d'une efficacité complète, nous paraît susceptible d'être préconisé pour la culture en grand. C'est celui imaginé par un de nos anciens élèves, M. Lambert, horticulteur à Saint-Cloud. Voici en quoi il consiste :

Sur les pêchers vigoureux, conserver deux bourgeons de prolongement à l'extrémité de chaque branche au lieu d'un seul. Palisser parallèlement ces deux bourgeons A (*fig.* 379). La présence de ces deux bourgeons a pour résultat de partager l'action de la séve qui, dès lors, agit avec moitié moins de force sur chacun d'eux. Toutefois, si, malgré cela, on voyait encore apparaître quelques bourgeons anticipés, on choisit l'un des plus vigoureux attaché vers la base B (*fig.* 379), puis on la palisse parallèlement aux deux autres. Les autres bourgeons anticipés C sont pincés au-dessus de la troisième feuille.

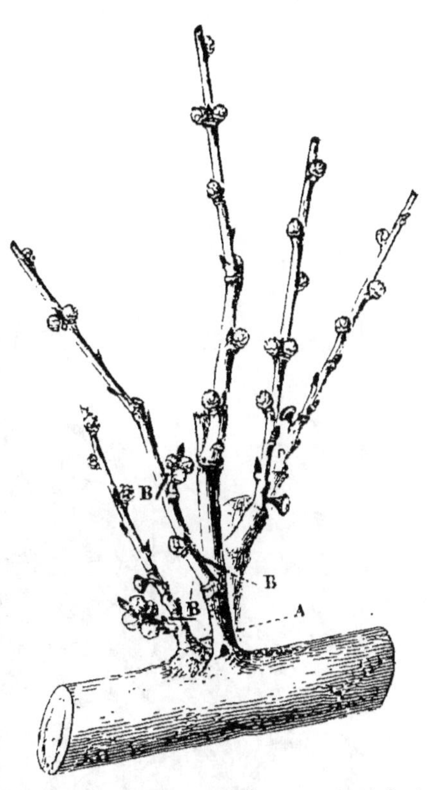

Fig. 378. Deuxième taille des rameaux à fruit du pêcher soumis au pincement court.

A la taille d'hiver suivante, ces trois rameaux de prolongement sont constitués comme le montre la figure 380. Alors on choisit celui des trois qui porte le moins de rameaux anticipés, le rameau A, les deux autres sont coupés en B.

Tel est en somme le nouveau mode de taille des rameaux à fruit du pêcher tel qu'il a été modifié en dernier lieu. Dès le principe, les pincements étaient répétés jusqu'à trois fois, et l'on ne laissait chaque fois que deux feuilles sur les bourgeons opérés. Ce traitement avait pour résultat d'interrompre constamment la végétation, de nuire à la formation des tissus ligneux et corticaux et d'empêcher le développement des nouvelles racines, organes indispensables à l'entretien de la vie des arbres. Le mode d'opérer que nous venons de décrire fait éviter cet écueil en permettant aux arbres de developper des bourgeons plus

Fig. 579. Prolongement multiple des branches de charpente des pêchers soumis au pincement court.

longs et, par suite, une plus grande quantité de feuilles. .

Les avantages résultant du *pincement court* sont les suivants : :

1° On est dispensé des opérations de palissage d'été pour les

bourgeons latéraux et du palissage d'hiver pour les rameaux à
fruit ; n'ayant plus à palisser que la charpente, on peut employer

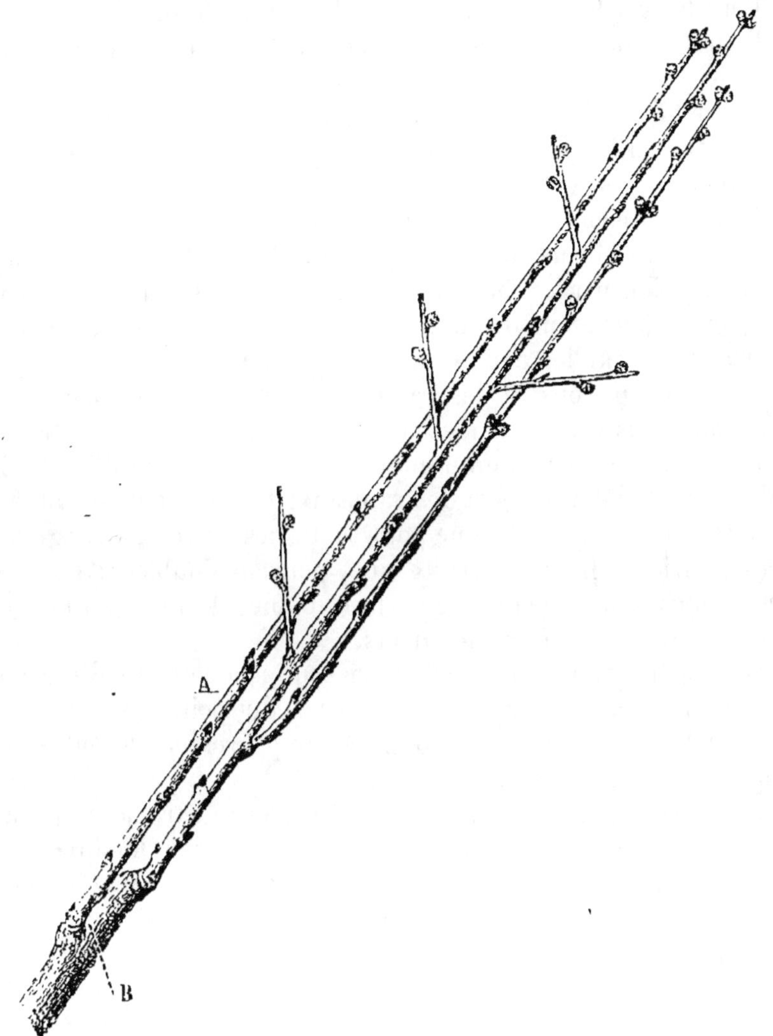

Fig. 380. Taille du prolongement multiple des branches de charpente des pêchers
soumis au pincement court.

un treillage semblable à celui destiné aux autres espèces d'arbres
fruitiers, et par conséquent beaucoup moins coûteux.

Ainsi, pour les diverses formes de charpentes indiquées plus
haut, ou pourra se servir des treillages suivants.

Pour les palmettes et autres grandes formes, le treillage de la page 334.

Pour les cordons obliques, celui de la page 350.

Pour les cordons verticaux et ondulés, celui des pages 356 et 358.

2° La taille d'hiver et d'été, appliquée à ces productions, se trouve très-simplifiée et beaucoup plus à la portée de tous les jardiniers.

3° Les rameaux à fruits pouvant être conservés en avant des branches de la charpente, celles-ci se trouvent défendues de l'ardeur du soleil par les feuilles, pendant l'été, ce qui n'avait pas lieu avec l'ancien mode de taille qui forçait à ne conserver des rameaux que sur les deux côtés des branches.

4° Les bourgeons et les rameaux à fruits étant maintenus beaucoup plus courts, il n'est plus nécessaire de laisser entre les branches de la charpente un intervalle de $0^m,50$ à $0^m,60$ pour le palissage des bourgeons et des rameaux. Un espace de $0^m,30$ est maintenant suffisant, comme pour toutes les autres espèces d'arbres fruitiers. D'où il résulte que, pouvant doubler le nombre des branches mères sur une surface donnée de mur, on pourra doubler aussi le nombre des fruits.

Les pêchers en palmette Verrier soumis à cette modification présenteront alors exactement l'aspect du poirier figuré à la page 324 et ceux en cordon oblique simple ressembleront exactement à la figure de la page 340.

Il est vrai que ce dernier avantage pourra être accompagné d'un inconvénient, dans quelques circonstances : lorsque, par exemple, on disposera les pêchers en palmettes ou autre grande forme. Dans ce cas, il faudra doubler le nombre des branches principales; or, comme en général on ne peut prendre qu'un seul étage de ces branches, chaque année, il en résultera que la charpente de l'arbre ne pourra couvrir complétement l'espace qu'on lui faisait précédemment occuper qu'après un laps de temps moitié plus considérable, c'est-à-dire après seize ou dix-huit ans. La vie moyenne du pêcher étant de vingt ans, cette amélioration perdrait ainsi un de ses avantages les plus importants, l'augmentation du produit.

Aussi pensons-nous que ce perfectionnement ne conservera toute sa valeur qu'appliqué aux pêchers soumis aux formes en cordons. En effet, il suffira de planter les cordons obliques et les cordons ondulés à 0^m,40 au lieu de 0^m,75, les cordons verticaux à 0^m,30 au lieu de 0^m,60.

Ce nouveau mode de taille des rameaux à fruit pourra être appliqué non-seulement aux pêchers qu'on plantera à l'avenir, mais encore à ceux qui sont déjà plantés depuis plus ou moins longtemps. Voici comment il conviendra d'opérer à l'égard de ces derniers pour ramener leurs rameaux à cette méthode.

1° Pour les pêchers plantés en cordon oblique, à 0^m,75 d'intervalle et qui n'ont qu'une année de plantation, leur laisser faire leur seconde pousse et les déplacer en novembre, en les rapprochant à 0^m,40 les uns des autres ; 2° déplanter et placer à 0^m,40 d'intervalle ceux qui viennent de terminer leur seconde pousse ; 3° pour tous ceux qui sont plus âgés, sous quelque forme qu'ils soient, tailler les rameaux à fruits au-dessus des boutons à fleur les plus rapprochés de la base des rameaux ; puis, pendant l'été suivant, soumettre le bourgeon de la base de ces rameaux au pincement court décrit plus haut. On supprimera, à la taille d'hiver, les rameaux à fruit primitifs, et les nouveaux rameaux résultant du pincement court seront taillés d'après le nouveau mode. Le nouveau procédé ainsi appliqué à ces derniers arbres n'offrira qu'une partie de ses avantages, par suite de l'intervalle trop grand qui existera alors entre les branches de la charpente. Toutefois on pourra remédier à cet inconvénient, pour les arbres en cordon oblique, en laissant développer à la base de chaque pêcher, en dessus, un bourgeon gourmand à l'aide duquel on formera une seconde tige qui sera couchée entre les premières. Quant aux arbres soumis aux grandes formes, l'inconvénient subsistera, mais on jouira toujours de l'avantage d'éviter le palissage d'été et d'hiver, ainsi que les difficultés qu'offrait la taille des rameaux à fruits avec l'ancien mode.

Terminons la description de ce nouveau procédé par l'observation suivante :

Il convient de n'appliquer le pincement court aux pêchers qu'après une année de plantation. Pendant le premier été, on se contentera de soumettre les bourgeons à l'ancien mode de pincement. A la taille d'hiver, tous les rameaux seront taillés sur le bouton le plus bas, et le bourgeon qui en naîtra sera soumis au pincement court. En procédant ainsi, on facilitera la reprise de ces arbres en les laissant pourvus pendant le premier été d'un plus grand nombre de bourgeons.

Tels sont les soins que réclame ce nouveau mode de taille des rameaux à fruits du pêcher. — En les appliquant consciencieusement, on obtiendra à coup sûr les excellents résultats que nous avons observés sur un grand nombre de points et qui nous font préconiser cette méthode.

Toutefois, nous ne pensons pas qu'on doive abandonner complétement l'ancien mode. Il faut, en effet, pour le nouveau procédé, que le premier pincement soit pratiqué au moment opportun pour chaque bourgeon, sous peine de n'obtenir que de médiocres résultats. Il est donc nécessaire, pour que l'opération soit bien faite, d'avoir un jardinier sédentaire qui puisse voir les pêchers tous les quatre ou cinq jours pendant le mois de mai. Si les arbres sont soignés par un jardinier ambulant, il sera préférable de renoncer au pincement court, et de s'en tenir au pincement long, moins exigeant quant au moment précis où l'on doit pratiquer les pincements.

CULTURE DU PÊCHER DANS LES VERGERS.

Le pêcher est aussi cultivé dans les vergers, où il s'élève souvent au milieu des vignes, des oliviers et des mûriers. Mais c'est seulement dans les départements du Centre et surtout du Midi qu'on voit prospérer cette culture.

Taille. — Les pêchers plantés dans les vergers peuvent être traités de deux manières, soit qu'on ne les cultive que comme récolte accessoire en attendant que le produit principal paye la place qu'il occupe, soit qu'on désire en obtenir des produits abondants et de bonne qualité, tout en prolongeant leur durée le plus possible.

Dans le premier cas, on se contente de planter à demeure des noyaux de pêchers de bonne variétés, susceptibles de se reproduire avec leurs qualités, et l'on se dispense de les tailler. Ces arbres se mettent à fruit dès la deuxième année; mais leurs parties inférieures se dégarnissent bientôt, et, bientôt épuisés par une abondante production, ils arrivent à la décrépitude dès l'âge de six à dix ans ; mais alors les autres arbres, entre lesquels on les avait plantés, commencent à donner des produits et viennent occuper la place des pêchers. C'est ainsi que, dans le Midi, on introduit fréquemment le pêcher dans les jeunes plantations de vignes, d'oliviers, de mûriers, etc., et qu'il paye la rente du sol jusqu'au moment où les autres espèces sont en état de le remplacer.

Lorsqu'on désire obtenir des pêchers cultivés dans les vergers des produits abondants et de bonne qualité, tout en prolongeant leur durée le plus possible, il convient de les soumettre à une taille annuelle qui répartit également l'action de la séve sur les divers points de la tige, régularise la fructification et prolonge leur vie. A cet effet, on donne à la charpente la forme d'un vase ou gobelet à branches verticales placé au sommet d'une tige plus ou moins élevée. Cette forme ne diffère de celle que nous avons décrite page 478 que par la régularité de la charpente qui ne peut atteindre dans les grands vergers le degré de perfection qu'on peut obtenir dans le jardin fruitier, et aussi parce que ce gobelet est placé sur une tige assez haute pour pouvoir cultiver d'autres récoltes au-dessous.

Ces arbres sont élevés en pépinière ou semés en place. Généralement ils réussissent mieux greffés sur franc que sur amandier ou sur prunier. Dans l'intérêt de leur durée, il est utile de leur appliquer une taille d'hiver. Mais cette taille très-sommaire consiste seulement à supprimer les rameaux gourmands qui déformeraient la tête de l'arbre ou qui en rempliraient l'intérieur, à équilibrer la végétation entre les branches de la charpente, enfin à retrancher les deux tiers de la longueur des rameaux à fruits pour les forcer à développer à leur base de nouveaux bourgeons destinés à la fructification de l'année suivante. On enlève en même temps les rameaux qui ont fructifié pendant l'été précédent et qui produiraient de la confusion si on les conservait.

Restauration des pêchers déformés par une taille vicieuse ou épuisées par la vieillesse. — Il est plus difficile que pour les autres espèces de rendre à la charpente du pêcher une forme régulière, lorsqu'elle a été mal commencée, à cause de la peine que l'on éprouve à faire développer de nouveaux bourgeons sur le vieux bois. Les efforts doivent donc se borner à augmenter le nombre des rameaux à fruits, et surtout à les établir d'une manière convenable.

Les vices principaux que présente le mode de taille adopté pour le plus grand nombre des pêchers sont les suivants. D'abord le pincement n'est presque jamais exécuté, ou bien il l'est trop tardivement et d'une manière incomplète. Il s'ensuit que de nombreux gourmands se développent, épuisent complétement les branches, les font disparaître, déforment la charpente et donnent lieu à une confusion telle, qu'on est obligé, à chaque printemps, de pratiquer des amputations considérables, très-nuisibles pour tous les arbres, et particulièrement pour le pêcher. D'un autre côté, la négligence apportée dans le pincement fait que les rameaux à fruits, trop vigoureux, ne portent de fleurs qu'à leur sommet, ce qui oblige à les tailler très-longs. Ces rameaux ne développent alors à leur base aucune production nouvelle qui puisse les remplacer après la fructification ; ils périssent donc bientôt et laissent un vide. C'est de cette manière que le plus grand nombre des branches de charpente se dégarnissent de productions utiles à mesure qu'elles s'allongent.

Lorsque ces arbres présentent encore un degré de vigueur convenable, il n'y a d'autre moyen de les rétablir que de supprimer les branches principales, immédiatement au-dessus du point où se sont développés les rameaux gourmands les plus rapprochés de la base. On conserve ceux qui sont placés de manière que l'ensemble de l'arbre présente un aspect à peu près régulier, et qu'il existe une distance suffisante entre chaque branche ; puis on leur applique, ainsi qu'aux rameaux à fruits qu'elles développent, le mode de taille que nous avons recommandé pour chacune de ces parties.

Si les branches des pêchers étaient complétement dégarnies, même de rameaux gourmands, il faudrait nécessairement renoncer à ce moyen et essayer du recepage. Ce procédé, qui s'applique aussi bien aux arbres en espalier qu'à ceux en plein vent, consiste à couper les branches de la charpente à 0^m,20 environ de leur naissance, de manière à favoriser la sortie, au-dessous de ce point, de nouveaux bourgeons destinés à reformer une nouvelle charpente. Toutefois, cette opération présente pour le pêcher peu de chances de succès, surtout pour les arbres qui ne sont pas francs de pied, à moins qu'il n'y ait déjà au-dessous des points de section des boutons tout formés ou quelque jeune rameau qui pousse alors avec une vigueur extrême et à l'aide duquel on refait rapidement un nouvel arbre. Quand le recepage réussit, il faut améliorer le sol environnant, ainsi que nous l'avons expliqué pour le rajeunissement des poiriers, page 389.

Animaux, insectes qui attaquent le pêcher. — Les *animaux* et surtout les *insectes*, qui vivent aux dépens du pêcher, et qui nuisent à sa végétation et à ses produits, sont assez nombreux. Nous citerons d'abord les *rats* et les *loirs* (*fig.* 581), qui dévorent les pêches aux approches de leur maturité et dont nous avons parlé page 398.

Fig. 581. Loir.

Parmi les insectes, la larve du *hanneton commun*; page 398.

Le *perce-oreille* qui attaque les fruits; page 401.

Les *fourmis* qui ravagent les boutons et les fruits; page 402.

Le *rhynchite conique* ou *coupe-bourgeon*, qui pratique le pincement d'une façon trop souvent désastreuse; page 400.

Voici maintenant les insectes dont nous n'avons pas encore parlé et qui sont plus particulièrement propres au pêcher.

Otiorhynque de la livêche (*Otiorhynchus ligustici*). Cet insecte, appelé vulgairement *bécare*, est une sorte de charençon assez gros, d'un gris terreux qui, en avril et mai, ronge les fleurs et les jeunes pousses du pêcher. Les mœurs de cet insecte sont assez mal définies. On ne connaît donc d'autre moyen de destruction que de le recueillir sur les arbres ou contre les murs.

Teigne du pêcher (*Tinea persicella*). La larve de ce très-petit papillon, connue à Montreuil sous le nom de *vereau*, de *verdelet*, est d'un vert tendre. Elle vit en mai et juin, enveloppée dans les feuilles du pêcher qu'elle plie avec des fils de soie et qu'elle ronge intérieurement. Elle file bientôt une petite coque de soie blanche dont l'insecte parfait sort au commencement de juillet. Les ailes supérieures de ce très-petit papillon sont d'un jaune de soufre. Ils pondent bientôt après, et ces œufs donnent lieu à une seconde génération dont les chrysalides n'éclosent qu'au printemps suivant. Comme moyen de destruction, enlever toutes les feuilles roulées.

Les *pucerons*. — Plusieurs espèces de pucerons causent aussi des dommages considérables aux pêchers. Tels sont surtout le *puceron du pêcher (aphis persicæ)*, de couleur noire, et le *puceron de l'amandier (aphis amygdali)*, de couleur verte. Ces insectes s'attaquent à la face inférieure des plus jeunes feuilles, et absorbent les fluides qui y sont contenus. Les feuilles se contournent, se déforment, ne fonctionnent plus, et les bourgeons eux-mêmes cessent bientôt de s'accroître. Il en résulte alors la déformation indiquée par la figure 382, et qu'il faut bien se garder de confondre avec la *cloque*, dont nous parlons plus loin.

Ces insectes, qui se multiplient d'une manière continue pendant toute la belle saison et en quantité incroyable, font leur ponte à l'extrémité des rameaux, et un certain nombre d'individus restent engourdis, au même point, pendant l'hiver.

Fig. 382. Bourgeon de pêcher, déformé par les pucerons.

On détruit ces pucerons à l'aide du tabac employé en fumigations ou en lotions. Lorsque les arbres en espalier sont attaqués sur une grande partie de leur étendue, on pratique les fumigations. Après avoir mouillé complétement la surface de l'arbre, à l'aide d'une pompe à main, on le couvre d'une toile humide, afin que la fumée n'en traverse pas le tissu, et l'on introduit sous cette toile un *soufflet fumigatoire (fig.* 383), composé : 1° d'un fourneau (A) à double fond ; le supérieur (B) est percé de petits trous et contient du charbon allumé ; la partie inférieure reçoit en (C) le bout d'un soufflet ; 2° d'une sorte de cheminée (D) également à double fond ; celui du bas (E) est percé et reçoit au-dessous le tabac ; au sommet est placé un long prolongement (F) terminé par une sorte de pomme d'arrosoir, et qui sert à lancer la fumée de tabac.

Lorsque cet appareil est chargé de charbon allumé et de tabac humide, on chasse la fumée avec le soufflet jusqu'à ce que l'espace recouvert par la toile en soit rempli par la plus grande quantité possible. On laisse séjourner la toile pendant une journée environ, après quoi on l'enlève. Les pucerons sont tués soit par cette fumée, soit par le contact du liquide âcre qu'elle a formé en se condensant sur les gouttelettes d'eau répandues sur les feuilles. Il est bon, après cette opération, de seringuer de nouveau très-fortement les feuilles de l'arbre, afin de détacher ceux des insectes qui n'auraient été qu'engourdis. Souvent une

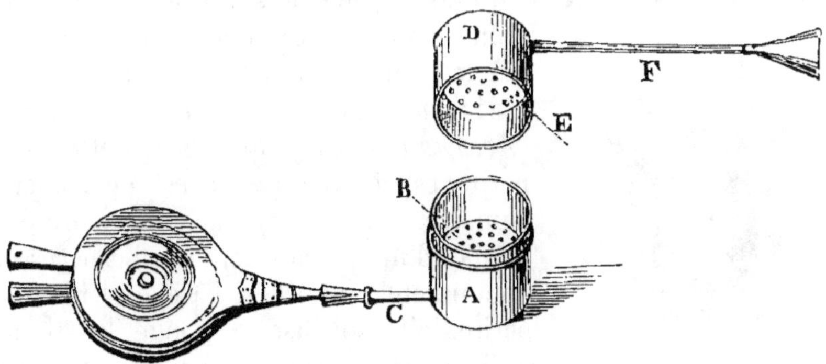

Fig. 383. Soufflet fumigatoire.

seule opération suffit pour détruire complétement les pucerons ; quelquefois cependant on est obligé de la recommencer deux ou trois jours après. Lorsque l'arbre ne présente de pucerons que sur quelques points, il est plus prompt et plus économique de faire une décoction de tabac, et de tremper le sommet des bourgeons attaqués dans cette liqueur refroidie.

On a également conseillé dans le même but l'emploi d'huiles essentielles, telle que celle de lavande, l'acide phénique, le tout très-étendu d'eau et projeté sur les parties atteintes par les pucerons. Le tabac nous ayant toujours parfaitement réussi, nous n'avons pas eu occasion d'essayer le dernier moyen dont nous venons de parler et que nous n'indiquons dès lors qu'à titre d'essai.

On rencontre assez fréquemment sur le pêcher les deux *kermès* suivants :

Kermès du pêcher (*Chermes persicæ*). La coque de la femelle, fixée sur les rameaux, est assez grosse, oblongue et de couleur brune. Elle a beaucoup d'analogie avec le kermès de la vigne. En juin, elle est entourée d'un duvet blanc et la ponte commence. Les œufs éclosent bientôt et les jeunes individus se répandent sur toutes les parties vertes qu'ils piquent et épuisent en absorbant les fluides séveux. Ils quittent les feuilles à l'automne et viennent se fixer sur les jeunes rameaux où ils passent l'hiver jusqu'au printemps, époque où ils donnent naissance à une nouvelle génération. Ce kermès est facilement détruit à l'aide du moyen indiqué contre le kermès de l'oranger, page 452.

Kermès de l'amandier (*Chermes amygdali*). Espèce très-voisine de la précédente. Coquille un peu plus petite, ronde et de même couleur. On détruit cette espèce par le même moyen que la précédente.

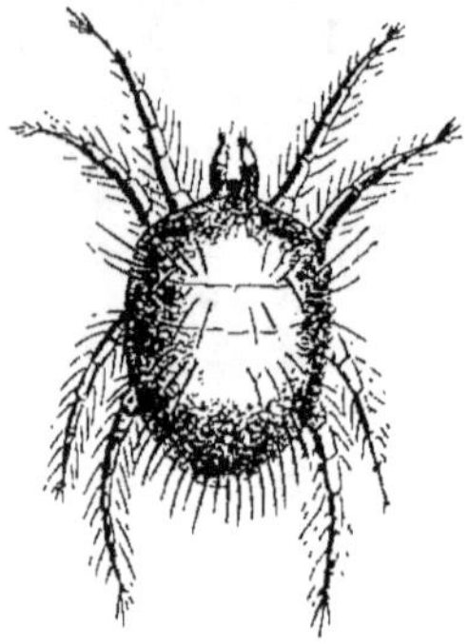

Acarus tisserand, grise des jardiniers (*Acarus telarius*) (*fig.* 384). Cette très-petite espèce d'araignée est de couleur jaunâtre. Elle vit à la face inférieure des feuilles d'un certain nombre d'espèces et notamment du pêcher. Là elle se file une petite toile soyeuse et ronge les tissus de la feuille qui prend bientôt une teinte grise et se roule un peu sur ses bords. L'œil, armé d'un ver grossissant découvre, sous les feuilles, une énorme quantité de ces petits insectes dans tous les états de développement. Les plantes exposées à une chaleur sèche et en partie privées du grand air sont surtout atteintes par les acarus. Le grand air, des bassinages, des fumigations de tabac donneront de bons résultats contre cet insecte.

Fig. 384. Acarus tisserand.

Maladies du pêcher. — Les *principales maladies* qui attaquent le pêcher sont les suivantes :

La *gomme*, qui est propre aux arbres à fruits à noyau. On la reconnaît à des sécrétions qui se produisent à la surface des bourgeons, des rameaux ou des branches, en déchirant l'écorce. Bientôt les parties environnantes sont désorganisées par l'âcreté des sucs exsudés par ces plaies; celles-ci grandissent; et, si l'altération des tissus comprend toute la circonférence de la branche, les parties placées au-dessus se dessèchent rapidement et périssent.

Dans les jeunes arbres, la gomme est souvent le résultat d'une taille trop courte ou de pincement trop rigoureux. La séve, refoulée dans un espace trop restreint, déchire les tissus, s'extravase, fermente, entraîne la décomposition des parties environnantes, et se fait jour à travers l'écorce. Pour prévenir cet accident, on réserve, sur chaque branche vigoureuse, un nombre de bourgeons suffisants pour absorber cette séve, et l'on pratique le *pincement*, l'*ébourgeonnement*, ou la *taille en vert* en plusieurs fois sur toute l'étendue de l'arbre, ainsi que nous l'avons recommandé.

On a remarqué que la gomme est plus fréquente sur les arbres plantés dans les terrains humides; on la voit aussi apparaître à la suite d'un brusque abaissement de température au moment où la végétation est la plus active, et surtout après une gelée tardive assez intense pour altérer les jeunes bourgeons. Les abris sont donc indispensables pour prévenir cet accident.

Dans les arbres déjà âgés, la gomme est quelquefois le résultat d'une gêne dans la circulation des fluides; les vieilles écorces, en se desséchant, perdent leur élasticité, ne se prêtent plus au grossissement de l'arbre et compriment les vaisseaux séveux. Aussitôt que les écorces présenteront ce caractère, il conviendra d'y pratiquer plusieurs incisions longitudinales qui ne devront pas pénétrer jusqu'au corps ligneux.

Enfin la gomme peut aussi résulter de contusions donnant lieu à des plaies contuses.

Tout ce qui précède démontre donc que ces épanchements gommeux résultent toujours d'engorgements séveux.

Quant aux parties déjà attaquées, dès que l'on s'apercevra de la présence de la maladie, on devra les enlever jusqu'au vif avec un instrument bien tranchant. Si l'écoulement gommeux continue, on essuiera fréquemment les plaies avec une éponge mouillée. Après quelques jours, la plaie se desséchera entièrement, et on la recouvrira avec du mastic à greffer. Quelques cultivateurs frottent préalablement cette plaie avec des feuilles d'oseille, ou, ce qui revient au même, avec un peu d'acide oxalique, qui agit sans doute comme astringent pour arrêter cet épanchement.

La *cloque*. — C'est sur les feuilles naissantes du pêcher et jusqu'à la fin du printemps qu'on voit apparaître cette maladie. Les feuilles qui en sont atteintes prennent d'abord une teinte d'un vert jaunâtre; bientôt après elles épaississent, se crispent, puis se boursouflent (*fig.* 385 et 386), se colorent en blanc violacé, en jaune, et finissent par tomber. Le bourgeon devient lui-même charnu et épais. Lorsque toutes les feuilles d'un bourgeon sont ainsi détruites, celui-ci se tuméfie et finit par se dessécher.

Cette maladie que les cultivateurs confondent trop souvent

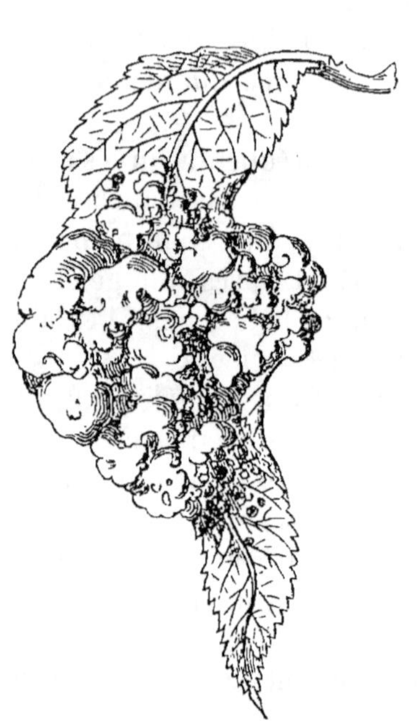

Fig. 385. Feuille de pêcher
atteinte de la cloque.
Fig. 386. Bourgeon de pêcher
atteint de la cloque.

avec le résultat de la présence des pucerons, paraît avoir pour cause un brusque abaissement de température au début de la végétation. Ce temps froid semble déterminer une sorte d'inflammation du tissu cellulaire des jeunes feuilles qui se boursouflent alors comme nous venons de l'expliquer. Ce qu'il y a de certain, c'est que des abris bien disposés jusqu'au mois de mai, ainsi que nous le recommandons au chapitre des *abris*, suffisent pour prévenir cet accident.

Quant aux arbres déjà attaqués, il convient de retrancher les feuilles malades aussitôt qu'elles sont atteintes, et même de raccourcir les bourgeons malades, afin d'empêcher ces parties d'absorber inutilement la séve et de forcer l'arbre à développer plutôt de nouveaux organes mieux constitués.

Le *rouge*. — Le rouge est une maladie exclusivement propre au pêcher. Quelques variétés, notamment le *royal* et l'*admirable jaune*, y sont plus exposés que les autres. Les arbres qui en sont atteints présentent des rameaux qui se colorent d'abord en rouge vif, et bientôt en rouge foncé. Dès que cet accident se manifeste, la végétation s'arrête tout d'un coup, et les arbres meurent presque instantanément, surtout lorsque la maladie apparaît au moment où ils sont chargés de fruits. Quelquefois, cependant, ils languissent pendant une année ou deux ; mais alors les fruits ne sont pas mangeables. On ne connaît aucun remède à cette maladie, dont on ignore jusqu'à présent la cause ; aussi convient-il de remplacer immédiatement les arbres attaqués, sans chercher à vouloir les guérir.

Le *blanc*, *meunier* ou *lèpre* est encore une maladie propre au pêcher. On la reconnaît à la poussière d'un blanc grisâtre qui couvre entièrement les feuilles, les jeunes bourgeons et même les fruits. On a remarqué qu'elle attaque de préférence certaines variétés, particulièrement celles connues sous le nom de *Madeleines*. Les parties attaquées par le blanc se déforment, se contournent plus ou moins ; les feuilles malades cessent leurs fonctions, toutes les parties atteintes noircissent et pourrissent et les fruits tombent avant leur maturité ou sont d'une amertume insupportable. Cet accident se manifeste depuis le mois de juin jusqu'au milieu du mois d'août. Lorsqu'il a lieu de très-bonne heure, l'état de souffrance de l'arbre détermine souvent une recrudescence de végétation vers la fin d'août, mais les nouvelles parties qui se développent sont aussi bientôt attaquées.

On a attribué le *blanc* à la présence d'un petit champignon, qui, désorganisant les tissus des parties vertes, arrête leurs fonctions. Ce champignon appartiendrait sinon à la même espèce, au moins au même genre que celui connu sous le nom d'*Oïdium Tuckeri*, et qui, depuis quelques années, exerce des ravages si désastreux sur la vigne. Ce qui semblerait donner raison à cette opinion, c'est que le blanc du pêcher disparaît complétement, ainsi que nous nous en sommes assuré en employant le soufre si efficace pour prévenir l'*oïdium* de la vigne. Nous renvoyons à la culture des raisins de table, pour la description de ce procédé.

Le *blanc des racines*. — Cette maladie est due à la présence d'un champignon blanc, filamenteux, qui appartient au genre *rhizoctone*. Il attaque les racines pendant l'été, souvent à la suite des pluies d'orage qui succèdent à la sécheresse, il les fait pourrir en quelques jours, et l'arbre meurt. Ce sont particulièrement les pêchers greffés sur amandier ou sur franc qui y sont exposés, et particulièrement ceux qui ont été plantés plus profondément que nous ne l'avons indiqué page 248. Quelques cultivateurs se sont bien trouvés de la fleur de soufre mélangée au sol dans le voisinage des racines et dès le début de la maladie ou au moment de la plantation.

Récolte. — On reconnaît la maturité des pêches à la couleur jaune que prend leur épiderme du côté de l'ombre : il faut bien se garder de s'en assurer par le toucher, car la moindre pression fait une tache. Les pêches destinées à la vente ou à voyager sont cueillies deux jours avant leur maturité absolue, c'est-à-dire avant le moment où elles se détacheraient d'elles-mêmes de l'arbre ; elles sont alors plus fermes et supportent plus facilement le transport. Celles qui doivent être consommées sur place sont cueillies un jour avant leur maturité complète. Pour les premières, on les détache en les saisissant avec les cinq doigts ; on tire légèrement à soi, puis on leur imprime un petit mouvement de torsion. Si elles résistent à ce double effort elles ne sont pas assez avancées. Les secondes doivent se détacher au moindre effort. Les pavies et les brugnons ne doivent être cueillis, dans tous les cas, qu'après leur maturité complète. Les pêches cueillies sont déposées, une à une, dans un panier semblable à celui décrit page 412, et au fond duquel on a placé un morceau de drap plié en deux. On sépare chaque lit de pêches par une couche de feuilles, et l'on n'en superpose ainsi que trois rangs au plus. Quelques cultivateurs recommandent de brosser légèrement les pêches avec une brosse très-douce, afin de les débarrasser du duvet qui les recouvre ; ce duvet, disent-ils, doit provoquer des démangeaisons à la bouche, puisqu'il en occasionne aux personnes qui les brossent ; mais cette opération a surtout pour but d'aviver leur belle couleur.

Conservation. — Les pêches ne sont pas susceptibles d'être

conservées dans la fruiterie. Quelques-unes cependant, telles que
les pavies et les brugnons, sont meilleures lorsqu'on les a laissées
à la fruiterie pendant huit jours; on peut même les y conserver
pendant quinze jours. Dans le Midi, ces mêmes variétés sont desséchées à l'aide de procédés analogues à ceux employés pour les
pruneaux, puis conservées pour l'hiver. Pour rendre cette dessiccation plus facile, on les divise par quartiers et on enlève le
noyau.

PRUNIER.

Le *prunier* (*fig.* 387) était connu des anciens; Pline en si-
gnale onze variétés. Le type des meilleures pruniers que nous

Fig. 387. Prunier de reine-Claude verte
et bonne.

Fig. 588. Fleur du prunier
de reine-Claude.

cultivons aujourd'hui est originaire de la Grèce et de l'Asie. Il
croît spontanément aux environs de Damas. D'autres espèces,
dont les fruits ne sont pas comestibles, poussent naturellement
dans les parties tempérées de l'Europe et en Amérique. C'est
aux croisés que nous devons l'introduction du prunier domestique en France.

L'usage très-répandu de ses fruits fait du prunier un de nos
principaux arbres fruitiers. On les voit figurer sur toutes les
tables, soit frais, soit desséchés sous forme de pruneaux, soit
cuits en marmelade, soit confits dans l'eau-de-vie. La quantité

de sucre que renferment les prunes a donné l'idée d'en obtenir de l'alcool, et on les distille en Lorraine, en Suisse, en Allemagne.

Espèces et variétés. — Nos meilleures variétés de prunes appartiennent toutes à une seule espèce, le *Prunier domestique* (*Prunus domestica*). Ses variétés peuvent être partagées en deux séries : les *pruniers à fruits mangés frais* et les *pruniers à fruits à pruneaux*. Nous donnons ci-contre la liste des variétés de ces deux séries, rangées d'après leur époque de maturité. Nous n'indiquons que les meilleures pour chaque mois de l'année.

Climat et sol. — La floraison précoce du prunier lui fait redouter les climats exposés aux gelées tardives ; aussi ne peut-il être utilement cultivé sur de grandes surfaces que dans la région de la vigne. Au nord de cette limite on obtient une fructification un peu plus abondante que dans quelques localités parfaitement abritées. Dans tous les cas, il faut planter cet arbre sur le penchant des coteaux exposés du sud-est au sud-ouest.

Les terrains les plus favorables sont les sols calcairo-argileux un peu frais. Ses racines, peu pivotantes, n'exigent pas une couche fertile d'une grande profondeur. Les terres siliceuses ne paraissent pas convenir au prunier ; il craint également les argiles compactes et les lieux ombragés.

Culture. — *Multiplication.* — Nous avons indiqué au chapitre des *Pépinières d'arbres fruitiers* (p. 211) tout ce qui se rattache au mode de multiplication et d'élève des pruniers. Nous avons vu qu'on les greffe soit en écusson, soit en fente ou en couronne, sur des sujets obtenus de semis. Disons seulement ici les procédés à suivre pour élever les pruniers lorsqu'on ne voudra pas acheter des arbres greffés.

Le prunier est greffé exclusivement sur des sujets de prunier. On choisit pour cela les variétés les plus vigoureuses et que nous avons indiquées en parlant du pêcher (p. 462). On se procure ces sujets chez les pépiniéristes et on en forme chez soi une petite pépinière.

Dans certaines localités, on se contente de détacher du pied des arbres les nombreux rejetons qui se développent sur les racines ; on les repique en pépinière, puis on les greffe, s'ils n'appartiennent pas à un arbre franc de pied. Ce mode de multipli-

NOMS DES VARIÉTÉS ET SYNONYMES.	ÉPOQUE DE LA MATURITÉ.	ORIGINE DES VARIÉTÉS ET OBSERVATIONS DIVERSES.
Premier groupe. — Fruits mangés frais.		
De Montfort.	Fin de juillet et commencem. d'août.	Fruit violet noir, moyen. Très-fertile; obtenu à Montfort-sur-Risle (Eure), vers 1822, par madame Hébert.
Monsieur. — *De roi.* — *Gros hâtif.*	Commencement d'août.	Fruit violet, gros. Fertile.
De Monsieur à fruit jaune.	Commencement d'août.	Variété à fruit jaune excellente. Obtenue en Belgique.
Des Bejonnières.	Commencement d'août.	Fruit jaune, gros, très-bon.
Reine-Claude abricot vert — *Dauphine.* — *Reine-Claude ordinaire* — *Verte et bonne* (à Rouen).	Fin d'août.	Fruit blanc, moyen très-bon aussi pour faire des marmelades et des pruneaux.
Drap-d'Or Esperen.	Fin d'août.	Fruit blanc, moyen. Obtenue en Belgique; introduite en France en 1818.
Petite Mirabelle.	Fin d'août et commenc. de septembre.	Fruit très-petit, jaune; excellent pour confitures. Fertile.
Reine-Claude diaphane.	Commencement de septembre.	Fruit jaune rosé, gros, très-bon.
Reine-Claude violette.	Mi-septembre.	Fruit violet, moyen, souvent véreux.
Reine-Claude de Bavay.'	Fin de septembre.	Fruit blanc, gros. Obtenue en Belgique; introduite en France en 1844.
Coe's golden drop. — *Waterloo.*	Fin de sept. et commenc. d'octobre.	Fruit blanc doré, gros; cueilli avant sa maturité parfaite, il se conserve au fruitier jusqu'en novembre; bon aussi pour pruneaux. Très-fertile. Obtenue à Waterloo en 1834
Deuxième groupe. — Fruits à pruneaux.		
Brignolles. — *Perdrigon de Brignolles.*	Mi-août.	Fruit jaune rougeâtre, moyen. Variété cultivée à Brignolles (Var) pour faire l'espèce de pruneau connu sous le nom de *Pistole.*
Perdrigon violet. — *Perdrigon rouge.*	Fin d'août et commenc. de septembre.	Fruit violet, moyen. Cultivée surtout dans le Var et les Basses-Alpes.
D'Agen. — *Robe de Sergent.* — *Datte violette.*	Commencement de septembre.	Fruit violet, moyen. On en fait les meilleures pruneaux dans le Lot-et-Garonne. Très-fertile.
Pond's seedling. — *Anglaise.*	Commencement de septembre.	Fruit rouge, monstrueux. Variété anglaise; introduite en France en 1845.
Sainte-Catherine.	Mi-septembre.	Fruit moyen, blanc. Cultivée dans la Touraine.
Questche d'Italie. — *Fellemberg.* — *Prune suisse.*	Fin de septembre.	Fruit noir, gros; aussi mangé frais. Très-fertile.

cation doit être abandonné. Il ne donne que des sujets privés de racines pivotantes, mal assurés dans la terre ; ils s'épuisent en rejetons qui se développent en bien plus grand nombre sur leurs racines traçantes ; ils redoutent davantage la sécheresse et n'acquièrent jamais de grandes dimensions. Il est vrai qu'ils se mettent plutôt à fruit, mais ils vivent moins longtemps.

Les jeunes sujets de prunier sont greffés en écusson à œil dormant, vers la fin de juillet de l'année suivante. Si, au printemps qui suit cette opération, on s'aperçoit que l'écusson n'ait pas réussi, on peut recourir à la greffe en couronne perfectionnée ou à la greffe en fente anglaise.

Les pruniers sont cultivés soit dans le jardin fruitier, soit dans les vergers. Les soins qu'ils réclament dans ces diverses positions étant assez différents, nous en étudierons séparément la culture.

CULTURE DU PRUNIER DANS LE JARDIN FRUITIER.

Dans le jardin fruitier, on place rarement les pruniers en espalier parce qu'ils donnent de bons et abondants produits en plein air. Toutefois, on pourra leur réserver une petite place contre les murs. Les fruits y seront plus beaux et plus précoces. On ne choisira pour cela que la reine-Claude ordinaire et le prunier de Montfort pour avoir des prunes très-précoces. — On les placera aux expositions de l'est, du sud-est et du sud.

Taille. — Le prunier, cultivé en espalier ou en plein air, peut être soumis à toutes les formes recommandées pour le poirier, et l'on emploie pour l'y soumettre les moyens indiqués pour ce même arbre. Faisons seulement observer que les entailles recommandées pour obtenir ou favoriser le développement de certaines branches de la charpente sur la tige des arbres à fruits à pepins pourront être aussi employées pour le prunier. Mais, au lieu de se servir pour cela de la scie à main, on devra se contenter de la serpette, autrement cette opération pourrait produire la maladie de la gomme.

Quant aux rameaux à fruits, ils réclament les soins suivants. Un rameau vigoureux de prunier ne présente sur toute son étendue, au printemps qui suit son développement, que des boutons à bois (*fig.* 389). Pendant l'été suivant, ce rameau, qui a été taillé afin de faire développer tous ses boutons, y compris ceux de la base, transforme chacun de ces boutons en bourgeons plus ou moins vigoureux, selon qu'ils sont plus ou moins rapprochés du sommet. Ceux de la base (B, *fig.* 389), et jusqu'au tiers environ de la longueur du rameau, ne développent qu'un petit prolongement long à peine de $0^m,003$ à $0^m,010$; ceux qui sont compris dans le second tiers (C) atteignent une longueur de $0^m,05$ à $0^m,12$; enfin, les plus rapprochés du sommet D peu-

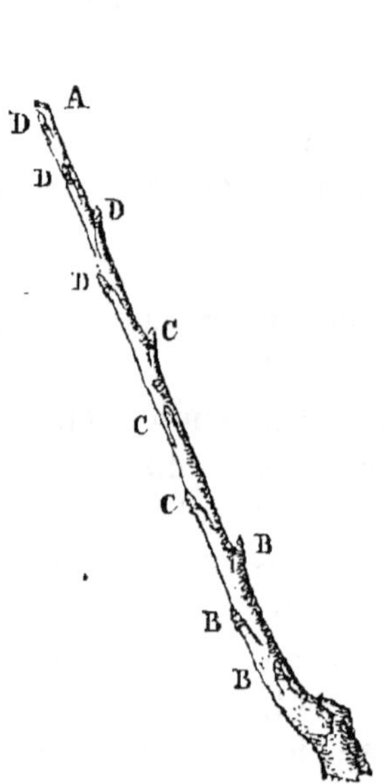

Fig. 389. Rameau de prunier âgé d'un an.

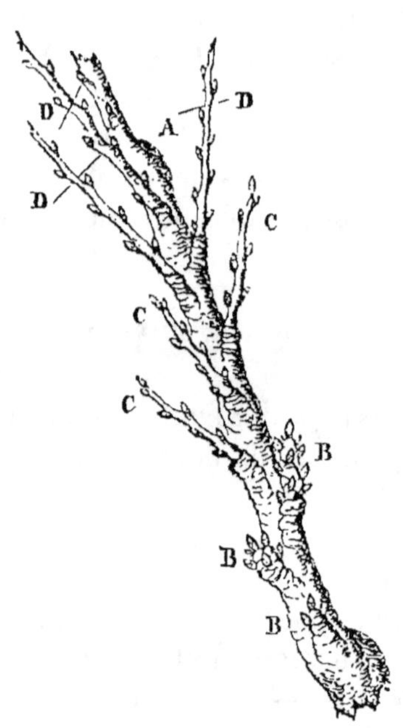

Fig. 590. Branche du prunier âgée de deux ans.

vent acquérir une longueur de $0^m,20$ à $0^m,50$. Ces derniers, à l'exception du bourgeon terminal, sont pincés lorsqu'ils ont atteint une longueur de $0^m,12$ afin de les transformer en rameaux à fruits et de favoriser l'allongement du bourgeon terminal qui doit prolonger la branche. Au troisième printemps qui suit la naissance de cette ramification, elle présente l'aspect de la figure 590. Les très-petits rameaux de la base B supportent un groupe de boutons à fleurs au centre desquels est un bouton à bois destiné à prolonger ce petit rameau à fruit. On laisse intactes ces petites productions. Les autres, plus lon-

gues (C, D), portent aussi un certain nombre de boutons à
fleurs vers la partie moyenne, puis des boutons à bois vers
le sommet et à la base. Ceux de ces rameaux (D) qui présentent plus de 0^m,08, sont raccourcis au moyen de la coupe, du
cassement complet ou du cassement partiel, selon leur degré
de vigueur. On favorise ainsi le
développement de nouveaux rameaux vers la base pour remplacer, l'année suivante, celui qui
a fructifié. Au quatrième printemps, cette même branche est
pourvue des productions qu'indique la figure 391. On voit que
les petits rameaux B et C, laissés
intacts, se sont un peu allongés,
et que ceux D qui ont été taillés
se sont ramifiés. Quelques-uns
de ces derniers doivent être un
peu raccourcis pour diminuer le
nombre des fleurs qui les épuiseraient, et pour les empêcher
de s'allonger outre mesure. On
répète chaque année la même
opération, de façon à forcer les
rameaux à fruits à développer,
vers leur base, des rameaux de

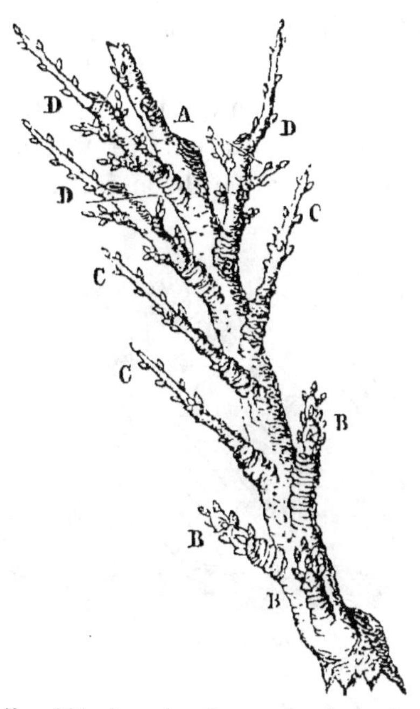

Fig. 391. Branche de prunier âgée de
trois ans.

remplacement. Tel est le mode de taille que l'on applique à
toutes les branches de la charpente du prunier et à leur prolongement successif, et pour toutes les formes indistinctement.

Si des vides venaient à se manifester sur les branches parmi
les rameaux à fruits, on emploierait, pour les combler, la greffe
par approche herbacée décrite page 143.

CULTURE DU PRUNIER DANS LES VERGERS.

Les pruniers sont surtout cultivés dans les vergers. C'est dans
ces conditions qu'ils donnent les produits les plus abondants.

Forme de la plantation. — Dans les vergers proprement dits,
les pruniers sont plantés en quinconce, à la distance de 8 mètres

environ les uns des autres. Nous avons parcouru les départements
du Lot et de Lot-et-Garonne, si renommés pour leurs pruneaux,
et nous y avons remarqué que le prunier d'Agen y est souvent
associé à la vigne et aux céréales. Le champ est alors divisé en
bandes parallèles de 6 à 7 mètres de largeur chacune, et consacrées à la culture des plantes herbacées. Ces bandes sont séparées par deux rangées de vignes laissant entre elles un nouvel
espace d'un mètre. C'est sur ces dernières bandes que sont placés les pruniers, à 12 ou 14 mètres les uns des autres. L'ensemble
de cette plantation présente alors l'aspect de la figure 392. Les
pruniers, ainsi disposés, donnent des produits plus abondants

Fig. 392. Plantation de pruniers dans le département du Lot.

que lorsqu'ils sont plantés dans un champ exclusivement consacré aux céréales ; cela tient sans doute à ce que, dans ce dernier
cas, le sol est laissé plus longtemps sans culture et qu'il est plus
exposé à la sécheresse.

Plantation. — Quant au mode de plantation, il est en tout
semblable à celui que nous avons indiqué pour les arbres à fruits
à cidre dans notre traité spécial de la *culture des arbres et arbrisseaux à fruits propres aux boissons fermentées.* Nous renvoyons également aux arbres à fruits à cidre pour les travaux
d'entretien que réclame le sol où l'on a planté les pruniers.

Taille. — Les pruniers cultivés dans les vergers sont le plus
souvent disposés à haut vent ; c'est-à-dire que le tronc présente
une hauteur d'environ 2^m,30. Toutefois, dans les environs de
Paris, le tronc de la plupart de ces arbres ne dépasse pas 0^m,60
à 0^m,80. On obtient ainsi une maturité plus précoce, et la récolte

se fait beaucoup plus facilement. Mais, d'un autre côté, les fleurs sont plus exposées aux gelées blanches, et il devient complétement impossible d'obtenir d'autres produits du sol au-dessous de ces arbres. Élevés à l'avance dans la pépinière, ils sont francs de pied ou greffés en tête. Quelques cultivateurs laissent à la nature le soin de former la tête des arbres ; d'autres leur impriment, dès leur jeune âge, une disposition à peu près symétrique ; c'est cette dernière méthode qu'il convient de préférer. On choisira la forme en gobelet plus ou moins régulière que nous avons décrite dans notre traité, pour les arbres à fruits à cidre, et cela pour qu'ils présentent la plus grande surface possible à l'action directe de la lumière. C'est à cela que se borne la taille des pruniers à haut vent, puis à la suppression des branches desséchées. Quant à leurs rameaux à fruits, on les laisse se former et se renouveler d'eux-mêmes.

Restauration des pruniers épuisés par la vieillesse ou par la surabondance des produits. — La durée des pruniers est loin d'être aussi longue que celle des arbres à fruits à pepins. Leur décrépitude s'annonce par le peu de développement des bourgeons annuels, par la dessiccation successive des rameaux à fruits sur les branches principales, par le petit nombre et le petit volume de leurs fruits, enfin par l'aspect languissant de toutes les parties. Cet état se manifeste beaucoup plus tard sur les arbres à haut vent, en grande partie abandonnés à eux-mêmes, que sur ceux qui ont été soumis à une taille annuelle.

Ces arbres peuvent être, jusqu'à un certain point, rajeunis au moyen des procédés indiqués pour les arbres à fruits à pepins ; seulement, comme dans le prunier les boutons latents ou adventices percent beaucoup plus difficilement les vieilles écorces, on se contente de ravaler les branches de deuxième ou de troisième ordre à 0^m,50 environ de leur naissance.

Maladies. — Les maladies du prunier sont déterminées soit par les intempéries, soit par la présence des insectes nuisibles.

Les intempéries funestes au prunier sont la grêle, les gelées tardives du printemps, les brouillards prolongés, etc., qui nuisent à la fructification et déterminent aussi la maladie de la *gomme*, décrite à l'article du *Pécher*. Les *abris* sont donc nécessaires pour cet arbre lorsqu'on le cultive dans le jardin fruitier.

Insectes nuisibles. — Les espèces suivantes, dont nous avons déjà parlé, sont également redoutables pour le prunier.

Hanneton commun, page 398.

Rhynchite conique, page 400.

Bombyx livrée, page 405.

    —   *auriflue*, page 406.

    —   *chrysorrhée*, page 405.

Fourmis, page 402.

Le prunier est, en outre, exposé à l'attaque des insectes ci-après.

Pyrale du prunier (Tortrix pruniana) (fig. 393). — La chenille de cette espèce apparaît au moment de la floraison du pru-

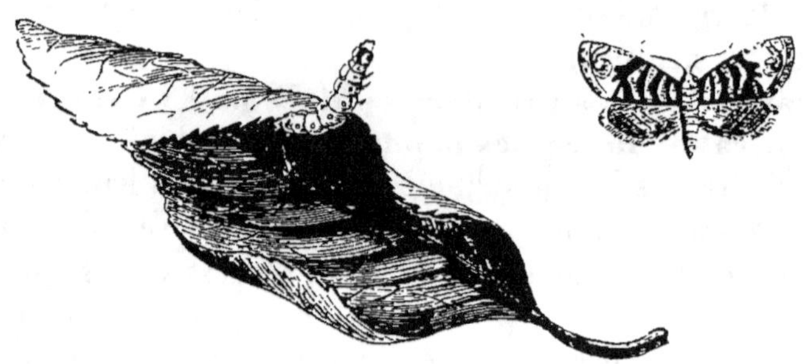

Fig. 393. Pyrale du prunier.

nier, du cerisier et du pommier, dont elle ronge les fleurs. Elle se retire ensuite sur les feuilles qu'elle réunit en paquet pour s'y changer en chrysalide. Le papillon, d'un brun noir avec deux taches blanches à l'extrémité des ailes supérieures, éclôt en juin et juillet. Il y a une seconde génération en août. Les chenilles vivent sur les feuilles, se transforment en chrysalide à la surface du sol et les papillons éclosent de nouveau au printemps suivant. On connaît peu de moyens de destruction.

Pyrale des prunes (Tortrix funebrana). — La chenille de ce petit papillon vit dans la pulpe des prunes qu'elle dévore. Ces fruits véreux tombent avant les autres. La chenille en sort pour pénétrer dans le sol où elle se change en chrysalide. Le papillon n'éclôt que l'année suivante au commencement de juillet. Secouer les arbres pour en détacher les fruits véreux qu'on détruit ensuite avec les chenilles qu'ils renferment.

Pyrale de Wœber (Tortrix Wœberiana) (fig. 394). — La petite chenille de cette espèce vit sous l'écorce de tous les arbres à fruits à noyau. Là, elle se creuse des galeries qui déterminent des exsudations gommeuses qui fatiguent l'arbre. La chenille se transforme en chrysalide sous l'écorce, et le petit papillon éclôt l'année suivante en juin et juillet. Peu de moyens de destruction.

Fig. 394. Pyrale de Wœber.

Puceron du prunier (aphis pruni). — Ce puceron, d'un vert brunâtre, a les mêmes mœurs que celui du pêcher, page 522 et exerce les mêmes ravages. On peut lui appliquer les mêmes procédés de destruction.

Récolte. — La récolte des belles espèces de prunes doit être effectuée avec précaution ; on attend que le soleil ait absorbé l'humidité ; on les prend une à une par la queue et on les détache par un mouvement de torsion. On les place ensuite dans des corbeilles plates et on les porte à la fruiterie ; abandonnés pendant deux ou trois jours, elles y conservent toutes leurs qualités et en acquièrent même de nouvelles : on a remarqué qu'elles étaient alors plus agréables et plus sapides que lorsqu'on les mangeait au moment même de la cueillette.

Conservation. Pruneaux. — La prune a le grand avantage de pouvoir, sans exiger beaucoup de soins, être conservée pendant l'hiver. La simple dessiccation, opérée successivement au soleil et au four, suffit pour la convertir en pruneaux. Elle forme, dans cet état, un aliment d'autant plus précieux qu'il s'approprie à tous les régimes et qu'il est l'objet d'un commerce important pour plusieurs de nos départements. Ce sont surtout les départements du Lot, de Lot-et-Garonne, du Var, des Basses-Alpes, d'Indre-et-Loire, qui sont en possession de cette industrie. Nous avons indiqué, dans la liste précédente, les variétés de prunes particulièrement employées à cet usage. Nous avons étudié dans la vallée de Villeneuve-sur-Lot les procédés employés pour transformer en pruneaux la prune d'Agen. Pour faire de bons pruneaux, les fruits doivent être bien mûrs ; on attend donc qu'ils se détachent d'eux-mêmes de l'arbre, et on les ramasse sur la terre ; ce n'est que vers la fin de la saison qu'on imprime à l'arbre quelques légères secousses pour achever d'en détacher les derniers fruits. Dans les champs qui ont porté du blé, pour éviter que les prunes ne se détériorent en tombant sur la terre durcie ou sur la pointe des chaumes, on donne un léger labour, quelquefois même on étend de la paille sous les arbres.

Les prunes que l'on ramasse tous les jours ou tous les deux jours, et que l'on a soin de laver si l'humidité de la nuit ou les pluies les ont tachées de boue, sont rangées sur des claies d'osier et exposées au soleil. Là, on les retourne plusieurs fois afin d'en présenter successivement toutes les faces à l'action du soleil, qui leur enlève ainsi une partie de leur humidité, et les empêche de se déchirer à la cuisson.

Pour opérer cette cuisson, on fait usage soit des fours à cuire le pain, soit d'étuves spéciales. Les claies qui servent à mettre

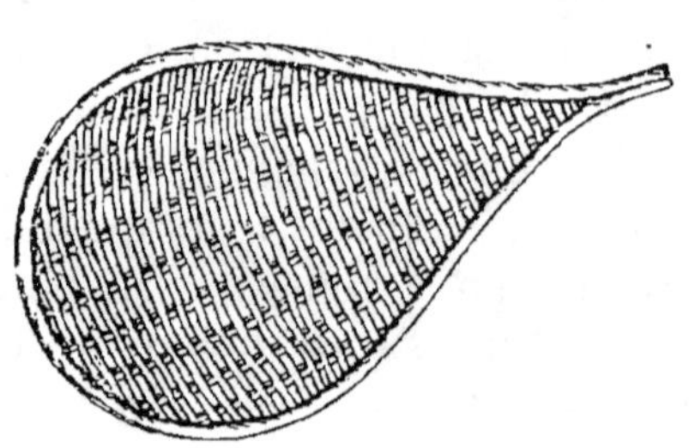
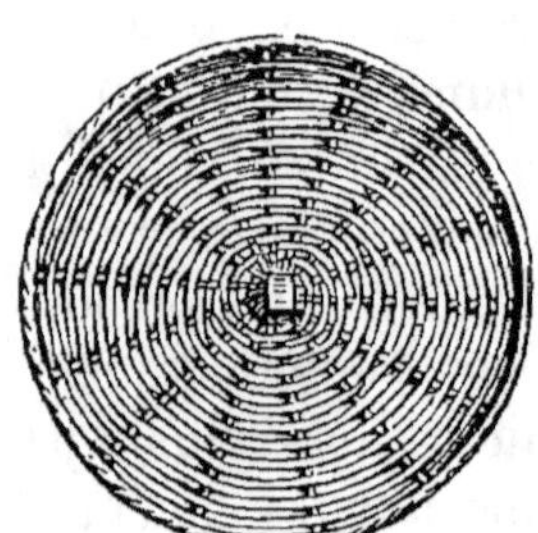

Fig. 595.   Fig. 596.

Claies pour sécher les pruneaux.

les prunes dans le four sont les mêmes que celles sur lesquelles on les a d'abord étendues. Elles sont construites avec des baguettes liées entre elles par des osiers, des ronces ou des sarments de clématite, et entourées d'une autre baguette qui fait saillie et retient les prunes. Ces claies sont le plus ordinairement rondes ou coniques (*fig.* 595 et 596). Les premières ont 0$^\mathrm{m}$,60 de diamètre, les secondes présentent une longueur d'un mètre sur 0$^\mathrm{m}$,50 dans leur plus grande largeur.

Le but de la cuisson est d'enlever à la prune l'excès d'humidité qu'elle renferme, sans agir d'une manière sensible sur les autres parties constituantes, et sans provoquer la rupture de la peau qui permettrait au sirop de s'extravaser. Trois cuites sont ordinairement nécessaires. Pour la première, le four présente une chaleur de 75 à 90° centigr.; pour la seconde, la température est élevée de 100 à 112°; pour la troisième, on porte la chaleur à 125°. Le four est chauffé soit avec du menu bois, soit avec du chaume, et l'on a soin de fermer hermétiquement l'ouverture aussitôt que les prunes y ont été introduites. Après chaque passage au four, la prune est exposée à l'air, où elle se refroidit, et ce n'est qu'après le refroidissement complet qu'on la retourne sur la claie, pour que toutes les parties reçoivent également l'action de la chaleur. L'opération est terminée lorsque la prune conserve une certaine élasticité, qu'elle cède et résiste à la fois à une légère pression des doigts. L'opération a été bien faite si la prune n'est pas brûlée; si sa peau est intacte, luisante, et comme recouverte d'un vernis de couleur foncée. C'est dans cet état et sans avoir subi les différents choix qui servent aux classifications du commerce que les cultivateurs vendent leurs pruneaux.

Les pruneaux de Tours sont préparés à peu près de la même manière. En Provence, on fait usage d'un autre procédé. Les prunes, mises dans un panier, sont plongées dans l'eau bouillante, où on les maintient jusqu'à ce que l'eau reprenne son bouillon ; après quoi on les retire, on les égoutte et on les agite jusqu'à refroidissement. On les place alors sur des claies, sous des hangars ouverts ; et quand elles approchent du degré de siccité, on les transporte au soleil pour achever la dessiccation.

Les pruneaux de Brignoles, connus aussi sous le nom de pistoles, exigent d'autres soins. C'est surtout à Brignoles, à Estoublon, près de Digne (Basses-Alpes), qu'on les prépare. C'est le fruit du prunier de *perdrigon violet* qu'on y emploie.

Les fruits sont récoltés à la fin de juillet, après le lever du soleil, afin qu'ils soient bien secs. Le lendemain, des femmes les pèlent avec l'ongle, pour éviter tout contact nuisible, et les enfilent sur des baguettes de la grosseur d'une plume à écrire, de manière qu'elles ne se touchent pas ; on fiche ces baguettes dans un faisceau de paille serrée, d'un à trois mètres de hauteur, bien ficelé de haut en bas et portant à sa cime un crochet qui sert à le suspendre à une traverse. Les prunes restent ainsi exposées au soleil pendant quatre à cinq jours, et elles sont remises chaque soir dans un lieu sec: il en est de même si le temps est à la pluie. Quand les prunes se détachent facilement des baguettes, on les secoue, on les défile et l'on en fait sortir le noyau. On les aplatit alors et on les place sur des claies. Quand elles sont à peu près sèches, on les aplatit une seconde fois et on les remet au soleil pour achever leur dessiccation. Il n'y a plus alors qu'à les mettre en caisse pour les livrer au commerce.

CERISIER.

C'est Lucullus qui, en 680, importa à Rome le cerisier, qu'il trouva à Cérasonte, petite ville de la province de Pont, en Natolie. Si l'on en croit Pline, les Romains ne connurent que huit variétés de cet arbre fruitier. Mais ce serait une erreur de penser que c'est aux Romains que nous devons l'introduction en Europe de toutes les espèces de cerisiers que nous cultivons aujourd'hui. Dès cette époque, en effet, on voyait croître spontanément dans les forêts de la Gaule et de la Germanie plusieurs sortes de merisiers qui, depuis et sous l'influence de la culture, ont donné lieu à un certain nombre de variétés de cerises qui enrichissent maintenant nos vergers.

La cerise est, sans contredit, l'un des fruits les meilleurs et les plus utiles. La consommation qu'on en fait à l'état-frais est considérable. On la conserve aussi sous forme de confitures, dans l'eau-de-vie ou desséchée comme les pruneaux : enfin, on en fait diverses liqueurs, telles que le marasquin et le kirsch-wasser, le ratafia de cerises, le vin de cerises, etc.

Espèces et variétés. — Les diverses variétés de cerisiers, cultivées aujourd'hui, peuvent être rapportées aux deux espèces suivantes : le *cerisier proprement dit (Prunus cerasus)*, originaire de Cérasonte, et le *merisier (Prunus avium)*, originaire de l'Europe. Le premier a donné lieu, par la culture, à toutes les variétés à fruits acides, à chair molle, à fruits sphériques et connues sous le nom de *cerises* à Paris et sous celui de *griottes* dans le Midi, à feuilles petites et à rameaux minces et souvent pendants. Nous donnons comme exemple le *cerisier de Montmorency.* Le second a produit les variétés connues sous le nom de *guignes* à Paris et de *cerises* dans le Midi ; fruits de couleur presque noir, déprimés latéralement, chair assez ferme, de saveur douce, feuillage très-ample, rameaux dressés ; puis les *bigarreaux ;* chair ferme, fruits peu colorés, déprimés latéralement, saveur très-douce, feuillage très-large, rameaux dressés (*fig.* 397). Enfin, le croisement de ces deux espèces paraît avoir

NOMS DES VARIÉTÉS ET SYNONYMES.	DURÉE DE LA MATURITÉ.	POSITION.		EXPOSITION DES MURS.				ORIGINE DES VARIÉTÉS ET OBSERVATIONS DIVERSES.
		PLEIN VENT.	ESPALIER.	EST.	OUEST.	SUD.	NORD.	
erder's.	Fin de mai.	Plein vent.	Espalier	Est.		Sud.		Fruit moyen.
gleterre hâtive.	Fin de mai et com' de juin.	Plein vent.	Espalier	Est.	Ouest.	Sud.		Fruit moyen. Très-fertile.
May-Duck.								
le de Choisy.								
Cerise ambrée.	Juin.	Plein vent.	Espalier		Ouest.	Sud.		
Doucette.								
De la Palembre.								
otte de chaux.	Fin de juin.	Plein vent.						Fruit gros; à confire.
Griotte d'Allemagne.								
yale.	Fin de juin.	Plein vent.	Espalier		Ouest.	Sud.		Fruit gros.
Cherry-Duck.								
scopale.	Commencement de juillet.	Plein vent.						Fruit gros, acide.
va de Palluau.	Commencement de juillet.	Plein vent.	Espalier	Est.	Ouest.	Sud.		Fruit gros.
le audigeoise.	Commencement de juillet.	Plein vent.	Espalier					Fruit gros. Fertile.
otte de Portugal.	Commencement de juillet.	Plein vent.						Fruit gros; à confire.
Royale de Hollande.								
ne Hortense.	Commencement de juillet.	Plein vent.	Espalier	Est.	Ouest.	Sud.		Fruit gros. Obtenue près de Bruxelles vers 1821, elle porte le nom de *Belle de Bavay* depuis 1829. Elle a été introduite en France vers 1830. Peu fertile.
Belle suprême.								
Lemercier.								
Belle de petit Brie.								
Monstrueuse de Baray.								
Cerise d'Arembery.								
Monstrueuse de Jodoigne.								
Cerise Morestein.								
Cerise Louis XVIII.								
ntmorency à courte queue.								
Gros gobet.	Juillet.	Plein vent.						Fruit gros.
ntmorency ordinaire.	Fin de juillet.	Plein vent.						Fruit gros, acide.
Planchoury.	Fin de juillet.	Plein vent.	Espalier					Fruit gros.
le de Sceaux.	Fin de juillet.	Plein vent.	Espalier	Est.	Ouest.	Sud.		Fruit gros. Très-fertile.
Belle de Chatenay.								
Spa.	Fin de juillet.	Plein vent.	Espalier		Ouest.			Fruit gros. Très-fertile.
otte du Nord.	Août à fin de septembre.	Plein vent.	Espalier				Nord.	Fruit gros; à confire.
Tardive.								
Picarde.								
rello de Charmeux.	Fin d'août à fin d'octobre.	Plein vent.	Espalier		Ouest.			Répandue par M. Rose Charmeux, de Thomery (Seine-et-Marne), vers 1852.

donné lieu à une troisième série de variétés qui, par leurs caractères, tiennent le milieu entre les deux séries précédentes.

Ces variétés sont d'abord toute la série des cerises anglaises,

Fig. 597. Bigarreau de mai.   Fig. 599. Cerisier Belle-de-Choisy.

à laquelle appartiennent les meilleures variétés : fruits arrondis
ou un peu déprimés latéralement, un peu plus fermes que les

Fig. 598. Fleur du bigarreau de mai.   Fig. 400. Fleur de la Belle-de-Choisy.

cerises de Montmorency, à saveur sucrée un peu acide, à feuilles
de grandeur moyenne, et dont les rameaux sont généralement
dressés. Nous donnons comme exemple la cerise Belle-de-Choisy
(fig. 399); puis les griottes connues dans le Midi sous le nom de

haumiers, qui diffèrent des cerises anglaises surtout par leur saveur acide et souvent amère, comme la *griotte du Nord*. Les fruits de cette dernière série ne sont utilisés que cuits ou dans l'eau-de-vie. Nous donnons ci-contre la liste des meilleures variétés de ces divers groupes, rangées dans l'ordre de leur maturité. Nous n'avons indiqué dans cette liste aucune des variétés appartenant aux bigarreaux ou aux guignes. Les fruits de ces variétés sont peu hygiéniques, ils sont presque toujours véreux, enfin ils ont toujours beaucoup moins de valeur que ceux des autres variétés sur tous les marchés.

Climat et sol. — Le cerisier s'accommode du climat des diverses contrées de la France. Quant à la nature du sol, il redoute plus l'humidité que la sécheresse, et préfère les terrains légers ou de consistance moyenne, calcaires ou siliceux.

Culture. — *Multiplication.* — Nous renvoyons aux pépinières d'arbres fruitiers (p. 211) pour la multiplication des cerisiers destinés au commerce. Quant aux moyens d'élever soi-même ces jeunes arbres, voici les soins qu'ils réclament.

Le cerisier peut être greffé sur trois sortes de sujets : le *merisier*, le *prunier de Sainte-Lucie* ou *Mahaleb* et le *cerisier franc*. Le choix à faire entre ces sujets est surtout déterminé par la forme à donner aux arbres.

Le *merisier* est le plus vigoureux de ces trois sujets ; on l'emploie exclusivement pour former les arbres à haute tige.

Le *prunier de Saint-Lucie* ou *Mahaleb*, qui croît spontanément sur les coteaux calcaires, est moins vigoureux que le merisier, mais il est plus rustique. On le préfère pour tous les arbres du jardin fruitier soumis à la taille.

Le *cerisier franc* est moins vigoureux que les deux autres sujets. Il est assez rarement employé.

Ces sujets sont tous multipliés au moyen du semis des noyaux. Mais il est plus simple d'en acheter de jeunes plants dont on forme une petite pépinière pour planter ensuite les jeunes sujets à demeure après la greffe.

Vers la fin d'août de la même année, les sujets de Sainte-Lucie sont greffés en écusson à œil dormant.

Les cerisiers sont cultivés soit dans le jardin fruitier, soit dans les vergers proprement dits, ou dans les vergers agrestes. Examinons séparément ces deux modes de culture.

CULTURE DU CERISIER DANS LE JARDIN FRUITIER.

Le cerisier est une des richesses principales du jardin fruitier. On l'y cultive en vase, en cône, en contre-espalier et en espalier, excepté dans le Midi toutefois, où, dans cette dernière position, il souffrirait de l'excès de chaleur, à moins qu'on ne le place à des expositions froides.

Comme le mérite du cerisier réside surtout dans la précocité de ses fruits qui apparaissent les premiers sur nos marchés et sur nos tables, nous conseillons de faire à ces arbres une large place contre les murs d'espalier en choisissant les expositions les plus chaudes, notamment celle du sud qui convient peu aux autres espèces d'arbres fruitiers,

Taille. — Le mode de formation de la charpente du cerisier pour les diverses formes qu'on veut lui imposer ne diffère nullement de celui employé pour les espèces précédentes. Toutefois, si on veut le soumettre à la forme conique, il faut veiller à ce que les branches latérales de la base ne nuisent pas, en devenant trop fortes, à l'allongement de la tige principale. A cet effet, on taille ces branches un peu plus court que nous ne l'avons conseillé pour le poirier. On peut encore arrêter la végétation trop vigoureuse de ces ramifications en pinçant, pendant l'été, leur bourgeon terminal.

Quant au mode de formation et de taille des rameaux à fruits, il ne diffère pas de celui du prunier. Ainsi les boutons que portent les prolongements successifs des branches de la charpente se développent en bourgeons pendant l'été suivant; à cette époque, on pince les plus vigoureux aussitôt qu'ils ont atteint $0^m,12$ de longueur et de façon à ne leur laisser qu'une longueur de $0^m,11$ environ. Au printemps suivant, chacun des rameaux qui en résultent est raccourci en A (*fig.* 401) en employant la coupe, le cassement partiel ou complet, suivant leur degré de vigueur, comme pour le prunier. Cette opération produit, l'année suivante, l'effet indiqué par la figure 402. Ces divers rameaux sont alors coupés au-dessus du second bouquet. Il est utile d'enlever ainsi une certaine partie de leur étendue, afin de refouler la séve vers leur base, et d'y faire naître de nouveaux bourgeons destinés eux-mêmes à remplacer les petits rameaux qui vont fructifier pendant cette même année. L'année suivante, on coupe l'ancien rameau fructifère immédiatement au-dessus du nouveau rameau qui s'est développé vers la base, et l'on applique à celui-ci les mêmes soins qu'au rameau primitif, et ainsi de suite chaque année.

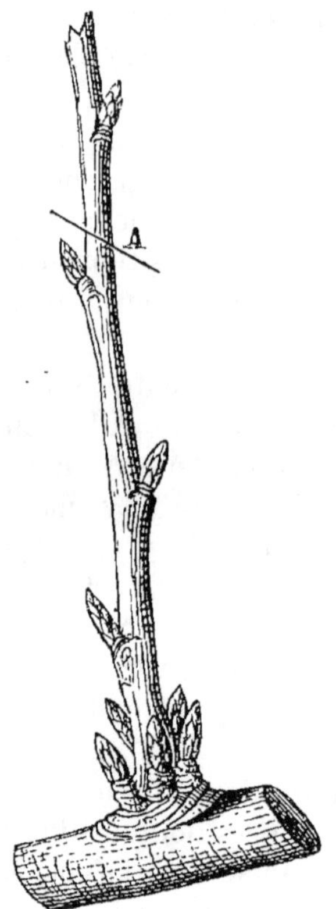

Fig. 401. Rameau à fruit du cerisier âgé de 1 an.

Fig. 402. Rameau à fruit du cerisier âgé de 2 ans.

On emploiera également la greffe par approche herbacée, décrite à la page 143, pour remplir les vides formés sur les branches parmi les rameaux à fruits.

CULTURE DU CERISIER DANS LES VERGERS.

Dans les vergers, le cerisier reçoit les soins que nous avons recommandés pour le prunier. Ainsi on en forme des quinconces ou on les plante en lignes plus ou moins distantes, en les associant à la culture des céréales ou à celle de la vigne. Seulement la distance à réserver entre ces arbres n'est pas la même ; on peut, sous ce rapport, partager les cerisiers en trois séries : les guigniers et les bigarreautiers, qui prennent de grandes dimensions, doivent être plantés à environ 14 mètres les uns des autres ; les cerisiers proprement dits, dont la tête s'évase, mais qui s'élèvent moins, seront plantés à 10 mètres. Enfin, certaines variétés de cerisiers, comme les cerisiers anglais, se développent naturellement en pyramide ; on les greffe d'ailleurs à 1 mètre du sol seulement, afin de hâter la maturation de leurs fruits et d'en faciliter la récolte. Ces arbres, cultivés en grande quantité dans les sols légers des environs de Paris, sont plantés seulement à 6 mètres de distance les uns des autres. Il est bien entendu que ces distances moyennes doivent augmenter ou diminuer suivant le plus ou moins de fertilité du sol.

La tête des cerisiers à haut vent est formée en gobelet comme celle des pruniers. Quant aux rameaux à fruits, on en abandonne aussi la formation et le renouvellement à la nature. Ce que nous avons dit de la restauration des pruniers s'applique également aux cerisiers.

Maladies. — Plusieurs maladies déjà décrites attaquent également le cerisier. Telles sont la *jaunisse*, page 395, la *gomme*, page 524, et le *blanc des racines*, page 528. Cette dernière altération sévit particulièrement sur les cerisiers greffés, sur Sainte-Lucie et qu'on n'a pas plantés avec les soins indiqués page 248. On peut prévenir ces altérations ou y remédier à l'aide des moyens indiqués précédemment.

Animaux et insectes nuisibles. — Le plus redoutable des animaux pour les produits du cerisier sont les *oiseaux*. On peut les éloigner à l'aide du moyen indiqué plus loin, au chapitre des raisins de table.

Bon nombre des insectes qui attaquent les espèces précédentes ravagent aussi les plantations de cerisiers. Les insectes suivants dont nous n'avons pas encore parlé sont parfois aussi des ennemis redoutables pour cet arbre.

Bombyx-tête-bleue (*Bombyx cœrulescephala*). La chenille de ce papillon apparaît en mai et dévore les feuilles des cerisiers et de la plupart des espèces d'arbres fruitiers. A la fin de juin, cette chenille se file un cocon attaché aux branches des arbres et s'y transforme en chrysalide. Le papillon apparaît en octobre et dépose ses œufs sur les branches. Comme moyen de destruction : secouer les branches avec un bâton, lorsque les chenilles sont engourdies par le froid du matin, puis les écraser sur le sol.

Yponomeuthe du bois de Sainte-Lucie (*Yponomeutha padella*)

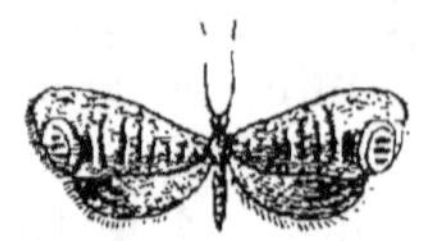

(*fig.* 403). La chenille de cette espèce enveloppe les rameaux du cerisier, comme le fait l'yponomeuthe du pommier, page 432, et ronge leurs feuilles. Elle a les mœurs de cette dernière espèce et peut être détruite à l'aide des mêmes moyens.

Fig. 403. Yponomeuthe du bois de Sainte-Lucie.

Puceron du cerisier (*Aphis cerasi*). Même mœurs et même mode de destruction que pour le *puceron du pêcher*, page 522.

Ortalide des cerises (*Ortalis cerasi*) (*fig.* 404). Cette sorte de mouche apparaît en mai. Elle se pose sur les jeunes fruits de guigniers et de bigarreautiers et dépose un œuf à leur surface.

Elle n'attaque jamais les variétés à fruits acides. Bientôt cet œuf éclôt et sa larve s'introduit dans le fruit dont elle dévore la pulpe. Les fruits attaqués continuent néanmoins leur développement et arrivent à leur maturité. Le ver sort du fruit et s'enfonce dans le sol pour se transformer en nymphe

Fig. 404. Ortalide des cerises.

et éclore au mois de mai de l'année suivante. Nous ne connaissons pas de moyen de destruction.

Récolte et conservation. — Les cerises ne doivent être récoltées qu'après leur maturité parfaite, afin que le principe sucré y soit le plus abondant possible ; mais on ne doit pas laisser dépasser ce moment, car elles perdent assez rapidement leur qualité.

Dans certaines contrées, et notamment dans le Midi, on conserve les cerises en les faisant sécher comme les pruneaux ; on leur donne alors le nom de *cerisettes*.

ABRICOTIER.

L'abricotier commun (*Armeniaca vulgaris*) (*fig.* 405) fut importé de l'Arménie à Rome, trente ans environ avant l'époque à laquelle Pline écrivait ; Dioscoride fait aussi mention du fruit de cet arbre sous le nom de *pomme d'Arménie précoce*.

L'abricotier est l'objet de cultures assez étendues dans certaines contrées de la France, et notamment en Auvergne, aux environs de Paris et dans le voisinage des grands centres de populations des départements du Centre et du Midi. Les fruits de cet arbre sont consommés à l'état frais, mais ils le sont plus encore sous forme de marmelades et de pâtes. La ville de Clermont-Ferrand est particulièrement renommée pour la confection de ces conserves.

Variétés. — L'abricotier commun a fourni une cinquantaine de variétés, parmi lesquelles nous indiquons les meil-

Fig. 405. Abricotier-pêche.

Fig. 406. Fleur de l'abricotier-pêche.

leures. Le tableau ci-contre les présente rangées suivant l'ordre de leur maturité.

Climat et sol. — L'abricotier est un peu moins exigeant que le pêcher sous le rapport du climat ; ainsi il mûrit ses fruits en plein vent, au nord du climat de Paris ; toutefois, comme sa floraison est des plus précoces, sa fructification y est très-souvent détruite par les froids tardifs et les intempéries du printemps ; aussi la culture de l'abricotier en plein vent n'est-elle vraiment avantageuse que jusque sous le climat indiqué plus haut pour le pêcher privé d'abris. Au nord de cette région, l'abricotier doit être placé en espalier, et c'est là une nécessité fâcheuse, car, contrairement à ce qui a lieu pour toutes les autres espèces, ses fruits sont beaucoup moins savoureux, mûris en espalier, qu'exposés en plein vent. Toutefois, nous indiquons plus loin comment on peut cultiver l'abricotier en plein air dans les jardins du climat du Nord.

Quant au sol, il est le même que pour le pêcher.

Culture. — *Multiplication*. — Nous avons indiqué le mode de culture de l'abricotier dans la pépinière page 211 ; examinons comment on peut le multiplier pour ses propres besoins.

L'abricotier peut être greffé sur le prunier, sur l'amandier et sur l'abricotier franc.

Le *prunier* est le sujet le plus habituellement employé ; on choisit, comme nous l'avons expliqué pour le pêcher, les variétés les plus vigoureuses.

L'*amandier* est moins usité que le prunier, parce que la greffe se détache facilement de ce sujet ; mais les arbres résistent mieux à la sécheresse, et ce sujet convient particulièrement, à cause de cela, à la région du Midi.

L'*abricotier franc* est un excellent sujet qui est moins employé que le prunier dans les pépinières, par la difficulté que l'on éprouve à se procurer une suffisante quantité de noyaux.

Les sujets d'amandier et d'abricotier franc sont obtenus au moyen du semis de noyaux fait avec les soins indiqués pour l'amandier à l'article du pêcher. Quant aux pruniers, il est plus simple d'acheter de jeunes sujets obtenus de semis dans les pépinières.

Tous ces sujets, placés dans une petite pépinière, sont écussonnés, les pruniers au milieu de juillet, après un an de plantation, les deux autres au commencement de septembre, l'année même du semis. On pourra remplacer la greffe en écusson qui n'aura pas réussi par la greffe en couronne perfectionnée ou par la greffe en fente anglaise, pratiquées toutes deux au printemps suivant.

Nous devons ajouter que certaines variétés d'abricotier notées dans notre tableau peuvent en outre être obtenues franches de pied, au moyen du semis, et cela sans dégénérer.

Toutes les fois qu'il s'agira de multiplier ces variétés, on ne devra pas hésiter à user de ce mode de reproduction, car il en résultera des arbres plus vigoureux, d'une plus longue durée et moins exposés à la maladie de la gomme, véritable fléau de cette espèce. Il est vrai que, surtout dans le Nord, la première fructification de ces arbres se fait assez longtemps attendre.

Les abricotiers sont cultivés soit dans les jardins fruitiers, soit dans les vergers.

LISTE

des meilleures variétés d'abricotiers, pour chaque mois de l'année.

NOMS DES VARIÉTÉS et DES SYNONYMES.	ÉPOQUE de LA MATURITÉ.	POSITION.		EXPOSITION des murs.			OBSERVATIONS DIVERSES.
		PLEIN VENT.	ESPALIER.	EST.	OUEST.	SUD.	
Abricotin . . . . . *Précoce.*	Fin de juin. .	. . .	Esp.	E.	. .	S.	Fruit petit mais parfumé.
De Syrie.	Com' de juillet.	Pl. v.	Esp.	E.	O.	S.	
Blanc.	Juillet.	Pl. v.	. . .	. .	. .	. .	Employé pour les pâtes et les marmelades.
Gros Saint-Jean . . *D'Alexandrie.*	Fin de juillet.	Pl. v.	Esp.	F.	O.	S.	
Gros rouge hâtif. . *Gros rouge précoce.*	Juillet et août.	Pl. v.	Esp.	E.	O.	S.	
Albergier de Montgamet.	Juillet et août.	Pl. v.	Esp.	E.	O.	S.	Se produit de noyau.
Moorparck.	Com' d'août . .	Pl. v.	Esp.	E.	O.	S.	
Pourret.	Mi-août	Pl. v.	Esp.	E.	O.	S.	Sous-variété de l'abricotier-pêcher.
Royal. . . . . . . *Orange.*	Mi-août	Pl. v.	Esp.	E.	O.	S.	Obtenu à la pépinière du Luxembourg.
Pêche. . . . . . . *De Nancy, ord'n.*	Fin d'août. . .	Pl. v.	Esp.	E.	O.	S.	Se produit souvent de noyau.
De Versailles. . . .	Fin d'août. . .	Pl. v.	Esp.	E.	O.	S.	
Beaugé . . . '. . .	Com' de sept. .	Pl. v.	Esp.	E.	O.	S.	

CULTURE DE L'ABRICOTIER DANS LE JARDIN FRUITIER.

Dans l'intérêt de la qualité des fruits, l'abricotier, cultivé dans le jardin fruitier, doit être placé en plein air. Si toutefois on voulait le mettre en espalier on le soumettrait à l'une des formes décrites pour le poirier placé dans cette position.

Quant aux abricotiers en plein air, on les disposera en contre-espaliers doubles en cordons verticaux indiqués pour le poirier.

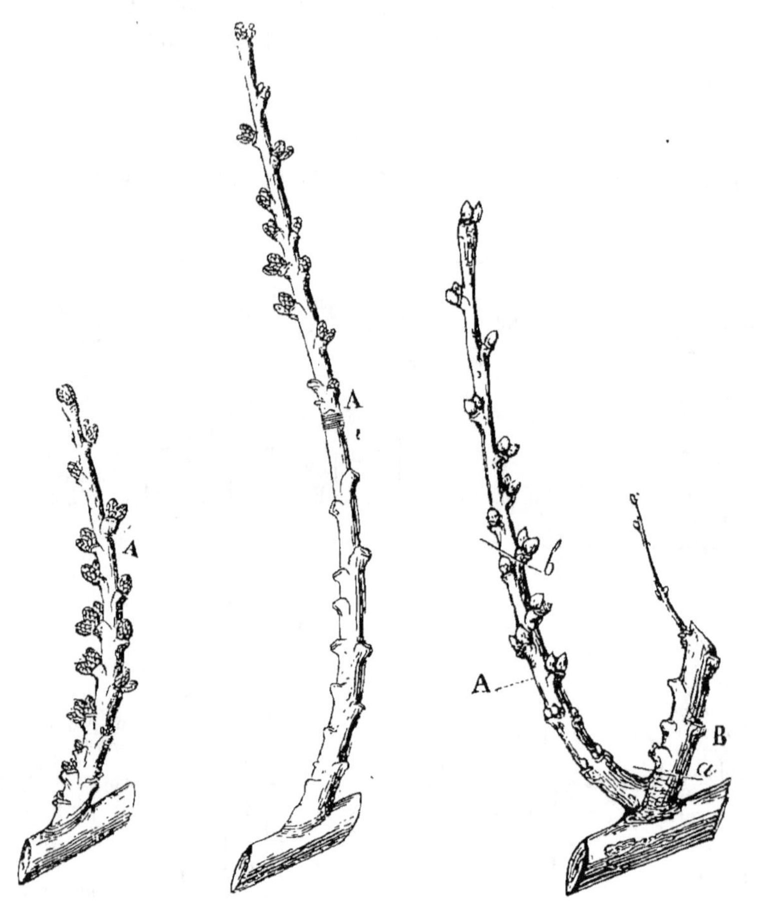

Fig. 407. Rameau à fruit de l'abricotier avant la taille.

Fig. 408. Rameau à fruit de l'abricotier abandonné à lui-même.

Fig. 409. Rameau à fruit de l'abricotier, un an après la première taille.

Ces contre-espaliers sont établis de façon à pouvoir être garantis contre les intempéries, comme nous l'indiquerons au chapitre des *abris*.

Taille. — La formation de la charpente des abricotiers soit en espalier, soit en contre-espalier ou en plein vent, s'effectue à

l'aide des mêmes moyens que pour les espèces dont nous avons
déjà parlé.

Quand aux rameaux à fruits, on leur applique les soins suivants : ils sont, comme dans toutes les autres espèces, le résultat
du développement, sur les prolongements successifs des branches de la charpente, de bourgeons peu vigoureux ou dont on a
arrêté la vigueur au moyen du pincement. Mais ces rameaux ne
fructifient qu'une fois, comme tous ceux des arbres à fruits à
noyau ; on est donc obligé de déterminer
chaque année le remplacement de ces rameaux. S'ils étaient laissés intacts comme
le rameau A (*fig.* 407), ils ne développeraient qu'un prolongement A (*fig.* 408.),
qui fructifierait l'année suivante en produisant seulement un nouveau prolongement. De sorte qu'au bout de peu d'années
la production n'aurait plus lieu qu'à l'extrémité de longues branches, qui feraient disparaître la forme imposée à l'arbre et
détermineraient une grande confusion. En
supprimant une partie de l'étendue des
rameaux à fruits, ces inconvénients ne se
produisent pas.

Ainsi le rameau à fruit A (*fig.* 407)
étant coupé en A, les fleurs situées au-
dessous fructifient. La séve, refoulée par
cette section vers les boutons à bois de la
base, les fait se développer. Il en résulte,

Fig. 410. Autre rameau à
fruit de l'abricotier un
an après la première
taille.

pour l'année suivante, de nouvelles productions constituées
comme le montrent les figures 409 et 410. A cette époque, le
rameau à fruit B (*fig.* 409) de l'année précédente est taillé en *a*,
et le nouveau rameau à fruit A est taillé en *b* pour donner les
mêmes résultats. Il en est de même du rameau de la figure 410.
On le coupe en A, afin de refouler la séve à la base pour y obtenir de nouvelles productions fruitières pour l'année suivante.

On emploie d'ailleurs pour la taille de ces rameaux les opérations de cassement complet ou partiel décrit pour le poirier.
La greffe par approche herbacée, décrite page 143, s'applique
très-bien aux rameaux à fruits de l'abricotier.

CULTURE DE L'ABRICOTIER DANS LES VERGERS.

Dans les vergers, l'abricotier occupe la même place que le pêcher ; mais sa culture est beaucoup plus fréquente et plus étendue, parce que c'est dans cet état qu'il donne ses meilleurs produits.

La forme la plus convenable est celle en vase. La tige qui supporte ce vase est plus ou moins élevée, selon le degré de violence des vents froids auxquels les fleurs sont exposées au printemps, et aussi suivant la nature des autres récoltes qui sont associées à ces arbres.

Pour que les abricotiers des vergers vivent longtemps et donnent constamment d'abondants produits, il ne faudrait pas les abandonner à eux-mêmes, comme on le fait presque toujours. Il serait nécessaire de retrancher chaque hiver la moitié environ de la longueur des rameaux destinés à la fructification. On empêcherait ainsi les branches de charpente de se dégarnir aussi vite de rameaux à fruit. On supprimerait complétement les rameaux gourmands qui naissent dans l'intérieur de la tête de l'arbre, y déterminent de la confusion et épuisent les branches de charpente.

Restauration. — Les abricotiers les mieux traités, soit en espalier, soit en plein vent, finissent, au bout de quinze à dix-huit ans, par devenir languissants ; les branches se dégarnissent de rameaux à fruits et se dessèchent. Quand ce moment est venu, il faut restaurer ou rajeunir ces arbres. Heureusement les gourmands qui se développent constamment vers la base de l'abricotier se prêtent merveilleusement à cette opération. Il suffit de couper les branches de la charpente vers leur base, et immédiatement au-dessus du point où se sera développé un rameau gourmand. Ces nouveaux rameaux serviront à former une nouvelle charpente, et la même opération pourra être répétée plusieurs fois de suite, à mesure que le besoin s'en fera sentir.

Les abricotiers cultivés à haut vent dans les vergers, et que l'on abandonne le plus souvent à eux-mêmes, se dégarnissent assez rapidement de rameaux à fruits, d'abord vers la base des branches principales, puis progressivement jusque vers le sommet de ces mêmes branches ; d'où il résulte que ces arbres deviennent improductifs sur la plus grande partie de leur étendue. Il convient alors de les restaurer aussi. Il faut pour cela couper les branches principales vers la moitié de leur longueur totale. Pendant l'été suivant, ce qui reste de ces branches se couvre de nombreux bourgeons qui donnent lieu à une nouvelle charpente et à de nouveaux rameaux à fruits. Il suffit, pour compléter cette opération, de retrancher, lors de l'hiver suivant, les rameaux vigoureux placés dans l'intérieur de la tête de l'arbre et qui empêcheraient la lumière d'y pénétrer. Cette sorte de rapprochement des branches de la charpente doit être répétée chaque fois que ces branches sont dégarnies, c'est-à-dire tous les 8 ou 10 ans.

Maladies et insectes nuisibles. — La maladie la plus redoutable pour l'abricotier est la gomme ; on la prévient ou on la guérit par les procédés indiqués plus haut, au chapitre du pêcher.

Il faut aussi défendre l'abricotier contre la plupart des insectes nuisibles qui attaquent les autres espèces d'arbres à fruits à noyaux.

Récolte et conservation. — Les abricots sont récoltés avec les mêmes soins que les pêches. Ils ne peuvent être conservés frais, mais on les sèche comme les pruneaux, après en avoir extrait le noyau ; ils peuvent se garder ainsi pendant tout l'hiver. Trempés la veille dans de l'eau-de-vie étendue d'eau, on les cuit avec du sucre, et l'on en fait d'excellentes compotes.

AMANDIER.

L'*amandier commun* (*amygdalus communis*, L.) (*fig.* 441) est originaire de l'Asie et du nord de l'Afrique. Les Romains ne connurent d'abord que l'amandier à fruit amer ; ce ne fut que beaucoup plus tard qu'ils cultivèrent les variétés à fruits doux. Cet arbre s'est ensuite naturalisé dans tout le midi de l'Europe, et notamment en Espagne, en Italie, en Sicile et dans le sud de la France.

Espèces et variétés. — On ne cultive, comme arbre fruitier, que l'amandier commun ; mais cette espèce a produit un certain nombre de variétés qu'on partage en deux groupes principaux : les *amandiers à fruits doux* et ceux *à fruits amers*. Le choix à faire parmi les diverses variétés de ces deux groupes, présente une certaine importance, attendu que leurs produits n'ont pas la même valeur, et que dans les contrées où les gelées tardives sont à craindre, il importe d'adopter celles dont la floraison est la moins précoce. Nous donnons

Fig. 411. Amandier princesse.

Fig. 412. Fleur de l'amandier princesse.

ici la liste des meilleures variétés rangées par ordre successif de floraison.

1ᵉʳ GROUPE. — FRUITS DOUX.

Amandier mi-fin ou *à la dame*. Coque mi-tendre, très-petite ; c'est la variété préférée dans les parties chaudes du Midi.

Amandier fin ou *princesse*. Coques très-tendres ; amandes de première qualité.

Amandier commun. Beaux arbres, dont les fruits se détachent facilement à la gaule.

Amandier Molière ou *race*. Amandes dures, d'une belle grosseur.

Amandier Matheron. Mêmes qualités.

Amandier à flots ou *trochets*. Fruits réunis en forme de grappes sur les rameaux. Arbre très-fertile. Coque moins dure que celle des variétés précédentes. C'est la variété la plus cultivée aujourd'hui.

Amandier grosse verte. Recommandable par sa floraison tardive.

Amandier petite verte. Fleurit plus tard encore que la grosse verte. Ces deux variétés, dont le produit n'est pas de première qualité, ne sont cultivées que dans les lieux les plus exposés aux gelées tardives.

2ᵉ GROUPE. — FRUITS AMERS.

Amandier amer. Fleurit en même temps que l'amandier à flots. On le plante de préférence dans les lieux exposés à la maraude.

Climat et sol. — L'amandier est essentiellement propre au climat du midi de l'Europe. En France, ses produits ne sont assurés que dans les parties les plus méridionales, dans la région des oliviers. On le voit, il est vrai, suivre la culture de la vigne jusqu'à sa dernière limite, vers le nord ; mais plus il se rapproche de ce dernier point, moins ses récoltes sont abondantes ; car, sa floraison ayant lieu dès la fin du mois de février, les gelées printanières empêchent, le plus souvent, sa fructification. L'amandier ne redoute pas moins une température élevée, non interrompue. Sa végétation devient alors continue, et il ne fructifie pas ; on observe ce phénomène aux Antilles.

Dans les sols compactes, humides, l'amandier se développe assez vigoureusement, mais il y est fréquemment atteint par la maladie de la gomme, et il donne peu de fruits. Dans les terrains qui ne sont que siliceux, sa végétation reste languissante. C'est dans les sols renfermant une notable quantité de calcaire, mélangés ou non de galets et de pierrailles, que cet arbre trouve sa véritable place. Toutefois, comme ses racines tendent à s'enfoncer profondément, il est indispensable qu'elles ne soient pas arrêtées par une couche imperméable trop rapprochée de la surface.

Il convient de réserver à l'amandier les sols découverts, exposés aux vents ; les points les plus froids semblent lui convenir particulièrement, sa floraison y est retardée, et il a moins à redouter l'action désastreuse des gelées printanières. C'est par la même raison qu'il faut éviter de le placer dans les lieux bas, où les vapeurs s'accumulent pendant la nuit et où les gelées blanches sont plus fréquentes.

Multiplication. — Les diverses variétés de l'amandier ne se multiplient que par la greffe. Quoiqu'on puisse le greffer sur prunier ou sur abricotier, on le greffe exclusivement sur lui-même, parce qu'il fournit des sujets plus rustiques et plus vigoureux.

Pour former une pépinière d'amandiers, on choisit des amandes amères, pour que les mulots ne les mangent pas ; on les stratifie, puis on les sème au commencement d'avril. Les amandes sont placées à $0^m,10$ de profondeur et à $0^m,40$ les unes des autres sur les lignes ; un espace de $0^m,80$ sépare celle-ci. Cet ensemencement est fait d'ailleurs avec les soins prescrits à l'article *Pépinières*.

Quelques cultivateurs du Midi sèment les amandes en pépinière dès la fin de décembre ; mais, la germination n'étant pas alors commencée, comme pour celles qu'on stratifie jusqu'en mars, le pivot de la racine s'allonge beaucoup, il se ramifie à peine, et les arbres ont moins bon pied.

Les amandiers peuvent être greffés en pied ou en tête. Ceux qui doivent être greffés en pied dans la pépinière peuvent l'être dès la fin de l'été qui suit leur ensemencement ; on leur applique la greffe en écusson à œil dormant ; l'écusson est placé à 0^m,10 au-dessus du sol. Au printemps suivant, on coupe la tige à 0^m,10 environ au-dessus du point où l'écusson a été posé, afin de déterminer son évolution. Les sujets dont l'écusson n'aurait pas repris sont également recepés, puis on pose un écusson à œil poussant au-dessous du point où le premier a été placé.

Pendant les années suivantes, on forme les tiges en leur donnant les soins prescrits pour les arbres fruitiers à haute tige, pages 196 et suivantes. On obtient ainsi de jeunes arbres offrant une tige plus droite, plus vigoureuse, que celle qui serait faite avec le sujet, et surtout d'un développement plus prompt, puisque ces arbres peuvent être plantés à demeure dès l'âge de quatre ans.

Les mêmes soins sont appliqués aux sujets qui doivent être greffés après leur plantation à demeure ; mais leur tige reste presque toujours difforme, contournée, et n'acquiert assez de force pour être plantée à demeure qu'à l'âge de cinq ou six ans. Dans tous les cas, on doit prendre de préférence les écussons sur des arbres âgés, et sur des rameaux couverts de fruits ou de boutons à fleurs. Les écussons levés sur de jeunes arbres ou sur des rameaux gourmands donnent lieu à des sujets moins prompts à fructifier.

CULTURE DE L'AMANDIER DANS LES VERGERS.

L'amandier est presque exclusivement cultivé dans les vergers, soit en massif, soit en lignes isolées. Quelques propriétaires les plantent dans les vignes ; mais les dimensions qu'ils acquièrent et l'ombrage dont ils couvrent le sol ont fait renoncer à cette pratique.

Plantation à demeure. — Lorsque les jeunes amandiers greffés en pied dans la pépinière ou destinés à être greffés après leur plantation à demeure ont acquis un développement suffisant, on les transplante, et cela en décembre.

Si la plantation est faite en massif, on lui donne la forme d'un quinconce ; et l'on réserve entre les arbres 14 mètres pour les arbres en massif, et 10 mètres pour ceux qui sont plantés en lignes isolées. Ce travail est exécuté avec les soins prescrits pour la plantation des arbres à fruits à cidre dans notre traité de la *Culture spéciale des arbres et arbrisseaux à fruits propres aux boissons fermentées.*

Soins d'entretien. — Vers la fin d'août, quand les amandiers qui ne doivent être greffés qu'après avoir été plantés à demeure sont bien repris, on les greffe. On choisit, au point où l'on veut former la tête de l'arbre, deux ou trois bourgeons opposés les uns aux autres, et placés de façon que les écussons donnent à la tête une forme régulière. Deux écussons sont placés à $0^m,15$ de la base de chacun de ces bourgeons, et en dehors, afin que les branches qui en naîtront tendent à s'éloigner du centre ; au printemps suivant, ces rameaux sont coupés à $0^m,10$ environ au-dessus du point où l'on a placé les écussons. Toutes les autres ramifications qui ne portent pas d'écussons sont coupées tout près de la tige. Si, sur un ou plusieurs des rameaux écussonnés, aucun des écussons n'avait réussi, on les remplacerait immédiatement par deux nouveaux écussons à œil poussant. Pendant l'été, ces écussons se développent ; on n'en conserve qu'un seul sur chaque branche, et l'on supprime le moins vigoureux. Tous ces soins ont pour but de donner à la tête de ces arbres la forme d'un gobelet.

Le mode de végétation de l'amandier ne diffère pas de celui du pêcher ; si donc on l'abandonne à lui-même, les ramifications principales s'allongent outre mesure et se dégarnissent presque entièrement de rameaux à fruits. Il est donc nécessaire d'appliquer à cet arbre une taille annuelle ou au moins bisannuelle qui remédie à cet inconvénient. Cette taille consistera à supprimer complétement tous les rameaux gourmands inutiles, à raccourcir le prolongement des branches principales, et à enlever le bois sec et les rameaux languissants. C'est en novembre qu'on fait cet élagage.

On donne aux plantations d'amandiers deux labours par an : le premier en hiver, et l'autre en été.

L'amandier se trouverait très-bien aussi de l'application des engrais, ainsi que le démontrent la vigueur et l'abondance de produits de ceux qui sont plantés dans les terres consacrées à la culture des plantes annuelles, et qui profitent de la fumure qu'on y répand.

Rajeunissement des amandiers. — Une production de fruits trop abondante, et répétée pendant plusieurs années de suite, l'épuisement du sol, ou seulement la vieillesse, déterminent souvent dans les amandiers un état languissant qui se manifeste par le peu de vigueur des bourgeons et la couleur jaune des feuilles sur les branches les plus élevées. On rend à ces arbres leur vigueur première en coupant, à la fin de l'automne, toutes les branches principales, vers la moitié de leur longueur, et en appliquant aux arbres une fumure abondante. L'année suivante, on éclaircit les bourgeons nombreux et vigoureux qui se développent, et l'on favorise la végétation de ceux qui doivent concourir à la formation d'une nouvelle charpente de l'arbre. Cette opération pourra être répétée plusieurs fois pendant la vie de l'amandier.

Culture de l'amandier dans le jardin fruitier. — Quoique cet arbre ne soit habituellement cultivé que dans les vergers, on pourra cependant l'introduire dans le jardin fruitier, mais dans une très-faible proportion, et seulement pour la production des amandes vertes. On ne cultivera dans ce but que *l'amandier fin* ou *princesse*.

Dans le Midi, cet arbre sera soumis à la forme en vase à branches verticales, ou mieux, placé en contre-espalier et soumis aux formes que nous avons conseillées pour le pêcher.

Dans le Nord et dans le Centre, on le placera en espalier, aux expositions indiquées pour le pêcher, et on le soumettra aux formes recommandées pour ce dernier. Le mode de fructification de l'amandier étant en tout semblable à celui du pêcher, ses rameaux à fruits seront soumis exactement aux mêmes opérations.

Maladies, insectes nuisibles. — La principale maladie qui attaque les amandiers est la gomme; on emploie, pour les en guérir, les moyens que nous avons indiqués pour les autres espèces d'arbres à fruits à noyau.

L'amandier est aussi exposé à être épuisé par le gui dont nous avons déjà parlé en traitant des pommiers à cidre[1]. On extirpe ce parasite en creusant les branches à chacun des points où il s'est attaché. On recouvre ensuite ces plaies par une couche de résine.

Parmi les insectes qui vivent sur l'amandier et lui causent des dommages, nous signalerons surtout une espèce de lépidoptère, le *piéride de l'alizier* (*pieris cratœgi*), dont la larve mange les feuilles naissantes et détermine la chute des fruits. On le détruit en enlevant, pendant le repos de la végétation, les flocons soyeux qui entourent les rameaux et qui abritent les jeunes chenilles jusqu'au printemps. Au moment de la pousse des feuilles, on abat, en secouant les branches, les chenilles qui ont échappé à cette destruction.

L'amandier est encore attaqué par le *Bombyx à tête bleue* (page 545), les *Kermès du pêcher* et *de l'amandier* (page 523), et par le *Puceron de l'amandier* (*Aphis amygdali*).

Récolte. — La maturité des amandes se reconnaît à l'ouverture spontanée des péricarpes. On les abat alors avec des cannes de Provence (*arundo donax*), qui font des gaules légères dont la percussion n'offense pas les rameaux. On les dépouille ensuite de leurs enveloppes, et l'on met celles-ci en réserve comme provision d'hiver pour les bestiaux. Si l'on veut conserver les amandes, il vaut mieux les laisser dans leur enveloppe.

Quant aux amandes vertes, on les récolte aussitôt que l'amande est complétement formée.

Le produit annuel des amandiers est assez variable. Toutefois, dans le midi de la France, on le porte en moyenne, pour un arbre arrivé au maximum de son développement, à 6 kilogrammes d'amandes privées de leur coquille. Le kilogramme se vend habituellement un franc.

---

[1] Voir notre *Traité de la culture spéciale des arbres et arbrisseaux à fruits propres aux boissons fermentées.*

JUJUBIER.

Le *jujubier commun* (*zizyphus vulgaris*, L.) (*fig.* 413) est originaire de l'Orient, et plus particulièrement de la Syrie, d'où il fut apporté à Rome, d'après Pline, par Sextus Papirius. Il est maintenant naturalisé en Italie, dans le midi de la France, en Espagne et sur les côtes d'Afrique.

Le fruit du jujubier, la *jujube* (*fig.* 415 et 416), s'offre sous la forme d'une grosse olive. Lors de la maturité, la pellicule extérieure est d'une belle couleur rouge ; la pulpe qui environne le noyau est d'un blanc jaunâtre, d'une saveur douce et vineuse. Récemment cueilli, ce fruit offre un aliment abondant. Mais c'est surtout à l'état sec et comme fruit pectoral qu'on en fait la plus grande consommation sous forme de pâtes, tablettes, sirops, etc.

On ne cultive en Europe que le jujubier commun, et l'on ne connaît encore aucune variété de cette espèce. Il paraît toutefois qu'en Chine on a obtenu plusieurs variétés préférables à celles que nous cultivons.

Climat et sol. — Le jujubier résiste aux hivers du centre de la France, et il mûrit en Touraine ; mais comme son abondante fructification exige l'action d'une très-vive lumière, sa culture reste confinée dans la Provence et dans le Languedoc.

Cet arbre peut vivre dans les terrains secs et arides, mais il n'atteint qu'une hauteur de 3 à 4 mètres, et ses produits sont peu importants. Au contraire, dans les sols légers ou de consistance moyenne, frais et arrosés, sans humidité permanente, et surtout bien exposés, il peut s'élever à la hauteur de 8 à 10 mètres, et donner d'abondantes récoltes.

Culture, multiplication. — Le jujubier peut être multiplié par semis, marcottes ou boutures ; mais, comme les noyaux ne germent que la deuxième année, on a renoncé aux semis, et l'on emploie exclusivement les drageons qui poussent abondamment au pied de l'arbre, et dont il convient d'ailleurs de le débarrasser soigneusement chaque année.

Après avoir séparé les drageons, on les transplante en pépinière, où on leur donne les soins indiqués à l'article *Pépinière*, pour leur faire développer une tige de 1ᵐ,50 de hauteur environ et offrant une grosseur proportionnée. Après quoi, on les plante à demeure.

Plantation à demeure. — Le jujubier est planté dans les vergers agrestes. On réserve entre chaque pied un espace de 6 mètres environ. Comme le développement de cet arbre est très-lent, et que ses produits ne commencent à devenir importants qu'à l'âge de vingt ou trente ans, le sol qui le nourrit resterait longtemps improductif si, pour diminuer cet inconvénient, on ne plantait dans les intervalles des pêchers et des pruniers dont le produit paye la rente du terrain jusqu'à ce que les jujubiers produisent eux-mêmes.

Quant aux soins d'entretien, ils consistent, comme pour les autres espèces, en des labours, application d'engrais, suppression du bois mort, etc. En hiver, les rameaux du jujubier sont couverts de boutons saillants, d'où sortent, au printemps, des bourgeons fructifères (*fig.* 413), qui, par exception, tombent chaque année, en automne, après la maturation.

Fig. 413. Jujubier commun.

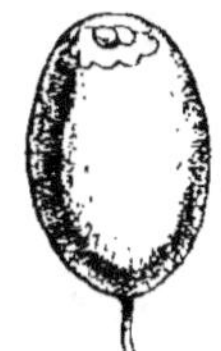

Fig. 414. Fleur du jujubier commun. Fig. 415. Fig. 416. Fruit du jujubier commun.

Récolte. — Si l'on destine les jujubes à être mangées fraîches, on les cueille dès qu'elles commencent à rougir ; mais on attend une maturité complète lorsqu'on veut les faire sécher, ce que l'on obtient en les exposant au soleil, sur des claies.

PISTACHIER.

Le *pistachier cultivé* (*pistacia vera*, L.) (*fig.* 417) fut, dit-on, apporté du Levant à Rome par Vitellius, gouverneur de la

Fig. 417. Pistachier cultivé.

Fig. 418. Fleurs mâles du pistachier cultivé.

Fig. 419. Fleurs femelles du pistachier cultivé.

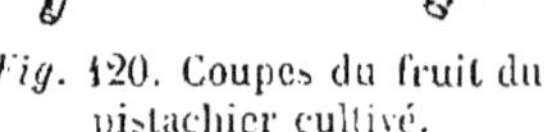

Fig. 420. Coupes du fruit du pistachier cultivé.

Syrie ; il s'est, depuis, naturalisé dans tout le midi de l'Europe, et particulièrement en Espagne, en Italie et dans nos provinces méridionales ; mais c'est surtout la Sicile qui fournit aux besoins du commerce.

Le fruit du pistachier (*fig.* 420, 421 et 422) a la forme et le volume d'une olive ; il en diffère cependant par sa surface rugueuse, convexe d'un côté, concave de l'autre ; la pulpe, peu épaisse, est de couleur cramoisi tendre ; le noyau s'ouvre en deux valves, et renferme une amande verdâtre recouverte d'une pellicule rouge. L'amande du pistachier sert à farcir certaines viandes, à aromatiser les glaces, les crèmes, à former des dragées, etc.

Climat et sol. — Bien que le pistachier soit un arbre propre aux contrées les plus méridionales de la France, on pourrait en obtenir des produits avantageux dans les départements du Centre, si on le plantait en espalier contre des murs placés à l'exposition la plus chaude, après l'avoir greffé sur le lentisque ou le *térébinthe* (*pistacia lentiscus* et *pistacia terebinthus*, L.), ce qui le rend moins sensible à la température de l'hiver. Dans le Midi, il s'accommode de toutes les expositions, même de celle du nord, où, moins exposé à la sécheresse, ses fruits deviennent plus beaux.

Le pistachier aime les sols légers et substantiels ; mais il s'accommode encore très-bien des terrains arides les plus secs. Les collines incultes du département du Var sont couvertes de lentisques inutiles qu'il serait aisé de convertir, par la greffe, en pistachiers très-productifs.

Culture. — *Multiplication.* — Le marcottage, la greffe et le semis peuvent être employés pour multiplier le pistachier. Le dernier mode doit être préféré dans le Midi. Les jeunes sujets sont repiqués dans la pépinière et plantés à demeure lorsqu'ils ont pris un développement suffisant.

Toutefois le pistachier est un arbre dioïque (*fig.* 418 et 419). De sorte que jusqu'à présent on ne savait pas si les individus que l'on obtiendrait au moyen des semis seraient mâles ou femelles. Il fallait pour cela attendre le moment de leur première floraison, c'est-à-dire lorsqu'ils seraient âgés de douze ou quinze ans. M. Mesnier, dont nous avons visité la belle plantation de pistachiers, à Saint-Louis, près de Marseille, a trouvé le moyen d'obtenir à coup sûr des individus mâles ou des individus femelles. Il suffit pour cela de choisir les fruits qui offrent les caractères suivants :

Les fruits qui présentent vers leur sommet deux sillons renflés et très-apparents (*fig.* 421) donnent toujours lieu à des individus mâles. Ils sont très-peu nombreux sur le même arbre, et sont toujours placés vers l'extrémité des grappes.

Les fruits dépourvus de cette sorte d'appendice (*fig.* 422) reproduisent toujours des individus femelles. M. Mesnier, qui tient compte de ce choix depuis plus de trente ans, a toujours obtenu le résultat que nous signalons.

Il suffira donc de semer à part les fruits offrant ces caractères différents, pour savoir à l'avance quel sera le sexe des arbres que l'on obtiendra. On pourra ainsi ne former la plantation que d'individus femelles, en y ajoutant seulement un individu mâle bien suffisant pour assurer la fécondité de tous les autres.

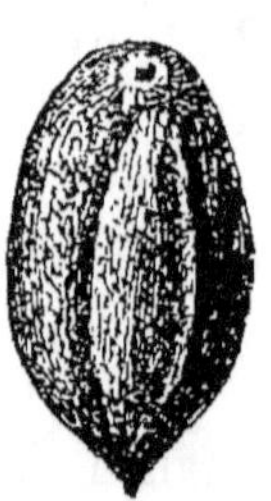

Fig. 421.   Fig. 422.
Pistache mâle.   Pistache femelle.

Si l'on veut faire usage de la greffe, il sera plus convenable d'employer comme sujet le *térébinthe* ou *pétélin* des Provençaux, multiplié lui-même au moyen des graines dans la pépinière. Ces sujets sont greffés après leur plantation à demeure, et lorsque leur tige a un diamètre de 0^m,04 environ ; alors on les coupe à 1 mètre de hauteur, puis on place des écussons à œil dormant sur les bourgeons qui se développent vers le sommet pendant l'été suivant. Le lentisque, sur lequel on greffe aussi le pistachier, donne lieu à des individus moins vigoureux et d'une moins longue durée que le térébinthe.

Quant au marcottage, on devra le pratiquer au moyen d'une incision, afin de faciliter le développement des racines. Mais les pistachiers que l'on obtient ainsi vivent moins longtemps que les autres et sont plus exposés à la sécheresse.

Plantation à demeure et soins d'entretien. — Les pistachiers francs de pied, ou les sujets destinés à être greffés, sont plantés à demeure lorsqu'ils ont acquis assez de force, et on leur donne les soins prescrits pour les autres plantations. Le pistachier étant dioïque, il est indispensable qu'il se trouve quelques individus mâles au milieu des individus femelles. On obtient le même résultat en greffant quelques rameaux d'individus mâles sur les pieds femelles. Au temps de la floraison, les cultivateurs de la Sicile suspendent des rameaux fleuris de pistachier mâle sur les pieds femelles, et assurent ainsi la fécondité de ces derniers.

Le pistachier demande les mêmes soins que l'amandier quant aux façons et aux engrais à donner à la terre. Les irrigations lui ont toujours été pernicieuses. Lorsqu'ils deviennent languissants, on peut les rajeunir en coupant les branches principales à 0^m,20 de la tige. On replace de nouvelles greffes sur les individus qui en sont privés par cette opération. Il ne parait pas susceptible d'être soumis à la taille, on abandonne donc son développement à lui-même.

Insectes nuisibles. — Le pistachier a beaucoup à souffrir d'une espèce de puceron, le *Puceron du pistachier* (*Aphis pistaciæ*). Ce puceron, qui pique les jeunes feuilles, détermine ainsi la formation de galles de diverses formes, ainsi que l'indique la figure 423, et vivement colorées en rouge ou en jaune. Ces galles nuisent beaucoup à la végétation. Détruire ces pucerons au moyen de fumigations de tabac (page 521) et enlever toutes les feuilles déformées.

Fig. 423. Galle produite par la piqûre du puceron du pistachier.

Récolte. — Les pistaches ne doivent être récoltées qu'après leur maturité complète, c'est-à-dire au moment où leur peau ridée prend une teinte jaune plus foncée, et où leur grappe change aussi de couleur et se dessèche. Les pistaches, séparées des grappes, sont placées à l'ombre, sur des claies où on les retourne pour qu'elles se dessèchent. Lorsqu'elles sont assez privés d'humidité pour ne plus fermenter, on les conserve dans un lieu sec hors de la portée des souris.

CHAPITRE SIXIÈME

TROISIÈME DIVISION. — FRUITS EN BAIE. — RAISINS DE TABLE.

Nous nous sommes occupé de la vigne (*fig.* 424) au point de vue du vignoble dans notre traité des *Arbres et arbrisseaux à fruits propres aux boissons fermentées*, et nous avons alors indiqué les points principaux relatifs à l'histoire de cette espèce si importante d'arbrisseau fruitier. Mais les raisins ne servent pas seulement à la fabrication du vin, on en consomme aussi une très-grande quantité comme fruits de table, soit frais, soit secs. La vigne, cultivée pour cet usage, exigeant des soins différents de ceux qu'elle réclame dans les vignobles, nous allons étudier sa culture sous ce point de vue spécial.

Variétés. — Les variétés de vignes cultivées pour la table diffèrent généralement de celles que l'on choisit pour les vignobles ; leurs fruits ont une saveur plus douce, plus agréable.

Fig. 124. Chasselas de Fontainebleau.

Nous donnons ci-contre la liste des meilleures variétés. Nous y avons noté celles qui ne peuvent mûrir leurs fruits que sous le ciel du Midi.

Climat et sol. — Nous avons remarqué, en traitant de la culture des vignobles, que la vigne ne mûrit plus convenablement ses fruits au delà du 50e degré de latitude ; mais, comme les raisins de table sont presque toujours cultivés en treille, contre des murs bien exposés, et que l'on élève ainsi artificiellement la température moyenne de chaque localité, leur culture peut être entreprise avec succès sur toute l'étendue de notre territoire, pourvu toutefois que l'on choisisse des expositions d'autant plus chaudes et des variétés d'autant plus précoces, que l'on se rapproche davantage du Nord. C'est ainsi qu'au nord de Paris on ne pourra cultiver avec avantage que les variétés de *chasselas* et de *madeleine*. Comme ceux des vignobles, les raisins de table redoutent une atmosphère humide, surtout dans le Nord. Cette humidité favorise, il est vrai, la végétation vigoureuse des ceps, mais cela retarde la maturation des fruits et nuit à leur qualité.

Les sols de consistance moyenne, un peu graveleux, quelle

NOMS DES VARIÉTÉS ET SYNONYMES.	CARACTÈRES DISTINCTIFS.	OBSERVATIONS DIVERSES.
Chasselas de Fontainebleau (Seine-et-Marne). Chasselas doré.	Grains ronds, blancs, teintés de roux d'un côté, de grosseur moyenne.	C'est la variété qu'on devra le plus multiplier dans le jardin fruitier ; elle mûrit à Paris du milieu à la fin de septembre.
— gros coulard. — Damas blanc. — précoce de Rouen.	Grains inégaux, gros, blancs, coulant souvent.	Mûrit fin d'août, sous le climat de Paris.
— rose (Pô). — royal rosé.	Grains ronds, rosés, assez gros.	Mûrit vers la mi-septembre.
Muscat blanc précoce. Chasselas musqué. Muscat orange. Tokai musqué.	Grains blancs, un peu allongés, assez gros.	Apporté de la Calabre par le roi René. Mûrit difficilement sous le climat de Paris. Tailler long.
— de Syrie.	Grains ovoïdes, jaunes.	Mûrit à Paris vers la fin de septembre.
— rouge (Loir-et-Cher).	Grains rouges, ronds, assez gros.	Tailler long ; terre légère. Mûrit fin de septembre.
pirau gris (Hérault). Muscat rose. Spirant, aspirant, riverene.	Grains noirs, gros.	Climat du midi.
Frankenthal (Rhin). Black Hamburg. Tourdeau (Drôme).	Grains noirs, gros, ovales, arrondis.	Mûrit fin de septembre.
Jutindo.	Grains ovales, arrondis, violet noir.	Variété du Frankenthal, mûrissant quinze jours plus tôt.
Madeleine noire. Morillon hâtif. Ischia. Madeleine précoce noire. Morillon noir.	Grains petits, allongés, noirs.	Mûrit à la fin de juillet.
Malingre. Précoce blanc.	Grains ronds, ovales, blancs.	Obtenue par M. Malingre. Mûrit en juillet.
romier du Cantal. Damas rouge.	Grains gros, ronds, roses.	Mûrit difficilement sous le climat de Paris.
Corinthe blanc (Zante). Passerille. Raisin de Saint-Roch. — violet (Zante).	Grains blancs, petits, ronds. Grains d'un jaune violacé, petits, ronds.	Ces deux variétés sont surtout cultivées dans le Midi, où l'on fait sécher leurs grains. Taille longue. Mûrit au milieu de septembre.
Panse commune (Bouches-du-Rhône). Passe. Panse Pandoulau. — musquée (Bouches-du-Rhône).	Grains très-gros, oblongs, blancs.	Climat du Midi. On fait sécher les grappes. Taille longue ; terre substantielle.
Muscat d'Alexandrie. Muscat de Rome.	Grains très-gros, oblongs, pointus, blancs.	Climat du Midi. On fait sécher les grappes. Taille longue.
— d'Espagne. — jaune.	Grains très-gros, ronds, blancs.	Climat du Midi. On fait sécher les grappes. Taille longue.
Bicane. Chasselas Napoléon. Chasselas d'Alger. Raisin des dames.	Grains gros, longs, jaunes.	Mûrit difficilement sous le climat de Paris.
Boudalès précoce (Hautes-Pyrénées). Bordoles, aillade, ulliade.	Grains noirs, gros, oblongs.	Il ne mûrit que sous le climat du Midi, on le cultive sous le climat de Paris et dans le Nord pour ses grains employés verts comme condiment. On le place alors au couchant ou au nord. Taille longue.
Gros Ribier de Maroc (Drôme). Marocain, gros marocain, Ribier.	Grains gros, ovoïdes, violets.	Climat du Midi.
Malvoisie de la Drôme.	Grains moyens, ovales, blancs.	Climat du Midi.

que soit d'ailleurs leur composition élémentaire, pourvu qu'ils offrent un sous-sol perméable à l'eau, sont les plus convenables pour la vigne ; ils devront cependant être d'autant plus légers, d'autant plus secs, d'autant plus faciles à s'échauffer, qu'ils s'éloigneront davantage du Midi.

Culture. — Le mode de culture varie suivant le climat. Nous allons examiner d'abord les procédés les plus convenables pour le centre et le nord de la France, puis ensuite ceux qu'on doit préférer pour le Midi.

CULTURE DE LA VIGNE EN TREILLE DANS LE CENTRE ET DANS LE NORD DE LA FRANCE, D'APRÈS LES NOUVEAUX PROCÉDÉS ADOPTÉS A THOMERY [1].

Dans le centre et à plus forte raison dans le nord de la France, le raisin de table, cultivé en plein air, n'acquiert souvent qu'une maturité imparfaite et qu'une qualité médiocre, faute d'une chaleur suffisante et assez prolongée pendant l'été. La vigne pousse vigoureusement, mais sa végétation se prolonge trop longtemps, et la maturation n'est pas complète lorsque viennent les premiers froids de l'automne ; car c'est alors seulement que les vaisseaux séveux cessent d'alimenter les grappes, que le raisin commence à mûrir. Cette végétation prolongée fait aussi que les sarments ne sont qu'imparfaitement constitués ou aoûtés, et que la production de l'année suivante est moins abondante. Pour remédier à cette cause d'insuccès, on dispose la vigne sous forme de treille, contre des murs placés aux meilleures expositions, et l'on choisit des terrains légers ou de consistance moyenne qui s'égouttent et s'échauffent facilement ; enfin, on applique à la vigne une série d'opérations qui ont pour résultat de la maintenir dans un état de vigueur moyenne, et surtout de rapprocher le terme de sa végétation annuelle.

Ce fut d'abord la treille du château de Fontainebleau qui, par

[1] Les premières treilles établies à Thomery datent de 1730. Ce fut un cultivateur du nom de François Charmeux, grand-père de celui dont nous parlons plus loin, qui construisit le premier mur, en laissant au milieu, ainsi qu'on lui en avait imposé la condition, une porte destinée au passage des chasses royales.

l'ensemble de sa culture, remplit le mieux les diverses conditions que nous venons d'indiquer ; et tous les auteurs qui ont écrit sur la culture de la vigne en espalier l'ont choisie pour modèle. Cette treille, longue de 1,584 mètres, fut créée il y a deux siècles environ, et restaurée vers 1804 sous la direction de M. Lelieur. Mais, longtemps avant cette dernière époque, les habitants de Thomery, village situé à 8 kilomètres de là, se livraient à cette culture. Ils y trouvèrent tant d'avantages, que la plus grande partie du territoire de la commune finit par se couvrir de murs destinés à la vigne.

Cette culture comprend aujourd'hui plus de 120 hectares, et produit en moyenne un million de kilogrammes de raisin. Ce sont les excellents produits de ces treilles que l'on vend à Paris sous le nom de *chasselas de Fontainebleau*. Encouragés par leurs succès, ces intelligents cultivateurs n'ont cessé de perfectionner leurs procédés ; et la plupart de leurs treilles sont aujourd'hui beaucoup mieux disposées et mieux entretenues que celles de Fontainebleau. Que l'on ne croie pas, toutefois, que le succès de cette culture à Thomery soit dû au sol, au climat ou à l'exposition de cette localité, qui seraient particulièrement propres à la vigne ; ce serait une erreur : le sol, de nature argileuse, sur une grande partie de la commune, retient une dose d'humidité nuisible à la qualité du raisin. Le terrain est généralement incliné vers le nord-est ; enfin le voisinage de la forêt qui entoure la commune d'un côté, et celui de la Seine qui la borne de l'autre, y entretiennent une atmosphère humide pernicieuse pour la vigne. C'est donc surtout à l'habileté de ces cultivateurs qu'il faut attribuer leurs heureux résultats. C'est le mode de culture qu'ils suivent que nous allons décrire et que nous conseillons pour le climat du Centre et du Nord.

Des murs convenables pour la treille. — *Élévation.* — Les formes que nous conseillons plus loin pour les ceps permettent de les appliquer contre des murs de toutes les hauteurs ; on pourra donc s'en tenir à cet égard aux indications que nous avons données pour les espaliers en général (p. 225). A Thomery, les jardins sont subdivisés par des murs de refend parallèles entre eux, et distants les uns des autres de 12 à 14 mètres. On pourrait les rapprocher davantage ; mais le terrain qui les sépare serait trop ombragé, et l'on ne pourrait plus l'utiliser.

Ces murs de refend n'ont qu'une hauteur de 2^m,16, et ils ne sont construits que plusieurs années après ceux de clôture, c'est-à-dire au moment où les jeunes ceps qui doivent s'y appuyer y ont été amenés par plusieurs couchages successifs. On économise ainsi l'intérêt du capital employé à ces constructions.

Quelques cultivateurs de Thomery ont aussi construit des sortes de contre-espaliers en maçonnerie de 1^m,16 de hauteur et de 0^m,16 à 0^m,20 d'épaisseur. Ils ne placent qu'un seul de ces petits murs, à 2^m,50 en avant des grands murs de clôture les mieux exposés. Ils arrivent ainsi à tirer tout le parti possible des meilleures expositions.

Cette subdivision des enclos permet d'en obtenir un produit plus élevé ; mais elle offre encore cet avantage, de diminuer les courants d'air, de concentrer la chaleur par le rayonnement, et de hâter ainsi la maturation du raisin.

C'est à tort que l'on a quelquefois voulu utiliser pour les treilles les murs qui soutiennent les terrasses. Ces murs sont froids ; puis l'humidité surabondante des terres soutenues, glisse contre la face intérieure du mur, passe au-dessous des fondations, et se trouve en contact avec les racines des ceps qui en souffrent beaucoup.

Chaperons. — Nous avons fait remarquer, page 225, que, pour presque toutes les espèces d'arbres fruitiers, les chaperons très-saillants présentent plus d'inconvénients que d'avantages ; mais il en est autrement pour la vigne. En effet, ils éloignent de la vigne l'humidité des pluies et des rosées, humidité qui a pour résultat d'activer sa végétation, de prolonger son développement, et de nuire ainsi à la maturation du raisin. En outre, ces auvents, préservant les grappes des premiers froids de l'automne, permettent d'en retarder la récolte et facilitent leur conservation. Tous les murs de Thomery sont ainsi couverts de chaperons en tuiles (*fig.* 429). Leur saillie est d'autant plus grande, que les murs sont plus élevés ; elle est de 0^m,35 pour les murs de 4 mètres, de 0^m,30 pour ceux de 3 mètres, de 0^m,25 pour ceux de 2^m,60, de 0^m,20 pour ceux de 2^m,16 et de 0^m,14 pour les petits murs de contre-espaliers. Dans ce dernier cas ils ne présentent qu'une seule pente. Nous verrons plus loin au chapitre des *abris* que plusieurs cultivateurs considèrent ces chaperons comme insuffisants contre l'humidité, et nous décrirons les auvents mobiles qu'ils emploient pour obtenir un résultat plus complet.

Les murs ainsi construits sont blanchis à la chaux. C'est la couleur qui, à Thomery, a donné les résultats les plus satisfaisants.

Treillages. — Lorsque le mode de construction du mur le permet, on peut faire usage du palissage à la loque, et l'on est alors dispensé de la construction d'un treillage. Mais la grande quantité de plâtre qu'exige la construction des murs propres à recevoir ce mode de palissage rend cette pratique trop dispendieuse pour qu'elle devienne profitable au delà d'un certain rayon e Paris. Il faut alors recourir aux treillages, et voici comment ils devront être construits pour les formes de treilles que nous décrirons plus loin (p. 580). Une série de fils de fer galvanisés n° 14 sont solidement fixés contre le mur en lignes horizontales espacées de 0^m,20. Ces lignes sont parfaitement tendues à l'aide du procédé décrit page 333 ; sur ces fils de fer, on fixe des lattes à la place qui sera occupée par chacune des tiges des ceps, et ces lattes serviront à conduire les tiges.

Exposition des murs. — La vigne en treille demande l'exposition à la fois la plus sèche et la plus chaude possible. Dans le nord et le centre de la France, c'est l'exposition du sud-est qui remplit le mieux cette double condition. L'est sera préféré à défaut de la première, et le sud en troisième lieu. Cette dernière est plus chaude sans doute, mais les treilles y reçoivent aussi trop directement l'influence des vents humides ou des pluies du sud-ouest. Les cultivateurs de Thomery utilisent même le côté de leurs murs exposé à l'ouest et au sud-ouest ; mais ils n'y récoltent que des raisins de seconde ou de troisième qualité.

Multiplication de la vigne. — La vigne peut être multipliée à l'aide des *graines*, des *boutures*, du *marcottage* et de la *greffe*. Examinons ces divers procédés au point de vue spécial des raisins de table.

Semis des graines. — Ce procédé n'est employé que pour obtenir de nouvelles variétés. On procède ainsi : conserver les pepins depuis la récolte jusqu'au moment de la mise en terre dans un vase rempli de sable et tenu dans un endroit un peu frais. On pourrait semer au printemps en pleine terre, mais les graines ne germeraient le plus souvent que la seconde année. Il vaudra donc mieux opérer ainsi : en février, semer chaque graine dans un petit pot placé sous châssis et dont la terre est maintenue fraîche. Aussitôt que les jeunes plantes sont hautes de 0ᵐ,10, les placer dans un pot plus grand remis sous châssis. A la fin de mai les habituer progressivement à l'air libre. Au mois de mars suivant les mettre en pleine terre. Les sujets les plus précoces commenceront à fructifier vers l'âge de six ans. Mais on pourra hâter ce moment et juger plutôt du mérite de ces nouvelles variétés en les greffant par approche, en avril, sur un cep vigoureux. On aura certainement des grappes l'année suivante. Nous devons faire remarquer qu'il faudra souvent semer bien des pepins avant d'obtenir une nouvelle variété d'un mérite réel ; à moins qu'on opère sur des pepins résultant d'*hybridation*, page 53.

Boutures.—C'est l'un des procédés les plus habituels pour la multiplication de la vigne. Il y a d'abord les *boutures par crossettes*, longues d'environ 0ᵐ,40 et qui restent pourvus à leur base d'une certaine quantité de bois de deux ans (*fig.* 425). Ce bois de deux ans n'a d'utilité que pour empêcher la base des boutures de se dessécher lorsqu'elles doivent être transpor-

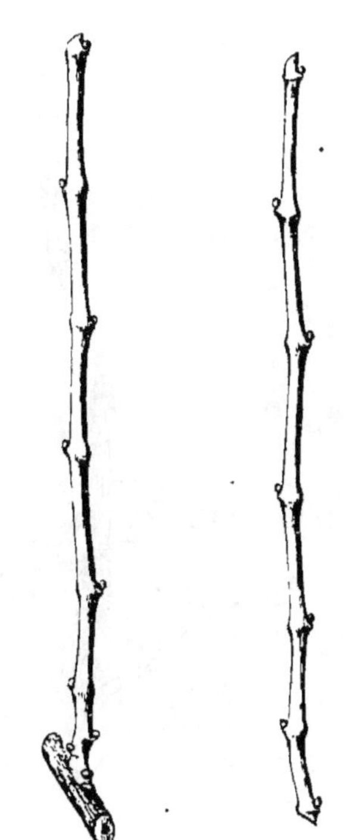

Fig. 425. Bouture par crossette.   Fig. 426. Bouture proprement dite

tées au loin. On doit l'enlever au moment de la plantation en conservant seulement le talon de la bouture. Il y a aussi les *boutures proprement dites*, c'est-à-dire un sàrment dépourvu de talon (*fig.* 426). Nous renvoyons à la page 185 pour l'indication des moyens à l'aide desquels on hâte la sortie des racines, puis à la page 188 pour la description des *boutures écorcées* qui intéressent la vigne.

Ces diverses sortes de bouture sont plantées soit en place soit en pépinière, pour les faire s'enraciner pendant deux ans et les

mettre ensuite en place. Dans ce dernier cas elles seront constituées comme le montre la figure 427.

Marcottage.—Ce mode de reproduction est aussi employé que
les boutures pour les raisins de table. On emploie pour la vigne
deux sortes de marcottes : le *marcottage en archet*, page 176.

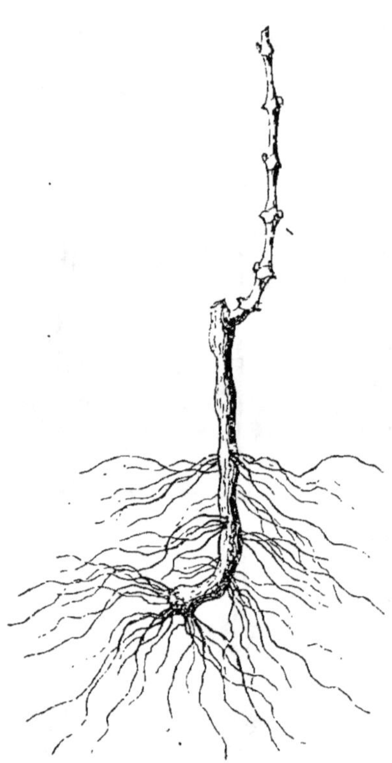

La figure 428 montre une de
ces marcottes après le sevrage.
Elles sont connues à Thomery
sous le nom de *chevelées nues*.
Le marcottage en panier, page
178. La page 179 montre une
de ces marcottes après le sevrage. Elles sont désignées sous
le nom de *chevelées en panier*.

Le choix à faire entre ces divers modes de multiplication
n'est pas indifférent. Si l'on met
en place des sarments non enracinés, on n'obtiendra les premiers raisins contre le mur
que 4 ou 5 ans après. Si l'on
emploie des plants à racines
nues, chevelées ou boutures
enracinées, on obtiendra ce résultat 3 ou 4 ans après la plantation. Enfin les chevelées en
panier donneront leurs premiers raisins dès la deuxième
ou la troisième année. Ce serait
donc ce dernier moyen qu'il

Fig. 427. Bouture enracinée, âgée de
deux ans.

faudrait préférer ; mais le prix d'acquisition et de transport de
ces paniers est très-élevé. Aussi, on emploie presque toujours
les plants à racines nues.

Greffe. — Quant à la greffe, c'est un mode de multiplication
employé exceptionnellement pour les raisins de table, lorsqu'il
s'agit de changer la nature d'un cep appartenant à une mauvaise
variété. On peut employer dans ce but la *greffe en fente-bouture*,
page 152 ; la *greffe en fente-bouture perfectionnée*, page 153,
enfin la *greffe en fente-provins*, page 154.

Un soin essentiel, et qui s'applique également à tous les modes de multiplication de la vigne, c'est de choisir convenablement le sarment qui doit fournir la crossette, la marcotte ou la greffe. Ce sarment doit être fort, sain, et avoir fructifié dans l'année ; les grappes ont dû présenter au plus haut degré les qualités particulières de la variété que l'on cultive. Avant la récolte, on marque d'un signe particulier ceux qui paraissent les plus aptes à cette destination. C'est ainsi que, par sélection, les cultivateurs de Thomery sont arrivés à perfectionner et à conserver la magnifique et excellente race de chasselas qu'ils cultivent.

Plantation et couchage de la vigne en treille. — *Première année*. — Les racines de la vigne nouvellement plantée redoutent encore plus que les autres espèces l'humidité surabondante dont s'imprègne toujours le sol pendant l'hiver ; cette humidité les fait pourrir. C'est donc presque toujours à la fin de l'hiver, et lorsque la terre est suffisamment égouttée, qu'on procède à la plantation. Il n'y a

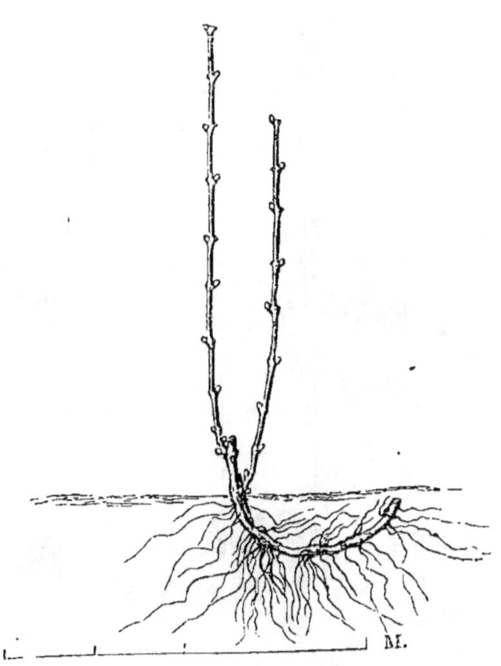

Fig. 428. Marcotte ou chevelée nue.

d'exception que pour les terrains brûlants ou pour le climat du Midi où il est plus convenable de planter avant l'hiver. Voici comment on opère pour les marcottes en panier, que nous choisissons comme exemple ; mais le mode de plantation sera le même s'il s'agit de plants à racines nues ou même de sarments non enracinés.

S'il s'agit d'un terrain neuf, ou qui n'a pas été cultivé profondément depuis longtemps, on aura dû, pendant l'été précédent, pratiquer un défoncement profond de 1 mètre. Ce défoncement

devra s'étendre depuis le pied du mur jusqu'à 1^m,50 en avant.
Ce que nous avons dit de la nécessité d'assainir le sol du jardin
fruitier (page 232) est surtout indispensable pour la vigne. Il
faudra, en outre, augmenter la perméabilité du sol à l'aide des
mélanges de terre décrits page 236. Le
terrain sera, dans tous les cas, richement
fumé.

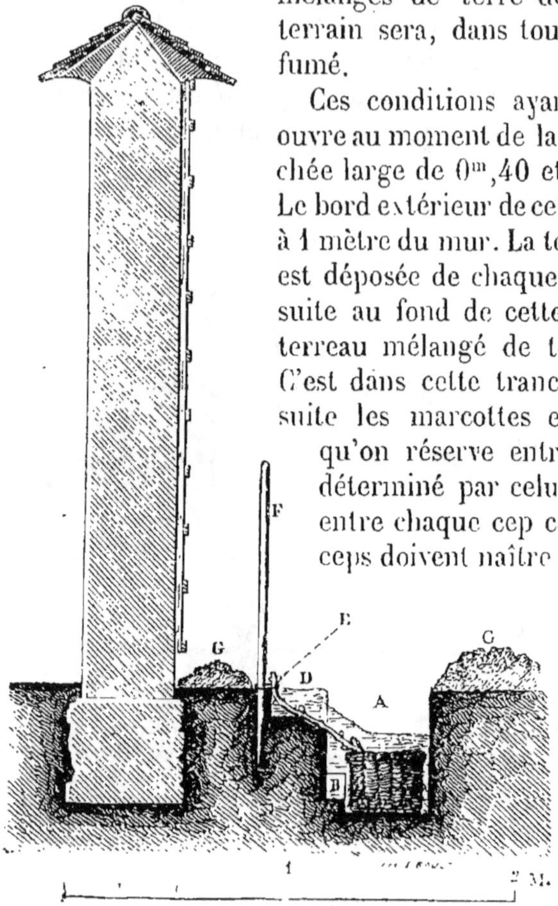

Ces conditions ayant été remplies, on
ouvre au moment de la plantation une tran-
chée large de 0^m,40 et profonde de 0^m,50.
Le bord extérieur de cette tranchée est situé
à 1 mètre du mur. La terre qu'on en extrait
est déposée de chaque côté. On répand ensuite au fond de cette tranchée 0^m,10 de
terreau mélangé de terre (B) (*fig.* 429).
C'est dans cette tranchée qu'on place ensuite les marcottes en panier. L'espace
qu'on réserve entre ces marcottes est
déterminé par celui qu'on veut laisser
entre chaque cep contre le mur. Si les
ceps doivent naître à 0^m,40 les uns des
autres, ainsi que
cela doit être pour
certaines formes
de treille que nous
recommandons
plus loin, les mar-
cottes sont placées
à 0^m,80 les unes
des autres, parce
que chaque jeune
plant fournira

Fig. 429. Plantation de la vigne.

deux sarments au pied du mur, après le couchage.

On pourrait planter autant de plants qu'on doit avoir de ceps ;
mais alors ils seraient beaucoup plus rapprochés les uns des
autres, et pourraient s'affamer réciproquement. D'ailleurs, ces
plants étant plus nombreux, la dépense sera plus considérable.
Il vaudra donc mieux procéder comme nous venons de l'indiquer ;
à moins toutefois que les ceps ne doivent être placés au pied du

mur tous les 0^m,70. Dans ce cas, on place autant de plants qu'il doit y avoir de tiges contre le mur. Si l'on adopte le premier procédé, les plants sont plantés en A (*fig.* 433), au milieu de l'intervalle qui sépare chacun des points B, où doit naître chaque cep contre le mur. Dans le second cas les marcottes sont placées en A (*fig.* 434), en face de chacun de ces points B.

On procède ainsi à la plantation des marcottes : chacune d'elles étant composée de deux sarments (*fig.* 428), on en supprime un, le moins vigoureux ; puis les racines qui sortent du panier sont laissées intactes, à moins qu'elles ne soient rompues ou desséchées par l'impression de l'air. Ceci fait, on place les paniers dans la tranchée A (*fig.* 429), à chacun des points déterminés à l'avance, de façon à ce que l'extrémité inférieure de la marcotte soit en contact avec le côté de la tranchée le plus éloigné du mur, et que le haut de ce panier se trouve à 0^m,25 au-dessous du niveau du sol. On fait ensuite une entaille au bord supérieur du panier, du côté du mur, afin de pouvoir incliner facilement la marcotte de ce côté. On pratique sur le bord de la tranchée le plus rapproché du mur, en face de chaque panier, une entaille (D) de 0^m,10 de profondeur et de 0^m,25 de longueur. On couche le sarment avec précaution dans cette petite fosse, et l'on remplit partiellement le tout de terre mélangée de terreau de façon qu'il reste en A un vide de 0^m,20, que le jeune sarment soit enterré à 0^m,08 de profondeur, et que le haut du panier soit couvert par une couche de terre de 0^m,05 d'épaisseur. On termine l'opération en coupant le sarment qui sort de terre au-dessus du bouton (E) le plus rapproché du sol. En concentrant ainsi l'action de la séve sur un seul bouton, on le fera se développer plus vigoureusement ; dès lors la partie du sarment enterrée se couvrira de racines plus nombreuses, et celles-ci perceront d'autant plus facilement l'écorce, que les feuilles d'où elles naissent seront peu éloignées du point où elles doivent se faire jour. On fixe le petit prolongement qui sort de terre sur un échalas (F) long d'un mètre, et l'on façonne, en forme d'ados (G), de chaque côté de la tranchée, le restant de la terre qui en a été extraite. Cette disposition du sol a pour résultat d'entretenir une plus grande somme d'humidité dans le voisinage de la marcotte pendant les chaleurs de l'été.

Nous répétons que si l'on n'a pas de marcottes en panier à

sa disposition, et que l'on soit obligé de se contenter de marcottes nues ou même de crossettes ; on emploiera pour leur plantation le procédé que nous venons de décrire.

Voici maintenant les soins que réclame cette plantation pendant l'été suivant. Dès que le bouton (E), que l'on a laissé sortir de terre, s'est développé en bourgeon, on fixe celui-ci sur l'échalas. Aussitôt qu'il a atteint une longueur de 0^m,50, on coupe le sommet, puis on supprime les bourgeons anticipés que cette opération fait développer, et cela, dès qu'ils ont atteint une longueur de 0^m,10 et en conservant seulement une feuille à la base de ces bourgeons. Ces divers pincements ont pour résultat de faire grossir le bourgeon en déterminant l'évolution des bourgeons anticipés et en accumulant sur une petite étendue tous les sucs nutritifs puisés par les racines ; cela multiplie aussi beaucoup les racines sur le sarment nouvellement enterré. On ne laisse sur ce bourgeon aucune grappe de raisin, dans la crainte de l'épuiser. Cette plantation doit en outre recevoir trois ou quatre binages dans le courant de l'été. On les pratique de préférence après une ondée de pluie un peu forte et lorsque la terre est un peu égouttée. Si le terrain est léger et que l'on ait à redouter la sécheresse, il sera bon de couvrir, au commencement de l'été, la tranchée A (*fig.* 429) d'une couche de fumier pailleux de 0^m,10 d épaisseur. Enfin, vers le mois de novembre, on répandra sur la tranchée une couche de fumier de 0^m,15 d'épaisseur, indépendamment de celui qu'on aura pu y mettre précédemment, et l'on achèvera de combler cette tranchée avec la terre déposée en adossé de chaque côté. Après cette opération, la plantation présente l'aspect de la figure 430.

Deuxième année de plantation. — Vers la fin de février le sarment développé pendant l'année précédente est toujours trop faible pour être couché vers le mur. On le taille en A (*fig.* 430), au-dessus des trois boutons les plus rapprochés de la base, puis on l'attache sur un échalas long de 1^m,33 qui remplace celui de l'année précédente. Lorsque les bourgeons ont une longueur de 0^m,15, on ébourgeonne, de façon à ne conserver que les trois bourgeons les plus vigoureux. Ces bourgeons sont fixés sur l'échalas, à mesure qu'ils s'allongent. On ne les laisse pas dépasser 1^m,30, et l'on continue d'ébourgeonner, comme nous l'indiquons page 586. Si les bourgeons

sont très-vigoureux, on pourra laisser au plus deux grappes sur
chaque cep, et ces grappes recevront les soins prescrits plus loin.
On donne à cette plantation des façons d'été, comme l'année précédente, puis un léger labour au mois de novembre. On a alors
obtenu le résultat que montre la figure 431.

Troisième année de plantation; recouchage. — Au commencement de mars, et par un beau temps, ou bien à l'automne, si
l'on opère dans le Midi, on examine si les jeunes ceps ont développé des sarments assez gros, assez vigoureux pour pouvoir être
recouchés; si l'on a planté des marcottes nues et surtout des

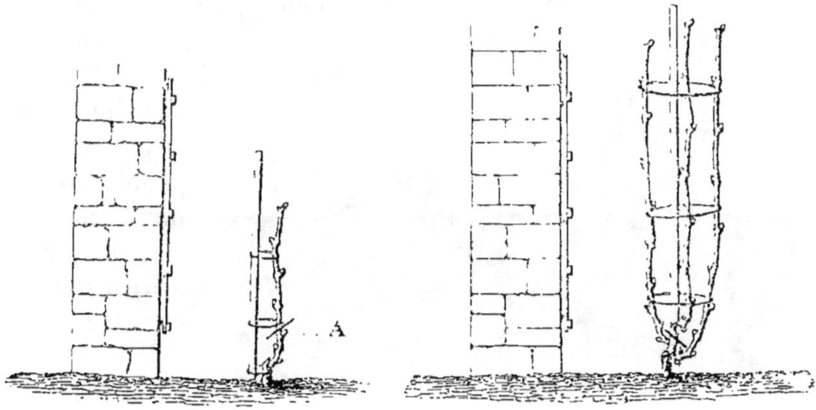

Fig. 430. Deuxième année de plantation   Fig. 431. Troisième année de plantation
        de la vigne.   de la vigne.

crossettes, on sera souvent obligé d'attendre l'année suivante
pour recoucher les jeunes ceps ; ils ne seraient pas assez vigoureux, les racines ne seraient pas assez nombreuses sur le sarment précédemment couché, cela nuirait à leur développement
sur le nouveau sarment qu'on se propose d'enterrer, et la vigueur
future de ces ceps en souffrirait Dans ce cas, on ne conservera
sur ces jeunes ceps que les deux plus beaux sarments, qui seront
taillés sur une longueur de 0^m,15 seulement, et sur lesquels on
ne conservera pendant l'été qu'un seul bourgeon.

Quant aux ceps obtenus au moyen de marcottes en panier, on
peut toujours les recoucher dès la troisième année. On opère
alors de la manière suivante : on ouvre une tranchée A (*fig.* 432),
profonde de 0^m,40, et qui, naissant au pied du mur, arrive jus-

1.   33

qu'aux jeunes vignes. On dégage la terre avec précaution, au pied de ces dernières jusqu'à ce qu'elles s'inclinent d'elles-mêmes dans la tranchée ; on les dispose au fond de cette tranchée comme l'indiquent les figures 433 et 434, c'est-à-dire que si chaque pied de vigne doit donner lieu, à deux ceps le long du mur, on leur conserve deux sarments (*fig.* 433), les plus vigou-reux, que l'on dirige obliquement vers le mur où ils doivent for-mer autant de ceps aux points B. Si, au contraire, chaque pied de vigne ne doit fournir qu'un cep contre le mur (*fig.* 434), on ne leur conserve que le plus beau sarment, qui est couché dans la tranchée et dirigé vers le mur, au point B, où le cep doit être établi. Dans l'un et l'autre cas, les sarments sont enveloppés jus-qu'au pied du mur d'une cou-che de terre mélangée de terreau B (*fig.* 432) de 0^m,10 d'épaisseur en-viron. On rem-plit ensuite la

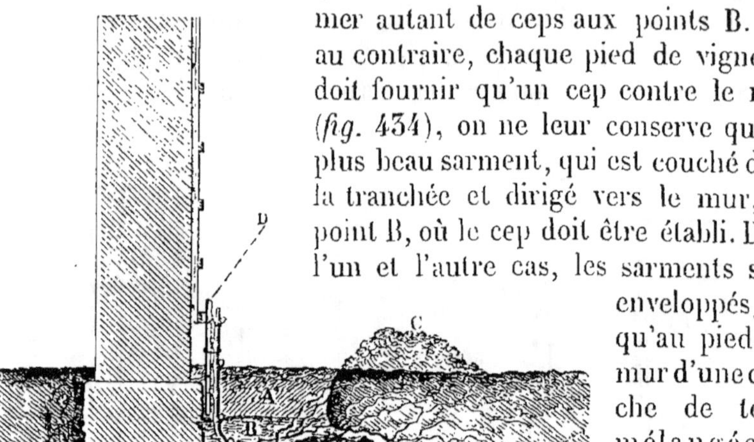

Fig. 432. Recouchage de la vigne.

tranchée avec la terre qui en a été extraite, et le restant est dis-posé en forme d'ados C, à 0^m,70 de distance du mur, de façon que l'humidité se conserve plus facilement dans le voisinage des sarments nouvellement couchés, et facilite le développement de nombreuses racines.

On fixe l'extrémité des sarments sur la base des montants du treillage. Ces sarments sont coupés de manière à ne conserver que les trois boutons les plus rapprochés de la base. Après cette opération, la treille présente l'aspect de la figure 432.

Si l'on compare ce mode de plantation de la vigne en treille avec ce qui se fait encore le plus souvent dans la plupart des jar-dins, on voit qu'il est bien différent. Presque toujours, en effet, les vignes sont immédiatement plantées au pied du mur, et l'on n'enterre que ce qui était primitivement couvert par le sol ; de sorte que la vigne, dont les racines se ramifient très-difficilement, ne peut, lorsqu'elle est ainsi plantée, développer de nouveaux organes radicaux que sur la tige souterraine, ce qui n'a lieu que difficilement, et ce qui fait que sa reprise est longue et que sa végétation n'est jamais vigoureuse.

En employant, au contraire, le mode de plantation adopté à Thomery et que nous venons de décrire, la vigne se trouve placée dans de bien meilleures conditions. La première année de plantation, on enterre, outre les 0^m,30 de tige anciennement enracinés, 0^m,30 de sarment, qui, pendant les deux ou trois années de végétation précédant le recouchage, se couvrent de racines vigoureuses. Deux ou trois ans après, on couche de nouveau environ 0^m,40 de sarment, qui, après peu de temps, sont eux-mêmes complétement enracinés. Chaque cep est donc pourvu d'une tige souterraine de 1 mètre de longueur, portant sur toute son étendue de nombreuses et vigoureuses racines qui donnent à la vigne bien plus de force et de rusticité.

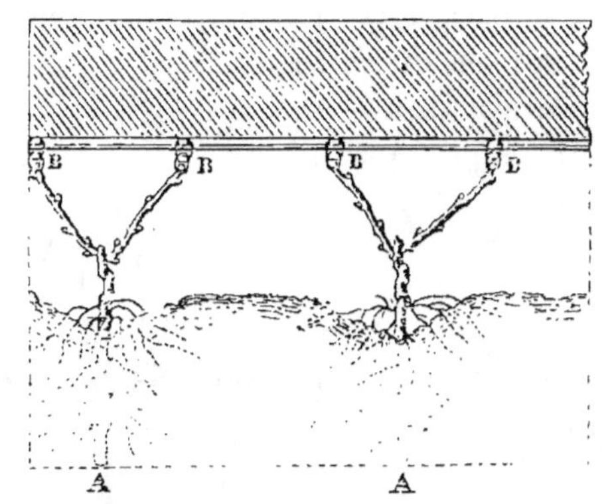

Fig. 433. Couchage de la vigne avec deux sarments.

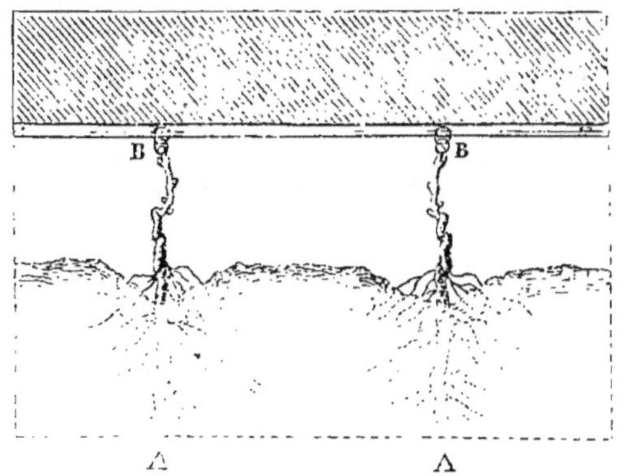

Fig. 434. Couchage de la vigne avec un seul sarment.

Lorsqu'on plante des chevelées nues ou en panier, on pourrait être tenté de coucher, dès la première année, une longueur de sarment suffisante pour en faire immédiatement sortir l'extrémité au pied du mur, 0^m,70 de longueur, par exemple ; ce serait là une pratique vicieuse ; car ce sarment ne s'enracinerait convenablement que sur les 0ᵐ,30 ou 0ᵐ,35 les plus rapprochés de son sommet, et cela, parce que les filets ligneux et corticaux qui descendent des bourgeons ne sont pas assez nombreux pour donner lieu à une plus grande quantité de racines, et que celles-ci percent l'écorce dès qu'elles rencontrent le sol. Il convient donc de ne coucher chaque fois que 0ᵐ,35 de sarment au plus, si l'on veut que la tige souterraine soit bien pourvue de racines sur toute son étendue.

Forme à donner aux treilles. — La forme la plus généralement adoptée jusqu'à ces derniers temps a été celle en *cordon*

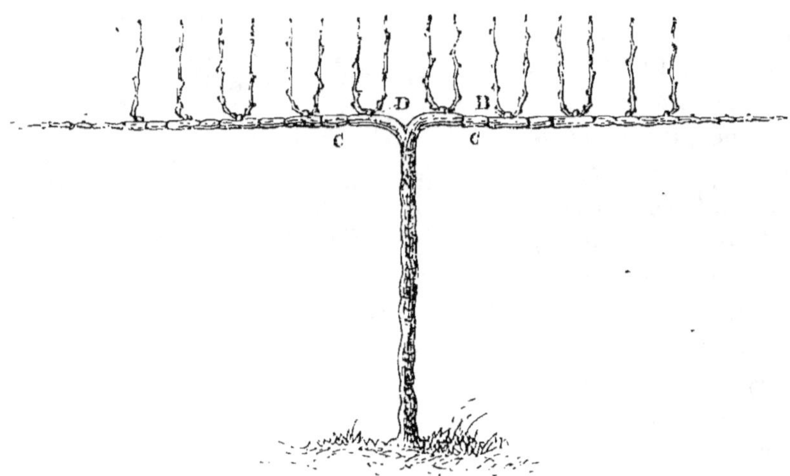

Fig. 435. Vigne déposée en cordon horizontal simple.

horizontal (*fig.* 435); elle permettait, mieux que toute autre, de répartir également l'action de la séve sur tous les points du cep, et d'occuper en même temps, sans perte d'espace, toute la surface du mur.

Dans un grand nombre de jardins, on voit encore les cordons de vigne fixés au sommet des murs contre lesquels on a palissé diverses espèces d'arbres fruitiers. Cette disposition est très-vicieuse. En effet, si, pour placer ce cordon dans les conditions les plus favorables à la maturation du raisin, on le met à 0ᵐ,50 au-dessous du chaperon du mur, les feuilles de la vigne portent ombre sur le haut des arbres palissés au-dessous, et condamnent 0ᵐ,30 ou 0ᵐ,40 de leur sommet à une stérilité complète. De

plus, elles privent ces arbres de l'influence des pluies et des
rosées de l'été. Si, pour éviter ces inconvénients, on place ce
cordon au-dessus du chaperon du mur, les grappes, n'étant plus
abritées, murissent moins bien. Il convient donc d'abandonner
cette disposition et de consacrer spécialement à la vigne une
certaine étendue de murs, et de la lui faire couvrir entièrement.
C'est ce que l'on a fait pour la treille de Fontainebleau et pour
celles de Thomery, à l'aide des formes suivantes.

Les cultivateurs de cette dernière localité avaient adopté, dans
ce but, jusqu'à ces derniers temps la forme indiquée par la
figure 436.

Cordon horizontal Charmeux (fig. 436).—Cette forme a été
imaginée en 1828, par le père de M. Rose-Charmeux, qui cultive aujourd'hui. Il a eu en vue de remédier aux inconvénients
que présentait la disposition primitivement adoptée.

La distance réservée entre les cordons superposés varie entre
$0^m,40$ et $0^m,50$ suivant le degré de vigueur des cépages cultivés.
La longueur des bras de chaque cep doit être égale pour chacun
d'eux et varie aussi entre $1^m,20$ et 2 mètres suivant la vigueur
des variétés de vignes. Quant à l'intervalle à laisser entre chacun
des ceps, il doit être égal entre chacun d'eux et il est déterminé
par le nombre de cordons superposés et par la longueur totale
des bras de chaque cep. Ainsi, le nombre des cordons superposés étant de 5 et la longueur totale des bras de chaque cep
étant de 3 mètres, on divise ce dernier chiffre par 5, et le quo-
tient $0^m,60$ qu'on obtiendra sera la distance cherchée. Notre
figure montre ensuite l'ordre dans lequel les ceps doivent former
les divers cordons. Le premier cep, A, forme le premier cordon,
le deuxième, B, le quatrième, le troisième, C, le deuxième, le
quatrième, D, le cinquième, et enfin le cinquième, E, le troisième. On recommence alors une nouvelle série en adoptant le
même ordre de succession. Lorsque ces dispositions ont été tracées sur le mur, on procède à la plantation.

Toutefois, M. Rose-Charmeux a constaté que les cordons horizontaux présentent quelques difficultés de formation et surtout
que la treille ainsi constituée fait attendre un peu trop son produit maximum. Il a donc imaginé, en 1852, les *cordons verticaux*, d'une formation beaucoup plus facile et donnant des résultats beaucoup plus prompts. Aujourd'hui, toutes les treilles

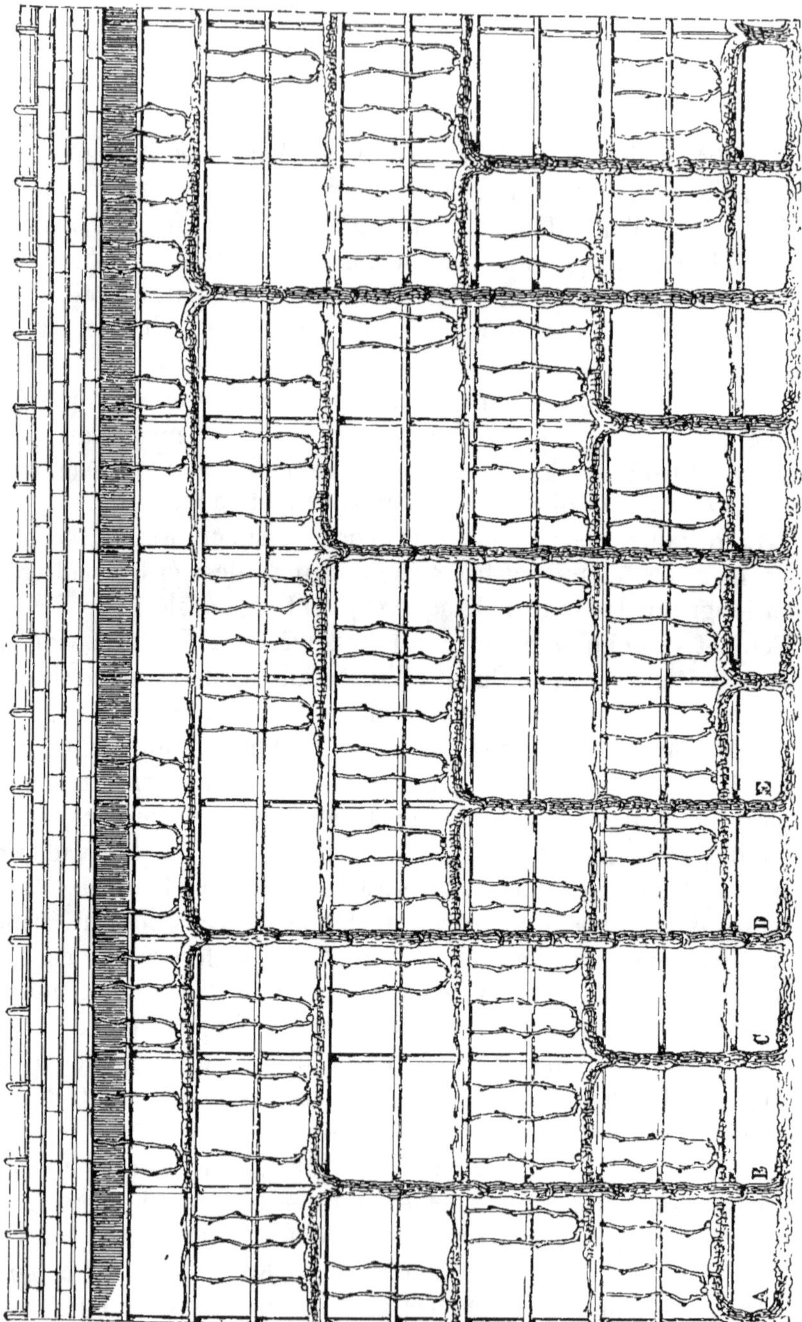

Fig. 436. Cordon horizontal Charmeux.

qu'on plante à Thomery sont soumises à cette nouvelle dispo-

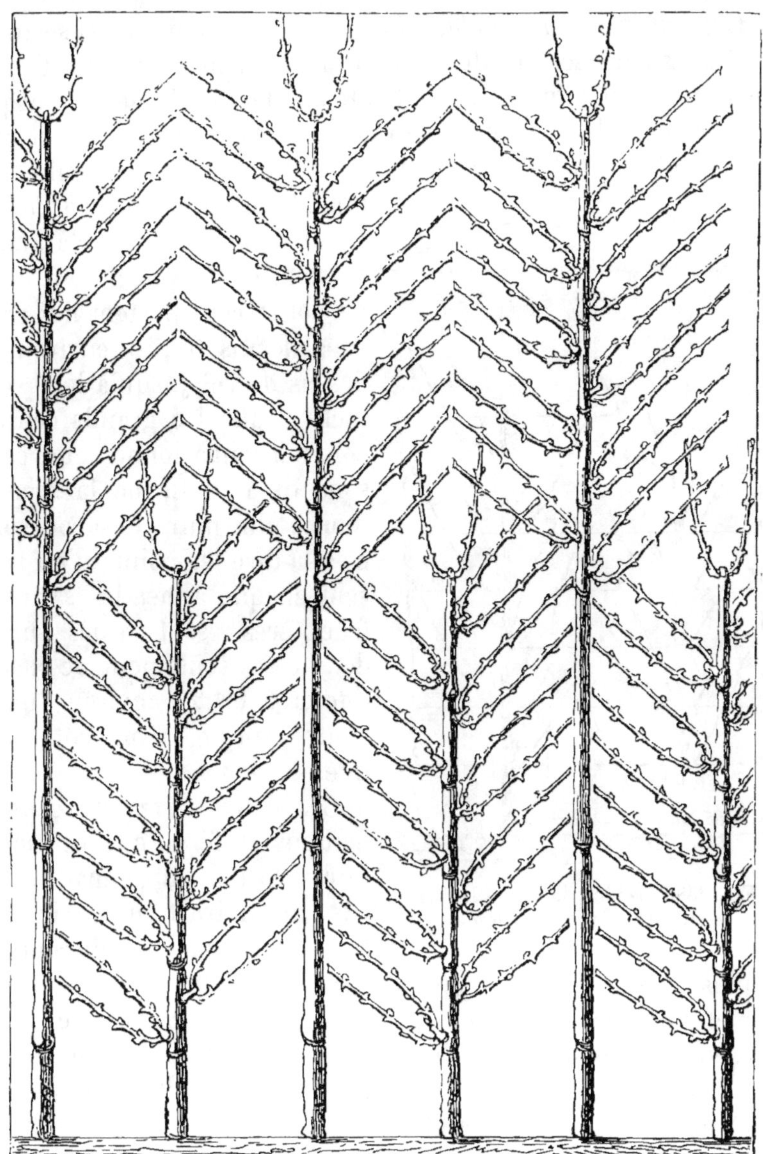

Fig. 437. Treille soumise à la forme en cordon vertical double.

sition. C'est donc de la création et de l'entretien des treilles en cordons verticaux que nous allons surtout nous occuper. On peut donner à ces cordons verticaux les deux dispositions suivantes :

Cordon vertical double (fig. 437). — Dans cette sorte de treille les ceps sortent de terre au pied du mur tous les 0ᵐ,40. Le mur, quelle que soit sa hauteur, depuis 2 mètres jusqu'à 4 mètres et plus, est divisé en deux parties égales, dans le sens de son élévation. Le premier cep s'élève jusqu'au sommet du mur, le second s'arrête à moitié, et ainsi de suite jusqu'à l'autre extrémité. On voit en outre que les petits ceps portent des coursons depuis 0ᵐ,30 environ au-dessus du sol jusqu'à leur sommet, et que les grands ceps ne commencent à donner leurs coursons qu'à partir de la seconde moitié du mur. Ces coursons, c'est-à-dire les points d'où naissent chaque année les sarments fructifères, sont situés sur les deux côtés seulement de chaque tige et à 0ᵐ,25 environ l'un de l'autre sur le même côté de la tige.

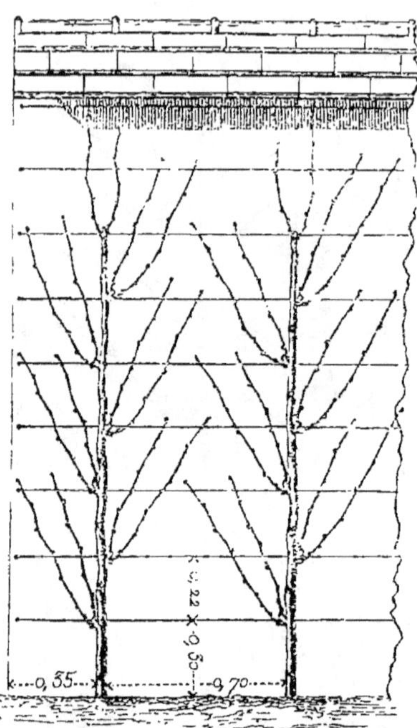

Fig. 438. Treille soumise à la forme en cordon vertical simple.

Ces deux séries de ceps de hauteur différente sont nécessaires. Si l'on supprimait les petits, il faudrait que les grands ceps fussent pourvus de coursons depuis la base jusqu'au sommet ; or, si le mur présente plus de 2 mètres de hauteur, il en résultera que les coursons de la base présenteront bientôt une vigueur insuffisante. Cet inconvénient disparaît en adoptant ces deux séries de tiges. Il en résulte que chacune d'elles porte moitié moins de coursons, que ceux-ci sont plus vigoureux et que la récolte est plus belle et plus abondante.

On pourra appliquer cette méthode contre les murs de toutes les hauteurs, depuis 2 mètres d'élévation jusqu'à 4 mètres. Au-dessus de 4 mètres, il sera à craindre que les coursons garnissant une hauteur dépassant 2 mètres ne présentent une vigueur insuffisante à la base.

Cordon vertical simple (fig. 438). — Cette disposition ne diffère de la précédente qu'en ce que toutes les tiges arrivent au

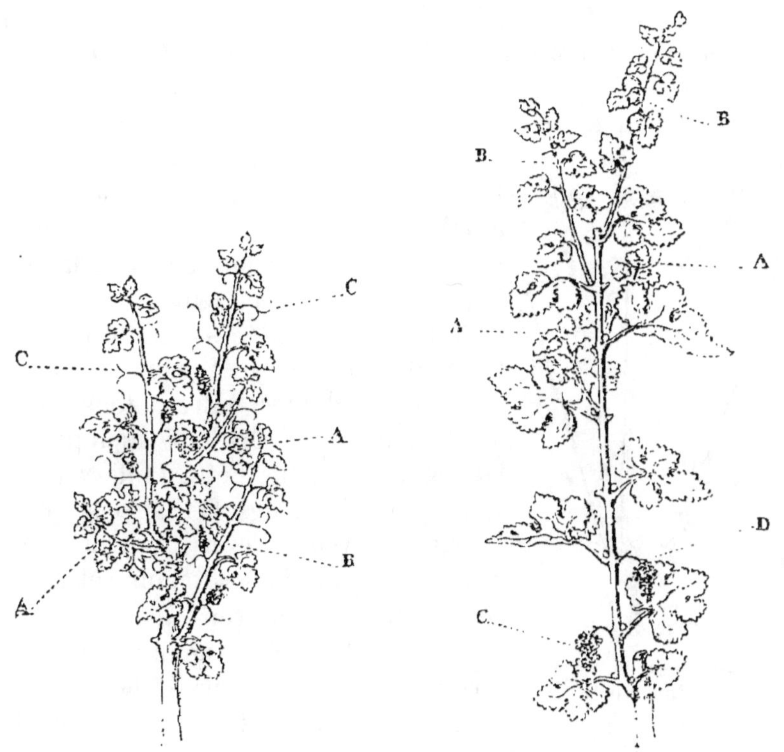

Fig. 439. Cordon vertical à coursons alternes, première année d'espalier.

Fig. 440. Suppression des bourgeons anticipés.

sommet du mur. Alors les ceps sont placés à 0^m,70 d'intervalle. On préférera cette forme, beaucoup plus simple que la précédente, lorsque les murs présenteront moins de 2 mètres de hauteur.

Formation de la charpente d'une treille en cordon vertical. — Nous avons procédé plus haut à la plantation et au recouchage des jeunes ceps, de façon à les amener au pied du mur à chacun des points qu'ils doivent occuper. Puis le sarment fixé contre le mur (*fig.* 452) est taillé au-dessus de trois boutons. Tous ces jeunes ceps présentent au commencement du mois de mai suivant, l'état indiqué par la figure 439. On voit que les deux boutons du sommet des jeunes ceps ont donné lieu chacun à un bourgeon stipulaire A placé à coté du bourgeon principal C. Cela a lieu lorsque le développement est vigoureux. Or, il convient de ne conserver que les trois bourgeons principaux B, C. — On supprime les autres lorsqu'ils ont atteint une longueur d'environ 0^m,15. Après avoir pratiqué l'ébourgeonnement, comme nous venons de l'indiquer, on laisse les trois bourgeons conservés s'allonger jusqu'à la hauteur de 1 mètre environ. Alors on pince leur extrémité. Il n'y a plus, jusqu'à la fin de la végétation, qu'à supprimer sur chacun des bourgeons, les bourgeons anticipés A, B (*fig.* 440), et les vrilles, à mesure que ces pro-

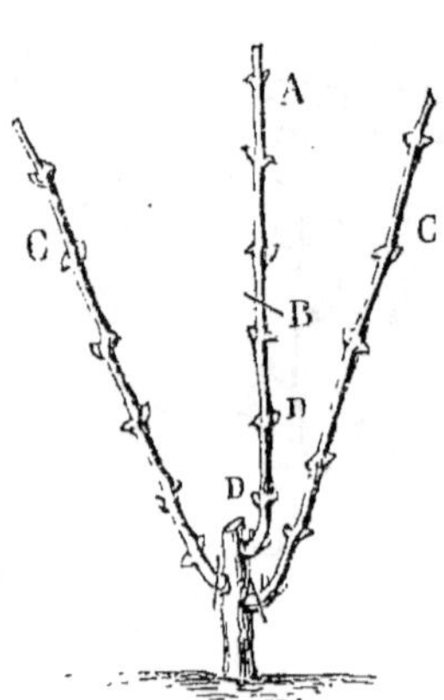

Fig. 441. Cordon vertical deuxième année.

ductions apparaissent. Ces bourgeons anticipés sont coupés au-dessus de la feuille la plus rapprochée de leur base.

Deuxième année. — Les ceps opérés pendant l'été précédent, comme nous venons de l'expliquer, offrent tous l'aspect de la figure 441. On leur applique alors la deuxième taille. Cette taille varie suivant qu'il s'agit des petits ceps, ou de ceux qui doivent s'élever jusqu'au sommet du mur. Voyons d'abord comment on procède pour les petits ceps.

On choisit le plus vigoureux des trois sarments, celui A, et on le taille en B, à 0^m,25 environ au-dessus de son point d'attache. Les deux autres C, trop rapprochés du sol pour servir à la fructification, sont complétement supprimés. Pendant l'été, on ébourgeonne ce jeune sarment de façon à conserver seulement trois bourgeons : l'un au sommet et que l'on palisse verticalement pour prolonger la tige, les deux autres placés latéralement, à 0^m,12 l'un de l'autre et destinés à former les deux premiers coursons. Si les boutons D (*fig.* 441) destinés à donner lieu à ces deux derniers bourgeons, se trouvaient placés derrière ou devant le sarment, on imprimerait à celui-ci, en l'attachant, un mouvement de torsion qui ramènerait ces boutons dans la position latérale qu'ils doivent occuper.

Troisième année. — Au printemps suivant les ceps sont constitués comme l'indique la figure 442. On taille le sarment A en

B, à 0^m,25 au-dessus de son point de départ. Le bouton C est
destiné à prolonger la tige, et les deux boutons D donneront
lieu à deux nouveaux coursons placés chacun à 0^m,25 de ceux
E situés au-dessous sur le même côté de la tige. Quant aux deux
sarments E, on les taille tout près de leur base pour former les

Fig. 442. Cordon vertical,   Fig. 443. Cordon vertical, quatrième année.
troisième année.

deux premiers coursons, ainsi que nous l'expliquons plus loin
en décrivant la taille au point de vue de la fructification. Les
bourgeons qui se développeront pendant l'été sur le sarment A
recevront les mêmes soins que ceux que l'on a donnés aux bourgeons du sarment A (*fig.* 441) pendant l'été précédent.

Quatrième année. — La figure 443 montre le résultat des
opérations pratiquées pendant l'année précédente. On applique
le même mode de taille sur le sarment A et sur les sarments B,
et ainsi de suite chaque année jusqu'à ce que ces petits ceps
soient arrivés jusqu'à la moitié de la hauteur du mur.

Tout ce que nous venons de dire s'applique à la formation des petits ceps, c'est-à-dire de ceux qui doivent être garnis des coursons jusqu'à la base. — Quant à ceux qui ne doivent en fournir que sur la moitié supérieure de leur tige, on les élève un peu plus rapidement en procédant de la manière suivante : ces grands ceps présentent comme les petits, à la fin de la première année, l'aspect de la figure 441. Au moment de la taille d'hiver, on choisit le plus vigoureux des trois sarments pour prolonger la tige ; les deux autres sont supprimés. Le sarment choisi est taillé à 0^m,50 de longueur au lieu de 0^m,25.

En été, on conserve sur ce prolongement les trois ou quatre bourgeons qui portent les plus belles grappes, les autres sont ébourgeonnés. A la taille d'hiver suivante, on ne conserve encore que le plus beau de ces trois ou quatre sarments, et on le taille de nouveau à 0^m,50. On continue ainsi chaque année, jusqu'au moment où ces grands ceps approchent du point où ils doivent commencer à porter des coursons. Alors on leur applique le mode de taille employé pour les petits ceps.

On pourrait être tenté, sous l'influence d'une végétation vigoureuse, de tailler les sarments de prolongement des ceps beaucoup plus long que nous ne le recommandons; mais alors la séve agira avec force sur les coursons situés immédiatement au-dessous de chaque coupe, tandis que ceux placés à la base de chaque intervalle de ces coupes deviendront languissants. Il est donc préférable d'allonger les tiges seulement de 0^m,25 à la fois, de façon à n'obtenir que deux coursons chaque année. La séve, arrêtée au-dessous de chaque coupe, distribue mieux son action sur toute la hauteur de la tige ; les coursons sont plus également vigoureux, et la récolte est plus abondante.

Taille des ceps au point de vue de la fructification. — Les principes qui servent de base aux opérations de taille destinées à favoriser la fructification de la vigne sont les suivants :

1º Dans la vigne, les grappes sont attachées sur des bourgeons naissant sur des sarments formés pendant l'été précédent (*fig. 444*). Les bourgeons développés accidentellement sur le vieux bois ne portent jamais de grappes (*fig. 445*).

2º Plus les boutons des sarments sont éloignés de la base, plus les bourgeons auxquels ils donnent lieu sont fertiles en grappes.

Il résulte de ces deux premiers faits que, pour augmenter la production, on devrait laisser les sarments entiers, ou les tailler très-long. Mais alors les inconvénients suivants se produiront bientôt. Ainsi, si le sarment de la figure 446 est taillé en D, les boutons C et D sont les seuls qui se développeront. On aura l'an-

Fig. 444. Bourgeon de vigne né sur un jeune sarment.

née suivante le résultat que montre la figure 447. Si alors on taille en A ou en B, on aura encore la production de deux nouveaux sarments au sommet du sarment B. En continuant ce mode de taille, le courson, ou support immédiat des jeunes sar-

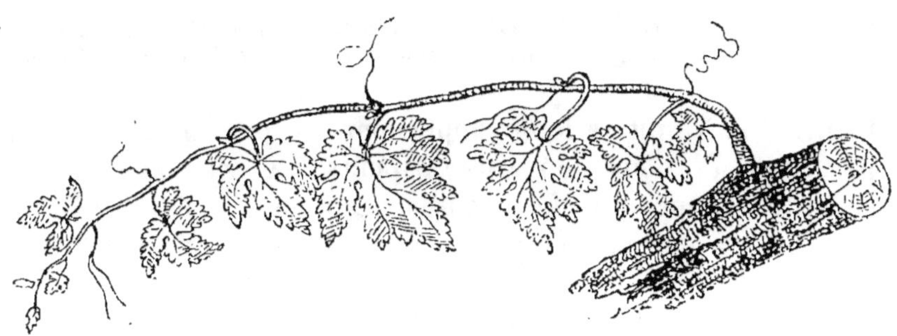

Fig. 445. Bourgeon de vigne né sur le vieux bois.

ments, s'allongera chaque année de $0^m,10$ ou $0^m,15$, et il en résultera bientôt une grande confusion sur toute l'étendue du cep, et en outre l'amaigrissement progressif des nouveaux sarments, et, par suite, une diminution très-prompte dans le produit.

D'un autre côté, si le sarment de la figure 446 est coupé de façon à ne conserver que le bouton A, ce bouton est si près du vieux bois, que, souvent, le bourgeon qui en naîtra ne portera pas de grappes.

Il convient donc de tailler ce sarment (*fig.* 446) le plus court possible, pour empêcher le courson de s'allonger, mais de façon cependant à conserver un bouton assez éloigné du vieux bois pour produire du raisin. L'expérience a démontré que, pour atteindre ce double but, les sarments appartenant aux variétés peu vigoureuses ou de vigueur moyenne, comme les chasselas, doivent être taillés au-dessus des deux boutons les plus rapprochés de la base (*fig.* 446), et en comptant au nombre de ces boutons celui (A) qui, à peine visible, est situé sur le talon même du sar-

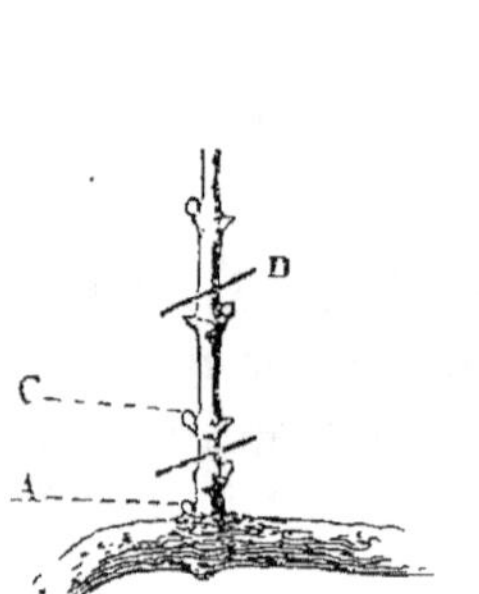

Fig. 446. Taille des coursons, première année.

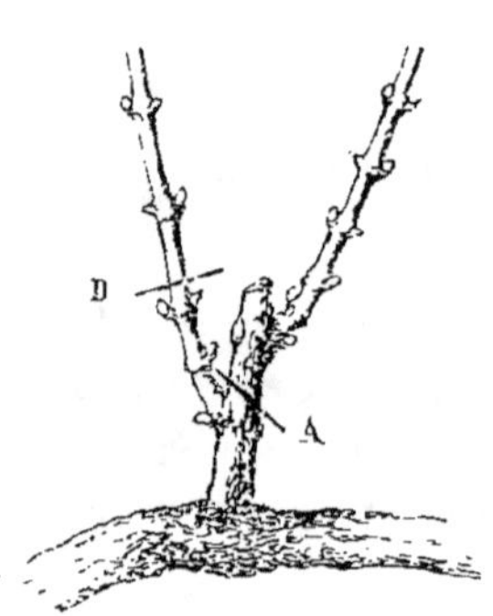

Fig. 447. Taille des coursons, deuxième année.

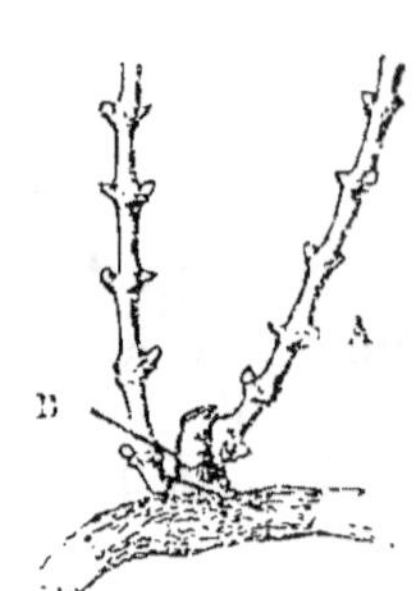

Fig. 448. Taille des coursons, deuxième année.

ment. Il en résultera le développement de deux bourgeons, et, par suite, de deux nouveaux sarments. Le courson sera alors constitué l'année suivante comme le montre la figure 448. Le sarment A a porté les grappes pendant l'été; le sarment B, trop près du vieux bois, n'a rien produit; c'est le sarment de remplacement, c'est-à-dire qu'il est destiné à asseoir la nouvelle taille. Pour cela on coupe tout près de la tige le sommet du courson; puis le sarment B est taillé au-dessus des deux boutons de la base. On obtient, pendant l'été, la production de deux nouveaux bourgeons, et le même mode de taille est répété chaque année, de façon à allonger le moins possible le courson et à maintenir les bourgeons fructifères le plus près possible du canal direct de la séve. Tel est le mode de taille qu'il convient d'appliquer aux coursons des raisins de table.

Toutefois il y a certaines variétés de vigne qui présentent un degré de vigueur tel que, si l'on soumet leurs coursons à une taille aussi courte, on n'obtient pas ou presque pas de grappes. Les variétés de muscats, de Frankinthal et autres, que nous avons notées dans notre liste, sont dans ce cas. Pour ces variétés, les sarments seront taillés un peu plus long. On les coupera au-dessus du troisième bouton en C (*fig.* 446). Cette taille n'aura pas pour résultat d'allonger les coursons. En effet, la vigueur de ces vignes est telle que l'on obtient sur chaque courson le développement de trois bourgeons. Lors de l'ébourgeonnement, on conserve celui du sommet qui porte ordinairement les grappes, puis celui de la base, destiné à asseoir la taille l'année suivante ; le bourgeon intermédiaire est supprimé. Le même mode d'opérer est répété chaque année.

Ébourgeonnement des coursons. — Quoique les coursons soient taillés de façon à ne conserver que deux ou trois boutons, il arrive souvent cependant qu'on les voit produire un plus grand nombre de bourgeons. Il ne faudra jamais en laisser que deux au plus à chaque point. On conservera seulement le plus rapproché du vieux bois (*fig.* 449), comme bourgeon de remplacement, et le plus éloigné de ce même point (B), qui porte ordinairement les grappes.

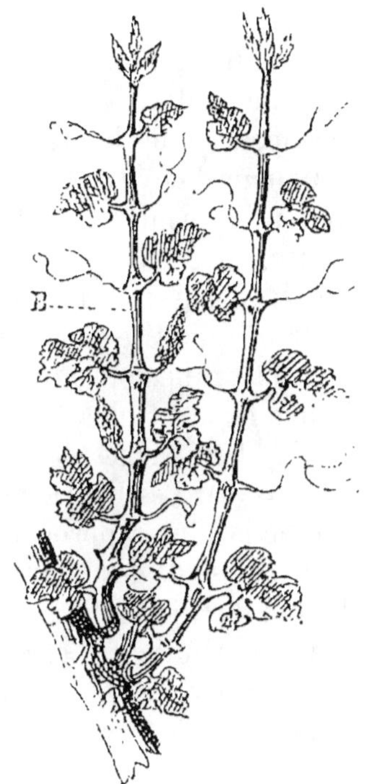

Fig. 449. Ébourgeonnement des coursons.

Il y a cependant deux circonstances où l'on ne doit laisser qu'un seul bourgeon sur le courson : 1° lorsque aucun des bourgeons du courson ne porte de grappes. Dès lors un seul bourgeon est utile, c'est celui de la base, comme bourgeon de remplacement. En supprimant les autres, celui que l'on conserve devient plus vigoureux et peut donner lieu à de plus beaux produits l'année suivante.

2° Lorsque les deux bourgeons du courson sont également pourvus de grappes, ce qui arrive parfois dans les années très-fertiles. — Comme il convient de ne laisser nourrir à chaque courson qu'une grosse grappe ou deux petites, ainsi que nous l'expliquons plus loin, il en résulte qu'un retranchement sera nécessaire. Alors on ne conservera que le bourgeon de la base, qui deviendra à la fois bourgeon de remplacement et bourgeon fructifère. Par suite de cette suppression, ce bourgeon acquerra plus de vigueur, les raisins qu'il porte seront plus beaux, et le nouveau sarment donnera de plus beaux produits l'année suivante.

Quant au moment convenable pour pratiquer ces divers ébourgeonnements, c'est aussitôt que l'on peut distinguer les jeunes grappes sur les bourgeons, c'est-à-dire lorsqu'ils ont atteint une longueur d'environ 0^m,20. Ébourgeonner plus tôt, ce serait s'exposer à supprimer les bourgeons qui donneront les grappes et à conserver ceux qui n'en donneront pas. Ébourgeonner plus tard, ce serait laisser les bourgeons inutiles absorber sans profit une notable quantité de la séve.

Nous rappelons, quant à l'ébourgeonnement, ce que nous avons déjà dit plus haut, à savoir que tous les bourgeons anticipés et les vrilles doivent être supprimés dès qu'ils paraissent (*fig.* 440). Les bourgeons anticipés sont coupés au-dessus de la feuille la plus rapprochée de leur base.

Pincement des bourgeons. — Les bourgeons de la vigne ont besoin d'être soumis au pincement comme ceux des autres espèces d'arbres fruitiers. Cette opération a pour but, quant à la vigne, d'empêcher les bourgeons de produire de la confusion dans l'ensemble du cep, de diminuer la vigueur de certains bourgeons au profit de ceux qui sont languissants, enfin de favoriser le développement des grappes en les faisant profiter de la séve qui ne passe plus au profit de ces bourgeons.

Pour obtenir ces divers résultats, les bourgeons doivent être pincés successivement et à mesure qu'ils ont atteint une longueur de 0^m,40 à 0^m,50, et l'on ne doit couper alors que la partie extrême de ces bourgeons.

Palissage d'été. — Le palissage des bourgeons de la vigne est destiné à empêcher ces bourgeons d'être rompus par les vents, à régulariser l'action de la séve dans chacun d'eux, enfin à les empêcher de soustraire les grappes à l'action du soleil.

Le palissage d'été de la vigne doit être pratiqué en général en deux fois pour le même bourgeon. Le premier palissage est fait lorsque les bourgeons ont atteint une longueur d'environ 0^m,30. Alors ces bourgeons sont peu serrés dans le jonc qui sert de ligature. Autrement ils pourraient, en s'allongeant, se détacher à leur base.

Quinze jours environ après cette première opération, on procède à un second palissage ou *recollage*, comme disent les cultivateurs de Thomery. A ce moment, on serre les bourgeons dans la ligature autant qu'il le faut pour les placer convenablement. Ce palissage étant fait successivement pour les divers bourgeons du même cep, et en commençant par les plus vigoureux, on arrive à régulariser la vigueur entre eux. Ce second palissage coïncide en général avec le premier pincement des bourgeons.

Quant à la direction à donner à ces bourgeons en les palissant, il conviendra, pour les cordons verticaux, de les incliner suivant l'angle de 45°, et pour les cordons horizontaux, de les attacher verticalement. Ils sont, dans tous les cas, placés à côté l'un de l'autre, sans les faire se croiser, de façon à ce qu'ils soient tous également éclairés.

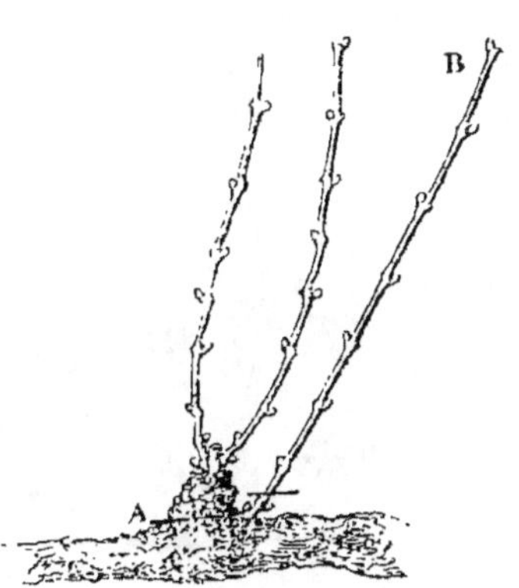

Fig. 450. Rajeunissement des coursons.

Rajeunissement des coursons. — Nous avons vu que, malgré le soin que l'on apporte à asseoir chaque année la taille des coursons sur le sarment le plus bas, ces coursons s'allongent toujours un peu, et que les sarments qu'ils portent perdent de leur vigueur, à mesure que leur point d'attache s'éloigne davantage du cordon. Pour remédier à cet inconvénient, on conserve avec soin, lors de l'ébourgeonnement, et quel que soit d'ailleurs l'âge des coursons, les bourgeons qui naissent parfois à la base de ces derniers; on supprime alors celui des deux bourgeons du sommet qui porte la moins belle grappe. L'année suivante, le courson est coupé en A (*fig.* 450), et le sarment B est taillé sur les deux yeux les plus bas pour former un nouveau courson.

Remplacement es coursons. — Parfois aussi certains coursons disparaissent complétement, ou bien ne se développent pas

là où l'on aurait voulu les voir naître, et, dans tous les cas, ⸴
laissent sur le cordon des vides qu'il importe de combler. On n
peut tenter, pour remédier à cet accident l'emploi de la *greffe* ⸴
par approche herbacée Jard (fig. 451), déjà conseillée en pareil li
cas pour le pêcher.

Soins à donner aux raisins. — Ce sont surtout les soins ⸴
intelligents donnés aux raisins depuis leur naissance jusqu'à fi
leur maturité qui font en grande partie le succès des cultivateurs ⸴
de Thomery. Ces soins sont surtout les suivants :

Suppression des grappes trop nombreuses. — Une trop q
grande quantité de raisins laissés sur les ceps n'offre pas moins ⸴

Fig. 451. Greffe par approche herbacée Jard pour la vigne.

d'inconvénients pour la vigne que pour les autres espèces d'ar- -
bres fruitiers. On récolte un grand nombre de grappes ; mais ⸴
celles-ci sont petites, ainsi que les grains, et les ceps sont épuisés ⸴
pour l'année suivante.

Si l'on fait les retranchements nécessaires, on obtient la même ⸴
récolte en poids, et les grappes et les grains sont plus gros, ⸴
meilleurs et d'un prix plus élevé.

En général, on ne doit laisser sur les ceps de vigueur moyenne ⸴
qu'un nombre de grappes égal à celui des coursons, si ces grap- -
pes sont belles ; si elles sont petites, on pourra augmenter la ⸴
proportion de moitié. On l'augmentera aussi, ou on la diminuera, ⸴
selon que les ceps seront plus ou moins vigoureux.

Cisellement des grappes. — Lorsque les grains de raisins ont ⸴
atteint le premier tiers de leur développement, il convient de leur ⸴

sappliquer le cisellement. Avec des ciseaux à lames étroites et à
qpointes émoussées (*fig*. 452) on coupe sur chaque grappe, d'abord
tous les grains avortés, puis tous ceux qui sont dans l'intérieur de
la grappe, et enfin du quart au tiers de ceux qui sont placés à l'extérieur, mais qui sont trop serrés. Si les grappes sont très-longues,
comme cela a lieu souvent sur les jeunes ceps vigoureux, il faut
encore couper la pointe de ces grappes (A, *fig*. 453), qui mûrirait
plus tardivement. C'est alors qu'on retranche aussi les grappes
trop nombreuses.

Il résulte de ces opérations de cisellement que, toutes choses
égales d'ailleurs, les raisins sont mûrs quinze jours plus tôt, que

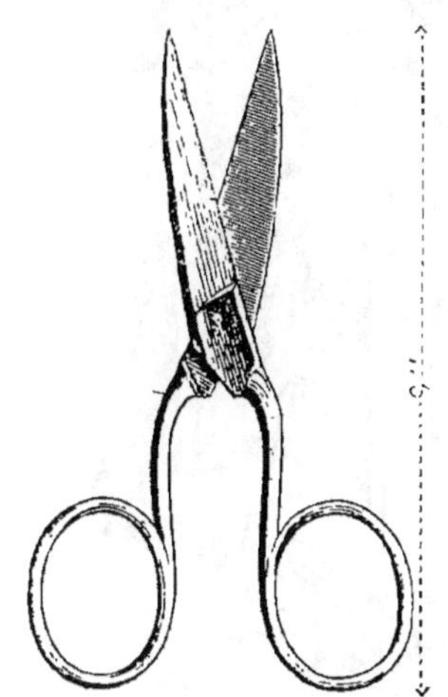

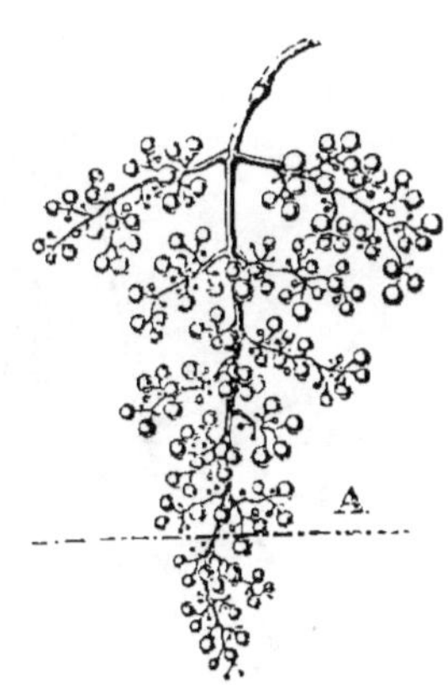

Fig. 452. Ciseaux à ciseler les raisins.   *Fig*. 453. Cisellement des grappes.

es grains sont d'un tiers plus gros, et que les raisins destinés à
être conservés pendant l'hiver se gardent mieux.

Le cisellement, pratiqué à Thomery par des femmes, est
appliqué à la moitié environ de la récolte, c'est-à-dire à 500,000
kilogrammes de chasselas.

Pour rendre cette opération plus facile sur la moitié supérieure
de la treille, les femmes sont montées sur un échafaudage à
roulettes semblable à celui indiqué par la figure 454. La
chaleur ou la pluie n'arrêtent pas le travail du cisellement.
Dans ce cas on abrite les ciseleuses à l'aide de toiles tendues
comme dans la figure 455.

Épamprement des ceps. — Au moment où l'on fait le cisellement, on doit appliquer un premier épamprement ou suppression de feuilles. On n'enlève alors que les quelques feuilles dirigées
du côté du mur, puis celles qui sont plus ou moins frisées ou déformées. Lorsque les grains de raisin commencent à devenir trans-
parents, on pratique un second épamprement. On supprime alors
quelques feuilles de devant, sur les points où elles sont très-rap-

Fig. 454. Échafaudage à roulettes pour le cisellement du raisin.

prochées; mais on conserve encore avec soin celles qui couvrent
les grappes, les *parasols*. Enfin, lorsque les grains sont mûrs et
qu'ils commencent à jaunir, vers la fin de septembre, pour le
climat de Paris, on découvre les grappes en coupant les feuilles
qui les ombragent. Si on les découvrait plus tôt, les grains dur-
ciraient et ne grossiraient plus. Les grappes ainsi découvertes se
trouvent alors exposées aux alternatives de la rosée et du soleil
qui font acquérir aux raisins cette belle couleur fauve qui caractérise les chasselas de Thomery.

Les raisins noirs exigent un soin particulier quant à l'épamprement. Il ne faut pas commencer à effeuiller avant que les grains soient complétement colorés.

Ces effeuillements successifs ont pour résultat d'arrêter progressivement la végétation annuelle de la vigne assez longtemps avant l'époque à laquelle elle s'arrêterait sans cela. La maturation commence alors plus tôt, et elle peut s'achever complétement avant les premiers froids.

Abris. Les chaperons très-saillants que nous avons conseillés pour les treilles sont insuffisants pour soustraire complétement les raisins à l'humidité atmosphérique qui nuit beaucoup à leur conservation.

Il convient alors d'avoir recours à des auvents mobiles que nous décrivons au chapitre des abris.

Incision annulaire. — Nous avons déjà parlé aux *principes généraux de la taille,* de l'action de l'incision annulaire sur l'accroissement et la maturation des fruits. Appliquée aux raisins elle a pour résultat de hâter d'environ 12 jours l'époque de leur

Fig. 455. Abri pour les ciseleuses.

maturité et d'augmenter d'un quart le volume des grains. L'anneau d'écorce, large de 0^m,005, doit être enlevé immédiatement au-dessous du nœud de la grappe (p. 280) et au moment de l'épanouissement des fleurs. L'opération, facilement exécutée au moyen du *coupe-sève* (p 180), est pratiquée de manière que la couche du liber soit complétement enlevée au point où l'on fait l'incision. On reproche à ce procédé d'influer défavorablement sur la qualité du raisin.

Rajeunissement de la treille. — Une treille disposée comme celle indiquée par la figure 457 pourra être complétement établie huit ans après que les jeunes ceps ont été ame-

nés au pied du mur ; mais elle pourra donner son produit maximum vers la cinquième année. Ce produit pourra se maintenir
sans diminution pendant dix ans environ. Alors il deviendra
un peu moins abondant ; ce ne sera, toutefois, que vingt-cinq

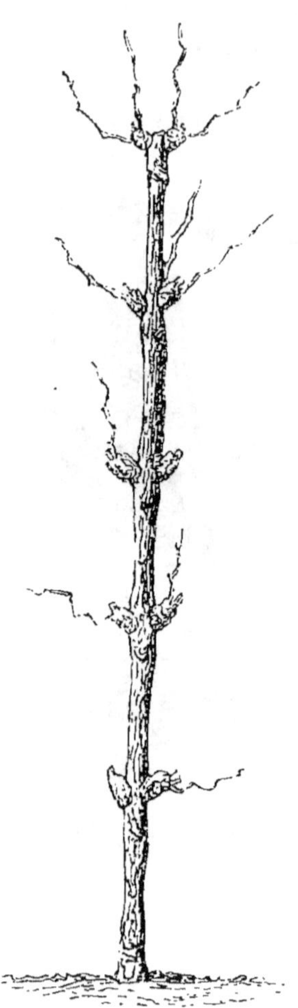

Fig. 456. Rajeunissement des ceps en cordon vertical.

ou trente ans après la plantation que cette diminution sera très-sensible. Cet abaissement de produit deviendra de plus en plus marqué jusqu'à l'âge de quarante ou cinquante ans, époque à laquelle le renouvellement successif des coursons détermine sur ces derniers des nodosités telles, que la circulation de la séve y est entravée. La végétation devient alors languissante, beaucoup de coursons se dessèchent (fig. 456) et les tiges elles-mêmes finissent par périr. Dès que cet état de décrépitude se manifeste, on procède au rajeunissement de la treille. On coupe toutes les tiges à 0^m,20 environ au-dessus du sol. Cette suppression concentre l'action de la séve sur ce point, et y fait développer un certain nombre de bourgeons. On choisit, pendant l'été, le plus vigoureux et le plus rapproché du sol, et l'on supprime les autres. L'année suivante, ce sarment est taillé au-dessus du troisième bouton, et l'on applique aux trois bourgeons qui en résultent, les soins décrits page 586. On opère, ensuite, comme s'il s'agissait de l'établissement d'une jeune treille. Pour en assurer le succès, il est bon d'enlever, au moment du recepage des tiges, le plus de terre possible sur la plate-bande de la treille, sans endommager toutefois les racines de la vigne, et d'y répandre une abondante fumure, que l'on recouvre avec une couche de terre neuve d'une épaisseur à peu près égale à celle que l'on a enlevée.

Lorsque la treille à rajeunir est dans un état de décrépitude avancé, lorsqu'un certain nombre de ceps sont complétement desséchés et que la plantation a perdu sa régularité, on opère autrement. Chaque tige est coupée comme nous l'avons dit plus haut, puis on arrache celles qui sont mortes. Pendant l'été, on garde sur chaque cep les deux bourgeons les plus vigoureux, et on les laisse s'allonger jusqu'au haut du mur. L'année suivante, on enlève, sur la plate-bande, le plus de terre possible, environ 0ᵐ,40, en ayant soin de ménager les anciennes racines ; on isole complétement la base de chaque tige en creusant la terre, puis on les couche au fond de la plate-bande ainsi vidée. Comme ils

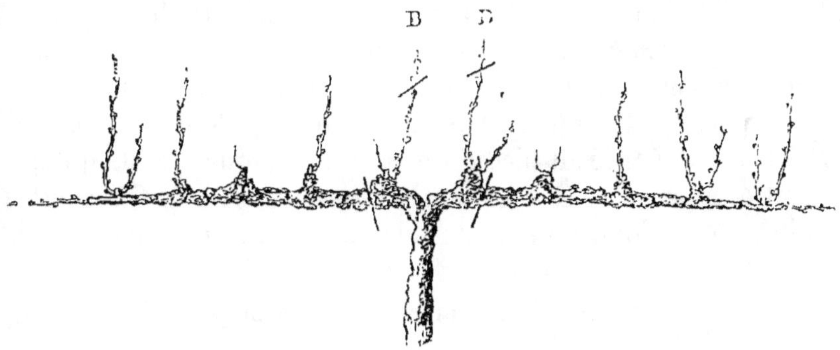

Fig. 457. Rajeunissement des treilles en cordon horizontal.

portent chacun deux sarments, et que ce nombre est plus que suffisant pour fournir la quantité de ceps nécessaire, on n'en conserve que ce qu'il faut, en choisissant les plus vigoureux. Ces sarments sont ensuite étendus dans cette sorte de tranchée de façon que le sommet de chacun d'eux, dirigé vers le pied du mur, sorte de terre précisément au point où les nouveaux ceps doivent s'élever. Le tout est maintenu à l'aide de crochets en bois enfoncés dans le sol. On répand ensuite une couche d'engrais de 0ᵐ,08 d'épaisseur, et l'on remplit le vide avec de la terre neuve. Tous ces ceps se développent pendant l'été même avec une vigueur excessive ; on les dirige alors comme ceux d'une nouvelle plantation. Nous avons vu, en 1846, rajeunir ainsi, chez M. Rose-Charmeux, une treille âgée de plus de quatre-vingts ans ; l'opération s'est faite sans difficulté, et le succès a été complet.

On voit qu'à l'aide de ce mode de rajeunissement la durée de la treille est presque indéfinie, et que l'on est bien rarement obligé d'en venir à faire une nouvelle plantation. C'est ce qu'expriment les cultivateurs de Thomery par ce dicton : *Qui plantes l'espalier n'est plus là pour l'arracher.*

Ce mode de rajeunissement de la vigne peut être appliqué à une vieille treille, plus ou moins régulière, disposée en cordons horizontaux, et que l'on veut transformer en cordons verticaux. On opérera alors ainsi qu'il suit.

Au printemps, on coupe chaque cordon immédiatement au-dessus du courson le plus rapproché de la tige (*fig.* 457). On conserve pendant l'été deux bourgeons sur chacun de ses coursons et on les laisse s'allonger librement. L'année suivante, on vide la plate-bande comme nous venons de l'expliquer, on déchausse profondément le pied de chaque cep, puis on couche horizontalement au fond de ces tranchées les tiges et les sarments qu'elles portent. Les sarments sont contournés de façon à faire sortir leur extrémité au pied du mur, à chacun des points qu'ils doivent occuper pour former des cordons verticaux. On opère ensuite comme pour le mode de rajeunissement précédent.

CULTURE DES RAISINS DE TABLE DANS LE MIDI.

Dans le midi de la France, le climat, plus chaud et plus sec, rend la végétation annuelle de la vigne beaucoup moins longue; la maturité du bois et des fruits s'y accomplit donc sans qu'il soit nécessaire d'avoir recours aux murs pour élever artificiellement la chaleur atmosphérique, ou de modérer et même d'arrêter la végétation annuelle des ceps. D'ailleurs, un certain nombre de très-bons raisins de table propres à ce climat, prennent beaucoup plus de développement que ceux qui conviennent plus particulièrement au centre et au nord de la France. Enfin ces variétés exigent une taille plus longue pour donner une abondante fructification. Ces divers motifs obligent à apporter les modifications suivantes à la culture du raisin de table dans ces contrées.

1° La vigne sera cultivée en plein vent sous forme de contre-espaliers. Toutefois, les expositions les plus chaudes des murs existant dans le jardin fruiter seront de préférence consacrées à la vigne, qui s'accommodera mieux que les autres espèces d'arbres fruitiers de cette haute température. — Dans l'un et l'autre cas, les ceps seront soumis à la forme en cordon vertical simple ou double décrite plus haut, et cela suivant l'élévation qu'on donnera à ces contre-espaliers. Pour perdre le moins d'espace possible, il sera bon de doubler les contre-espaliers comme nous l'indiquons page 316, pour le poirier. Mais il faudra, pour éviter la confusion, laisser entre les lignes un intervalle de 0ᵐ,60 au lieu de 0ᵐ30. Pour cela, les poteaux F (*fig.* 458), placés tous les 3 mètres, seront pourvus d'un série de petites traverses en fer, A, longues de 0ᵐ,64, placées perpendiculairement à la ligne des poteaux et fixés à 0ᵐ,20 les unes des autres. Ces traverses, percées d'un trou B à chacune de leurs extrémités, supportent les fils de fer du treillage. Les lattes C, fixées verticalement contre ces fils de fer, sont placées aux distances qui doivent séparer chacun des ceps. Ces contre-espaliers doubles, hauts de 2 ou 3 mètres seront dirigés du sud au nord, placés au centre de plates-bandes larges de 2 mètres et séparées l'une de l'autre par des chemins de 1 mètre de largeur. Les poteaux seront consolidés au moyen des fils de fer D et E semblables à ceux indiqués page 316.

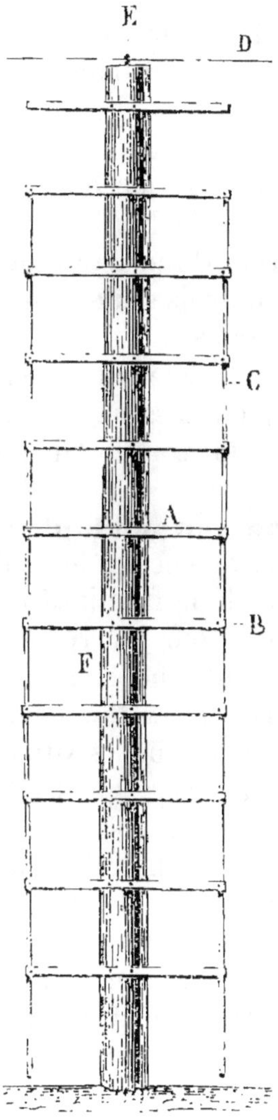

2° La plantation de la vigne sera faite avant l'hiver ; elle souffrirait trop des premières sécheresses du printemps si on la plantait plus tard.

3° La vigne poussant avec beaucoup plus de vigueur dans le Midi que dans le Nord, soit par suite du climat, soit à cause de la vigueur naturelle de certaines variétés propres à cette contrée, il faudra planter à de plus grandes distances Pour les cordons verticaux, il conviendra de laisser entre chacune des tiges un intervalle de 0ᵐ,70 au lieu de 0ᵐ,40 pour les cor-

Fig. 458. Profil en élévation des supports pour les treilles disposés en contre-espalier double en cordon vertical.

dons verticaux doubles, et de 1^m au lieu de 0^m,70 pour les cordons verticaux simples. Les deux lignes de ceps formant le contre-espalier seront plantées en quinconce, comme les poiriers (page 316) et avec les soins indiqués plus haut pour les treilles en espalier.

4° Les coursons des variétés analogues au chasselas par leur vigueur seront taillés à deux yeux, comme nous l'avons expliqué plus haut ; mais toutes celles qui pousseront plus vigoureusement seront taillées à trois yeux.

5° L'opération du ciselement sera aussi efficace dans le Midi que dans le Nord ; mais l'épamprement serait plutôt nuisible qu'utile. On pourra toutefois enlever les feuilles qui couvrent la grappe, mais seulement au moment où les grains sont complétement mûrs.

6° La vigne étant généralement plus vigoureuse que dans le Nord, on laissera sur chaque cep un nombre de grappes d'un quart plus considérable que nous ne l'avons indiqué plus haut.

Nouveau mode de taille des vignes en treille. — Nous venons de décrire le mode de taille appliqué aux ceps, au point de vue de la fructification. Ce procédé, fort ancien, est employé partout pour la production des raisins de table. Nous pensons cependant que cette taille est susceptible d'une amélioration importante. Cette modification est fondée sur cette observation connue de tous les viticulteurs et que nous avons rappelée plus haut, à savoir, que les bourgeons de la vigne sont d'autant plus fertiles en grappes qu'ils naissent sur un point du sarment plus éloigné de la base de celui-ci. Cette remarque s'applique à tous les cépages, mais elle est d'autant plus évidente qu'il s'agit de variétés de vignes plus vigoureuses. D'où il suit qu'on devrait conserver une certaine longueur aux sarments destinés à la fructification. Or, c'est précisément le contraire qui a été fait jusqu'à présent pour les treilles destinées à la production des raisins de table, ainsi que nous l'avons montré plus haut ; on les taille toujours en coursons, c'est-à-dire sur deux ou trois yeux. Aussi n'a-t-on en général de très-abondants produits que dans les années d'une fertilité exceptionnelle.

Cette taille longue des sarments fructifères est pratiquée de temps immémorial dans un grand nombre de nos vignobles, et elle a toujours produit d'excellents résultats quant à la quantité des produits.

Nous pensons donc que ce qui s'applique avec tant de succès aux vignobles présentera aussi un grand avantage pour les treilles. Toutefois la difficulté suivante a sans doute empêché de songer à cette méthode. Il faut en effet que la charpente des ceps cultivés en treille en plein air ou contre les murs conserve une forme symétrique, afin que leur ensemble couvre régulièrement tout l'espace réservé à chacun d'eux. Or, si l'on taille à long bois et que ces sarments restent dans une position plus ou moins verticale, la séve affluera vers leur sommet, y fera développer trois ou quatre bourgeons vigoureux, et les yeux de la base restant endormis, on sera obligé, l'année suivante, d'asseoir la taille sur l'un des sarments de l'extrémité. Il en résultera que la forme régulière donnée au cep disparaîtra bientôt et que des vides nombreux se produiront dans l'ensemble de la treille. Nous proposons, pour prévenir cet inconvénient, de soumettre chacun des sarments fructifères à l'arcure, en imitant ce que font, depuis si longtemps, un grand nombre de nos vignerons. Il s'ensuivra que la séve fera développer à la base de chaque sarment fructifère un bourgeon vigoureux qui donnera pour l'année suivante un nouveau sarment destiné à remplacer le précédent.

La figure 459 indique la forme qu'il convient de donner aux treilles pour l'application du nouveau mode que nous recommandons. On voit que cette innovation porte seulement sur les sarments fructifères placés de chaque côté, et qui, au lieu d'être taillés en coursons, comme on l'a fait jusqu'à présent, sont taillés à long bois, comme le montrent nos figures. Voici les détails d'exécution de cette nouvelle disposition.

Forme de la treille. — Pour une treille de 2 mètres à 3^m,50 de hauteur, en plein air ou en espalier, on adoptera la disposition indiquée par la figure 459. Les ceps seront placés à 0^m,60 les uns des autres, de façon à réserver un espace de 1^m,20 entre les cordons de même hauteur. Pour les treilles dont la hauteur n'arrivera pas à 2 mètres, on choisira la forme indiquée par la figure 460. Les sarments fructifères, attachés sur les deux côtés de chaque cordon, doivent être placés à 0^m,40 les uns au-dessus des autres. Lors de la formation de ces cordons, il conviendra de ne les allonger à chaque taille que de

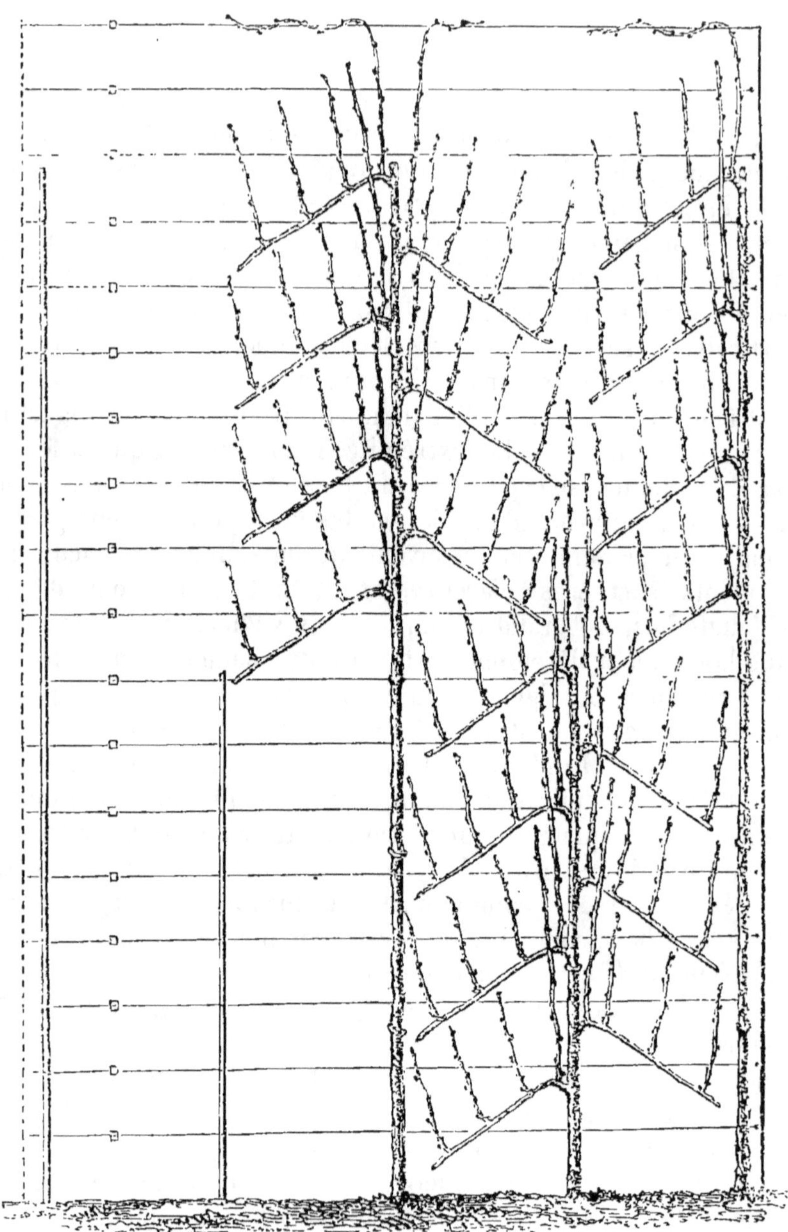

Fig. 459. Treille en cordons verticaux double soumis à la taille à long bois, vue
avant la taille.

$0^m,40$ environ, de façon à ne former chaque année que deux sarments fructifères. Il résultera de ces coupes multipliées que la séve s'élèvera moins rapidement au sommet des cordons et que les sarments fructifères de la base en profiteront davantage. Toutefois la partie inférieure des cordons qui doit rester dé-

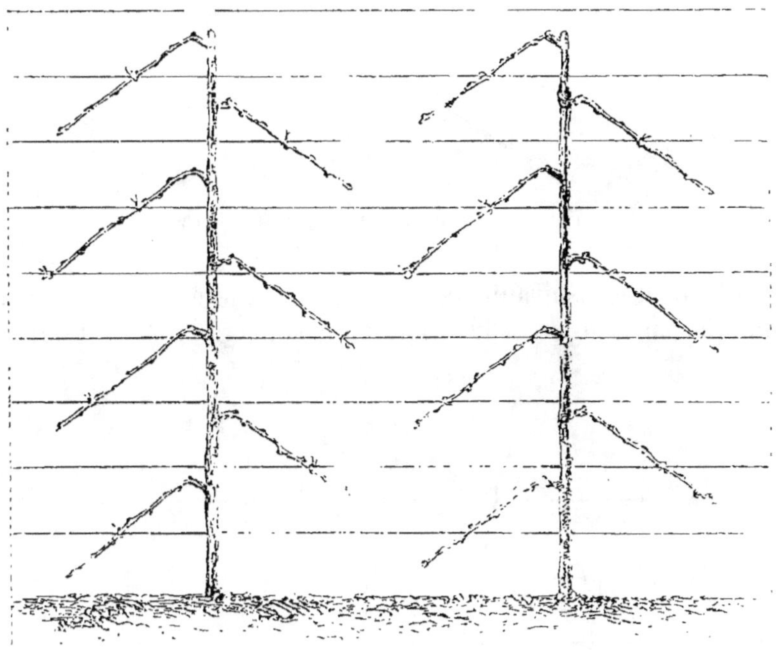

Fig. 460. Treille en cordons verticaux simples soumise à la taille à long bois, vue après la taille.

pourvue de sarments fructifères (*fig.* 459) devra être allongée de $0^m,70$ à la fois.

Quant au treillage destiné au palissage de cette sorte de treille, il se composera, comme l'indiquent les dessins, de lignes de fil de fer galvanisé du n° 14, placées horizontalement et à $0^m,20$ les unes au-dessus des autres ; des lattes, fixées sur ces fils de fer et espacées entre elles de $0^m,60$, servent à conduire les cordons jusqu'au point où ils doivent s'arrêter.

Taille des sarments fructifères. — On conservera chaque année une longueur de $0^m,25$ à $0^m,40$ aux sarments fructifères, suivant leur grosseur et le degré de vigueur des ceps. Puis on les soumettra immédiatement à une arcure très-prononcée, comme le montre la figure 461, afin de favoriser le développement vigoureux du bourgeon de remplacement à la base du sar-

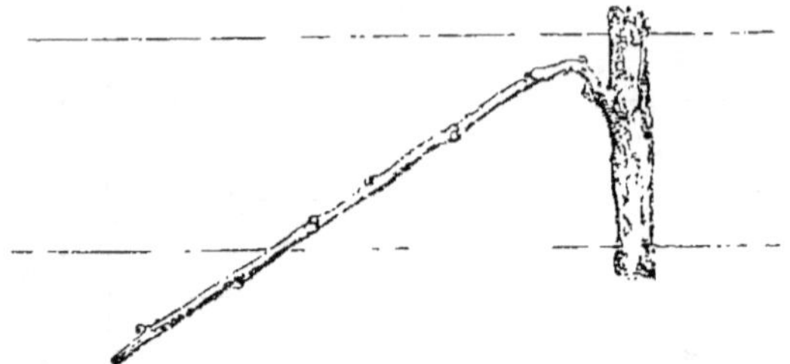

Fig. 461. Arcure des sarments fructifères.

ment. L'année suivante ce sarment fructifère sera dans l'état indiqué par la figure 462. Alors on le coupera en A et le sarment

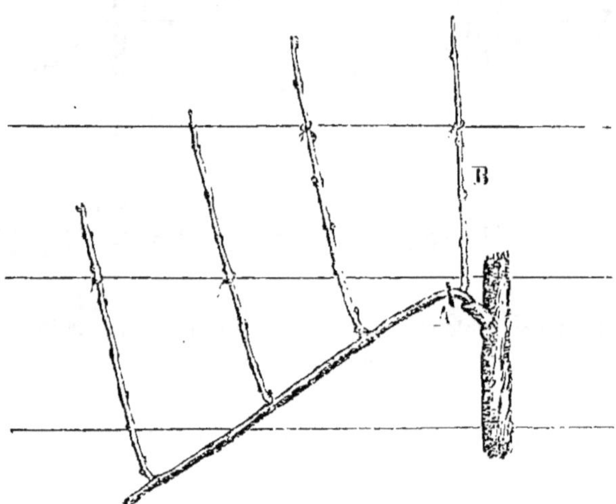

Fig. 462, Taille des sarments fructifères

de remplacement B sera taillé à 0^m,40 de longueur et arqué à la place du précédent. On procédera de la même façon chaque année.

Si, par suite de ces tailles successives, le point d'attache du sarment fructifère se trouve trop éloigné du cordon, on l'en rapproche en usant du procédé employé pour rajeunir les coursons. On profite pour cela de la présence d'un bourgeon naissant pendant l'été au-dessous du point d'attache du sarment fructifère. Ce bourgeon est conservé, et il en résulte le sarment A (*fig.* 463). On coupe alors en B et le sarment A sert de sarment fructifère.

Ébourgeonnement. — On conçoit que si l'on conservait tous les bourgeons et toutes les grappes développés sur les ceps, par suite de cette taille à long bois, ces derniers s'épuiseraient rapidement, et les raisins seraient de médiocre qualité. Aussi convient-il de ne conserver sur chacun de ces ceps que le nombre de bourgeons et de grappes qu'ils peuvent utilement nourrir. Cette taille à long bois est en effet destinée non à augmenter le nombre des bourgeons sur chaque cep, mais à obtenir des bourgeons plus fertiles en les faisant naître plus loin du vieux bois. On devra donc conserver sur chaque sarment fructifère (*fig.* 464) que de deux

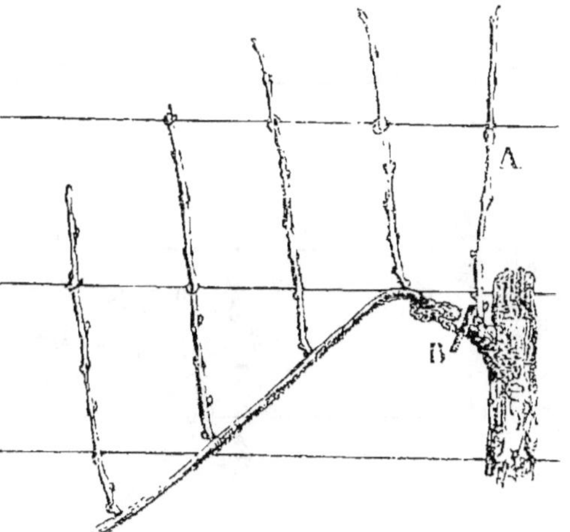

Fig. 463. Rapprochement des sarments fructifères.

à quatre grappes, suivant le degré de vigueur des ceps. Mais il faudra porter d'abord ce nombre à quatre ou six, afin de faire la part des accidents résultant des intempéries, sauf à supprimer plus tard les grappes surabondantes. Lors donc que les bourgeons auront atteint une longueur telle qu'on commencera à distinguer les jeunes grappes, on procédera à l'ébourgeonnement. Le bourgeon A sera conservé dans tous les cas comme bourgeon de remplacement. Les bourgeons B seront supprimés; on conservera ainsi six grappes réparties sur les bourgeons D. Ces suppressions, faites au moment que nous venons d'indiquer, auront pour résultats d'augmenter la vigueur des bourgeons conservés et de favoriser le développement des grappes et du bourgeon de remplacement.

Pincement des bourgeons. — A mesure et aussitôt que les bourgeons rencontreront, en s'allongeant, le sarment fructifère situé immédiatement au-dessus, on les soumettra au pincement, de façon à leur conserver une longueur d'environ 0ᵐ,35. Ce pincement favorisera aussi l'accroissement des grappes et du bourgeon de remplacement. Quant à ce dernier (A, *fig.* 464), on laissera acquérir une longueur d'environ 1 mètre avant d'arrêter son développement.

Tels sont les soins particuliers que réclame l'application de ce nouveau mode de taille des vignes en treilles. On procédera d'ailleurs aux opérations du palissage d'été des bourgeons, du

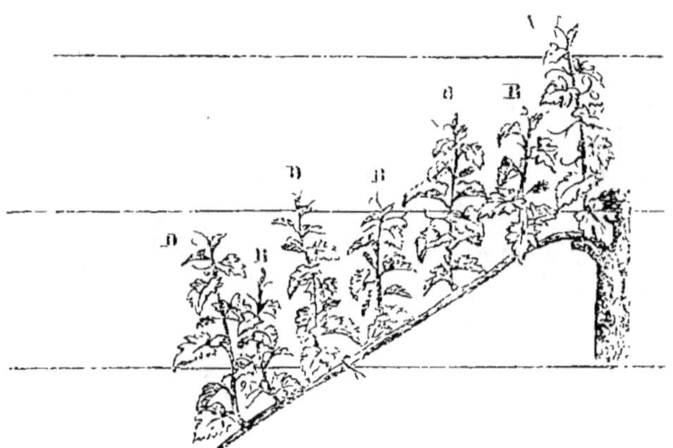

Fig. 464. Ébourgeonnement.

cisellement des grappes, de l'épamprement, etc., comme nous l'avons indiqué pour les treilles de Thomery.

Répétons en terminant que ce mode de taille a surtout pour but d'assurer une fructification suffisante, même dans les années les moins favorables, mais qu'il sera *rigoureusement indispensable* d'enlever les produits surabondants, surtout dans les années très-fertiles, sous peine de voir les ceps rapidement épuisés et de ne récolter que des raisins de très-médiocre qualité.

Maladies. — La vigne est exposée à diverses maladies dont voici les principales.

Jaunisse. — Voir la page 395.

Rougeot ou *Rougin.* — Cette autre maladie a une certaine analogie avec la précédente. Toutefois elle en diffère par la couleur des feuilles qui prennent une teinte rouge plus ou moins foncée, dès les mois de juillet et finissent bientôt par tomber. Cette altération, presque toujours mortelle pour les ceps, est encore due au mauvais état des racines.

Miellée ou *Brouissure*. — Cette affection présente les caractères suivants : les feuilles, les jeunes bourgeons, et même les grains de raisins prennent une teinte grisâtre due à ce que l'épiderme de ces parties se fendille et se dessèche. L'accroissement

Fig. 465. Fragment de feuille de vigne attaquée par l'oïdium.

s'arrête complétement, les grains se fendent au lieu de mûrir. Le soufrage, employé contre l'oïdium, a fait disparaître cette maladie.

Oïdium, lèpre, blanc ou *meunier*. — De toutes les maladies qui attaquent la vigne, celle-ci est incontestablement la plus redoutable[1].

Cette altération se montre sous forme d'une efflorescence d'un blanc grisâtre, d'abord sur les feuilles (*fig.* 465) et les jeunes bourgeons (*fig.* 466), dont elle suspend le développement, puis

[1] Nous ne nous occupons ici de l'*oïdium* qu'au point de vue des treilles. Nous examinons cette question pour les vignobles dans notre traité des *Arbres et arbrisseaux à fruits propres aux boissons fermentées*.

sur les grappes elles-mêmes, dont elle arrête l'accroissement. ..
L'épiderme des grains se durcit, prend une teinte fauve; ces.a
grains se fendent (*fig.* 467), acquièrent une saveur amère et se·9
corrompent avant de mûrir. Les feuilles et les bourgeons attaqués à
se couvrent de taches brunes, les feuilles se détachent, et, si la·sl
maladie est intense, les bourgeons eux-mêmes sont désorganisés·à
jusqu'à leur base ; de sorte qu'on perd ainsi, non-seulement la·sl
récolte de l'année, mais même celle de l'année suivante ; et, si·ia

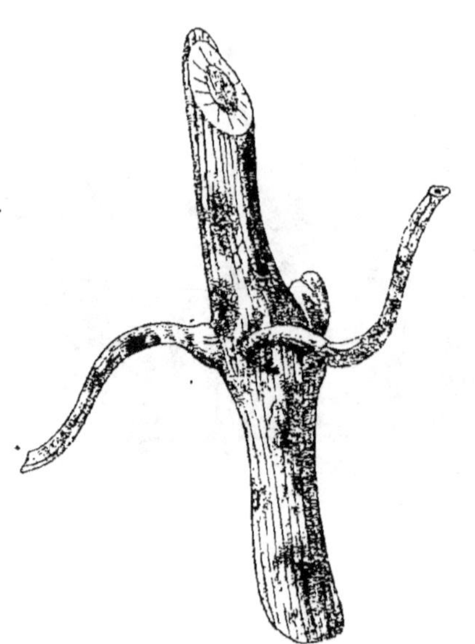

Fig. 466. Bourgeon de vigne attaqué
par l'oïdium.

Fig. 467. Raisins attaqués
par l'oïdium.

les ceps sont soumis à ce fléau pendant deux ou trois années de h
suite, ils périssent bientôt.

Cette altération, due à la présence du petit champignon auque·ou
on donne le nom d'*oïdium tukeri*, est facilement prévenue par·sc
l'emploi du soufre. Le mode d'application qui donne les meil·lie
leurs résultats est le soufrage à sec imaginé par M. Rose-Char·ur,
meux, de Thomery.

Voici la description des soins principaux que réclame le sou·ue
frage à sec pour produire ses bons effets. Le soufre doit être·u
uniformément répandu et bien divisé sur toutes les parties vertes·el

(bourgeons, feuilles et grappes). M. Charmeux a reconnu et l'on a constaté depuis partout, que l'action du soufre est d'autant plus grande, qu'il est appliqué avant l'apparition de la maladie; c'est surtout un moyen préventif. Aussi convient-il de pratiquer un premier soufrage lorsque les bourgeons de la vigne ont à peine 0.0^m,15 de longueur, un second au moment de l'épanouissement des fleurs, un troisième lorsque les raisins ont atteint le tiers de leur grosseur. S'il survenait une pluie abondante peu après l'exécution de l'une de ces opérations, il faudrait la recommencer immédiatement. Il conviendra de choisir pour cela un beau temps, et surtout un temps calme, afin que le soufre ne soit pas entraîné au loin par le vent. Il faudrait aussi éviter un soleil très-ardent, car alors le soufre placé sur les raisins pourrait les brûler. A cela

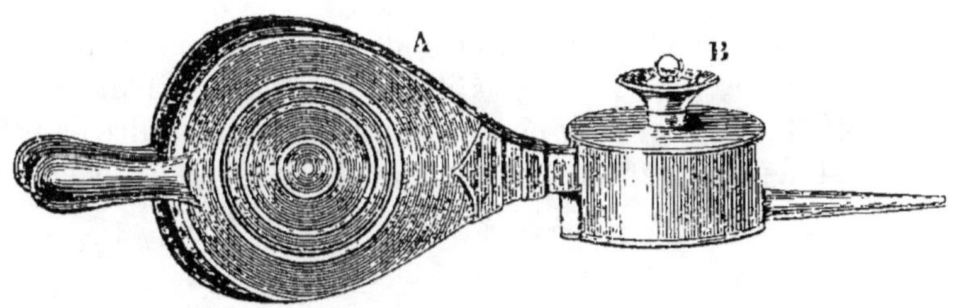

Fig. 468. Soufflet Gaffé pour le soufrage des vignes atteintes de l'oïdium.

près, on peut soufrer depuis le matin jusqu'au soir. — Les deux premiers soufrages sont appliqués sur tout l'ensemble de chaque cep. Le troisième peut n'être appliqué que sur les grappes seulement.

On peut employer indifféremment pour cette opération le soufre sublimé ou fleur de soufre, et le soufre brut finement trituré. Le soufre sublimé coûte de 26 à 30 francs les 100 kil. Le soufre trituré ne coûte que 18 à 22 francs; mais il en faut un peu plus. L'important est que le soufre soit pur de tout mélange avec des matières étrangères.

Lorsqu'on a commencé à faire usage du soufrage, on a cherché le moyen de répandre le soufre le plus promptement possible et le plus économiquement. Les deux instruments suivants donnent, pour les treilles, les meilleurs résultats. D'abord le soufflet con-

struit par M Gaffé, de Fontainebleau, d'après les indications des
cultivateurs de Thomery.

Nous en donnons ici la description. C'est d'abord un soufflet
ordinaire (A, *fig.* 468) auquel est joint l'appareil destiné à recevoir le soufre. Cet appareil, en fer-blanc, se compose d'une boîte

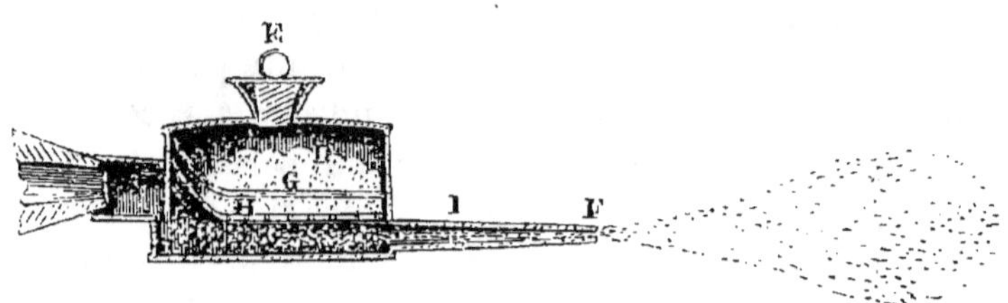

Fig. 469. Coupe verticale de la figure précédente.

ovale B, fixée à l'extrémité de la buse du soufflet et percé de trois
ouvertures : la première C (*fig* 469), donne accès à l'air chassé
par le soufflet ; la seconde D permet d'introduire le soufre dans la
boîte et est fermée par un bouchon en liége E ; la troisième I

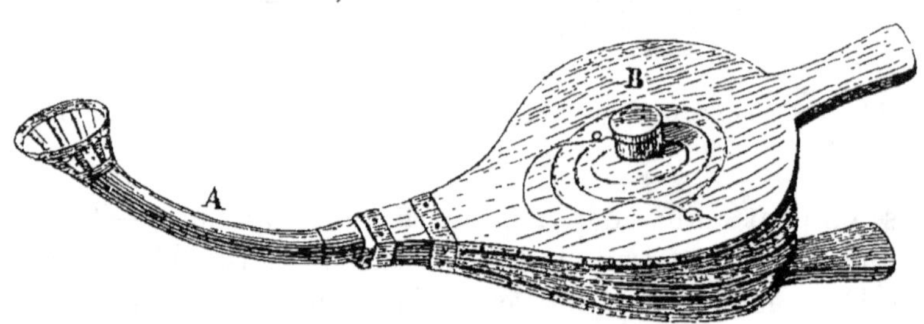

Fig. 470. Soufflet de M. de la Vergne.

permet à l'air qui a pénétré dans la boîte de s'échapper en en-
traînant une certaine quantité de soufre F. La boîte est séparée
à l'intérieur par deux cloisons horizontales et à jour La première G se compose de sept fils de fer tendus à $0^m,01$ les uns
des autres dans le sens de la longueur de la boîte. La seconde H
est une toile métallique en cuivre, tendue à $0^m,01$ au-dessous de
la première cloison et dont les mailles offrent une largeur d'environ $0^m,001$.

On comprend maintenant que si l'on introduit le soufre dans la boîte D (*fig.* 469) et que l'on fasse fonctionner le soufflet, le courant d'air traversant la buse C suivra la direction III, et, rencontrant le soufre qui s'échappe à travers les deux cloisons, l'entraînera et le fera apparaître au point F sous forme d'un petit nuage dont les particules impalpables vont se déposer en couche mince, mais suffisante, sur les surfaces environnantes.

On a reproché à cet instrument de placer à son extrémité antérieure le soufre destiné à être répandu, ce qui fatigue assez vite l'opérateur. Aussi lui préfère-t-on aujourd'hui le soufflet de M. de la Vergne, construit à Bordeaux.

Les dimensions de ce soufflet (*fig.* 470 et 471) sont celles des soufflets ordinaires. Les deux faces se composent de deux plan-

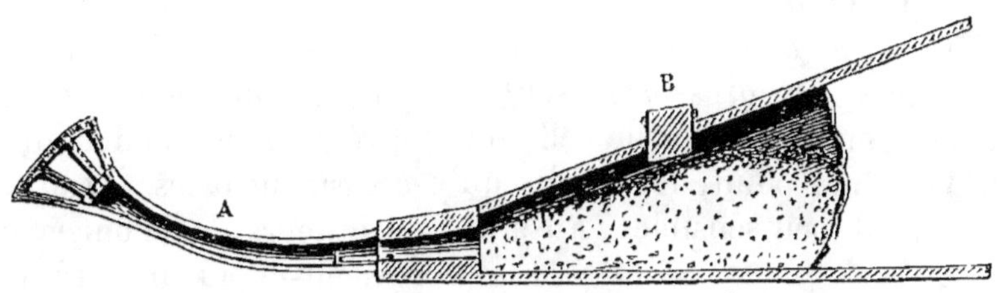

Fig. 471. Coupe du soufflet de M. de la Vergne.

ches en bois de peuplier, terminées en avant par une buse longue de 0^m,07, et dont le canal intérieur va en s'évasant de l'intérieur à l'extérieur. Il n'y a de ferrement d'aucune sorte, ni intérieurement ni extérieurement; de simples petits clous fixent la peau latérale sur les planches. Cette peau est enduite intérieurement d'une couche de résine qui empêche le contact du soufre, lequel altérerait rapidement cette peau. Un trou rond de 0^m,04 de diamètre est pratiqué dans la planche supérieure. On le ferme avec un bouchon de liège B. Il n'y a pas de soupape, l'air entre et sort par la tuyère.

La tuyère A est courbée régulièrement et présente un diamètre de 0^m,03; elle est fixée à la buse du soufflet au moyen de deux crochets placés latéralement. Une toile de cuivre à mailles de 2 millimètres de côté est placée à l'extrémité antérieure.

Le soufre est placé dans l'intérieur même du soufflet, et on l'y introduit par l'ouverture B ménagée sur l'une des faces de l'instrument. Le poids du soufre étant ainsi moins éloigné des mains de l'opérateur, l'instrument devient moins fatigant.

Voici quel est le prix de revient du soufrage des treilles à Thomery, pour une surface d'un hectare entièrement consacrée à la vigne.

60 kil. soufre sublimé pour les trois soufrages, à 28 francs les 100 kil. . . . .   16 fr. 80 c.

6 journées d'hommes pour les trois soufrages, à 2 fr. 50 c. l'une.   15

____

31 fr. 80 c.

Animaux nuisibles. — Les raisins des treilles ont parfois beaucoup à souffrir de certains animaux, tels que les *rats* et les *loirs*, page 398.

Les *oiseaux* et particulièrement les *moineaux*, les *merles*, les *grives*, les *gros-becs*, sont les plus grands ennemis des treilles. Toutefois, lorsque celles-ci sont réunies en grand nombre sur le même point, les dégâts qu'y occasionnent les oiseaux y deviennent peu sensibles. Aussi les cultivateurs de Thomery ne prennent-ils aucune précaution pour les empêcher. Sans doute les filets sont de bonnes défenses, mais leur prix doit rendre leur emploi inapplicable a de grandes surfaces.

M. Orbelin, propriétaire à Saint-Maur, près Paris, a imaginé contre les oiseaux de petits miroirs à double face, d'un prix très-modique et qui, suspendus le long des murs, un peu en avant des treilles, ont donné, jusqu'à présent, un résultat très-satisfaisant (*fig.* 472).

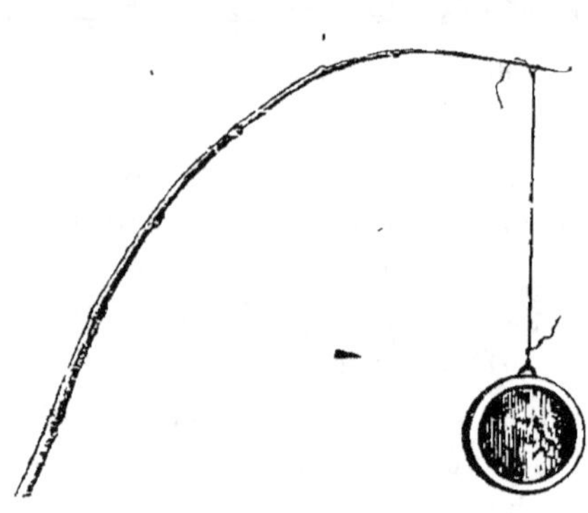

Fig. 472.

Insectes nuisibles [1]. — Nous avons déjà parlé du *hanne-*

____

[1] Nous renvoyons à notre traité des *Arbres et arbrisseaux à fruits propres aux boissons fermentées*, pour les insectes particulièrement propres aux vignobles.

ion commun, page 398. Il conviendra de défendre aussi les treilles contre l'attaque de cet insecte.

Guêpes et Frélons. — Ces insectes font aussi des dégâts considérables dans les treilles en attaquant les raisins. On peut les détruire en enlevant leurs nids et en employant l'eau miellée indiquée contre les fourmis (p.402). On les éloigne des grappes en enveloppant celles-ci dans des sacs en crins ou en toile imprégnée d'huile de lin.

Eumolpe de la vigne (*Eumolpus vitis*) (*fig.* 473). — Ce petit coléoptère, connu des vignerons sous les noms de *diableau*, de *gribouri*, d'*écrivain*, a les élytres d'un rouge brun et le restant du corps noir ; il

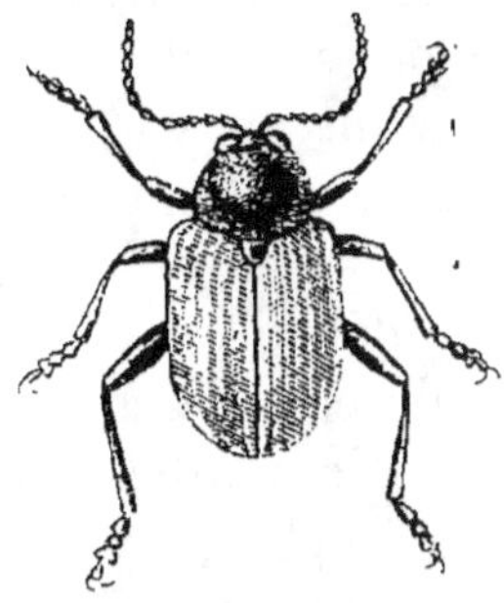

Fig. 473. Eumolpe de la vigne.

se rencontre dans les vignes, à partir du mois de juillet. C'est lui qui trace sur les feuilles, en les rongeant, ces impressions

Fig. 474. Feuille de vigne attaquée par l'eumolpe.

linéaires que l'on a comparées à des caractères d'écritures (*fig.* 474). Lorsqu'il est très-abondant, il s'attaque aussi aux raisins et les dessèche.

Rhynchite du bouleau (Rhynchites betuliti) (fig. 475). — Espèce de petit charançon vert doré ou bleu métallique. Il apparaît en mai et juin. L'individu femelle coupe partiellement le pétiole des feuilles de vignes qui dès lors sé fanent. Elle profite de leur ramollissement pour les rouler en forme de cigare *(fig. 476)* en déposant dans les plis trois ou quatre œufs. Les œufs éclosent bientôt, quittent leur retraite et s'enfoncent dans le sol pour en sortir au mois de mai suivant sous forme d'insecte parfait. — Pour détruire cet insecte il suffit d'enlever avec soin et de brûler toutes les feuilles roulées et encore fraîches.

Le *kermès de la vigne (chermès vitis)* *(fig. 477)*, connu aussi sous le nom de *gal insecte*, de *cochenille*, de *punaise*, attaque

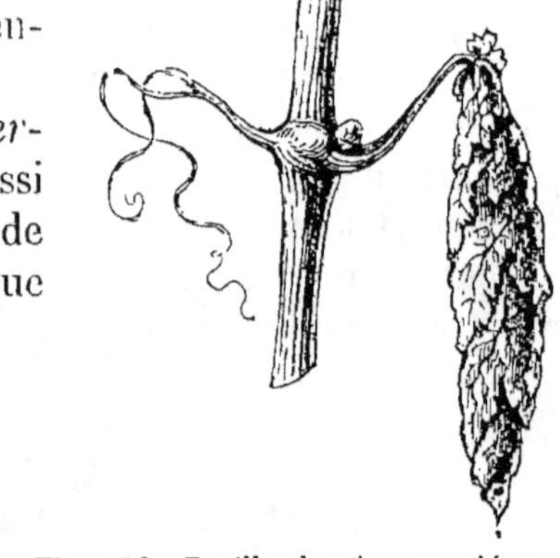

Fig. 475. Rhynchite du bouleau.

Fig. 476. Feuille de vigne roulée par le rhynchite du bouleau.

souvent les treilles. Lorsqu'il a acquis tout son développement, vers la fin de mai, il présente l'aspect suivant : l'individu mâle apparaît sous la forme d'un petit cloporte recouvert d'une poussière blanche (**A**, *fig.* 477). L'individu femelle ressemble à une sorte de petite coquille de couleur brune (B), fortement appliquée sur les sarments. Vers ce moment, les individus mâles fécondent les femelles et meurent. Les femelles font bientôt leur ponte, et leurs œufs restent entourés d'une petite masse de duvet blanc recouverte elle-même par le corps desséché de la femelle, qui meurt aussitôt après. Ces œufs éclosent rapidement, et les nouveaux insectent sortent, vers le commencement de juin, au nombre de plus de mille, de dessous la coquille qui les recouvrait. A peine visibles à l'œil nu, ils se répandent sur les feuilles et les jeunes bourgeons, piquent l'épiderme de ces organes, et les épuisent en absorbant les fluides.

Vers le mois de novembre, au moment où les feuilles se détachent, les jeunes kermès les abandonnent et se fixent sur les sarments, en choisissant de préférence le côté dirigé vers le mur, et y restent engourdis pendant tout l'hiver sous forme de petites taches brunes (C). Au mois d'avril ils changent de peau, prennent un rapide accroissement et donnent naissance à une nouvelle génération : le moyen de détruire cet insecte est celui que nous avons indiqué pour le kermès du poirier (p. 401).

Récolte. — La récolte du raisin ne doit être faite que lorsqu'il est parfaitement mûr : plus on la retarde, surtout dans le centre et le nord de la France, plus il est savoureux. Il faut, toutefois, prévenir les premières gelées de l'automne, auxquelles il est sensible. C'est par un temps sec que cette récolte doit être effectuée. Chaque grappe doit être prise par la queue, et détachée au moyen du sécateur ou des ciseaux.

A mesure que le raisin est cueilli, on le dépose dans de petits paniers garnis de feuilles de vigne et de fougère. Ces paniers sont rangés sur une sorte de crochet (*fig.* 478), qu'un homme transporte comme une hotte jusqu'à la fruiterie ou jusqu'au lieu où l'on emballe le raisin pour la vente.

Conservation. — Voici le mode de conservation appliqué chaque année par les cultivateurs de Thomery à une grande quantité de raisin.

Fig. 477. Kermès.

A. Individu mâle grossi.
B. Individus femelles.
C. Jeunes kermès.

Et d'abord ils s'efforcent d'en garder une certaine portion, le plus tard possible, sur les treilles. Ils choisissent pour cela les grappes placées au sommet des murs exposés au levant. Ces raisins sont moins aqueux, et par conséquent moins sensibles au froid ; ils les en défendent d'ailleurs en les abritant avec des feuilles de fougère sèches et même avec des paillassons. Ils en conservent ainsi parfois jusqu'à Noël.

Quant aux grappes qu'ils veulent garder au delà de cette époque, ils ont recours aux deux procédés suivants :

Conservation des raisins à rafle sèche. — Les raisins destinés
à être conservés sont choisis sur les espaliers parmi les grappes
qui ont été le mieux abritées contre l'humidité atmosphérique.
On prend celles qui ont été soumises au cisellement et dont les
grains sont les plus gros et les moins ser-
rés. On les récolte vers la fin d'octobre.

Le local où le raisin est conservé est
une pièce dépendante ordinairement de
l'habitation et exclusivement consacrée à
cet usage. Des tablettes superposées et offrant une largeur de 1 mèt. environ couvrent les murailles depuis le sol jusqu'au
plafond. Au milieu de la pièce et à $0^m,80$ des
tablettes latérales, une autre série de tablettes s'élèvent également jusqu'au plafond.
Ces tablettes, disposées comme l'indique la
figure 479, sont garnis de boîtes à coulisses,
inclinées de $0^m,10$ environ d'arrière en
avant ; elles sont garnies au fond de fou-

Fig. 478. Crochet pour
transporter les raisins.

gère bien sèche, cueillie verte et séchée à l'ombre. C'est sur
cette fougère que les grappes sont placées les unes à côté des
autres, sans qu'elles se touchent. On les visite souvent et l'on
enlève avec des ciseaux les grains qui commencent à s'altérer.
On peut conserver ainsi des raisins jusqu'à la fin de mars et
même jusqu'à la fin d'avril, dans les années les plus favorables.

Cette sorte de fruiterie présente les inconvénients suivants :
on est souvent obligé d'y introduire de la chaleur pour la défendre des froids de l'hiver ; de là des changements de température nuisibles à la conservation. L'accumulation de l'humidité
force, d'un autre côté, à l'aérer de temps en temps, et produit
le même résultat dans un sens inverse. Enfin, si les courants
d'air résultant de cette aération sont trop considérables, le raisin
se dessèche, se ride et perd, sinon sa qualité, du moins sa valeur
commerciale. Nous pensons donc qu'il y aura plus d'avantage à
remplacer ce local par la fruiterie dont nous avons donné la description page 413. Il n'y aurait qu'à changer la disposition des

tablettes de façon à les approprier à cette destination spéciale. Il faudrait aussi n'user qu'avec prudence du chlorure de calcium recommandé page 419, et cela dans la crainte de faire rider le raisin.

Lorsqu'on n'aura à conserver qu'une quantité peu considérable de raisin, la même fruiterie pourra servir à la fois et pour

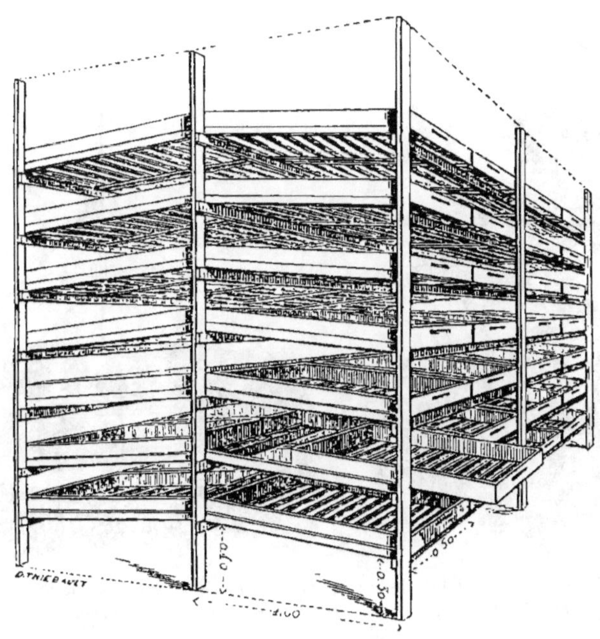

Fig. 479. Conservation du raisin à rafle sèche.

les raisins et pour les autres fruits. Les grappes seront alors étendues sur des tablettes spéciales semblables à celles que nous venons de décrire.

Dans beaucoup de localités, on conserve le raisin de la manière suivante : chaque grappe, bien choisie et privée de grains altérés, est d'abord fixée par la pointe dans un petit crochet en fil de fer, disposé en S (*fig.* 480). Ainsi attachées, elles seront moins exposées à pourrir, parce que les grains auront une tendance à s'écarter les uns des autres. On accroche ensuite le côté opposé de l'S autour d'un ou plusieurs cerceaux superposés (*fig.* 481), suspendus eux-mêmes au plafond de la fruiterie

(p. 415) et rendues mobiles par de petites poulies. Lorsqu'on veut conserver ainsi une plus grande quantité de raisin, et pour perdre moins d'espace, on remplace les cerceaux par des châssis en bois (*fig.* 482) longs et larges de 1^m,35. Ces châssis sont garnis de tringles, séparées les unes des autres par un intervalle de 0^m,20, et portant d'un côté de petites pointes destinées à attacher les crochets des grappes. Ces châssis sont aussi suspendus

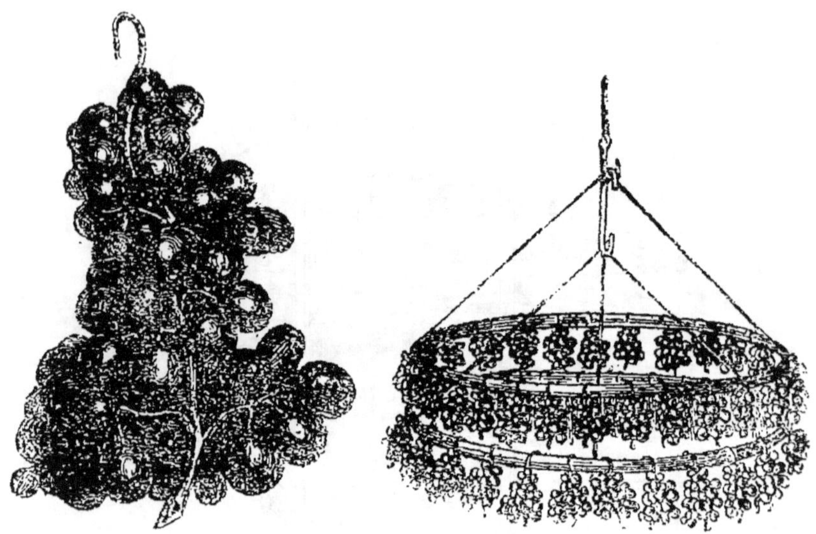

Fig. 480. Mode de suspension des grappes dans la fruiterie.

Fig. 481. Raisins suspendus sur des cerceaux.

au plafond de façon à en occuper toute la surface, et se meuvent également de haut en bas comme des cerceaux. Toutefois les raisins ainsi suspendus se rident davantage et perdent plus de leurs qualités que ceux que l'on conserve étendus sur des tablettes, d'où il suit que le procédé en usage à Thomery nous paraît être bien préférable. Nous renvoyons d'ailleurs à ce que nous avons dit à la page 418 relativement aux soins que réclament les fruits en général pendant leur séjour dans la fruiterie.

Conservation des raisins à rafle fraîche. — Les deux procédés de conservation que nous venons de décrire présentent un inconvénient fâcheux, c'est que la rafle est bientôt desséchée et que les grains de raisin se rident plus ou moins, ce qui leur enlève une partie de leur qualité. Or, M. Rose-Charmeux a imaginé un mode de conservation tel que la rafle reste aussi verte et que les grains se maintiennent aussi pleins que si l'on venait de détacher les grappes du cep. Voici en quoi consiste ce nouveau moyen :

Préparer un local ayant toutes les qualités de la fruiterie décrite page 413. Fixer contre toutes les parois intérieures de ce local une série de petits râteliers analogues à celui indiqué par la figure 483 et disposés par lignes superposées distantes l'une de l'autre de 0ᵐ,30 : établir au centre de ce local une série de supports (*fig.* 484) destinés à recevoir la plus grande quantité possible de râteliers semblables à celui de la fig. 485.

Placer dans chacune des entailles de ces râteliers (*fig.* 483) une petite bouteille B, d'une contenance de 125 grammes, remplie d'eau ordinaire à laquelle on ajoute une cuillerée à café de charbon de bois réduit en poudre C, pour empêcher l'eau de se

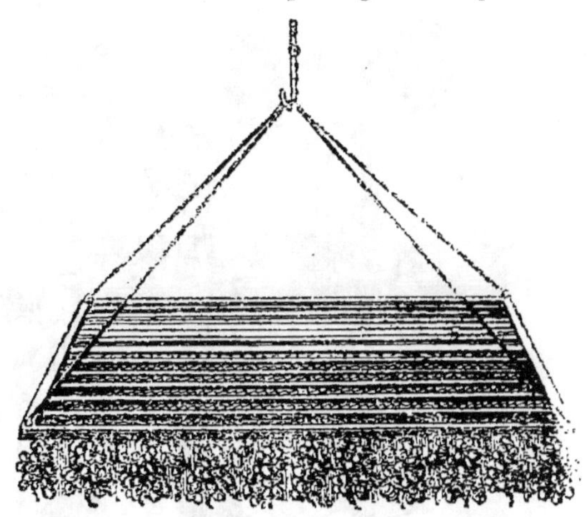

Fig 482. Cadres pour suspendre les raisins.

putréfier. Récolter le raisin à l'époque ordinaire en choisissant les grappes les plus belles, les plus saines et qui ont été soumises au cisellement. Couper autant que possible les sarments qui portent deux grappes, de façon à conserver trois yeux au-dessous de la grappe inférieure et deux au-dessus de la grappe supérieure. Supprimer immédiatement les feuilles et placer la base de chacun de ces sarments dans une des bouteilles, ainsi que le montre notre figure. Ces raisins sont visités tous les huit jours ; on supprime chaque fois avec des ciseaux les grains altérés et l'on surveille l'action du chlorure de calcium dont on use comme nous l'avons expliqué plus haut. M. Charmeux conserve ainsi une partie notable de ses chasselas et même des raisins frankenthal jusqu'en avril.

35.

Séchage des raisins. — La grande quantité de principe sucré que contiennent en général les raisins du Midi rend leur dessiccation et leur conservation faciles. Aussi sont-ils devenus l'objet d'une industrie spéciale et d'un commerce très-important pour quelques contrées du midi de l'Europe, où l'on cultive les variétés les plus recherchées pour cet usage. Nous avons noté dans notre liste les plus recommandables de ces variétés. Malaga, la Calabre, l'Égypte, Roquevaire en Provence, sont les

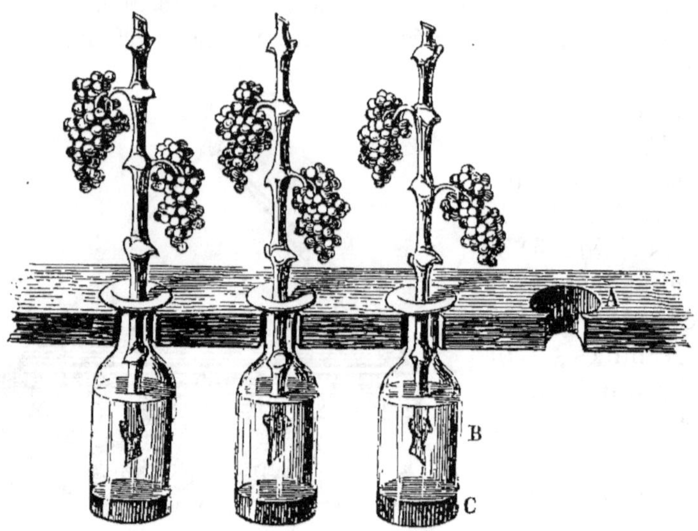

Fig. 485. Conservation des raisins à rafle fraîche. — Râtelier simple.

principaux points où l'on se livre à cette culture. C'est surtout de Zante que vient le raisin de Corinthe.

Le procédé le plus généralement employé pour opérer la dessiccation du raisin est le suivant : lorsque le fruit approche de sa maturité, on tord la grappe et l'on effeuille en partie le cep, pour que les rayons solaires arrivent jusqu'au raisin et exercent leur influence, soit en favorisant la réaction des principes, soit en soustrayant l'humidité surabondante. On procède ensuite à la cueillette et l'on enlève avec soin les grains gâtés.

Après quoi, on laisse les grappes exposées au soleil, sur des claies, pendant un jour. Le lendemain, on prépare une lessive bouillante, faite avec de la cendre de sarment, et à laquelle on ajoute quelques poignées de lavande, de romarin ou d'autres

Fig. 484. Intérieur du fruitier pour les raisins à rafle fraîche.

plantes aromatiques. Les grappes sont plongées à trois reprises dans cette lessive. Si les grains en sortent un peu fendillés, la lessive est assez forte. Elle est trop forte lorsque les raisins sont fendillés dans tous les sens. Lorsqu'elle est convenablement préparée, on la laisse réfroidir et déposer, on la passe à travers un linge serré, puis on la remet sur le feu. Dès qu'elle bout, on y plonge chaque grappe trois fois : celles-ci sont ensuite placées sur des claies qu'on expose au soleil et qu'on rentre chaque soir. La

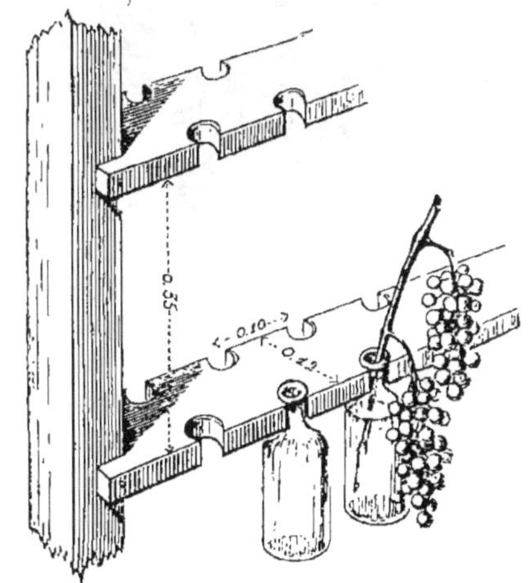

Fig. 485. Fiole et raisins sur un râtelier double.

dessiccation des raisins est ordinairement complète au bout de trois ou quatre jours.

Les *raisins de Corinthe* sont traités différemment. On se borne à les cueillir quelques jours après leur complète maturité. On les dépose sur des claies très-serrées ou sur des draps placés au grand soleil. Quand on s'aperçoit que les grains, tout en conservant leur pédicule, se détachent de la grappe, on frappe celles-ci légèrement avec de petites baguettes, pour hâter ce résultat. On les sépare ensuite de la rafle au moyen d'un crible, puis on les passe au van ou au tarare pour enlever la poussière ou les débris.

GROSEILLIER.

Espèces et variétés. — On cultive les trois espèces suivantes : *Le groseillier à grappes* (*Ribes rubrum*, L.) (*fig.* 486).

Cet arbrisseau croît spontanément dans les contrées montagneuses de l'Europe. On fait un grand usage de ses fruits à l'état frais, et surtout sous forme de gelées, de confitures et de sirops. On en extrait aussi de l'acide citrique qui revient à un prix moins élevé que celui que l'on

Fig. 486. Groseillier à grappes.

Fig. 487. Fleurs du groseiller à grappes.

obtient des citrons. Enfin, dans quelques contrées privées de la

r vigne, on en obtient une sorte de vin qui, distillé, donne une
э eau-de-vie de bonne qualité.

Cette espèce a produit, au moyen des semis, un certain nom-
{ bre de variétés, parmi lesquelles nous indiquerons les suivantes
э comme les plus recommandables :

Groseillier ordinaire, à *fruit rouge*.
Groseillier hâtif de Bertin. Variété précoce; fruit rouge.
Groseillier Versaillais. Fruit rouge.
Groseillier couleur de chair. Tardif, un peu moins fertile que les autres.
Groseillier de Hollande, à *fruit rouge*. Se conserve longtemps sur pied.
Groseillier de Hollande, à *fruit blanc*.
Groseillier cerise. Variété vigoureuse, un peu moins fertile que les précédentes;
1 fruit très-gros; n'aime pas la taille; fruit rouge.
Groseillier Queen Victoria. Fruit rouge, très-gros.
Les diverses variétés à fruit blanc sont moins acides que celles à fruit rouge.

Le *groseillier épineux* (*Ribes uva crispa*, L.) (*fig.* 488) est
c aussi originaire d'Europe. On lui donne encore le nom de *gro-*

Fig. 488. Fleurs du groseillier épineux.   Fig. 489. Groseillier épineux.

ız seillier à maquereau, parce qu'on assaisonne ce poisson avec le
ı[jus de ses fruits encore verts.

Le nombre des variétés de cette espèce s'élève aujourd'hui à
plus de soixante. Presque toutes sont originaires d'Angleterre.
On les distingue par la couleur de leurs fruits, qui sont *blancs,*
jaunes, verts, rouges ou violets; par leur forme *sphérique* ou
oblongue, par leur surface *lisse* ou *hérissée* de poils; enfin par
leur grosseur, qui varie entre le volume d'une cerise et celui
d'un œuf de pigeon. Du reste,
ces diverses variétés n'ont pas
de nomenclature fixe.

Le *groseillier noir* ou *cas-*
sis (*Ribes nigrum*, L.) (fig.
490) est originaire de la Suisse
et de la Suède. Son fruit est
peu consommé à l'état frais;
mais on a tiré parti de sa
saveur aromatique pour en
faire, avec l'eau-de-vie, une
sorte de ratafia.

La meilleure variété est le
cassis à gros fruits. On le
distingue à son bois gros,
trapu, à ses feuilles larges et
à la grosseur de ses fruits. On
a donné beaucoup d'exten-
sion à cette culture sur quelques points et notamment

Fig. 490. Groseillier noir ou cassis.

aux environs de Paris; mais ce sont les cassis récoltés en Bour-
gogne, aux environs de Beaune, qui sont les plus recherchés
pour faire les ratafias. Ils ont plus d'arome que partout ailleurs,
et cela, sans doute, par suite des causes qui produisent les
mêmes effets sur les raisins et tous les fruits de cette contrée.

Climat et sol. — Les groseilliers donnent des produits passables sous tous les climats de la France. Ils préfèrent cependant
la température du Centre. Dans le Midi, les fruits, surpris par
la chaleur, deviennent moins gros et renferment moins de suc;
dans le Nord, ils sont plus acides.

Les terrains qui conviennent particulièrement à ces arbrisseaux sont ceux de consistance moyenne un peu frais.

Culture. — On donne aux groseilliers la forme d'un vase qui naît à fleur de terre, et qui est composé de dix à douze branches dépourvues de ramifications et assez espacées pour permettre à la lumière de les éclairer de toutes parts. Quelquefois aussi on élève ce vase sur une tige de 0^m,40 à 0^m,50. On peut encore les disposer en petits cônes ou même les placer en espalier contre des murs peu élevés, et dont l'exposition conviendrait peu aux autres espèces d'arbres fruitiers, ou enfin en contre-espalier ; on impose très-facilement à leur charpente l'une des formes que nous avons décrites pour les arbres en espalier ou les contre-espaliers.

Mais les formes en vase ou celles en cordon vertical pour les espaliers ou les contre-espaliers sont celles qui sont le plus en harmonie avec le mode de végétation de cet arbrisseau.

Multiplication. — Nous avons vu, à l'article *Pépinières* (p. 414), que les groseilliers sont multipliés au moyen des marcottes et des boutures, prises sur les pieds-mères les plus vigoureux et dont les fruits sont les plus beaux. On peut aussi se servir de semences, mais seulement pour obtenir de nouvelles variétés, car celles qui sont déjà obtenus se reproduisent rarement ainsi avec toutes leurs qualités. On emploie aussi quelquefois les éclats résultant des vieilles cépées que l'on détruit après qu'elles ont été épuisées. Les jeunes sujets ne sont plantés à demeure qu'après un an de repiquage dans la pépinière.

Plantation. — Lorsqu'on veut donner aux groseilliers la forme en espalier, en cône ou en vase à haute tige, on ne plante qu'un jeune sujet à chaque place ; mais, si l'on veut en former des cépées ou vases à basses tiges, on place trois jeunes plants à chaque point, à 0^m,16 les uns des autres, et en triangle ; le vase est ainsi plus promptement formé. Nous indiquons aux pages 252 et 253 la distance à réserver entre ces plants.

Comme les racines des groseilliers naissent toujours près du collet et s'étendent à la surface du sol, ce collet s'élève progressivement au-dessus de terre ; les racines sont alors exposées à la sécheresse, et les produits en souffrent. Pour prévenir cet inconvénient, on plante les jeunes sujets au centre d'une fosse circulaire, large de 1 mètre, et dont le fond reste, après l'opération, à 0^m,20 au-dessous du niveau du sol. S'il s'agit d'espaliers ou de contre-espaliers, la plantation est faite au centre d'une rigole de 0^m,40 de largeur et dont le fond reste à 0^m,20 au-dessous du niveau du sol. Chaque année, lors des façons don-nées à la terre, on rechausse les jeunes groseilliers, en répandant au fond de chaque fosse, ou de chaque rigole, environ 0^m,06 de la terre accumulée sur les bords.

Taille du groseillier à grappes. — Les groseilliers sont encore presque partout abandonnés à eux-mê-mes ; ou, si on les tond, c'est uniquement pour les empêcher d'occuper trop de place. Et cependant une taille annuelle et raisonnée leur donne une production plus abondante, plus régu-lière et surtout des fruits beaucoup plus beaux et de meilleure qualité.

Mode de fructifica-tion. — Le mode de fruc-tification du groseillier à grappes est analogue à celui des arbres à fruits à noyau, c'est-à-dire que les boutons à fleurs ne paraissent que sur de petits rameaux dévelop-pés pendant l'été précé-dent, et que ces petites productions ne fructi-fient plus ensuite qu'au moyen d'un nouveau prolongement ou de pe-tites ramifications nais-

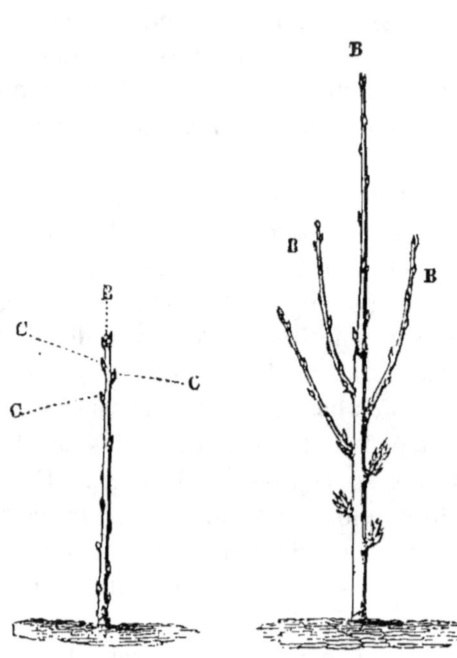

Fig. 491. Groseillier à grappes âgé d'un an.

Fig. 492. Groseillier à grappes âgé de 2 ans.

Fig. 493. Petit rameau à fruit du groseillier à grappes âgé d'un an.

Fig. 494. Rameau à fruit du groseillier à grappes âgé de 2 ans.

sant à leur base. Ainsi, les rameaux vigoureux formés pendant l'année précédente (*fig. 491*) ne portent que des boutons à bois. Pendant l'été suivant, le bouton terminal B et un ou deux des plus rapprochés C donnent lieu à de nouveaux rameaux. Tous les autres boutons développent seulement une rosette de feuilles qui produit un faisceau de boutons à fleurs, au centre desquels est un bouton à bois A (*fig.* 493). Ce rameau offre alors l'aspect de la figure 492. Lors du deuxième été, chacun des faisceaux de boutons à fleurs fructifie, et le bouton à bois placé au centre de cha-

Fig. 495. Groseillier à grappes
âgé de 3 ans.

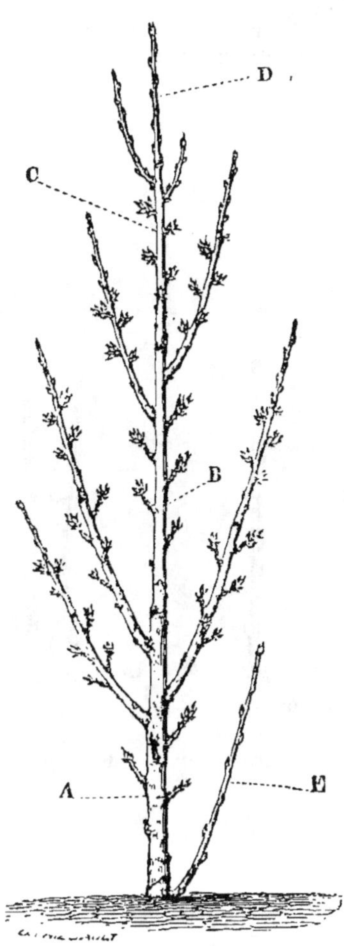

Fig. 496. Groseillier à grappes
âgé de 4 ans.

cun d'eux développe une nouvelle rosette de feuilles qui produit un nouveau faisceau de boutons à fleurs A (*fig.* 494) pour l'année suivante. Les ramifications B (*fig.* 494) formées l'année précédente s'allongent de nouveau, et les boutons qu'elles portent subissent les mêmes transformations. On obtient alors le résul-

lat que montre la figure 495. Pendant le troisième été, notre
rameau primitif, qui correspond à la partie inférieure de cette
branche, porte encore des fruits ; mais, la branche continuant
de s'allonger, la séve n'agit plus avec assez de force vers la base
pour y faire naître de nouvelles rosettes de feuilles ; il ne s'y
développe plus de boutons à fleurs, et cette fraction de la branche devient improductive, ainsi qu'on le voit en A (*fig.* 496). Les

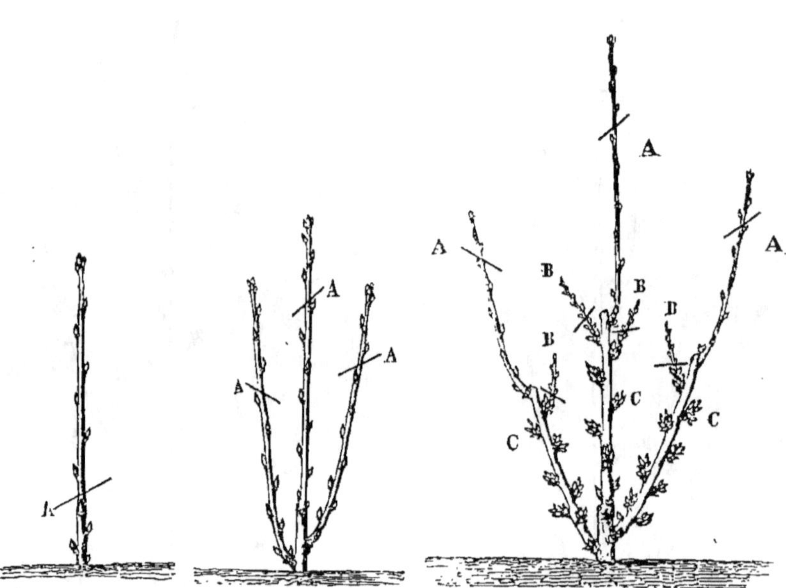

Fig. 497. Groseillier
à grappes,
première taille.

Fig. 498. Groseillier
à grappes,
deuxième taille.

Fig. 499. Groseillier à grappes,
troisième taille.

divers prolongements A, B, C, D, éprouvent tous successivement
les mêmes transformations, et la branche continue de s'allonger
jusqu'à ce que la séve, ayant à parcourir un trop grand espace
pour agir efficacement au sommet, fasse développer vers la base
un rameau E. Alors la séve, abandonnant complétement la branche primitive, porte toute son action sur le rameau E et lui fait
éprouver les mêmes changements, jusqu'à ce que, épuisé lui-
même, il soit aussi remplacé par une nouvelle production. Tel
est le mode de végétation du groseillier à grappes. Voyons,
d'après cela, l'espèce de taille qu'il convient de lui appliquer.
Comme c'est la forme en vase ou cépée, ou celle en cordon ver-

tical qui sont les plus convenables, nous allons choisir ces diverses formes pour étudier cette opération.

Taille du groseillier à grappes en vase ou cépée. — Prenons
comme exemple un des trois jeunes sujets qui forment chaque
cépée. Cette dernière doit se composer de neuf à douze branches.
Chaque pied doit donc en porter trois ou quatre. A cet effet, on
coupe la jeune tige en A (*fig.* 497), au-dessus des trois boutons
inférieurs destinés à former les trois branches. Les deux boutons
du bas doivent être placés latéralement. Pendant l'été, on favorise le produit de ces trois boutons en supprimant les bourgeons qui se développeraient au-dessous. La figure 498 montre
le résultat que donne cette opération au printemps suivant.

A cette époque, chacun des rameaux est coupé en A afin de
refouler un peu la séve jusqu'à la base et de déterminer vers ce
point la formation de nombreux boutons à fleurs. Mais il en
résulte aussi que, pendant l'été, les quatre ou cinq boutons du
sommet se développent plus vigoureusement et donnent lieu à
des bourgeons, que l'on doit pincer lorsqu'ils ont environ 0^m,10
de longueur, à l'exception du bourgeon terminal, qu'on laisse
intact. On a, l'année suivante, le résultat indiqué par la figure
499.

Lors de cette troisième taille, on opère chacun des nouveaux
prolongements (A) comme ceux de l'année précédente. Quant
aux petits rameaux B, on les coupe à 0^m,06 environ de leur
base, c'est-à-dire au-dessus de l'amas des boutons à fleurs qu'ils
présentent vers ce point. Pendant l'été, on obtient une première
fructification sur la fraction C des branches. On applique aux
bourgeons qui naissent au sommet des prolongements A des
soins semblables à ceux de l'été précédent. On opère de la même
manière pour la quatrième et la cinquième taille. La figure 500
montre le groseillier arrivé à cet âge. On voit que la partie inférieure de chaque branche a parcouru les diverses phases de sa
production, et qu'elle est maintenant stérile ; c'est à ce moment
qu'il convient de ravaler chacune de ces branches. Voici comment
on y procède :

Pendant l'été qui suit la cinquième taille, et lorsque les fruits
sont noués, on coupe chacune des tiges en B. Il en résulte que
la séve est refoulée vers la partie inférieure des tiges et détermine
sur la souche le développement de quelques bourgeons parmi

lesquels on choisit, sur chaque tige, le plus vigoureux, et l'on supprime les autres. L'année suivante, toutes les anciennes tiges sont coupées immédiatement au-dessus du point où est attaché le nouveau rameau. Celui-ci est ensuite traité comme l'ont été les premières tiges.

Ce mode de rajeunissement des groseilliers ne peut être convenablement pratiqué qu'une seule fois; car, lorsque la partie inférieure des tiges obtenues du ravalement est de nouveau épuisée, c'est-à-dire vers la douzième année après la plantation, les nombreuses racines des cépées occupent complétement le terrain réservé entre chaque vase; elles y sont tellement multipliées, qu'elles s'affament mutuellement et que les groseilliers dépérissent bientôt, malgré les fumures les plus abondantes. Il convient alors de renouveler la plantation. On arrache les cépées, on défonce le sol, puis on le fume convenablement, et l'on forme un nouveau plant avec de jeunes sujets préparés à l'avance.

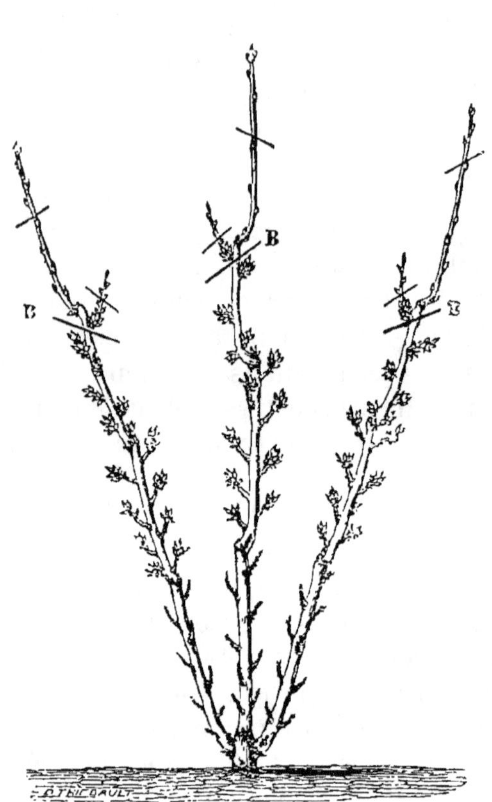

Fig. 500. Groseillier à grappes, cinquième taille.

Tel est le mode de taille adopté par les cultivateurs de Louveciennes, de Voisine, de la Selle, de Saint-Cloud et de Marly, qui approvisionnent les marchés de Paris.

Taille du groseillier à grappes en cordon vertical. — La forme en vase ou cépée est certainement la meilleure disposition à donner aux groseilliers lorsqu'on veut les cultiver en grand, comme on le fait sur quelques points des environs de Paris; mais, dans le jardin fruitier, il vaudra mieux les placer contre ses murs situés aux expositions les plus froides, et donner à leur charpente la forme en cordon vertical. On obtiendra ainsi des produits plus prompts et plus beaux qu'avec la forme en vase.

Si les murs n'offrent pas de ces expositions froides ou que l'on ait, par conséquent, plus d'avantage à les utiliser pour les autres arbres fruitiers, on cultivera les groseilliers en contre-espalier double en cordon vertical; les deux rangs sont séparés l'un de l'autre par un intervalle de 0ᵐ,30 et les jeunes plants

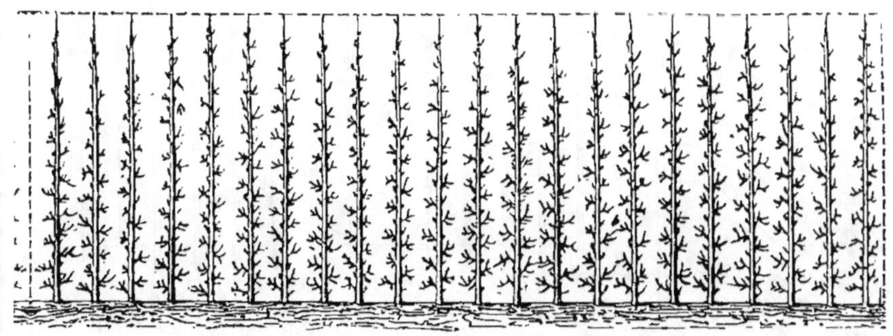

Fig. 501. Groseilliers à grappes soumis à la forme en cordon vertical.

sont disposés en quinconce. Dans l'un et l'autre cas, on procédera de la manière suivante.

Les jeunes groseilliers seront plantés en ligne, à 0ᵐ,20 d'intervalle, au fond d'une rigole, comme nous l'avons expliqué plus haut. Au bout d'un an, on les recèpera et l'on ne conservera à la base, pendant l'été suivant, qu'un seul bourgeon, qu'on palissera dans une position verticale. Lors de la taille d'hiver, on supprimera sur chaque jeune tige le tiers de la longueur totale pour la faire se garnir de bourgeons, auxquels on appliquera les soins indiqués plus haut pour les vases ou cépées, afin de transformer ces bourgeons en rameaux à fruits. Chaque année on allonge ces tiges en appliquant les mêmes soins, jusqu'à ce qu'elles aient atteint une hauteur d'environ 1ᵐ,30 qu'on ne leur laisse pas dépasser. Vers la quatrième année de plantation, les espaliers ou contre-espaliers seront terminés, et présenteront l'aspect de la figure 501.

Lorsque, par suite du mode de végétation du groseillier, chacune des tiges est dégarnie de rameaux à fruits sur le tiers inférieur de sa longueur, ce qui pourra arriver vers la huitième
année de taille, on les recèpera toutes à quelques centimètres
au-dessus du sol. Pendant l'été suivant, on conservera un seul
bourgeon sur chaque tige, et l'on recommencera la charpente.
Ce rajeunissement ne pourra être pratiqué qu'une seule fois.
Après cette seconde période, il conviendra de renouveler la
plantation en défonçant le sol de nouveau et en le fumant très-

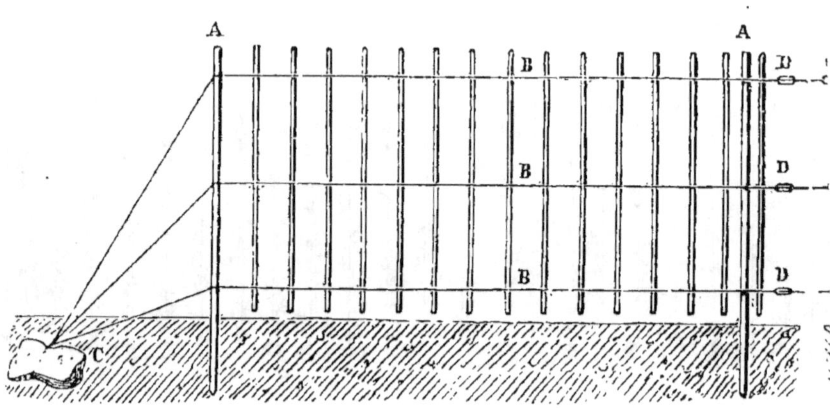

Fig. 502. Support pour les groseilliers à grappes en contre-espaliers et disposés
en cordon vertical.

copieusement. Les autres soins de culture sont d'ailleurs les
mêmes que pour les groseilliers en vase.

Quant aux treillages ou supports nécessaires pour les
espaliers ou contre-espaliers, on les établira de la manière suivante (*fig. 502*) :

Une série de petits poteaux (A) sont enfoncés dans le sol tous
les 4 mètres et offrent, hors de terre, une hauteur de 1^m,30.
Trois fils de fer galvanisés n° 14 (B) sont disposés comme l'indique
notre figure. Ils sont fixés sur le côté des poteaux intermédiaires
à l'aide d'un piton à vis qu'ils traversent, et viennent s'attacher
aux extrémités sur une grosse pierre (C) enfoncée dans le sol.
Enfin chacun de ces fils de fer est roidi à l'aide d'un tendeur D.

Pour compléter ces supports, il ne reste plus qu'à fixer sur
les fils de fer, à l'aide de fil de fer très-fin, une série de petites

lattes placées verticalement, tous les 0^m,20, et destinées à
conduire la tige des groseilliers.

Si ces groseilliers sont palissés contre un mur, le treillage destiné à les fixer présente la même disposition. Toutefois, comme
on peut fixer les fils de fer contre ce mur, les poteaux deviennent
inutiles.

Labours, engrais. — Les groseilliers exigent, comme toutes
les autres espèces d'arbres fruitiers, que le sol qui les nourrit
soit convenablement ameubli et reste ouvert à l'influence des
agents atmosphériques. On doit donc leur appliquer un labour
chaque année et au moins un binage pendant l'été. Lors de ces
binages, on doit détruire avec soin les bourgeons souterrains
qui naissent souvent à la base de la souche des groseilliers et
qui épuisent les tiges en absorbant la séve. Les cultivateurs de
Louveciennes se servent pour cela d'une petite houlette étroite,
coupante et montée sur un long marche.

Le peu d'importance que l'on attache en général aux groseilliers
fait qu'on leur donne rarement la fumure dont ils auraient
besoin. Aussi les produits en sont-ils presque toujours chétifs.
Et nous pensons donc qu'il sera convenable de les fumer tous les
deux ans.

Taille du groseillier épineux. — Le mode de végétation
de cette espèce de groseillier est en tout semblable à celui du
groseillier à grappes. Aussi lui applique-t-on les mêmes soins de
culture et de taille. Toutefois, pour régulariser sa forme, lorsqu'on le cultive en vase ou gobelet, et rendre la récolte des
fruits plus facile au milieu des nombreuses épines qui couvrent
cet arbrisseau, on pourra utilement fixer chacune des branches
qui forment le vase sur un support de gros fil de fer semblable
à celui indiqué pour la figure 503 et imaginé par M. Samson-
Davillers, pour son jardin fruitier d'Eaubonne, près de Paris.

Taille et culture du groseillier noir ou cassis. — Le
mode de végétation de cette espèce de groseillier est aussi semblable à celui du groseillier à grappes. La forme la plus convenable à donner à sa charpente est celle en cépée ou gobelet.
Tout ce que nous avons dit des soins à donner aux groseilliers à
grappes soumis à cette forme, soit comme taille, soit comme
soins de culture, s'applique entièrement au cassis.

Insectes nuisibles. — *Géomètre du groseillier (Geometra*

grossularia). Cette espèce de phalène est assez grande ; ses
ailes blanches sont marquées de points noirs ; le corps, de couleur
jaune, est aussi marqué de points noirs. La chenille de ce
papillon éclôt en septembre et passe l'hiver engourdie dans les
feuilles sèches. Elle se réveille au printemps et dévore les fleurs
et les feuilles des groseilliers. Au commencement de juillet, elle
se transforme en chrysalide qui reste attachée dans les feuilles.
Le papillon éclôt à la fin de juillet. Pour détruire cet insecte,

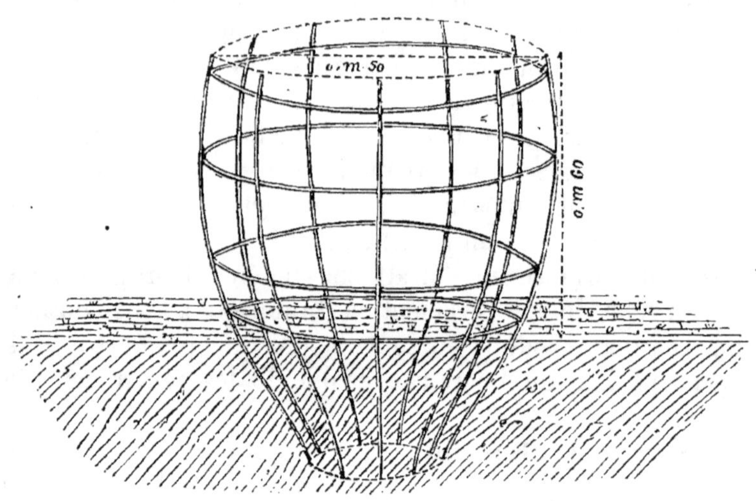

Fig. 503. Support en fil de fer pour les groseilliers épineux.

ramasser toutes les feuilles sèches tombées au pied des groseilliers à la fin de l'automne et les brûler.

Tenthrède du groseillier (*Tenthredo grossulariæ*). Les œufs
de cette sorte de mouche déposés sur les rameaux éclosent en
mai, pour la première génération et en août pour la seconde.
Les larves de cet insecte, ou fausse chenille, d'un vert grisâtre,
dévorent les feuilles des groseilliers de façon à les en priver complétement dans l'espace de quelques jours. Ces larves entrent
en terre pour se changer en nymphes.

On détruit facilement ces larves en répandant sur les feuilles
de l'eau de savon ou de la lessive.

Puceron du groseillier (*aphis rubis*). Cette sorte de puceron
détermine sur les groseilliers les mêmes dommages que ses con-

génères sur les autres espèces d'arbres fruitiers. (Voir pour sa destruction la page 521.)

Récolte conservation des fruits. — La récolte des groseilles ne présente rien de particulier. On doit, comme pour les autres fruits, attendre, pour les récolter, qu'elles soient complétement mûres, à l'exception, toutefois, des groseilles à maquereau destinées à servir de condiment et qu'on récolte lorsqu'elles sont encore vertes.

Les groseilles ne sont pas suceptibles d'être conservées après leur maturité complète. Mais on peut, jusqu'à un certain point, retarder la maturation des groseilles à grappes et prolonger ainsi leur durée jusqu'aux premières gelées.

Voici comment on procède :

On choisit les groseilliers les plus touffus, placés dans un lieu bien aéré, bien sec et bien exposé au midi. On profite d'un beau jour, avant que les fruits soient complétement mûrs, pour enlever environ la moitié des feuilles ; on réunit ensuite les branches de la cépée, de façon à en faire une sorte de cône, puis on enveloppe le tout de paille longue. Les fruits, ainsi abrités de l'ardeur du soleil et de l'humidité des pluies, achèvent de mûrir lentement et se conservent parfaitement jusqu'aux premiers froids.

FRAMBOISIER.

Le *framboisier* (*Rubus idæus*, L.) (*fig.* 504) croît spontanément sur toutes les montagnes de l'Europe. On le rencontre jusqu'en Laponie. Son fruit, doué d'un arome très-agréable, est recherché sur toutes les tables On le consomme soit frais, soit sous formes de gelée ou de sirop.

VARIÉTÉS.

Framboisier belle de Fontenay. Fruit rouge.

Framboisier ordinaire à fruit rouge. Bois jaunâtre, presque sans épines. C'est la variété que l'on cultive surtout aux environs de Paris.

Framboisier double bearing. Fruit gros, rouge. C'est la meilleure et la plus belle des variétés bifères ; ce qui caractérise ces variétés, c'est que le sommet des bourgeons radicaux donne quelques grappes de fruits vers la fin de l'été ; ce qui n'empêche pas les mêmes tiges de fructifier de nouveau l'année suivante.

Framboisier du Chili à gros fruit jaune. Bois jaune, assez épineux.

Framboisier belle de Pallnau. Fruit rouge.

Framboisier Falstaff. Fruit rouge.

Framboisier Gambon. Fruit rouge.

Framboisier des deux saisons. Fruit rouge. Remontant.
Framboisier grosse rouge longue.
Framboisier jaune d'Anvers.
Framboisier merveille des quatre saisons. Fruit blanc.
Framboisier merveille des quatre saisons. Fruit rouge.
Framboisier Paragon. Fruit rouge.
Framboisier César blanc. Fruit blanc gros.
Framboisier Barnet. Fruit d'un rouge noir, très-gros.

Climat et sol. — Le framboisier croit spontanément dans toute l'Europe, mais on le rencontre toujours à une hauteur d'autant plus grande au-dessus du niveau de la mer, qu'il se rapproche davantage du Midi; il faut donc le cultiver dans un lieu non pas ombragé, comme on le fait souvent à tort, mais qui ne soit pas non plus exposé à un soleil brûlant.

Le sol qui convient le mieux à cet arbrisseau est une terre légère, un peu graveleuse et assez fraîche.

Culture. — Le plus grand nombre des jardiniers n'apportent presque aucun soin à la culture du framboisisr, à cause sans doute de son peu d'exigence et de sa végétation active. Mais ses produits sont alors bien loin d'être aussi beaux et aussi abondants que lorsqu'on lui applique les opérations qu'il réclame. C'est surtout aux environs de Paris que l'on a consacré à cet arbrisseau de grandes surfaces. La commune de Plombières, près de Dijon, est aussi renommée par l'excellence de ses framboises, qui sont expédiées dans de petits barils jusqu'à Londres, pour en faire des sirops.

Fig. 501. Framboisier.

On cultive le framboisier soit en lignes continues, soit en cépées distinctes. On préfère le premier procédé pour le jardin fruitier, et le second pour la culture en plein champ, comme on la pratique aux environs de Paris et à Plombières. Occupons-nous d'abord de la culture en lignes continues.

Plantation. — Les lignes de framboisiers peuvent être placées au milieu d'une plate-bande en plein vent (E, *fig.* 505 et 506).

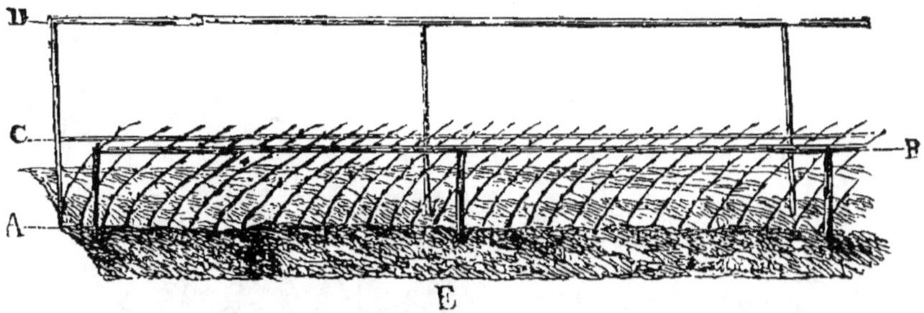

Fig. 505. Framboisiers plantés en lignes, vus après la taille.

On peut également employer au même usage les plates-bandes placées au pied de murs peu élevés et exposés au nord. Dans l'un et l'autre cas, le terrain étant préparé comme pour les autres arbres

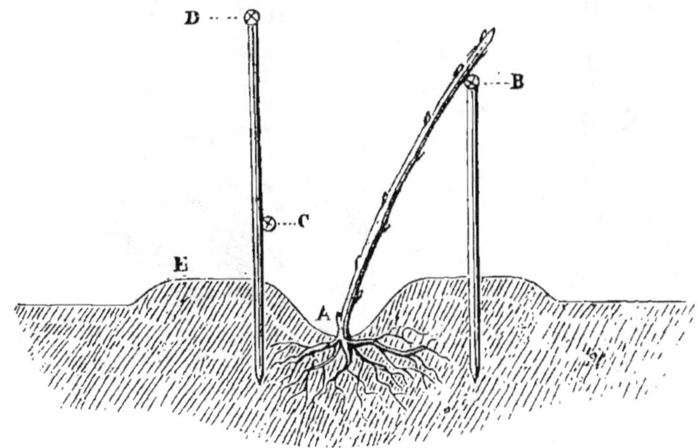

Fig. 506. Coupe en travers de la figure 505.

fruitiers, on ouvre au milieu de la plate-bande une tranchée (A) large de 0^m,50 et profonde de 0^m,40, au fond de laquelle les drageons de framboisier sont plantés de manière que la profondeur de cette tranchée soit encore, après la plantation de 0^m,25 environ. Ces drageons, enlevés au pied d'anciennes cépées, auront dû être repiqués en pépinière pendant un an, afin qu'ils soient mieux enracinés et plus vigoureux. La terre que l'on en a extraite est placée en ados de chaque côté de la rigole ; les drageons sont plantés à 0^{m},30 les uns des autres. On ne coupe sur chaque drageon que le tiers environ de la longueur de la tige, et l'on a soin de supprimer sur cette tige toutes les fleurs qui apparaissent pendant l'été suivant : c'est le moyen de favoriser le développe-

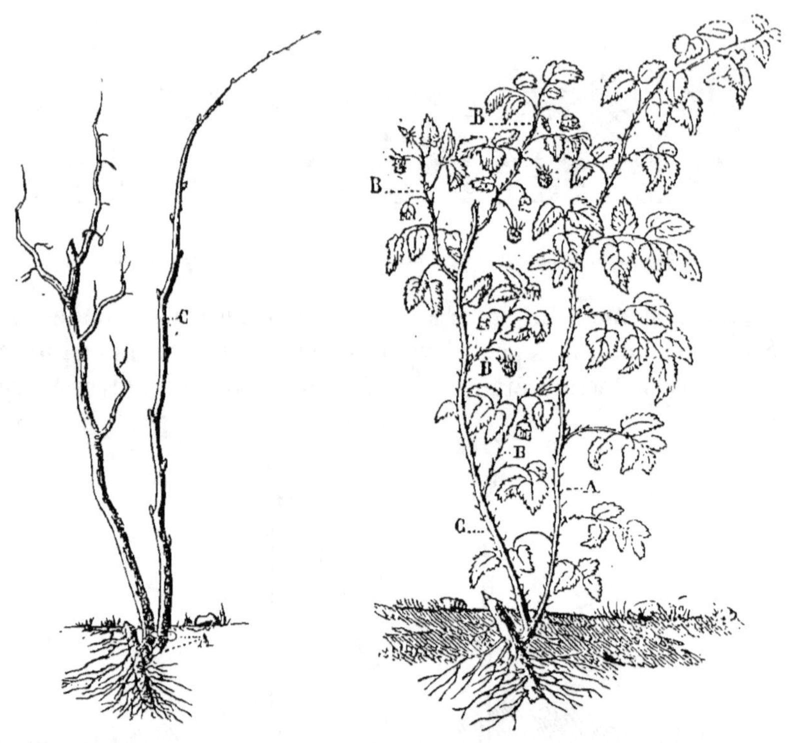

Fig. 507. Framboisier. A, boutons radicaux.

Fig. 508. Framboisier. A, bourgeon radical B, bourgeon mixte. C, rameau radical.

ment des feuilles, partant celui de nouvelles racines, et, en définitive, la formation de bourgeons radicaux vigoureux.

Taille. — Le framboisier présente le mode de végétation suivant : un drageon vigoureux étant planté (C, *fig.* 507), chacun des boutons placés sur cette jeune tige développe un petit bourgeon mixte B (*fig.* 508), qui fructifie ; puis on voit bientôt naître des boutons radicaux de la base A (*fig.* 507) un ou plusieurs bourgeons radicaux (A, *fig.* 508). Ces bourgeons radicaux continuent de s'allonger pendant tout l'été. Aussitôt après la maturité des fruits, la tige fructifère (C, *fig*. 508) devient languissante ; elle est complétement desséchée à la fin de l'automne. On a alors le résultat que montre la figure 507. L'année suivante, la nouvelle tige C fructifie comme la première ; elle développe à sa base de nouveaux bourgeons radicaux qui naissent des boutons A ; elle se dessèche ensuite, et est remplacée l'année suivante par les bourgeons radicaux formés pendant l'été précédent, et ainsi de suite chaque année. Voici la taille qui s'harmonise le mieux avec ce mode de végétation.

Pendant l'été qui suit la plantation, les boutons radicaux placés à la base de la tige (A, *fig*. 507) donnent lieu à des bourgeons radicaux (A, *fig*. 508). Lors du printemps suivant, les tiges primitives (*fig*. 507), qui portaient les fleurs, sont desséchées ; on les coupe rez terre. Les rameaux radicaux (C, *fig*. 507), qui fructifieront à leur tour l'année même, sont coupés à 1 mètre du sol. Cette section a pour but de concentrer l'action de la séve sur un moins grand nombre de boutons et de faire que ceux-ci donnent lieu à des bourgeons fructifères plus vigoureux. Il en résulte aussi que, la séve étant refoulée vers la base, les nouveaux bourgeons radicaux acquièrent un plus grand développement. Il y a inconvénient à tailler ces rameaux radicaux plus court ; car alors les boutons inférieurs qui sont restés endormis se développent, et les fruits qu'ils produisent, étant salis par la terre, ne peuvent être utilisés. Comme les jeunes bourgeons du framboisier redoutent les gelées tardives, on attend, pour faire la taille, que ces abaissements de température ne soient plus à craindre. En opérant ainsi, le sommet des tiges, qui est toujours plus précoce et qui doit être supprimé, sera seul exposé à cet accident.

Lorsque les rameaux radicaux ont été ainsi taillés, on les incline sur une petite rampe en fil de fer (B, *fig*. 505 et 506) fixée à 0ᵐ,50 de la ligne des framboisiers, et dirigée parallèlement à cette ligne. Elle doit être placée à 0ᵐ,75 au-dessus du sol. Cette opération, que nous n'avons vu pratiquer nulle part, est destinée à empêcher les bourgeons radicaux qui se développent pendant l'été de se confondre avec les tiges fructifères. Celles-ci restent alors isolées et ne présentent aucune confusion ; les fruits reçoivent mieux l'influence de la lumière, et l'on en effectue beaucoup plus facilement la récolte.

36.

Pendant l'été, les bourgeons radicaux (A, *fig.* 508) s'allongent progressivement. Lorsqu'ils ont atteint une longueur de 0^m,60 environ, on commence à les attacher sur une traverse en fil de fer (C, *fig.* 505 et 506) fixée à 0^m,30 de la ligne de plantation et à 0^m,40 au-dessus du sol. Ces bourgeons ayant atteint une longueur de 1^m,50, on les attache de nouveau sur une seconde traverse D placée à 1 mètre au-dessus du sol et à 0^m,50 de la ligne de framboisiers.

Si ces arbrisseaux sont plantés dans une plate-bande située au pied d'un mur, on peut se dispenser de ces deux dernières traverses : les framboisiers étant plantés à 0^m,50 du mur, on y fixera les bourgeons radicaux. Il résulte de ce soin que ces bourgeons radicaux sont complétement isolés des tiges fructifères, et que les uns et les autres parcourent plus facilement les diverses phases de leur végétation.

On doit encore veiller, pendant la naissance de ces bourgeons radicaux, à ce qu'il ne s'en développe pas un trop grand nombre. En effet, plus ils sont abondants sur chaque souche, moins ils sont vigoureux et moins ils donnent de fruits l'année suivante. C'est lorsqu'ils ont une longueur de 0^m,20 à 0^m,25 qu'on supprime les bourgeons surabondants ; on choisit pour cela les plus faibles, les plus éloignés de la ligne de plantation et de façon que ceux qui restent, étant inclinés sur la traverse, soient placés à 0^m,10 ou 0^m,15 les uns des autres.

Au printemps suivant, c'est-à-dire au commencement de la troisième année qui suit la plantation, les rameaux fructifères de l'année précédente sont coupés rez terre. Les rameaux radicaux qui fructifieront pendant l'été sont détachés de la rampe (D, *fig.* 505 et 506) ou du mur et taillés comme nous l'avons indiqué pour les premiers ; on les incline ensuite pour les attacher sur la traverse B. On répète pendant l'été les soins déjà indiqués pour les bourgeons radicaux qui naîtront du sol, et chaque année on recommence la même série d'opérations. Toutefois, au commencement de la troisième année, on doit placer au fond de la tranchée A environ 0^m,06 de la terre qui en a été primitivement extraite et qu'on a déposée sur les côtés de la plate-bande. Il sera bon de la mélanger avec une certaine quantité de terreau consommé. A partir de ce moment, on devra, à chaque printemps, couvrir le pied des framboisiers d'une semblable quantité de terre engraissée jusqu'à ce que la tranchée soit comblée, ce qui a lieu au bout de trois ans. Cette addition successive de terre est destinée à faciliter la formation de boutons radicaux vers le collet de la racine. On obtient alors des tiges beaucoup plus vigoureuses.

Les framboisiers cultivés avec ces soins peuvent donner de beaux fruits pendant huit à dix ans. Au bout de ce temps, la souche commence à se fatiguer ; le sol de la plate-bande est épuisé ; les bourgeons radicaux deviennent chétifs, et la production diminue. Il devient alors nécessaire de renouveler la plantation, après avoir préalablement enlevé 0^m,50 de terre sur la plate-bande, l'avoir remplacée par une égale quantité de terre neuve et avoir défoncé et fumé le tout.

Aux environs de Paris, dans les communes de Louveciennes, Voisme, Bougival, Marly, Vincennes, etc., et à Plombières, près de Dijon, on cultive le framboisier en plein champ, et voici en quoi ce mode de culture diffère de celui que nous avons conseillé pour les jardins. Les framboisiers y sont également plantés au fond de rigoles continues : mais on en forme des cépées en plantant deux drageons à chaque place. Les cépées sont placées à 1^m,35 les unes des autres, et on met un espace de 1^m,65 entre chaque ligne. Les autres soins d'entretien sont les mêmes que pour la culture en lignes décrite plus haut. Toutefois les bourgeons radicaux et les tiges fructifères sont laissés libres, sans appui. On ne conserve, au pied de chaque cépée, qu'environ cinq bourgeons radicaux pour remplacer annuellement les tiges fructifères.

Aux environs de Harlem (Hollande), les framboisiers sont aussi cultivés en cépée, mais avec des soins différents de ceux que nous venons d'indiquer. Voici en quoi consiste ce mode d'opérer :

Les framboisiers sont plantés en lignes, distantes les unes des autres de 1 mètre. On laisse un intervalle de 1^m,50 entre chacun des pieds sur les lignes. Lorsque la plantation est terminée, chacune des lignes se trouve placée au fond d'une petite rigole profonde d'environ 0^m,30. La terre excédante est accumulée sur les deux côtés et sert à rechausser de temps en temps le pied des framboisiers. Pendant l'été, on ne laisse développer au collet de chacun d'eux que quatre nouveaux bourgeons. On choisit les plus vigoureux et de préférence les plus rapprochés du pied. Les autres sont supprimés lorsqu'ils n'ont encore qu'environ 0^m,30 de hauteur. Au printemps suivant, les anciennes tiges sont enlevées, et les quatre tiges nouvelles, résultant de ces quatre bour-

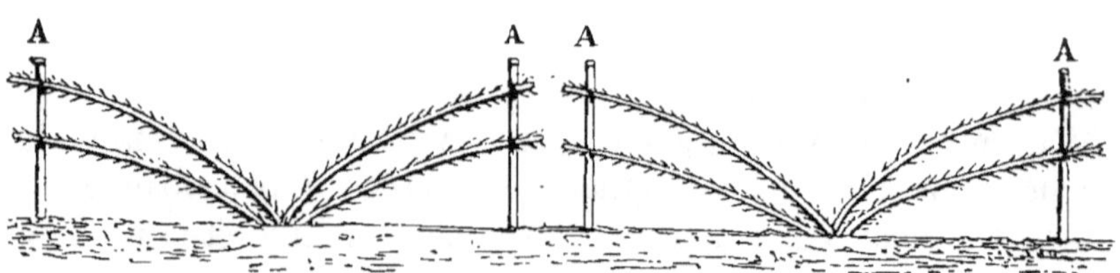

Fig. 509. Framboisiers après la taille d'hiver. — Méthode hollandaise.

geons, sont coupées de façon à ne leur laisser qu'une longueur de 0^m,75. On les incline ensuite, deux de chaque côté, parallèlement à la ligne de plantation, en les attachant sur deux tuteurs A (*fig.* 509). Pendant l'été, les tiges A (*fig.* 510), taillées et incli-

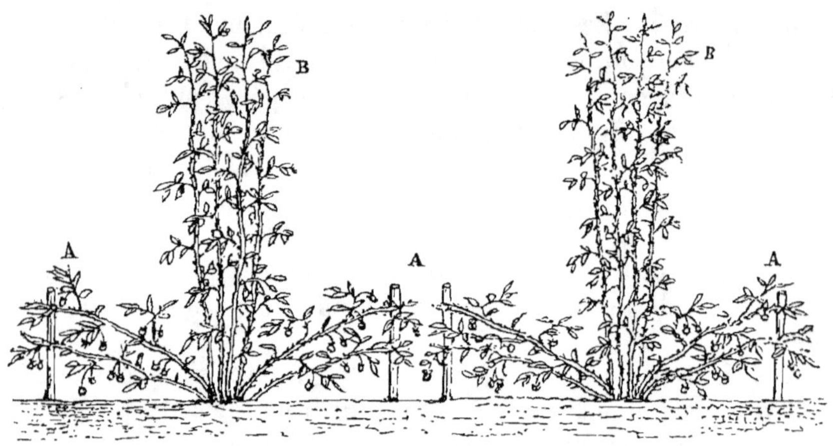

Fig. 510. Framboisiers pendant leur végétation. — Méthode hollandaise.

nées au printemps, fructifient, et on laisse encore développer pendant cette saison quatre nouveaux bourgeons B au pied de chaque framboisier. Au moment de la taille de l'hiver suivant, les tiges A (*fig.* 510), qui ont fructifié, sont desséchées; on les enlève, et les nouvelles tiges résultant des bourgeons B sont taillées à 0^m,75 et couchées à la place des tiges fructifères de l'année précédente.

Les mêmes opérations étant répétées chaque année, il en résulte que les tiges fructifères A (*fig.* 510) sont toujours isolées des nouveaux bourgeons B, et que l'on évite ainsi la confusion et les autres inconvénients que nous avons signalés plus haut.

La production de framboises ne dure ordinairement qu'un mois environ; mais, pour la prolonger pendant tout l'été et l'automne, il suffit de couper tout près de terre, au printemps, une partie des tiges fructifères, au lieu de les tailler à 1 mètre ou 1^m,30 de longueur. Cette opération fera développer plus tôt et beaucoup plus vigoureusement les bourgeons radicaux. Ceux-ci se couvriront alors, vers leur sommet, d'un certain nombre de fruits, qui commenceront à mûrir peu après l'époque où ceux des tiges fructifères conservées auront terminé leur maturation. Cette production anticipée n'empêche pas ces tiges de pouvoir être taillées comme les autres au printemps suivant et de donner une seconde récolte. Les variétés bifères indiquées dans la liste précédente commenceront à mûrir leur nouvelle récolte au moment où celle dont nous venons de parler sera terminée. On pourra avoir ainsi trois récoltes successives. Toutefois, quel que soit le procédé choisi pour obtenir de cet arbrisseau des récoltes tardives, les fruits ainsi obtenus, privés d'une partie de la chaleur de l'été, sont toujours moins savoureux.

Insectes nuisibles. — Le framboisier est attaqué par un certain nombre d'insectes dont nous avons parlé précédemment, et notamment par les larves du hanneton (p. 398) qui sont très-avides de ses racines. Notons aussi les trois espèces suivantes :

Pentatome des fruits (*Pentatoma Baccarum*) (*fig.* 511).

Pentatome verte (*Pentatoma prasinum*). — Ces deux sortes de punaises n'occasionnent pas de dégâts bien appréciables; mais elles répandent une odeur très-fétide qu'elles communiquent aux fruits qu'elles ont touchés. Il convient donc d'écraser toutes celles qu'on pourra découvrir.

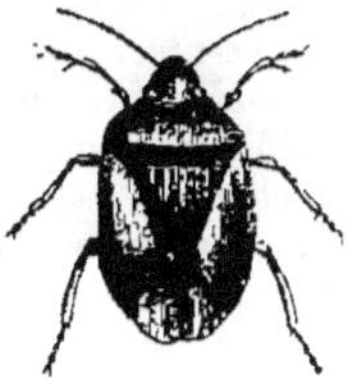

Fig. 511. Pentatome
des fruits.

Lasioptère rembrunie (*Lasioptera obfuscata*). — On remarque souvent des gonflements ou excroissances qui se développent le long des jeunes tiges des framboisiers et contrarient leur développement. Ces difformités sont dues à la présence des larves rougeâtres d'une petite espèce de mouche, lesquelles rongent les tissus intérieurs de la tige. Ces larves se transforment en nymphes dans la tige même et l'insecte parfait s'en échappe l'année suivante au commencement de mai. Le seul mode de destruction consiste à enlever et à brûler ces excroissances lors de la taille d'hiver.

Récolte. — Lorsque le moment est venu d'opérer la cueillette des framboises, il ne faut pas la différer d'un seul jour ; car ce fruit tourne promptement, et le moindre vent qui agite les tiges le fait tomber.

ÉPINE-VINETTE.

L'épine-vinette ou *vinettier* (*Berberis vulgaris*, L.) (*fig. 512*) croît spontanément dans les contrées montueuses des parties méridionales et tempérées de l'Europe. Ses fruits, d'une acidité assez prononcée, ne sont presque jamais mangés crus. On en prépare des confitures très-délicates et très-recherchées, et qui font l'objet d'un commerce assez considérable à Chanceaux, près de Dijon. Ces baies, cueillies encore vertes, servent aussi de condiment pour remplacer le citron, ou bien on les confit dans le vinaigre et on les emploie comme les câpres.

Variétés. — L'épine-vinette offre les variétés suivantes :

Épine-vinette commune. Fruits peu volumineux, rouges, très-acides, surtout dans le Nord.

Épine-vinette blanche. Fruit d'un blanc jaunâtre.

Épine-vinette violette. Fruits violets, un peu moins acides que ceux des variétés précédentes. On pourrait, à cause de cela, les préférer dans le Nord, où le vinettier commun est souvent trop acide.

Épine-vinette à larges feuilles. Fruits d'un rouge corail, plus gros que les précédents, très-acides.

Climat et sol. — Le vinettier se développe et fructifie convenablement dans toutes les contrées de la France. Mais le climat du Centre et du Midi lui convient mieux ; les fruits, exposés à une température plus élevée, sont moins acides.

Cet arbrisseau végète bien dans tous les terrains ; mais il préfère les sols légers et secs.

Culture. — *Multiplication*. — Le vinettier peut être multiplié par semences et par drageons. C'est surtout ce dernier moyen qui est adopté.

Taille. — Presque nulle part, même dans les localités où sse
fruits sont l'objet d'une spéculation, le vinettier n'est soumis à
une culture et à une taille régulière. On l'abandonne en quelque
sorte à lui-même, lui laissant prendre la forme d'un buisson,
souvent inabordable par les nombreuses épines qui couvrent ses
rameaux. Nous pensons cependant, et nous en avons fait l'expé-

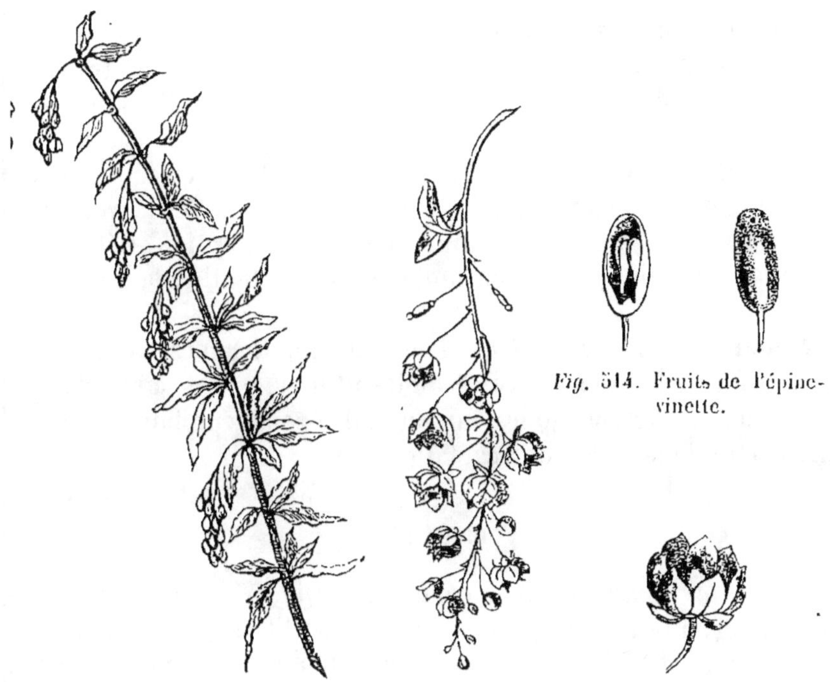

Fig. 514. Fruits de l'épine-
vinette.

Fig. 512. Épine-vinette.   Fig. 515. Fleurs de l'épine-vinette.

rience, qu'on pourrait facilement lui imprimer une forme régulière et une taille annuelle qui auraient pour résultat d'augmenter la grosseur, l'abondance et la qualité des fruits.

La forme la plus convenable pour le vinettier et celle en vase
à basse tige. Les boutons à fleur naissent sur des rameaux formés
l'année précédente. La taille des prolongements successifs des
branches de la charpente doit donc être faite de façon à déterminer le développement de ces petits rameaux, que l'on remplace
ensuite en les traitant comme ceux de l'abricotier.

On doit détruire avec soin, chaque année, les nombreux bourgeons qui apparaissent au collet de la racine et qui épuiseraient

bientôt la tige principale. Du reste, les labours, les binages, les engrais doivent être appliqués au vinettier comme aux autres arbres fruitiers, si l'on veut en obtenir de beaux produits.

Maladies et insectes nuisibles. — Une maladie remarquable attaque habituellement l'épine-vinette : c'est la *rouille (œcidium cancellatum)*, qu'on voit apparaître sur les feuilles, sous forme de taches couvertes d'une poussière jaune. Lorsque cette affection devient intense, elle détermine la chute des feuilles, suspend la végétation et annule la production. On n'a encore trouvé aucun moyen de combattre cette maladie. Nous conseillons toutefois d'essayer le soufrage.

La *tenthrède sans nœud* (*Tenthredo enodis*) exerce parfois des ravages assez considérables sur les vinettiers. Ses larves dévorent toutes les feuilles et empêchent la fructification. Détruire cette larve à l'aide du moyen indiqué pour la tenthrède du groseillier, page 635.

Récolte. — La maturité des fruits du vinettier n'est complète qu'à la fin de l'automne. Avant de les utiliser, on les laisse étendus pendant quelques jours sur une table pour leur faire perdre une partie de leur eau de végétation.

FIGUIER.

Le *figuier commun* (*ficus carica*, L.) (*fig.* 515) croît spontanément dans toutes les parties chaudes de l'Europe, en Asie et dans le nord de l'Afrique. C'est à la colonie grecque qui fonda Marseille que nous devons l'introduction du figuier dans la Provence. Aujourd'hui cette culture est générale dans le midi de la France, en Algérie et dans toute l'Europe méridionale.

Pendant cinq mois la figue fraîche entre pour une part notable dans le régime alimentaire des habitants de ces contrées. Desséchée, elle y joue encore un rôle important, et ce qui n'y est pas consommé devient l'objet d'un commerce considérable avec le Nord.

Mode de fructification et de végétation. — Si l'on examine au printemps un jeune bourgeon de figuier, on voit, à l'aisselle de chaque feuille, un petit bouton pointu, écailleux (A, *fig.* 516) : c'est le rudiment d'une nouvelle pousse qui se développera l'année suivante. Le plus ordinairement on trouve à côté de cet œil,

et quelquefois à son exclusion, une autre bouton (B) également
écailleux, mais un peu plus volumineux, de forme arrondie et

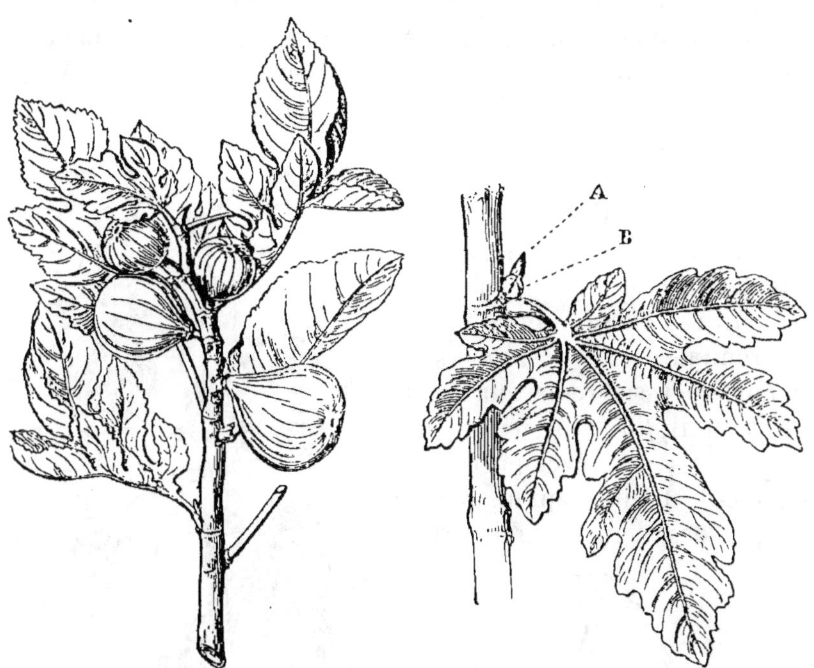

Fig. 515. Figuier blanquette.

Fig. 516. Bouton à bois et bouton à fleur
à l'aisselle d'une feuille de figuier.

déprimée : c'est le rudiment des fleurs ou jeunes figues. Ce bouton à fleur sort bientôt de
son enveloppe écailleuse,
grossit assez rapidement
et apparaît sous forme
d'une figue (*fig.* 515), qui
atteint sa maturité vers la
fin de l'été.

La figue n'est pas un
fruit proprement dit, c'est
le support, le réceptacle
d'un grand nombre de pe-
tites fleurs qui tapissent sa
paroi intérieure (*fig.* 519)

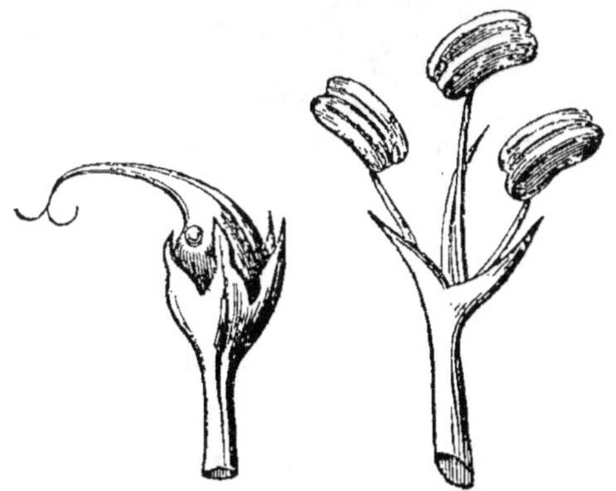

Fig. 517. Fleur femelle.   *Fig.* 518. Fleur mâle.

et qui donnent lieu à autant de graines après la fécondation ; ce réceptacle devient de plus en plus épais, et acquiert par la maturation toutes les qualités qui distinguent nos meilleurs fruits charnus. Les variétés de figuiers que nous cultivons aujourd'hui sont monoïques, c'est-à-dire que la même figue renferme à la fois des fleurs mâles (*fig.* 518) et des fleurs femelles (*fig.* 517).

Dans les contrées où la température moyenne ne descend pas au-dessous de + 12°, la végétation et la fructification du figuier sont continues; là où la température moyenne s'abaisse au-dessous de cette limite, le figuier perd ses feuilles, et sa végétation est interrompue. Il se passe alors un phénomène assez remarquable : le bourgeon (B, *fig.* 520), né au printemps, ne peut développer complétement et mûrir qu'un certain nombre des figues qu'il porte,

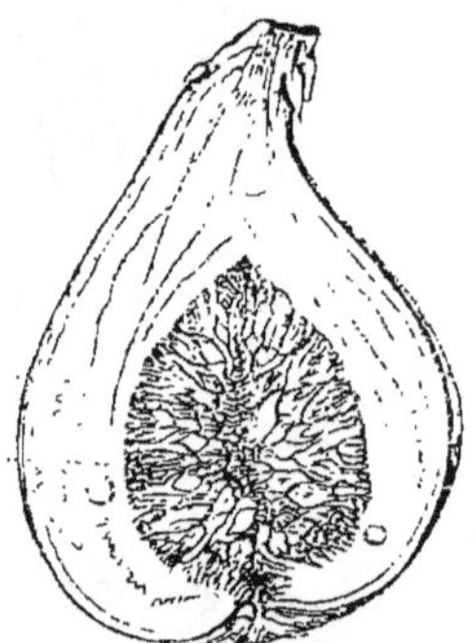

Fig. 519. Coupe d'une figue.

Fig. 520. Rameau et bourgeon de figuier portant des figues-fleurs (D), des figues d'automne (A) et des figues rudimentaires (C).

celles de la base (A). Celles du sommet (C), qui ne sont encore qu'à l'état rudimentaire, sont arrêtées dans leur évolution par les premiers froids; elles restent stationnaires pendant tout l'hiver, reprennent leur accroissement au printemps suivant, et mûrissent au milieu de l'été sur des rameaux dépourvus de feuilles (D). On donne à ces figues le nom de *premières figues*, *figues d'été* ou *figues-fleurs*. Celles qui ont commencé à se former au printemps, à la partie inférieure des bourgeons (A), et qui mûrissent au commencement de l'automne, prennent le nom de *secondes figues*, ou *figues d'automne*. On voit que, sous le climat du Midi, le figuier donne annuellement deux récoltes. Comme les figues d'automne naissent sur le même bourgeon que celles qui ne mûriront que l'été suivant, on conçoit que plus on récolte des premières, moins les figues-fleurs sont abondantes. Aussi les variétés précoces, c'est-à-dire qui peuvent mûrir un grand nombre de figues d'automne avant les premiers froids, donnent-elles, en général, moins de figues d'été que les variétés tardives. Par la même raison, les figues-fleurs sont d'autant plus abondantes sur les arbres, que l'on s'éloigne davantage du Midi vers le Nord. Sous le climat de Paris, les variétés, même les plus précoces, ne peuvent donner que des figues-fleurs; ce n'est qu'exceptionnellement, et dans des années très-chaudes, qu'on peut y obtenir quelques figues d'automne.

Variétés. — Le figuier offre un grand nombre de variétés. Nous n'indiquerons ici que les meilleures parmi celles qu'on cultive en Provence.

FIGUES BLANCHES.

Napolitaine. Figue d'automne très-bonne; excellente à sécher; mûrit au commencement de septembre; donne quelques figues-fleurs. Cultivée à Aix et à Salon.

Verdale. Très-bonne fraîche et sèche; mûrit comme la précédente; cultivée à Brignolles et à Salon.

Bourjassotte, barnissotte blanche. Chair rouge; très-bonne fraîche et sèche; se plaît dans les bons terrains, où l'arbre s'élève très-haut. Commun à Marseille; mûrit comme les précédentes; diamètre, de 0^m,035 à 0^m,040.

Aubique blanche. Grosse figue souvent étranglée au milieu; chair rouge; peu estimée fraîche, mais très-bonne sèche; terrain un peu humide.

Raguse, Ragusaine. Très-bonne, très-féconde; mûrit à la mi-septembre. Cultivée à Marseille.

Coucourelle blanche ou *Blanquette* (fig. 515). Ronde, médiocre; mûrit à la mi-août. C'est la plus cultivée au nord de la région des oliviers, et notamment sous le climat de Paris; on ne la fait pas sécher; diamètre, 0^m,026 à 0^m,030; donne des figues-fleurs.

Hospitalière. Très-bonne à sécher; mûrit au commencement de septembre; cultivée à Salon.

Doucette. Très-bonne fraîche et sèche; mûrit fin d'août; cultivée à Salon.

Messongue, moelle. Très-grosse; bonne fraîche et sèche; cultivée à Salerne.

Boutillète. Très-bonne sèche; cultivée à Brignoles.

Marseillaise, figue d'Athènes. Petite, arrondie, très-sucrée et très-délicate. C'est la plus estimée pour faire sécher; mûrit fin d'août; terrains secs, abrités du nord, peu éloignés de la mer; cultivée à Marseille et à Toulon.

Seyroles. Forme de la précédente; très-bonne à sécher; arbre fertile; cultivée à Grasse et à Draguignan; diamètre, 0^m,020 à 0^m,025; terrain sec.

De Versailles, royale. Chair rose; donne beaucoup de figues-fleurs, assez grosse, très-bonne; mûrit mi-juillet; diamètre, 0^m,040 à 0^m,045.

Pitaluffe. Très-bonne fraîche et sèche ; cultivée à Grasse.

Péconjude, pédonculée. Bonne fraîche et sèche ; cultivée à Grasse et à Antibes.

Sextius. Très-bonne ; obtenue à Aix, dans le jardin du docteur Gibelin.

Figue reine, cougourdane. Bonne ; mûrit fin septembre ; cultivée à Aix et à Saint-Remi.

Tibourengue. Très-bonne fraîche et sèche ; mûrit mi-septembre ; cultivée à Marseille et à Salon.

Col des Dames, col de Signore. Excellente et belle variété ; cultivée en Roussillon.

Espagnole, d'Espagne. Très-bonne ; mûrit au commencement de septembre ; cultivée à Aix.

Beaucaire. Grosse figue ; excellente sèche ; cultivée à Entrecasteaux.

FIGUES COLORÉES.

Quasse blanche. Très-bonne variété à sécher, mûrit fin d'août ; cultivée à Bandol et à la Seyne.

Figue-datte. Excellente fraîche et sèche ; mûrit fin d'août ; cultivée à Salon et à Eyguières.

Poulette. Très-bonne fraîche et sèche ; mûrit fin d'août ; cultivée à Tarascon et à Salon.

Observantine, Cordelière, Figue grise, Blavette. Variété très-répandue ; figues-fleurs abondantes, grosses, très-bonnes, mûrissant à la mi-juin ; figues d'automne ; médiocres, plus petites ; on les fait sécher ; terres substantielles et fraîches. Arbre vigoureux.

Mahounaise. Très-bonne ; mûrit à la mi-septembre ; cultivée à Saint-Remi et à Salon.

Trompe-chasseur. Bonne qualité ; donne quelques figues-fleurs ; figues d'automne à la mi-septembre, bonnes à sécher, vertes à la maturité.

De Saint-Esprit. Figues-fleurs bonnes, fin juin ; figues d'automne médiocres ; cultivée à Marseille, Aix et Salon.

De Grasse, Grassengue, Figue grise. Médiocre fraîche, très-bonne sèche ; fin d'août ; diamètre des figues, 0ᵐ,076 à 0ᵐ,080 ; donne quelques figues-fleurs ; terrain frais.

De Jérusalem. Très-bonne variété cultivée à Aix ; fin d'août.

Rose blanche. Grosse, très-charnue ; bonne seulement sèche ; terrain sec.

Safranée. Excellente fraîche et sèche ; mi-septembre ; cultivée à Nice et à Salon.

Franche Paillarde. Beaucoup de très-bonnes figues-fleurs ; commencement de juillet.

Aubiquoun, Aubique violette, Petite aubique, Figue-poire, Figue de Bordeaux. Figues-fleurs abondantes, médiocres ; figues d'automne, bonnes ; chair rouge ; diamètre, 0ᵐ,033. Terrain frais. C'est avec la blanquette, celle qui s'accomode le mieux du climat de Paris.

Bellone. Très-bonne fraîche et sèche ; fin d'août ; diamètre, 0ᵐ,045 à 0ᵐ,050 ; quelques figues-fleurs ; terrains substantiels et frais ; cultivée à Grasse, Draguignan et Marseille.

Coucourelle de Grasse. Petite, pepins très-petits, excellente sèche.

Péconjude grise. Très-bonne, cultivée à Trans.

De Cuers, des Dames, Sans-Pareille. Très-bonne ; cultivée à Bargement et ailleurs.

Griselle. Très-bonne sèche ; cultivée à Grasse et à Hyères.

Verdaou. Très-bonne fraîche et sèche, cultivée à Grasse et à Saint-Tropez.

FIGUES NOIRES.

Recousse. Très-bonne, tardive, cultivée à Trans.

De Porto. Excellente fraîche et sèche ; arbre peu élevé ; cultivée à Seyne et à Saint-Maximin.

Bourjassotte noire. Très-bonne fraîche ; mûrit depuis le commencement de septembre jusqu'au commencement de l'hiver ; terrains gras et frais ; diamètre, 0ᵐ,050 à 0ᵐ,055.

Bernissenque. Se rapproche de la précédente ; mûrit plus tard ; diamètre. 0ᵐ,040 à 0ᵐ,045 ; même terrain.

Mouissonne violette. Peau très-fine, bleuâtre et crevassée ; chair rouge ; excellente fraîche et sèche ; diamètre, 0ᵐ,015 ; donne aussi des figues-fleurs en juillet ; mais moins bonnes. Terrains frais.

Sultane. Excellente, vient de Tunis ; cultivée à Salon.

Perruquière. Donne beaucoup de figues-fleurs très-grosses et très-bonnes, fin de juin ; celles d'automne médiocres, fin d'août.

Dans le Midi, les récoltes de figues d'automne sont toujours plus abondantes que celles des figues-fleurs. D'ailleurs, les premières sont toujours plus sucrées, moins aqueuses et font de meilleurs fruits secs. On choisit donc les variétés à fruits d'automne pour faire les grandes plantations destinées à alimenter le commerce des fruits secs. Toutefois ce choix devra être tel, pour chaque localité, que la maturité et la récolte puissent être terminées au moins quinze jours avant la saison des pluies, car ce laps de temps est nécessaire pour sécher la récolte au soleil. Sous le climat de Marseille, les meilleures variétés pour sécher sont la *marseillaise*, celle *de Grasse* et la *mouissonne*. Plus au nord, à Orange, on devra préférer la *blanquette*, et au delà, la *coucourelle blanche*.

D'autres variétés, également propres à être séchées, pourraient être certainement préférées à celles-ci, au point de vue de la qualité ; mais elles sont plus tardives et ne pourraient plus être séchées qu'en employant un appareil à air chaud.

Quant aux variétés fertiles en figues-fleurs, on les réserve exclusivement pour être mangées fraîches. On en forme des plantations dans le voisinage des grands centres de population ; et ces variétés sont choisies de façon que, la maturité de leurs fruits se succédant sans cesse, on puisse en manger depuis la fin de juin, époque à laquelle mûrit l'*observantine*, jusqu'à la fin de juillet, où commencent les figues d'automne ; on leur fait ensuite succéder les figues d'automne les plus précoces, puis viennent les variétés les plus tardives comme la *bourjassotte noire*, dont la maturation se prolonge jusqu'à l'entrée de l'hiver.

Climat et sol. — Le figuier appartient surtout au climat du Midi. Il redoute le même degré de froid que l'olivier ; mais sa végétation, beaucoup plus prompte, répare bientôt les dégâts occasionnés par la gelée. Plus la température est élevée, plus ses fruits acquièrent de qualité. La culture des figues s'avance jusque sous le climat de Paris ; mais il faut l'y abriter contre les froids de l'hiver. Au nord du climat de Paris, les figues-fleurs ne mûrissent plus.

On trouve des figuiers sur tous les terrains, depuis les plus secs jusqu'aux plus humides ; nous avons indiqué, dans la liste qui précède, les besoins de chaque variété sous ce rapport. On reconnaît cependant qu'en général c'est dans les sols calcaires riches et frais qu'ils donnent les meilleurs produits. On dit que le figuier veut avoir le pied dans l'eau et la tête au soleil.

Culture. — *Multiplication*. — Le figuier peut être multiplié au moyen des *semis*, des *marcottes*, des *drageons*, des *boutures* et de la *greffe*.

Les semis ne sont presque jamais employés, à cause de la difficulté de se procurer de bonnes semences, de la lenteur de ce procédé et du grand nombre de variétés médiocres que l'on en obtient.

Les marcottes sont d'un usage plus fréquent. On choisit des rameaux d'un à deux ans, on pratique une ligature ou une incision sur la partie enterrée (p. 179), on sèvre à l'automne, et l'on plante immédiatement à demeure. Comme le figuier n'aime pas à être transplanté, on peut, pour ne pas déranger les racines de la marcotte, faire celle-ci dans un panier, comme nous l'avons expliqué pour la vigne en treille, avec cette différence, que le sommet du rameau qui sort de terre ne sera pas tronqué.

Les drageons sont le mode de multiplication le plus simple et le plus ordinairement employé. On les enlève à l'âge de deux ans au pied des figuiers, et on les plante à demeure en automne. Mais les figuiers que l'on multiplie ainsi présentent l'inconvénient de produire, à leur collet, un très-grand nombre de drageons qui épuisent la tige. Aussi serait-il préférable d'employer les boutures.

Ces boutures sont faites à l'automne. On choisit des rameaux vigoureux, nés depuis le printemps, longs de 0^m,20 à 0^m,25, et à la base desquels on a conservé le talon. Ces boutures sont plantées à demeure et de façon que le bouton terminal excède la surface du sol de 0^m,03 ou 0^m,04 seulement. Pour préserver ce bouton des intempéries de l'hiver, on le couvre d'un petit capu-

chon en cire, d'une coquille d'œuf ou de limaçon, que l'on retire
au printemps.

La greffe n'est employée que pour changer la nature des figuiers,
soit que les fruits soient de médiocre qualité, ou que les produits
soient trop peu abondants. Toutes les sortes de greffes réussissent
sur le figuier, mais on se sert ordinairement des *greffes en fente
simple, en couronne* et *en sifflet*. La greffe en couronne est réservée pour les grosses tiges.

Les soins que réclame la culture du figuier varient suivant le
climat. Nous allons donc les examiner séparément sous le climat
du Midi et sous celui de Paris.

CULTURE DU FIGUIER DANS LE MIDI DE LA FRANCE.

Le figuier peut être planté en quinconce, dans un verger agreste,
auquel on donne le nom de *figuerie*. Les arbres y sont placés à
la distance de 6 ou 7 mètres. Ce mode de culture est toutefois
peu répandu, à cause d'un champignon parasite qui, attaquant
les racines, passe d'un arbre à l'autre et détruit rapidement
toute la plantation. C'est pour cela que, l'on préfère généralement planter le figuier en lignes isolées, entremêlées d'autres
arbres, tels qu'amandiers, oliviers, etc. On les place aussi dans
les vignes, de distance en distance. Dans l'un et l'autre cas, on
ameublit et l'on amende le sol à chacun des points où les figuiers
doivent être plantés, sur une largeur de 1 mètre et une profondeur de 0^m,80.

Quelle que soit la forme de la plantation, il faut la défendre
de la sécheresse pendant les deux ou trois premières années,
soit par des irrigations, soit par des binages ou des couvertures
(page 206).

Formation de la tige. — Dans le Levant, l'Archipel grec,
l'Afrique, les figuiers développent un tronc de 3 à 4 mètres d'élévation, et de 0^m,30 à 0^m,40 de diamètre; ce sont de véritables
arbres. En Provence, la température moins élevée et les gelées
fréquentes s'opposent à ce qu'ils prennent ces grandes dimensions; mais il y a avantage à leur faire développer un tronc,
parce que cette disposition leur permet en général de prendre
de plus grandes dimensions et de donner des produits plus abondants, et que l'on peut tirer meilleur parti du terrain placé sous

la tête des arbres. Enfin, cette disposition est indispensable pour les figuiers cultivés dans les vignes labourées à la charrue, afin de faciliter le passage des animaux de travail.

Toutefois, les parties les plus chaudes de la Provence permettent seules de profiter des avantages des hautes tiges, car cette forme expose davantage les figuiers aux rigueurs de l'hiver. La tige devra donc être d'autant moins élevée qu'on s'éloignera davantage des bords de la Méditerranée, jusqu'à ce qu'elle disparaisse complétement, sous le climat de Paris, pour être remplacée par une cépée (*fig.* 521). Cette dernière forme devra être également adoptée, même en Provence, pour les figuiers des terrains légers non susceptibles d'être arrosés ; car les figuiers à hautes tiges souffrent trop de l'ardeur du soleil, tandis que dans les cépées, les branches inférieures s'étendent presque horizontalement sur le sol et garantissent les plus grosses racines de l'intensité de la chaleur.

Quand les figuiers doivent être pourvus d'une tige, on laisse se développer librement, pendant les deux premières années, tous les bourgeons qui apparaissent sur les jeunes sujets ; ils sont nécessaires pour favoriser le développement de nombreuses racines. A la troisième année, au mois de mars, on choisit le rameau le plus vigoureux, on le dresse avec un tuteur, et l'on supprime tous les autres. A partir de ce moment, on ne conserve sur cette tige que le bourgeon terminal, jusqu'à ce qu'elle ait atteint la hauteur à laquelle elle doit se ramifier, c'est-à-dire environ 2^m,50, pour les parties les plus chaudes et les mieux abritées de la Provence. Alors, au printemps, on supprime le bouton terminal et l'on fait ainsi développer vigoureusement les boutons latéraux destinés à former la tète ; le développement de celle-ci doit être surveillé de manière à ce qu'elle prenne une forme régulière, et surtout que l'intérieur soit suffisamment ouvert à l'action directe de la lumière.

Quant aux cépées, elles se forment d'elles-mêmes par les bourgeons qui naissent sur toute l'étendue des jeunes plants, et surtout vers la base, pendant les premières années qui suivent leur plantation.

Taille. — Quoique presque tous les figuiers du midi de la France soient abandonnés à eux-mêmes après leur formation, il n'en est pas moins vrai qu'une taille pratiquée avec discerne-

ment produirait les plus heureux résultats. Cette opération est
d'ailleurs fort peu compliquée ; chaque année, au mois de mars,
on enlève les rameaux gourmands inutiles qui se sont développés
à la base des branches principales ou sur le collet de la racine.
On supprime également un certain nombre des rameaux qui font
confusion dans la tête de l'arbre, et aussi les branches sèches ou
dépérissantes. On raccourcit celles qui, entraînées par leur propre poids, s'inclinent trop vers le sol et nuisent aux autres récoltes. Enfin, on doit encore retrancher l'extrémité des branches
sur le côté de la tête qui se développe plus vigoureusement que
sur les autres points. Moins on usera de la serpette pour le
figuier, mieux cela vaudra. Aussi il conviendra de supprimer
les productions inutiles, autant que possible, lorsqu'elles seront
à l'état de bourgeon. Dans tous les cas, les plaies qu'on sera
obligé de faire devront toujours être recouvertes avec du mastic
à greffer dès qu'elles présenteront un diamètre de $0^m,03$.

Bernard, qui a écrit à Marseille, en 1776, un très-bon mémoire
sur la culture du figuier, parle d'un procédé déjà fort ancien et
qui a pour but de hâter de huit jours la maturation des figues.
Il consiste dans l'application d'une très-petite goutte d'huile
d'olive fine au centre de l'œil de la figue. Cette opération est
encore pratiquée avec beaucoup de succès dans quelques localités de la Provence, et notamment à Martigues : cette application
de l'huile est faite avec un brin de paille très-fine ; de façon à ne
toucher que le centre de l'œil. On la pratique aussitôt que l'œil
a pris décidément une teinte rouge, que l'épiderme du fruit est
bien distendu et, autant que possible, le soir après le coucher du
soleil, et par un temps chaud. La figue, qui était verte, petite et
dure, apparaît dès le lendemain gonflée, molle, avec une teinte
jaune. L'œil est ouvert, la floraison commence, et l'on cueille la
figue le quatrième jour au matin, au moment où les semences
vont se former. On obtient ainsi un fruit qui a acquis plus de
parfum et de douceur qu'avec la maturation naturelle, et qui est
privé de ces nombreuses graines, dont la présence est désagréable.
Cette opération offre un autre avantage : c'est que l'arbre,
soulagé par cette récolte anticipée, fournit des sucs plus abondants aux fruits qui lui ont été laissés et qui dès lors mûrissent
plus tôt.

Toutefois cette pratique a été réservée jusqu'à présent pour hâter la maturation des figues que l'on mange fraîches. On n'a pas trouvé qu'elle pût être appliquée d'une manière économique aux figues à sécher.

La naissance des figues étant continue sur chaque bourgeon pendant tout le temps qu'il s'allonge, un certain nombre d'entre elles (*fig.* 520), placées vers la base de la moitié supérieure des bourgeons, sont surprises par les premiers froids avant d'être mûres et lorsqu'elles sont déjà trop avancées pour résister à l'hiver et se développer l'année suivante comme les figues-fleurs. Ces figues tomberont aux premiers jours du printemps ; il vaut

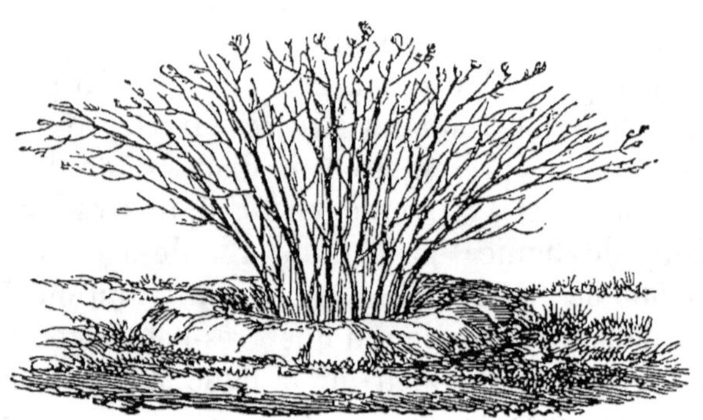

Fig. 521. Cépée de figuier entourée d'un bassin.

donc mieux les supprimer aussitôt qu'elles ont atteint le premier tiers de leur grosseur. On économise ainsi la séve qu'elles auraient absorbée jusqu'au moment de leur chute.

Labours, engrais, irrigation. — Dès la fin d'octobre et même plus tôt, quand les figuiers se sont dépouillés de leurs feuilles et que la récolte est faite, on leur donne le premier labour avec la pioche ou la houe fourchue. On laisse un petit bassin autour de chaque pied (*fig.* 521) pour retenir les pluies d'automne. Dans la première quinzaine de décembre, et plus tôt si l'hiver est précoce, on comble ce bassin et l'on butte le pied des arbres le plus haut possible, afin de les préserver du froid. Au commencement d'avril, après la taille, on rabat cette terre, et l'on donne un second labour moins profond que le premier. Après l'ébourgeonnement, on pratique un premier binage, qu'on répète ensuite tous les mois jusqu'à la fin d'août. Ces binages ameublissent parfaitement la surface du sol, retiennent l'humidité, font grossir les figues, et accélèrent leur maturation.

Quoique le figuier donne des produits passables dans des terrains tellement maigres, que les autres arbres fruitiers ne sauraient y vivre, il est très-avide d'engrais, et la beauté ainsi que l'abondance de ses fruits payent largement ceux qu'on leur applique. Comme pour les autres arbres, ce sont les engrais à décomposition lente, tels que les os concassés, les chiffons de laine, etc., qui lui conviennent le mieux. A leur défaut, les cultivateurs du Midi emploient les fumiers de mouton, de cheval, la colombine, pour les terrains frais, et le fumier de vache pour les sols légers. Ces divers engrais sont enterrés lors du labour d'automne. Les premiers engrais n'ont besoin d'être renouvelés que tous les six ou huit ans, et les seconds tous les deux ou trois ans. Pour les figuiers dont le produit est destiné à sécher, on fume légèrement, parce qu'on obtient ainsi des figues plus sucrées, moins aqueuses et qui se dessèchent plus facilement.

Certaines variétés de figuier, notées dans la liste précédente, supportent assez facilement la sécheresse ; néanmoins on peut dire que toutes les variétés se trouvent bien de l'irrigation, pourvu qu'elle ne soit pas trop fréquente et qu'elle ne fasse qu'entretenir la fraîcheur du sol. On devra donc s'empresser d'user de ce moyen toutes les fois que les circonstances locales le permettront. On pourra alors diminuer le nombre des binages d'été ; mais la fumure devra être un peu plus abondante. Les figuiers dont on doit faire sécher la récolte devront être arrosés plus modérément que ceux dont les fruits doivent être mangés frais.

Rajeunissement des figuiers. — Quoique la croissance du figuier soit très-prompte, il dure fort longtemps lorsqu'il est placé sous un climat favorable. On trouve en Afrique des figuiers qui ont plus de deux siècles. Dans le midi de la France, la durée des figuiers en cépée est presque indéfinie, parce qu'ils se renouvellent constamment au moyen de nouveaux jets qui naissent de la souche. Mais ceux qui sont à haute tige arrivent à la décrépitude vers l'âge de 50 à 60 ans, et il faut les rajeunir. A cet effet, on ouvre au pied une large excavation, de façon à découvrir le collet et les plus grosses racines. On coupe le tronc aussi bas que possible ; on recouvre la plaie avec du mastic, ou on la brûle avec un fer rouge, afin de l'empêcher de se pourrir ; on enlève ensuite ce qu'il peut y avoir de carié dans les racines ; on supprime tous les rejetons qui se sont développés, à l'exception du plus beau, destiné à renouveler la tige ; enfin on remplace la terre épuisée par une terre neuve bien amendée. Ceci fait, on traite le rejeton conservé comme un jeune figuier nouvellement planté.

CULTURE DU FIGUIER SOUS LE CLIMAT DE PARIS.

Sous le climat de Paris, le figuier est cultivé en cépées, disposées en lignes isolées ou réunies sur un terrain spécial dit figuerie. On ne laisse pas acquérir aux tiges de ces cépées plus de 2 à 3 mètres de longueur, afin de pouvoir les abriter facilement pendant l'hiver. On ne cultive que les variétés fertiles en figues-fleurs, car les figues d'automne n'y mûrissent presque jamais.

Argenteuil et la Frette sont les deux localités les plus renommées pour la culture de cet arbre aux environs de Paris ; elles fournissaient, avant les chemins de fer du Midi, toutes les figues fraîches que l'on voyait sur les marchés. Le mode de culture suivi dans ces deux localités présentant quelque différence, nous allons les examiner séparément.

Culture d'Argenteuil. — L'introduction du figuier à Argenteuil paraît dater de plus de deux siècles. Il y est cultivé en massif dans des sols profondément ameublis, richement fumés, de nature silicéo-calcairo-argileuse, abrités des vents du nord et du nord-ouest et exposés du midi au levant. Cette culture comprend une surface d'environ 50 hectares, qui produisent en moyenne 400,000 figues.

La variété cultivée est celle que nous avons décrite sous le nom de *blanquette* ou *coucourelle blanche.* Voici comment on procède à cette culture.

Plantation. — On prend les marcottes en panier ou des marcottes nues, on les plante au mois de mars, dans des trous de 1^m,50 de diamètre, profonds de 0^m,80, et remplis de terre bien amendée.

La plantation est faite de façon que la partie enracinée de la marcotte soit enterrée à 0^m,25 ou 0^m,30 de profondeur, et de manière aussi à enterrer 0^m,15 ou 0^m,20 de la tige, dont le sommet sort obliquement du sol. Pour former plus vite la cépée, on pourra planter deux marcottes dans chaque trou au lieu d'une ; dans ce cas les deux paniers seront placés en lignes parallèles à la ligne de plantation, à 0^m,20 les uns des autres, et de manière que les tiges soient opposées l'une à l'autre sur cette ligne. On a soin de laisser la surface du trou à 0^m,30 au-dessous du sol environnant. L'excédant de la terre est disposé en ados autour du trou, afin de retenir plus facilement l'eau des pluies au pied des jeunes figuiers. Les arbres sont plantés à 5 mètres de distance les uns des autres dans les lignes, et à 4 mètres entre les lignes, de façon à former une sorte de quinconce.

On abandonne ces jeunes plants à eux-mêmes pendant tout l'été, en les préservant toutefois de la sécheresse au moyen de binages ou de couvertures.

Dans la première quinzaine de novembre, lorsque les premiers froids commencent, que les feuilles sont complétement tombées, et que la terre n'est pas trop humide, on choisit un beau jour, et l'on incline avec précaution la jeune tige jusqu'au niveau du fond de la fosse ; on la couvre ensuite, ainsi que le pied, d'une couche de terre de 0^m,30 d'épaisseur, pour la défendre contre les froids. Vers la fin de février, lorsque le temps est devenu doux, on découvre les tiges et l'on rétablit la fosse comme elle était avant le couchage. Le développement du jeune plant est encore abandonné à lui-même pendant l'été, puis on le recouche en novembre.

Troisième année. — Lors du troisième printemps après la plantation, on choisit, au milieu de mars, un temps doux ; puis on coupe la jeune tige à 0^m,15 ou 0^m,20 du sol, afin de favoriser, vers la base, le développement de nombreux bourgeons destinés à former les diverses branches principales de la cépée. On laisse ces bourgeons s'accroître pendant tout l'été : puis on les couche vers le milieu de novembre. Ce couchage exige les soins suivants :

On choisit un temps sec et le moment où la terre, bien friable, pourra s'engager facilement entre toutes les branches sans laisser de vide. Cette terre doit être exempte de feuilles, d'herbe ou de paille, qui, mises en contact avec les branches enterrées et se pourrissant, tacheraient ces branches et les feraient pourrir elles-mêmes. Il convient aussi d'abattre les figues d'automne qui pourriraient en terre et offriraient le même inconvénient que les feuilles. Ces précautions étant prises, on divise les branches de la cépée en

Fig. 522. Figuier abrité contre la gelée, dans les terrains en pente.

quatre faisceaux égaux, puis on serre chacun d'eux au moyen de ligatures.

Fig. 525. Figuier enterré dans les terrains horizontaux.

On ouvre alors dans le sol autant de fossettes qu'il y a de faisceaux. Ces fossettes, naissant du pied de la cépée, ont une profondeur et une largeur suffisantes pour contenir les faisceaux. On leur donne une direction un peu différente suivant que le terrain est en pente ou horizontal. Dans le premier cas, elles sont toutes dirigées vers le même côté de la cépée et contrairement à la pente du terrain, comme l'indique la figure 522. Lorsque le terrain est disposé horizontalement, elles rayonnent également tout autour, comme le montre la figure 523. Le couchage des tiges étant ainsi pratiqué, on recouvre chaque faisceau avec une couche de terre d'au moins $0^m,20$ d'épaisseur et disposée en ados. La souche elle-même est abritée par la terre qu'on y accumule sous forme d'un cône. Les cépées offrent, après ce travail, l'aspect des figures 522 et 523.

Quatrième et cinquième année. — Vers la fin de février et par un temps doux et humide, on découvre les figuiers. Plus cette opération est faite de bonne heure, plus la végétation est précoce ainsi que la maturité des figues ; mais aussi la récolte est souvent détruite par les gelées tardives. C'est pourquoi quelques cultivateurs préfèrent retarder cette opération jusqu'à la fin de mars, quoique à ce moment les arbres souffrent de leur exposition immédiate à l'ardeur du soleil et que la récolte soit exposée à mûrir moins bien. D'autres découvrent la moitié de leurs figuiers à la fin de février et l'autre moitié à la fin de mars. Ils sont ainsi plus assurés d'avoir une récolte moyenne, soit en quantité, soit en qualité. Les tiges sont maintenues également écartées les unes des autres pour empêcher la confusion et aussi pour éviter le frottement des feuilles sur les fruits, frottement qui les noircit et leur enlève une partie de leur valeur. On soutient aussi, à l'aide de crochets en bois, celles des tiges qui resteraient placées trop près du sol. Le sol est parfaitement nivelé pour les figuiers des terrains horizontaux ; mais on laisse cependant une petite cuvette au pied de chaque cépée (*fig.* 530 et 532) pour y retenir l'eau des pluies. Quant aux figuiers des terrains en pente, on donne au sol une disposition telle que les eaux pluviales qui s'écoulent des parties supérieures soient retenues au pied de chaque cépée. On y maintient ainsi une humidité favorable pendant l'été et l'on empêche que le sol ne soit raviné par les eaux. Les figures 529 et 531 montrent cette disposition. Tous ces soins sont ensuite répétés chaque année.

Pendant l'été qui suit, on abandonne encore à lui-même

l'allongement des jeunes tiges ainsi que le développement des nouveaux bourgeons de la souche. On laisse ainsi, chaque année, s'accroître le nombre des tiges, jusqu'à ce qu'on en compte, sur chaque cépée, quatorze ou seize. A partir de ce moment on supprime avec soin les bourgeons qui naissent sur la souche et qui épuiseraient les branches de la charpente. Les mêmes soins sont répétés pendant la cinquième année.

Sixième année. — Au printemps de cette année, les tiges les plus anciennement formées sont constituées comme l'indique la figure 524. A ce moment on pratique l'*éborgnage*, c'est-à-dire que par un temps doux et aussitôt que les figuiers sortis de terre commencent à présenter quelques signes de végétation, on supprime le bouton terminal de tous les rameaux latéraux (A), afin de déterminer le développement des boutons à bois de la base, puis aussi de faire nouer plus facilement les figues-

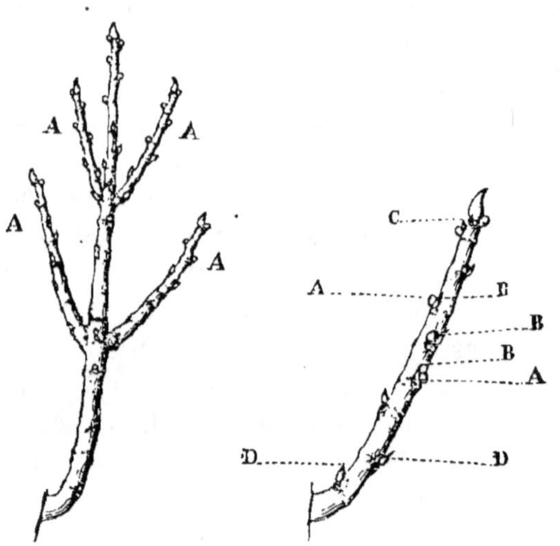

Fig. 524. Tige de figuier au sixième printemps qui suit la plantation.

Fig. 525. Rameau de figuier.

fleurs dont ils montrent déjà les rudiments (A, *fig.* 525). On éborgne également la moitié environ des boutons à bois latéraux, en choisissant ceux (B) qui accompagnent le rudiment des figues. On en conserve toujours deux (D) à la base de chaque rameau, et un (C) vers le sommet, pour y attirer la sève. Quant au rameau terminal de chaque tige, on le soumet à la même opération, à cette différence près qu'on doit le laisser pourvu du bouton à bois situé immédiatement au-dessous de celui du sommet, et un ou deux autres qui donneront lieu à de nouveaux rameaux latéraux qui doivent être placés à environ 0^m,30 les uns des autres sur la longueur de chaque branche.

Lorsque les bourgeons du figuier ont atteint une longueur de

0^m,05 environ, on pratique, par un temps doux, l'ébourgeonnement sur tous les rameaux latéraux et sur le rameau terminal de
chaque tige. Sur les premiers, on ne conserve qu'un seul bourgeon C (*fig.* 526), le plus rapproché de la base, pour qu'il remplace celui qui porte les fruits cette année. Sur le rameau terminal, on conserve le bourgeon du sommet qui prolonge chaque
branche, et quelques-uns des latéraux destinés à former de nou-

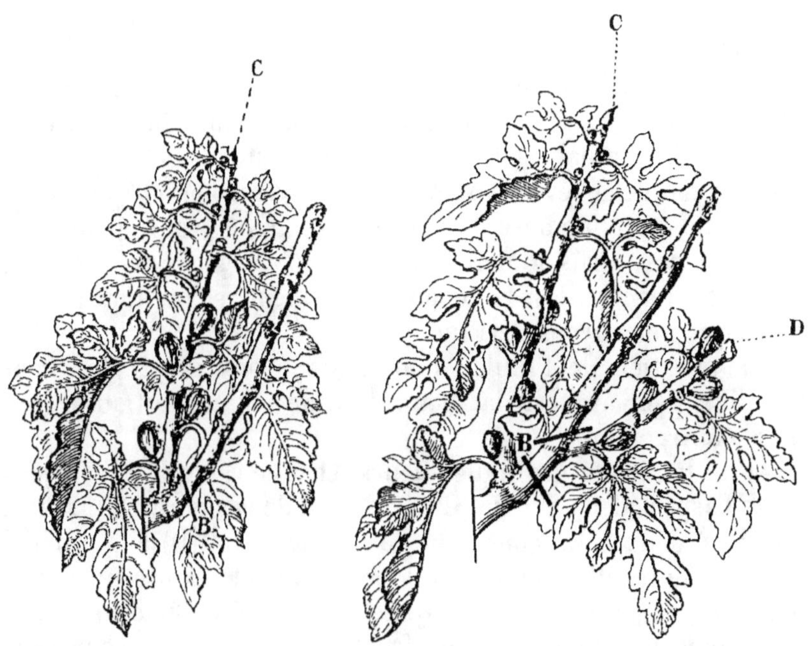

Fig. 526. Rameau de figuier après   *Fig.* 527. Rameau de figuier après la récolte
la récolte des figues-fleurs.   des figues-fleurs.

veaux rameaux à fruits l'année suivante. Ces derniers sont
espacés de façon qu'ils soient également frappés par le soleil,
sans confusion et sans frottement des feuilles sur les fruits.
Lorsque l'on a complété le nombre de tiges que doit porter
chaque cépée, on enlève également les nouveaux bourgeons qui
naissent sur la souche.

Quoique les figues d'automne mûrissent difficilement, on peut
cependant, dans les années favorables, en obtenir un certain
nombre. Pour hâter leur développement, on opère ainsi. On laisse
à la base des rameaux fructifères les plus vigoureux deux bour-

geons au lieu d'un (*fig.* 527). Le plus rapproché de la base (C) est destiné à la production des figues-fleurs de l'année suivante, l'autre (D) porte les figues d'automne. Pour forcer celles-ci à croître plus rapidement, on pince ce bourgeon lorsqu'il a atteint une longueur de 0m,12 environ. Comme cette récolte de figues d'automne a pour résultat d'épuiser les arbres et de diminuer l'abondance des figues-fleurs pour l'année suivante, on devra ne l'employer que sur les figuiers les plus vigoureux.

Lorsque, par suite de gelées tardives, la récolte des figues a été détruite, ce qui peut être apprécié vers le milieu de mai, on pratique la *taille en vert* : c'est-à-dire qu'on coupe chacun des rameaux latéraux sur le bourgeon le plus rapproché de la tige. Le rameau terminal est laissé intact. Il résulte de cette opération que l'action de la séve est refoulée sur le vieux bois et y fait développer un grand nombre de bourgeons. On en profite pour remplir les vides ; mais on ne laissera de ces bourgeons que ceux qui sont réellement utiles. Cet ébourgeonnement est pratiqué au moment que nous avons déjà indiqué.

L'application de l'huile, dont nous avons parlé plus haut (p. 656), pour avancer la maturation des figues, est aussi pratiquée à Argenteuil.

Après la récolte des figues-fleurs, chaque rameau à fruit présente l'aspect de la figure 526, ou celle de la figure 527, si l'on a réservé deux bourgeons pour en consacrer un (D) à la production des figues d'automne. Vers la fin d'août, et par un temps bien sec, on procède au nettoyage des figuiers. On coupe en B le sommet des rameaux qui ont fructifié : on enlève les bourgeons inutiles, immédiatement au-dessus de l'œil le plus bas ; si cet œil se développe l'année suivante, on l'ébourgeonne. On enlève encore les ramifications desséchées, mais tout près de la tige, et l'on couvre les plaies avec du mastic. Quelques cultivateurs ne font ce nettoyage des figuiers que l'année suivante, au printemps ; mais les amputations que l'on fait à ce moment donnent lieu à une déperdition de séve plus considérable, et les plaies se cicatrisent moins facilement. Après la chute des feuilles, chaque tige du figuier ainsi opérée est constituée comme l'indique la figure 528.

Septième année. — Au printemps, les rameaux latéraux (A) (*fig.* 528) de chaque tige sont traités comme ceux de l'année pré-

cédente, à l'exception toutefois des quelques rameaux B qui ont
donné des figues d'automne l'année précédente et qui sont coupés
au-dessus du rameau inférieur. Les autres opérations sont semblables à celles déjà décrites. On con-
tinue ainsi chaque année d'allonger
les branches principales en y conservant, de distance en distance, des rameaux à fruits qui se remplacent successivement comme ceux du pêcher.

Lorsque les tiges ont atteint une
longueur de 2 à 3 mètres, on cesse de
les allonger, parce que la séve aban-
donnerait les rameaux à fruits de la
base, et que ceux-ci finiraient par se
dessécher. On traite alors le rameau de
prolongement de ces tiges comme nous
l'avons indiqué pour les rameaux latéraux.

Le couchage auquel on soumet chaque année les tiges du figuier leur impose une direction horizontale à 0^m,60
ou 0^m,80 du sol, ainsi que le montrent
les figures 531 et 532. C'est là un élément de succès : car, d'une part, les
fruits peu éloignés du sol reçoivent plus

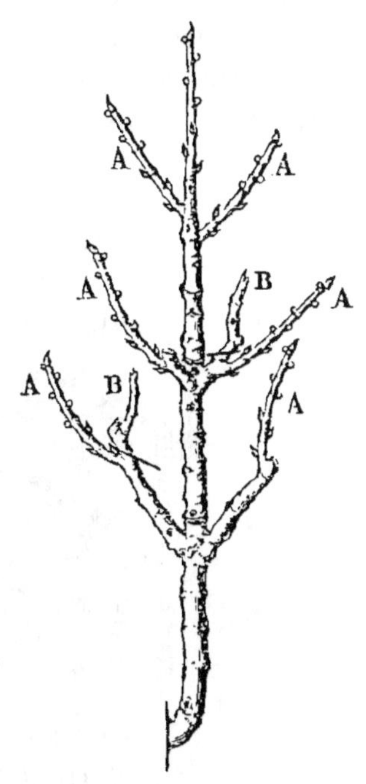

Fig. 528. Tige de figuier sept
ans après la plantation.

de chaleur et mûrissent mieux, et, de l'autre part, l'action de
la séve est mieux répartie entre les divers rameaux latéraux.

Les figuiers d'Argenteuil commencent à fructifier à six ans;
ils sont en plein rapport à dix. Ils vivent très-longtemps ; mais
il est nécessaire de renouveler successivement les tiges qui, à
l'âge de douze ou quinze ans, finissent par s'épuiser. A cet effet,
on laisse naître sur la souche un nombre de bourgeons égal à
celui des tiges à remplacer, et l'on coupe celles-ci à la fin
d'août suivant.

On donne à ces figuiers un labour chaque année, au printemps, après avoir déterré les tiges, et avant de refermer la
fosse qui entoure chaque pied; on leur applique, en outre, plusieurs binages dans le courant de l'été. Ils sont fumés tous les
trois ans.

Culture de la Frette. — La culture du figuier à la Frette paraît être postérieure à celle d'Argenteuil. Elle ne comprend guère qu'une surface de 8 hectares. La variété de figuier qu'on y rencontre est une figue violette que nous avons désignée sous le nom d'*Aubiquoun* ou *figue de Bordeaux*. La *Blanquette* y est aussi cultivée, mais exceptionnellement et dans les terrains secs, dont elle s'accommode mieux que l'Aubiquoun. La différence

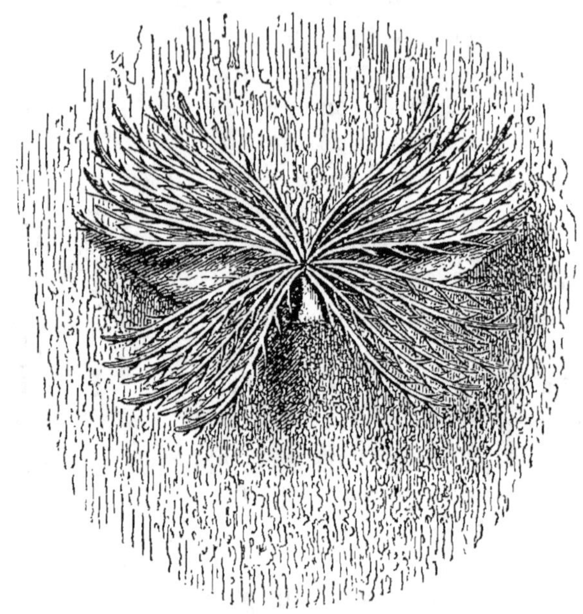

Fig. 529. Figuier d'Argenteuil planté sur un terrain incliné.

qu'offre la culture de la Frette, comparée à celle d'Argenteuil, est due en grande partie à la variété de figuier qu'on y a choisie.

Les figuiers sont à 4 mètres au lieu de 5. On ne pratique pas l'éborgnage, car il ferait couler les fruits de cette variété. On laisse tous les bourgeons se développer ; puis on enlève ceux qui sont inutiles, un mois avant la maturité des figues et par un temps doux. On ne conserve ainsi que les bourgeons indiqués pour la Blanquette.

Dans les étés humides, on pique souvent les figues pour y introduire l'huile, au lieu de les toucher seulement.

La maturité de l'Aubiquoun est plus tardive que celle de la

Blanquette, mais cette figue est plus savoureuse ; elle est aussi plus grosse, mais moins abondante.

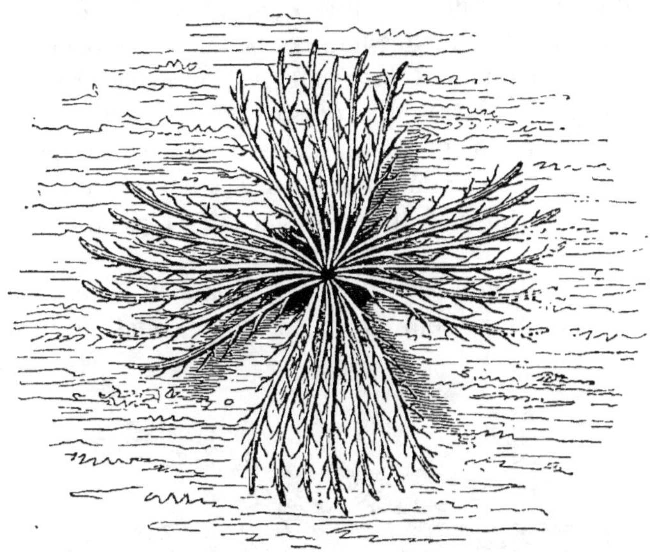

Fig. 550. Figuier d'Argenteuil planté sur un terrain horizontal.

Maladies. — Insectes nuisibles. — Les maladies du figuier

Fig. 551. Profil d'un figuier planté sur un terrain incliné.

sont déterminées soit par la sécheresse excessive du sol, soit par l'intensité des gelées.

Dans le midi de la France, la sécheresse est telle parfois, en été, que les figuiers perdent leurs feuilles, que les fruits tombent, ou que ceux qui mûrissent sont insipides et malsains. Il n'y a d'autre moyen de prévenir cet accident que d'arroser, de temps en temps, le pied des figuiers pendant le mois d'août.

Le figuier du midi de la France est aussi sensible au froid que l'olivier ; mais la rapidité de sa végétation lui fait réparer bien plus rapidement qu'à celui-ci les dégâts causés par cet accident. Il n'en est pas de même pour les figuiers du climat de Paris : ces gelées tardives frappent souvent la récolte principale, les figues-fleurs.

Les figuiers atteints par les gelées réclament des soins différents, suivant qu'ils sont morts jusqu'au collet de la racine,

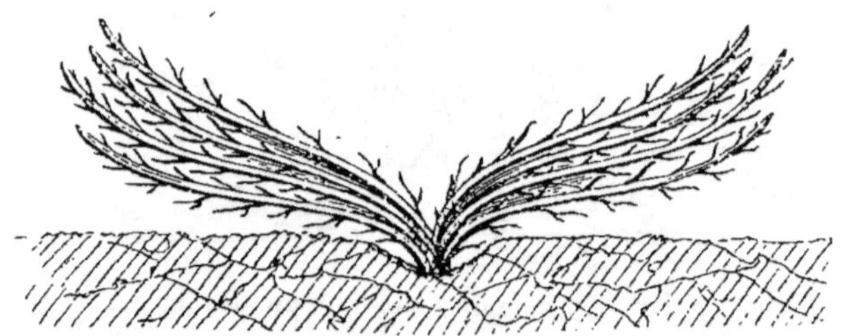

Fig. 552. Profil d'un figuier planté sur un terrain horizontal.

ou que quelques branches seulement ont été frappées. Dans le premier cas, on arrache le figuier, au mois de mars, en séparant la souche des grosses racines au point où celles-ci commencent à être bien saines. On laisse l'excavation ouverte et l'on recouvre les grosses racines de 0^m,02 ou 0^m,03 de terre fine bien amendée. Pendant l'été, cette excavation étant maintenue fraîche, on voit apparaître des bourgeons vigoureux qui naissent des racines. A l'automne, on conserve seulement le plus vigoureux. On referme la fosse à l'entrée de l'hiver avec de la terre neuve, et le rejeton est ensuite traité comme un jeune figuier.

Dans le second cas, on supprime pendant l'été suivant tous les bourgeons qui naissent en plus grand nombre que de coutume au pied de la tige, sous l'influence de l'état maladif de la tête de l'arbre ; on enlève toutes les figues dès qu'elles ont la grosseur de petites fèves, afin que toute la sève soit employée à la formation de bourgeons vigoureux. Enfin, au printemps suivant, on coupe toutes les branches sèches et l'on rapproche les autres sur les rameaux les plus beaux.

Depuis quelques années surtout, les figuiers sont fréquemment
attaqués par une espèce de champignon du genre *Rhizoctone* qui
désorganise les racines dans un laps de temps très-court (voir la
page 528 pour les moyens à employer contre ce champignon).

Parmi les animaux nuisibles au figuier, nous citerons surtout
certains oiseaux connus sous le nom de *becs-fins*, qui dévorent
les figues lorsqu'elles sont mûres.

Plusieurs insectes attaquent le figuier dans le Midi; le plus
redoutable est une espèce de *kermès* ou *cochenille* (*Chermes caricæ*) (*fig.* 533). Cet insecte, déjà connu et décrit en
1733 par Cestoni, est ovale, convexe, de couleur cendrée. Les
petits, qui éclosent sous la mère
au mois de mai, se jettent sur les
bourgeons, les feuilles et même
les figues, dont ils épuisent la séve.
Les bourgeons restent courts, les
feuilles et les branches se couvrent de taches noires, les fruits
tombent sans mûrir, et le figuier
lui-même finit par succomber.
C'est vers le mois d'août que les
jeunes kermès abandonnent les
feuilles pour se réunir à la face
inférieure des rameaux et des
branches obliques ou horizontales.
Là, ils continuent de grossir jus-

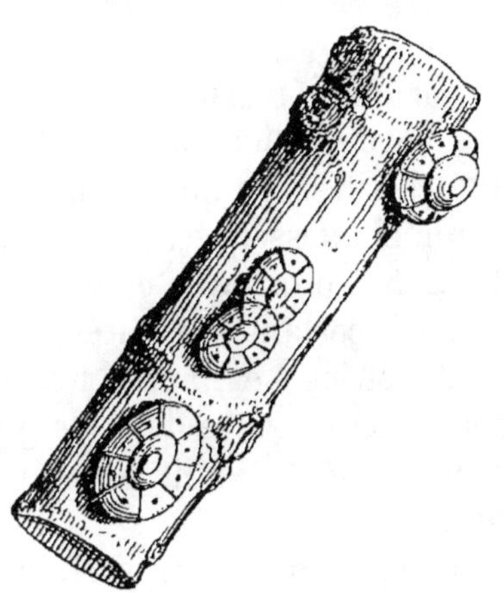

Fig. 533. Kermès du figuier.

qu'au mois de mai suivant, et chacun d'eux donne naissance à
une nouvelle génération composée de 1,200 individus environ.

Le moyen le plus simple pour combattre ce fléau est celui
que nous avons indiqué pour une autre espèce de kermès
(page 452).

Les cultivateurs d'Argenteuil se plaignent aussi d'un petit
coléoptère de la famille des charançons et qui ronge les très-
jeunes figues au printemps, alors qu'elles ne sont encore qu'à
l'état rudimentaire.

Récolte. — Les figues sont mûres lorsque le suc âcre et lai-
teux qu'elles contiennent est changé en une eau limpide et sucrée, qu'elles ont pris la couleur qui distingue chaque variété;
qu'elles sont devenues molles, charnues et pendantes. Sous le

climat de Paris, elles ne peuvent jamais être trop mûres. Les figues qu'on veut faire sécher sont cueillies complétement mûres et même un peu flétries, ce qui accélère leur dessiccation. Dans tous les cas, il faut attendre, pour les cueillir, que le soleil ait vaporisé la rosée qui les couvre.

Dessiccation des figues. — Les figues destinées à être séchées sont placées sur des claies faites en roseaux bien secs et exposées au soleil dans un endroit le plus chaud possible.

Une remise bien aérée, éloignée de toute mauvaise odeur, les reçoit pendant la nuit et les jours de pluie. Toutefois ceux qui en sèchent une grande quantité ne les rentrent jamais, et empilent les claies tous les soirs, en couvrant chaque pile avec une toile cirée.

Chaque jour, le matin et à midi, on retourne les figues pour les faire sécher sur tous les points. Lorsque en aplatissant les figues sur leur queue elles ne se fendent pas, elles sont suffisamment desséchées; plus tôt, elles resteraient mollasses et se gâteraient; plus tard, elles deviendraient trop dures.

Dans certaines localités, on ne cueille les figues que lorsqu'elles sont flétries; et, après les avoir exposées au soleil un ou deux jours, on les jette dans de grands paniers où on les laisse suer pendant sept à huit jours. On achève ensuite leur dessiccation au soleil.

Chaque matin, en sortant les claies, on retire les figues qui sont assez desséchées, on les dépose sur des draps, dans une chambre aérée et sèche, en séparant celles qui sont altérées. Lorsque toutes les figues sont ainsi desséchées, on les aplatit, puis on les sépare en trois qualités différentes pour les livrer au commerce.

Dans les automnes pluvieux, les cultivateurs du Midi sont obligés de faire sécher les figues au four; mais il s'en faut de beaucoup qu'elles soient d'aussi bonne qualité que celles qui ont été desséchées au soleil.

FIGUIER D'INDE.

Le *figuier d'Inde, figuier de Barbarie* (*Cactus opuntia*, L.; *Opuntia ficus indica*) (*fig.* 534), est originaire des parties chaudes de l'Amérique et croît aussi spontanément dans le nord de l'Afrique. On l'a transporté de là en Sicile et en Corse, où il s'est naturalisé. La figue d'Inde, dit M. de Gasparin, est la manne, la providence de la Sicile. Ce fruit est, pour cette contrée, ce qu'est la banane dans les pays équinoxiaux, et l'arbre à pin dans les îles de l'océan Pacifique. A Catane, on fait sécher la figue d'Inde et l'on en compose des masses compactes pour s'en nourrir en hiver. On en conserve aussi de fraîches, que l'on cueille avec un petit morceau de la feuille qui les porte. Ce que nous venons de dire de l'importance de cette plante pour la Sicile s'applique également à l'Algérie. Là, ces fruits servent en outre à la nourriture des bestiaux, qui en sont très-avides, ainsi que des feuilles de l'année. Enfin le figuier d'Inde forme une clôture excellente pour les champs, et un moyen de défense pour les habitations.

Variétés. — M. Moll a remarqué en Algérie deux variétés bien distinctes de figuier d'Inde : l'une à laquelle on donne le nom de *figuier du chameau*, a des fruits rouges, de la grosseur d'un petit œuf de poule ; les fruits et les feuilles

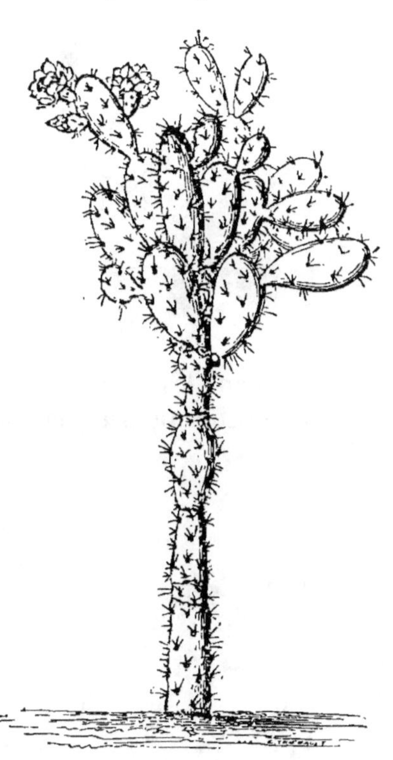

Fig. 534. Figuier d'Inde ou de Barbarie.

ou *raquettes* sont couverts de piquants très-durs, longs de 0^m,015 à 0^m,020. C'est la variété qu'on choisit pour clôture. L'autre, à laquelle les Arabes donnent le nom de *figuier des chrétiens*, offre sur ses feuilles et ses fruits des piquants plus faibles, plus petits. Elle a une végétation plus vigoureuse, des feuilles plus développées, plus succulentes, des fruits meilleurs et d'une grosseur double. C'est cette variété qu'on multiplie pour l'alimentation. Il en existe aussi en Sicile plusieurs variétés très-recommandables par la qualité et la grosseur de leurs fruits.

Culture. — Le figuier d'Inde résiste bien aux petites gelées ; et on le voit vivre, comme l'oranger, pendant un certain nombre

Fig. 535. Fleur du figuier d'Inde.

d'années, dans les contrées où l'eau se congèle tous les hivers. Mais une saison un peu rigoureuse le fait disparaître. Il se dé-

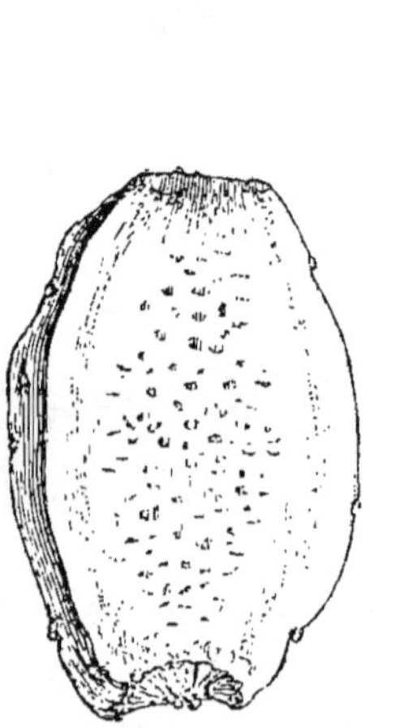

Fig. 536. Coupe du fruit du figuier d'Inde.

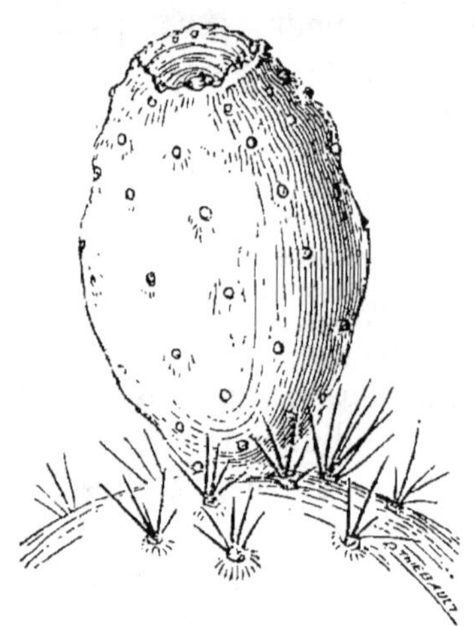

Fig. 537. Fruit du figuier d'Inde.

-veloppe dans tous les terrains, les creux des laves et des rochers, les limons, les calcaires, il ne redoute que les terrains constamment humides. La multiplication du figuier d'Inde est des plus simples et peut avoir lieu en toute saison ; on préfère cependant les mois d'août et de septembre. On coupe une raquette, on la laisse pendant quelques jours sur terre, jusqu'à ce que la section se soit à peu près cicatrisée, puis on la plante à demeure, la section en bas, dans une terre ameublie par quelques coups de pioche, où on l'enfonce de 0^m,05 à 0^m,06. L'arrosage n'est pas nécessaire, à moins que le terrain ne soit d'une nature et à une exposition très-sèches. Dans ce cas, on retarde la plantation jusqu'en septembre. Si, au lieu d'une seule raquette, on peut planter une branche ayant un peu de vieux bois et cinq ou six raquettes, on obtient des produits beaucoup plus promptement.

Quand on plante en plein, on dispose les lignes à 1^m,50 ou 2 mètres de distance les uns des autres. Le figuier d'Inde n'exige aucune culture ; cependant, un ou deux labours, donnés chaque année dans l'intervalle des lignes seront largement payés par une augmentation de produit.

La taille n'est pas nécessaire à la bonne venue de la plante, mais elle est utile pour en diriger la croissance. On taille donc de façon qu'aucune branche n'intercepte le passage entre les figuiers. On supprime ainsi, en juillet, août et septembre, les feuilles inférieures de l'année pour procurer de la nourriture aux animaux. Ces feuilles ou raquettes sont coupées en tranches, comme on le fait pour les racines fourragères. On peut, pour les rendre plus appétissantes, les saupoudrer de son.

CHAPITRE SEPTIÈME

QUATRIÈME DIVISION. — FRUITS NUCULAIRES. — NOISETIER.

Le *noisetier commun* (*Corylus avellana*, L.) (*fig.* 538) croît spontanément dans nos bois ; son fruit est mangé frais ou sec. On en extrait une grande quantité d'huile excellente que l'on emploie pour la table, la parfumerie et la peinture. Les tourteaux ou résidus de cette extraction sont de beaucoup préférables à ceux des amandes ordinaires, pour confectionner la pâte d'amandes.

Noisette franche, à fruit rouge et à fruit blanc. Noix allongée, déprimée au sommet, enveloppée d'un involucre qui la dépasse. Saveur douce très-agréable.

Noisette-aveline, Avelinier, Avelanier (*fig.* 558). Noix de forme ovoïde, anguleuse, plus grosse que la précédente, enveloppée d'un involucre qui la dépasse à peine. On en distingue trois sous-variétés : l'une *à noix ovale*, l'autre *à noix très-grosse*, la troisième *à noix striée.*

Noisette-aveline de Provence. Fruit rond, gros, coque tendre, pellicule rouge.

Noisette grosse longue d'Espagne. Fruit oblong, gros, à pellicule rouge.

Noisette Dowton. Fruit gros, rouge, à coque tendre, à pellicule blanche.

C'est surtout la noisette aveline qui est, dans le midi de l'Europe, l'objet d'une culture et d'un commerce assez étendus.

Culture. — Le noisetier s'accommode de tous les climats de la France ; toutefois certaines variétés, telles que l'avelinier, ne donnent le plus souvent, dans le Nord, que des noix privées d'amandes.

Le noisetier redoute, à la fois, la sécheresse et la compacité du sol ; il recherche les sols légers et frais, bien découverts et exposés de préférence

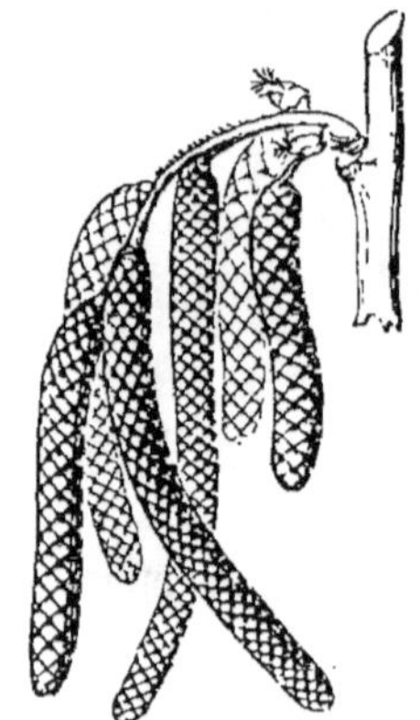

Fig. 558. Avelinier.

Fig. 559. Fleurs mâle et femelle de l'avelinier.

au nord ou au couchant. Dans le Midi, on ne le cultive que sur les terrains qui peuvent être arrosés.

Le noisetier, cultivé pour ses fruits, se multiplie au moyen des drageons, des marcottes et de la greffe. Ce dernier procédé est le plus convenable pour obtenir des individus vigoureux et de longue durée. On emploie pour cela des sujets de noisetier commun obtenus de semis, et on les greffe en écusson à œil dormant, dès que la tige a la grosseur du petit doigt. On les plante à demeure deux ans après.

Lorsque les aveliniers sont disposés en massifs, comme en Espagne et en Sicile, on les plante à 4 mètres les uns des autres. Ou les débarrasse, chaque année, des rejetons qui se développent en grand nombre au pied de la tige et qui l'affaiblissent, et l'on maintient le sol net et bien cultivé.

Le noisetier peut aussi entrer utilement dans la plantation du jardin fruitier ; mais il convient alors de le soumettre à une taille annuelle et de lui imposer la forme conique. C'est à tort que quelques auteurs ont écrit que la taille nuit

Fig. 540. Balanin des Noisettes.

aux produits de cet arbre. Nous en avons soumis à cette opération pendant dix ans, et ils nous ont toujours donné des fruits tout aussi abondants et beaucoup plus gros que ceux qui étaient abandonnés à eux-mêmes. Les fruits du noisetier se développant comme ceux du cognassier, c'est le mode de taille indiqué pour cette espèce qu'il conviendra de lui appliquer. Il faut toutefois : 1° conserver sur l'arbre un certain nombre de chatons ou fleurs mâles (fig. 539), afin d'assurer la fécondation des fleurs femelles ; 2° ne tailler qu'en mars, au moment où les petites aigrettes rouges des fleurs femelles (fig. 539) sont bien visibles au sommet des boutons, de façon à pouvoir en conserver une suffisante quantité.

Insectes nuisibles. — Les noisetiers ont à souffrir de l'attaque de plusieurs insectes. Mais c'est l'espèce suivante qui est la plus redoutable.

Balanin des noisettes (*Balaninus nucum*) (*fig.* 540). Cette sorte de petit charançon éclôt dans les premiers jours de mai. L'accouplement a lieu bientôt après, et la femelle perce avec son bec un petit trou dans les jeunes noisettes et y dépose un œuf. Celui-ci éclôt au bout de huit jours et la jeune larve ronge l'intérieur du fruit. Elle a acquis tout son développement vers le milieu d'août. Alors, avec ses fortes mâchoires, elle s'ouvre un

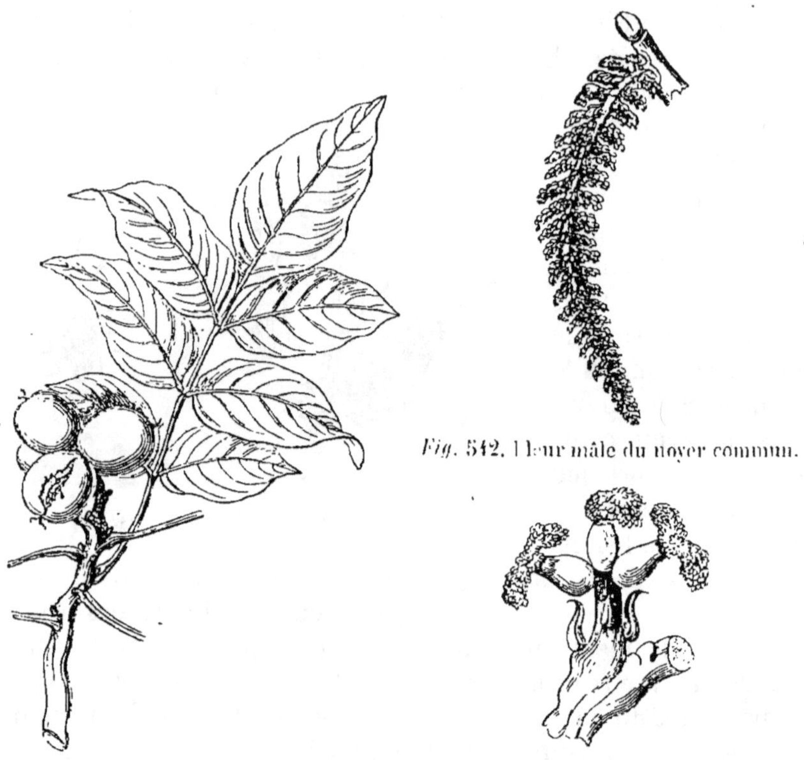

Fig. 542. Fleur mâle du noyer commun.

Fig. 541. Fruit du noyer commun.   Fig. 543. Fleur femelle du noyer commun.

petit trou rond à travers l'enveloppe déjà ligneuse de la noisette et en sort pour aller se cacher dans le sol où elle passe l'hiver. Elle se transforme en nymphe en mai, et l'insecte parfait reparaît en juin.

On peut détruire cet insecte en ramassant, en août, toutes les noisettes verreuses tombées à terre et en les brûlant avec la larve qu'elles renferment encore.

Récolte. — La maturité des noisettes est indiquée par les involucres qui commencent à se flétrir. C'est le moment de récolter celles qui sont destinées à l'extraction de l'huile ou aux usages de la table. Pour conserver les noisettes avec toute leur saveur, on les place dans du sable, du son ou de la sciure de bois bien sèche ; ou bien on les introduit dans des bouteilles de grès ou de verre hermétiquement fermées, et que l'on descend dans un puits.

NOYER.

Le *noyer commun* (*Juglans regia*, L.) (*fig.* 541), originaire de la Perse, a été introduit en Europe par les Romains. Son fruit fournit la moitié de l'huile que nous consommons, soit pour la table, soit pour les arts. Les noix sont servies sur nos tables avant et après leur maturité ; dans le premier cas, elles prennent le nom de *cerneaux*.

Le noyer étant aussi bien un arbre à fruit oléagineux qu'un arbre à fruit de table, nous renvoyons pour sa culture, à notre *Traité des arbres et arbrisseaux à fruits propres aux boissons fermentées et des arbres à fruits oléagineux.*

CHAPITRE HUITIÈME

CINQUIÈME DIVISION. — FRUITS A OSSELETS. — NÉFLIER.

Le *néflier* ou *mélier* (*Mespilus germanica*, L.) (*fig.* 544) croît spontanément dans tous les bois du Nord et des parties tempérées de l'Europe. Son fruit, très-âpre lorsqu'on le récolte, perd cette saveur en blossissant, et acquiert un goût légèrement alcoolique assez agréable. Le néflier sauvage a produit les variétés suivantes :

Néflier à gros fruits. C'est la variété la plus recommandable.
Néflier à fruits monstrueux. Son fruit acquiert souvent 0^m,05 de diamètre.
Néflier à fruit précoce. Fruit moins gros que le précédent, mais plus précoce.
Néflier sans noyau ou apyrène. Fruit petit, allongé, dépourvu de semence.

Le néflier ne prospère que dans le nord et le centre de la France; il redoute les chaleurs du Midi. Tous les terrains lui conviennent, pourvu qu'ils ne soient ni trop secs ni marécageux.

Nous avons vu à l'article Pépinières que le néflier est multiplié au moyen des greffes en fente ou en écusson placées sur l'aubépine, l'azerolier, le cognassier et le poirier.

Le néflier n'est pas habituellement soumis à la taille ; on le laisse végéter librement en imprimant seulement à sa tête une forme à peu près régulière. Lorsque, cependant, on veut le cultiver dans le jardin fruitier, on peut lui imposer une forme régulière, et tailler ses ra-

Fig. 544. Fruit du néflier.

Fig. 545. Fleur du néflier.

meaux à fruit exactement de la même manière que ceux du cognassier.

C'est vers la fin d'octobre qu'on récolte les *nèfles* ou *mèles*. On les place immédiatement sur la paille, où elles blossissent assez rapidement.

L'AZEROLIER[1].

L'*azerolier* (*Cratægus Azarolus* L), communément *azerolier*, *azarolier*, *argerolier*, *épine d'Espagne*, *néflier de Naples*,

[1] Nous empruntons ce qui a trait à cette espèce à l'excellent article publié par M. Alfred Lejourdan, dans la *Revue horticole* du mois de décembre 1856.

ᴃ appartient à la famille des rosacées, tribu des pomacées. Ce sont
ᴅ des arbres de 7 à 8 mètres de hauteur, atteignant, quelquefois
ᴍ même dépassant la taille des poiriers ; le bois en est dur et sert
ᴃ au placage. Ils forment tête et sont très-rameux, à branches
ᴐ courtes et cassantes : les rameaux sont légèrement cotonneux, à
ᴵ l'état sauvage, ils sont épineux ; mais la plupart des espèces cul-
ᴵᴵ tivées sont inermes.

Les fleurs (*fig.* 546), blanches, forment un corymbe terminal,
ᴐ comme celles de l'aubépine. Le fruit (*fig.* 547) est une pomme

Fig. 546. Fleur de l'azerolier.   Fig. 547. Bourgeon fructifère de l'azerolier.

ᴵ charnue, ronde ou ovale. Les semences sont contenues dans deux,
ᴵ trois, quatre noyaux ou osselets.

Cet arbre est originaire de la zone méditerranéenne, d'où il a
ᴵ probablement été transporté dans des régions plus septentrionales.
ᴵ Tout porte à croire qu'en Provence il était spontané dans les
bois, tel qu'on le retrouve encore aujourd'hui dans diverses localités. Mais, si l'espèce botanique n'a pas été importée, il est hors
de doute que la plupart des variétés sont d'origine étrangère.
L'azerole blanche paraît venir de Florence ; les grosses rouges,
de Naples ou d'Espagne.

Le fruit, dans la région méditerranée, possède à sa maturité
une saveur aigrelette, légèrement vineuse et styptique, d'un
goût agréable. Dans cette zone, assez chaude pour que le principe

sucré se développe toujours abondamment, l'acidité devient presque une qualité, et c'est en grande partie ce qui fait rechercher ce fruit. En Provence, en Italie, en Espagne, dans le Levant, on vend l'azerole sur les marchés, soit pour la manger, soit pour en faire des confitures et gelées.

Variétés. — On distingue cinq ou six variétés de l'azerole commune. Nul doute qu'on en trouvât en Espagne, en Italie et dans l'Orient un plus grand nombre.

Azerole ronde rouge, ou de Provence. — Azerole grosse rouge, ou du Val. — Azerole longue rouge. — Azerole blanche, ou de Florence. — Azerole jaune.

Ces cinq variétés d'azeroliers ont été citées par les auteurs comme se trouvant en Provence; mais deux seulement, la rouge ronde et la jaune, y sont très-abondantes.

Climat. — L'azerolier vient en pleine terre sous tous les climats de la France. Il vient même à des latitudes plus élevées. En Angleterre, où il a été introduit en 1640, on le trouve dans les comtés du Sud et sur les côtes ouest; mais, dans le Nord, cet arbre est peu fertile. Ses fruits sont âpres, très-petits, sans arome, et ne peuvent être utilisés pour les confitures. Il y fructifie néanmoins à toute exposition, et c'est une erreur de dire, comme l'a fait la Quintinie, qu'il y réclame l'espalier. Toutefois, ainsi placé, ses fruits seraient certainement plus gros, et peut-être plus savoureux. En tout cas, sa qualité médiocre ne mérite pas une pareille place. Son véritable climat est le climat méditerranéen, son fruit y acquiert toute sa perfection.

En Provence, quoique l'azerolier mûrisse très-bien ses fruits à toute exposition, il sera bon d'éviter, si on le peut, le nord-ouest et l'ouest. Le mistral, qui souffle souvent à l'équinoxe d'automne, au moment de la fructification, le fatigue et fait tomber ses fruits.

Sol. — Tous les sols conviennent à cet arbre. De Saint-Chamas à Nice, en suivant les côtes, on traverse un grand nombre de formations géologiques, et partout on peut l'y voir, dans les terrains granitiques, volcaniques et basaltiques, dans les terres de gneiss et de schiste, dans les grès rouges et bigarrés, dans les calcaires jurassiques et les argiles plastiques; dans les poudingues tertiaires et les terrains d'alluvion. Cependant il paraîtrait que la présence du calcaire et de la silice serait, sinon nécessaire, du

mmoins favorable à son développement. Il craint les terres argi-
lleuses, humides ou froides : car l'humidité lui est contraire, et
l'excès d'eau peut lui être funeste. Il n'exige pas une grande profondeur et ne pivote pas beaucoup. Un terrain sec, léger, un peu
chaud, lui conviendra très-bien, et pour sa durée, et pour la
qualité de ses fruits.

Culture. — L'azerolier n'est pas cultivé dans le jardin fruitier
en Provence ; ce n'est qu'en verger qu'on le plante, ainsi que
toutes les autres espèces fruitières. A Marseille, dans chacune des
milliers de bastides qui morcellent la campagne, on peut en trouver un ou deux pieds placés au milieu des rangées ou *outins* de
vignes, avec les pêchers, figuiers, pistachiers, etc. On pourrait
cependant le faire entrer dans le jardin fruitier et le soumettre à
une taille régulière. On augmenterait ainsi le volume et la qualité des fruits.

Multiplication. — L'azerolier se multiplie de semence et de
greffe.

Les osselets restent deux ans en terre avant de germer, c'est-
à-dire ne poussent qu'au deuxième printemps après leur mise en
terre. Il sera bon d'employer pour ces graines le procédé de stratification indiqué pour les fruits à osselets page 120.

Le semis est un moyen de multiplication toujours long ; il
n'est qu'exceptionnellement employé. Les arbres qui en résultent
ont, il est vrai, une vie plus longue et résistent mieux aux
froids ; mais leur croissance est très-lente et leur mise à fruit
très-retardée. Il est d'ailleurs probable que les variétés ne conserveraient pas leurs caractères par ce mode de multiplication.

On multiplie principalement l'azerolier par la greffe ; l'aubépine blanche sert de sujet. C'est à deux ou trois ans qu'on la
greffe à œil dormant, en août. On emploie aussi, mais rarement,
l'azerolier sauvage pris dans les bois, le poirier sauvage, le néflier
et le cognassier. M. Laure a reconnu que, sur poirier, il atteignait
un assez grand développement. Il donnerait aussi, dit-on, de
plus beaux fruits ; mais il est moins rustique que sur l'aubépine,
sa durée est moins grande, et il exige un meilleur terrain.

Végétation. — La végétation de l'azerolier est, à peu de chose
près, semblable à celle du poirier. Si nous examinons une branche de prolongement d'un an, nous la trouvons garnie de boutons à bois dans toute sa longueur (*fig.* 548). Abandonnée à elle-

même, cette branche, l'année suivante, se prolongera par son bouton terminal. Les boutons du tiers inférieur ne donneront aucune production. Les autres boutons développeront, suivant la vigueur de la branche et de l'arbre, des rameaux à fruits, des rameaux mixtes ou des rameaux à bois. Les plus inférieurs (*fig.* 549) croîtront à peine de quelques millimètres, épanouiront une rosette de feuilles, se gonfleront, deviendront ronds et écailleux (*fig.* 550). Quelques autres s'allongeront un peu plus de 0m,02 à 0m,03, et se termineront par un bouton pareil au précédent (*fig.* 551). Ce sont là des dards ou rameaux à fruits proprement dits. D'autres, plus élevés, formeront des rameaux latéraux plus ou moins allongés, entièrement garnis de boutons à bois, et présentant parfois quelques boutons à fleurs.

La troisième année, les petits dards développeront un rameau florifère plus ou moins long, garni de feuilles, et portant à la partie supérieure les fleurs et les fruits (*fig.* 447). A sa partie inférieure et à l'aisselle des feuilles, il se forme, suivant la vigueur du rameau, soit un ou plusieurs boutons à fleurs, soit un ou plusieurs boutons à bois. A la fin de la végétation, la partie supérieure et florifère du rameau meurt, laissant un chicot persistant (*fig.* 552). Les boutons de

Fig. 548.
Rameau à bois
de l'azerolier.

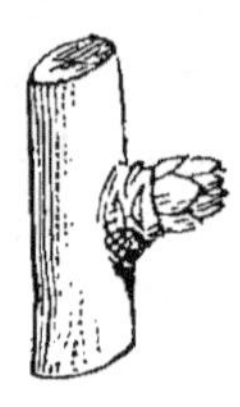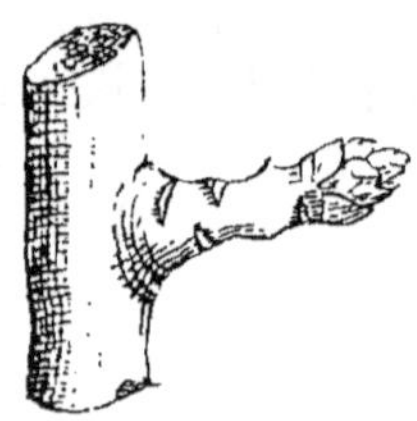

Fig. 549. Bouton à bois de l'azerolier.

Fig. 550. Bouton à fleur de l'azerolier.

Fig. 551. Dard de l'azerolier.

Fig. 552. Lambourde d'azerolier âgée de deux ans.

la base servent de remplacement, et donnent à leur tour des rameaux florifères, à savoir : les boutons à bois, l'année suivante; les boutons à fleurs, la seconde année. Les premiers, en effet, mettent un an pour se mettre à fleur : ils poussent de quelques millimètres, forment une rosette de feuilles, et grossissent. Ils ne portent fruit que l'année qui suit.

Au bout d'un certain nombre d'années, la branche à fruit, plus ou moins allongée et dégarnie de la base, offre l'apparence de la figure 553. Cette branche, de grandeur naturelle, est âgée déjà de six ans ; on distingue encore parfaitement les chicots A, provenant des sommets florifères ; les rides B, plus ou moins développées à la base des rameaux, indiquent si l'on a eu, comme remplacement, des boutons à fleurs ou des boutons à bois. La branche arrivée à cet âge (et quelques-unes ont atteint alors des dimensions assez considérables), la séve éprouve une grande

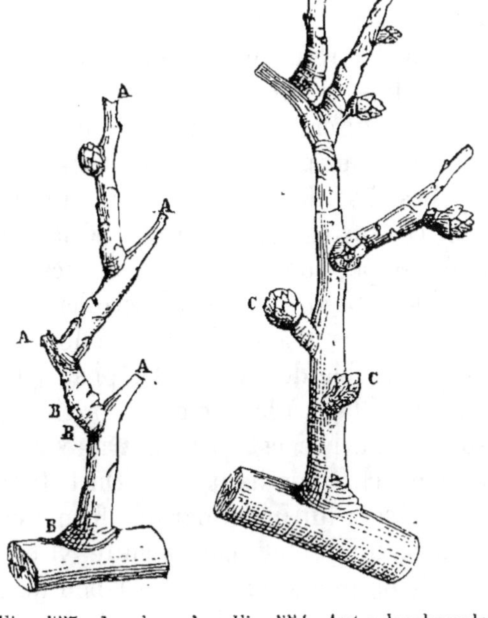

Fig. 553. Lambourde d'arezolier âgée de six ans.   Fig. 554. Autre lambourde d'azerolier.

gêne dans sa circulation, par suite des bifurcations, des coudes nombreux et multipliés qu'elle rencontre. Il arrive alors fréquemment qu'à la partie inférieure de la branche se développent des boutons à fleur ou des boutons à bois destinés à se mettre à fleur l'année d'après C (*fig.* 554).

Taille. — D'après ce qui précède, il est bien clair que la taille de cet arbre doit être, à peu de chose près, la même que celle du poirier et du pommier.

Il faut, pour la charpente, tailler le tiers supérieur des branches de prolongement, et appliquer au développement de ces branches les mêmes soins et précautions qu'on emploie pour le poirier. Les entailles seront utilisées de la même manière et dans le même but.

Pour les rameaux à fruits, il n'y a rien à faire aux dards, qui s'allongent peu. Les bourgeons mixtes ou à bois doivent être pincés, en été, à 0^m,08 ou 0^m,10. Si l'on oubliait de le faire en temps utile, on les tordrait à 0^m,12, en pinçant leur extrémité. En hiver, on les soumettra au cassement entier ou partiel, d'après leur grosseur, pour faire mettre à fleur les boutons de la base.

Quand les rameaux à fruits sont bien constitués, il n'y a plus qu'à les laisser agir ; il suffit de les rapprocher constamment sur les dards inférieurs. Au bout d'un certain nombre d'années, quand ils ont pris de l'accroissement, à la base même de ces branches il se développe de nouveaux boutons, qui servent à rajeunir ces sortes de lambourdes. Quand on taille sur vieux bois, il se développe, comme pour le poirier, des boutons adventifs.

Culture en verger. — L'azerolier est planté à demeure à trois ou quatre ans d'âge. On l'étête lors de la plantation. Il serait bien préférable de choisir des pieds plus jeunes, et de faire un simple habillage à la tige et aux racines ; la reprise en serait plus assurée. L'arbre est ensuite traité comme le sont, en général, tous nos arbres de haut vent. On le taille, les premières années, de manière à lui imprimer une forme en vase ou en tête plus ou moins régulière, et, par la suite, il est régulièrement émondé. Dans les premiers temps, il est bon de lui donner un labour et un binage par an, s'il ne profite pas des façons données aux vignes. Il se passe très-aisément de fumure. Il craint, dit-on, la taille ; c'est ce qu'on a régulièrement avancé pour tous les arbres fruitiers. Mieux vaut, sans doute, ne pas en appliquer du tout que de l'appliquer irrégulièrement et au hasard ; mais une taille intelligente serait aussi utile à cet arbre qu'à tous les autres.

Jardin fruitier. — Dans le jardin fruitier, on pourra lui imprimer toutes les formes que l'on donne aux arbres à fruits à pepins. La forme en vase, préférable pour la Provence, serait la plus aisée à obtenir. Le cordon oblique et vertical lui convient parfaitement.

Récolte et conservation. — L'azerolier fleurit en mai et mûrit en automne. Les premiers fruits apparaissent, à Marseille, dans la première semaine du mois de septembre. Le marché reste approvisionné jusqu'en octobre. La maturité complète de ce fruit a lieu dans la deuxième quinzaine de septembre, et plus tard

même. On le récolte en deux états. Dans les premiers jours de
septembre quand il est encore vert, on le cueille pour en faire
des confitures ; si l'on attendait sa maturité, il n'aurait plus assez
d'acidité, et il conviendrait moins au but qu'on se propose. Le
fruit est vendu ensuite pour être mangé, parce qu'on recherche
aussi la légère acidité qu'il présente. C'est ce qui explique pourquoi la plus grande quantité est consommée au milieu du mois,
tandis que sa maturité n'a généralement lieu que dans la deuxième
quinzaine de septembre. Ainsi cueillis, les fruits ne se conservent pas ; ils se rident ou se pourrissent. Pour qu'ils soient de
garde, il faut les récolter peu avant leur maturité. L'azerole
jaune, à ce moment, commence à prendre, vers le soleil, une
teinte blanc jaunâtre, et elle se détache aisément. L'azerole rouge
est, sur toute sa surface, d'une teinte très-foncée, et, quoique la
chair en soit toujours ferme et croquante, elle a perdu une
partie de sa dureté et de sa rigidité. Ainsi recueillies, les aze-
roles achèvent de mûrir sur des planches ou de la paille. Elles
prennent une teinte jaune ou rouge plus prononcée, mollissent
un peu et deviennent plus douces. Mais elles n'éprouvent jamais
de blossissement, comme les cormes et les nèfles, qui deviennent
noires ou brunes.

Maladies, insectes nuisibles. — L'azerolier craint, comme
nous l'avons dit, l'excès d'humidité ; il languit, donne peu de
fruits, qui restent petits, ne se colorent pas, sont parsemés de
plaques verdâtres, se rident, et n'ont guère que l'épiderme et les
osselets. Il perd alors rapidement ses feuilles et son jeune bois,
quand toutefois il ne périt pas. Il est aussi exposé à ce qu'on
appelle coups de soleil. Il jaunit, ses fruits se dessèchent et
tombent. Les froids tardifs, les gelées printanières, brûlent les
jeunes bourgeons, font souffrir l'arbre, qui parfois périt. Tous
nos hivers mémorables, si funestes aux oliviers, ne l'ont pas
moins été aux azeroliers.

Comme la plupart des arbres fruitiers de la Provence, il est
sujet au noir ; mais cette maladie, due à la présence d'un champignon parasite, succède toujours invariablement à l'attaque
d'un kermès ou cochenille. Le remède est le même que celui
qui a été indiqué pour les pêchers, figuiers, etc. Le fruit est
arrêté aussi dans son développement par un champignon parasite qui l'attaque quand il est encore vert et le fait inévitable-

ment périr. Le bois est rongé par une grande larve appartenant à un coléoptère longicorne (cérambyx ou saperde). Les dégâts sont les mêmes que ceux produits par les larves des lucanes cerf-volant et parallélipipède, et de la saperde cylindrique, sur les poiriers et pruniers. De grands canaux de plus de 0^m,01 de diamètre sont creusés en tous sens entre l'écorce et le bois. Les plus fortes branches peuvent ainsi périr et disparaître. Ces larves d'insectes, dont la présence est toujours indiquée par les déjections qu'elles rejettent par de petites ouvertures à travers l'écorce, peuvent être détruites au moyen d'un fil de fer pointu et flexible que l'on introduit dans les galeries où elles séjournent.

Restauration. — La végétation de l'azerolier est assez lente ; il n'est en plein rapport, dans les vergers, que de sa dixième à sa quinzième année : il est très-long à se mettre à fruit. Comme tous les arbres abandonnés à eux-mêmes, il donne par intermittence ; mais il est extrêmement productif les années de rapport.

Sa vie est fort longue, peut-être moins que celle du poirier ; mais sa restauration, partielle ou complète, est très-aisée, par suite des nombreux rejetons et gourmands qu'il émet de ses parties inférieures. Un simple recepage ou un ravalement et, s'il le fallait, une greffe en couronne ou en fente, rétabliraient cet arbre arrivé à sa période de décrépitude. Il faudrait alors employer les mêmes soins qu'une pareille opération exige pour le poirier.

CHAPITRE NEUVIÈME

SIXIÈME DIVISION. — FRUITS EN CAPSULE. — CHATAIGNIER.

Le *châtaignier commun* (*fagus castanea*, L.) (*fig. 555*) est indigène des parties méridionales et tempérées de l'Europe. Sa culture, comme arbre fruitier, remonte à la plus haute antiquité.

Cuite dans l'eau ou légèrement grillée, ou débarrassée de son enveloppe et réduite en farine, la châtaigne joue un rôle très-important dans l'alimentation du Limousin, de l'Auvergne, du Languedoc, de la Corse et d'une partie de la Bretagne. On en emploie aussi une grande quantité pour la nourriture des animaux de basse-cour. Dans notre *Traité des arbres et arbrisseaux forestiers* nous nous occupons de cet arbre au point de vue sylvicole; nous n'avons donc à l'envisager ici que comme arbre à fruit de table.

Variétés. — Les variétés de cet arbre sont assez nombreuses; nous n'indiquerons ici que les meilleures.

VARIÉTÉS CULTIVÉES DANS LES CÉVENNES.

Bono-Branco. Châtaigne grosse, de bonne qualité; époque de maturité moyenne; productif; demande les bas-fonds.

Coutinello. Châtaigne grosse et lisse, de bonne qualité; précoce; craint les rosées; le placer sur les hauteurs.

Daoufinenco, Dauphinoise. Châtaigne grosse et ronde, la meilleure de toutes; précoce, productive; demande des engrais et de la culture.

Figaretto. Châtaigne petite, de bonne qualité, fine, précoce; se dépouille très-bien lorsqu'elle est sèche; demande les bas-fonds.

Gaougiouso. Châtaigne de grosseur moyenne, fine, la plus tardive, productive; se dépouille bien lorsqu'elle est sèche; ne craint pas les brouillards; se plaît dans les vallons, au bord des ruisseaux.

Jaleuco. Châtaigne de grosseur moyenne, de bonne qualité, la plus précoce de toutes; peu productive; demande les bas-fonds.

Malespino. Châtaigne grosse, de bonne qualité, tardive, productive; épines fermes et piquantes; demande les bas-fonds.

Olivouno. Châtaigne de grosseur moyenne, de bonne qualité, précoce, produit beaucoup; se plaît à mi-côte.

Paradouo, Verdalesco. Châtaigne petite, très-bonne; produit bien, tardive; se plaît sur les hauteurs.

Peyroubèse, Peyroulette. Châtaigne grosse, de bonne qualité, précoce; produit bien; se plaît dans toutes les positions.

Pelegrino. Châtaigne de grosseur moyenne, l'une des meilleures; époque de maturité moyenne; très-productive; vient bien dans toutes les positions.

Pialono. Châtaigne grosse, très-bonne; époque de maturité moyenne; se dépouille facilement lorsqu'elle est sèche; se plaît dans les terres cultivées et fumées.

Rabeyreso. Châtaigne grosse, très-bonne; époque de la maturité moyenne; très-productive; se plaît près des ruisseaux; vient bien dans toutes les positions.

Triudouno. Châtaigne grosse et large, de bonne qualité, époque de maturité moyenne; productive.

VARIÉTÉS DES ENVIRONS DE PÉRIGUEUX RANGÉES DANS L'ORDRE DE LEUR MATURITÉ.

Royale blanchère. Assez grosse, de couleur brune.

Portalonne. De grosseur moyenne, presque ronde, écorce fine, de couleur jaune; très-savoureuse.

Gannebellonne. Grosse, de couleur très-brune, un peu aplatie; se conserve facilement.

Ganiaude. Très-grosse, de couleur brune; duvet soyeux vers la pointe; de bonne qualité.

Grosse verte. C'est la plus estimée; elle est productive et se conserve très-bien.

Le vrai marron, marron de Lyon, de Luc, d'Ayen, d'Aubray. La meilleure de toutes les variétés; presque rond, très-gros, écorce fine. Pellicule se détachant très-facilement de l'amande. Le fruit ne renferme ordinairement qu'une châtaigne; très-savoureux.

VARIÉTÉS DE L'OUEST DE LA FRANCE.

Exalade. Ressemble au marron, mais moins grosse; très-productive.

Ormaie. Grosse, féconde, très-bonne.

Jaune de Bordeaux. Très-féconde; se garde peu et craint la gelée; assez précoce.

Pattue. Très-féconde; remarquable par l'empâtement qui occupe les deux tiers de la surface de l'écorce.

D'Espagne. Petite, mais la plus sucrée de toutes.

Grossa rouge. Ne craint pas la gelée et se conserve bien; époque de maturité moyenne.

Grosse bergère. Craint un peu la gelée et n'est pas de longue garde, féconde; assez précoce.

Osillarde, Nouzillarde. Très-bonne variété.

Avant-châtaigne, châtaigne jaune hâtive. Fruit gros, rond, de couleur brune.

Châtaigne Knight prolific. Variété anglaise; fruit gros, rond, de couleur brune, très-tardif.

On rencontre également dans cette contrée quelques-unes des variétés cultivées dans les autres parties de la France.

Climat et sol. — C'est dans la région de la vigne et des pâturages que le châtaignier prospère. Plus on s'avance vers le Midi, plus il exige une position élevée et l'exposition du nord. Dans les plaines de la région des oliviers, le châtaignier ne conserve de fruits que sur les rameaux situés au nord et abrités du soleil par la masse de leur feuillage. Au nord de la région de la vigne et des pâturages, on trouve encore des châtaigniers; mais ils sont souvent détruits pas la rigueur des hivers, et, la maturation de leurs fruits ayant rarement lieu, on les cultive seulement comme arbres forestiers.

Le châtaignier ne réussit bien que dans les terrains siliceux ou granitiques, profonds et un peu frais. Dans les Cévennes, il se développe vigoureusement sur le flanc des montagnes au milieu des rochers granitiques, entre lesquels ses racines rampent pour trouver l'humidité dont elles ont besoin.

Culture. — *Multiplication.* — Les diverses variétés de châtaigniers sont multipliées au moyen de la greffe, que l'on pose sur des sujets obtenus par semis. Ces sujets sont d'abord élevés dans la pépinière, puis greffés après leur plantation à demeure.

Les châtaignes destinées au semis sont stratifiées jusqu'au mois de mars. A cette époque, le terrain de la pépinière ayant été disposé par plates-bandes de 2 mètres de largeur, on y plante les châtaignes, la pointe en bas, en lignes distantes de 0^m,24 les unes des autres. On laisse entre chaque châtaigne un intervalle de 0^m,10 environ, et on les enterre à une profondeur moyenne de 0^m,08. Si l'on craignait qu'elles ne fussent dévorées par les animaux rongeurs avant leur levée, on les ferait

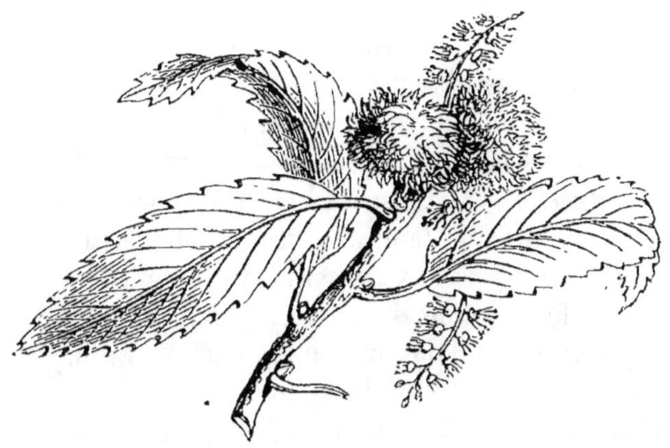

Fig. 555. Châtaignier commun.

tremper, pendant douze heures, avant de les semer, dans de l'eau à laquelle on aura ajouté une forte proportion de suie, de la noix vomique en poudre, ou de la fiente de chien.

Les jeunes plants reçoivent, pendant les deux premières années, tous les soins qu'on donne aux semis dans la pépinière. Au bout de ce temps, à l'automne ou au printemps, suivant la nature du sol, on les repique en les plaçant en lignes distantes de 0^m,70 les uns des autres, et à 0^m,50 dans les lignes. Pendant les années suivantes, on forme la tige, en recepant ceux qui en ont besoin ; vers la sixième année, on a des arbres hauts de 2^m,50 environ, qui présentent à leur base un diamètre de 0^m,04 à 0^m,05 et que l'on peut planter à demeure.

Plantation. — Les châtaigniers sont plantés en bordure le long des champs, du côté du nord, en avenue et même en massif. Comme cet arbre ne fructifie bien qu'autant que sa tête n'est

gênée par le voisinage d'aucun autre, et que, d'un autre côté, il
est appelé à prendre un grand développement, on doit laisser un
intervalle de 12 à 15 mètres entre les pieds plantés en bordure
ou en avenue et 20 mètres environ entre ceux plantés en massif.
On donne d'ailleurs à ces jeunes arbres les soins prescrits pour
les autres plantations.

Greffe. — Les châtaigniers sont greffés lorsque la tige présente, à sa base, un diamètre de $0^m,06$ environ. Au printemps,
on coupe la tige à $2^m,50$ d'élévation; il se développe alors de
nombreux bourgeons; on n'en conserve que cinq ou six des
plus vigoureux vers le sommet, et on les greffe *en écusson à œil
dormant*, dès le mois d'août suivant, ou bien *en fente anglaise*
(p. 151), ou en *flûte de faune* (p. 171) : ce dernier mode est
le plus usité, mais la greffe en fente anglaise réussit mieux.

Soins d'entretien. — Il est bon de multiplier les labours, les
binages, les engrais; il faudra surtout débarrasser le sol des
ronces et autres arbrisseaux parasites qui l'épuisent. On détruit
aussi avec soin les rejetons qui naissent sur la tige au collet de la
racine, et qui diminuent la vigueur de l'arbre. Enfin, on coupe
le bois mort tous les deux ou trois ans.

Placé dans une position convenable et cultivé avec soin, le
châtaignier peut vivre deux ou trois siècles ; mais, vers l'âge de
150 ans, il se couronne, et ses produits diminuent rapidement.
Il convient alors de couper ses branches secondaires à 1 mètre
environ des branches principales, et de recouvrir les plaies avec
du mastic à greffer. Il se couvre bientôt de nouvelles ramifications vigoureuses qui forment une nouvelle tête et donnent encore d'abondantes récoltes. Quarante ans environ après cette
opération, l'arbre devient entièrement creux. Quelques cultivateurs des Cévennes arrêtent les progrès de cette carie en la car-
bonisant par le feu ; si la carie est à son début et que les cavités
soient peu étendues, on obtiendra le même résultat en maçonnant
ces vides avec du mortier et des moellons. Lorsque, enfin, la décrépitude est telle, que leurs produits deviennent sans importance, on coupe l'arbre au pied, et l'on profite d'un rejeton
vigoureux de la base pour reformer un nouveau sujet.

Insectes nuisibles. — Une espèce de petite pyrale détruit
parfois jusqu'aux trois quarts de la récolte. C'est la *Pyrale bril-*

lante (Tortrix Splendana) (fig. 556). Ce très-petit papillon
paraît au commencement de l'été et pond ses œufs sur les jeunes
fruits. Bientôt ces œufs éclosent; la larve pénètre
dans les jeunes châtaignes et en dévore l'intérieur.
Lorsqu'elle a atteint tout son développement, la
châtaigne se détache de l'arbre. Alors la larve en
sort et pénètre dans le sol. Elle se transforme en
chrysalide au printemps et le papillon reparaît en
juin.

Fig. 556. Pyrale
brillante du
châtaignier.

Le seul moyen de destruction serait de ramasser et de brûler
toutes les châtaignes qui tombent avant l'époque habituelle de
maturité et qui contiennent encore les larves.

Récolte. — Le châtaignier commence à produire vers la cinquième année de greffe. Il atteint son produit maximum, environ 60 kilogr. de châtaignes, vers l'âge de 60 ans. La récolte
a lieu dès que les châtaignes se détachent d'elles-mêmes ; après
les avoir recueillies, en les débarrassant de leur enveloppe épi-
neuse, on les répand sur une surface bien sèche, abritée et bien
aérée, où on les remue souvent pour leur faire perdre une partie
de leur eau de végétation. On les trie ensuite pour en former
trois qualités de grosseur différente, et on les livre au commerce.

Conservation. — Les châtaignes fraîches ayant une valeur
commerciale plus élevée que celles qui sont desséchées, on a
cherché à leur conserver cette qualité le plus longtemps possible.
A cet effet, on devance le moment de leur chute naturelle, et
l'on abat les hérissons à coups de gaule. Ces fruits sont ensuite
emmagasinés entiers dans des bâtiments secs et aérés, où les
châtaignes achèvent leur maturation, et se conservent fraîches
jusqu'au commencement de l'été. Quant aux châtaignes qui sont
destinées à l'alimentation des habitants des lieux de production,
voici comment on les dessèche pour les conserver pendant toute
l'année.

A mesure que les châtaignes sont récoltées, on les transporte
dans un séchoir, bâtiment carré de 6 mètres de hauteur et plus
ou moins large, selon la quantité que l'on a à traiter. A 2^m,20
du sol, on établit un plancher composé de fortes perches placées
à des distances égales et de niveau, sur lesquelles on cloue des
lattes séparées par un intervalle de 0^m,006 à 0^m,007 : parfois on

substitue des claies à ces lattes. Outre la porte qui donne entrée dans la partie inférieure du bâtiment, et qu'on place au milieu de l'un des grands côtés, on pratique, à 1 mètre au-dessus du plancher supérieur, trois autres ouvertures, l'une sur le grand côté opposé à la porte, les deux autres à chacune des extrémités du bâtiment. Ces ouvertures servent à y introduire les châtaignes, et sont ensuite fermées. Enfin, quatre ouvertures, placées à chacun des angles du bâtiment, et tout près du toit, donnent passage à la fumée.

On forme sur le plancher supérieur une couche de châtaignes de 0ᵐ,50 d'épaisseur ; dès qu'on en a répandu trois ou quatre sacs,

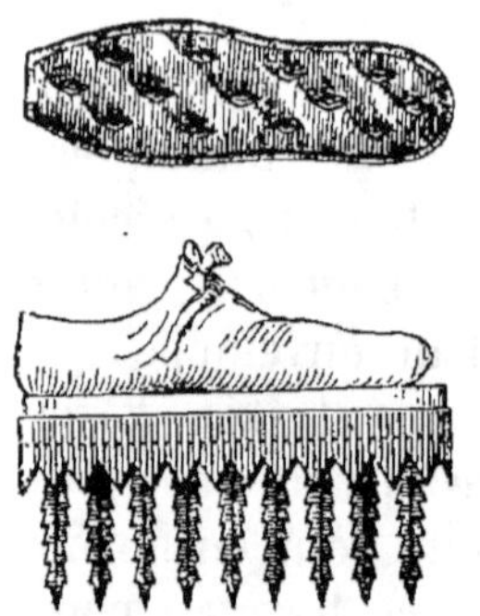

Fig. 557. Soles pour blanchir les châtaignes.

on allume un feu au centre du plancher inférieur ; et à mesure que le séchoir se garnit, on allume de nouveaux feux, selon l'étendue du bâtiment. On ne brûle ainsi que du gros bois, des souches, des feuilles, l'écorce des châtaignes blanchies, etc., toutes matières qui donnent peu de flammes et beaucoup de fumée. On chauffe ainsi pendant dix jours environ. Vers le cinquième jour, lorsque toute la récolte est rentrée, on retourne les châtaignes pour achever de sécher la couche supérieure. On considère les châtaignes comme suffisamment sèches et prêtes à être blanchies quand leur écorce se détache bien, et qu'elles sont dures sous la dent. On les fait alors tomber sur le plancher inférieur, dont on a enlevé le feu et les cendres ; puis on les dépouille de leur écorce, soit en les plaçant dans des sacs que l'on frappe sur un billot revêtu d'une peau de mouton, soit au moyen des *soles*, qui brisent moins les châtaignes. Ces soles se composent de gros souliers ou patins (*fig.* 557), dont la semelle de bois a 0ᵐ,05 d'épaisseur, et est entourée d'une lame de fer découpée en dessous en forme de scie. Treize dents pointues, de 0ᵐ,08 de long sur 0ᵐ,015 en carré à leur base, entaillées sur les arêtes, sont implantées dans cette semelle. Quatre hommes, chaussés de ces patins, entrent dans une sorte de coffre de 2ᵐ,50 de long sur 0ᵐ,70 de large rempli aux trois quarts de châtaignes, et les font passer sous leurs patins.

Lorsque la quantité de châtaignes à blanchir est assez considérable, on se sert d'une sorte de masse (*fig.* 558). C'est un plateau d'environ 0ᵐ,40 de diamètre, 0ᵐ,60 de longueur et 0ᵐ,10 d'épaisseur, au-dessus et au centre duquel est un manche un peu arqué. Ce plateau est garni en dessous de dents de bois dur taillées en pyramide. Les châtaignes sont amoncelées au milieu du séchoir. Six ou huit hommes, armés de ces masses, font le tour de ce tas, marchant sur les châtaignes du bord, en les frappant ; un homme qui les suit éloigne avec une pelle de bois les châtaignes dont l'enveloppe est brisée.

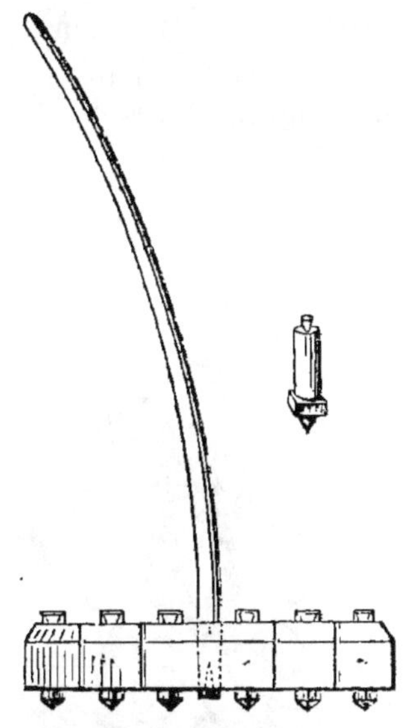

Fig. 558. Masse pour blanchir les châtaignes.

Enfin, pour les très-grandes récoltes, les châtaignes sont foulées à pied de chevaux sur l'aire. On dit que c'est la meilleure méthode pour conserver les châtaignes entières. Dans tous les cas, l'opération du blanchissage doit être faite quand les châtaignes sont encore chaudes.

CHAPITRE DIXIÈME

SEPTIÈME DIVISION : FRUITS EN GOUSSE OU LÉGUME. — CAROUBIER.

Le *caroubier* (*ceratonia siliqua*, L.) (*fig.* 559) est un arbre ordinairement dioïque, à feuilles persistantes, qui s'élève à la hauteur de 7 mètres environ. Il paraît être originaire du centre de l'Afrique. Aujourd'hui on le trouve croissant spontanément en Italie, en Espagne et dans les parties les plus chaudes de la

France méridionale. Son fruit (*fig.* 560), connu sous le nom de *caroube* ou *carouge*, est rempli d'une pulpe brune et sucrée. Il sert à l'alimentation des classes pauvres, et surtout à la nourriture des bestiaux et à leur engraissement.

Variétés. — Dans les localités où le caroubier est cultivé avec soin, notamment dans la province de Valence, on en a obtenu

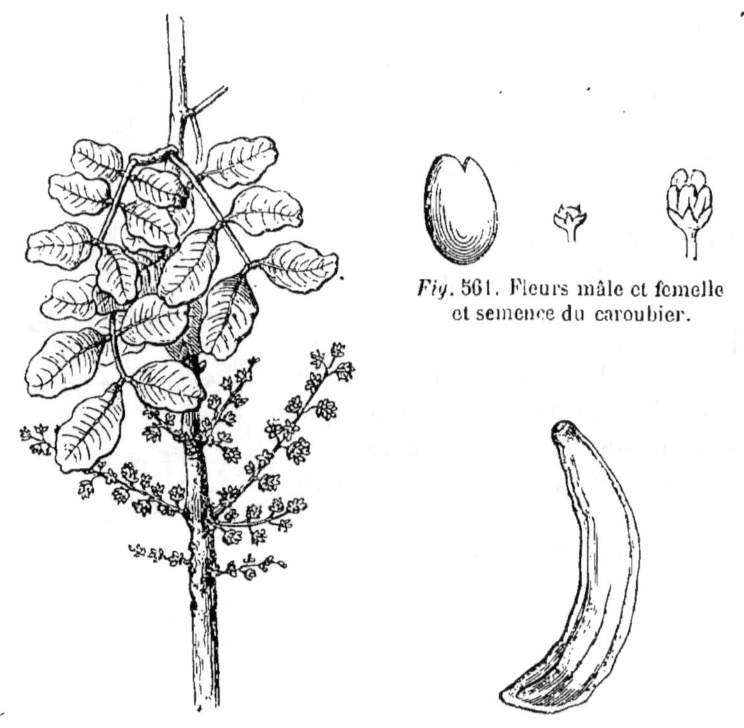

Fig. 561. Fleurs mâle et femelle et semence du caroubier.

Fig. 559. Caroubier.

Fig. 560. Fruit du caroubier.

plusieurs variétés, telles que le caroubier *rocha*, qui convient particulièrement aux bons terrains, et le caroubier *matalafan* ou hermaphrodite, qui s'accommode des plus mauvais.

Climat et sol. — Le caroubier ne prospère en France que dans les localités les plus chaudes des bords de la Méditerranée, là où l'oranger peut se développer sans abri artificiel. Les lieux marécageux et humides sont les seuls où le caroubier ne réussisse pas. Le climat de la Corse et de l'Algérie lui convient parfaitement, et sa culture peut y rendre de grands services.

Culture. — C'est généralement par semis qu'on propage le caroubier. Ils se font au printemps, lorsqu'on n'a plus a redouter les gelées tardives. On sème quelquefois à demeure, mais le plus souvent en pépinières, dans une terre bien fumée, ameublie et susceptible d'être irriguée. Les graines, retirées de la gousse, sont mises à tremper pendant trois ou quatre jours, en changeant l'eau chaque jour. Quand on voit qu'elles commencent à se gonfler, on les dispose en lignes éloignées de 0^m,16, et on les recouvre légèrement de terre.

Commes les variétés améliorées par la culture ne se reproduisent pas par semences avec leurs qualités, on les greffe en écusson à œil dormant, vers la fin de l'été de la troisième ou de la quatrième année de semis des sujets, sur chacune des branches qui forment la tête de ceux-ci. Si le sujet est un caroubier mâle, on en conserve une branche pour assurer la fécondation ; les autres sont greffées en caroubier femelle. Si le sujet est au contraire un pied femelle, on pose une seule greffe de mâle.

C'est vers la cinquième ou la sixième année de semis que les arbres sont enlevés de la pépinière pour être plantés à demeure. Comme la reprise de cet arbre est assez difficile, on devra le déplanter avec le plus grand soin. Des arrosements seront pratiqués pendant le premier été qui suit la plantation, et des binages fréquents seront répétés pendant les années suivantes. On laisse, entre chaque arbre, un espace de 15 mètres, qu'on utilise souvent pour la culture de la vigne ou des céréales.

On taille le caroubier, dès le début de la plantation, de manière à lui former une tête composée de quatre branches principales ; après quoi on se borne à enlever les gourmands et les rameaux qui font confusion. On veille aussi à ce que la branche mâle de l'arbre n'épuise pas les branches femelles.

Insectes nuisibles. — Le caroubier est souvent attaqué par la larve d'un insecte, sans doute une espèce de saperde, qui s'insinue dans son tronc, en laissant ouvert le canal qu'elle y creuse. On la détruit en y introduisant un fil de fer pointu. Quand la vieillesse fait dépérir ses branches supérieures, on le rajeunit en coupant toutes ses ramifications principales à 1 mètre environ du tronc.

Récolte. — C'est deux ou trois ans après sa plantation à demeure que le caroubier commence à donner des fruits, c'est-à-dire à l'âge de huit ou neuf ans. Il fleurit en automne et donne ses fruits mûrs à l'automne suivant. On les récolte en septembre, lorsque la chute spontanée des gousses commence à avoir lieu ; celles qui restent attachées sont abattues avec de longues cannes de roseau.

Les fruits sont étendus dans des magasins bien aérés, où on ne les entasse que quand ils sont bien secs ; autrement ils fermenteraient et prendraient une couleur noire.

Dans le royaume de Valence, on récolte jusqu'à 1,380 kilogrammes de fruits sur un seul arbre. Aux environs de Nice, leur produit moyen s'élève seulement à 100 kilogrammes.

CHAPITRE ONZIÈME

OPÉRATIONS COMPLÉMENTAIRES RELATIVES A LA CULTURE DU JARDIN FRUITIER.

Les diverses opérations dont nous venons de terminer l'étude auront certainement pour résultat de favoriser l'abondance et la qualité des produits du jardin fruitier. Toutefois, nous devons encore appeler l'attention des cultivateurs sur quelques soins importants destinés à assurer le succès de ces opérations. Ces soins sont les suivants :

Culture annuelle du sol. — La culture annuelle du sol dans le jardin fruitier a pour but : de le maintenir, à l'aide des labours, constamment perméable aux agents atmosphériques ; d'y entretenir, au moyen d'engrais, une suffisante quantité de principes nutritifs ; enfin, de le défendre contre l'action nuisible de la sécheresse.

Labours. — Les labours maintiennent le sol dans un état d'ameublissement convenable. On ne devra pas les faire très-profonds (à 0^m,10 au plus), de peur d'endommager les racines des arbres, surtout de ceux greffés sur prunier, sur cognassier,

sur doucin et sur paradis, et qui se développent toujours plus
superficiellement que les autres. C'est aussi pour éviter ces mutilations qu'on devra pratiquer toutes les façons données à la
terre avec des instruments à dents et jamais avec des instruments à lame, qui couperaient une grande quantité de racines.
On choisira donc pour cela l'un des instruments indiqués à la
page 207. Dans les terres argileuses, on donnera deux labours par
année, l'un avant l'hiver, l'autre au printemps, après la taille des
arbres. Dans les terres légères, on pourra se contenter d'un seul
labour, donné au printemps, après la taille.

Fumure. — On a beaucoup agité la question de savoir si les
arbres fruitiers devaient être fumés : on a prétendu que cette
opération était nuisible aux arbres, en ce qu'elle les empêchait
de se mettre aussi promptement à fruit. Cela est vrai ; mais, aux
yeux de la plupart des cultivateurs instruits, c'est là un résultat
plus avantageux que nuisible ; car le retard de la production du
fruit, occasionné par la fumure, est dû à ce que celle-ci donne
lieu à une végétation vigoureuse : or cette vigueur est indispensable pour que la charpente des arbres arrive le plus tôt possible
à son complet développement, et que l'arbre donne ainsi son
produit maximum dans le laps de temps le plus court. Ce développement complet étant obtenu, on pourra ensuite diminuer la
dose des engrais pour arrêter la vigueur de l'arbre et le faire se
mettre à fruit. La fumure ainsi appliquée aux arbres fruitiers est
donc une opération utile. Quant aux engrais à employer, on préférera ceux dont la décomposition est la plus lente et que nous
avons indiqués à la page 102. Quelle que soit la nature des engrais choisis, on les répandra à la surface du sol occupé par les
racines, puis on les enterrera par le labour du printemps.

Un des moyens les plus énergiques de favoriser le développement des arbres fruitiers est incontestablement l'application des
engrais liquides au moment où la végétation est le plus active et
pendant les grandes chaleurs de l'été. C'est, en effet, pendant ce
laps de temps que les plantes et les arbres ont le plus besoin de
trouver dans le sol une humidité abondante, tenant en dissolution les éléments nutritifs. Or c'est aussi à cette époque que le
sol est le plus desséché, par suite de l'évaporation, et que les racines n'y trouvent ni l'humidité ni les éléments nutritifs dont
elles ont besoin. L'application des engrais liquides, faites dans

ces circonstances, stimule donc énergiquement la végétation des arbres. Mais employés pendant le repos de la végétation, ils peuvent déterminer la pourriture des racines.

C'est par suite de l'application de l'un de ces engrais liquides (les tourteaux d'arachides) pendant l'hiver que tous les orangers d'Hyères ont succombé. Nous devons ajouter que l'usage de ces engrais devra être momentané et seulement pour les arbres devenus languissants par suite d'une production surabondante. Nous indiquons à la page 101 la nature et la composition de ces engrais liquides.

Ajoutons encore que le résultat de ces engrais liquides, appliqués pendant la végétation, sera d'autant plus satisfaisant, que le sol où on les répandra sera plus perméable et plus exposé à la sécheresse.

Quant au mode d'application de ces engrais, il sera bon de suivre les indications suivantes : les répandre dans la soirée après que le soleil ne frappe plus les surfaces qui doivent être arrosées, afin de donner le temps à ces liquides de s'imprégner dans le sol avant d'être vaporisés ; — répandre ces engrais sur toute la surface du terrain qu'on suppose être occupée par les racines des arbres, et surtout vers le point où existent les extrémités radiculaires ; — enlever, avant l'arrosage, 0ᵐ,04 environ de la couche superficielle du sol, et la replacer aussitôt après l'application de l'engrais ; — ou bien couvrir le sol, arrosé d'une couche de litière, d'environ 0ᵐ,05 d'épaisseur.

On évitera ainsi de voir la surface du sol se durcir sous l'influence de ces arrosements, et de perdre par l'évaporation une grande partie de ces éléments de fertilité. On pourra répéter ces arrosements trois ou quatre fois pendant l'été.

Opérations contre la sécheresse du sol. — Les arbres fruitiers, surtout les plantations nouvelles, souffrent beaucoup de la sécheresse du sol. Il faut donc employer les opérations suivantes destinées à les soustraire à cette influence fâcheuse.

1° *Ameublissement profond du sol.*—Le moyen le plus efficace et le plus important consiste à ameublir profondément le sol destiné à la plantation. Les racines ayant une tendance à s'enfoncer d'autant plus que le terrain est plus sec, on conçoit que cet ameublissement leur permettra de descendre facilement vers le point où elles trouvent l'humidité qui leur est nécessaire. Pour d'obtenir ce résultat, on suivra, pour ce défoncement, les indications données page 232.

2° *Choix des sujets*.— Il sera aussi très-utile de choisir des arbres greffés sur des sujets convenables. Ainsi, pour les terrains secs, il faudra proscrire d'une manière absolue les arbres greffés sur *cognassiers*, sur *pommier paradis* et sur *prunier*. Leurs racines rampent trop près de la surface du sol et sont ainsi trop exposées à la sécheresse. Les poiriers devront être greffés sur franc, les pommiers sur le pommier doucin, les pêchers sur amandier, ainsi que les abricotiers et même les pruniers pour le Midi. On pourra toutefois greffer aussi ce dernier sur le prunier myrobolan, dont les racines vigoureuses descendent assez verticalement.

3° *Binages et couvertures*.— Pour empêcher la surface du sol de perdre trop rapidement son humidité par l'évaporation et de dessécher ainsi les couches inférieures, il sera également indispensable, dans les premiers jours du mois de mai, de pratiquer un binage sur toute la surface du terrain planté, de façon à ameublir cette surface jusqu'à 0^m,06 environ de profondeur. Nous avons expliqué les effets de ce binage à la page 206. Immédiatement après on répandra sur le terrain une couverture épaisse d'environ 0^m,08 ; cette couverture pourra se composer de litière, de tonture de haies ou de gazons, d'herbes de marais, etc. Ce binage et cette couverture entretiendront facilement dans le sol l'humidité nécessaire aux arbres fruitiers pendant tout le temps de leur végétation. Dans les sols compactes et argileux, il sera préférable de s'en tenir aux binages, mais en les répétant plusieurs fois pendant l'été.

4° *Arrosements*. — Les arrosements sont incontestablement le moyen le plus énergique pour combattre la dessiccation du sol. Cette pratique est indispensable pour les plantes herbacées, dont les racines, beaucoup plus rapprochées de la surface du sol que celles des arbres, sont toujours, quoi qu'on fasse, très-exposées à la sécheresse. Mais, pour les arbres placés dans les conditions que nous venons d'indiquer, cette opération n'est utile que pendant le premier été qui suit la plantation. Encore devra-t-on en excepter les arbres greffés sur amandier, sur pêcher et sur le prunier de Sainte-Lucie ; car les racines de ces arbres seraient promptement atteintes par la pourriture. Pour pratiquer ces arrosements, on place au pied de chaque jeune arbre une couverture semblable à celle dont nous avons parlé plus haut, puis on arrose une fois par semaine, pendant les plus grandes chaleurs de l'été. La couverture placée au pied des arbres empêche le sol de se durcir autant sous l'influence de ces arrosements et retient l'humidité au profit des arbres. Si l'on peut alors disposer d'engrais liquides, ce sera le moment de les employer en guise d'arrosement.

Mais, après cette première année, les arrosements doivent être complétement supprimés, car ils deviennent plus nuisibles qu'utiles aux arbres fruitiers. En effet, par suite de ces arrosements fréquemment répétés pendant les chaleurs de l'été, on voit un très-grand nombre de ces arbres dont les racines pourrissent bientôt et qui meurent après quatre ou cinq ans de plantation. D'ailleurs, cette opération lave le sol et nuit à sa fertilité. Enfin, dès que l'on a commencé à soumettre les arbres à ce traitement, il faut nécessairement continuer non-seulement pendant toute la saison chaude, mais encore tous les ans. Autrement, les racines, étant restées près de la surface, sous l'influence de cette humidité artificielle, périront bientôt par la sécheresse, et l'arbre mourra.

Dans le département des Bouches-du-Rhône, les pêchers vivaient quinze à vingt ans avant la dérivation de la Durance, alors qu'ils étaient forcément exposés à la sécheresse. Aujourd'hui que cette dérivation amène les eaux en très-grande quantité sur nombre de points de ce département, même les plus élevés, les pêchers et les autres arbres à fruits à noyau périssent au bout de cinq ou six ans, par suite de l'abus des arrosements qui font périr les racines de ces arbres. Nous avons vu aux environs d'Hyères, dans le Var, d'immenses plantations de pêchers à peine âgés de cinq ou six ans et qui étaient arrivés à la limite de leur existence par le même motif. Nous avons observé, au contraire, dans les environs de Marseille, d'autres plantations de pêchers complétement soustraits à cet arrosement, et qui, âgés de plus de quinze ans, étaient encore pleins de vigueur, quoique plantés dans un sol brûlant ; mais ce sol se composait d'anciennes carrières comblées, dans lesquelles les racines de ces arbres pouvaient plonger à 4 ou 5 mètres de profondeur sans être arrêtées.

Le mauvais effet des arrosements sur les arbres fruitiers vient encore à l'appui de la recommandation que nous avons souvent faite de ne point associer la culture des légumes à celle des arbres fruitiers. Ces plantes exigent, en effet, surtout dans le Midi, de fréquents arrosements, qui nuiront nécessairement aux arbres plantés dans le voisinage. Ces deux cultures sont donc incompatibles.

Nous concluons de ce qui précède que les arrosements ne seront utilement employés, pour les jardins fruitiers, que pendant le premier été qui suit la plantation. Pour les soustraire ensuite à l'action de la sécheresse, on aura dû ameublir le sol assez profondément, choisir des arbres greffés sur des sujets convenables, puis recourir aux binages et aux couvertures.

Des abris contre les intempéries. — Les gelées tardives du printemps sont très-nuisibles aux arbres fruitiers, et particulièrement à ceux à fruits à noyau, dont les tissus sont plus faciles à désorganiser, et dont la végétation est plus précoce. Il arrive fréquemment que ces gelées altèrent les organes sexuels des fleurs et empêchent la fécondation. D'autres fois ce sont des pluies froides et glacées qui produisent les mêmes résultats. Les brusques changements de température qui se produisent souvent au commencement de mai ont aussi une influence déplorable sur le pêcher, surtout en déterminant la maladie de la cloque et de la gomme. Ces accidents sont au moins autant à craindre dans le Midi que dans le Nord. En traitant de l'influence de la gelée sur la végétation en général, nous avons indiqué les moyens de remédier aux accidents qu'elle détermine sur les arbres en espalier (p. 74) ; nous allons dire ce que l'on peut faire pour la prévenir, ainsi que les autres influences nuisibles dont nous venons de parler.

Arbres en espalier. — La saillie des chaperons, que nous avons précédemment décrits pour les murs d'espalier, toute nécessaire qu'elle est pour préserver le mur et le treillage de l'action de l'humidité, est insuffisante pour garantir les arbres en espalier des intempéries du printemps ; aussi a-t-on, depuis longtemps, recours à d'autres moyens. Le plus ancien procédé consiste dans l'emploi de paillassons fixés au sommet du mur, et qu'on laisse pendre jusqu'en bas. Ce moyen est le plus mauvais : d'un côté, en effet, les arbres sont privés de lumière, et de l'autre, un grand nombre de boutons à fleur sont détachés par le frottement de ces paillassons sur les branches. Le même inconvénient existe pour les branches rameuses d'arbres à feuilles persistantes, que l'on pique en terre au pied des arbres, ou que l'on fixe dans le treillage.

Le meilleur abri, et en même temps le plus économique, est celui imaginé par Girardot, qui vivait au temps de Louis XIV.

Ce cultivateur, ayant remarqué que les gelées printanières n'agissent vivement sur les plantes qu'autant qu'il n'existe aucun abri entre ces plantes et le ciel, fit sceller tout le long de ses murs, au-dessous des chaperons, et de mètre en mètre des tringles

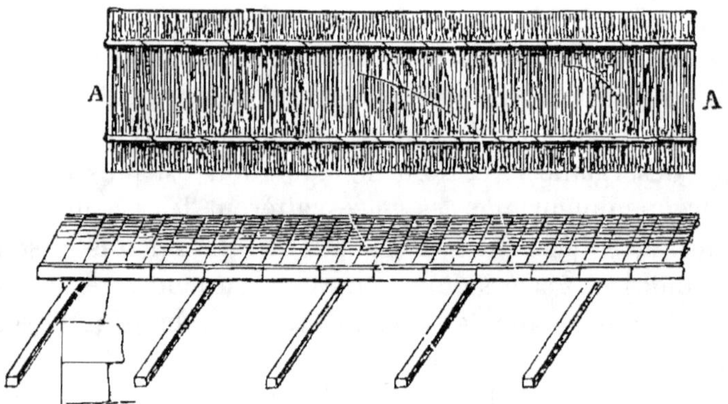

Fig. 562. Abris pour espaliers, imaginés par Girardot.

en bois (*fig.* 562) de 0^m,64 de saillie et inclinées en avant sur un angle de 30° environ. Lorsque ses arbres commençaient à végéter, vers la fin du mois de février, il attachait sur ces tringles des paillassons longs de 2 mètres, larges de 0^m,64 et disposés en forme de claie A (*fig.* 562), à l'aide de quatre tringles en bois, réunies par du fil de fer. Il maintenait ces paillassons jusqu'au moment où les fruits commencent à nouer, c'est-à-dire jusqu'au milieu du mois de mai, et réussissait ainsi à préserver complétement les fleurs de ces arbres en espalier. Ces abris très-simples, peu dispendieux, et qui remplissent parfaitement le but, sont encore ceux qu'on emploie généralement à Montreuil. Toutefois, il conviendra d'adopter la modification suivante : Faire sceller au sommet des murs, à 0^m,05 seulement au-dessous du chaperon, et, de mètre en mètre, une série de petites potences

en fer méplat semblable à celle indiquée par les figures 563,
564. Placer sur ces potences une série de paillassons semblables
à ceux de la figure 565. Ces paillassons présentent 2 mètres de
longueur sur 0^m,60 de largeur et sont faits de la manière sui-

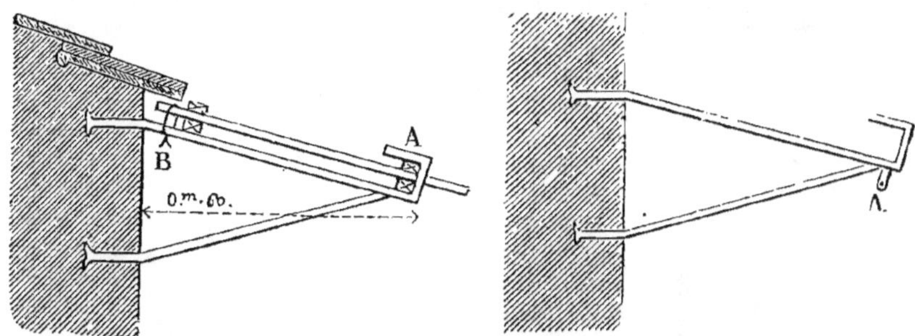

Fig. 563. Potence en fer portant un paillasson.   Fig. 564. Potence avec patte trouée.

vante : On place sur le sol deux lattes en bois de sciage ayant
0^m,03 de largeur sur 0^m,02 d'épaisseur et 2^m,05 de longueur ;
on laisse entre elles un intervalle de 0^m,40, puis on les couvre
d'une couche de paille de seigle, placée en travers, de 0^m,02

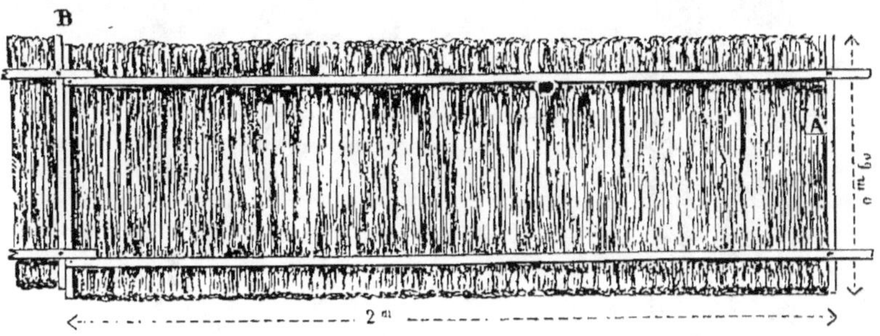

Fig. 565. Paillasson pour abriter les espaliers.

d'épaisseur et de 0^m,60 de longueur. On place par-dessus deux
autres lattes semblables aux premières, et ces quatre lattes sont
serrées l'une sur l'autre au moyen de fils de fer qui maintiennent
la paille. Pour donner plus de solidité à ces paillassons, on in-
terpose entre les lattes, à chaque extrémité, une petite traverse
fixée à l'aide de clous rivés. L'une de ces traverses A doit être
rentrée de 0^m,05, de façon que les lattes forment de ce côté une

saillie de la même quantité. Cette disposition permet d'engager
les extrémités de ces paillassons les unes dans les autres B, et de

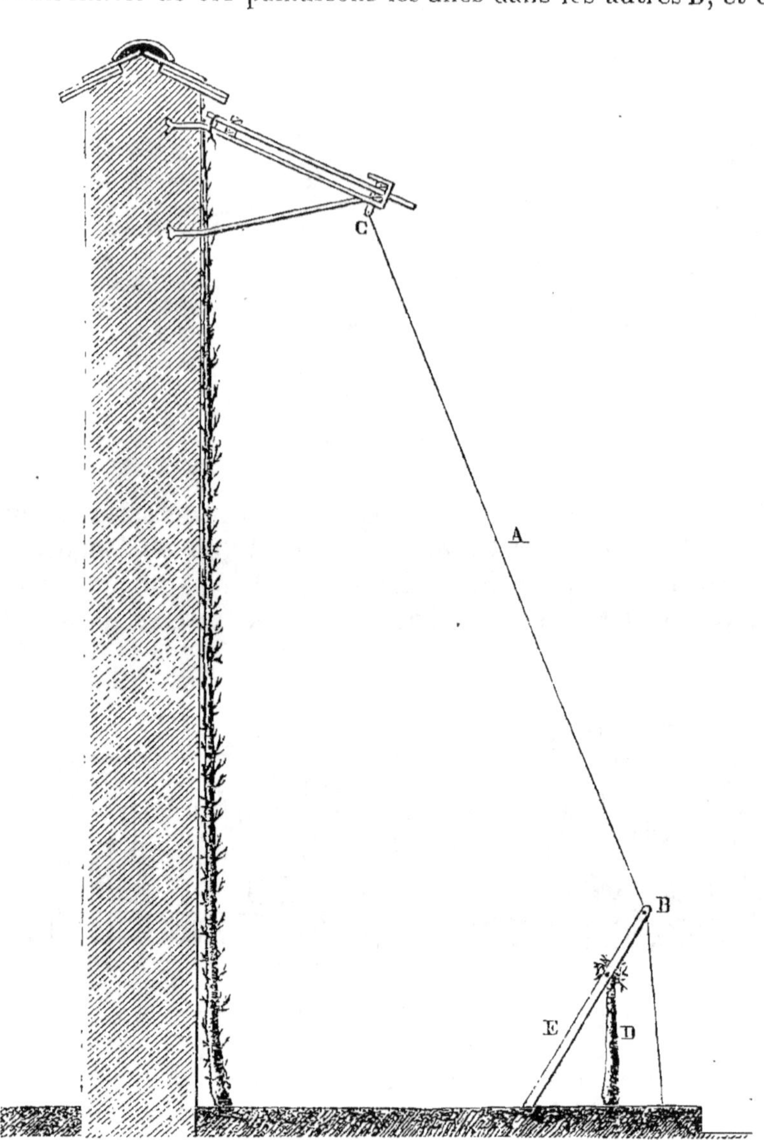

Fig. 566 Abris en toile joints aux paillassons.

les fixer plus solidement sur les potences. Ces paillassons, maintenus sur les potences en fer par l'extrémité recourbée de
celles-ci (A, *fig.* 563), sont en outre attachés en B au moyen

d'un lien d'osier. On a tenté d'employer dans le même but des paillassons ordinaires tissés avec de la ficelle. Mais la flexibilité de ces derniers rend nécessaire l'emploi de lignes de fil de fer traversant les potences pour supporter les paillassons, et ces abris résistent moins bien à l'action des vents que ceux que nous venons de décrire. Les abris que nous recommandons sont peu coûteux et faciles à exécuter. On peut livrer au jardinier la paille et les lattes, et il confectionnera ces paillassons pendant l'hiver. Nous en avons employé qui, après dix ans de service, étaient encore en bon état.

Ces abris suffisent en général pour soustraire les espaliers à un abaissement de température qui ne dépasse pas 1 degré et demi au-dessous de zéro. Mais si l'abaissement de température va au delà de cette limite, les auvents en paille deviendront insuffisants. Il faudra y suppléer par l'emploi de rideaux en toile (A, *fig*. 566). Ces toiles, larges de 1 mètre, se composent de canevas grossier assez clair pour laisser passer la lumière. On augmente leur durée en les plongeant dans un bain de sulfate de cuivre. On les trouve dans le commerce au prix de $0^m,40$ le mètre. Leur durée est d'au moins quinze ans. Voici comment on procède à leur emploi :

Tous les 3 mètres, les potences fixées au sommet du mur sont pourvues, à leur extrémité, d'une petite patte trouée (A, *fig*. 564) destinée à être traversée par un fil de fer galvanisé n° 14 fixé à chaque extrémité, sur le mur, et bien tendu à l'aide d'un roidisseur. A environ $1^m,50$ en avant du mur, on place une série de supports en fer (E, *fig*. 566), hauts de $0^m,60$ et inclinés en avant sur l'angle de 60°. Ces supports sont fixés dans le sol tous les 6 mètres au moyen d'une sorte de cône en tôle galvanisée adhérant à leur base (fig. 567 et 568). Le sommet de ces supports est traversé par un fil de fer galvanisé n° 14 (B, *fig*. 567 et 568), bien tendu au moyen d'un roidisseur. Les deux extrémités de chaque ligne sont consolidées à l'aide d'une culée composée des deux fils de fer F et G (*fig*. 568) et les supports intermédiaires sont maintenus au moyen du fil de fer G (*fig*. 567). Ces points d'attache étant préparés, on coupe les toiles d'une longueur égale à l'espace qui sépare le point B du point C (*fig*. 566), puis on réunit ensemble trois laizes à l'aide d'une couture, et l'on fixe à chacune des extrémités des anneaux attachés tous les 0^m,20. Pour placer ces sortes de rideaux, on fixe d'abord le fil de fer sur la potence de l'une des extrémités ; on fait passer ensuite les anneaux d'un rideau sur ce fil de fer, puis celui-ci traverse la patte trouée de la potence placée à 3 mètres plus loin ; on place un second rideau, et ainsi de suite jusqu'à l'extrémité opposée où l'on fixe le fil de fer sur la dernière potence. On procède de la même façon pour attacher les rideaux sur le fil de fer inférieur. Ces deux fils de fer sont enlevés chaque année en même temps que les toiles.

Presque toujours les plates-bandes d'espalier sont bordées par des arbres fruitiers disposés en cordons horizontaux attachés sur des fils de fer placés à 0^m,40 au-dessus du sol (D, *fig.* 566). Les rideaux, disposés comme nous venons de l'indiquer, servent également d'abri à ces cordons. En effet, il résulte de la position inclinée donnée aux supports des toiles (E, *fig.* 567) que le fil de fer D qui traverse ces supports à 0^m,40 au-dessus de terre et qui sert à attacher ces cordons se

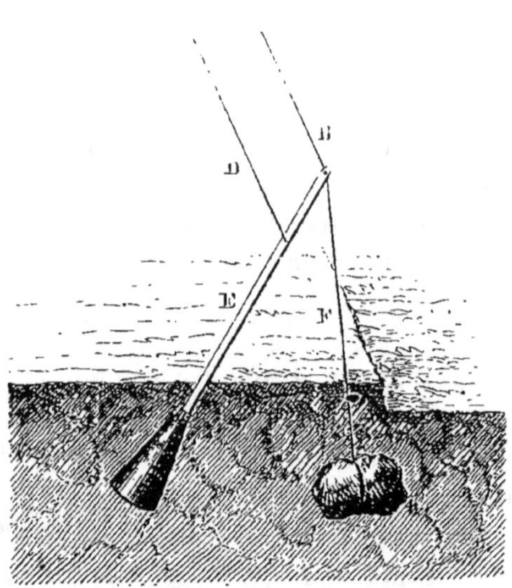

Fig. 567. Support en fer pour les toiles-abris des espaliers.

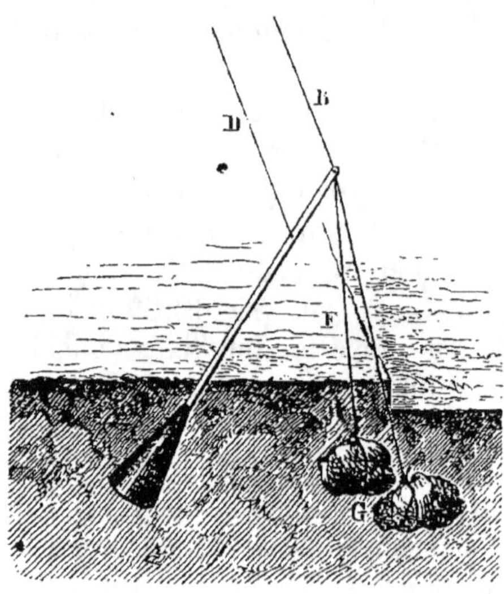

Fig. 568. Support en fer avec culée pour l'extrémité des lignes.

trouve placé à 0ᵐ,20 environ au-dedans de la limite d'action
de la toile.

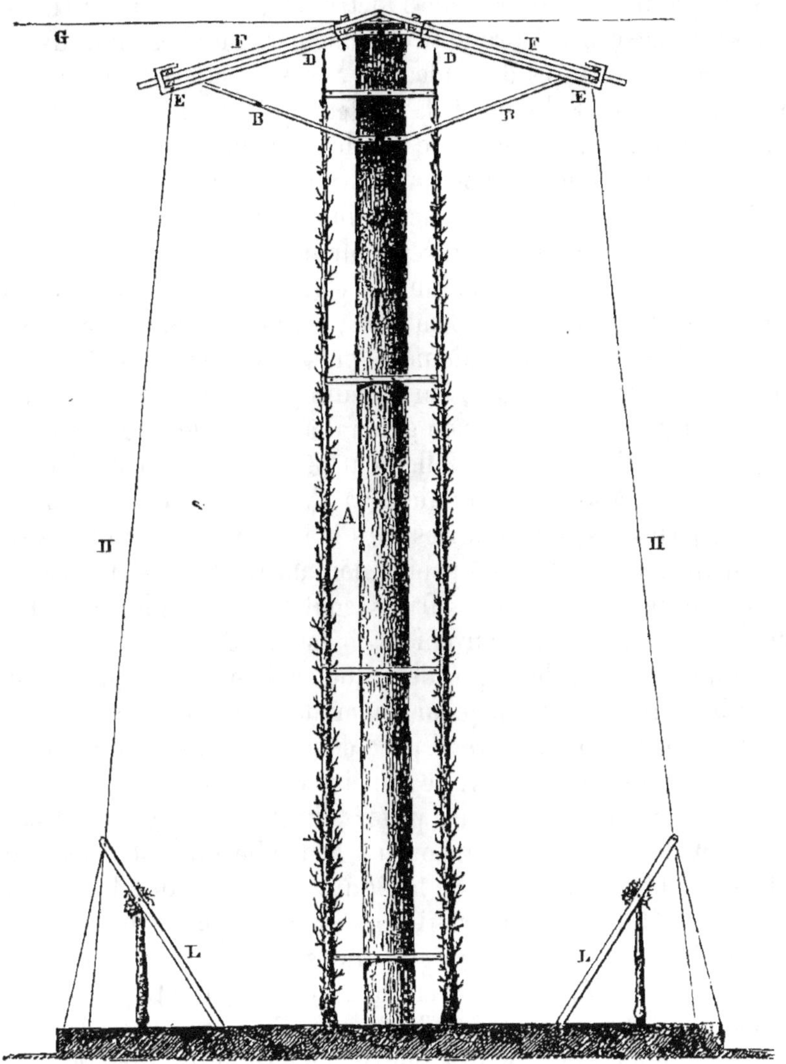

Fig. 569. Abris pour les contre-espaliers doubles en cordons verticaux.

L'emploi de ces rideaux joints aux auvents en paille dont nous
avons parlé plus haut, assurera complétement la fructification.
Mais pour que ces abris n'offrent aucun inconvénient, il conviendra de remplir la condition suivante : les rideaux ne devront être

tendus sur les espaliers que par un temps froid. Pendant le jour, et surtout lorsque le soleil brille, les rideaux devront être serrés les uns contre les autres, de 3 mètres en 3 mètres, opération qui sera d'une exécution prompte et facile par suite des anneaux fixés aux deux extrémités des rideaux. Si les espaliers restaient couverts au moment du soleil, la chaleur qu'y accumulerait la présence des toiles favoriserait le développement d'un grand nombre d'insectes nuisibles et notamment des pucerons, et, d'ailleurs, la fécondation des fleurs se ferait moins.bien.

Quant aux espèces d'arbres pour lesquelles ces abris devront être employés, nous dirons qu'il n'y aurait aucun inconvénient à ne pas faire d'exception. Toutefois, comme les arbres à fruits à pepins fleurissent généralement plus tard que ceux à fruits à noyau, et que, d'ailleurs, leurs fleurs paraissent être plus rustiques, on pourra se borner en général à abriter les fruits à noyau. Cette protection ne sera réellement utile pour les fruits à pepins que dans les localités humides, à l'exposition du nord-ouest, près des rivières, des prairies, des bois, où les brouillards sont fréquents ; là, les fruits à pepins non abrités fleurissent mal, les fleurs coulent, ou bien les fruits sont tachés et pierreux. Pour empêcher ce dernier inconvénient, il est bon de placer au sommet des murs un abri de 0ᵐ,40 de saillie seulement, et qu'on laisse depuis la fin de juin jusqu'au milieu de septembre.

Il est encore une autre espèce d'arbre fruitier pour laquelle les abris sont nécessaires ; ce sont les vignes en treille, ainsi que nous l'avons fait remarquer page 597. Dans ce but, on place au sommet des murs qui supportent la treille des potences et des abris semblables à ceux de la figure 566. Lorsque le mur dépassera 2ᵐ,50 de hauteur, il sera bon de placer une seconde ligne d'abris à 1ᵐ,50 environ au-dessus du sol, et cela pour abriter les raisins placés vers la base du mur et qui ne recevraient qu'une action insuffisante de l'abri placé au sommet. Cette seconde ligne d'abris pourra ne présenter que 0ᵐ,40 de saillie. Ces abris, destinés surtout à empêcher les pluies d'automne de faire pourrir les raisins, sont placés au commencement de septembre.

Arbres en plein vent. — Ce que nous venons de dire ne s'applique qu'aux arbres en espalier ; mais, il serait aussi très-avantageux d'employer des abris semblables pour les espèces cultivées en plein vent, nous conseillons donc d'avoir recours aux moyens suivants :

Pour les arbres en vase ou gobelets, envelopper la tête de l'arbre dans une toile semblable à celle dont nous venons de parler pour les espaliers. Cette toile, placée en février, après la taille, reste d'une manière permanente, jusqu'au milieu de mai.

Un des motifs qui nous ont fait conseiller d'adopter pour les arbres fruitiers en plein vent, la forme en contre-espalier double en cordon vertical décrite page 316, c'est que cette disposition

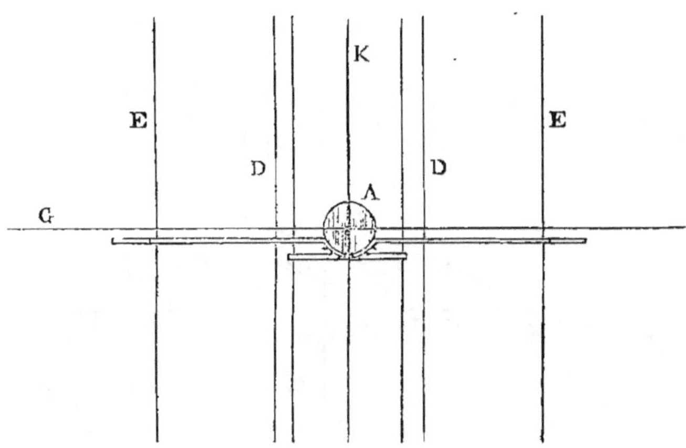

Fig. 570. Plan des supports d'abris de la figure 569.

se prête mieux que toute autre à l'application d'abris contre les intempéries du printemps. On procédera alors de cette façon : Les poteaux A (*fig.* 569), destinés à supporter ces contre-espaliers, sont placés à 3 mètres d'intervalle au lieu de 6 mètres. Ils sont maintenus dans une position immuable au moyen de deux fils de fer galvanisés qui se croisent à angle droit à leur sommet, K, G (*fig.* 569 et 570) et qui vont s'attacher au sommet des murs voisins. On fixe alors au sommet de chacun de ces poteaux, et perpendiculairement à la ligne de plantation, deux potences en fer B (*fig.* 569) semblables à celles de la figure 563. Ces potences sont en outre percées aux points D et E (*fig.* 569) pour laisser passer deux fils de fer n° 14 D, E (*fig.* 570). Pour que ces fils de fer soient suffisamment roidis, les potences des deux poteaux d'extrémité sont pourvus d'un arc-boutant B (*fig.* 571).

Ces supports ainsi disposés, on place dessus des paillassons F (*fig.* 569) semblables à ceux de la figure 565.

Si l'on craignait que cet abri fût insuffisant, on pourrait y ajouter un paillasson en roseaux de marais ou mieux en feutre bitumé peint en blanc à la chaux, le tout monté sur des lattes en bois de sciage. Ces cloisons, très-légères, devront avoir 1^m,50 de hauteur sur 1^m,50 de largeur; on en place deux l'une sur l'autre pour arriver à une hauteur de 5 mètres. On les introduit par le sommet des contre-espaliers entre les deux lignes d'arbres, et on les laisse glisser jusqu'au sol. On empêche le vent de les agiter

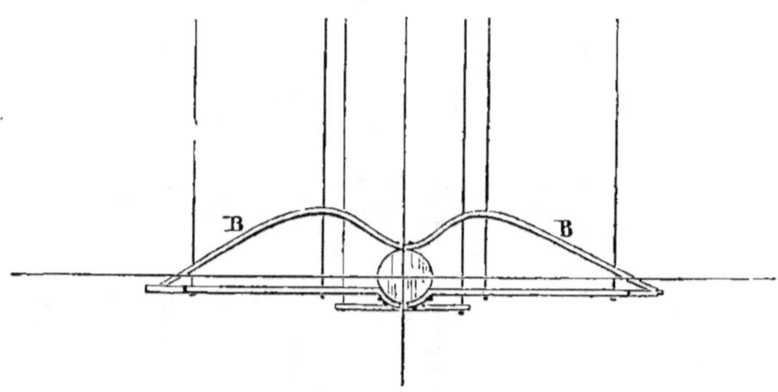

Fig. 571. Plan des supports d'abris en tête des lignes de contre-espaliers.

en les fixant avec des osiers sur deux fils de fer tendus horizontalement d'un poteau à l'autre. Les arbres ainsi abrités seront là comme en espalier.

Si enfin le climat ou la nature des arbres ainsi cultivés (l'abricotier ou le pêcher) exigeaient un abri plus complet, on aurait recours aux toiles indiquées pour les espaliers (*fig.* 566). Ces toiles H (*fig.* 569) seront fixées au sommet sur les fils de fer E (*fig.* 569 et 570) et à la base sur un fil de fer tendu au sommet des supports en fer L (*fig.* 569). Ces sortes de rideaux, mobiles comme ceux des espaliers, devront être ouverts toutes les fois que le temps sera beau et qu'il ne gèlera pas.

On devra placer ces divers abris au premier début de la végétation, vers le milieu de février, et les laisser d'une manière permanente jusqu'à l'époque où l'on n'a plus à craindre les gelées, c'est-à-dire vers le 12 mai. Dans tous les cas, on choisira un temps sombre et humide pour découvrir les arbres afin qu'ils ne souffrent pas de l'influence trop subite d'une vive lumière.

Opérations contre le soleil trop ardent de l'été.— Nous avons indiqué, en traitant de la culture annuelle du sol dans les jardins fruitiers, les opérations les plus efficaces contre la sécheresse du terrain. Mais il arrive souvent que les arbres en espalier, et surtout ceux à fruits à noyau, qui sont pourvus d'un feuillage plus tendre et plus délicat, souffrent beaucoup de l'intensité de la chaleur, quoique le sol présente un degré d'humidité convenable. Il faut attribuer cet effet, d'abord à ce que ces arbres, palissés contre des murs exposés à toute l'ardeur du soleil, sont soumis à une

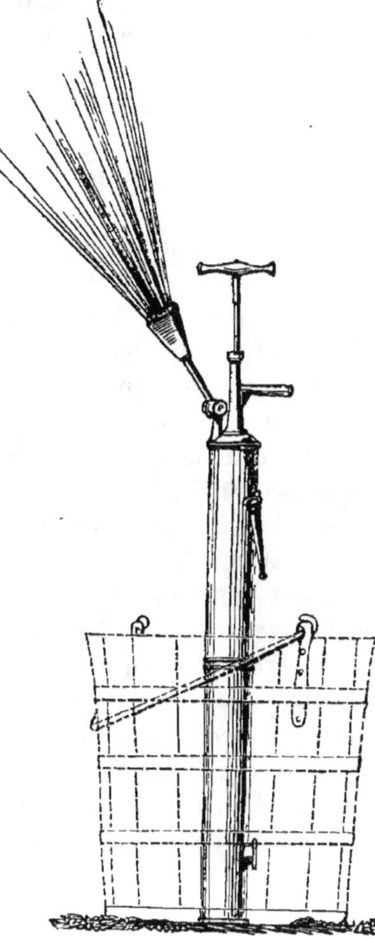

Fig. 572. Pompe à jet continu.

Fig. 573. Abris contre l'ardeur du soleil.

évaporation telle, que leurs racines ne suffisent pas à réparer les pertes d'humidité qu'éprouvent les parties vertes par toute leur surface, et, en second lieu, à ce que les rosées sont trop peu abondantes pendant la saison la plus chaude. Sous ces influences, toutes les parties vertes se fanent, jaunissent et se

40.

dessèchent ; et, si cet état se prolonge, il peut en résulter la mort de l'arbre. Ces accidents se manifestent d'autant plus violemment, que les arbres sont couverts d'une plus grande quantité de feuilles et surtout de fruits ; car c'est par la surface de ces organes qu'a lieu particulièrement l'évaporation. Il faut donc, pendant les grandes chaleurs de l'été, arroser ou bassiner légèrement les feuilles deux ou trois fois par semaine, après le coucher du soleil, pour rendre à la séve sa fluidité et faciliter sa circulation dans les diverses parties de la tige.

On pratique ces arrosements à l'aide d'une petite pompe à main, à jet continu, dont nous donnons ici le dessin (*fig.* 572). Cet instrument en cuivre est placé dans un seau en bois rempli d'eau. On peut également le placer dans une petite caisse à eau montée sur une brouette.

L'ardeur du soleil exerce aussi son action nuisible sur l'écorce de la tige et des branches des arbres en espalier qui ne sont pas couvertes par les feuilles. Sur ces points, l'écorce se durcit, se dessèche et perd l'élasticité dont l'arbre a besoin pour grossir. De là des engorgements séveux qui peuvent donner lieu à plusieurs maladies, telles que la *gomme*, les *chancres*, etc. D'autres fois ces parties de la tige sont tellement chauffées, que l'écorce, désorganisée, se détache par plaques et met l'aubier à nu.

Pour soustraire ces parties de la tige à l'action brûlante du soleil, quelques cultivateurs les recouvrent à la fin d'avril d'une couche de chaux mélangée à une forte proportion de terre glaise ; d'autres les enveloppent de paille. Le second moyen offre cet inconvénient de servir de refuge à beaucoup d'insectes nuisibles. On pourra recouvrir la base de la tige d'un petit coffret en bois (*fig.* 573), que l'on placera à la fin du printemps pour l'enlever à la fin de l'automne.

CHAPITRE DOUZIÈME

EMBALLAGE DES FRUITS.

Il faut encore que celui qui veut baser une spéculation sur la production des fruits sache employer pour ces produits un mode d'emballage convenable ; surtout lorsqu'il est obligé de les expédier au loin. Autrement ces fruits arriveront en mauvais état à leur destination et il n'en tirera aucun bénéfice. Il convient donc que nous examinions cette importante question de l'emballage des fruits.

Les diverses sortes de fruits de table ne présentent pas tous la même consistance : ils n'exigent donc pas les mêmes soins pour leur emballage. Il convient, à cet égard, de les partager en deux catégories : les fruits à chair très-molle, comme les fruits à noyau, etc., puis ceux de consistance plus ferme, comme les poires ou les pommes. Occupons-nous d'abord des premiers.

Fruits à chair très-molle. — Il convient de remplir les quatre conditions générales suivantes pour faciliter le transport au loin de ces sortes de fruits : 1° Les cueillir un peu avant leur complète maturité. Ils sont ainsi un peu plus fermes et sont moins exposés à être contusionnés pendant le voyage. Il faut toutefois qu'ils soient assez avancés en maturité, pour que celle-ci puisse se compléter pendant le trajet. 2° Les envelopper et les isoler les uns des autres par une matière assez élastique pour qu'ils ne puissent pas se meurtrir mutuellement. 3° Employer, pour l'emballage, des caisses en bois blanc les plus légères possibles et offrant une surface de 8 à 10 décimètres carrés sur une hauteur de 6 à 10 centimètres, selon la grosseur des fruits. On ne pourra placer ainsi qu'une ou deux couches de fruits, et l'on évitera les froissements. D'un autre côté, les caisses étant très-petites et le poids de chacune d'elles étant peu considérable, les secousses qu'elles éprouveront pendant le trajet seront moins violentes et les fruits seront moins contusionnés. 4° Remplir les caisses assez complétement pour que l'ébranlement continu ne donne pas lieu à un tassement qui, produisant un vide, expose les fruits à se déplacer et à se meurtrir dans la caisse. Indiquons maintenant les soins particuliers que réclame chacune des sortes de fruits de cette catégorie.

Les *pêches* ne doivent former qu'un seul lit dans les boîtes dont nous venons de parler. On place au fond et sur les côtés de ces boîtes une couche de rognures de papier; on enveloppe chaque fruit dans une ou deux feuilles de vigne, et on les place les uns à côté des autres en les séparant par une couche de ouate. Il convient de les serrer le plus possible sans les froisser et de bien remplir les vides avec de la ouate. On termine en plaçant par-dessus une dernière couche de rognures de papier. Ces fruits ainsi emballés pourront faire, en grande vitesse, sans altération, le trajet de Marseille à Londres.

Les *abricots*, les *prunes* et les *figues* seront emballés comme les pêches, avec cette seule différence, que, par suite du volume moins grand de ces fruits, on pourra en placer deux lits dans la même boîte en le séparant par une couche de rognures de papier.

Les *cerises* seront disposées de la même façon ; mais on pourra en superposer trois ou quatre lits, en les séparant les uns des autres comme nous l'avons dit plus haut.

Les *raisins* recevront aussi le même mode d'emballage. Chaque grappe sera séparée des voisines par une feuille de vigne ou une feuille de papier Joseph, et l'on pourra superposer deux lits de grappes en interposant entre elle une couche de ouate.

Fruits à chair ferme. — Nous n'avons dans cette catégorie que les poires et les pommes, et ces sortes de fruits réclament le même mode d'emballage, qui devra être le suivant :

Choisir des caisses ou des paniers assez solides et d'une grandeur telle, que le poids total ne dépasse pas 20 kilogr., afin que les secousses ne soient pas trop violentes. Placer au fond et sur les côtés de ces caisses ou de ces paniers une couche épaisse de mousse sèche ou de regain. Placer sur cette couche un premier lit de fruits bien serrés et préalablement enveloppés d'une double feuille de papier joseph et séparés les uns des autres par des rognures de papier. Superposer ainsi autant de lits de fruits que la caisse peut en contenir, en séparant chaque lit par une couche épaisse de rognure de papier. Faire en sorte que ces caisses ou ces paniers soient pourvus d'anses qui permettent de les saisir et de les transporter facilement.

Si les fruits sont destinés à voyager pendant l'hiver et qu'on ait à redouter la gelée, le meilleur moyen de les en défendre consistera à placer la caisse dans une autre plus grande, de façon à ce qu'il reste entre elles un intervalle d'environ 0^m,10, que l'on remplit avec de la paille ou de la mousse bien sèche. On pourra également employer, dans ce cas, deux tonneaux placés l'un dans l'autre.

Fruits ordinaires. — Les divers procédés que nous venons de décrire s'appliquent aux fruits de premier choix qui peuvent être vendus à un prix assez élevé pour être grevés de ces frais d'emballage. Pour les fruits plus communs, et surtout lorsqu'ils ne doivent pas parcourir de grandes distances, l'emballage peut être très-simplifié.

Les pêches, les abricots, les figues, sont placés dans des paniers plus larges que hauts; ces paniers ne doivent recevoir au plus que trois rangées de fruits superposés. Ces fruits sont séparés par des feuilles fraîches.

Les prunes, les cerises, les raisins, un peu plus fermes que les fruits précédents, sont placés dans des paniers plus grands, et on ne doit employer les feuilles que pour garnir seulement les parois et le dessus des paniers.

Les groseilles à grappes et les cassis supportent encore une pression plus forte; aussi on les place dans de grands paniers garnis seulement de feuilles fraîches.

Les framboises sont, de tous les fruits, les plus difficiles à transporter; on les place dans de petits paniers garnis de feuilles fraîches et pouvant en contenir au plus 2 ou 3 kilos. Leur transport au loin est presque impossible, à moins qu'on ne procède comme les cultivateurs de Plombières, auprès de Dijon, qui cultivent le framboisier sur de vastes surfaces. Les produits de cette localité sont placés dans de petits tonneaux et expédiés ainsi à Paris et à Londres. Ils y arrivent à l'état de marmelade, mais on les emploie immédiatement et seulement pour faire des sirops ou des gelées.

Quant aux poires et aux pommes, on les place dans de grands paniers garnis de paille ou de foin, et l'on sépare chaque lit de fruits par une couche de regain.

CHAPITRE TREIZIÈME

PRODUIT NET DE LA CULTURE INTENSIVE DES ARBRES A FRUITS DE TABLE

Nous ne pouvons terminer l'étude de la culture des arbres à fruits de table sans dire un mot des avantages qu'elle peut procurer au point de vue de la spéculation. Nous n'examinerons pas à cet égard la culture des vergers, car les intempéries et les insectes nuisibles auxquels il est souvent impossible de les soustraire, ainsi que l'absence de taille pour les arbres qui y sont cultivés sont autant de causes d'incertitude pour la réalisation des récoltes ; d'où il suit qu'un compte de culture assis sur des bases aussi précaires ne présenterait aucune exactitude. — Il en est tout autrement pour le jardin fruitier placé dans de bonnes conditions. La *taille exécutée avec intelligence*, *l'emploi des abris*, la *destruction des insectes nuisibles*, permettent d'assurer la récolte et de l'évaluer avec une certaine précision, tout en faisant une part suffisante aux accidents. C'est donc seulement du jardin fruitier dont nous pouvons nous occuper. Toutefois, en dehors de la question des intempéries et des insectes nuisibles, il est d'autres causes, telles que la nature du sol, le climat, les espèces d'arbres cultivées, qui peuvent influer beaucoup sur la quantité et la qualité des produits, et les écarts peuvent être tels, à cet égard, qu'une moyenne aurait peu d'utilité pratique. Nous pensons donc qu'il est plus intéressant de rechercher *jusqu'où peut s'élever* le produit net en argent d'un jardin fruitier *placé dans les meilleures conditions de succès* et soumis à la culture intensive. C'est ce que nous allons tâcher de faire dans ce qui va suivre.

JUSQU'OU PEUT S'ÉLEVER LE PRODUIT NET EN ARGENT D'UN JARDIN
FRUITIER PLACÉ DANS LES MEILLEURES CONDITIONS DE SUCCÈS.

Conditions à remplir. — Il est évident que le bénéfice donné par cette culture sera d'autant plus élevé qu'on remplira mieux les conditions suivantes :

1° *Débouchés*. — Placer le jardin à une distance telle de Paris

que les fruits puissent y être transportés à un prix convenable,
eu égard à leur valeur intrinsèque. Nous supposons ce jardin
auprès de Tours, c'est-à-dire à 234 kilomètres de Paris.

2° *Choix des espèces et variétés d'arbres fruitiers*. — Choisir
les espèces et variétés qui ont le plus de valeur sur tous les marchés et qui sont d'un transport facile. Nous adoptons le poirier
de *Doyenné d'hiver* ou *Bergamotte de la Pentecôte* et le pommier de *Calville blanc d'hiver*, comme remplissant le mieux ces
deux conditions.

3° *Climat*. — Placer la variété de poirier que nous venons
d'indiquer sous un climat doux, exempt de brusques changements de température, analogue à celui de l'Anjou et d'une partie de la Touraine. L'emplacement devra être, en outre, un peu
incliné vers le levant ou vers le sud et être peu exposé aux gelés blanches.

4° *Sol*. — Il faut au poirier une terre d'alluvion de consistance
moyenne, argilo-calcaire, ayant au moins 1 mètre de profondeur
et à sous-sol perméable.

5° *Étendue du jardin*. — Ce jardin ne devra pas dépasser un
hectare de surface, et cela pour les motifs indiqués page 224.

6° *Quotité du capital de création et d'entretien*. — Cette
spéculation ne donnera un bénéfice élevé qu'autant qu'on adoptera la culture intensive. Mais il faut pour cela, ainsi que nous le
démontrons plus loin, un capital de création d'environ 40,000 fr.
et un fonds d'entretien d'environ 15,000 francs.

Bases de l'organisation. — Le jardin présentera une longueur de 150 mètres sur une largeur de 67 mètres, ou en surface, environ un hectare. Il sera dirigé du sud au nord dans le
sens de sa longueur. Il présentera la disposition que nous avons
indiquée à la page 255 pour le jardin fruitier de la région
moyenne, et que nous rappelons ici brièvement :

Placer les murs de clôture à 3 mètres en dedans de la limite
de la propriété, excepté du côté du nord où le mur sera sur
cette limite. Partager également le jardin dans le sens de la longueur par un mur de refend. Donner à ces murs une hauteur de
3 mètres. Les construire en pisé avec chaînes en briques tous
les 10 mètres ; faire également les fondations et les angles en
briques. Surmonter ces murs d'un chaperon en tuiles formant
une saillie de 0^m,12 de chaque côté. Établir, sur trois côtés du

jardin, à la limite de l'emplacement, à 3 mètres en dehors des murs, une haie vive défendue temporairement par un treillage.

Distribuer le terrain de la manière suivante : créer au pied des murs et de chaque côté, excepté au nord, une plate-bande large de 1^m,50, et en avant de chacune d'elles, un chemin de même largeur ; partager la surface intérieure de cet enclos en deux parties égales au moyen d'un chemin transversal de 1^m,50 de largeur. Diviser du nord au sud chacune des deux parties comprises entre le mur de refend et les deux murs latéraux en huit plates-bandes larges de 2 mètres, longues de 57 mètres et séparées l'une de l'autre par un chemin de 1 mètre de largeur.

Répandre sur toutes les plates-bandes une fumure très-abondante, et défoncer à 1 mètre de profondeur toute la surface excepté les grands chemins.

Tous les murs d'espalier sont destinés à recevoir des Poiriers de Doyenné d'hiver disposés en cordons obliques et plantés à 0^m,40 d'intervalle. Pour cela, les murs doivent être couverts de treillages en fil de fer galvanisé n° 14, disposés comme nous l'indiquons page 350. Les 32 plates-bandes intérieures doivent recevoir des poiriers Doyenné d'hiver disposés en contre-espaliers doubles, en cordons verticaux et placés à 0^m,30 d'intervalle sur le rang et à 0^m,30 entre les deux rangs. Nous avons indiqué page 316 comment les supports de ces contre-espaliers doivent être établis. Toutefois les poteaux seront placés à 3 mètres d'intervalle seulement et pourvus de supports pour pouvoir placer des abris comme le montre la figure 569, page 709.

Enfin, les plates-bandes d'espaliers et de contre-espaliers doivent être bordées par des pommiers de Calville blanc disposés en cordons horizontaux et plantés à 1^m,50 d'intervalle. Ces cordons sont soutenus par un fil de fer galvanisé n° 14, tendu à 0^m,40 au-dessus du sol, page 428.

Il est bien entendu qu'on suivra *rigoureusement* pour ce jardin les indications que nous avons données à l'égard de la première préparation du sol, du choix des arbres, de la plantation, de la taille, du bassinage des arbres pendant les chaleurs de l'été, etc.

Telles sont les conditions dans lesquelles nous supposons le jardin fruitier dont nous voulons évaluer le maximum du produit net en argent. Le résultat du compte de culture que nous allons établir *s'applique donc seulement à ce jardin fruitier et nullement à ceux qui s'éloignent plus ou moins du type que nous avons choisi.*

Compte de culture. — Nous partageons ce compte en quatre parties : les dépenses de création, les dépenses d'entretien, le produit annuel et la balance des recettes et des dépenses.

1° *Dépenses de création*. — La création donnera lieu aux dépenses suivantes [1] :

Prix d'acquisition d'un hectare quatre ares de terrain		6,000 «
CLOTURES ET CONSTRUCTIONS		
555 mètres de longueur de murs en pisé, de 5 mètres de hauteur, à 8 fr. le mètre courant.	4,440 »	
Construction d'une habitation et d'un hangar pour l'emballage des fruits, plus, d'une fruiterie placée dans le sous-sol.	15,000 »	19,990 50
367 mètres de haies vives, à 0f,50 le mètre	185 50	
367 mètres de treillage provisoire pour garantir la haie, à 1 fr. le mètre courant.	367 »	
PRÉPARATION DU SOL		
0m,10 d'épaisseur de bon fumier sur toutes les plates-bandes ayant une surface totale de 4,048 mètres, = 404 mètres cubes de fumier, à 8 fr. le mètre, y compris la répartition sur le sol.	3,252 »	
0m,05 d'épaisseur de chiffons de laine sur toutes les plates-bandes, = 202 mètres cubes, à 10 fr. le mètre.	2,020 »	6,244 »
Défoncer le sol des plates-bandes et des petits chemins à 1 mètre de profondeur, = 4,960 mètres à 0f,20 le mètre	992 »	
TREILLAGES ET SUPPORTS		
Treillage en fil de fer galvanisé n° 14 pour les espaliers ; surface totale : 5,263 mètres carrés, à 0f,40 le mètre, pose comprise	1,505 20	
Supports des contre-espaliers — poteaux en pin ou sapin, bois rond, sulfaté, 0m,14 de diamètre, 3m,50 de longueur, placés au centre des plates-bandes tous les 3 mètres = 19 poteaux par plate-bande — en tout, 304 poteaux, à 2 fr. l'un.	608 »	
Fil de fer galvanisé n° 16 pour fixer les poteaux : 3,546 mètres de longueur pesant 142 kilogr., à 80 fr. les 100 kilogr..	115 60	»
Fil de fer galvanisé n° 14 pour supporter les lattes des contre-espaliers : 7,296 mètres de longueur pesant 208 kilogr., à 90 fr. les 100 kilogr.	187 20	
380 raidisseurs pour tendre les fils de fer des contre-espaliers, à 10 fr. le 100.	38 »	
608 potences en fer semblables à celles de la page 705, placées au sommet des poteaux, à 60 fr. le 100, y compris la pose.	564 80	
A reporter.	2,616 80	32,234 50

[1] On conçoit que les chiffres que nous donnons ici ne sont qu'approximatifs et devront varier un peu suivant les circonstances locales où l'on opérera.

Report.	2,616 80	32,234 50

TREILLAGES ET SUPPORTS

912 paillassons semblables à celui de la page 705, pour abriter les contre-espaliers, à 60 fr. le 100.	547 20	
Fils de fer galvanisé n° 14 et raidisseurs pour supporter les paillassons sur les poteaux (*fig.* 570, p. 711).	106 »	
256 petites traverses en fer C (*fig.* 197, p. 519), à 15 fr. le 100, y compris la pose.	58 40	
Lattes en pin, bois de sciage, 0m,015 carrés, 1m,50 de long, pour palisser les arbres des contre-espaliers (*fig.* 195, p. 518); longueur totale, 9,120 mètres, à 1 fr. les 100 mètres.	91 20	
Main-d'œuvre pour la pose de ces contre-espaliers, 50 jours, à 2f,50 l'un	75 »	
Supports pour les cordons horizontaux de pommiers : 545 piquets en bois sulfaté, à 10 fr. le 100.	54 50	
Fil de fer galvanisé n° 14 pour ces cordons, 2,087 mètres pesant 85 kilogr., à 90 fr. les 100 kilogr. . .	76 50	
84 raidisseurs pour tendre ces fils de fer	8 40	
Main-d'œuvre pour la pose de ces supports, 8 jours, à 2f,50 l'un.	20 »	3,634 »

PLANTATION

Achat de 9,100 poiriers de Doyenné d'hiver, greffés d'un an, sur cognassier, à 40 fr. le 100.	5,640 »	
Achat de 2,000 pommiers de Calville blanc d'hiver, greffe d'un an sur paradis, à 20 fr. le 100. . . .	400 »	
Habillage, pralinage et mise en terre de ces arbres, 30 journées à 2f,50 l'une.	75 »	
Engrais pour praliner les racines de ces arbres. . .	500 »	4,615 »

Total du capital de création.	40,485 50

DÉPENSES PENDANT LES CINQ ANNÉES QUI SUIVENT LA PLANTATION

Un aide pour les travaux de culture du sol	800 »	
Couvrir, chaque année, toutes les plates-bandes d'une couche de litière de 0m,05 d'épaisseur, pour prévenir la sécheresse	800 »	
Intérêt à 5 pour 100 du capital de création, s'élevant à la somme de 40,485 fr. 50.	2,024 »	
Amortissement en 30 ans du capital de création, dont on a retranché les 6,000 fr. d'acquisition du fond, reste 34,485 fr. 50 divisés par 30, égalent, par an	1,149 45	
La dépense totale pour chacune des cinq premières années, s'élève donc à 4,773 fr. 45 qui, multipliés par 5, donnent 23,867 fr. 25. Nous retranchons toutefois de cette somme la dépense des trois dernières années qui est déjà largement payée par le produit de la quatrième et surtout de la cinquième année. Nous portons donc en compte seulement 9,546 fr. 90.		9,546 90

Total des dépenses jusqu'au jour du produit maximum.	50,030 40

2° *Dépenses d'entretien à partir de la sixième année.* — Les frais d'entretien annuel à partir de la sixième année, où commence l'obtention du produit maximum seront les suivants :

Un aide pour les travaux de culture du sol.	800 »
Litière pour couvrir les plates-bandes	800 »
A reporter	1,600 »

| | Report. . . . . | 1,200 | » |

F Fumure tous les trois ans, 0^m,05 d'épaisseur sur toutes les plates-bandes : 202 mètres cubes de fumier, à 8 fr. le mètre : $\frac{1646}{3}$ . . . .   **538** ·

E Emballage des fruits : 165,260 poires et pommes, divisés par boîtes de 12 : 13,771 boîtes en bois blanc, très-légères, à 40 fr. le 100 [1]. . .   **5,508** »

R Rognures de papier et papier de soie pour emballer les fruits, à 0^f,05 par boîte. . . . .   **688** »

T Transport des fruits de Tours à la gare de Paris, 13,771 caisses, pesant chacune en moyenne 2^k,500 : 34,425 kilogr., à 0^f,25 par tonne et par kilom. = 8^f,60 par kilom., pour 254 kilom. . . . .   **2,012** »

T Transport des fruits de la gare de Paris à la halle, 5 fr. pour 1,000 kilog.   **172** »

F Frais de vente des fruits à la criée, 5 pour 100, pour la somme de 51,552 fr., indiquée plus loin. . . . .   **1,577** »

I Intérêt à 5 pour 100 du capital de création. . . . .   **2,024** »

A Amortissement du capital de création en 30 ans (34,485). **1,149** 45

————————

T Total de la dépense annuelle à partir de la sixième année. **15,268** 45

3° *Produit annuel du jardin fruitier.* — Ce jardin, placé dans les conditions que nous avons indiquées et organisé comme nous l'avons dit, pourra donner en moyenne les produits suivants :

Longueur des branches de charpentes.

Poiriers en espaliers. . . . . 11,440^m. — en contre-espalier. . . . . 18,612^m.	30,052	»
Pommiers en cordons horizontaux	5,000	»

Produit [2].

q 5 poires par mètre de longueur de branches, donnent 150,260 poires à 20 fr. le 100 [3].   **30,052** »

q 5 pommes par mètre de longueur de branches, donnent 15,000 pommes, à 10 fr. le 100. . . . .   **1,500** »

————————

Total du produit brut en argent. . . . .   **51,552** »

Balance.

Produit moyen annuel . . . .   **51,552** »

Dépense annuelle . . . .   **15,268** »

————————

Bénéfice net **16,285**

[1] Les fruits pourraient être vendus sur pied à un commissionnaire qui se chargerait alors de leur expédition ; on économiserait ainsi une somme d'environ 10,000 fr. Mais ces fruits seront vendus à un prix beaucoup moins élevé, et il est probable que le bénéfice net en souffrira.

[2] On compte en général 10 fruits par mètre de longueur de branches de charpentes. Ici nous ne comptons, année moyenne, que 5 beaux fruits, malgré les conditions les plus favorables où nous plaçons cette culture.

[3] Le prix de vente des belles poires et des belles pommes, à la halle de Paris, a été, en moyenne, du mois de novembre au mois d'avril, de 78 fr. le 100 pour les poires et de 50 fr. le 100 pour les pommes.

Tels sont les résultats que peut donner la culture intensive
appliquée à la production des fruits de table établie dans les
conditions les plus favorables à son succès. — Les meilleures
variétés de pêches précoces et fondantes, les variétés les plus
précoces de nos cerises anglaises et de nos raisins de table, soumises au même mode de culture, donneraient des résultats analogues. Il faudrait pour cela établir ces cultures sous le climat
de l'oranger, de façon à ce que, par la chaleur naturelle seulement, les cerises pussent arriver complétement mûres sur les
marchés de Paris au commencement de mai, les pêches au milieu
de juin, les raisins au commencement de juillet.

Mais on rencontrera souvent un obstacle sérieux à la création
de ces sortes de spéculations, c'est l'absence du capital nécessaire. Cette difficulté ne pourra être surmontée que par l'asso-
ciation du travail intelligent avec le capital.

FIN

TABLE ALPHABÉTIQUE

DES MATIÈRES CONTENUES DANS CE VOLUME

G

Y

EXTRAIT DU CATALOGUE

DE

VICTOR MASSON ET FILS

ENSEIGNEMENT.

PHYSIQUE. — CHIMIE. — HISTOIRE NATURELLE.

MÉDECINE. — AGRICULTURE.

PARIS

PLACE DE L'ÉCOLE DE MÉDECINE

1ᵉʳ octobre 1867

LIBRAIRIE

DE

VICTOR MASSON ET FILS

ENSEIGNEMENT SCIENTIFIQUE
ET ÉDUCATION

BACCALAURÉAT ÈS SCIENCES (le). Résumé des connaissances exigées par le programme officiel. 3 vol. in-18, avec figures........ 23 fr.

LITTÉRATURE, par *O. Gréard*, inspecteur d'Académie.

HISTOIRE ET GÉOGRAPHIE, par *E. Levasseur*, professeur au lycée Napoléon.

PHILOSOPHIE, par *Brisbarre*, professeur au collége Rollin.

ARITHMÉTIQUE ET ALGÈBRE, par *Mauduit*, professeur au lycée Saint-Louis.

GÉOMÉTRIE ET TRIGONOMÉTRIE, par *Ch. Vacquant*, professeur au lycée Saint-Louis.

COSMOGRAPHIE, par *A. Tissot*, professeur au lycée Saint-Louis.

MÉCANIQUE, par *E. Burat*, professeur au lycée Saint-Louis.

PHYSIQUE, par *Em. Fernet*, professeur au lycée Saint-Louis.

CHIMIE, par *L. Troost*, professeur au lycée Bonaparte.

HISTOIRE NATURELLE, par *Alph. Milne-Edwards*, professeur à l'École de Pharmacie.

Chaque partie est vendue séparément. — Voir pour le détail au nom de chacun des auteurs.

BEUDANT. — COURS ÉLÉMENTAIRE DE MINÉRALOGIE ET DE GÉOLOGIE. 10e édition. Paris, 1865, 1 vol. in-18, avec 800 figures............... 6 fr.

BRISBARRE (J.). — PRÉCIS DE PHILOSOPHIE (extrait du Baccalauréat ès sciences). 1 vol. in-18. Paris, 1865..................... 1 fr. 50

BURAT (E.). — PRÉCIS DE MÉCANIQUE (extrait du Baccalauréat ès sciences). 1 vol. in-18. Paris, 1865.................................... 2 fr.

CAHIERS D'HISTOIRE NATURELLE par MM. *Milne-Edwards* et *Achille Comte*. Nouvelle édition. 3 vol. in-12.

ZOOLOGIE, avec 15 planches...................... 2 fr.

BOTANIQUE, avec 9 planches..................... 2 fr.

GÉOLOGIE, avec 10 cartes gravées sur acier........ 2 fr.

CLAVEL. — TRAITÉ D'ÉDUCATION PHYSIQUE ET MORALE. Paris, 1855, 2 vol. grand in-18, avec 2 cartes.............................. 3 fr.

COMTE (A.). — INTRODUCTION AU RÈGNE VÉGÉTAL de *A.-L. de Jussieu*, disposée en tableau méthodique. Une feuille gr. colombier.. 1 fr. 25

COMTE (A.). — LE RÈGNE ANIMAL, disposé en tableaux méthodiques. Quatre-vingt-onze tableaux, sur grand colombier, représentant environ *cinq mille figures* d'animaux.......................... 114 fr.

COMTE (A.). — PLANCHES MURALES D'HISTOIRE NATURELLE. Ces planches sont imprimées sur papier à fond noir et coloriées avec le plus grand soin ; elles mesurent chacune près d'un mètre carré, et comprennent toutes les questions des programmes d'Histoire naturelle de l'enseignement secondaire et de l'enseignement spécial. — La liste détaillée de cette collection est envoyée à ceux qui veulent bien en faire la demande.

1re série. Zoologie, 60 feuilles formant 54 planches.

2e série. Botanique, 26 feuilles.

3e série. Géologie, 14 feuilles formant 13 planches.

Prix de la collection de 100 feuilles...................... 350 fr.

Chaque feuille séparément............................. 4 fr.

— NOTIONS SANITAIRES SUR LES VÉGÉTAUX DANGEREUX, sur leurs caractères distinctifs et les moyens de remédier à leurs effets nuisibles.

Trois planches de près d'un mètre carré chacune, contenant environ 100 figures coloriées avec le plus grand soin, et accompagnées d'un texte explicatif. — Planche I, Champignons comestibles. — Planche II, Champignons dangereux. — Planche III, Plantes vénéneuses, ensemble.. 15 fr.

COMTE (Achille). — STRUCTURE ET PHYSIOLOGIE DE L'HOMME, démontrée à l'aide de figures coloriées, découpées et superposées ; 9e édition. Paris, 1867, 1 vol. grand in-18, avec atlas de 8 planches gravées en taille-douce et figures dans le texte........................ 4 fr. 50

COURS ÉLÉMENTAIRE D'HISTOIRE NATURELLE, adopté par le Conseil supérieur de l'instruction publique et approuvé par Mgr l'Archevêque de Paris. 3 vol. gr. in-18.

ZOOLOGIE, par M. *Milne-Edwards*, 10e édition. Paris, 1867, avec 484 figures................................... 6 fr.

BOTANIQUE, par M. *de Jussieu*, 9e édition. Paris, 1867, avec 812 figures................................ 6 fr.

MINÉRALOGIE et GÉOLOGIE, par M. *Beudant*, 10e édition. Paris, 1865, avec 800 figures................................. 6 fr.

DELAUNAY. — COURS ÉLÉMENTAIRE DE MÉCANIQUE. 6e édit. Paris, 1867, 1 vol. grand in-18, avec 548 fig. dans le texte................ 8 fr.

DELAUNAY. — Cours élémentaire d'astronomie. 4e édition. Paris, 1865, 1 vol. grand in-18, avec 393 figures dans le texte.......... 7 fr. 50

DELAUNAY. — Traité de mécanique rationnelle. 4e édit. Paris, 1865, 1 vol. in-8, avec 127 fig. dans le texte...................... 8 fr.

DICTIONNAIRE général des sciences théoriques et appliquées, comprenant : les mathématiques, la physique et la chimie, la mécanique et la technologie, l'histoire naturelle et la médecine, l'économie rurale et l'art vétérinaire, par MM. les professeurs *Privat-Deschanel* et *Ad. Focillon*, avec la collaboration d'une réunion de savants, d'ingénieurs et de professeurs.

> L'ouvrage paraîtra en 2 volumes. En vente : tome Ier A-F. 1150 pag., 1329 figures. Paris, 1867...................... 15 fr.
> Tome II, 1er fascicule, G-M. 660 p., 804 fig. Paris, 1867. 7 fr. 50

D'ORBIGNY (Alcide). — Cours élémentaire de paléontologie et de géologie stratigraphiques. Paris, 1852, 2 tomes publiés en 3 volumes in-18, avec 1,046 gravures dans le texte et accompagnés d'un atlas in-4° de 17 tableaux, cartonné...................... 15 fr.

D'ORBIGNY (Alcide). — Prodrome de paléontologie stratigraphique universelle, faisant suite au Cours élémentaire de paléontologie et de géologie stratigraphiques. 3 vol. gr. in-18 jésus.............. 12 fr.

DRION (Ch.) et **FERNET** (Em.). — Traité de physique élémentaire, suivi de problèmes. 2e édition. Paris, 1862, 1 vol. grand in-18, avec 673 figures dans le texte.................................... 7 fr.

EDWARDS (Milne-). — Notions préliminaires de zoologie. 1 vol. grand in-18, avec 352 figures.................................... 3 fr.

EDWARDS (Milne-). — Cours élémentaire de zoologie. 10e édition. Paris, 1867, 1 vol. in-18, avec 484 figures...................... 6 fr.

EDWARDS (Milne-). — Introduction a la zoologie générale, ou Considérations sur les tendances de la nature dans la constitution du règne animal. Première partie. 1 vol. grand in-18.................. 2 fr. 25

EDWARDS (Alph. Milne-). — Précis d'histoire naturelle. Zoologie. — Botanique. — Géologie. (Extrait du Baccalauréat ès sciences.) 2e édition. In-18, avec figures.................................... 3 fr.

EULER. — Manuel de gymnastique élémentaire. Paris, 1864, in-8, avec 97 figures.................................... 2 fr.

FERNET. (Voyez *Drion* et *Baccalauréat*.)

FERNET. — Précis de physique, *de la collection du Baccalauréat ès sciences*. 2e édition, rédigée conformément aux nouveaux programmes. 1 vol. in-18, avec figures dans le texte...................... 3 fr.

FONSSAGRIVES (J. B.). — Entretiens familiers sur l'hygiène. 1 vol. in-18. Paris, 1867.................................... 4 fr.

GAVARRET. — Traité d'électricité. Paris, 1858, 2 vol. in-18, avec 448 figures.................................... 16 fr.

GAVARRET. — Télégraphie électrique. Paris, 1861, 1 vol. in-18, avec 100 fig. dans le texte...................................... 5 fr.

GERHARDT (C.) et **CHANCEL**. — Précis d'analyse chimique qualitative. 3e édit. Paris, 1867, 1 vol. gr. in-18, avec fig. dans le texte. 7 fr. 50

GERHARDT (C.) et **CHANCEL**. — Précis d'analyse chimique quantitative. 2e édit. Paris, 1864, 1 vol. grand in-18, avec 112 figures.... 7 fr. 50

GIRARDIN. — Leçons de chimie élémentaire appliquée aux arts industriels. 4e édition entièrement refondue. Paris, 1860-1861. 2 volumes grand in-8, avec figures et échantillons dans le texte......... 30 fr.

GIRARDIN. — Chimie générale et appliquée, à l'usage des établissements d'enseignement spécial. 1 vol. petit in-8. (Chacune des années du cours formera un fascicule séparé.)
En vente le 1er fascicule................................... 1 fr. 50

GRÉARD (O.). — Littérature. Paris, 1865, 1 vol. in-18 (extrait du Baccalauréat ès sciences)..................................... 1 fr. 25

GUIRAUDET. — Principes de mécanique expérimentale et de mécanique appliquée, à l'usage des établissements d'enseignement spécial. 1 vol. petit in-8 (*sous presse*). Chacune des années du cours formera un volume séparé.

HEISER. — Traité de gymnastique raisonnée au point de vue orthopédique, hygiénique et médical, ou Cours d'exercices appropriés à l'éducation physique des deux sexes. Paris, 1854, 1 vol. in-8, avec 123 figures.. 6 fr.

JUSSIEU (de). — Cours élémentaie de botanique. 9e édit. Paris, 1867, 1 vol. avec 812 fig. dans le texte............................ 6 fr.

LEVASSEUR (E.). — Précis d'histoire de France. Paris, 1865, 1 vol. in-18 (extrait du Baccalauréat ès sciences)................. 3 fr. 50

LEVASSEUR (E.). — Précis de géographie. Paris, 1865, 1 vol. in-18 (extrait du Baccalauréat ès sciences)...................... 1 fr. 75

LEYMERIE (A.). — Cours de minéralogie (histoire naturelle). 2e édition. Paris, 1866, 1 vol. in-8, publié en deux parties, avec 352 fig.. 12 fr.

LEYMERIE. — Éléments de minéralogie et de géologie, comprenant des notions de Lithologie et un lexique où se trouvent indiqués les caractères génériques des fossiles. 2e édition. 1 vol. in-18 en deux parties, renfermant 300 vignettes................................ 9 fr.

MAUDUIT. — Précis d'arithmétique, *de la collection du Baccalauréat ès sciences*). 1 vol. in-18. 2e édition, rédigée conformément aux nouveaux programmes..................................... 1 fr. 20

MAUDUIT. — Précis d'algèbre, *de la collection du Baccalauréat ès sciences*. 2e édition, rédigée conformément aux nouveaux programmes. Paris, 1867, 1 vol. in-18..................................... 1 fr. 40

PAYER (J.). — Éléments de botanique. Première partie, *Organographie*. Paris, 1857, 1 vol. grand in-18, avec 600 figures............ 5 fr.
L'ouvrage sera continué par M. le professeur Baillon.

PELOUZE et **FREMY**. — Abrégé de chimie. 5e édition. Paris, 1866, 3 vol. grand in-18, avec 174 figures intercalées dans le texte......... 6 fr.

REGNAULT. — Cours élémentaire de chimie. 6e édition. Paris, 1868, 4 vol. grand in-18, avec 2 planches en taille-douce et 700 figures dans le texte... 20 fr.

REGNAULT. — Premiers éléments de chimie. 4e édition. Paris, 1861, 1 vol. grand in-18, avec 142 figures dans le texte.................... 5 fr.

ROGUET (Ch.). — Traité d'arithmétique à l'usage des établissements d'enseignement spécial et des écoles du gouvernement. Paris, 1867, 1 vol. in-8.. 3 fr.
Sous presse, du même auteur. — *Géométrie, Algèbre, Trigonométrie*, rédigés à l'usage de l'enseignement spécial.

SCHŒDLER (Fr.). — Le livre de la nature, ou Leçons élémentaires de physique, d'astronomie, de chimie, de minéralogie, de géologie, de botanique, de physiologie et de zoologie; traduit de l'allemand sur la 13e édition par *A. Scheler*.
En vente, tome 1er, comprenant : Physique. — Chimie. — Astronomie. 1 vol. in-8, avec figures................................... 7 fr. 50
Chacune de ces parties est en outre vendue séparément..... 2 fr. 50

SCHREBER. — Gymnastique de chambre. 2e édition, traduite sur la 11e édit. allemande. Paris, 1867, 1 vol. in-8, avec fig. dans le texte. 3 fr.

TISSOT (A.). — Précis de cosmographie. Paris, 1865, 1 vol. in-18 (extrait du Baccalauréat ès sciences)...................... 1 fr. 60

TROOST (L.). — Précis de chimie, *de la collection du Baccalauréat ès sciences*. 2e édition, rédigée conformément aux nouveaux programmes, et suivie de quelques notions de chimie organique. Paris, 1867, 1 vol. in-18, avec figures... 3 fr.

TROOST (L.). — Traité élémentaire de chimie, comprenant les applications à l'hygiène, aux arts et à l'industrie. Paris, 1866, 1 vol. grand in-18, avec figures dans le texte............................ 6 fr.
Cet ouvrage est entièrement conforme aux programmes nouveaux pour l'enseignement de la Chimie dans les lycées.

VACQUANT (T.). — Précis de géométrie, *de la collection du Baccalauréat ès sciences*. 2e édition, rédigée conformément aux nouveaux programmes. Paris, 1868, 1 vol. in-18, avec figures.............. 2 fr. 40

VACQUANT (T.). — Trigonométrie, *de la collection du Baccalauréat ès sciences*. Paris, 1865, 1 vol. in-18...................... 1 fr. 20

WURTZ (Ad.). — Leçons élémentaires de chimie moderne. Première partie. Paris, 1867, 1 vol. in-18, avec nombreuses figures. 3 fr. 50.

PHYSIQUE — CHIMIE

ARTS INDUSTRIELS

ANNALES de chimie et de physique. — Séries I à III. — 1789 à 1863. —
248 volumes. — Voir, pour les conditions de prix, le Catalogue général.

ANNALES de chimie et de physique, IVe série, commencée en 1864, par
MM. *Chevreul, Dumas, Pelouze, Boussingault, Regnault*, avec la collaboration de M. *Wurtz*.

Il paraît chaque année 12 cahiers qui forment 3 volumes et sont accompagnés de planches en taille-douce et de fig. intercal. dans le texte.

<table>
<tr><td>Prix</td><td>{ Pour Paris.................................</td><td>30 fr.</td></tr>
<tr><td>de l'année :</td><td>{ Pour les départements (par la poste).............</td><td>34 fr.</td></tr>
</table>

BASSET (N.). — Traité théorique et pratique de la fermentation,
considérée dans ses rapports généraux avec les sciences naturelles et
l'industrie. Paris, 1858, 1 vol. gr. in-18.................... 3 fr. 50

BOUTIGNY (d'Évreux). — Études sur les corps a l'état sphéroidal;
nouvelle branche de physique. 3e édition. Paris, 1857, 1 vol. in-8, avec
26 figures intercalées dans le texte......................... 7 fr.

BOUTRON et F. BOUDET. — Hydrotimétrie. Nouvelle méthode pour déterminer les proportions des matières en dissolution dans les eaux de
sources et de rivières. 4e édition. Paris, 1866, grand in-8...... 3 fr.

BUNSEN (Robert). — Méthodes gazométriques. Traduit de l'allemand,
sous les yeux de l'auteur et avec son concours, par M. *Th. Schneider*.
Paris, 1858, 1 vol. in-8, avec 60 gravures.................. 5 fr.

CHANCEL. (Voir *Gerhardt*.)

DEHÉRAIN.— Annuaire scientifique publié depuis 1862, formant chaque
année un volume in-18, avec figures dans le texte.

L'année 1867 (sixième année) est en vente.

Chaque volume est vendu séparément................. 3 fr. 50

DICTIONNAIRE général des sciences théoriques et appliquées, par
MM. les professeurs Privat-Deschanel et Ad. Focillon, avec la collaboration d'une réunion de savants, d'ingénieurs et de professeurs. En
vente : tome Ier A-F. Paris, 1866, 1 vol. grand in-8 de 1150 pages,
avec 1329 figures dans le texte........................... 15 fr.

— Tome II, fascicule 1er (G-M). Paris, 1867, 1 vol. de 620 pages, avec
804 figures...................................... 7 fr. 50

DINAN. — Construction des formules de transport pour l'exécution
des terrassements. Paris, 1859, 1 vol. in-8.................. 3 fr.

DORVILLE. — Monographie de la pile électrique, ses dispositions actuelles, ses applications diverses et ses perfectionnements les plus récents. Paris, 1857, 1 vol. in-8........................... 1 fr. 25

GAVARRET. — Physique médicale. De la chaleur produite par les êtres vivants. Paris, 1855, 1 vol. grand in-18, avec figures........ 6 fr.

GAVARRET. — Traité d'électricité. Paris, 1857-1858, 2 vol. in-18, avec 448 figures..................................... 16 fr.

GAVARRET. — Télégraphie électrique. Paris, 1861, 1 vol. in-18, avec 100 fig. dans le texte................................. 5 fr.

GERHARDT (C.) et **CHANCEL**. — Précis d'analyse chimique qualitative. Ouvrage contenant : les opérations et les manipulations générales de l'analyse, la préparation et l'usage des réactifs, les caractères des acides et des bases. — Les essais au chalumeau. — La marche de l'analyse qualitative, la recherche des poisons, l'exposition de l'analyse spectrométrique, etc. 3e édition. Paris, 1867, 1 vol. grand in-18, avec 112 figures dans le texte................................... 7 fr. 50

GERHARDT (C.) et **CHANCEL**. — Précis d'analyse chimique quantitative. Ouvrage contenant : la description des appareils et des opérations générales de l'analyse quantitative, les méthodes de dosage et de séparation des bases et des acides, l'analyse par les liqueurs titrées, l'analyse organique, l'analyse des gaz, l'analyse des eaux minérales, des cendres, des terres arables, l'exposition du calcul des analyses. 2e édit. Paris, 1864, 1 vol. grand in-18, avec figures.............. 7 fr. 50

GIRARDIN. — Leçons élémentaires de chimie appliquée aux arts. 4e édition, entièrement refondue. Paris, 1861, 2 vol. in-8......... 30 fr.
Chaque volume est vendu séparément.
Chimie inorganique. 1 fort vol. in-8, avec 320 figures....... 15 fr.
Chimie organique. 1 vol. in-8, avec figures et échantillons...... 15 fr.

HELMHOLTZ. — Optique physiologique, traduit de l'allemand par MM. *E. Javal* et *Th. Klein*. 1 vol. in-8, avec 215 figures dans le texte et un atlas de onze planches............................ 30 fr.

HUGUENY. — Recherches sur la composition chimique et les propriétés qu'on doit exiger des eaux potables. Paris, 1865, grand in-8... 3 fr.

LEFORT (J.). — Chimie des couleurs pour la peinture à l'eau et à l'huile, comprenant l'historique, les propriétés physiques et chimiques, la préparation, la falsification, l'action toxique et l'emploi des couleurs anciennes et nouvelles. Paris, 1855, 1 vol. gr. in-18............ 4 fr.

LEFORT (J.). — Traité de chimie hydrologique, comprenant des notions générales d'hydrologie, l'analyse qualitative et quantitative des eaux douces et des eaux minérales. Paris, 1859, 1 vol. grand in-8, avec figures dans le texte................................... 8 fr.

LEHMANN. — Précis de chimie physiologique animale. Paris, 1855, 1 vol. in-18, avec 26 figures dans le texte.................. 2 fr.

LIEBIG (J.). — Traité de chimie organique ; édit. française, revue et considérablement augmentée par l'auteur, et publiée par *Ch.Gerhardt.* Paris, 1841-1844, 3 vol. in-8.................................... 25 fr.

LION (Moïse). — Électricité statique. Histoire et recherches nouvelles. Beaune, 1867. 1 vol. in-18, avec figures............... 2 fr.

MARIÉ-DAVY. — Météorologie. Les mouvements de l'atmosphère et des mers, considérés au point de vue de la prévision du temps. Paris, 1866. 1 vol. grand in-8, avec figures et 24 cartes coloriées.... 10 fr.

MARIÉ-DAVY. — Recherches théoriques et expérimentales sur l'électricité considérée au point de vue mécanique. Paris, 1862, fascicules 1 et 2. Prix de chaque fascicule............................. 3 fr.

MATTEUCCI. — Leçons sur les phénomènes physiques des corps vivants. Paris, 1847, 1 vol. gr. in-18, avec 18 fig................... 3 fr. 50

MONCKHOVEN (V.). — Traité d'optique photographique, comprenant la description des objectifs et appareils d'agrandissement. Paris, 1866, 1 vol. in-12, avec figures dans le texte et 5 planches......... 4 fr.

MONCKHOVEN (V.). — Traité général de photographie, comprenant tous les procédés connus jusqu'à ce jour, suivi de la théorie de la photographie et de son application aux sciences d'observation. 5e édition. Paris, 1865, 1 vol. grand in-8, avec 225 figures dans le texte....... 10 fr.

NIEPCE DE SAINT-VICTOR. — Traité pratique de gravure héliographique sur acier et sur verre, avec un portrait de l'auteur gravé par ses procédés. Paris, 1856, petit in-4...................... 5 fr.

NORMANDY (A.). — Tableaux d'analyse chimique; ouvrage présentant toutes les opérations de l'analyse qualitative, avec nombreuses observations pratiques. Paris, 1858, 1 vol. in-4, avec fig., relié en toile. 25 fr.

PASTEUR (L.). — Études sur le vin, ses maladies, causes qui les provoquent, procédés nouveaux pour le conserver et pour le vieillir. Paris, 1866, 1 vol. in-8, avec planches coloriées, imprimé à l'Imprimerie Impériale.................................... 15 fr.

PECLET (E.). — Traité de la chaleur considérée dans ses applications. 3e édition, entièrement refondue et accompagnée de 650 figures dans le texte. Paris, 1860-1861, 3 vol. grand in-8................ 42 fr.

PELOUZE et FREMY. — Traité de chimie générale, analytique, industrielle et agricole. 3e édition, entièrement refondue, avec nombreuses figures dans le texte. Paris, 1866. Cette troisième édition comprend six tomes grand in-8 compactes, dont l'un publié en deux volumes destinés à être reliés séparément. Une table des matières formant un volume séparé et ne renfermant pas moins de 12,000 mots, facilite les recherches dans cet important ouvrage, le plus complet que possède la science, et le rend d'un emploi aussi facile qu'un *Dictionnaire de chimie.* — Prix de l'ouvrage complet. 7 vol.... 100 fr.

PELOUZE et FREMY. — Notions générales de chimie. Un beau volume imprimé avec luxe, accompagné d'un Atlas de 24 planches en couleur, cartonné.. 10 fr.

Le même ouvrage, édition classique, avec 24 planches en noir.   5 fr.

PERSOZ. — Traité théorique et pratique de l'impression des tissus. Paris, 1846, 4 beaux vol. in-8, avec 165 figures et 429 échantillons d'étoffes intercalés dans le texte, et accompagnés d'un atlas de 10 planches in-4 gravées en taille-douce, dont 4 sont coloriées. Ouvrage auquel la Société d'encouragement a accordé une médaille de 3,000 fr.   70 fr.

REGNAULT. — Cours élémentaire de chimie. 6e édition. Paris, 1868, 4 vol. gr. in-18, avec 2 pl. en taille-douce et 700 figures......   20 fr.

REGNAULT. — Premiers éléments de chimie. 4e édition. Paris, 1861, 1 vol. grand in-18, avec 142 figures dans le texte...........   5 fr.

ROSE (H.). — Traité complet de chimie analytique. Édition française originale. Paris, 1859-1862, 2 volumes grand in-8...........   24 fr.

Le premier volume est consacré à la chimie qualitative, le second à la chimie quantitative. Chacun est vendu séparément...........   12 fr.

SCHUTZENBERGER (P.). — Chimie appliquée a la physiologie animale, a la pathologie et au diagnostic médical. Paris, 1864, 1 vol. in-8.   6 fr.

SCHUTZENBERGER (P.). — Traité des matières colorantes, comprenant leurs applications à la teinture et à l'impression, publié sous les auspices de la Société industrielle de Mulhouse, et avec le concours du Comité de chimie. Paris, 1867, 2 vol. in-8, avec fig. et échantillons.   19 fr.

SOUBEIRAN. — Précis élémentaire de physique. 2e édit., augmentée. Paris, 1844, 1 vol. in-8, avec 13 planches in-4...............   5 fr.

VERDEIL. — De l'industrie moderne. Paris, 1861, 1 vol. in-8.   7 fr. 50

VERDET (OEuvres d'E.), publiées par les soins de ses élèves.

Les œuvres d'E. Verdet comprendront 7 volumes qui paraîtront successivement, et seront vendus séparément.

Le prix de chaque volume est fixé à 10 francs. — Le tome Ier qui sera publié en dernier lieu sera remis gratuitement aux souscripteurs à l'ouvrage complet ayant retiré régulièrement les volumes.

La composition des volumes est ainsi fixée : I, Introduction et Mémoires originaux. II et III, Cours de physique professé à l'École polytechnique. IV, Conférences faites à l'École normale. V et VI, Leçons d'optique physique. VII, Théorie mécanique de la chaleur.

WILLEMIN (Ad.). — Traité de l'agrandissement des épreuves photographiques; étude critique des divers appareils employés aux agrandissements, suivi d'une méthode pour obtenir les épreuves microscopiques. Paris, 1865, grand in-8, avec figures...........   2 fr. 50

WURTZ (Ad.). — Leçons élémentaires de chimie moderne. Première partie. 1 vol. in-18, avec nombreuses figures. Paris, 1866....   3 fr. 50

WURTZ. — Traité de chimie médicale, comprenant quelques notions de toxicologie, et les principales applications de la chimie à la physiologie, à la pathologie, à la pharmacie et à l'hygiène.

I. Chimie inorganique. Paris, 1864, 1 vol. in-8, avec figures......   8 fr.

II. Chimie organique. Paris, 1865.........................   8 fr.

HISTOIRE NATURELLE

ADANSON (MICHEL). — HISTOIRE DE LA BOTANIQUE et plan des familles naturelles des plantes. 2ᵉ édition, préparée par l'auteur et publiée sur ses manuscrits, par *Alex. Adanson* et *J. Payer*. Paris, 1847-1864, 1 vol. grand in-8, avec une planche........................ 6 fr.

AGARDH (J.). — ALGÆ MARIS MEDITERRANEI ET ADRIATICI , observationes in diagnosin specierum et dispositionem generum. Parisiis, 1841, grand in-8 .... 3 fr. 50

AGARDH (J.). — SPECIES, GENERA ET ORDINES ALGARUM : — Volumen primum, Algas fucoideas complectens. Lundæ, 1848, 1 vol. in-8..   12 fr.
— Volumen secundum, Algas florideas complectens, publié en cinq fascicules. Lundæ, 1851-1863.......................... 39 fr.

AGARDH (J.). — THEORIA SYSTEMATIS PLANTARUM ; accedit familiarum phanerogamarum in series naturales dispositio secundum structuræ normas et evolutionis gradus instituta. Lundæ, 1858, 1 vol. in-8, avec atlas de 28 planches........................... 24 fr.

AGASSIZ. — SYSTÈME GLACIAIRE, ou Recherches sur les glaciers, leur mécanisme, leur ancienne extension, et le rôle qu'ils ont joué dans l'histoire de la terre. Paris, 1847, 1 vol. grand in-8, avec un atlas de 3 cartes et 9 planches en partie coloriées.......................... 50 fr.

ANNALES DES SCIENCES NATURELLES, séries I à IV ; 1824 à 1863.
1ʳᵉ série, 30 volumes.......................... 300 fr.
A partir de la 2ᵉ série, chacune des séries comprend 20 volumes pour la Zoologie, et 20 volumes pour la Botanique, et est vendue 400 francs. — Soit pour les 4 séries.................... 1,500 fr.

ANNALES DES SCIENCES NATURELLES, Vᵉ série, commençant le 1ᵉʳ janvier 1864.

— ZOOLOGIE ET PALÉONTOLOGIE, comprenant l'anatomie, la physiologie, la classification et l'histoire naturelle des animaux, publiées sous la direction de *M. Milne-Edwards*.

Il est publié chaque année 2 vol. gr. in-8, avec environ 35 planches.

Prix de l'abonnement { Paris........... 25 fr. / Départements... 26 fr.

— BOTANIQUE, comprenant l'anatomie, la physiologie, la classification et l'histoire naturelle des végétaux, publiée sous la direction de *MM. Ad. Brongniart* et *J. Decaisne.*

Il est publié chaque année 2 volumes gr. in-8, avec 35 planches environ.

Prix de l'abonnement { Paris........... 25 fr.
                       { Départements... 26 fr.

AUDOUIN (V.) ET MILNE-EDWARDS. — RECHERCHES POUR SERVIR A L'HISTOIRE NATURELLE DU LITTORAL DE LA FRANCE, ou Recueil de mémoires sur l'anatomie, la physiologie, la classification et les mœurs des animaux de nos côtes. 2 vol. grand in-8, ornés de planches grav. et color.   34 fr.

BAILLON. — ÉTUDE GÉNÉRALE DU GROUPE DES EUPHORBIACÉES. Recherche des types. — Organographie. — Organogénie. — Distribution géographique. — Affinités. — Classification. — Description des genres. Paris, 1858, 1 vol. grand in-8, avec atlas cartonné.................   36 fr.

BAILLON. — MONOGRAPHIE DES BUXACÉES ET DES STYLOCÉRÉES. Paris, 1859, 1 vol. grand in-8, avec 3 planches gravées..................   5 fr.

BERT (PAUL). — CATALOGUE MÉTHODIQUE DES ANIMAUX VERTÉBRÉS qui vivent à l'état sauvage dans le département de l'Yonne, avec la clef des espèces et leur diagnose. Paris, 1864, in-8, 2 pl...............   4 fr.

BEUDANT. — COURS ÉLÉMENTAIRE DE MINÉRALOGIE ET DE GÉOLOGIE. 10e édition. Paris, 1863, 1 vol. in-18, avec 800 figures........   6 fr.

CHENU. — MANUEL DE CONCHYLIOLOGIE ET DE PALÉONTOLOGIE CONCHYLIOLOGIQUE, contenant la description et la représentation de près de 5,000 coquilles. Paris, 1862, 2 vol. in-4, avec 4943 figures dans le texte, dont les principales coloriées ....   32 fr.

COSSON (E.) ET GERMAIN (E.). — FLORE DES ENVIRONS DE PARIS, ou Description des plantes qui croissent spontanément dans cette région et de celles qui y sont généralement cultivées, accompagnée de tableaux synoptiques et d'une carte des environs de Paris. 2e édition, 1861, 1 très-fort vol. in-8.................................   15 fr.

COSSON (E.) ET GERMAIN (E.). — SYNOPSIS DE LA FLORE DES ENVIRONS DE PARIS, destinée aux herborisations, contenant la description des familles et des genres, celle des espèces et des variétés sous la forme analytique, avec leur synonymie et leurs noms français, l'indication des propriétés des plantes employées en médecine, dans l'industrie et dans l'économie domestique, et une table des noms vulgaires. 2e édition. Paris, 1859, 1 vol. in-18................................   4 fr.

COSTE. — HISTOIRE GÉNÉRALE ET PARTICULIÈRE DU DÉVELOPPEMENT DES CORPS ORGANISÉS, publiée sous les auspices du Ministre de l'instruction publique. Paris, 1848-1860, 3 volumes in-4, avec 50 planches grand in-plano, gravées en taille-douce, imprimées en couleur et accompagnées de contre-épreuves portant la lettre. Prix de la livraison.   52 fr.

4 livraisons sont en vente, texte et planches.

CUVIER. — Lettres de georges cuvier sur la politique et sur l'histoire naturelle, écrites en allemand, à son ami Pfaff, de 1788 à 1792 ; publiées pour la première fois en français. Traduction du docteur *Marchant*. Paris, 1858, 1 vol. grand in-18, avec 1 planche.......... 1 fr.

CUVIER (Georges). — Le règne animal distribué d'après son organisation, pour servir de base à l'Histoire naturelle des animaux et d'introduction à l'Anatomie comparée. Nouvelle édition, publiée par une réunion de professeurs. Paris, 1836-1850, 11 volumes de texte, et 11 atlas formant un ensemble de 993 planches, dont 13 sont doubles, dessinées d'après nature et gravées en taille-douce.

Les 11 tomes du texte, brochés en 10 volumes, les 993 planches et leurs explications réunies en 39 étuis :

      Avec planches en noir........................ 590 fr.
      Avec planches coloriées...................... 1,310 fr.

DARWIN (Ch.). — De l'origine des espèces, ou des Lois du progrès chez les êtres organisés. Traduit en français par Mlle *Clémence-Aug. Royer.* 2e édition, revue et corrigée. Paris, 1865, 1 vol. in-8.. 7 fr. 50

DAUBRÉE (A.). — Classification adoptée pour la collection des roches du Muséum d'histoire naturelle de Paris. Paris, 1867, 1 broch. in-8. 2 fr.

DE CANDOLLE. — Prodromus systematis naturalis regni vegetabilis, *sive Enumeratio contracta ordinum, generum specierumque plantarum hucusque cognitarum.* Paris, 1824-1866, in-8.

— En vente, les tomes I à XV, et tome XVI, 2e partie, fasc. 1er. 250 fr.
Chacun des volumes depuis le tome VIII est vendu.......... 16 fr.
Le tome XIII a une deuxième partie vendue.................. 12 fr.
Le tome XV, 1re partie, 1864, 1 vol. in-8.................. 12 fr.
Le tome XV, 2e partie, in-8. Paris, 1863-1866.............. 34 fr.
Le tome XVI, 2e partie, fasc. 1er, in-8. Paris, 1864.......... 4 fr.

DE CANDOLLE. — Index Candolleanus, par *Buck*, contenant la table des genres, espèces et synonymes des vol. I à XIII inclusivement du *Prodromus.* 2 vol. in-8.. 30 fr.

DE CANDOLLE (A.). — Géographie botanique raisonnée. Paris, 1855, 1 tome grand in-8 de 1300 pages, divisé en 2 volumes compactes, avec cartes coloriées.. 25 fr.

DE CANDOLLE. — Lois de la nomenclature botanique. Paris, 1867, 1 broch. in-8.. 1 fr. 50

DESHAYES (V.). — Atlas de conchyliologie, avec texte explicatif. Paris, 1858, atlas grand in-8 de 130 planches. Prix, avec figures en noir.. 30 fr.
— *Le même,* fig. coloriées.............................. 72 fr.

D'ORBIGNY (Alcide). — Paléontologie française. Description de tous les animaux mollusques et rayonnés fossiles de France, avec des figures de toutes les espèces, lithographiées d'après nature.

TERRAIN CRÉTACÉ. CÉPHALOPODES, 1 vol. de texte, avec atlas de 150 pl..   48 fr.
    —   GASTÉROPODES, 1 vol. de texte, avec atlas de 91 pl..   30 fr.
    —   LAMELLIBRANCHES, 1 vol. de texte, avec atlas de 257 pl.   80 fr.
    —   BRACHIOPODES, 1 vol. de texte, avec atlas de 111 pl.   35 fr.
    —   BRYOZOAIRES, 1 vol. de texte, avec atlas de 202 pl..   65 fr.
    —   ÉCHINIDES IRRÉGULIERS, 1 v. de texte, avec atl. de 207 pl.   67 fr.
    Ensemble : 6 vol. de texte et 6 atlas de 1,018 planches............   325 fr.

TERRAIN JURASSIQUE. CÉPHALOPODES, 1 vol. de texte, avec atlas de 234 pl.   75 fr.
    —   GASTÉROPODES, 1 vol. de texte, avec atlas de 98 pl.   65 fr.
    Ensemble : 2 vol. de texte et 2 atlas de 432 planches............   140 fr.

PALÉONTOLOGIE FRANÇAISE.—Continuation de l'ouvrage de *d'Orbigny* par une réunion de paléontologistes, sous la direction d'un comité spécial, composé de membres de la Société géologique de France. Cette suite paraît pour les *terrains Crétacés* et pour les *terrains Jurassiques* par livraisons de douze planches avec le texte correspondant. Prix de la livraison...   6 fr.

    24 livraisons sont en vente du Terrain Crétacé et 12 du Terrain Jurassique.

D'ORBIGNY (ALCIDE). — COURS ÉLÉMENTAIRE DE PALÉONTOLOGIE ET DE GÉOLOGIE STRATIGRAPHIQUES. Paris, 1852, 2 tomes publiés en 3 volumes in-18, avec 1046 gravures dans le texte et accompagnés d'un atlas in-4 de 17 tableaux, cartonné................................   15 fr.

D'ORBIGNY (ALCIDE). — PRODROME DE PALÉONTOLOGIE STRATIGRAPHIQUE UNIVERSELLE, faisant suite au Cours élémentaire de paléontologie et de géologie stratigraphiques. 3 vol. gr. in-18 jésus.............   12 fr.

EDWARDS (ALPH. MILNE-). — DE LA FAMILLE DES SOLANACÉES. Paris, 1864, gr. in-8, avec 2 planches coloriées..........................   4 fr.

EDWARDS (ALPH. MILNE-). — RECHERCHES ANATOMIQUES ET PALÉONTOLOGIQUES pour servir à l'histoire des oiseaux fossiles de la France.

    Cet ouvrage, qui a obtenu le grand prix des sciences physiques en 1866, paraît par livraisons mensuelles de deux ou trois feuilles de texte et 5 planches in-4°, à partir du 15 décembre 1866. Il sera complet en 40 livraisons.

    Prix de chaque livraison....................................   5 fr.
Onze sont en vente.

EDWARDS (MILNE-). — HISTOIRE DES CRUSTACÉS PODOPHTHALMAIRES FOSSILES. Paris, 1865, tome Ier, grand in-4, accompagné de 36 planches.   35 fr.

EDWARDS (MILNE-). — COURS ÉLÉMENTAIRE D'HISTOIRE NATURELLE, Zoologie. 10e édition. Paris, 1867, 1 vol. in-18, avec 484 figures.....   6 fr.

EDWARDS (MILNE-). — LEÇONS SUR LA PHYSIOLOGIE ET L'ANATOMIE COMPARÉE DE L'HOMME ET DES ANIMAUX.

L'ouvrage comprendra environ douze volumes grand in-8 du prix de 9 fr.

En vente : les tomes I à IX, 1re partie. Paris, 1857 à 1866 .   77 fr. Le complément de l'ouvrage sera publié par demi-volumes de 6 mois en 6 mois.

ETTINGSHAUSEN (CONSTANTIN D') ET **ALOIS POKORNY.**—PHYSIOTYPIA PLANTARUM AUSTRIACARUM. L'*Impression naturelle* appliquée à la représentation des plantes vasculaires, et particulièrement à celle de leur nervation. 500 planches in-folio et 30 planches in-4. Imprimé aux frais de l'État par l'Imprimerie impériale et royale d'Autriche. Vienne, 1856, 5 vol. in-folio et 1 vol. in-4.............................. 700 fr.

FAVRE (ALPH.). — RECHERCHES GÉOLOGIQUES dans les parties de la Savoie, du Piémont et de la Suisse voisines du Mont-Blanc. 3 vol. in-8, avec un atlas de 31 planches in-folio. (*Sous presse.*)

GAUTIER (A.). — INTRODUCTION PHILOSOPHIQUE à l'étude de la géologie. Paris, 1853, 1 vol. in-8.............................. 3 fr.

GEOFFROY SAINT-HILAIRE (ISIDORE). — HISTOIRE NATURELLE GÉNÉRALE DES RÈGNES ORGANIQUES, principalement étudiée chez l'homme et les animaux. Paris, 1854 à 1862, 3 vol. in-8...................... 24 fr.

GRATIOLET. — RECHERCHES SUR L'ANATOMIE DE L'HIPPOPOTAME. 1 volume in-4, avec 22 planches dessinées sur pierre. (*Sous presse.*)

HISTOIRE NATURELLE DU JURA ET DES DÉPARTEMENTS VOISINS.

I. GÉOLOGIE, par le *F. Ogérien.* Paris, 1867, 1 vol. in-8 en deux parties, in-8, avec 236 fig., une carte météorologique et une carte géologique coloriées.............................. 12 fr..

II. BOTANIQUE, par *Michalet.* Paris, 1864, 1 vol. in-8........... 5 fr.

III. ZOOLOGIE VIVANTE, par le *F. Ogérien.* Paris, 1863, 1 vol. in-8, avec 211 figures.............................. 8 fr.

JUSSIEU (DE).—COURS ÉLÉMENTAIRE D'HISTOIRE NATURELLE.— BOTANIQUE. Paris, 1866, 9e édition, 1 vol. avec 812 fig. dans le texte..... 6 fr.

LACAZE-DUTHIERS. — HISTOIRE DE L'ORGANISATION, DU DÉVELOPPEMENT, DES MOEURS ET DES RAPPORTS ZOOLOGIQUES DU DENTALE. Paris, 1858, 1 vol. in-4, accompagné de 11 planches gravées et de 3 planches en chromolithographie.............................. 25 fr.

LE MAOUT. — LEÇONS ÉLÉMENTAIRES DE BOTANIQUE fondées sur l'analyse de 50 plantes vulgaires et formant un traité complet d'organographie et de physiologie végétale à l'usage des étudiants et des gens du monde. 3e édition. 1867. 1 vol. grand in-8 avec atlas de 50 plantes vulgaires et 700 figures dans le texte.

Avec l'atlas noir.............................. 12 fr.

Avec l'atlas colorié.............................. 16 fr.

MONTAGNA. — DE LA HOUILLE DANS LE ROYAUME D'ITALIE, mémoire sur de nouvelles conséquences géologique et industrielle ; traduction faite par *L. Hawerman.* 1 vol. in-8 avec 9 planches................ 5 fr.

OBERLIN. — APERÇU SYSTÉMATIQUE des végétaux médicinaux, alimentaires, ainsi que des végétaux employés dans les arts et l'industrie. 1867. 1 vol. in-18.................................... 2 fr.

PAYER (J.). — ÉLÉMENTS DE BOTANIQUE. Paris, 1857, première partie, *Organographie.* 1 vol. gr. in-18, avec 600 fig. intercalées dans le texte. 5 fr. L'ouvrage sera continué par M. *Baillon,* professeur à la Faculté de médecine de Paris.

PAYER (J.). — TRAITÉ D'ORGANOGÉNIE COMPARÉE DE LA FLEUR. Paris, 1857. 1 vol. grand in-8, avec un atlas de 154 planches gravées en taille-douce, 2 vol., demi-reliure maroquin, les planches montées sur onglets. 160 fr.

PERRIS. — HISTOIRE DES INSECTES DU PIN MARITIME, tome I. Coléoptères. In-8, avec 12 planches.................................... 25 fr.

ROBINEAU. — HISTOIRE NATURELLE DES DIPTÈRES DES ENVIRONS DE PARIS. Ouvrage posthume publié par M. *Monceaux.* 2 vol. in-8...... 30 fr.

ROQUES (J.). — ATLAS DES CHAMPIGNONS COMESTIBLES ET VÉNÉNEUX, représentant les cent espèces ou variétés les plus répandues, avec un texte explicatif contenant la description détaillée des cent espèces, l'indication des lieux où elles croissent, leurs qualités alimentaires ou nuisibles. Extrait de la 2e édit. Paris, 1864. 1 atlas gr. in-4 de 24 pl. color. 15 fr.

SAUSSURE (H. DE). — ÉTUDES SUR LA FAMILLE DES VESPIDES. 3 vol. et atlas divisés comme suit :

— MONOGRAPHIE DES GUÊPES SOLITAIRES, ou de la tribu des Euméniens. Paris, 1852, 1 vol. grand in-8, avec atlas colorié de 22 planches. 36 fr.

— MONOGRAPHIE DES GUÊPES SOCIALES. Paris, 1860, 1 vol. grand in-8, avec atlas colorié de 39 planches........................ 66 fr.

— MONOGRAPHIE DES MASARIENS. Paris, 1856, 1 vol. grand in-8, avec atlas colorié de 16 planches........................ 42 fr.

SAUSSURE (H. DE). — MÉMOIRES POUR SERVIR A L'HISTOIRE NATURELLE DU MEXIQUE, DES ANTILLES ET DES ÉTATS-UNIS.

1re livraison. CRUSTACÉS. 1858, in-4, avec 6 planches............ 9 fr.

2e livraison. MYRIAPODES. 1860, in-4, avec 7 pl., dont 1 coloriée. 16 fr.

3e et 4e livraisons : ORTHOPTÈRES. — BLATTIDES. 1 vol. grand in-4 de 279 pages, avec 2 planches coloriées.................... 20 fr.

SAUSSURE (H. DE). — MÉLANGES HYMÉNOPTÉROLOGIQUES, 1er et 2e fascicules. In-4, avec planches coloriées. Prix de chaque fascicule.. 6 fr.

SAUSSURE (H. DE). — MÉLANGES ORTHOPTÉROLOGIQUES. 1er fascicule. In-4, avec planche coloriée.................................... 6 fr.

SAUSSURE (H. DE) et SICHEL (JULES). — CATALOGUS SPECIERUM GENERIS

SCOLIA (SENSU LATIORI), continens specierum diagnoses, descriptiones synonymiamque, additis annotationibus explanatoriis criticisque. 1 vol. grand in-8 de 352 pages, avec 2 planches coloriées............ 8 fr.

SCROPE (POULETT). — LES VOLCANS, leurs caractères et leurs phénomènes, avec un catalogue descriptif de toutes les formations volcaniques aujourd'hui connues; ouvrage traduit de l'anglais par *E. Pieraggi*. Paris, 1864, 1 vol. in-8, relié à l'anglaise, avec 2 planches coloriées et figures dans le texte... 14 fr.

UNGER (F.). — LE MONDE PRIMITIF A SES DIFFÉRENTES ÉPOQUES DE FORMATION. Seize gravures avec texte explicatif. 2ᵉ édition, revue et augmentée de deux gravures. Leipzig et Paris, 1860, grand in-plano.. 86 fr.

WALPERS (G. G.). — REPERTORIUM BOTANICES SYSTEMATICÆ. Lipsiæ, 1842-1848, 6 vol. in-8... 140 fr.

WALPERS (G. G.). — ANNALES BOTANICES SYSTEMATICÆ. Lipsiæ, 1848-1858, in-8. Tomes I à VI....................................... 170 fr.

WEBB (P. B.). — OTIA HISPANICA, seu Delectus plantarum rariorum aut nondum rite notarum per Hispanias sponte nascentium. Paris, 1853, 1 vol. petit in-folio, avec 45 planches gravées en taille-douce.. 30 fr.

MÉDECINE

ACCOUCHEMENTS (Atlas de l'art des), par MM. *Lenoir, Marc Sée* et *Tarnier*. 1 vol. de texte gr. in-8 jésus, imprimé sur deux colonnes, et 1 vol. d'atlas contenant 105 planches dessinées d'après nature par M. *Beau*. Paris, 1865. Les deux volumes cartonnés toile.............. 60 fr.
Avec demi-reliure maroquin rouge, tranche supérieure dorée. 70 fr.

ANATOMIE DESCRIPTIVE DU CORPS HUMAIN :

— **Locomotion, circulation, digestion, respiration, appareil génito-urinaire**, par MM. *Bonamy, Broca* et *Beau*. 258 pl. in-8 jésus, dessinées d'après nature, avec texte explicatif en regard.

— **Système nerveux, organes des sens de l'homme**, par M. *Ludovic Hirschfeld*. Deuxième édition. 1 vol. de texte et atlas de 92 pl. in-8 jésus, dessinées par Léveillé, avec texte explicatif en regard.
Ces deux ouvrages forment ensemble cinq atlas et un volume de texte ; planches noires, 190 fr. ; planches coloriées.................. 370 fr.
Avec demi-reliure, maroquin rouge........................ 400 fr.

ANATOMIE TOPOGRAPHIQUE (Traité d'), comprenant les principales applications à la pathologie et à la médecine opératoire. Atlas, par MM. *Paulet* et *Sarazin*. Texte par M. *Paulet*.

CONDITIONS DE LA SOUSCRIPTION.

Le **Traité d'Anatomie topographique** comprendra 2 volumes d'atlas publiés dans le format gr. in-8 jésus et 1 volume de texte d'environ 800 pages.
Le premier volume de l'Atlas est consacré à la TÊTE et au TRONC. Il renferme 88 planches comprenant 119 figures.
Le deuxième volume traitera des MEMBRES.
Il renfermera............................. 76   —   —   121 figures.
                                           164   240 figures.

L'ouvrage sera publié en 41 livraisons de chacune 4 planches tirées en couleur, sur papier teinté, avec texte explicatif en regard. Prix de chaque livraison.. 4 fr.
Le volume de texte sera publié en cinq fascicules. Ces fascicules seront fournis gratuitement aux souscripteurs qui auront retiré régulièrement les livraisons. Ils paraîtront avec les livraisons 1, 11, 21, 31, 41.
Après l'achèvement de la publication, le prix du volume de texte sera porté à 12 francs.
Il paraît une livraison le 25 de chaque mois, à partir du 25 décembre 1865.
22 livraisons formant le tome 1er sont en vente.

ACTON (W.). — FONCTIONS ET DÉSORDRES DES ORGANES DE LA GÉNÉRATION chez l'enfant, le jeune homme, l'adulte et le vieillard, sous le rapport physiologique, social et moral ; traduit de l'anglais sur la troisième édition. Paris, 1863, 1 vol. in-8............................. 6 fr.

ALIBERT (C.). — DES EAUX MINÉRALES DANS LEURS RAPPORTS AVEC L'ÉCONO-
MIE PUBLIQUE, la médecine et la législation. Paris, 1852, in-8. 1 fr. 50

ALLIX. — ÉTUDES SUR LA PHYSIOLOGIE DE LA PREMIÈRE ENFANCE. Paris,
1867. 1 vol. gr. in-8... 4 fr.

ANDRAL. — CLINIQUE MÉDICALE, ou Choix d'observations recueillies à
l'hôpital de la Charité. 4ᵉ édition, revue, corrigée et augmentée.
Paris, 1840, 5 volumes in-8.............................. 40 fr.

ANDRAL. — ESSAI D'HÉMATOLOGIE PATHOLOGIQUE. Paris, 1843, in-8. 4 fr.

ANNALES MÉDICO-PSYCHOLOGIQUES, journal de l'Anatomie, de la Physiologie et de la Pathologie du système nerveux, destiné particulièrement à recueillir tous les documents relatifs à la science des rapports
du physique et du moral, à l'aliénation mentale et à la médecine légale
des aliénés. Quatrième série publiée par MM. les docteurs *Baillarger*,
médecin des aliénés à l'hospice de la Salpêtrière, *Cerise* et *Lunier*.
Cette série paraît depuis 1863 par cahiers *bi-mensuels* formant chaque
année 2 vol. in-8.

Prix   (Pour Paris.............................. 20 fr.
de l'année: { Pour les départements (*par la poste*).......... 23 fr.

ARCHIVES DE PHYSIOLOGIE NORMALE ET PATHOLOGIQUE, dirigées par MM. Brown-Séquard, Charcot et Vulpian, paraissant tous
les deux mois par fascicules grand in-8 cavalier.
Prix de l'abonnement annuel............................ 20 fr.

AUVERT (ALEX.). — SELECTA PRAXIS MEDICO-CHIRURGICÆ QUAM MOSQUÆ EXER-
CET; typis et figuris expressa Parisiis, moderante *Amb. Tardieu.* 2ᵉ édition. Paris, 1856, 2 vol. grand in-fol., cartonnés.......... 500 fr.

— *Les mêmes*, reliés en demi-maroquin, tr. supér. dorée...... 540 fr.
Cette magnifique clinique iconographique du docteur *Alex. Auvert*
(de Moscou) comprend 120 planches grand in-folio demi-colombier, gravées
en taille-douce, tirées en couleur et retouchées au pinceau.
Chaque sujet est accompagné d'un texte explicatif imprimé dans le
même format et placé en regard de la planche.

BATTAILLE (CH.). — NOUVELLES RECHERCHES SUR LA PHONATION. Paris, 1860,
1 vol. in-8, avec 7 planches.............................. 4 fr.

BATTAILLE (CH.). — DE L'ENSEIGNEMENT DU CHANT. 2ᵉ partie, de la Physiologie appliquée à l'étude du mécanisme animal. Paris, 1863, in-8. 2 fr.

BÉRENGUIER (ADRIEN). — TRAITÉ DES FIÈVRES INTERMITTENTES ET RÉMIT-
TENTES des pays tempérés et non marécageux, et qui reconnaissent pour
cause les émanations de la terre en culture. Paris, 1865, 1 vol. in-8. 5 fr.

BERNE. — DE LA NATURE DE LA FIÈVRE PUERPÉRALE. 1867. Brochure in-8,
papier de Hollande.................................... 2 fr. 50

BERNE ET DELORE. — INFLUENCE DE LA PHYSIOLOGIE MODERNE SUR LA MÉ-
DECINE PRATIQUE. Paris, 1864, 1 vol. in-8.................. 7 fr.

BERTILLON (A.). — CONCLUSIONS STATISTIQUES CONTRE LES DÉTRACTEURS DE LA VACCINE, ou Essai sur la durée comparative de la vie humaine au dix-huitième et au dix-neuvième siècle ; précédées d'une introduction sur l'application de la méthode statistique à l'étude de l'homme. Paris, 1857, 1 vol. gr. in-18.......................... 2 fr.

BICHAT. — RECHERCHES PHYSIOLOGIQUES SUR LA VIE ET LA MORT, suivies de notes par M. le Dr CERISE. 4e édit. Paris, 1 vol. gr. in-18.. 3 fr.

BILLOD (E.). — TRAITÉ DE LA PELLAGRE, d'après des observations recueillies en Italie et en France, et principalement dans les asiles d'aliénés. Paris, 1865, 1 vol. in-8........................ 10 fr.

BOINET. — IODOTHÉRAPIE, OU DE L'EMPLOI MÉDICO-CHIRURGICAL de l'iode et de ses composés, et particulièrement des injections iodées. 2e édition. Paris, 1865, 1 vol. in-8................................. 14 fr.

BOINET. — OVARIOTOMIE. TRAITÉ PRATIQUE DES MALADIES DES OVAIRES et de leur traitement, précédé d'un Aperçu anatomique et physiologique de ces organes. Paris, 1867, 1 vol. in-8.................... 7 fr.

BONAMY, BROCA ET BEAU. — ATLAS D'ANATOMIE DESCRIPTIVE DU CORPS HUMAIN ; ouvrage pouvant servir d'atlas à tous les traités d'anatomie. Cet ouvrage comprend quatre parties qui sont vendues séparément :

	Fig. noires.	Fig. coloriées.
Appareil de la locomotion, 84 planches dont 2 doubles........................	44 fr.	88 fr.
Appareil de la circulation, 64 pl...........	32	64
Appareil de la digestion et rein, 50 pl......	25	50
Appareil génito-urinaire ; respiration, 56 pl.	28	56

Prix de la reliure de chaque volume 5 fr.

(Pour la *névrologie*, voir *Ludovic Hirschfeld*, page 26.)

BONNET. — L'ALIÉNÉ DEVANT LUI-MÊME, l'appréciation légale, la législation, les systèmes, la société et la famille, avec une préface par Brierre de Boismont. Paris, 1866, 1 vol. in-8................ 9 fr.

BORSIERI (J. B.), DE KANILFELD. — INSTITUTS DE MÉDECINE PRATIQUE. Des Fièvres et des Maladies exanthématiques fébriles, traduits par le docteur *P. E. Chauffard.* Paris, 1855, 2 vol. grand in-8......... 16 fr.

BOUQUET (J.-P.). — HISTOIRE CHIMIQUE DES EAUX MINÉRALES ET THERMALES de Vichy, Cusset, Vaisse, Hauterive et Saint-Yorre ; analyses chimiques des eaux minérales de Médague, Châteldon, Brugheat et Seuillet. Paris, 1855, 1 vol. in-8, avec 2 cartes et 1 planche......... 7 fr. 50

BOURGAREL (E.). — CONSEILS AUX MÈRES concernant l'hygiène et les maladies les plus communes de l'enfance. 1863, 1 volume grand in-18... 3 fr. 50

BRIAU (RENÉ). — DU SERVICE DE SANTÉ MILITAIRE CHEZ LES ROMAINS. 1866, br. in-8... 3 fr. 50

BRIQUET (P.). — Recherches expérimentales sur les propriétés du quinquina et de ses composés ; ouvrage couronné par l'Académie des sciences. 2e édition. Paris, 1855, 1 vol. in-8................:........... 4 fr.

BROCA (P.). — De l'étranglement dans les hernies abdominales et des affections qui peuvent le simuler. 2e édition. Paris, 1857, 1 vol. in-8... 5 fr.

BROWN-SÉQUARD. — Journal de la physiologie de l'homme et des animaux. 1re série, 1858-1865.

Ce recueil, publié sous la direction du docteur *Brown-Séquard*, de 1858 à 1863, comprend 6 volumes grand in-8, avec planches et figures dans le texte... 80 fr.

Voyez page 20, *Archives de Physiologie.*

BROWN-SÉQUARD. — Leçons sur le diagnostic et le traitement des principales formes de paralysie des membres inférieurs ; traduites de l'anglais par le docteur *Richard-Gordon* ; 2e édition, revue et annotée par l'auteur, avec une introduction sur la Physiologie des actions réflexes empruntée aux leçons du professeur *Ch. Rouget.* Paris, 1865, 1 vol. in-8.. 3 fr. 50

BULLETIN DE LA SOCIÉTÉ ANATOMIQUE DE PARIS. — Anatomie normale. — Anatomie pathologique. — Clinique. IIe série, de 1856 à 1862, 7 vol. in-8.. 30 fr.
Chaque volume séparément............................... 6 fr.

TABLE analytique générale des matières contenues dans les Bulletins de la Société anatomique de Paris pour les trente premières années (1826-1855), suivie d'une table alphabétique des membres de la Société et des présentateurs de pièces ou observations mentionnées dans la première série des *Bulletins.* Paris, 1857, 1 vol. in-8.......... 7 fr.

BURDEL. — Des fièvres paludéennes. Recherches sur leur véritable cause, suivies d'études physiologiques et médicales sur la Sologne. Paris, 1858, 1 vol. grand in-18........................... 3 fr. 50

BURGGRAEVE. Études médico-philosophiques sur Joseph Guislain. Aliénation mentale. Questions sociales. 1867. 1 vol. grand in-8. 12 fr.

CABANIS. — Rapports du physique et du moral de l'homme ; nouvelle édition publiée par le docteur Cerise. 1867, 2 vol. in-18...... 6 fr.

CARRIÈRE. — Les cures de petit-lait et de raisin, en Allemagne et en Suisse, dans le traitement des principales maladies chroniques et particulièrement de la phthisie pulmonaire. Paris, 1860, 1 vol. in-8. 4 fr. 50

CHARCOT. — Voyez page 20, *Archives de Physiologie.*

CHASSAIGNAC. — Traité clinique et pratique des opérations chirurgicales, ou Traité de thérapeutique chirurgicale. Paris, 1861-1862, 2 vol. grand in-8, avec figures dans le texte. .... 28 fr.

CHASSAIGNAC. — TRAITÉ PRATIQUE DE LA SUPPURATION ET DU DRAINAGE CHIRURGICAL. Paris, 1859, 2 vol. grand in-8................ 18 fr.

CHENU. — RAPPORT AU CONSEIL DE SANTÉ DES ARMÉES sur les résultats du service médico-chirurgical aux ambulances de Crimée et aux hôpitaux militaires français en Turquie, pendant la campagne d'Orient, en 1854, 1855 et 1856. Paris, 1865, 1 beau vol. in-4, avec tableaux....... 20 fr.

CHOMEL (A. F.). — ÉLÉMENTS DE PATHOLOGIE GÉNÉRALE. 5e édition. Paris, 1863, 1 vol. in-8.. 9 fr.

CHOMEL (A. F.). — DES DYSPEPSIES. Paris, 1857, 1 vol. in-8..... 6 fr.

CHURCHILL (J.-F.). — DE LA CAUSE IMMÉDIATE DE LA PHTHISIE PULMONAIRE ET DES MALADIES TUBERCULEUSES ET DE LEUR TRAITEMENT SPÉCIFIQUE PAR LES HYPOPHOSPHITES, d'après les principes de la médecine stœchiologique. 2e édition. Paris, 1864, 1 vol. in-8, de 1000 pages...... 17 fr.

CLOQUET (H.). — ATLAS D'ANATOMIE, comprenant 79 planches gravées en taille-douce.
Deux parties seulement sont encore en vente :
1re Myologie....................................... 36 pl. 5 fr.
2e Splanchnologie et Embryologie.............. 43 pl. 7 fr.

CONGRÈS MÉDICAL INTERNATIONAL DE 1867 (Compte rendu du). 1 vol. in-8, publié par M. *Jaccoud*, secrétaire général. Paris, 1867.... 12 fr.

CORBIÈRE (BEUNAICHE DE LA). — TRAITÉ DU FROID, de son action et de son emploi intus et extra en hygiène, en médecine et en chirurgie. Deuxième édition. Paris, 1866, 1 vol. in-8................. 7 fr. 50

CORVISART (L.). — COLLECTION DE MÉMOIRES sur une fonction méconnue du pancréas, la digestion des aliments azotés. Paris, 1857-1863. 1 vol. in-8.. 4 fr. 50

COSTE. — HISTOIRE GÉNÉRALE ET PARTICULIÈRE DU DÉVELOPPEMENT DES CORPS ORGANISÉS, publiée sous les auspices du Ministre de l'Instruction publique. Paris, 1848-1860, 3 volumes in-4, avec 50 planches grand in-plano, gravées en taille-douce, imprimées en couleur et accompagnées de contre-épreuves portant la lettre. Prix de la livraison........ 52 fr.
4 livraisons sont en vente, texte et planche.

CULLÉRIER. — PRÉCIS ICONOGRAPHIQUE DES MALADIES VÉNÉRIENNES, 700 pages de texte in-18, et un atlas de 74 planches dessinées d'après nature par Léveillé, coloriées avec le plus grand soin. Prix de l'ouvrage complet. Paris, 1866, 1 vol. demi-reliure.................. 50 fr.

CUZENT (G.). — ÉPIDÉMIE DE LA GUADELOUPE DE 1865-1866. 1 vol. in-8, avec plans, cartes et tableaux. Paris, 1867................. 4 fr.

— **O'TAITI** (TAHITI). CONSIDÉRATIONS GÉOLOGIQUES, météorologiques et botaniques, végétaux utiles au commerce et à l'industrie. 1860. 1 vol. in-8.. 4 fr.

DELABARRE. — DES ACCIDENTS DE LA DENTITION chez les enfants en bas âge, et des moyens de les combattre. Paris, 1851, 1 vol. in-8... 1 fr.

Le même, avec atlas colorié............................... 14 fr.

DELASIAUVE. — Traité de l'épilepsie. — Histoire. — Traitement. — Médecine légale. Paris, 1854, 1 vol. in-8................ 7 fr. 50

DELIOUX DE SAVIGNAC. — Principes de la doctrine et de la méthode en médecine. Introduction à l'étude de la pathologie et de la thérapeutique. Paris, 1861, 1 vol. in-8........................ 10 fr.

DELIOUX DE SAVIGNAC. — Traité de la dysentérie. Paris, 1863, 1 vol. in-8... 8 fr.

DELORE. — Du traitement des ankyloses; examen critique des diverses méthodes. Paris, 1864, in-8, avec figures................ 2 fr. 50

DELORE et BERNE. — *Voyez* Berne.

DEMARQUAY (M.). — Traité des tumeurs de l'orbite. Paris, 1860, 1 vol. in-8. .... 7 fr.

DES ÉTANGS. — Du suicide politique en france depuis 1789 jusqu'a nos jours 1860. 1 vol. in-8........................... 7 fr. 50

DEVAY (Francis). — Du danger des mariages entre consanguins sous le rapport sanitaire. 2e édition. 1 vol. in-18............. 2 fr. 50

DEVERGIE (A.). — Traité pratique des maladies de la peau. 3e édition. Paris, 1863, 1 vol. in-8, avec fig. dans le texte............. 10 fr.

DICTIONNAIRE encyclopédique des sciences médicales, publié sous la direction du docteur *Dechambre*, par une réunion de médecins civils et militaires, membres des académies, professeurs agrégés, médecins et chirurgiens des hôpitaux, écrivains de la presse médicale, etc., etc. — Le dictionnaire comprendra environ 25 volumes grand in-8 compactes, avec figures ; il est publié par demi-volumes qui paraissent à époques rapprochées. — Prix de chaque demi-volume........ 6 fr. — Treize demi-volumes sont en vente.

DIDAY (F.). — De la syphilis des nouveau-nés et des enfants à la mamelle. Paris, 1854, 1 vol. in-8............................ 7 fr.

DIEU (S.). — Traité de matière médicale et de thérapeutique, précédé de Considérations générales sur la zoologie, et suivi de l'Histoire des eaux naturelles. Paris, 1847-1854, 4 vol. in-8................ 10 fr.

DOLBEAU. — Leçons de clinique chirurgicale professées à l'Hôtel-Dieu de Paris et recueillies par le Dr Besnier. Paris, 1866, 1 vol. in-8. 7 fr.

DOYON (A.). — Uriage et ses eaux minérales. Paris, 1865, 1 vol. in-18, orné de 6 vignettes gravées sur bois...................... 3 fr. 50

DU VIVIER. — De la mélancolie. Paris, 1864, 1 vol. gr. in-18... 3 fr.

EDWARDS (Milne-). — Leçons sur la physiologie et l'anatomie comparée de l'homme et des animaux. En vente, les volumes I à IX, 1re partie. Paris, 1857-1867... 77 fr. Le complément de l'ouvrage sera publié par demi-volumes de 6 mois en 6 mois. L'ouvrage comprendra environ 12 volumes.

ÉLY. — Chronique médicale de l'année 1863. Paris, 1864, 1 vol. grand in-18.. 2 fr.

EULER (Ch.). — Manuel de gymnastique élémentaire. Paris, 1864, 1 vol. in-8, avec 97 fig... 2 fr.

EVANS. — Des institutions sanitaires pendant le conflit austro-prussien italien, suivi d'un essai sur les voitures d'ambulance. 1867. 1 vol. in-8.. 5 fr.

FOLLIN. — Traité élémentaire de pathologie externe. Paris, 1861, 1867, 4 vol. grand in-8, avec figures dans le texte.
En vente, le tome I, 800 pages, 80 figures.................... 10 fr.
Le tome II, 930 pages, 144 figures.......................... 13 fr.

FONSSAGRIVES. — Entretiens familiers sur l'hygiène. Paris, 1867, 1 vol. in-18... 4 fr.

FONTERET (A.-L.). — Hygiène physique et morale de l'ouvrier dans les grandes villes en général, et dans la ville de Lyon en particulier. Paris, 1858, 1 vol. grand in-18............................... 3 fr.

FORGET (A. M.). — Des anomalies dentaires et de leur influence sur la production des maladies des os maxillaires. Paris, 1859, 1 vol. in-4, avec 6 planches.. 3 fr.

GAVARRET. — Physique médicale. De la chaleur produite par les êtres vivants. Paris, 1855, 1 vol. gr. in-18, avec fig. dans le texte. 6 fr.

GAVARRET. — Traité d'électricité. Paris 1857-1858, 2 vol. in-18, avec 448 figures.. 16 fr.

GAZETTE HEBDOMADAIRE de médecine et de chirurgie. Rédacteur en chef : le docteur *A. Dechambre.*
La Gazette hebdomadaire, publiée dans le format in-4, paraît, depuis le 7 octobre 1853, le vendredi de chaque semaine. Elle contient régulièrement, par numéro, 32 colonnes.
Prix de l'abonnement : Paris et départements,
Un an, 24 francs. — Six mois, 13 francs. — Trois mois, 7 francs.

GIRARD DE CAILLEUX. — Spécimen du budget d'un asile d'aliénés et possibilité de couvrir la subvention départementale au moyen d'un excédent équivalent de recette. Paris, 1855, 1 vol. in-4, cartonné avec tableaux.. 8 fr.

GODARD. — Observations scientifiques et médicales faites en Égypte et en Palestine, avec une préface par M. Ch. Robin. 1 vol. grand in-8, avec un atlas in-4° de 27 planches lithographiées d'après les dessins de l'auteur.. 24 fr.

GRISOLLE. — Traité de pathologie interne. 9e édition, considérablement augmentée. Paris, 1865, 2 forts volumes compacts, gr. in-8. 18 fr.

HEISER. — Traité de gymnastique raisonnée au point de vue orthopé-

DIQUE, HYGIÉNIQUE ET MÉDICAL, ou Cours d'exercices appropriés à l'éducation physique des deux sexes. Paris, 1854, 1 vol. in-8, avec 123 figures.. 6 fr.

HELMHOLTZ. — OPTIQUE PHYSIOLOGIQUE, traduite par *Émile Javal* et et *Th. Klein*. 1 vol. grand in-8, avec 215 figures dans le texte et un atlas de 11 planches.. 30 fr.

HERPIN (DE METZ). — ÉTUDES MÉDICALES ET STATISTIQUES sur les principales sources de France, d'Angleterre et d'Allemagne, avec des tableaux synoptiques et comparatifs d'analyses chimiques des eaux classées d'après les analogies de leur composition et de leurs effets thérapeutiques. Paris, 1856, 1 vol. grand in-18, avec tableaux................ 2 fr.

HIRSCHFELD (LUDOVIC). — TRAITÉ ET ICONOGRAPHIE DU SYSTÈME NERVEUX et des organes des sens de l'homme, avec leur mode de préparation. Deuxième édition. Paris, 1865, 1 vol. in-8, avec un atlas de 92 planches dessinées d'après les préparations de l'auteur par M. Léveillé. Le texte, 1 vol. in-8. L'atlas, 1 vol. in-8 colombier.

    Planches en noir.. 60 fr.
    Planches coloriées...................................... 110
    Prix d'une demi-reliure maroquin, 10 francs.

ISNARD (CH.). — DE L'ARSENIC dans la pathologie du système nerveux son action dans l'état nerveux, la chlorose, etc. Étude sur la médication arsenicale. Paris, 1865, in-8.................................... 4 fr.

JAMES (CONSTANTIN). — GUIDE PRATIQUE AUX EAUX MINÉRALES françaises et étrangères. 6ᵉ édition, avec une carte itinéraire des eaux et les principaux établissements thermaux. Paris, 1867, 1 fort volume grand in-18 de 600 pages... 7 fr. 50

Cartonné... 8 fr. 75

JOIRE (A.). — INTRODUCTION A L'ÉTUDE DE LA PHYSIOLOGIE. Examen des questions fondamentales sur la vie dans l'organisation animale. Paris, 1864, 1 vol in-18... 3 fr.

JOURNAL DE MÉDECINE MENTALE, résumant au point de vue médico-psychologique, hygiénique et légal toutes les questions relatives à la folie, aux névroses et aux défectuosités intellectuelles et morales, avec le concours des principaux aliénistes; par M. le docteur DELASIAUVE. Un numéro mensuellement.

Prix pour la France, 5 fr.; pour l'étranger, 6 fr.

JOURNAL DE PHARMACIE ET DE CHIMIE, par MM. *Boullay, Bussy, Henry, F. Boudet, Cap, Boutron-Charlard, Fremy, Guibourt, Buignet, Gobley, Léon Soubeiran* et *Poggiale*; contenant une Revue médicale, par le docteur *Vigla*, le Bulletin des travaux de la Société de pharmacie de Paris, et une Revue des travaux chimiques publiés à l'étranger par *M. J. Nicklès*, IVᵉ série, commencée en janvier 1865.

Le *Journal de pharmacie et de chimie* paraît tous les mois par cahiers de 5 feuilles. Il forme chaque année deux volumes in-8 ; des planches sont jointes au texte toutes les fois qu'elles sont nécessaires.

Prix de l'abonnement pour Paris et les départements............ 15 fr.

KUHN (H.). — DE LA PREMIÈRE DENTITION DES ENFANTS, maladies qu'elle détermine, moyens préventifs et remèdes à employer. Hygiène de la bouche. Paris, 1865, brochure in-8...................... 1 fr. 50

LAPASSE (VICOMTE DE). — ESSAI SUR LA CONSERVATION DE LA VIE, suivi d'un formulaire et d'observations cliniques. 1860, 1 vol in-8.. 7 fr. 50

LAPASSE (VICOMTE DE). — HYGIÈNE DE LONGÉVITÉ, 1ʳᵉ série : guérison des migraines, maux d'estomac, maux de nerfs et vapeurs. Suite à l'Essai sur la conservation de la vie. Paris, 1861, 1 vol. in-18........ 2 fr.

LAURENT. — ÉTUDE MÉDICO-LÉGALE SUR LA SIMULATION DE LA FOLIE. Considérations cliniques et pratiques à l'usage des médecins experts, des magistrats et des jurisconsultes. Paris, 1866, 1 vol. in-8.... 6 fr.

LEFORT (L.). — DES MATERNITÉS. Études sur les maternités et les institutions charitables d'accouchement à domicile dans les principaux États de l'Europe. Paris, 1866, 1 vol. in-4, avec 11 pl........ 18 fr.

LEFORT (J.). — TRAITÉ DE CHIMIE HYDROLOGIQUE, comprenant des notions générales d'hydrologie, l'analyse des eaux douces et des eaux minérales. Paris, 1859, 1 vol. grand in-8, avec figures................... 8 fr.

LEHMANN. — PRÉCIS DE CHIMIE PHYSIOLOGIQUE ANIMALE ; traduction du Dʳ *Drion*. Paris, 1855, 1 vol. in-18, avec 26 fig. dans le texte.. 2 fr.

LEPELLETIER (de la Sarthe). — TRAITÉ COMPLET DE PHYSIOGNOMONIE, ou L'homme moral positivement révélé par l'étude raisonnée de l'homme physique, avec des considérations sur les tempéraments, les caractères, leurs influences réciproques. Paris, 1864, 1 vol. in-8....... 7 fr. 50

LENOIR, SÉE ET TARNIER. — *Atlas* de *l'Art des accouchements* (*voir* page 19).

LEROY (EM.). — DE L'ÉDUCATION DES ENFANTS. Conseils aux parents pour l'hygiène à suivre. Paris, 1862, 1 vol. in-18................... 2 fr.

LIÉBAULT. — DU SOMMEIL ET DES ÉTATS ANALOGUES considérés surtout au point de vue de l'action du moral sur le physique. Paris, 1866, 1 vol. in-8... 6 fr.

LIÉGEOIS. — TRAITÉ DE PHYSIOLOGIE (*sous presse*).

LIVRET DU MUSÉE D'ANATOMIE NORMALE de la Faculté de médecine de Paris (Musée ORFILA). Paris, 1863, 1 vol. in-18............... 50 c.

LONGET. — TRAITÉ DE PHYSIOLOGIE. Deuxième édition. Paris, 1859-1861, 2 vol. grand in-8 compactes, avec 3 planches en taille-douce, dont 2 sont coloriées et 109 figures dans le texte................... 30 fr.

MACKENZIE (W.). — TRAITÉ PRATIQUE DES MALADIES DE L'ŒIL, traduit sur la quatrième édition et augmenté d'annotations, par MM. les docteurs *Warlomont* et *Testelin*. Paris, 1857-1866, 3 volumes grand in-8 compactes de 1830 pages, avec 257 figures....................... 45 fr.

MACKENZIE. — Le tome III, comprenant l'exposé de toutes les découvertes et de tous les faits intéressants relatifs à l'ophthalmologie qui se sont produits depuis 1857, est vendu séparément........ 15 fr.

MARSHALL-HALL. — Aperçu du système spinal diastaltique, ou Système des actions réflexes dans ses applications à la physiologie et à la pathologie. Paris, 1855, 1 vol. grand in-18, avec figures et tableaux.   2 fr.

MIALHE. — Chimie appliquée a la physiologie et a la thérapeutique. Paris, 1856, 1 vol. in-8.............................. 9 fr.

MIGNOT (A.). — Traité de quelques maladies pendant le premier age. Paris, 1859, 1 vol. in-8.............................. 5 fr.

MOREL (A.). — Traité des maladies mentales. Paris, 1860, 1 vol. grand in-8 compacte .... 13 fr.

MOREL. — Traité de la médecine légale des aliénés. Historique depuis les temps anciens jusqu'à nos jours. Paris, 1866, 1 vol. in-8.   2 fr. 50

MOURE (A.) et **MARTIN.** — Vade-mecum du médecin praticien, précis de thérapeutique spéciale, de pharmaceutique, de pharmacologie. Paris, 1845, 1 beau vol. grand in-18, compacte.............. 3 fr. 50
— *Le même*, demi-reliure.............................. 5 fr.

OLLIER. — Traité expérimental et clinique de la régénération des os et de la production artificielle du tissu osseux. Paris, 1867, 2 vol. in-8, avec 45 figures dans le texte et 9 planches en taille douce...... 30 fr.

PARCHAPPE (Max.). — Du cœur, de sa structure et de ses mouvements, ou Traité anatomique, physiologique et pathologique des mouvements du cœur de l'homme, contenant des recherches anatomiques et physiologiques sur le cœur des animaux vertébrés. Paris, 1848, 1 vol. in-8, avec un atlas de 10 planches in-4.............................. 12 fr.

PARCHAPPE (Max.). — Du siége commun de l'intelligence, de la volonté et de la sensibilité chez l'homme. 1re partie: *Preuve pathologique.* Paris, 1856, in-8.............................. 2 fr. 50

PAUL D'ÉGINE (Chirurgie de), texte grec, restitué et collationné sur tous les manuscrits de la Bibliothèque Impériale, accompagné de variantes de ces manuscrits et de celles des deux éditions de Venise et de Bâle, ainsi que de notes philologiques et médicales, avec traduction française en regard, précédé d'une introduction par le docteur *René Briau.* Paris, 1855, 1 vol. grand in-8.............................. 9 fr.

PAULET et **SARAZIN.** — *Traité d'anatomie topographique* (*voir* page 9).

PERRIN (Maurice). — Précis iconographique d'ophthalmoscopie et d'ophthalmométrie. 1 vol. in-18, avec 24 pl. en couleur. (*Sous presse.*)

PÉTREQUIN (J. E.). — Traité d'anatomie topographique médico-chirurgicale considérée spécialement dans ses applications à la pathologie, à la médecine légale, à l'art obstétrical et à la chirurgie opératoire. 2e édition. Paris, 1857, 1 vol. grand in-8.............................. 9 fr.

POUCHET (F.-A.). — Nouvelles expériences sur la génération sponta-

NÉE ET LA RÉSISTANCE VITALE. Paris, 1864, 1 vol. in-8, avec 20 figures dans le texte et une planche coloriée.................... 7 fr. 50

POUCHET (G.). — PRÉCIS D'HISTOLOGIE HUMAINE, d'après les travaux de l'École française. Paris, 1864, 1 vol. in-8, avec fig. dans le texte.   6 fr.

POUCHET (G.). — DE LA PLURALITÉ DES RACES HUMAINES ; essai anthropologique. 2e édition. Paris, 1864, 1 vol. in-8.............. 3 fr. 50

RAIMBERT. — TRAITÉ DES MALADIES CHARBONNEUSES. Paris, 1857. 1 vol. in-8... 6 fr.

RESBECQ (DE FONTAINE DE). — GUIDE ADMINISTRATIF ET SCOLAIRE dans les Facultés de médecine, les Écoles supérieures de pharmacie et les Écoles préparatoires du même ordre. Agrégation, professorat, études, grades de docteur en médecine, d'officier de santé, de pharmacien, de sage-femme et d'herboriste ; suivi d'une analyse chronologique des lois, statuts, décrets, règlements et circulaires relatifs à l'enseignement de la médecine et de la pharmacie de 1791 à 1860. 1 vol. in-18...   3 fr.

ROCCAS. — TRAITÉ PRATIQUE DES BAINS DE MER et de l'hydrothérapie marine, fondé sur de nombreuses observations. 2e édition. Paris, 1862, 1 vol. in-18.. 3 fr. 50

ROLLET (J.). — TRAITÉ DES MALADIES VÉNÉRIENNES. Paris, 1866, 1 fort vol. in-8 compacte....................................... 12 fr.

ROTUREAU (A.). — DES PRINCIPALES EAUX MINÉRALES DE L'EUROPE. Paris, 1857-1864, 3 vol. in-8...................................... 25 fr.

On peut avoir séparément :

— ALLEMAGNE ET HONGRIE. Paris, 1858, 1 vol. in-8...... 7 fr. 50

— FRANCE ; ouvrage suivi de la législation sur les Eaux minérales. Paris, 1859, 1 vol. in-8.. 10 fr.

— FRANCE (supplément), Angleterre, Belgique, Espagne et Portugal, Italie et Suisse. Paris, 1864, 1 vol. in-8.................. 7 fr. 50

ROUSSEL. — SYSTÈME PHYSIQUE ET MORAL DE LA FEMME ; nouvelle édition, contenant une notice biographique sur *Roussel* et des notes, par le docteur *Cerise*. 1 vol. grand in-18.............................. 3 fr.

SAPPEY (C.). — TRAITÉ D'ANATOMIE DESCRIPTIVE. Tome troisième, comprenant la SPLANCHNOLOGIE (digestion, respiration, sécrétion urinaire et génération). 1re édit. Paris, 1859-1864. 3 fasc. in-18, avec fig.   7 fr. 50

SAUCEROTTE. — L'HISTOIRE ET LA PHILOSOPHIE dans leurs rapports avec la médecine. Paris, 1863, 1 vol. in-18..................... 3 fr.

SAUZE (ALFRED). — ÉTUDES MÉDICO-PSYCHOLOGIQUES SUR LA FOLIE. Paris, 1862, 1 vol. in-8.. 5 fr.

SCANZONI. — PRÉCIS THÉORIQUE ET PRATIQUE DE L'ART DES ACCOUCHEMENTS, traduit par le docteur *P. Picard*. Paris, 1859, 1 vol. grand in-18, avec 111 figures dans le texte.................................. 5 fr.

SCANZONI. — DE LA MÉTRITE CHRONIQUE, traduit de l'allemand par le docteur Sieffermann. Paris, 1867, 1 vol. in-8.............. 7 fr.

SCHREBER. — GYMNASTIQUE DE CHAMBRE MÉDICALE ET HYGIÉNIQUE, ou Représentation et description de mouvements gymnastiques n'exigeant aucun appareil ni aide et pouvant s'exécuter en tout temps et en tous lieux. 2ᵉ édit. 1867. 1 vol., avec 45 fig...................... 3 fr.

SCHUTZENBERGER (P.). — CHIMIE APPLIQUÉE A LA PHYSIOLOGIE ANIMALE, A LA PATHOLOGIE ET AU DIAGNOSTIC MÉDICAL. Paris, 1864, 1 v. in-8.   6 fr.

SCRIVE. — RELATION MÉDICO-CHIRURGICALE DE LA CAMPAGNE D'ORIENT, de 1854 à 1856. Paris, 1857, 1 vol. in-8........................... 3 fr.

SERRE (D'UZÈS). — ESSAI SUR LES PHOSPHÈNES OU ANNEAUX LUMINEUX DE LA RÉTINE, considérés dans leurs rapports avec la physiologie et la pathologie de la vision. 1853. 1 vol., avec 34 figures........... 7 fr. 50

SILBERT (D'AIX). — TRAITÉ PRATIQUE DE L'ACCOUCHEMENT PRÉMATURÉ ARTIFICIEL, comprenant son histoire, ses indications, l'époque à laquelle on doit le pratiquer, et le meilleur moyen de le déterminer. Paris, 1855, 1 vol. in-8.. 2 fr. 75

SILBERT (D'AIX). — DE LA SAIGNÉE DANS LA GROSSESSE. Ouvrage couronné par l'Académie impériale de médecine. Paris, 1857, 1 vol. in-8.   4 fr. 50

SIMON (M.). — DE LA PRÉSERVATION DU CHOLÉRA ÉPIDÉMIQUE. Paris, 1865, 1 vol. in-18... 2 fr. 50

SIMS (MARION). — NOTES CLINIQUES SUR LA CHIRURGIE UTÉRINE, dans ses rapports avec le traitement de la stérilité, par le docteur MARION SIMS; traduit de l'anglais par M. Lhéritier, médecin-inspecteur des eaux de Plombières. 1 vol. in-8, avec figures dans le texte............ 9 fr.

SOCIÉTÉ D'ANTHROPOLOGIE (Mémoires de la), publiés dans le format grand in-8. Les tomes I et II, avec planches, carte et portraits, sont en vente. Prix de chaque volume avec planches................. 12 fr.

— *Franco* par la poste... 13 fr.

Le volume est fourni aux souscripteurs en quatre fascicules qui paraissent à des intervalles indéterminés. Le prix de chaque volume est payable en retirant le premier fascicule.

BULLETIN DE LA SOCIÉTÉ, comprenant les procès-verbaux des séances, des notices, rapports, etc.

1ʳᵉ série, années 1860 à 1865. Six volumes................. 45 fr.

La 2ᵉ série commence en 1866.

4 fascicules formant un volume in-8.

Paris................ 7 fr.—Départements.............. 8 fr.

SOCIÉTÉ MÉDICALE ALLEMANDE DE PARIS (Recueil des travaux de la), publié par R. *Liebreich* et E. *Laqueur*. Mai 1864 à mai 1865.   3 fr.

SOCIÉTÉ DE CHIRURGIE DE PARIS (Mémoires de la), publiés dans le format in-4. Prix de chaque vol. avec planches.............. 20 fr.

— *Franco* par la poste.. 23 fr.

Les tomes 1 à V sont en vente. Le tome VI est en cours de publication.

Le volume est fourni aux souscripteurs en cinq ou six fascicules qui paraissent à des intervalles indéterminés. Le prix de chaque volume est payable en retirant le premier fascicule.

BULLETIN DE LA SOCIÉTÉ.

Ire série, 10 volumes.............................. 70 fr.

IIe série, commencée en 1861. Le tome VII correspond à l'année 1866.

Paris............... 7 fr. | Départements............ 8 fr.

SOUBEIRAN. — TRAITÉ DE PHARMACIE THÉORIQUE ET PRATIQUE. 6e édition. Paris, 1863, 2 forts volumes in-8, avec figures dans le texte... 17 fr.

TISSOT. — L'ANIMISME, ou la Matière et l'esprit conciliés par l'identité de principe et la diversité des fonctions dans les phénomènes organiques et psychiques. Paris, 1865, 1 vol. in-8.............. 7 fr. 50

TISSOT. — LA VIE DANS L'HOMME; tome I, *Psychologie expérimentale.* Paris, 1861, 1 vol. in-8............................. 7 fr. 50

TISSOT. — LA VIE DANS L'HOMME; tome II, *Psychologie rationnelle.* Paris, 1861, 1 vol. in-8............................. 7 fr. 50

TRIPIER. — DU CANCER DE LA COLONNE VERTÉBRALE et de ses rapports avec la Paraplégie douloureuse. 1867. 1 vol. in-8, avec fig..... 3 fr.

VELPEAU. — TRAITÉ DES MALADIES DU SEIN ET DE LA RÉGION MAMMAIRE. 2e édition. Paris, 1858, 1 vol. in-8, avec figures dans le texte et 8 planches gravées...................................... 12 fr.

VERDO. — PRÉCIS SUR LES EAUX MINÉRALES DES PYRÉNÉES. 2e édition. Paris, 1855, 1 vol. grand in-18, avec une carte.............. 3 fr. 50

VOILLEMIER. — TRAITÉ DES MALADIES DES VOIES URINAIRES. 2 vol. grand in-8, avec figures dans le texte. (*Sous presse.*)

VULPIAN. — Voyez *Archives de physiologie.*

WORMS. — DE LA PROPAGATION DU CHOLÉRA. Paris, 1866, brochure in-8 .... 1 fr. 50

WURTZ (AD.). — TRAITÉ ÉLÉMENTAIRE DE CHIMIE MÉDICALE, comprenant quelques notions de toxicologie, et les principales applications de la chimie à la physiologie, à la pathologie, à la pharmacie et à l'hygiène.

I. CHIMIE INORGANIQUE. Paris, 1864, 1 vol. in-8, avec figures..... 8 fr.

II. CHIMIE ORGANIQUE. Paris, 1865, 1 vol. in-8, avec figures...... 8 fr.

WURTZ (AD.). — LEÇONS ÉLÉMENTAIRES DE CHIMIE MODERNE. 1er fascicule, Paris, 1867, 1 vol. in-18, avec figures dans le texte........ 3 fr. 50

ZAGIELL (LE PRINCE IGNACE). — DU CLIMAT DE L'ÉGYPTE et de son influence sur le traitement de la phthisie pulmonaire. 1 vol. in-8, avec une carte coloriée.. 4 fr.

AGRICULTURE

ET HORTICULTURE

BALTET (Ch.). — L'Horticulture en belgique, son enseignement, ses institutions, son organisation officielle. 1 vol. in-4, avec 7 planches. Paris, 1865.. 10 fr.

BALTET (Ch.). — Culture du poirier, comprenant la plantation, la taille, la mise à fruit et la description des cent meilleures poires. 4ᵉ édition. Paris, 1867, 1 vol. in-18, avec figures............. 1 fr.

BARRAL. — Trilogie agricole. Force et faiblesse de l'Agriculture française. Services rendus par la chimie à l'agriculture. Les engrais chimiques et le fumier de ferme. 1 vol. in-18................. 3 fr. 50

BASSET (N.). — Traité théorique et pratique de la fermentation, considérée dans ses rapports généraux avec les sciences naturelles et l'industrie. Paris, 1858, 1 vol. grand in-18.................... 3 fr. 50

BOITEL. — Mise en valeur des terres pauvres par le pin maritime, culture et exploitation de cette essence en Gascogne et en Sologne. 2ᵉ édition. Paris, 1857, 1 vol. grand in-8, avec une planche et vignettes dans le texte .... 3 fr.

CATÉCHISME D'AGRICULTURE, par F. Baudry et A. Jourdier. 2ᵉ édit., revue et corrigée. 1867. 1 vol. in-18, avec 89 figures........ 1 fr.

CAZALIS-ALLUT (Œuvres agricoles de), recueillies et publiées par son fils, le docteur *Frédéric Cazalis*, et précédées d'une Notice biographique sur l'auteur, par M. Henri Marès, avec 1 portrait de M. Cazalis-Allut. Paris, 1865, 1 vol. in-8................................. 6 fr.

CHARNACÉ (le comte Guy de). — Études sur les animaux domestiques. — Amélioration des races. — Consanguinité. — Haras. — Paris, 1864, 1 vol. grand in-18...................................... 3 fr. 50

DAUDIN (H.). — Le nouveau théâtre d'agriculture, ou Description raisonnée des travaux nécessaires à la culture des terres, accompagnée d'une étude comparative des auteurs latins qui ont écrit sur l'agriculture. Paris, 1864, 1 vol. in-8............................. 7 fr. 50

DEJERNON (Romuald). — La vigne en france, spécialement dans le sud-est. 1857. 1 vol. in-8.................................... 5 fr.

DICTIONNAIRE général de médecine et de chirurgie vétérinaires et des sciences qui s'y rattachent, par MM. *Lecoq, Rey, Tisserant* et

Tabourin, professeurs à l'École impériale vétérinaire de Lyon. — Ouvrage adopté par les Écoles vétérinaires de France. Paris, 1850, 1 fort volume grand in-8, à 2 colonnes...................... 15 fr.

DU BREUIL (A.). — INSTRUCTION ÉLÉMENTAIRE SUR LA CONDUITE DES ARBRES FRUITIERS. Greffe, — taille, — restauration des arbres mal taillés ou épuisés par la vieillesse, — culture, — récolte et conservation des fruits. 7e édition. Paris, 1867, 1 vol. in-18, avec 191 figures.   2 fr. 50

DU BREUIL (A.). — MANUEL D'ARBORICULTURE DES INGÉNIEURS. Plantations d'alignement forestières et d'ornement, boisement des dunes, des talus, haies vives des parcelles excédantes des chemins de fer. Paris, 1865, 1 vol. in-18, avec 234 figures dans le texte.............. 3 fr. 50

DU BREUIL (A.).— CULTURE PERFECTIONNÉE ET MOINS COUTEUSE DU VIGNOBLE. Paris, 1863, 1 vol. in-18, avec 144 figures................ 3 fr. 50

DU BREUIL. — ARBRES ET ARBRISSEAUX A FRUITS DE TABLE. 6e édition du *Cours d'arboriculture.* Paris, 1868. 1 vol. in-18, avec 600 figures intercalées dans le texte.............................. 8 fr.

GIRARDIN. — DES FUMIERS ET AUTRES ENGRAIS ANIMAUX. Sixième édition, revue, corrigée et augmentée. Paris, 1864, 1 vol. in-16, avec 62 figures dans le texte..................................... 2 fr. 50

GIRARDIN ET DU BREUIL. — TRAITÉ ÉLÉMENTAIRE D'AGRICULTURE. 2e édit. Paris, 1863, 2 vol. in-18, avec 955 figures dans le texte.... 16 fr.

GOUREAU (C.). — LES INSECTES NUISIBLES AUX ARBRES FRUITIERS, AUX PLANTES POTAGÈRES, AUX CÉRÉALES ET AUX PLANTES FOURRAGÈRES. Paris, 1862, 1 vol. in-8... 5 fr.

GOUREAU. — LES INSECTES NUISIBLES A L'HOMME, aux animaux et à l'économie domestique. Paris, 1867, 1 vol. in-8................... 4 fr.

GUYOT (JULES). — ÉTUDE DES VIGNOBLES DE FRANCE, pour servir à l'enseignement mutuel de la viticulture et de la vinification françaises. 3 vol. grand in-8, avec environ 1200 gravures dans le texte. (*Sous presse.*)

JOIGNEAUX (P.). — TRAITÉ DES GRAINES DE LA GRANDE ET DE LA PETITE CULTURE. Paris, 1867, 1 vol. in-18, avec figures............ 3 fr.

JOIGNEAUX (P.). — CONSEILS A LA JEUNE FERMIÈRE. 2e édit. Paris, 1861, 1 vol. grand in-18, avec figures dans le texte................ 1 fr.

JOIGNEAUX (P.) sous le pseudonyme de *P. J. de Varennes*. — LES VEILLÉES DE LA FERME DE TOURNE-BRIDE, ou Entretiens sur l'agriculture, l'exploitation des produits agricoles et l'arboriculture. Paris, 1861, 1 vol. in-12, avec figures dans le texte........................ 1 fr.

JOIGNEAUX (P.). — LE LIVRE DE LA FERME ET DES MAISONS DE CAMPAGNE, publié sous la direction de M. *P. Joigneaux*, avec la collaboration des principaux agronomes. 2e édition, Paris, 1866, 2 vol. grand in-8 jésus, de plus de 2,000 pages, imprimés sur deux colonnes, avec 1,720 figures intercalées dans le texte.................................... 32 fr.

JOURNAL DE LA FERME ET DES MAISONS DE CAMPAGNE, revue complémentaire du *Livre de la Ferme*, publié du 1er janvier 1865 au 31 décembre 1866. 4 beaux volumes grand in-8º, avec nombreuses illustrations, par MM. JOIGNEAUX, ANDRÉ, BALTET, FISCHER, KOLTZ, PONS-TANDE, etc., etc. — Prix des 4 volumes............... 48 fr.

Chacun est vendu séparément........................... 12 fr.

JOURNAL DE L'AGRICULTURE, fondé et dirigé par J. A. BARRAL, fusionné à partir du 1er janvier 1867 avec le *Journal de la Ferme*, paraissant le 5 et le 20 de chaque mois, avec gravures et planches coloriées, et donnant en outre le samedi de chaque semaine un bulletin hebdomadaire.

Un an, 20 fr.; — six mois, 11 fr.; — trois mois, 6 fr.

Le *Bulletin* seul. Un an.................................... 8 fr.

JOURDIER (A.). — L'AGRICULTURE A L'EXPOSITION UNIVERSELLE DE LONDRES EN 1862. Paris, 1863, 1 vol. in-18....................... 1 fr.

Voyez *Catéchisme d'agriculture*.

KOLTZ. — TRAITÉ DE PISCICULTURE PRATIQUE, ou Des Procédés de multiplication et d'incubation naturelle et artificielle des poissons d'eau douce. 3e édit. Paris, 1866, 1 vol. in-18, avec nombreuses fig. 2 fr. 50

KOLTZ. — LES PETITS ENNEMIS DE LA BETTERAVE. Brochure in-8, avec figures... 1 fr. 50

KUHLMANN (FRÉD.). — EXPÉRIENCES CHIMIQUES ET AGRONOMIQUES. Paris, 1847, 1 vol. in-8................................. 3 fr. 50

MAUMENÉ (E. J.). — INDICATIONS THÉORIQUES ET PRATIQUES sur le travail des vins, et en particulier des vins mousseux. Paris, 1858, 1 vol. grand in-8, avec 100 figures dans le texte.................... 12 fr.

PASTEUR (L.). — ÉTUDES SUR LE VIN, ses maladies, causes qui les provoquent, procédés nouveaux pour le conserver et pour le vieillir. Paris, 1866, 1 vol. in-8, avec planches coloriées, imprimé à l'Imprimerie Impériale.................................... 15 fr.

PERSOZ (J.). — NOUVEAU PROCÉDÉ DE CULTURE DE LA VIGNE. Paris, 1849, brochure grand in-8, avec deux planches in-4 gravées en taille-douce par *Wormser*....................................... 1 fr. 50

QUATREFAGES (A. DE). —ÉTUDES SUR LES MALADIES ACTUELLES DU VER A SOIE. Paris, 1859, 1 vol. in-4, avec 6 planches imprimées en couleur et retouchées au pinceau.................................. 16 fr.

QUATREFAGES. — NOUVELLES RECHERCHES FAITES EN 1859, sur les maladies actuelles du ver à soie. Paris, 1860, 1 vol. in-4............. 3 fr. 50

RENDU (Victor). — Ampélographie française, ou Traité sur la vigne, comprenant la statistique, la description des meilleurs cépages, l'analyse chimique du sol et les procédés de culture et de vinification des principaux vignobles de la France. Ouvrage publié sous les auspices de M. le Ministre de l'agriculture, du commerce et des travaux publics. Paris, 1857, 1 vol. de texte in-folio et un atlas de 70 planches magnifiquement coloriées.. 150 fr.

— *Le même ouvrage*, texte seul. 1857, 1 beau vol. grand in-8. 6 fr.

ROQUES (J.). — Atlas des champignons comestibles et vénéneux, représentant les cent espèces ou variétés les plus répandues, avec un texte explicatif contenant la description détaillée des cent espèces, l'indication des lieux où elles croissent, leurs qualités alimentaires ou nuisibles. Extrait de la 2e édition. Paris, 1864, 1 atlas grand in-4° de 24 planches coloriées.. 15 fr.

ROSE-CHARMEUX. — Culture du chasselas a thomery. Paris, 1862, 1 vol. in-18, avec 41 figures............................... 2 fr.

SERINGE (N. C.). — Description et culture des muriers, leurs espèces et leurs variétés. Paris, 1855, 1 vol. grand in-8, avec figures dans le texte, accompagné d'un atlas in-4 de 27 planches.............. 9 fr.

THENARD. — Notice sur le vinage des vins, en franchise des droits sur l'alcool qui lui est consacré. Paris, 1864, br. gr. in-8....... 1 fr. 50

TISSERAND (Eug.). — Études économiques sur le danemark, le holstein et le sleswig. 1 vol. in-4, accompagné de 3 cartes et 10 planches lithog. Paris, 1865...................................... 10 fr.

TRACY (Victor de). — Lettres sur la vie rurale. 2e édition. Paris, 1861, 1 vol. in-18.. 1 fr.

WECKHERLIN (A. de). — Zootechnie générale. Reproduction, amélioration, élevage des animaux domestiques. Traduit de l'allemand par M. *Verheyen.* Paris, 1857, 1 vol. grand in-8.................. 2 fr.

VERGER (Le). — Publication périodique d'arboriculture et de pomologie, dirigée par M. Mas. Paraissant depuis janvier 1865.

Le Verger publie mensuellement une livraison de 16 pages de texte, contenant la description et la culture de huit variétés, et la représentation de chacune d'elles par la chromolithographie.

Chaque numéro est accompagné d'une chronique du mois, rédigée par M. E. Audré, jardinier principal de la ville de Paris.

Prix de l'abonnement annuel, rendu *franco* dans la France... 25 fr.

PRIX DE L'ABONNEMENT AUX JOURNAUX

Publiés par la librairie VICTOR MASSON ET FILS.

NOMS DES PAYS.	ANNALES des Sciences Naturelles. Chaque partie.	ANNALES de Chimie et de Physique.	GAZETTE hebdomadaire.	JOURNAL de Pharmacie.	ANNALES Médico-Psychologiques	Société d'Acclimatation.	BULLETIN anthropologique.	Médecine mentale.	LE VERGER.	JOURNAL d'agriculture.
France et Algérie................	26	34	24	15	23	14	8	5	25	20
Italie, Belgique, Suisse............	27	36	26	16	26	15	9	6	26	32
Angleterre, Espagne, Égypte, Turquie, Pays-Bas....................	27	36	27	17	26	15	10	7	28	40
Autriche, Bade, Bavière, Danemark, Portugal, Prusse, Saxe, Suède.....	28	36	28	17	26	15	10	7	28	40
Australie, Canada, Chine, Japon, Colonies. États-Unis, Mexique, Nouvelle-Grenade, Colombie, Grèce........	29	37	29	18	26	16	11	7	29	42
Asie, Brésil, Moldavie, Syrie........	29	38	31	20	28	16	12	8	30	42
États Romains............	28	36	28	17	26	15	10	7	28	40
Bolivie, Inde, Chili, Pérou..........	33	40	36	21	28	17	13	8	29	45

Corbeil, typ. et ster. de Crété.